1 MONTH OF
FREE
READING

at

www.ForgottenBooks.com

By purchasing this book you are eligible for one month membership to ForgottenBooks.com, giving you unlimited access to our entire collection of over 1,000,000 titles via our web site and mobile apps.

To claim your free month visit:
www.forgottenbooks.com/free1043607

ISBN 978-0-364-63067-9
PIBN 11043607

JAHRES-BERICHT

ÜBER DIE

FORTSCHRITTE DER THIER-CHEMIE.

JAHRES-BERICHT

ÜBER DIE FORTSCHRITTE DER

THIER - CHEMIE

ODER DER

PHYSIOLOGISCHEN UND PATHOLOGISCHEN CHEMIE.

BEGRÜNDET VON WEIL. PROF. D⸗ R. MALY.

ZWEIUNDZWANZIGSTER BAND
ÜBER DAS JAHR 1892.

HERAUSGEGEBEN UND REDIGIRT VON

PROF. D⸗ M. v. NENCKI   UND   **PROF. RUD. ANDREASCH**
IN ST. PETERSBURG.   IN WIEN.

UNTER MITWIRKUNG VON

Dr. JOHN J. ABEL, Univ.-Prof. in Baltimore; Dr. HANS BUCHNER, Univ.-Prof. in München; Dr. OLOF HAMMARSTEN, Univ.-Prof in Upsala; Dr. ERW. HERTER, Univ.-Docent in Berlin; Dr. J. HORBACZEWSKI, Univ.-Prof. in Prag; Dr. R. KERRY in Wien; Dr. LEO LIEBERMANN, Prof. in Budapest; Dr. O. LOEW, Univ.-Prof. in Tokio; Dr. J. PRUSZYNSKI in Warschau; Dr. GEORG ROSENFELD in Breslau; Dr. G. TAMMANN, Univ.-Prof. in Dorpat; Dr. ERNST WEIN, I. Assistent an der kgl. bayr. landw. Central-Versuchsstation in München; Dr. H. ZEEHUISEN, Militärarzt I. Kl. in Amsterdam.

WIESBADEN.
VERLAG VON J. F. BERGMANN
1893.

VORWORT.

Unserem Versprechen nachkommend, haben wir von nun ab alle auf die Toxine, Toxalbumine, Antitoxine, Immunisirung u. s. w. bezügliche Publicationen in den Jahresbericht aufgenommen und im Cap. XVIII vereinigt. Die Referate hierüber hat Professor Hans Buchner in München freundlichst übernommen. Wir hoffen, dass diese Vervollständigung des Jahresberichtes den Fachgenossen willkommen sein wird. — Die Referate aus der slavischen Literatur für das Jahr 1891 finden sich nachträglich in dem diesjährigen Bande.

M. Nencki.   *R. Andreasch.*

Inhalts-Uebersicht.

I. Eiweissstoffe und verwandte Körper.

Uebersicht der Literatur

(einschliesslich der kurzen Referate).

Allgemeines.

*Duclaux, über die Constitution der albuminoiden Substanzen. Revue critique. Ann. de l'Inst. Pasteur 5, 783.

*P. L. Brunton und S. Martin, die Wirkung von Alcoholen und Aldehyden auf Eiweisskörper. Journ. of physiol. 12, 1—4.

1. R. T. Hewlett, über fractionirte Wärmecoagulation.

*Sydn. Ringer, Einwirkung von Calciumchlorid auf Eiweiss. Journ. of physiol. 12, 378. Eine Eiweisslösung von 25 CC. Eiweiss auf 200 CC. Wasser gerinnt beim Kochen nicht, sondern wird blos milchig. Setzt man dagegen dieser Lösung Chlorcalcium zu, so tritt beim Erhitzen Gerinnung ein, zuvor wird die Flüssigkeit gallertig. Aehnlich wirken Baryumchlorid und Magnesiumsulfat.

Eiweissnachweis im Harn s. Cap. VII.

*Bernh. Vas, über die practische Verwendbarkeit einiger neuerer Eiweissreactionen. Ungar. Archiv f. Medic. 1, 118—127. J. Th. 21, 10.

A: Jaworowski, ein Reagens auf Eiweiss, Pepton und Mucin im Harn. Cap. VII.

*A. Ollendorff, über die practische Bedeutung einiger neuer Eiweissproben. Inaug.-Dissert. Berlin 1891.

2. H. Winternitz, Farbenreactionen bei Ferrocyankalium-Eiweissniederschlägen.

3. Fr. Obermayer, über Xanthoprotein.

4. N. Sieber und G. Schoubenko, über die Bildung von Methylmercaptan beim Schmelzen des Eiweisses mit Aetzkali.

5. E. Jendrássik, über das Jodalbuminat und über die Constitution des Eiweissmolecüles.

A. Günther, G. de Chalmot und B. Tollens, über die Bildung von Furfurol aus Eiweissstoffen. Cap. III.

6. E. Drechsel, über die Spaltungsproducte des Caseïns (Lysin).

7. E. Drechsel und R. Krüger, zur Kenntniss des Lysins.

Einzelne Eiweissstoffe.

8. Erich Harnack, weitere Studien über das aschefreie Eier
   albumin.
9. L. Morochowez, Zooglobulin.
10. Cl. Fermi, die Auflösung des Fibrins durch Salze und ver-
    dünnte Säuren.
11. R. H. Chittenden und Th. B. Osborne, eine Studie über die
    Albuminstoffe des Maiskorns.
    *Th. B. Osborne, die Proteïde oder Albuminoide der Mais-
    körner. II. Abh. Americ. Chem. Journ. 14, 212—224.
    *Th. B. Osborne, krystallisirte, vegetabilische Albumin-
    stoffe. Americ. Chem. Journ. 14, No. 8, 28 pag., und Albumin-
    stoffe des Flachssamens. Ibid. 14, No. 8, 33 pag. Referate
    über diese Arbeiten im nächsten Bande.
12. M. Siegfried, über die chemischen Eigenschaften des reti-
    culirten Gewebes.
    Eiweisskörper des Blutes. Cap. V.
    C. Th. Mörner, Untersuchungen über die Proteïnsubstanzen in
    den lichtbrechenden Medien des Auges. Cap. XII.
    A. B. Griffiths, über ein farbloses Globulin, welches eine
    respiratorische Function besitzt. Cap. XIII.
    Toxalbumine nnd Bacterienproteïne s. Cap. XVII und XVIII.

Albumosen und Peptone.

13. P. Schützenberger, Untersuchungen über die chemische Con-
    stitution der Peptone.
    *Ch. Contejean, über die Antialbumose von Kühne und Chit-
    tenden. Bull. de la soc. philom. de Paris 4, 62.
    *R. Neumeister, Bemerkungen über die von Pekelharing als
    „unreines Pepton" bezeichneten Substanzen. Zeitschr. f. Biol.
    28, 361--365. N. weist darauf hin, dass er schon im Jahre 1888
    beobachtete, dass die in Peptongemengen vorhandene Deuteroalbumose
    öfters mit Ammoniumsulfat nicht vollständig auszusalzen ist. Die von
    Pekelharing gegebene Erklärung hierfür sei aber falsch. Man muss
    nach der Dialyse eindampfen und nochmals aussalzen.   Loew.
    *A. Pekelharing, Pepton und Albumose. Antwort an Herrn
    Neumeister. Ibid. 28, 567—570. P. vertheidigt seinen Standpunkt,
    dass in dem „unreinen Pepton" diffusible Stoffe vorhanden seien,
    welche der Fällung der Albumosen durch Ammonsulfat entgegen-
    wirken.
    *W. Kühne, Bemerkungen zu den Mittheilungen von A. Pekelharing.
    Ibid. 28, 571—572.

Kühne erklärt, dass zum Zustandekommen des vollständigen Aussalzens
viel von der relativen Menge von Ammonsulfat und auszusalzender
Substanz, sowie von der Reaction abhängt. Weitere Untersuchungen
hierüber habe Verf. in Aussicht genommen. Vergl. folgendes Ref.

Loew.

14. W. Kühne, Erfahrungen über Albumosen und Peptone.

15. A. Hirschler, Beiträge zur Kenntniss der Fibrinpapayaverdauung und besonders der dabei zu beobachtenden intermediären
Globulinbildung.

*Ciamician und Zanetti, über das Moleculargewicht der
Peptone. Annali di Chim. e di Farm. **16**, pag. 17. Von der Anschauung ausgehend, dass die Peptonisirung eine hydrolytische Spaltung
der Albuminate sei, suchen Verff. für diese Anschauung das Moleculargewicht der Peptone auf kryoscopischem Wege festzustellen. Es ergibt
sich in der That als viel kleiner wie das der Albuminate und zwar
auf 529,555 für Merk'sches Pepton und auf 317,344 für Grübler'sches
Präparat, während Albumin das Moleculargewicht von 14,200 aufweist.

Rosenfeld.

*J. A. M. William, über den Gebrauch der Salicylsulfonsäure
zum Nachweise der Albumosen und Peptone. Brit. med.
Journ. 1892, No. 16, 20; Centralbl. f. d. medic. Wissensch. 1892,
pag. 253. Die vom Verf. empfohlene Sulfosalicylsäure kann auch
zum Nachweise von Albumosen und Peptonen dienen. Die Albumosen
werden von der gesättigten wässerigen Lösung gefällt, der Niederschlag löst sich beim Erwärmen, um beim Erkalten wieder zu erscheinen, während der Eiweissniederschlag sich nicht verändert. Die
Deuteroalbumose wird nur gefällt, wenn die zu prüfende Lösung vorher
mit dem doppelten oder dreifachen Volumen einer gesättigten Ammonsulfatlösung versetzt wird. Pepton wird aus der mit Ammonsulfat
gesättigten Lösung gefällt, fügt man etwas Wasser oder Salpetersäure
oder Glycerin zu, so löst sich der Niederschlag wieder auf. Er ist
auch löslich im Ueberschusse des Fällungsmittels. während dies beim
Eiweiss und den Albumosen nicht der Fall ist. Man kann die Fällung
durch Sulfosalicylsäure auch zur Isolirung des Peptons benutzen, indem
man den Niederschlag abfiltrirt, mit etwas verdünnter Ammonsulfatlösung vermischt und dann in schwachem Alkali löst.

16. A. Stutzer, zur Analyse der in Handelspeptonen vorhandenen
stickstoffhaltigen Bestandtheile.

*Starling, Aufsuchung des Peptons in Gewebsflüssig-
keiten. Intern. Physiologencongress in Lüttich. Centralbl. f. Physiol.
6, 395. Im Blute, Plasma oder Serum werden die Eiweisssubstanzen
durch ein gleiches Volum einer 100%igen Trichloressigsäure gefällt
und in dem Filtrate das Pepton durch die Biuretreaction bestimmt.

Nach intravenöser Einspritzung von 0,5 Grm. Pepton konnte bei
Hunden noch 1—1½ St. nachher das Pepton im Blute nachgewiesen
werden. Das Pepton erscheint in der Lymphe nach einer halben
Minute, nach 10—15 Min. übertrifft deren Peptongehalt den des
Blutes, nachher nimmt der Gehalt in beiden continuirlich ab, die
Lymphe bleibt aber immer peptonreicher. Einen Einfluss auf die
Gerinnung des Blutes scheint der Peptongehalt nicht zu haben.

17. **L. A. Hallopeau**, Bestimmung von Pepton durch Fällung als
Quecksilberpeptonat.

18. **C. Paal**, über Salze des Glutinpeptons.

*C. Boettinger, über die Salze des Glutinpeptons. Ber. d.
d. Chem. Ges. **25**, 1500. Verf. hebt gegen Paal hervor, dass er
schon früher Glutinpeptonchlorhydrat dargestellt habe [Liebig's
Ann. **244**, 227] und man Glutinpepton erhalte, wenn gereinigte Kälber-
haut 6 Stunden auf 150° erhitzt wird, wobei sie sich unter Abspaltung
schwefelhaltiger Verbindungen ganz auflöst. Verf. will später Weiteres
über die Verwandlungen der Haut berichten.   L o e w.

Pepton im Harn s. Cap. VII und XVI.

Den Eiweisskörpern verwandte Substanzen.

19. **H. Malfatti**, Beiträge zur Kenntniss der Nucleïne.

*H. Malfatti, Bemerkungen zu meinem Aufsatze: „Beiträge zur Kennt-
niss der Nucleïne. Zeitschr. f. physiol. Chem. **17**, 8—10. Vor
einiger Zeit [J. Th. **21**, 24] hatte Verf. mitgetheilt, dass man Nucleïnsäure, welche nach dem Altmann'schen Verfahren aus Liebermann'schem Nucleïn dargestellt wurde, mit Guanin zu einer der
natürlich vorkommenden Nucleïnsäuren ähnlichen Verbindung vereinigen könne. Wiederholte Versuche aber, diesen Körper darzustellen,
misslangen und Verf. vermag die Gründe dafür nicht anzugeben.
L o e w.

F. v. Szontagh, über den Nucleïngehalt der Frauen- und
Kuhmilch. Cap. VI.

20. **Halliburton**, über den chemischen Charakter der Nucleoalbumine.

K. A. H. Mörner, über die Bedeutung des Nucleoalbumins für
die Untersuchung des Harns auf Eiweiss. Cap. VII.

*H. Malfatti, über den Schleim des Harns. Als Antwort auf die
Vorwürfe des Herrn H. Winternitz. Wiener klin. Wochenschr. 1892,
No. 46.

*H. Winternitz, zur Abwehr. Daselbst No. 52. Polemik über den
Eiweissgehalt des normalen Harns.

*Rob. Meinshausen, über das Mucosalbumin der Blasen-
schleimhaut. Inaug.-Dissert. Dorpat 1891, 31 pag.

21. N. P. Krawkow, Neues über die Amyloidsubstanz.

*Léo Vignon und P. Sisley, die nitrirte Seide. Compt. rend. **113**, 701—703. Seide, eine Minute in ein 45⁰ warmes Gemisch von Salpetersäure und Wasser vom S. G. 1,133 eingetaucht, nimmt eine dauerhafte gelbe Farbe an (Mandarinage). Die Salpetersäure muss NO, NO₂ oder HNO₂ enthalten. Bei dieser Behandlung nimmt das Gewicht um 2⁰/₀ zu. Der Kohlenstoff sinkt von 48,3 auf 46,8⁰/₀, der Wasserstoff bleibt unverändert, der Stickstoff steigt von 19,2 auf 21,6⁰/₀, so dass der Sauerstoff von 26,0 auf 25,1⁰/₀ fällt. Die Nitrogruppen treten also an Stelle von Carboxylgruppen ein (unter Abspaltung von Kohlensäure oder Oxalsäure). Herter.

*Léo Vignon, das Drehungsvermögen der Seiden verschiedenen Ursprungs. Compt. rend. **114**, 129—131.

*Léo Vignon, das specifische Gewicht der Seide. Compt. rend. **114**, 603—605.

*Léo Vignon, das Rotationsvermögen des Fibroin. Compt. rend. **115**, 442—444. Das Fibroin der Seide wird aus der salzsauren Lösung durch Neutralisation nur langsam vollständig ausgefällt, durch Zusatz von 100 CC. Alcohol 95⁰ zu 20 CC. der Lösung wird es sofort quantitativ niedergeschlagen, mit unverändertem specifischem Gewicht (1,33), Drehungsvermögen ([a] j = — 42,1 resp. — 43,2⁰) und Absorptionsvermögen für Farbstoffe. Herter.

*Léo Vignon, über die Bereitung und die Eigenschaften des Fibroin. Compt. rend. **115**, 613—615. Zur Darstellung des Fibroin aus der Rohseide behandelt V. die letztere mit neutraler Seifenlösung (150 Grm. Seife, 1500 CC. Wasser, 10 Grm. Seide) in der Siedehitze erst 30, dann noch einmal 20 Minuten, wäscht mit kochendem Wasser, warmem Wasser, verdünnter Salzsäure (10 CC. Salzsäure 22⁰ auf 1 L. Wasser), Wasser, Alcohol 90⁰. So erhält man ein weisses glänzendes Product, von der Zusammensetzung C 48,3, H 6,5, N 19,2⁰/₀, mit nur 0,01⁰/₀ Asche. (Die Rohseide enthielt 0,8⁰/₀.) Herter.

*Edm. Knecht, über die Einwirkung von Chlor auf Wolle. Journ. Soc. Chem. Ind. **11**, 131. Wolle gibt im feuchten Chlorstrom reichlich Chlorwasserstoff und wird zum grösseren Theile in Wasser löslich. Die Lösung fällt viele Farbstoffe; beim Verdampfen gibt sie einen schwefelhaltigen braunen Rückstand, der beim Erhitzen aufschwillt und nach verbranntem Horn riecht. Der unlösliche Antheil ist chlorfrei.

Protoplasma.

*C. Strasburger, das Protoplasma und die Reizbarkeit. Jena 1891. Rectoratsrede.

*A. Kohl, Protoplasmaverbindungen bei Algen. Botan. Centralblatt 1892, II, S. 42.

*J. Wiesner, die Elementarstructur und das Wachsthum der lebenden Substanz. Wien 1892.

*Rothert, über die Fortpflanzung des heliotropischen Reizes. Ber. d. Deutsch. Bot. Ges. **10**, 374—390.

*Altmann, über Kernstructur und Netzstructur. Archiv f. Anatom. u. Physiol. Anatom. Abth. 1892, 222—230.

*Bütschli, Untersuchungen über microscopische Schäume und das Protoplasma. Leipzig 1892. 234 S.

*Verworn, die Bewegung der lebenden Substanz. Jena 1892. 103 S.

*E. Crato, Beitrag zur Kenntniss der Protoplasmastructur. Ber. d. Deutsch. Botan. Ges. **10**, 451—456. Verf. fand die bereits von Anderen angenommene Netzstructur des Protoplasmas bestätigt; bei manchen Objecten schien die Structur wabenförmig.   Loew.

*W. Detmer, über die Natur und Bedeutung der physiologischen Elemente des Protoplasmas. Ber. d. Deutschen Botan. Ges. **10**, 433—441. Verf. stellt sich vor, dass als Bausteine des Cytoplasmas, der Kerne und Chlorophyllkörper lebendige Eiweissmolecüle[1]) oder physiologische Elemente anzusehen sind, die sich in einem labilen Gleichgewicht befinden und durch deren Zerfall (!!) die wichtigsten Lebenserscheinungen, wie Athmung, zu Stande kommen. Hierauf kommt Verf. auf seine schon im Jahre 1880 (Vergleichende Physiologie des Keimungsprocesses, Jena) geäusserten Ansichten zurück, nach denen das lebende Protoplasma stets in N-freie und N-haltige Theile zerfalle. Die N-freien fallen der Athmung anheim, die N-haltigen werden durch Nährstoffe wieder zu Eiweiss ergänzt. — Durch den Zerfall der lebendigen Eiweissmolecüle sollen auch die Bewegungserscheinungen im Plasma erklärlich werden, für die auch Veränderungen in der Oberflächenspannung massgebend sein sollen. Schliesslich wird die Wahrscheinlichkeit erörtert, dass die physiologischen Elemente (also die Molecüle activen Eiweissstoffs) der Zellkerne verschiedener Pflanzen nicht identisch sind. (Vergl. übrigens die vor Detmer geäusserte Ansicht des Referenten, dass zahlreiche stereochemische Isomere des activen Albumins möglich sind etc. Bacter. Centralblatt **12**, 457.)

22. O. Loew und Th. Bokorny, zur Chemie der Proteosomen.

---

[1]) Richtiger wäre es wohl, von activen Eiweissmolecülen zu sprechen; ein Molecül kann noch nicht leben, zum Leben gehört eine Gruppe von Molecülen,, keine Lebensfunction ohne eine Maschine, ohne Organisation. D. Ref.

1. R. T. Hewlett: Ueber fractionirte Wärmecoagulation[1]).
H. vertheidigt die Methode der fractionirten Wärmecoagulation [vergl.
Halliburton, J. Th. **14**, 126; **20**, 142; Corin und Bérard
ibid. **18**, 13; Corin und Ansiaux, ibid. **21**, 65; Frédéricq[2])]
gegen die Einwendungen von Haycraft und Duggan [ibid. **20**,
143[3])]. Zur Ausführung der Coagulationsbestimmungen bringt Verf.
das Reagensglas mit der Eiweiss haltigen Flüssigkeit in ein doppeltes
Oelbad, (zwei ineinander gestellte Bechergläser), welches er dem
gebräuchlichen Wasserbad vorzieht. Er rührt die Flüssigkeit nicht
mit dem Thermometer um, sondern fixirt letzteren in der Mitte des
Reagensglases. Er unterscheidet nicht die Temperatur der
beginnenden Opalescenz von derjenigen, bei welcher sich Flocken
bilden, da bei genügend langsamem Erwärmen dieser Unterschied
fortfällt. Die Erwärmung wurde so geleitet, dass in 35 Minuten die
Temperatur um ca. 45⁰ stieg. Dass fortgesetztes Erwärmen den
Coagulationspunkt verändern sollte, fand Verf. nicht bestätigt. Folgendes sind die hauptsächlichsten Resultate H.'s: Sehr verdünnte Lösungen
der Albuminstoffe werden durch Anwesenheit von geringen Mengen
Alkali oder Säure uncoagulirbar. Das fractionirte Ausfallen der
Coagula lässt sich nicht durch die wachsende Verdünnung der Lösungen
erklären. Das Eiweiss enthält mindestens 3 verschiedene Albuminstoffe. Zur Erzielung übereinstimmender Werthe für die Coagu-
lationstemperaturen schlägt Verf. vor, die Bestimmungen unter
gewissen Normalbedingungen vorzunehmen, und zwar, wenn
möglich, 1) im natürlichen Zustand der Lösungen, 2) in destillirtem
Wasser ohne fremde Substanzen, 3) in angesäuertem Wasser, 4) in 5 %
Salzlösung; auch die Anwendung einer bestimmten Concentration
wäre wünschenswerth. Herter.

**2. H. Winternitz: Farbenreactionen bei Ferrocyankalium-Ei-
weiss-Niederschlägen[4]).** Da es öfters vorkommt, besonders bei Eiweiss-
prüfungen im Harne, dass Ferrocyankaliumniederschläge auf Eiweiss
geprüft werden müssen, so hat Verf. die bekannten Eiweissreactionen

---

[1]) On fractional heat-coagulation. Journ. of physiol. **18**, 493—512. —
[2]) Frédéricq. Centralbl. f. Physiol. **8**, 601. — [3]) Siehe auch Haycraft.
Ibid **4**, 1. — [4]) Zeitschr. f. physiol. Chemie **16**, 439—444.

an Ferrocyankaliumeiweiss-Niederschlägen geprüft um festzustellen, in wie ferne das Ferrocyankalium hinderlich wirken könnte. Am besten gelang damit die Millon'sche Reaction, dann folgt die Biuret- und die sogenannte Liebermann'sche, dann die Adamkiewicz'sche Reaction. Die anderen Reactionen eignen sich nicht. — Schliesslich weist Verf. einen Angriff Malfatti's zurück, der sich auf den Mucingehalt des normalen Harns bezieht.   Loew.

3. Fr. Obermayer: Ueber Xanthoproteïn[1]) Vorläufige Mittheilung. O. hat durch Titriren mit salzsaurer Zinnchlorürlösung die Zahl der Nitro- resp. Nitrosogruppen zu ermitteln gesucht, welche bei der Behandlung von Eieralbumin mit Salpetersäure von demselben aufgenommen werden. Die Spaltung wurde durch Kochen mit Salzsäure bewirkt, das gewonnene Product hatte eine dunkelbraune Farbe und erstarrte krystallinisch. Frisch gefälltes Xanthoproteïn wurde rasch und vollständig verdaut; aus der Flüssigkeit konnte ein gelbes Neutralisationspräcipitat und eine gelb gefärbte Hemialbumose gewonnen werden. Beim Verfüttern des Xanthoproteïns an eine weisse Ratte gab das Thier einen intensiv gelb gefärbten Harn von sich, aus dem der Aether eine gelbe Substanz aufnahm. Es scheint mithin der nitrirte Antheil des Eiweissmoleküls im Organismus abgespalten zu werden.

Andreasch.

4. N. Sieber und G. Schoubenko: Ueber die Bildung von Methylmercaptan beim Schmelzen des Eiweisses mit Aetzkali[2]). Auf Grund der von M. Nencki constatirten Analogie zwischen Fermentation der Eiweisskörper und ihrer Zersetzung unter dem Einfluss von Aetzkali untersuchten die Verff., ob Methylmercaptan auf diesem Wege sich bildet und in welchem Verhältniss zu Schwefelwasserstoff er dabei entsteht. Die Untersuchungen (Schmelzen von 100 Grm. Eiweiss — Hühnereiweiss, Gelatine, Casein, Gluten — mit 1000 Grm. KOH und nachfolgende Destillation der erhaltenen Producte mit Oxalsäure) erwiesen, dass aus Eiweiss neben H_2S auch grosse Mengen CH_3SH beim Schmelzen mit Kali enstehen:

100 g Hühnereiweiss gaben 0,3548 CH_3SH u. 0,2734 SH_2; $CH_3SH : SH_2 = 1,29:1$
100 g Gelatine   „   0,1997   „   0,1257   „   „ $= 1,58:1$
100 g Casein   „   0,0949   „   0,056   „   „ $= 1\,69:1$
100 g Gluten   „   0,0311   „   0,0148   „   „ $= 2,1:1$

Pruszyński.

---

[1]) Centralbl. f. Physiol. 6, No. 10, pag. 300—301. — [2]) Archives des Sciènces biologique (l'Institut de méd. expér. à St. Petersbourg) 1, 314—321.

5. E. Jendrassik: Ueber das Jodalbuminat und über die Constitution des Eiweissmoleküles[1]). Verf. hat in näher angegebener Weise Eieralbuminlösung mit Lugol'scher Lösung vermischt und das nicht gebundene Jod durch Titrirung mit unterschwefligsaurem Natron und Stärkelösung bestimmt. Da aber die Jodmenge nicht allein vom Eiweiss aufgenommen wird, sondern in der eiweisshaltigen Flüssigkeit noch andere jodbindende Körper vorhanden sind, wurde in einem anderen Theile der Eiweisslösung das Eiweiss coagulirt und mit dem Filtrate in gleicher Weise wie oben verfahren. Die Differenz der beiden Jodzahlen gibt die wirklich vom Eiweiss aufgenommene Jodmenge an. Als Durchschnittswerth wurde gefunden, dass das Eiweiss 1,32% seines Gewichtes Jod chemisch zu binden vermag. — Der weitere Theil der Abhandlung befasst sich mit den verschiedenen für Albumin aufgestellten Molecularformeln.

Andreasch.

6. E. Drechsel: Ueber die Spaltungsproducte des Caseïns [2]).

Verf. hat Mutterlaugen, welche er bei Gewinnung von Lysin aus der Spaltung des Caseïns [J. Th. **19**, 15] erhalten hatte, partiell mit Chlorbenzoyl und Natronlauge behandelt und hierbei ein Benzoyllysin erhalten, welches grosse Aehnlichkeit mit Ornithursäure zeigt. Verf. hat schon früher darauf aufmerksam gemacht, dass das Lysin seiner empirischen Zusammensetzung nach als das nächst höhere Homologe von Ornithin $C_5H_{12}N_2O_2$ betrachtet werden kann. Die Mutterlauge vom gebildeten Benzoyllysin schied mit Salzsäure eine in Alcohol unlösliche Krystallmasse aus, welche der Formel $C_9H_{10}N_2O_3$ entsprach und mit Alcohol + concentrirter HCl bei 140° in Benzoësäureaethylester und salzsaure Diamidoessigsäure gespalten wird, welche bis jetzt nicht bekannt war und im freien Zustande in flachen Prismen krystallisirt, die leicht in Wasser, nicht in Alcohol löslich sind. Verf. hat aus den syrupösen Mutterlaugen von der Verarbeitung des Lysins noch 2 weitere Körper durch Phosphorwolframsäure isolirt: $C_{10}H_{18}N_2O_5$ und $C_8H_{14}N_2O_4$.

Loew.

7. E. Drechsel und R. Krüger: Zur Kenntniss des Lysins [3]).

Aus dem aus Caseïn gewonnenen Chloroplatinat des Lysins wurde zunächst das Lysindichlorhydrat und aus diesem das schwefelsaure Lysin dargestellt. Verf. versuchte, ob das Lysin durch Erhitzen

---

[1]) Ungar. Arch. f. Medic. **1**, 85—100. — [2]) Ber. d. Sächs. Ges. d. Wissensch. 1892, 115—121. [3]) Ber. d. Deutsch. Chem. Ges. **25**, 2454—2456.

nicht unter CO_2 - Abspaltung Pentamethylendiamin gibt, was eine Analogie zum Zerfall des Leucins in der Hitze liefern würde, allein dies gelang nicht. Das salzsaure Lysin zersetzte sich unter Bildung von Salmiak, Wasser, Kohlenoxyd und anderen Producten. Bei Destillation des salzsauren Salzes mit Kalk wurden geringe Mengen coniinartig riechender Basen erhalten.   **L o e w.**

8. Erich Harnack: Weitere Studien über das aschefreie Eieralbumin[1]). W e r i g o [J. Th. **21**, 13] sowohl als **S t o h m a n n** und **L a n g b e i n** [J. Th. **21**, 333] hatten im Wesentlichen die Angaben **H a r n a c k s** über das aschefreie Eieralbumin [J. Th. **20**, 9] bestätigt. Jedoch wurde ein **S a l z s ä u r e g e h a l t** des Productes von diesen Forschern nachgewiesen. **S t o h m a n n** fand in dem **H a r n a c k**'schen Product: C 50,69 H 6,68 O 23,67 N 14,51 S 1,89 und Cl 2,56. Die Ansicht, dass es sich hier um ein Acidalbumin handle, weist **H a r n a c k** zurück. Er fasst das Product lediglich als eine Verbindung von unverändertem aber salzfreien Eieralbumin mit HCl auf. Acidalbumin kann vor Allem desshalb nicht vorliegen, weil das Product in Wasser leicht löslich ist und durch Alcohol nicht gefällt wird, während die Lösung des Acidalbumins in verdünnter HCl durch Alcohol gefällt wird. Ueberschüssige HCl fällt Acidalbumin nicht, wohl aber das **H a r n a c k**'sche Product. — Durch wiederholtes Lösen und Fällen gelangte **H a r n a c k** zu einem Product mit 1,4 % Cl. Es gelang Verf., durch Dialyse die HCl bis auf Spuren fortzuschaffen, wobei sich der Eiweissstoff allmählich unlöslich ausscheidet in gallertiger Form. Beim Erwärmen mit Wasser bis zum Sieden nimmt die Gallerte eine krystallinische (? d. Ref.) Beschaffenheit an. In schwach salzsaurem Wasser löst sich das Product, worauf wieder die sämmtlichen ursprünglichen Eigenschaften beobachtet werden. Weiterer Zusatz von HCl führt wieder Fällung herbei.   **L o e w.**

9. L. M o r o k h o w e t z: Die Einheit der Proteïnstoffe, Theil I. Zooglobulin[2]). In diesem ungewöhnlich umfangreichen, auf 5 Bände berechneten

---

[1]) Ber. d. Deutsch. Chem. Ges. **25**, 204—209. — [2]) Die Einheit der Proteïnstoffe. Historische u. experimentelle Untersuchungen, I. Band, Globulin u. seine Verbindungen. Theil I, Zooglobulin. 938 Seiten mit 3 Tafeln. Moskau 1892, russisch.

Werke gibt der Verf. eine historisch kritische Darstellung unserer Kenntnisse über Globulin, in die er seine und seiner Schüler zahlreiche Arbeiten einflicht. Der historische Theil dürfte wohl vollständig sein, es sind 870 Abhandlungen citirt. Eine Capitelübersicht möge das Referat ersetzen: Das Globulin des Blutroth's — pag. 22, Gl. der Augenlinse — pag. 39, Gl. des Blutserums und Eies bis 1885 — pag. 96, von 1885 — pag. 216, Gl. der Stromata rother Blutkörperchen — pag. 243, Gl. farbloser Blutkörperchen — pag. 253, Gl. der Muskelfasern — pag. 269, Gl. des Eigelbs — pag. 279, Gl. der Milch — pag. 347, Gl. der gerinnenden Substanz des Bluts — pag. 436, das Verhalten des Gl. zu Salzen — pag. 486, zu Alkalien — pag. 561, zu Säuren — pag. 695, zu Metallsalzen — pag. 724, zu Alcohol und Aether — pag. 743, zu färbenden Reagentien — pag. 756, zu anderen Reagentien — pag. 772, Eigenschaften des Gl. in freiem (festen) Zustande — pag. 804, Identität natürlicher proteïnhaltiger Flüssigkeiten und der Lösungen des Gl. — pag. 879, allgemeine Schlüsse — pag. 898.   Tammann.

10. Claudio Fermi: Die Auflösung des Fibrins durch Salze und verdünnte Säuren[1]). Schweinsfibrin löst sich in reiner 5⁰/₀₀ HCl schon in mehreren Stunden, dagegen Rindsfibrin erst in mehreren Tagen. Ersteres löst sich in Pepsin-HCl nicht viel schneller, als in reiner 5⁰/₀₀ HCl. In 1⁰/₀igen organischen Säuren (Aepfel-, Milch-, Essig-, Butter-, Oxal- und Ameisensäure) löst sich Schweinsfibrin am leichtesten, ebenso in 5⁰/₀₀ Salpeter-, Schwefel- nnd Salzsäure; dann folgt Schaf- und Pferdefibrin, zuletzt Rindsfibrin. Salzsäure wirkt am stärksten. Fibrin löst sich, wenn auch sehr langsam, in Wasser (thymolhaltigem). Gekochtes Fibrin ist sehr schwer löslich in Salzlösungen und in Säuren. Das gelöste Fibrin ist einfaches Eiweiss und ist durch Neutralisiren fällbar. Die Annahme eines am Fibrin haftenden fibrinlösenden Fermentes ist ungerechtfertigt. Bei Verdauungsversuchen ist die Peptonprobe nie zu unterlassen; soll aber das einfache Kriterium der Lösung in manchen Fällen genügen, so ist Rindsfibrin dem Schweinsfibrin vorzuziehen.   Loew.

11. R. H. Chittenden und Thomas B. Osborne: Eine Studie über die Albuminstoffe des Maiskorns[2]). Verff. zeigen, dass das Maiskorn drei verschiedene Globuline [vgl. Weyl, J. Th. **6**, 7]

---

[1]) Zeitschr. f. Biolog. 28, 229—236. — [2]) A study of the proteids of the corn or maize kernel. Amer. chem. journ. **18**, No. 7 u. 8; **14**, No. 1, pag. 65.

und mindestens ein Albumin neben dem von Gorham[1]) als Zein, von Ritthausen [J. Th. **2**, 1] weniger zweckmässig als »Mais-fibrin« bezeichneten, in Alcohol löslichen Albuminstoff enthält. Das durch Extraction mit 10% Chlornatriumlösung und Fällung durch Dialyse oder durch Aussalzen mit Ammoniumsulfat mit nachfolgender Dialyse erhaltene Globulin-Gemisch kann durch fractionirte Wärmecoagulation in seine Bestandtheile zerlegt werden. Beim Erwärmen bildet sich eine geringe Menge proteose-artiger Körper wahrscheinlich durch Hydrolyse der weniger resistenten Globuline (mit niedrigem Stickstoffgehalt). Die Trennung kann auch durch »Umkrystallisiren« aus warmen verdünnten Salzlösungen bewirkt werden. Es wird so erhalten ein Mais-Myosin[2]) in 10% Chlor-natrium bei ca. 70^0 coagulirend, ein vitellinartiges Globulin und ein drittes, welches sich durch seine Leichtlöslichkeit in verdünnten Salzlösungen auszeichnet. Der vitellinartige Körper steht den Albumosen nahe, insofern er in verdünnter Salzlösung beim Erwärmen ohne Zusatz von Essigsäure nicht coagulirt. Er löst sich leichter in der Wärme als in der Kälte und scheidet sich meist in sphäroidaler Form aus. Da das Mais-Myosin sich mit Wasser aus dem Korn extrahiren lässt vermittelst der darin enthaltenen Salze, das Vitellin aber nicht, so kann das letztere rein erhalten werden, indem man das Mehl erst mit Wasser erschöpft und dann mit 10% Chlornatrium auszieht. Das dritte Globulin wird durch äusserst geringe Mengen von Salzen, besonders von Sulfaten und Phosphaten noch in Lösung gehalten und scheidet sich daher aus salzigen Lösungen erst nach lange fortgesetzter Dialyse aus. In 10% Chlornatrium gelöst coagulirt es bei 62^0. Durch längeren Contact mit Wasser oder Salzlösung (auch Ammoniumsulfat) wird das letzt erwähnte Globulin und das Myosin in schwer lösliche Sub-stanzen verwandelt. Dieselben zeigen das Verhalten von Albu-minaten; aus den Lösungen in $0,5\%$ Natriumcarbonat fallen sie beim Neutralisiren heraus. In dem Wasserextract des Maismehls finden sich Albumine, welche beim Erwärmen coagulirt werden;

---

[1]) Gorham, Berzelius' Jahresbericht **2**, 124; 1822. — [2]) „Corn myosin", l. c., Separatabdruck, pag. 27. Dasselbe ähnelt dem von Martin im Milchsaft von Carica papaya gefundenen Globulin [J. Th. **15**, 250].

es lassen sich 2 verschiedene Coagulationen unterscheiden, die eine zwischen 60 und 70°, die andere zwischen 85 und 100°. Die Albumine sind leicht veränderlich, denn beim Ansäuern der Chlornatriumlösung derselben mit verdünnter Salzsäure fällt ein Theil aus, während ein anderer Theil erst beim Erhitzen des Filtrats gefällt wird. Die Analyse zeigt erhebliche Differenzen in der Zusammensetzung der beiden Theile, so dass es fraglich ist, in wie weit es sich hier um genuine Substanzen oder um künstlich veränderte handelt. Besonders interessant ist das in Wasser und Salzlösungen unlösliche, in warmem (am besten 40—60°) Alcohol (75 bis 95°/₀) lösliche Zeïn. Durch Wasser aus alcoholischer Lösung frisch gefällt, bildet es ein Gummi, unlöslich in 0,5°/₀ Natriumcarbonat, auch wenn es 24 Stunden damit bei 40° digerirt wird. Es ist auch unlöslich in 0,2°/₀ Salzsäure, löst sich aber in 0,2°/₀ Kaliumhydrat. Gegen Alkalien ist es sehr resistent; es kann sogar mit 2°/₀ Kaliumhydrat auf 40° erwärmt werden, ohne dass es in Albuminat verwandelt wird; das Neutralisationspräcipitat bleibt unlöslich in verdünnten Säuren, löslich dagegen in Alcohol. Durch Erhitzen mit Wasser oder wässerigen Alcohol wird es in eine Modification übergeführt, welche in Alcohol und in 0,2°/₀ Kalilauge unlöslich ist. Das Zeïn gibt die Xanthoproteïn- und die Biuretreaction. Durch Pepsinsalzsäure wird es bei 40° gelöst und in proteoseartige Körper umgewandelt und in wahre Peptone, welche durch Ammoniumsulfat nicht fällbar sind. Mit Schwefelsäure (6 CC. concentrirter Säure auf 300 CC. Wasser) gekocht, liefert es langsam Proteosen und Peptone; stärkere Säure bildet reichlich Leucin, Tyrosin und Glutaminsäure. Viele Details siehe im Orig. Folgendes sind die Mittelzahlen der zahlreichen von den Verff. ausgeführten Analysen. Die Substanzen wurden bei 110° getrocknet und aschefrei berechnet.

	Vitellinartige Substanz	Mais-Myosin	Leicht lösliches Globulin	Umwandlungsproducte, Albuminate
C . .	51,99°/₀	52,72°/₀	52,38°/₀	51,97—53,95°/₀
H . .	6,81 «	7,05 «	6,82 «	6,90—7,05 «
N . .	18,02 «	16,82 «	15,25 «	15,87—16,82 «
S . .	0,66 «	1,32 «	1,26 «	1,12—1,16 «

	Albumin, gefällt durch Salz u. Säure	Albumin, durch Hitze coagulirt	Proteosen	Zein	
				nach Verff.	nach Ritthausen[1]
C ..	52,86—53,53	51,02—52,06	50,07—51,13	55,23	54,69
H ..	6,79—6,86	6,57—6,79	6,54—6,91	7,26	7,51
N ..	15,41—15,69	15,78—17,28	15,88—16,59	16,13	16,33
S ..	1,48	—	1,62—2,37	0,60	0,69

Herter.

12. M. Siegfried: Ueber die chemischen Eigenschaften des reticulirten Gewebes[2]). Ueber die chemische Beschaffenheit des in verschiedenen Organen (Lymphdrüsen, Darmmucosa etc.) vorkommenden reticulirten Gewebes herrschten verschiedene Ansichten. theils wurde es für collagenes, theils für elastisches Gebilde gehalten. Verf. stellte sich, um hier Klarheit zu schaffen, aus der Darmschleimhaut des Schweines eine grössere Menge jenes Gewebes dar und unterwarf es der Action von kochendem Wasser, von Salzsäure und von Natronlauge. Die rohe Darmschleimhaut wurde in grossen Glasgefässen mit Wasser aufgeschlemmt und nach dem Auswaschen der Verdauung mit Pancreatin bei Gegenwart von Thymol oder Chloroform unterworfen, wodurch die Lymphzellen beseitigt werden, und dann die Masse durchgeknetet, bis das ablaufende Wasser klar blieb. Nach wiederholtem Behandeln mit Alcohol wurde sie in grossen Soxhlet-Apparaten mehrere Tage lang mit Aether extrahirt. Nach einer zweiten Behandlung mit Pancreatin, Auswaschen und Behandeln mit Alcohol und Aether wurde das reticulirte Gewebe rein erhalten in

---

[1] Diese Albuminsubstanz wird erhalten, wenn man das Maismehl mit Chlornatrium extrahirt, aus dem Extract mit Ammoniumsulfat die Albuminstoffe ausfällt, diese Fällung in Wasser und 10% Chlornatrium auflöst, durch Dialyse die Globuline ausscheidet, die Lösung bis zu 10% mit Chlornatrium versetzt und mit Salzsäure 0,2% schwach ansäuert, die entstandene Fällung in Wasser (mit Hilfe der anhängenden Säure) löst und mit sehr verdünntem Natriumcarbonat fällt. Die Substanz wurde zur Analyse mit Wasser, Alcohol und Aether gewaschen und wie die anderen Substanzen bei 110° getrocknet. Frisch gefällt löst sie sich in schwachem Natriumcarbonat, nach dem Trocknen nicht mehr. Die leichte Umwandlung zu Acidalbumin ist charakteristisch für pflanzliche Albumine. — [2] Habilitationsschrift, Leipzig 1892. 24 pag.

Form von quellbaren hellgrauen Strähnen. — Kocht man das Gewebe eine halbe Stunde mit Wasser, so verliert es seine Structur, es
bleibt ein lockeres Pulver ungelöst, während das bei niederer Temperatur eingedampfte Filtrat die Fähigkeit zu g e l a t i n i r e n [1]) besitzt.
Da Collagen viel länger erhitzt werden muss, um L e i m zu geben,
so liegt hier also eine davon etwas verschiedene leimgebende Substanz
vor. Die weiteren Prüfungen liessen keinen Zweifel übrig, dass
wirklich Leim vorlag. Jenes lockere Pulver [2]), weches nach mehrmaligem Behandeln mit kochendem Wasser zurückbleibt, nennt Verf.
R e t i c u l i n. Es ist unlöslich in concentrirten Salzlösungen, Kalkwasser, kohlensaurem Natron und verdünnten Mineralsäuren. Verdünnte
Natronlauge wirkt äusserst langsam lösend. Es gibt die Biuret- und
die Xanthoproteïnreaction, nicht aber die M i l l o n 'sche. Beim Kochen
mit Eisessig geht ein Theil in Lösung, welche nun die Reaction
von A d a m k i e w i c z gibt. Das Mittel der Analysen von 4 Präparaten ist: $C = 52,88\,^0/_0$; $H = 6,97\,^0/_0$; $N = 15,63\,^0/_0$; $S = 1,88\,^0/_0$;
$P = 0,34\,^0/_0$. Asche $= 2,27\,^0/_0$. Da verdünnte ($4\,^0/_0$) Salpetersäure
bei 25^0 nach einer halben Stunde keine Phosphate aus dem Reticulin
auszog, so muss der Phosphor in Form organisch gebundener Phosphorsäure vorhanden sein. Verf. erklärt die Vermuthung für nicht berechtigt, dass etwa geringe Mengen beigemengten Nucleins den Phos-
phorgehalt bedingt hätten. — Die S p a l t u n g mit S a l z s ä u r e (25 Grm.
Reticulin, 200 Grm. 15 procentiger Salzsäure, 10 Grm. Zinnchlorür,
72 Std. lang gekocht) lieferte k e i n T y r o s i n, aber Amidovaleriansäure, Lysin, Lysatinin, Ammoniak und Schwefelwasserstoff. — Bei
andauerndem Kochen mit sehr viel Wasser löst sich das Reticulin
zu einer schwach opalisirenden Flüssigkeit auf (1 Grm. mit 4 Liter
Wasser 36 St. gekocht), welche mit Essigsäure einen im Ueberschuss
unlöslichen Niederschlag liefert. Rascher geht die Auflösung von
statten, wenn mit 10 procentiger Natronlauge gekocht wird. Der mit
Essigsäure aus dieser Lösung gefällte Niederschlag ist P-frei, und

---

[1]) Die abweichenden Resultate von M a l l [Sächs. Ges. d. Wissensch.
Ber. 1891, S. 299] erklären sich dadurch, dass das Filtrat bei höherer
Temperatur eingedampft wurde, wobei das Gelatinirungsvermögen leidet. —
[2]) Dieses wurde offenbar von J o u n g [Journ. of Physiol. **13**, 332] nicht berücksichtigt.

gibt Zahlen, welche denen von gewöhnlichem Hühnereiweiss nahe kommen: 53,82 $\%$ C, 6,9 $\%$ H, 15,53 $\%$ N, 1,74 $\%$ S. Das Filtrat von diesem Niederschlag liefert keine Phosphorsäurereactionen, dagegen wurde ein P-haltiger organischer Stoff in dem Alcohol aufgefunden, mit welchem jener Niederschlag gewaschen wurde. Dieser amorphe Stoff ist in Alcohol und Chloroform leicht löslich, nicht aber in Wasser und Aether. Möglicherweise steht er dem Lecithin nahe. Weder Pepsin noch Pancreatin greifen das Reticulin an. — Das reticulirte Gewebe ist also entweder ein microscopisch nicht unterscheidbares Gemenge von Reticulin und Collagen oder eine Substanz die beim Kochen mit Wasser in Reticulin und Leim zerfällt. Es ist somit verschieden, sowohl von Bindegewebsfibrillen, als auch elastischen Fasern.   L o e w.

13. P. Schützenberger: Untersuchungen über die chemische Constitution der Peptone [1]).

Sch. hat seine Untersuchungen über die Einwirkung von Baryumhydrat bei 150 bis 200⁰ auf die Peptone ausgedehnt. Fibrin aus Pferdeblut wurde durch käufliches Pepsin (»100 $\%$ iges extractives Pepsin«) peptonisirt. 350 Grm. feuchtes Fibrin (entsprechend 75,5 Grm. Trockensubstanz) wurden mit 2,5 L. Wasser, 12 CC. Salzsäure und 7,5 Grm. Pepsin, welches in 50 bis 100 CC. Wasser aufgelöst war, unter Zusatz von 10 CC. Blausäure 20 $\%$ fünf Tage bei 40⁰ digerirt. Es blieben 4 bis 4,7 $\%$ der Trockensubstanz ungelöst. Die erhaltene Lösung wurde mittelst Silberoxyd von Salzsäure befreit und zunächst auf dem Wasserbad, dann im Vacuum abgedampft. Der Rückstand, von Verf. als »Fibrinpepton« bezeichnet, wurde gewogen; es zeigte sich dass das Fibrin 3,97 $\%$ Wasser aufgenommen hatte. Die Zusammensetzung des Rückstandes war C 49,18, H 7,09, N 16,33 $\%$, nahe übereinstimmend mit dem von Kühne und Chittenden sorgfältig gereinigten Amphopepton (C 48,75, H 7,21, N 16,26 $\%$). Die schematische Formel für den Uebergang von Fibrin in »Fibrinpepton« würde sein $C_{56} H_{92} N_{16} O_{20} + 3 H_2 O = C_{56} H_{98} N_{16} O_{23}$. Das »Fibrinpepton« wurde 6 Stunden mit 3 Gewichtstheilen Baryum-

---

[1]) Recherches sur la constitution chimique des peptones. Compt. rend. **115**, 208—213.

hydrat auf 150 bis 180° erhitzt, und als Zersetzungsproducte erhalten: Ammoniakstickstoff 4,1 und 3,95 %, Kohlensäure 5,94, Essigsäure 3,16, fester Rückstand 87,82 %; die Summe der Producte (99,35 %) entspricht sehr annähernd dem angewandten Fibrinpepton, demnach würde es scheinen, als ob bei der Einwirkung des Baryumhydrat keine Wasseraufnahme stattgefunden hätte, indessen ergiebt die Analyse des festen Rückstandes (C 47,52, H 7,61, N 12,93 %), dass 5 % des Kohlenstoffs und 1 % des Stickstoffs in flüchtigen Producten entwichen sind (Körper der Pyrrol- oder Pyridingruppe). Daher lässt sich die Zersetzung des Fibrinpeptons durch folgende schematische Gleichung ausdrücken: $C_{56} H_{98} N_{16} O_{23} + 6 H_2 O = 2 CO_2 + 4 NH_3 + \frac{1}{2} C_2 H_4 O_2 + C_6 H_7 N + C_{47} H_{89} N_{11} O_{24}$. Der feste Rückstand nähert sich der Formel $C_n H_{2n} N_2 O_4$, doch enthält es etwas weniger Wasserstoff und etwas mehr Sauerstoff, als derselben entspricht. Herter.

14. W. Kühne: Erfahrungen über Albumosen und Peptone[1].

Verf. beschreibt hier sehr detaillirt die Darstellung eines albumose-freien Peptons, um die völlige Grundlosigkeit der Behauptung Pekelharings darzuthun, dass es kein Pepton gäbe, welches nach Reinigung durch Dialyse nicht wieder bei Sättigung mit Ammonsulfat einen Niederschlag erzeuge. Zuerst wird die Nothwendigkeit betont, bei dem Aussalzen nicht nur mit Ammonsulfat völlig zu sättigen, sondern auch eine möglichst grosse Menge gesättigter Salzlösung zu nehmen, so dass möglichst viel gelöstes Salz im Verhältniss zur auszusalzenden Substanz vorhanden ist. Ferner wird darauf hingewiesen, dass die schwer fällbaren Reste gelöster Albumose zu einem Theile nur bei alkalischer zum andern bei saurer Reaction ausfällbar sind. Die Trennung der Albumosen vom Pepton in Verdauungslösungen geschieht auf die Art, dass man (nach Entfernung der coagulablen Eiweisskörper) zuerst bei nahezu neutraler Reaction in der Siedehitze mit Ammonsulfat sättigt, die abgekühlte, von Salz- und Albumoseausscheidungen befreite Flüssigkeit wieder erhitzt, nach begonnenem Sieden mit Ammoniak und kohlensaurem Ammoniak kräftig alkalisch macht, von Neuem in der Hitze mit dem Sulfat

---

[1] Zeitschr. f. Biol. **29**, 1—41.

sättigt, nach dem Abkühlen von der zweiten Albumoseausscheidung
abfiltrirt, zum drittenmale erhitzt bis der Geruch nach Ammoniak
verschwunden ist, nochmals mit dem Salze heiss sättigt und nunmehr
mit Essigsäure deutlich ansäuert, worauf eine dritte Albumosefällung
hauptsächlich während des Abkühlens erfolgt. Die im 2. und 3.
Stadium ausfallenden Albumosen sollen später genauer verglichen
werden. Um die grossen Mengen Ammonsulfat aus den Pepton-
lösungen zu entfernen, wird die concentrirte Mutterlauge nach Aus-
krystallisiren eines grossen Antheils des Salzes wiederholt partiell mit
$^1/_5$ Vol. Alcohol gefällt; die verdünnten alcoholischen Lösungen
werden vereinigt und in eine Kältemischung gestellt, wobei noch
mehr Ammonsulfat auskrystallisirt. Aus der Lösung wird nun durch
Kochen zuerst der Alcohol entfernt, hierauf durch Sieden mit Baryumcarbonat das Ammonsulfat und zuletzt das gelöste Ba durch Schwefelsäure genau ausgefällt. So dargestelltes Pepton gibt keine Spur von
Albumosefällung mehr. Verf. weist ferner darauf hin, dass
Pekelharing seine Albumosefällungen gar nicht genau geprüft
hat und dass dieselben daher möglicherweise auch aus Gyps (bei
Anwendung von Quellwasser) bestanden haben konnten. Die Pekelharing'sche Methode, die Peptone sammt der gesättigten Ammonsulfatlösung der Dialyse zu unterwerfen, kann Verf. nicht empfehlen.
— Um grössere Mengen Pepsinpeptone zu gewinnen, versetzt
man eine 4—5 % Lösung des Witte'schen Peptonum siccum mit
3—4 % vom verwendeten Pepton an Salzsäure und mit Magensaft
mit 0,5 % HCl und digerirt unter Zusatz von etwas Thymol mehrere
Wochen lang. Auch dieses Pepsinpepton wurde ebenso wie das
Trypsinpepton vollständig frei von Albumosen nach oben beschriebener
Methode erhalten. — Im zweiten Abschnitte der Abhandlung wird
die Diffusion der Albumosen und Peptone beschrieben. Es wurden
U-förmige Dialysatorschläuche aus Pergamentpapier zuerst unter Druck
auf Löcher geprüft, dann ausgewaschen und ausgekocht. Die Lösung
im Schlauch betrug 50 CC., enthaltend 1 Grm. der vorher bei 107°
getrockneten Substanz und bildete eine nur dünne Schichte bei einer
Schlauchoberfläche von 264 Quadrat-Cm. Die Dialyse dauerte 24 St.
und nach Beendigung der Versuche erwiesen sich die Schläuche noch
undurchgängig für Hämoglobin. Es stellte sich so heraus, dass die

Heteroalbumose in neutraler oder schwach saurer Lösung nur ganz unerheblich diosmirt, in alkalischer deutlich, aber auch langsam (5,22 %). Protoalbumose, 1,38 % Asche enthaltend, in Wasser gelöst, gegen fliessendes Wasser dialysirt, ergab Verlust von 19,0 %, in 0,1 % HCl gelöst, zu fliessendem Wasser = 28,3 % Verlust. Deuteroalbumose, 0,66 % Asche enthaltend, in Wasser zu fliessendem Wasser = 10,0 % Verlust, in 0,1 % HCl gelöst, zu fliessendem Wasser = 24,1 % Verlust. Ueberraschend ist es, dass die Deuteroalbumose langsamer diffundirt als die Protoalbumose, da erstere ein Product fortgeschrittener Verdauung ist. — Im dritten Abschnitte werden die durch Bacterien gebildeten Albumosen genauer beschrieben, besonders das Tuberculin. Es wurde festgestellt, dass sich aus den Bacillen selbst keine Albumose und kein Pepton durch Auskochen mit Wasser gewinnen lässt und dass die aus den Bacillen-culturen stammenden Albumosen dem Nährsubstrat entstammen oder mit verdünnter Kalilauge extrahirt waren. Die Tuberkelbacillen scheinen aus Protoalbumose Deuteroalbumose und Spuren von Pepton zu bilden, ferner Tryptophan und eine Substanz, welche Indolreaction gïbt. Im Ganzen gleicht die Zersetzung der tryptischen, doch stimmt die Abwesenheit des Tyrosins und die Anwesenheit des indolartigen Körpers nicht damit. Zu entscheiden bleibt, ob die restirende Protoal-bumose oder die gebildete Deuteroalbumose Wirksamkeit besitzen. Bacillus subtilis und B. prodigiosus sind dem Tuberkel-bacillus an zersetzender Wirkung auf Albumosen quantitativ ausser-ordentlich überlegen; die chemisch erkennbaren Producte sind jedoch, wie es scheint, die gleichen. SH_2 wurde nie beobachtet, was vielleicht im Zusammenhange mit dem Auftreten des schwefelreichen Trypto-phans (Proteïnochromogens) zusammenhängen mag.   Loew.

15. A. Hirschler: Beiträge zur Kenntniss der Fibrinpapaya-Verdauung und besonders der dabei zu beobachtenden intermediären Globulinbildung[1]. Entgegen den Angaben Sidney-Martin's fand Verf., dass bei kürzerer Zeit andauernder Verdauung mehr Globulin gebildet wird, als wenn sich die Verdauung auf sehr lange Zeit

---

[1] Mathematikai és természettudományi értesitö, Budapest 10, 140 und Magyar orvosi archivum. 1, 367. Ungar. medic. Archiv 1, 341—349.

erstreckt. Das Optimum der Papaya-Verdauung liegt im sauren Medium bei 0,5 $^o/_{oo}$ Salzsäure; in alkalischem Medium ist die Verdauung überhaupt sehr erschwert, in 0,25 $^o/_{oo}$ iger oder etwas concentrirterer Kalilauge kommt dieselbe kaum mehr in Betracht. Den Coagulationspunkt des sich vorübergehend bildenden Globulins fand Verf. auch abweichend von den Angaben Sidney-Martin's; es wurden Versuche zu dem Zwecke angestellt, um zu entscheiden, in wie weit sich die Temperatur der Gerinnung bei wechselndem Salzgehalt verändert. Bei verdünnteren Lösungen als solchen, welche 0,5 $^o/_{oo}$ Eiweiss enthielten, war kein sicheres Resultat zu erzielen, in concentrirteren Lösungen als diesen sinkt die Trübungs- und Coagulations-Temperatur bei steigendem Salzgehalt. Die im Eiweiss-Coagulum eingeschlossene Salzmenge ist aber sehr unregelmässigen Schwankungen unterworfen. Andere Forscher beobachteten theilweise ähnliche Erscheinungen bei anderen Eiweissorten. Liebermann.

16. A. Stutzer: Zur Analyse der in Handelspeptonen vorhandenen stickstoffhaltigen Bestandtheile [1]). Auf Grund eingehender Vorversuche empfiehlt St. folgenden Gang zur Trennung der in den Handelspeptonen vorkommenden Bestandtheile. Gesammtstickstoff, unveränderte Eiweisskörper. Man wäge von trockenen Präparaten 5 Grm., von extractförmigen 8—10 Grm., von flüssigen 20—25 Grm. ab, löse in 200 CC. Wasser, mache durch einen Tropfen Essigsäure schwach sauer, erhitze zum Sieden, filtrire und bringe die Flüssigkeit mit Wasser auf 500 CC. Das feuchte Filter wird zur Stickstoffbestimmung nach Kjeldahl verwendet, eventuell der Stickstoffgehalt des Filters abgezogen. Man erhält durch Multiplication mit 6,25 die Menge der unveränderten Eiweissstoffe. Ein gut fabricirtes Pepton enthält kein unlösliches Eiweiss. Vom Filtrate dienen 50 CC. zur Bestimmung des löslichen Stickstoffes, die Summe beider Stickstoffmengen gibt den Gesammtstickstoff. Behandlung des Objectes mit Alcohol. Dieser löst Leimpepton, Leucin, Tyrosin und einen Theil der Fleischbasen, während Pepton, Albumose, Leim unlöslich bleiben. Man wägt 5 Grm. ab (vom dickflüssigen 20—25 Grm.) und erwärme mit 25 CC. Wasser im Becherglase; bei

---

[1]) Zeitschr. f. anal. Chemie **31**, 501—515.

den flüssigen ist ein Wasserzusatz unnöthig. Die Lösung wird allmählich unter Umrühren mit 250 CC. absolutem Alcohol übergossen, nach 10—12 St. abfiltrirt und mit Alcohol ausgewaschen. a. Die Lösung enthält Leucin, Tyrosin und Zersetzungsproducte, Leimpepton, sowie einen Theil der Fleischbasen. Man destillirt den Alcohol ab, löst in 500 CC. Wasser, verwendet 100 CC. zur Bestimmung des Gesammtstickstoffes, während 100 CC. entweder mit aufgeschlämmtem gelbem Quecksilberoxyd oder mit Phosphorwolframsäure behandelt werden. Im Niederschlage wird der Stickstoff bestimmt; er bezieht sich auf nicht näher bekannte Zersetzungsproducte von Albumose und Pepton und (bei Fleischpeptonen) auf Leimpepton. Zu den nicht gefällten Stickstoffverbindungen gehören theils die sog. Fleischbasen und vorzugsweise weitergehende Zersetzungsproducte, wie Leucin, Tyrosin etc. b. Der Rückstand wird vom Filter in das zur Fällung benutzte Becherglas gespült, die Flüssigkeit zur Verjagung des Alcohols erwärmt und die kleine Menge unlöslich gewordener Albumose abfiltrirt und in dem Filterinhalte der Stickstoff bestimmt; die gefundene Menge wird dem später zu ermittelnden Albumosestickstoff zugezählt. Das Filtrat verdünne man auf 500 CC. und verwende 50 CC. zur Bestimmung des Gesammtstickstoffes, 50 CC. zur Bestimmung von Albumose, Leim, Pepton, 100 CC. zur Bestimmung von Pepton, der eingedampfte Rest dient zum qualitativen Nachweise von Pepton. Albumose, Pepton, Leim. 50 CC. werden mit derselben Menge verdünnter Schwefelsäure (1 : 3 Vol. Wasser) und bis zur vollständigen Fällung mit Phosphorwolframsäure versetzt; im Niederschlage wird der Stickstoff bestimmt. Pepton. Die 100 CC. dampfe man auf 8—10 CC. ein, versetze nach dem Erkalten mit 100 CC. einer gesättigten Lösung von Ammonsulfat, rühre gut um und sammle den Niederschlag auf einem Filter. Das Filter wird mit warmem Wasser ausgewaschen, die Lösung auf 500 CC. gebracht, davon 100 CC. zur Stickstoffbestimmung verwendet, während in weiteren 100 CC. der Gehalt an Schwefelsäure durch Fällung als Baryumsulfat bestimmt wird. Die der Schwefelsäure entsprechende Stickstoffmenge (bei verschiedenen Sorten von Ammoniumsulfat besonders festzustellen!) wird vom gefundenen Stickstoffe abgezogen und der Rest als Stickstoff von Leim + Albumose

betrachtet, und dadurch auch der Peptonstickstoff (durch Subtraction vom Gesammtstickstoffe) gefunden. — Leim. Derselbe
kann am besten mittelst des Viscosimeters von Engler bestimmt
werden. Als Vergleichsobject dient eine jedesmal frisch zu bereitende
Lösung eines leimfreien Peptons (200 Grm. Serumpepton in 1 Liter
Wasser). Man stellt sich folgende, 10 % Pepton enthaltende Normal-
lösungen her:

1) eine Mischung von 125 CC. der obigen Peptonlösung und 125 CC. Wasser,
2) 0,62 Grm. Gelatin, gelöst in 125 CC. Wasser und 125 CC. Peptonlösung,
3) 1,25 „   „   „   „ 125 „   „   „ 125 „   „
4) 1,87 „ .   „   „   „ 125 „   „   „ 125 „
5) 2,50 „   „   „   „ 125 „   „   „ 125 „
Endlich eine 10 %ige Lösung des zu prüfenden Peptons.

Die Lösungen werden in Kolben von 300 CC. in Wasser von
10 ° gestellt, man lässt etwa 3 Stunden stehen und prüft die Lösungen
dann möglichst schnell hintereinander im Viscosimeter bei genau 20 °.
Man darf aber die Lösung vorher nicht über 20 ° erwärmen, da
sich dadurch die physikalische Eigenschaft der Leimlösung ändert
und dieselbe beim Abkühlen nicht sofort wieder hergestellt wird.
Bei grösserem Leimgehalt nimmt man eine entsprechend stärkere Ver-
gleichsflüssigkeit, bei schwächerem Leimgehalt nimmt man die Untersuchung bei 0 °—1 ° vor. — Das Vorhandensein von $\frac{1}{4}$ % Leim
kann mit Sicherheit im Viscosimeter nachgewiesen werden. — Auch
beim Leim hat man am besten den Quotienten 6,25 zur Ermittlung
des Stickstoffs zu verwenden. — Zieht man die Stickstoffmengen von
Albumose, Pepton und Leim zusammen ab vom Gesammtstickstoff des
in Alcohol unlöslichen Theiles, so erhält man den Stickstoff der in
Alcohol nicht löslichen Basen, besonders des Kreatin. Zur Berechnung
könnte der Factor 3,12 dienen. — Zur Ermittlung der organischen
Trockensubstanz wird das Pepton mit etwas Wasser und einer gewogenen Sandmenge bei 96—99 ° getrocknet; pulverförmige Peptone
werden direct getrocknet. Die für Albumose, Leim, Pepton, ferner
für die durch Phosphorwolframsäure fällbaren Stickstoffverbindungen
gefundenen Stickstoffmengen multiplicire man mit 6,25, addire die
Ergebnisse und bezeichne das an der Gesammtsumme der organischen
Trockensubstanz fehlende als »sonstige« Extractivstoffe. Fleisch-

pepton enthielt z. B. 19,01 $^0/_0$ mit 3,09 $^0/_0$ N org. Trockensubstanz, 2,54 $^0/_0$ Salze und Mineralstoffe, 78,45 $^0/_0$ Wasser. Die org. Trockensubstanz enthielt:

10,58 $^0/_0$ Albumose mit . . . . 1,69 $^0/_0$ N
1,37 « Pepton mit . . . . 0,22 « «
1,93 « in Alcohol lösliche peptonisirte Stoffe mit 0,31 « «
0,75 « Leim mit . . . . 0,11 « «
4,35 « sonstige Extractivstoffe mit . . . . . 0,76 « «

Andreasch.

17. L. A. Hallopeau: Dosirung von Pepton, durch Fällung als Quecksilberpeptonat[1]**).** H. empfiehlt das Pepton in neutraler oder sehr schwach saurer Lösung mit einem grossen Ueberschuss von Mercurinitrat zu fällen, so dass auch bei Anwesenheit von Chloriden unzersetztes Nitrat übrig bleibt. Der Niederschlag wird 18—24 St. stehen lassen, dann auf gewogenem Filter gesammelt, mit Wasser gewaschen, bei 106 bis 108° getrocknet und gewogen. Das Gewicht des Niederschlages, mit 0,666 multiplicirt, gibt die Menge des Pepton. Das zur Fällung dienende Mercurinitrat muss frei von Salpetersäure sein. Um es zu erhalten, wird das käufliche Salz (100 bis 150 Grm.) mit 1 Liter Wasser 15 bis 20 Minuten auf dem Wasserbad erwärmt; die filtrirte Flüssigkeit wird in einer Porzellanschale fast zum Sieden erhitzt und unter Umrühren mit einigen Tropfen Natriumcarbonat versetzt, bis das gebildete Quecksilberoxyd sich nicht mehr auflöst; dann wird filtrirt und zum L. aufgefüllt. Vor der Fällung des Pepton müssen andere Albuminstoffe entfernt werden.   Herter.

18. C. Paal: Ueber Salze des Glutinpeptons[2]**).** Verf. stellte das Chlorhydrat des Glutinpeptons dar durch Erwärmen eines Gemenges von 100 Thl. Glutin mit 160 Thl. Wasser und 40 Thl. conc. Salzsäure, dann Einengen, bis eine herausgenommene Probe sich in einem grossen Ueberschuss absoluten Alcohols löste. Das

---

[1]) Dosage de la peptone, par précipitation à l'état de peptonate de mercure. Compt. rend. **115**, 356—358. — [2]) Berichte der Deutschen Chem. Ges. **25**, 1202—1237.

dickflüssige Product wird mit dem 4—5 fachen Vol. absolut. Alcohols vermischt, wobei ein geringer Niederschlag — meist anorganische Salze — ausfällt, dann das Filtrat mit Aether gefällt, die Fällung in absolutem Alcohol gelöst und die Lösung im Vacuum verdampft. Zuletzt erhält man eine weisse spröde Masse, leicht in Wasser, wasserfreiem Aethyl- und Methylalcohol, ferner in Eisessig, Propylalcohol und Phenol löslich, weniger gut in Amylalcohol und Anilin, nur spurenweise in Chloroform. Sie löst sich nicht in Aether, Schwefelkohlenstoff und Benzol, ist sehr hygroscopisch und verträgt 130^0 ohne Zersetzung; wird in wässriger Lösung weder von Sublimat, noch von Ferrocyankalium mit Essigsäure, noch von Salpetersäure, wohl aber durch Ammonsulfat und Phosphorwolframsäure, wenn auch unvollständig, gefällt. Das Chlorhydrat des Glutinpepton gibt Biuretreaction, nicht aber die Adamkiewicz'sche und Millon's Reaction. Der gefundene H Cl-Gehalt schwankt zwischen 10,5 und $12,5^0/_0$. Wenn man aber bei der Darstellung eine grössere Menge Salzsäure als oben angegeben nimmt, oder weit länger erhitzt, so erhält man Producte von $13—18^0/_0$ H Cl-Gehalt. Der Aschegehalt schwankte von $0,34—0,63^0/_0$, der C-Gehalt von $41,5—45,9^0/_0$, der H-Gehalt von $6,5—7,1^0/_0$. Die Glutinpeptonsalze sind linksdrehend, a_D beträgt ungefähr — 60^0 für Salze mit $12^0/_0$ HCl in 10 procentiger, wässriger Lösung. Die erhaltenen Salze erwiesen sich als aetherartige Verbindungen, sie spalten beim Erwärmen mit Natronlauge oder beim Kochen mit Wasser Alcohol ab; hierauf beruht es, dass der Kohlenstoff so schwankend gefunden wurde. Ein solches Product, das durch längeres Kochen Alcohol abgespalten hatte, gab $44,34^0/_0$ C und $6,54^0/_0$ H. Verf. beschreibt die weiteren Versuche zur Zerlegung der Glutinpeptonchlorhydrate durch fractionirte Fällung, durch Dialyse und durch die Quecksilberchloriddoppelsalze und begleitet diese Beschreibung mit zahlreichen Analysen. Wir heben aus diesen Versuchen hervor, dass während die ursprüngliche Gelatine $0,5^0/_0$ S enthielt (bei sehr aschearmen Präparaten), die Peptonsalze der dritten Fraction nur $0,13—0,29^0/_0$ S enthielten. Die fractionirte Fällung mit Aether führte zu einer Zerlegung der Peptonsalze in 2 Antheile, einen in Alcohol unlöslichen und in einen darin löslichen. Diese Trennung gelingt noch besser durch die Dialyse. Die salzsauren

Glutinpeptone verbinden sich mit Quecksilberchlorid zu wasserlöslichen Doppelsalzen [1]), von denen das eine auch in Alcohol löslich ist. Für das freie Pepton berechnet Verf. einen C-Gehalt von 49,1—50,8 $^0/_0$ und einen H-Gehalt von 7,05—7,57 $^0/_0$. — Auch die Darstellung von Peptonsalzen durch Einwirkung von Pepsinsalzsäure auf Glutin, sowie die Herstellung der freien Peptone aus deren Salzen beschreibt Verf. eingehend. Letztere stellte Verf. aus den Chlorhydraten durch Zusatz von Baryt und Entfernung des Chlorbaryums durch Dialyse dar. So hergestellte Präparate gaben: C 49,56 $^0/_0$, H 6,65 $^0/_0$; mit Phosphorwolframsäure hergestellte 46,6 $^0/_0$ C bis 48,78 $^0/_0$ C und 6,95 $^0/_0$ H bis 7,45 $^0/_0$ H. Auch durch Umsetzung zwischen Peptonchlorhydrat und Silbersulfat und nachherige Entfernung der Schwefelsäure aus dem Peptonsulfat durch Baryt gewann Verf. das freie Pepton. — Schliesslich beschreibt Verf. Versuche zur Bestimmung des Moleculargewichts des Glutinpeptons unter Anwendung der Raoult'schen Gefriermethode, wobei zwischen 200 und 352 schwankende Zahlen gefunden wurden [2]). Auch die Moleculargewichte verschiedener Fractionen der Glutinpeptonsalze versuchte Verf. zu bestimmen. Für Gelatine selbst fand er mit Hülfe der Siedemethode Zahlen von 878—960. Loew.

19. H. Malfatti: Beiträge zur Kenntniss der Nucleïne [3]).

Die Frage, ob das Liebermann'sche Nucleïn den in der Natur vorkommenden Nucleïnen (Paranucleïnen) zuzurechnen sei und ob die von Liebermann aus Xanthinbasen, Metaphosphorsäure und Eiweiss dargestellten Körper wahre Nucleïne seien, beschäftigte den Verf. längere Zeit und er glaubt dieselbe im bejahenden Sinne beantworten zu dürfen. Ein möglichst phosphorsäurereiches Liebermann'sches Nucleïn erhielt Verf., indem er 25 Grm. Eiweiss aus Blutserum in 1 Liter verdünnter Salzsäure von 3 $^0/_{00}$ Säuregehalt unter Erwärmen löste und mit 6,5 Grm. Metaphosphorsäure versetzte. Die so erhaltenen Fällungen hatten fast regelmässig einen Gehalt

---

[1]) Solche Verbindungen wurden vom Verf. patentirt, sie enthielten bis 25 $^0/_0$ Hg Cl_2 und erwiesen sich therapeutisch brauchbar. — [2]) Vergl. dagegen das zu ca. 14270 gefundene Moleculargewicht des Albumins (!) [J. Th. **21**, 11]. — [3]) Zeitschr. f. physiol. Chem. **16**, 68—87.

von etwa 6 %/$_0$ P. — Der P-Gehalt kann je nach der Menge von
Wasser und Metaphosphorsäure bedeutenden Schwankungen unterliegen. Als eine Lösung von etwa 0,33 %/$_0$ Metaphosphorsäure
fractionsweise mit Serumalbuminlösung versetzt wurde, enthielt die
erste Fraction 5,2 %/$_0$ P, die vierte aber nur 3,9 %/$_0$ P. Durch wiederholtes Aufschwemmen in Wasser oder Lösen in verdünntem NH$_3$
kann der P-Gehalt der Producte bis auf 1,6 %/$_0$ herabgesetzt werden.
Beim Lösen in verdünntem Ammoniak und sofortigem Wiederaus-
fällen mit Essigsäure wurde ein solches P-armes Product ausgefällt,
aber bei weiterem Zusatz von Salzsäure fiel wieder ein Product
aus mit 5,9 %/$_0$ P. Um aus der Metaphosphorsäure-Eiweiss-Verbindung
eine Nucleïnsäure darzustellen, wurde das von Altmann angegebene
Verfahren [J. Th. **19**, 16) eingehalten, d. h. eine verdünnte Natronlauge (1 : 30) 5 Minuten lang einwirken gelassen, die Lösung verdünnt, mit Salzsäure fast neutralisirt und mit verdünnter Essigsäure
vorsichtig angesäuert. Der so ausfallende Niederschlag war fast oder
ganz P-frei, dagegen zeigten die auf weiteren Essigsäurezusatz ausfallenden Portionen einen stetig ansteigenden P-Gehalt bis zu 9,5 %/$_0$ P.
Verf. glaubt daher, dass hier Gemische von Nucleïnsäure mit Eiweiss
vorliegen. Zum Schlusse wurde die eigentliche Nucleïnsäure aus
der stark essigsauren Lösung mit Salzsäure ausgefällt; das Product
zeigte die von Altmann angegebenen Reactionen und einen Gehalt
von 12,3—11,6 %/$_0$ P. Da das Product aber (wie vorauszusehen, d.
Ref.) keine Xanthinbasen bei der Spaltung lieferte, gehört es zu
den Paranucleïnsäuren. Eine wahre Nucleïnsäure schien sich bei
Vereinigung dieser Säure mit Guanin zu bilden, doch konnte das
Product nicht immer wieder erhalten werden [vergl. diesen Band
pag. 4].   L o e w.

20. Halliburton: Ueber den chemischen Charakter der
Nucleoalbumine [1]). Verf. überzeugte sich, dass manche Körper, in
Leber, Niere, Gehirn etc., welche er früher als Globuline be-
schrieb, bei der peptischen Verdauung Nucleïn hinterlassen, also
Nucleoalbumine darstellen. Zur Isolirung derselben dienen zwei
Methoden, nach der ersten wird das zerkleinerte Organ mit starker

---

[1]) Journ. of physiol. **18**, XI—XIII.

Chlornatriumlösung versetzt und das erhaltene schleimige Product in
überschüssiges Wasser gegossen; die Nucleoalbumine steigen nach
oben, während die Globuline mit den Resten des Gewebes nach unten
sinken. So erhielt Verf. die Producte aus Lymphzellen und
Thymus. Die zweite Methode besteht in Extraction mit Wasser
und Fällen mit etwas Essigsäure. Der erhaltene Niederschlag ist
Woldridge's »Gewebe-Fibrinogen« und besteht aus Nucleoalbumin, Lecithin und Spuren von Mucin. Das Lecithin lässt sich
leicht mit Alcohol bei 40° entfernen. Aus Leber und Gehirn lässt
sich Nucleoalbumin nur nach der zweiten Methode gewinnen. Die
erhaltenen Körper sind nicht identisch; sie unterscheiden sich unter
anderem auch durch ihren Gehalt an Phosphor. Sie coaguliren
bei ca. 60°. In frischem Zustand geben sie mit Kali und Kupfersulfat eine violette, keine rosa Färbung, auch fehlt die Salpeter-
säurereaction der Proteosen. Die Lösung in wenig Natriumcarbonat
giebt mit Salpetersäure einen Niederschlag, der sich in der
Wärme zum Theil löst, aber beim Abkühlen nicht wieder ausfällt.
Zur Bestimmung der Phosphorsäure wurden die Substanzen
mit verdünnter Essigsäure, Wasser, kaltem und heissem Alcohol und
mit Aether gewaschen, darauf mit schwach salzsaurem und schliesslich wieder mit reinem Wasser, dann wurde eine gewogene Menge
in kochender Salpetersäure gelöst, und die Flüssigkeit auf dem
Wasserbad concentrirt unter Zusatz von etwas Schwefelsäure und
Kaliumchlorat. Die Phosphorsäure wurde dann mit Ammonium-
molybdat gefällt und als Magnesiumpyrophosphat gewogen.

Herter.

21. **N. P. Krawkow: Neues über die Amyloidsubstanz**[1]. Bisher hat man von allen stickstoffhaltigen Körpern die bekannte Reaction mit
Jod nur am Amyloid constatiren können. Dieselbe Reaction giebt aber das
Chitin, für welches Sundwick die Formel: $C_{60}H_{100}N_8O_{38} + nH_2O$, wobei
$n = 1$ bis 4, aufstellte. Verf. stellte das Chitin aus Krebsschalen dar; dieselben wurden durch Salzsäure entkalkt, mit 5%igem Kali gekocht, mit
Kaliumpermanganat entfärbt, mit schwacher Salzsäure versetzt und mit Alcohol und Aether extrahirt. Die farblosen Platten gaben mit Jod eine intensiv rothbraune Färbung, die bei Zufügung von Chlorzink oder Schwefel-

---

[1] Centralbl. f. d. medic. Wissensch. 1892, No. 9, pag. 145—148.

säure in Violett oder Blau überging. Methylviolett färbte das Chitin violett-
rosa oder rosa, besonders deutlich nach 24stündiger Einwirkung. Werden
Chitinplatten durch 2—3 Wochen in die Bauchhöhle von Hunden gebracht,
so geben sie die Amyloidreactionen deutlicher. Es werden die Chitingebilde
der Krebse, Schaben, Käfer, Libellen, Spinnen, Würmer untersucht und dabei
gefunden, dass das sog. Chitin nicht überall und nicht bei allen Thieren
gleich ist. Die hornartige Schichte im Muskelmagen der Vögel giebt die
Jodreaction und sehr schwach die Methylviolettfärbung. Es werden daher
chitin- oder amyloidartige Substanzen auch während des normalen Lebens
von höheren Thieren producirt. Kocht man nach Kühne's Methode dargestelltes Amyloid 20 Stunden lang mit 30 %oiger Kalilauge, so bleibt ein
geringer Rest, der keine Eiweissreactionen giebt und dem Chitin sehr ähnlich ist. K. betrachtet daher das Amyloid als eine Combination eines Eiweisskörpers mit Chitin, wahrscheinlich ist ersterer das Hyalin.

Andreasch.

**22. O. Loew und Th. Bokorny: Zur Chemie der Proteo-
somen.** [1]) Wie früher mitgetheilt, werden bei vielen pflanzlichen
Objecten durch Ammoniak und organische Basen, sowie deren Salze
wesentlich aus Eiweissstoff bestehende Ausscheidungen (Proteosomen) hervorgebracht. Da dieses Eiweiss aber in mehrfacher
Beziehung ein anderes Verhalten zeigt als das gewöhnliche Eiweiss, wurde es mit dem Namen actives Eiweiss belegt.
In möglichst unverändertem Zustande kann man es durch Coffeïn
oder Antipyrin (0,5 %₀ Lösungen) ausscheiden. Es bilden sich zuerst zahlreiche kleine Tröpfchen, welche in heftiger Bewegung sind
und bald sich zu grösseren lichtbrechenden Tropfen vereinigen. Bei
manchen Objecten liegen diese Ausscheidungen sowohl im Cytoplasma
als im Zellsaft, bei anderen wieder nur in einem von beiden. Genauere
Studien haben nun ergeben, dass dieses Eiweiss gespeichertes actives
Eiweiss ist, welches beim Wachsthum und bei der Zellvermehrung
zur Bildung der Organoide (Zellkern, Plasmahaut, Chlorophyllkörper)
verbraucht wird, wie Culturversuche in geeigneten Nährlösungen erkennen liessen. Es ist das Material, aus dem durch gesetzmässigen
Aufbau das organisirte lebende Protoplasma hervorgeht. Früher
fasste man alles Eiweiss im Cystoplasma als zum Protoplasma
gehörig auf, es galt als integrirender Bestandtheil des Plasmas.

---

[1]) Flora 1892. S. 117—130, Supplementheft. Vergl. J. Th. **19** u. **20**.

Ebenso irrig ist aber auch die bis heute noch verbreitete Meinung, dass das im Zellsaft gelöste Eiweiss stets passives gewöhnliches Eiweiss sei. — Zur Characterisirung des activen Eiweisses [1]) mögen folgende Beobachtungen an den durch Coffeïn erzeugten Proteosomen dienen: In 25° warmem Wasser verschwinden die Proteosomen momentan, die Zellen leben fort, wie wenn gar kein Eingriff durch Erzeugung und Wiederlösung der Proteosomen stattgefunden hätte. In kochendes Wasser, dem einige Procente Kochsalz zugesetzt sind, getaucht, coaguliren die Proteosomen sofort, die Kugeln werden hohl und trüb. Säuren, selbst sehr verdünnte, bringen bald Gerinnung hervor; diese veränderten Proteosomen werden nicht von Phosphorwolframsäure gelöst, wohl aber allmählich von 10 °/$_0$ HCl. Alles was die Zellen tötet, bringt bald darauf auch eine Veränderung der Proteosomen hervor, z. B. Diamid und Hydroxylamin in völlig neutraler Lösung. Formaldehyd wandelt die Proteosomen bald in eine in Kalilauge schwer lösliche Verbindung um [2]). Lässt man Spirogyren mit darin erzeugten Proteosomen in Aetherdunst absterben (was sehr rasch erfolgt), so gewahrt man wenige Minuten nachher ein Trübwerden der Proteosomen, sie gerinnen. Frische Spirogyren, nur 10 Minuten in verdünnter Jodlösung belassen, liefern mit Coffeïn keine Proteosomen mehr. Das nicht organisirte active Eiweiss ist also nahezu ebenso empfindlich als das organisirte active Eiweiss, das Protoplasma. Der Umstand aber, dass es doch etwas langsamer Umlagerung erfährt, bedingt die Ermöglichung mehrerer wichtiger Reactionen, welche mit den lebenden Organoiden nicht mehr gelingen, nämlich das ganz verschiedene Verhalten zu Ammoniak. Die lebenden Organoide sterben unter dem Einfluss verdünnten Ammoniaks bald ab, die mit Coffeïn erzeugten Proteosomen aber binden Ammoniak und gehen aus dem flüssigen in den festen Zustand über, so dass sie durch Druck in mehrere Stücke zerbrechen. Während

---

[1]) Dass die wesentlichsten Eiweissreactionen damit erhalten werden, wurde früher mitgetheilt. In dieser Abhandlung werden noch einige Bemerkungen darüber gemacht. — [2]) Ref. hat . früher schon mitgetheilt, dass Propepton mit Formaldehyd eine sehr schwer lösliche Verbindung giebt [J. Th. 18, 273] und kann beifügen, dass bei Gegenwart von HCl auch Hühnereiweiss sich so verhält.

die frischen Proteosomen schon durch 10—20 procentigen Alcohol
bald gerinnen, sind sie nach der Ammoniakbehandlung auch gegen
absoluten Alcohol indifferent, und werden auch von verdünnten Laugen
nur schwer angegriffen. Die durch Säuren oder Absterben der Objecte veränderten Proteosomen reduciren alkalische Silberlösungen
nicht, wohl aber die mit NH_3 behandelten. Das ist nun leicht
erklärlich, wenn Aldehydgruppen im activen Eiweiss vorhanden
sind; denn Aldehydammoniake reduciren bekanntlich noch ebenso
leicht Silberlösungen wie die Aldehyde selbst. Die früher beschriebene Silberreduction ist leicht verständlich: das gespeicherte
active Eiweiss des Cystoplasmas und des Zellsaftes ist es, das als
NH_3-Verbindung in kleinen Körnchen durch das NH_3 der Silberlösung zuerst ausgeschieden wird und dann das Silber reducirt. Nur
Zellen, welche gespeichertes actives Eiweiss mit Coffeïn erkennen
lassen, reduciren auch Silberlösung unter den beschriebenen Erscheinungen.   Loew.

II. Fette, Fettbildung und Fettresorption.

Uebersicht der Literatur
(einschliesslich der kurzen Referate).

Allgemeines.

*C. Amthor und J. Zink, zur Analyse des Schweineschmalzes.
Zeitschr. f. anal. Chemie **31**, 534—537.

*C. Amthor und J. Zink, Analysen von Pferdefett. Zeitschr. f.
anal. Chemie **31**, 381—883.

*W. Kalmann, zur Kenntniss des Pferdefettes. Chemikerztg. **16**.
922—923.

23. D. Kurbatoff, das Vorkommen von Leinölsäure in einigen
thierischen Fetten.

*O. Liebreich, über Fette. Festschrift, Rud. Virchow gewidmet.
Berlin, Reimer, 1891; im Auszuge Berliner klin. Wochenschr. 1892,
No. 5. Ausser den stickstofffreien Fetten, konnte Verf. im Protagon

der Gehirnsubstanz einen Stoff nachweisen, der bei seiner Zersetzung neben fetten Säuren auch Neurin ergab. Wachsartige Fette konnten bisher im Organismus nicht aufgefunden werden. Dagegen giebt es eine Gruppe einatomiger Fettsäure-Aether, die Cholesterinäther, die im thierischen Körper weit verbreitet sind. Die Cholesterinfette lassen sich bei allen Gebilden keratinösen Ursprungs nachweisen und es lässt sich zeigen, dass dieselben auch unabhängig von den Talgdrüsen in den epithelen Zellen der Haut auftreten. Weniger sicher geschieht dieser Nachweis durch Verarbeitung grösserer Mengen menschlicher Nägel, sehr deutlich jedoch ist der Gehalt der Kuhhörner an hochschmelzendem Cholesterinfett, indem hier die Cholestolreaction ungemein intensiv auftritt.

*Aug. Santi, über Lanolin. Liebreich's Nachweis von Lanolin resp. von Cholesterinfetten. Monatsh. f. prakt. Dermat. 15, 269—284. S. führt den Nachweis, dass die menschliche Haut kein Lanolin enthält und dass die von Liebreich angewandte Methode der Abscheidung und Nachweisung von Lanolin nicht einwandsfrei ist.

Andreasch.

*J. Lewkowitsch, zur quantitativen Bestimmung des Cholesterins. Ber. der deutsch. chem. Gesellsch. 25, 65—66. Cholesterin lässt sich durch Kochen mit Essigsäureanhydrid quantitativ in das Acetat überführen, für welches man die Verseifungszahl nach Köttsdorfer bestimmen kann. Ebenso kann es nach v. Hübl mit Jod verbunden werden; beide Methoden eignen sich zur Bestimmung des Cholesterins als solches oder in Gemischen mit anderen, die Reactionen nicht beeinflussenden Fettsubstanzen. Andreasch.

*K. Obermüller, Beiträge zur Kenntniss der Cholesterine und ihrer quantitativen Bestimmung in den Fetten. Ing.-Diss. durch Berliner Ber. 25, Referatb. 871. Es werden zwei neue Ester des Cholesterins beschrieben, der Oxalsäurecholesterylaethylester und der Bernsteinsäurecholesterylester. Brom führt letzteren in ein Dibromadditionsprodukt über. Der Phtalsäureester liefert bei gleicher Behandlung ein Monosubstitutionsprodukt. Isocholesterin wird aus Lanolin durch Verseifen mittelst Natriumalcoholats dargestellt. Eine Trennung desselben vom Cholesterin ist durch die geringere Löslichkeit der Benzoësäure- und Bernsteinsäure-Cholesterylester in Aether ermöglicht. Vom Isocholesterin werden die Kaliumverbindung, das Dibromür, das Propionat und Succinat beschrieben. Die Ester desselben zeigen beim Schmelzen keine Farbenerscheinungen.

*K. Obermüller, weitere Beiträge zur Bestimmung des Cholesterins. Zeitschr. f. physiol. Chemie 16, 143—151. Zur Trennung und Bestimmung des Cholesterins löst man das Fettgemenge in Aether (1 Grm. Fett auf 80 CC. Aether) auf und verseift die Fette durch starke alcoholische Natriumalcoholatlösung in der Kälte. Nach drei Stunden werden die gebildeten Seifen abgesaugt und mit 150 CC. Aether ausgewaschen. Das ätherische Extract wird abdestillirt, der Rückstand bei 100—120⁰ getrocknet, nochmals mit 10 CC. Aether ausgezogen und das nach Verdunsten des Aethers bleibende Cholesterin gewogen. Nur bei festen Fetten erhält man befriedigende Resultate. Statt der Wägung kann man das Cholesterin in Schwefelkohlenstoft lösen und mit einer ebensolchen Lösung von Brom titriren. Der Endpunkt ist durch die gelbrothe Färbung der Flüssigkeit zu erkennen.

Andreasch.

*Gérard, über die vegetabilischen Cholesterine. Compt. rend. **114**, 1544—1546.

Fettbildung, Fettresorption.

24. O. Hauser, vergleichende Versuche über die therapeutischen Leistungen der Fette.
25. A. Fick, über die Bedeutung des Fettes in der Nahrung.
 *Lambling, über die Bildung der Fette im thierischen Organismus. Bull. méd. du Nord, Lille **30**, 2388—2396.
26. Erw. Voit, über die Fettbildung aus Eiweiss.
27. Otto Frank, die Resorption der Fettsäuren der Nahrungsfette mit Umgehung des Brustganges.
28. E. Hedon und J. Ville, über die Verdauung der Fette nach Gallenfistelanlegung und Exstirpation des Pankreas.
 E. Pflüger, über Fleisch- und Fettmästung Cap. XV.

23. D. Kurbatoff: Das Vorkommen von Leinölsäure in einigen thierischen Fetten [1]).

Nach Saytzeff wird Leinölsäure bei der Oxydation mit Kaliumpermanganat in alkalischer Lösung zu Tetraoxystearinsäure, einer in Wasser löslichen Säure vom Schmelzpunkt 160⁰ umgewandelt. Durch Oxydation nach der Methode Saytzeff's von Fettsäuren aus dem Fette des Wels, Störs, grauer und weisser Hasen, sowie kaspischer Seehunde erhielt der Verf. eine in Wasser lösliche Säure, die betreffs ihres Schmelzpunkts, ihrer procentischen Zusammensetzung $C_{18}H_{36}O_6$, sowie der ihrer Natron- und Silbersalze vollständig mit der Tetraoxystearinsäure übereinstimmte. Da sich letztere, so viel bekannt ist, nur bei der Oxydation der Leinölsäure, $C_{15}H_{32}O_2$, bildet, so ist man berechtigt in jenen trocknenden Fetten Leinölsäure anzunehmen.   Tammann.

---

[1]) Journ. d. russ. phys.-chem. Gesellsch. **24**, 26—31.

24. O. Hauser: Vergleichende Versuche über die therapeutischen Leistungen der Fette[1]. H. hat bei 38 Kindern im Alter bis zu 14 Jahren Versuche über die diätetische Verwendung verschiedener Fette angestellt; geprüft wurden: der dunkle, fettsäurehaltige (6,5 %) sog. Berger-Thran, der gereinigte, helle Dampfthran mit einem Fettsäuregehalt von 0,18 %, das Olivenöl, das Lipanin und v. Mering's Kraftchocolade, welche mit Oelsäure gemengte Cacaobutter enthält. Am ungünstigsten waren die Erfahrungen mit Bergerthran, der widerwillig genommen und häufig Verdauungsstörungen verursachte; besser stand es mit dem Dampfthran und dem Olivenöl, am besten wurde das Lipanin und die Chocolade vertragen. Bei allen Fetten trat eine grössere oder geringere Gewichtszunahme ein, das subjective Befinden besserte sich, die Körperkräfte hoben sich. An einer Reihe von Säuglingen, die nebst der Kuhmilch wechselnde Mengen der obigen Fette erhielten, wurde auch der Koth nach der Methode von Munk untersucht. Es zeigte sich, dass die Fette in mittleren, bei einem Kinde auch in grösserer Menge, ziemlich gleich gut ausgenutzt wurden. Bei jenen Kindern, welchen die Fettbeigabe Digestionsstörungen verursachte, zeigten sich bei grösseren Dosen auch deutliche Differenzen in der Ausnutzung. Und zwar wurde das Lipanin am besten, recht gut und nicht viel schlechter das Olivenöl, weniger gut der Bergerthran, jedoch stets beträchtlich besser als der Dampfthran ausgenützt. Die Ausnutzung der Chocolade war stets eine vorzügliche, auch wurde sie sehr gerne genommen; sie ist wohl die denkbar angenehmste Form, um einem Kinde grössere Fettmengen zuzuführen. Andreasch.

25. A. Fick: Ueber die Bedeutung des Fettes in der Nahrung[2]. Die verschiedene Zusammensetzung der Nahrung verschiedener Thierarten und Menschenclassen lässt vermuthen, dass der thierische Organismus wohl im Stande ist, seinen ganzen Bedarf an stickstofffreiem Brennmaterial aus jeder einzelnen der drei Hauptgruppen von Nahrungsstoffen zu nehmen. Ein Fleischfresser, wenn er gerade nur fettarmes Fleisch zur Verfügung hat, muss es herstellen können wesentlich aus Eiweisskörpern, der Mensch in der Polarzone aus Fett, zum Theile auch aus Eiweiss, der Mensch in den Tropen, der fast nur von Reis lebt, aus Kohlehydraten. Dennoch sucht jeder bei frei gewählter Kost neben den unentbehrlichen Eiweisskörpern Fette und Kohlehydrate auf. Auch die Zusammensetzung der Milch gibt einen deutlichen Fingerzeig, dass ein richtiges Gemenge der beiden Nahrungsstoffe in der Nahrung am zweckmässigsten ist. Bei den meisten

[1] Zeitschr. f. klin. Medic. **20**, 239—271. — [2] Sitzungsber. d. physik.-medic. Gesellsch. zu Würzburg 1892, pag. 111—116.

Thieren, auch beim Menschen ist bekanntlich der Zuckergehalt grösser als der des Fettes. Von Purdy wurde die merkwürdige Thatsache gefunden, dass die Walfischmilch einen Fettgehalt von 40 $^0/_0$ aufweist. Dieses verschiedene Verhältniss von Zucker und Fett in der Milch wäre vom teleologischen Standpunkte aus gar nicht zu verstehen, wenn nicht Fett und Zucker verschiedene Aufgaben im Stoffwechsel hätten, obwohl im Nothfalle der Zucker die Aufgabe des Fettes oder das Fett die Aufgabe des Zuckers erfüllen kann. — Bei den die mechanische Arbeit leistenden Muskeln wird vor Allem Kohlehydrat (Glycogen) verbraucht und dabei gleichsam als Nebenproduct Wärme erzeugt, welche durch das Blut im ganzen Körper verbreitet wird und zur Erhaltung der Körpertemperatur dient. Unter vielen Umständen wird diese Wärme zu dem gedachten Zwecke ausreichen, es ist aber auch möglich, dass unter anderen äusseren Bedingungen jene Wärmemenge zu klein ist, und dass zur Erhaltung der Körpertemperatur noch andere Verbrennungen stattfinden müssen; dazu nun sollen vor Allem die Fette dienen. Daher wird das Fett dort reichlich zugeführt werden müssen, wo das Bedürfniss nach dieser Verbrennung in besonderem Mafse zu erwarten ist. Beim Säugling z. B. ist wegen der geringen Muskelbewegung die als Nebenproduct auftretende Wärmemenge sehr klein, die Abkühlung bei der relativ grossen Oberfläche aber gross, daher die Nahrung ebenso viel Fett (Heizmaterial) als Zucker (krafterzeugendes Material) enthält. Entscheidend spricht hierfür auch der collosale Fettgehalt der Walfischmilch; man denke an die enormen Wärmeverluste, die der kleine Körper des Walfischsäuglings in dem kalten Wasser der Polarmeere erleiden muss. Auch die instinktive Auswahl der Nahrung der erwachsenen Menschen passt ganz zu der ausgesprochenen Hypothese. Ueber den Ort, wo die blos heizend wirkenden Verbrennungen vor sich gehen, ist bisher keine sichere Vermuthung auszusprechen.

Andreasch.

26. Erwin Voit: Ueber die Fettbildung aus Eiweiss [1]). Nach einer kurzen Zusammenfassung der Wandlungen, welche die Anschau-

---

[1]) Münchener med. Wochenschr. 1892, Nr. 26.

ungen von der Fettbildung im Organismus im Laufe der Jahre erfahren haben, bespricht Verf. die Frage der Fettbildung aus Eiweiss,
welche Anschauung insbesondere durch die Untersuchungen von Pettenkofer und Voit begründet wurde, welche fanden, dass in einigen
Versuchen aus dem verfütterten Fleische ein Theil des C im Körper
zurückblieb, während der gesammte N des Fleisches ausgeschieden
wurde, weshalb geschlossen wurde, dass dieser aus dem Eiweiss her-
rührende C als Fett abgespalten und im Körper abgelagert wurde.
Diese vor einer langen Reihe von Jahren ausgeführten und für die
damalige Zeit einwandfreien Versuche entsprechen den jetzigen Anforderungen nicht vollständig, weil sie mit einigen Mängeln behaftet
sind. So wurde das verfütterte Fleisch nicht analysirt, sondern die
Einnahme nach s. g. Mittelzahlen berechnet. Ferner wurden Fett
und Eiweiss nicht streng auseinandergehalten, sondern es wurde ein
Ansatz oder eine Abgabe vom Körper als Fleisch ausgedrückt. Diese
Punkte werden bei allen neueren Untersuchungen berücksichtigt. .
Verf. hat bereits vor Jahren sämmtliche Respirationsversuche von
Pettenkofer und Voit einer nochmaligen Umrechnung unterzogen,
fand aber doch bei einigen Versuchen wenigstens, einen C-Ansatz
am Körper auch dann, wenn nur der im Eiweiss des Fleisches enthaltene C in Rücksicht gezogen wurde. Dadurch fiel der C-Ansatz
zwar geringer aus — und zwar um die C-Menge des im Fleisch
enthaltenen Fettes — immerhin blieb aber ein C-Rest zurück, der
nur vom Eiweiss stammen konnte. Wenn demnach auch durch diese
alten Versuche die Fettbildung aus Eiweiss erwiesen erscheint, ent-
schloss sich Verf. trotzdem, diese Untersuchung nochmals aufzunehmen
und zwar hauptsächlich um zu entscheiden, wie viel Fett aus Eiweiss
entstehen kann. Diese im Verlaufe der letzten 4 Jahre angestellten
und noch nicht abgeschlossenen Versuche ergaben zweifellos, dass
bei Zufuhr überschüssigen Fleisches ein Theil des C in Form einer
N-freien Verbindung im Körper zurückbleibt. Als Beispiel wird
folgender Versuch angeführt: Ein 23 Kg. schwerer Hund wird einige
Tage hindurch mit je 1500 Grm. reinem ausgewaschenem Fleisch,
mit 367 Grm. Eiweiss (60,0 Grm. N und 197,4 Grm. C) gefüttert.
Der Versuch ergab:

Gewicht in Kg.	N ausgeschieden	Zersetztes Eiweiss	Kohlenstoff			Fett	Kinetische Energie in Calor.		
			aus zersetzt. Eiweiss	ausgeschieden	Differenz		zersetztes Eiweiss	Fett angesetzt	Energieverbrauch d. Körpers
1. Tag 22,0	35,48	217	116,73	129,16	− 12,43	− 16	—	—	—
2. „ 22,3	48,98	300	161,14	148,61	+ 12,53	+ 16	1324	+ 154	1170
3. „ 22,2	53,07	325	174,60	156,48	+ 18,12	+ 24	1435	+ 222	1213

Der Eiweissverbrauch steigt daher mit jedem Tage und nähert sich der eingeführten Menge. Am 1. Tage deckte das zersetzte Eiweiss den Energiebedarf des Hundes nicht und es werden noch 16 Grm. Körperfett zersetzt. Aber schon am 2. und 3. Tage genügt die zersetzte Eiweissmenge und ein Theil vom C bleibt noch im Körper zurück. Die Verbindung, in welcher sich dieser C ablagerte, braucht nicht gerade Fett zu sein, es könnte z. B. auch Glycogen sein. Letzteres ist aber nicht wahrscheinlich, da bei Zufuhr grosser Eiweissmengen und sehr lang fortgesetzter Fütterung im Max. 3,4 Grm. Glycogen pro Kg. Thier gefunden wurde, während in diesem Versuche entsprechend 30,7 Grm. C = 134 Grm. Glycogen d. i. 6,1 Grm. pro Kg. Thier in nur 2 Tagen gebildet worden wären. Gegen eine solche Annahme spricht aber hauptsächlich Folgendes: Der wahre Energieverbrauch des Körpers ergibt sich, wenn von der kinetischen Energie des zersetzten Eiweisses diejenige der im Körper angesetzten C-Verbindung, die hier als Fett angenommen wird, abgezogen wird (vergl. obige Tabelle). Es ist auffallend, dass dieser wahre Energieverbrauch trotz der gleichen Nahrungszufuhr und Versuchsbedingungen wächst und zwar proportional dem aus dem Eiweiss angesetzten C. Dieser Mehrverbrauch wird offenbar durch die Fettbildung verursacht, welche einen mit Energieverbrauch verbundenen Reductionsvorgang darstellt. Die Glycogenbildung aus Eiweiss beruht auf einem Oxydationsvorgange und ist kaum mit Energieverbrauch verbunden. Der im obigen Versuche auftretende Energieverlust müsste aber noch bei weitem höher angenommen werden, wenn man sich den C nicht als Fett, sondern als Glycogen abgelagert denkt. Analoge Verhältnisse zeigen sich auch bei Fettbildung aus Kohlehydraten, wobei die Zersetzung proportional der Grösse des C-Ansatzes steigt. — Wenn man übrigens auch annehmen würde, dass diese aus dem Eiweiss abgespaltene C-Verbindung Glycogen ist, so wird damit die Fettbildung aus Eiweiss bewiesen, da aus Glycogen Fett entstehen kann.

Horbaczewski.

27. Otto Frank: Die Resorption der Fettsäuren der Nahrungsfette mit Umgehung des Brustganges [1]). Die vorliegende Abhandlung ist eine Fortsetzung der Versuche von P. v. Walther [J. Th. **20**, 43] [2]), welche ergeben hatten, dass der Ductus thoracicus nicht den einzigen Abzugsweg für die im Dünndarm resorbirten Gemische der Fettsäuren darstellt. I. Versuchsreihe: Hunden von mittlerer Grösse wurde nach 2—4 tägigem Hunger der Ductus thoracicus an der Einmündungsstelle in die Venen eröffnet und die Lymphe einige Zeit hindurch gesammelt. Vor der Lymphsammlung waren die Hunde mit einer grösseren Menge des Fettsäuregemisches gefüttert worden. Aus den mitgetheilten Versuchstabellen ergibt sich zunächst ein sehr langes Verweilen des Fettes im Magen; nach $21^{1}/_{2}$ stündigem Verweilen fanden sich noch 5,3 $^{0}/_{0}$ Fettsäuren im Magen. Im Allgemeinen verlassen in einer Stunde 4,3 $^{0}/_{0}$ der verfütterten Fettsäuren den Magen, oder anders ausgedrückt, der Magen ist bei Verfütterung von 50 Grm. Fettsäuren erst nach 23 Stunden 10 Minuten entleert. Zawilski [J. Th. **7**, 50] hat 24 Stunden dafür gefunden. Die jeweilig im Dünndarm gefundene Fettsäuremenge ist verhältnissmässig gering und ziemlich constant; sie betrug im Mittel 5,54 $^{0}/_{0}$ (Max. 9,5, Min. 2,0 $^{0}/_{0}$). Bei Zawilski ergaben sich 5,53 $^{0}/_{0}$. Die mittlere Geschwindigkeit des Fettstromes im Brustgange berechnet sich auf 1,27 $^{0}/_{0}$ der verfütterten Fettsäuren pro Stunde. Es bleibt daher, wie die beigegebene Tabelle lehrt, die Menge der durch den Ductus geflossenen Fettsäuren weit hinter der im Verdauungscanal verarbeiteten zurück. In einer II. Versuchsreihe wurde den Hunden der Ductus thorac. an der Einmündungsstelle in die Venen unterbunden; die Thiere zeigten keine besonderen Störungen. Nach der Tödtung wurden die einzelnen

---

[1]) Dubois-Reymond's Arch. physiol. Abth. 1892, pag. 497—512. —
[2]) Aus Versehen ist in dem Register zum 20. Bande der Name Walther weggeblieben.

Darmabschnitte sowie die Fäces auf den Fettgehalt geprüft; auch mehrere Blutproben wurden untersucht. Es zeigte sich, dass auch bei Ausschaltung des Brustganges eine Resorption der Fettsäuren und zwar in bedeutendem Mafse stattfindet; daraus mag geschlossen werden, dass auch unter physiologischen Verhältnissen der Chylusstrom nur einen kleineren Theil der resorbirten Fettsäuren mit sich führt. Aus den Blutanalysen liessen sich bestimmte Schlüsse nicht ziehen, so dass über die Art des Abzugsweges für die Fettsäuren vorläufig nichts bekannt ist. — Im Anhange werden die benutzten Methoden näher beschrieben.   A n d r e a s c h.

28. **E. Hédow und J. Ville: Ueber die Verdauung der Fette nach Gallenfistel und Exstirpation des Pankreas**[1]). Verff. stellten bei einem Hund zunächst eine Gallenfistel her, mit Resection des Ductus choledochus, und untersuchten das in den Fäces reichlich ausgeschiedene Fett (Alkohol-Aether-Extract), sowohl bei Ernährung mit Milchsuppe als mit Fleisch und Fett. Die Masse enthielt Seife 41 $^0/_0$, freie Fettsäuren 57, neutrales Fett 2 $^0/_0$. Nach einiger Zeit wurde dem Thiere der grösste Theil des Pankreas exstirpirt, so dass nur ein Theil des Schwanzes zurückblieb; Glycosurie trat nicht ein. Nach Aufnahme von neutralem Schweinefett enthielten nunmehr die Fäces keine Seife, aber neben 22 Theilen Neutralfett noch 78 Theile freie Fettsäuren. Bei Ernährung mit Milch bestand das Fett der Fäces aus 45 $^0/_0$ Fettsäure und 55 $^0/_0$ Neutralfett. Es wird also in Abwesenheit von Galle und Pankreassaft noch ein bedeutender Theil des eingeführten Fettes gespalten.   H e r t e r.

---

[1]) Sur la digestion des graisses après fistule biliaire et extirpation du pancréas. Compt. rend. Soc. biolog. **44**, 308—310.

III. Kohlehydrate.

Uebersicht der Literatur
(einschliesslich der kurzen Referate).

Allgemeines und einzelne Zuckerarten.

*J. Fogh, Untersuchungen über einige Zuckerarten. Comp. rend. 114, 920—923.

29. F. Stohmann und H. Langbein, über den Wärmewerth von Kohlehydraten, mehrsäurigen Alcoholen und Phenolen.

*Em. Fischer und A. J. Stewart, über aromatische Zuckerarten. Ber. d. d. chem. Gesellsch. 25, 2555—2563.

*E. Fischer, über kohlenstoffreichere Zuckerarten aus Glucose. Annal. Chem. Pharm. 270, 64—107.

O. Rosenbach, eine Reaction auf Traubenzucker (Nachweis im Harn) Cap. VII.

E. Freund, Vorkommen von thierischem Gummi im Blute, Cap. V.

Zucker im Blute, s. Cap. V u. IX.

*B. Vespa, die diuretische Wirkung des Milchzuckers und des Traubenzuckers. Riforma medica 1891, No. 274, pag. 583. Auf Grund der physiologischen, diuretischen Wirkung beider Zuckerarten werden beide mit Erfolg klinisch angewandt.

*M. Schmoeger, Notiz über acetylirten Milchzucker und über die im polarisirten Licht sich verschieden verhaltende Modification des Milchzuckers. Ber. d. d. chem. Gesellsch. 25, 1452—1455.

30. A. Günther, G. de Chalmot und B. Tollens, über die Bildung von Furfurol aus Glycuronsäure und deren Derivaten, sowie aus Eiweissstoffen.

F. Blum, über Thymolglycuronsäure Cap. IV.

*Em. Bourquelot, über die Vertheilung der Zuckerarten in den verschiedenen Theilen von Boletus edulis. Compt. rend. 113, 749—751. B. fand im Fuss (pro Kgrm. frischen Gewebes) 24,5 %/oo Trehalose neben 0,77 %/oo Glucose, im Hut 13,8 resp. 0,71 %/oo; die Hymenophoren waren frei von Zucker.   Herter.

*Camille Vincent und Delachanal, über das Vorkommen von Mannit und Sorbit in den Früchten vom Kirschlorber. Compt. rend. 114, 486—487.

31. N. P. Krawkow, zur Frage über das Vorkommen von Kohle-
    hydraten im thierischen Organismus.

    *C. Schulze und B. Tollens, über die Pentosane (Holzgummi,
    Xylan, Araban) der verholzten Pflanzenfaser. Annal. Chem. Pharm.
    271, 55—59.

    *C. Schulze und B. Tollens, über Xylose aus Quittenschleim
    u. Luffa. Annal. Chem. Pharm. **271**, 60—61.

    *E. R. Flint und B. Tollens, über die Bestimmung von Pento-
    sanen und Pentosen in Vegetabilien durch Destillation mit
    Salzsäure und gewichtsanalytische Bestimmung des entstandenen Fur-
    furols. Ber. d. d. chem. Gesellsch. **25**, 2912—2917.

32. B. Tollens, über die Pentaglycosen, ihr Vorkommen in Pflanzen-
    stoffen und ihre analytische Bestimmung.

33. E. Schultze, zur Kenntniss der in den Leguminosensamen ent-
    haltenen Kohlehydrate.

    *C. Schulze und B. Tollens, Untersuchungen über Kohlehydrate.
    Landw. Versuchsstat. **40**, 368—389. Handelt wesentlich vom Holz-
    gummi und der daraus hervorgehenden Xylose.   Loew.

    *W. Bauer, über eine aus Leinsamenschleim entstehende Zucker-
    art. Ibid. S. 480.

    *O. Loew, Zur Charakterisirung der Zuckerarten. Ibid. 131—135.

    *A. v. Planta und E. Schulze, Bestimmung des Stachyose-Gehalts
    der Wurzelknollen von Stachys tuberifera. Landw. Versuchs-
    stat. **41**, 123—129.

    *E. Winterstein, über die Inversion einiger Kohlehydrate,
    Landw. Versuchsstat. **41**, 367—384. Betrifft wesentlich die Verhält-
    nisse bei der Inversion von Stachyose und Lupeose (-Galactan).
                                                         Loew.

    *W. Bauer, über eine aus Birnenpectin entstehende Zuckerart.
    Landw. Versuchsstat. **41**, 477. Das Product ist wahrscheinlich Galactose.
                                                         Loew.

    *E. Schulze, Chemie der pflanzlichen Zellmembranen. Zeit-
    schr. f. physiol. Chemie **76**, 387—438. Es werden hier die Resultate
    der neueren Untersuchungen des Verf. und seiner Schüler, sowie einiger
    anderer Forscher zusammengestellt, welche ergeben, dass manche der
    Cellulose ähnliche Kohlehydrate der Pflanzen nicht von der Glucose
    deriviren, sondern von Galactose, Mannose, Arabinose und anderen
    Zuckerarten, auch wohl aus Gemengen oder Verbindungen zweier ver-
    schiedener Polyanhydride von Zuckerarten bestehen.   Loew.

    *L. Mangin, Bemerkungen über die Cellulose-Membran. Compt.
    rend. **118**, 1069—1072. Durch Einwirkung caustischer Alkalien geht
    die Cellulose in eine Modification über, welche sich leicht färbt, wie

die durch Säuren gebildete Hydrocellulose[1]). Verf. empfiehlt diese Eigenschaft zum Nachweis zu benutzen. Die Gewebe werden in absolutem Alkohol entwässert und dann in gesättigter alcoholischer Lösung von Kali oder Natron macerirt. Nach dieser Vorbereitung lässt sich die Cellulose leicht durch Jodreagentien, durch die Farbstoffe der Gruppe des Orseillin BB (bei saurer Reaction), sowie durch die Benzidinfarbstoffe (bei alkalischer Reaction) färben. Das von Gardiner empfohlene Methylenblau, das von van Tieghem[2]) angewandte Anilinbraun und Chinoleinblau färben nach Verf. die Pectinstoffe, aber nicht die Cellulose.   Herter.

*E. Winterstein, über das pflanzliche Amyloid. Zeitschr. f. physiol. Chemie 17, 353—380.

*E. Winterstein, zur Kenntniss der Muttersubstanzen des Holzgummis. Zeitschr. f. physiol. Chemie 17, 381—390.

*E. Winterstein, über das Verhalten der Cellulose gegen verdünnte Säuren und verdünnte Alkalien. Zeitschr. f. physiol. Chemie 17, 391—400.

*C. O'Sullivan, Untersuchungen über die Gummiarten der Arabingruppe. 2. Abh.: Geddinsäure, Geddagummi; die rechtsdrehenden Varietäten. Chem. Soc. 1891, I, p. 1029—1075; Berliner Ber. 25, Referatb. 370.

*F. Garros, über gummiartige Stoffe und die Pectinkörper. Neues organisirtes Ferment des Kirschgummis. Bull. soc. chim. [3], 7, 625—627.

34. Just. Coronedi, über eine im fadenziehenden Harne gefundene Substanz.

*P. Petit, über die Bildung der Dextrine. Compt. rend. 114, 76—78. P. behandelt die Bildung von Dextrin und Zucker nach Payen durch Erhitzung von Stärke mit schwacher Salpetersäure auf 100—140⁰.   Herter.

*P. Petit, über ein Oxydationsproduct des Amylum. Compt. rend. 114, 1375—1377.

*A. Prunet, über den Mechanismus der Lösung des Amylum in der Pflanze. Compt. rend. 115, 751—753.

35. F. Röhmann, über die Verzuckerung von Stärke durch Blutserum.

*Ant. Schiffer, über die nicht krystallisirbaren Producte der Einwirkung der Diastase auf Stärke. Inaug.-Diss.; chem. Centralbl. 1892, II, 825.

[1]) J. Schleiden, Wiegmann's Arch. 1838.   [2]) van Tieghem, Traité de botanique, 2. éd. p. 559.

*C. J. Lintner, Versuche zur Gewinnung der Isomaltose aus den
  Producten der Stärkeumwandlung durch Diastase. Zeitschr.
  f. angew. Chemie 1892, 263—268.
*G. Rouvier, über die Bindung des Jods durch Stärke. Compt.
  rend. **114**, 749—750. Verf. findet im Gegensatze zu den Angaben
  von Mylius, dass bei der Bildung von Jodstärke auf 4 Atome Jod
  nicht gleichzeitig 1 Mol. Jodwasserstoff oder Jodid aufgenommen wird.

Assimilation und Verhalten im Organismus.

*N. Hess, ein Beitrag zur Lehre von der Verdauung und Resorp-
  tion der Kohlehydrate. Inaug.-Diss. Strassburg 1892.
36. Hanriot, über die Assimilation der Kohlehydrate.
  *Cremer, Fütterungsversuche mit Isomaltose, Dextromannose
  und Rhamnose. 2. Internation. Physiologencongress in Lüttich 1892;
  Centralbl. f. Physiol. **6**, 396. Dieselben ergaben, dass die Isomaltose,
  wie die Maltose den Glycogengehalt der Leber durch directe Umwandlung erhöhen und kaum in den Harn übergehen, dass die Dextromannose sich dagegen wie die Galactose verhält, d. h. stärkere Ausscheidung mit dem Harn und nur ersparende Wirkung auf das Eiweiss-
  glycogen zeigt. Die Versuche mit Rhamnose waren nicht entscheidend,
  der Zucker wurde wieder reichlich im Harn gefunden. Das gefundene
  Glycogen ist immer dasselbe. Zuckerarten, die gährfähig sind, sollen
  auch Glycogen bilden.   Andreasch.
  E. Salkowski und M. Jastrowitz, über eine bisher noch nicht be-
    obachtete Zuckerart im Harn. Cap. VII.
  E. Salkowski, über das Vorkommen von Pentaglycosen (Pentosen)
    im Harn. Cap. VII.
37. W. Ebstein, über das Verhalten der Pentaglycosen im
    Organismus.
38. Fr. Voit, über das Verhalten des Milchzuckers beim Diabetiker.
39. Fr. Voit, über das Verhalten der Galactose beim Diabetiker.
40. Albertoni, über das Verhalten und über die Wirkung der
    Zuckerarten im Organismus.
41. L. E. Shore und M. C. Tebb, über die Umwandlung von Maltose
    in Dextrose.
  C. Voit, über die Glycogenbildung nach Aufnahme verschiedener
    Zuckerarten. Cap. IX.
  T. Araki, über die Bildung von Milchsäure und Glycose im
    Organismus bei Sauerstoffmangel. Cap. XIV.
  E. Pflüger, die Ernährung mit Kohlehydraten und Fleisch oder
    auch mit Kohlehydraten allein. Cap. XV.

29. F. Stohmann und H. Langbein: Ueber den Wärmewerth von Kohlehydraten, mehrsäurigen Alcoholen und Phenolen.[1]) Aus der umfangreichen Abhandlung seien nur die für die Kohlehydrate gefundenen Mittelzahlen herausgehoben; dieselben sind in Spalte I für jede Gruppe enthalten, Spalte II enthält die Umrechnung für gleichen Kohlenstoffgehalt:

	I.			II.	
Hexosen . .	$C_6 H_{12} O_6$	672,0 Cal.		$C_{36} H_{72} O_{36}$	4032,0 Cal.
Disaccharide .	$C_{12} H_{22} O_{11}$	1351,2 «		$C_{36} H_{66} O_{33}$	4053,6 «
Polysaccharide	$\chi\, C_6 H_{10} O_5$	677,75 «		$C_{36} H_{60} O_{30}$	4066,5 «

Der Wärmewerth steigt hiernach mit der Zunahme der Wasserstoff- und Sauerstoffatome, doch gilt dies nicht allgemein.

Andreasch.

30. A. Günther, G. de Chalmot und B. Tollens: Ueber die Bildung von Furfurol aus Glycuronsäure und deren Derivate, sowie aus Eiweissstoffen.[2]) A. Untersuchung von Glycuronsäure und ihren Derivaten. Wie Verff. schon in früheren Abhandlungen mittheilten, geben die Glycuronsäure, sowie die Pentosen bei der Destillation mit Salzsäure Furfurol; auch verhält sich diese Säure gegenüber dem Phloroglucin genau so wie die Pentosen, denn sie giebt mit dem Phloroglucinreagens dieselbe Röthung und dieselbe Spectralreaction wie Arabinose und Xylose. Glycuronsäureanhydrid giebt beim Destilliren mit Salzsäure ungefähr dieselbe Furfurolmenge wie die beiden Pentosen (45,8—46,2 %), ebenso lieferte Euxanthinsäure 12,5 % Furfurol. Da 1 Theil Glycuronsäure aus 2,295 Theilen Euxanthinsäure entsteht, so hat die Glycuronsäure der Euxanthinsäure 28,7 % Furfurol geliefert. Urochloralsäure ergab 17 % Furfurol, oder auf das daraus abspaltbare Glycuronsäureanhydrid berechnet 31,4 % Furfurol. Harn. 200 CC. normaler Harn wurden im Wasserbade fast zur Trockne verdampft und darauf mit 100 CC. Salzsäure von 1,06 [im Original steht 1,6?] spec. Gew. destillirt. Anfänglich zeigte das Destillat deutliche Fur-

---

[1]) Journ. f. pract. Chemie **45**, 305—356. — [2]) Ber. d. d. chem. Gesellsch. **25**, 2569—2572.

furolreaction, die bald verschwand; da keine Hydrazonfällung eintrat, waren weniger als 0,025 Grm. Furfurol. entstanden. Es sind
also in 200 CC. Harn weniger als 0,04—0,05 Grm. Glycuronsäure
(oder auch Pentosen) enthalten. Eiweissstoffe (Caseïn, von Kohlehydraten freies Pferdefleischpulver) gaben bei der Destillation mit
Salzsäure stets nur Spuren von Furfurol. Nur die ersten Tropfen
des Destillates gaben mit Anilinacetatpapier schwache Röthung. Für
die Annahme von merklichen Mengen von Pentosegruppen in
Eiweissstoffen liegt daher ebensowenig Positives vor, wie für die Annahme erheblicher Mengen von Hexakohlenhydraten [Wehmer und
Tollens J. Th. **16**, 3, **18**, 20].   Andreasch.

**31. N. P. Krawkow: Zur Frage über das Vorkommen von
Kohlehydraten im thierischen Organismus[1]).** Als Resultate ergaben
sich: 1) Bei der quantitativen Bestimmung von Kohlehydraten in
den Geweben nach der Brücke'schen Methode können auch stickstoffhaltige Körper gleichzeitig ausgeschieden werden (aus dem Knorpel
die combinirten Kohlehydrate).   2) Das Glycogen findet sich in den
Geweben (Knorpel) in verschiedenen, mehr oder weniger beständigen
Verbindungen mit stickstoffhaltigen Körpern; von dem freien Glycogen
unterscheidet es sich dadurch, dass es schwer von diastatischen Fermenten angegriffen wird, es giebt eine unbeständige, schon von
Wasser bei gewöhnlicher Temperatur leicht zersetzbare Jodverbindung
und wird von heissem Wasser schwierig gelöst.   Im Laufe der Entwicklung scheint die Verbindung mit der stickstoffhaltigen Gruppe
immer beständiger zu werden, sodass der Knorpel (von Menschen
oder Ochsen) statt seiner eine stickstoffhaltige Substanz liefert, deren
wässrige Lösung stark opalescirt.   Dieser Körper färbt sich nicht
durch Jod, wird durch Speichel nicht, wohl aber beim Kochen mit
Säure verzuckert (combinirtes Kohlehydrat).   3) Nach dem Glycogen-
gehalte ist das Knorpelgewebe der kaltblütigen Thiere dem der Embryonen der warmblütigen ähnlich.   4) Das Knorpelgewebe enthält
reichlich Zucker und in grösserer Menge die obengenannten, zucker-
abspaltenden, stickstoffhaltigen Substanzen.

---

[1]) Wratsch; durch Centralbl. f. d. medic. Wissensch. 1892, No. 40,
pag. 725.

32. B. Tollens: Ueber die Pentaglycosen, ihr Vorkommen in Pflanzenstoffen und ihre analytische Bestimmung.[1]) Bei den Untersuchungen von Futtermitteln war es bisher ein Uebelstand, dass die »stickstofffreien Extractivstoffe« und die Beimengungen der »Rohfaser« nicht alle näher bekannt waren. Durch den Nachweis, dass das Holzgummi der Rohfaser anhaftet und in den »stickstofffreien Extractstoffen« ebenfalls Pentaglycosen vorhanden sind, haben jene Analysen einen Fortschritt zu verzeichnen. Da Xylan und Araban, resp. die daraus hervorgehende Xylose und Arabinose nahezu die Hälfte ihres Gewichts an Furfurol bei der Zersetzung mit Salzsäure liefern, so lässt sich die Menge der Pentaglycosen in den Futtermitteln annähernd berechnen, wenn man die Menge des daraus durch Destillation mit HCl erhaltenen Furfurols (als Hydrazon zu bestimmen) mit 2 multiplicirt. Auf diese Weise fand Verf., dass in den Getreidestroharten der Gehalt an Pentaglycosen oft weit mehr als die Hälfte der stickstofffreien Extractstoffe ausmacht. Die Rohfaser aus Haferstroh lieferte ferner noch 13 % Pentaglucose. Verf. giebt folgende Tabelle:

Untersuchtes Material	Pentaglucose %/0	Gehalt an N-freien Extractstoffen %/0
Roggenstroh	25,2	33,3
Weizenstroh	27,7	36,9
Gerstenstroh	25,6	36,7
Haferstroh	25,8	36,2
Erbsenstroh	16,9	34,0
Wiesenheu	18,3	41,4
Kleeheu	9—10	35—38
Bierträber	22,4	43,6
Weizenkleie	24,7	55,5
Rübenschnitzel	33,4	54,8

[1]) Journ. f. Landwirthschaft **40**, 11—17.

Eiweissstoffe liefern nur Spuren Furfurol. Versuche über den Wirkungswerth der Pentaglucosen im thierischen Organismus sind beabsichtigt.   L o e w.

33. E. Schulze: Zur Kenntniss der in den Leguminosen-samen enthaltenen Kohlehydrate[1]**).** Schon früher machte Verf. darüber Mittheilung, dass sich in den Leguminosensamen 2 Kohlehydrate finden, welche er als β-Galactan und Paragalactan bezeichnete. Jetzt untersuchte er genauer, was für Glucosen neben der Galactose bei der Hydrolyse sich noch bilden. Das Resultat war, dass noch Fructose und ein weiterer noch nicht näher bestimmbarer Zucker auftritt, wenn β-Galactan invertirt wird. Dieser Körper entspricht möglicherweise der Formel $C_{24}H_{42}O_{21}$ oder $C_{36}H_{66}O_{33}$. 100 Thl. β-Galactan (wasserfrei) liefern im Mittel 41,16 Thl. Schleimsäure. Lupinensamen enthalten $11-12\,^0/_0$ dieses Kohlehydrats. Was das Paragalactan betrifft, so liefert es ausser Galactose bei der Inversion noch eine Pentose, welche wahrscheinlich Arabinose ist. Möglicherweise liegt ein Gemenge eines Galactans und eines Arabans vor. Schon $1\,^0/_0$ige Salzsäure wirkt invertirend beim Erwärmen auf das Paragalactan.   L o e w.

34. Just. Coronedi: Ueber eine in einem fadenziehenden Urin gefundene Substanz[2]**).** Der Autor giebt eine Beobachtung über einen Fall, in welchem 2 Jahre lang der Urin eine fadenziehende Eigenschaft hatte. Sonst bot der Urin weder physikalische noch chemische Abnormitäten dar. Er enthielt einen Microorganismus und befand sich nicht in ammoniakalischer Zersetzung. Seine Consistenz war die eines Syrups. Die fadenziehende Eigenschaft wurde gänzlich aufgehoben, wenn der Urin mehrfach durch Thierkohle filtrirt wurde oder wenn er mit Gerbsäure oder Natronlauge, Kupfersulfat, mit absolutem Alcohol, mit Schwefeläther oder mit Chloroform behandelt wurde, während Benzin, Terpentinöl und Anilinöl die syrupartige Consistenz verminderten, ohne sie ganz aufzuheben.

---

[1]) Landw. Versuchsstat. **41**, 207—230. — [2]) Sopra una sostanza trovata in un' orina filante, L'Orosi Januar 1892. Annali di chimica e di farm. **15**, 314; auch Moleschott's Unters. z. Naturlehre **14**, 637—643.

Die Substanz wurde mit Alcohol, Natronlauge oder Kupfersulfat gefällt oder dem Harne mittelst Thierkohle entzogen. Das so erhaltene Präparat ist eine amorphe weissliche, schleimige, fadenziehende
Substanz, welche bei der Verbrennung keinen besonderen Geruch
entwickelt und eine kalkhaltige Asche zurücklässt. Während sie unlöslich in destillirtem Wasser ist, löst sie sich nach Ansäuerung mit
Schwefelsäure oder Salzsäure. Sie gibt weder mit der Trommerschen, noch mit der Millon'schen Probe, noch mit Jodtinctur eine
Reaction, dagegen gibt sie die Udránszky'schen und Baumann-
schen Reactionen. Die aus dem Urin isolirte Substanz hat kein
diastatisches Vermögen, wird aber auch nicht von dem Speichel- und
Pankreasferment verändert. Auch der im Urin enthaltene Microorganismus ist isolirt und cultivirt worden. Wenn mit diesem ein
Urin geimpft wird, so entsteht in ihm eine fadenziehende Substanz.
Wenn man den Urin vor und nach der Impfung untersucht, so sieht
man, dass nach der Impfung der Stickstoff abnimmt, ebenso der Schwefel
und Phosphor, während das Chlor vermehrt wird. Diese letztere
Vermehrung wird abgeleitet von einer organischen Chlorverbindung.
die durch den Microorganismus zerlegt wird. Stärkekleister mit ihm
geimpft, wird fadenziehend, ohne die Jodreaction zu verlieren und
ohne die Trommer'sche Probe zu ergeben. Bouillon, Wein und
Bier werden durch den Pilz fadenziehend, und die aus dem Bier mit
Alcohol gefällte Substanz verhält sich wie die des Original-Urins.
Wenn man einen an Schleim reichen Urin durch Dialyse von demselben trennt und dann den Pilz in den Urin impft, fehlt die fadenziehende Substanz. Verf. nimmt an, dass die fadenziehende Substanz zur Gruppe der Kohlenhydrate gehört, und dem thierischen
Gummi von Landwehr sehr ähnlich oder mit ihm identisch ist,
und dass schliesslich eine der Ursprungssubstanzen des fadenziehenden
Körpers das Mucin ist, welches durch den Microorganismus gespalten
wird.   Rosenfeld.

**35. F. Röhmann: Ueber die Verzuckerung von Stärke durch
Blutserum**[1]). Durch die Untersuchungen von Bial ist in einwand-

---

[1] Ber. d. d. chem. Gesellsch. **25**, 3654—3657.

freier Weise gezeigt worden, dass das Blutserum sowie die Lymphe
ein Enzym enthält, welches die Fähigkeit besitzt, Stärke in Zucker,
und zwar höchst wahrscheinlich in Traubenzucker, umzuwandeln.
Dextrine traten dabei nur auf, wenn die Verzuckerung noch nicht
ihren Höhepunkt erreicht hatte. — Zur Darstellung dieses Zuckers
werden 100 Grm. Kartoffelstärke mit 5 Liter Wasser verkleistert
und nach dem Abkühlen mit 1 Liter Rinderblutserum und, zur Verhinderung der Bacterienwirkung, mit 100 CC. einer 10 %igen alcoholischen Thymollösung versetzt. Das Gemisch bleibt 24 St. bei
32 ⁰ stehen. Die Flüssigkeit wird so lange mit verdünnter Salzsäure
versetzt, bis der zuerst entstandene Niederschlag der Globuline sich
wieder zu lösen beginnt. Ein Tropfen der Flüssigkeit färbt rothes
Lakmoïdpapier eben noch schwach blau. Kocht man jetzt auf, so
scheidet sich das Eiweiss aus und man erhält ein wasserklares Filtrat.
Man verdampft zum Syrup und versetzt mit Methylalcohol, wodurch
eine Fällung entsteht. Die alcoholische Lösung wird wieder zum
Syrup verdampft und dieser in das mehrfache Volumen Methylalcohol
eingetragen. Der geringe Niederschlag wird entfernt, das Filtrat
verdunstet, wonach der Rückstand in einigen Tagen krystallinisch
erstarrt. Die umkrystallisirten Krystalle entsprachen der Zusammensetzung $2 C_6 H_{12} O_6 . Na Cl + \frac{1}{2} H_2 O$. Das optische Verhalten, sowie
das Reductionsvermögen, ferner die Eigenschaften des Osazons zeigten,
dass in der That Traubenzucker gebildet worden war. Der Stickstoffgehalt der nach verschieden langer Einwirkung dargestellten
Osazone (12,75, 14,76, 15,34 %/₀ N) deutet darauf hin, dass im Beginn
der Fermentation neben dem Phenylglycosazon noch stickstoffärmere
Osazone (Maltosazon?) vorhanden sind, dass aber die Flüssigkeit
nach Ablauf der Saccharification fast nur Traubenzucker enthält.
Aus dem oben erwähnten durch Methylalcohol erzeugten Nieder-
schlage wurden nach näher beschriebenem Verfahren neben löslicher
Stärke ein Dextringemisch, das sich mit Jod braun färbt und das
Verf. Porphyrodextrin nennt, sowie Dextrine, die sich mit
Jod nicht färben, Achroodextrin, nachgewiesen. Das sogenannte
Erythrodextrin ist ein Gemenge von löslicher Stärke und Porphyro-
dextrin.   Andreasch.

36. Hanriot: Ueber die Assimilation der Kohlehydrate[1]).

Während Fett und Eiweiss bei der Oxydation mehr Sauerstoff verbrauchen als sie Kohlensäure liefern, also einen respiratorischen Quotient bedingen, der kleiner als 1 ist, den Kohlehydraten aber der Quotient 1 entspricht, haben H. und Richet [J. Th. **17** und **18**] beobachtet, dass dieser Werth gelegentlich die Einheit übersteigen kann. H. fand nun, dass dieses Uebersteigen regelmässig stattfindet, wenn ein nüchternes Individuum Kohlehydrate in einer grösseren Quantität Wasser nimmt. Nach 50 Grm. Glycose in 1 Liter Wasser z. B. steigt der Quotient regelmässig auf ca. 1,25. Die Kohlehydrate müssen also neben Kohlensäure eine andere sauerstoffärmere Substanz bilden. Man könnte sich denken, dass ein solcher Process, z. B. eine Buttersäuregährung, im Darm stattfände. Um diese Hypothese zu prüfen, bestimmte Verf. den respiratorischen Quotient bei Personen, deren Darmfäulniss durch Naphtol unterdrückt wurde. Bei einem Individuum betrug der Quotient nach 13stündigem Fasten 0,84; als 820 Grm. Kartoffeln gegeben wurden, stieg derselbe auf 0,984. Dieselbe Person nahm nunmehr zweistündlich 0,5 Grm. β-Naphtol, und ausserdem ebenso viel bei jeder Mahlzeit; 19 Stunden nach der ersten Dose, als die Person seit 6 Stunden nüchtern war, betrug der respiratorische Quotient 0,85; nach einer Mahlzeit, bestehend aus 820 Grm. Kartoffeln, 100 Grm. Wasser, 30 Grm. Salz, betrug der Quotient 0,986; das Naphtol war also ohne Einfluss geblieben. Dieselbe Person, 44 Stunden nach der ersten Dose, nüchtern, hatte den Quotient 0,74; zwei Stunden nach einer Mahlzeit von 1300 Grm. Kartoffeln und 500 Grm. Wasser betrug derselbe 1,08. 69 Stunden nach der ersten Dose Naphtol war der Quotient im nüchternen Zustand 0,80, nach Aufnahme von Glycose 1,10. Der fragliche Process geht also nicht im Darmcanal, sondern im Organismus selbst vor sich. Boussingault, Persoz etc. zeigten, dass die Thiere mehr Fett enthalten können, als ihnen in der Nahrung zugeführt wurde; Verf. vermuthete daher, dass die Glycose Fett bilden kann, nach der Gleichung:

$$13\,C_6H_{12}O_6 = C_{55}H_{104}O_6 + 23\,CO_2 + 26\,H_2O.$$

---

[1]) Sur l'assimilation des hydrates de carbone. Compt. rend. **114**, 371—374.

Es ist hier die Formel des Oleostearopalmitin als Fett mittlerer Zusammensetzung gewählt worden; für Tripalmitin oder Trimargarin würden die Zahlen übrigens keine erhebliche Abweichung zeigen. Nach dieser Gleichung müssten 100 Grm. Glycose, indem sie sich in Fett umwandeln, 21,8 L. Kohlensäure liefern. Verf. experimentirte nun in der Weise, dass er bei einem Individuum im nüchternen Zustand den respiratorischen Quotient bestimmte, demselben nun eine bestimmte Quantität Glycose in einer grossen Menge Wasser gab und die Sauerstoffaufnahme und Kohlensäureausscheidung bestimmte bis zu dem Zeitpunkt, wo der respiratorische Quotient wieder auf den früheren Werth heruntergegangen war. Es wurde nun die nach diesem Verhältnisswerth auf den absorbirten Sauerstoff entfallende Kohlensäure berechnet und von der ausgeschiedenen Gesammtmenge abgezogen. Die Differenz entsprach der nach obiger Gleichung producirten Kohlensäure.

Respiratorischer Quotient vor dem Versuch	Menge der Glycose	Dauer des Versuchs	Während des Versuchs		Ueberschuss der Kohlensäure	
			Sauerstoff aufgenommen	Kohlensäure ausgeschieden	Gefunden	Berechnet
0,82	48 Grm.	4 h. 3 m.	60,05 L.	58.85 L.	9,65 L.	10,46 L.
0,86	73 „	4 „ 40 „	74,25 „	79,90 „	16,15 „	15,94 „
0,83	23 „	4 „ 10 „	59,40 „	54,95 „	5,65 „	5,01 „

Zwischen dem gefundenen und dem berechneten Kohlensäureüberschuss besteht eine genügende Uebereinstimmung, so dass die Richtigkeit obigen Processes wohl als erwiesen anzusehen ist. Die Dauer des Processes war bei verschiedenen Mengen der Glycose annähernd gleich; je grösser die letztere, je höher steigt der Quotient. Nach 350 Grm. Glycose stieg der Quotient bis auf 1,30; hier trat ein Gefühl von Oppression auf; gute Resultate lassen sich bei den Versuchen nur erhalten, wenn die Menge der Glycose 75 Grm. nicht übersteigt [1]).   Herter.

---

[1]) Arm. Gautier (Compt. rend. 114, 374—375) bemerkt dazu, dass er in seiner „Chimie biologique" pag. 767 eine Gleichung für den Zerfall der Kohlehydrate in Fett, Kohlensäure und Wasser ohne Betheiligung von Sauerstoff

37. W. Ebstein: Einige Bemerkungen über das Verhalten der Pentaglycosen (Pentosen) im menschlichen Organismus[1]). Die Pentaglycosen, Xylose und Arabinose, reduciren wie die übrigen Zuckerarten Fehling'sche Lösung und Nylander's Reagens. Sie und ihre Muttersubstanzen, die Pentosane, geben bei der Destillation mit Salzsäure Furfurol, wodurch sie sich quantitativ bestimmen lassen. Wird eine Lösung derselben mit dem gleichen Volumen conc. Salz-säure versetzt und darauf mit Phloroglucinsalzsäure (d. h. einem Gemenge von gleichen Theilen conc. Salzsäure und Wasser, worin etwas mehr Phloroglucin, als sich beim Schütteln löst, enthalten ist) vorsichtig erhitzt, so entsteht bald eine schön rothe Farbe; die Flüssigkeit gibt im Spectrum rechts von der Natriumlinie einen dunklen Absorptionsstreifen. Da viele Urine beim Erwärmen mit Salzsäure und Phloroglucinsalzsäure sehr bald so dunkel werden, dass sie spectroscopisch nicht untersucht werden können, so muss man in diesen Fällen vorher den Harn einer Behandlung mit Bleiessig oder besser mit guter Blutkohle unterwerfen. Das Filtriren muss über Glaswolle vorgenommen werden wegen der Pentosane des Filtrirpapiers. Viele Harne (14 unter 22) zeigen schon beim Behandeln mit Phloro-glucinsalzsäure einen schwachen Absorptionsstreifen, doch kann hier nur bei dem Nachweise von Spuren der Pentosen eine Zweideutigkeit eintreten; jedenfalls hat man jeden Harn vorher für sich selbst zu prüfen. — Nach Einverleibung von 0,05 Grm. Xylose war dieselbe bereits im Harn nachweisbar, bei grösseren Dosen (bis 25 Grm.) dauerte die Ausscheidung einige Zeit an. Auch bei einem Diabetiker, der bis zu 100 Grm. Lävulose vertragen konnte, ohne Zuckeraus-scheidung im Harn aufzuweisen, trat nach Eingabe von 25 Grm. Xylose sofort eine starke Xylosereaction auf, die am 10. Tage noch anhielt. Bei grösseren Mengen reducirte der Harn Fehling'sche

---

aufgestellt hat. Er erinnert zugleich daran, dass er bereits vor längerer Zeit auf die Bedeutung fermentativer, ohne Oxydation einhergehender Pro-cesse für das Leben auch der höheren Thiere aufmerksam machte und citirt eine einschlägige Bemerkung Pasteur's in „Examen critique d'un écrit posthume de Cl. Bernard sur la fermentation", 1879. pag. 105.

[1]) Virchow's Archiv **129**, 401—412; vorläufige Mittheilung. Centralbl. f. d. medic. Wissensch. 1892, No. 31.

Lösung, wodurch die Menge der ausgeschiedenen Pentose bestimmt
werden konnte. Die Arabinose verhielt sich ganz gleich; nach Einführung von 0,25 Grm. trat im Harn die Pentaglycosenreaction auf.
Ein nachtheiliger Einfluss war nach Einverleibung der Zucker niemals
ersichtlich. Da die Pentosen auch in kleinen Mengen von dem
menschlichen Organismus nicht assimilirt zu werden scheinen, so ist
von ihnen bei Diabetikern kein Nutzen zu erwarten. — Nach Genuss
von Kirschen, gedörrten Pflaumen gibt der Harn schwache Spectralreaction auf Pentaglycosen, was wahrscheinlich mit dem Reichthum
dieser Früchte an Pectin zusammenhängt, für welches von Tollens
eine nahe Beziehung zu der Arabinose dargethan wurde.

Andreasch.

**38. F. Voit: Ueber das Verhalten des Milchzuckers beim
Diabetiker**[1]). Während es aus den Versuchen von Bormüller,
Hofmeister, Lusk, Moriz etc. sichergestellt ist, dass der Milchzucker, auch wenn er in geringen Mengen in den gesunden Organismus
eingeführt wird, in den Harn übergeht, war sein Verhalten im Körper
des Diabetikers noch fraglich. Zur Entscheidung hat Verf. an einem
schweren Diabetiker, welcher auch bei kohlehydratfreier Kost beträchtliche Zuckermengen verlor, diesbezügliche Versuche angestellt. Der
Patient erhielt in 2 Versuchen an 2 aufeinanderfolgenden Tagen
eine möglichst kohlehydratfreie Nahrung; am zweiten Versuchstage
wurde der Kost eine bestimmte Menge Milchzucker zugefügt. Der
24stündige Harn wurde nach der Methode von Allihn-Soxhlet
auf Zucker untersucht und ein Theil des verdünnten Harnes mit
einer Hefe-Reincultur (nach vorheriger Sterilisirung der Flüssigkeit)
inficirt und einige Tage bei 26° Celsius im Brutofen gehalten.
Dadurch wurde der etwa vorhandene Traubenzucker vollständig ver-
gohren, so dass eine Reduction bei der oben erwähnten Zuckerbestimmung nur auf Milchzucker zurückgeführt werden konnte. Der
Versuch ergab das überraschende Resultat, dass im Gegensatz zum
Verhalten im Normalorganismus kein Milchzucker im Harne des
Diabetikers erschien, sondern nur Traubenzucker nachweisbar war.

---

[1]) Zeitschr. f. Biologie **28**, 353—360.

Verf. sucht dieses differente Verhalten durch eine längere theoretische Auseinandersetzung zu erklären, welche im Original nachgesehen werden möge.   Kerry.

39. Fr. Voit: Ueber das Verhalten der Galactose beim Diabetiker[1]). Durch die Arbeiten C. Voit's ist gezeigt worden, dass nur jene Zuckerarten, welche durch den Hefepilz Saccharomyces apiculatus vergähren, zu einer reichlichen Ansammlung von Glycogen im Körper führen. Dies sind von den bisher untersuchten Zucker-arten nur die Dextrose und die Lävulose, allenfalls auch Rohrzucker und Maltose, sofern diese im Darme gespalten werden; bei directer Einführung unter die Haut bewirken sie keine Glycogenvermehrung. Auch Milchzucker und Galactose sind keine Glycogenbildner. Sie erscheinen schon bei Einführung von geringen Mengen im Harne, was darauf zurückzuführen ist, dass Traubenzucker als Glycogen aufgespeichert werden kann, während diese nicht in den Reservestoff übergehen können. Merkwürdig ist die von Bourquelot und Troisier [J. Th. 21, 39] und vom Verf. [vorstehendes Referat] gemachte Beobachtung, dass beim Diabetiker, welcher eine nicht zu grosse Menge Milchzucker in der Nahrung erhält, kein Milchzucker, sondern Traubenzucker im Harn erscheint. In ganz gleicher Weise verhält sich die Galactose. Dabei bewirkten 100 Grm. Galactose als Zugabe zur Nahrung des Diabetikers eine Ausscheidung von 70 Grm. Traubenzucker im Harn.   Andreasch.

40. Albertoni: Ueber das Verhalten und über die Wirkung der Zuckerarten im Organismus[2]). Dritte Mittheilung. Die Auf-saugung der Glycose im Magen war in früheren Arbeiten auf 59 Grm. in einer Stunde festgestellt worden. Um zu sehen, welche Beziehung zwischen der in's Blut erfolgenden Aufsaugung und der Menge des Blutes, resp. dessen Verdünnung besteht, entzog Verf. durch Ader-lass grossen Hunden $1-4\%$ ihres Körpergewichtes an Blut. Dann war die resorbirte Menge 49,5 Grm. in der Stunde, d. h. um 18%

---

[1]) Zeitschr. f. Biologie **29**, 147—150. — [2]) Sul contegno e sull' azione degli zuccheri nell' organismo. Annali di Chim. e di Farm. **16**, pag. 65.

geringer. Wurden nun Hunden 1,66—3,37 $\%$ ihres Gewichtes an Blut entzogen und durch eingespritzte physiologische ClNa-Lösung ersetzt, so war die Verminderung noch stärker und betrug 37,5 $\%$ der an normalem Thier gefundenen Absorptionsgrösse. Auch die Erhöhung der Temperatur der eingeführten Zuckerlösung vermindert die resorbirte Menge. Auf die Verarbeitung des Zuckers, soweit er absorbirt ist, hat ein Aderlass von 2 $\%$ des Körpergewichts keinen Einfluss, entgegen der Anschauung von Claude Bernard. Auf die Gallenabsonderung wirkt die Zuckerresorption nicht ein, selbst nicht in der Zeit, in welcher grosse Mengen von Zucker in die Leber eintreten.   Rosenfeld.

41. L. E. Shore und M. C. Tebb: Ueber die Umwandlung von Maltose in Dextrose [1]). Verff. setzten die Untersuchungen von Brown und Heron über die Wirkung getrockneter Gewebe auf Kohlehydrate fort. Die Gewebe wurden zerkleinert und im Luftstrom bei 37° auf Glasplatten getrocknet, gepulvert und mit Aether extrahirt. Nach der Digestion mit Maltoselösung wurde Reduction und Rotationsvermögen bestimmt, auch die Phenylhydrazin- und die Barfoed'sche Reaction angestellt. Zu diesen Bestimmungen dienten Extracte, welche durch getrennte Alcohol-Extraction der festen Theile und der concentrirten Flüssigkeit und Aufnahme der Rückstände in Wasser erhalten waren; eventuell zurückbleibende Reste von Eiweiss wurden mit Quecksilberchlorid entfernt. 15 Grm. des Dünndarms vom Schwein wurden mit einer mit Natriumcarbonat eben alkalisch gemachten Maltoselösung 1,41 $\%$ 21 Stunden digerirt. Es wurde viel Phenylglucosazon erhalten; neben 19 $\%$ Maltose fand sich 81 $\%$ Dextrose. Dies ist die vollständigste Umwandlung, welche beobachtet wurde. Die Dünndarmschleimhaut eines anderen Schweins, aus der die Peyer'schen Plaques entfernt waren, hatte nach 19 Stunden 64,7 $\%$ Dextrose gebildet; das gleiche Gewicht der Peyer'schen Plaques gab unter denselben Umständen nur 36,7 $\%$ Dextrose. Dies widerspricht den Befunden von Brown und Heron. Lymphdrüsengewebe

---

[1]) On the transformation of maltose to dextrose. Journ. of physiol. **13.** XIX—XX.

war noch weniger wirksam. 15 Grm. des Gewebes (vom Schaf) bildete in 300 CC. Maltoselösung (2,80 resp. 2,86 $^0/_0$) in 18 Stunden 28 $^0/_0$ Dextrose. Pankreas wirkte noch schwächer; es bildete höchstens 24 $^0/_0$ Dextrose. Extracte von Pankreas bildeten nur Spuren Dextrose in 24 Stunden. In Controlversuchen mit gekochten Geweben blieb die Maltose unverändert. Die Umwandlung der Maltose im Körper wird wahrscheinlich nicht durch das Pankreas, sondern durch den Dünndarm bewirkt; ob dieselbe in dem Gewebe selbst oder in der Darmhöhle (vermittelst eines Secrets) geschieht, ist noch unentschieden.   Herter.

IV. Verschiedene Körper.

Uebersicht der Literatur
(einschliesslich der kurzen Referate).

Harnstoff, Cyankörper und Verwandtes.

42. Karl Lange, über das Verhalten der Schwefelharnstoffe im thierischen Körper.

*L. Bourgeois, über die Flüchtigkeit des Harnstoffs und seine Krystallisation durch Sublimation im Vacuum. Bull. soc. chim. [3] 7, 45—48; Berliner Ber. 25, Referatb. 209. Im Vacuum geräth der Harnstoff bei 135^0 in's Kochen. Um eine gute Sublimation zu erhalten, bringt man am Boden einer Eprouvette ein wenig Harnstoff, darüber ein Baumwollepropf, zieht den oberen Theil zu einer engen Röhre aus und verbindet mit der Pumpe. Sobald das Vacuum erreicht ist, taucht man die Proberöhre in ein auf 120—130^0 erhitztes Bad. Die Krystalle sind theils Prismen, theils vier- oder achteckige Täfelchen.

*E. Schulze, Zum Nachweis des Guanidins. Ber. d. d. chem. Gesellsch. 25, 661—662. S. empfiehlt dazu das Nessler'sche Reagens, durch welches alle Guanidinsalze weiss flockig gefällt werden; 0,05 $^0/_0$ige Lösungen des Nitrates geben noch einen Niederschlag, 0,01 $^0/_0$ige Lösungen noch eine Trübung. Auch Arginin wird dadurch gefällt.
                                        Andreasch.

*C. Matignon, thermochemisches Studium des Guanidin, seiner Salze und des Nitroguanidin. Compt. rend. 114, 1432—1434.

*Joh. Thiele, über Nitro- und Amidoguanidin. Annal. Chem. Pharm. 270, 1—63.

*Arth. Jordan, über die Wirkungsweise zweier Derivate des Guanidins. Inaug.-Dissert. Dorpat 1892, 61 pag.

43. E. Schulze, über einige stickstoffhaltige Bestandtheile der Keimlinge von Vicia sativa (Guanidin).

*W. Maxwell, über die stickstoffhaltigen Basen des Baumwollensamens. Americ. Chem. Journ. 98, 469—471. In den Baumwollensamenkuchen wurde Cholin und Betaïn aufgefunden; auf 1 Theil des ersteren kamen 47 Theile des letzteren.

*M. Goldfarb, Wirkung des Jodcyans. Inaug.-Dissert. Dorpat, 47 pag.

*Gust. Rudolphi, Beitrag zur Kenntniss der Wirkung des Cyankalium. Inaug.-Dissert. Kiel, 14 pag., 1891.

*Fr. Cromme, Beitrag zur Kenntniss der Wirkung des Nitroprussidnatriums. Inaug.-Dissert. Kiel, 15 pag., 1891.

*Heinr. Aufschläger, über die Bildung von Cyanid beim Erhitzen stickstoffhaltiger organischer Körper mit Zinkstaub. Monatsh. f. Chemie 13, 268—275. Das im Titel genannte Verhalten zeigen alle Amide der Kohlensäure, die Harnsäure und ihre Abkömmlinge und ähnlich zusammengesetzte Verbindungen.

Andreasch.

F. Mares, zur Theorie der Harnsäurebildung, Cap. VII. J. Horbaczewski, zur Theorie der Harnsäurebildung, Cap. VII. Harnstoff- und Harnsäurebestimmung, Cap. VII.

44. E. Drechsel, eine neue Reaction gewisser Xanthinkörper.

*M. Krüger, zur Kenntniss des Adenins. Zeitschr. f. physiol. Chemie 16, 329—339. Bereits J. Th. 21, 53 referirt.

*Edward T. Reichert, die Wirkung von Caffeïn auf die Circulation. Therapeut. gaz. 15. May 1890, Detroit, Mich.

*Edward T. Reichert, das empyreumatische Oel des Café oder das Caffeon. Med. news. 3. May 1890, pp. 6. Ueber die Wirkung des Destillats von geröstetem Café liegen eine Reihe widersprechender Angaben älterer Autoren vor. Marshall und Hare[1]) isolirten das Caffeon, indem sie es in Petroläther aufnahmen und beschrieben die Symptome, welche sie nach intravenöser Injection desselben beobachteten. Verf. zeigt, dass es sich hier um Thrombosirung der Gefässe handelte, welche man auch durch das indifferente Oliven-

---

[1]) Marshall und Hare, Med. news. 52, 337; 1888.

öl hervorrufen kann. Subcutan ist das Caffeon zu 1 bis 3 CC. pro Kgrm.
ohne Wirkung. Auch das wässerige Destillat von frisch geröstetem
Café ist öfter wirkungslos. Herter.

Fettkörper.

45. E. Drechsel, über das Verhalten des Alanins in höherer Temperatur.

E. Drechsel, Spaltungsproducte des Caseïns (Lysin), Cap. I.

E. Roos, über das Vorkommen von Diaminen bei Krankheiten,
Cap. XVI.

A. Poehl, physiologische Wirkung des Spermins, Cap. XII.

46. K. Brenzinger. zur Kenntniss des Cystins und Cysteïns.

47. Georg König, die Oxydationsproducte der Mercaptursäuren.

*A. Boettiger, Trional als Hypnoticum. Berliner klin. Wochen-
schr. 1892, No. 42. Die Salzsäureabsonderung sowie die Proteolyse
wird durch Trional in Gaben von 1—2 Grm. nicht merklich beeinflusst; sonst von klinischem Interesse. Andreasch.

*A. Schaefer, über die therapeutische Verwendung des Trionals
und Tetronals. Berliner klin. Wochenschr. 1892, No. 29.

*A. Schneegans und J. v. Mering, über die Beziehungen zwischen
chemischer Constitution und hypnotischer Wirkung.
Therapeut. Monatsh. 6, 327—332. Es werden in Betracht gezogen:
primäre, secundäre und tertiäre Alcohole, substituirte Harnstoffe mit
primären und tertiären Alcoholradicalen und Pinakone.

*R. du Bois-Reymond, Thierversuche mit den Rückständen von
der Rectification des Chloroforms durch Kälte. Therapeut.
Monatsh. 6. 21—26.

*Adrian, die verschiedenen gebräuchlichen Anästhetica, ihre
Wirkungsweise und die Gefahren bei ihrer Anwendung. Wiener med.
Wochenschr. 1892, No. 10 ff.

*Lusini, über die physiologische Wirkung von flüssigem Sulf-
aldehyd oder Thioaldehyd. Annali di Chim. e di Farm. 15, 14.
Verf. findet in dem Thioaldehyd ein lähmendes Mittel, das in Dosen
von 1,5—2.0 Grm. pro Kilo Schlaf hervorruft, wobei es Athmung und
Herz ungünstig beeinflusst. Das Trithioaldehyd wirkt dagegen Schlaf
erregend, ohne schädlichen Einfluss auf Herz und Athmung.

Rosenfeld.

*F. Berlioz und A. Trillat, über die Eigenschaften der Dämpfe des
Formaldehyd. Compt. rend. 115, 290—292. Die Dämpfe des
Formaldehyd werden schnell von den thierischen Geweben aufge-
nommen und verhindern die Fäulniss derselben. Schon in sehr
kleinen Dosen stören sie die Entwickelung von Microorganismen
(Eberth's Bacillus. Milzbrand). Sie wirken auf höhere Thiere

erst nach stundenlanger Inhalation toxisch. Subcutan tödtet der Formaldehyd Meerschweinchen schnell zu 0,8 Grm. pro Kgrm.; intravenös tödtet er Hunde zu 0,07 Grm., Kaninchen zu 0,09 Grm. pro Kgrm.   Herter.

*Rud. Cohn, über die Giftwirkung des Furfurols. Archiv f. experim. Pathol. und Pharmak. 81, 40—48.

*H. Strache. Verbesserungen an der Methode zur Bestimmung des Carbonylsauerstoffs und des Acetons. Monatsh. f. Chemie 13, 299—315. Verf. beschreibt eine Methode der Acetonbestimmung, die darin besteht, das Aceton mit überschüssigem Phenylhydrazin zusammenzubringen und den Ueberschuss des letzteren durch Oxydation mit Fehling'scher Lösung, indem der dabei frei werdende Stickstoff gemessen wird, zu ermitteln. Ueber die Ausführung siehe das Original.
                                                            Andreasch.

*Berthelot und Matignon, über die Verbrennungs- und Bildungswärme von Alcohol, Ameisen- und Essigsäure. Compt. rend. 114, 1145—1149.

*Ernst Suhr, kritische Studien über die quantitative Bestimmung des Glycerins. Arch. f. Hygiene 14, 305—336.

*G. Scheidemann, über das Verhalten einiger Hydroxylverbindungen im Thierkörper. Inaug.-Dissert. Königsberg 1892, 48 pag.

48. P. Marfori, über die Umwandlungen einiger Säuren aus der Oxalsäurereihe im menschlichen Körper.

Aromatische Körper.

49. Rud Cohn, über das Auftreten acetylirter Verbindungen nach Darreichung von Aldehyden.

50. J. Ville, Umwandlung von Sulfanilsäure zu Sulfanilcarbaminsäure im Organismus.

51. J. Pruszyński, über das Verhalten der Amidosalicylsäure im Organismus.

52 G. Schubenko, Materialien zur Pharmakologie und Pharmacie gewisser aromatischer Substanzen.

*Jos. Fröhlich, über Salophen und dessen therapeutische Verwendung. Wiener medic. Wochenschr. 1892, No. 25—28. Salophen ist Salicylsäureacetylparamidophenoläther: $C_6H_4(OH)COO C_6H_4NH C_2H_3O$ und wird statt der Salicylsäure bei acutem Gelenkrheumatismus empfohlen.

*C. Th. Mörner. zur Kenntniss des Verhaltens der Gallus- und Gerbsäure im Organismus. Zeitschr. f. physiol Chemie 16, 255—267 und 589. Bereits J. Th. 21, 58 referirt.

*H. Tappeiner, über die pharmakologische Wirkung der Phenyl-
dimethylpyrazolsulfosäure und die diuretische Wirkung des
Antipyrins. Arch. f. experim. Pathol. u. Pharmak. **30**, 231—240.
Hervorgehoben sei daraus, dass die Phenyldimethylpyrazolsulfosäure
weitaus weniger giftig ist, als ihre Muttersubstanz, das Phenyldimethyl-
pyrazol.

*G. Walter, über die Oxydation des Benzoyltetrahydrochinaldins
und über einige Nitroderivate desselben. Ber. d. d. chem. Gesellsch.
25, 1261—1270. Die leicht in CO_2, Benzoësäure und Indol zerfallende
Benzoyl-o-amidophenylacrylsäure gibt bei der Verfütterung
(am Hund) keine Vermehrung der Indoxylverbindungen im Harn,
bewirkt dagegen vorübergehende Lähmung der Hinterextremitäten.
Andreasch.

53. Otto Schulz, Untersuchungen über die Wirkung des Chinons und
einiger Chinonderivate.

54. F. Blum, über Thymolglycuronsäure.

55. Albanese und Barabini, pharmakologische Untersuchungen
über die Ketone.

*H. Paschkis und Fr. Obermayer, pharmakologische Unter-
suchungen über Ketone und Acetoxime. Monatsh. f. Chemie **13**,
431—466.

*L. Carré, über eine neue Bestimmungsmethode des Phenol.
Compt. rend. **113**, 139—141. Dieselbe gründet sich auf die Bildung
von Pikrinsäure durch Einwirkung von Salpetersäure und
colorimetrische Bestimmung des Products. Zur Ausführung
der Bestimmung nimmt man 25 CC. der (ev. verdünnten) Phenollösung
und erhitzt 1 bis 2 Stunden mit 5 CC. Salpetersäure. Nach Zusatz
von 20 CC. Natronlauge wird das Volum auf 50 CC. gebracht, ev.
filtrirt und die Flüssigkeit im Colorimeter mit in gleicher Weise
behandelten Phenollösungen bekannter Concentration verglichen. Bei
diesem Verfahren wurden einmal 3,52 resp. 0,09 Grm. Phenol gefunden,
statt 3,50 resp. 0,10 Grm. Erhebliche Quantitäten Alcohol dürfen die
Lösungen nicht enthalten. Herter.

*R. Bader, über eine Methode zur alkalimetrischen Bestim-
mung von Phenol. Zeitschr. f. anal. Chemie **31**, 58—60.
Phenolbestimmung im Harn Cap. VII.

*Osc. Weber, über Sulfotoluylsäureimid (Methylsaccharin).
Ber. d. d. chem. Gesellsch. **25**, 1737—1745.

*V. Lehmann, über die Einwirkung von Benzoylchlorid auf
Ammoniak. Zeitschr. f. physiol. Chemie **17**, 404—409. Dabei wird
viel Benzamid gebildet, wie schon Laurent gefunden hatte. Harnstoff und Kreatinin werden durch Benzoylchlorid und Natronlauge
nicht benzoylirt. Andreasch.

56. M. Nencki und H. Boutmy, über den Einfluss der Carboxyl-
    gruppe auf die toxische Wirkung aromatischer Sub-
    stanzen.
57. Lazzaro, über die Beziehung zwischen chemischer Constitu-
    tion der Körper und ihrer pharmakologischen Wirkung.
    *J. Gunning, über den Zusammenhang zwischen chemischer Con-
    stitution und physiologischer Wirkung. Festnummer d.
    Ber. d. Niederl. Pharm. Gesellsch.; chem. Centralbl. 1892, II, 623.
    *H. Thoms, die Bedeutung der Amidogruppe in den synthetisch
    dargestellten Arzneimitteln der organischen Chemie. Pharm.
    Centralb. 32, 711—718; chem. Centralbl. 1892, I, pag. 224.
    *A. Ubaldi, die physiologische Wirkung aromatischer
    Kerne in Methanderivaten. Ann. di Chim. e di Pharmacol. 14,
    129—138. Harnstoff und Diphenylharnstoff sind auf Hefe, Conferven
    und niedere Organismen ohne Einwirkung, während Phenylharnstoff
    und Phenylglycocoll hemmend wirken. Letztere Körper sind auch im
    hohen Grade befähigt, die Fäulniss hintanzuhalten (z. B. von Pankreas).
    U. bezeichnet den Phenylharnstoff desshalb als Antisaprin. Die
    fermentativen Wirkungen von Pankreas oder Pepsin werden durch
    denselben nicht alterirt.
    *D. Baldi. physiologische Wirkung des Cavaïns. La Terapia
    moderna 1891, 10.—11. oct. nov. Cavaïn ist eine stickstofffreie, nicht-
    krystallinische Substanz, aus der Wurzel von Piper methysticum, die
    äusserst wenig in Wasser, dagegen gut in Alcohol, Aether, Chloroform
    löslich ist. Bei Fröschen ruft sie bei subcutaner Anwendung absolute
    Unbeweglichkeit hervor, so dass das Bild der der Curarevergiftung
    gleicht. Bei Tauben sind die Wirkungen schwächer. Dabei sind die
    sensorischen Nerven und Centren auf alle Reize ohne Erregbarkeit,
    während die motorischen Nerven annähernd normal erregbar sind.
    Es besteht also eigentlich keine motorische Unbeweglichkeit, sondern
    eine motorische Unbewegtheit auf Grund der sensiellen Paralyse.
    Das Cavaïn geht unverändert in den Urin über und bewahrt ihn vor
    ammoniakalischer Gährung. Infusorien werden durch schwache Cavaïn-
    lösungen getödtet, die Entwicklung von Saccharomyces zurückgehalten.
                                                        Rosenfeld.
    *Julius Kóssa, über die physiologische Wirkung des Pikro-
    toxin. Magyar orvosi archivum 1, 469. Bei Untersuchung der
    physiologischen Wirkung des Pikrotoxin fand Verf., dass dasselbe den
    Organismus nahezu unzersetzt passirt.   Liebermann.
    *Gigli, Beitrag zum Studium der physiologischen Wirkung
    des Cantharidins. Annali di chim. e di Farm. 15, 360. Verf.
    hat mit Prof. E. Pollacci an sich Studien über C. gemacht. In
    Pillen mit 0,001 Grm. C. ist es geschmacklos, ohne Schärfe, ohne

Brennen. Erst ca. 10 Min. später fühlt man leichtes Brennen, wenn
man das C. bis 3 Min. auf der Zunge gehalten hat, um es nachher
auszuspeien. Dazu findet sich Speichelfluss. Nach $1^1/_2$ bis 2 Stunden
findet sich eine tiefe Reactionsstelle und diese verbreitet sich schliesslich über Zunge, Gaumen, Lippen. Die Zunge bedeckt sich mit
einem weissen Schorf, an den Lippen finden sich Brandblasen. Dazu
leichtes Fieber und leichter Harndrang. Rosenfeld.

Alkaloide und Verwandtes.

*L. Barthe, volumetrische Bestimmung der Alkaloide.
Compt. rend. **115**, 512—514.

*E. Léger, volumetrische Bestimmung der Alkaloide.
Compt. rend. **115**, 732.

*J. Bouillot, über die diuretische und ureopoietische Wirkung
der Alkaloide des Leberthrans beim Menschen. Compt. rend.
115, 754—756.

*Guareschi, Untersuchungen über Sulfocyanoplatinate und über
die Sulfocyanate des Platins. Giorn. della R. Acc. di Med.
1891, No. 5; Ber. d. d. chem. Gesellsch. **25**, Referatb. 7. Das Kalium-
platinsulfocyanid ist wie Platinchlorid ein Reagens auf organische Basen,
aus deren salzsauren Lösungen Salze vom Typus $(R . HCNS)_2 . Pt (CNS)_4$
gefällt werden. Dieselben sind gelb bis roth gefärbt, meist in Alcohol gut löslich und krystallisirbar. Untersucht und beschrieben
wurden die Sulfocyanoplatinate folgender Basen: Mono-, Di- und
Trimethylamin, Aethyl-, Diäthyl- und Triäthylamin, Aethylendiamin,
Cadaverin, Guanidin etc. Andreasch.

*C. Ipsen, Untersuchungen über das Verhalten des Strychnins
im Organismus. Vierteljahrsschr. f. gerichtl. Medic. u. öffentl.
Sanitätswesen 1891, Juliheft.

*Vitali, über einige Farbenreactionen des Hydrastins und
seine zoochemische und chemischtoxikologische Erkennung. Annali di
Chim. e di Pharm. XV, 309. Verf. gibt eine Reaction an, welche in
der Behandlung des Alkaloids mit concentrirter Schwefelsäure, dann
mit wenig Kaliumnitrat und mit Zinnchlorür besteht. Es resultirt
eine violette Färbung, die auch durch Wasserzusatz nicht verschwindet.
Die Empfindlichkeit soll 1 : 10000 sein. Zur Isolirung des Hydrastins
aus Gemischen empfiehlt er den Petroleumäther, der auch Ptomaïne
nicht lösen soll. Mit diesen Methoden weist er die Absorption des
Hydrastins nach. Rosenfeld.

*J. Kjeldahl, über das Cholin als Bestandtheil des Bieres.
Meddelelser fra Carlsberg Labor. **3**, 67; Centralbl. f. d. med. Wissenschaft 1892, No. 3. pag. 35.

Ptomaïne, s. Cap. XVI u. XVII.

Anorganische Körper.

*J. Riban, über die colorimetrische Bestimmung des Eisens als Sulfocyanat oder anderen farbigen Verbindungen. Bull. soc. chim. [3] **6**, 916. Die Lösungen des Sulfocyanats, Acetates und alkalischen Tartrates sind zur Eisenbestimmung nicht geeignet, weil in Folge der fortschreitenden Dissociation die Farbenveränderung nicht proportional der Verdünnung ist.

*L. Lapicque, über die colorimetrische Bestimmung des Eisens. Bull. soc. chim. [3] **7**, 113—117. Die organische Substanz wird durch Salpeter- und Schwefelsäure in der Wärme zerstört, die Lösung auf ein bestimmtes Volumen verdünnt, mit einer gemessenen Menge von Rhodanammonlösung versetzt und das Eisen colorimetrisch bestimmt. Gegenüber den Einwürfen von Kruss und Morath und von Riban betont Verf., dass die Methode genaue Werthe ergiebt, wenn die Bedingungen eingehalten werden. Es müssen in gleichen Mengen der Lösung stets gleiche Mengen von Rhodansalz vorhanden sein, dann ist die Intensität der Färbung dem Eisengehalte proportional; ferner muss die Lösung schwach sauer sein. Grosse Mengen von Phosphorsäure beeinträchtigen die Reaction.

*J. Riban, über die colorimetrische Bestimmung des Eisens. Bull. soc. chim. [3] **7**, 199. Verf. hält in Anbetracht der Ausführungen von Lapicque seine Kritik der Methode aufrecht.

*Huppert, über die Bestimmung kleiner Mengen Eisen nach Hamburger. Zeitschr. f. physiol. Chemie **17**, 87—90. Gegen das Verfahren von Hamburger [J. Th. **8**, 183 und **10**, 333], das bekanntlich auf der Reduction des Eisenoxyds mit schwefliger Säure beruht, wurde von Jacoby [J. Th. **18**, 145] und Gottlieb [J. Th. **19**, 212] der Einwurf gemacht, dass sich die schweflige Säure durch Kochen nicht vollständig entfernen lasse und so einen wechselnden Fehler verursache. Diesem Einwurf liegt aber ein Irrthum zu Grunde, da die Austreibung der schwefligen Säure vollständig gelingt, wenn man genau nach Hamburger arbeitet, d. h. Kautschuck oder besonders Korke vermeidet und ein Kölbchen mit eingeschliffenen Gasleitungsröhren verwendet; auch thut man gut, die Versuchsflüssigkeit auf ein recht kleines Volumen einzudampfen.

                                                Andreasch.

58. Oddi und B. Monaco, über den physiologischen und therapeutischen Werth des unorganischen Eisens.

*A. Schmul, über das Schicksal des Eisens im thierischen Organismus. Inaug.-Dissert. Dorpat, 38 pag.

G. Bunge, über die Aufnahme des Eisens in den Organismus des Säuglings, Cap. XII.

*Herm. Schultz, pharmakologische Studien über Gold und Platin. Inaug.-Dissert. Dorpat 1892, 86 pag.

*L. d'Amore, C. Falcone und L. Maramaldi, die durch Ingestion von Zinkoxyd hervorgebrachten toxischen Wirkungen und anatomischen Veränderungen. Mém. Soc. biolog. 1892, 335—340. Aus dem Pharmakolog. Lab. Neapel. Verf. experimentirten an Hunden von ca. 18 Kgrm. Gewicht, welche in den ersten Tagen je 1 Grm.. später je 0,5 Grm. Zinkoxyd erhielten. Die Thiere litten anfangs an Erbrechen, später nicht mehr; sie verloren den Apetit, magerten ab und starben am 10. bis 15. Tag bei zunehmender Schwäche. Im Urin, dessen Tagesmenge auf 100 Grm. fiel, trat neben Zink, Hämoglobin, Eiweiss und Zucker auf. Die rothen Blutkörperchen waren blass, die weissen vermehrt, der Farbstoffgehalt des Blutes vermindert. Leber, Niere und Pankreas zeigten fettige Entartung. Herter.

*St. Bądzyński, über den bei Untersuchung auf Quecksilber nach der Ludwig'schen Methode erhaltenen Cadmiumspiegel. Gazeta Lekarska 1892, 6, 116. Bei der Untersuchung auf Quecksilber nach Ludwig kann der Zinkstaub, der öfter cadmiumhaltig ist, Irrthümer veranlassen, da Cadmium beim Glühen einen ebensolchen Spiegel wie Quecksilber im schmalen Ende des Glasröhrchens gibt. Man soll nach Verf. stets den Zinkstaub auf Cadmium untersuchen, oder ihn durch Zinkpulver, Zinkfeile, Kupferplättchen, Messingwatte oder Rauschgold ersetzen. Pruszyński.

*Cathelineau, toxicologische und physiologische Experimentaluntersuchungen über Quecksilberchlorid. Journ. de Pharm. et de Chimie [5] **25**, 504—506. Hervorgehoben sei daraus, dass Sublimat in toxischen Dosen den Hämoglobin- und Trockensubstanzgehalt des Blutes vermindert, dagegen den Harnstoff- und Zuckergehalt vermehrt. In grösseren Dosen vermehrt es auch die Ausscheidung aller Harnbestandtheile, da es die Oxydation im Körper beschleunigt; bei toxischen Dosen erfolgt später Oligurie und Anurie; zuerst tritt Albuminurie, später auch Zuckerausscheidung auf.

59. K. Ullmann, über Localisation des Quecksilbers im thierischen Organismus nach verschiedenartigen Anwendungsweisen von Quecksilberpräparaten.

*de Michele, das Quecksilber in den Geweben. Riforma medica 1891, 169, 170, citirt nach Centralbl. f. klin. Med. 1892, 24. Verf. findet das Quecksilber in der Leber in grösster Menge, dann in den Nieren und der Milz; die rothen Blutkörperchen enthalten nichts oder nur Spuren. Das Quecksilber findet sich in den Geweben immer als Eiweissverbindung des Bichlorürs. Schwefelammonium färbt die Gewebe schwarz, Jodide mit Säuren gelbröthlich, Alkali blassgelb.

Rosenfeld.

*Kunkel, über die Verdampfung von Quecksilber aus der grauen Salbe. Sitzungsber. d. physik.-médic. Gesellsch. zu Würzburg 1892. No. 2, pag. 19—25.

*Wold. Luck, Beiträge zur Wirkung des Thallium. Inaug.-Diss. Dorpat 1891. Karow. 79 pag.

*A. Pilliet und A. Malbec, über die histologischen Läsionen der Niere, welche bei Thieren durch die Barytsalze hervorgebracht werden. Compt. rend. soc. biolog. **44**, 957—962.

*Ch. Féré, zweite Mittheilung über die Vergleichung der Giftigkeit der Bromide bei intravenöser Injection. Compt. rend. soc. biolog. **44**, 17—18.

*Ch. Féré und L. Herbert, experimentelle Untersuchungen über die Anhäufung von Strontiumbromid im Organismus. Ibid., 45.

*Dieselben, über die Anhäufung von Bromkalium besonders in den verschiedenen Theilen des Nervensystems. Ibid., 130—132.

*Ch. Féré, L. Herbert und F. Peyrot, über die Anhäufung und Ausscheidung von Bromstrontium. Ibid., 513—516.

60. P. Pinet, vergleichende Untersuchungen über die physiologische Wirkung der Alkali- und Erdalkalimetalle.

61. M. Krüger, über die quantitative Bestimmung geringer Mengen von Kalk. •

   .   *Hugo Schulz, die Sauerstoffverbindungen des Arsens unter dem Einflusse des Protoplasmas. Deutsche medic. Wochenschr. 1892, No. 20, pag. 441—443. Da Husemann in seinem Handbuche der Arzneimittellehre einen Uebergang der arsenigen Säure in Arsensäure für nicht erwiesen hinstellt, erinnert Verf. an seine vor Jahren ausgeführten Versuche, in denen das Gegentheil gezeigt wurde.

                                                        Andreasch.

*Th. Husemann, Erwiesenes und Hypothetisches vom Arsen. Deutsche medic. Wochenschr. 1892, No. 48 u. 50; Polemik gegen H. Schulz.

*L. Lilienfeld und Achille Monti, über die microchemische Localisation des Phosphors in den Geweben. Zeitschr. f. physiol. Chemie **17**, 410—424; auch Dubois-Reymond's Arch. 1892, pag. 548. Färbungsmethode mittelst molybdänsauren Ammons und Pyrogallol.

*Friedr. Krückel, über die toxischen und therapeutischen Wirkungen des chlorsauren Kaliums. Inaug.-Diss. Kiel, 22 pag.

62. J. Brandl und H. Tappeiner, über die Ablagerung von Fluorverbindungen im Organismus nach Fütterung mit Fluornatrium.

*D. Labbé und Oudin, über das Ozon vom physiologischen und therapeutischen Gesichtspunkt. Compt. rend. **113**, 141—144.

Für physiologische und therapeutische Zwecke darf das Ozon nicht auf chemischem Wege bereitet werden wegen der schädlichen Verunreinigungen. Ozon, auf elektrischem Wege dargestellt, zu 0,011 bis 0,012 Mgrm. pro L. ist auch bei dauernder Einathmung ohne schädliche Wirkung. Diese Inhalationen vermehren nach Verf. schon in 10 bis 15 Minuten den Hämoglobingehalt des Blutes, bei subnormalem Gehalt um 1%, bei normalem Gehalt um ein sehr geringes oder gar nicht. Nach 24 Stunden findet sich wieder der alte Hämoglobin-Werth (mit Hénocque's Hämatospectroscop gemessen), wenn keine weiteren Inhalationen vorgenommen werden.

Herter.

*Hugo Schulz, über chronische Ozonvergiftung. Arch. f. experim. Pathol. u. Pharmak. **29**, 364—385.

*V. Marcano und A. Muntz, das Ammoniak in der Atmosphäre und in dem Regen einer tropischen Gegend. Compt. rend. **113**, 779—781.

*A. Muntz, das Ammoniak im Regenwasser und in der Atmosphäre. Compt. rend. **114**, 184—185.

*P. Regnard, über die Respiration des Meeres. Compt. rend. soc. biolog. **44**, 343—344. Um ein Maass des durch Diffusion bedingten Eindringens des Sauerstoffs in die Tiefe des Meeres zu gewinnen, beobachtete R. die Geschwindigkeit, mit welcher in einem verticalen Rohr die Bläuung von durch Hydrosulfit entfärbter Indigcarminlösung fortschritt. Dieselbe betrug nur 1 Meter in 3 Monaten.

Herter.

*C. Duncan und F. Hoppe-Seyler, über die Diffusion von Sauerstoff und Stickstoff in Wasser. Zeitschr. f. physiol. Chemie **17**, 147—181.

*Brasse, Anwendung der Gesetze der Diffusion auf das Studium der biologischen Erscheinungen. Mém. soc. biolog. 1892, 347—371.

Analytische Methoden.

*H. Behrens, Beiträge zur microchemischen Analyse. Zeitschr. f. anal. Chemie **30**, 126—174.

*G. Krüss und H. Krüss, Colorometrie und quantitative Spectralanalyse in ihrer Anwendung in der Chemie. Leop. Voss, Hamburg 1891.

*Jul. Quincke, über gasvolumetrische Alkalimetrie und über die Anwendung des Ferridcyankaliums in der Gasometrie. Zeitschr. f. anal. Chemie **31**, 1—43.

*Arth. Bornträger, saures weinsaures Kalium als Urtiter-
substanz für die Acidimetrie und Alkalimetrie. Zeitschr.
f. anal. Chemie **31**, 43—57.

*A. Leduc, über eine neue Kupfer-Wasserstoff-Verbindung
und die Bereitung von reinem Stickstoff. Compt. rend. **113**,
71—72.

*J. Kjeldahl, zur elementaranalytischen Bestimmung des Kohlen-
stoffs und Wasserstoffs. Zeitschr. f. anal. Chemie **31**, 214—216.

63. K. Ogata, über eine neue Methode zur Bestimmung des Kohlen-
stoffgehaltes der organischen Substanzen.

*Fr. Blau, Verfahren zur Bestimmung des Stickstoffes in
organischen Substanzen. Monatsh. f. Chemie **13**, 277—285.
Die im Schiffchen befindliche Substanz wird im beiderseits offenen
Rohre im Kohlensäurestrom verkohlt, die Dämpfe werden durch grobes
Kupferoxyd, die restirende Kohle im stickstofffreien Sauerstoffstrome
verbrannt und der überschüssige Sauerstoff im Rohr selbst durch
glühendes Kupfer absorbirt, schliesslich der Stickstoff, der sich noch
im vorderen Theil des Rohres befinden mag, durch Kohlensäure in
das Messrohr gespült. Ueber die Ausführung siehe das Original.

Andreasch.

*C. Arnold und Konr. Wedemeyer, Beiträge zur Stickstoff-
bestimmung nach Kjeldahl. Zeitschr. f. anal. Chemie **31**,
525—533. Behandelt die Wirkung verschiedener Oxydationsmittel;
besonders wird die Methode von Gunning [J. Th. **19**. 66] empfohlen
oder eine Combination Gunning-Arnold, wobei 40 Grm. H_2SO_4
+ 20 Grm. K_2SO_4 + 1 Grm. HgO + 1 Grm. $CuSO_4$ zur Verwendung
kommen. Um das Schäumen bei ersterer Methode zu vermeiden,
erhitzt man anfangs nur mit Schwefelsäure und dem vierten Theile
von Kaliumsulfat und setzt den Rest erst nach 10—15 Minuten zu.

Andreasch.

*W. F. Keating Stock, eine neue und schnelle Methode der
Stickstoffbestimmung in organischen Körpern. The
Analyst **17**, 109—112; chem. Centralbl. 1892, II, 182. Der organische
Körper wird mit concentrirter Schwefelsäure und Braunstein oxydirt
und das gebildete Ammoniak durch Lauge ausgetrieben. Die Auf-
schliessung soll sehr rasch vor sich gehen, Knochenmehl ist z. B. in
3 Minuten oxydirt.

*E. Wagner, über die Bestimmung des Albuminoidstick-
stoffs der Wässer. Journ. de Pharm. et de Chim. **23**, 5.

*A. Sokoloff, über die Fehlerquellen bei der Bestimmung
des Sauerstoffs im Wasser nach der von Levy verbesserten Methode
Mohr's. Wratsch 1892, pag. 546—548.

*E. Boyer, über ein neues Verfahren, die Salpetersäure und den Gesammtstickstoff zu bestimmen. Compt. rend. **118,** 503-505.

*J. Mai, chemisches Vademecum. Repertitorum der anorganischen, organischen und analytischen Chemie. Mannheim, J. Bensheimer.

42. Karl Lange: Ueber das Verhalten der Schwefelharnstoffe im thierischen Körper[1]).

Die Versuche wurden an Fröschen, Kaninchen und Hunden angestellt. Schwefelharnstoff erwies sich in Mengen von 2 Grm. für Kaninchen als ungiftig; kurze Zeit nach der Einführung per os liess sich die Substanz im Harne durch die Rhodanreaction von Claus [Annal. Chem. Pharm. **179,** 129] und durch die Schwarzfärbung von alkalischer Bleilösung nachweisen. Allyl-, Phenyl- und Acetylschwefelharnstoff rufen bei Kaninchen und Hunden in relativ grossen Dosen Appetitlosigkeit, später Erbrechen hervor, die Thiere werden apathisch, unsicher in ihren Bewegungen, es stellen sich Zittern des Körpers und krampfartige Contractionen ein und es erfolgt der Tod unter dispnoetischen Erscheinungen (Hund). Am giftigsten wirkt der Phenylschwefelharnstoff, 1 Grm. tödtet einen grossen Hund, dann folgt das Thiosinamin, welches in intravenösen Gaben von 0,6—0,75 Grm.. für Kaninchen und Hunde tödtlich ist. Bei Fröschen ist Anasarka, bei den anderen Versuchsthieren Hydrothorax und Lungenödem als Vergiftungserscheinung hervorzuheben. Aethylschwefelharnstoff erwies sich als ungiftig. Von den zweifach (symmetrisch) substituirten Schwefelharnstoffen sind jene mit gleichen Alkylen (Diphenyl- und Dimethylschwefelharnstoff wurden geprüft) fast ungiftig, während die mit verschiedenen Alkylen (Allylphenyl-, Allyläthyl-, Methyläthylschwefelharnstoff) sehr giftig sich erweisen. Als Vergiftungsbild treten besonders nervöse Symptome auf, Lungenödem fehlt stets. Da die Schwefelharnstoffe. im Körper möglicherweise in Cyanamide übergehen konnten, war Veranlassung gegeben, auch diese zu prüfen. Doch waren die Vergiftungserscheinungen ganz andere; am giftigsten erwies sich das Allylcyanamid, indem es Kaninchen in Mengen von 0,1 Grm. bei sub-

---

[1]) Ing.-Diss. Rostock 1892, 48 pag. Laboratorium von Prof. O. Nasse.

5*

cutaner Einführung momentan unter klonischen Krämpfen tödtete. Cyanamid selbst, das bereits von Gergens und Baumann [J. Th. **6**, 71] geprüft wurde, ruft nur vorübergehende Intoxication hervor (0,1 Grm.), während endlich das noch untersuchte Phenylcyanamid selbst in grösserer Menge (2,2 Grm.) ungiftig ist. Andreasch.

43. E. Schulze: Ueber einige stickstoffhaltige Bestandtheile der Keimlinge von Vicia sativa[1]).

Verf. hat unter den stickstoffhaltigen Producten der Wickenkeimlinge Guanidin aufgefunden. Zur Darstellung extrahirt man die getrockneten fein zerriebenen Keimlinge mit 91 %igem Weingeist, destillirt vom Extracte den Weingeist ab, löst den Rückstand in Wasser, versetzt die Flüssigkeit mit etwas Gerbsäure, hierauf mit Bleiessig, filtrirt den Niederschlag ab, entfernt aus dem Filtrate das Blei durch Schwefelsäure und fällt mit Phosphorwolframsäure. Der Niederschlag wird mittelst Kalkmilch in der Kälte zerlegt, die Flüssigkeit mit Salzsäure neutralisirt, zum Syrup verdunstet, letzterer mit Weingeist ausgezogen und aus dem Extracte Cholin und Betaïn mit alcoholischem Quecksilberchlorid gefällt; man verdunstet die abgegossene Mutterlauge, befreit durch Schwefelwasserstoff vom Quecksilber und versetzt wieder mit Phosphorwolframsäure. Der Niederschlag wird mit Kalkmilch zerlegt, in das Filtrat Kohlensäure geleitet, der Niederschlag abfiltrirt, das Filtrat mit Salpetersäure neutralisirt und eingedampft, wobei salpetersaures Guanidin auskrystallisirt. Dasselbe wurde durch sein Verhalten, sowie durch die Analyse des Golddoppelsalzes identificirt. Der Gehalt ist für getrocknete Keimlinge etwa 0,23 %. Die Bildung von Guanidin ist desshalb interessant, als auch Lossen durch Oxydation von Eiweiss etwas Guanidin erhalten hat. Ausser Guanidin liessen sich noch Cholin und Betaïn, ferner von Amidosäuren Phenylalanin, Leucin und Amidovaleriansäure isoliren oder doch nachweisen. Dazu kommen noch Asparagin, Glutamin und Tyrosin (Gorup-Besanez), welche wohl grösstentheils dem Zerfall von Eiweissstoffen ihre Entstehung verdanken. Das Cholin ist als Zersetzungsproduct des Lecithins aufzufassen,

---

[1]) Zeitschr. f. physiol. Chemie **17**, 193—216; zum Theile auch Ber. d. d. chem. Gesellsch. **25**, 658—661.

während Betaïn bereits in dem ungekeimten Samen enthalten ist. Von den genannten Substanzen prävalirt der Menge nach das Asparagin (mehr als die Hälfte des Gesammtstickstoffes bei 4—5 wöchentlichen Keimlingen). Andreasch.

44. E. Drechsel: Eine neue Reaction gewisser Xanthinkörper [1]). Vorläufige Mittheilung. Wenn man die Lösung eines harnsauren Alkalis mit der Lösung eines Kupferoxydsalzes versetzt, so entsteht bekanntlich ein missfarbiger Niederschlag, der schnell zu weissem harnsaurem Kupferoxydul wird, welches durch Alkalien nicht zersetzt wird. D. hat nun gefunden, dass auch die meisten Xanthinkörper, vor Allem Xanthin, Hypoxanthin, Guanin, im Stande sind, ähnliche Verbindungen zu geben, wenn man entweder ihre ammoniakalische Lösung mit einer ebensolchen Lösung von Kupferchlorür versetzt, oder in ihrer alkalischen, mit F e h l i n g'scher Flüssigkeit versetzten Lösung das Kupferoxyd zu Oxydul reducirt. Kocht man eine solche Lösung und tröpfelt eine wässrige Dextroselösung hinzu, so fällt nicht rothes oder gelbes Kupferoxydul aus, sondern ein weisser flockiger Niederschlag, welcher die betreffende Kupferoxydulverbindung ist, und derselbe oder ein ganz ähnlicher Niederschlag entsteht schon in der Kälte auf Zusatz eines Hydroxylaminsalzes. Die Niederschläge ähneln sehr den Silberverbindungen der Xanthinkörper; an der Luft oxydiren sich dieselben nur langsam.

Andreasch.

45. E. Drechsel: Ueber das Verhalten des Alanins in höherer Temperatur [2]). D. hat die Beobachtung gemacht, dass Alanin beim Erhitzen für sich oder noch besser beim Erhitzen mit conc. Phosphorsäure auf $220-230^0$ unter Entwickelung von Kohlenoxyd und Aldehyd zersetzt wird: $CH_3 . CH (NH_2) COOH = CH_3 . CHO + CO + NH_3$. Dieser Befund gibt vielleicht den Schlüssel zu einer anderen Beobachtung, nämlich der Bildung von Kohlenoxyd bei der Zersetzung des Lysins. Man wird kaum fehlgehen, wenn man dieses als α-ι-Diamidonormalcapronsäure auffasst: ist diese Ansicht richtig, so darf man erwarten, dass dasselbe beim Erhitzen in Kohlenoxyd, Ammoniak und Amidovaleraldehyd bezw. Tetrahydropyridin und Wasser [3]) zerfällt:

---

[1]) Ber. d. d. chem. Gesellsch. **25**, 2454. — [2]) Ber. d. d. chem. Gesellsch. **25**, 3502—3504. — [3]) Daselbst **25**, 2782.

$$H_2 N (CH_2)_4 CH NH_2 . COOH = CO + NH_3 + H_2 N (CH_2)_4 CHO$$

Sollte diese Vermuthung bestätigt werden, so würde damit ein übersehbarer Weg vom Eiweiss zu den hydrirten Pyridinbasen gefunden sein.

Andreasch.

46. K. Brenzinger: Zur Kenntniss des Cystins und des Cysteïns [1]). Wird zu einer salzsauren Lösung von Cysteïn Quecksilberchlorid gefügt, so entsteht sofort ein schwerer krystallinischer Niederschlag, dem die Zusammensetzung $C_6 H_{14} N_2 O_4 S_2 Hg_3 Cl_6$ zukommt. Man kann diese Verbindung zur Bestimmung des Cystingehaltes in Cystinsteinen verwenden, da die anderen Beimengungen derselben, wie phosphorsaurer Kalk und Magnesia bei der Ausfällung in Lösung bleiben. Ein Ueberschuss von Sublimat ist zu vermeiden. Man titrirt gleichsam so lange mit einer Quecksilberlösung, bis ein bleibender Niederschlag entsteht und fügt dann zur völligen Abscheidung noch die Hälfte der schon verbrauchten Flüssigkeit hinzu. Der Niederschlag wird rasch abgesaugt und lufttrocken gewogen.

Jodäthyl bildet damit Aethylcysteïn, $CH_3 - C \underset{SC_2 H_5}{\overset{NH_2}{<}} COOH$, welches wie das Phenylcysteïn mit Natronlauge und Fehling'scher Lösung gekocht, Mercaptan und Ammoniak abspaltet; doch erfolgt die Zersetzung langsamer als beim Phenylcysteïn. Beim Aethylcysteïn ist durch alkalische Mittel, sowie durch salpetrige Säure die Brenztraubensäure als Spaltungsproduct nicht nachweisbar, weil letztere zu leicht weiter verändert wird. Cystin bildet ein Benzoylderivat, $C_6 H_{10} N_2 S_2 O_4 (C_7 H_5 O)_2$, welches durch Salzsäure in Benzoësäure und Cystin gespalten wird. Endlich vereinigt sich Cystin mit Isocyansäure zu einer Uramidosäure, welche durch Abspaltung von Wasser leicht in das entsprechende Hydantoïn übergeht. Verf. beschreibt verschiedene erfolglose Versuche, um von dem Benzoylalanin und anderen Verbindungen zum Cystin zu gelangen.   Andreasch.

[1]) Zeitschr. f. physiol. Chemie **16**, 552—588.

**47. Georg König: Die Oxydationsproducte der Mercaptur-
säuren**[1]). Die von Baumann und Preusse aufgefundenen Mercaptursäuren werden durch vorsichtige Oxydation mittelst Permanganat in schwach alkalischer Lösung in Sulfone verwandelt. So
wurden aus der Chlor-, Brom- und Jodphenylmercaptursäure [Schmitz,
über p-Jodphenylmercaptursäure. Inaug.-Dissert. Freiburg i. B., 1886]
die entsprechenden αα-Acetamidophenylsulfonpropionsäuren erhalten:
die Chlorphenylmercaptursäure bildet z. B. αα-Acetamido-p-chlor-
phenylsulfonpropionsäure:

$$CH_3 - C \begin{cases} \diagup SO_2 - C_6H_4 . Cl \\ - COOH \\ \diagdown NH\,CO . CH_3 \end{cases}$$

Von diesen Säuren werden mehrere Derivate beschrieben. Auch die
durch Reduction aus den Halogensubstitutionsproducten erhältliche
Phenylmercaptursäure gibt bei der Oxydation das entsprechende
Sulfon. welches man auch durch Reduction der obigen halogenisirten
Säuren, insbesondere der Bromverbindung erhalten kann. Kochen
mit verdünnten Säuren (Schwefelsäure 1 : 2) spaltet aus diesen
Sulfonsäuren Essigsäure ab unter Bildung der entsprechenden Amidosäuren, z. B. α-Amido-p-Chlorphenylsulfonpropionsäure, $C_9H_{10}ClSNO_4$;
umgekehrt können letztere Säuren durch Behandlung mit Essigsäureanhydrid in die acetylirten Verbindungen zurückverwandelt
werden. Behandelt man die Amidochlorphenylsulfonpropionsäure
mit Kaliumcyanat, so bildet sich die entsprechende Uramidosäure,
$H_2N - CO - NH\,C_9H_8ClSO_4$. — Kochen mit Alkalien bildet aus
der α-Acetamido-p-Chlorphenylsulfonsäure Ammoniak, Brenztraubensäure und p-Chlorphenylsulfinsäure. Natriumnitrit und Schwefelsäure
bildet unter Ersetzung der Amidogruppe durch Hydroxyl aus der
Amidochlorphenylsulfonsäure eine p-Chlorphenylsulfonoxypropionsäure:

$$\begin{matrix} CH_3 \\ COOH \end{matrix} \diagdown\!\!\!\diagup C \diagdown\!\!\!\diagup \begin{matrix} OH \\ SO_2 - C_6H_4\,Cl. \end{matrix}$$

Bezüglich der Eigenschaften der erwähnten Körper möge das Original
eingesehen werden. Andreasch.

---

[1]) Zeitschr. f. physiol. Chemie **16**, 525—551. Mitgetheilt von E. Baumann.

48. P. Marfori: Ueber die Umwandlungen einiger Säuren aus der Oxalsäurereihe im menschlichen Körper [1]). Die Untersuchungen des Autors über die Oxalsäure und ihre Verwandlungen im menschlichen Organismus ergeben folgendes Resultat. Er stellte bei sich in zwei Untersuchungen, bei einer Diät von Brod, Fleisch und Eiern, die Ausscheidung der Oxalsäure im Urin auf 0,016 und 0,02 Grm. pro die fest. Zugleich findet er den normalen Stuhlgang frei von Oxalsäure. Darauf nimmt Verf., ohne ausser leichter Migräne beschwert zu sein, 1,06 Grm. Oxalsäure innerhalb 15 Stunden. Der 24 stündige Urin enthielt 0,15 Grm. Oxalsäure. Davon sind 0,018 normal, also ergab sich ein Plus von 0,13 Grm. Oxalsäure. Am nächsten Tage trat keine vermehrte Ausscheidung auf. Im Stuhlgang wurde in 48 Stunden 0,12 Grm. Oxalsäure entleert, somit sind resorbirt worden 0,9 Grm., von denen nur 14,3 % im Harn wieder erschienen. Auch die Untersuchung auf Oxalursäure, durch Kochen mit Ammoniak und Calciumchlorid fiel negativ aus. Da somit die Umwandlung der Oxalsäure zu Oxalursäure ausgeschlossen war, bestimmte Verf. die Acidität des Urins vor und nach der Oxalsäurezufuhr. Da sie von 2,4 auf 1,1 Grm. und in einem anderen Versuche von 2,0 auf 1,2 herunterging, so nimmt Verf. eine Verbrennung der Oxalsäure zu CO_2 an, die dann an Alkalien gebunden im Harn erscheint. Die Ca- und Na-Salze der Oxalsäure verbrennen in noch grösserer Quantität im Organismus. Die Methode der Oxalsäurebestimmung für den Harn ist die von Neubauer mit geringer Modification, die für Stuhlgang siehe im Original. Beide sind gut controlirt.   Rosenfeld.

49. Rud. Cohn: Ueber das Auftreten acetylirter Verbindungen nach Darreichung von Aldehyden [2]). Verf. hat mit Jaffé nachgewiesen, dass Furfurol im Organismus des Hundes und Kaninchens sich in Furfuracrylsäure umwandelt [J. Th. **17**, 80]; es wurde desshalb versucht, ob auch andere Aldehyde diese Synthese mit Essigsäure im Thierkörper eingingen. Benzaldehyd. Nach Fütterung mit Benzaldehyd konnte in der aus dem Harne dar-

---

[1]) Annali di Chim. et di Farm. XII. 1890. — [2]) Zeitschr. f. physiol. Chemie **17**, 274—310.

gestellten Benzoë- resp. Hippursäure durch die charakteristische Zimmtsäurereaction (Benzaldehydgeruch bei Behandlung mit Permanganat) Zimmtsäure nachgewiesen werden, doch war es nicht möglich, dieselbe in Substanz darzustellen. Specielle Versuche zeigten, dass verfütterte Zimmtsäure nur zum kleinsten Theile unverändert in den Harn übergeht. Thiophenaldehyd. Hier liess sich die Bildung einer der Furfuracrylsäure analogen Verbindung erwarten. Doch wurde bei der Verfütterung am Kaninchen und am Hunde nur Thiophenursäure resp. deren Harnstoffverbindung erhalten. Möglicherweise herrschen hier ähnliche Verhältnisse wie beim Benzaldehyd, denn synthetisch dargestellte Thienylacrylsäure ging im Organismus des Kaninchens in Thiophenursäure über. Aldehyd, Paraldehyd, Chloralhydrat und Vanillin. Die ersteren scheinen im Körper ganz verbrannt zu werden, Chloralhydrat liefert Urochloralsäure, und aus dem Vanillinharn wurde Vanillinsäure [Preusse, J. Th. **10**, 277] erhalten. Acrylverbindungen wurden in keinem Falle aufgefunden. Nitrobenzaldehyde. Zunächst wurde m-Nitrobenzaldehyd einem Hunde verfüttert (20 Grm.). Die alcoholischen Harnextracte wurden verdampft, mit Schwefelsäure angesäuert und mit Aether extrahirt. Aus den Auszügen wurden im Ganzen $15^1/_2$ Grm. eines Körpers erhalten, der bei 151^0 schmolz und farblose microscopische Nadeln bildete; die Spaltung durch Baryt liess ihn als m-nitrohippursauren Harnstoff erkennen. Daneben wurde noch etwas freie m-Nitrohippursäure erhalten. Sieber und Smirnow [J. Th. **17**, 89] hatten bei ihren Untersuchungen nur letztere erhalten, was sich durch die von ihnen angewandte Methode erklärt; die Harnstoffverbindung wird nämlich in wässriger Lösung sehr leicht gespalten. Von Kaninchen wurde der m-Nitrobenzaldehyd sehr schlecht vertragen, die Thiere gingen nach Verabreichung von 4—5 Grm. zu Grunde. Aus den sauren Aetherextracten des Harns wurden neben m-Nitrobenzoësäure und m-Nitrohippursäure etwa $10\,^0/_0$ des verfütterten Aldehydes in Form einer in Aether schwer löslichen Verbindung erhalten, die aus verdünntem Alcohol oder kochendem Wasser umkrystallirt, bei der Analyse die Zusammensetzung $C_9 H_9 NO_3$ ergab. Dieselbe bildet feine, microscopische, stark gebogene und baumartig verästelte Nädelchen vom Schmelzpunkte 248^0.

Kochen mit Salzsäure spaltete die Substanz in Essigsäure und
m-Amidobenzoësäure, so dass dieselbe als m-Acetylamidobenzoë-
säure anzusprechen ist, mit der sie auch in ihren Eigenschaften
übereinstimmt. Es tritt also auch hier eine Paarung mit Essigsäure
ein, nur ist der Ort der Anlagerung ein anderer wie bei der Furfuracrylsäure. Jedenfalls wird die primär entstandene Nitrobenzoë-
säure in dem langen Kaninchendarm zur Amidosäure reducirt, welche
dann der Acetylirung unterliegt. Doch gab verfütterte Amidobenzoë-
säure keine Acetylverbindung, sondern nur, wie schon Salkowski
gefunden hatte, Uramidobenzoësäure. — o-Nitrobenzaldehyd wurde
bis zu 90 $^0/_0$ im Organismus zerstört, als einziges Umwandlungsproduct
ergab sich nur o-Nitrobenzoësäure. — p-Nitrobenzaldehyd wurde den
Kaninchen in Wasser suspendirt zu je 1 Grm. jeden Uebertag verabreicht. Aus den Aetherextracten wurde nach dem Umkrystalliren
das fast quantitativ gebildete Umwandlungsproduct in Form kugeliger
Aggregate, die aus einem Gewirr feiner Nadeln bestanden, gewonnen.
Der Körper ist in kochendem Wasser schwer löslich, leicht in
kochendem Alcohol, schmilzt bei 252—254^0 und hat die Zusammensetzung $C_{16}H_{14}N_2O_7$. Ein eingehendes Studium, sowie die Synthese
dieser Substanz aus p-Nitrobenzoësäure und p-Acetylamidobenzoësäure,
veranlassen Verf., ihr die Constitutionsformel:

$$NO_2 - C_6H_4 - COOH$$
$$\|$$
$$NH(CO\,CH_3) - C_6H_4 - COOH$$

zu geben.   Andreasch.

50. J. Ville: Umwandlung von Sulfanilsäure zu Sulfanilcarb-
aminsäure im Organismus [1]). Salkowski [J. Th. 3, 141] zeigte,

dass Taurin $HSO_3 - C_2H_4 - NH_2$ im Organismus in Taurocarb-
aminsäure $HSO_3 - C_2H_4 - NH - CO - NH_2$ übergeht. Verf.
fand, dass Sulfanilsäure $HSO_3 - C_6H_4 - NH_2$ bei Hunden
in gleicher Weise theilweise zu Sulfanilcarbaminsäure
$HSO_3 - C_6H_4 - NH - CO - NH_2$ umgewandelt wird, deren künstliche Synthese V. bereits früher [J. Th. 21, 43] gelang. Zur Ge-

---

[1] Transformation, dans l'économie, de l'acide sulfanilique en acide
sulfanilocarbamiqne. Compt. rend. 114, 228—231.

winnung der Carbaminsäure aus dem Urin wird derselbe zum Syrup eingedampft und allmählich das 4 bis 5fache Volum absoluten Alcohols hinzugefügt. Nach 24 Stunden wird der erhaltene Niederschlag, welcher die Carbaminsäure an Natrium gebunden enthält, auf dem Filter gesammelt, mit concentrirtem Alcohol gewaschen, über Schwefelsäure im Vacuum getrocknet, in möglichst wenig Wasser gelöst und mit einem Ueberschuss von Schwefelsäure und concentrirtem Alcohol versetzt; es entsteht eine Fällung, hauptsächlich aus Sulfanilsäure und Kaliumsulfat bestehend, während die Carbaminsäure in Lösung bleibt. Nach 24 Stunden wird filtrirt und die Lösung im Vacuum eingedampft, der erhaltene saure Syrup wird mit Wasser versetzt und mit Baryumcarbonat neutralisirt. Man filtrirt und entfernt aus dem Filtrat das Baryum mit der berechneten Menge Schwefelsäure. Die erhaltene Lösung wird mittelst Silbercarbonat entchlort, mit Schwefelwasserstoff behandelt, filtrirt, aufgekocht und eingedampft, der Rückstand mit absolutem Alcohol aufgenommen, die alcoholische Lösung wieder eingedampft, der Rückstand in Wasser gelöst, mit Thierkohle entfärbt und im Vacuum concentrirt. Die Sulfanilcarbaminsäure krystallisirt nun in federförmigen Lamellen, welche sehr leicht in Wasser, ziemlich leicht in absolutem Alcohol, nicht in Aether, Chloroform, Benzin löslich sind. — Die Analysen ergaben S 14.63 % (ber. 14,82), N 12,78 (ber. 12,96). Mit Natriumhypobromit tritt reichliche Entwickelung von Stickstoff ein, beim Kochen mit Jod eine dunkel orangerothe Färbung. In geschlossenem Rohr mit Barytwasser auf 135 bis 140° erhitzt, spaltet sich die Säure in Ammoniak, Kohlensäure und Sulfanilsäure. Neben der Carbaminsäure findet sich im Urin unveränderte Sulfanilsäure. Man erhält sie aus der alcoholischen Urinlösung, aus welcher das Natriumsalz der Carbaminsäure ausgefallen ist. Der Alcohol wird verjagt; der wässerige Rückstand gibt auf Zusatz von Salzsäure einen krystallinischen Niederschlag von Sulfanilsäure, der durch Umkrystallisiren und Entfärben mit Thierkohle gereinigt wird. Dieselbe kann auch aus der oben erwähnten aus Kaliumsulfat und Sulfanilsäure bestehenden Fällung erhalten werden. Die wässerige Lösung derselben wird mit Baryumcarbonat neutralisirt, filtrirt, eingeengt und mit Salzsäure versetzt. Herter.

51. J. Pruszynski: Ueber das Verhalten der Amidosalicyl-säuren im Organismus [1]). Verf. untersuchte im Laboratorium von Prof. Nencki in Bern das Verhalten im Organismus von drei isomeren Amidooxybenzoësäuren, das heisst der Orthoamidosali-cylsäure $(CO_2 H : OH : NH_2 = 1 : 2 : 3)$, der Paramidosalicylsäure $(CO_2 H : OH : NH_2 = 1 : 2 : 5)$ und der Amidoparaoxybenzoësäure. Die untersuchten Säuren wurden von Hunden in Dosen von 3 bis 8 Grm. pro die ohne wesentliche Störungen vertragen, am wenigsten noch die Amidoparaoxybenzoësäure. Antiseptische Eigenschaften kommen den Säuren in beschränktem Maasse zu. Am stärksten für die Bacterien entwickelungshemmend erwies sich noch die Ortho-amidosalicylsäure. Diese letzte Säure, sowie die Paramidosalicyl-säure werden von Hunden und Kaninchen zum grössten Theil als die entsprechenden Uramidosäuren $= C_6 H_3 (OH)(CO_2 H)(NH CON H_2)$ ausgeschieden. Die Orthoamidosalicylsäure wurde zum geringen Theil unverändert aus dem Harne erhalten. Bei der Fütterung mit der Paramidosalicylsäure wurde ausser der Uramidosäure noch in geringer Menge eine schwarze amorphe Substanz erhalten, welche 53,2 % C, 3,89 % H und 9,2 % N enthielt. Nach Fütterung mit Amidopara-oxybenzoësäure hat Verf. das Umwandlungsproduct aus dem Harne nicht isolirt. Die Amidosalicylsäuren verhalten sich im Organismus ähnlich wie dies schon früher Salkowski [J. Th. **13,** 189] bezüg-lich der Metaamidobenzoësäure, die ebenfalls als Uramidosäure aus-geschieden wird, gezeigt hat. Pruszyński.

52. G. Schubenko: Materialien zur Pharmakologie und Pharmacie gewisser aromatischer Substanzen [2]). Salicylphenacetin geht fast unzersetzt durch den Organismus des Hundes und Menschen; es lassen sich nur geringe Mengen Salicylsäure im Harne nachweisen, auch die Menge der gepaarten Schwefelsäuren in demselben steigt nicht erheblich. Die Wiedergewinnung aus dem Harne wurde durch-geführt. Temperaturerniedrigende Eigenschaften gehen dem Salicyl-phenacetin ab. Zimmtäthylphenacetin wird im menschlichen Organis-mus theilweise zersetzt. Seine Spaltungsproducte: Paramidophenetol

---

[1]) Gazeta Lekarska 1889, No. 49 u. 50, pag. 972 u. 992. — [2]) Disser-tation. St. Petersburg 1892, pag. 1—51.

scheidet sich theils gebunden an Glycuronsäure, theils an Schwefelsäure aus; Zimmtaldehyd wird zu Benzoësäure oxydirt und als solche
ausgeschieden. Anilidoacetopyrocatechin und Anilidoacetopyrogallol
finden sich im Hundeharn theils an Glycuron-, theils an Schwefelsäure gebunden. Paraoxybenzophenon durchwandert unzersetzt den
Körper; dasselbe wirkt fäulnisshemmend. Tammann.

**53. Otto Schulz: Untersuchungen über die Wirkung des
Chinon und einiger Chinonderivate** [1]). Die von C. Wurster [J. Th.
19, 79] bekannt gegebenen Farbenreactionen, welche Chinon mit
Tyrosin, Amidosäuren und Amiden gibt, werden im Wesentlichen
bestätigt. Die Versuche mit Gelatin und mit Gelatingallerte, bei
tagelanger Einwirkung des Chinons, haben gelehrt, dass das α-Glutin
unter Schwarzbraunfärbung der Leimsubstanz in eine sehr widerstands-
fähige Verbindung, unlöslich in kochendem Wasser, auch bei er-
höhtem Drucke, umgewandelt wird, doch liess sich nicht feststellen,
ob das Chinon oder ein Chinonderivat in demselben enthalten ist.
Mit β-Glutin entsteht eine ähnliche Färbung der Flüssigkeit, während
das Glutin selbst keine nachweisbare Veränderung erleidet. Eine
ähnliche feste Verbindung bildet das Chinon mit Eiweiss. Bei diesen
Umwandlungen wurde wiederholt die Bildung von Hydrochinon constatirt, möglicherweise wurde dabei Glutin und Eiweiss partiell oxydirt. Hämoglobin wird durch Chinon in Methämoglobin umgewandelt;
dabei bleibt aber die Wirkung nicht stehen: Das Hämoglobin wird
gespalten. Das Eiweiss mit Chinon verbunden scheidet sich aus,
wobei die Flüssigkeit gallertig werden kann, und in der Ausscheidung
ist auch das Hämatin mit enthalten, wahrscheinlich ebenfalls weiter
oxydirt und mit Chinon verbunden. Schwefelammon stellt aus dieser
hypothetischen Verbindung das Hämatin wieder her. Bei den Versuchen mit geformten und zwar lebenden Körperbestandtheilen fällt
vor Allem ein rasches Aufhören der Lebenserscheinungen, sowie eine
rasche Braunfärbung der Gewebe in die Augen. Versuche am lebenden
Thiere ergaben zunächst starke Reizung der Nerven, welche sich in
Schmerzensäusserungen erkennen lässt. Intravenöse Injection tödtet
Kaninchen und Hunde binnen wenigen Stunden; bei Einführung per

---

[1]) Ing.-Dissert., Rostock 1892; 49 pag. Laborat. von Prof. O. Nasse.

os tritt Erbrechen und schwere Schädigung des Intestinaltractus ein. Im dunkelbraun-grünlichen Urin findet sich Hydrochinonglycuronsäure. Aehnlich dem Chinon verhält sich das Toluchinon. — Trichlorchinon und Tetrachlorchinon gleichen sich in ihren Wirkungen. Frisches Blut wird dadurch braun gefärbt, Oxyhämoglobin in Methämoglobin verwandelt. Chloranil erzeugt innerlich keine erkennbare Wirkung bei kleineren Gaben, grössere erzeugen Durchfall. Im Harn befinden sich dann Tetrachlorhydrochinonglycuronsäure und die Aetherschwefelsäure des Tetrachlorhydrochinons. Chloranilsäure oder Dichlordioxychinon, $C_6 Cl_2 (OH)_2 O_2 + H_2 O$, fällt Eiweiss und scheint in Form von Salzen, denen diese Eigenschaft abgeht, nicht schädlich zu wirken. Der Harn enthält nach Einführung des Körpers Glycuronsäure, vielleicht mit Hydrochloranilsäure gepaart. Chloranilaminsäure, $C_6 Cl_2 O_2 (NH_2) . OH + 3 H_2 O$, scheint im Thierkörper in Chloranilsäure verwandelt zu werden, welche dann weiter zu Hydrochloranilsäure reducirt wird.Andreasch.

54. F. Blum: Ueber Thymolglycuronsäure[1]). Verf. hat nach Verabreichung von Thymol (3 Grm. pro die) eine Säure im Harn aufgefunden, deren Chlorsubstitutionsproduct man in folgender Weise gewinnt. Jene Harnpartien, welche stärker nachdunkeln, werden gesammelt, filtrirt, dann mit einem Drittel ihres Volums an concentrirter Salzsäure und mit mindestens eben so viel einer verdünnten Lösung von unterchlorigsaurem Natron versetzt. Nach 96 St. ist die Krystallisation der Substanz beendet. Man löst die abfiltrirten Krystalle in Sodalösung und schüttelt die Lösung zur Entfernung der Chlorverbindungen des Thymols und Thymohydrochinons mit Aether aus, wodurch sie klar wird. Aus dem so gereinigten Natronsalze fällt Schwefelsäure die Substanz quantitativ in feinen weissen Nadeln aus. Die Elementaranalyse und die Bestimmung des Aequivalentgewichtes durch Titrirung mit Lauge ergaben $C_{16} H_{22} Cl_2 O_8$ als Formel; es lag somit eine zweifach gechlorte Thymolglycuronsäure vor. Sie ist in kaltem Wasser unlöslich, in kochendem etwas löslich, leicht löslich in Alcohol, Aether, Aceton, Benzol, Alkalien; der Schmelzpunkt liegt bei 125 bis 126⁰, bei 116 be-

---

[1]) Zeitschr. f. physiol. Chemie **16**, 514—524.

ginnt sie zu sintern. Als specifisches Drehungsvermögen ergab sich $\alpha_D = -66\,^0\,11'$. Durch Kochen mit $5\,^0/_0$ iger Schwefelsäure wird die Säure in ein bisher unbekanntes Dichlorthymol und in Glycuronsäure gespalten. Da der gepaarten Säure die Eigenschaften eines Aldehydes fehlen, nimmt Verf. an, dass die Glycuronsäure als zweiwerthiger Alcohol in Reaction getreten ist. Danach wäre die Constitutionsformel der Dichlorthymolglycuronsäure:

$$C_6\,H\,Cl_2 \cdot CH_3 \cdot C_3\,H_7 \cdot - O - (CH.OH)_5 - CO.OH.$$

Das Thymol wird mithin im Harne des Menschen abgeschieden: als Chromogen eines grünen Farbstoffs, als Thymolschwefelsäure, als Thymolglycuronsäure und als Thymolhydrochinonschwefelsäure [vergl. J. Th. **21**, 192].

Andreasch.

55. Albanese und Barabini: Pharmakologische Untersuchungen über die Ketone [1]**).** I. Theil. Die Autoren haben zunächst die gemischten Ketone untersucht, deren $-CO$-Gruppe je zwei verschiedene Reste vereinigt. 1. Methylphenylketon $CH_3 - CO - C_6\,H_5$. Das in Substanz injicirte Keton ruft Lähmungserscheinungen hervor, welche zunächst das Hirn, dann das Rückenmark und schliesslich den Bulbus erfassen, sodass schliesslich Herzthätigkeit und Athmung pausirt. Zugleich lässt es, in kleinen Dosen wiederholt applicirt, die Thiere merklich abmagern. 2. Aethylphenylketon $C_2\,H_5 - CO - C_6\,H_5$. Seine Wirkung ist ganz analog der des Methylphenylketons, nur sind erst höhere Dosen toxisch und verläuft die ganze Reihe von Erscheinungen langsamer und gegliederter. Bei Säugethieren gelingt es durch 1,3 Grm. pro Kilo einen nicht sehr tiefen Schlaf hervorzurufen, durch 1,75 Grm. pro Kilo einen tiefen Schlaf von 9 Stunden; dabei sind der Blutdruck, Pulsfrequenz und Pulsgrösse normal. Am Tage nach dem Versuche und auch bei längerem Gebrauch (15 Tage lang) sind die Thiere in jeder Beziehung munter. 3. Das Propylphenylketon $C_3\,H_7 - CO - C_6\,H_5$ bringt dieselben Erscheinungen hervor. Nun müssen die wirksamen Dosen hier noch höher sein wie bei 2. 1,8 Grm. pro Kilo führt nur zu einem leichten Schlaf von 4 Stunden Dauer. Der Tod, durch 2,5 pro Kilo erzeugt, tritt unter

---

[1]) Ricerche farmacologiche sui chetoni misti. Med ea [1891] und Annali di Chim. e di Farmac. **15**, 225.

Erlöschen der Reflexe, Speichelfluss und Bewusstseinsverlust auf. Auch hier führen kleine Dosen, wiederholt gegeben, zu rapidem Abmagern. Die Verff. stellen ihre Resultate in Parallele mit denen Albertoni's am Aceton erhaltenen: die Wirkung aller die Keton-gruppe enthaltenden Substanzen sei eine ähnliche. Bei den unter-suchten Ketonen scheint die Wirkung mit der Zahl der eintreten-den Kohlenstoffatome abzunehmen. — II. Theil. 1. Dimethylketon $CH_3 — CO — CH_3$ 4 Grm. pro Kilo erzeugen einen Zustand von Trunken-keit bei Hunden, tödlich wirken 8 Grm. pro Kilo. Mittlere Dosen, 5 Grm., rufen Erregung der Herzthätigkeit hervor. Auch hier tritt die lähmende Wirkung zuerst am Gehirn, dann an der Medulla, zuletzt erst am Bulbus auf. 2. Diaethylketon $C_2 H_5 — CO — C_2 H_5$ zeigt sich deut-lich als Schlafmittel, welches die Herzthätigkeit nicht beeinflusst. In der Quantität von 0,5 in 100 Aq. in refracta dosi gegeben, hat es bei zwei Frauen als kräftiges Schlafmittel gewirkt. Es wirkt depressorisch auf die Nervencentra in der schon bekannten Reihen-folge. In schlafmachender Dosis bleiben Athmung und Herz unbe-einflusst. Die Einathmung durch die Lunge erzeugt die gleichen Er-scheinungen. Die hypnotische Dosis variirt bei innerlicher Darreichung zwischen 1,0 und 1,5 pro Kilo. 3. Dipropylketon $C_3 H_7 — CO — C_3 H_7$ führt in der Dosis von 2,5 Grm. pro Kilo zu einem leichten und nur 2 bis 3 stündigen Schlaf. Die höhere Dosis von 3,0 pro Kilo wirkt auch nicht stärker hypnotisch und kann doch schon den Tod herbeiführen. 4. Diphenylketon $C_6 H_5 — CO — C_6 H_5$ ist unwirksam. So haben alle Ketone die Lähmung der Centra in der beschriebenen Reihenfolge an sich und ähneln sie nicht nur chemisch, sondern auch pharmakologisch den Alcoholen und Aldehyden. Es können ausser-dem keine klaren Beziehungen gewonnen werden zwischen chemischer Constitution und pharmakologischer Wirkung, nur scheint die CH_3-Gruppe keinen, die $C_2 H_5$-Gruppe einen günstigen Einfluss auf die hypnotisirende Wirkung zu haben. 　　　　　　　Rosenfeld.

　56. **M. Nencki und H. Boutmy: Ueber den Einfluss der Carboxylgruppe auf die toxische Wirkung aromatischer Substanzen.**[1]).

---

[1] Archives des sciences biologiques de St. Petersbourg **1**, 61—85 und Archiv für experim. Patholog. und Pharmac. **30**, 300—310.

Die Verf. erinnern zunächst daran, dass, wie namentlich B i n z und
S c h u l z gezeigt haben, unter den unorganischen Verbindungen die-
jenigen für den Organismus die stärkste toxische Wirkung haben, deren
Molecül leicht veränderlich und unbeständig ist. Aus den zahlreichen
Untersuchungen, die über das Verhalten aromatischer Substanzen im
Thierkörper angestellt wurden, geht nun ebenfalls hervor, dass, so-
bald sie in ihrem Molecül die beständige Carboxyl- (CO_2H) oder
Sulfogruppe (SO_3H) enthalten, ihre toxische Wirkung ausnahmslos
herabgesetzt wird. So sind für die Organismen: Benzol und dessen
Homologe, Naphtalin, Phenol und dessen Homologe, Anilin, Pyridin,
Chinolin giftiger als wie die Benzoësäure, Naphtalincarbonsäure, die
Oxybenzoësäuren, die Amido- und Oxyamidobenzoësäuren, die
Pyridin- und die Chinolincarbonsäuren. Durch weitere Versuche wird
diese Gesetzmässigkeit auch für das Acetanilid, Oxycarbanil und
Phenacetin resp. deren Carbonsäuren bestätigt. Die dem Organismus
zugeführten oder in ihm gebildeten Carbonsäuren werden entweder
unverändert oder mit Glykocoll gepaart ausgeschieden. Die höchst oxydirte beständige Carboxylgruppe schützt die aromatische Carbonsäure
vor jeder weiteren Veränderung, während die aromatischen Substanzen,
die keine Carboxyl- oder Sulfogruppe enthalten, in das fortwährende
Spiel der Oxydationen und Reductionen, auf denen das Leben der Organismen beruht, hineingezogen werden und so störend auf die normalen
Processe im lebendigen Protoplasma wirken.   P r u s z y ń s k i.

57. L a z z a r o: Ueber die Beziehung zwischen chemischer
Constitution der Körper und ihrer pharmakologischen Wirkung [1]).
I. Mittheilung: Ueber Ammoniak und seine Derivate. Verf. untersucht die substituirten Ammoniake und kommt zu folgenden Gesetzen.
1. Ammoniak wirkt krampferregend.   2. Durch Substitution eines
Ammoniak-H durch ein Alcoholradical der Fettreihe hört diese
Wirkung auf.   3. Die Substitution eines H durch ein Phenylradical
beeinflusst die ursprüngliche Wirkung des Ammoniaks nicht.   4. Wird
dagegen in den Anilinen ein H der Amidogruppe durch ein Alcohol-

---

[1]) Sul rapporto tra la costituzione chimica dei corpi e la loro azione
farmacologica. Nota I: Sull ammoniaca e suoi derivate. Arch. per le sienze
Med. XV. 16, citirt nach Centralbl. f. klin. Med. 1892, No. 30.

radical der Fettsäurereihe ersetzt, so hört die Krampfwirkung auf. 5. Wird beim Anilin ein H des Benzols substituirt, so bleibt die Krampfwirkung erhalten, wenn der substituirende Körper ein einfaches Element ist, z. B. Br, sie wird verstärkt, wenn er ein Alcoholradical ist, und aufgehoben, wenn er eine zusammengesetzte Gruppe ist (z. B. Amidobenzolsulfosäure). Rosenfeld.

58. Oddi und Lo Monaco: Ueber den physiologischen und therapeutischen Werth des unorganischen Eisens[1]**).** Die Verff. haben einen Hund 9 Tage lang bei durchaus eisenfreier Diät gehalten. Dabei wurden die Schleimhäute deutlich blässer, dementsprechend nahm das Hämoglobin erheblich ab, während sich eine microcythische Vermehrung der rothen Blutkörperchen zeigte. Zuletzt sank die Zahl der rothen Blutkörperchen, welche schwärzliche Granulationen und kleinere Formen aufwiesen. Als auf der Höhe dieser Veränderungen 8 Tage lang milchsaures Eisen gegeben ward, wurde die Beschaffenheit des Blutes normal, die Blässe der Schleimhäute verschwand und das Allgemeinbefinden hob sich. Ein Theil des Eisen war im Organismus retinirt worden. Rosenfeld.

59. Karl Ullmann: Ueber Localisation des Quecksilbers im thierischen Organismus nach verschiedenartigen Anwendungsweisen von Quecksilberpräparaten[2]**).** Thierversuche ergaben in Uebereinstimmung mit den Befunden von Ludwig, dass die Hauptmengen von Quecksilber sich in den drüsigen Organen anhäufen. Niere, Leber, Milz sind am reichsten daran, weiter schliesst sich der Darmtractus an, der stets mit seinem Inhalte untersucht wurde und von oben nach abwärts eine Steigung des Quecksilbergehaltes aufwies, so zwar, dass der Magen kaum wägbare Mengen, der Dickdarm beträchtliche Mengen enthielt. Geringe noch wägbare Mengen waren vorhanden in den Muskeln, in einzelnen Fällen auch in den Lungen, sowie in grösseren Blutmengen. Unwägbare Spuren oder nichts wurde gefunden in Gehirn, Speicheldrüsen, Pankreas, Schilddrüse, Galle, Knochensubstanz. Das relative Mengenverhältniss in den einzelnen Organen ändert sich nicht, wenn seit der letzten Application 1—3 Wochen verstrichen waren, nur waren die absoluten Werthe entsprechend kleiner. Andreasch.

---

[1] Lo Sperimentale 1891 No. 13, citirt nach Centralblatt f. klin. Med. 1892, No. 3. — [2] Prager med. Wochenschr. 1892, No. 39.

60. **Paul Binet: Vergleichende Untersuchungen über die physiologische Wirkung der Alkali- und Erdalkalimetalle** [1]). Die allgemeinste Wirkung der Salze der Alkalien und der alkalischen Erden ist nach Verf. der Verlust der Erregbarkeit des Nervensystems und die Störung der Muskelcontractilität. Diesem letzten Stadium gehen Störungen der Respiration und der Herzthätigkeit vorher, welche auch direct, besonders bei Warmblütern zum Tode führen können. Bei letzteren zeigen sich häufig auch Erbrechen und Diarrhoe. Neben diesen gemeinschaftlichen Wirkungen treten besondere Erscheinungen auf, welche für die chemischen Gruppen der Metalle charakteristisch sind. Die Gruppe Lithium, Natrium, Kalium bewirkt Herzstillstand in Diastole, motorische Unthätigkeit, die Gruppe Calcium, Strontium, Baryum führt zu systolischem Stillstand des Herzens und erregt Contracturen, die besonders das Baryum charakterisiren. Das Calcium hat noch eine specielle Wirkung auf das Centralnervensystem: einen Zustand von Torpor mit Erhaltung der Reflexerregbarkeit und der Sensibilität. Das Magnesium nähert sich der ersten Gruppe, indem es ebenfalls Herzstillstand in Diastole bewirkt, es unterscheidet sich aber durch die frühzeitige Paralysirung des peripheren Nervensystems. Nach der toxischen Wirkung am Frosch besteht folgende Reihe sehr giftiger Metalle: Lithium, Kalium, Baryum, dann folgen die viel unschädlicheren: Calcium, Magnesium und Strontium, schliesslich Natrium, dem fast gar keine toxische Wirkung zukommt, wahrscheinlich in Folge der Gewöhnung der Vorfahren unserer heutigen Thierwelt an salzige Medien [2]). Bei Säugethieren ist wegen der Störung von Herz und Respiration das Baryum am giftigsten. Verf. vermisst die von Rabuteau aufgestellte Beziehung zwischen Giftigkeit und Atomgewicht der Metalle. Herter.

61. **M. Krüger: Ueber die quantitative Bestimmung geringer Mengen von Kalk** [3]). Verf. zeigt, dass die bekannte Hempel'sche

---

[1]) Recherches comparatives sur l'action physiologique des métaux alcalins et alcalins-terreux. Rev. méd. de la Suisse rom. 1892, août et sept., pp. 54; Comp. rend. **115**, 251—253. — [2]) Vergl. Bunge, Lehrbuch der physiologischen und pathologischen Chemie, Leipzig 1887, 118. — [3]) Zeitschr. f. physiol. Chemie **16**, 445—452.

Methode den Kalk durch Titration der an ihn gebundenen Oxalsäure mittelst Permanganats zu bestimmen, auch bei geringen Mengen
von Kalk gute Resultate liefert. Die kalkhaltige Flüssigkeit wird
mit Ammoniak, dann mit Essigsäure bis zur sauren Reaction versetzt,
erwärmt und in der Wärme der Kalk durch Ammoniumoxalat gefällt. Nach 24 St. wird auf ein Filter (Schleicher und Schüll
No. 588, $5\frac{1}{2}$ Cm.) filtrirt, darauf der Niederschlag mit heisser verdünnter
Schwefelsäure (5 CC. zu 100 CC. Wasser) in Lösung gebracht und
das Filter 5 — 6 mal mit derselben Flüssigkeit ausgewaschen. Das
25—30 CC. betragende Filtrat wird direct mit $^1/_{50}$-N.-Chamäleon-
lösung titrirt. Zur genauen Feststellung des Endpunktes wurde der
Flüssigkeit nach der erfolgten Rothfärbung abwechselnd je 1 CC.
$^1/_{50}$-N.-Oxalsäure und dann wieder Chamäleon bis zur Rothfärbung hinzugesetzt. Bei dreimaligem Oxalsäurezusatz erhält man
so im Ganzen nach Abrechnung der für die hinzugefügte Oxalsäure
berechneten Menge Chamäleon vier Werthe, welche nur um einige
Hundertstel CC. differiren. Das Mittel gibt den richtigen Werth.
Resultate genau (mittlerer procentischer Verlust 2,34).

Andreasch.

62. J. Brandl und H. Tappeiner: Ueber die Ablagerung von Fluorverbindungen im Organismus nach Fütterung mit Fluornatrium [1].

Einem ausgewachsenen Hunde von 12750 Grm. wurde vom 7. Februar 1890 bis 16. November 1891 mit seinem Futter wechselnde
Mengen (0,1—1,0 Grm.) von Fluornatrium verabreicht. Um die Ausscheidung kennen zu lernen, wurde der Harn in einer Platinschale
unter Zusatz von Soda und Chlorcalcium eingedampft, bei 110° vorsichtig getrocknet, verascht, zur Entfernung der Kohlensäure mit
verdünnter Essigsäure abgedampft, der trockene Rückstand durch
Erschöpfung mit heissem Wasser von löslichen Salzen befreit und
mit reinem Quarz gemengt. Der Koth wurde ohne weiteres verascht
und die Asche so wie die des Harns weiter behandelt. Die Bestimmung des Fluors geschah nach der Methode von Fresenius
[Zeitschr. f. anal. Chemie 5, 190], indem die Asche mit concentrirter

---

[1] Zeitschr. f. Biologie 28, 518—539; im Auszuge Münchener med.
Wochenschr. 1892, No. 23.

Schwefelsäure erwärmt wurde und das entwickelte Fluorsilicium in in einer mit feuchtem Bimsstein gefüllten U-röhre aufgefangen und gewogen wurde. — Ein Gesammtüberblick über den Kreislauf des gefütterten Fluornatriums ergibt sich aus folgender Tabelle.

| | Fluornatrium | | |
| | | durch Harn u. Koth | |
Zeit	gefüttert	ausgeschieden	angesetzt
7. Febr. bis 28. Mai 1890	73,2	45,4	27,8
28. Mai bis 12. April 1891	157,5	136,3	21,2
12. April bis 16. Nov. 1891	172,2	148,8	23,4
Summa	402,9	330,5	72,6

Besondere Krankheitserscheinungen zeigten sich am Thiere nicht, nur fiel eine steife Haltung des Rückgrades auf. Am 16. November musste das Thier in Folge einer Kohlenoxydgasvergiftung getödtet werden; die wichtigsten Organe ergaben folgende Fluornatriummengen:

	100 Thl. wasserfreier Subst. %	Gewicht der frischen Organe Grm.	Fluornatrium Grm.
Blut	0,12	750	0,14
Muskeln	0,13	5710	1,84
Leber	0,59	360	0,51
Haut	0,33	1430	1,98
Skelet	5,19	2039	59,94
Zähne	1,00	25	0,23
		Summa	64,64

Nachdem sich die normalen Hundeknochen fast als fluorfrei erwiesen, muss diese ganze Menge auf das verfütterte Fluornatrium bezogen werden, sodass der Fehlbetrag gegenüber der Einnahme nur 7,8 Grm. oder 1,9 % der verfütterten Menge beträgt. Bei microscopischer Untersuchung zeigten sich in den Knochen krystallinische Ablagerungen, welche wahrscheinlich als Fluorcalcium anzusprechen sind.

Andreasch.

63. K. Ogata: Ueber eine neue Methode zur Bestimmung des Kohlenstoffgehalts der organischen Substanzen[1]). Das Princip

---

[1]) Arch. f. Hygiene 14, 364—373.

der Methode besteht darin, die organische Substanz nach dem Verfahren von Kjeldahl durch Schwefelsäure zu oxydiren und die gebildete Kohlensäure in Barytwasser aufzufangen und zu titriren; das gleichzeitig entstehende Schwefeldioxyd wird durch eine Lösung von Permanganat absorbirt. Der Kjeldahl'sche Erhitzungskolben wird mittelst einer gut eingeschliffenen und passend gebogenen Glasröhre mit einer Waschflasche (c), die Wasser enthält, verbunden; an diese schliesst sich eine zweite Waschflasche mit Permanganat und daran die Pettenkofer'sche Röhre. In die Flasche c ist eine dritte, bis zum Boden reichende Glasröhre eingesetzt, durch welche mittelst einer am Ende der Kohlensäureröhre befindlichen Wasserluftpumpe während des ganzen Versuches kohlensäurefreie Luft gesaugt wird. Zur Oxydation werden 20 CC. einer Mischung aus gleichen Theilen conc. und rauchender Schwefelsäure und einige Tropfen Quecksilber verwendet. Die trockene Substanz wird am passensten in einem kleinen Schiffchen aus Staniol abgewogen, dieses dann zusammengebogen und in den Kolben einführt. Die erste Waschflasche enthält 100 CC. Wasser, die zweite 300 CC. kalt gesättigter Permanganatlösung; die Pettenkofersche Röhre wird mit 300 CC. Barytwasser (37 Grm. Barythydrat, 3,7 Grm. Chlorbaryum, 1000 CC. Wasser) beschickt, das Zurücktitriren geschah mit Oxalsäurelösung, 2,8636 Grm. im Liter. Stets wurde etwas zu wenig Kohlenstoff gefunden und zwar z. B. in absoluten Werthen (Mgrm.) bei Rohrzucker 0,7, Milchzucker 0,5, Harnstoff 0,6, Harnsäure 0,1; in Procenten wurden als Mittelwerthe gefunden:

	berechn.	gef.		berechn.	gef.
Rohrzucker	42,0	41,9	Harnsäure	35,7	35,57
Milchzucker	42,0	41,95	Schweinefett	76,5	76,23
Harnstoff	20,0	19,75			

Die Methode eignet sich auch für Fleisch, Milch, Harn, Fäces etc. Bei Flüssigkeiten thut man gut, dieselben vorher möglichst zu trocknen (im Staniolschiffchen), weil sonst die Oxydation zu lange währt. Länger als 3 Stunden dauerte kein Versuch. Die restirende Flüssigkeit kann selbstverständlich zu einer Stickstoffbestimmung benützt werden.   **Andreasch.**

V. Blut.

Uebersicht der Literatur

(einschliesslich der kurzen Referate).

Hämoglobin, Blutgase.

*A. Hénocque, Analyse des Blutes in den lebenden Geweben, Hämatospectroscop mit blauen und gelben Gläsern, welche die Condensation, die Schwächung und die Auslöschung des Blutspectrums an der Oberfläche der Haut bewirken, chromatischer Analysator. Compt. rend. soc. biolog. **44**, 821—824. Derselbe. Analyse des Blutes in den lebenden Geweben. Ibid., 847—851.

*Conr. Tomberg, zur Kritik des Fleischl'schen Hämometers. Ing.-Diss. Dorpat 1892, 76 pag.

*R. Leepin, quantitative Hämoglobinbestimmungen nach Fleischl an Thieren unter der Einwirkung pharmakologischer Agentien. Ing.-Diss. Dorpat 1891. Karow, 116 pag.

*H. Grabe, Untersuchungen des Blutfarbstoffes auf sein Absorptionsvermögen für violette und ultraviolette Strahlen. Ing.-Diss. Dorpat, 1892.

64. F. Hoppe-Seyler, verbesserte Methode der colorimetrischen Bestimmung des Blutfarbstoffgehaltes im Blute und in anderen Flüssigkeiten.

*Em. Cattaneo, Untersuchungen über den Hämoglobingehalt im Blute der Neugeborenen. Ing.-Diss. Basel 1891.

*A. Smiechowski, über das erste Auftreten des Hämoglobins bei Hühnerembryonen. Ing.-Diss. Dorpat 1892.

*Heinr. Mey, zur Kenntniss des Hämoglobingehaltes des Blutes beim Typhus exanthematicus. Ing.-Diss. Dorpat 1891. Karow, 28 pag.

*Leop. Bernhard, Untersuchungen über Hämoglobingehalt und Blutkörperchenzahlen in der letzten Zeit der Schwangerschaft und im Wochenbett. Münchener medic. Wochenschr. 1892, No. 12 und 13.

*P. Regnard, die Anaemischen im Gebirge; Einfluss der Höhe auf die Bildung von Hämoglobin. Compt. rend. soc. biolog. **44**, 470—472. Die Bestimmungen von Bert, Viault und Müntz haben gelehrt, dass die im Gebirge lebenden Thiere einen grösseren Gehalt an Hämoglobin im Blute haben als die niedriger lebenden und dass dieselben deswegen trotz der Verdünnung der Luft, welche sie athmen, ihren normalen Bedarf an Sauerstoff aufnehmen. R. bemerkt zu diesen Untersuchungen, dass die Verschiedenheit anderer Lebensbedingungen hier mitwirken könne und hat desshalb in Paris einen Laboratoriumsversuch angestellt, in dem ein Meerschweinchen einen Monat lang unter einer Glocke gehalten wurde, in der die Luft bis zu dem einer Erhebung von 3000 M. entsprechenden Grade verdünnt war. Die respiratorische Capacität im Blute des Thieres betrug nach dieser Zeit 21 %, während die unter dem atmosphärischen Druck lebenden Controlthiere nur eine Capacität von 14 bis 17 % aufwiesen. R. empfiehlt desshalb Anaemischen den Aufenthalt im Gebirge. Herter.

65. H. Bertin-Sans und J. Moitessier, über die Bildung von Oxyhämoglobin vermittelst Hämatin und Albuminstoff.

66. Z. Donogány, einfache und sichere Art der Darstellung von Hämochromogen und Hämochromogenkrystallen.

67. M. Mühlmann, zur Pigmentmetamorphose der rothen Blutkörperchen.

68. G. Janecek, die Grenzen der Beweiskraft des Hämatinspectrums und der Häminkrystalle für die Anwesenheit von Blut.

*H. Hammerl, Untersuchungen über einige den Blutnachweis störende Einflüsse. Vierteljahrsschr. f. gerichtl. Medic. u. öffentl. Sanitätswesen 1890, 7. Heft.

*J. Kratter, über den Werth des Hämatoporphyrin-Spectrums für den forensischen Blutnachweis. Vierteljahrsschr. f. gerichtl. Medic. u. öffentl. Sanitätswesen 1892, Juli.

*A. v. Vorkampff-Laue, Beiträge zur Kenntniss des Methämoglobins und seiner Derivate. Ing.-Diss. Dorpat 1892.

Blutfarbstoffe bei niederen Thieren Cap. XIII.

*Schmitt, die Wirkung einiger der aromatischen Reihe angehöriger Antipyretica auf das Blut. Revue méd. de l'Est. 15. Sept. 1892. Oesterr.-ung. Centralbl. f. d. med. Wissensch. 4, No. 6. Nach Sch. wirken sämmtliche Mittel auf das Blut ein, indem sie bald das Oxyhämoglobin in Methämoglobin verwandeln, oder die respiratorische Capacität verringern, oder die Blutkörperchen zerstören. Man kann sie in folgende Gruppen eintheilen: 1. Antipyretica, die in mittleren Dosen blos den Sauerstoff mehr oder minder an das Hämoglobin fixiren: Antipyrin und Phenacetin. 2. Die Mittel, welche in mässigen Dosen eine intracorpusculäre Methämoglobinämie erzeugen: Anissäure, Thallin, Antithermin, Kairin, Exalgin, Methacetin, Acetylamidophenol. 3. Die Mittel, welche Methämoglobinämie mit Zerstörung der Blutkörperchen erzeugen: Acetanilid, Benzanilid, Formanilid, Methylformanilid und Pyrodin.

69. Gallerani, Resistenz des Hämoglobins im Hunger.
70. F. Jolyet und C. Sigalas, über den Stickstoff des Blutes.
*E. Lahousse, neue Untersuchungen über das Peptonblut. Bull.
d. l'Acad. de Med. éd. de Belg. 1892; Centralbl. f. Physiol. 6, No. 24.
Hämoglobingehalt und Salze haben infolge der Peptoneinspritzung
nicht abgenommen, das Peptonblut absorbirt ebensoviel Kohlensäure
wie das normale Blut. Bei morphinisirten Hunden verliert das Blut
durch die Peptoneinspritzung seine Gerinnungsfähigkeit, ohne dass der
Kohlensäuregehalt abnimmt, bei curarisirten Thieren steigt der Kohlensäuregehalt. Der Verlust der Gerinnbarkeit ist vom Kohlensäuregehalte unabhängig, denn es erhält seine Gerinnungsfähigkeit nicht
nur durch Kohlensäure (Faur), sondern auch durch Zusatz kleiner
Mengen von Oxal-, Essig- oder Salzsäure. Ebenso wirkte zweistündige
Dialyse. Verf. nimmt daher an, dass das im peptonisirten Hundeblut
enthaltene, die Coagulation verhindernde Princip auflöslich sei und
durch Säuren seine Eigenschaften einbüsst.
*V. Grandis, über die Tension der Gase im Blut und im Serum
der peptonisirten Thiere. Atti d. R. Acc. d. Lincei 1891, II,
471—478. Die Tension der Kohlensäure im Peptonblut ist grösser
als im normalen; das Pepton wirkt wie eine Säure auf das Serum,
indem es darin die Menge der Bicarbonate vermehrt.
*Ig. Salvioli, Veränderung des Blutes durch Peptone und
lösliche Fermente. Rendiconti d. Acad. dei Lincei 7, 478—484;
chem. Centralbl. 1892, I, 488. Normales Hundeblut wirkt zerstörend
auf Kaninchenblut ein, indem es das Hämoglobin auflöst. Mischt man
peptonisirtes oder diastatisches Hundeblut, so tritt diese Erscheinung
nicht auf; man kann auch grössere Mengen Kaninchen ohne Störung
injiciren. Die alkalimetrische Untersuchung und Bestimmung der
Kohlensäure hat ergeben, dass das Hundeblut unter dem Einflusse
von Pepton oder Diastase an seiner Alkalinität verliert.
*J. Baratynsky, über die Wirkung des Chloroforms auf die
Farbe und den Gasaustausch des im Körper circulirenden
Blutes. Wratsch 1892, pag. 1133—1167.
71. A. Jaquet, über die Wirkung mässiger Säurezufuhr auf Kohlensäuremenge, Kohlensäurespannung und Alkalescenz des
Blutes.
72 W. Cohnstein, über die Aenderung der Blutalkalescenz durch
Muskelarbeit.
*A. Loewy, über Titriren des Blutes. Centralbl. f. klin. Medic.
13, No. 34. Die bei der Blutalkalimetrie zur Verhinderung der Blut-
gerinnung benutzten Mittel wie Natrium- und Magnesiumsulfat bewirken Veränderungen, durch welche ein Theil des Alkalis in den
Blutkörperchen zurückgehalten wird, so dass man zu niedere Werthe

erhält. Man verwendet zum Titriren am besten lackfarbiges Blut, das man durch Einfliessenlassen des Blutes in Glycerin oder Eiswasser herstellt.   .   Andreasch.

*H. Bertin-Sans und J. Moitessier, über die Umwandlung von Kohlenoxyd-Hämoglobin zu Methämoglobin und über ein neues Nachweis-Verfahren für Kohlenoxyd im Blut. Compt. rend. 113, 210—211. Verff. bestreiten die Angabe von Weyl und von Anrep [J. Th. 10, 166], dass das Kohlenoxyd mit Methämoglobin eine Verbindung bilde. Sie fanden, dass das Gas aus einer Methämoglobinlösung durch das Einleiten von Wasserstoff oder Kohlensäure, sowie durch die Wirkung des Vacuum ebenso leicht ausgetrieben wird, als aus Wasser. Sie begründen darauf sogar eine Methode des Nachweises. Das zu prüfende Blut wird mit $^2/_3$ Volum Wasser verdünnt, dann in einem flachen Gefäss bei 40° mit Ferricyankalium in Pulver behandelt, um alles Hämoglobin in Methämoglobin überzuführen. Man entgast dann die Lösung mittelst eines Vacuum (4 Cm. Hg) und treibt die entwickelten Gase langsam durch eine mit sehr verdünnter Oxyhämoglobinlösung beschickte Cloëz'sche Röhre, wo das absorbirte Kohlenoxyd spectroscopisch nachgewiesen wird. Auf diese Weise konnten Verff. in 400 CC. Blut die Beimischung von $^1/_{15}$ Volum Kohlenoxydblut auffinden.
                                                                  Herter.

*H. Bertin-Sans und J. Moitessier, Nachweis von Kohlenoxyd im Blute. Bull. d. l. soc. chim. de Paris [3] 6, 663—665; chem. Centralbl. 1892, I. pag. 238.

*N. Gréhant, physiologischer Nachweis von Kohlenoxyd in einem Medium, welches nur $^1/_{10000}$ davon enthält. Compt. rend. 113, 289—290. Lässt man mittelst einer Golaz'schen Pumpe während einer halben Stunde durch 50 CC. defibrinirtes Hundeblut 200 CC. Luft mit $^1/_{10000}$ Kohlenoxyd hindurchstreichen, so sinkt die respiratorische Capacität des Blutes von 23,7 auf 23,0, es werden also 0,7 CC. Kohlenoxyd absorbirt. Steigert man durch eine Compression entsprechend 5 Atmosphären die Spannung des Gases in der Luft, so sinkt die Capacität auf 17,2, das Blut absorbirt also 6,5 CC. Kohlenoxyd.   .   Herter.

73. N. Gréhant, Gesetz der Absorption von Kohlenoxyd durch das Blut eines lebenden Säugethieres.

Blutgerinnung, morphologische Elemente.

74. H. Griesbach, Beiträge zur Kenntniss des Blutes.

75. C. A. Pekelharing, über die Gerinnung des Blutes.

76. C. A. Pekelharing, über die Bedeutung der Kalksalze für die Gerinnung des Blutes.

77. L. Lilienfeld, hämatologische Untersuchungen.
78. L. Lilienfeld, über Leucocyten und Blutgerinnung.
79. L. Lilienfeld, über den flüssigen Zustand des Blutes und die Blutgerinnung.

*H. Griesbach, zur Frage nach der Blutgerinnung. Centralbl. f. d. medic. Wissensch. 1892, No. 27, pag. 497—500. G. hat in seiner Arbeit [dieser Band Ref. No. 74] nachgewiesen, dass bei der Blutgerinnung ausser den Kalksalzen, die Pekelharing allein für maassgebend hält [dieser Band Ref. No. 76], noch die amöboiden Blutzellen betheiligt sind. Daran anknüpfend werden einige Differenzen mit den Ansichten von Pekelharing besprochen. Gegeüber Lilienfeld [vorstehende Referate], der die Faserstoffgerinnung als eine Function des Kernes der amöboiden Zellen hinstellt, betont Verf., dass aus seinen Versuchen unzweideutig hervorgeht, dass es in erster Linie ein Theil des Zellenleibes ist, welcher durch Plasmoschise zerfällt, während der Kern noch intact bleibt.   Andreasch.

*C. A. Pekelharing, Untersuchungen über das Fibrinferment. Amsterdam, J. Müller, 1892.

*A. Dastre, über die Bereitung von Blutfibrin durch Schlagen. Compt. rend. soc. biolog. 44, 426—427. D. macht darauf aufmerksam, dass die Menge des durch Schlagen erhältlichen Fibrin dem spontan sich abscheidenden nicht entspricht. Blutproben, welche spontan nicht coagulirten, lieferten beim Schlagen 0,012 bis 0,630 Grm. Fibrin pro L.
                    Herter.

*A. Dastre, Beziehung zwischen dem Reichthume des Blutes an Fibrin und der Schnelligkeit der Coagulation. Compt. rend. soc. biolog. 44, 937—938. D. bestreitet, dass das Blut um so schneller gerinne, je weniger Fibrin es liefert; er beobachtete Blutportionen, welche nur ein Zehntel der normalen Fibrinmenge lieferten und dabei sehr langsam gerannen.   Herter.

*A. Dastre, Glycose nach der Defibrinirung. Compt. rend. soc. biolog. 44, 998—999. D. untersuchte den Einfluss, den die totale Defibrinirung eines Thieres auf den Zuckergehalt des Blutes hat. Er entnahm das Blut, defibrinirte dasselbe und injicirte es wieder, bis dasselbe kein Fibrin mehr lieferte. Zahlreiche Bestimmungen zeigten, dass das Blut schliesslich etwas ärmer an Zucker wird, dass die erhaltenen Werthe bei der letzten (neunten bis siebenten) Blutentnahme (0,89 bis 1,58 $^0/_{00}$) immer noch innerhalb der normalen Grenzen bleiben. Das Blut hatte anfänglich 0,97 bis 2,38 $^0/_{00}$ Zucker enthalten. Das so erhaltene nicht gerinnbare Blut verringert beim Stehen allmählich seinen Zuckergehalt wie das normale.   Herter.

*P. Grützner. einige neuere Arbeiten, betreffend die Gerinnung des Blutes. Deutsche medic. Wochenschr. 1892, No. 1 und 2. Zusammenfassendes Referat.

*Gürber, weisse Blutkörperchen und Blutgerinnung. Sitzungs-bericht d. physik.-medic. Gesellsch. zu Würzburg 1892, pag. 95—100. Ausführlichere Mittheilung in Aussicht gestellt.

*G. Hauser, ein Beitrag zur Lehre von der pathologischen Fibringerinnung. Deutsches Arch. f. klin. Med. 50, 363—380.

*P. Kollmann, über den Ursprung der faserstoffgebenden Substanzen des Blutes. Ing.-Diss. Dorpat, Karow, 81 pag.

*S. Fubini, über das von den Blutegeln gesogene Blut. Moleschott's Unters. z. Naturlehre 14, 520—521.

*Heinr. Hellin, der giftige Eiweisskörper Abrin und seine Wirkung auf das Blut. Ing.-Diss. Dorpat 1891, Karow, 108 pag.

*J. Corin und G. Ansiaux, über die Gerinnung des Serumalbumins aus Rindsblut durch Hitze. Bull. de l'acad. royal. Belgiques 21, 345—361. Centralbl. f. Physiol. 5, 826. Bei den Untersuchungen wurde stets zuerst das Paraglobulin durch Magnesium- oder Ammoniumsulfat ausgefällt. Es ergab sich: Salze setzen den Zeitpunkt der Coagulation herab, Verdünnung verlangsamt dieselbe (1—2 St.). Bisher hat man geglaubt, dass die Trübung und die Flockenbildung bei verschiedener Temperatur auftreten. Verff. finden jedoch, dass zwischen dem Stadium der Opalescenz und dem der Flockenbildung eine Reihe von Uebergängen existiren; man kann die Trübung als den ersten Grad der Coagulation der Eiweisskörper ansehen. Erhält man eine bereits opalescente Eiweisslösung längere Zeit auf derselben Temperatur, so kommt es zur Flockenbildung. Bei kurzem Erwärmen lösen sich die Flocken beim Abkühlen und Schütteln wieder auf; wenn man länger erwärmt hat, lösen sich die Flocken erst nach dem Abfiltriren in destillirtem Wasser. Diese Löslichkeit der Flocken gibt ein Mittel ab, die verschiedenen Eiweisskörper des Serums zu trennen und rein darzustellen. Man muss die Flocken längere Zeit bei der niedrigsten Temperatur, bei der sie auftreten, erwärmen, dann abfiltriren, in destillirtem Wasser auflösen und diese Operation mehrere Male wiederholen. Die Verff. finden die Coagulationstemperatur für β-Albumin bei 73—74⁰ C., für γ-Albumin bei 79—80⁰, wenn das Serum nach Hammarsten's Methode behandelt ist. In Gegenwart von Ammoniumsulfat sind diese Temperaturen einige Grade niedriger.

*A. Schmidt, zur Blutlehre. Leipzig, Verlag von Vogel. Durch Berliner Ber. 25, Referatb. 950. Die Muttersubstanz des Fibrinfermentes befindet sich im Blutserum, Verf. nennt sie Prothrombin. Sie selbst ist nicht dargestellt worden, doch ergibt sich ihre Existenz daraus, dass nach Zerstörung des Fibrinfermentes im Serum neue

Mengen des Fermentes erzeugt werden können. Dies geschieht durch Zusatz der „zymoplastischen Substanzen", d. h. der Alcoholextractivstoffe der Zellen, welche vom Zymogen das Enzym abspalten. In der Zelle gibt es eine Substanz (Cytoglobin), welche die Fähigkeit hat, die Gerinnung zu hemmen. Diese Substanz und ihr Spaltungsproduct (Präglobulin) können direct durch Zusammenbringen mit Blutserum in Paraglobulin übergeführt werden. Das Fibrinogen, das zweite Globulin des Blutes, ist ein Derivat des Paraglobulins.

*Chabrié, über eine neue Albuminoidsubstanz des menschlichen Blutserums. Gaz. méd. de Paris 1891, No. 45. Bei Nephritischen, bei Pneumonie, Syphilis und auch bei Gesunden soll im Blute eine eigenthümliche Globulinsubstanz vorkommen, die Verf. Albumon nennt. Darstellung und Eigenschaften werden näher beschrieben.

80. A. E. Wright, eine Studie über die durch Injection von Wooldridge's Gewebefibrinogen bewirkte intravasculäre Coagulation.

Cl. Fermi, Lösung des Fibrins durch Salze und verdünnte Säuren. Cap. I.

*G. Bizzozero, über die Blutplättchen. Internat. Festschr. zu Virchow's 70. Geburtstage. Berlin 1891.

*M. Loewit, die Präexistenz der Blutplättchen. Centralbl. f. allg. Pathol. 1891, No. 25.

*J. Weiss, Beiträge zur histologischen und microchemischen Kenntniss des Blutes. Mitth. a. d. embryol. Inst. Wien 5, 1892.

*H. Freiberg, experimentelle Untersuchungen über die Regeneration der Blutkörperchen im Knochenmark. Ing.-Diss. Dorpat 1892.

*M. Grünberg, experimentelle Untersuchungen über die Regeneration der Blutkörperchen in den Lymphknoten. Ing.-Diss. Dorpat 1891.

*R. v. Braunschweig, experimentelle Untersuchungen über das Verhalten der Thymus bei der Regeneration der Blutkörperchen. Ing.-Diss. Dorpat 1891.

*G. Grigorescu, über die Möglichkeit, die Blutkörperchen des Menschen von den Blutkörperchen der anderen Säugethiere zu unterscheiden. Compt. rend. soc. biolog. 44, 325—328.

81. O. Lange, Volumbestimmungen der körperlichen Elemente im Schweine- und Ochsenblute.

82. H. Wendelstadt und L. Bleibtreu. Bestimmung des Volumens 'und des Stickstoffgehaltes des einzelnen Blutkörperchens im Pferde- und Schweineblut.

83. H. Rosin, Blutuntersuchungen mittelst der Centrifuge.

84. G. Gärtner, über eine Verbesserung des Hämatokrit.

*E. Niebergall, der Hämatokrit, ein Apparat zur Bestimmung des Volumens der rothen und weissen Blutkörperchen im Blute des Menschen. Correspondenzbl. f. Schweizer Aerzte **22**, 105—108.

*M. Bethe. Beiträge zur Kenntniss der Zahl- und Maassverhältnisse der rothen Blutkörperchen. Ing.-Diss. Strassburg 1891.

*E. Reinert, die Zählung der Blutkörperchen und deren Bedeutung für Diagnose und Therapie. Leipzig, F. C. W. Vogel, 1891.

*H. Schaper, Blutuntersuchungen mittelst Blutkörperchenzählung und Hämoglobinometrie. Ing.-Diss. Göttingen 1891, 47 pag.

*Viault, physiologische Wirkung des Bergklima. Compt. rend. soc. biolog. **44**, 569—570. V. hat auf dem Pic du Midi (2877 M.) seine auf den peruanischen Cordilleren angestellten Beobachtungen wiederholt. Innerhalb 14 Tagen stieg daselbst die Zahl der Blutkörperchen um 2 Millionen pro Kubikmillimeter beim Kaninchen und um 1 Million bei Hühnern. Mittelst Jolyet's Colorimeter wurde eine entsprechende Erhöhung des Hämoglobin-Gehaltes constatirt. Beim Menschen und beim Hund waren die Resultate weniger ausgesprochen, doch bemerkte man auch hier zahlreiche junge Blutkörperchen in dem Blut der kürzlich auf den Berg gebrachten Individuen. In höheren Orten (4392 M.) hat Verf. früher auch bei dieser Species eine entschiedene Vermehrung der Blutkörperchen nachgewiesen.   Herter.

*Max Glogner, Blutuntersuchungen in den Tropen. Virchow's Arch. **128**, 160—180. Verf. untersuchte (in Padang auf Sumatra) Blut von erwachsenen, gesunden eingewanderten Europäern und von Eingeborenen und fand im Mittel folgende Zahlen:

	Zahl d. roth. Blutkörperchen nach Thoma-Zeiss pro Cbmm.	Hämoglobin in Proc.		Spec. Gew. nach Hammerschlag.
		mit d. Fleischlschen Hämometer je nach Intensität d. Beleuchtung.	mit dem Gower'schen Apparate.	
bei Europäern	5,282.666 (51 Fälle)	87,4—95,5 (80 Fälle)	109,1 (15 Fälle)	1054,4 (15 Fälle)
„ Eingeborenen	5,578.000 (30 Fälle)	91,9—90,2 (35 Fälle)	118,0 (15 Fälle)	1055,0 (15 Fälle)

Das Blut der in den Tropen lebenden Europäer zeigt daher etwas kleinere Werthe als dasjenige der Eingeborenen, sowie der in Europa Lebenden. Die Abhandlung enthält noch eine abfällige Kritik der denselben Gegenstand betreffenden Untersuchungen von C. Ejkmann.
                                    Horbaczewski.

*C. Ejkmann, Blutuntersuchungen in den Tropen. Erwide-
rung auf Glogner's gleichbetitelte Abhandlung. Virchow's Arch.
180, 196—204. Polemisches.

*Theod. Lackschewitz, über die Wasseraufnahmefähigkeit
der rothen Blutkörperchen nebst einigen Analysen pathologischen Blutes. Ing.-Diss. Dorpat 1892, 43 pag.

85. H. J. Hamburger, über den Einfluss von Säure und Alkali auf
defibrinirtes Blut.

86. H. Hamburger, über den Einfluss der Athmung auf die Permeabilität der Blutkörperchen.

87. Castellino, über die Einwirkung des Serums aus pathologischem
Blute auf die physiologischen rothen Blutkörperchen.

88. Maragliano, Beitrag zur Pathologie des Blutes.

*Otto Taussig, über Blutbefunde bei acuter Phosphorver-
giftung. Arch. f. experim. Pathol. und Pharmak. **80**, 161—179.
Entgegen der bisherigen Annahme findet Verf., dass der Phosphor
beim Menschen in toxischer Dose keine Zerstörung der Blutkörperchen
bewirkt, sondern eine transitorische Vermehrung ohne gleichzeitige
Steigerung des Hämoglobingehaltes. Bei Kaninchen tritt weder eine
Vermehrung noch eine Verminderung der rothen Zellen ein, bei
Hühnern dagegen bewirkt eine letale Dose in Uebereinstimmung mit
den Versuchen von Fränkel und Röhmann eine enorme Zerstörung
der rothen Blutkörperchen.   Andreasch.

Fr. Krüger, Zusammensetzung des Blutes bei Anämie und
Leukämie. Cap. XVI.

Gesammtblut, Eiweisskörper, Zucker.

89. Alb. Hammerschlag, eine neue Methode zur Bestimmung des
specifischen Gewichtes des Blutes.

90. Alb. Hammerschlag, über das Verhalten des specifischen Gewichtes des Blutes in Krankheiten.

*Menicanti, über das specifische Gewicht des Blutes und
dessen Beziehung zum Hämoglobingehalte. Deutsches Arch. f.
klin. Medic. **50**, 407—422. Kurz zusammengefasst, ergab sich: 1. Bei
Gesunden steht das spec. Gewicht des Blutes mit dem Hämoglobingehalte in bestimmtem, constantem Verhältnisse mit sehr geringen,
verschwindend kleinen individuellen Schwankungen. 2. Dasselbe kommt
bei Chlorose, bei gewöhnlichen Anämien und anderen Krankheiten vor.
Bei der Schwangerschaft und manchmal bei den Herzkranken wechselt
dies Verhältniss so, dass dem gleichen Hämoglobingehalte ein kleineres
spec. Gewicht entspricht.   Andreasch.

91. H. Schlesinger, über die Beeinflussung der Blut- und Serumdichte durch Veränderungen der Haut und durch externe
Medicationen.

*O. Th. Siegl, über eine Verbesserung der Roy'schen Methode zur
Blutdichtebestimmung und damit angestellte Untersuchungen
bei Kindern. Prager medic. Wochenschr. 1892, No. 20, 21, 22.

*M. J. Oertel, Beiträge zur physikalischen Untersuchung des
Blutes. Deutsches Arch. f. klin. Medic. 50, 293—316.

*Sophie Scholkoff, zur Kenntniss des specifischen Gewichtes
des Blutes unter physiologischen und pathologischen Verhältnissen.
Ing.-Diss. Bern 1892, 20 pag.

*Sigism. Kröger, ein Beitrag zur Physiologie des Blutes.
Ing.-Diss. Dorpat 1892, 39 pag.

*W. Ostrowsky, quantitative Analysen des Blutes tragender
Hunde und Katzen. Ing.-Diss. Dorpat 1892, 34 pag.

*R. Holz, über die Unterschiede in der Zusammensetzung des
Blutes männlicher und weiblicher Katzen, Hunde und Rinder.
Ing.-Diss. Dorpat 1892, 26 pag.

*Schröder, Untersuchungen über die Beschaffenheit des Blutes von
Schwangeren und Wöchnerinnen, sowie über die Zusammen-
setzung des Fruchtwassers und ihre gegenseitigen Beziehungen.
Ing.-Diss. Leipzig 1890; referirt Centralbl. f. Gynäkol. 15, 617.

*B. Dorn, Blutuntersuchungen bei perniciöser Anämie.
Ing.-Diss. Berlin 1891.

*Ernst Landergren und Rob. Tigerstedt, Studien über die
Blutvertheilung im Körper. 2. Abh. Skandiv. Arch. f. Physiol.
4, 241—280.

*J. Osterspoy, die Blutuntersuchung und deren Bedeutung bei
Magenerkrankungen. Ing.-Diss. Centralbl. f. d. medic. Wissensch.
1892, No. 31, pag. 591.

*H. Chr. Geelmuyden, von einigen Folgen übergrosser Blut-
fülle. Dubois-Reymond's Arch. physiol. Abth. 1892, pag. 480
bis 496. Es ergab sich unter Anderem: Ein Hund, in dessen Gefässe
eine grössere Menge lebendigen Blutes von aussen her zugeführt
wurde, zeigt keine Störungen seines Befindens. Er scheidet mit dem
Tagesharn ein grösseres Gewicht an Stickstoff aus, als die mit dem
Futter gereichten Eiweissstoffe liefern können. Mit dem Gewichte
des zugeführten Blutes steigt auch die ausgeschiedene Stickstoffmenge;
die Ausscheidung erstreckt sich auf mehrere Tage und dauert um so
länger, je mehr Blut zugeführt wurde.   ·   Andreasch.

92. T. Irisawa, über die Milchsäure im Blut und Harn.

*R. Lépine und Barral, über die Glycolyse des in einer an beiden
Enden verschlossenen Vene enthaltenen Blutes. Compt. rend.
soc. biolog. 44, 220—221. Arthus [J. Th. 21, 100] beobachtete
keine Abnahme des Zuckergehaltes in einer abgeschnürten Jugularvene vom Pferd und schloss daraus auf das Fehlen von glycolytischem Ferment im lebenden Blut. Verff. erklären diesen Befund
durch die in der Vene stattfindende schnelle Senkung der Blutkörperchen, welche das, übrigens bei Herbivoren weniger reichliche,
Ferment enthalten. Wurde das Blut in der Vene in Bewegung
erhalten, so liess sich eine Abnahme des Zuckergehaltes constatiren, einmal von 0,74°/₀₀ bis auf 0,47°/₀₀.   Herter,

93. M. Arthus, Glycolyse im Blute.

94. M. Bial, über die diastatische Wirkung des Blut- und Lymphserums.

95. F. Röhmann, zur Kenntniss des diastatischen Fermentes der
Lymphe.

96. M. Bial, weitere Beobachtungen über das diastatische Ferment
des Blutes.

F. Röhmann, Verzuckerung der Stärke durch Blutserum.
Cap. III.

97. F. Kraus, über die Zuckerumsetzung im menschlichen Blute
ausserhalb des Gefässsystems.

*J. Seegen, über die Umsetzung von Zucker im Blute. Centralbl.
f. Physiol. 5, No. 25 und 26. Lépine nimmt an, dass die Umsetzung des Zuckers im Blute ein normaler Lebensvorgang ist. Nach
S. lässt sich der umgesetzte Zucker weder als Milchsäure noch als
Kohlensäure nachweisen. Verf. hat eine Reihe von Versuchen mit
Chloroformzusatz ausgeführt, aus denen hervorging, dass dieser Zusatz ohne Einfluss auf die Zuckerumsetzung ist; dieser Vorgang kann
mithin nicht eine Function des lebenden Blutes sein, sondern ist
durch Fermente veranlasst. Die Zuckerumsetzung ist wahrscheinlich
ein postmortaler Vorgang; damit fallen auch die von Lépine gemachten Annahmen über das Entstehen und Fehlen des glycolytischen
Fermentes im Blute.   Andreasch.

98. M. Colenbrander, über die Zersetzung des Zuckers im Blute.

99. R. Lépine, über die Bildung von Zucker im Blute auf Kosten
der Peptone.

100. J. Seegen, die Enteiweissung des Blutes zum Behufe der
Zuckerbestimmung.

101. J. Seegen, über eine neue Methode der Enteiweissung zum Behufe der Zuckerbestimmung.

102. M. Pickardt, der Nachweis von Traubenzucker im Blute.

---

64. F. Hoppe-Seyler: Verbesserte Methode der colorimetrischen Bestimmung des Blutfarbstoffgehaltes in Blut und in anderen Flüssigkeiten[1]).

Das Vergleichen von Blutlösungen mit rothem Glase oder mit einer Mischung von Carmin und Picrinsäure zum Zwecke der quantitativen Bestimmung ist ganz verwerflich, weil die erwähnten Farben mit der der Blutlösung · nie genau übereinstimmen. Am zweckmässigsten bedient man sich einer Normallösung von CO-Hämoglobin (von 3—4,5 %0 Hämoglobingehalt), die durch Lösen eines 2—3 mal umkrystallirten CO-Hämoglobin aus Hunde- oder Pferdeblut (nach dem vom Verf. angegebenen Verfahren dargestellt) bereitet wird, und deren Gehalt man durch Eindampfen einer Parthie und Trocknen bei 120° C. ein für alle Mal genau bestimmt. Eine solche Lösung, in gut verschlossenen Fläschchen aufbewahrt, hält sich Jahre lang unverändert und wird für die Ausführung der Bestimmung auf einen Gehalt von ungefähr 0,2%0 (0,18—0,23) CO-Hämoglobin verdünnt. Die Blutlösung, in welcher der Blutfarbstoffgehalt bestimmt werden soll, wird derart vorbereitet, dass das zu untersuchende Blut (eventuell genügen 1—2 Tropfen) in einem cylindrischen, mit einem Fuss versehenen Glasröhrchen, welches ungefähr 5 Ccm. fasst und in $^1/_{10}$ Ccm. genau getheilt ist, aufgefangen, gewogen, mit einem Glasstäbchen gut umgerührt und mit einem Tropfen nicht zu conc. Sodalösung versetzt wird. Nach dem Abspritzen des Stäbchens wird genau auf 5 Ccm. verdünnt und ein langsamer Strom von CO-Gas durchgeleitet. Von der Lösung filtrirt man in ein zweites Glasröhrchen genau 4 Ccm. und verwendet dieselben zur Bestimmung. Die Farbenvergleichung geschieht in der

---

[1]) Zeitschr. f. physiol. Chemie 16, 505—513.

vom Verf. construirten »colorimetrischen Doppelpipette«. Dieselbe besteht aus zwei Messingrahmen von 5 Mm. Durchmesser, plan abge-
schliffen, die durch eine Messingfassung festgehalten werden. Die Hälfte
jeder Rahmenöffnung ist mit einem planparallel abgeschliffenen Glaskörper von 5 Mm. Durchmesser erfüllt. Beide Messingrahmen sind von
aussen und von einander durch polirte Glasplatten begrenzt. Die erwähnten Glaskörper sind so angebracht, dass der eine in einem Rahmen
links, der andere im anderen Rahmen rechts liegt. Hinter dem ersten
und vor dem zweiten Glaskörper resultirten zwei 5 Mm. im Durchmesser messende Hohlräume, die zur Aufnahme der zu vergleichenden
Blutlösungen dienen. Diese letzteren werden mittelst in die Rahmen
eingefasster und mit Quetschhähnen versehener Röhrchen in die
Pipetten aufgesaugt. Sieht man nach der Füllung gerade von vorn
auf den Apparat, so fallen die Begrenzungsflächen der Flüssigkeiten
an den Glaskörpern in eine feine verticale Linie (wie im Soleil-
schen Saccharimeter), was bei der Ausführung einer scharfen Farbenvergleichung von grösster Wichtigkeit ist. Zur Belichtung benützt man
eine weisse, nicht glänzende Papierfläche bei Tageslicht oder weisse
Wolken am Himmel. Bei der Ausführung der Bestimmung wird die
zu untersuchende Blutlösung mit CO-Gas geschütteltem Wasser so
lange verdünnt, bis die Farbe derselben mit derjenigen der Normallösung übereinstimmt. Bei zahlreichen Bestimmungen mit dieser
colorimetrischen Doppelpipette ergab sich unter nicht ganz günstigen
Bedingungen als möglicher Fehler 4 $\%$ des Hämoglobingehaltes, jedoch hat der Fehler in Wirklichkeit selten 2 $\%$ überstiegen und
war in nicht geringer Zahl von Bestimmungen verschwindend gering.
Diese Doppelpipette kann auch so aufgestellt werden, dass die beiden
vergleichenden Lösungen auch mit dem Spectroscop oder Spectro-
photometer geprüft werden können.   Horbaczewski.

65. H. Bertin-Sans und J. Moitessier: Ueber die Bildung von Oxyhämoglobin vermittelst Hämatin und Albuminstoff [1]). Verff.

fällten defibrinirtes Blut vom Ochs oder Meerschweinchen durch
2 Volum Aether 56 ^{0}, behandelten den Niederschlag auf dem Filter
mit kochendem Alcohol 95 ^{0}, der 8—10 $\%$ Weinsäure enthielt.

---

[1]) Compt, rend. **114**, 923—926.

Die erhaltene Lösung wurde tropfenweise in einen Ueberschuss von Aether 65⁰ eingebracht und der flockige Ei weiss - Niederschlag mit Aether gewaschen und in Wasser gelöst. Die ätherische Hämatin - Lösung wurde abgedampft, der Rückstand in wenig Alcohol aufgenommen. Fügten sie nun vor dem Spalt des Spectroscops zu dieser alcoholischen Hämatinlösung die obige farblose Eiweisslösung, und so viel Wasser. dass die alcoholische Lösung acht- bis zehnfach verdünnt wurde, so wanderten die Absorptionsstreifen; die Mitte des ersten derselben wurde von λ 626 auf λ 648 verlegt. Neutralisirten sie nun sehr langsam das Gemisch mit 1$^0/_0$ Natronlauge, so wanderte die Mitte des Streifens auf λ 633; die Flüssigkeit enthielt jetzt saures Methämoglobin. Einige Tropfen Ammoniumsulfid. liessen nun sehr deutlich zunächst das Spectrum des Oxyhämoglobin, dann dasjenige des reducirten Hämoglobin auftreten. Auch konnten Verff. aus dem sauren Methämoglobin vermittelst Schwefelwasserstoff Hämoglobin bilden. Ohne vorherige Trennung der Componenten wurde die Reaction folgendermaassen ausgeführt. Man setzte zu der alcoholischen sauren Lösung des Aetherniederschlages direct Wasser, Natronlauge und Ammoniumsulfid. Statt des Aetherniederschlages wurde in anderen Fällen krystallisirtes Oxyhämoglobin vom Hunde genommen.   Herter.

66. Zacharias Donogány: Einfache und sichere Art der Darstellung von Hämochromogen und Hämochromogenkrystallen [1]**.** Hämochromogen, d. h. reducirtes Hämatin ist mit Hülfe verschiedener Verfahren herzustellen, doch sind dieselben langwierig und umständlich (S. Hoppe-Seyler's Verfahren, J. Th. **10**, 99 und jenes Trasaburo Araki's, J. Th. **20**, 92). Verf. schlägt hierzu folgenden einfachen Weg ein: Ein Tropfen defibrinirten Blutes wird mit der gleichen Menge Pyridin am Objectträger gemengt und mit einem Deckgläschen verschlossen, hierauf jedoch sofort unter dem Spectroscop betrachtet. Die Blutzellen verschwinden, das Blut wird lackfarbig und der ganze Tropfen nimmt lebhaft bräunlichrothe Farbe an. Im Spectrum sind zwei sehr schöne Absorptionsstreifen wahrzunehmen, der eine zwischen D und E der Fraunhofer'schen

---

[1] Orvosihetilap. Budapest 1892, S. 601. (Vorläufige Mittheilung.)

Linien ist sehr intensiv und scharf begrenzt, der zweite erfüllt den
Raum zwischen E und b vollständig, ist blasser und nicht so scharf
begrenzt; in breiterer Schicht fliessen beide Streifen zu einem einzigen, breiten Absorptionsstreifen zusammen. In dem vorher mit
Schwefelammon reducirten Blute, aber auch in solchem, welches
nicht mit Schwefelammonium behandelt war, erscheinen nach einigen
Stunden kleine stern- oder ährenförmig gruppirte, dunkler oder
lichter bräunlichrothe Hämochromogenkrystalle. Ihrer geringen Grösse
wegen können sie mittelst des Microspectroscopes nicht untersucht
werden; nachdem sie jedoch in dem so dargestellten Hämochromogen
immer nachzuweisen sind, weiter, bei dessen Ueberführung in Hämatin
verschwinden, so ist ihre Identität zweifellos. Das Präparat ist unter
Zutritt der atmosph. Luft unbeständig; das rothe Hämochromogen
geht, besonders an den Rändern, in braunes Hämatin über und nach
Verlauf von einigen Tagen verschwindet aus dem ganzen Präparat
das Hämochromogen; es findet sich dann nur ein Absorptionsstreifen,
welcher dem Hämatin in alkalischer Lösung entspricht. Auch im
Proberohr kann aus dem mit Wasser verdünnten defibrinirten Blute
und Pyridin Hämochromogen hergestellt werden; die Hälfte der
Flüssigkeit wird in ein anderes Proberohr abgegossen und mit Luft
öfters geschüttelt. Nach Verlauf einiger Minuten verwandelt sich
das rothe Hämochromogen in braunes Hämatin. Der Farbenunter-
schied zwischen beiden Flüssigkeiten ist sehr gross, entsprechend
diesem ist auch der spectroscopische Befund.   L i e b e r m a n n.

67. M. M ü h l m a n n: Zur Pigmentmetamorphose der rothen Blutkörperchen[1]   Verf. untersuchte das an der Wand der Arachnoidealgefässe
vorkommende gelbe Pigment, welches glänzende, goldgelbe, gelbgrüne, sowie
blassgelbe bis beinahe farblose Körner und Körnchen von sehr variabler
Grösse und in gruppenweiser Anordnung darstellt und fand, dass dasselbe
namentlich an frischen Objecten Eisenreaction zeigt, was auf den hämotogenen
Ursprung hinweist und dass dann das Eisen in das umgebende Medium übergeht
und die Pigmentkörner zu eisenlosen „Gallenfarbstoffpigmentkörnern" werden,
die verschieden ausfallende Gallenfarbstoffreaction zeigen. Horbaczewski.

68. G. J a n e c e k: Die Grenzen der Beweiskraft des Hämatinspectrums und der Häminkrystalle (T e i c h m a n n 's Krystalle) für

---

[1] V i r c h o w 's Arch. 126, 160—186.

die Anwesenheit von Blut[1]). J. empfiehlt die spectralanalytische
Untersuchung auf Stokes' Hämatin. Das Untersuchungsobject wird
mit conc. Cyankaliumlösung behandelt und die so erhaltene Lösung
spectroscopirt. Man sieht dann im Spectrum entweder ein deutliches,
breites Band im Grün, welches dem Bande des reducirten Hämoglobins
sehr ähnlich ist, oder bloss eine Beschattung dieses Theils des Spectrums. Auf Zusatz von einigen Tropfen Schwefelammon löst sich
das breite Band in zwei Bänder auf, die sich von den ähnlichen
Streifen des Oxyhämoglobins dadurch unterscheiden, dass sie dem
violetten Ende des Spectrums mehr genähert sind. Die Methode
ist auch für die Untersuchung kleinster Objecte geeignet, jedoch mit
einigen Einschränkungen. So geben begreiflicher Weise Wanzen-
und Flohblut, aber auch Wanzen- und Flohexcremente nicht allein
das in Rede stehende Blutspectrum, sondern auch die Teichmann-
schen Krystalle. Auch mit den Excrementen der Hausfliege wurde
das Spectrum des Hämatins und des reducirten Hämatins intensiv
erhalten, sowie Häminkrystalle daraus mit Leichtigkeit dargestellt.
Dies ist in forensischer Beziehung von Wichtigkeit.   Andreasch.

69. Gallerani: Resistenz des Hämoglobins im Hunger [2]).

Um die Resistenz des Hämoglobins im Hunger und im Fütterungszustande zu studiren, stellt Verf. zunächst fest, bei einer wieviel procentischen Chlornatriumlösung das Hämoglobin auszufallen beginnt,
und bei welchem Procentgehalt es völlig ausgefallen ist. Er stellt
Kölbchen auf mit Lösungen von: 3,0, 3,2, 3,5, 3,7, 4,0, 4,2 etc.
bis 9,0 pro Mille Kochsalz. In jedes dieser 10 Cbcm. Lösung enthaltenen Kölbchen werden je 3 Tropfen Blut aus einer Hautvene
hineinfallen gelassen. Nach Umschütteln bleiben die Kolben 12 St.
stehen, dann wird bestimmt, in welcher Lösung der Ausfall des
Hämoglobins anfängt, und wann er vollendet ist. Ausserdem wird
gleichzeitig mit der Beschickung der Kölbchen ein Aderlass von ca.
15 Cbcm. gemacht. Das Blut wird durch Schütteln mit Quecksilber
defibrinirt und je 0,5 Cbcm. in Kölbchen mit je 20 Cbcm. einer

---

[1]) Mathem. naturw. Classe d. südslavischen Akademie d. Wissensch. etc.
7. Nov. 1891, Agram. referirt Zeitschr. f. anal. Chemie **31**, 236. — [2]) Re-
sistenza della emoglobina nel digiuno. Annali di chim. e di farm. XVI, 141.

4 und 5 $^0/_{00}$ igen NaCl-Lösung hineingebracht, ebenso in ein Kölbchen
mit destillirtem Wasser und am nächsten Tage diejenige Menge Hämoglobin, welche in die Lösungen übergegangen ist, mit dem Fleischl-
schen Hämometer bestimmt. Es ist aus dieser Versuchsanordnung
ersichtlich, dass der Verf. statt der Resistenz des Hämoglobins vielmehr die Resistenz der rothen Blutkörperchen untersucht. Seine
Resultate sind folgende: Im Hunger fängt das Hämoglobin bei etwas
höher procentirten Lösungen an auszufallen und ist bei niedrigerem
Procentgehalt völliger ausgefällt als im Fütterungszustande. Verf.
schliesst auf eine vermehrte Resistenz des Hämoglobins durch den
Hunger, die sich auch darin zeigt, dass im Hungerthier viel weniger
Hämoglobin in die 5 promillige NaCl-Lösung übergeht, als im Fütterungszustande. Nimmt man die Menge des Hämoglobins, welche
sich in der 4 $^0/_0$-NaCl-Lösung gelöst hat, gleich 100 an, so ist die Menge
Hämoglobin in der NaCl-Lösung beim Hunger durchschnittlich 11,30,
während im Fütterungszustande 36,16 Theile Hämoglobin in der
5 $^0/_0$-Lösung sich lösen. Die etwas unklaren Vorstellungen, die
sich in der Wahl eines nicht zutreffenden Ausdruckes schon im Titel
zeigen, führen zu nicht klareren Schlussfolgerungen über Hämoglobin
neueren und älteren Ursprunges, welchem Ursprungsdatum auch die
höhere und niedrigere Resistenzfähigkeit entsprechen soll, während
es sich doch eigentlich blos um neuere oder ältere rothe Blutkörperchen mit grösserer oder geringerer Resistenz handeln kann. So nimmt
der Autor an, dass im Hunger das älteste Hämoglobin verschwindet
und sich neues nicht bildet, wodurch eine gewisse mittlere Widerstandsfähigkeit erzielt wird. Aehnliche Befunde erhebt er auch
beim Hungerzustande der Frösche. Rosenfeld.

**70. F. Jolyet und C. Sigalas: Ueber den Stickstoff des
Blutes**[1]). Bekanntlich absorbirt das Blut mehr Stickstoff als das
Serum, ein Theil des Gases muss also durch die Blutkörperchen
gebunden werden. Verff. machten vergleichende Bestimmungen,
indem sie Serum und Blut mit verschiedenem Körper-
gehalt, sowohl mit erhaltenen als mit aufgelösten Körperchen, durch Schütteln mit atmosphärischer Luft sättigten

---

[1]) Sur l'azote du sang. Compt. rend. **114**, 686—688.

und den absorbirten Stickstoff durch **Auspumpen** bestimmten. Die Sättigung wurde bei 14 bis 15 ⁰ vorgenommen.

Stickstoff absorbirt in 100 CC.

		Blut mit erhaltenen Körperchen	Blut mit zerstörten Körperchen	Serum
I.	Hund	1,84 CC.	—	1,17 CC.
II.	Pferd	1,78 „	1,5 CC.	1,11 „
III.	„	2,36 „	—	1,11 „
IV.	„	2,76 „	1,7 „	1,11 „
V.	„	3,78 „	1,8 „	1,11 „

Portion V war ein an Blutkörperchen sehr reicher Brei, Portion III und IV ein Blut, dessen Gehalt an Körperchen verdoppelt worden war. Es zeigt sich also, dass die **Absorption des Stickstoffs mit Vermehrung der Blutkörperchen wächst.** Aehnlich verhält sich der **Wasserstoff.** Der **Absorptionscoefficient** des Serums für dieses Gas ist ebenfalls etwas kleiner als der des Wassers. Verff. bestimmten denselben an Pferdeserum zu 1,74 resp. 1,76 $\%$. Auch hier ist der Coefficient des **Blutes** (1,85 $\%$) höher als der des Serums, und durch Bereicherung des Blutes an **Körperchen** steigt auch die Absorption des Wasserstoffs, aber nicht so hoch als die des Stickstoffs (auf 1,94 bis 2,5 $\%$). Die Bindung von Stickstoff und von Wasserstoff an die **intacten Blutkörperchen** ist nach **Merget**[1]) durch eine **Condensation der Gase** auf der Oberfläche derselben zu erklären. Diese Bindung ist die Ursache, weshalb die Absorption des Stickstoffs im Blut nicht genau dem **Henry-Dalton**'schen Gesetz folgt. **Hammelblut,** welches bei 758 Mm.-Druck 1,76 $\%$ Stickstoff absorbirte, enthielt bei 612 Mm. 1,58 $\%$, bei 503 Mm. 1,44 $\%$. Pferdeblut nahm bei 749 Mm.-Druck 2,76 $\%$ Stickstoff auf, bei 374 Mm. 1,48 $\%$.   **Herter.**

71. **A. Jaquet: Ueber die Wirkung mässiger Säurezufuhr auf Kohlensäuremenge, Kohlensäurespannung und Alkalescenz des Blutes. Ein Beitrag zur Theorie der Respiration**[2]). **Z**untz und

---

1) **Merget**, Mém. de la soc. d. sc. phys. et nat. Bordeaux 1882. —
2) Arch. f. exp. Pathol. und Pharmakolog. **30**, 311—362.

Geppert zeigten im J. 1888 [J. Th. **18**, 255], dass bei dyspnoisch athmenden Thieren — entgegen den bis dahin geltend gewesenen Ansichten — weder der O-Mangel noch die CO_2-Anhäufung, sondern irgendwelche im Blute circulirende Producte des Muskelstoffwechsels als Athemreize fungiren. Die Natur dieser Athemreize ist vorläufig nicht aufgeklärt — sicher ist jedoch, dass die von den Muskeln producirte Säure eine erregende Wirkung besitzt. Unter solchen Umständen erscheint es nicht überflüssig zunächst die Wirkungen der Verminderung der Alkalescenz auf die respiratorische Leistungs- fähigkeit des Blutes und der Gewebssäfte quantitativ zu studiren, da durch diese Alkalescenzverminderung in Folge von Säurezufuhr — wenn specifisch wirkende Stoffe nicht vorhanden sind — das Ver- halten der CO_2 beeinflusst, und dadurch der Athemreiz erzeugt werden könnte. Es wurden nun am Blute und am Serum von Rindern bei theils normaler, theils in verschiedenem und bestimmtem Grade verminderter Alkalescenz mehrere Reihen tonometrischer Ab- sorptionsversuche ausgeführt, insgesammt bei 37,5 ⁰ C. Innerhalb einer jeden Reihe war die Alkalescenz annähernd constant, CO_2-Menge und CO_2-Spannung aber mehrfach variirt und genau bestimmt. Für jeden Alkalescenzgrad ergab sich das Verhältniss der Menge zur Spannung, das in besonderen Curven dargestellt ist. Die Alkalescenz- bestimmung wurde nach Zuntz unter Anwendung von $^1/_{10}$ norm. Oxalsäure nach Vermischung des Blutes mit gleichem Volum conc. Glaubersalzlösung mit (aus Seidenpapier hergestelltem) Lakmuspapier ausgeführt. Die Titrirungsfehler waren unbedeutend und die Resul- tate der Alkalescenzbestimmung stimmten mit der aus derselben Blut- probe auspumpbaren CO_2-Menge. Entgegen dem Verhalten des Hunde- blutes, welches eine bedeutende Variabilität in der Alkalescenz auf- weist (Zuntz), zeigte das Rinderblut, welches zu Versuchen verwendet wurde, überaus constante Werthe: im Mittel aus 44 Bestimmungen 442,5 Mg. CO_3Na_2 für 100 Ccm. Blut. Auch die Alkalescenzabnahme in Folge von Gerinnung ist bei dieser Blutart, sowie derjenigen vom Pferde geringer und zeigt bedeutend geringere Differenzen, als das Hundeblut. Die Bestimmung der CO_2-Spannung im Blute geschah mit einem von Miescher construirten Absorptionstonometer, der vor dem Hüfner'schen Apparate den Vortheil bietet, dass das

Schüttelgefäss vom Manometer nicht abgenommen werden muss, und
dass dem Blute noch nachträglich andere Substanzen zugegeben
werden können. Gleichzeitig mit dem Absorptionsversuche wurde
eine Blutportion mit der Ludwig'schen Pumpe entgast und die
darin enthaltene CO_2 unter schliesslichem Zusatz von Weinsäure
bestimmt. Die Gase wurden nach Geppert analysirt. — Bei den
Versuchen war nun die Alkalescenz eine constante, während die
Menge und Spannung der CO_2 Variable waren, deren gegenseitige Beziehungen untersucht wurden. Zunächst wurde das Blut mit unver-
minderter (normaler) Alkalescenz, welches — wie oben erwähnt —
annähernd gleiche CO_2-Menge enthält, untersucht, indem die Menge
der CO_2 beliebig variirt (vergrössert und vermindert) wurde, um die
Spannung als Function der Menge zu studiren. Nach Sicherstellung
der Verhältnisse für das normal alkalische Blut wurde dann die Alkalescenz um 10, 20, 30 $^0/_0$ (durch $^1/_4$ norm. Oxalsäure in 1,5 proc.
ClNa-Lösung) vermindert und für jede dieser Stufen dieselbe Untersuchung vorgenommen. Die in diesen 4 Versuchen erhaltenen Ziffern
ordnete Verf. in 4 Curven (Ordinaten = Spannungen in Mm. Hg und
Abscissen = $^0/_0$-CO_2-Mengen in Ccm.), welche insgesammt gleichmässig
und nach unten convex sind und einander auffallend gleichen, so dass
dieselben beinahe parallel laufen. Der wachsenden CO_2-Menge entspricht
Anfangs ein langsames, späterer rascheres Wachsthum der CO_2-Span-
nung in allen untersuchten Alkalescenzgraden. Alle Curven haben
ein nahezu geradliniges Anfangsstück und scheinen nach einer nicht
plö'zlichen Wendung, die für normale Alkalescenz etwa um 40 Mm.
Hg-CO_2-Druck, für die um 30 $^0/_0$ verminderte um etwa 70 Mm. liegt,
wiederum einer geradelinigen Form zuzustreben. Gedeutet werden
diese Befunde auf folgende Weise: Wenn zum Blute, welches Natron,
CO_2 und mit schwach saueren Affinitäten begabte Stoffe (Eiweiss,
Hämoglobin), die vom Verf. generell »subacide Stoffe« genannt
werden, enthält, eine weitere CO_2-Menge hinzugefügt wird, so wird
sich dieselbe im Verhältniss der chemischen Massen vertheilen
zwischen Natron und frei bleibender CO_2, welche letztere als vermehrte Spannung sich bemerkbar macht, wogegen andererseits ein
bestimmtes Quantum subacider Stoffe sein Natron verliert und frei
wird. Der geradelinige Verlauf der Curvenschenkel spricht dafür.

dass die beim ersten CO_2-Zuwachs bereits· freigewordenen subaciden Stoffe auf die Reactionen bei weiteren CO_2-Zuwächsen keinen Einfluss mehr ausüben und dass danh ein annähernd proportionales Ansteigen von CO_2-Menge und CO_2-Spannung stattfindet. Der in keiner Curve fehlende Wendepunkt, erklärt sich kaum anders, als durch die Annahme, dass bei einer bestimmten Spannung ein vorher unmerklicher Faktor mit erheblichen Wirkungswerthen in die Massengleichung einzutreten beginnt. Hier muss man in erster Linie an Hämoglobin denken, welches leichter als Eiweiss des Serums im Vacuum Soda zersetzt und daher wahrscheinlich erst bei höherem CO_2-Druck anfängt Alkali abzugeben. — Wenn nun durch sauere Producte des Muskelstoffwechsels die Blutalkalescenz vermindert wird, so ist die Voraussetzung gar nicht berechtigt, dass mit zunehmender CO_2-Menge die Spannung rascher ansteigen würde, als im normalen Blute, wodurch eine Veranlassung zur Entstehung verstärkter Athembewegungen, beziehungsweise Reizung des Athemcentrums, welches gegen sehr geringe Unterschiede·der CO_2-Spannung sehr empfindlich ist, gegeben sein könnte. Dasselbe gilt aber nicht nur vom Blut, sondern auch von anderen im Körper circulirenden Flüssigkeiten, namentlich Lymphe, wie aus Versuchsreihen, die mit dem der Lymphe sehr ähnlichen Serum ausgeführt wurden, hervorgeht. Der Säurezusatz vermindert in beiden Fällen nur einen für die Verhältnisse der CO_2-Spannung und CO_2-Bewegung irrelevanten Theil des Alkalis — »Alkalireserve«. Im Augenblicke, wo die Säure zum Blute kommt und die Alkalireserve vermindert wird, muss die CO_2-Spannung steigen, bis die dem gebundenen Alkali entsprechende CO_2-Menge entfernt ist. Bei normaler Erregbarkeit des Athemcentrums wird dieses aber bald geschehen sein und dann functionirt das Blut bezüglich des CO_2-Wechsels wieder wie normales Blut. Wenn demnach aus einer Verminderung der Alkalescenz des Blutes oder der Lymphe, welche bloss die Alkalireserve in Mitleidenschaft zieht, secundär irgend welche erregende Wirkungen an Nervencentra oder anderen Geweben entstehen sollten, so muss der Angriffspunkt der Functionsstörung jenseits des Blutes und Lymphe liegen. Um zu sehen, wie sich die Gewebe gegenüber einer solchen Blutalkalescenzverminderung verhalten, stellte Verf. Versuche an Hunden an, bei

denen durch allmähliche Einspritzung einer $^1/_4$ norm. Salzsäure
in die Vene die Blutalkalescenz um 27,1—28,4 $^0/_0$ herabgesetzt
werden sollte. Das Blut der unter der Säurewirkung anhaltend
dyspnoisch gewordenen Thiere zeigte jedoch nur eine sehr unbedeutende
Alkalescenzabnahme von im Mittel 5,5 $^0/_0$, obzwar die Säure weder
durch den Harn noch Magensaft ausgeschieden wurde, wie directe
Bestimmungen zeigten, und die Neutralisation derselben durch com-
pensatorisch vermehrte Ammoniakbildung (Walter und Schmiedeberg) nicht gedeckt werden konnte, da dieser Ammoniak-Ueberschuss
nie so hohe Werthe erreichen kann. Es resultirt somit aus der
Wechselwirkung zwischen Geweben und Blut schliesslich die fast
völlige Restitution der Alkalien des Blutes. Es wäre denkbar, dass
bei diesem Vorgange etwa durch Massenwirkung der CO_2 Spuren
freier fixer Säure auftreten, die erregend wirken könnten — bei
der Muskelthätigkeit namentlich Milchsäure — die Anwesenheit
freier Milchsäure kann jedoch ausgeschlossen werden, wofür die
Beobachtungen von Setschenow und vom Verf. sprechen, so dass
die Säurezufuhr auf die Functionen der Nervencentra sich geltend
machen kann, trotzdem das Blut wieder eine nahezu normale Alkalescenz besitzt. Es dürften daher die — mit Rücksicht auf die
Beobachtungen am Hunde — von Zuntz und Geppert geäusserten
Bedenken, dass das Auftreten der von den Muskeln producirten
Säuren die Dyspnoë nicht genügend erklärt und dass weitere unbekannte Stoffwechselproducte als Erreger postulirt werden müssen,
dahinfallen. Verf. glaubt annehmen zu dürfen, dass die im Blute
und in den Geweben vorkommenden Eiweissstoffe und colloide Gewebs-
bildner von subacidem Character, deren Säureaviditäten gleicher
Ordnung sind, wie die der CO_2, mit welcher sie daher um den Besitz
des Alkali in Concurrenz der chemischen Massen treten, durch
Zufluss einer stärkeren Säure zum Blute, wodurch ein Theil des
Blutalkali gebunden wird, in Freiheit gesetzt werden und dass der
daraus entstehende Gegensatz im Verhältnisse der freien und gebundenen Subacide nur in dieser Weise ausgeglichen werden kann,
dass die Alkalien aus den Geweben ins Blut wandern. Es ist nun
sehr unwahrscheinlich, dass durch die resultirende Alkalescenzverminderung der Gewebe die Beziehungen zwischen Menge und Span-

nung der CO_2 sich ändern würden — offenbar gelten auch hier die
gleichen Regeln, wie im Blute. Dagegen werden jene Gewebe, un-
geachtet der vielleicht noch neutralen oder sogar alkalischen Reaction
auf Lakmus eine grössere Menge an freien Subaciden haben, welche,
da diese Subacide nicht diffundiren, so lange erhöht bleibt, bis durch
Verbrennung, Paarung und Ausscheidung der dem Blute zugeflossenen
Säuren, mit oder ohne Beihülfe von Ammoniak die normale Alkalescenz wieder hergestellt ist. Warum sollen nun auf Nervencentra,
die gegen freie CO_2 besonders empfindlich sind, nicht auch solche
subacide Substanzen gleichfalls erregend wirken, sobald sie frei sind,
während sie im Zustand salzartiger Bindung keine Wirkung ausüben? Dieser von der CO_2 unabhängige erregende Einfluss könnte
die Athembewegungen auch so weit und so dauernd verstärken, dass
der Einfluss der stärkeren CO_2-Zufuhr durch noch stärkere Ventilation übercompensirt werden kann. — Es ist möglich, dass bei der
Muskelthätigkeit Stoffe entstehen, die specifisch erregend auf das
Athemcentrum wirken — die vorstehenden Untersuchungen und Betrachtungen gestatten jedoch unbeschadet einer fast normalen Beschaffenheit des Blutes, eine bedeutende und anhaltende Erregung
des Athemcentrums aus einer indirecten Säurewirkung abzuleiten.

H o r b a c z e w s k i.

72. **W. Cohnstein: Ueber die Aenderung der Blutalkalescenz durch Muskelarbeit**[1]). Dass der thätige Muskel Säure producirt
und dass die Blutalkalescenz durch Muskelarbeit herabgesetzt wird,
ist eine durch vielfache Beobachtungen festgestellte Thatsache. Schon
aus diesen Beobachtungen geht aber hervor, dass Pflanzen- und Fleischfresser gegen Muskelarbeit verschieden reagiren. Verf. untersuchte nun,
ob dieses Verhalten der verschiedenen Thierspecies ein gesetzmässiges
sei und wie es erklärt werden könnte, und stellte daher erneuerte
alkalimetrische Blutuntersuchungen an an Thieren verschiedener Species
und andererseits an einem abwechselnd mit vegetabilischer respect.
animalischer Kost ernährten Thiere um zu entscheiden, ob es sich
hier um eine specifische Eigenthümlichkeit der Thierart, oder um
Unterschiede in der Ernährung handelt. Die Blutalkalescenz wurde

---

[1]) Virchow's Arch. **180**, 332—360.

durch Titration unter Anwendung von Lacmoid-Papier bestimmt.
Die kleineren Thiere verrichteten in dieser Weise die Muskelarbeit,
dass bei denselben intermittirender Tetanus erzeugt wurde mittelst
zweier in die Rückenhaut eingestossener Plattenelektroden, welche
die Pole der secundären Spirale eines Du Bois'schen Schlittens
bildeten — während bei grösseren Thieren das von Lehmann
und Zuntz construirte Tretrad benutzt wurde, wobei die Arbeitsleistung aus den Umdrehungen des Rades unter Berücksichtigung
der Steigung berechnet werden konnte. Bei jedem Versuche wurde
die Blutalkalescenzbestimmung bei Ruhe und ein- oder mehreremal
bei Arbeit des Versuchsthieres ausgeführt. Die Arbeitsprobe wurde
stets während der Muskelthätigkeit aufgefangen. — Die Versuche
ergaben: 1) Die Blutalkalescenz wird bei Fleischfressern (Hund)
und Pflanzenfressern (Kaninchen) durch Muskelarbeit herabgesetzt.
2) Bei Pflanzenfressern gelingt es leicht die Blutalkalescenz durch
Steigerung der Muskelthätigkeit mehr und mehr herabzusetzen, so
dass der Tod des Thieres — offenbar als Folge der (Milch?)-Säure-
vergiftung erfolgt. Beim Fleischfresser tritt nach einem verhältnissmässig schnell erreichten Alkalescenzminimum ein Regulations-
mechanismus in Thätigkeit, der ein weiteres Absinken der Alkalescenz inhibirt. 3) Die Ernährungsweise ist von bedeutendem Einfluss
auf die Blutalkalescenz des ruhenden und arbeitenden Thieres.
Durch Beschränkung oder Entziehung der stickstoffreichen Kost
(Fleisch) gelingt es, den Fleischfresser dem Pflanzenfresser insofern
ähnlich zu machen, als die Alkalescenzschwankungen bedeutender
werden. Eine Steigerung der Alkalescenzabnahme über ein gewisses
Maass hinaus aber kann auf keinerlei Weise beim Fleischfresser
erzielt werden. — Was die Erklärung dieser Resultate anbelangt,
so weist Verf. auf folgende Möglichkeiten hin: Dem Fleischfresser
steht ein Vorrath an Ammoniak zur Verfügung, welches die Säure
neutralisirt, worauf schon frühere Forscher aufmerksam machten.
Diese Möglichkeit ist a priori wahrscheinlich bei Berücksichtigung
der vom Verf. beobachteten Schwankungen, die durch den wechselnden
N-Gehalt der Nahrung hervorgerufen wurden. Ferner kann die
schon vor längerer Zeit beobachtete, und vom Verf. bei seinen Versuchen bestätigte Thatsache, dass das Blut bei der Muskelthätigkeit

eingedickt wird, für die mehr oder weniger vollständige Compensation der durch die Muskelthätigkeit gebildeten Säure verantwortlich gemacht werden, und schliesslich käme noch die Annahme einer Verschiedenheit in der Oxydationsgeschwindigkeit der saueren Umsatzproducte bei verschiedenen Thierspecies in Betracht. — Im Anhange berichtet noch Verf., dass nachdem Löwy vor kurzem darauf aufmerksam machte, dass bei der Alkalescenzbestimmung ausschliesslich lackfarbenes Blut zu verwenden wäre, weil sonst zu niedrige Werthe erhalten werden, [dieser Band pag. 89] hierauf bezügliche Controllbestimmungen nach der Methode von Löwy ausgeführt wurden, welche zwar gewisse Verschiedenheiten in den absoluten vom Verf. gefundenen Werthen ergaben, die jedoch im relativen Verhältniss der Ruhe- und Arbeitswerthe eine gute Uebereinstimmung mit diesen Werthen zeigten, so dass die Berechtigung der oben mitgetheilten Schlüsse kaum angezweifelt werden kann.   Horbaczewski.

73. Gréhant: Gesetz der Absorption von Kohlenoxyd durch das Blut eines lebenden Säugethiers[1]). G. liess Hunde vermittelst einer Kautschukmaske aus einem Kautschuksack Gasgemische einathmen, welche aus atmosphärischer Luft mit 0,1 bis 1 $^0/_{00}$ Kohlenoxyd bestanden. Nach einer halben Stunde wurden Proben des arteriellen Blutes entnommen und die Gase desselben bestimmt. Das Blut wurde zunächst bei 40^0 ausgepumpt, dann mit Essigsäure auf 100^0 erhitzt und das entweichende Kohlenoxyd nach Behandeln mit Natronlauge und mit Pyrogallussäure durch Absorption mittelst Kupferchlorür bestimmt. Es wurden folgende Werthe erhalten, bezogen auf 100 CC. Blut.

CO in der Luft.	Gase im arteriellen Blut.			
	CO_2	O_2[2])	N_2	CO
1 $^0/_{00}$	28,9 $^0/_0$	12,2 $^0/_0$	1,5 $^0/_0$	5,5 $^0/_0$
0,5 «	51,8 «	15,5 «	1,5 «	2,8 «
0,33 «	42,2 «	13,4 «	1,8 «	1,7 «
0,25 «	40,4 «	21,5 «	1,5 «	1,3 «

[1]) Loi de l'absorption de l'oxyde de carbone par le sang d'un mammifère vivant. Compt. rend. soc. biolog. 44, 163—164; Compt. rend. 114, 309–310. — [2]) Vor dem Versuch betrug der Sauerstoff im arteriellen Blut der Thiere 15,4, 21,2, 15,2 resp. 22,7 $^0/_0$.

Die Absorption des Kohlenoxyds im Blut entspricht dem H e n r y -
D a l t o n'schen Gesetz. Für einen Gehalt von 0,1 $^0/_{00}$ des Gases in
der Athmungsluft berechnen sich danach 0,55 $^0/_0$ im Blut; gefunden
wurden 0,5 $^0/_0$. Die tödliche Dose in der Luft wurde von G. für
Hunde bei 3,3 bis 4,0 $^0/_{00}$ gefunden; aus der Herabsetzung der
respiratorischen Capacität von 25 auf 5 $^0/_0$ berechnen sich für das
durch Kohlenoxyd vergiftete Thier 20 $^0/_0$ Kohlenoxyd im Blut;
wenn 0,55 $^0/_0$ im Blut 0,1 $^0/_{00}$ in der Luft entsprechen, so entsprechen 20 $^0/_0$ im Blut 3,6 $^0/_{00}$ Kohlenoxyd in der Luft.

H e r t e r.

74. H. Griesbach: Beiträge zur Kenntniss des Blutes [1]).

G. beschäftigt sich besonders mit den amöboiden Zellen des Blutes
und deren Betheiligung an der Gerinnung desselben. Es wurde das
Blut von Astacus fluviatilis und Anadonta cellensis gewählt, welches
nur amöboide Zellen aufweist. Auf den morphologischen Theil der
Untersuchung muss hier verwiesen werden. — Beim Antrocknen
frischen Blutes am Deckglase zeigen sich Krystallisationen, die beim
Krebse aus Kochsalz, bei der Muschel wahrscheinlich aus Kalksalzen
bestehen. Der rothe Farbstoff im Blute des Krebses ist wahrscheinlich in der contractilen Zwischensubstanz der amöboiden Zellen enthalten. Im verdünnten Blute sind zwei Eiweissstoffe enthalten, ein
dem gewöhnlichen Fibrinogen nahestehendes Globulin und ein den
Zellen entstammendes Albumin. Die Gerinnung des Krebsblutes an-
betreffend, lassen sich die gerinnungshemmenden Substanzen in folgender
Art zusammenfassen. 1) Substanzen, welche die Zellen fixiren und dadurch den Austritt irgend welcher Bestandtheile verhindern: Osmiumsäure, citronensaures Ammoniak. 2) Substanzen, welche die Zellen
nicht fixiren, aber den Eiweisskörper das Plasma fällen: Goldchlorid.
3) Substanzen, welche die Plasmoschise der Zellen nicht nur nicht
hindern, sondern sogar befördern, aber die Eiweisskörper eigenthümlich modificiren, sodass die Gerinnung unterbleibt: Schwefelsäure,
Salze etc. 4) Substanzen, welche die Kalksalze aus dem Blute ausfällen und dadurch die Gerinnung hindern: Kalium- und Ammoniumoxalat. 5) Substanzen, welche die Blutgerinnung aus bis jetzt un-

---

[1]) P f l ü g e r's Arch. **50**, 473—550.

bekannten Gründen verhindern: Kohlenoxyd, Schwefelwasserstoff. — Gr. spricht sich gegen die Theorie von Wooldridge aus, und glaubt, dass das Unlöslichwerden von Erdalkalien (nach Freund) eine der Ursachen der Gerinnung bildet.

75. C. A. Pekelharing: Ueber die Gerinnung des Blutes[1]).

Verf., sich stützend auf die von Arthus und Pagès aufgestellte Theorie der Blutgerinnung, nach welcher das Calcium einen integrirenden Bestandtheil des Fibrins bildet und. das Fibrinferment auf Fibrinogen nur in der Gegenwart von Kalksalzen einwirkt, theilt seine Anschauungen mit, nach welchen das Fibrinferment eine Kalkverbindung sein soll. Dieselbe ist nach Verf. im Stande, der fibrinogenen Substanz Kalk zu liefern, in Folge dessen aus dem löslichen Fibrinogen die unlösliche, kalkhaltige Eiweissverbindung (das Fibrin) entstehe, welche sich sofort bildet, nachdem das Blut ausser Contact mit der lebenden Gefässwand gekommen ist, und die Blutzellen im Absterben begriffen sind, ihr Nucleoalbumin freilassend. Letztere Substanz verbindet sich mit den im Plasma vorhandenen Kalksalzen zum Fibrinferment. In ähnlicher Weise haben andere Nucleoalbumine, z. B. die aus der Thymusdrüse und dem Hoden [J. Th. 19, 119], sowie aus Milch (Caseïn) gewonnenen Körper, das Vermögen, mit Kalk Fibrinfermente zu erzeugen. Im lebenden Kaninchenkörper sah Verf. (wie Wright im Hundeblut [J. Th. 12, 67]) ebenfalls eine intravitale Blutgerinnung nach intravenöser Injection grösserer Quantitäten dieser in physiologischer Kochsalzlösung (mittelst Natron carbonicum) gelösten Nucleoalbumine zu Stande kommen, welche durch schnelle Eröffnung der Brust- und Bauchhöhle nach dem durch Erstickung erfolgenden Tode bestätigt werden konnte. Andererseits tritt bei der Einverleibung kleinerer Nucleoalbumindosen sogar an dem aus der Ader gelassenen Blute keine Gerinnung auf, indem das Blut durch die schnelle Zersetzung des eingeführten Nucleoalbumins die Zeichen des Peptonblutes darbietet, und sogar im Harn (Wright) Albumose,

---

[1]) Over de stolling van hed bloed (Voordracht, gehouden in de 43. Algemeene Vergadering der Nederlandsche Maatschappy tot bevordering der Geneeskunst, auch Deutsche medic. Wochenschr. 1892, pag. 1133—1136.

resp. Pepton, vorhanden sein kann; hier entwickelt sich mitunter wie
in einigen unter Aufsicht Stokvis' angestellten Untersuchungen
[Jitta, J. Th. **15**, 474] nach intravenöser Injection verschiedener
die Blutkörperchen schädigender Agentia das Bild der Peptonintoxi-
cation. **Zeehuisen.**

**76. C. A. Pekelharing: Ueber die Bedeutung der Kalksalze
für die Gerinnung des Blutes**[1]**).** Aus dem nach der Methode von
A. Schmidt durch Vermischen des Blutes mit $1/_3$ Volum conc.
Magnesiumsulfatlösung hergestellten Salzplasma kann man durch Zusatz
des gleichen Volumens conc. Kochsalzlösung das Fibrinogen ausfällen
und im Filtrate durch wiederholte Fällung mit Magnesiumsulfat das
Globulin vom Serumalbumin trennen. Mischt man das durch an-
hängendes Kochsalz in Wasser lösliche Fibrinogen mit dem durch
Dialyse salzarm gemachten Globulin, so erhält man selbst nach
Stunden keine Gerinnung. Dieselbe tritt aber ein, wenn man vorher
das salzarme Globulin 1—3 St. mit einer Lösung von Chlorcalcium
bei 30⁰ digerirt hat. Das Fibrinferment scheint nichts anderes zu
sein als eine Globulinkalkverbindung; dieselbe bleibt noch wirksam,
wenn man durch Dialyse das überschüssige Chlorcalcium entfernt
hat. Auch oxalsaures Ammon hebt die Wirksamkeit nicht auf;
Oxalate können wohl das Zustandekommen der Globulinkalkverbindung
verhindern, sind aber nicht im Stande, das gebildete Ferment zu
zerstören. Bei seiner Wirkung auf Fibrinogen wird Kalk an dieses
abgegeben. Im Salzplasma ist eine Globulinsubstanz vorhanden,
welche selbst noch nicht Ferment ist, aber sich mit im Blut gelösten
Kalksalzen verbindend, Ferment wird, also als Zymogen zu bezeichnen
ist; dieser Körper wird von den farblosen Formelementen des Blutes
beim Absterben an das Plasma abgegeben. Es ist daher auch verständlich, dass das Ferment nicht entstehen kann, wenn aus dem
Blute durch Vermischen mit einer Oxalat- oder Seifenlösung die
Kalksalze entfernt wurden. Dadurch wird auch die gerinnungs-
hemmende Wirkung des intravenös eingeführten Peptons verständlich,
da dieses die Kalksalze bindet. Spritzt man daher Pepton ein, das

---

[1]) Festschr. f. Virchow I, 435; nach Centralbl. f. d. medic. Wissensch.
1892, No. 29, pag. 531 (Ref. I. Munk).

vorher mit Kalk gesättigt worden ist, so gerinnt das Blut wie normales, auch die sonstigen toxischen Wirkungen treten nicht ein. Dasselbe findet statt, wenn man mit dem Peptone Kalksalze in die Blutbahn einführt. Selbst bereits eingetretene Symptome von Peptonvergiftung können durch injicirte Kalksalze zum Verschwinden gebracht werden. Das Gewebsfibrinogen von Wooldridge (aus Kalbsthymus) ruft in reinen Fibrinogenlösungen nur dann Gerinnung hervor, wenn man gleichzeitig etwas Chlorcalcium oder Gips zufügt. Durch Chlorcalcium kann auch aus dem Thymusextract wirkliches Fibrinferment bereitet werden. Es muss also das Fibrinogen beim Gerinnen Kalk aufnehmen, den es aus der eigenthümlichen kalkhaltigen Globulinsubstanz, dem sog. Fibrinferment, erhält.

Andreasch.

77. Leon Lilienfeld: Hämatologische Untersuchungen [1]). **78. Derselbe: Ueber Leucocyten und Blutgerinnung** [2]). **79. Derselbe: Ueber den flüssigen Zustand des Blutes und die Blutgerinnung** [3]). Ad 77. I. Ueber die morphologische und chemische Beschaffenheit der Plättchen und ihre Abstammung. A. enthält Historisches und Kritisches über diesen Gegenstand, worauf hier nur verwiesen werden kann. B. Ueber das Nucleïn. Nach Kossel enthält jede entwickelungsfähige Zelle nie fehlende, primäre Stoffe und überdies secundäre Bestandtheile. Zu ersteren gehören: Die Eiweisskörper und die Nucleïne, die Lecithine, die Cholesterine und die anorganischen Stoffe. Die Beziehungen des Nucleïns ergeben sich am besten aus dem folgenden Schema (von Kossel):

Nucleoalbumin (unter 1 %P)
in Säuren löslich; zerfällt bei
der Pepsinverdauung in

Eiweiss   Nucleïn (3—4 %P)
(Pepton)   in Säuren unlöslich; zerfällt bei
                 der Behandlung der alkalisch-
                 alcoholischen Lösung in

Eiweiss   Nucleïnsäure (9—10 %P)
                 zerfällt beim Erhitzen mit verd. Säure in

Phosphorsäure Nucleïnbasen Kohlehydrat
               (Adenin, Guanin etc.)

[1]) Dubois-Reymond's Arch. physiol. Abth. 1892, pag. 115—154. — [2]) Verhandl. d. physiol. Gesellsch. zu Berlin; Dubois-Reymond's Arch. 1892, pag. 167—174. — [3]) Daselbst 1892, pag. 550—556.

8*

Vitellin (unter 1%/0 P)
globulinartig, in Säuren löslich, durch Pepsinverdauung

Eiweiss   Paranucleïn (2—3%/0 P)

Eiweiss   Paranucleïnsäure
                 (7,9%/0 P, Altmann).
                 Zerfallsproducte unbekannt,
                 liefert keine Nucleïnbasen.

Indem Verf. die Einwirkung des künstlichen Magensaftes auf frisches Blut
unter dem Microscope studirte, kommt er zu dem Ergebnisse, dass die dabei
auftretende, körnige Masse der Blutplättchen aus Nucleïn, während die
homogene Masse vorwiegend aus Eiweiss besteht, dass also durch die Pepsinverdauung das Nucleïn aus seiner Verbindung herausgelöst wird. — Weitere
Beobachtungen machen es Verf. wahrscheinlich, dass die Nucleïnplättchen
Derivate des Zellkerns der Leucocyten sind. Ad 78. Neben microscopischen
Beobachtungen der Gerinnungsvorgänge wird über die Darstellung eines
Körpers aus den Leucocyten der Thymus- und der Lymphdrüsen berichtet.
Die feinzerhackten Drüsen wurden mit Wasser geschüttelt, über Nacht kalt
stehen gelassen, colirt, die Flüssigkeit centrifugirt und das klare Filtrat
mit Essigsäure gefällt. Nach Alcohol-Aetherbehandlung stellte der Körper
ein äusserst zartes Pulver dar, das Verf. als Leuconucleïn bezeichnet:
es löst sich im Ueberschuss der Säure und sehr leicht in verdünnten Neutral-
salzlösungen, Natriumcarbonat etc. Nach der Alcoholbehandlung verliert
es diese Eigenschaften. In alkalischer Lösung spaltet es sich in Eiweiss
und Leuconucleïnsäure, durch erhitzte, verdünnte Schwefelsäure bildet letztere
freie Phosphorsäure und die charakteristischen Nucleïnbasen. Die Zusammensetzung wurde bei Präparaten verschiedener Darstellung constant gefunden:
48,41 C, 7,21 H, 16,85 N, 2,425 P, 0,702 S; der Verdauungsrückstand nach
vollendeter Verdauung ergab 4,99%/0 P. — In den Leucocyten wurde auch
reichlich das Histon Kossel's aufgefunden. Dieses Leuconucleïn ruft in
der Schmidt'schen Reactionsflüssigkeit (Pferdeblut in Magnesiumsulfat
aufgefangen, verdunstet und mit Wasser extrahirt) binnen zwei Stunden
vollständige Gerinnung hervor. Das Leuconucleïn ist wahrscheinlich ein
Bestandtheil des Zellkerns der Leucocyten, so dass das coagulative Vermögen
der Leucocyten nicht ihrem Zellleibe, sondern ihrem Zellkerne zugeschrieben
werden muss. Ad 79. Verf. hat gefunden, dass das Histon auch ein Bestandtheil des durch Essigsäure gefällten Körpers ist, dass also diese letztere
Substanz kein Nucleïn, sondern eine Verbindung von Nucleïn mit Histon
ist; es wird dem Körper daher statt des Namens Leuconucleïn nun der Name
Nucleohiston gegeben; das „Gewebsfibrinogen" von Wooldridge besteht grösstentheils aus dieser Substanz, auch der von Brieger, Kitasato
und Wassermann aus der Thymusdrüse dargestellte Körper scheint damit
identisch zu sein. Das eine Spaltungsproduct des Nucleohistons, das Histon,

existirt in einer durch Ammoniak gefällten, in Wasser unlöslichen und einer durch Alcohol und Aether gefällten, in Wasser löslichen Modification. Erstere lässt sich durch Lösen in verd. Salzsäure und Fällen mit Alcohol und Aether in die lösliche überführen. Da es in der Hitze coagulirbar ist, bildet es einen Uebergang von der Gruppe der Propeptone zu den echten Eiweisskörpern. — Das Histon der Leucocyten soll die Substanz sein, welche das Flüssigbleiben des Blutes in den Gefässen bewirkt. Führt man in den Kreislauf eines Hundes eine Histonlösung ein, so bleibt das aus der Ader gelassene Blut permanent flüssig, ebenso verliert in Histonlösung aufgefangenes Blut seine Gerinnungsfähigkeit. Im Histonblute sind die Leucocyten noch nach 24 Stunden in lebhafter Bewegung, die Plättchen sind besser erhalten, als durch irgend ein anderes Conservirungsmittel. Des Weiteren wird beobachtet, dass eine reine Fibrinogenlösung, mit Nucleohiston versetzt, nicht gerinnt, dass aber binnen Kurzem Gerinnung eintritt, sobald ein Kalksalz zugesetzt wird. Durch die Kalksalze wird das Nucleohiston gespalten in Nucleïn und Histon. Verf. resumirt: „Danach ist der flüssige Zustand des Blutes eine Function der Leucocyten und im Besonderen einer von denselben producirten Substanz, des Histons. Andererseits ist die Gerinnung ebenfalls eine Function der Leucocyten und einer besonders in denselben enthaltenen Substanz, des Nucleïns. Beide Substanzen sind aneinander chemisch gebunden und zwar als das Nucleohiston — und auf dieser chemischen Bindung beruht eben der flüssige Zustand des Blutes. Mit der Spaltung des Nucleohistons tritt die Gerinnung ein. Diese Spaltung wird hervorgebracht durch die im Blute gelösten Kalksalze." Andreasch.

80. **J. E. Wright: Eine Studie über die durch Jnjection von Wooldridge's Gewebe-Fibrinogen bewirkte intravasculäre Coagulation** [1]). Lösungen von Gewebe-Fibrinogen, wie man sie durch Extraction der Thymus oder der Testikeln mit Wasser erhält, sind dadurch charakterisirt, dass sie die Gerinnung von Blutplasma befördern. Diese Wirkung lässt sich am besten bei Versuchen in vitro zeigen, besonders mit »Pepton-Plasma«. Schwieriger sind die bei intravasculärer Injection (am Hund und Kaninchen [2])) eintretenden Wirkungen [Wooldridge, J. Th. **16**, 124; **19**, 119] zu beherrschen. Zur Isolirung des Gewebe-Fibrinogen [vergl. ibid. **21**, 490] empfiehlt W. die Natriumcarbonatlösung nochmals mit Essigsäure und Chlornatrium zu fällen; der

[1]) A study of the intravascular coagulation produced by the injection of Wooldridge's tissue-Fibrinogen. Proc. roy. ir. ac. [3] **2**, 117—146. —
[2]) An der Katze erhielt Verf. sehr wechselnde Resultate.

Niederschlag wird in wenig Natriumcarbonat gelöst und durch Leine-
wand filtrirt. Filtrirt man die Lösungen durch Papier, so bleibt
ein Theil des Gewebe-Fibrinogen auf dem Filter, und die Wirksamkeit der Lösungen wird geschwächt, so dass die Injection derselben
wohl die Gerinnungsfähigkeit des Blutes erhöht, aber nicht sicher
intravasculäre Gerinnung herbeiführt, weil es schwer ist, die nöthige
Concentration zu erhalten; die schleimige Beschaffenheit der Lösungen
ist für die Wirkung derselben ohne Bedeutung. Verf. zeigte bereits
früher (l. c.), dass das Gewebe-Fibrinogen als ein leicht zersetzliches
Nucleoalbumin aufzufassen ist und deswegen die Reactionen
der Albumosen gibt. Nach wochenlanger Behandlung mit Alcohol, sowie nach dem Kochen der mit Essigsäure angesäuerten
Lösungen erhält man die Biuretreaction nicht mehr. Die Siedehitze schwächt nach Wooldridge die Wirksamkeit der Lösungen;
Verf. zeigt, dass es sich hier um eine partielle Zersetzung
handelt, denn nach dem Erhitzen mit etwas freiem Alkali erhält
man beim Fällen mit Essigsäure eine Lösung, die eine ausgesprochene
Biuretreaction gibt, also abgespaltene Albumose enthält[1]). Der
Fibrinogenniederschlag, nach sorgfältigem Waschen in Wasser suspendirt, theilt demselben beim Kochen saure Reaction mit und spaltet
Phosphorsäure ab. Schon bei 50° wird die Wirksamkeit des
Gewebe-Fibrinogen abgeschwächt. Wurde einem Hunde eine während
mehrerer Stunden gekochte Lösung injicirt, so zeigte sich nur eine
Herabsetzung der Gerinnbarkeit des Blutes [Wooldridge's
»negative Phase«, J. Th. **19**, 119]. Verf. hat früher [ibid. **21**,
67] zu zeigen versucht, dass die leichtere Gerinnbarkeit des Blutes
im Pfortadersystem nicht durch die Aufnahme eines coagulirenden
Stoffes aus dem Darm (Wooldridge), sondern durch den höheren
Gehalt an Kohlensäure bedingt sei. Eine allgemeine Erhöhung des Kohlensäuregehalts im Blut in Folge von Einathmung
kohlensäurereicher Luft oder von Verschluss der Trachea
hatte Gerinnung des Blutes im ganzen Gefässsystem zur Folge. Verringerung der Kohlensäure im Blut von Kaninchen durch Zufuhr von
Salzsäure (0,7 Grm. HCl pro Kgrm. nach Walter) verhinderte

---

[1]) Nach Hofmeister [J. Th. **10**, 462] spaltet Alkali aus Eiterzellen
schon in der Kälte Pepton ab.

die Gerinnung in den Gefässen nicht, vielleicht, weil die Spannung
der Kohlensäure hierbei von Bedeutung ist. Hunde, welche Blutverluste erlitten hatten, zeigten nach Injection von Gewebe-Fibrinogen reichlichere intravasculäre Gerinnung, was W. durch eine
relative Vermehrung der Kohlensäure in dem zurückgebliebenen Blute
erklärt. Electrische Reizung motorischer Nerven befördert die Gerinnung in den Venen der entsprechenden Muskeln,
nach Verf. durch locale Erhöhung der Kohlensäurespannung; Versuche, durch Reizung des Vagus oder des Accelerator ähnlich
auf die Coronargefässe des Herzens zu wirken, führten zu keinem ent-
scheidenden Resultat. Abkühlung auf 35,3° durch Injection von
kaltem Wasser in den Magen war bei einem Hunde ohne Einfluss auf die Gerinnung, vielleicht weil in diesem Falle die Kohlensäure nicht verringert war (Verschluss der Trachea); in einem Versuch,
in welchem der Hund durch Einbringung in Eiswasser allmählich
abgekühlt wurde, unterblieb die Gerinnung; wahrscheinlich war die
Kohlensäure des Blutes hier herabgesetzt. Verf. macht ferner Mittheilungen über den Einfluss von Atropin und Morphin auf die
durch Gewebe-Fibrinogen bewirkte Gerinnung. Zur Erklärung des
Eintretens einer positiven und einer negativen Phase in der Gerinnbarkeit des Blutes nach den Injectionen nimmt W. an, dass das
Gewebe-Fibrinogen im Blute zerlegt wird, unter Bildung von
Albumose, welche die negative Phase bedingt. Für diese Erklärung spricht, dass letztere Phase stets die secundäre ist (die
primäre, positive Phase ist manchmal so kurz, dass sie sich nur
während der Injection selbst zeigt[1])), dass das Blut während der
negativen Phase kein Gewebe-Fibrinogen mehr enthält (Wooldridge),
dagegen die Eigenschaften des »Pepton-Plasma« zeigt, dass nach intravenöser oder subcutaner Injection von Gewebe-Fibrinogen bei Kaninchen
Albumose oder Pepton in den Urin übertritt, dass nach Injection
von Pepton sich ähnlich locale Verschiedenheiten in der Gerinnung
des Blutes verschiedener Gefässprovinzen zeigen, als nach Injection

---

[1]) In den Versuchen von Groth [J. Th. 14, 138] über die Injection
von Leucocyten in das Blut wurden dieselben Erscheinungen beobachtet;
die Wirksamkeit der Leucocyten beruht nach W. auf ihrem Gehalt an Gewebe-Fibrinogen.

von Gewebe-Fibrinogen, und dass Schwankungen des Kohlensäurege-
halts in beiden Fällen die gleichen Wirkungen haben. (Ueber die
Kohlensäure im »Pepton«-Blut vergleiche Lahousse und Bohr,
J. Th. **19**, 110, 334). Herter.

81. O. Lange: Volumbestimmungen der körperlichen Elemente im Schweine- und Ochsenblute[1]).

Verf. berichtet über zwei im
Pflüger'schen Laboratorium ausgeführte Versuchsreihen, bei denen
die von M. und L. Bleibtreu [J. Th. **21**, 88] ausgearbeitete
Methode zur Bestimmung des Volums der körperlichen Elemente im
Blute auf Schweineblut und Rinderblut angewandt wurde. Diese
Bestimmung geschieht bekanntlich auf zweierlei Art, entweder:
1. durch Ermittelung des N-Gehaltes der Serum-Kochsalz-Mischungen
nach Kjeldahl, oder 2. durch Bestimmung des spec. Gewichts der
Mischungen mittelst Pyknometer, worauf das gesuchte Volum nach
zwei Formeln (l. c.) berechnet wird. Beim Schweineblut verwendete
Verf. beide Methoden, beim Rinderblut, welches sich nur sehr
langsam absetzt und eine zur Bestimmung des spec. Gewichts nothwendige Menge von Serum erst nach langem Absetzen liefert, nur
die erste Methode. Beide Versuchsreihen ergaben:

		A. Schweineblut.					B. Rinderblut.				
	Ver-suchs-No.	1.	2.	3.	4.	5.	1.	2.	3.	4.	5.
Volum der körperlichen Elemente in % nach: Methode I. (N-Analysen.)		—	30,11	41,61	34,38	41,24	43,41	40,05	35,39	26,22	27,37	36,95
Methode II. Best. d. spec. Gew.		—	—	41,82	32,72	41,07	42,50	—	—	—	—	—

Es zeigen demnach beide Blutarten beträchtliche Schwankungen des
Gehaltes an körperlichen Elementen. Defibrinirtes Schweineblut hatte

---

[1]) Pflüger's Arch. **52**, 427—455.

an Eiweissgehalt (N $\times$ 6,25) 18,948 $^0/_0$—23,124 $^0/_0$ und das spec.
Gewicht 1052,65—1064,67. Dagegen waren die Schwankungen im
Serum desselben gering: Eiweissgehalt 7,38 $^0/_0$—8,28 $^0/_0$, spec. Gewicht 1027,30—1030,38. Die Körperchen-Substanz dieses Blutes
scheint sowohl in Bezug auf den Eiweissgehalt (43,43 $^0/_0$—45,79 $^0/_0$)
als auch auf das spec. Gewicht (1109,4—1114,3) ziemlich gleichmässig zu sein. — Im Ochsenblut schwankt auch der Eiweissgehalt
des Serums: 6,7 $^0/_0$—8,5 $^0/_0$. In Anbetracht des ziemlich constanten
Eiweissgehaltes der Blutkörperchen-Substanz des Schweineblutes kann
zur Bestimmung der körperlichen Elemente auch dieser Blutart das
von M. und L. Bleibtreu (l. c.) für das Pferdeblut empfohlene
abgekürzte Verfahren angewendet werden, bei dem das Volum (V)
nach der Formel V = C (E—e) berechnet wird, wobei E den Eiweissgehalt des Blutes, e denjenigen des Serums und C den Factor
= 2,55 bedeutet. Dieser Factor ist beim Schweineblute natürlich
anders und findet ihn Verf. = 2,71.   Horbaczewski.

82. H. Wendelstadt und L. Bleibtreu: Bestimmung des Volumens und des Stickstoffgehaltes des einzelnen rothen Blutkörperchens im Pferde- und Schweineblut[1]).

Eine von M. und
L. Bleibtreu ausgearbeitete Methode gestattet das Volum der
Blutkörperchen-Substanz im Blute zu bestimmen [J. Th. 21, 88].
Die erwähnten Autoren fanden, dass bei derselben Thierspecies grosse
Schwankungen im Volum der Blutkörperchen-Substanz vorkommen,
dass aber die Blutkörperchen-Substanz selbst annähernd denselben
Procentgehalt an N enthielt. Es war von vorneher wahrscheinlich,
dass das Volum der gesammten Blutkörperchen von der Zahl derselben abhängt und dass das durchschnittliche Volum des einzelnen
Blutkörperchens, sowie auch dessen N-Gehalt bei verschiedenen Individuen derselben Species annähernd gleich ist. Diese Frage wurde
in der Weise zu entscheiden gesucht, dass neben der Volumbestim-
mung auch die Zahl der rothen Blutkörperchen nach der Methode
von Thoma-Zeiss festgestellt wurde, indem durch einfache Division
das mittlere Volum des einzelnen Blutkörperchens erhalten wird,
wobei dann noch nebenher der N-Gehalt des Blutkörperchens resultirt.

---

[1]) Pflüger's Arch. **52**, 323—356.

Bei Untersuchung des Pferdeblutes in 6 Versuchen und des Schweineblutes in 5 Versuchen wurde gefunden:

		Volum der körperl. Elemente in %	Zahl der Blutkörp. in 1 Cbmm.	Volum d. einzelnen Blutkörp. aus den vorigen Werthen berechn. in Cbmm.	Eiweissgehalt d. Blutkörp.-Substanz in %	Eiweissgehalt des einzelnen Blutkörperchens in Milligrm.
Pferdeblut	Maximum	37,40	11,492,063	0,00000004004	47,7	0,0000000174
	Minimum	22,64	6,517,000	0,00000003718	45,7	0,00000001874
	Mittel . .	—	—	0,00000003858	46,7	0,000000018023
Schweineblut	Maximum	43,00	10,168.000	0,0000000457	47,18	0,00000001976
	Minimum	33,70	7,854,000	0,0000000414	43,24	0,00000001872
	Mittel . .	—	—	0,0000000435	44,35	0,00000001928

Eine noch nicht abgeschlossene Untersuchung von pathologischen Blutarten am Menschen hat anscheinend ergeben, dass das Volum des
einzelnen Blutkörperchens ziemlich übereinstimmt, während der Eiweissgehalt sehr zu schwanken scheint. Die Eingangs erwähnten
Autoren verwendeten zur Bestimmung des Volums der körperlichen
Elemente im Pferdeblute auch ein abgekürztes Verfahren nach der
Formel $V = C(E - e)$, wobei V das gesuchte Volum, E den Eiweiss-
procentgehalt des Blutes, e denjenigen des Serums und C eine constante $= 2,55$ (beim Pferdeblut) bedeutet.. Verff. bestätigen die
Brauchbarkeit dieser Methode, sowie die Brauchbarkeit derselben
auch für das Schweineblut, welche bereits von O. Lange (vorstehendes Referat) festgestellt wurde. Während aber Lange diese
Constante für das Schweineblut $= 2,71$ fand, berechnen Verff. dieselbe aus 5 Versuchen zu $2,72$.   Horbaczewski.

**83. Heinr. Rosin: Blutuntersuchungen mittelst der Centri-
fuge[1].** Vorversuche hatten ergeben, dass nur verdünntes Blut, dem
man durch passenden Zusatz seine Gerinnungsfähigkeit genommen
hat, zum Centrifugiren geeignet sei. Es wurden 25 Grm. Pepton

---

[1] Centralbl. f. klin. Medic. **13**, No. 17.

und 0,65 Grm. Kochsalz in 100 Grm. Wasser gelöst, von dieser
Lösung 4,5 CC. in ein graduirtes Messgläschen gebracht und von
der angestochenen Fingerbeere genau 0,5 CC. Blut eintropfen gelassen; diese Lösung wurde zur Verwendung noch auf das 5 fache
verdünnt. Nach $1^{1}/_{2}$ stündigem Centrifugiren in einem passend construirten Gläschen, das unten verengt und in Cubikmillimeter getheilt
war, hatten sich die corpusculären Gebilde abgesetzt. Es zeigten
sich nun sowohl bei Gesunden, wie Kranken erhebliche Schwankungen
im Volumen des Bodensatzes, sodass das Ergebniss der Versuche ein
negatives war. Verf. nimmt an, dass innerhalb des Capillarbezirkes
der Figerbeere sich erhebliche Schwankungen in der Concentration
der Blutflüssigkeit abspielen. Als bei 2 Gesunden und 2 Anämischen
das Blut direct durch Venesection gewonnen wurde, betrug bei den
Gesunden die Menge des Bodensatzes fast das Doppelte von demjenigen der Anämischen.   Andreasch.

84. **G. Gärtner: Ueber eine Verbesserung des „Hämatokrit"** [1]. Verf. modificirte den von Hedin construirten »Hämatokrit« [J. Th. **19**, 121 und **20**, 113] zur Bestimmung des Blut-
körperchenvolums im Blute in folgender Weise: Zum Blutabmessen
dient eine oberhalb der Marke erweiterte Capillarpipette, die bis
zur Marke 0,02 Ccm. fasst, und in deren Erweiterung die Verdünnungsflüssigkeit aufgesaugt wird, welche dann das bis zur
Marke abgemessene Blut aus der Pipette verdrängt. Das Blut wird
mit der Verdünnungsflüssigkeit in einer »Bürette« gemischt und
centrifugirt. Diese besteht aus einer $5^{1}/_{2}$ Cm. langen, weiten Thermo-
meterröhre, an deren oberes Ende ein 2 Cm. langes Trichterchen an-
geschmolzen ist, während das untere Ende einen Hartgummiverschluss
trägt. Die Röhre trägt eine Scala, die in 100 Intervalle getheilt
ist und hat einen Fassungsraum (0—100) = 0,02 Ccm. Wenn der
Inhalt der bis zur Marke gefüllten Pipette (Blut) in die Bürette
entleert wird, so füllt derselbe die Bürette bis zum Theilstrich 100.
Bei der Bestimmung bringt man einen beliebig grossen Tropfen der
Verdünnungsflüssigkeit (2,5 $^{0}/_{0}$-Lösung von Kalibichromat) in das
Trichterchen der Bürette und entfernt aus derselben mit einem Draht

---

[1] Berl. klin. Wochenschr. 1892, No. 36.

die Luftblasen. Nun wird die Pipette mit Verdünngsflüssigkeit ungefähr zur Marke gefüllt und die Flüssigkeit in die Erweiterung
hinaufgesogen. Dann wird das Blut von dem durch Einstich gewonnenen Blutstropfen unter entsprechenden Vorsichtsmaassregeln bis
zur Marke aufgesogen und nach dem Reinigen der Pipette sammt
Verdünnungsflüssigkeit in die Bürette entleert, worauf die so gefüllte Bürette in einem Futteral in die Centrifuge gestellt wird. Bei
diesem Verfahren wird daher die Verdünnungsflüssigkeit nicht abge-
messen und das Blut kommt direct in die Bürette, wodurch der hierbei
beim H e d i n 'schen Verfahren unvermeidliche Fehler vermieden wird.
Die Centrifuge besteht aus einer kreisrunden Büchse, die wie ein
Kreisel durch Abziehen einer um die Achse gewickelten Darmsaite
in Bewegung gesetzt wird. Im Anfange macht dieselbe ca. 3000
Touren pro Minute und dient auch zum Sedimentiren des Harns
oder dergl. Bei Blutuntersuchungen lässt man die Centrifuge 3 Mal
je drei Minuten laufen, in welcher Zeit eine Constanz der Blut-
körperchensäule gefunden wurde. Das Percent der Blutkörper wird
an der Theilung der Bürette direct abgelesen — $1/2\,^0/_0$ können mit
Lupe geschätzt werden. — Verf. beobachtete, dass die mit seinem
Hämatokrit bei demselben Individuum ausgeführten Bestimmungen
viel kleinere Schwankungen (bis $2\,^0/_0$) zeigten, als die mit dem
H e d i n 'schen. H o r b a c z e w s k i.

85. **H. J. Hamburger: Ueber den Einfluss von Säure und
Alkali auf defibrinirtes Blut**[1]). Die Resultate dieser bereits über
den Rahmen der Thierchemieberichte hinausgehenden Arbeit werden
vom Verf. in folgende Punkte zusammengefasst: 1. Durch die Ein-
wirkung von Säuren und Alkalien auf defibrinirtes Blut findet eine
Auswechslung zwischen den Bestandtheilen von Blutkörperchen und
Serum statt. 2. Trotz der bedeutenden Auswechselung bleibt das
wasseranziehende Vermögen des Serums und folglich auch das der
Blutkorchen unverändert, was zu dem Schlusse berechtigt, dass die
Wirkung von Säure und Alkali auf defibrinirtes Blut auf einer
Aenderung in der Permeabilität beruht. 3. Die mit Säure oder Alkali
behandelten Blutkörperchen folgen bezüglich des Austretens von Farb-

---

[1]) D u b o i s - R e y m o n d 's Arch., physiol Abth. 1892, pag. 512 – 544.

stoff durch Salzlösungen den Gesetzen der isotonischen Coëfficenten. Die Permeabilität hat also auf die letzteren keinen Einfluss gehabt. 4. Säure und Alkali ändern die Permeabilität in entgegengesetztem Sinne. Dies geht hervor: a) aus der Vergleichung von den Concentrationen der Salzlösungen, in welchen die unveränderten und die mit Säure oder Alkali behandelten Blutkörperchen Farbstoff abgeben; b) aus der Richtung, in welcher sich Bestandtheile der Blutkörperchen zum Serum und umgekehrt bewegen. Durch die Einwirkung von Säure geben ja die Blutkörperchen dem Serum vorzüglich Eiweissstoffe ab, doch nehmen sie Chloride und Phosphate daraus auf. 5. Der Einfluss, welchen die Kohlensäure auf die Permeabilität der Blutkörperchen ausübt, ist nicht specifisch für diese Säure, sondern wird auch bei der Einwirkung anderer Säuren wieder gefunden. 6. Der Einfluss, welchen Alkali auf das Blut ausübt, wird vollkommen aufgehoben durch Hinzufügung einer äquivalenten Menge Säure und umgekehrt. Die Processe sind also umkehrbar. 7. Die Empfindlichkeit der Blutkörperchen für Alkali und Säure ist sehr gross. Die Aenderung der Permeabilität ist noch zu beobachten bei einer Verdünnung von 1 KOH auf 12,900 Blut und von 1 HCl auf 40 Blut, desshalb bezw. 0,00775 $\%$ KOH und 0,0025 $\%$ HCl. 8. Alkali schützt die Blutkörperchen gegen die Einwirkung von gallensauren Salzen, von Galle und Chlorammonium, insoweit diese Stoffe das Vermögen besitzen, Farbstoff aus den Blutkörperchen austreten zu lassen.

Andreasch.

86. **H. Hamburger: Ueber den Einfluss der Athmung auf die Permeabilität der Blutkörperchen**[1]). Durch die Einwirkung von CO_2 auf defibr. Blut wird die Permeabilität der rothen Blutkörperchen geändert, so dass eine bedeutende Auswechslung zwischen den Bestandtheilen der Blutkörperchen und des Serums stattfindet, wobei aber die osmotische Spannung der Blutkörperchen und des Serums unverändert bleibt. Diese Permeabilitätsänderung der Blutkörperchen durch CO_2 ist nicht eine bleibende, denn durch Einwirkung indifferenter Gase (O, H, N) wird die ursprüngliche Permea-

---

[1]) Zeitschr. f. Biol. **28**, 405—416.

bilität wieder hergestellt. Die mit CO_2 behandelten Blutkörperchen
folgen, bezüglich des Auftretens von Farbstoff durch Salzlösungen
den Gesetzen der isotonischen Coëfficienten. Bei Uebertragung dieser
Beobachtungen auf das circulirende Blut, muss man der CO_2 eine
gewisse Bedeutung für den Stoffwechsel zuerkennen. Wenn die CO_2
die Permeabilität der Blutkörperchen verändert, findet eine Auswechslung zwischen den Bestandtheilen der Blutkörperchen und des
umgebenden Serums statt, so dass Stoffe, die sich vorher in den
Geweben befanden, in die Blutkörperchen aufgenommen werden
können. Auf diese Weise werden Stoffe mit den Blutkörperchen in
die Lunge geführt und können hier oxydirt werden, da die · Bedingungen für die Oxydation in den Blutkörperchen günstiger · sind.
Die Oxydationsproducte, die ein anderes osmotisches Aequivalent besitzen, gehen dann in's Plasma über, wozu der O und N auch bei-
tragen, die als indifferente Gase die ursprüngliche Permeabilität
wieder herstellen, welche übrigens schon durch die Vertreibung der
CO_2 allein verändert wird. Horbaczewski.

87. Castellino: Ueber die Einwirkung des Serums aus pathologischem Blute auf die physiologischen rothen Blutkörperchen [1]).

Verf. theilt die von Maragliano auf dem Leipziger·Congress publicirten Beobachtungen mit, welche besagen, dass das Blutserum von an
acuten Infectionskrankheiten und chronischen Dyscrasieen Leidenden
auf rothe Blutkörperchen gesunden Blutes zerstörend einwirkt. Diese
Zerstörung tritt am stärksten bei Pneumonie auf, dann abnehmend
bei Malaria, Typhus, Tuberculose, Krebskachexie, Diabetes, Nephritis,
Leukämie etc. Bei acuten Krankheiten schwindet diese hämolytische
Kraft des Serums allmählich nach dem Fieberanfall. Das gesunde
Blutserum erwies sich dagegen als vorzügliche Conservirungsflüssig-
keit für rothe Blutkörperchen, selbst bei starken Veränderungen derselben. Rosenfeld.

88. Maragliano: Beitrag zur Pathologie des Blutes [2]). Verf.

macht eine vorläufige Mittheilung über Untersuchungen, die an seiner

---

[1]) Gazetta degli osped. 1891, 22. — [2]) Berl. klin. Wochenschr. 1892,
No. 31.

Klinik über die Pathologie des Blutes ausgeführt wurden, aus denen hervorgeht, dass Blutkrankheiten existiren, die abhängig sind von der Beschaffenheit des Serums und unabhängig von hämopoëtischen Organen. Die Necrobiose der rothen Blutkörperchen characterisirt sich durch morphologische Modificationen eines Theils oder des ganzen Blutkörperchens, sowie durch chemische Veränderungen, wobei sich das Protoplasma entfärbt und statt der normalen acidophilen, basophile Reaction zeigt. Von allen necrobiotischen Erscheinungen ist die Poikilocytose die schwerste. Aehnliche Erscheinungen zeigen auch Leucocyten, bei denen necrobiotische Veränderungen auftreten: Formänderung, Differenzirung des Protoplasmas, welches granulös wird und 1—2 Kerne zeigt, Färbbarkeit einiger Körner des Protoplasmas mit Osmiumsäure (schwarz), sowie mit Eosin und anderen sauren Farbstoffen. Den eosiphilen Zellen wäre keine sehr grosse Wichtigkeit beizumessen, da es sich um gewisse Phasen der Degeneration handelt. Bei einer Reihe von Krankheiten (essentielle Anämie, Carcinom, Saturnismus, Leucämia lien. und lymphat., Purpura, Lebercirrhose, Nephritis, Pneumonie, Malaria, ·Typhus abd., Erysipelas und Tuberculose) besitzt das Serum einen zerstörenden Einfluss auf die rothen Blutkörperchen, die zunächst Erscheinungen der Necrobiose zeigen, dann zerstört werden. Während im gesunden Serum die Blutkörperchen intact bleiben, werden sie im pathologischen auch in ihrem zerstört. Ausserdem findet noch eine Veränderung des Blutfarbstoffs statt, der nicht, wie bei einem gewöhnlichen Zugrundegehen der Blutkörperchen, in Lösung geht, sondern verschwindet, so dass das Serum dann nicht roth gefäbt erscheint, sondern eine gelblich-grünliche Farbe zeigt und bei der spectroscopischen Untersuchung eine dem Hämatoidin, manchmal dem Urobilin entsprechende Absorption aufweist. Diese die Blutkörperchen zerstörende Eigenschaft des Serums hängt nicht von dem Eiweissgehalte, oder dem festen Rückstande, oder der Dichte desselben ab. Dagegen wurde in den pathologischen Serumarten, die diese deletäre Wirkung zeigten, der Na Cl-Gehalt sehr vermindert gefunden. Fügt man nun einem solchen Serum so viel Na Cl zu, dass der Gehalt ein normaler wird, so erlischt die zerstörende Wirkung auf die Blutkörperchen. Dementsprechend hatten intravenöse Na Cl-Infusionen bei Anämie sehr gute

Erfolge. Dabei handelt es sich offenbar nicht um einfache NaCl-Wirkung, denn bei der beobachteten Blutkörperchenzerstörung fehlen Erscheinungen der Plasmolyse, die in einer NaCl-armen Flüssigkeit auftreten.   Horbaczewski.

89. Alb. Hammerschlag: Eine neue Methode zur Bestimmung des specifischen Gewichtes des Blutes[1]). 90. Derselbe: Ueber das Verhalten des specifischen Gewichtes des Blutes in Krankheiten[2]). Ad 89. Dieselbe ist auf dem Principe des von Lloyd Jones vorgeschlagenen Verfahren aufgebaut. Man füllt ein geschnabeltes Becherglas von 10 Cm. Höhe und 5 Cm. Weite zur Hälfte mit einem Gemische von Chloroform und Benzol von annähernd 1,050 bis 1,060 Dichte. Nun lässt man unter leichtem Umschwenken einen durch Einstich in die Fingerbeere gewonnenen Blutstropfen in die Flüssigkeit fallen. Je nach dem spec. Gewichte der Flüssigkeit wird der Tropfen zu Boden fallen oder in die Höhe steigen; ist ersteres der Fall, ist also die Mischung noch leichter als Blut, so setzt man tropfenweise Chloroform zu (spec. Gew. 1,526), bis der Tropfen eben schwimmt. Im Gegenfalle wird Benzol (spec. Gew. 0,899) unter Umschwenken zugesetzt. Hat man das Ziel erreicht, so muss das spec. Gewicht der Mischung gleich dem des Blutes sein. Man giesst die Mischung in einen Cylinder, wobei man durch ein in die Mündung gestecktes Stückchen Leinwand verhindert, dass der Tropfen in den Cylinder gelangt, und bestimmt das spec. Gewicht der Mischung durch ein Aräometer. Es ist angezeigt, keinen zu grossen Blutstropfen zu nehmen, da sich derselbe sonst leicht beim Schwenken in kleinere zertheilt. Es ist weiterhin von Vortheil, im Falle als der Tropfen von Anfang an oben schwimmt, zunächst einen Ueberschuss von Benzol hinzuzufügen, sodass er zu Boden sinkt und ihn dann durch langsames Zufliessen von Chloroform zum Schweben zu bringen. Die Verdunstung von Benzol oder Chloroform bedingt keinen Fehler, wenn man rasch arbeitet. Die Differenzen in mehreren aufeinander folgenden Bestimmungen sind selten grösser als 0,001; der absolute Fehler beträgt meist — 0,001. — Für das männliche

---

[1]) Zeitschr. f. klin Medic. **20**, 444—456. — [2]) Centralbl. f. klin. Medic. 1891, No. 44.

Geschlecht wurde ein mittleres spec. Gewicht von 1,0605 (1,057 bis 1,066), für das weibliche ein solches von 1,0535 −1,061 gefunden. Bei gesunden Personen mittleren Alters hat das spec. Gewicht eine relativ constante Grösse und schwankt nur innerhalb enger Grenzen. Flüssigkeitsaufnahme bewirkte schon nach 15—35 Minuten eine Erniedrigung, die aber bald (45—60 Min.) ausgeglichen war. Starkes Schwitzen bewirkte das Gegentheil, also eine Abnahme des Wassergehaltes. Ad 90. Die bei verschiedenen Krankheiten nach dieser Methode gefundenen Werthe werden in Tabellen mitgetheilt; es ergaben sich folgende Resultate: 1. Das specifische Gewicht des Blutes ist vorwiegend abhängig von dem Hämoglobingehalt desselben, unabhängig von der Zahl der Blutkörperchen. 2) Bei Chlorosen und Anämien, bei tuberculösen Erkrankungen und malignen Tumoren besteht eine constante Relation zwischen Hämoglobin und specifischem Gewichte, indem einem bestimmten Hämoglobingehalt bei verschiedenen Kranken dasselbe specifische Gewicht entspricht. Man kann daher aus letzterem einen Schluss auf den Farbstoffgehalt des Blutes machen, und es genügt zur Beurtheilung des Krankheitszustandes bloss das specifische Gewicht zu bestimmen.

Einem spec. Gew. von	entspricht ein Hämoglobingehalt von
1033—1035	25—30 $^0/_0$
1035—1038	30—35 «
1038—1040	35—40 «
1040—1045	40—45 «
1045—1048	45—55 «
1048—1050	55—65 «
1050—1053	65—70 «
1053—1055	70—75 «
1055—1057	75—85 «
1057—1060	85—95 «

3. Bei Nephritis ist das specifische Gewicht niedriger als dem Hämoglobingehalte entsprechen würde. 4. Bei Circulationsstörungen ist die Blutdichte, auch wenn Oedeme bestehen, meist normal. 5. Im Fieber wird das spec. Gewicht des Blutes niedriger; nach Abfall der Temperatur steigt es wieder an. A n d r e a s c h.

91. H. Schlesinger: Ueber die Beeinflussung der Blut- und Serumdichte durch Veränderungen der Haut und durch externe Medicationen [1]). Mit Hülfe der von Hammerschlag (vorstehendes Referat) angegebenen Methode zur Bestimmung des spec. Gew. des Blutes und des Serums (eigentlich Plasmas Ref.) untersuchte Verf. zunächst die Blut- und Serumdichte bei einer Reihe von Hautkrankheiten. Während bei Gesunden das spec. Gew. des Blutes zwischen 1,056—1,061 für Männer und zwischen 1,0535—1,061 für Frauen schwankt, wurde dasselbe bei Pemphigus zwischen 1,055—1,0635 gefunden, demnach immer recht hoch. Einige Male konnte während der Eruption eine erhebliche Eindickung des Blutes sichergestellt werden (spec. Gew. 1,062—1,067), während das Serum seine Dichte gar nicht oder nur wenig änderte. Bei Verbrennungen mit tödtlichem Ausgang wurde in allen 15 untersuchten Fällen ausserordentlich hohe Steigerung des spec. Gew. (1,065—1,073) des Blutes (mit 7,4 Mill. rother Blutkörperchen in Cbmm. in 1. Falle), die aber in der Regel nach 24 St. wieder schwand, beobachtet. Auch bei Fällen, die nicht letal endeten, wurden ähnliche Verhältnisse gefunden. Eczeme, die universell, acut einsetzend und stark nässend sind, verursachen eine vorübergehende, aber nicht bedeutende Eindickung des Blutes, die aber bald schwindet. Bei chronischem Verlaufe ist in der Regel keine wesentliche Aenderung — mitunter — in Folge des fortwährenden Einweissverlustes durch die Haut — ein Absinken des spec. Gew. des Blutes auf 1,030—1,027 beobachtet worden. Bei Lichen ruber, Lepra, Psoriasis, idiopatischem multiplem Pigmentsarcom, Prurigo und Erythema multiforme waren normale Verhältnisse. In einem Falle von Morbus maculosus Werlhofii mit bedeutenden Hautblutungen und profusen Menses fiel das spec. Gewicht, jedoch stellten sich binnen einer Woche nach dem Aufhören der Blutungen normale Verhältnisse wieder ein. Zur Feststellung der Beziehungen zwischen der Serumdichte und den an der Hautoberfläche exsudirten Flüssigkeiten, wurde bei jeder Untersuchung des Blaseninhaltes gleichzeitig auch die Serumdichte ermittelt. Bei vesiculösen und bullösen Haut-

---

[1]) Virchow's Arch., **130**, 145—183.

affectionen besitzt der Blaseninhalt zumeist eine geringere Dichte
als das Serum. Bei Processen mit starken entzündlichen Erscheinungen (Erysipel, Vaccinebläschen) erreichte das spec. Gew.
des Blaseninhalts dasjenige des Serums, während bei Herpes zoster
dasselbe sogar höher war, als dasjenige des Serums. Bei Pemphigus zeigte der Blaseninhalt bei reichlicher Blasenbildung ein nied-
riges, bei spärlicher ein bedeutendes höheres spcc. Gew. Schliesslich berichtet Verf. über die Beeinflussung der Blut- und Serumdichte bei Einwirkung einer Reihe von in der Dermatologie in Gebrauch stehenden Medicamenten, von denen das Sublimat, Luetischen
in grossen Dosen subcutan injicirt, die Blutdichte steigert, worauf
eine consecutive Blutverdünnung und schliesslich Rückkehr zur
Norm erfolgt. Oleum cinereum und Unguentum cinereum sind unwirksam. In ähnlicher Weise wie Sublimat wirken Naphtol, Chrysa-
robin und Theer. Pyrogallussäure dagegen zeigte keine constante
Wirkung. Die gebräuchlichen Salbengrundlagen [ung. simpl., Vaselin,
Lanolin] waren unwirksam, obenso Salicylsäure, Borsäure, Zinkprä-
parate, Thiophendijodid, Gallacetophenon bei externer Application.
(Die Versuche wurden an der Klinik von Kaposi-Wien ausgeführt).

Horbaczewski.

92. T. Irisawa: Ueber die Milchsäure im Blut und Harn [1]).

Um zu entscheiden, in wie weit der Sauerstoffmangel beim Eintreten
des Todes von Einfluss auf den Milchsäuregehalt des Blutes ist,
untersuchte Verf. (in 11 Fällen) Leichenblut an verschiedenen Krankheiten verstorbener Menschen auf Milchsäure und fand dieselbe stets,
jedoch in bedeutend variabler Menge (Min. 0,233, Max. 6,575 Zink-
lactat pro $^{0}/_{00}$), ohne dass es möglich gewesen wäre, eine Erklärung
dieser bedeutenden Differenzen durch Krankheit zu geben. — Der
kurz vor dem Tode von Kranken gelassene Harn enthielt unter
7 Fällen 3 Mal Milchsäure, dieselbe fehlte jedoch in einem Falle,
in welchem das Blut reichlich Milchsäure enthielt. Auch konnte
Verf. Milchsäure in Blutkörperchen und im (Empyem-)Eiter nachweisen. Ganz frisches, normales Hundeblut enthielt auch Milchsäure.
Bei der künstlich durch Aderlässe erzeugten Anämie wurde ein umso

---

[1]) Zeitschr. f. physiol. Chemie, 17, 340—352.

9*

höherer Milchsäuregehalt des Blutes gefunden, je grösser der Sauerstoffmangel war. Aus der Leber und dem Pankreas wurden $PO_4 K H_2$-
Krystalle dargestellt, die Acidität der todtenstarren Organe ist somit
wahrscheinlich darauf zurückzuführen und nicht auf die Milchsäure,
die ausschliesslich als Salz, niemals aber frei vorhanden zu sein scheint.

Horbaczewski.

93. Maurice Arthus: Glycolyse im Blut[1]). In vitro verliert das Blut an seinem Zuckergehalt, wenn es zwischen 0^0 und 55^0
gehalten wird, um so schneller, je höher die Temperatur; über 55^0
findet keine »Glycolyse« mehr statt. Der Vorgang ist auch bei
aseptisch behandeltem Blut zu beobachten, überhaupt ist derselbe
nicht an lebende Elemente geknüpft, denn er geht auch
vor in mit Oxalat versetztem Serum oder Plasma, nach Entfernung der Blutkörperchen, und in durch Zusatz von mehreren Volumen Wasser lackfarbig gemachtem Blut; er ist gesteigert,
nachdem das Blut 48 Stunden bei 0^0 aufbewahrt wurde; er dauert
in aseptischem defibrinirtem Blut mehrere Tage, in mit Oxalat versetztem mehrere Wochen. Er wird durch $1^0/_0$ Natriumfluorid
nicht unterbrochen, wohl aber wird durch dieses Salz die Bildung
von glycolytischem Ferment verhindert. Nach A. präexistirt das
Ferment nicht im circulirenden Blut, denn Pferdeplasma, mit
0,001 Oxalat versetzt, bei 0^0 von den Blutkörperchen getrennt,
zeigt keine Glycolyse und das glycolytische Ferment ist nicht im
Urin aufzufinden, während diastatisches Ferment im Oxalatplasma
sowie im Urin und in Transsudaten nachgewiesen werden kann. Das
glycolytische Ferment wird nicht etwa durch die Blutkörperchen
gebunden, denn in der Jugularis des Pferdes tritt keine Glycolyse ein, und in defibrinirtem sowie im Oxalatblut ist die Glycolyse
anfangs sehr schwach. Im defibrinirten Blut bei 40^0 steigt
dieselbe von der zweiten Viertelstunde an, und nimmt während $1^1/_2$
bis 2 Stunden an Intensität zu, um dann wieder abzunehmen. In
Oxalatblut beginnt erst nach ca. einer halben Stunde der Process
zu steigen und dieses Stadium dauert 4 — 5 Stunden. Wird defibrinirtes Blut sofort mit 0,25 Grm. Natriumfluorid pro L. ver-

---

[1]) Glycolyse dans le sang. Compt. rend. **114,** 605—608.

setzt, so tritt keine Glycolyse ein; unter diesen Umständen beobachtet man auch keine Vermehrung des Zuckers, ein Zeichen, dass das Blut kein Glycogen enthält; diastatisches Ferment lässt sich in demselben nachweisen. Das glycolytische Ferment bildet sich ausserhalb der Gefässe, und zwar auf Kosten der Leucocyten; von den in der Jugularvene des Pferdes sich bildenden Schichten wirkt nur die Leucocytenschicht glycolytisch, nicht die Schicht der rothen Blutkörperchen oder die Plasmaschicht. Das glycolytische Ferment scheint durch eine Lebensthätigkeit der Leucocyten gebildet zu werden, denn Natriumoxalat verzögert und Natriumfluorid in geeigneter Dose verhindert die Bildung desselben, wie diese Salze auch die Thätigkeit der Microben beeinträchtigen. Glycolytisches und Fibrinferment zeigen grosse Analogie in ihrem Verhalten, sie unterscheiden sich aber in Folgendem. Defibrinirtes Blut mit Natriumfluorid versetzt, zeigt keine Glycolyse, auch nach Zusatz von Kalksalz, während die spontane Gerinnung wohl durch grosse Mengen Natriumfluorid ($1 - 1,5\,^0/_0$) verhindert wird, nach Zusatz von Calcium-Chlorid oder Sulfat aber eintritt. Herter.

94. Manfred Bial: Ueber die diastatische Wirkung des Blut- und Lymphserums[1]). 95. F. Röhmann: Zur Kenntniss des diastatischen Ferments der Lymphe[2]). 96. Manfred Bial: Weitere Beobachtungen über das diastatische Ferment des Blutes[3]).
Ad. 94. Eine Reihe von Versuchen ergab zunächst, dass Blutserum (5 Ccm.), durch Centrifugiren des eben geronnenen Blutes erhalten, mit $1\,^0/_0$ Stärkekleisterlösung (50 Ccm.) vermischt nach einer Reihe von Stunden (bis 24) die Stärke saccharificirt, da die mit essigsaurem Natron und Eisenchlorid enteiweisste Flüssigkeit ein ziemlich bedeutendes Reductionsvermögen zeigte, so dass mit Knapp'scher Lösung Werthe erhalten wurden, die bis $0,88\,^0/_0$ Traubenzucker entsprachen. Die Bacterienwirkung war in diesen sowie den folgenden Versuchen ausgeschlossen (Kleisterlösung sterilisirt, Blutentnahme aseptisch, oder Zusatz von Thymollösung — ausserdem Sicherstellung der

---

[1]) Pflüger's Arch. **52**, 137—156. [2]) Ebenda. 157—164. [3]) Ebenda. **53**, 156—170.

Keimfreiheit durch Abimpfung). — Da der mit 0,8 %, NaCl-Lsg. ge-
waschene Blutkörperchenbrei so gut wie gar nicht saccharificirte,
das beim Verdünnen des Blutes erhaltene ClNa-Serum dagegen ein
Saccharificationsvermögen aufwies, welches seinem Gehalte an Serum
entsprach, schliesst Verf., dass das Ferment nicht in den Blutkörperchen, sondern nur im Serum enthalten sei. Dieses Ferment
wird durch Kochen vernichtet, kann dem Alcoholniederschlage des
Blutserums durch Glycerin entzogen werden und wirkt wie andere
Fermente: zu Beginn stärker — später langsamer. — Aus dem
Umstande, dass bei maximaler Saccharificirung durch Polarisation
Werthe erhalten wurden, die mit den durch Titration gewonnenen
annähernd übereinstimmen — wenn Traubenzucker angenommen
wird — schliesst Verf., dass sich dabei Traubenzucker bildet — bei
nicht vollständiger Saccarification enthält die Lösung eine rechtsdrehende, nicht oder nur unerheblich reducirende Substanz: »Dextrin«. Daraus wird geschlossen, dass dieses Ferment von demjenigen
des Speichels, des Pankreas und der Gerste verschieden ist (da keine
Maltose und kein Dextrin gebildet werden). Die Menge des entstehenden
Traubenzuckers ist annähernd gleich derjenigen, welche aus Stärke
durch Kochen mit HCl gebildet wird. Auch Maltose und Achroodextrin werden durch dieses Ferment gespalten, da die Lösungen
dieser Substanzen bei der Einwirkung des Hunde- und Rind-Serums
Zunahme des Reductionsvermögens und Abnahme des Drehungsvermögens zeigten. Glycerinextracte des Ferments zeigten eine schwächere
saccharifirende Wirkung als das Serum selbst auf den Kleister und
das Achroodextrin und gar keine auf Maltose. In derselben Weise
ausgeführte Versuche mit Lymphe (Chylus aus einer Fistel des duct.
thoracicus bei Hunden) führten zu denselben Resultaten, wie mit
Serum. Ad 95. Verf. suchte zu entscheiden, ob dieses diastatische
Ferment des Serums und der Lymphe im Blute des lebenden Thieres
circulirt, oder erst in Folge postmortaler Veränderungen des Blut-
und des Lymphplasmas sich bildet. Aus einer Fistel des ductus
thoracicus wurde die Lymphe in Alcohol (40 Ccm.) oder in alcohol.
Lösung von essigsaurem Zink (40 Ccm. Alcohol, 2,5 Gr. essigsaures Zink,
Verfahren von A b e l e s) in Mengen zu 10 Ccm. aufgefangen. Hierauf
wurde aus einer Bürette eine 2—4% Lösung von Glycogen in 0,6 %

ClNa-Lsg. in ein Lymphgefäss der Pfote einfliessen gelassen. Nach
Eliminirung der ersten 10 Ccm. Lymphe, die aus dem ductus thorac.
am Beginn des Versuchs und nach der Glycogeninjection ausflossen,
wurden meistens zwei 10 Ccm.-Portionen Lymphe vereinigt und
untersucht. In allen 4 Versuchen ergab sich, dass nach intralympha-
tischer Glycogeninjection der Procentgehalt der Lymphe an Zucker,
der mit Knapp'scher Lösung titrirt wurde (von 0,09 — 0,18 bis
auf 0,23 %), stieg. Die in der gleichen Weise durchgeführte intra-
lymphatische Injection von blosser 0,6 % NaCl-Lösung ergab keine
Steigerung des Zuckergehaltes der Lymphe. Aus diesen Versuchen
muss gefolgert werden, dass in der Lymphe ein diastatisches Ferment enthalten ist, da nicht anzunehmen ist, dass sich dasselbe erst
unter dem Einfluss der indifferenten Injectionslösung bilden sollte.
Diese Versuche gestatten auch einen Rückschluss auf das diastatische
Ferment des Blutes. Das Ferment der Lymphe stammt entweder
aus dem Blute oder aus den Geweben. Im letzteren Falle wird
dasselbe durch die Lymphe dem Blute zugeführt. Während ein
kleiner Theil durch den Harn ausgeschieden wird, bleibt ein anderer
im Blute. Gelangt das Ferment in die Lymphe aus dem Blute und
nicht aus den Geweben, so beweisen diese Versuche, dass dasselbe
im Plasma des circulirenden Blutes enthalten ist. Somit ist die
Ansicht von Schiff, dass »das Erscheinen des diastatischen Fermentes das erste Symptom für das Absterben des Blutes sei« nicht
haltbar. Ad 96. In ähnlicher Weise wie sub 94 ausgeführte Versuche ergaben, dass auch das menschliche Blut eine saccharificirende
Wirkung besitzt, jedoch wirkt dasselbe viel schwächer als das Blut
gewisser Thiere. Während das Thierblut die Stärke annähernd vollkommen in Traubenzucker umwandelt, erhielt man bei Anwendung
gleicher Mengen Menschenblutes keine völlige Saccharificirung der
Stärke, denn die enteiweissten Flüssigkeiten zeigen einen geringeren
Reductions- und einen höheren Polarisationswerth, so dass noch
Dextrine vorhanden sein müssen. Wegen Einführung anderer Versuchsfehler, ist es aber unthunlich durch Verwendung grösserer
Blutmengen die vollständige Saccharificirung der Stärke herbeizuführen. Dass dieses Ferment aber gleichwerthig ist mit demjenigen
des Thierblutes ergibt sich daraus, dass dasselbe auch Traubenzucker

bildet, aus welchem Osazone dargestellt wurden, deren N-Gehalt bestimmt wurde. Dieses Ferment besitzt, ebenso wie das der Thierblutarten, auch die Eigenschaft Maltose in Traubenzucker umzuwandeln, wie die Untersuchung der Osazone ergab. Die diastatische Wirkung des Blutes beim neugeborenen Menschen ist äusserst schwach oder fehlt gauz. Auch bei Thierfoeten sind ähnliche Verhältnisse, da die diastatische Wirkung des Blutes derselben viel geringer ist, als bei erwachsenen Thieren. Es liess sich erwarten, dass man die allmähliche Zunahme der diastatischen Kraft des Blutes vom foetalen bis zum erwachsenen Zustande wird zahlenmässig verfolgen können, weshalb an jungen, aus einem Wurfe stammenden Hunden dies untersucht wurde. Es zeigte sich, dass mit zunehmendem Alter das Blut der Thiere ein immer höheres Saccharificationsvermögen erlangte.   Horbaczewski.

97. F. Kraus: Ueber die Zuckerumsetzung im menschlichen Blute ausserhalb des Gefässsystemes[1]). I. Versuch einer Messung der glycolytischen Kraft durch die bei der Glycolyse aus dem Zucker abgespaltenen Kohlensäure.

Statt des bisher üblichen Verfahrens zur Bestimmung der glycolytischen Kraft des Blutes, welche wegen der Schwierigkeit der Zuckerbestimmung mangelhaft ist, schlägt Verf. vor, der Blutprobe Zucker zuzusetzen und unter Erwärmen auf 40° eine Stunde lang einen Luftstrom durchzusaugen, der die bei der Glycolyse gebildete Kohlensäure in die Absorptionsröhren überführt. Eine Controllprobe ohne Zucker wird in gleicher Weise behandelt. Die Versuche mit Menschenblut gaben ein sehr schwankendes, an sich geringes Plus der abgespaltenen Kohlensäure gegenüber dem Kohlensäuregehalte des Venenblutes; in Volumprocente umgerechnet bei 76 Ccm. Druck betrug die Menge der Kohlensäure $43,38 - 66,0\,^0/_0$ (ohne Zucker $33 - 40\,^0/_0$). Die Glycolyse ausserhalb des Gefässsystemes ist unabhängig vom Hämoglobin und seinen Umwandlungen (Methämoglobin), es scheint die Glycolyse vielmehr ein fermentativer Process zu sein. II. Ist das glycolytische Vermögen des Blutes diabetischer Menschen herabgesetzt? Verf. beobachtete im Gegensatze zu

---

[1]) Zeitschr. f. klin. Medic. **21**, 315—328.

Lépine, der bei Diabetikern die glycolytische Kraft des Blutes bis auf $^1/_5$ oder $^1/_{10}$ herabgesetzt fand, bei diesen Kranken ebensolche Schwankungen wie bei Gesunden, selbst ein Absinken bis auf Null. »Wenn aber« schliesst Verf., »die Zuckerumsetzung im Blute, mag es den Gefässen Gesunder oder Zuckerharnruhrkranker entnommen worden sein, in derselben Weise, bezw. in demselben Umfange abläuft, entfallen natürlich auch alle anderweitigen Annahmen, welche Lépine auf das vermeintliche Fehlen des glycolytischen Fermentes im Blute der Diabetiker hinsichtlich der Theorie dieser Krankheit aufgebaut hat.«   Andreasch.

98. M. Colenbrander: Ueber die Zersetzung des Zuckers im Blute [1]).

Verf. entwickelt seine Ansichten über die Bedeutung der Glycolyse des Blutes in vitro. In einer eingehenden kritischen Uebersicht über die Untersuchungen Lépine's, Seegen's und Arthus' betreffs der Frage nach der Ursache des Zuckerschwundes im Blute innerhalb und ausserhalb des Körpers, in welcher er der Auffassung dieser Autoren, nach welcher die Glycolyse in vitro eine Fermentwirkung ist, beipflichtet, entwickelt er den von ihm eingenommenen Standpunkt über die Analogie der Glycolyse in vitro mit der Blutgerinnung, welche ihn zur Annahme dieses Vorgangs als einen postmortalen Process führt. Verf. bestreitet also nicht nur die Lépine'sche Theorie, nach welcher die Glycolyse in vitro als ein mit der Glycolyse in vivo identischer, an die Lebensbedingungen der weissen Blutzellen gebundener Process zu betrachten wäre, sondern auch die Arthus'sche Hypothese, in welcher zwar der postmortale Character dieses Vorgangs zugegeben wird, dieser Name dennoch im uneigentlichen Sinne aufzufassen sei, indem die Glycolyse nicht von dem normalen Leben der Leucocyten herrühre, sondern durch die ausserhalb der Gefässe für die Zellen gebotenen veränderten Lebensbedingungen bedingt werde. Mit Seegen nimmt Verf. die Entstehung des glycolytischen Ferments nach dem Tode der Leucocyten an. Die von Arthus gegen letztere Auffassung erhobenen Einwände sind nach Verf. nur scheinbare. Das

---

[1]) Over het verdwijnen van suiker uit het bloed: Nederl. Tijdschr. v. Geneeskunde, 1892, II, p. 433. Vergl. auch: Onderzoekingen, gedaan in het physiologisch laboratorium der Utrecht'sche Hoogeschool, 4 Reeks II p. 1.

Ausbleiben der Glycolyse nach unmittelbarem Zusatz des die Blutkörperchen tödtenden Fluornatriums beweist nach Verf. durchaus nicht
die Abhängigkeit der Glycolyse von den Lebensvorgängen der Leucocyten, denn der Seegen'sche Versuch der Tödtung der Leucocyten mittelst des nicht weniger deletär auf die Blutzellen wirkenden Chloroforms, in welchem die Zuckerzerstörung ungestört vor
sich geht, müsste ja im entgegengesetzten Sinne gedeutet werden.
Indem nun das Studium der Blutgerinnung uns gelehrt hat,
dass Fluornatrium die Blutkörperchen, und zwar das in denselben
erhaltene Zymogen des Fibrinferments, intakt lässt und letzteres
nicht in Freiheit setzt, so liegt die Annahme einer analogen Wirkung des Fluornatriums auf das Fibrinzymogen sehr nahe. Mit
Unrecht identificirt Arthus also die Wirkung des Fluornatriums
in Bezug auf das Freiwerden des Fibrinzymogens mit derjenigen des
Kaliumoxalats. Beide binden zwar die Kalksalze des Blutes, so dass
das Zymogen (ein Nucleoalbumin) beim Freiwerden keinen Kalk
findet und die Gerinnung also unmöglich ist; das Fluornatrium hat
aber noch einen (weitern) conservirenden Einfluss. Aus diesem
Grunde erklärt Verf. ungezwungen das von Arthus gefundene und
von ihm selbst bestätigte Factum des Ausbleibens der Glycolyse
nach sofortigem Fluornatriumzusatz, und des ununterbrochenen Fort-
schreitens derselben nach Zusatz des Oxalats. Letztere Erklärung
hat Verf. ebenfalls für die Wirkungen des Peptons und des Blutegelextraktes aufgestellt. Entsprechend den bekannten Erfahrungen,
nach welchen das Extrakt der Blutegelköpfe die Gerinnung des
Blutes durch Conservirung der Leucocyten aufhebt, indem der
Mutterstoff des Fibrinferments nicht frei wird, das Pepton im Gegentheil im Sinne des Kaliumoxalats durch einfache Bindung der Calciumsalze wirkt, sah Verf. nach Injection des Grübler'schen Peptons
zu 300 Mgr. pro Kilo Hund in dem den Thieren entnommenen
Blute eine normaliter fortschreitende Glycolyse, während nach
intravenöser Application des Blutegelextraktes kein Zuckerschwund
mehr erfolgte. Diese Versuche sprachen also für die Auffassung der
Glycolyse in vitro als eines postmortalen Processes, welcher durch
Fermentwirkung ausgelöst wird. Das glycolytische Ferment tritt
also erst nach Schädigung, nach Desorganisation der weissen Blutzellen auf. Durch diesen Entstehungsmodus der Glycolyse wird auch

die von Arthus angeführte Beschleunigung des Zuckerverlustes
nach Wasserzusatz oder nach Defibrinirung (Verf.) erklärt, indem
unter diesen Umständen grössere Fermentquantitäten in Freiheit gesetzt werden. Einen strikten Beweis erbringen letztere Facta aber
nicht. Durch den Defibrinirungsprocess werden z. B.˙ im gebildeten
Fibrin vielleicht ziemlich grosse Zuckermengen dem Blute entzogen.
Dennoch ist es dem Verf. gelungen, gegenüber dem mit entgegengesetztem Erfolg angestellten Versuche Arthus', den Beweis des
Erhaltenseins des glycolytischen Vermögens auch im defibrinirten
Blute sogar nach längerer Aufbewahrung bei 0⁰ C. zu liefern.
Eine Probe des Oxalatblutplasma, welche 18 Stunden bei dieser
Temperatur aufbewahrt war, verlor nach ungefähr 2stündigem Stehen
bei 37,5 C. im Brütofen $50^0/_0$ ihres Zuckergehalts. Im Uebrigen
wiederholte der Verf. die von Seegen und Arthus angestellten
Versuche über die Temperaturen, an welche die glycolytischen
Wirkungen gebunden sind, und verfuhr bei der Enteiweissung des
Blutes nach dem [J. Th. **21**, 97] Abeles'schen Verfahren mit alco-
holischer Zinkacetatslösung. Die Möglichkeit einer Zuckerbildung
aus Glycogen im lebenden Blute wurden vom Verf. in Zweifel gezogen ; andererseits zeigte er, dass nach Injection des Gewebefibri-
nogens von Wooldridge, welches nach dem Pekelharing'schen
Versuchen über Blutgerinnung (dieser Band pag. 113) mit dem Nucleoalbumin identisch sein soll, und des Caseïns in nicht zu grossen
Quantitäten (so dass die Blutgerinnung ausbleibt) eine beträchtliche
Zuckervermehrung zu Stande kam. Es kann die Bildung des Zuckers
vielleicht den bei der Spaltung dieser, einen höhern chemischen Bau
besitzenden Körper gebildeten Producten zugeschrieben werden, nicht ·
aber dem Glycogen. Die Mittheilungen über die Glycolyse im
lebenden Blute tragen einen rein kritischen Character.

Zeehuisen.·

**99. R. Lépine: Ueber die Bildung von Zucker im Blut auf
Kosten der Peptone** [1]. Digerirt man 0,2 bis 0,5 Grm. reines Pepton eine Stunde lang in 40 Grm. Hundeblut, welches vorher
defibrinirt oder besser zur Verhinderung der Coagulation

---

[1] Sur la production de sucre dans le sang aux dépens des peptones.
Compt. rend. **115**, 304—305.

mit etwas Fluornatrium versetzt wurde, so verschwindet das
Pepton aus dem Blut und der Zuckergehalt des letzteren vermehrt sich. Das Pepton scheint ungefähr den zehnten Theil
seines Gewichtes an Zucker bilden zu können. Die Temperatur bei
diesen Versuchen wurde auf 39° gehalten, noch günstiger ist die
Temperatur von 55 — 60°, welche die Glycolyse verhindert.
Arbeitet man bei 30°, so ist es nöthig, Fluornatrium anzuwenden,
welches ebenfalls der Zerstörung des Zuckers entgegenwirkt. (Arthus). Schmidt-Mülheim [J. Th. **10,** 176] kam bei ähnlichen
Versuchen zu einem negativen Resultat, nach Verf. wahrscheinlich,
weil dieselben durch die Glycolyse gestört wurden. Verf. arbeitete
mit Unterstützung von Barral. Herter.

100. **F. Seegen: Die Enteiweissung des Blutes zum Behufe
der Zuckerbestimmung**[1]). 101. **Derselbe: Ueber eine neue
Methode der Blutenteiweissung zum Behufe der Zuckerbestimmung**[2]). Ad 100. Verf. unterzog die wichtigsten Methoden der
Enteiweissung des Blutes zum Behufe der Zuckerbestimmung einer
eingehenden Prüfung und kommt auf Grund der gewonnenen Erfahrungen und vergleichenden Versuche zu dem Resultate, dass man
nach nahezu allen diesen Methoden, nämlich von: Abeles, Schenck,
Weyert, Bernard, Schmidt-Mülheim-Hofmeister eine
Flüssigkeit gewinnt, in der der Zucker mit Fehling'scher Lösung
bestimmt werden kann. Der letztgenannten Methode, als der einfachsten, giebt Verf. vor den anderen unbedingt den Vorzug.
Ad 101. Mit Rücksicht auf manche Uebelstände dieser Methode
empfiehlt Verf. ein neues noch einfacheres Verfahren der Enteiweissung, welches in Folgendem besteht: Eine Blutportion wird in der
Porzellanschale mit der 8- bis 10fachen Menge dest. Wassers verdünnt, mit so viel Essigsäure angesäuert, bis Lakmuspapier sehr
grell geröthet wird und bis zum Kochen oder so weit erhitzt bis
die Flüssigkeit nahezu schwarz ist. Nun wird so viel kohlensaures
Natron zugegeben bis die Flüssigkeit in Folge des gebildeten Coagulums milchkaffeebraun ist, wobei gewöhnlich nur noch schwach
saure Reaction vorhanden ist, und gekocht. Zweckmässig ist es zu

---

[1]) Centralbl. für Physiol. 1892, 501 — 508. [2]) Ebenda 604 — 607.

50 Ccm. Blut 5 Cm. Essigsäure vom sp. Gew. 1,040 hinzuzufügen, hierauf mit der 8 — 10 fachen Menge Wasser zu verdünnen, dann nahezu zum Kochen zu erhitzen, nun 9—10 Ccm. einer 20 % Lösung von kohlens. Natron allmählich hinzuzufügen, und die Flüssigkeit einige Minuten in Wallung zu erhalten. Nun wird durch einen Spitzbeutel filtrirt, das Coagulum wiederholt mit Wasser ausgewaschen und mit der Hand, dann in der Presse einmal ausgepresst. Die auf das ursprüngliche Volum, oder noch darunter eingeengte Flüssigkeit wird filtrirt, gemessen und mit F e h l i n g 'scher Lösung titrirt. Dieselbe ist gewöhnlich nur lichtgelb, klar und trübt sich mit Ferrocyankalium und Essigsäure nicht. Bei der Titration beobachtet man nur Kupferoxydulausscheidung, eventuell — bei nur äusserst geringem Zuckergehalte — nur Entfärbung, aber keine Biuretfärbung. Bei Vergleichung dieser Methode mit jener von S c h m i d t - M ü l - h e i m , wobei entweder Blut allein, oder nach Hinzufügung von Traubenzucker untersucht wurde, wurden annähernd gleiche Resultate erhalten. In einer Serie von 9 Versuchen, in welcher das Blut allein und dann nach Zuckerzusatz untersucht wurde, konnte sehr häufig der ganze zugesetzte Zucker wiedergefunden werden — in einzelnen Versuchen ergab sich ein kleines Zuckerplus, in anderen ein kleines Zuckerminus, welches nur einmal nahezu 6 % betrug. Der Grund der Zuckerverluste liegt nach der Ansicht des Verf. nicht in der Enteiweissungsmethode, sondern in den Methoden der Zuckerbestimmung, die mit Beobachtungsfehlern behaftet sind.

H o r b a c z e w s k i .

102. Max Pickardt: Der Nachweis von Traubenzucker im Blut [1]). Die Annahme, dass das Blut von Säugethieren Traubenzucker enthält, gründete sich auf die Beobachtungen, dass der fragliche Körper CuO in alkal. Lösung reducirt, das polarisirte Licht nach rechts dreht und mit Hefe vergährt. Verf. verarbeitete nun grössere Mengen Rinds- und Hunde-Blutes nach dem von A b e l e s [J. Th. **21**, 97] angegebenen Verfahren und konnte aus den vorsichtig eingedampften Lösungen mit Phenylhydrazincblorhydrat und Natrium-

---

[1]) Zeitschr. f. physiol. Chemie **17**, 217—219.

acetat das Glycosazon abscheiden, welches die geforderte Farbe und den Schmelzpunkt 204—205 ⁰ zeigte. Horbaczewski.

103. A. Jacobsen: Ueber die reducirenden Substanzen des Blutes [1]). Das Blut enthält constant und häufig in relativ bedeutender Menge einen in Aether löslichen, nicht gährungsfähigen, reducirenden Stoff, dessen Reactionen mit denjenigen des von Drechsel entdeckten Jecorins [J. Th. **16**, 288] völlig übereinstimmen und neben diesem eine in Aether nicht lösliche und gährungsfähige Substanz. Das Reductionsvermögen der in Aether löslichen Antheile der reducirenden Stoffe stimmt mit demjenigen des reducirenden Restes, der nach Gährung einer Blutprobe übrig bleibt, so dass anzunehmen ist, dass dieser Rest mit dem in Aether löslichen Jecorin-ähnlichen Stoffe identisch ist, dessen Menge in zwei am Ochsenblut vorgenommenen Bestimmungen 20 respect. 40 Proc. sämmtlicher reducirenden Stoffe betrug. — Wenn zur Bestimmung der reducirenden Stoffe des Blutes die üblichen Methoden angewendet werden, so wird der in Aether lösliche Antheil oft ganz oder theilweise übersehen, weil derselbe mit den Eiweissstoffen zugleich abgeschieden wird, wenn Salze schwerer Metalle oder Erhitzung in gesättigten Salzlösungen zur Abscheidung des Eiweisses benutzt werden. Aber selbst bei Anwendung einer Methode, bei welcher die in Aether löslichen Stoffe miterhalten werden, wird man dennoch, wenn nur die totale Reduction des Blutes bestimmt wird, wichtige physiologische Verschiedenheiten übersehen, wie aus folgender Analyse des Arterien- und Venenblutes, welches in gleicher Zeit einem Hunde entnommen war, hervorgeht, wo bei fast ganz gleicher totaler Reduction die Menge der in Aether unlöslichen Antheile im Venenblute mehr als doppelt so gross war.

	Aetherauszug.	Rest nach dem Aetherauszug.	Totale Menge.	Procent in Aether löslich
Arterienblut	0,043	0,023	0,066	65
Venenblut	0,020	0,052	0,072	28

Verf. schlägt daher zur Bestimmung der reducirenden Stoffe des Blutes folgende Methode vor: 50 Ccm. Blut werden unter Umrühren zu 350 Ccm. 96 ⁰/₀ Alcohols zugesetzt, der Niederschlag wird nach

---

1) Centralbl. f. Physiol. 1892, 368—370.

12 St. filtrirt, in etwa 300 Ccm. Alcohol vertheilt, nach einigen Stunden filtrirt und diese Operation noch einmal wiederholt. Die Alcohol-filtrate werden bei 45—50° im Vacuum zur Trockne verdampft und wiederholt mit wasserhaltigem Aether ausgezogen. Der nach dem Verdampfen des Aethers resultirende Rückstand wird in warmem Wasser gelöst und diese mehr oder weniger gefärbte, milchige Lösung wird mit S a c h s 'scher Flüssigkeit titrirt. Das Eiweiss-coagulum wird zweimal mit siedendem Wasser digerirt, abfiltrirt und aus dem Filtrate nach Essigsäurezusatz das Eiweiss durch Kochen entfernt. Das resultirende Filtrat benutzt man zur Auflösung des Aetherrückstandes und titrirt die Flüssigkeit wie oben. Diese »Alcohol«-Methode des Verf. liefert Resultate, die mit denjenigen nach der Coagulationsmethode durch Kochen unter Zusatz von verd. Essigsäure gut übereinstimmen. H o r b a c z e w s k i.

104. H u p p e r t: Ueber das Vorkommen von Glycogen im Blute [1]**). 105. G. S a l o m o n: Ueber das Vorkommen von Gly-cogen im Blute.** Bemerkungen zu der gleichnamigen Notiz von H. H u p p e r t [2]). Ad 404. Nach einem Verfahren, welches auf Entfernung der Eiweisskörper durch ein Kupfersalz beruht, wurde in allen untersuchten Blutproben Glycogen gefunden. Der Gehalt des Blutes an Glycogen ist nach der Blutart verschieden, aber immer sehr gering. — Rindsblut enthält 5—10 Mgr. pro Liter. Auch im Eiter konnte stets Glycogen nachgewiesen werden und zwar in viel grösseren Mengen als im Blute. Die Eiterzellen enthalten mehr davon als das Serum. Das gewonnene Glycogen zeigte alle charac-teristischen Eigenschaften. — Ad 105. Verf. erinnert daran, dass er im J. 1877 auf das Vorkommen von Glycogen in Abscessen, Blut und eitrigen Sputis aufmerksam machte [J. Th. **7**, 130].

H o r b a c z e w s k i.

106. E. F r e u n d: Ueber das Vorkommen von thierischem Gummi in normalem Blute [3]**).** Verf. fand bei der Untersuchung normalen Ochsen- und Menschen-Blutes nach der von L a n d w e h r

---

[1]) Centralbl. f. Physiol. 1892, 394—395. — [2]) Ebenda. 512. — [3]) Centralbl. f. Physiol. 1892, 345—347.

[J. Th. **15**, 228] angegebenen Methode durch Fällung des unter Benutzung von Zinkcarbonat enteiweissten Blutes mit Kupfersulfat und Lauge eine Substanz, welche die von Landwehr beschriebenen Eigenschaften sowie procentische Zusammensetzung des thierischen Gummis zeigte. 4 Liter Ochsenblut lieferten 0,82 Grm., resp. 0,725 Grm. — Menschenblut in zwei Fällen: 0,015 und 0.017 Proc. thierisches Gummi. Horbaczewski.

107. Berthelot und G. André: Ueber die Fäulniss des Blutes[1]). In dem bei der Fäulniss des Blutes entweichenden **Gase** fanden Verff. nur Kohlensäure, weder Stickstoff noch Wasserstoff. Zur Untersuchung diente defibrinirtes Rindsblut (S. G. 1,045 bei 15⁰). In einem Liter waren enthalten C 87,0, H 11,8, N 26,0, O 37,6 Grm., im Ganzen 162,4 Grm. Die Fäulniss dauerte 130 Tage, erst bei 35, dann bei 45⁰. Die gebildete Kohlensäure betrug 27,3 Grm. Von Ammoniak wurden erhalten 20,3 Grm., entsprechend 16,7 Grm. Stickstoff, fast $^2/_3$ der Gesammtmenge. Das Verhältniss zwischen Kohlensäure und Ammoniak betrug 1,34, nahezu das Verhältniss der Aequivalente (1,29), welches bei der Spaltung von Ureïden statthat. Die flüchtigen Fettsäuren wurden durch oftmalige Destillation mit Schwefelsäure bei Ersatz des verdampften Wassers bestimmt. Es wurden nur Säuren der Formel $C_nH_{2n}O_2$ erhalten, hauptsächlich Buttersäure und Propionsäure; die Summe der Barytsalze wog 26,5 Grm. Alkohol oder Aceton wurde nicht in bestimmbarer Menge gebildet; eine Spur einer flüchtigen Schwefelverbindung, wahrscheinlich eines Aldehyd machte sich bemerkbar. Der Kohlenstoff der flüchtigen Säuren betrug ungefähr die Hälfte desjenigen der fixen stickstoffhaltigen Verbindungen. Unter diesen unterscheiden Verff. 1) eine unlösliche braune Substanz, 2) krystallisirbare Barytsalze, 3) eine neutrale oder saure in Alcohol lösliche, nicht krystallisirende Verbindung, 4) Alkalisalze. Die braune Substanz, welche (aschefrei berechnet) Kohlenstoff 68,2 %, Wasserstoff 7,6, Stickstoff 8,4 %

---

[1]) Sur la fermentation du sang. Compt. rend. **114**, 514—520.

enthielt, entsprach ungefähr der Formel $C_{18}H_{24}N_2O_3$ (eine Verbindung, welche man sich aus Tyrosin und einer Fettsäure unter
Wasserabspaltung entstanden denken kann). Sie enthielt ca. 5 $^0/_0$
des gesammten Kohlenstoffs und stammt wahrscheinlich aus dem
Blutfarbstoff. Die Barytsalze krystallisirten in zwei Portionen,
die erste doppelt so gross als die zweite.

	Erste Krystallisation.		Zweite Krystallisation.	
	Gefunden.	Berechnet.	Gefunden.	Berechnet.
C	43,45 $^0/_0$	43,7 $^0/_0$	41,51 $^0/_0$	41,1 $^0/_0$
H	6,87 „	6,9 „	6,30 „	6,2 „
Ba	17,89 „	18,0 „	15,05 „	15,1 „
N	8,21 „	8,3 „	8,97 „	9,3 „
O	23,58 „	23,1 „	28,17 „	28,3 „

Die procentischen Werthe stimmen annähernd mit denen der Formeln
$C_{55}H_{105}Ba_2N_9O_{22}$ und $C_{31}H_{56}BaN_6O_{16}$. In diesen Säuren ist ungefähr ein Drittel des Kohlenstoffs der fixen Verbindungen enthalten.
— Die in Alcohol lösliche, nicht krystallisirende Verbindung
besass die Zusammensetzung C 47,81 $^0/_0$, H 7,59, N 9,29, O 35,3,
ungefähr entsprechend der Formel $C_{18}H_{33}N_3O_{10}$. Sie stellt ein
Imid der fetten Reihe dar, ebenfalls von einer sehr sauerstoffreichen
Säure stammend. Sie enthielt ungefähr die Hälfte des Kohlenstoffs
der fixen Verbindungen. Die Alkalisalze, welche in Alcohol
unlöslich waren, bestanden aus einem krystallisirenden und
einem nicht krystallisirenden Theil; beide waren nur in
geringer Menge vorhanden. Die Salze, welche 27,4 resp. 47,1 Theile
Asche auf 100 Theile organischer Substanz enthielten, hatten in
ihrem organischen Theil 57,5 resp. 59,6 $^0/_0$ Kohlenstoff, 10,4 resp.
9,6 $^0/_0$ Wasserstoff, 11,4 resp. 11,3 $^0/_0$ Stickstoff und 20,7 resp.
19,5 $^0/_0$ Sauerstoff; den Mittelwerthen derselben entspricht die Formel
$C_{12}H_{24}N_3O_3 + nRO$. Demnach vertheilen sich die Elemente folgendermaassen auf die verschiedenen Fäulnissproducte.

	Kohlen-stoff Grm.	Wasser-stoff Grm.	Stickstoff Grm.	Sauerstoff Grm.	Summe Grm.
Kohlensäure	7,3	—	—	20,0	27,3
Ammoniak	—	3,6	16,7	—	20,3
Flüchtige Fettsäuren .	26,5	4,4	—	21,1	52,0
Fixe Verbindungen . .	53,0	8,0	9,7	32,4	103,1
	86,8	16,0	26,4	73,5	202,7

Vergleicht man diese Zahlen mit denen des frischen Blutes, so ergibt sich eine Zunahme um 40,3 Grm., welche sich auf Wasserstoff und Sauerstoff im Verhältniss der Elemente des Wassers vertheilen. Auf jedes abgespaltene Molekül Ammoniak wurden 2 Moleküle Wasser aufgenommen; ein Drittel des Stickstoffs blieb in organischer Verbindung. Vom Kohlenstoff entwickelte sich ungefähr der zwölfte Theil als Kohlensäure, entsprechend der Spaltung der Ureïde, der Rest bildete zu einem Drittel flüchtige Säuren, zu $^2/_3$ blieb er in fixen Verbindungen.   Herter.

VI. Milch.

Uebersicht der Literatur

(einschliesslich der kurzen Referate).

Allgemeines, Eiweisskörper.

108. R. Krüger, Beitrag zur Kenntniss der Zusammensetzung des Kuhcolostrums.
109. C. Besana, Untersuchungen über Schafmilch.
   *Jul. Steinhaus, die Morphologie der Milchabsonderung. Dubois-Reymond's Arch. physiol. Abth. 1892. Supplementb. 54—67.
   E. Drechsel. über Spaltungsproducte des Caseïns (Verhalten von Lysin). Cap. 1.

*S. Fubini und O. Bonanni, Ausscheidung des Atropins
mittelst der Milch. Moleschott's Unters. z. Naturl. 14, 515—517.
Auf Grund ihrer Experimente kommen Verff. zu dem Schlusse, dass
das Atropin, ausser auf anderen Wegen, auch mittelst der Milch
den thierischen Organismus verlässt.

*Baum, geht Tartarus stibiatus in die Milch über? Hygien.
Rundschau 2, 1052. Eine Ziege und ein Schaf erhielten in Zwischenräumen von 8 Tagen nacheinander 1, 2, 3, 4 und 5 Grm. Brechwein-
stein. Obwohl zuletzt Vergiftungserscheinungen eintraten, konnte
die Milch von einem Menschen und zwei Hunden ohne Nachtheil
genossen werden. Da gerade Hunde sehr leicht erbrechen und diese
sehr reichlich Milch zu sich nahmen. lässt sich annehmen, dass auch
Kinder durch zufällige Verabreichung von Milch derart behandelter
Thiere nicht geschädigt werden.   Wein.

110. J. Sebelien, über die Reaction der Kuhmilch.

111. L. Vaudin, Veränderungen in der Acidität der Milch.

112. W. Thörner, zur Milchsäurebestimmung.

H. W. Conn, Isolirung eines Labfermentes aus Bacterien-
culturen. Cap. XVII.

I. Boas, die diagnostische Bedeutung des Labenzyms.
Cap. VIII.

*L. Carcano, Bestimmung des Stickstoffes und der Eiweiss-
stoffe in Milch und Milchproducten. Staz. 22, 261—263. Es
wird die Kjeldahl'sche Methode empfohlen; zugleich werden Ei-
weissbestimmungen nach Ritthausen mitgetheilt.

*H. Droop Richmond, die Bestimmung der Trockensubstanz
der Milch. The Analyst 17, 225. Alle bisher üblichen Methoden
geben ungenaue Resultate, weil entweder nicht alles Wasser entweicht
oder Zersetzung eintritt. Nach dem Verf. bringt man zu ausge-
glühtem Asbest in einer Platinschale 5 CC. Milch, trocknet 2 St. auf
dem Wasserbad und 12 St. im Trockenschrank bei 98⁰. Weitere
24stündige Erhitzung bei 105⁰ verändert das Gewicht noch nicht
um 1 Milligramm.   Wein.

113. F. J. Herz, Amyloid, ein neuer Bestandtheil von Milch und
Molkereiproducten.

114. F. v. Szontagh, Untersuchungen über den Nucleïngehalt in der
Frauen- und Kuhmilch.

115. H. Winternitz, über das Verhalten der Milch und ihrer wichtigsten Bestandtheile bei der Fäulniss.

* R. T. Hewlett, über Lactoglobulin. Journ. of Physiol. 1892.
Supplement 798—802. Referat im nächsten Bande.

*L. Hugouneng, Untersuchungen über den Durchgang von
    Caseïnlösungen durch Porzellan. Journ. de Pharm. et de
    Chim. [5] **26**, 109—113 und 155—157.

*Ch. A. Cameron, über die Ursache der Farbe der Milch. Chem.
    News **66**, 187. Verf. macht die Priorität dafür geltend, dass er 1871
    gefunden habe, dass die in der Milch schwimmenden Caseïnhäutchen
    und nicht die Emulsion von Fett und Eiweisskörpern die Farbe der
    Milch bedingen.   Wein.

116. A. R. Leeds, die Proteïde der Kuhmilch.

117. G. Denigès, Anwendung der Metaphosphorsäure zur Abschei-
     dung der Eiweissstoffe der Milch bei der Bestimmung der
     Lactose.

118. Liebig, einige Ursachen, die das Aufsteigen des Rahmes ver-
     hindern.

Fett, Fettbestimmung, Butter.

*L. Graffenberger, ein Beitrag zur Milchfettbestimmung.
    Pharm. Ztg. **36**, 676. Verf. bespricht das Demichel'sche Lacto-
    butyrometer [J. Th. **21**, 111]. Er verwendet einen Alcohol von 91
    bis 92 $^0/_0$ und eine Kalilauge von 1,27 spec. Gewicht. Eine einzige
    Bestimmung mit diesem Apparat ist werthlos (Differenzen bis
    0,3—0,5 $^0/_0$ Fett), während das Mittel aus einer grösseren Zahl von
    Bestimmungen verwerthbar ist. (0,06 $^0/_0$ Differenz gegen Soxhlet's
    araeom. Verfahren.) Es wird empfohlen, deutsche imitirte Apparate
    nicht empirisch, sondern in $^1/_{10}$ CC. zu theilen und die Tabelle von
    Schmidt-Tollens zu benutzen.   Wein.

*Derselbe, Milchfettbestimmungen mit dem Lactobutyro-
    meter von Demichel. Landwirth. Vers.-Stat. **41**, 43.

*H. Leffmann und W. Beam, schnelle und exacte Methode der
    Milchfettbestimmung. The Analyst **17**, 83. Die Milch wird
    in einem Fläschchen centrifugirt, das 30 CC. fasst und so graduirt
    ist, dass auf 1,5 CC. 86 Theilstriche treffen und (weil 15 CC. ange-
    wandt werden) jeder Theilstrich 0,1 $^0/_0$ Fett anzeigt. Man bringt
    15 CC. Milch in diesen Fläschchen mit 3 CC. einer Mischung gleicher
    Theile Amylalcohol und concentrirter Schwefelsäure zusammen, mischt
    gut und setzt allmählich unter Umschütteln concentrirte Salzsäure
    zu, bis das Fläschchen fast bis zum Halse gefüllt ist. Unter Er-
    wärmung löst sich das Caseïn zu einer dunkelrothbraunen Flüssigkeit.
    Man füllt nun bis zum Nullpunkt mit verdünnter Schwefelsäure und
    centrifugirt Vollmilch 1—2, Magermilch 3—4 Minuten lang. Das
    Fett wird entweder direct oder mit Nonius abgelesen. Vergleiche
    mit der Adam'schen Methode ergeben Differenzen von höchstens
    + 0,1 $^0/_0$.   Wein.

119. W. Thörner, Verfahren zur schnellen und exacten Fettbestimmung in Milch und Milchproducten.

*Krüger, der Thörner'sche Milchwerthmesser, seine Handhabung und Brauchbarkeit für die Praxis. Vierteljahrsschr. ü. d. Fortschr. d. Chem. d. Nahrungs- u. Genussmittel **7**, 140. Der Thörner'sche Michwerthmesser gibt, verglichen mit der Soxhletschen araeom. Methode, für Vollmilch befriedigende Resultate, nicht aber für Magermilch. Bei Centrifugenmilch von 0,2 % Fett ist es kaum möglich, die Fettschicht abzulesen, bei 0,3—0,4 % Fett erhält man nicht unbedeutende Differenzen. Wein.

*O. Hehner, über Milchfettbestimmung nach Beam und Leffmann. The Analyst **17**, 102. Versuche mit dem Originalapparate ergaben, dass die Differenz gegen den wirklichen Fettgehalt im Mittel 0,07 % betrug, wesshalb sich Verf. über die Methode günstig äussert, die in Verbindung mit Bestimmung des spec. Gewichtes und mit Berechnung der Trockensubstanz nach der Hehner-Richmondschen Formel in kürzester Zeit zum Ziele führe. Der Leffmann-Beam'sche Factor 0,86 ist rein empirisch ermittelt für das beim Centrifugiren abgeschiedene fuselölhaltige Milchfett, stellt also nicht das spec. Gewicht des Milchfettes dar. Wein.

*H. Droop Richmond, Leffmann und Beam's Methode der Fettbestimmung in der Milch. The Analyst **17**, 144. Der Factor 0,86 von Leffmann und Beam wurde jedenfalls erhalten durch Division von 0,89 (spec. Gewicht des Butterfettes bei 50 oder 60°) durch 1,032 (mittleres spec. Gewicht der Milch). Verf. fand, dass die Temperatur bei Messung des Fettes nur 25—30° beträgt, bei welcher Temperatur das spec. Gewicht des Butterfettes 0,92, nicht 0,89 ist. Die gemessene Schicht konnte also unmöglich reines Butterfett sein. Die Versuche ergaben nur dann Uebereinstimmung mit der Gewichtsanalyse, wenn Originalflaschen und gewöhnliches Fuselöl verwendet wurden. Bei Versuchen mit wechselnden Mengen der Amylalcohölmischung zeigte sich, dass Butterfett und Fuselöl in allen Verhältnissen mischbar sind und dass nach dem Vermischen kein freies Fuselöl mehr, sondern eine Mischung von Amylschwefelsäure und Butterfett vorhanden ist, deren Löslichkeit abhängig ist von der anwesenden Säuremenge. Verf. verfährt so: In 28 CC.-Flaschen bringt man 15 CC. Milch, 3 CC. Fuselölgemisch, 9 CC. conc. Schwefelsäure und benutzt zum Auffüllen ein heisses Gemisch von 2 Volum Wasser und 1 Volum Säure. Zur Correction werden die ermittelten Fettprocente durch 1,065 dividirt. Nach dieser Modification betragen die Differenzen höchstens 0,08 %. Wein.

*A. Smetham, eine neue Form von Fettextractionsapparaten für Flüssigkeiten. The Analyst **17**, 44. In einen Apparat von

neuer Form wird zuerst die zu extrahirende Flüssigkeit eingegossen,
hierauf Aether, der durch die Flüssigkeit hindurchsteigt, und welch'
letzterer durch ein geeignetes gebogenes Rohr in ein tarirtes Kölbchen
abfliesst. Das Ganze ist mit einem Rückflusskühler verbunden; das
tarirte Kölbchen befindet sich in einem Wasserbade. Soll Milch zur
Fettbestimmung extrahirt werden, so muss sie nach Werner
Schmid vorher 3 Minuten mit Salzsäure gekocht werden.

Wein.

*Hittcher, zur Ausführung des Lactokritverfahrens mit der
neuen Milchsäuremischung. Molkerei-Ztg. 6, 10. Es wird
neuerdings ein Gemenge von 100 Volum Milchsäure und 5—8 Volum
Salzsäure angewandt. Das Bergedorfer Eisenwerk hat neue Röhrchen
für dieses Gemisch construirt, an welchen die Procente Milchfett abzulesen sind. Es werden 10 CC. Säuregemisch in die Kochcylinder
eingefüllt, 2—3 Minuten in ein kochendes Wasserbad gebracht,
10 CC. Milch hinzugefügt und 15 Minuten im Wasserbad erhitzt.
Dann wird die Centrifugenscheibe auf 70° erhitzt und bei Vollmilch 5,
bei Magermilch 8 Minuten centrifugirt. Wein.

*J. Neumann, über die Bestimmung des Fettgehaltes der
Milch vermittelst der neuen Lactokritsäure. Milchztg. 21.
625. Nach dem abgeänderten Verfahren wird das neue Säuregemisch
(siehe vorst. Referat von Hittcher) zuerst im Wasserbad durch
Einlassen von Dampf erwärmt, ehe das gleiche Volum Milch zuge-
lassen wird. Das Caseïn geht dabei vollständig in Lösung. Die
Temperatur während des Centrifugirens soll 60° C. betragen. Die
Methode liefert in der abgeänderten Form auch für fettarme Milch
mit der chem. Analyse übereinstimmende Zahlen. Sinkt dagegen
der Fettgehalt unter 0,2%, so kann keine Fettabsonderung erzielt
werden. In diesem Falle setzt man der Magermilch eine fettreiche
Milch mit vorher bestimmtem Fettgehalt, der dann wieder in Abrechnung kommt, zu. Wein.

*W. Thörner, Studien über das Verhältniss des Rahmgehaltes
zum Butterfettgehalt der Milch. Chem. Ztg. 16, 757. Die
Entrahmung der Milch durch Centrifugiren geht am schnellsten
(meist schon in 5 Min.) vor sich, wenn sie entweder auf 70—80° C.
erwärmt oder mit dem gleichen Volum Wasser verdünnt wird. Die
erwärmte Milch gibt hierbei das kleinste Rahmvolum, d. h. die
dichteste Rahmabscheidung. Die mit Wasser verdünnte Milch steht
in der Dichtigkeit des Rahmes zwischen der erwärmten und kalten
unverdünnten Milch. Wein.

*E. H. Farrington, über Milchprüfung. Journ. of Anal. and
Appl. Chem. 6, 101. Die Ergebnisse der Babcock'schen Fett-
bestimmungsmethode wurden verglichen mit der Butterausbeute.

Die Uebereinstimmung war theilweise eine gute. Die Butterausbeute ist abhängig von der Temperatur und dem Säuregehalt der abgerahmten Milch. Fettreiche Milch und solche von neumelkenden Kühen kann bei schneller Abkühlung auf 70° F. ebenso schnell entrahmt werden als die mit gleichem Volum Wasser verdünnte Milch.

Wein.

*F. T. Shutt, über die Babcock-Methode der Milchanalyse. The Analyst 17, 227. Wenn man den durchschnittlichen Fettgehalt der Milch einer Periode bestimmen will, braucht man nur die Proben ohne besonderen Zusatz eines Antiseptikums zu sammeln und später zu untersuchen. Das Gerinnen der Milch stört die Genauigkeit der Resultate nach der Babcock-Methode nicht. Wein.

*P. Vieth, Fettextraction und Fettberechnung bei der Milchanalyse. The Analyst 16, 203. Verf. hat Fettbestimmungen mit den Fleischmann'schen aus spec. Gewicht und Trockensubstanz berechneten Zahlen verglichen und hat Uebereinstimmung erhalten, wenn 10 Grm. Milch verwendet wurden. Mit 5 Grm. Milch waren die berechneten Zahlen viel geringer als die gefundenen; bei Vollmilch waren die Differenzen grösser als bei Magermilch. Bei Anwendung fett- und harzfreien Papiers zur Aufsaugung wurde mit nach der Hehner und Richmond'schen Formel berechneten Zahlen verglichen und befriedigende Uebereinstimmung erzielt. Die vollständigere Extraction des Fettes aus in Papier aufgesaugter Milch beruht darauf, dass das Wasser und die in Wasser gelösten Stoffe in's Papier eindringen und dadurch von dem auf der Oberfläche zurückbleibenden Fett und Caseïn getrennt werden, wodurch das Fett der Extraction sehr zugänglich wird.. Wein.

*H. Droop Richmond, über Fettextraction in der Milch. The Analyst 17, 48. Aus Versuchen des Verf. geht hervor, dass bei der Filtration der Milch auf dem Filter nur das Fett bleibt, während alles Nichtfett sammt Caseïn in's Filtrat übergeht, welcher Umstand gegen die im vorstehenden Referat kundgegebene Erklärung P. Vieth's der Fettextraction spricht. Wein.

*H. Droop Richmond, eine rasche Methode der Milchanalyse. The Analyst 17, 50. Bei der Filtration der Milch geht das gesammte Nichtfett in's Filtrat, das Fett bleibt fast vollständig auf dem Filter. Man kann desshalb den Fettgehalt der Milch bestimmen, indem man das specifische Gewicht der Milch und des Filtrates ermittelt und die Differenz der erhaltenen Zahlen durch 0,0008 dividirt. Das feste Nichtfett erfährt man, wenn man die Procente Fett sammt der spec. Gewichtszahl des Filtrates — 1 durch 0,004 dividirt. Wein.

*H. Droop Richmond, die Beziehung zwischen spec. Gewicht, Fett und festem Nichtfett in der Milch der Büffelkuh. The Analyst 17, 5. Zur Berechnung des Fettes, Milchzuckers und der Eiweissstoffe aus der Summe der festen Bestandtheile, der Asche und dem spec. Gewicht der Milch werden für die Büffelmilch andere Constanten angegeben als für gewöhnliche Kuhmilch. Wein.

120. E. Reich, Beziehungen des spec. Gewichtes der Molken zum fettfreien Trockenrückstande in der Milch.

*Babcock, neue Formeln zur Berechnung der Trockensubstanz der Milch aus spec. Gewicht und procentualem Fettgehalt. Vierteljahrsschr. ü. d. Fortsch. d. Chem. d. Nahrungs- u. Genussmittel 7, 262. Die Formel für die Gesammttrockensubstanz ist

$$\frac{M + 0{,}7\,F}{3{,}8} + F. \qquad \begin{aligned} M &= \text{Lactodensimetergrade bei } 15^0 \text{ C.} \\ F &= \text{Fettgehalt.} \end{aligned}$$

Enthält die Milch weniger als 3% Fett, so fallen die Resultate etwas zu hoch aus; enthält sie mehr als 4%, so fallen sie etwas zu niedrig aus. Die Differenz beträgt aber weniger als $+ - 0{,}1\%$ Fett. Verf. theilt Correcturzahlen von 1—6% Fett mit. Die Genauigkeit wird wenig beeinträchtigt durch Benutzung der Formel:

$$\text{Fettfreie Trockensubstanz} = \frac{M + F}{4}.$$

*H. Droop Richmond, die Beziehung zwischen spec. Gewicht, Fett und festem Nichtfett in der Milch. The Analyst 17, 169. Verf. berechnete mit seiner Formel [J. Th. 20, 148] das Fett aus spec. Gewicht und Trockensubstanz und verglich die erhaltenen Werthe mit den gefundenen. Die Differenzen bewegten sich zwischen $+ 0{,}021$ und $- 0{,}046\%$. Eine Abhängigkeit des Resultates von der Höhe des Fettgehaltes liess sich nicht erkennen. Ist die Zahl für festes Nichtfett höher als 8,87%, so fällt der für Fett berechnete Werth zu hoch aus, und zwar um so höher, je grösser diese Zahl wird. Für diese Fälle ist also eine Correctur vorzunehmen; es muss vom berechneten Fett $0{,}2 \times$ (festes Nichtfett $- 8{,}87$) subtrahirt werden. Für diese Abweichungen konnte eine Erklärung nicht gefunden werden. Die Fettbestimmungen waren richtig, da nach verschiedenen Methoden übereinstimmende Zahlen erhalten worden waren. Ein Wechsel in der Zusammensetzung des festen Nichtfettes bei Steigerung von dessen Menge kann die Abweichung nicht erklären, da das einer zu grossen Verminderung der Eiweissstoffe und einer zu grossen Erhöhung des Zuckergehaltes bei steigendem Nichtfett entsprechen würde. Wein.

*N. Gerber, die Acidbutyrometrie als Universalfettbestimmungsmethode. Chem. Ztg. 16, 1839. Nachdem die Milch vorher mit Amylalcohol versetzt worden, werden alle Milchbestand.

theile mit Ausnahme des Fettes durch ein bestimmtes, nicht näher bezeichnetes Säuregemisch ohne vorheriges Kochen gelöst. Das Fett wird im warm gehaltenen Butyrometer mittelst der „Butyrocentrifuge", die näher beschrieben wird, als klare, durchsichtige Schicht in kürzester Zeit (2—2¹/₂ Min.) ausgeschleudert. Man liest in Augenhöhe gegen das Licht den Stand der Schicht ab. Jeder $1/10^0 = 1\%$ Fett, wenn der 1 CC.-Einsatz 1 Grm. Füllung entspricht. Die Resultate sollen exact ausfallen. Wein.

*G. Baumert, zur Bestimmung des Fettgehaltes der Milch nach Schmid-Bondzynski. Apotheker-Ztg. 7, 191. Während im Uebrigen nach den Vorschriften von E. Schmid und A. Partheil verfahren wird, gelangen statt 20 CC. nur 10 CC. Alcoholfettlösung zur Verdunstung; auch wird wasserhaltiger Aether statt des officinellen verwendet. Controlbestimmungen mit der Soxhlet'schen araeometr. Methode ergaben bei 44 Versuchen in 29 Fällen Differenzen unter 0,1%, in 11 Fällen zwischen 0,1—0,2%, in 4 Fällen mehr als 0,2%. Die Modificationen von Molinaro und Pinette erachtet Verf. als ungeeignet. Wein.

*B. Dyer und E. H. Roberts, über die Nichtanwendbarkeit der Werner-Schmid'schen Methode bei der Analyse von condensirter Milch. The Analyst 17, 81. Das Werner-Schmidsche Verfahren kann nur bei Milch angewendet werden, welche keinen Zuckerzusatz erhalten hat. Durch Einwirkung kochender Salzsäure auf Rohrzucker entsteht nämlich ein caramelisirtes, in Aether lösliches Product, wodurch die für Fett erhaltene Zahl zu hoch ausfallen muss. Bei Untersuchung condensirter Milch werden 5 CC. der genügend verdünnten Milch nach der Adam'schen Methode behandelt. Wein.

*H. Kreis, über Butteruntersuchungen. Schweiz. Wochenbl. f. Pharm. 30, 449. Bei Untersuchung von ächten Schweizer Buttersorten ergaben sich folgende Reichert-Meissl'sche Zahlen:

Unter 22	bei 3 Proben =	4	%
Von 22,1—24	„ 18 „	= 24	„
„ 24,1—26	„ 24 „	= 32	„
„ 26,1—30	„ 17 „	= 22,6	„
Ueber 30	„ 13 „	= 17,3	„

Monatsmittel: Jan. 27,9, Febr. 28,6, März 25,4, April 24,9, Mai 23,4, Juni 24,1, Juli 24,7, Aug. 23,7, Sept. 22,7, Oct. 25,2, Nov. 30,0, Dec. 30,3. Alle Proben mit über 30 stammen von frischgekalbten Kühen. Die Gehalte an Wasser differirten von 6,8—15,0%, an Fett von 83,9—91,7%. Wein.

*H. Droop Richmond, die Reichert'sche Methode für Butteruntersuchungen. Chem. News 66, 251. Man kann keine übereinstimmenden Resultate erhalten, wenn man nicht gleiche Mengen derselben Alkalien und Säuren für alle Operationen bis zur Destillation verwendet. Nach Wollny gehen 96—97% aller flüchtigen Fettsäuren über und veränderte Versuchsbedingungen beeinflussen die Menge der übergehenden Säuren wenig. Bei der Essigsäure liegen die Verhältnisse anders als bei der Buttersäure, von ersterer gehen aus wässeriger Lösung 60%, von letzterer 96% über.   Wein.

*P. Vieth, Butteranalysen und Butteruntersuchungen. Milchztg. 21, 330. Die Handelsbutter enthält nur sehr selten unter 80 und über 90% Fett. Die Menge der flüchtigen Fettsäuren lässt sich aus folgender Zusammensetzung ersehen. Nach der Reichert-Wollny'schen Methode wurden zur Sättigung verbraucht:

Rahm von Horsham	22,3—26,2 CC.
Englische Butter	24,0—29,3 „
Französ. „	25,6—30,3 .,
Schleswig-Holstein'sche Butter .	21,1—28,7 „
Dänische Butter	23,5—30,0 „
Finnische „	28,1 „
Australische Butter	30,5—32,8 „

Wein.

*J. A. Wilson, über die Reichert'sche Methode für Butter und andere Fette. Chem. News 66, 199. Die Mengen der in's Destillat übergehenden Fettsäuren variirt mit der Menge der Salze, die in der der Destillation unterworfenen Lösung enthalten sind, und mit der Natur der angewandten Säuren und Basen.   Wein.

121. H. Kreis, über eine Modification der Reichert-Meissl'schen Methode.

122. A. Partheil, über die Bestimmung der flüchtigen Fettsäuren des Butterfettes.

123. J. Erdélyi, Versuch eines Nachweises fremder Fette in der Butter.

*F. Jean, über die optische Analyse der Butter. Rev. intern scient. et. popul. d. falsific. d. denrées aliments. 5, 139. Die Oleorefractometeranzeige allein kann in vielen Fällen nicht entscheiden. Falls sie zwischen — 29 und — 24° liegt muss sie unterstützt werden durch Bestimmung der Reichert-Meissl'schen Zahl, event. auch der Köttsdorfer'schen Zahl und der Löslichkeit in Eisessig. Jedenfalls gestattet die optische Probe eine rasche Orientirung bei verdächtigen Butterproben. Mit 32—36° Abweichung sind sie des Zusatzes von Cocos- und Palmfett, mit 29—25° des Zusatzes von Kunstbutter verdächtig.   Wein.

*Marpmann, die Anwendung des Refractometers für Untersuchung von Butter etc. Pharm. Centralhalle 38, 209. Im Apparat

von Abbé schwankte für reines Butterfett der Brechungsindex von
1,459—1,462. Ist dieser höher als 1,463, so ist die Butter verdächtig.
Mischungen mit Margarine zeigen folgende Brechungsindices: Mit
25 %: 1,4625, mit 50 %: 1,463, mit 90 %: 1,4655. Beim Erhitzen auf
120° entwickelt reine Butter einen angenehmen Geruch, Margarine
stechenden Acroleïngeruch und weisse Dämpfe. Wein.

*M. Boucherie und J. Leconte, Verfälschung von Butter
durch Margarine. Rev. intern. scient. et popul. d. fasif. d. denrées
alim. 65, 176. Die Verff. fanden die oleorefractometr. Methode nicht
zuverlässig. Zuverlässig reine Butter ergab die geringe Ablenkung
von 25°, was auf eine Beimischung von 20 % Margarine deuten
sollte. Gleich werthlose Resultate lieferten Prüfungen nach Brullé,
Lezé, Backairy. Ruffin und Violette. Wein.

*Reuben Haines, über die Jodzahl für Schmalzöl. Chem.
News. 65, 39. Die aus drei Schmalzproben selbst ausgepressten
Schmalzöle zeigten Jodzahlen von 75,14, 73,07, 70,01. Wein.

*O. Hehner, über Butter. The Analyst 17, 101. Die Angabe, dass
reine Butter beim Schmelzen eine klare, Kunst- und Mischbutter
eine trübe Fettschicht liefere, ist nicht richtig. Aus der klaren oder
trüben Beschaffenheit der geschmolzenen Fettschicht ist desshalb
kein Schluss auf Reinheit der Butter zu ziehen. Wein.

*A. H. Allen, über den Wassergehalt der Butter. The Analyst
17, 104. Als höchstzulässiger Wassergehalt der Butter ist 16 % festzu-
legen. Das Trocknen geschieht bei 110° im Trockenschrank. Wein.

*P. Woltering, Reaction auf Kunstbutter. Nederl. Tijdschr.
vor Pharm. Chem. en Toxik. 4, 181. Man löst in Chloroform und
schüttelt die Lösung mit 10 % salpetersaurer Phosphormolybdänsäure.
Bei Gegenwart von Kunstbutter tritt eine grüne, durch Ammoniak
in blau übergehende Färbung ein. Wein.

*A. Pizzi, Nachweis von Margarine in der Butter nach Penne-
tier. Le Staz. sperim. agric. ital. 22, 131. Die Butter wird unter
dem Microscop im polarisirten Licht beobachtet. Bei reiner Butter
sieht man in dem durch ein Gypsblättchen gefärbten Gesichtsfeld
nichts besonderes, bei mit Margarine versetzter Butter erscheinen
andersfarbige Stellen. Verf. hält dies Verfahren für beachtenswerth.
Wein.

*M. Weilandt, Verhalten der Butter und Margarine gegen
Farbstoffe. Milchztg. 21, 238. Es wurde das Verhalten von
Butter und Margarine studirt, um dasselbe zur Erkennung gefälschter
Butter zu verwerthen. Negative Resultate wurden erhalten mit Anilin. Fuchsin, Indigo und Pikrinsäure. Günstige Resultate wurden
mit Eosin und Methylenblau erzielt. Das Filtrat von mit Eosin
versetzter und am anderen Tage geschmolzener Butter war dunkel-

orange, mit Natronlauge versetzt, cerise; gleich behandelte Margarine war heiss dunkelstrohgelb, kalt hellchamois. Mit Methylenblau geschmolzene Butter war heiss russisch-grün, kalt hellgrün. Gleich behandelte Margarine war heiss olivenfarbig, kalt gelb. Die Färbung kann colorimetrisch oder durch Oxydation des Schwefels im Methylenblau zu Schwefelsäure gewichtsanalytisch bestimmt werden. Aus der Farbstoffmenge des filtrirten Fettes lässt sich auf den Margaringehalt der Butter schliessen. Wein.

*A. Goske, über die Analyse von Dampfschmalz. Chem.-Ztg. 16, 1560 und 1597. Die Annahme, dass reines Schmalz eine Jodzahl von ca. 60, Schmalz mit Talg von unter 60, Schmalz mit Pflanzenölen von über 60 besitze, ist nach dem Verf. unzutreffend. Durch Mischungen von Schweinefett, Talg (Rinder- oder Hammel-) mit Schmalzöl erhält man Producte, welche die normale Jodzahl aufweisen trotz völlig verschiedener Jodzahlen der Componenten. Statt der Jodzahl empfiehlt Verf. als Kriterium der Reinheit eines Schmalzes die Bestimmung des Erstarrungspunktes (Grenzzahl für reines Schmalz 28⁰), der Krystallform des aus dem Fett erhaltenen Stearins aus ätherischer Lösung (bei Zusatz von nur 5% Rindstalg oder 10% Hammelstag krystallisirt nach kurzer Zeit Stearin aus, diese beiden in festen Krusten, Schweinestearin in zarten, losen Aggregaten. Rindsstearin zeigt grosse centrische Büschel, die sich theils gerade, theils gebogen verbreitern, Schweinestearin wohl ausgebildete, an den Enden schräg abgeschnittene Platten) und endlich Reactionen mit Phosphormolybdänsäure, Salpetersäure und mit Schwefelsäure (Temperaturerhöhung). Phosphormolybdänsäure gibt die Reaction bei reinem Rindstalg auch ohne die Anwesenheit von Pflanzenölen. Nimmt die Reaction bei Prüfung des ausgepressten Oeles zu, so sind Pflanzenöle zugesetzt. Wein.

124. A. Mayer, der Schmelzpunkt und die chemische Zusammensetzung der Butter bei verschiedener Ernährungsweise der Milchkühe.

*L. Adametz und M. Wilkens, Verbesserung der Butterbeschaffenheit durch Zusatz von Bacterien und Hefereinculturen zum Rahm. Centralbl. f. Bacterienkunde 12, 98. Durch Zusatz von Milchsäurebacterien und Milchhefe zum Rahm und Säurung desselben wird die daraus gewonnene Butter wohlschmeckender und haltbarer als ohne diesen Zusatz. Sie verliert den Geschmack nach Futter, insbes. Sauerfutter, und bekommt jenen der Süssrahmbutter. Die durch Milchhefe erzeugte Milchzuckergährung kann durch Zusatz von Milchsäurebacterien zum Rahm unterdrückt werden. Wein.

Condensirte Milch, Milchpräparate.

*A. Bourgougnon, condensirte Milch. Journ. of the Amer. Chem. Soc. 18, 160. Es werden Formeln mitgetheilt, welche die Berechnung ermöglichen, ob die cond. Milch aus Vollmilch oder abgerahmter Milch hergestellt wurde. Wein.

*Jürgens, Zusammensetzung condensirter Milch. Vierteljahresschr. über die Fortschr. a. d. Gebiete d. Nahrungs- und Genussmittel 6, 455. Russische, condensirte Milch, der kein Zucker und kein Conservierungsmittel zugesetzt war, enthielt 33,25% Trockensubstanz, 10,01% Fett, 10,32% Albuminate, 11,19% Milchzucker, 1,79% Asche. Die Milch hatte sich steril erhalten. Wein.

*R. Rieth, Eiweissmilch. Vierteljahresschr. ü. d. Fortsch. a. d. Geb. d. Chem. d. Nahrungs- und Genussmittel 6, 447. Die Kuhmilch soll der Frauenmilch ähnlich gemacht werden durch entsprechenden Zusatz von reinem Eiweiss, dem durch Erhitzen über 100° C. seine Gerinnbarkeit genommen ist. Der Milch wird hierdurch ein der Albumose nahestehender Körper einverleibt, was um so wichtiger erscheint, als bei der Verdauung die Umbildung der Proteïnstoffe nur bis zur Bildung von Albumosen, nicht von Peptonen vorschreitet. Wein.

*O. Dahn, Verfahren zur Herstellung von Frauenmilch aus Thiermilch. Deutsches Patent 60239 v. 15. Februar 1891. Kl. 53. Ber. d. d. chem Gesellsch. 25, Referatb. 359.

*Drenkhan, Milchpulver. Vierteljahresschr. ü. d. Fortsch. d. Chem. d. Nahrungs- und Genussmittel 7, 134. Wird hergestellt aus entrahmter Milch. Es ist weiss und gibt mit Wasser eine milchartige Emulsion vom Geschmack der frischen Milch. Es enthält 6,71% Wasser, 29,42% Proteïn, 0,8% Fett, 57,25% Milchzucker, 5,82% Asche. Wein.

*A. Müller, Magermilchbrod. Vierteljahresschr. ü. d. Fortsch. d. Chem. d. Nahrungs- und Genussmittel 7, 133. Das mit Magermilch bereitete Brod hatte im Vergleich zu dem mit Wasser bereiteten folgende Zusmmmensetzung:

	Milchbrod.	Wasserbrod.
Wasser	38,82	38,33
Fett	0,67	0.48
Proteïn, verdaulich . .	7,06	5,99
„ unverdaulich .	0,27	0,32
Zucker.	4,37	1,99
Dextrin	7,46	8,04
Stärke	39,96	43,74
Cellulose	0,65	0,53
Asche	0,83	0,58

In öffentlichen Bäckereien wären Versuche mit Ersetzung der Hefe,
bezw. des Sauerteiges durch comprimirte Kohlensäure und solche mit
Zusatz von mehr oder weniger eingedickter Milch zu empfehlen.
W e i n.

Milchwirthschaft.

125. Ohlsen, die Zusammensetzung und der diätetische Werth
der Schlempenmilch.

126. H. Kaull, Untersuchungen über die Schwankungen in der Zu
sammensetzung der Milch bei gebrochenem Melken.

127. Y. Melander, tägliche Schwankungen im Fettgehalt der
Milch.

*L. Schulz, über den Schmutzgehalt der Würzburger Markt-
milch und die Herkunft der Milchbacterien. Archiv f.
Hygiene **14**, 260—271. Die Milch wurde nach Renk zum Absetzen
des Schmutzes in hohen Gefässen hingestellt, die Flüssigkeit abgesondert und so lange durch Wasser ersetzt, bis das Ueberstehende
reines Wasser war. Der Schmutz wurde gesammelt, getrocknet und gewogen. Er betrug im Mittel 0,00302 Gr. im Liter Milch; das gibt
unter Berücksichtigung des Wassergehaltes des Kuhkothes 15,1 Mgr.
Kuhkoth im Liter. Bacterien wurden grosse Mengen gefunden, die
aber nicht blos durch Verunreinigungen von aussen in die Milch
kommen. Es dringen durch die Ausführungsgänge Keime in das
Euter ein, vermehren sich hier rasch; in Folge dessen ist die erste,
das Euter verlassende Milch sehr pilzreich, die letztgemolkene Milch
enthält ca. 500 Keime im Cubikcentimeter. Unter günstigen Umständen kann nach einer gewissen Zeit sterile Milch entleert werden.
W e i n.

*Uhl, Untersuchung der Marktmilch in Giessen. Zeitschrift f.
Hygiene **12**, 475. Der Schmutzgehalt, bestimmt nach Renk's
Methode, betrug pro Liter 3,8—42,4 Mgr., entsprechend 19—222 Mgr.
frischem Kuhkoth. Der Schmutz gelangt auch durch das Ausschöpfen
der Milch in dieselbe, da immer die zumeist schmutzige Hand mit
eintaucht. Die Zahl der entwickelungsfähigen Keime war sehr
schwankend. Sie nahm um so mehr ab, je geringer der Schmutzgehalt war. Das Incubationsstadium der Gerinnung hängt von der
Keimzahl ab. Die Probe, deren Ende des Incubationsstadiums nach
32 St. bei 18° C. eintrat, enthielt die geringe Keimzahl von 10500 in
1 CC. Diese Milch war sehr reinlich gemolken und stark gekühlt.
Zwischen der 2. und 5. St. lag das Ende des Incubationsstadiums
bei Milch mit 6 187 866 Keimzahl im Mittel, zwischen der 5. und 9.
mit 619 033, zwischen der 9. und 23. St. mit 220 016 Keimen. Von
den Bacterien konnte mitunter das Bact. coli comm. isolirt werden.
Tuberkelbacillen wurden im Milchschmutz nicht gefunden. W e i n.

*J. Klein, Fütterungsversuch mit Sonnenblumenkuchen bei Milchkühen. Milchztg. **21**, 673. Der Sonnenblumenkuchen enthielt 8,68 % Wasser, 36,73 % Proteïn, 13,94 % Fett, 20,60 % Kohlehydrate, 15,68 % Holzfaser, 4,37 % Asche; verdauliche Nährstoffe: 30,9 % Eiweiss, 12,5 % Fett, stickstofffr. Extractstoff 25 %. Zum Vergleich wurde noch Leinkuchen herangezogen. Die Oelkuchen wurden einer zwar nicht eiweissreichen, aber für Milchkühe doch ausreichenden Futterrati n beigegeben. Der Sonnenblumenkuchen hat sich dem Leinkuchen überlegen erwiesen. Dabei hat die Zugabe eines Pfundes vom ersteren fast die gleiche Wirkung ausgeübt wie von 2 Pfund des letzteren. Ein specifischer Einfluss der Sonnenblumenkuchen auf den Fettgehalt der Milch und auf die Steigerung des Lebendgewichtes war nicht nachzuweisen. Wein.

*Ramm, Ausnutzung des Futters durch die Milchkühe. Landwirth. Jahrbücher **21**, 809. Es wurde durch die Verabreichung einer nährstoffreicheren Ration, die indessen aus denselben Futtermaterialien zusammengesetzt war wie die Anfangsration, sowohl eine beträchtliche Steigerung der Milchsecretion als auch der Fettproduction bei allen Versuchsthieren gleichmässig bewirkt. Der procent. Fettgehalt der Milch blieb von den sehr weitgehenden Aenderungen der Ernährungsbedingungen vollkommen unberührt. Wein.

*P. Vieth, über die Zusammensetzung von Milch und Milchproducten. The Analyst **17**, 62. Bei 19 849 unters. Milchproben war die durchschnittliche Zusammensetzung: 87,24 % Wasser, 3,80 % Fett, 8,96 % Nichtfett, 1,0322 specifisches Gewicht. Der höchste Fettgehalt (4,30 %) war im November, der niedrigste (3,49 %) im April und Mai zu beobachten. In Butter war der Titer der flüchtigen Fettsäuren nach Reichert-Meissl: Englische 26,6, französische 28,1, dänische 27,2. holsteinische 24,9, australische 31,5. Wein.

*Ch. E. Cassal, Milschfälschungen. Rev. intern. scient. et popul. d. falsific. d. denrées aliments. **5**, 112. Die Milch wird in England sehr vielfach mit Borsäure versetzt, es wurden bis 1,792 Gr. im Liter constatirt. Dieser Zusatz wirkt nach J. Förster schon in geringer Dosis schädlich. Wein.

*H. Boddé, Beitrag zur Milchuntersuchung. Nederl. Tijdschr. v. Pharm. **4**, 67. Die Milch, welche von Kühen stammt, die stark salpetersäurehaltiges Wasser trinken, enthält niemals Salpetersäure. Wein.

Gährung, Pilze.

128. C. Gessard, Functionen und Rassen des Bacillus cyanogenus, Microben der blauen Milch.

129. W. Beyerinck, Kefir.

130. H. Droop Richmond, Die Einwirkung einiger Enzyme auf Milchzucker.

*C. O. Jensen, bacteriologische Untersuchungen über einige Milch-
und Butterfehler. 22. Beretning fra den kgl. Veterin og Land-
bohöjsk. Centralbl. f. Bacterienk. 11, 409—412.

*W. Thörner, Untersuchung der Milch auf Tuberkelbacillen.
Chem. Ztg. 16, 791. In einem etwa 50 CC. fassenden und oben mit
einem Wulst versehenen Glasröhrchen werden 20 CC. Milch mit
1 CC. 50% Kalilauge gut gemischt, 2 Min. im Wasserbad erhitzt,
nach Zusatz von Eisessig abermals erhitzt, wodurch das Gemisch
homogen wird und sodann 10 Min. lang centrifugirt. (3000 Umdrehungen in der Minute). Auf dem Boden des Gefässes findet sich
hernach ein gelblicher, die Tuberkelbacillen enthaltender Absatz.
Das überstehende Fett kann man in Aether lösen, das über dem
Bodensatz befindliche decantiren und letzteren mit heissem Wasser
auswaschen. Der Bodensatz kann durch abermaliges Centrifugiren
in einem unten verjüngten Rohr auf ein kleineres Volum gebracht
werden. Wein.

*B. Proskauer, über Conservirung von Milchproben zur
späteren Untersuchung. Referat im chem. Centralbl. 68, II, 944.
J. E. Allen wendet Kaliumdichromat an, welches die Säurung
einige Wochen hinausschiebt, wenn die Milch in reinen, gut verschlossenen Flaschen bei 15° aufbewahrt wird. Nach 4 Monaten
mit dem Lactokrit ausgeführte Untersuchungen zeigten noch denselben Fettgehalt. Farrington setzt zur Milch 2 Gr. Quecksilberchlorid, 2 Gr. Chlornatrim, 8 Gr. Borax, 0,1 Gr. Anilinroth. Das Verfahren, bereits sauergewordene Milch durch Natronlauge bei 60° zu
verflüssigen, bringt Zersetzungen und Verluste an Fett mit sich.
Wein.

131. A. Palleske, der Reingehalt der Milch gesunder Wöchnerinnen.

*J. Sebelien, über die Haltbarkeit der Milch und deren Vergrösserung durch Pasteurisiren. Centralbl. f Bacterienk. 12, 98.
Die Haltbarkeit der Magermilch wird durch Pasteurisiren nur wenig
vergrössert, wenn auf dasselbe nicht Abkühlung folgt. Wird die
pasteurisirte Milch längere Zeit auf 30—50° belassen, so wird ihre
Haltbarkeit schädlich beeinflusst. Günstig ist Pasteurisiren bei 70° C.
und nachfolgendes Kühlen auf 25° und noch weniger. Wein.

*N. J. Fjord und H. P. Lunde, die Haltbarkeit der Milch und
deren Vermehrung durch das Pasteurisiren. Chem. Centralblatt 68, II, 804. Siehe vorausgehendes Referat von Sebelien, das
die gleichen Resultate mittheilt. Wein.

*Sior, eine Untersuchung über den Bacteriengehalt der Milch
bei Anwendung einiger in der Kinderernährung zur Verwendung kommenden Sterilisationsverfahren. Jahrb. für
Kinderheilkunde 34, 1. Der Keimgehalt einfach aufgekochter Milch
unterscheidet sich nicht wesentlich von jenem in Milchkochern $1/_2$ St.
lang aufgekochter Milch. Starke Schwankungen traten aber zu Tage,
wenn die Milch zur Aufbewahrung in nur sauber gespülte, nicht aber
sterilisirte Flaschen umgeschüttet wurde. Solcher Umfüllung ist
stets zu widerrathen. Man belasse die Milch in den Milchkochern.
Wein.

*R. Fischl, zur Frage der Milchsterilisation zum Zwecke der
Säuglingsnahrung. Prager med. Wochenschr. 1892, No. 9 u. 10.

*L. Nencki und J. Zawadzki, über Milchsterilisation.
Zwei Sterilisationsapparate. Arch. des sciences biol. de
St. Petersbourg 1, 370.

*E. Feer, Sterilisation der Kindermilch. Jahrb. f. Kinderheil-
kunde 33, 88. Die Apparate für Sterilisation der Milch werden in
folgende 3 Gruppen gebracht: 1. Apparate zum Kochen der Milch
auf offenem Feuer mit Circulationsvorrichtung, welche das Ueber-
laufen verhindert (Soltmann, Staadler, Ottli, Berdez).
2. Flaschenapparate zum Kochen in Saugflaschen entweder im
Wasserbade (Soxhlet, Egli) oder im Dampfbade (Schmidt-
Mülheim). 3. Zapfapparate, bei denen die Milch im Kochgefäss
aufbewahrt und bei Bedarf durch einen Hahn abgelassen wird.
(Escherich, Hippius). Verf. gibt den Flaschenapparaten, unter
diesen dem Schmidt-Mülheim'schen den Vorzug. Von den
Zapfapparaten empfiehlt er den Escherich'schen, wegen dessen
Einfachheit und Haltbarkeit. Für den Hausgebrauch hält er den
einfachen Milchkocher für ausreichend; es genügt 30 Min. langes
Kochen, um Milch während 24 St. auch unter den ungünstigsten
Temperaturverhältnissen gut zu erhalten. Den verbesserten Soxhlet-
schen Sterilisationsapparat, der allseitig als der beste und bequemste
Apparat erachtet wird, erwähnt Verf. nur anmerkungsweise.
Wein.

*H. Weigmann, die Methoden der Milchconservirung, speciell
des Pasteurisiren und Sterilisiren der Milch. Bremen, Verlag von Heinsius 1892. Verf. verwirft die chemische Conserven-
salze. Ein gründliches, am besten discontinuirliches Sterilisiren mit
gespanntem Dampf ist das beste Mittel, die Milch haltbar zu machen,
doch genügt für Verkaufsmilch, bei der es auch auf angenehmen,
möglichst wenig alterirten Geschmack ankommt, rationelles Pasteurisiren bei 70°.
Wein.

*Ellenberger und Hofmeister, Verhalten sterilisirter Milch zum Magensaft. Molkereizgt. **6**, 64. Bei Versuchen mit künstlicher Verdauung zeigte sich, dass sterilisirte Milch nicht schwerer verdaulich ist, als rohe Milch. Dagegen wird die sterilisirte Milch mangelhafter ausgenutzt, weil sich das Caseïn beim Sterilisiren erheblich verändert. Es tritt keine Käsebildung im Magen, wie bei roher Milch ein. Auch ist die Wirkung der Säuren des Magensaftes und des Milchsäurefermentes auf das Caseïn sterilisirter Milch eine sehr unvollkommene. Es bilden sich keine grösseren, nur kleine, flockige Gerinnsel. Die sterilisirte Milch bleibt desshalb im Magen mehr oder weniger flüssig und kann desshalb leicht und zu früh aus dem Magen in den Darm übertreten. Auch im Darm gerinnt sie nicht, wie frische Milch, und durchläuft desshalb denselben zu rasch. Auf diese Weise kann ein Theil der sterilisirten Milch unverdaut abgehen. Bleibt sie aber lange genug im Magen und Darm, so wird sie so gut verdaut und ausgenutzt wie rohe.   Wein.

*A. Stutzer, ist sterilisirte Milch schwerer verdaulich als rohe? Landwirth. Vers.-Stationen **40**, 307. Die Versuche des Verf. nach seiner Methode der künstlichen Verdauung haben ergeben, dass rohe Milch etwas schneller verdaut wird, als sterilisirte.

Wein.

*Wasileff, über den Unterschied der Nährwirkung roher und gekochter Milch. Molkereiztg. **6**, 76. Als Versuchsobjecte dienten 6 kräftige, gesunde junge Männer von 18—26 Jahren, welche zuerst 3 Tage lang rohe und dann 3 Tage lang gekochte Milch erhielten. Die Ausnutzung der stickstoffhaltigen Bestandtheile roher Milch war immer eine bedeutendere als bei gekochter Milch. Das Fett wurde noch in höherem Grade in roher Milch ausgenützt als in gekochter. Der getrocknete Koth enthielt nach dem Genuss gekochter Milch weit mehr Fettsäuren, als nach genossener roher Milch. Das Kochen bewirkte Ueberführung fast des gesammten Albumins und eines Theiles des Caseïns in Hemialbumose.   Wein.

132. G. Courant, über die Bedeutung des Kalkwasserzusatzes zur Kuhmilch für die Ernährung des Säuglings.

Käse.

*A. Stift, einige Analysen von Käse und Milchproben. Zeitschrift f. Nahrungsmittel und Hygiene **6**, 454. Analysen von zwei Käsesorten:

	Wasser	Eiweiss	Fett	Milchzucker	Salze
Imperialkäse .	31,20%	8,38%	53,40%	3,92%	3,16%
Seeburger Käse	30.68 „	24,38 „	30,68 „	2,99 „	5,27 „

Die M o r g e n m i l c h eines '36 Mon. alten Schafes mit 400—500 CC.
täglichem Milchertrag enthielt: 80,22%/o Wasser, 6,99%/o Fett, 5,18%/o
Proteïn, 6,62%/o Milchzucker, 0,99 %/o Asche (0,40%/o Phosporsäure). —
1.0346 spec. Gewicht. — Condensirte Milch nach S o x h l e t von
Löflund enthielt: 58,43%'o Wasser, 10,46 Fett, 10,64 Eiweiss, 18,31
Milchzucker, 2,16 Asche.   W e i n.

133. R. K r ü g e r, über die H e r s t e l l u n g, Z u s a m m e n s e t z u n g und
R e i f u n g c a m e m b e r a r t i g e r W e i c h k ä s e.

*Arn. M a g g i o r a, über die Z u s a m m e n s e t z u n g des ü b e r r e i f e n
K ä s e s. Arch. f. Hygiene 14, 216—224.

*L. A d a m e t z, über die Herstellung und Zusammensetzung des bos-
nischen T r a p p i s t e n k ä s e s. Milchztg. 21, 310. Dieser Käse wird
vielfach nach Ungarn und Cisleithanien eingeführt. Seine sehr primi-
tive Bereitungsart wird näher beschrieben. Er enthält 45,9%/o Wasser,
20,9%/o Proteïne, 2.4%/o Fett, 4,0%/o Asche. N haltige Zersetzungsproducte des Caseïns (Leucin und Tyrosin) sind 2,4%/o vorhanden.
Verhältniss von Fett: Eiweiss = 55,5:44,5.   W e i n.

*A. B. G r i f f i t h s, Analysen e n g l i s c h e r K ä s e. Bull. d. l. Soc.
Chim. d. Paris 7, 282.

	Stil-ton	Ched-der	Glou-cester	Lei-cester	Che-shire	Cother-stone	Dor-set	Wilt-shire
Wasser	31,22	36,34	34,10	34,77	27.55	38,20	41,44	37,23
Caseïn	24,28	22,98	21,68	27,86	31,00	23,82	22,25	26,52
Fett	37,24	34,36	37,93	28,00	36,00	30,25	27,56	27,82
Asche	3,86	4,22	4,32	4,16	3,24	3,92	4,51	4,55
In heissem Wasser löslich . . .	3,40	2,10	1,98	5,21	2,21	3,87	4,24	3,88

                                                          W e i n.

*G. P i l l i t z, über V e r f ä l s c h u n g e n von S t r a c h i n o - und G o r-
g o n z o l a k ä s e. Riv. di Mercia. Chem. Centralbl. 1892, II, 103.
Der Reifungsprocess dieser Käse hängt ab von Penicillium; dieser
Pilz veranlasst die grüne Marmorirung, welche übrigens auch
künstlich durch Ultramarin hervorgebracht wird.   W e i n.

*G. S a r t o r i, Analysen von S t u t e n k ä s e. Le Staz. sperim. agric.
ital. 22, 337.

	I	II
Wasser	19,76	20,09
Proteïne	37,83	36,06
Fett	36,71	35,90
Asche ohne Chlornatrium	2,34	2,64
Chlornatrium	3,26	3,16

                                                          W e i n.

108. R. Krüger. Beiträge zur Kenntniss der Zusammensetzung des Kuhcolostrums [1]). Sämmtliche Colostrumsmilchproben stammten von einer Herde, welche Weidegang hatte. Alle Proben gerannen bei Zimmertemperatur erst nach 8 Tagen, während welcher Zeit sie sich mit einer gelbbraunen, hornartigen Decke überzogen hatten. Die Zusammensetzung schwankte innerhalb folgenden Grenzen:

Spezif. Gewicht	1,053—1,081
Aetherextract	3,27— 4,97 %
Caseïn	5,19— 8,92 „
Eiweiss	8,32—12,51 „
Fehling'sche Lösung reduc. Substanzen	0,52— 1,97 „
Asche	0,88— 1,21 „
Wasser	71,52—78,31 „
Trockensubstanz	21,69—28,48 „
Fettfreie Trockensubstanz	17,96—24,47 „
Aetherextract i. d. Trockensubstanz . .	13,06—19,44 „

Im Aetherextract fanden sich ausser Fett grosse Mengen anderer Substanzen und freie Fettsäuren. Die Fehling'sche Lösung reducirenden Substanzen bestehen aus mehreren, die Polarisationsebene drehenden Kohlehydraten. Qualitativ wurden nachgewiesen: Cholesterin, Lecithin, Leucin, Tyrosin, Harnstoff, Luteïn und thierisches Gummi. Der Aetherextract enthielt 12,9 % Cholesterin und 8,1 % Lecithin. Er ergab eine niedrigere Meissl'sche Zahl als Butterfett sonst. Das eiweissfreie Serum gab nur in einzelnen Fällen eine Reaktion auf peptonartige Substanzen. Unter dem Microscop waren Colostrumkörperchen nachzuweisen. Der Gehalt des Fettes an flüchtigen Säuren nimmt innerhalb der ersten Tage nach dem Kalben zu und ist nach kurzer Zeit normal. Ebenso verhält es sich mit Lecithin und Cholesterin. Die Köttsdorfer'sche Verseifungszahl ist gleichfalls niedriger als beim sonstigen Milchfett. Aschenanalysen ergaben folgende Resultate:

---

[1]) Vierteljahresschr. ü. d. Fortschr. d. Chem. d. Nahrungs- und Genussm. 7, 126.

	1.	2.	3.	4.
Calciumoxyd . .	26;20	27,05	26,95	27,12
Magnesiumoxyd .	6,24	6,55	6,49	6,54
Phosphorsäure . .	43,72	45,21	45,00	45,35
Schwefelsäure . .	0,79	0,89	0,84	0,90
Rest	23,04	20,29	20,72	20,09

Wein.

· 109· **B. Besana. Untersuchungen über Schafmilch** [1]). Es gelangte Milch von Schafen der Rasse Sopravissana, die auf natürlichen Weideplätzen aufgezogen wird und die zu den mittleren
Milchgebern gehört, zur Untersuchung. Es wurde an Ausbeute pro
Schaf und Tag erzielt im Maximum 805 CC, im Mittel 250—300 CC.
Das specif. Gewicht der Schafmilch ist 1,037—1,043, im Mittel
1,0395. Die Schafmilch ist weit gehaltreicher und besonders fettreicher als die Kuhmilch. Das specif. Gewicht der Schafmilch wird
schon durch mässigen Wasserzusatz stark herabgedrückt. Bei 5 %
Wasserzusatz: 1,037, 10 %: 1,0355, 20 %: 1,0325, 30 %: 1,030,
50 %: 1,026). Die Fettkügelchen der Schafmilch sind dicht ge-
drängt und im Mittel 0,00476—0,0092 mm gross, wenige messen
0,0119—0,01428 mm, noch weniger 0,02142 mm. Das grösste
Fettkügelchen mass 0,0309 mm. Mischungen von Kuh- und Schafmilch lassen sich leicht an der verschiedenen Grösse der Fettkügelchen erkennen. Die Schafmilch ist sehr zähflüssig in Folge
des Quellzustandes des Caseins und setzt daher den Rahm erst nach
Tagen ab. Wird sie aber mit dem gleichen Volum Wasser verdünnt, so wird der Rahm im Cremometer schon nach 24 Std. abgesetzt. Die mittlere Zusammensetzung in den Jahren 1887, 1890,
1892 war:

$$\left.\begin{array}{l} 78{,}23\ \%\ \text{Wasser} \\ 6{,}26\ \text{,,}\ \text{Protein} \\ 9{,}50\ \text{,,}\ \text{Fett} \\ 5{,}00\ \text{,,}\ \text{Milchzucker} \\ 1{,}01\ \text{,,}\ \text{Asche} \end{array}\right\}\ 21{,}77\ \%\ \text{Trockensubstanz.}$$

Die Schafmilch ist mehr als doppelt so haltbar als Kuhmilch und
gerinnt unter den ungünstigsten Transportverhältnissen an heissen

---

[1]) Chem. Ztg. **16**, 1519.

Tagen nicht. Sie braucht zum Gerinnen $1\frac{1}{2}$—2 mal mehr Zeit und
ebenso viel mehr Lab.   Wein.

110. J. Sebelien: Ueber die Reaction der Kuhmilch[1]). Der
alkalische Theil der amphoteren Reaction gegen Lakmus erfordert normal 0,5·—2,0 CC. $\frac{1}{10}$ - Normalschwefelsäure pro 50 CC.
Milch. Bei einigen vom Verf. beobachteten Fällen war der Säure-
verbrauch minimal, wenige $\frac{1}{10}$ CC., bei einzelnen Kühen am Ende
der Lactationsperiode betrug er dagegen bis gegen 7 CC. $\frac{1}{10}$-Normal-
Schwefelsäure. Es wurden auch andere Indikatoren zur Angabe des
Verschwindens der alkalischen Reaction geprüft, wie Rosolsäure,
Lacmoid, Methylorange, Congoroth und Alizarin; nur letzteres war
einigermassen brauchbar. Der saure Theil der amphoteren Reaction
verbrauchte in der Regel pro 50 CC. Milch 3—5 CC. $\frac{1}{10}$-Normal-
lauge, am Schlusse der Lactation aber nur 1—2 CC. (mit Lakmus
als Indikator). Der relative Säuregrad, d. h. saure Reaction gegen
Phenolphtaleïn entspricht meist 10—11 CC. Lauge, am Schlusse der
Lactation aber nur 8—10. Für 50 CC. Colostrummilch wurden
15—21 CC. $\frac{1}{10}$-Normallauge verbraucht.   Wein.

111. L. Vaudin: Veränderungen in der Acididät der Milch[2]).
I. Die Acidität der Milch ist für jede Thiergattung charakteristisch;
sie unterliegt durch Veränderung in der Ernährung keinen grossen
Schwankungen. Die Frauenmilch und die Milch langsam wachsender
Thiere (Eselin, Stute) hat eine geringere Acididät als jene von
schnell wachsenden Thieren (Kuh, Schaf, Ziege). Verf. glaubt, die
Acidität sei abhängig von den sauren Eigenschaften der suspendirten
Proteïne und hänge zusammen mit dem Kalkphosphat der Milch. —
II. Die Milch der Wiederkäuer ist entschieden sauer gegen Phenol-
phtaleïn. Weniger hervortretend ist die saure Reaction bei anderen
Säugethieren. Die Rasse hat wenig Einfluss auf die Acididät der
Milch. Letztere steigert sich bei den Kühen beim Herannahen des
Kalbens.   Wein.

---

[1] Chem. Ztg. **16.** Nr. 35, S. 597. — [2] Bull. d. l. Soc. Chim. d. Paris
[3] **7** u. **8,** 242 u. 283.

112. W. Thörner. Zur Milchsäurebestimmung[1]). Verf. erinnert daran, dass er sein Verfahren der Bestimmung der Acidität
der Milch unabhängig von Pfeiffer und Soxhlet ausgearbeitet
habe. Verf. bezeichnet mit Säuregraden die Anzahl CC. $^1/_{10}$-Normal-
alkali, welche zur Neutralisation von 10 CC. Kuhmilch, verdünnt
mit 20 CC. Wasser, bei Verwendung von Phenolphtaleïn als Indicator
verbraucht werden und theilt folgende Säuregrade mit:

für frisch gemolkene Milch	8— 16 ^{0}.
„ mehrere Stunden stehende Milch in der Regel .	10— 18 ,,
„ Milch bei kühler Aufbewahrung nach weiteren 6 Std.	14— 25 ,,
,, ,, ,, ,, ,, ,, ,, 24 ,,	17— 60,,
,, ,, ,, ,, ,, ,, ,, 48 ,,	30—100,,

Milch mit 23 ^{0} und mehr gerinnt beim Aufkochen. Verf. empfahl
schon früher zur besseren Erkennung der ersten Röthung Zusatz
von destillirtem Wasser, den Soxhlet verwirft. Die Beobachtung,
dass alle Wasser mehr oder weniger sauer seien, fand Verf. bestätigt; jedoch zeigen alle Brunnenwässer nach 5 Min. langem Aufkochen höchstens 1" Säure oder Alkali, weshalb diese als Zusatz
zu Säurebestimmungen verwendbar sind. Verf. empfiehlt, um die
Verwirrung durch Angabe der Säuregrade verschiedener Verfahren
zu beseitigen, die gleichzeitige Mittheilung der Milchsäureprocente
und will Büretten anfertigen lassen, die die Ablesung einerseits der
Grade, andrerseits der Procente gestatten. 1 Säuregrad $= 0,009$ $^0/_0$
Milchsäure.   Wein.

**113. F. J. Herz: Amyloid, ein neuer Bestandtheil von Milch
und Molkereiproducten**[2]). Verf. fand in Milch, Rahm, im Nichtfett der Butter, in Hart- und Weichkäsen, sogar im chemisch reinen
Caseïn von Merck einen Körper, der in seiner äusseren Form,
wie auch in seinem Verhalten gegen Jod sich der Stärke auffallend
ähnlich zeigt. Derselbe, vom Verf. „Amyloid" benannt, stellt
eiförmige und runde Gebilde vor, die pflanzlicher Stärke ähnlich sind
und 10—35 μ messen. Es kommen aber auch längliche Fetzen
von 115 μ Länge vor. Während erstere durch Jod gleichmässig

---

[1]) Chem. Ztg. **16,** 1469. — [2]) Chem. Ztg. **16,** 1594.

blau gefärbt werden, färben sich dieselben verschieden stark damit.
Durch Wasser wird es nicht verkleistert, überhaupt nicht wesent-
lich verändert. Auch kochender Alkohol und Aether lassen keine
Veränderung desselben wahrnehmen. Wärme macht diese Gebilde
weich und schmierig, ohne dass sie sich mit dem Caseïn vermischen.
Verf. fand sie in der stark ·alkalischen Flüssigkeit, die sich beim
Soxhlet'schen aräom. Verfahren unter der Aetherfettschicht ansammelt, auch im Euter einer wegen Kalbefieber geschlachteten
Kuh und im Colostrum, ohne ihren eigentlichen Sitz feststellen zu
können. Der Körper tritt in der Milch und den Molkereiproducten
im Ganzen spärlich auf. Man sammelt ihn durch Aufkochen von
Käse, Butterrückständen etc. mit Wasser, wodurch er zum Theil zu
Boden sinkt, zum Theil in die oben schwimmende Fettschicht tritt,
wo er durch Aether vom Fett befreit werden kann. Das Amyloid
verändert sich beim Reifen der Käse nicht. Verf. glaubt, dass es
als unreifes Caseïn aufzufassen sei oder wenigstens zu demselben in
bestimmten Beziehungen steht. Verf. verweist sodann auf folgende
Literaturangaben: C. Dareste fand einen stärkeähnlichen. durch
Jod blaugefärbten Körper im Eigelb. Mylius constatirte ein
gleiches Verhalten der Cholalsäure gegen Jod. Cholesterine werden
nach Einwirkung von Schwefelsäure durch Jod blau gefärbt. Ebenso
verhält es sich mit Virchow's in Milz, Leber, Nieren aufgefundenem
Amyloid. Mit der Beschreibung des letzteren stimmt Verf.'s. Amyloid
in der Milch, das er aus dieser oder Colostrum durch Pepsinsalzsäure
rein zu gewinnen hofft. — Die öfters in der Literatur verkommenden
Angaben von einem Zusatz von Stärke zur Milch beruhen wahrscheinlich auf der Anwesenheit des Amyloids, resp. dessen Blaufärbung durch Jod.   Wein.

**114. F. v. Szontagh: Untersuchungen über den Nucleïngehalt in
der Frauen- und Kuhmilch** [1]). Viele Forscher, besonders aber Biedert [2])
haben darauf aufmerksam gemacht, dass das Caseïn der Menschenmilch sich anders verhält, als jenes der Kuhmilch. Biedert nahm

---

[1]) Magyar orvosi archivum, Budapest, I. 182 und ungar. Arch. für
Medic. I. 192—203. — [2]) Untersuchungen über die chemischen Unterschiede
der Menschen- und Kuhmilch, Stuttgart 1884.

als Ursache für die abweichenden Eigenschaften der Caseïne beider
Milchsorten, eine differente chemische Constitution an. Auch
Hammarsten[1]) ist geneigt anzunehmen, dass die beiden Caseïne,
nicht identisch sind, doch findet sich nirgends eine positive Angabe
darüber, worin eigentlich die Differenz bestehen soll. Verf. versuchte die Frage einer Lösung entgegenzuführen und prüfte auf
Veranlassung des Referenten beide Milch-, beziehungsweise Caseïnarten auf ihren Nucleïngehalt, denn es war zu erwarten, dass in
dem Falle, als zwischen den beiden Caseïnarten betreffs deren
chemischer Constitution Unterschiede bestehen, auch das im Caseïn
vorhandene Nucleïn Unterschiede aufweisen wird u. z. konnten diese
Unterschiede sowohl die im Caseïn enthaltene Nucleïnmenge als auch
deren Qualität betreffen. In erster Linie wurde Caseïn der Kuhmilch
hinsichtlich seines Nucleïngehaltes untersucht. Das Caseïn löste sich
in der Verdauungsflüssigkeit ziemlich schnell, es trat Trübung ein
und kleine sagoähnliche Körperchen wurden in derselben sichtbar,
welche während der Digestion in der Flüssigkeit lebhaft kreisten,
später aber einen grauen Niederschlag bildeten. Der Niederschlag —
Nucleïn — wurde bis zum Verschwinden der Chlorreaction mit
Wasser, hierauf mit Alcohol und Aether gewaschen und getrocknet.
Als Mittel von 8, aus verschiedener Milch hergestellten Caseïnen
ergab sich, dass der Nucleïngehalt des Kuhmilchcaseïns 9,5 $^0/_0$ beträgt. Die Nucleïnmenge im Caseïn schwankte zwischen 7,3 bis
12,37 $^0/_0$. Verf. lässt es dahingestellt, ob der Nucleïngehalt des Kuhmilchcaseïns ein schwankender ist, denn es ist möglich, dass bei
der Digestion des Caseïns, nicht das ganze Albumin in Pepton umgewandelt wurde und dass während der Digestion das Nucleïn selbst
zerfällt und sich verringert. Aus diesem Grunde hat Verf. die von
ihm gewonnenen Nucleïne einer abermaligen Digestion unterworfen.
Die Verluste, welche sich auf diese Weise an Nucleïn ergaben,
waren beträchtlich, d. h. der Verlust betrug im Durchschnitt 50 $^0/_0$.
Verf. nimmt auf Grund dieser Beobachtung an, dass sich das
Nucleïn während der Digestion zersetzt; es fiel ihm nämlich auf,
dass er nach der zweiten Digestion im Filtrate Phosphorsäureaction

---

[3]) Hammarsten, Lehrbuch der phys. Chemie, Wiesbaden 1891.

bekam, welche aller Wahrscheinlichkeit nach ihren Ursprung der
Zersetzung von Nucleïn verdankt. Ist diese Annahme richtig, so
muss gefolgert werden, dass der Nucleïngehalt der Kuhmilch ein
grösserer ist, als jener, welcher durch die gewonnenen Werthe zum
Ausdruck gelangt. Verf. unterwarf Kuhmilch auch direct der Einwirkung von Pepsinchlorwasserstoffsäure, was schon aus dem Grunde
geboten war, weil man bei der Bestimmung des Nucleïngehaltes der
Frauenmilch denselben Weg einschlagen musste, wobei folgende Erfahrungen gemacht wurden: Wird die Digestionsflüssigkeit langsam
mit Kuhmilch gemengt, so tritt in dieser Gerinnung ein, d. h. Caseïn
fällt aus, löst sich jedoch im Ueberschuss der Digestionsflüssigkeit
wieder vollkommen auf. Wird diese Flüssigkeit einer Temperatur
von 37 ⁰ C. ausgesetzt, so tritt feinkörnige Trübung ein; im weiteren
Verlaufe bildet sich an der Oberfläche ein voluminöser, weisser
Niederschlag. Das aus Milch direct gewonnene Nucleïn wurde ebenfalls wie oben gewaschen und mit Aether entfettet; die Menge war
ungefähr dieselbe, wie die bei Verdauung von Caseïn erhaltene,
ebenso erlitt direct aus Kuhmilch abgeschiedenes Nucleïn bei nochmaliger Digestion bedeutende Gewichtsverluste. Das aus Caseïn und
Kuhmilch dargestellte Nucleïn zeigte folgende dasselbe als Nucleïn
charakterisirende Eigenschaften. Die Substanz bildet mehr weniger
weisse, amorphe Massen mit einem Stich ins Graue und ist zu Pulver
leicht zu verreiben, röthet nasses blaues Lackmuspapier und ist in
den gewöhnlichen Lösungsmitteln unlöslich; nur in Laugen löst sie
sich langsam, fällbar daraus durch Säuren. Beim Verbrennen bläht
sie sich auf und hinterlässt auf dem Platinblech eine schwer ver-
brennbare Kohle, welche nasses blaues Lakmuspapier röthet. Mit
Soda und Salpeter geschmolzen, giebt die in Salpetersäure gelöste
Schmelze starke Phosphorsäurereaction. Der Phosphorsäuregehalt des
Caseïns betrug $6,87\,^0/_0$, jener des, nach der ersten Digestion erhaltenen Nucleïns $2,96\,^0/_0$, des nach der zweiten Digestion erhaltenen
$3,13\,^0/_0$. — Frauenmilch wurde direct der Digestion unterworfen,
wobei Verf. folgende Beobachtungen machen konnte. Weder eine
geringere, noch aber eine grössere Menge Verdauungsflüssigkeit war
im Stande, in Frauenmilch Caseïnausscheidung hervorzurufen; es
zeigte sich also in dieser Beziehung ein verschiedenes Verhalten

gegen Kuhmilch. Eine Körnung tritt auch dann nicht ein, wenn das Gemenge von Frauenmilch und Verdauungsflüssigkeit einer Temperatur von 37 ⁰ C. ausgesetzt wird, doch sammelt sich im Laufe der Digestion das Milchfett an der Flüssigkeitsoberfläche an. Dass in der Zeit, innerhalb welcher die Verdauung der Kuhmilch beendet ist, auch die Proteïnsubstanz der Menschenmilch in Pepton überge-führt wird, ohne dass ein, als Nucleïn aufzufassender Niederschlag ent-stehen würde, beweist die folgende Reaction: Alcohol, welcher in nicht verdauter Frauenmilch einen feinflockigen Niederschlag erzeugt, ruft in derselben nach Digestion, keine Veränderung hervor. Nach der Digestion geben Essigsäure und Ferrocyankalium in der Frauenmilch keine Albuminreaction, mit Kalihydrat und Kupfervitriol lässt sich Pepton nachweisen. Die verdaute Frauenmilch wurde noch weiter auf einen Nucleïngehalt untersucht. Die Flüssigkeit wurde filtrirt; das Filtrat war trübe, opalisirend, auch nach mehrmaligem Filtriren, während das Filtrat der verdauten Kuhmilch klar war. Der geringe kaum sichtbare Rückstand am Filter löste sich in Aether vollkommen auf, war demnach Fett. Es konnte also aus Frauenmilch kein Nucleïn gewonnen werden, woraus gefolgert werden kann, dass Frauen-milchcaseïn kein Nucleïn enthält. — Nach diesen Resultaten kommt Verf. zu dem Schlusse, dass die als Caseïn aufgefasste Proteïnsub-stanz der Menschenmilch kein Caseïn, d. h. kein Nucleoalbumin sei. Zum mindesten muss man sagen, dass die Frauenmilch höchstens Spuren von Nucleïn enthalten kann, oder aber ein Nucleïn, dessen Natur bisher unbekannt ist. Aber auch solche Eventualitäten schliessen eine Identität der beiden Milchgattungen bezüglich der Qualität ihrer Bestandtheile vollständig aus. Mit Alcohol gelang es Verf. stets in Frauenmilch einen Niederschlag hervorzubringen; dieser Alcohol-niederschlag ist nach Pfeiffer[1]) als das Caseïn der Frauenmilch zu betrachten. Zum Zwecke der Reindarstellung wurde der Nieder-schlag so behandelt, wie das Caseïn der Kuhmilch. Der Alcohol-niederschlag ist überaus feinflockig, stellt jedoch, am Filter gesammelt, eine gelbe, gummiartige, homogene, compacte, stark klebende Masse dar, welche getrocknet leicht zerreibbar ist. Die Substanz, 84 Cgrm.

---

[1]) Die Analyse der Milch, Wiesbaden 1887.

aus 52 CC. Frauenmilch, wurde auf eventuellen Nucleïngehalt
untersucht, d. h. mit Verdauungsflüssigkeit digerirt; dabei konnte
die Wahrnehmung gemacht werden, dass der grösste Theil derselben
an der Oberfläche der Flüssigkeit schwimmend blieb und nur ein
kleiner Theil zu Boden sank, doch in kurzer Zeit begann sämmtliche
Substanz sich bei geringer Quellung zu lösen, wobei die Flüssigkeit
schwach opalisirte. Innerhalb 4 Stunden war die Digestion beendet;
ein als Nucleïn zu betrachtender Niederschlag aber nicht sichtbar.
Dass aber auch in diesem Falle sämmtliche Eiweisssubstanz in Pepton
übergeführt wurde, ohne das es zur Ausscheidung von Nucleïn kam,
bewies die negative Eiweiss- resp. positive Biuretreaction. —
Es geht daher aus den Versuchen hervor, dass zwischen Frauen-
und Kuhmilch ein wesentlicher Unterschied hinsichtlich des Nucleïngehaltes beider Milchsorten besteht. Direct aus Kuhmilch, sowie
aus dem Caseïn derselben, konnte stets ein in Verdauungsflüssigkeit
unlöslicher Niederschlag, Nucleïn, erhalten werden, während es bei
der Digestion von Frauenmilch oder des als Caseïn aufgefassten
Alcoholniederschlages derselben niemals zur Ausscheidung von Nucleïn
kam. Das Caseïn der Frauenmilch hat sich nicht als Nucleoalbumin erwiesen.   Lie berma nn.

115. H. Winternitz: Ueber das Verhalten der Milch und ihrer wichtigsten Bestandtheile bei der Fäulniss[1].

Zweck der
Untersuchungen war, festzustellen, in welcher Weise und in welchem
Umfange die Milch ihren Einfluss auf Fäulnissvorgänge geltend macht.
Den Ausgangspunkt und die Grundlage für die Untersuchung bildeten
Versuche ausserhalb des Organismus und Experimente am Thier.
Die Resultate der Versuche waren: Die Milch wirkt auf die Eiweiss-
fäulniss hemmend ein und verzögert namentlich die Entstehung der
ersten und der letzten Eiweissspaltungsproducte. Dieser Einfluss beruht auf der Gegenwart des Milchzuckers und macht sich unabhängig von der durch die Spaltung des Milchzuckers bedingten
Säurewirkung geltend. In derselben Weise und in demselben Umfange beeinflusst die Milch auch die Darmfäulniss und bewirkt einerseits eine entschiedene Verminderung der Aetherschwefelsäuren im

[1] Zeitschr. f. physiol. Chemie 16, 460—487.

Harne, andererseits das Fehlen, beziehungsweise die Verminderung der letzten Eiweissspaltungsproducte in den Fäces, vermindert also dadurch den Zerfall der Eiweisssubstanzen in Producte, welche für den Organismus werthlos, möglicherweise sogar schädlich sind. Der sogenannte Bromkörper (mit Bromwasser eine schöne purpurrothe Färbung, event. Fällung gebend, auch Tryptophan, Proteïnochrom benannt) ist im Darm vom Eintritt des Ductus pancreaticus nachweisbar. Er entsteht in den oberen Darmabschnitten durch die Fermentwirkung des Pankreassaftes, in den unteren Darmabschnitten möglicherweise auch durch Fäulniss. Im unteren Abschnitt des Dickdarmes und in den Fäces ist er nicht enthalten; er wird vom Darm aus vollständig resorbirt und verhält sich auch hierin nicht wesentlich anders als Leucin und Tyrosin, mit denen er gleichzeitig entsteht. — Bei der Untersuchung der Säuglingsfäces konnte Verf. in Uebereinstimmung mit Senator [J. Th. 10, 323] in denselben nie Indol, Skatol oder Phenol nachweisen. Dagegen liessen sich stets Oxysäuren in grösserer oder geringerer Menge nachweisen, wovon Senator nichts erwähnt. Das Fehlen der Fäulnissproducte ist nicht, wie Senator meint, dem Umstande zuzuschreiben, dass der Darminhalt bei Säuglingen schneller durchgeht, es steht im Einklang mit den vom Verf. erhaltenen Resultaten der Versuche über Milchfäulniss. Wein.

116. A. R. Leeds: Die Proteïde der Kuhmilch [1]). Die Versuche Duclaux's über den Zustand des Caseïns in der Milch wurden wiederholt und zwar unter Anwendung eines Chamberland-Pasteur-Filters. Das Caseïn wird vollständig und das Lactoproteïn zum grössten Theil vom Filter zurückgehalten. Sie befinden sich beide in colloidalem Zustande in der Milch. Wirklich gelöst in derselben ist nur die Galactozymase (Duclaux's Caseasc), ein stärkeverflüssigendes Ferment; dasselbe geht durch's Filter. Das Caseïn scheint an Alkali, vielleicht auch an Kalk und Phosphorsäure gebunden zu sein. In Lösung befinden sich auch Salze und gewisse lösliche Verbindungen der Phosphorsäure. Die Galactozymase wird beim Sterilisiren der Milch zerstört und coagulirt. Das Caseïn wird

---

[1]) Journ. of the Amer. Chem. Soc. 13, 72—92.

durch Hitze nicht coagulirt, aber gegen Fermente widerstands-
fähiger, wodurch es schwerer verdaulich wird. Die schwerere Verdaulichkeit der Proteïne beeinträchtigt auch die Verdaulichkeit der
Fettkügelchen. Wegen dieser Mängel des jetzigen Sterilisirungsver-
fahrens sei ein anderes anzustreben.   Wein.

**117. F. Denigès: Anwendung der Metaphosphorsäure zur
Abscheidung der Eiweissstoffe der Milch bei der Bestimmung der
Lactose** [1]). Basisch essigsaures Blei und essigsaures Quecksilber
eignen sich nicht für diesen Zweck; ersteres fällt die Eiweissstoffe
nicht vollständig; letzteres greift im Filtrat die Metalltheile der
Polarisationsröhre an, wenn man das Quecksilber nicht durch Schwefelwasserstoff entfernt. Zu empfehlen ist für diesen Fall Metaphosphorsäure oder Natriummetaphosphat, erhalten durch Erhitzen von phos-
phorsaurem Ammon-Natrium. Eine 5 $^0/_0$ Lösung, in der Kälte
bereitet, hält sich ziemlich lange. Zur Coagulirung der Eiweissstoffe werden 10 CC. Milch in einem 100 CC.-Fläschchen mit 2,5 CC.
dieser Lösung und 60—70 CC. Wasser vermischt, geschüttelt, mit
0,3 CC. Essigsäure oder 0,5 CC. Salzsäure versetzt, bis zur Marke
aufgefüllt und filtrirt. Die Metaphosphorsäure modificirt das Rota-
tions- und Reductionsvermögen des Michzuckers in wässeriger Lösung
nicht. Auch Essigsäure und Salzsäure wirken in dieser Concentration selbst bei längerer Aufbewahrung nicht auf den Zucker ein.
          Wein.

**118. Liebig: Einige Ursachen, die das Aufsteigen des Rahmes
verhindern** [2]). Eine Erschütterung der Milch verhindert das Aufsteigen des Rahmes. Die Milch ist direct nach dem Melken wärmer
als ihre Umgebung, die Temperatur derselben sinkt erst allmählich.
Die Fettkügelchen der Milch kühlen sich wegen ihrer runden Gestalt
nicht so rasch ab wie die übrigen Bestandtheile. Der Unterschied
zwischen dem spezif. Gewicht der Fettkugeln und jenem der sie
umgebenden Milchflüssigkeit ist dem Temperaturunterschied der beiden
direct proportinal; je grösser die Temperaturdifferenz der beiden,

---

[1]) Bull. d. l. Soc. Chim. d. Paris [3] **7**, 492—499. — [2]) Chem. Centralbl.
1892, II, 582.

desto rascher und leichter findet ein Aufrahmung statt. Während
des Transportes der Milch findet allmählicher Ausgleich dieser
Temperaturdifferenz statt, wesshalb sich auch der Unterschied zwischen
den Dichten vermindert und die Fettkügelchen aufhören, sich in der
Milchflüssigkeit abzusondern. Die Aufrahmung wird befördert durch
Verminderung der Molekularadhäsion, z. B. durch Verdünnen der
Milch mit Wasser. Die Temperatur übt einen grossen Einfluss auf
die Abscheidung des Rahmes aus; eine niedere Temperatur wirkt
günstig, weil durch Kälte das spezifische Gewicht der entrahmten
Milch gesteigert wird. Bei ein und derselben Milch ist die Rahmschicht bei höherer Temperatur fettreicher als bei niedriger, was in
der über eine grosse Oberfläche sich verbreitenden Wasserverdunstung
liegen mag. Weiters kommt für die Aufrahmung die Höhe der Milch-
schicht und die Dauer der Entrahmung in Betracht. Mit der Dauer
steigert sich die Rahmmenge. Nach Umfluss einer bestimmten Zeit
scheint sich die Rahmschicht zu vermindern, ihr Volum verringert
sich, dagegen mehrt sich ihr Reichthum an Fettkügelchen. Auch die
Feuchtigkeit oder Trockenheit der Luft, Druck und Elektricität der
Atmosphäre sind nicht ohne Einfluss auf das Aufsteigen des Rahmes.
Erstere begünstigen die Bildung und Entwickelung von Spaltpilzen,
welche die Milch zersetzen und so das Emporsteigen der Kügelchen
hemmen. Bei feuchter Atmosphäre wird die Milch leicht sauer,
Trockenheit wirkt entgegengesetzt.   Wein.

119. **W. Thörner: Verfahren zur schnellen und exacten
Fettbestimmung in Milchprodukten**[1]). Das Verfahren beruht auf
Verseifung des Butterfettes durch Kochen mit alcohol. Kalilauge und
Bestimmung der durch Säuren abgeschiedenen Fettsäuren durch die
Centrifuge. 10 CC. Milch werden in einem Centrifugirröhrchen von
bestimmter Form mit $1^1/_2$ CC. alcohol. Kalilauge (160 Gr. Kalihydrat im Liter) gemischt, mit Gummistopfen, deren Durchbohrung
ein Capillarrohr, Schlauch und Quetschhahn trägt, verschlossen und
2 Min. zur Verseifung in ein kochendes Wasserbad gebracht. Dann
bringt man 1 CC. Säuremischung (98—99 % Essigsäure, conc.
Schwefelsäure oder Gemische von Essigsäure, Salzsäure und Schwefel-

---

[1]) Molkerei-Ztg. **6**, 1.

säure mit Milchsäure) in den verjüngten Theil des Röhrchens, erhitzt
wieder mit aufgesetztem Stopfen, centrifugirt 1—4 Minuten mit
einer Geschwindigkeit von 2000 Umdrehungen pro Minute und bringt
sodann das Röhrchen zur Ablesung auf 100 ⁰ C. Bei saurer Milch
muss $^1/_2$ CC. Alkali mehr genommen werden; Rahm ist mit 2—3
Volum Wasser zu verdünnen. Bei Buttermilch muss die saure
Lösung länger erhitzt werden wegen der schwierigeren Lösung des
Caseïns.   Wein.

120. E. Reich: Beziehungen des specif. Gewichtes der Molken zum fettfreien Trockenrückstand in der Milch[1]).

Zur
Darstellung der Molken werden 100 CC. Milch mit 4 CC. Eisessig
geschüttelt, 5—6 Min. auf 60—65 ⁰ C. erwärmt, in kaltem Wasser
abgekühlt und filtrirt. Das in dieser Molke bestimmte specif.
Gewicht fiel in der 4. Dezimale um 5—6 niedriger aus, als Radu-
lescu gefunden; es sinkt bei normaler Milch nie unter 1,0265.
Die Trockensubstanzbestimmung hat keinen Werth. Es entspricht
ein spec. Gewicht von 1,029 in den Molken 9,40 Trockenrückstand
in 100 CC. Milch, 1,027 einem Gehalt von 8,70, 1,025 einem
solchen von 8,0. Es werden folgende Formeln aufgestellt:

$$Tff = \frac{Sm - 1,00185}{0,00289}$$

$$T = \frac{Sm - 1,00185}{0,00289} + F$$

$$F = T - \frac{Sm - 1,00185}{0,00289}$$

Sm = specif. Gewicht d. Molken.
Tff = fettfreier Trockenrückstand.
F = Fett.
T = Trockenrückstand.

Mit diesen Formeln lässt sich bei angeführter Molkenbereitung
leicht eine Wässerung der Milch nachweisen. Zu beanstanden ist
eine Milch mit 1,0265 Molkengewicht oder weniger und 8,5 fettfreiem
Trockenrückstand oder weniger.   Wein.

121. H. Kreis: Ueber eine Modification der Reichert-Meissl'schen Methode[2]).

Die Abänderung beruht auf einer Spaltung
der Glyceride des Butterfettes durch concentr. Schwefelsäure; die

---

[1]) Milchztg. 21, 274. — [2]) Schweizer Wochenschr. f. Pharm. 80, 481.

Verseifung erfolgt ungleich rascher als durch Kalilauge. 5 Grm. wasserfreies Butterfett werden in einem Kolben geschmolzen, einige Min. in ein 32 ⁰ warmes Wasserbad gebracht und dann mit 10 CC. conc. Schwefelsäure versetzt. Man dreht nun den Kolben bis zur Klärung des Inhaltes rasch und setzt ihn wieder in's Wasserbad. Nach 10 Min. werden rasch 150 CC. Wasser zugegeben, es wird tüchtig geschüttelt und dann gleich in der üblichen Weise abdestillirt. Die erhaltenen Resultate differiren von der Wollny'schen Methode höchstens um 0,2 und waren sehr zufriedenstellend.   W e i n.

122. A. P a r t h e i l: Ueber die Bestimmung der flüchtigen Fettsäuren des Butterfettes [1]). L e f f m a n n und B e a m haben in Modification des R e i c h e r t - W o l l n y 'schen Verfahrens zur Verseifung alkalische Glycerinlösung angewandt. Verf. schlägt vor, eine grössere Menge derselben und die Bestandtheile getrennt anzuwenden. 5 Grm. Butterfett werden in einem 350 CC. fassenden Kolben mit 2 CC. 50 $^0/_0$ Natronlauge und 20 CC. Glycerin versetzt und auf dem Drahtnetz unter Umschwenken bis zur vollständigen Verdampfung des Wassers erhitzt. Man erhitzt dann mit kleiner Flamme, bis in 20 Min. eine klare Seifenlösung entsteht, die nach dem Abkühlen mit 90 CC. Wasser und 50 CC. verdünnter Schwefelsäure versetzt wird. Nun destillirt man wie gewöhnlich nach Zusatz von Bimsstein 110 CC. ab.   W e i n.

123. J. E r d é l y i: Versuch eines Nachweises fremder Fette in der Butter [2]). Klar filtrirtes Butterfett wird 24—48 Stunden in einem Eisschrank sich selbst überlassen. Dann werden zu je 2 CC. in trockenen Eprouvetten möglichst gleichen Kalibers 6 CC. Cumol von 165 ⁰ C. Siedepunkt (bei 750 Mm. B.) zugesetzt und 24 St. bei Zimmertemperatur stehen gelassen. Dann werden die mit Thermometer versehenen Probirröhren zwischen klein gestossenes Eis gebracht, 1 Stunde hingestellt und in gewissen Zeitintervallen für einen Augenblick zur Beobachtung heraus genommen. Reines Butterfett hält sich in einer solchen Cumollösung bei 0 ⁰ mindestens 1 Stunde lang unverändert klar, meist jedoch länger. Durch fremde Zusätze verfälschtes Butterfett trübt sich dabei mehr weniger. Geprüft wurde

---

[1]) Apotheker-Ztg. 7, 435. — [2]) Zeitschr. f. anal. Chemie 31, 407—410.

mit Zusätzen von Margarine und Schweinefett, auf welche die
genannten Beobachtungen zutrafen.   W e i n.

124. **A d o l f M a y e r : Der Schmelzpunkt und die chemische
Zusammensetzung der Butter bei verschiedener Ernährungsweise
der Milchkühe** [1]). Der Gehalt des Butterfettes an flüchtigen Fettsäuren selbst einer einzigen Kuh schwankt zwischen weiten Grenzen,
wenn man das Thier verschiedenen Versuchsbedingungen unterwirft.
Die Zahlen schwankten bei der einen Kuh zwischen 13,4 — 24,9,
bei der zweiten von 20,1 — 32,2. Noch grösser sind die Schwankungen,
wenn man die Grenzziffern bei verschiedenen Rassen und Individuen,
in verschiedenen Stadien der Lactation befindlich und auf sehr verschiedene Weise gefüttert, combinirt. Als Maximum wurde 33.5,
als Minimum 13,4 CC. gefunden. Der Gehalt des Milchfettes an
flüchtigen Säuren wurde etwas abhängig gefunden von der Lactations-
dauer; es wurden im Anfang der Periode höhere Zahlen gefunden
als später. Ordnet man die Futtermittel nach ihrer Wirkung auf
die Bildung flüchtiger Fettsäuren in der Weise, dass jene, welche ihre
Vermehrung am stärksten begünstigen, obenan stehen, so ergibt sich
folgende Reihenfolge: Rauhfutterstoffe: Runkelrüben, Weidegras im
Frühjahre, Grüner Klee, Weidegras im Herbst, Heu, Sauermais,
Sauerheu, Stroh. — Kraftfutterstoffe: Roggen, Maiskeimkuchen,
Baumwollensamenkuchen, Erdnusskuchen, Sesamkuchen, Leinkuchen,
Mohnkuchen. Zugabe von Milchsäure oder flüchtigen Fettsäuren zum
Futter und eine Hungerkur waren ohne Einfluss auf die Reichart-
Wollny'sche Zahl. Bei Betracht des Einflusses der Futtermittel
auf die Butterconstitution ergeben sich für die specifische Wirkung
besonderer Eiweissarten, Fette, Kohlehydrate, des Nährstoffverhältnisses
keine Anhaltspunkte. Eher kommt man zum Ziel, wenn man die
Hypothese zu Grunde legt, dass ein hoher Gehalt von Kohlehydraten,
insbes. leicht löslichen, auf die Erzeugung eines hohen Gehaltes an
flüchtigen Fettsäuren hinwirkt. Der Schmelzpunkt der Butter wird
durch die Fütterung wie folgt beeinflusst: Die Erstarrungspunkte
des geschmolzenen Butterfettes verhalten sich nicht ganz wie deren
Schmelzpunkte. Die letzteren fallen ein wenig mit der Lactations-

---

[1]) Landw. Vers. Stat. **42**, 15.

periode, wenn man wieder zur selben Fütterung zurückkehrt, während diess bei den Erstarrungspunkten nicht der Fall ist. Zieht man Mittelzahlen aus Schmelz- und Erstarrungspunkten in Betracht, so ergibt sich, dass der Einfluss der Lactationsperiode auf sie sehr gering ist, wesshalb sie sich zur Erkennung des Einflusses verschiedenen Futters auf die Butterconsistenz ganz besonders eignen. Ordnet man die Futtermittel rücksichtlich ihrer Einwirkung auf die Consistenz in der Art, dass diejenigen, welche die Butter hart machen, an der Spitze der Reihe stehen, so ergibt sich ungefähr die umgekehrte Anordnung wie oben; Stroh und Mohnkuchen stehen in dieser Beziehung oben an. Daraus ist zu folgern, dass Butterarten mit viel flüchtigen Fettsäuren auch zu den leichter schmelzbaren gehören. Allerdings wird die Schmelzbarkeit neben den flüchtigen Säuren auch durch den Oleïngehalt bedingt. Wein.

125. Ohlsen: Die Zusammensetzung und der diätetische Werth der Schlempenmilch[1]). Die Schlempenmilch galt bisher für minderwerthig und für die Ernährung der Säuglinge als ungeeignet; sie soll eine andere chemische Zusammensetzung haben als die Milch anders gefütterter Kühe und zur raschen Säuerung neigen. Verf. fand bei Untersuchung mehrerer Schlempenmilchproben weder saure Reaction noch Neigung zu rascherer Säuerung, dagegen einen geringeren Gehalt an Trockensubstanz, Fett, Kalk und Salzen. Von grossem Einfluss ist das Futter, welches neben der Schlempe gefüttert wird. Wurden neben Schlempe nur Biertrebern und wenig Heu gefüttert, so war die Milch am schlechtesten; sie wurde aber besser, wenn Heu, Schrot, Kleie etc. zugefüttert wurden. Wein.

126. H. Kaull: Untersuchungen über die Schwankungen in der Zusammensetzung der Milch bei gebrochenem Melken[2]). Das Melken übt keinen Einfluss auf die Absonderung eines Milchbestandtheiles für sich, insbesondere des Fettes, aus; die Absonderung sämmtlicher Milchbestandtheile geht gleichmässig in einer gleichen mittleren Zusammensetzung vor sich. Ein Melkreiz, wie ihn Mendes

---

[1]) Jahrbuch für Kinderheilkunde, **34**, 1. — [2]) Ber. a. d. physiol. Labor. d. landw. Inst. z. Halle **1892**, Nr. 8.

de Leon annimmt, existirt nicht. Die Gewinnung von mehr
Milch bei häufigerem Melken ist auf den Zustand der relativen Leere
zurückzuführen, in welchen die Drüse versetzt wird. Neubildung
von Milch während des Melkens findet nur in unerheblichem Maasse
statt; zu häufiges Melken setzt die Thätigkeit der Drüse in gleicher
Weise herab, wie zu langes Verweilen des Sekretes in derselben.
Eine Erhöhung der Milchproduction wird nicht bedingt durch das
Melken als solches, sondern durch die Häufigkeit der Entleerung
innerhalb gewisser Grenzen.   Wein.

**127. Y. Melander: Tägliche Schwankungen im Fettgehalt der
Milch [1]).** Von besonderer Bedeutung für die täglichen Schwankungen
des Fettgehaltes ist der Umstand, dass die Kühe nicht immer gleich
rein ausgemolken werden. Es wurde die Milch von 6 Kühen in
der ersten und zweiten Hälfte des Melkens gesondert auf den
Fettgehalt untersucht; die Untersuchung ergab für erstere 0,50 bis
0,90 % Fett, für letztere 6,8—10 % Fett. Wurde die Milch von
3 Kühen, die in 3 Abtheilungen gemolken waren, untersucht, so
enthielt das erste Drittel 0,45, 0,45, 0,75 % Fett, das letzte
Drittel 7,0, 6,6, 6,3 % Fett. Des Weiteren kommen die Zwischen-
räume zwischen den einzelnen Melkzeiten in Betracht. Je kürzer
die Zeit seit dem letzten Melken ist, desto fetter ist die Milch. Da
die Zeit vom Abend- bis zum Morgenmelken am längsten ist, enthält die Morgenmilch meistens weniger Fett als die Mittags- und
Abendmilch. Die Schwankungen im Fettgehalt der Milch verschiedener Melkzeiten liegen zwischen 0,4 und 0,7 %.   Wein.

**128. C. Gessard: Functionen und Rassen des Bacillus cyano-
genus (Mikroben der blauen Milch [2]).** Dieser Bacillus zeigt hinsichtlich der Farbstoffbildung viele Analogieen mit dem Pyocyaneus.
Er zeigt sich in Form blauer Ränder oder Flecken bei sauer
reagirender Milch. Der Farbstoff wird durch Alkalien roth, durch
Säuren blau. Er erzeugt in Bouillon oder bei Gegenwart von Eiereiweiss einen fluorescirenden Farbstoff, der auf Zusatz von Essigsäure

---

[1] Nordisk Mejerie-Tidning **1892**, Nr. 48 und 49. — [2] Ann. de l'Inst.
Pasteur **5**, 737.

einen bläulichen Ton erhält. Dieser in Milch gewöhnlich auftretende blaue Farbstoff des Bac. cyanogenus ist in Chloroform nicht löslich. Es existiren 3 Rassen, von denen die eine nur den blauen, die andere den fluorescirenden, die dritte keinen Farbstoff bildet. Fügt man dem Nährsubstrat 2 °/₀ Glucose zu, so erscheint der blaue Farbstoff sehr schön; aus der Glucose wird Säure gebildet. Die Muttersubstanz ist die Milchsäure; denn eine Nährlösung gibt den Farbstoff, wenn sie Glucose und Ammonlactat enthält, und gibt ihn nicht, wenn statt des Ammonlactates ein anderes Salz substituirt wird. Eine Ausnahme hiervon macht nur die Bernsteinsäure, welche dieselbe vertreten kann. Milch besitzt an sich keine Eignung zur Bildung des blauen Farbstoffes, erst nach Eintritt der Milchsäuregährung erhält sie dieselbe. Bei blossem Zusatz von Ammonlactat tritt nur ein grüner Farbstoff auf. W e i n.

129. W. Beyerinck: Kefir[1]). Die Kefirkörner enthalten ein Milchsäureferment, Bacillus caucasicus, und eine Hefe, Saccharomyces Kefir. Ersterer bildet die Hauptmasse, während letzterer fast ausschliesslich nur auf der Oberfläche der untersuchten Körner vorkam. Im Querschnitt unterscheidet man eine Rindenschicht und ein Mark ziemlich scharf von einander abgegrenzt. In letzterem liegen die Stäbchen ziemlich ordnungslos durcheinander, in der Rinde sitzen alle an der Oberfläche senkrecht auf. In Höhlungen der Körner bildet das Ferment zahlreiche Zoogloën. Der Sacchar. Kefir lässt sich auf schwach saurer Milchgelatine leicht cultiviren, bildet keine Ascosporen und zersetzt den Milchzucker in Alcohol und Kohlensäure. Dies wird durch ein Enzym bewirkt, welches Lactose in Glucose und Galactose spaltet und den Rohrzucker, aber nicht Stärke invertirt. Dieses Enzym nennt Verf. Lactase. Der Bacillus caucasicus gedeiht auf neutraler oder schwach saurer Milchgelatine. Die Colonieen entwickeln sich sehr langsam. Er verwandelt Milchzucker, sowie auch andere Zucker mit oder ohne Sauerstoff in Milchsäure. Bei den Kefirmikroben handelt es sich um eine Symbiose zwischen Hefe und Spaltpilzen, welche eine Fäulniss der Milch ausschliesst

---

[1]) Vierteljahrsschr. ü. d. Fortschr. d. Chem. d. Nahrungs- u. Genussmittel **7**, 300.

und die Bildung von Essigsäure beeinträchtigt: da letztere dem
Hefewachsthum schädlich ist, die Milchsäure dieses aber begünstigt,
so entwickeln sich die Hefen sehr schnell. Man kann auch beobachten, dass sich die Colonieen des Bacillus caucasicus sehr schnell
entwickeln, wenn Hefecolonieen in der Nähe sind.   Wein.

**130. H. Droop Richmond: Die Einwirkung einiger Enzyme
auf Milchzucker**[1]). Verf. hielt es für möglich, dass Milchzucker
durch Lab verändert werde. Allein eine Prüfung mit Hilfe des
Drehungsvermögens zeigte, dass weder Lab bei 40°, noch Pepsin
in salzsaurer Lösung bei 40°, nach Trypsin bei 55° in einer Natriumbicarbonat enthaltenden Lösung den Milchzucker irgendwie verändern. Bei Bestimmung des Drehungsvermögens des Milchzuckers
ist zu beachten, dass derselbe durch stärkere Erwärmung beeinflusst
wird. Man erhält desshalb schwierig genaue constante Zahlen bei
Feststellung des Gesammtrückstandes von Milch.
                                                          Wein.

**131. A. Palleske: Der Keimgehalt der Milch gesunder Wöch-
nerinnen**[2]). Auch bei völlig gesunden Frauen finden sich häufig, etwa
in der Hälfte der Fälle, Microorganismen vor. Dieselben gehören
zu den Coccen und zwar lediglich zur Unterart des Staphylococcus
pyogenes albus. Zweifelhaft ist es, ob diese durch den Blutstrom
nach der Drüse getragen werden oder von aussen in diese einwan-
dern. Weitere Versuche werden diese Frage entscheiden. Es ist
aber sicher, dass ziemlich zahlreiche Staphylococcen in der Milch
der Brustdrüse vorkommen, ohne dass Erscheinungen von Mastitis
oder Allgemeinerkrankungen hervortreten.   Wein.

**132. G. Courant: Ueber die Bedeutung des Kalkwasserzu-
satzes zur Kuhmilch für die Ernährung des Säuglings**[3]). Die Gerinnbarkeit einer Dicalciumcaseïnlösung nimmt durch Zusatz von
Kalkwasser ab. Nach der Art der Gerinnbarkeit der Frauenmilch
kann man annehmen, dass die Kalk-Caseïnverbindung kalkreicher
ist, als jene der Kuhmilch. Dementsprechend kann man durch Zu-

---

[1]) The Analyst 17, 222. — [2]) Virchow's Archiv 130, 185—195. —
[3]) Centralbl. f. Gynäcologie 16, 210.

satz von Kalkwasser die Gerinnung der Kuhmilch ähnlich jener der Frauenmilch gestalten. Kalkwasserzusatz zur Kuhmilch wirkt sehr günstig bei Magendarmcatarrhen der Säuglinge, wobei als Geschmackscorrigens Rohrzucker beizugeben ist. Man setzt zu 80 CC. Milch etwa 15—20 CC. Kalkwasser. Wein.

133. R. Krüger: Ueber die Herstellung, Zusammensetzung und Reifung camemberartiger Weichkäse [1]). Man erhielt aus Milch 18,07 % frischen Käse und 80,26 % Molken. Die Käse zeigten die characteristischen Schimmelvegetationen und nach vollendeter Reifung zinnoberrothe Colonieen. Von den Milchbestandtheilen waren übergegangen:

	In die Molken:	In den Käse:	In den Verlust:
Fett	11,3 %	17,24 %	0,2 %
Eiweisskörper	11,6 «	17,13 «	0,2 «
Milckzucker	79,6 «	4,70 «	1,6 «
Asche	60,6 «	1,56 «	1,3 «
Trockensubstanz	39,3 «	40,58 «	8,2 «
Wasser	85,9 «	59,42 «	1,8 «
Fett:Eiweiss = 100: . .	93,3	104,9	—
(Milch = 100:100,6)			
Kalk	45,97 %	53,05 %	0,99 %
Phosphorsäure	53,60 «	47,27 «	1,12 «
Magnesia	41,35 «	44,32 «	0,82 «
Chlor	58,73 «	40,05 «	1,21 «
Kali	71,88 «	26,60 «	1,49 «
Natron	92,19 «	5,89 «	1,91 «
Kalk:Phosphorsäure = 100:	133,00	97,8	—
(Milch = 100:114)			

Die Zusammensetzung der Käse in verschiedenen Stadien ihrer Reifung war folgende:

---

[1]) Vierteljahrsschr. ü. d. Fortschr. d. Chem. d. Nahrungs- u. Genussmittel **7**, 146.

	3 Tage nach dem ersten Salzen Käse I	14 Tage später Käse II	6 Wochen alt Käse III
Gesammtgewicht	278,42 Gr.	247,59 Gr.	206,42 Gr.
Reaction	sauer	sauer	sauer
Polarisation	0	0	0
Aetherextract	18,39 %	21,17 %	26,20 %
Alcoholextract	5,27 «	5,55 «	6,11 «
In Alcohol u. Aether unlöslich .	21,67 «	24,55 «	29,99 «
Asche	3,33 «	4,83 «	4,20 «
Trockensubstanz	45,33 «	51,07 «	62,30 «
Wasser	54,67 «	48,93 «	37,70 «
Freie Säure $^1/_{10}$ N. Alcali f. 100 Gr.	0,607 CC.	21,1 CC.	—
Kalk in der Asche	6,33 %	—	—
Phosphorsäure in der Asche .	9,15 «	—	—
Chlornatrium im Käse . . .	1,17 «	2,69 %	1,98 «
Reaction des Aetherextractes .	sauer	sauer	neutral
Reaction des Alcoholextractes .	neutral	sauer	schw. alkal.

Die Wasserabnahme betrug in 6 Wochen 16,97 %. Bei Berechnung auf kochsalzfreie Substanz erhält man folgende Werthe:

	Käse I	Käse II	Käse III
Aetherextract	42,15 %	44,09 %	43,47 %
Alcoholextract	9,19 «	6,97 «	6,85 «
Darin unlöslicher Rückstand .	45,03 «	45,23 «	46,02 «
Asche	3,73 «	3,71 «	3,66 «

Das Verhältniss von Eiweiss : Fett ist in allen drei Producten, Milch, Käse, Molken das gleiche geblieben, was für die physicalischen und bacteriellen Eigenschaften der Käse von günstigem Einfluss ist, weil die Fettkügelchen die Eiweisskörper umhüllen und vor Zersetzung schützen. Der Milchzucker verfällt der Zersetzung am meisten (18,7 %). Der in der Schimmelschicht vorhandene rothe Farbstoff zeigt Indol- und Scatolreaction. Die Zunahme an in Alcohol und Aether löslichem Rückstande beruht auf einer Peptonisirung; denn die Käsmasse gibt schwache Peptonreaction. Das Wachsthum der

Schimmelpilze wird durch die saure Reaction sehr begünstigt, dasjenige der Bacterien dadurch unterdrückt. Erstere verwandeln die saure Reaction in eine neutrale und ist diese erfolgt, so tritt wieder saure Reaction ein. Verf. isolirte die bei der Reifung in Betracht kommenden Schimmelpilze durch Anlegen von Culturen auf Brodbrei.

Wein.

VII. Harn und Schweiss.

Uebersicht der Literatur

(einschliesslich der kurzen Referate).

Harnsecretion.

134. C. Chabrié, Beitrag zum physisch-chemischen Studium der Function der Niere.

*C. Chabrié, über den Durchgang gelöster Substanzen durch mineralische Filter und capillare Röhren. Compt. rend. **115**, 57—60. Beim Filtriren von Lösungen durch capillare Röhren (0,05 bis 0,08 Mm. Durchmesser) beobachtete Verf., dass die ersten Portionen ärmer an Albumin waren, als die späteren; in einem Falle, wo ein Urin mit 5,3 Grm. Eiweiss pro L. angewendet wurde, enthielt die erste Portion des Filtrats 4,0 Grm., der Rest im Reservoir 5,7 Grm. pro L. Ebenso verhielten sich Lösungen von Eiereiweiss. Lösungen von Harnstoff und solche von Congoroth (Molekulargewicht 826) zeigten keine Unterschiede; der Einfluss der capillaren Räume tritt also erst bei Stoffen mit bedeutend höherem Molekulargewicht (10,000 bis 15,000) hervor.

Herter.

*W. D. Halliburton, die Eiweisskörper der Nieren- und der Leberzellen. Journ. of Physiol. 1892, pag. 806—846. Referat im nächsten Bande.

*Félix Guyon, Einfluss der intravenalen Spannung auf die Functionen der Niere. Compt. rend. **114**, 457—460.

*H. Dreser, über Diurese und ihre Beeinflussung durch pharmakologische Mittel. Archiv für experim. Pathol. und Pharmak. **29**, 303—319.

*W. Cohnstein, über den Einfluss einiger edlen Metalle (Queck-
silber, Platin, Silber) auf die Nierensecretion. Arch. f.
experim. Pathol. u. Pharmak. **30**, 126—140. Versuche an Kaninchen
ergaben, dass Calomel bei subcutaner Einführung auch bei gesunden
Thieren Diurese hervorbringt. Auch Platin und Silber wirken ähnlich, doch schädigen sie leichter die Niere. Chloralisiren oder
Durchtrennung der Nierennerven hemmt das Auftreten der Diurese,
welche daher nicht durch Reizung der Nierenepithelien zu Stande
kommen kann.   Andreasch.

*Alex. Raphael, über die diuretische Wirkung einiger Mittel
auf den normalen Organismus, nebst Bestimmung der „Jodzahl" einiger Harne. Inaug.-Diss. Dorpat 1891. Karow. 94 pag.

*G. Rüdel, über den Einfluss der Diurese auf die Reaction des
Harns. Arch. f. experim. Pathol. und Pharmak. **30**, 41—48. Die
geprüften Diuretica (Theobromin, Traubenzucker, Harnstoff, neutrale
Natronsalze) vermindern mit zunehmender Harnmenge die Acidität,
sodass der Harn neutral oder sogar alkalisch werden kann.

M. Michailow, Wirkung der Ureterenunterbindung auf die
Absonderung und Zusammensetzung der Galle. Cap. IX.

Zusammensetzung, einzelne Bestandtheile.

135. E. Schiff, Beiträge zur chemischen Zusammensetzung des im
Verlaufe der ersten Lebenstage ausgeschiedenen Harnes.

*D. Turner, der electrische Widerstand des Urins als ein
diagnostisches Hilfsmittel. Lancet 1892, 16. July; durch Centralbl.
f. d. medic. Wissensch. 1892, p. 767. Die Versuche wurden nach
der Kohlrausch'schen Telephonmethode angestellt. Der Leitungs-
widerstand des normalen Urins beträgt etwa 45 Ohm und wechselt
mit dem spec. Gew. des Harns. Ist dieses hoch, enthält der Harn
viele Salze, besonders Kochsalz, so ist der Widerstand geringer und
umgekehrt, Harnstoff hat darauf wenig Einfluss. — Bei Lungenentzündung wächst der Widerstand, da der Harn wenig Chlornatrium
enthält, ebenso bei Zuckerharnruhr. Bei Bright'scher Krankheit,
bei manchen Affectionen der Respirationsorgane, bei perniciöser
Anämie ist der Widerstand ein hoher, bei nervösen Individuen ein
geringer. Im Allgemeinen kann ein Individuum in Bezug auf die
Nieren um so gesunder erachtet werden, je niedriger der Widerstand
ist; tritt Besserung ein, so sinkt derselbe von Tag zu Tag.

*E. R. Squibb, über die angenäherte Bestimmung des Harn-
stoffs im Harn. Journ. of Analytical and Applied Chemistry
(America) **6**, 216—240; referirt Chem. Centralbl. 1892 II 270 (mit
Abbildung des Apparates). Die Zerlegung erfolgt durch Hypochlorit

oder Hyperbromit; der Stickstoff wird durch das verdrängte Wasser eines zweiten Gefässes gemessen.

136. E. Bödtker, Notiz zu der Harnstoftbestimmungsmethode von K. A. H. Mörner und J. Söqvist.

*Frémont, Azotometer. Compt. rend. soc. biolog. **44**, 205—206, 221. Verf. beschreibt einen zur Bestimmung des Stickstoffs im Urin mittelst Hypobromit dienenden Apparat, welcher im wesentlichen von Albert Robin herrührt.   Herter.

137. C. Arnold und K. Wedemayer, zur Bestimmung des Harnstickstoffes nach Schneider-Seegen und nach Kjeldahl.

138. H. Chr. Geelmuyden, über quantitative Bestimmung der Harnsäure.

139. G. Hopkins, über eine volumetrische Bestimmung der Harnsäure im Urin.

*E. Deroide, über die volumetrische Bestimmung der Harnsäure im Harne nach Haycraft-Herrmann. Bull. soc. chim. [3] **7**, 363. Diese Methode gibt die Harnsäure zu hoch an, weil mit der Harnsäure auch die Silbersalze der Xanthinkörper ausfallen. Die Zusammensetzung des harnsauren Silbers soll nach D. eine constante sein [vergl. J. Th. **21**, 172].

*A. Haig, Bestimmung der Harnsäure nach Haycraft's Verfahren. Brit. med. Journ. 1891, No. 1566, pag. 9.

140. G. Rüdel, zur Kenntniss der Lösungsbedingungen der Harnsäure im Harn.
Wirkung des Piperazins auf Harnsäure. Cap. XVI.

141. C. A. Herter und E. E. Smith, Beobachtungen über die Ausscheidung von Harnsäure im gesunden und im kranken Zustande.

142. G. Gumlich, über die Ausscheidung des Stickstoffes im Harn.

143. G. Töpfer, über die Relationen der stickstoffhaltigen Bestandtheile des Harns bei Carcinom.
J. Mareš, zur Theorie der Harnsäurebildung. Cap. XV.
J. Horbaczewski, zur Theorie der Harnsäurebildung. Cap. XV.

144. J. Söqvist, Vertheilung des Harnstoffes, des Gesammtstickstoffes und des Ammoniaks im Harne von Personen mit krankhafter Veränderung der Leber.
J. Mann, über die Ausscheidung des Stickstoffes bei Nierenkranken im Verhältniss zur Aufnahme desselben. Cap. XVI.

145. T. C. van Nüys und R. E. Lyons, Kohlensäureanhydrid im Harn.

146. J. J. Abel und Arch. Muirhead, über das Vorkommen der Carbaminsäure im Menschen- und Hundeharn nach reichlichem Genuss von Kalkhydrat.

147. V. Massen, J. Pawlow, M. Hahn und M. Nencki, die Eck'sche Fistel der Vena cava inferior und der Vena porta und ihre Folge für den Organismus (Carbaminsäure im Harn).

*J. Moitessier, über die Bestimmung des Kreatinins im Harn. Bull. soc. chim. [3] **6**, 907—908; Referatb. d. Berliner Ber. **25**, 215. Nur das Verfahren von Neubauer gibt brauchbare Werthe. Wird der Harn direct mit Chlorzinklösung und Natronlauge versetzt (Gautret und Vieillard) oder mit einer alcoholischen Chlorzinklösung behandelt (Hoppe-Seyler), so bleibt stets der grössere Theil des Kreatinins gelöst.

*G. Colasanti, das Xanthokreatinin im Harn. Moleschott's Unters. z. Naturl. **14**, 612—616; s. J. Th. **21**, 162.

*Paul Binet, über eine thermogene Substanz des Urins. Compt. rend. **113**, 207—210. Der menschliche Urin enthält, besonders bei Tuberculose und anderen Krankheiten, seltener normal, eine Substanz, welche, subcutan injicirt, bei Meerschweinchen, besonders bei tuberculösen, Temperaturerhöhungen von 1 bis 2⁰ hervorruft. Um die Substanz zu erhalten wird 1 L. Urin mit 1 bis 2 CC. einer concentrirten Lösung von Chlorcalcium versetzt, dann mit Kalkwasser und etwas Natronlauge neutralisirt bis eine flockige Fällung entsteht. Der Niederschlag wird auf dem Filter gesammelt, mit starkem Alcohol gewaschen, getrocknet und in Glycerin (10 bis 12 CC.) digerirt. Die Glycerinlösung lässt auf Zusatz von Alcohol ein flockiges, in Alcohol lösliches Praecipitat fallen, welches obige Wirksamkeit besitzt. Kurzes Kochen zerstört dieselbe nicht.   Herter.

Ptomaïne im Harn bei Krankheiten. Cap. XVI.

*Beugnies-Corbeau, klinische Bestimmung der Extractivstoffe und des Harnstoffs im Urin. Gaz. méd. de Paris 1891, No. 38; Centralbl. f. klin. Medic. **18**, 376. Das Reagens besteht aus 1—3 Grm. Brom, 10 Grm. Kal. brom. auf 100 CC. Wasser aufgefüllt. In ein Glas mit 1 Cm. Weite und 35 Cm. Länge mit Gradeeintheilung werden 7 CC. des Reagens und 21 CC. des eventuell enteiweissten Harnes gegossen, das Gefäss geschlossen, umgeschüttelt und 24 St. stehen gelassen. Ein flockiger Niederschlag fällt dann zu Boden. Bei normalem Urin von 1020 spec. Gewicht, der 8 Grm. Extractivstoffe mit Ausnahme des Harnstoffs enthält, beträgt der Niederschlag 1,5 CC. Bezeichnet E die Menge der Extractivstoffe in Grammen, V das Harnvolum, n die CC. des Coagulums, so ist $E = 0,0016 \, V. \, n.$

Uebergang und Verhalten eingeführter Substanzen.
(Vergl auch Cap. IV.)

* F. Sestini und R. Campani, Nachweis von Chinin und Phenacetin im Harne. L'Ovosi 14, 305—306; Chem. Centralbl. 1892 I,
p. 184.

R. Cohn, über das Auftreten acetylirter Verbindungen nach
Darreichung von Aldehyden. Cap. IV.

F. Blum, über Thymolglycuronsäure. Cap. IV.

Zucker, reducirende Substanzen, Aceton.
(Vergl. auch Diabetes, Cap. XVI.)

158. G. Hoppe-Seyler, über eine Reaction zum Nachweis von
Zucker im Urin, auf Indigobildung beruhend.

159. O. Rosenbach, eine Reaction auf Traubenzucker.

* Grimbert, Nachweis von Zucker im Harn. Journ. de Pharm.
et de Chim. [5] 25, 421—424; chem. Centralbl. 1892, I. p. 830.
Verf. hat die Frage zu entscheiden gesucht, ob Harne, welche bei
der Polarisation keine Rechtsdrehung zeigen, aber mit Fehling'scher
Flüssigkeit einen grünlichen oder ockerfarbigen Niederschlag liefern,
als zuckerfrei oder zuckerhaltig anzusehen sind. Beim Vermischen
von indifferentem Harn mit wechselnden Glycosemengen traten die
bekannten Missfärbungen ein, während reine Zuckerlösungen rothes
Kupferoxydul abschieden. Als Ursache dieser Erscheinung betrachtet
Verf. das Kreatinin, denn als wässerige Glycoselösung mit Fleischextract versetzt wurde, traten dieselben Missstände ein. Jeder Harn,
der die besagten grünlichen Ausscheidungen gibt, ist des Zuckergehaltes verdächtig.

160. K. Kistermann, über den positiven Werth der Nylander'schen
Zuckerprobe nebst Bemerkungen über das Phenylhydrazin
als Reagens auf Traubenzucker.

161. J. Seegen, über die Bedeutung und über den Nachweis von
kleinen Zuckermengen im Harn.

162. Fr. Kiss, über quantitative Zuckerbestimmung im Harne
von Diabetikern.

* M. Mauges, die quantitative Bestimmung des Zuckers
mit der Roberts'schen Methode. Med. record. 1891, Mai; Centralbl.
f. klin. Medic. 13, 73. Die Roberts'sche Methode unter Anwendung
der Zahl 0,23 resp. 0,219 (Manasseïn) oder 0,213—0,218 (Ant-
weiler und Breidenbend) ist ebenso genau wie die mit dem
Einhorn'schen Saccharimeter und der Munk'schen Probe mit
Fehling'scher Lösung. Nachtheilig ist, dass sie unter 0,4 %
Zucker nicht anzeigt, ferner dass sie längere Zeit, 18—36 St., und
ein grösseres Harnquantum beansprucht. Unreine Hefe beeinflusst
das Resultat nur wenig.

*J. Schütz. weitere Mittheilungen über das Aräosaccharimeter.
Münchener medic. Wochenschr. 1892, No. 35.

*O. Reinke, Bestimmung des Traubenzuckers im Harn.
Apothekerztg. **7**, 138; Zeitschr. f. anal. Chem. **31**, 724. Dieselbe
wird nach vorausgegangener Sterilisirung durch Gährung mittelst
rein gezüchteter Hefe in einem mit Chlorcalcium- oder Schwefelsäure-
verschluss versehenen Kölbchen vorgenommen und der Zuckergehalt
aus dem Gewichtsverluste (Kohlensäure) bestimmt.

*N. Wender, der polarimetrische Nachweis des Trauben-
zuckers im Harn. Pharm. Post **24**, 297; chem. Centralbl. 1892
I, p. 188. Nichts Neues.

163. E. Salkowski, über den Nachweis der Kohlehydrate im Harn
und die Beziehung derselben zu den Huminsubstanzen.

*G. Stillingfleet Johnson, reducirende Substanz in nor-
malem, menschlichem Harn. Chem. News **66**, 91. Bezieht
sich auf eine, dem Verf. in der Harnanalyse von Neubauer und
Vogel fälschlich zugeschriebene Angabe.

164. E. Salkowski und M. Jastrowitz, über eine bisher noch nicht
beobachtete Zuckerart im Harn.

165. E. Salkowski, über das Vorkommen der Pentaglycosen im
Harn.

J. Coronedi, über eine im fadenziehenden Harne gefundene
Substanz. Cap. III.

A. Günther, G. de Chalmot und B. Tollens, über die Bildung
von Furfurol aus Glycuronsäure und deren Derivaten (Furfurol aus Harn). Cap. III.

166. Supino, Methode der quantitativen Acetonbestimmung.

167. A. Jolles, über den Nachweis nnd die quantitative Bestimmung des Acetons im Harne.

Boeck und Slosse, über Aceton im Harn von Geisteskranken.
Cap. XVII.

Albumin, Pepton.
(vergl. auch Cap. XVI.)

168. J. Opieński, über die Ursachen, welche im Harne Consistenz-
änderungen hervorrufen.

169. H. O. G. Ellinger, optische Bestimmung der Albuminmenge im Harn.

170. K. A. H. Mörner, über die Bedeutung des Nucleoalbumins
für die Untersuchung des Harnes auf Eiweiss.

171. H. Redelius, über quantitative Eiweissbestimmung im
Harne mittelst Ammoniumsulfat.

172. Ed. Spiegler, eine empfindliche Reaction auf Eiweiss im
Harn.

O. Rosenbach, über Chromsäure als Reagens auf Eiweiss
und Gallenfarbstoff. Cap. XVI.

*Grocco, über eine Ursache zu Irrthümern in der Untersuchung
auf Eiweiss bei icterischen Harnen. Riv. gener. ital. di
clin. med. 1891 12/13. Citirt nach Centralbl. f. klin. Med. 1892,
No. 13. Verf. theilt mit, dass in manchen icterischen Harnen,
besonders denen von schweren Fällen, die Eiweissreagentien einen
flockigen Niederschlag geben, der nicht Eiweiss sondern Gallenfarbstoff, vorwiegend Biliverdin, ist, und in Alcohol wie im Säureüberschuss löslich ist. Er empfiehlt, um diesem Irrthum vorzubeugen,
dem Harn 2 bis 3 Volumprocente Essigsäure zuzusetzen, und ihn
einige Stunde in der Kälte stehen zu lassen. Nach dem Filtriren
prüft man mit Essigsäure, ob ein neuer Niederschlag entsteht, und
dann können die gewöhnlichen Eiweissreactionen angewendet werden.

Rosenfeld.

*A. Jaworowski. Ein Reagens auf Eiweiss, Pepton und
Mucin (im Harn). Wiadomości Farmaceutyezne. 1892, No. 21,
p. 439. — Zu 4 CC. filtrirten und mit Weinsäure angesäuerten
Harn werden einige Tropfen einer Lösung von molybdänsaurem
Ammon oder wolframsaurem Natron (1 Th. Reagens auf 40 Th.
Wasser $+$ 5 Th. Weinsäure) hinzugefügt. Bei Gegenwart von
Eiweiss (schon im Verhältnisse 1 : 200,000) entsteht nach 2—3
Sekunden je nach der Menge eine Trübung resp. ein Niederschlag.
Gleich wie Eiweiss verhält sich auch das Pepton und Mucin.

Pruszyński.

*E. Gérard, Umwandlung des Eiweisses des Harnes in Propep-
tone bei der Bright'schen Krankheit. Nothwendigkeit gewisser
Cautelen bei der Harnanalyse. Journ. de Pharm. et de Chim.
[5] 26, 104—106. In der ersten Zeit der Milchbehandlung fanden
sich bei Nephritikern neben Eiweiss auch Propeptone im Harne vor.
Es genügt also die Probe auf coagulirbares Eiweiss bezw. durch
Salpetersäure fällbares Eiweiss nicht allein. Solche Harne coaguliren
in der Wärme nicht und geben mit HNO_3 einen in überschüssiger
Säure löslichen Niederschlag; sie werden gefällt durch Tanret'
und Esbach's Reagens und durch eine gesättigte Kochsalzlösung,
besonders in Gegenwart von Essigsäure (Chem. Centralbl. 1892 II,
p. 658).

*Roux, über eine schnelle volumetrische Bestimmung der
Peptone im Harn. Journ. de Pharm. et de Chim. [5] 25,
544—545; Chem. Centralbl. 1892 II, 134. Befreit man einen Harn
von Eiweiss und den reducirendon Stoffen, so lässt sich mittelst

Fehling'scher Lösung das Pepton nachweisen. Die Flüssigkeit geht vom tiefen Blau in's Blauviolette über, dann wird sie lila und rosa, um schliesslich grau zu werden. Als Endpunkt wählt man am besten die purpurrothe Färbung; 1 CC. Fehling'scher Lösung entspricht 0,4 Grm. Pepton.

Schweiss.

*Ernst Heuss, die Reaction des Schweisses beim gesunden Menschen. Monatsh. f. prakt. Dermat. 14. Band, No. 9, 10, 12. Der Schweiss reagirt in der Ruhe normalerweise sauer, bei profuser Secretion (Pilocarpin, Schwitzbäder) kann er neutral, ja sogar alkalisch werden. Andreasch.

*T. Gaube, über Hydrozymase und Albumin im Schweiss von Menschen und Thieren. Memoires Soc. de Biologie 1891. p. 115. Während der normale Schweiss des Menschen sauer reagirt, wurde derselbe bei Pferden, Ochsen, Hunden, Katzen und Schweinen alkalisch gefunden. Neben Harnstoff ist stets Albumin vorhanden (0,452 $^0/_{00}$ beim Menschen, 15,6 $^0/_{00}$ beim Pferd) neben Spuren von Verdauungsenzymen, Diastase und Pepsin beim Menschen und Pferde, Emulsin beim Menschen.

173. M. Grosz, über Jodausscheidung durch den Schweiss.

---

134. C. Chabrié: Beitrag zum physisch-chemischen Studium der Function der Niere [1]).

Blutserum vom gesunden Menschen (70 CC.) liess Verf. gegen destillirtes Wasser (450 CC.) 24 Stunden bei 10—15° dialysiren. Nach dieser Zeit fanden sich im Serum resp. im Wasser: Chloride 0,12 resp. 0,45 Grm., Phosphorsäure 0 resp. 0,02 Grm., Harnstoff 0 resp. Spuren, Albumin 0,013 Grm. resp. 0. Die Reaction des Serum war alkalisch geblieben, die des Wassers sauer geworden. Der Dialysator wirkt also ähnlich wie die Niere, indem er Harnstoff und Salze passiren lässt, das Albumin aber zurückhält. Verf. erklärt diese Unterschiede durch die verschiedene Grösse der Molecüle. Die Körper mit kleinerem Molecül filtriren schneller als die mit grösserem. Bei Filtration von Blut durch Porzellan unter dem Druck von einigen Cm. Quecksilber liessen sich zuerst die Chloride, dann

---

[1]) Contribution à l'étude physico-chimique de la fonction du rein Compt. rend. 113, 600—603 und Thèse, Paris, 1892.

Albumin, schliesslich Hämoglobin im Filtrate nachweisen. Aus al-
buminhaltigem Urin mit 17,93 Grm. Harnstoff pro L. und
2,90 Grm. Albumin filtrirte unter denselben Umständen zunächst
eine eiweissfreie Flüssigkeit, dann eine Portion mit Harnstoff 10,25,
Albumin 0,40 Grm., später Harnstoff 17,93 mit Albumin 2,70 Grm.

Herter.

**135. Ernst Schiff: Beiträge zur chemischen Zusammen-
setzung des im Verlaufe der ersten Lebenstage ausgeschiedenen
Harnes** [1]). Die genaue Kenntniss der quantitativen Zusammensetzung
des im Verlaufe der ersten Lebenstage ausgeschiedenen Harnes ist
wünschenswerth, um den Stoffwechsel während dieser Zeit richtig
beurtheilen zu können. Damit wir aber neben den richtigen absoluten Werthen gleichzeitig die in der Aufeinanderfolge der ersten
Lebenstage auftretenden Veränderungen auf richtiger Grundlage
kennen, ist eine grosse Zahl von Untersuchungen an ein und demselben Individuum anzustellen nöthig, wobei die Entwickelungs- und
Gesundheitsverhältnisse des Neugeborenen während der Versuchsdauer
genau zu controlliren sind. Diesen Bedürfnissen entsprachen die
bisherigen diesbezüglichen Untersuchungen überhaupt nicht; Verf.
untersuchte in der angedeuteten Richtung den Harn von 36 Neugeborenen u. z. vom ersten Lebenstag bis zum 10., 14., täglich
zweimal. Die von 7 Uhr abends bis 7 Uhr früh und von da abermals bis 7 Uhr abends ausgeschiedene Harnmenge wurde separat
gesammelt und deren Menge, spec. Gewicht, Kochsalz- und Harnstoffgehalt bestimmt. Die Resultate der Untersuchungen sind folgende:
Harnmenge. Die Harnmenge der einzelnen Tage war während
der Untersuchungsdauer in ihrer Gesammtheit individualiter verschieden. Innerhalb der ersten drei Tage ist die Harnmenge gering,
im Durchschnitt zusammen 110,1 Ccm. Am 4. Tag hebt sie sich
bedeutend, so dass die Menge im Durchschnitt 116,1 Ccm. beträgt,
also mehr als die Gesammtharnmenge der ersten drei Tage zusammen. Diese Steigerung dauert an bis zum 9. Tage; sie betrug
durchschnittlich (24 Stunden) 284,3 Ccm., um welchen Werth sie
sich, mit grösseren oder kleineren Schwankungen, bis zur Zeit des

---

[1]) Mathematikai és természettudományi értesitő, Budapest, **10,** 144.

Abschlusses der Untersuchungen, also im Durchschnitte bis zum 14. Lebenstage erhalten hat. Verf. fand Cruse's Angabe bestätigt, wonach die auf 1 Kgrm. Körpergewicht bezogene Harnmenge bei niedrigstem Körpergewichte am grössten ist. Beeinflusst wird die Tagesharnmenge durch die einzelnen Tagesabschnitte, d. h. des Nachts wird weniger Harn abgeschieden, als bei Tag. Gleichfalls wird die Tagesharnmenge beeinflusst durch die Art des Abbindens der Nabelschnur, insofern Jene, deren Nabelschnur spät abgebunden wurde, innerhalb der ersten 4 Tage zusammen um 38,9 Ccm. Harn mehr absondern als Jene mit früh abgebundener Nabelschnur. Spec. Gewicht des Harns. Dieser Werth steigert sich bis zum 3. Tag, von hier bis zum 10. Tag sinkt er stetig, um sich sodann abermals schwach zu heben, so dass das spec. Gewicht des Harnes, am 14. Lebenstage im Durchschnitt jenem des 5. Tages beiläufig gleichkommt. Der des Nachts abgesonderte Harn ist spec. schwerer als jener des Tages, doch konnte kein durch das Körpergewicht bedingter Einfluss beobachtet werden. Kochsalzgehalt des Harn. Im Allgemeinen nimmt der Kochsalzgehalt des Harnes vom 1. bis zum 4. Tage gradatim ab, indem er zuerst nur 0,88 $^0/_{00}$ beträgt; von hier hebt er sich auf 1,0 $^0/_{00}$, vom 10. Tag ab sinkt er aber wieder unter 1,0 $^0/_{00}$. Die in 24 Stunden ausgeschiedene Chlornatriummenge steigt gradatim bis zum 8. Tag, von hier ab sinkt sie in geringem Maasse. Aehnlich sind die Verhältnisse bezüglich der auf 1 Kgrm. Körpergewicht berechneten in 24 Stunden ausgeschiedenen Chlornatriummengen. Das percentuale Verhältniss des Kochsalzes auf das in 24 Stunden ausgeschiedene Gesammtquantum wie das auf 1 Kgrm. Körpergewicht bezogene, in 24 Stunden ausgeschiedene Quantum steht im geraden Verhältniss zur Entwicklung des Neugeborenen, insofern Neugeborene grösseren Körpergewichtes aus allen drei Gesichtspunkten betrachtet, höhere Werthe ergeben, als jene von geringerem Körpergewicht. Jene Behauptung Martin-Auge's, dass der des Nachts ausgeschiedene Harn um ein bedeutendes mehr Chlornatrium enthält als der am Tage ausgeschiedene, kann Verf. nicht bestätigen; dagegen besteht bezüglich der Gesammtmenge des ausgeschiedenen Chlornatriums während der einzelnen Tagesabschnitte ein gewisser Unterschied, indem während der

13*

12 Tagesstunden durchschnittlich in Summa 96,78 Milligramme
Chlornatrium ausgeschieden werden, des Nachts hingegen nur 82,1
Mgrm. Der Zeitpunkt des Abbindens der Nabelschnur ist gleichfalls von Einfluss auf die Chlornatriumausscheidung insofern, als bei
Spätabgebundenen während des 5. bis 12. Tages sowohl die percentuale als auch die Tagesgesammtmenge an Chlornatrium um ein
Erkleckliches höher ist, als bei Frühabgebundenen. Harnstoffgehalt des Harn. Sein $^0/_{00}$-Gehalt steigt stetig bis zum 3. Tage,
von hier bis zum 10. Tag sinkt er, um sich am 14. Tag abermals
zu heben. Die in 24 Stunden ausgeschiedene Harnstoffmenge steigt
vom 1. Lebenstag an gradatim, so dass sie am 10. Tag im Durchschnitt 783,46 Mgrm. beträgt. Die in 24 Stunden ausgeschiedene
Harnstoffmenge, bezogen auf 1 Kgrm. Körpergewicht, zeigt vom 1.
Tag an eine progressive Steigerung. Die Menge ausgeschiedenen
Harnstoffes wird beeinflusst durch den Entwicklungszustand des Neugeborenen. Die Harnstoffproduction Erstgeborener steht gegen jene
Spätergeborener sowohl im percentualen Verhältniss als auch in der
in 24 Stunden ausgeschiedenen Menge zurück. Auch wird die Harnstoffproduction durch die einzelnen Tagesabschnitte beeinflusst. Im
Allgemeinen kann gesagt werden, dass der percentuale Harnstoffgehalt des in der Nacht ausgeschiedenen Harnes etwas grösser ist,
doch steht die Gesammtharnstoffproduction etwas hinter jener des
Tages zurück. Die Zeit der Abbindung ist auch von Einfluss auf
die Harnstoffausscheidung. Der Harnstoff- und Chlornatrium-Gehalt
des Harnes steht in umgekehrtem Verhältniss insofern, als in jenem
Zeitabschnitt, als der Chlornatriumgehalt in Abnahme begriffen ist.
der $^0/_{00}$ Werth des Harnstoffs aufsteigende Richtung verfolgt und
umgekehrt.   Liebermann.

136. Eyvind Bödtker: Notiz zu der Harnstoffbedingungs-
methode von K. A. H. Mörner und J. Sjöqvist[1]) B. hat eine
Reihe von Controllbestimmungen ausgeführt, um die Brauchbarkeit
des von Mörner und Sjöqvist [J. Th. **21**, 168] empfohlenen
Verfahrens zu erproben. Zunächst wurde geprüft, ob sich aus reinen
Harnstofflösungen (2 $^0/_0$) der ganze Harnstoff wiederfinden liesse.

---

[1]) Zeitschr. f. physiol. Chemie **17**, 140—146.

Der erhaltene Werth betrug in 2 Fällen um 0,0649 resp. 0,0447 $^0/_0$
mehr, was Verf. aber zum Theile dem ungenauen Abmessen der
Lösung mit gewöhnlicher Pipette zuschreibt. Des Weiteren zeigte
sich, dass bei Gegenwart von grösseren Mengen Ammonsalzen der
Zusatz von Magnesiumoxyd nothwendig ist. Wurde gewöhnlichem
Harn Harnstoff zugesetzt (0,4562 $^0/_0$), so liess sich derselbe mit einem
Deficit von 0,0175 $^0/_0$ wieder ermitteln. Setzte man gewöhnlichem
Harn Ammonsalze zu, so ergaben die Bestimmungen bei Verwendung
von Magnesiumoxyd ein kleines Deficit an Harnstoff (0,00721,
0,0601 $^0/_0$). Der Zusatz von Magnesiumoxyd erscheint demnach
nicht gerade unbedingt rathsam, um so weniger, weil die Harnstoff-
bestimmungen in normalem Harn ohne Zusatz von Magnesia vollständig befriedigende Resultate liefern. Endlich wurde in einer
Harnprobe Gesammtstickstoff und Harnstoff bestimmt, dann in dem
Harn etwas Harnsäure, Kreatinin, Hippursäure und Ammonsalz gelöst
und die ersteren Bestimmungen wieder vorgenommen. Die Uebereinstimmung war eine gute. Für die Ausführung empfiehlt Verf. folgendes Verfahren: 2,5 CC. Harn werden mit 2,5 einer Barytlösung
versetzt, welche in einem Liter 50 Grm. Baryumoxydhydrat und
350 Grm. Baryumchlorid enthält. Der Mischung werden 75 CC.
eines Gemisches von 1 Theil Aether und 2 Theilen Alcohol (90 $^0/_0$)
zugesetzt, das Gefäss wird geschlossen, geschüttelt und bis zum folgenden Tage hingestellt. Alsdann wird in eine Porzellanschale
filtrirt, der Niederschlag mit etwa 50 CC. des Gemisches von Alco-
holäther gewaschen und die Lösung am Wasserbade bei 50—60 ^{0}
auf 20 CC. eingeengt. Besass der Harn ein hohes specifisches Gewicht, so ist während des Einengens ein Zusatz von etwa 0,5 Grm.
Magnesiumoxyd rathsam. Die eingedampfte Flüssigkeit wird mit
10 CC. conc. Schwefelsäure versetzt und das Wasserbad bis zum
Sieden erhitzt. Wenn das Volumen nicht mehr abnimmt, wird die
Flüssigkeit in den Aufschliesskolben gegossen und die Schale mit
Wasser nachgespült etc. Die gefundenen Stickstoffprocente geben,
mit 2,14 multiplicirt, die Harnstoffprocente an.   A n d r e a s c h.

**137. C. A r n o l d und Con r. W e d e m e y e r: Zur Bestimmung
des Harnstickstoffs nach S c h n e i d e r - S e e g e n und nach K j e l -**

dahl[1]). Verff. haben die neuerdings von Guning [J. Th. **19,** 66]
vorgeschlagene Verwendung von Kaliumsulfat 1 Theil und Schwefelsäure 2 Theile mit der von A. früher empfohlenen Modification der
Kjeldahl'schen Methode verglichen und finden, dass nach beiden
Verfahrungsweisen gleich rasche Oxydation erfolgt. Besser nimmt
man auf 1 Theil Kaliumsulfat 3 Theile Schwefelsäure, weil dann
die Mischung nicht so leicht schäumt. 10 CC. Harn mit 15—20 CC.
Schwefelsäure und Zusatz der erwähnten Stoffe (Kaliumsulfat oder
Quecksilber und Kupfersulfat) brauchen 10—15 Minuten zur Oxy-
dation. Das Stossen beim Abdestilliren des Ammoniaks kann durch
Zusatz von 1—2 Grm. Zinkstaub verhindert werden. Die Schneider-
Seegen'sche Methode ist viel umständlicher und gibt geringere
Stickstoffmengen, z. B. bei Hundeharn 0,248 resp. 0,315 $^0/_0$ statt
0,312 resp. 0,339 nach Kjeldahl.   Andreasch.

**138. H. Chr. Geelmuyden: Ueber quantitative Bestimmung
der Harnsäure** [2]). G. weist darauf hin, dass die bisher angewandten
Methoden zur Bestimmung der Harnsäure theils langwierig, theils
auch nicht ganz einwandfrei sind (Correction bei der Salkowski-
schen Metbode, Einwirkung der Lauge und dadurch bewirkte Zersetzung der Säure bei Ludwig's Verfahren). Verf. hat häufig die
Salkowski'sche Methode dahin abgeändert, dass er in dem Silber-
magnesiumniederschlage den Stickstoff nach Kjeldahl bestimmte
und durch Multiplication mit 3 die Harnsäure berechnete. Letztere
Methode ergab gegenüber Salkowski bei 50 CC. Harn zwischen
3—10 Mgrm. weniger Harnsäure. Weitere Versuche, über die Verf.
näher berichtet, die aber nicht abgeschlossen wurden, hatten das
Verhalten der Harnsäure zu Barytsalzen zum Zwecke. Es wurde
gefunden, dass die Harnsäure, wenn sie sich als reines saures harnsaures Natron in Lösung befindet, aus dieser Lösung durch Chlorbaryum vollständig ausgefällt werden kann; der Niederschlag enthält
fast genau die Menge Stickstoff, welche als Harnsäure in Lösung
war. Bei Harn waren die Resultate verschieden, man erhielt bald
mehr, bald weniger Harnsäure als nach der Salkowski'schen

---

[1]) Pflüger's Archiv **52,** 590—591. — [2]) Zeitschr. f anal. Chemie **81,**
158—180

Methode. Als Hauptfactoren erscheinen hier die Reaction und die Concentration des Harns. Die Fällung muss in einem neutralisirten und nicht verdünntem Harn vorgenommen werden. Der Niederschlag enthält dann die Harnsäure, welche sich daraus gewinnen lässt und durch ihren Stickstoffgehalt oder durch Wägung bestimmt werden kann. Leider konnte in letzterer Richtung nur ein Versuch ausgeführt werden. Andreasch.

139. G. Hopkins: Ueber eine volumetrische Bestimmung der Harnsäure im Urin[1]). Zur vollständigen Ausfällung der Harnsäure wird der Harn mit feingepulvertem Ammoniumchlorid gesättigt. Aus dem Niederschlage kann man die Harnsäure durch Säure abscheiden und direkt wägen oder nach folgendem Verfahren volumetrisch bestimmen. Den Niederschlag von 100 CC. Harn filtrirt man ab, wäscht ihn mit einer Ammonsulfatlösung, löst dann in heissem Wasser unter Zufügung einiger Tropfen von Sodalösung, säuert mit 20 CC. Schwefelsäure an und titrirt mit einer Lösung von Permanganat, welche 1,578 Grm. im Liter enthält. 1 CC. entspricht dann 0,0375 Grm. Harnsäure. Beleganalysen werden nicht mitgetheilt. — Als zweite Methode, die sich mehr für Laboratorien als für klinische Zwecke eignet, empfiehlt Verf. den mit Salmiaklösung gewaschenen Harnsäurenniederschlag unter Anwendung von Methylorange mit 1/20 Normalschwefelsäure zu titriren. Andreasch.

140. G. Rüdel: Zur Kenntniss der Lösungsbedingungen der Harnsäure im Harn[2]). R. hat die Beobachtung gemacht, dass Harnstoff im Stande ist, Harnsäure aufzulösen. Besondere Versuche, in denen die gelöste Harnsäure durch Ausfällung oder nach Ludwig-Salkowski bestimmt wurde, ergaben, dass 1000 CC. einer Harnstofflösung von 2 °/₀ im Mittel 0,529 Grm. Harnsäure zu lösen vermögen. Bei einer täglichen Harnmenge von 1500—2000 CC. und einem Harnstoffgehalte desselben von 1,5 — 3,7 °/₀ (Bischoff) ist demnach der Harnstoff allein im Stande, die Lösung fast der gesammten täglich abgeschiedenen Harnsäure (0,8—1 Grm.) zu bewirken. Auch wenn man dem Harn weiter Harnstoff zusetzt, wird die Menge der durch Säure ausfällbaren Harnsäure verringert. Fällt man harnsaures Alkali mit Säure, so scheidet sich die Harnsäure

---

1) Guy's Hospital reports 1892, pag. 299; durch Centralbl. f. d. med. Wissensch. 1892 Nr. 51, pag. 931. — 2) Arch. f. experim. Pathol. und Pharmak. 30, 469—478.

nach Neutralisirung des Alkali's ziemlich rasch aus; beim **Harn**
wird aber zur Ausfällung stets ein Ueberschuss von Säure verlangt
und die Abscheidung des Niederschlages erfolgt nur langsam, woraus
geschlossen werden kann, dass die Harnsäure im Harn nicht allein
mit Hilfe von Alkali gelöst ist. Es gelingt auch, wie besondere
Versuche darthun, aus der Lösung von Harnsäure in Harnstofflösungen
durch Zusatz von Säure bis zu einem gewissen Optimum eine theilweise Fällung der Harnsäure herbeizuführen. Aus Lösungen, deren
Harnstoffgehalt $6^0/_0$ erreicht, fällt statt der Harnsäure ein flockiger
Niederschlag aus; man erhält denselben, wenn man 1 Grm. Harnsäure in 10 CC. Wasser unter Zusatz von Natronlauge löst und
auf 1000 CC. auffüllt, dann entnimmt man der Flüssigkeit 500 CC.
setzt 40—50 Grm. Harnstoff zu und säuert mit Schwefelsäure oder
Salzsäure an. Bei Eintritt der sauren Reaction wird die Flüssigkeit
milchig trübe und es setzt sich nach einigen Stunden ein flockiger,
weisser Niederschlag ab. Nach einem näher mitgetheilten Verfahren
untersucht, zeigte sich der Körper als eine Verbindung von Harnsäure und Harnstoff im molecularen Verhältnisse: Harnstoff $+$ Harnsäure $+$ H_2O. Bei einer zweiten Darstellung war das Verhältniss
ein anderes. (Elementaranalysen fehlen!). Durch Wasser und Alcohol wird die Verbindung zerlegt; am Filter gesammelt, stellt der
harnsaure Harnstoff ein matt glänzendes Häutchen dar, das beim
Abspritzen sich leicht in Fetzen loslöst. Das Bestehen dieser Verbindungen erklärt auch, warum bei der Ausfällung der Harnsäure
aus dem Harn ein Säureüberschuss genommen werden muss.

                                              Andreasch.

**141. C. A. Herter und E. E. Smith: Beobachtungen über die
Ausscheidung von Harnsäure im gesunden und im kranken Zustand** [1].
Die Harnsäure wurde nach Ludwig-Salkowski bestimmt, mit
der Modification nach Groves [J. Th. **91**, 170]. (In Fällen,
wo Silberjodid im Filtrat auftrat, wurde die ausgeschiedene Harnsäure in schwacher Natronlauge wieder gelöst und heiss filtrirt, um

---

[1] Observations on the excretion of uric acid in health and disease. New-
York med. journ. June 4, 1892, pag. 38. Die chemischen Bestimmungen wurden
im allgemeinen von Smith ausgeführt.

die Harnsäure vom Silber zu trennen; die Krystalle wurden mit
ca. 30 CC. Wasser gewaschen und eine Correctur für die Löslichkeit
derselben berechnet.) Zur Bestimmung von Harnstoff diente die
Liebig-Pflüger'sche Methode, obwohl dieselbe nach Camerer
um ca. 10, nach Bohland um ca. 15 % zu hohe Werthe giebt,
weil sie die wichtigsten normalen stickstoffhaltigen Extractivstoffe
mit umfasst. Die Tagesmenge der Harnsäure hängt hauptsächlich
von der Ernährung ab; ein gesunder Erwachsener von
150 engl. Pfund Körpergewicht liefert gewöhnlich 0,5 bis 0,75 Grm.
Vom zweiten Lebensjahr bis zur Pubertät wird im Verhältniss zum Körpergewicht mehr Harnsäure und Harnstoff
ausgeschieden als in anderen Lebensaltern. Körperliche Arbeit
erhöht die Harnsäureausscheidung, doch ist dieser Einfluss nicht erheblich. Die Menge des Harnstoffs wird bekanntlich ebenfalls
vorzüglich von der Diät beeinflusst. Ein 170 Pfund schwerer
Mann lieferte bei stickstoffarmer Kost täglich 19,514 bis 22,591 Grm.,
bei stickstoffreicher Nahrung bis 41,392 Grm., nach Rückkehr zu
seiner früheren Lebensweise fiel die Harnstoffausscheidung wieder bis
auf 22,362 Grm. Im allgemeinen liefert ein 150 Pfund schwerer
Mann bei gemischter Kost 25 bis 40 Grm. Harnstoff. Die
Steigerung der Stickstoffaufnahme scheint den Harnstoff etwas mehr
zu beeinflussen als die Harnsäure. Im allgemeinen schwankt das
Verhältniss zwischen Harnsäure und Harnstoff im 24 stündigen
Urin für dasselbe Individuum wenig, doch zeigen verschiedene
Individuen bedeutende Differenzen. Nach Verff. kann man annehmen, dass für gesunde Erwachsene bei gemischter Kost das
Verhältniss von 1 : 45 bis 1 : 65 [1]) schwankt; bei Brod- oder Milch-
Diät erweitert sich das Verhältniss bis über 1 : 80, hauptsächlich
weil der absolute Werth der Harnsäureausscheidung stark herunter-
geht. Verff. theilen eine Tabelle mit, welche zahlreiche Bestimmungen an Personen im Alter von 1 bis 74 Jahren enthält.

---

[1]) Haig (J. Th. 18, 124) nimmt als normales Verhältniss 1 : 33 an,
welches nach Verff. bereits pathologisch ist. Haig scheint nicht über
eine genügende Anzahl Bestimmungen bei verschiedenen Individuen zu ver-
fügen; auch mag die Verwendung von Haycraft's Methode für die Harnsäure zu hohe Werthe geliefert haben.

Das Verhältniss von Harnsäure zu Harnstoff zeigt als äusserste Grenz-
zahlen 1:44,1 und 1:81,8, am häufigsten finden sich mittlere Werthe.
Ein sicherer Einfluss des Alters lässt sich nicht constatiren, vielleicht
ist bei Kindern die Harnsäure etwas weniger reichlich vertreten. —
Unsere Kenntnisse über den Einfluss von Arzneimitteln auf die
Harnsäureausscheidung sind noch ziemlich beschränkt und unsicher,
zum Theil wegen den benutzten unsicheren Methoden der Harnsäurebestimmung. Verff. machten einige Versuche über die Wirkung von
Alcohol [vergl. J. Th. **31**, 359]. Ein gesunder junger Mann, 190
Pfund schwer, zeigte das Verhältniss von Harnsäure zu Harnstoff
1:52,6 resp. 54,9, während er keine alcoholischen Getränke nahm;
mit etwas Bier und Champagner stieg dasselbe auf 1:48,3; mit
Whisky 2, $3^1/_2$ resp. 6 Unzen wurde das Verhältniss 1:52,2, 54
resp. 53,1, dann wieder ohne Alcohol 1:52,9 resp. 50,1 gefunden.
Das Individuum erhielt Champagner in Mengen, welche dem gege-
benen Whisky entsprachen (8 bis 24 Unzen), und das Verhältniss
stieg auf 1:42 bis 46,8, hauptsächlich durch Vermehrung der
Harnsäure. Natriumsalicylat hatte bei einem gesunden jungen
Mann eine ähnliche Wirkung, wie folgende Tabelle zeigt.

Natrium-salicylat	24 stünd. Ausscheidung von		Verhältniss
	Harnsäure	Harnstoff	
—	0,478 Grm.	26,458 Grm.	1:55,3
3 Grm.	0,555 „	26,684 „	1:48,1
3 „	0,615 „	31,420 „	1:51,1
3 „	0,730 „	27,784 „	1:38,0
—	0,490 „	27,805 „	1:56,0

Ueber die Bildung und Ausscheidung der Harnsäure in Krankheiten sind auch noch wenig sichere Thatsachen ermittelt. Haig[1]
hat die Anfälle von Gicht, Rheumatismus, Migraine, Epilepsie, geistiger
Depression etc. durch Retention von Harnsäure erklärt, nach

---

[1] Haig, uric acid as a factor in the causation of disease. 1892,
Blakiston.

Verff., ohne ein genügendes Beweismaterial für diese Anschauung bei
zubringen [vergl. v. Jaksch, J. Th. **21**, 439]. Verff. haben speciell
über Chorea, Epilepsie, Neurasthenie und Migraine Untersuchungen angestellt. In 4 Fällen von Chorea fanden sie die
Harnsäure im Urin stark vermehrt, und diese Vermehrung wich,
als das Leiden sich besserte. In Bezug auf die Epilepsie stimmen
Verff. mit Haig [J. Th. **18**, 124] darin überein, dass auf die idiopathischen Anfälle gewöhnlich eine Steigerung der Harnsäureausscheidung folgt, die manchmal erst am zweiten Tage stark ausgesprochen ist, dagegen konnten sie die von H. angegebene vorhergehende Verminderung nicht constatiren. Beim Petit mal trafen
sie eine dauernde Vermehrung der Harnsäure im Urin, welche bei
Nachlass der Erscheinungen sich verringerte. Bei Neurasthenie
bildet die relative Vermehrung der Harnsäure die Regel, nur in
einem von 9 Fällen war dieselbe nicht deutlich ausgesprochen. In
den mitgetheilten 20 Bestimmungen betrug die Harnsäure 0,326 bis
1,417 Grm., der Harnstoff 11,873 bis 48,543 Grm.; das Verhältniss
war nur 7 mal niedriger als 1:44, in allen anderen Bestimmungen
war es höher, und stieg einmal über 1:30. Organisches Leiden
sowie der Einfluss von Alcohol war dabei ausgeschlossen. — Bei
Migraine-Anfällen (3 Beobachtungen) war die Harnsäure vermehrt; eine vorhergehende Verminderung wurde nicht beobachtet.
— Bei einem 7 jährigen Kind, welches an paroxystisch auftretendem
Erbrechen litt, war das Verhältniss von Harnsäure zu Harnstoff
normal 1:54,2; an zwei aufeinander folgenden Anfallstagen war
dasselbe stark herabgesetzt auf 1:156,9 resp. 1:131,8, am
dritten Tag, wo das Erbrechen aufhörte, fand man wieder ca. 1:50.
Ein vierzehn Tage darauf erfolgender zweiter Anfall brachte dieselben
Erscheinungen, während der Anfallstage die Zahlen 1:164,8 resp.
157, am andern Tag 1:24,9. In einem zweiten Fall, betreffend
ein 4 1/2 jähriges Mädchen wurden ähnliche Zahlen erhalten. Was
die Bedeutung der Harnsäurevermehrung betrifft, so führen Verff.
aus, dass dieselbe bei zu verschiedenen Krankheitsprocessen beobachtet wird, um als Krankheitsursache angesehen werden zu können;
sie sehen darin nur ein Endsymptom, welches mannigfaltigen Störungen
der Ernährung gemeinsam sein kann. Herter.

142. G. Gumlich: Ueber die Ausscheidung des Stickstoffs im Harn[1]. G. hat die Phosphorwolframsäure zur Trennung der stickstoffhaltigen Harnbestandtheile benutzt, nachdem er sich überzeugt hatte, dass 1. Harnstoff durch dieselbe nicht gefällt wird; 2. aus einem Gemenge von Harnstofflösung und den durch Phosphorwolframsäure fällbaren Harnbestandtheilen durch das Reagens nur die letzteren gefällt werden und der Harnstoff im Filtrate quantitativ wieder gefunden wird; 3. bei einem solchen Gemenge und einer bestimmten Quantität von Salmiak wieder nur der Harnstoff im Filtrate verbleibt. Bei der Fällung darf kein Pepton vorhanden und muss der Harn passend verdünnt sein, ferner hat man in einer Vorprobe zunächst genau zu ermitteln, wie viel CC. von der conc. Phosphorwolframsäurelösung zur vollständigen Ausfällung nothwendig sind. Das Filtriren muss durch doppeltes Papier geschehen und mehrmals wiederholt werden. Der Stickstoffgehalt des Harnstoffs und der fällbaren Körper (Kreatinin, Harnsäure, Xanthin, Ammoniak etc.) wurde nach Kjeldahl, das Ammoniak ausserdem nach Schlösing bestimmt. Bei Versuchen an sich selbst wurde gefunden: Die absolute Menge des Stickstoffs der Extractivstoffe (fällbarer Stickstoff minus Ammoniakstickstoff) war am geringsten bei gemischter Kost, nämlich 1,32 Grm. pro die; bei animalischer Kost betrug sie 1,89, bei vegetabilischer 1,5 Grm. Setzt man den Gesammtstickstoff gleich 100, so enthielt der Harn durch Phosphorwolframsäure nicht fällbaren Stickstoff bei gemischter Kost 85,6 %, bei Fleischkost 87,1 %, bei vegetabilischer 80,0 %; der Procentgehalt an Stickstoff der Extractstoffe betrug beziehungsweise 9,5, 8,1 und 16,6 %. Beim Uebergang von der Fleischkost zur Pflanzenkost fand zunächst an den ersten 3 Tagen noch eine vermehrte Ammoniakausscheidung statt (höchster Werth 7,4 %), während sich dieselbe bei gemischter und bei Fleischkost auf 4,9 %, bei länger dauernder vegetabilischer Lebensweise auf 3,8 % belief. Das Maximum der Extractivstoffe trat einen Tag später auf als dasjenigen des Gesammtstickstoffs, des Ammoniaks und des durch Phosphorwolframsäure nicht fällbaren Stickstoffs. — Fieber-

---

[1] Verhandl. d. physiol. Gesellsch. zu Berlin; Dubois-Reymond's Arch. physiol. Abth. 1892, pag. 164—166; ausführlicher Zeitschrift f. physiol. Chemie 17, 10 - 34.

kranke mit mangelhafter Ernährung schieden besonders reichlich Extractivstoffe aus, so z. B. ein Pneumoniker im Anschluss an den initialen Schüttelfrost, pro die 2,35 Grm., während der Krisis 2,2, am Tage nach der Krisis 3,83 Grm. N, entsprechend 15, 12,6 und 16,1 $^0/_0$ des Gesammtstickstoffs; bei einem schweren Abdominaltyphus stieg die Menge sogar auf 20 $^0/_0$. Andere Fiebernde, die genügend Nahrung zu sich nahmen, zeigten keine Abweichungen von der Norm. Vermehrung der Extractivstoffe war auch bei solchen Zuständen vorhanden, wo Inanition mit stärkeren Muskelanstrengungen in Folge von Dyspnoë sich vereinigte (Asthma, schweren Herzfehlern.) Die vermehrte Ausscheidung der Extractivstoffe ist somit vorwiegend durch vermehrten Zerfall von Körpereiweiss bedingt.   Andreasch.

143. G. Toepfer: Ueber die Relationen der stickstoffhaltigen Bestandtheile im Harn bei Carcinom[1]). Der Verf. hat die Frage studirt, warum trotz der hohen Stickstoffmengen des Carcinomharnes der Harnstoffgehalt desselben auch bei normaler Nahrung hinter den normalen Harnstoffmengen zurückbleibt. Er bestimmte zu diesem Zwecke in einer Portion des 24stündigen Carcinomharnes den Gesammtstickstoff nach Kjeldahl, in einer anderen Portion den Harnstoff nach Mörner und Sjöqvist, in einer dritten die Harnsäure nach Ludwig-Salkowski und endlich in einer vierten das Ammoniak im Vacuum nach Wurster [J. Th. **19**, 190]. Durch Substraction des den gefundenen Werthen für Harnstoff, Harnsäure und Ammoniak entsprechenden Stickstoffes vom Gesammtstickstoff ermittelt Verf. den Gehalt an Extractivstickstoff. Verf. untersuchte in dieser Weise 2 Fälle von normalen Individuen, 11 Fälle von ganz verschiedenen Krankheiten und 9 Fälle von Epitheliom und Carcinom der verschiedensten Organe. Bei den Nicht-Carcinomatösen kamen auf 100 Grm. Stickstoff 84,9 Grm. bis 96,2 Grm. Stickstoff auf den Harnstoffstickstoff. Bei den 9 Carcinomatösen erreichte der Harnstoffstickstoff nur 80$^0/_0$ und schwankte zwischen 65,2 $^0/_0$ — 79,4$^0/_0$ (Epithelioma labii). Der Extractivstoffstickstoff Nicht-Carcinomatöser schwankt zwischen 0,6—0,8 (Normaler Harn) bis 3,6 (Leukämie) und 5,1 (perniciöse Anämie). Bei Carcinomatösen finden sich für den Extractivstoffstickstoff 13—23$^0/_0$ des Gesammtstick-

----
[1]) Wiener Klin. Wochenschr. 1892, No. 3.

stoffes. Es bleibt gleichgültig, wie die Patienten ernährt werden,
ob sie normale Kost geniesen, gar nicht essen oder auf ganz gleiche
Diät gesetzt werden. Auch ist der Grad der carcinomatösen Erkrankung irrelevant.　　　　　　　　　　　　　　　　**Kerry.**

**144. John Sjöqvist: Einige Analysen über die Vertheilung
des Harnstoffs, des Gesammtstickstoffs und des Ammoniaks im Harn
von Personen mit krankhaften Veränderungen der Leber** [1]). S. theilt
in diesem Aufsatze seine Untersuchungen des Harnes in 20 Fällen
von krankhaften Veränderungen der Leber mit. In 5 von diesen
Fällen handelte es sich um acute Phosphorvergiftung, in 4 um
atrophische Lebercirrhose, in 2 um hypertrophische Cirrhose, in 1 um
biliäre Hepatitis, in 1 um Icterus catarrhalis, in 2 um Syphilis der
Leber und in 5 um Cancer desselben Organes. Jeder Fall ist von
einer kurzen Krankengeschichte begleitet, und wenn der Ausgang
ein lethaler war, sind auch die Resultate der Section mitgetheilt. Von
den hier mitgetheilten Fällen sind indessen 4, nämlich 2 Fälle von
Lebertumoren, schon früher in der Abhandlung von Mörner und
Sjöqvist („eine Harnstoffbestimmungsmethode" J. Th. **21**, 168) besprochen worden. — Wenn der Harn Eiweiss enthielt, wurde dieses
zuerst durch Kochen in gewöhnlicher Weise entfernt. Die Bestimmung des Gesammtstickstoffs wurde nach der von Willfarth modificirten Kjeldahl'schen Methode, diejenige des Ammoniaks nach
Schlösing und die des Harnstoffs endlich nach Mörner-Sjöqvist
ausgeführt. In dem normalen Harne von 2 gesunden Personen war
die Vertheilung des Stickstoffs auf die verschiedenen Harnbestandtheile im Mittel folgende: Auf den Harnstoff kamen $91\,^0/_0$, auf
das Ammoniak $4{,}2\,^0/_0$ und auf die übrigen Harnbestandtheile $4{,}8\,^0/_0$
des Gesammtstickstoffs. In 2 Fällen von acuter Phosphorvergiftung,
die zur Genesung führten, war die Menge des Harnstoffs um höchstens
$6{,}5\,^0/_0$ herabgesetzt, und die Menge des Ammoniaks um $7\,^0/_0$ des
normalen Werthes erhöht. In 3 Fällen von Phosphorvergiftung,
welche lethal verliefen, war dagegen die Menge des Harnstoffs sehr

---

[1]) Några analyser öfver totalqväfvets, urinämnets och ammoniakens
mänyd i urinen från personer med spikliga förändringar i lefvern. Nordiskt
medicinskt arkiv. Argång 1892.

herabgesetzt, während die Menge des Ammoniaks und der übrigen stickstoffhaltigen Harnbestandtheile bedeutend vermehrt war. In einem Falle betrug also die Menge des Stickstoffs in Harnstoff, Ammoniak und den übrigen Harnbestandtheilen, in Procenten von der gesammten Stickstoffmenge, beziehungsweise 55,1, 27,6 und 17,3 $^0/_0$. In einem Falle war die Relation 60,6, 14,2 und 26,2 $^0/_0$. — Die 4 Fälle von atrophischer Lebercirrhose zeigten ebenfalls eine deutliche Verminderung der Harnstoffmenge. Die Ammoniakmenge war in einem Falle ebenfalls vermindert; in den 3 übrigen war sie dagegen vermehrt und in 2 Fällen auf etwa das Doppelte der normalen Menge gestiegen. Die übrigen stickstoffhaltigen Harnbestandtheile waren in allen 4 Fällen vermehrt, bisweilen auf das vier bis fünffache der normalen Menge. In den 2 Fällen von hypertrophischer Cirrhose wie auch in dem Falle von biliärer Hepatitis gehen die Veränderungen in derselben Richtung, sind aber weniger stark hervortretend. In dem Falle von Icterus catarrhalis fand keine Abweichung von dem Normalen statt. Die verschiedenen Formen von Lebertumoren zeigten auch in den meisten Fällen eine Verminderung des Harnstoffs, bezw. eine Vermehrung der Ammoniakmenge und der Menge der übrigen stickstoffhaltigen Bestandtheile des Harnes. Diese Veränderungen waren jedoch im Allgemeinen nicht sehr gross. — Die angeführten Beobachtungen sprechen also im Allgemeinen für die Ansicht, dass in der Leber eine Harnstoffbildung aus Ammoniak stattfindet; aber einige derselben scheinen auch der Auffassung günstig zu sein, dass die Leber weder das einzige noch das wichtigste Organ der Harnstoffbildung im menschlichen Körper sei. So fand S. in einem Falle von Phosphorvergiftung, wo eine hochgradige Degeneration der Leber sich vorfand, eine Harnstoffmenge, die 85 $^0/_0$ des Gesammtstickstoffs betrug. In einem Falle von Cirrhose, wo die Leber bei der Section fast das Aussehen eines Bindegewebeklumpens hatte, betrug die Menge des Harnstoffs 6 Wochen vor dem Tode noch 84,6 $^0/_0$ von dem Gesammtstickstoff. Hammarsten.

145. T. C. Van Nüys und R. E. Lyons: Kohlensäure-Anhydrid im Harn[1]**).** Worauf beruht die Alkalinität des normalen Harns? Das neutrale

----

[1]) Carbon dioxide in the urine. Americ. chem. Journ. **14**, 14—19 (1892).

Kali- und Natronsalz der Harnsäure reagirt stark alkalisch und da
diese Salze zeitweise im normalen Harn vorkommen, so wurden die
Verff. auf den Gedanken geführt, dass die Alkaliuität des normalen
Harnes theilweise auf die Gegenwart von neutralen Uraten zu beziehen sei, und dass gebundene Kohlensäure nicht nothwendiger Weise
ein Bestandtheil des normalen Harnes sei, denn sonst müssten saure,
harnsaure Salze ausfallen. Die wässrige Lösung von neutralen harnsauren Kali- oder Natron reagirt stark alkalisch, ganz wie eine
starke Lösung der Hydrate oder Carbonate dieser Alkalien. Ein-
geleitete Kohlensäure fällt aus concentrirter Lösung einen weissen
Niederschlag, welcher anfangs aus dem sauren Urat besteht $C_5H_3N_4KO_3$
oder $C_5H_3N_4NaO_3$. Ebenso wirkt Zusatz von zweifach saurem Kalkphosphat, $Ca(H_2PO_4)_2$, zu einer concentrirten Lösung von neutralem
harnsaurem Kali- oder Natron. Beim Einleiten von CO_2 in eine
conc. wässrige Lösung von saurem harnsaurem Kali- oder Natron
wird die Harnsäure langsam ausgeschieden. Eine starke Lösung von
doppelt kohlensaurem Natron wirkt in gleicher Weise zersetzend,
ebenso $Ca(H_2PO_4)_2$. Reiner Harnstoff verzögert die Einwirkung des
$Ca(H_2PO_4)_2$. Die Temperaturen, bei welchen diese Reactionen sich
vollzogen, lagen zwischen 16^0-19^0 C. — Fügt man der Lösung von
neutralem oder saurem kohlensaurem Kalium oder Natrium eine
Lösung des zweifach sauren Kalkphosphats, $Ca(H_2PO_4)_2$, hinzu, so
wird Kohlensäure in Freiheit gesetzt, und falls man eine genügende
Menge des Kalkphosphates zugesetzt hatte, nimmt die Lösung eine
saure Reaction an. Saures schwefelsaures Natrium oder Kalium
wirkt in gleicher Weise. Lösungen von neutralem harnsaurem Kalium
oder Natrium haben eine neutrale oder sehr schwach saure Reaction.
Durch die Eigenschaften der im Vorangehenden genannten Salze wurden
die Verff. zu der Ansicht geführt, dass das Kohlensäure-Anhydrid
im sauren Harn immer im freien und nicht im gebundenen Zustande zugegen ist; ferner, da die einfach sauren und normalen Phosphate des Kaliums und Natriums, sowie die normalen Urate dieser
Metalle intensiv alkalisch reagiren, ist auch im schwach alkalischen
Harne die Kohlensäure nicht im gebundenen Zustande vorhanden,
sondern nur in einem Harne von stark alkalischer Reaction. — Zur
Entscheidung der Frage wurde die Kohlensäure im Harne (Lyon) bestimmt: 1. nach gemischter Kost, 2. bei Pflanzenkost, 3. nach Ein-

nahme von grossen Dosen des neutralen weinsauren Natriums $C_4H_4Na_2O_6$.
[Methode der CO_2 Bestimmung nicht angegeben. Ref.] Bei gemischter
Nahrung war der Harn sauer und enthielt während sechs aufeinander
folgenden Tagen täglich folgende Mengen: CO_2 Grm. 0,64, 0,49,
0,60, 0,56, 0,45, 0,79. Also durchschnittlich 0,588 Grm. CO_2 in
24 Stunden. Nach Pflanzenkost war der Harn stark alkalisch, auch
war die Kohlensäure vermehrt, jedoch erfolgte kein Aufbrausen nach
Zusatz einer Säure. Die Bestimmung der Kohlensäure in drei nacheinander folgenden Perioden von je 24 Stunden ergab folgende Resultate: CO_2 Grm. 1,20, 1,16 und 0,93, im Durchschnitt 1,09 Grm.
CO_2 für 24 Stunden. Nach täglicher Einnahme von 10—15 Grm.
des neutralen weinsauren Natriums nahm der Harn eine stark
alkalische Reaction an und brauste auf nach Zusatz einer Säure.
In folgender Tabelle sind die Bestimmungen während zweier Perioden
von je 48 Stunden wiedergegeben.

Bei gemischt. Nahrung	Grm $C_4H_4Na_2O_6$ in 24 Stunden genossen	Grm. CO_2 im Harne von 24 Stund.
Erster Tag	„ 10 „ „	1,42
Zweiter „	„ 10 „ „	1,65

Bei Pflanzenkost	Grm. $C_4H_4Na_2O_6$ in 24 Stunden genossen	Grm. CO_2 im Harne von 24 Stund.
Erster Tag	„ 15 „ „	1,30
Zweiter „	„ 15-17 „ „	2,67

Es folgt nun eine tabellarische Berechnung, woraus ersichtlich ist,
dass es 3,9186 Grm. Natronhydrat bedarf um den 24 stündigen Harn
alkalisch zu machen, das heisst, um zweifach saures Kalk- und Magnesia-
Phosphat, saure Sulfate und Urate der Alkalimetalle in die betreffenden
normalen Salze umzuwandeln. Genauer gesagt, bedarf es 2,9852 Grm.
NaOH, um die in den 24 Stunden gelieferten sauren Phosphate
des Calciums und Magnesiums und die sauren Sulfate des Natriums und
Kaliums umzuwandeln, ohne dass der Harn alkalisch wird. Die
Differenz von 0,9334 Grm. NaOH würde stark alkalisch reagirende
Salze bilden. Aus dieser Berechnung ist ersichtlich, dass die Ein-

nahme von kleinen Mengen des weinsauren oder essigsauren Kaliums nicht im Stande ist, einen Harn von stark saurer in einen solchen von alkalischer Reaction umzuwandeln. Lösungen von sauren Phosphaten und Sulfaten in den Mengen, in welchen sie im Harn vorkommen, zersetzen normale Urate in wenigen Minuten. Harnstoff wirkt verzögernd auf diese Zersetzung. Harn, der anfangs stark sauer reagirt wegen der Gegenwart von saurem Phosphat und Sulfat, zeigt daher nach einigen Stunden ein starkes Sediment von sauren harnsauren Salzen, und da die sauren Urate kaum sauer reagiren, wird der Harn immer weniger sauer in seiner Reaction. Die Einwirkung der sauren Salze auf die Carbonate ist so energisch. dass letztere sicherlich schon in der Blase zersetzt sein würden. Wenn der Harn alkalisch ist wegen der Gegenwart von Uraten oder basischen oder „neutralen" Phosphaten der Alkalien, dann kann CO_2 in festgebundenem Zustande nicht zugegen sein, wenn nicht die Alkalien in mehr als genügenden Mengen vorhanden sind, um die Harnsäure und die Phosphorsäure zu sättigen, denn sonst müsste die Harnsäure oder die sauren harnsauren Salze der Alkalien zugleich mit den basischen Phosphaten des Kalks und Magnesiums ausfallen. Die Möglichkeit des Vorhandenseins von CO_2 im schwach gebundenen Zustand in einem alkalischen Harne, der aber nicht mehr Basen enthält als zur Sättigung der vorhandenen Säuren genügen, (mit Ausnahme der CO_2) wird zugestanden. Aus den mitgetheilten Untersuchungen und Erwägungen wird geschlossen, 1. dass gebundene Kohlensäure für gewöhnlich nicht im normalen Harne vorkommt. 2. Wenn die Kohlensäure im gebundenen Zustand im Harne erscheint, so ist es in Folge einer bedeutend erhöhten Alkalinität des Blutes, wobei die Kohlensäure von Kali- und Natronhydrat gebunden wird — denn sonst würden diese letzteren im Harne erscheinen. — Der Fall ist jenem analog, wobei Ammoniak in abnormalen Mengen im Harne an Säuren gebunden vorkommt, bei einem neutralen Zustande des Blutes. 3. Dass die Alkalinität des normalen Harnes, wenn nicht ausserordentlich (excessive) stark, auf die Gegenwart von einfach sauren und normalen Kali- und Natronphosphat und von normalem harnsauren Kalium und Natrium zu beziehen ist.

A b e l.

146. J. J. Abel und Arch. Muirhead: Ueber das Vorkommen der Carbaminsäure im Menschen- und Hundeharn nach reichlichem Genuss von Kalkhydrat [1]), Die Veranlassung zu den·in dieser Arbeit beschriebenen Versuchen war ein klinischer Fall in der Praxis des Prof. V. C. Vaughan. Eine Frau hatte ihrem Kinde während längerer Zeit täglich grössere Quantitäten Kalkwasser gereicht und consultirte schliesslich Herrn Vaughan wegen eines belästigenden, der Wäsche des Kindes anhaftenden Geruches nach Ammoniak. Das Kind litt weder an Cystitis noch an irgend einer andern Krankheit, lieferte jedoch einen stark ammoniakalischen Harn. Woher stammt dieses Ammoniak? Hunde mit knochenfreiem Fleische gefüttert, denen man täglich circa 8 Grm. $Ca(OH)_2$ in Form eines dicken Breies von gelöschtem Kalk beibringt, liefern nach vier bis fünf Tagen einen trüben, stark ammoniakalischen Harn. Setzt man eine flache Schale mit 20 CC. des frisch gelassenen Harns auf die Platte eines Exsiccators, und stellt auf diese eine zweite Schale, welche 10 CC. Normalschwefelsäure enthält und bringt beide Schalen unter eine Glasglocke, so wird ein im oberen Theile der Glasglocke angebrachter rother Lakmusstreifen in kürzester Zeit tief blau gefärbt. Setzt man Thymol zu dem Harn, so kann man nach einigen Tagen die Menge des von der titrirten Säure absorbirten NH_3 bestimmen. Nach fünftägigem Stehen hatten 20 CC. 0,00336 Grm. NH_3 freiwillig abgegeben. 40 CC. lieferten 0,0074 NH_3 nach 9 tägigem Stehen. Die Abwesenheit von Fäulniss-Bacterien wurde durch Controlversuche, durch Färbungsversuche und microscopische Untersuchungen constatirt. Auch bei gewöhnlicher Fütterung ist die Abgabe von freiem Ammoniak öfters zu constatiren, jedoch nur in geringem Grade. So gaben 20 CC. des Morgenharns eines mit Pferdefleisch gefütterten Hundes nach viertägigem Stehen unter titrirter Säure 0,0016 NH_3 an die Normalsäure ab. Bei dem Morgenharn [2]) ist die alkalische Reaction lediglich auf Ammoniak zu beziehen, denn ein rother Lakmusstreifen, in diesen getaucht, über Schwefelsäure getrocknet und an einem säurefreien Ort aufgehängt, wird wieder roth. Verdunstet man das Ammoniak aus dem Morgenharn auf dem Wasserbad bei niedriger Temperatur

---

[1]) Arch. f. experim. Pathol. und Pharmak. **31**, 15—30. — [2]) Bei einmaliger Fütterung im Tag.

und bringt dann den Harn wieder auf das ursprüngliche Volumen,
so findet man, dass die Reaction umgeschlagen hat — der Harn
ist schwach sauer geworden. Der Mittag- und Abendharn färbt
einen Lakmusstreifen bleibend blau. Ferner giebt der Kalkharn
zu gleicher Zeit mit dem Ammoniak Kohlensäure an die Luft ab.
Der Harn ist viel trüber als gewöhnlich. Diese Trübung rührt zum
grossen Theile von schon in der Blase ausgeschiedenen Salzen — meistens
Trippelphosphat — her und wird von dem freigewordenen Ammoniak
verursacht. Sofort nach dem Auffangen bildet sich eine Oberflächen-
haut auf dem Harn, aus den sargdeckelförmigen Krystallen des Trippel-
phosphats bestehend, zwischen welchen man oft kugelige Aggregate
von kohlensaurem Kalk zu sehen bekommt. Nach dem Ausfällen
des etwa vorhandenen doppeltkohlensauren Kalks scheidet der Harn
immer noch kohlensauren Kalk aus beim Kochen. Woher stammt
dieser kohlensaure Kalk? Der carbaminsaure Kalk wird als seine
Quelle angesprochen. Das Vorkommen dieses Salzes erklärt ungezwungen das ganze Verhalten des Kalkharns, nämlich das Auftreten
von freiem Ammoniak, von freier Kohlensäure, das öftere Auftreten
von kohlensaurem Kalk im Oberflächen-Sediment, das Ausfallen von
Trippelphosphat schon in der Blase und das Auftreten von kohlensaurem Kalk beim Kochen des von doppeltkohlensaurem Kalk be-
freiten Harns. Das Auftreten von freiem NH_3 und von freier CO_2
kann nicht auf die Gegenwart von kohlensaurem Ammoniak bezogen
werden, denn es ist nicht einzusehen, wie dieses und ein lösliches
Kalksalz neben einander bestehen könnten. — Es wurde versucht
den carbaminsauren Kalk in Substanz aus dem Harne nach der
Methode von Drechsel[1]) [J. Th. 21, 183] zu gewinnen. Die isolirte
Substanz löste sich im Wasser zum grössten Theile auf, ihre klar
filtrirte Lösung trübte sich in kürzester Zeit, beim Kochen sofort
unter Abscheidung von kohlensaurem Kalk und Abgabe von Ammoniak.
Dieses Product bestand aber zum grossen Theil aus aetherschwefel-
sauren Salzen. Da eine wässerige Lösung von carbaminsaurem Kalk
beim Erwärmen rasch in Ammoniak, Kohlensäure und kohlensauren
Kalk zerfällt, wie in nachfolgender Gleichung veranschaulicht wird,

---

[1]) Arch. f. Anat. u, Physiol. 1891. pag. 238.

$(H_2 N - COO)_2 Ca + H_2 O = CaCO_3 + 2 NH_3 + CO_2$, so wurde versucht, ob nicht die Anwesenheit von Carbaminsäure in der isolirten Substanz auf gewichtsanalytischem Wege nachzuweisen sei. Es wurden mehrere Analysen vorgenommen, wobei das NH_3 in Platinsalmiak übergeführt und der kohlensaure Kalk als Calciumoxyd bestimmt wurde. Für die Zahlen wird auf das Original verwiesen, es sei hier nur bemerkt, dass sämmtliche Analysen sehr unbefriedigende Resultate ergaben. Obige Gleichung verlangt, wenn man nur die CO_2 des kohlensauren Kalks in Betracht zieht, 1 Molecül CO_2 auf 2 NH_3. Es wurde aber immer zuviel CO_2 im Vergleich zum NH_3 gefunden. Die Quelle dieses Plus an CO_2 liess sich in einer in der isolirten Substanz vorhandenen noch unbekannten Verbindung erkennen, welche beim Kochen ebenfalls $CaCO_3$ ausschied, aber kein Ammoniak lieferte. Der Harn von Hunden, die Schlächterabfälle, denen viel junges Knochengewebe beigemischt war, zu fressen bekamen, wurde auch nach Drechsel's Methode auf den Carbaminsäure enthaltenden Niederschlag verarbeitet. Es stellte sich bei der Analyse heraus, dass dieser Niederschlag kaum mehr als den dritten Theil der Carbaminsäure enthielt im Vergleich zum Kalkharn. 0,5 Grm. Niederschlag aus frischem, saurem Menschenharn lieferte bei der Zersetzung kein Ammoniak — demnach enthielt dieser Niederschlag keine Carbaminsäure. Dass aber grosse Gaben von Kalk beim Menschen einen ganz ähnlichen Harn wie den eben beschriebenen Hundeharn verursachen, ist dadurch bewiesen worden, dass man einem 4 jährigen Knaben während 4 Tagen täglich 2 Theelöffel voll dicken Kalkbreies, unter den Speisen gut vertheilt, beibrachte. Gegen Ende des dritten Tages reagirte der Harn wie eine verdünnte Lösung von carbaminsaurem Kalk. Betreffs der quantitativen Verhältnisse bei der Ammoniakscheidung hat sich ergeben, dass die tägliche Ammoniakausscheidung bedeutend herabgedrückt wird. Der Kalk verhält sich also in dieser Beziehung ebenso wie die Alkalien, z. B. $Na_2 CO_3$. Die „Ergebnisse" der Untersuchung sind also folgende: Der für gewöhnlich saure Harn eines mit Fleisch genährten Hundes nimmt eine stark alkalische Beschaffenheit an nach reichlichem Genuss von Kalkmilch. Dieser Kalkharn giebt viel Ammoniak und Kohlensäure an die Luft ab; schon in der Blase bilden sich reichliche Mengen von Trippelphosphatkrystallen aus; kohlensaurer Kalk lässt sich oft im Sediment nachweisen; er enthält ein Kalksalz in Lösung, welches nicht Bicarbonat ist und doch beim Stehen sich unter Bildung von kohlensaurem Kalk zersetzt, beim Morgenharn ist die alkalische Reaction eine rein ammoniakalische. Dieser Kalkharn zeigt alle Eigenschaften einer verdünnten wässerigen Lösung von carbaminsaurem Kalk, auch lässt sich aus ihm ein weisses Pulver darstellen, dessen wässrige Lösung sich ebenfalls wie eine solche von carbaminsaurem Kalk. verhält. Der Kalkharn enthält weniger Ammoniak als der normale. Der Menschenharn verhält sich nach reichlicher Kalkeinfuhr genau wie der Hundeharn, in beiden Fällen bedient sich der Organismus des leicht löslichen Kalksalzes der Carbaminsäure, um den im Ueberschuss resorbirten Kalk wieder auszuscheiden. Abel.

147. V. Massen, J. Pawlow, M. Hahn und M. Nencki: Die Eck'sche Fistel der Hohlvene und der Pfortader und ihre Folgen für den Organismus [1]). I. Physiologischer Theil von V. Massen und J. Pawlow. Die Arbeit knüpft in ihrem physiologischen Theile an eine Operationsmethode an, welche Eck bereits 1877 angegeben hat. Um die Leber von Hunden aus dem Pfortaderkreislauf auszuschalten, wird die Pfortader kurz vor ihrem Eintritt in die Leber unterbunden, und zwischen ihr und der Hohlvene eine Fistelöffnung angelegt, die durch eine eigenartige Scheere bewerkstelligt wird. Auf die Details der Operationsmethode soll hier nicht näher eingegangen und zum Verständniss der chemischen Ergebnisse nur folgendes aus dem physiologischen Theil hervorgehoben werden. Bei einer ganzen Anzahl der Hunde, die zum Theil die Operation monatelang überlebten, stellte sich bald nach der Operation eine auffallende Aenderung des Characters ein: die Hunde wurden unruhig, störrisch und bissig. Diese Erscheinungen gingen nun aber bei einzelnen Thieren in vollkommene Anfälle über, bei

---

[1]) La fistule d'Eck de la veine cave inférieure et de la veine porte et ses conséquences pour l'organisme. I. Partie physiologique. Par MM. V. Massen et J. Pawlow. II. Partie chimiques. Par MM. M. Hahn et M. Nencki. Archives des sciences biologiques de St. Petersbourg 1892. 1. 401—497.

denen zunächst ein somnolentes, dann ein starkes Irritationsstadium
verbunden mit Ataxie, Analgesie und Amaurose, auch klonischen
und tetanischen Krämpfen auftreten. Das letzte Stadium des Anfalls ist wieder ein comatöses, das mit Tod oder völliger Genesung
endigt. Auffallend war die Thatsache, dass diese Vergiftungs-Er-
scheinungen gerade bei den Thieren eintraten, die wenig frassen
oder aber, wenn die Thiere viel Fleischnahrung zu sich nahmen,
ja es gelang P. und M. sogar durch künstliche Zufuhr stark
N-haltiger Nahrung derartige Anfälle bei den operirten Thieren
direkt hervorzurufen. Inzwischen war es N. und H. gelungen im
Harne der operirten Thiere Carbaminsäure in verhältnissmässig
grossen Mengen nachzuweisen und dies führte P. und M. dazu, die
Wirkung der intravenösen Einspritzung carbaminsaurer Salze bei
normalen und operirten Thieren zu studiren, um so zu entscheiden,
ob es sich bei dem oben beschriebenen Vergiftungsbilde in der
That um die Wirkung der Carbaminsäure handle. Diese Versuche
führten zu dem Ergebniss, dass es in der That gelingt, einen beinahe völlig übereinstimmenden Symptomencomplex auf diesem experimentellen Wege zu erzeugen, wie er sich bei den Hunden mit Venenfistel auf natürlichem Wege einstellt. Grössere Dosen (0,3 pro
Kilo) von carbaminsaurem Natrium, in die Blutbahn von Hunden injicirt, bewirken gleichfalls Somnolenz, dann Irritation mit Amaurose,
Ataxie, Analgesie und, was bei den operirten Thieren weniger ausgesprochen war, Katalepsie. Noch stärkere Dosen (0,6 pro Kilo)
bewirken auch klonische und tetanische Krämpfe, schliesslich selbst
den Tod. Zu einem Experimentum crucis gestaltete sich aber erst
die Einführung der carbaminsauren Salze bei normalen und operirten
Thieren per os. Während die normalen Thiere, wenn ihnen nach
Neutralisation des Magensaftes das carbaminsaure Natrium beigebracht
wurde, gar nicht darauf reagirten, stellten sich bei den operirten
Thieren dieselben Vergiftungserscheinungen ein, wie sie sonst bei
ihnen gelegentlich von selbst oder auf Fleischnahrung eintraten und
wie sie bei den normalen Thieren durch Einführung grosser Carba-
minsäuremengen in die Blutbahn hervorgerufen werden konnten.
P. und M. folgern aus diesen Versuchen, dass also in der Norm
das giftige Agens, welches bei den operirten Thieren die Anfälle

erzeugt, durch die Leber neutralisirt wird und dass nach den Ergebnissen der chemischen und physiologischen Untersuchungen dieses
Agens wirklich die Carbaminsäure sei, somit die Leber die Function
habe, die Carbaminsäure, welche sich im Blute anhäuft, in Harnstoff
umzuwandeln. P. und M. haben nun ferner, um sowohl die physiologischen als die chemischen Ergebnisse noch prägnanter zu gestalten,
die Function der Leber dadurch völliger auszuschalten gesucht, dass
sie neben der Anlegung der Venenfistel entweder die Leber bis auf
etwa $^1/_8$ exstirpirten oder die Blutzufuhr durch zeitweise oder dauernde
Unterbindung der Leberarterie gänzlich absperrten. Das Ergebniss
stimmte mit den Resultaten, die an den Thieren mit Venenfistel gewonnen waren, insofern überein, als auch diese Thiere in einen
comatösen Zustand unmittelbar nach oder schon während der Operation verfielen, der, meist erst nach heftigen Convulsionen, innerhalb 6—40 Stunden in den Tod überging. Die pathologisch ana-
tomische Untersuchung der Leber bei Hunden mit Venenfistel
(Dr. Usskow) ergab Atrophie und mitunter fettige Degeneration
der Leberzellen, sowie trübe Schwellung der Nieren, welch' letztere
P. und M. auf die Reizung der Nieren durch Anhäufung von Stoffwechselproducten zurückführen. II. Chemischer Theil von M.
Hahn und M. Nencki. Die chemische Untersuchung der von
den Hunden mit Venenfistel gelieferten Harne ergab zunächst wenig
von der Norm abweichende Resultate. Der gewöhnlich saure
Harn wird alkalisch, wenn die Anfälle auftreten. Zucker, Eiweiss,
Albumosen, Oxybuttersäure und Milchsäure werden in diesen Fällen
nicht gefunden. Dagegen enthielt der Harn der Thiere, welchen
gleichzeitig die Leberarterie unterbunden oder die Leber exstirpirt
war, stets Eiweiss, Hämoglobin, Gallenfarbstoff und Urobilin. —
Die Bestimmung des Harnstoffs (nach Knop-Hüfner und Pflüger-
Bleibtreu) ergab in den Fällen von Arterienunterbindung resp.
Leberexstirpation, combinirt mit Venenfistel, eine deutliche Abnahme
des Harnstoffsgehaltes (so z. B. von 29,9 Grm. in 24 Stunden vor
der Operation auf 3,13 Grm. in 14 Stunden nach der Operation).
Dagegen war die Harnsäure (nach Salkowski bestimmt) bei diesen
Thieren sowohl wie bei den Hunden mit Venenfistel allein stets ver-
mehrt. Desgleichen vermehrt war, wenigstens im Verhältniss zum

Harnstoff resp. Gesammtstickstoff, die Ammoniak-Ausscheidung und diese Steigerung trat bei den Thieren mit Venenfistel erst dann deutlich hervor, wenn sie heftigen Anfällen ausgesetzt waren (bis zu 0,9266 $^0/_0$ NH$_3$). Da der Harnstoff-N im Verhältniss zum Gesammt-N bedeutend vermindert, das Ammoniak aber vermehrt war, so frägte es sich, in welcher Form wird das NH$_3$ ausgeschieden. Angeregt durch Drechsel's und Abel's Untersuchungen prüften die Untersucher den Harn auf Carbaminsäure, wobei sie sich streng an das von D. und A. angegebene Verfahren hielten. Während D. und A. angeben, dass im normalen Hunde- und Menschenharn keine Carbaminsäure enthalten sei, gelang es in dem Harne der Hunde mit Venenfistel stets deutliche Reaction auf Carbaminsäure zu erhalten, d. h. die wässerige Lösung des Kalksalzes trübte sich schon beim Stehen, schied CaCO$_3$ aus und entwickelte NH$_3$. Das Verhältniss von NH$_3$ und CO$_2$ = 2 : 1 (Zerlegungsreaction der Carbaminsäure) festzustellen, — was Drechsel und Abel allerdings auch nur in einem Fall geglückt war — gelang nicht, weil das Kalksalz noch verunreinigt war, vielleicht auch basischen carbaminsauren Kalk enthielt. Im Gegensatz zu Drechsel und Abel konnte die Gegenwart geringer Mengen von Carbaminsäure im normalen Hunde- und Menschenharn, wenn auch nicht constant, nachgewiesen werden. Diese Mengen sind aber erheblich geringer als die in dem Harne der Hunde mit Venenfistel gefundenen. Eine quantitative Bestimmung der Carbaminsäure erwies sich allerdings als unmöglich. Das Urtheil beruht zunächst auf Schätzungsvermögen, das man durch wenige Analysen sich leicht aneignen kann, unter Berücksichtigung der Werthe, welche man für die NH$_3$-Ausscheidung gewonnen hat. Zur Unterstützung der Behauptung, dass von den Hunden mit Venenfistel das carbaminsaure NH$_3$ nicht in Harnstoff umgesetzt wird, dienten auch vergleichende Analysen des Harnes normaler Thiere, welche Carbaminsäure per os erhalten hatten, und des Harnes gleich behandelter Hunde mit Venenfistel. Ein normaler Hund schied 0,105 Grm. NH$_3$ nach der Einführung der Carbaminsäure aus, ein operirter Hund nach gleicher Dosis 0,8727 Grm. NH$_3$. 200 CC. Harn des normalen Hundes ergaben 0,363 Kalkniederschlag, der keine Carbaminsäure enthielt, während die gleiche Quantität Harn

des operirten Thieres 1,538 Grm. Kalksalz ergab, das zum grössten
Theil aus carbaminsaurem Kalk bestand. In Uebereinstimmung damit wurden auch in dem Blute von Hunden mit Venenfistel, die
heftige Anfälle gehabt hatten, erhebliche Mengen von Carbaminsäure
gefunden. Anknüpfend an die hier gefundene Thatsache, dass das
carbaminsaure NH_3 thatsächlich eine Vorstufe des Harnstoffs ist,
wird die Bildungsweise des Harnstoffs, der Hippursäure, der gepaarten
Schwefelsäuren und der Uramidosäuren aus ihren Vorstufen erörtert.
Drechsel hat früher die Bildung dieser Verbindungen auf die Wirkung von Wechselströmen zurückgeführt, durch welche z. B. NH_2
$COONH_4$ zunächst durch Oxydation in $NH_2 COONH_2 + H_2O$ übergeführt würde, um nachher durch Reduction in $NH_2 CONH_2 + H_2O$
überzugehen. Wenn auch die Thatsache, dass es sich bei diesen
Vorgängen um abwechselnde Oxydation und Reduction handelt, fest-
zustehen scheint, so ist es nach den Verff. doch unnöthig, hier gerade den Einfluss von Wechselströmen zur Erklärung heranzuziehen
und vielmehr wahrscheinlicher, dass hier die reducirende Fähigkeit
des Protoplasmas in Frage kommt. Dieses würde einerseits das Molecül O des Oxyhämoglobins in seine beiden Atome spalten und so
würde mittelst des einen Atoms die Bildung der hypothetischen Verbindung Drechsel's $NH_2 COONH_2$ unter H_2O Abspaltung erfolgen,
welche ihrerseits durch das reducirende Protoplasma in $NH_2 CONH_2$
verwandelt würde. In derselben Weise wäre die Bildung der Hippursäure, der gepaarten Schwefelsäuren und auch der Uramidosäuren
zu erklären. Namentlich die letzteren werden wahrscheinlich nach
allem, was jetzt über die Harnstoffbildung bekannt, auch in der
Leber gebildet. Bemerkenswerth ist, dass zu ihrer Bildung die eingeführte Säure die Gruppe NH_2 als solche enthalten muss; daher
werden auch weder das Sarkosin noch auch, wie aus einem Versuche
N.'s hervorgeht, die Paracetylamidosalicylsäure $(C_6 H_3 (OH) . CO_2 H .$
$(NH CO CH_3)$ in die entsprechenden Uramidosäuren verwandelt. Die
Thatsache, dass der Harn der operirten Hunde Carbaminsäure und
vermehrte NH_3-Mengen enthält, macht es wahrscheinlich, dass es
sich auch bei den grossen Quantitäten NH_3, die Hallervorden
im Harne bei Diabetes mellitus und interstitieller Hepatitis fand,
um carbaminsaures Ammoniak handelt und somit auch eine ganze

Reihe von Symptomen bei Erkrankungen der Leber auf die Wirkung dieses Stoffwechselproduktes zurückzuführen sind. Die Frage, ob beim Säugethier der Harnstoff ausschliesslich in der Leber gebildet wird, muss auch nach diesen Untersuchungen noch offen bleiben. Ebenso erscheint es noch unentschieden, wo die Carbaminsäurebildung stattfindet. Nach Ansicht der Verff. ist es jedenfalls unwahrscheinlich, dass diese Umwandlung der N-haltigen Substanzen in Carbaminsäure in der Leber stattfindet, die ja gerade bei den Thieren mit vermehrter Carbaminsäureausscheidung theilweise ausser Function war. Vielmehr vollzieht sich dieser Process vermuthlich überall in unseren Geweben. Somit führt die Pfortader der Leber nur in dem Maasse Carbaminsäure zu, als sie Blut aus der Milz, dem Pancreas und den Wandungen des Intestinaltractus erhält und die Hauptzufuhr findet durch die Leberarterie statt. Hahn.

148. Rumpf: Untersuchungen über die quantitative Bestimmung der Phenolkörper des menschlichen Harns[1]). 149. A. Kossler und E. Penny: Ueber die maassanalytische Bestimmung der Phenole im Harn[2]). Ad 148. R. hat den aus dem Harndestillate mittelst Bromwasser erhaltenen Niederschlag genau untersucht. Unter Anwendung von Natriumcarbonatlösung (10%) gelang es, denselben in einen löslichen Antheil (Tribromphenol?) und einen unlöslichen Antheil zu zerlegen, der möglicherweise Dibromkresol sein konnte. (Ob das kohlensaure Natron dabei nicht chemisch einwirkte, mag dahingestellt sein. Ref.) Ausserdem wurde noch ein Farbstoff erhalten, der in alkalischer Lösung roth, in saurer gelb gefärbt war. Auch bei Einwirkung von Bromwasser auf reines Phenol in verschiedener Concentration wurden keineswegs die von der Theorie verlangten Mengen von Tribromphenol erhalten, vielmehr differirten die Werthe bis zu 17,95 %, meist war der Fehler positiv, was auf die Bildung von Tribromphenolbrom zurückzuführen ist, das sich leicht bei überschüssigem Bromwasser und auch beim Auswaschen des Niederschlags mit Bromwasser nach v. Jaksch's Vorschrift bildet. Verf. prüfte nun das titrimetrische Verfahren von Koppeschaar [Zeitschr. f. anal. Chemie 15, 233] und Beckurts [Archiv d. Pharmacie

---

[1]) Zeitschr. f. physiol. Chemie 16, 220—242. [2]) Daselbst 17, 117—139.

1886, pag. 561], das ihm eine sehr genaue Bestimmung des Phenols ermöglichte. Weniger günstiger waren die Versuche mit Parakresol, das Verf. durch Bromwasser nicht in Tribromphenol überführen konnte (Baumann, Brieger). Unter solchen Verhältnissen ist eine genaue quantitative Bestimmung der Phenolkörper des Harns auf dem seitherigen Wege unmöglich. Wichtig scheint Verf. der Nachweis, dass der aus dem Harndestillate erhaltene Körper in seinem Verhalten ganz mit künstlich hergestelltem Dibromparakresol übereinstimmt. Es dürfte daher das Parakresol wohl den Hauptbestandtheil der Phenolkörper des Harns ausmachen. Ad 149. Verff. haben bei der Unvollkommenheit des gewichtsanalytischen Verfahrens zur Bestimmung der Phenole im Harn die maassanalytischen Methoden von Koppeschaar [Zeitschr. f. anal. Chemie 15, 233] und von Messinger und Vortmann [Ber. d. d. chem. Gesellsch. 22, 2313] in dieser Richtung geprüft und empfehlen auf Grund ihrer Versuche folgendes Verfahren: 500 CC. Harn oder mehr werden bei schwach alkalischer Reaction auf 100 CC. eingedampft, der concentrirte Harn in ein Destillationskölbchen übergeführt, mit so viel Schwefelsäure versetzt, dass die Flüssigkeit circa 5 $\%$ der ursprünglichen Harnmenge davon enthält, und der Destillation unterworfen. Wenn der Kölbcheninhalt so weit abdestillirt ist, dass die Flüssigkeit heftig zu stossen beginnt, verdünnt man mit Wasser und setzt die Destillation fort. Die ersten 2—3 Destillate können gemeinsam aufgefangen und verarbeitet werden, die folgenden werden zweckmässig gesondert von einander untersucht. Die einzelnen Portionen werden mit etwas Calciumcarbonat versetzt, ordentlich durchgeschüttelt, bis die saure Reaction verschwunden ist und abermals destillirt. Das jetzt erhaltene Destillat ist für die Titration mit Jod geeignet. Die ganze Flüssigkeit, welche aus den ersten Destillaten erhalten worden ist, oder ein aliquoter Theil derselben, wird in eine mit Glasstöpsel verschliessbare Flasche gebracht und mit 0,1-Normalnatronlauge bis zur ziemlich stark alkalischen Reaction versetzt, hierauf die Flasche in heisses Wasser getaucht und längere Zeit darin gelassen. Zur heissen Flüssigkeit lässt man dann 0,1-N-Jodlösung zufliessen und zwar 15—25 CC. mehr von derselben als man früher Natronlauge genommen hat, verschliesst das Gefäss sofort und schüttelt um.

Nach dem Erkalten wird angesäuert und das freigewordene Jod in der Flasche selbst mit 0,1-N-Thiosulfatlösung zurücktitrirt. Ebenso verfährt man bei allen übrigen Portionen des Destillates, so lange dieselben noch Jod binden. Die Gesammtjodmenge repräsentirt das von beiden Phenolen (Phenol und Parakresol) zur Bildung des Trijodsubstitutionsderivates verbrauchte Jod. — Meist kommt man für gewöhnliche Harne für die ersten Destillate mit 20 CC. Natronlauge und 40 CC. Jodlösung aus, die Flüssigkeit muss nach dem Jodzusatz deutlich braun sein. Von der verbrauchten Jodlösung zeigt 1 CC. 1,567 Mgrm. Phenol oder 1,8018 Mgrm. Kresol an. Auf eines der beiden Phenole ist die Jodmenge zu berechnen, da das Parakresol vorwaltet, ist es zweckmässig, dieses der Rechnung zu Grunde zu legen. — Der Harn bei gemischter Kost kann in der Tagesmenge 0,07 Grm., ja sogar 0,106 Grm. Phenol (oder als Kresol berechnet 0,081 und 0,122 Grm.) enthalten.

Andreasch.

150. **M. Abeles: Ueber alimentäre Oxalurie**[1]). Die Ergebnisse der Untersuchungen werden in folgender Weise zusammengefasst. 1. Die tägliche Ausscheidung von Oxalsäure beim normalen Menschen schwankt innerhalb der von Fürbringer [J. Th. 6, 145] angegebenen Grenzen. 2. Eine alimentäre Oxalurie, das ist Ausscheidung von Oxalsäure nach Genuss unserer gewöhnlichen oxalsäurehaltigen Nahrungs- und Genussmittel, existirt nicht. 3. Der mit der Nahrung eingeführte oxalsaure Kalk ist als unlöslicher Körper für den Organismus indifferent. Die löslichen Oxalsalze unserer Nahrung setzen sich aller Wahrscheinlichkeit nach im Verdauungscanale zu Kalksalzen um. 4. Zur Erzeugung von Oxalurie bedarf es einer grösseren Menge löslicher Oxalsalze, als in unserer Nahrung enthalten ist. 5. Bei subcutaner Einverleibung genügt ein sehr kleines Quantum neutralen oxalsauren Natrons, um vorübergehend Oxalurie zu erzeugen. 6. Die oxalsäurehaltigen Nahrungsmittel erzeugen keine nachweisbare Steigerung der Harnsäureausscheidung.

Andreasch.

---

[1]) Wiener klin. Wochenschr. 1892, No. 19 u. 20.

151. Bartoschewitsch: Zur Frage über das quantitative Verhalten der Schwefelsäure und Aetherschwefelsäuren im Harn bei Diarrhöen[1]). Der Verf. fand, dass bei Diarrhöen die absolute und relative Quantität der gesammten Schwefelsäure (a + b) und der Aetherschwefelsäuren (b) gegen die Norm abnimmt. Dabei wird das Verhältniss (a + b) : b oder a : b grösser. Bei den durch Abführmittel bewirkten Diarrhöen steigt nach Eingabe von Ricinusöl der Gehalt an Aetherschwefelsäuren, wodurch (a + b) : b verkleinert wird, während die Diarrhöen nach Calomeleingabe eine Vergrösserung dieser Proportion hervorrufen. Verf: unterscheidet demnach zwischen Abführmitteln, welche den Darm nicht desinficiren und solchen, welche, wie Calomel, desinficirend wirken. Eine diagnostische Bedeutung hat die Bestimmung der Proportion (a + b) : b und a : b nicht ohne Controlversuche, sie kann aber bei Simulation gute Dienste leisten. Kerry.

152. Alb. Rovighi: Die Einwirkung der Antipyretica auf die Ausscheidung der Aetherschwefelsäuren im Harn[2]). In Vervollständigung früherer Beobachtungen [J. Th. **21**, 185] theilt R. mit, dass bei Zuständen grosser psychischer Depression, in Form der Melancholie, eine bedeutende Vermehrung der Aetherschwefelsäuren im Harn stattfindet, sodass das Verhältniss der präformirten und der gebundenen Schwefelsäuren A : B den Werth 4,7 erreicht. Es ist nicht unwahrscheinlich, dass jene im Darm gebildeten, durch die Aetherschwefelsäuren ausgeschiedenen Stoffe auch die Giftigkeit des Blutserums und des Harns bedingen, welche von einigen Beobachtern bei Melancholikern constatirt worden ist. Bei sehr alten Leuten sind die Aetherschwefelsäuren ebenfalls sehr vermehrt, z. B. bei einer Frau von 93 Jahren fanden sich in 24 St. 0,336 Grm. präformirte und 0,564 Grm. gebundene Schwefelsäure vor (A : B = 0,59). Die Untersuchungen wurden mit Antipyrin, Acetanilid, Phenacetin, Phenocoll, Salicylsäure, Natriumsalicylat und Chinin mit folgendem Ergebniss ausgeführt. 1. Antipyrin, Acetanilid, Phenacetin und Phenocoll in Dosen von 1½—2 Grm. täglich, durch 2—3 Tage wiederholt, ver-

---

[1]) Zeitschr. f. physiol. Chemie **17**, 35—62. — [2]) Centralbl. f. klin. Medic. **13**, 537—540.

ursachen eine bedeutende Vermehrung der Aetherschwefelsäuren im Harn. 2. Mit der Vermehrung der gebundenen Schwefelsäuren geht eine umgekehrte, fortschreitende Verminderung der präformirten Schwefelsäure einher. 3. Antipyrin verursacht bei gleicher Dosis die geringste Vermehrung der Aetherschwefelsäuren, während Antifebrin und Phenocoll die bedeutendste Veränderung hervorbringen, sodass B grösser als A wird. 4. Zwei oder drei Tage nach Anwendung der genannten Mittel ist bei Gesunden und bei Fieberkranken eine offenbare Verminderung der normalen Aetherschwefelsäuremenge im Harn zu beobachten, besonders deutlich beim Antifebrin. 5. Die Salicylsäure und ihr Natronsalz beeinflussen die Ausscheidung nicht; erst nach 2 tägiger Anwendung grösserer Dosen ist eine Verminderung der Säuren im Harn zu bemerken. 6. Chinin scheint in Dosen von $1^1/_2$—2 Grm. ebenfalls eine geringe Verminderung der normalen Aetherschwefelsäuremenge zu verursachen. Antipyrin und Antifebrin beförderten die Urobilinurie bei Gesunden, während bei Fieberkranken manchmal eine Verminderung der Ausscheidung des Urobilins eintrat. Andreasch.

153. S. Beck und H. Benedict: Einfluss der Muskelarbeit auf die Schwefelausscheidung [1]). Die Grösse des während physischer Arbeit vor sich gehenden Eiweisszerfalles trachteten die Physiologen aus der Menge ausgeschiedenen Stickstoffes zu beurtheilen, doch stimmen die Resultate der hierauf bezüglichen Untersuchungen so wenig überein, dass daraus auf die Steigerung oder Verminderung des Eiweisszerfalles während der Muskelarbeit nicht geschlossen werden kann. Die ausgeschiedenen Stickstoffmengen waren entweder vermindert oder gesteigert gefunden worden, welche Steigerung sich erst an den auf die Arbeitstage folgenden Tagen einstellte. Die wiedersprechenden Angaben erklären sich am einfachsten so, dass die stickstoffhaltigen Zersetzungsproducte der Eiweisskörper erst spät ausgeschieden werden; sie verwandeln sich in der Leber zu Amiden, die Lebensfunctionen der Leber sind jedoch während und nach der Arbeit bedeutend verändert. Ausserdem scheint aber auch die Niere eine eigenthümliche Stellung gegenüber dem Harnstoff einzunehmen,

---

[1]) Orvosi hetilap, Budapest 1892, S. 635. (Vorläufige Mittheilung).

worauf die während des Fiebers häufig beobachtete Harnstoffretention
hinweist; weiter darf auch die Hautthätigkeit nicht ausser Acht
gelassen werden, sie nimmt bei stärkerer Schweissabsonderung leb-
haften Antheil an der Stickstoffausscheidung. Durch Voit[1]) darauf
aufmerksam gemacht, dass als Maass des Eiweisszerfalles auch der
im Harn ausgeschiedene Schwefel dienen kann, und noch mehr durch
Engelmann's [J. Th. 1, 153] Behauptung, dass der Schwefel der
Veränderung des Eiweisszerfalles regelmässiger folge, als der Stickstoff,
entschlossen sich Verff., die Gesammtmenge des im Harn ausgeschiedenen
Schwefels zu bestimmen, wobei sie nicht ausser Acht liessen, auch
jene Menge Schwefels zu bestimmen, welche in Form organischer
Verbindung in demselben enthalten ist und als »nicht oxydirter
Schwefel«, im Gegensatz zum »oxydirten Schwefel« der Schwefelsäure,
zu betrachten ist. Besonderes Augenmerk wurde auf die Eruirung
des Verhältnisses zwischen oxydirtem und nicht oxydirtem Schwefel
gelegt. Zur Erreichung dieses Zieles stellten Verff. zwei Reihen
von Versuchen an. In der · ersten bekam das Versuchsindividuum
durch 15 Tage täglich dreimal gleichmässig vertheilt 109,83 Grm.
Eiweiss enthaltende Speisen, unterdessen befolgte es eine möglichst
gleichmässige, ruhige Lebensweise. Am 8. und 13. Tage des Versuches wurde eine forcirte Fusstour vorgenommen. Um den Einfluss
des Schlafes kennen zu lernen, wurde die 11. Nacht durchwacht.
Die zweite Versuchsreihe dauerte bei Verabreichung gleicher Nahrung
11 Tage. Die ersten zwei Tage wurden als Uebergangstage betrachtet, diesen folgten 3 Tage der Ruhe, hierauf abermals 3 Arbeitstage. Die an den 3 Arbeitstagen geleistete Arbeit war gleich, doch
intensiver, als jene der ersten Versuchsreihe, schliesslich folgten noch
3 Tage der Ruhe. Der in der ersten Versuchsreihe am Tage und
während der Nacht ausgeschiedene Harn wurde separat untersucht,
der innerhalb 24 Stunden ausgeschiedene Harn der zweiten Versuchsreihe aber zusammen. Der Harn wurde nach Salkowski mit
Chloroform conservirt, in einem Theile der oxydirte, im anderen der
Gesammtschwefel als schwefelsaurer Baryt bestimmt. Die Resultate

---

[1]) Pettenkofer und Voit, Untersuchung über den Stoffverbrauch
normaler Menschen. Zeitschr. f. Biologie II. Bd.

der Versuche sind folgende: 1. Die körperliche Arbeti steigert die Schwefelausscheidung. 2. Nach körperlicher Arbeit folgt eine der stattgehabten Schwefelausscheidung entsprechende Verminderung früher oder später, mehr oder weniger. 3. Bei Steigerung des Eiweisszerfalles scheidet sich der nichtoxydirte Schwefel rascher aus, als der oxydirte. Während die Menge des nicht oxydirten Schwefels schon sinkt, steigt noch jene des oxydirten Schwefels. Eine Verringerung der Menge des nicht oxydirten Schwefels zeigt an, dass der Eiweisszerfall sich schon vermindert. Liebermann.

154. Ernst Freund: Ueber eine Methode zur Bestimmung von einfachsaurem Phosphate neben zweifachsaurem Phosphate im Harn[1]). Dieselbe ist darauf basirt, dass Chlorbaryum mit einfachsauren Phosphaten unlösliches Baryumphosphat gibt, während es von zweifachphosphorsauren Salzen nicht gefällt wird. Kennt man den Gesammtphosphorsäuregehalt einer Flüssigkeit, die beide Salze enthält und bestimmt man nach der Fällung mit Chlorbaryum den Phosphorsäuregehalt des Filtrates, dann gibt die Differenz den Phosphorsäuregehalt der einfachsauren Phosphate an. Bestimmungen an künstlichen Mischungen, sowie an Harn, aus dem die Phosphorsäure mit Uran gerade ausgefällt war und dem beide Phosphate zugesetzt worden waren, ergaben leidliche Uebereinstimmung mit den theoretischen Zahlen. Andreasch.

155. Ernst Freund und G. Toepfer: Eine Modification der Mohr'schen Titrirmethode für Chloride im Harn[2]). Verff. titriren in essigsaurer Lösung, um das Ausfallen der Silberverbindungen der Harnsäure, Xanthinbasen etc. zu verhindern. 5 oder 10 CC. Harn werden mit Wasser auf 25 CC. verdünnt, mit 2,5 CC. einer Lösung von Essigsäure und essigsaurem Natron (3 %, Säure, 10 %, des Salzes) versetzt, hierauf werden wenige Tropfen einer 10 %,igen Lösung von Kaliumbichromat zugesetzt und nun mit salpetersaurem Silber in der Concentration des Mohr'schen Verfahrens titrirt. Als Endpunkt gilt jener Moment, wo die eigelbe Farbe der Flüssigkeit einen röthlichen Ton annimmt. Die angeführten Zahlen zeigen gute Uebereinstimmung mit den nach Volhard-Falk erhaltenen Werthen. Die Titration ist auch in gefärbten, sowie eiweisshaltigen Harnen ausführbar. Andreasch.

---

[1]) Centralbl. f. d. med. Wissensch. 1892, No. 38, pag. 689—690. —
[2]) Centralbl. f. klin Med. 13, No. 38, pag. 801—803.

156. R. Laudenheimer: Die Ausscheidung der Chloride bei Carcinomatösen im Verhältniss zur Aufnahme [1]). Nach einigen Autoren (Rommelaire, Jaccoud, Bouveret) soll die Ausscheidung der Chloride bei Krebskranken vermindert und man im Stande sein, das Verhältniss der Chlor- zur Harnstoffausscheidung differentialdiagnostisch zu verwerthen. Da die betreffenden Versuche ohne Berücksichtigung der Chloreinnahmen durchgeführt worden sind, hat Verf. in einer Reihe von Krankheitsfällen die Beobachtungen von neuem aufgenommen und neben dem Chlorstoffwechsel auch den Stickstoff- und Wasserumsatz des Körpers berücksichtigt. Die Nahrung der Kranken bestand meist aus Milch, Suppe und Eiern; sie wurde stets gewogen und der Chlorgehalt darin bestimmt. Der Harn wurde in 24 stünd. Perioden, der Koth jeder Versuchsreihe summarisch auf den Chlorgehalt geprüft und für den einzelnen Tag der Mittelwerth berechnet. Als Resultat von 5 im Einzelnen mitgetheilten Versuchen ergab sich: 1. In zwei ohne Complicationen durchgeführten Versuchen zeigte die Chlorausscheidung keine Abweichung von der Norm. 2. In zwei Fällen, die ein nicht normales Verhalten der Secretionsorgane darboten, liess sich eine ziemlich beträchtliche Verminderung der Kochsalzausscheidung im Verhältnisse zur Aufnahme erkennen. Es war mit einiger Sicherheit auszuschliessen, dass letzteres Verhalten aus einem speciellen Unvermögen der Nieren gegenüber den Chloriden hervorgegangen war. Verf. verweist insbesondere darauf, dass die Chlorausscheidung von dem jeweiligen Wassergehalte des Organismus abhängig ist und in keiner Beziehung steht zum Eiweissstoffwechsel, wie Röhmann annimmt. Der Grund der carcinomatösen Chlorretention und der fieberhaften (Röhmann) besteht eben nicht im vermehrten Eiweisszerfalle bei beiden Krankheiten, sondern in dem Vorhandensein einer fieberhaften und einer kachectischen Wasserretention. Eine characteristische, im Wesen der carcinomatösen Erkrankung begründete Veränderung für das Verhalten der Chlorausscheidung im Verhältniss zur Einnahme besteht nicht, stets wird das Chlor in demselben Verhältniss im Körper zurückgehalten wie das Wasser.   Andreasch.

---

[1]) Zeitschr. f. klin. Med. **21**, 513—557,

157. William J. Smith: Ueber das physiologische Verhalten des Sulfonals [1]. Nach den bisherigen Beobachtungen wird das Sulfonal nur zum kleinsten Theile als solches im Harn abgeschieden, der grösste Theil verlässt den Körper in Form einer leicht löslichen organischen Schwefelverbindung. Eine erhebliche Zunahme der präformirten Schwefelsäure konnte Verf. im Gegensatze zu Jolles [Pharm. Post 1891, No. 52, J. Th. **21**, 429] nicht beobachten. Trägt man den von Stuffer und Autenrieth [Ber. d. d. chem. Gesellsch. **23**, 3238] am Chlorsulfonal und Aethylsulfonsulfonal beobachteten Spaltungen Rechnung, so lässt sich von vornherein eine Spaltung des Sulfonals unter Bildung von Aethylsulfinsäure, $C_2H_5 . SO_2H$, erwarten, welche aber als leicht oxydirbare Körper in Aethylsulfosäure oder bei stärkerer Oxydation in Sulfoessigsäure $HSO_3 . CH_2 . COOH$, übergehen könnte. Die Aethylsulfosäure wird nach Salkowski im Organismus nicht verändert; in Uebereinstimmung damit zeigte ein Hund, der 6 Grm. äthylsulfosaures Natrium erhielt, keine Vermehrung der Schwefelsäureausscheidung. Es gelang aber nicht, das Salz aus dem Harne wieder in krystallisirter Form abzuscheiden; ebenso erfolglos war der Versuch, als zu 300 CC. Menschenharn 6 Grm. des Natronsalzes zugesetzt wurden. Als einem Hunde 6 Grm. sulfoessigsaures Natrium einverleibt wurden, ergab sich ebenfalls keine Vermehrung der präformirten Schwefelsäure, doch konnte aus dem alcoholischen Harnextracte durch Chlorbaryum leicht das characteristische, schwer lösliche Barytsatz der Säure, wenn auch mit grossem Verlust, wieder gewonnen werden. Da auch aus grösseren Mengen von Sulfonalharn niemals Sulfoessigsäure abscheidbar war, neigt Verf. der Ansicht zu, dass das Sulfonal im Organismus in Aethylsulfosäure umgewandelt und als solche ausgeschieden wird. Andreasch.

158. G. Hoppe-Seyler: Ueber eine Reaction zum Nachweis von Zucker im Urin, auf Indigobildung beruhend [2]. Wird o-Nitrophenylpropiolsäure mit Natronlauge und Zucker (oder reducirenden Körpern) gekocht, so bildet sich bekanntlich Indigo. Diese Reaction lässt sich auch zum Nachweise des Zuckers im Harn verwenden.

---

[1] Zeitschr. f. physiol. Chemie **17**, 1—7. — [2] Zeitschr. f. physiol. Chemie **17**, 83—86.

Man verfährt dabei in folgender Art: 5 CC. des Reagens ($^1/_2$ $^0/_0$ ige Lösung von o-Nitrophenylpropiolsäure in Natronlauge und Wasser) werden mit etwa 10 Tropfen des Urins versetzt und eine viertel Stunde gekocht. Wird die Lösung dunkelblau, so sind reducirende Substanzen. mindestens $= 0,5\ ^0/_0$ Zucker, vorhanden. Normaler Urin gibt erst bei Zusatz von mindestens 1 CC. Grünfärbung, eine deutliche Blaufärbung ist auch bei grössen Mengen gewöhnlich nicht zu erzielen. Eiweiss, wenn es nicht in einer Menge von über $2\ ^0/_0$ vorhanden ist, beeinflusst die Reaction nicht.   A n d r e a s c h.

159. O. Rosenbach: Eine Reaction auf Traubenzucker[1]).

Versetzt man eine Lösung von Traubenzucker (oder Milchzucker) mit einigen Tropfen Natronlauge und einigen Tropfen kalt gesättigter Nitroprussidnatriumlösung und kocht, so erhält man eine tiefbraunrothe bis orange Färbung; bei einem Gehalte von mehr als $^1/_4\ ^0/_0$ ist die Färbung so deutlich, dass ein Zweifel über den Zuckergehalt ausgeschlossen ist. Dieselben Farbenveränderungen zeigt der zuckerhaltige Urin; nur ist dabei zu beachten, dass die Rothfärbung, welche bei Zusatz des Nitroprussidnatriums zum alkalisch gemachten Urin sofort auftritt, nicht der Zuckerreaction, sondern der Weylschen Kreatininreaction gilt, welche aber bei weiterem Erwärmen verschwindet, um der braunrothen Färbung, die für Zucker charakteristisch ist, Platz zu machen. Beim Ansäuern tritt eine mehr oder weniger in das Lasurblaue spielende Färbung auf (wohl von Berlinerblau herrührend). Harne, welche keinen Zucker oder weniger als $0,1\ ^0/_0$ enthalten, trüben sich beim Kochen ohne Verfärbung der Flüssigkeit und werden nach dem Ansäuern schmutzig grün. Kocht man Zuckerlösungen (oder Harne) mit Nitroprussidnatrium und Ammoniak, so tritt eine flaschen-, oliven- oder blattgrüne Farbe auf, ohne dass sich ein Niederschlag bildet, während bei Abwesenheit von Zucker bald ein ziegelrothes Sediment ausfällt. Die erstere Methode lässt sich auch als colorimetrisches Verfahren verwenden; Differenzen von $^1/_2 - ^1/_3\ ^0/_0$ sind noch zu erkennen. Bei 1 $^0/_0$ ist die Färbung ein schönes dunkles Rubinroth und die Flüssigkeit im Reagensrohre noch eben durchsichtig; Lösungen über 1 $^0/_0$ sind undurchsichtig, tiefblau,

---

[1]) Centralbl. f. klin. Medic. 13, 257—261.

fast schwarz und müssen entsprechend verdünnt werden; Lösungen von $1/2\,^0/_0$ sind braungelb bis braunroth mit einem Stich in's Orangerothe und endlich unter $1/2\,^0/_0$ wird die Färbung immer schwächer, auch trüben sich solche Lösungen entsprechend immer mehr. Schliesslich hebt Verf. hervor, dass man bei der Legal'schen Acetonreaction statt der Essigsäure auch Milch- oder Weinsäure verwenden kann.

Andreasch.

160. **Karl Kistermann: Ueber den positiven Werth der Nylander'schen Zuckerprobe nebst Bemerkungen über das Phenylhydrazin als Reagens auf Traubenzucker im menschlichen Harn**[1]). Die lange Zeit als einwurfsfrei geltende Methode Nylander's erlitt eine Einschränkung, als man die Beobachtung machte, dass gewisse Arzneimittel eine Reduction im Harn bewirken (Rhabarber, Senna, Antipyrin[2]), Kairin, Natr. benzoicum, Salol, Salicylsäure). Später fand Moritz [J. Th. **20**, 211], dass auch bei Ausschluss von störenden Medikamenten öfter im Harne Reduction erfolgt, ohne dass die Gährungsprobe Zucker anzeigte. Verf. hat eine Reihe von Harnen nach Nylander und nach Moritz mittelst der Gährungsprobe untersucht und erhielt unter 261 pathologischen Harnen 13 mal mit Nylander's Reagens eine positive Reaction, die durch die alcoholische Gährung nicht zum Verschwinden gebracht werden konnte, also keineswegs auf Traubenzucker bezogen werden darf. Meist waren es Harne von höherem spec. Gewichte (1020—1030); die angewandte Medication von Morphium und Decoct. Althäae war ohne Einfluss auf die Reductionsfähigkeit des Harns. wie besonders constatirt wurde. Nach dem Grade der Schwärzung entsprachen die Harne einem Zuckergehalte von $0,05-0,1\,^0/_0$. — Aber auch bei gesunden Personen trat in 6 unter 25 Fällen Reduction des Nylander'schen Reagens ein. Es wurde hier insbesondere der hochgestellte Morgenharn untersucht, während bei den pathologischen Fällen der 24 stündige Durchschnittsharn der Prüfung unterworfen ward. In einem Falle konnte ein periodenweises Auftreten der reducirenden Substanz constatirt werden, ohne dass im Befinden

---

[1]) Deutsches Arch. f. klin. Medic. **50**, 423—437. — [2]) Nagler, über die Zuverlässigkeit der Nyander'schen Wismuthprobe beim Nachweis von Zucker im Harn. Ing.-Diss. München 1886.

des Individuums ein Grund dafür aufgefunden werden konnte. Die
Natur der reducirenden Substanz wurde nicht aufgeklärt, möglicherweise ist sie mit jenem Körper identisch, der sich in jedem normalen
Harn nachweisen lässt, wenn man denselben durch Eindampfen concentrirt hat. Jeder solche Harn gibt die Nylander'sche Probe,
worauf schon Friedr. Müller [Ueber das Vorkommen kleiner
Zuckermengen im Harn. Diss. München 1889] hingewiesen hat.
Durch Vergähren nimmt das Reductionsvermögen meist ab, doch liegt
hierin noch kein Grund, die reducirende Substanz für Zucker anzusprechen. — Die Versuche beweisen, dass die Nylander'sche
Wismuthprobe für sich ebensowenig wie irgend eine andere Reduc-
tionsprobe im Stande ist, Traubenzucker in kleinen Mengen im Harn
mit absoluter Sicherheit nachzuweisen. Wichtiger ist die Bedeutung
der Probe nach der negativen Seite: fällt nämlich in einem sauer
reagirenden, nicht in ammoniakalischer Gährung befindlichen und
eiweissfreien Harn die Probe negativ aus, so darf der Harn als im
klinischen Sinne zuckerfrei betrachtet werden. — Im Allgemeinen
gilt die geringe Verlässlichkeit für alle Zuckerproben, welche auf
der Reduction beruhen. — Auch die Fischer-v. Jaksch'sche
Phenylhydrazinprobe ist als unverlässlich erkannt worden, da auch
die normalerweise stets vorhandene Glycuronsäure die Reaction gibt.
Die Beobachtungen von Hirschl [J. Th. **20**, 209] kann Verf. nicht
bestätigen und sieht in dem längeren Erhitzen der Harne kein
Mittel, die Phenylglucosazonkrystalle von eventuell vorhandenen
Phenylhydrazinverbindungen der Glycuronsäure zu unterscheiden.

Andreasch.

161. J. Seegen: Ueber die Bedeutung und über den Nach-
weis von kleinen Mengen Zucker im Harn[1]). Verf. gibt eine
Zusammenfassung der für den Nachweis kleiner Zuckermengen üblichen
Methoden und über die Bedeutung kleiner Zuckermengen. Die vom
Verf. stammende Kohlenprobe wird ausführlich wie folgt beschrieben.
Auf ein Filter, welches in einem Trichter von circa 5—6 CC.
Durchmesser steckt, wird etwa 3 Cm. hoch feingepulverte Blutkohle
geschüttet und darauf auf einmal oder in Absätzen 20—40 CC.

---

[1]) Wiener klin. Wochenschr. 1892, No. 7 und 8.

Harn gegossen. Der in ein Becherglas abfiltrirte Harn wird so oft durch die Kohle gegossen, bis er vollständig wasserhell abfliesst. Wenn der Harn vollständig abfiltrirt ist, wird ein zweites Becherglas untergesetzt, das Filter mit destillirtem Wasser abgespritzt, so dass Kohle und Waschwasser bis etwa über die halbe Höhe des Filters reichen. Wenn das Wasser abgelaufen ist, kann das Abspritzen in gleicher Weise noch ein zweites und drittes Mal wiederholt werden. Harne, die etwa 0,1—0,5 % Zucker enthalten, zeigen im genuinen Zustand Entfärbung der Fehling'schen Lösung ohne weitere Ausscheidung, allenfalls eine dichroitische grüngelbe Färbung. Das Filtrat mit Fehling'scher Lösung zusammengebracht und erhitzt, zeigt rasch und ehe es zum Sieden kommt, eine dichte gelbe Trübung. Im ersten Waschwasser scheidet sich momentan während des Erhitzens ein dichter gelber Niederschlag von Oxydulhydrat aus, im zweiten und dritten Waschwasser bildet sich während des Erhitzens an den Wänden und am Boden des Proberöhrchens eine sehr schöne Ausscheidung von rothem Oxydul. Wenn die Zuckermenge unter einem Zehntel, etwa 0,05—0,01 % ist, tritt im Filtrate wie im ersten Waschwasser eine Ausscheidung von Kupferoxydulhydrat auf, aber diese Ausscheidung erscheint oft nicht während des Erhitzens, sondern erst eine halbe Minute bis eine Minute, nachdem die Flüssigkeit bis zum Sieden erhitzt war. Das zweite und dritte Waschwasser bleiben gewöhnlich der Fehling'schen Lösung gegenüber wirkungslos. Bei noch geringeren Zuckermengen dauert es oft 10—15 Minuten und darüber, ehe die Reaction auftritt. Dies geht dann in folgender Weise von statten. Nachdem das in einer Eprouvette befindliche Filtrat oder Waschwasser bis zum Siedepunkt erhitzt und dann noch vollständig blau gefärbt und ungetrübt zur Seite gestellt wurde, bilden sich einige weisse Flöckchen (Phosphate), welche in der Flüssigkeit auf- und niedersteigen. An diese schiessen während des Auf- und Niedersteigens einige gelbe Punkte an, bis nach kürzerer oder längerer Zeit die ganze Flüssigkeitssäule von einer dichten gelben oder grüngelben Ausscheidung getrübt wird, die sich nur nach langem Stehen zu Boden senkt; am Boden ist dann eine mehr oder weniger grosse Menge von ausgeschiedenem Oxydulhydrat, während die darüber stehende Flüssig-

keit grünblau gefärbt ist. Im Filtrate tritt bei minimalen Zuckermengen diese Reaction oft erst nach einer Viertelstunde auf, im
Waschwasser sah sie Verf. zuweilen erst nach Ablauf einer Stunde
auftreten. — Man kann die Entscheidung, ob Spuren Zucker vorhanden sind oder nicht, daher oft erst nach einer Stunde aussprechen.
Nur wenn man beobachtet, dass die weissen Flöckchen im Filtrate
ohne Auf- und Niedersteigen sich rasch zu Boden senken, kann man
sicher sein, dass kein Zucker vorhanden ist. Bei Harnen, die über-
mässig reich an Uraten sind, empfiehlt sich folgender Vorgang: Eine
Portion des Harnes wird mit Salzsäure bis zur stark sauren Reaction versetzt, nach 24 Stunden filtrirt, Filtrat und Waschwasser mit
Fehling'scher Lösung, der noch etwas Seignettesalz zugesetzt ist,
geprüft. Die nun auftretende Reaction kann mit voller Bestimmt-
heit als von Zucker herrührend angesehen werden. Bei diesen an
Uraten ungewöhnlich reichen Harnen kann die definitive Entscheidung
der Frage, ob Zucker vorhanden ist, erst nach 24 Stunden getroffen
werden.   Kerry.

162 **Franz Kiss: Ueber quantitative Zuckerbestimmung im
Harne von Diabetikern**[1]). Verf. bestimmte die Zuckermenge im
Harne von Diabetikern mit den Lösungen von Fehling, Sachsse,
Knapp, ferner mit dem Wild'schen Polarimeter, dem Soleil-
Ventzke'schen Saccharimeter, dem Einhorn'schen Apparat, mittelst
der spec. Gewichtsdifferenz des Harnes vor und nach der Vergährung
und schliesslich nach jener Methode, welche auf dem spec. Gewichte des
Harnes und der Tagesmenge desselben basirt. Als Mittel aus 21 Bestimmungen ergab sich mit Fehling'scher Lösung 6,43 %, mit Sachsse-
scher Lösung 6,42 %. Weniger genau fallen die Bestimmungen mit
Knapp'scher Lösung im Verhältniss zu jenen nach Fehling aus; die
früher untersuchten Harne ergaben hier im Mittel 6,39 %, so dass sich
eine Differenz von 0,04 % ergibt. Mit dem Wild'schen Polarimeter werden sehr genaue Resultate erzielt, da sich als Mittel von
48 untersuchten Harnen 6,03 % gegen 6,04 % mittelst Fehling-
scher Lösung bestimmt ergab. Gleich günstig sind die Resultate bei
Anwendung des Soleil-Ventzke'schen Saccharimeters, indem sich

---

[1]) Orvosi hetilap, Budapest, 1892, S. 425.

als Mittel aus 25 untersuchten Harnen 5,08 $\%$ ergab, gegen 5,1 $\%$ mittelst Fehling'scher Lösung erhalten. Mit dem Einhorn'schen Apparate ergaben sich folgende Werthe: Bei Einhaltung einer Temperatur von 16—24° C. und 24 stündigem Stehen mit frischer Hefe wurden mit 26 verschiedenen Harnen 209 Bestimmungen ausgeführt, deren Mittelwerth 6,10 $\%$ betrug, gegen 6,00 $\%$ bei Anwendung Fehling'scher Lösung. Bei 16 stündiger Einhaltung einer Temperatur von 18—24° C. ergab sich als Mittel aus 54 Bestimmungen 4,56 $\%$, dieselben Proben nach 24 Stunden 5 $\%$, nach Fehling 5,02 $\%$. Bessere Resultate wurden erzielt, wenn die Gährung bei einer Tagestemperatur von 20—23° C. verlief; es ergab sich da als Mittel aus 59 Bestimmungen 5,98 $\%$, dieselben Harnproben mit Fehling'scher Lösung behandelt, zeigten 6,05 $\%$. Wird die Temperatur zwischen 23—25° C. gehalten, so muss die Ablesung nach 15—16 Stunden erfolgen, um genaue Resultate zu erhalten. Als Mittel aus 11 Bestimmungen ergab sich hierbei 5,50 $\%$; mittelst Fehling'scher Lösung 5,45 $\%$. Bei Anwendung alter Hefe fallen die Bestimmungen, abgesehen von einigen Fällen, immer niedriger aus, die Differenz ist so gross, das von Verwendung alter Hefe Abstand genommen werden muss, besonders von schlimmliger, weichgewordener, wogegen zerfallene, schimmelfreie Hefe im Allgemeinen bessere Resultate gibt. Bei 30° C. durch 3 Stunden gestandene Harnproben ergaben als Mittel von an 31 Harnen ausgeführten 97 Versuchen 5,94 $\%$, dieselben Harnproben mit Fehling-scher Lösung = 6,23 $\%$. Wurde die Zuckermenge des Harnes aus der spec. Gewichtsdifferenz desselben berechnet, so ergab sich folgendes Resultat: Mit 25 verschiedenen Harnen vorgenommene 94 Bestimmungen zeigten als Mittelwerth 5,91 $\%$, gegen 6,09 $\%$, gefunden mittelst Fehling'scher Lösung. Verf. verglich auch die gefundenen Werthe bei Anwendung des Pyknometers und der Westphal'schen Waage und fand, dass 18 Harnproben, pyknometrisch bestimmt, im Mittel 6,17 $\%$ ergaben, dieselben Proben mittelst der Westphal-schen Waage = 6,022 $\%$, nach Fehling bestimmt = 6,51 $\%$. Die Menge angewandter Hefe ist nicht von Einfluss auf das Resultat der Untersuchung, indem bei Anwendung von 3 Grm. Hefe 5,15 $\%$ als Mittelwerth gefunden wurde, und bei Anwendung von nur 1 Grm.

Hefe 5,14 $^0/_0$; nach Fehling bestimmt, ergab sich ein Mittelwerth
von 5,20 $^0/_0$. — Der Zuckergehalt, bestimmt aus dem spec. Gewicht
des Harnes und der Tagesmenge desselben, ergab im Mittel aus 47
Fällen 5,52 $^0/_0$, dieselben Harne, mittelst dem Wild'schen Polarimeter untersucht, ergaben im Mittel 6,43 $^0/_0$. Gleichfalls aus dem
spec. Gewicht und der Harntagesmenge bestimmt, ergab sich als
Mittel aus 37 untersuchten Harnproben 6,02 $^0/_0$, nach Fehling
aber 6,51 $^0/_0$. Verf. fand hier grosse Differenzen zwischen den Ein-
zelbestimmungen.   L. Liebermann.

163. E. Salkowski: Ueber den Nachweis der Kohlehydrate im Harn und die Beziehung derselben zu den Huminsubstanzen [1].

S. hat vor einiger Zeit gezeigt, dass der gefaulte Harn reichlich
Fettsäuren enthält [J. Th. **18**, 120], welche ohne Zweifel aus den
Kohlehydraten des Harns stammen. Da aber nach v. Udránszky
aus den Kohlenhydraten auch die von ihm beim Kochen des Harns
mit Salzsäure erhaltenen Huminsubstanzen sich bilden sollten, so
musste man erwarten, dass der gefaulte Harn, dessen Kohlehydrate
grösstentheils in Fettsäuren übergegangen sind, keine Huminsubstanzen
mehr liefert. Das ist aber nach des Verf.'s und Taniguti's Beobachtungen nicht der Fall. Jedenfalls scheinen ausser den Kohlehydraten
noch andere Körper an der Bildung der Huminsubstanzen betheiligt
zu sein. Udránszky berücksichtigte nur die reducirenden Kohlehydrate. Die Beobachtung des Letzteren, dass der 18 St. mit Salzsäure (10 Vol.-$^0/_0$) gekochte Harn nicht mehr reducirt, ist nicht
richtig. Das verdünnte und neutralisirte salzsaure Filtrat gibt mit
Fehling'scher Lösung allerdings keine Ausscheidung von Oxydul,
aber eine grünliche Verfärbung; gerade so verhält sich aber auch
normaler Harn. Säuert man die Probe mit Salzsäure an und versetzt mit Ammoniumsulfocyanat, so entsteht ein Niederschlag von
Kupferrhodanür. Macht man die Probe des salzsauren Filtrates
stark alkalisch, setzt viel Kupfersulfat hinzu und kocht energisch, so
tritt grünliche Verfärbung ein und beim Stehen massenhafte Abscheidung von eigelb gefärbtem Kupferoxydulhydrat. Quantitative
Bestimmungen nach dem früher angegebenen Verfahren [J. Th. **16**, 231]

---

[1] Zeitschr. f. physiol. Chemie **17**, 229—273.

zeigten, dass durch das 18stündige Kochen mit Salzsäure das Reductionsvermögen nicht verändert ist. Da hierbei die Harnsäure entfernt ist, so ist es eher wahrscheinlich, dass sich das Reductionsvermögen vermehrt hat. I. Der Nachweis und die Bestimmung der Kohlehydrate im Harn. Da sich hierzu das Phenylhydrazin nicht eignet, blieben nur die Methode der Benzoylirung und die Furfurolreaction. Bei der Feststellung des Kohlehydratgehaltes durch Benzoylirung verfuhr S. nach den Angaben von Wedenski mit geringer Modification, die sich auf das Ausfällen der Phosphate und das Abwägen der Benzoylverbindung (Ablösen vom Filter, Auskochen der Filter-Schnitzel mit Alcohol und Verdampfen des Filtrates) beziehen. In 13 Bestimmungen wurden für 100 CC. Harn Werthe von 0,122—0,366 Grm. erhalten; im Ganzen lieferten 7400 CC. Harn 15,113 Grm., was 2,042 Grm. für das Liter ausmacht. Da die Niederschläge stickstoff- und schwefelhaltig sind, ist eine Beimengung der Benzoylverbindungen anderer Harnbestandtheile (Nucleoalbuminen?) möglich. Dass der Niederschlag wesentlich aus der Benzoylverbindung von Kohlehydraten besteht, ist unzweifelhaft, weniger sicher die Angabe von Wedenski, Luther und Treupel, dass es sich wesentlich um Dextrin und Traubenzucker handle. Der Schmelzpunkt des Niederschlages ist je nach der Reinigung ein verschiedener, 65—78 °. In 90 %/$_0$ Alcohol löst sich der Niederschlag auf, beim Erkalten trübt sich die Lösung unter Abscheidung eines pulverigen amorphen Niederschlages, der die Reaction mit α-Naphtol + Schwefelsäure gibt. Giesst man das Filtrat in Wasser ein und giebt etwas Salzsäure zu, so erhält man einen ebenfalls amorphen Niederschlag. Kocht man den Niederschlag mit Fehling'scher Lösung, so erhält man keine Reaction, während sich mit frisch dargestelltem Benzoyltraubenzucker Reaction erhalten lässt. Ebensowenig verlässlich ist die Feststellung der Kohlehydrate durch die Furfurolreaction, für welche, wie Verf. näher ausführt, Udránszky, Luther, Roos [J. Th. 21, 199] und Treupel zum Theile widersprechende Vorschriften gegeben haben. Verf. betont, dass bei sehr verdünnten Lösungen sich eine Reihe von Parallelproben nicht immer gleich verhält und dass oft vollständige Fehlschläge vorkommen. Zu einem quantitativen Nachweise eignet sich die Furfurolreaction nicht, dagegen aber zur qualitativen Prüfung. **II. Die Bestimmung der Huminsubstanz.** Diese wurde nach Udránszky vorgenommen mit dem Unterschiede, dass die abfiltrirte Huminsubstanz direct gewogen wurde und das Lösen in Alkali unterblieb. In drei normalen Harnen wurde die Menge derselben zu 0,397, 0,3945 resp. 0,4183 Grm. pro Liter bestimmt; das Verhältniss der Huminsubsanz zur Quantität des Benzoyl-niederschlages war 1:4,16 resp. 1:3,83 resp. 1:4,66, im Mittel 1:4,3. Bei einem Harn, der 3 Monate lang bei Zimmertemperatur gestanden hatte, wurden erhalten: 2,91 $^0/_{00}$ flüchtige Fettsäure (als Essigsäure berechnet), 0,607 Grm. Benzoylniederschlag und 0,334 Grm. Huminsubstanz für das Liter, als Verhältniss beider 1:1,8. Die Quantität der Huminsubstanz hat absolut also nur wenig abgenommen, im Verhältniss zu den Kohlehydraten hat sie bedeutend zugenommen, da diese auf weniger als ein Drittel vermindert sind. Bei einem $1^1/_2$ Jahre alten Harn endlich ergaben sich 0,1542 Grm. Benzoyl-verbindungen, die sich zwar etwas anders verhielten wie jene aus frischem Harn, aber nichtsdestoweniger sehr schöne *ι*-Naphtol-reaction gaben. Huminsubstanzen waren 0,195 $^0/_{00}$ enthalten, Ver-hältniss der letzteren zu dem Benzoylniederschlage 1:0,79. Es ergibt sich aus dem Vergleiche dieser Zahlen, dass die Kohlehydrate des gefaulten Harns nicht die einzige Quelle der aus demselben gebildeten Huminsubstanz sein können, ein grosser Theil vielmehr aus anderen Körpern hervorgehen muss. Als Harn zuerst mit Benzoylchlorid und Lauge behandelt worden war, gab er beim Kochen mit Salzsäure noch 0,185—0,267 Grm. Huminsubstanz. — Unter anderem scheinen auch die Indoxylverbindungen an der Bildung der Huminsubstanz be-theiligt zu sein. A n d r e a s c h.

164. **E. Salkowski und M. Jastrowitz: Ueber eine bisher noch nicht beobachtete Zuckerart im Harn**[1]). 165. **E. Salkowski: Ueber das Vorkommen der Pentaglycosen (Pentosen) im Harn**[2]). Ad 164. Der Harn eines Morphinisten zeigte während der Ent-ziehungskur beim Erhitzen mit Lauge und Kupfersulfat eine etwas

---

[1]) Centralbl. für die medic. Wissensch. 1892, No. 19. — [2]) Daselbst. No. 32.

zögernd eintretende, aber starke Abscheidung von Kupferoxydulhydrat, während die Gährungsprobe und Polarisation negativ aus-
fielen. Mitunter enthielt er auch bis zu 0,8 $^0/_0$ gewöhnlichen Zucker.
Beim Erhitzen der ersteren Harnproben mit Phenylhydrazin und
Natriumacetat (durch $1^1/_2$ St.) wurden aus 100 CC. Harn 0,3 Grm.
des Osazons erhalten, das den Harn in eine dünnbreiige Masse ver-
wandelte. Im Gegensatze zum Phenylglucosazon liess sich der neue
Körper aus heissem Wasser umkrystalisiren; er bildete citronengelb
gefärbte, verfilzte Nadeln von seidenartigem Glanze und zeigte den
Schmelzpunkt 159 ^{0}. Bisher gibt es nur drei Zuckerarten, deren
Osazone diesen Schmelzpunkt zeigen, die Arabinose, die Xylose und
die β-Akrose, von denen die erste wegen ihrer starken Rechtsdrehung
ausgeschlossen ist. Die neue Zuckerart kann durch ihr Osazon auch
neben Traubenzucker erkannt werden, auch wird man künftig hin
nicht jede krystallinische Ausscheidung beim Erhitzen eines Harns
mit Phenylhydrazin auf Traubenzucker beziehen dürfen. Ad 165. S.
weist in Anbetracht der Publication von Ebstein (dieser Band pag. 51)
darauf hin, dass er in dem vorliegenden Zucker bereits eine Pentose
erkannt habe; möglicherweise handelt es sich um Xylose, da der
Harn eine schwache Rechtsdrehung zeigte. Der fragliche Harn gab
auch die Tollens'sche Reaction auf Pentosen. Um diese zweckmässig anzustellen, löst man etwas Phloroglucin unter Erwärmen in
5—6 CC. rauchender Salzsäure, sodass ein kleiner Ueberschuss
ungelöst bleibt, theilt die Lösung in 2 annähernd gleiche Theile,
lässt erkalten, setzt zu der einen Hälfte $^1/_2$ CC. des zu prüfenden
Harn, zu der anderen ebensoviel eines normalen Harns von ungefähr
derselben Concentration. Beide Gläschen werden in ein Becherglas
mit siedendem Wasser gestellt. In wenigen Augenblicken zeigt der
pentosehaltige Harn einen intensiv rothen oberen Saum, von dem
sich bald die Färbung nach unten ausbreitet, während der normale
Harn seine Färbung nicht oder nur undeutlich verändert. Der
gebildete Farbstoff geht in Amylalcohol über, wenn man die Probe
mit dem gleichen Volumen Wasser versetzt. Bei 0,5 $^0/_0$ Arabinose
ist die Färbung stark, bei 0,2 $^0/_0$ noch deutlich, bei 0,1 $^0/_0$ eben
wahrnehmbar. Entfärbt man den Harn vorher durch Thierkohle, so
fällt die Färbung noch eclatanter aus. Andreasch.

166. Supino: Methode der quantitativen Acetonbestimmung [1]).
Der Verf. destillirt den Urin, das Destillat wird alkalisirt, mit
Jod-Jodkalium behandelt und nochmals alkalisirt, dann mit Aether
extrahirt, der Aether abgedampft und das Jodoform in Natriumjodid
verwandelt, das mit Argentum nitricum titrirt wird. 394 Theile
Jodoform entsprechen 58 Theilen Aceton. Der Autor erklärt seine
Methode nach wiederholten Versuchen für sehr zuverlässig.

Rosenfeld.

**167. A. Jolles: Ueber den Nachweis und die quantitative Be-
stimmung des Acetons im Harne** [2]). Quantitative Bestimmungen des
Acetons nach der Methode von Messinger [Ber. d. d. chem. Gesellsch, **21**, 2366] haben stets etwas zu niedrige Werthe ergeben. Verf.
destillirt 100 CC. mit 2 CC. $50^0/_0$iger Essigsäure und das erhaltene
Destillat nochmals mit 1 CC. 8 fach verdünnter Schwefelsäure. Die
jetzt erhaltene Flüssigkeit wird mit 0,1 - Normaljodlösung und Kalihydrat geschüttelt, dann durch Salzsäure das nicht verbrauchte Jod
frei gemacht und mit 0,1 - Normalnatriumthiosulfat zurücktitrirt.
In reinen Acetonlösungen wurden nach diesem Verfahren statt $0,005^0/_0$
nur $0,0035—0,004\,^0/_0$ Aceton erhalten. Aehnliche Werthe ergaben
sich bei Harnen, denen Aceton zugesetzt war. Eine zuverlässige
Methode zum Nachweis des Acetons neben anderen flüchtigen Substanzen (Alcohol, Methylalcohol, Essigsäure) ist die Acetonphenyl-
hydrazinprobe, die auf dem Strache'schen Prinzipe zur quantitativen Bestimmung des Carbonylsauerstoffs der Aldehyde und Ketone
beruht [Dieser Band pag. 58]. Zuerst bestimmt man den Stickstoffgehalt des salzsauren Phenylhydrazins. 0,5 des Salzes werden
unter Zusatz von 1 Grm. essigsauren Natrons in Wasser gelöst und
auf 100 CC. gebracht. Die Fehling'sche Lösung wird durch Mischen
von 50 CC. einer Kupfervitriollösung (70 Grm. im Liter) mit 50 CC.
einer alkalischen Seignettesalzlösung (250 Grm. Seignettesalz und
260 Grm. KOH im Liter) hergestellt. Zur Stickstoffentwicklung dient
der Apparat zur Bestimmung der Salpetersäure nach Schulze-
Tiemann. In das mittlere Kölbchen kommen 100 CC. Fehling'scher

---

[1]) Rivista generali italiana die Chinica med., No. 11, 1892. — [2]) Wiener
medic. Wochenschr. 1892, pag. 17 u. 18.

Lösung und werden zum Sieden erhitzt; in einem zweiten Kolben entwickelt man Wasserdampf, den man durch den ersten Kolben streichen lässt. Ist alle Luft ausgetrieben, so wird das Gasentbindungsrohr unter das Messrohr geschoben und durch den Hahntrichter 50 CC. der Phenylhydrazinlösung einfliessen gelassen; das Stossen beseitigt man durch eingeleiteten Wasserdampf. Aus dem abgelesenen Stickstoffvolum findet man zunächst unter Berücksichtigung der Tension des Benzoldampfes [1]) das reducirte Volum. Der Procentgehalt ergiebt sich dann nach der Formel: $\%\,N = \dfrac{2\,(Vo \times 0{,}0012562)\,100.}{0{,}5}$

Reines Phenylhydrazin hat einen Gehalt von 19,43 %. — Zur Acetonbestimmung wird der Harn in einem Kolben erhitzt und die Dämpfe durch eine Peligot'sche Röhre geleitet. Die Phenylhydrazinlösung wird auf 100 CC. gebracht und 50 CC. davon, wie früher, mit Fehling'scher Lösung zersetzt. Das Stickstoffvolum ist bei Gegenwart selbst von Spuren Aceton bedeutend geringer und kann man aus dieser Verminderung den Acetongehalt des Harnes leicht berechnen (1 Mol. Aceton entspricht 2 Atomen Stickstoff.) Die Beleganalysen zeigen gute Uebereinstimmung.   Andreasch.

168. J. Opienski: Ueber die Ursachen, welche im Harne Consistenz-Aenderungen hervorrufen [2]).

Bei einem an Hypertrophie der Prostata mit nachfolgendem Blasencatarrh leidenden Kranken, bemerkte Verf. bei Untersuchung des Harnes, dass derselbe nach längerem Stehen seine flüssige Consistenz verlor und die Consistenz eines zähen Schleimes annahm. Bei der chemischen Untersuchung wurde weder Metalbumin, noch thierisches Gummi, noch Mucin nachgewiesen; jedoch wurde bei Anwendung der Methode, welche zur Abscheidung des Mucins gebraucht wird, eine Substanz erhalten,

---

[1]) Die Tension des Wasser- und Benzoldampfes beträgt:

15° C	. . . . 72,7 mm	21° C	. . . . 98,8 mm
16° „	. . . . 76,8 „	22° „	. . . . 103,9 „
17° „	. . . . 80,9 „	23° „	. . . . 109,1 „
18° „	. . . . 85,2 „	24° „	. . . . 114,3 „
19° „	. . . . 89,3 „	25° „	. . . . 119,7 „
20° „	. . . . 93,7 „		

[2]) Przegląd Lekarski 1891, 52 s. 649.

die mit Alcohol gefällt und in $1^0/_{00}$ Na$_2$ CO$_3$ gelöst, dann mit Essigsäure gefällt und getrocknet, sich sehr schwer in einer $5^0/_0$ NaCl-
Lösung löst. Diese Substanz, obwohl sie kein Mucin ist, soll doch
nach dem Verf. eine Eiweisssubstanz sein, welche dem Mucin sehr
nahe steht. Aus demselben Harn wurden unter antiseptischen
Maassregeln kurze Bacillen gezüchtet, welche zu einem sterilisirten,
kleine Mengen Eiweiss enthaltenden Harn oder zu einer Eiweisslösung hinzugefügt, dieselbe Consistenzänderung bewirkten. Das vom
künstlichen Nährboden erhaltene Product hatte alle Eigenschaften
desselben Körpers, welchen Verf. aus dem untersuchten Harn erhielt.
Die von O. gezüchteten Microorganismen stehen in keiner Beziehung
zu dem von Malerba, Brazzoli u. A. beschriebenen s. g. Gliscro-
bacterium.   Pruszyński.

169. **H. O. G. Ellinger: Optische Bestimmung der Albuminmenge im Harn**[1]). Das von Amagat und Jean construirte Oleo-
refractometer (Differenz-Refractometer) [vergl. Ellinger, optische
Unters. von Butterfett, Journ. f. prakt. Chemie **44**, 157, J. Th. **21**, 115]
wurde in folgender Art zur Bestimmung der Albuminmenge im Harn
verwendet. Aus einem Theil der Harnprobe wird durch Kochen
unter Zusatz eines Tropfen verdünnter Essigsäure und Filtriren das
Albumin ausgefällt und dann dem Filtrate Wasser zugesetzt, bis das
frühere Volumen erreicht ist. In den von den beiden parallelen
Glasplatten zwischen Collimator und Fernrohr begrenzten Raum wird
das Filtrat, in das Prisma dagegen der albuminhaltige Harn gegossen; war der Apparat zuvor auf den Nullpunkt eingestellt, wo die
gleiche Flüssigkeit sich in dem erwähnten Raume und in dem Prisma
befand, so wird die Grenzlinie zwischen Hell und Dunkel jetzt rechts
vom Nullpunkte fallen und zwar um so weiter, je mehr Albumin der
Harn enthält. Bei verschiedenen Proben wurden die Ablesungen
$2^1/_2$, 4, $4^1/_2$, 5, 5 erhalten; die bezüglichen Albuminmengen in $^0/_{00}$
ergaben sich durch Wägung zu 2,71, 4,36, 4,94, 5,1, 5,22. Die
Methode ist somit für eine nicht zu genaue Bestimmung wohl
geeignet.   Andreasch.

---

[1]) Journ. f. pract. Chemie **44**, 256.

170. K. A. H. Mörner: Ueber die Bedeutung des Nucleoalbumins für die Untersuchung des Harnes auf Eiweiss[1]**).** M. lenkt in diesem Aufsatze die Aufmerksamkeit darauf, dass ein Harn, welcher Nucleoalbumin bei Abwesenheit von anderem Eiweiss enthält, bei der Heller'schen Probe ein eigenthümliches Verhalten zeigen kann. Ein solcher, von M. untersuchter Harn, welcher beim Sieden mit Essigsäurezusatz nur schwach getrübt wurde, gab bei Ausführung der Heller'schen Probe zuerst keine Reaction. Erst nach einiger Zeit entstand eine schwache Trübung an der Berührungsstelle von Harn und Säure, und etwas höher in der Flüssigkeit trat eine zweite Trübung auf. Wurde der Harn dagegen mit $1^1/_2$ oder 3 Vol. Wasser verdünnt, so trat fast sogleich eine recht starke Trübung auf, die etwas oberhalb der Berührungsstelle lag. Dieses eigenthümliche Verhalten rührte daher, dass die Ausfällung des Nucleoalbumins mittels der Säure durch den Salzgehalt des Harnes verhindert wurde. Der Controlle halber stellte Mörner nach dem Verfahren von J. Lönnberg (J. Th. **20**, 11) Nucleoalbumin aus der Harnblase oder den Nieren von Rindern dar und löste es in normalem Harn auf. Dieser Harn zeigte dasselbe Verhalten. Behufs des Nachweises von Nucleoalbumin in einem Harne müssen nach M. die Salze erst durch Dialyse entfernt werden. Durch passenden Essigsäurezusatz kann dann das Nucleoalbumin vollständig ausgefällt und weiter untersucht werden. Bei Abwesenheit von anderen Eiweissstoffen giebt der so behandelte Harn keine Eiweissreaction mehr. Von dem Mucin unterscheidet sich das Nucleoalbumin dadurch, dass es beim Sieden mit einer Säure keine reducirende Substanz giebt.

Hammarsten.

171. H. Redelius: Ueber quantitative Eiweissbestimmung im Harne mittelst Ammoniumsulphat[2]**).** Die zum Nachweis des Peptons und zur quantitativen Eiweissbestimmung von Devoto angegebene Methode (J. Th. **21**, 14) kann, wie D. gezeigt hat, auch zur quant. Eiweissbestimmung im Harn benutzt werden. Durch Ammonium-

---

[1]) Betydelsen of nukleoalbumin för urinens pröfning på ägghvita. Hygiea. Bd. 53. 1892. — [2]) Om ägghvitans qvantitative bestämmande i urin medelst ammoniumsulfat. Upsala Läkareförenings Förh. Bd. 27.

sulphat werden indessen auch normale Harnbestandtheile, wie Harnsäure und Harnfarbstoff, niedergeschlagen, und R. stellte sich deshalb
die Aufgabe zu ermitteln, in wie weit die Genauigkeit der Methode
hierdurch beeinträchtigt werden könnte. Zu dem Ende bestimmte
er in einer ersten Versuchsreihe, die Gewichtsmenge des nach der
Devoto'schen Methode in normalem, eiweissfreiem Harne entstehenden Niederschlages, wobei, wie auch in allen anderen Versuchsreihen,
stets Doppelbestimmungen ausgeführt wurden. In 6 eiweissfreien
Harnen, deren Eigengewichte 1,019—1,035 waren, schwankte das
Gewicht der gefällten, genau ausgewaschenen organischen Substanz
zwischen 0,0034 und 0,0275 Grm. auf je 100 CC. Harn. In einer zweiten
Versuchsreihe arbeitete R. mit eiweissfreien Harnen, welche durch
Concentriren auf die sp. Gewichte 1,0355—1,060 gebracht waren.
In diesen Fällen betrug die Menge der gefällten, genau ausgewaschenen organischen Substanz 0,073—0,1105 Grm. auf je 100 CC.
Harn. Wenn das Auswaschen mit siedend heissem Wasser noch
einige Zeit nach vollständigem Verschwinden der Schwefelsäurereaction
aus dem Waschwasser fortgesetzt wird, so kann indessen der Fehler
herabgesetzt werden. In der 3ten Versuchsreihe wurde normaler
oder concentrirter, eiweissfreier Harn mit abgemessenen Mengen eines
eiweisshaltigen Transsudates von genau bestimmtem Eiweissgehalte versetzt. Der Gehalt an Eiweiss in den Harn-Transsudatmischungen
schwankte von 0,1327—0,3002 %. Der grösste beobachtete Fehler
betrug in diesen Fällen 0,0379 Grm., auf 100 CC. Flüssigkeits-
gemenge berechnet. In einer 4ten Reihe machte R. endlich auch
vergleichende Bestimmungen des Eiweissgehaltes in pathologischen
Harnen, theils nach Scherer und theils nach Devoto. Die
Methode des letzteren gab hierbei stets etwas höhere Werthe, die
Differenz ergab für die Methode ein Plus von 0,013—0,077 %. —
Nach R. ist der absolute Fehler, welcher, bei Anwendung der
Devoto'schen Methode, aus der Fällbarkeit gewisser normaler
Harnbestandtheile durch Ammoniumsulphat entsteht, nur ein geringer,
der in gewöhnlichen Fällen ohne Belang ist. Nur bei Gegenwart
von sehr wenig Eiweiss in einem harnsäurereichen, concentrirteren
Harne wird der Fehler etwas grösser und kann, in Procenten von
der gesammten Eiweissmenge berechnet, ein recht erheblicher werden.

Hammarsten.

172. Ed. Spiegler: Eine empfindliche Reaction auf Eiweiss im Harn [1]). Als Reagens, das die Ferrocyankaliumprobe an Empfindlichkeit noch übertreffen soll, schlägt Verf. folgende Mischung vor: 8 Thl. Quecksilberchlorid, 4 Thl. Weinsäure, 200 Thl. Wasser und 20 Thl. Rohrzucker. Man füllt eine Eprouvette mit dem Reagens zum Drittheile an und lässt den vorher filtrirten, mit wenig concentrirter Essigsäure angesäuerten Harn vorsichtig mittelst einer Pipette zufliessen, so dass keine Mischung entsteht. Ist Eiweiss vorhanden, so bildet sich an der Berührungsstelle der beiden Schichten sofort ein s c h a r f e r, weisslicher Ring. Der Zuckerzusatz hat den Zweck, das spec. Gewicht des Reagens so zu erhöhen, dass auch mit conc. Harnen Schichtung eintritt. Pepton gibt keine Reaction, wohl aber Propepton. Die Empfindlichkeitsgrenze beträgt 1:50,000.

A n d r e a s c h.

173. Melchior Grosz: Ueber Jodausscheidung durch den Schweiss [2]). Ein mit Asthma bronchiale behafteter Kranker nahm 20 Grm. Jodkalium pro Tag. Wurde der Gesichtsschweiss mit Stärkepapier abgetrocknet und dieses über rauchende Salpetersäure gehalten, so zeigte sich die charakteristische Jodreaction. In einem anderen Falle war schon bei Verabreichung von 0,80 Jodkalium die Jodausscheidung im Schweisse nachzuweisen.

L. L i e b e r m a n n.

VIII. Verdauung.

Uebersicht der Literatur
(e i n s c h l i e s s l i c h d e r k u r z e n R e f e r a t e).

Speichel.

*G. O w s j a n i t z k y, zur Physiologie der S p e i c h e l d r ü s e n. Ing.-Diss. St. Petersburg. (Experimente an herausgeschnittenen, künstlich durchbluteten Organen.)

*S. F u b i n i und B l a s i, beruht die Wirksamkeit des m e n s c h l i c h e n Parotisspeichels und des Darmsaftes des H u n d e s auf

---

[1]) Wiener klin. Wochenschr. 1892, No. 2. — [2]) Orvosi hetilap, Budapest 1892. S 416.

Microorganismen? Moleschott's Untersuchungen z. Naturlehre **14**, 23—26. Beide Flüssigkeiten mit den entsprechenden
Cautelen entnommen, erwiesen sich frei von Microorganismen.

174. **Jul. Rosenthal**, über **Farbenreactionen des Mundspeichels.**

175. **G. J. Jawein**, zur **klinischen Pathologie des Speichels.**

*H. A. **Weber**, Verhalten der **Antiseptica** bei der **Speichel-
verdauung.** Journ. Americ. chem. soc. **14**, 4—14; chem. Centralbl.
1892, I, 901. Nach **Leffmann** und **Beam** wird die Diastase-
wirkung auf Stärke durch gewisse Antiseptica vollständig gehindert.
Verf. untersuchte desshalb den Einfluss von Salicylsäure, Borax,
Calciumsulfit und Saccharin auf die Speichelwirkung. In jedem
Falle war eine Verlangsamung zu beobachten, die abhängig war von
der Natur der Substanz und der Concentration.

176. A. **Schuld**, Einfluss des **Speichels** auf den **Salzsäuregehalt
des Magensaftes.**

177. E. **Biernacki**, die Bedeutung der **Mundverdauung** und des
Mundspeichels für die **Thätigkeit des gesunden** und
kranken Magens.

*N. **Hess**, ein Beitrag zur Lehre von der **Verdauung** und **Resorption der Kohlehydrate.** Ing.-Diss. Strassburg 1892;
Centralbl. f. d. medic. Wissensch. 1893, No. 5, pag. 90. **Abel-
mann** hatte gefunden, dass nach Vernichtung des Pankreas noch
beträchtliche Mengen von Stärke verdaut und resorbirt werden
können. H. hat nun beim Hunde ausser dem Pankreas auch die
Speicheldrüsen ausgerottet. Der diabetisch gewordene Hund schied
allen eingeführten Traubenzucker durch den Harn wieder aus. Auch
die Verdauung und Resorption des Amylums war sehr beeinträchtigt,
fast ganz aufgehoben. Es spielt daher der Mundspeichel mindestens
bei Ausschluss des Pankreas eine wichtige Rolle bei der Stärkeverdauung.

*G. A. **Grierson**, Notizen über **Stärkeverdauung.** Pharm. Journ.
and Transactions **23**, 187; chem. Centralbl. 1892, II, 1025. 1 Grm.
des Stärkemehles wurde mit 100 Grm. Wasser verkleistert, mit 1 Grm.
Pankreasessenz versetzt, bei 37—38⁰ digerirt und mit Jodlösung
geprüft. Maisstärke gab noch nach 20stündiger Digestion Blaufärbung, Weizen- und Reisstärke nach 2stündiger Digestion. Tapioka
färbte sich nach 30 Min. schwach grün, Tous-le-mois, Bermuda und
St. Vincent Arrowroot, sowie Kartoffelstärke zeigten nach 19 Min.
keine Blaufärbung mehr. Hafer- und Weizenmehl gaben nach 80 Min.
noch Stärkereaction. Tous-le-mois, Arrowroot und Kartoffelstärke
sind die empfehlenswerthesten Stärkemehle für schwach verdauende
Patienten. Das Verdauungsoptimum liegt bei 37—38⁰; je concentrirter die Stärkelösung, desto rascher findet die Verdauung statt.

Verdauungsfermente, Salzsäurebildung, Magenverdauung.

*Joh. Frenzel, Beiträge zur vergleichenden Physiologie und Histologie der Verdauung. I. Mittheilung. Der Darmcanal der Echinodermen. Dubois-Reymond's Arch. physiol. Abth. 1892, pag. 81—114.

*Er. Harnack, über die Verschiedenheit gewisser Aetzwirkungen auf lebendes und todtes Magengewebe. Berliner klin. Wochenschr. 1892, No. 35, pag. 865—866.

A. Hirschler, über Fibrinpapayaverdauung und die dabei beobachtete Globulinbildung. Cap. I.

178. Daccomo und Tommasoli, über die Gegenwart eines verdauenden Fermentes in Anagallis arvensis.

179. P. Plosz, Bemerkungen zu Prof. Leo Liebermann's Theorie der Magenverdauung.

180. L. Liebermann, Antwort auf obige Bemerkungen.

181. P. Plosz, Replik.

182. L. Liebermann, Duplik.

183. A. Bertels, über den Einfluss des Chloroforms auf die Pepsin-verdauung.

*W. Spirig, über den Einfluss von Ruhe, mässiger Bewegung und körperlicher Arbeit auf die normale Magenver-dauung des Menschen. Ing.-Diss. Bern.

A. Stutzer, wird rohes Rindfleisch schneller verdaut als gekochtes? Cap. XV.

184. M. Flaum, über den Einfluss niedriger Temperaturen auf die Functionen des Magens.

185. Ellenberger und Hofmeister, zur Verdauung der Stärke im Magen des Hundes.

186. Ellenberger und Hofmeister, über die Functionen des Schlundkopfes und des Schlundes.

*Ch. Contejean, über den Magensaft und die Pepsinver-dauung des Eiweisses. Arch. de physiol. [5] **6**, 259. Referat im nächsten Bande.

*Ellenberger und Hofmeister, über die etwaige Fermen-tbildung in den cytogenen Organen und Geweben. Ber. über d. Veterinärwesen im Königreich Sachsen f. d. Jahr 1891. Separatabdr. Aus den Versuchen lässt sich der Schluss ziehen, dass in den cytogenen Organen der Wiederkäuer, des Pferdes und des Hundes keine Verdauungsfermente producirt werden. In Bezug auf das Schwein lässt sich bis nun keine sichere Schlussfolgerung aufstellen.   Andreasch.

*Arth. Clopatt, Beitrag zur Verdauung des Magens bei Säug-lingen. Revue de médecine April 1892; durch Arch. f. Kinderheilk.

15, 304. Aus 54 Versuchen (9 Brustkinder, 11 mit Kuhmilch ernährt)
nach der Methode von Hayem-Winter zieht Cl. folgende Schlüsse:
1. Der Magensaft reagirt sauer. 2. Seine Acidität bei Brustkindern
beträgt 1 St. nach der Verdauung 0,02—0,08 pro 100. 3. Die Magenverdauung vollzieht sich ohne Bildung freier Salzsäure, nur ausnahmsweise zeigen sich Spuren derselben. 4. Bei Brustkindern zeigt das
fixe Chlor eine gewisse Constanz, es variirte zwischen 0,05 und 0,06
pro 100. 5. Die Menge des combinirten Chlors bei Brustkindern
übertraf scheinbar die Acidität, in Folge dessen war die Menge a
kleiner als 1; das organische Chlor reagirt nicht immer sauer, ein Theil
davon alkalisch oder neutral. 6. Bei künstlich genährten (Kuhmilch)
Kindern ist die Acidität oft grösser als bei Brustkindern (über 0,1).
7. a ist meist nahezu 1, oft mehr, was auf das Vorhandensein von
anderen Säuren schliessen lässt. 8. Die Acidität und andere analytisch
bestimmbare Mengen waren bei derselben Mahlzeit nicht immer
proportional der Zeit. Dies ist sicherlich abhängig von der Verdauungskraft des Kindes.

*Langermann, Untersuchungen über den Bacteriengehalt von
auf verschiedene Art und Weise zur Kinderernährung sterilisirter und verschiedentlich aufbewahrter Nahrung, zugleich mit
den Ergebnissen über ihr Verhalten im Magen selbst. Jahrb.
f. Kinderheilk. 25, 88—122.

*W. Pipping, zur Kenntniss der Magenfunction in zartem
Alter in normalem und pathologischem Zustande. Akadem. Abhandlung. Helsingfors 1891, 158 pag.; referirt Fortschr. d. Medic.
11, 138.

187. S. A. Pfannenstiel, Untersuchungen über die Resorptionsfähigkeit der Magenschleimhaut bei Kindern.

188. Z. Szydlowski, über das Verhalten des Labenzyms im Säuglingsmagen.

*Fr. Krüger, die Verdauungsfermente beim Embryo und
Neugeborenen. Wiesbaden 1891; Centralbl. f. medic. Wissensch.
1892, No. 32. Bei den unter Beihilfe von Flemmer, Dahl und
Grünert zumeist an Rinder- und Schafsföten angestellten Versuchen
wurden die betreffenden Organe behufs Ausschliessung organisirter
Fermente mit Chloroformwasser extrahirt. Bei den Schafen wird
während des Fötallebens in den Speicheldrüsen kein Ptyalin (Diastase)
producirt, bei Rindsföten erscheinen die ersten Spuren vom 7. Monate
ab; ihre Menge steigt bis zur Geburt, ist aber auch beim neugeborenen Thiere so gering, dass dem Speichel keine Bedeutung für
die Saccharificirung der Nahrungsmittel zukommt. Das Pepsin lässt
sich bei Rinderföten vom 3. Monate ab in immer grösserer Menge
nachweisen, ähnlich auch bei Schafen. Neugeborene Hunde und

Katzen haben nur wenig Pepsin. Caseïn, Fibrin und Hühnereiweiss wurden von sämmtlichen neugeborenen Thieren 2—3mal so rasch verdaut als von Erwachsenen. Die Verdauungskraft des Magensaftes ist aber bei neugeborenen Pflanzenfressern intensiver als bei neugeborenen Carnivoren. Der Embryo besitzt noch keine Salzsäure. Beim Milchgenuss entsteht zunächst Milchsäure, welche im Verein mit dem Pepsin das Caseïn verdaut und erst weiterhin kommt es durch die Reizung der Nahrung zur Salzsäurebildung. Trypsin findet sich schon zu Beginn des zweiten Drittels des Embryonallebens, das diastatische Ferment des Pankreas zu Beginn der zweiten Hälfte, immer ansteigend bis zur Geburt. Andreasch.

*Alt, Untersuchungen über die Ausscheidung des Schlangengiftes durch den Magen. Münchener medic. Wochenschr. 1892, No. 41. Aus dem Magen von Hunden, welchen das Gift der Kreuzotter oder der Puffotter subcutan beigebracht wurde, liess sich durch Ausspülung ein Theil des Giftes zurückgewinnen und so die Vergiftungserscheinungen mässigen. Der wirksame, durch Alcohol fällbare Bestandtheil des Schlangengiftes gibt die Reactionen der Toxalbumine. Andreasch.

189. G. Hoppe-Seyler, zur Kenntniss der Magengährung mit besonderer Berücksichtigung der Magengase.

190. Fr. Kuhn, über Hefegährung und Bildung brennbarer Gase im menschlichen Magen.

191. I. Boas, über das Vorkommen von Schwefelwasserstoff im Magen.

192. Th. Rosenheim, über das Vorkommen von Ammoniak im Mageninhalt.

Bestimmungsmethoden der Salzsäure, Magensaft, Verdauung in Krankheiten.

*C. Friedheim und H. Leo, zur Kenntniss der Wagner'schen Kritik der Methode der Säurebestimmung mittelst Calciumcarbonat. Pflüger's Arch. **51**, 615—623. Polemik gegen Jul. Wagner [J. Th. **21**, 205].

*J. Winter, Bemerkungen zur Magensaftanalyse. Deutsche medic. Wochenschr. 1892, pag. 117—119. Zurückweisung der Kritik der Methode durch Mintz [J. Th. **21**, 223].

193. E. Salkowski, über die Bindung der Salzsäure durch Amidosäuren.

194. A. Mizerski und L. Nencki, die Bestimmung der freien Salzsäure im Mageninhalte.

195. A. Mizerski und L. Nencki, kritische Uebersicht der Methoden zur Bestimmung des Salzsäuregehalts m Magensafte.

196. E. Biernacki, über den Werth von einigen neueren Methoden der Mageninhaltsuntersuchung, insbesondere über das chloro-metrische Verfahren von Winter-Hayem.

   *Scip. Riva-Rocci, über die Winter-Hayem'sche Methode. Deutsche medic. Wochenschr. 1892, pag. 119—120. Verf. kommt zu dem Ergebnisse, dass die von Biernacki [vorstehendes Referat] betonte Einwirkung der Phosphate auf die Chloride bei dieser Methode nicht besteht und dass man mit der einstündigen Abdampfung des eingetrockneten Magensaftes die freie Salzsäure einzig und alle freie Salzsäure wegschafft, dass daher die Methode in dieser Beziehung allen wissenschaftlichen Anforderungen entspricht. Weniger haltbar als die Winter'sche Salzsäurebestimmungsmethode scheint dem Verf. die Hayem's Theorie der Magensecretion zu sein. Andreasch.

197. G. Langermann, über die quantitative Salzsäurebestim-mung im Mageninhalte.

198. A. Kossler, Beiträge zur Methodik der quantitativen Salz-säurebestimmung im Mageninhalte.

   *Martius, über quantitative Salzsäurebestimmung des Mageninhaltes. Congress f. innere Medic. 1892: Berliner klin. Wochenschr. 1892, pag. 568. Während von manchen Autoren nur die freie Salzsäure für wichtig und diagnostisch verwerthbar gehalten wird, sehen andere die gebundene Salzsäure als den eigentlichen Maassstab für die Leistungsfähigkeit des Magens an. Die gesammte Chlormenge des Mageninhaltes, vermindert um das Chlor der Salze der Alkalien, gibt das Chlor der freien Salzsäure des Magens. Filtrirter Magensaft kann sich in Bezug auf die Säure ganz anders verhalten als nicht filtrirter. Zur Bestimmung wird zunächst die Acidität mit Phenolphtalein bestimmt, dann der Gesammtchlorgehalt und endlich der Chlorgehalt der Chloride; dann wird mit Tropäolin der Gehalt an freier Säure überhaupt und nach bekannten Methoden der Gehalt an organischen Säuren festgestellt, worauf man den Werth für freie Salzsäure erhält.   Andreasch.

199. Z. v. Mierzyński, über die Bedeutung der Günzburg'schen Probe auf freie Salzsäure.

200. Z. v. Mierzyński, über die Bestimmung der Salzsäure im Magen-inhalte.

201. B. Tschlenoff, zur quantitativen Bestimmung der freien Salz- und Milchsäure für practische Zwecke.

202. B. Tschlenoff, zur Bestimmung der freien und gebundenen Salzsäure im Magensafte.

   *G. Lippmann, Untersuchungen über den Säuregrad des Magen-inhaltes bei Anwendung verschiedener Indicatoren. Ing.-Diss. Bonn 1891; durch Centralbl. f. klin. Medic. 18, 37. Von

Salkowski wurde darauf hingewiesen, dass man beim Titriren von Salzen gewisser stickstoffhaltiger Basen und freier Salzsäure je nach der Art des verwendeten Indicators verschiedene Werthe erhält. Auf Grund zahlreicher Titrirungen und Salzsäurebestimmungen an normalen und pathologischen Mageninhalten kommt L. zu dem Ergebniss, dass bei der Bestimmung der Gesammtacidität keiner der verschiedenen Indicatoren verlässliche Werthe gibt. Um die im Mageninhalte vorkommende Säuremenge zu bestimmen, muss unbedingt eine quantitative Bestimmung ausgeführt werden.

*Z. Mierzyński, über den Werth der Günzburg'schen und Boas'schen Probe. Gazeta Lekarska 1892, No. 20, pag. 426. Congo, Methylviolett, Tropäolin, Methylorange bleiben durch $Ca(H_2PO_4)_2$ unverändert, dagegen gibt das Günzburg'sche und Boas'sche Reagens bei Gegenwart dieses Salzes eine deutliche purpurrothe Färbung. Dieser Umstand setzt den Werth der letztgenannten Reagentien herab, da die sauren Phosphate im Mageninhalte von Bidder und Schmidt, Leo, Maly, Klemperer und Anderen immer gefunden wurden. Pruszyński.

203. Buzdygan und Gluziński, Beitrag zur Microscopie des Mageninhaltes.

*J. Opieński und J. Rosenzweig, einige Bemerkungen über die quantitative Bestimmung der Salzsäure im Mageninhalt. Przegląd Lekarski, No. 35, pag. 429. Verff. stellten 8 vergleichende Untersuchungen über die quantitative Bestimmung der Salzsäure im künstlichen Mageninhalt mittelst der Methoden von Sjöqvist, Mintz und Sehmann an. Die Sehmann'sche Methode ist nach den Verff. für die klinischen Zwecke die bequemste, da man mit dieser Methode gleichzeitig die Gesammtacidität, wie auch Salz- und Fettsäure quantitativ bestimmen kann; als Indicator empfehlen die Verff. Lakmuspapier. Pruszyński.

*F. Martius und F. Lüttke, die Magensäure des Menschen. Kritisch und experimentell bearbeitet. Stuttgart, F. Enke, 1892. Im Auszuge Centralbl. f. klin. Medic. 13, 873.

204. F. Blum, über die Salzsäurebindung bei künstlicher Verdauung.

205. L. Sansoni, Beitrag zur Kenntniss des Verhaltens der Salzsäure zu den Eiweisskörpern in Bezug auf die chemische Untersuchung des Magensaftes.

206. J. Winter, der Magenchemismus im normalen und pathologischen Zustande, nach Untersuchungen von G. Hayem und J. Winter.

207. Th. Rosenheim, über die practische Bedeutung der quanti-
     tativen Bestimmung der freien Salzsäure im Magen-
     inhalte.
208. R. Geigel und Ed. Blass, procentuale und absolute Aci-
     dität des Magensaftes.
209. Bourget, Untersuchungen über die Magensecretion.
210. Ch. Contejean, Beitrag zum Studium der Physiologie des
     Magens.
     *Ch. Contejean, über den Magensaft und die Pepsinver-
     dauung des Eiweisses. Arch. de Physiol. [5] 6, 259.
211. Du Mesnil, über den Einfluss von Säuren und Alkalien auf
     die Acidität des Magensaftes Gesunder.
     *N. Reichmann und S. Mintz, über die Bedeutung der Salz-
     säure in der Therapie der Magenkrankheiten. Wiener klin.
     Wochenschr. 1892, No. 25. Salzsäure regt in manchen Fällen
     von mangelnder Secretion die Magensaft- eventuell die Salzsäure-
     absonderung an.
     *Leubuscher und A. Schaefer, Einfluss einiger Arzneimittel
     auf die Salzsäureabscheidung des Magens. Deutsche medic.
     Wochenschr. 1892, No. 46, pag. 1038—1040. Die Versuche beziehen
     sich vorwiegend auf innerlich oder subcutan angewandtes Opium
     resp Morphin.   Andreasch.
212. G. Marconi, der Einfluss der Amara und der aromatischen
     Substanzen auf die Magensecretion und auf die Ver-
     dauung.
213. A. Fawizki, über den Einfluss der Bitterstoffe auf die Menge
     der Salzsäure im Magensafte bei gewissen Formen von Magen-
     Darmcatarrhen.
214. B. Bocci, eine neue Vorrichtung zur Gewinnung des Magen-
     saftes beim Menschen: der Säurefischer.
     *Ch. Contejean, über die Pylorus-Secretion beim Hund.
     Compt. rend. 114, 557—558. C. trennte den ausgewaschenen Pylorus-
     theil vom Ventrikel des Magens, indem er um einen eingebrachten
     Kork eine Ligatur legte (unter Schonung der Arteria pylorica und
     gastroepiploica dextra). Es wurde nun Fleisch in den Magen ge-
     bracht und nach 2 Stunden der Hund getödtet. Der Saft im Pylorus-
     theil reagirte sauer. Ebenso wurde ein saurer Pylorussaft erhalten,
     als die Abtrennung durch eine Sonde mit einem Kautschukkork aus-
     geführt wurde. Dass die Trennung eine vollständige war, geht daraus
     hervor, dass in den Magen eingeführtes Ferrocyankalium in dem
     Pylorussaft nicht nachgewiesen werden konnte. Verf. verwerthet
     diesen Befund gegen Heidenhain's Theorie der Säurebildung
     durch die Belegzellen.   Herter.

*A. Pulawski, zur Casuistik der Magenkrankheiten. Berliner klin. Wochenschr. 1892, No. 42.

*Max Löwenthal, Beiträge zur Diagnostik und Therapie der Magenkrankheiten. Berliner klin. Wochenschr. 1892, No. 47, 48 u. 49, pag. 1188, 1224 u. 1250. Von vorwiegend klinischem Interesse. Unter anderem wird beobachtet: Die Mengen freier Säure wie die der Gesammtacidität sind gewissen Schwankungen sowohl bei den einzelnen Personen als auch bei ein und demselben Individuum an verschiedenen Tagen unterworfen. Constant dagegen findet sich auf der Höhe der Verdauung freie Salzsäure und zwar in einer Menge, dass sie auch bei einer eiweissreichen Probemahlzeit (50 Schabefleisch, Weissbrod, Suppe aus Leguminosenmehl) stets den grösseren Theil der Gesammtsäure ausmacht. Andreasch.

*C. A. Ewald, zur Diagnose und Therapie der Krankheiten des Verdauungstractus. Ein Fall chronischer Secretionsuntüchtigkeit des Magens. Das Benzonaphtol. Berliner klin. Wochenschr. 1892, No. 26 u. 27, pag. 629 u. 672.

*Jos. Osterspey, die Blutuntersuchung und deren Bedeutung bei Magenerkrankungen. Berliner klin. Wochenschr. 1892, No. 12 u. 13, pag. 271 u. 308.

*C. A. Ewald, über Stricturen der Speiseröhre und einen Fall von Ulcus oesophagi pepticum mit consecutiver Narbenverengung, in welchem die Gastrotomie ausgeführt werden musste. Bericht über Versuche zur Physiologie und Pathologie des Magens, die an dem Fistelträger angestellt wurden. Zeitschr. f. klin. Medic. **20**, 534—568. Als geeignetstes Verfahren zur Bestimmung der Salzsäure wird das von Sjöqvist betrachtet, über die Methode von Leo und Lüttke spricht sich Verf. nicht endgiltig aus, er verwirft dagegen das Verfahren von Hayem und Winter. Zur Bestimmung der freien Salzsäure verwendet E. das Verfahren von Mintz und Boas. Bezüglich der mit Hilfe dieser Methode gewonnenen Curven, die sich auf die Dauer des Aufenthaltes einer bestimmten Kostmenge etc. im Magen beziehen, sowie vieler einschlägiger Bemerkungen und Ansichten siehe das Original.

*Eug. Kollmar, zur Differentialdiagnose zwischen Magengeschwür und Magenkrebs. Ing.-Diss. Tübingen 1890, 16 pag.

*Fr. Riegel, über chronische continuirliche Magensaftsecretion. Nach einem in der medic. Gesellsch. zu Giessen gehalt. Vortrage. Deutsche medic. Wochenschr. 1892, No. 21, pag. 467—469. Von vorwiegend klinischem Interesse.

*A. M. Stscherbakow, über den Einfluss einer vermehrten Absonderung des Magensaftes auf die Erkrankungen des Magens. Wratsch 1891, No. 2; Centralbl. f. Physiol. **5**, 179.

Während man normalen Hunden grosse Mengen verdünnter Salzsäure
in den Magen ohne besondere Störung einführen kann, verhalten sich
anämische Hunde hierzu ganz anders. Ein Hund von 21 Kgrm. wurde
langsam mit Anilin vergiftet (in 74 Tagen 14,1 Grm. Anilin). Danach
bekam er reichlich verdünnte Salzsäure; er verendete nach 6 Tagen
und es fand sich bei der Section ein rundes Magengeschwür. Aehnliches ergab sich, als das Thier durch Aderlässe anämisch gemacht
wurde.

215. I. Boas, Beiträge zur Diagnostik der Magenkrankheiten. Die
diagnostische Bedeutung des Labenzyms.

216. Buzdygan und Gluziński, über die Magenverdauung bei verschiedenen Formen der Anämie resp. Bleichsucht nebst einigen
therapeutischen Bemerkungen.

217. R. Geigel und L. Abend, die Salzsäuresecretion bei Dyspepsia nervosa.

218. H. Klinkert, die klinische Bedeutung des atrophischen
Magencatarrhs.

219. H. Zeehuisen, über die Diagnose chronischer glandulärer Magenatrophie.

*Aug. Grüne, zur Lehre vom Ulcus ventriculi rotundum und
dessen Beziehung zur Chlorose. Ing.-Diss.

220. G. Leubuscher und Th. Ziehen, klinische Untersuchungen über
die Salzsäureabscheidung des Magens bei Geisteskranken.

*M. Werther, über den therapeutischen Werth der Pepsin-
weine. Berliner klin. Wochenschr. 1892, No. 27, pag. 668—672.
W. kommt durch künstliche Verdauungsversuche und durch Beobachtungen am Menschen zu dem Schlusse, dass die im Handel vorkommenden Pepsinweine der Verdauung nicht förderlich sind, sondern
dieselbe eher verlangsamen.   Andreasch.

221. G. Sée, über neue Calciumsalze in der Therapie; physiologische und diätetische Behandlung der Magenkrankheiten.

222. Günzburg, über Fibrinjodkaliumpäckchen.

*Oehmen, über den Nachweis der motorischen Störungen des
Magens mittelst Salols. Ing.-Diss. Giessen 1891. Es wurde
ermittelt, dass sich eine feststehende Zeit, bis zu welcher bei gesunden Individuen die Salicylursäure ausgeschieden wird, nicht angeben lässt; sie beträgt oft 24 St., oft viel mehr. Bestimmte Zustände,
bei denen die Reaction längere Zeit andauert, haben sich nicht eruiren
lassen. Aus Allem ergibt sich, dass die Salolmethode eine unbrauch-
bare ist.

*E. Gley, Spaltung von Salol im Darm von Hunden ohne Pankreas. Compt. rend. soc. biolog. 44, 298—300. Das Salol wurde von Lépine[1]) als Mittel zur Prüfung der Function des Pankreassecrets vorgeschlagen, doch könnte dasselbe auch von anderen Darmsecreten gespalten werden; wenigstens wird nach Kobert[2]) das Naphtalol, die Verbindung der Salicylsäure mit β-Naphtol durch das von der Schleimhaut des Dünndarms und des Coecum abgesonderte Ferment zerlegt. Verf. exstirpirte oder zerstörte nach J. Th. 21, 394 das Pankreas bei zwei Hunden, ohne dass diese Operation einen Einfluss auf das Auftreten von Salicylsäure nach Zufuhr von Salol zu haben schien. Auch die Exstirpation der Milz war ohne Einfluss auf die Salol-Spaltung. Dagegen konnte bei einem Hund, der nüchtern, 4 Stunden vor der Mahlzeit, 1,5 Grm. Salol erhielt, weder an diesem noch an dem folgenden Tage Salicylsäure im Urin nachgewiesen werden.   Herter.

*H. Stein, über die Verwendbarkeit des Salols zur Prüfung der Magenthätigkeit. Wiener medic. Wochenschr. 1892, No. 43. Es ergab sich folgendes: 1. Aus dem vollkommen verschlossenen Magen wird Salol bei saurer Reaction des Mageninhalts resorbirt und werden seine Spaltungsproducte im Harne ausgeschieden. Im Mageninhalte sind dabei in der Regel solche nicht nachzuweisen. 2. Vermehrte Schleimabsonderung der Schleimhaut vermag das Salol gleichfalls rasch zu spalten. Die Spaltungsproducte desselben geben dann an den Schleimstücken selbst die charakteristische Reaction. 3. Die Ausscheidung des in das Unterhautzellgewebe eingebrachten Salols in seinen Spaltungsproducten dauert circa 2 Tage. Es ist daher nicht gestattet, aus dem Auftreten der Reaction im Harne zu schliessen, dass das Salol den Magen schon passirt habe.

                Andreasch.

*Reale und Grande, über die Zerlegung von Salol im Magen. Rivista clinica e terapeut. 1891, October; citirt nach Centralbl. f. klin. Medic. 1892, No. 35. Die Verff. legen bei Hunden eine Ligatur um den Pylorus, bringen, um die schon von ihnen beschriebene Zersetzung des Salols durch Speichel zu vermeiden, 2 Grm. Salol durch eine kleine Oeffnung in den Magen und prüfen dann 2—5 Stunden später den Inhalt des Magens und des Darmes und den Harn. Im Darminhalt findet sich keine Salicylreaction, sehr stark dagegen im

---

[1]) Lépine, Lyon médical 1886, 362; Semaine médicale 1887, 253. L. stützte seine Angaben auf Beobachtungen bei gewissen Typhösen und auf Autopsien. Vergl. auch H. Lombard, Thèse, Paris 1887. — [2]) Kobert, Therapeutische Monatshefte 1887. 164.

Magen und Harn zum Beweise der bereits im Magen erfolgenden
Zerlegung des Salols. Rosenfeld.

*A. Hirsch, Beiträge zur motorischen Function des Magens
beim Hunde. Centralbl. f. klin. Medic. 13, No. 47.

*Fr. Chlapowski, über den grünen und blauen Harn. Nowiny
Lekarskie 1892, No. 1, pag. 13. Bei der Beschreibung der Veränderungen der Farbe des Harns unter dem Einfluss innerlich verabreichter Farbstoffe empfiehlt der Verf. Methylenblau als sehr
empfindlichen Indicator, um die Resorptionsgeschwindigkeit vom
Magen aus zu bestimmen. Pruszyński.

*Bouveret et Devic, Recherches cliniques et experimentales sur la
Tetanie d'origine gastrique. Revue de médec. 1892; referirt
Berliner klin. Wochenschr. 1892, No. 34, pag. 855.

*Riva-Rocci, über gastrische Intoxicationen. Giorn. della
R. Accad. Med. di Torino 1892, No. 1. Der Autor weist nach, dass
im dyspeptischen Mageninhalt Fäulnissprocesse der Eiweisskörper
stattfinden, welche eine Reihe toxischer basischer Körper, analog den
Ptomainen Brieger's, erzeugen, und leitet einige dyspeptische Erscheinungen von einer Autointoxication durch diese Substanzen ab.
Rosenfeld.

Darm, Pankreas, Fäces.

223. H. Turby und T. D. Manning, über die Eigenschaften des
reinen menschlichen Darmsaftes.

*E. Hoffmann, über das Verhalten des Dünndarmsaftes bei
acutem Darmcatarrh. Ing.-Diss. Dorpat 1891, 23 pag.; durch
Centralbl. f. Physiol. 6, No. 7, pag. 214. Als Resultate ergaben sich:
1. Der Dünndarmsaft von gesunden Hunden wirkt sowohl diastatisch
auf Amylum als invertirend auf Rohrzucker. 2. Auch der Darmsaft
von Hunden mit acutem Darmcatarrh wirkt fermentativ, doch scheint
es, als ob die fermentative Wirksamkeit des Darmsaftes kranker
Thiere zeitlich hinter der der gesunden zurückbleibe. 3. Bei der
Wirkung des Darmsaftes auf Rohrzucker folgt auf die Inversion
eine Reversion. Dieselbe tritt bei gesunden Hunden deutlicher hervor
als bei kranken.

224. P. Albertoni, Untersuchungen über die Vorgänge der Verdauung
und den Stoffumsatz im Dickdarm.

225. M. Jakowski, Beiträge zur Kenntniss der chemischen Vorgänge
im menschlichen Darme.

226. J. Zumft, über die Gährungen im menschlichen Dickdarm
und die sie hervorrufenden Mikroben.

227. R. v. Pfungen, Beiträge zur Lehre von der Darmfäulniss der
Eiweisskörper; über die Darmfäulniss bei Obstipation.

C. Ernst, über den Einfluss der Galle auf die Darmfäulniss. Cap. IX.

228. C. Schmitz, zur Kenntniss der Darmfäulniss.

*Rich. Stern, über Desinfection des Darmcanales. Zeitschr. f. Hygiene 12, 88—136.

229. G. Gava, Beiträge zur Kenntniss der pathologischen Veränderungen der Darmfäulniss.

H. Winternitz, über das Verhalten der Milch bei der Fäulniss (Aetherschwefelsäureausscheidung bei Milchdiät). Cap. VI.

230. L. Nencki, das Methylmercaptan als Bestandtheil der menschlichen Darmgase.

231. M. A. Olschanetzky, über die Resorptionsfähigkeit des Mastdarms.

Resorption und Verdauung der Fette. Cap. II.

*J. Bączkiewicz, über die Schnelligkeit des Resorptionsvermögens im Mastdarme. Pamietnik Warsz. Tow. Lek. Bd. LXXXVIII, H. I., pag. 112, 1892. Verf. verabreichte bei Gesunden und Kranken in Klystieren mit 50 CC. Wasser von 35⁰ C. oder in Suppositorien mit Cacaobutter je X Gran (0,6) KJ. Die Ergebnisse der 24 Untersuchungen, in 4 Tafeln zusammengestellt, sind folgende: 1. Im physiologischen Zustande tritt Jod, per rectum verordnet, schon ungefähr nach 7 Minuten (5—9) im Speichel auf. 2. Krankhafte Veränderungen des Mastdarms (Cancer) oder in seiner Nachbarschaft (Perimetritis, Haematocele retrouterina) verlangsamen die Resorption. 3. Am meisten verspäthen die Resorption allgemeines Oedem und Stauungen in der Pfortader. Je grösser die Circulationsstörungen, desto langsamer ist die Resorption. Pruszyński.

*H. Brown, über das Cellulose lösende (cytohydrolytische), im Verdauungstracte der Pflanzenfresser thätige Enzym. Journ. chem. Soc. 1892, I, 352—364; durch Berliner Ber. 25, Referatb. 688. Tappeiner hat bereits gefunden, dass die Cellulose im ersten Magen der Wiederkäuer umgesetzt wird und dass dabei Mikroorganismen betheiligt sind. Ob auch ein Enzym betheiligt sei, konnte nicht entschieden werden. Der Dünndarm schien bei der Umsetzung unbetheiligt zu sein; dagegen wurde im Dickdarm mit durch Mikroorganismen hervorgerufenen Fermentationen Zersetzung von Cellulose beobachtet. Verf. kommt zu dem Resultate, dass die Auflösung der Cellulosehüllen im Verdauungstracte der Pflanzenfresser durch ein mit der Nahrung zugeführtes Enzym erfolgt, dasselbe, welches vom Verf. in den Samen der Gramineen nachgewiesen wurde.

*Ferd. Klug, die Darmschleimhaut der Gänse während der
   Verdauung. Ungar. Arch. f. Medic 1, 114—117.
*R. A. Young, über Gelatin aus dem netzförmigen Gewebe
   der Darmschleimhaut und aus entkapselten Lymphdrüsen.
   Journ. of physiol. 18, XIV. Gegenüber Mall, welcher in netz-
   förmigem Gewebe kein Gelatin fand, bestimmte Verf. den Gehalt in
   einer Darmschleimhaut vom Hund zu 0,16—0,32%.   Herter.
232. M. Berenstein, ein Beitrag zur experimentellen Physiologie des
   Dünndarms.
233. Ig. Grundzach, über die Asche des normalen Kothes.

**174. Jul. Rosenthal: Ueber Farbenreactionen des Mund-
speichels**[1]). R. hat die Beobachtungen von Rosenbach [J. Th.
21, 218] weiter verfolgt und ist dabei zu folgenden Ergebnissen gelangt: 1. Jeder Speichel gibt beim Kochen mit Salpetersäure und
nachfolgendem Zusatz eines Alkali eine Farbenveränderung, die der
Xanthoproteïnreaction sehr ähnlich und wahrscheinlich mit ihr identisch ist. 2. Die Intensität der Reaction hängt von dem Eiweissgehalte des Speichels ab; sie ist am grössten einige Stunden nach dem
Essen, hat eine mittlere Stärke bei ganz nüchternem Magen und
erscheint am schwächsten kurz nach der Einnahme der Mahlzeiten,
sowie bei kachectisch-marastischen Individuen. 3. In gewissen Fällen
tritt im Speichel bei Behandlung mit Salzsäure eine Rosa-Färbung,
bei Behandlung mit Salpetersäure eine schöne roth-violette Farbe
auf. 4. Die Bildung und Ausscheidung des Chromogens des letzt-
erwähnten Farbstoffes ist bei normalen Menschen ohne stärkere Reizung der Speicheldrüsen nicht zu erzielen; die Farbenreaction ist
in pathologischen Fällen von grösster Intensität bei Carcinom des
Magens und bei starker Nephritis; bei Gesunden tritt sie nur bei
besonderer Reizung der Speicheldrüsen auf, z. B. beim Rauchen,
beim Genuss von Gewürz, nach Pilocarpininjectionen etc.

                                         Andreasch.

   175. G. J. Jawein: Zur klinischen Pathologie des Speichels[2]).
J. kommt zu folgenden Schlüssen: 1. Die Speichelmenge ist bei leichten
fieberhaften Krankheiten erhöht, die Fermentwirkung aber unverändert.

----

[1]) Berliner klin. Wochenschr. 1892, No. 15. — [2]) Wiener medic. Presse
1892, No. 15 u. 16.

2. Bei schweren fieberhaften Erkrankungen wird die Menge des Speichels erheblich herabgesetzt, die amylolytische Wirkung aber erhöht; absolut wird aber weniger Ferment producirt. 3. Bei sehr schweren fieberhaften Erkrankungen wird der Speichel in sehr geringer Menge secernirt, auch ist die amylolytische Wirkung herabgesetzt und zwar steht die Verminderung beider in direktem Verhältnisse zur Schwere der Erkrankung. 4. Nach der Krisis steht sowohl die Menge als auch die Fermentwirkung des Speichels unter der Norm. 5. Bei länger anhaltenden, fieberhaften Erkrankungen ist die Speichelmenge nicht selten normal, ihre amylolytische Wirkung aber subnormal. 6. Bei chronischer Nephritis, bei Ascites, Scorbut, Diabetes etc. ist die Fermentwirkung herabgesetzt.   A n d r e a s c h.

176. A. S c h u l d: Einfluss des Speichels auf den Salzsäure- gehalt des Magensaftes [1]).   Verf. studirte den Einfluss der Speichel- enthaltung auf den Salzsäuregehalt seines eignen Mageninhaltes und auf denjenigen des Mageninhaltes einer genau controllirten Patientin mit völlig normalen Digestionsverhältnissen.   Die Probemahlzeit, welche nach kurzem Aufenthalt im Magen (50, resp. 60 bis 75 Minuten) exprimirt wurde, bestand entweder in Zwieback mit Thee, oder in gesottenem Hühnereiweiss mit zweiprocentiger Stärkelösung. Die Versuche waren analog den von C. S t i c k e r [J. Th. **18**, 161] angestellten; die Methode der Salzsäurebestimmung war jedoch eine andere, entsprach namentlich im Wesentlichen dem von L e o angegebenen Verfahren, mittelst welchem nur die im Mageninhalt- filtrat vorhandene Salzsäure bestimmt wurde.   Der Verf. konnte die von G. S t i c k e r aufgestellte Ansicht über »die wesentliche Be- deutung des Mundspeichels im menschlichen Organismus für die Bil- dung des wirksamen Magensaftes, derart, dass ein Ausfall der Mund- speichelwirkung von einer Verminderung oder Aufhebung der Magen- saftsecretion gefolgt ist,« für seine zwar kurzdauernden Versuche nicht bestätigen, sucht vielmehr mit B i e r n a c k i eine eventuelle günstige Wirkung des Speichels nicht so sehr in einer specifischen Speichelwirkung selbst, sondern vor Allem in dem reflectorischen Einflusse des Kauaktes und im Verbleiben der Nahrungsmittel in der Mundböhle, wo ihre alkalische oder zu saure Reaction gewisser- maassen abgestumpft wird.   Z e e h u i s e n.

---

[1]) Invloed van het speeksel op het zoutzuurgehalte van het maagsap. Diss. Leiden. Oct. 1892.

177. **E. Biernacki: Die Bedeutung der Mundverdauung und des Mundspeichels für die Thätigkeit des gesunden und kranken Magens**[1]). Die vorliegende Abhandlung enthält eine Nachprüfung und Erweiterung der diesbezüglichen Versuche von Sticker [J. Th. **18**, 161]. Zum Probefrühstücke wurden 100—200 CC. einer $4^0/_0$-igen Stärkeabkochung und 20 Grm. rohes Eiweiss verwendet. Die Versuche stellte Verf. an sich selbst, an einem gesunden Diener und an einem Patienten mit nervöser Dyspepsie an, derart, dass morgens nach Ausspülung des Magens das Probefrühstück mittelst der Schlundsonde eingeführt wurde, während der Speichel in ein Gefäss gespuckt wurde. Nach 20 Minuten wurde der Mageninhalt ausgehebert, der Magen ausgespült, nun dasselbe Probefrühstück gegessen und auch der Mundspeichel verschluckt; darauf folgte die 2. Ausheberung des Mageninhaltes. Im Magensaft wurden die üblichen Bestimmungen gemacht, bei der Vergleichung der peptischen Kraft wurde gleicher Salzsäuregehalt $(0,14—0,16 \,^0/_0)$ hergestellt. Aus 10 Versuchen ergab sich zunächst, dass die motorische und secretorische Leistungsfähigkeit des Magens unter normalen Verhältnissen beim Einnehmen der Nahrung durch den Mund unter Beimischung von Speichel viel besser ist, als nach der Einführung derselben durch die Sonde beim gleichzeitigen Ausschluss der Beimischung von Speichel zur Nahrung. Bei 12 Kranken mit gestörter Magenverdauung war im Allgemeinen das Resultat dasselbe, doch ergab sich folgendes: 1. Der pathologische Magen reagirte auf die Nahrung mit dem Speichel sowohl motorisch wie secretorisch in quantitativ geringerem oder demselben Grade, wie der Gesunde; 2. es war entweder motorische oder secretorische Steigerung der Magenarbeit wahrnehmbar; 3. das Verhalten der Magenverdauung blieb eigentlich in beiden Fällen d. h. sowohl mit oder ohne Speichel dasselbe. Ueberhaupt scheinen die Versuche dafür zu sprechen, dass die Einnahme der Nahrung durch den Mund mit Speichel viel wichtiger und unentbehrlicher für genügende Enzymproduction bei pathologischem, als bei normalem Magen ist. — Den direkten Beweis, dass die geschilderten Wirkungen dem Speichel zukämen, suchte Verf. in der Art zu führen, dass der Speichel dem Probefrühstück

[1]) Zeitschr. f. klin. Medic. **21**, 97—117.

zugesetzt und dieses dann durch die Schlundsonde eingeführt wurde. Die Resultate waren im Ganzen wenig entscheidend. Nun wurde von dem Patienten die Nahrung im Munde portionenweise durchgekaut und das so vorbereitete Probefrühstück mit der Sonde eingeführt, worauf kein Speichelzufluss in den Magen mehr stattfand. In allen Versuchen reizte die durchgekaute und durch die Sonde eingeführte Nahrung den Magen ebenso stark, wie das beim Einnehmen der Nahrung durch den Mund zu beobachten war. Diese Versuchsreihe beweist, dass eine wesentliche und hauptsächliche Rolle bei der Wirkung des Speichels der Durchgang der Nahrung durch die Mundhöhle spielt; man darf ferner behaupten, dass der entleerte Mundspeichel an sich selbst und der Speichel, der nach dem Verschlucken der Nahrung in den Magen aus dem Munde her eintritt, von weit geringerer, sogar untergeordneter Bedeutung in dieser Beziehung ist. — Es zeigte sich ferner, dass die schwach alkalische Reaction des Probefrühstücks (durch das Eiweiss bedingt) durch das Kauen im Munde vorwährend abnahm und ganz neutral wurde. Man kann diese Thatsache auch an reinem Wasser bemerken, welches einige Zeit (25—30 Sec.) im Munde behalten wird; es reagirt, mit Phenolphtaleïn geprüft, nachher deutlich sauer. Stellt man ähnliche Versuche mit schwachen Säure- oder Sodalösungen an, so nimmt die Acidität resp. Alkalescenz ab. Es scheint mithin festgestellt zu sein, dass der Mundhöhle eine die Nahrungsreaction regulirende Eigenschaft zukommt, speciell, dass die Mundhöhle der zu durchkauenden Nahrung schwach saure Reaction zu geben versucht. Versuche haben auch ergeben, dass eine sogar sehr schwach alkalische Reaction der Nahrung für den Magen durchaus ungeeignet ist und dass der Magen am besten arbeitet, wenn die zugeführte Nahrung neutral oder schwach sauer reagirt. Es scheint aber die Aufgabe der Mundverdauung zu sein, der Nahrung eine für den Magen geeignete Reaction zu geben.

Andreasch.

178. Daccomo und Tommasoli: Ueber die Gegenwart eines verdauenden Fermentes in Anagallis arvensis[1]). Eine Be-

---

[1]) Sulla presenza di un fermento digestivo nell' Anagallis arvensis. Annali di chim. e di farm. **16**, 20.

obachtung von Vertreibung zahlreicher harter Warzen durch das
Kraut von A. gab die Ursache zu Untersuchungen über ein digestives
Ferment in den Blättern der A. Die Verff. zerrieben eine kleine
Quantität zunächst in einem Mörser und brachten sie in Berührung
mit rohem Fleisch und Fibrin. Nach 4—5 Stunden begannen sich
diese zu erweichen, nach 36 Stunden zeigte sich eine vollständige
Lösung. Nunmehr isolirten die Autoren das wirksame Princip durch
Ausfällung des wässerigen Extractes mit Alcohol. Sie erhielten da-
bei durch Wiederholung derselben Procedur und durch Trocknen
bei gewöhnlicher Temperatur über Schwefelsäure eine weisse amorphe
Masse mit einem leichten Hefegeruch. Sie löst sich leicht klar in
Wasser und hinterlässt $11\,^0/_0$ Asche; sie enthält $12\,^0/_0$ N, $45\,^0/_0$ C,
$2,56\,^0/_0$ S. Das gewonnene Product erweicht das Fibrin nach 4—5
und löst es in 36 Stunden. Das Ferment von A. wirkt nicht auf
Stärke ein. Auch scheint es sich mit der Zeit zu verändern.

Rosenfeld.

179. **Paul Plósz: Bemerkungen zu Prof. Leo Liebermann's
Theorie der Magenverdauung**[1]). 180. **Leo Liebermann: Antwort
auf obige „Bemerkungen"**[2]). 181. **Paul Plósz: Replik**[3]). 182. **Leo
Liebermann: Duplik**[4]). Ad 179. Plósz erklärt die Hypothese Liebermann's, derzufolge die Salzsäure des Magensaftes aus den Chloriden
durch Einwirkung der Kohlensäure entsteht, wobei das entstandene kohlensaure Natron vom sauer reagirenden Lecithalbumin der Magenschleimhaut
gebunden und erst allmählich wieder abgegeben wird, vorzüglich aus dem
Grunde für hinfällig, weil, wie er meint, das Lecithalbumin gar
nicht sauer reagirt. Die saure Reaction rührt nach seiner Ansicht
nur daher, dass die Salzsäure des zur Darstellung jenes Körpers verwendeten
künstlichen Magensaftes nicht ausgewaschen und die Substanz nicht genügend
hoch getrocknet war. — P. stützt diesen seinen Ausspruch nicht etwa auf
irgend einen Versuch mit Lecithalbumin, sondern auf einen mit Filtrirpapier, den er wie folgt beschreibt: Wenn man ein in einem Trichter be-
findliches Papierfilter mit Salzsäure füllt, die Salzsäure abfliessen lässt und dann
mit kaltem oder warmem Wasser wäscht, so findet man, dass das Waschwasser
bald neutral wird. Drückt man nun blaues Lakmuspapier auf das Filter,
besonders dorthin, wo es 3-fach zusammengelegt ist, so findet man, dass es
stark sauer reagirt, weil, wie Plósz meint, die Salzsäure nur

---

[1]) Orv. hetilap, 1892 p. 196. — [2]) Ebendaselbst p. 211. — [3]) Ebendas.
p. 226. — [4]) Ebendas. p. 239.

äusserst schwer auszuwaschen ist. Dasselbe wäre nach P. beim Lecithalbumin der Fall gewesen. Ad 180. In seiner Antwort zeigt L. zunächst, dass P. die Thatsache unbekannt war, dass die meisten Sorten von Filtrirpapier Harzsäuren und harzsaure Salze enthalten, so dass sie entweder schon von vorneherein sauer reagiren oder aber dann, wenn die harzsauren Salze durch eine Säure zersetzt werden, so dass freie Harzsäure ausgeschieden wird, welche durch Waschen mit Wasser kaum zu entfernen ist. Nicht etwa zurückgehaltene Salzsäure ist daher die Ursache der sauren Reaction des Filtrirpapiers, sondern Harzsäure. L. empfiehlt P. denselben Versuch mit destillirtem Wasser anzustellen. Bei den meisten, besonders feineren Sorten von Filtrirpapier findet man, dass sie aufgedrucktes blaues Lakmuspapier röthen. Da man aber noch einwenden könnte, dass diese Papiere noch von der Fabrication her Säure enthalten, so mag man auch noch folgenden Versuch anstellen: Man tauche Filtrirpapier, welches nur sehr schwach oder kaum sauer reagirt in mit Kohlensäure gesättigtes destillirtes Wasser und lasse es darin etwa $1/4$ Stunde. Dann nehme man es heraus und trockne es recht lange, z. B. bei 120^0 C., befeuchte es dann wieder mit Wasser, und man wird finden, dass es stark sauer reagirt. Also auch die Kohlensäure hatte die harzsauren Salze zersetzt und freie Harzsäure abgeschieden. — Auch ein mit Colophoniumlösung getränktes, dann getrocknetes und mit Wasser befeuchtetes Papier reagirt intensiv sauer. Die Harzsäure enthaltenden Papiersorten binden auch Alkali und reagiren mit solchen behandelt alkalisch. L. zeigt ferner, dass das Lecithalbumin mit kaltem oder heissem Wasser bis zum Verschwinden der Chlorreaction ausgewaschen und 2 Stunden bei 120, 150 ja selbst bei 180^0 C. getrocknet, unverändert stark sauer reagirt, und dass es überhaupt kein Chlor enthält, wovon man sich beim Schmelzen mit chlorfreiem, salpetersaurem und kohlensaurem Natron überzeugen kann. — Die Einwendungen von P. haben sich demnach als irrthümliche erwiesen und wurde er zu diesen durch die falsch gedeuteten auf Unkenntniss der einschlägigen Verhältnisse beruhenden Versuche mit Filtrirpapier verleitet. Ad 181 und 182. (In seiner Replik erklärt P., dass sein Filtrirpapier genügend gereinigt war, nicht sauer reagirte und dass daraus die Salzsäure vollkommen ausgewaschen werden konnte, so dass es nachher nicht mehr sauer reagirte. L. weist in seiner Duplik auf den Widerspruch hin, der darin besteht, dass nach der ersten Angabe die Salzsäure nicht auszuwaschen war, nach der letzten aber vollkommen). Des weiteren behauptet P., dass L. nur den rohen Verdauungsrückstand der Magenschleimhaut untersucht resp. analysirt habe, ohne irgend eine Reinigung zu versuchen und dass demzufolge auch die Angabe, dass das Lecithin und Albumin nicht als einfaches Gemenge, sondern als eine Art chemischer Verbindung aufzufassen wäre, werthlos sei. Auch behauptet P., dass L. sich nicht davon überzeugt habe, ob der Körper von Magensaft noch weiter angegriffen wird. Dem gegenüber zeigt L. in seiner Antwort, dass

diese Angaben nicht richtig sind. P. hat übersehen, dass der Verdauungsrückstand in Sodalösung gelöst, wieder ausgefällt und weiter gereinigt
wurde. Allerdings wurde auch der rohe, d. h. mit Wasser, Alcohol und
Aether extrahirte Rückstand untersucht und analysirt, (von dem angegeben
war, dass er sich bis auf unbedeutende Reste in Sodalösung
vollkommen löst), und zwar darum, weil man sehen wollte, ob und
wie sich das gegenseitige Verhältniss von Lecithin und Albumin nach Einwirkung der Sodalösung ändert. (In seiner Replik erklärt P. übrigens, dass
es sich hier um ein „Missverständniss" handelt.) Auch jener Vorwurf, dass
sich L. nicht davon überzeugt hätte, ob das Lecithalbumin von künstlichem
Magensaft weiter noch angegriffen werde, entbehrt der Begründung, da
ausdrücklich angegeben ist, dass der so dargestellte Körper in
Magensaft nicht mehr verdaulich ist. Was aber die Frage anbelangt, ob das Lecithin mit den Eiweissstoffen wirklich in chemischer Verbindung gedacht werden kann, so gründete L. seine Ansicht auf die nahe
Uebereinstimmung der elementaren Zusammensetzung der Lecithalbumine aus
verschiedenen Darstellungen und Fractionen, sowie auf andere Erscheinungen
(Unverdaulichkeit in Magensaft, Schwierigkeit, die beiden Bestandtheile durch
einfache Lösungsmittel des Lecithins zu trennen). Weiter erklärt P., dass
das Lecithalbumin nur mit Lecithin verunreinigtes Nucleïn sei. Er hat
Lecithalbumin mit Alcohol gut ausgekocht und dann im alcoholischen Auszug Lecithin gefunden. Den Rückstand (von dem übrigens nicht angegeben
ist, ob er bei weiterem Auskochen mit Alcochol, nicht noch weiter Lecithin
abgegeben hätte) hat er mit „starker" (concentrirter?) Salzsäure gekocht,
um Stearinsäure abzuspalten, aber keine solche erhalten. Dem gegenüber
erklärt L., dass er zwar einstweilen nicht absolut leugnen wolle, dass das
Lecithalbumin vielleicht in kleinen Mengen noch einen anderen nucleïn-
artigen Körper enthält, dass er sich aber davon bisher nicht überzeugen
konnte. — Er habe in seiner Arbeit angegeben, dass das Lecithalbumin
nach tagelangem Auskochen mit Alcohol nur mehr wenig, aber allerdings
immer noch etwas Phosphorsäure enthält. Es sei ihm aber kein Nucleïn
bekannt, welches in Alcohol löslich wäre. Andererseits fand er auch nach
20-maligem Auskochen im alcoholischen Auszug immer noch einen lecithin-
artigen Körper. P. wendet sich ferner gegen die Angabe L.'s, dass die
Magenschleimhaut mit Kohlensäure behandelt sauer reagirt und
schreibt die saure Reaction der Kohlensäure zu, welche in's Gewebe schnell
hinein diffundirt, aber nicht so schnell wieder heraus kann. L. weist zunächst
darauf hin, dass die durch Kohlensäure bewirkte Reaction mit einer, durch
andere Säuren bewirkten, bei einiger Aufmerksamkeit bekanntlich nicht ver-
wechselt werden kann und dass er übrigens auf das Auswaschen der mit
Kohlensäure behandelten, auch zerhackten Magenschleimhaut, die grösste
Sorgfalt verwendet habe. Auch gegen jene Versuche wendet sich P., welche
darthun sollen, dass eine Salzsäurebildung bei Einwirkung von Kohlensäure

auf Kochsalz auch experimentell nachzuweisen ist. L. hat gezeigt, dass
kohlensäurehaltiges Wasser allein von Kupferoxyd nur minimale Spuren
löst, Kochsalzlösung aber gar nichts, während bei Combination beider Lösungen
und unter sonst vollkommen gleichen Verhältnissen beträchtliche, quantitativ bestimmbare Kupferoxydmengen in Lösung gehen. Die gelöste Kupfer-
oxydmenge nimmt sowohl bei steigendem Kohlensäure-, wie bei steigendem
NaCl-gehalt der Kohlensäure und Chlornatrium enthaltenden Flüssigkeiten
zu. P. behauptet nun, diese Versuche beweisen nichts, weil kohlensäurehaltiges Wasser auch allein Spuren von Kupferoxyd löst. L. macht in seiner
Antwort P. darauf aufmerksam, dass es sich ja nicht darum handelt, ob
kohlensäurehaltiges Wasser eine minimale Spur von Kupferoxyd zu lösen
vermag oder nicht, sondern darum, ob bei übrigens gleicher Concentration,
mehr in Lösung geht, wenn gleichzeitig Kochsalz vorhanden ist, welch
letzteres allein nicht einmal so viel löst wie kohlensäurehaltiges Wasser.
Gegen L.'s Hypothese selbst hat P. vorzüglich Folgendes einzuwenden: Wie
kommt es, dass die Kohlensäure das Lecithalbuminnatrium erst nach Beendigung der Verdauung, also erst dann zersetzt, wenn ihre Massenwirkung zu Folge
ihrer geringeren Menge, eine kleinere ist? und warum zersetzt die entstandene
Salzsäure nicht sofort wieder die entstandene Lecithalbuminnatronverbin-
dung? P. hat übersehen, dass L. auf diese Einwände in seiner Arbeit
schon Rücksicht genommen und in der starken Quellung der Natronverbindung, ein Schutzmittel gegen die zu rasche, und die Secretion von
HCl störende Einwirkung jener Säuren erblickt. Auch hat er übersehen,
dass L. die Zerlegung jener Natronverbindung durch Kohlensäure nicht auf
die Zeit nach Beendigung der Verdauung beschränkt, sondern ausdrücklich
sagt, dass eine solche auch während derselben stattfinden kann, aber vielleicht darum nicht ausgiebiger wird, weil die Schleimhaut noch viel freies
(saueres) Lecithalbumin enthält, welches Alkali natürlich wieder unter Auf-
quellung zu binden vermag. Ist nun das Lecithalbumin der Schleimhaut
nach der Verdauung abgesättigt, so kann kein Alkali mehr gebunden
werden. Das vorhandene Lecithalbuminnatrium wird nun langsam und
allmählich zersetzt, und dieser Process wird durch die bei geringerer Kohlensäuremenge auch nur sehr geringe NaCl-Zersetzung nicht wesentlich gestört.
Man kann sagen, es müssen da bisher nicht näher bekannte Gleichgewichts-
gesetze zur Wirkung gelangen. Weiter wendet P. ein, dass auch in den
Nieren und Muskeln Salzsäure entstehen müsste, wenn es wahr wäre, dass
sie sich bei Einwirkung von Kohlensäure auf Kochsalz bilde. Dies könne
aber nicht richtig sein, weil noch Niemand gesagt hat, dass er anderswo,
als im Magen freie Salzsäure gefunden habe. P. erklärt jedoch gleichzeitig,
„dass man theoretisch freilich annehmen muss, dass Kohlensäure die
Chloride zersetzt“. L. betont in seiner Duplik, dass P. grundsätzlich Etwas
leugnet, von dem er selbst sagt: „dass es theoretisch anerkannt werden
müsse“. Ferner meint L., dass der Umstand, dass man bisher anderswo als

im Magen keine Salzsäure gefunden habe, nicht beweist, dass sie sich nirgend
anderswo bilden könne. Uebrigens hätte man wahrscheinlich auch nicht
danach gesucht. Die Struktur, der histeologische Bau der verschiedenen
Organe, kann übrigens von grossem Einfluss sein auf die Zusammensetzung
ihrer Secrete. L. Liebermann.

**183. A. Bertels: Ueber den Einfluss des Chloroforms auf die
Pepsinverdauung[1]).** Der Einfluss des Chloroforms wurde an künst-
lichen Verdauungsgemischen mit verdünntem Hühnereiweiss geprüft,
nachdem vorher durch eine Kjeldahl'sche Stickstoffbestimmung der
Eiweissgehalt festgesetzt worden war; die Menge des verdauten
Eiweisses (Pepton + Propepton) wurde ebenfalls aus dem Stickstoffgehalte berechnet. Aus drei Versuchen zieht B. folgende Schlüsse:
1) Die verdauungshemmende Kraft des Chloroforms tritt in jedem
Versuche hervor. 2) Dieselbe steigt beträchtlich, je länger das
Chloroform Zeit gehabt hat, auf das Pepsin einzuwirken. 3) Auch
durch den längeren Contact des Pepsin mit Salzsäure scheint sich
eine Schädigung desselben zu ergeben. Ebenso wirkt das blosse
Durchleiten von Luft durch eine Pepsinsalzsäurelösung schädigend
auf die Wirksamkeit derselben ein. Diese Versuche wurden mit
künstlichem Finzelberg'schen Pepsin angestellt. In Verdauungslösungen, die aus frischer Schweinemagenmucosa hergestellt sind, ist
weder durch Chloroform noch durch Luftdurchleitung eine ähnliche
Wirkung zu erzielen. Andreasch.

**184. Max Flaum: Ueber den Einfluss niedriger Temperaturen
auf die Functionen des Magens[2]).** Der Einfluss niederer Temperaturen wurde zuerst an künstlichen Verdauungsgemischen studirt.
Es zeigte sich, dass das Neutralisationspräparat bei der Verdauung
von gekochtem Hühnereiweiss auftrat bei 40^0 in $1^1/_2$—2 St., bei
$16,5^0$ in $2^1/_4$ St., bei 10^0 in 3—$3^1/_4$ St., bei 5—6^0 in 8 St.
schwach, am nächsten Tage deutlich, und bei 0^0 endlich nach
2—3 Tagen. Weitere Versuche mit albumose- und peptonfreiem
Magensafte ergaben: Bei 40^0 sind Acidalbumin und Albumose nach
2 St., Pepton nach $2^1/_4$ St. nachweisbar; nach 48—50^0 fehlt das

---

[1]) Virchow's Arch. **130**, 497—511. — [2]) Zeitsch. f. Biologie **28**,
433—449.

Neutralisationspräparat. Bei 16—17° findet sich Acidalbumin nach 2¹/₄ St., Albumosen und Peptone nach 2¹/₂ St., das Acidalbumin verschwindet erst nach 4 Tagen. Bei 10° finden sich Albumosen und Peptone nach 5¹/₂—6 St., bei 5—6° nach 20 St., bei 0° geht die Verdauung sehr langsam vor sich, sie ist erst nach 14—15 Tagen beendet. Bei colorimetrischer Schätzung der Verdauungsproducte, welche bei verschiedenen Temperaturgraden erhalten worden waren (mittelst Xanthoproteïnreaction) liess sich kein quantitativer Unterschied erkennen. — Fröschen wurden nach gründlicher Magendurchspülung Eiweissscheibchen in den Magen gebracht und dieselben theils bei Zimmertemperatur, theils auf Eis aufbewahrt. Bei ersteren war am nächsten Tage alles verdaut, bei letzteren liess sich selbst nach 14 Tagen keine Verdauung erkennen. Aehnliches ergab sich bei 4—5', während bei 10° normale Verdauung constatirt werden konnte. Das negative Resultat erklärt sich durch die fehlende Secretion. Die Grenztemperatur, bei welcher noch Secretion stattfindet, liegt bei 8°. — Nachdem Versuche mit eiweissfreiem Pepton ergeben hatten, dass dasselbe bei Zimmertemperatur im Magen des Frosches theilweise zu Eiweiss regenerirt wird, wurde die Einwirkung niederer Temperatur untersucht, wobei sich als Resultat ergab, dass die Regeneration nur innerhalb derselben Grenzen stattfindet, innerhalb welcher eine Secretion statthat. — Bezüglich des Einflusses der Kälte auf die Bewegungen des Magens liess sich keine besondere Regelmässigkeit constatiren.   A n d r e a s c h.

185. Ellenberger und Hofmeister: Zur Verdauung der Stärke im Magen des Hundes[1]). In Ergänzung und Fortsetzung ihrer früheren Versuchen [J. Th. **21**, 267) berichten Verff. über die Veränderungen, die während der ersten 30 Min. nach Fütterung mit gekochter Stärke (Reis) im Magen des Hundes vor sich gehen. Trotz der für die Ptyalinwirkung sehr günstigen Verhältnisse (0,01 °/₀ HCl und 0,25 °/₀ Milchsäure) war bei dem einen ausgeführten Versuche keine Spur einer Verzuckerung der Stärke im Magen nachweisbar. Es geht daraus mit Sicherheit hervor, dass bei Hunden

---

[1]) Separatabdr. a. d. Ber. ü. d. Veterinärwesen im Königr. Sachsen f. d. J. 1891, 7 pag.

die amylolytische Verdauungsperiode fehlt oder ganz unwesentlich ist. In einem zweiten Versuche wurde ein Hund mit gemahlenem rohem Reis und ausgekochtem Fleisch gefüttert und 30 Min. nach der Nahrungsaufnahme getödtet. In der Mitte des Magens fanden sich 0,33 % Zucker im Inhalte, im Anfange des Darmes 0,25 %. Es wird also bei ungekochtem, stärkemehlhaltigem Nahrungsmittel auch im Hundemagen das in den Nahrungsmitteln enthaltene saccharicirende Ferment wirksam und verzuckert einen Antheil des Stärkemehls. Beim Kochen der Nahrungsmittel wird das Ferment getödtet, wodurch auch die Stärkeverdauung entfällt. — Da Versuche am Schweine ergeben hatten, dass der Hafer ein viel kräftiger wirkendes Ferment enthält als der Reis, wurde auch am Hunde geprüft, ob hier derselbe Unterschied bestehe. Die Zuckermenge im Magen des Hundes 1 St. nach der Nahrungsaufnahme war zwar gering, aber immerhin um ein wenig höher, als unter denselben Umständen bei Reisfütterung; auch dieser Versuch zeigt, dass im Hundemagen die Stärke verdaut wird, wenn die Nahrungsmittel in rohem, ungekochten Zustande genossen werden.   A n d r e a s c h.

186. Ellenberger und Hofmeister: Ueber die Function der Drüsen des Schlundkopfes und des Schlundes [1]). Verff. haben beim Hunde und bei anderen Hausthieren die Schleimhäute des Schlundes auf das Vorhandensein von Fermenten geprüft; um oberflächlich absorbirte Fermente auszuschliessen, wurden die Häute so lange mit Eiswasser gewaschen (zur Verhütung der Fäulniss), bis dasselbe Stärkekleister nicht mehr verzuckerte. Dann wurden die zerhackten Häute mit 0,2 % igem Carbolwasser durch 24—48 St. oder mit Glycerin durch 6—8 Tage extrahirt und die gewonnenen Extracte auf ihren Fermentgehalt geprüft. Es ergab sich, dass die in Frage stehenden Organe (Tonsillen, Pharynx, Oesophagus vom Rind, Schaf. Hund, Pferd und Schwein) weder ein proteolytisches, noch ein fettspaltendes Ferment enthalten. Nicht so zweifellos gestaltet sich die Antwort auf die Frage nach der Gegenwart eines a m y l o l y t i s c h e n Fermentes. Beim Schweine haben die Schleimhäute der genannten

---

[1]) Separatabdr. a. d. Ber. ü. d. Veterinärwesen im Königr. Sachsen. 1891, 5 pag.

Organe durchgängig Kleister verzuckert. Bei den anderen Thieren scheinen die untersuchten Theile kein amylolytisches Ferment zu enthalten. Andreasch.

187. S. A. Pfannenstiel: Untersuchungen über die Resorptionsfähigkeit der Magenschleimhaut bei Kindern [1]). Nach der nur unwesentlich modificirten Methode von Penzoldt-Faber hat Verf. die Resorption im Magen von Kindern, die weniger als 1 Jahr alt waren, zu studiren versucht. Etwa $2^1/_2$ bis 3 Stunden nach der letzten Nahrungsaufnahme wurden 0,2 Grm. Jodkalium, in Wasser gelöst, per Os gegeben und dann der Harn alle 5—10 Minuten durch Catheterisation aufgesammelt. Als Ergebniss der Untersuchung an 20 gesunden Kindern fand P., dass das Jodkalium nach 15—20 Minuten oder spätestens nach 25 Minuten im Harne nachweisbar war. Die Resorption geschah also ein wenig langsamer als bei Erwachsenen. Bei 50 Kindern, die an mehr oder wenig starken dyspeptischen Störungen litten, konnte P. das Jodkalium erst nach 25—45 Minuten in dem Harne nachweisen, die Resorption war also bei den kranken Kindern etwas verzögert. Hammarsten.

188. Zdzislaw Szydlowski: Ueber das Verhalten des Labenzym im Säuglingsmagen [2]). Die Herausbeförderung des Mageninhaltes wurde mit Schlundsonde bewirkt, und der nicht filtrirte Inhalt auf seinen Gehalt an Labenzym durch frische Kuhmilch (5 CC. von 38—38,5°, 5—10 Tropfen Inhalt) geprüft. Es ergab sich: Das Alter des Kindes steht in keinem Zusammenhang mit dem Vorkommen des Labenzyms. Bei den jüngsten, nur einige Stunden alten Säuglingen konnte man es eben so sicher nachweisen, wie bei älteren Säuglingen. Das Enzym fand sich sowohl in dem Inhalte des absolut nüchternen Magens, wie auch zur Zeit der Verdauung. Die Reaction des Mageninhaltes oder das Vorkommen der freien Salzsäure in dem Mageninhalte scheinen in keinem ursächlichen Zusammenhange mit dem Vorkommen des Labenzyms zu stehen; denn es fand sich in

---

[1]) Undersökningar öfver magslemhinnaus resorptionsförmagä hos späda baern, Nordiskt Med. Arkiv. Bd. 24. 1892. — [2]) Prager medic. Wochenschr. 1892, No. 32.

dem alkalisch, neutral oder amphoter reagirenden Inhalte ebenso
sicher, als in dem saner reagirenden. Es liess sich in gleicher
Weise auch bei kranken Kindern nachweisen. — Die Methoden zum
Nachweise des Labzymogens nach Hammarsten, Leo, Boas.
Klemperer scheinen Verff. nicht einwurfsfrei zu sein: ein Nachweis
des Zymogens wäre nur in der Weise denkbar, wie er von Arthus
und Pagès durchgeführt wurde. Diese haben gefunden, dass, wenn
man die Magenschleimhaut mit destillirtem Wasser macerirt, die
Flüssigkeit keine Caseification hervorruft, dass diese aber eintritt,
wenn die Extraction mit 1—2 $\%$ Salzsäure vorgenommen wurde.
Zusatz frischer Frauenmilch zur frischen Kuhmilch verzögert das
Zustandekommen der Caseification und bewirkt, dass die Abscheidung
nicht als festes Coagulum, sondern in Form lockerer Gerinnsel zu
Stande kommt. Diese Eigenschaft der Frauenmilch wird durch
Kochen aufgehoben.   Andreasch.

189. G. Hoppe-Seyler: Zur Kenntniss der Magengährung
mit besonderer Berücksichtigung der Magengase [1]. Mit Hilfe
eines eigenen, im Originale abgebildeten Apparates hat H. bei verschiedenen Magenkranken die im Magen vorfindlichen Gase aufgesammelt und analysirt. In 13 von 22 untersuchten Fällen von
Magendilatation wurde ein aus Kohlensäure und Wasserstoff zusammen-
gesetztes Gasgemenge im Magen gebildet; dasselbe ist brennbar.
Diese Wasserstoffentwicklung beruht auf Buttersäuregährung und
findet noch statt, wenn auch der flüssige Inhalt einen Gehalt von
0,2 $\%$ Salzsäure besitzt. Bei Abwesenheit von freier Salzsäure war
gewöhnlich eine grössere Kohlensäuremenge in dem Gase vorhanden.
Die meisten im Magen gefundenen Hefearten (Rosahefen) führen zu
keiner deutlichen Gasbildung. Oft enthält der Magen nur ver-
schluckte Luft, der ein Theil des Sauerstoffs entzogen und etwas
Kohlensäure beigemengt ist.   Andreasch.

190. Franz Kuhn: Ueber Hefegährung und Bildung brennbarer
Gase im menschlichen Magen [2]). Die Resultate der Arbeit lassen

---

[1]) Deutsch. Arch. f. klin. Medic. **50**, 82—100. — [2]) Zeitschr. f. klin.
Medic. **21**, 572—606; auch deutsche medic. Wochenschr. 1892, **Nr. 49** u. 50.

sich in folgende Sätze zusammenfassen: 1. Unter den abnormen Gährungsproducten im menschlichen Magen gewinnt neben Milchsäure, Buttersäure etc. auch die Bildung von Gasen als diagnostisches Mittel eine Stellung. Die Gase bestehen aus Kohlensäure, Stickstoff, Sauerstoff, Wasserstoff und Sumpfgas. 2. Die Bildung von Gasen ist ein Zeichen hochgradiger Stagnation, findet sich demnach nur bei starker mechanischer Insufficienz. 3. Die Gasbildung überhaupt, wie namentlich die Bildung brennbarer Gase, ist nicht als eine besondere Seltenheit anzusehen. 4. Die Gasbildung ist sehr gut ausserhalb des Körpers im Gährkölbchen festzustellen. 5. Die Entwicklung der Pilze, welche Ursache der Gasbildung sind, geht im Magensaft trotz dem Vorhandensein von Salzsäure vor sich, selbst wenn letztere über die Norm vermehrt ist. 6. Die Gasbildung steht in innigem Zusammenhange mit dem Vorhandensein von Hefepilzen im Magen, daneben wirken aber wahrscheinlich noch andere Pilze mit. 7. Die Gasbildung ist jedenfalls auch im Stande, die Ectasie sehr wesentlich zu vermehren (aus 1 Liter Mageninhalt wurden in einigen Stunden 4 Liter Gas erhalten.) 8. Die Gasbildung kommt gerne bei Krankheiten vor, bei welchen die Salzsäure nicht vermindert, sondern vermehrt ist; namentlich scheint sie gerne bei Fällen von Hypersecretio continua vorzukommen. — Von Mitteln, welche zur Unterdrückung der Gasbildung in Betracht kommen können, wurden untersucht: Borsäure, in den möglichen Concentrationen ohne Wirkung, Carbolsäure und Kreosot verhindern in Lösungen von 1:1000 die Gasbildung nicht ganz, Aqua chlori hemmt erst in $10^c/_0$ Lösung, Salicylsäure und Saccharin entfalten eine starke desinficirende Kraft, erstere schon bei einer Verdünnung von $0,0005^0/_0$, letzteres bei $0,05^0/_0$. Andreasch.

191. I. Boas: Ueber das Vorkommen von Schwefelwasserstoff im Magen [1]). B. hat in 6 Krankheitsfällen von Ectasie das Auftreten von Schwefelwasserstoff im Mageninhalte constatirt; in einem Falle wurde dessen Menge zu $0,000417^0/_0$ bestimmt. Gleichzeitig war der Urin stets reich an Indican, aber frei von Schwefelwasserstoff. Jedenfalls hat man es hier mit einer bacteriellen Zer-

---

[1]) Deutsche medic. Wochenschr. 1892, Nr. 49, pag. 1110—1112.

setzung des Eiweisses zu thun. Da in jedem Falle Salzsäure nachgewiesen werden konnte, so gäbt daraus hervor, dass die Zersetzung
der Eiweisskörper nicht immer an das Vorhandensein einer alkalischen
Reaction geknüpft ist. Verf. stellt die Sätze auf, dass 1. die Gegenwart freier Salzsäure in reichlicher Menge weder das Auftreten von
Kohlehydratvergährung, noch das von Eiweisszersetzung zu verhindern vermag; 2. trotz Fehlens freier oder auch gebundener Salzsäure Kohlehydratgährung bezw. Eiweisszerfall durchaus fehlen kann;
3. die wichtigste Bedingung für das Auftreten der genannten Gährungs-
prozesse die Stagnation des Mageninhaltes darstellt. — Die Einführung von schwefelsauren Alkalien (Carlsbader- oder Marienbader-
wasser) könnte mitunter eine Bedingung zur Bildung von Schwefelwasserstoff abgeben; mindestens wurde dieser nachgewiesen, als man
zu in Gährung begriffenen Mageninhalten Natriumsulfat zusetzte und
die Michung in den Wärmeschrank brachte. Andreasch.

**192. Th. Rosenheim: Ueber das Vorkommen von Ammoniak
im Mageninhalt[1]).** Der frisch durch die Sonde entleerte Mageninhalt wurde filtrirt, nach der Neutralisation mit etwas Essigsäure und
conc. Tanninlösung enteiweisst, und das klare Filtrat zur Ammoniakbestimmung nach Schlösing verwendet. Dabei zeigte sich, dass in
den Magensäften Gesunder in allen Phasen der Verdauung und nach
Einnahme der verschiedensten Nahrungsmittel grössere Menge von
Ammoniak, meist $0,1-0,15\,^0/_{00}$, vorhanden waren. In diesen Grenzen
schwankten auch die Werthe bei Magenkrankheiten, wurden aber gelegentlich auch höher gefunden. In salzsäurehaltigen Magensäften
ist dementsprechend mehr als doppelt so viel ($NH_3 : HCl = 17 : 36,5$)
Salzsäure durch Ammoniak gebunden; die so neutralisirten Salzsäure-
mengen betragen durchschnittlich mindestens $10\,^0/_0$ der im Filtrate
nachweisbaren Gesammtmenge. Wahrscheinlich entstammt das Ammoniak
direct dem Drüsensecrete, es kann aber auch durch Eiweisszer-
setzungen entstehen. — Salzsäurebestimmungen, die darauf beruhen.
dass man das Gesammtchlor und das an anorganische Basen gebundene feststellt, geben daher keine vollkommen genauen Resultate.
Dies trifft das Verfahren von Hayem und Winter, sowie auch
das von Martius und Lüttke. Andreasch.

---

[1]) Centralbl. f. klin. Med. **18**, No. 39, pag. 817—819.

193. E. Salkowski: Ueber die Bindung der Salzsäure durch Amidosäuren [1]). Durch die Angaben: von **Th. Rosenheim** und **F. A. Hoffmann** [J. Th. **21**, 204 und 221] über die Wirkung der Amidosäuren auf die Verdauung angeregt, hat S. diese Frage näher studirt. Nach den Versuchen ist es nicht mehr gestattet zu sagen, dass die Gegenwart von Amidosäuren bedeutungslos ist, ebenso unrichtig wäre es aber auch, ganz allgemein auszudrücken, dass die Amidosäuren Salzsäure binden und die Verdauung stören, da sie dies nur unter bestimmten Verhältnissen thun. Der Sachverhalt ist folgender: Die Amidosäuren (Leucin, Glycocoll) sind unter günstigen Verhältnissen bei Anwendung von Fibrin in nicht zu grosser Quantität ohne Einfluss auf die Pepsinverdauung, also auf die Salzsäure, selbst dann, wenn die Verdauungszeit bis auf wenige Stunden abgekürzt wird, sie können aber einen verzögernden Einfluss ausüben, also Salzsäure binden, wenn bei gleichzeitiger Abkürzung der Verdauungszeit die Quantität des Fibrins soweit gesteigert wird, dass auf 100 Grm. Verdauungsflüssigkeit etwa 3 Grm. trockenes Fibrin kommen oder wenn ein schwerer verdaulicher Eiweisskörper, wie Hühnereiweiss, angewendet wird. Die Störung hält sich stets in mässigen Grenzen, sodass vom Fibrin mehr als $^9/_{10}$, bei Anwendung von Hühnereiweiss mehr als $^2/_3$ des normalen verdaut werden. Die Quantität des Verdauungssubstrates im Verhältniss zur Verdauungsflüssigkeit ist ein neues Moment, das bei weiteren Versuchen über störende Einflüsse stets berücksichtigt werden muss. Andreasch.

194. A. Mizerski und L. Nencki: Die Bestimmung der freien Salzsäure im Mageninhalte [2]). M. u. N. geben zwei Methoden zur Bestimmung der freien Salzsäure an. 1. Eine bestimmte Menge des Mageninhaltes (5 CC.) wird mit überschüssigem Normal-Na_2CO_3 neutralisirt, dann verdampft und verkohlt, um die Salze der organischen Säure in Na_2CO_3 überzuführen. Der Rückstand, welcher KCl, NaCl, Na_2CO_3, $Mg_3(PO_4)_2$, $Ca_3(PO_4)_2$ enthält, wird in überschüssiger $^1/_{10}$ N.-HCl gelöst; der nicht neutralisirte Theil der Salzsäure wird durch $^1/_{10}$ N.-NaOH bestimmt. Die Berechnung der freien HCl wird nach folgen-

---

[1]) Virchow's Arch. **127**, 501—518. — [2]) Gazeta Lekarska. Nr. 33, pag. 614, 1891.

der Formel ausgeführt: $Z = R \times 0,00365$; $R = A - B$, wo A die zuerst in CC. bestimmte Menge der $Na_2 CO_3$-Lösung, auf $^1/_{10}$ N.-HCl berechnet, B die Menge des $Na_2 CO_3$, welches sich im Rückstande nach Verdampfung des Mageninhaltes findet und durch $^1/_{10}$ N.-HCl bestimmt wird, bezeichnet. 2. Das zweite Verfahren beruht auf Bestimmung des Chlors durch $^1/_{10}$ N.-$AgNO_3$; erstens im durch $^1/_{10}$ N.-NaOH neutralisirten Mageninhalte und zweitens im Mageninhalte, in welchem die HCl nach dem Verdampfen entwichen ist. Die Differenz der verbrauchten CC. $^1/_{10}$N.-$AgNO_3$ entspricht der Menge der freien HCl.   ·   **Pruszyński.**

195. A. Mizerski und L. Nencki: Kritische Uebersicht der Methoden zur Bestimmung des Salzsäuregehalts im Magensafte[1]**).** Verff. haben sich zur Aufgabe gestellt, drei Methoden, welche vorzugsweise in der klinischen Praxis angewandt werden, zu prüfen, nämlich: 1. die Sjöqvist'sche Bariummethode, 2. die Seemann-Braun'sche und 3. die Prout-Winter'sche chlorometrische. Ad 1: die Sjöqvist'sche Methode kann, auf Grund der Versuche, welche von Dmochowski im Laboratorium L. Nencki's angestellt worden sind, nur bei gelinder Verkohlung des Mageninhaltes mit $BaCO_3$ zur Anwendung kommen. — Ad 2: die alkalimetrische Methode betrachten die Verff. als eine einfachere und zur klinischen Praxis geeignetere. Bei den vergleichenden Versuchen mit der Methode Seemann's und mit der von den Verff. angeführten chlorometrischen Methode stimmten die erhaltenen Zahlen überein; in einigen Fällen aber ergab die alkalimetrische Methode höhere Zahlen (von 0,006—0,012 auf 100 Mageninhalt), was gewöhnlich stattfindet bei den Magensäften mit verhältnissmässig grossem $SO_4 H_2$-Gehalt, welche Säure aus dem Schwefel der Eiweisskörpern während des Glühens entsteht; dieser Fehler lässt sich jedoch beseitigen durch Fällung des Eiweisses und des Peptons aus dem alkalisirten Safte mit Tannin. Nach Abfiltriren und Abwaschen des Niederschlages wird das Filtrat wie die primäre Lösung behandelt. Zur Bestimmung der Acidität des Magensaftes empfehlen Verff. das Phenol-

---

[1]) Gazeta Lekarska, 1892. No. 17, 18, pag. 357, 384 u. Arch. d. soc. biol. (l'Institut de méd. exp. à St. Petersburg) **1**, 235—257.

phtaleïn. Was die Bedeutung der latenten HCl betrifft, so haben die durchgeführten Untersuchungen ergeben, dass 100 Th. Pepton mit 16 Th. HCl sich verbinden. Diese Verbindung ist constant und unterliegt nicht einer Dissociation, d. h. zerlegt sich nicht bei dem Verdampfen bei 100°; die entsprechenden Versuche mit HBr ergaben, dass 1 Th. Pepton sich wenigstens mit 2 Th. HBr verbindet. Die mit dem Pepton im Verhältniss von 16:100 verbundene HCl zeigt alle Eigenschaften der freien HCl; sie lässt sich mit der Lauge acidimetrisch bestimmen und giebt alle für freie HCl charakteristischen Reactionen (Congo, Methylviolett, Günzburg's Reagens etc.), verliert jedoch diese Eigenschaften in dem Maasse als Pepton zum Saft hinzugesetzt wird. — Ad 3: Auf Grund der mit künstlichem Safte mit der Methode Prout-Winter's und der alkalimetrischen angestellten Untersuchungen kommen die Verff. zu der Ueberzeugung, dass die alkalimetrische Methode am meisten der Aufgabe entspreche, denn 1. giebt diese Methode die Möglichkeit der Bestimmung aller Bestandtheile des Mageninhaltes und somit giebt sie ein klares Bild des Magenmechanismus, und 2. ist sie einfach, genau und leicht anzustellen. — Angesichts der Thatsache, dass die Verbindungen der HCl mit organischen Körpern als Hauptproduct der Verdauung von Eiweisskörpern erscheinen und gewissermaassen die Peptonisationsfähigkeit des Magens anzeigen, erachten die Verff. alle Methoden, welche sich auf die ausschliessliche Bestimmung von freier HCl beschränken, als ungenügend um so mehr, da alle mit Ausnahme der Hoffmann'schen und Jolles'schen Methoden auf dem falschen Grundsatze der acidimetrischen Bestimmung mit Hülfe der Farbstoffreagentien beruhen. Es ist bekannt, dass die Anwesenheit von Milch, Zucker, Stärke, Dextrin, Eiweiss, Pepton in gewissem Ueberschusse theilweise oder ganz das Auftreten der charakteristischen Reaction hemmt. Pruszyński.

196. E. Biernacki: Ueber den Werth von einigen neueren Methoden der Mageninhaltsuntersuchung, insbesondere über das chlorometrische Verfahren von Winter-Hayem[1]**).** B. beweist in der vorliegenden Abhandlung, dass die Winter-Hayem'sche Me-

---

[1]) Centralbl. f. klin. Medic. **13**, 409—416.

thode [J. Th. **21**, 223] ganz falsche Resultate liefert betreffs der
ganzen Salzsäuremenge im Magensafte. Die Quantität der c h e m i s c h
f r e i e n Salzsäure bestimmt man nach diesem Verfahren sehr genau
und entsprechen die erhaltenen Werthe den Resultaten mit Phloroglucin-Vanillin, Resorcin-Zucker etc. Da aber die quantitative Bestimmung der chemisch freien Salzsäure im Mageninhalte für klinische
Zwecke eigentlich bedeutungslos ist, so kann der W i n t e r - H a y em'schen
Methode nur eine sehr beschränkte Anwendung zugestanden werden.
Analysirt man Gemische, die aus bekannten Mengen Salzsäure, Milchsäure, Essigsäure, Pepton und Chlormetallen hergestellt wurden, so
erhält man genau die Salzsäurewerthe, die zum Versuche genommen
worden sind, wie Verf. durch eigene Versuche nachweist. Tabellarisch
mitgetheilte Versuche mit dem Mageninhalte von Kranken zeigen.
dass die in Frage stehende Methode viel grössere Werthe für die
Gesammtquantität an Salzsäure gibt, als nach dem Sjöqvist-
J a k s c h'schen und L e o'schen Verfahren erhalten werden, weiter
aber, was entscheidend ist, dass die Methode s e h r o f t
h ö h e r e Salzsäure- als A c i d i t ä t s w e r t h e in d e m s e l b e n
M a g e n i n h a l t nachweist. Da letztere bedingt sind durch die A n-
w e s e n h e i t der f r e i e n und g e b u n d e n e n Salzsäure, der
Milch- und Fettsäuren und der Phosphate, so kann es bei richtiger
Methode nie vorkommen, dass man höhere Salzsäure- als Acidi-
tätswerthe erhält. Nach W i n t e r - H a y e m soll auch die an
Ammoniak gebundene Salzsäure durch ihre Methode gefunden werden·
was aber von geringem Einflusse sein kann, da Chlorammonium im
Mageninhalte nur in sehr geringer Menge oder gar nicht vorkommt.
Der wichtigste Fehler der Methode ist nach B. der, dass dieselbe
die A n w e s e n h e i t der s a u r e n P h o s p h a t e g a r n i c h t be-
r ü c k s i c h t i g t. Setzt man einer salzsäurehaltigen Flüssigkeit
Na_2HPO_4 zu, so entstehen saure Phosphate, wobei die Salzsäure-
quantität ab, die der Chlorsalze dagegen zunehmen muss. Daher
giebt die Sjöqvist-J a k s c h'sche `und die L e o'sche Methode
desto weniger Salzsäure in künstlichen Gemischen, je mehr Phosphat
zugesetzt worden war. Dagegen wurde bei dem Verfahren W i n t e r'ᵉ
keine derartige Schwankung wahrgenommen, auch wurde keine Zunahme des »fixen Chlors« gefunden. (Tabelle im Originale). Die

Fehlerquelle der Winter'schen Methode liegt darin, dass dabei die Chlorsalze bei saurer Reaction bestimmt werden. Zur Bestimmung darf aber nur eine alkalische Flüssigkeit verdampft werden, sonst geht ein gewisser Theil von Chlor unter dem Einflusse von sauren Phosphaten und anderen beim Verkohlen entstehenden sauren Producten, die aus den Chlorsalzen bei der Veraschung Salzsäure austreiben, verloren. Dementsprechend lässt das Winter-Hayem'sche Verfahren weniger „fixes" Chlor im Mageninhalte finden, als thatsächlich vorkommt, anderseits wird dadurch mehr Salzsäure erwiesen, denn die ganze Salzsäuremenge wird durch Subtraction der Chloride vom Gesammtchlor erhalten. Auf Grund seiner Erfahrungen empfiehlt Verf. für klinische Zwecke besonders das Leo'sche Verfahren, welches weniger zeitraubend ist als das von Sjöqvist-Jaksch und gleich gute Resultate ergibt.

Andreasch.

197. Langermann: Ueber die quantitative Salzsäurebestimmung im Mageninhalt[1]). Nach L. hat man bei Magensaftuntersuchungen vor Allem die Gesammtsalzsäure und dann die an Eiweisskörper gebundene resp. die freie Säure zu bestimmen. Von den bisherigen Methoden geht ein Theil nur auf die Bestimmung der freien Salzsäure allein, ein Theil wieder auf die der Gesammtsalzsäure hinaus; erst die Methode von Hayem-Winter [J. Th. **21**, 223] giebt einen genauen Einblick in alle einzelnen Componenten. Verf. hat in einer langen Reihe von Versuchen an natürlichen Magensäften sowie an künstlichen Gemischen die Methoden von Hayem-Winter, von Lüttke [J. Th. **21**, 218] zur Bestimmung der Gesammtsalzsäure, von Mintz [J. Th. **19**, 225 und **21**, 223], von Cahn-v. Mering und von Leo einem vergleichendem Studium unterworfen. Bei der Hayem-Winter'schen Methode erhielt Verf. mitunter Resultate, die mit der qualitativen Prüfung nicht übereinstimmten, öfter war sogar bei vorhandener freier Salzsäure „Chlore fixe" grösser als „Chlore totale", was aber Verf. einem Versuchsfehler zuschreibt. [Vergl. die Einwürfe von E. Biernacki gegen diese Methode, vorstehendes Referat. Ref.] Auch mit der Cahn-

---

[1]) Virchow's Arch. **128**, 408—444.

v. Mering'schen, sowie der Leo'schen Methode wurde mitunter Uebereinstimmung nicht erzielt. Im Ganzen kommt Verf. zu dem Endresultate, dass die Hayem-Winter'sche Methode an und für sich ganz brauchbare Resultate liefert, da Controlbestimmungen unter einander gut übereinstimmen; aber im Vergleiche mit den anderen Methoden treten häufig bedeutende Differenzen auf, worüber Näheres im Originale. Für die Praxis könne nur das Verfahren von Mintz in Betracht kommen, da die anderen Methoden zu complicirt oder zu ungenau seien, für wissenschaftliche Studien sei aber nur das Hayem-Winter'sche Verfahren geeignet. — Verf. führt weiter einen Vorschlag von Biedert an. Da wo freie Salzsäure vorhanden ist, kann man die freie und gebundene Salzsäure nach Leo oder Sjöqvist und die freie allein nach Mintz bestimmen; die Differenz beider Werthe gibt über die Grösse der gebundenen Säure Aufschluss. Für die Praxis dürfte es mitunter genügen, bei fehlender freier Salzsäure die Menge der Salzsäure zu ermitteln, die noch bis zur Sättigung des Magensaftes fehlt. Man titrirt den Magensaft soweit mit 0,1-Normalsalzsäure, bis eben die Phloroglucinvanillinreaction eintritt und hat dann nach Abzug von 1 CC. Decinormalsalzsäure für 100 CC. Magensaft die Menge der dem Saft fehlenden combinirten Salzsäure. Da nach dem Ewald'schen Probefrühstück nach 50 Minuten etwa 0,135°/$_0$ HCl vorhanden sind, so kann man durch Abzug des gefundenen Deficits die gebundene Salzsäure annähernd bestimmen. Andreasch.

198. A. Kossler: **Beiträge zur Methodik der quantitativen Salzsäurebestimmung im Mageninhalt**[1]). Verf. hat die jetzt üblichen Methoden der Salzsäurebestimmung im Mageninhalte einem vergleichenden Studium unterworfen, auf Grund dessen er zu folgenden Schlüssen kommt: 1. Die Methode der quantitativen Salzsäurebestimmung von Hoffmann [J. Th. **19**, 256 und **21**, 219] ermöglicht nur die Bestimmung der freien Salzsäure und gibt hierbei, sowohl in der zuerst angegebenen Ausführungsweise mit Rohrzucker als auch in der späteren Modification mit Methylacetat sehr exacte Resultate; hingegen gibt sie keinen Aufschluss über die Menge der

---

[1]) Zeitschr. f. physiol. Chemie **17**, 91—116.

an Eiweiss gebundenen Säure. K. befindet sich in diesem Punkte im Gegensatze zu Hoffmann, der nur die wirklich freie Salzsäure für physiologisch wirksam hält. 2. Die Methode von Winter [J. Th. **21**, 223] kann für die Summe der freien und der organische Bestandtheile gebundenen Salzsäure zu hohe Werthe geben; als hauptsächlichste Quelle dieses Fehlers ist der Umstand zu betrachten, dass beim Abdampfen und Veraschen einer Flüssigkeit, welche zweifach saures Phosphat und Chloride der alkalischen Erden enthält, Salzsäure entweicht; die Menge des an Mineralbestandtheile gebundenen Chlors wird zu klein gefunden. Da nun bei der Methode von Winter die Menge der Salzsäure aus der Differenz der gesammten, und der an Metall gebundenen Chlormenge ermittelt wird, so muss der Werth für die freie Salzsäure zu hoch ausfallen. 3. Die Methode von Braun [Leube, specielle Diagnostik der inneren Krankheiten 2. Aufl. 1889, pag. 234] liefert für die Salzsäure zu hohe Werthe, da in der für die Salzsäure ermittelten Aciditätsgrösse zugleich die Acidität des zweifach sauren Phosphats inbegriffen ist. 4. Dagegen ermöglicht es die Methode von Leo [J. Th. **19**, 248], die Menge der physiologisch wirksamen Salzsäure neben zweifach saurem Phosphat mit für klinische Zwecke befriedigender Genauigkeit festzustellen; organische Säuren müssen, falls vorhanden, entfernt werden, was am vortheilhaftesten durch Extraction mit Aether geschieht. 5. Die quantitative Bestimmung der Salzsäure nach Sjöqvist ist bei Gegenwart von Phosphaten mit unvermeidlichen Verlusten an Salzsäure verbunden. es ist daher bei Gegenwart von Phosphorsäure von der Anwendung dieser Methode Abstand zu nehmen.   Andreasch.

199. v. Mierzynski: Ueber die Bedeutung der Günzburgschen Probe auf freie Salzsäure[1]). Bei der Untersuchung von Mageninhalt kommen oft Fälle vor, wo mit Methylviolett, Tropäolin, Congoroth etc. der Nachweis freier Salzsäure nicht gelingt, während die Proben von Günzburg und Boas ein positives Resultat ergeben. Verf. hatte sich gelegentlich anderer Versuche eine chlorfreie, freie Phosphorsäure enthaltende Lösung von Calciumphosphat dargestellt. Es wurde verdünnte Phosphorsäure tropfenweise mit Kalkwasser versetzt, wobei die Flüssigkeit anfangs

---

[1]) Centralbl. f. klin. Medic. **18**, 433—434.

klar blieb in Folge der Bildung von löslichem einbasischem Calciumphosphat: $2H_3PO_4 + Ca(OH)_2 = Ca(H_2PO_4)_2 + 2H_2O$. Weiterer Zusatz von Kalkwasser bewirkt Niederschlag unter Bildung von zweibasischem Phosphat: $Ca(H_2PO_4)_2 + Ca(OH)_2 = 2CaHPO_4 + 2H_2O$. Hier kann freie Phosphorsäure nicht mehr vorhanden sein, da sonst das zweibasische Salz sich nicht bilden würde. Das $Ca(H_2PO_4)_2$ enthaltende Filtrat röthet Lakmus, verändert Congoroth, Methylviolett, Tropäolin und Methylorange nicht, liefert aber mit Phloroglucin-Vanillin oder Resorcinzucker die characteristischen Spiegel. — Diese Thatsache erklärt die oben berührten Fälle, wo die Proben von Günzburg und Boas ein positives Resultat geben; dadurch wird die diagnostische Bedeutung dieser Proben einigermaassen eingeschränkt, da saure Phosphate einen häufigen Bestandtheil des Mageninhaltes bilden.

Andreasch.

200. **Z. v. Mierzynski**: **Ueber die Bestimmung der Salzsäure im Mageninhalt**[1]). Verf. weist nach, - dass für die Bestimmung. der Gesammtacidität im Mageninhalt sich ausschliesslich Phenolphthaleïn als Indicator eignet, welches Reagens organische Säuren und saure Salze anzeigt. Was die Salzsäurebestimmung anbetrifft, so hält der Verf. das Verfahren nach Seemann [J. Th. **12**, 248] für das einfachste, dabei ist aber Methylorange als Indicator anzuwenden, weil es blos die Säuren, nicht aber die sauren Salze anzeigt. Wird nach Bestimmung der Salzsäure derselbe Mageninhalt mit Phenolphtaleïn titrirt, dann gibt die angewendete Anzahl der CC. der Natronlauge die Menge der sauren Phosphate an, im Sinne der Gleichung: $MgH_4P_2O_8 + 2MgCl_2 + 4NaOH = Mg_3P_2O_8 + 4NaCl + 4H_2O$. Auf die Weise lassen sich in derselben Probe Salzsäure (Methylorange) und die sauren Phosphate (Phenolphtaleïn) bestimmen.

Pruszyński.

201. **B. Tschlenoff**: **Zur quantitativen Bestimmung der freien Salz- und Milchsäure für practische Zwecke**[2]). Zunächst wird der filtrirte Mageninhalt mit Congopapier geprüft. Ist die Färbung azurblau, so ist freie Salzsäure sicher vorhanden; es werden dann 5—10 CC. Mageninhalt mit 0.1-Normalnatron so lange titrirt, bis die Günzburg'sche Reaction negativ ausfällt. Bei einiger Uebung wird man aus der Intensität der Blaufärbung sowie der gefärbten Ringe bei der Phloroglucinvanillinreaction annähernd die Grenze der freien Salzsäure treffen, ohne viele Proben machen

---

[1]) Gazeta Lekarska. 1892, No. 42, pag. 885. — [2]) Correspondenzbl. f. Schweizer Aerzte **22**, 108—112.

zu müssen. T. nimmt diejenige Zahl der CC. an, bei welcher die Reaction zuerst ausgeblieben ist, wodurch sich, wie näher ausgeführt wird, derselbe Werth ergibt, den Mintz der Berechnung zu Grunde legt [J. Th. **19**, 255]. Hat man so die freie Salzsäure quantitativ bestimmt, und prüft man wieder mit Congopapier, so erhält man oft eine schwächere Blaufärbung, welche nach Verf. nur von Milchsäure herrühren kann. [Siehe folgendes Referat.] Man titrirt also weiter mit der Natronlauge, indem man von Zeit zu Zeit ein kleines Streifchen Congopapier eintaucht. Auf diese Weise erhält man die Menge der Milchsäure. ˙Specielle Versuche haben ergeben, dass im Magensafte, wenn beim Titriren die Congoreaction zuerst ausbleibt, noch 0.6—0,5 °/₀₀ freier Milchsäure sich vorfinden. Uffelmann's Reagens zeigte Milchsäure noch bei 0,2—0,3°/₀₀, Lakmus bei 0,5—0,6, Congoroth erst bei 0,7°/₀₀ an. — Hat man die freie Milchsäure quantitativ bestimmt, so titrirt man weiter, entweder mit Phenolphtaleïn oder mit Lakmus: doch muss in jedem Falle der Indicator angegeben werden, da die Werthe sonst um 8—10°/₀ differiren können. Hat man die Gesammtacidität, so ergibt die Differenz mit dem für Milchsäure gefundenem Werthe, die Gesammtacidität der Salzsäure, aus der sich leicht die Menge der gebundenen Salzsäure finden lässt. Nach T. findet sich die Milchsäure viel häufiger und auch in grösseren Mengen im Mageninhalte, selbst bei schwacher Hyperacidität, als man bisher angenommen hat.　　　　　Andreasch.

202. **B. Tschlenoff: Zur Bestimmung der freien und gebundenen Salzsäure im Magensafte**[1]). Zur Bestimmung der freien Salzsäure im Magensafte ist vor Allem die Hayem-Winter'sche Methode geeignet, für die qualitative Farbstoffreaction haben wir besonders zwei Reagentien, das Günzburg'sche Reagenz und das ˙Congoroth, welche beide annähernd dieselbe Empfindlichkeit (0,036—0,02°/₀₀) zeigen. Verf. hat in vielen Magensäften die quantitative Bestimmung der freien Salzsäure mit diesen beiden Reagentien und zugleich nach der Winter'schen Methode ausgeführt, aber durchaus keine übereinstimmenden Resultate erhalten. Es wurden nun Versuche mit einer Lösung von Eiweiss (10°/₀) angestellt. Als zu 5 CC. dieser Lösung 2 CC. einer ¹/₁₀-Normalsalzsäure gefügt wurden, zeigte sich deutliche Blaufärbung mit Congo. ebenso war die Phloroglucinvanillinreaction sehr deutlich. Beim Zurücktitriren mit Lauge ergab sich, dass die Günzburg'sche Reaction nicht mehr eintrat bei Zusatz von 1 CC. Lauge, während die Blaufärbung noch bei Zusatz von 1,5—1,6 Lauge erkennbar war. Es zeigte mithin Congo viel weniger an Eiweiss gebundene und dementsprechend mehr freie Salzsäure an. Verf. hat diesen Unterschied früher auf Milchsäure bezogen [vorst. Referat], was jetzt als nicht richtig erkannt wird. Als in 5 CC. der Eiweisslösung + 2 CC. ¹/₁₀·

---

[1]) Correspondenzbl. f. Schweizer Aerzte **22**, 735—739.

Normalsalzsäure die Bestimmung der freien und gebundenen Salzsäure vorgenommen wurde, ergab sich folgendes Resultat:

	geb. H Cl.	freie H Cl.
Congo	0,5	1,5
Günzburg . . .	1,0	1,0
Winter	1,3	0,7

Aus einem angestellten Verdauungsversuche schliesst nun Verf., dass die
Congoreaction zu hohe Werthe anzeigt für freie Salzsäure, indem eine
Mischung, welche nach dieser Reaction noch 0,5 CC. freie Salzsäure enthalten
sollte, keine Verdauung von Fibrin bewirkte. Die Günzburg'sche Reaction
zeigt bei positivem Ausfall stets auch physiologisch wirksame, freie Salzsäure an. Die Methode von Winter gibt stets etwas kleinere Werthe als
die letztere.   Andreasch.

**203. Buzdygan und Gluzinski: Beitrag zur Microscopie
des Mageninhaltes[1]).** Auf Grund einiger Hundert microscopischer
Untersuchungen des Mageninhaltes, behaupten B. und G., dass schon
aus dem microscopischen Bilde das Fehlen oder die Gegenwart der
HCl erkannt werden kann. Bei Vorhandensein der HCl finden sich
in dem Präparat neben den Speiseresten, ausser den von Jaworski
beschriebenen Körnchen, Schleim- und Exsudat-Körperchen noch
Epithelzellen in verschiedenen Degenerationsstadien. Die Menge der
Körnchen, die sich von den Exsudatkörperchen bei Gegenwart von
HCl befreien, hat keinen diagnostischen Werth, da diese Körnchen
von den Zellen der Respirationsorgane, wie der Mundhöhle herstammen können. Nebst den Plattenepithelien (aus der Mundhöhle)
und cylindrischen (von der Magenschleimhaut) constatirt man fast
in jedem Mageninhalt die Gegenwart von rundlichen Zellen wie
auch vieleckigen, deren Protoplasma nicht sichtbar ist, oder nur
granulirt erscheint. In Gegenwart von HCl werden diese Gebilde
schon nach einigen Minuten modificirt: die granulirten Zellen verwandeln sich in homogene. Der Kern, der anfangs in der Mitte
steht, wird randständig und endlich vollkommen frei. Bei Fehlen
nun der HCl sieht man in diesen Zellen ein dunkelgranulirtes
Protoplasma. Die oben beschriebenen Elemente sind nach Behauptung
der Verff. pepsinogene Zellen (Hauptzellen.)   Pruszyński.

---

[1]) Przegląd Lekarski, 1891, No. 49, S. 613.

204. F. Blum: Ueber die Salzsäurebindung bei künstlicher Verdauung [1]). In einer Reihe künstlicher Verdauungsversuche wurde constatirt: 1. Dass Salzsäure von Fibrin, sowie von Propepton und Pepton gebunden wird. 2. Dass die Festigkeit der Bindung von den Anfangsproducten zu den Endproducten der Verdauung hinwächst. 3. Dass die Endproducte (Peptone) mehr von vorhandener freier Salzsäure binden, als die Durchgangsformen, Acidalbumin + Propepton. Auch wenn keine freie Mineralsäure vorhanden ist, sondern nur Säurealbumine, hört der Verdauungsprocess nicht auf. 4. Bezüglich der Menge der gebundenen Salzsäure wurde gefunden, dass 100 Grm. trockenes Fibrin eine Acidität verbrauchen, welche 2500 CC. 0,1-Normallauge entspricht; dies wären etwa 9100 CC. Salzsäure von $1^0/_{00}$. Ein Frühstück von 170 Grm. sehnenfreiem Fleische (= 40—45 Grm. Trockengewicht) würden 3 L. $1^1/_4{}^0/_{00}$ Salzsäure aufbrauchen. Für einen täglichen Eiweissbedarf von 100 Grm. würden zur Magenverdauung gut 4,5 L. Salzsäure von $2^0/_{00}$ täglich nothwendig sein. 5. Salzsäure allein bringt das Fibrin zur Quellung und langsamen Auflösung unter Bildung von Acidalbumin und Propepton; das Ferment (Pepsin) allein bleibt auf neutrale Propeptonlösung ohne Einwirkung. Fehlt nur die f r e i e Salzsäure, so vermag Pepsin aus den intermediären Producten Pepton zu bilden.

Andreasch.

205. L. Sansoni: Beitrag zur Kenntniss des Verhaltens der Salzsäure zu den Eiweisskörpern in Bezug auf die chemische Untersuchung des Magensaftes [2]). Den Eiweisskörper des Magensaftes kommt bekanntlich die Eigenschaft zu, einen Theil der vorhandenen Salzsäure zu binden. Ueber diese sauren Combinationen weiss man folgendes: 1. In den der Dialyse unterworfenen Magensäften oder Gemischen von Salzsäure und Eiweissstoffen dialysirt die Salzsäure nicht so gut und so schnell, wie in den einfach wässrigen Salzsäurelösungen. 2. Das Gleiche geschieht bei der Destillation: die Salzsäure der Magensäfte oder der Gemische von Salzsäure und Eiweissstoffen geht erst am Ende der Operation in's Destillat über,

---

[1]) Zeitschr. f. klin. Medic. **21**, 558—571. — [2]) Berliner klin. Wochenschr. 1893, No. 42 u. 43 pag. 1043 u. 1084.

während die der wässrigen Lösungen sogleich übergeht. — Die
eigenen Experimente des Verf.'s zeigen: 1. dass die wässrige Lösung
von Eiweiss aus dem Hühnerei die Eigenschaft hat, eine gewisse
Quantität Salzsäure zurückzuhalten oder zu verbergen. 2. Dass diese
Eigenschaft nicht nur von der Neutralisation einer geringen Menge
Salzsäure durch den Alkaligehalt der Eiweisslösung abhängt, sondern
dass sie mehr als alles Andere dem Eiweisse selbst innewohnt.
3. Dass ein Verhältniss besteht zwischen dem Verlust an Acidität
und der in den verwendeten Eiweisslösungen enthaltenen Stickstoffmenge, d. h. je concentrirter die Eiweisslösung ist, desto mehr Acidität wird verborgen. 4. Dass dieser Verlust an Acidität sowohl
bei der Phloroglucinvanillinmethode als bei Anwendung von Phenolphtaleïn sich bestätigt, besonders bei ersterem Reagens. 5. Dass
das im Handel vorkommende Pepton, sowie künstlich dargestelltes
nur bei der Phloroglucinmethode die Acidität der zugefügten Salzsäure verbirgt; es scheint, dass die geringe Menge Chlor, die das
Eiweiss aufnehmen kann, sich nach vollzogener Umwandlung des
Eiweisses in Pepton von demselben entbindet und in den Zustand
des sauren Chlors zurückgeht. 6. Dass in den Zwischengraden der
Peptonisation des Eieralbumins der Aciditätsverlust der Salzsäure im
Verhältniss steht zu der Dauer der künstlichen Verdauung und demnach zu der in Pepton umgewandelten Albuminmenge. 7. Dass in
den Gemischen von Albuminlösung und Salzsäure, auch wenn diese
letztere in so geringem Verhältniss vorhanden ist, das selbst bei
Hinzufügen von Pepsin und längerem Verbleiben im Thermostaten
bei 38° die Peptonisation gar nicht oder nur sehr langsam erfolgt,
die verborgene Acidität nicht wieder erlangt wird. 8. Dass auch
durch längeres Verweilen eines Gemisches von Albuminlösung und
Salzsäure, ohne Pepsin, bei 38° die verlorene Acidität nicht wieder
erlangt wird. Eine weitere Reihe von Versuchen ergab: 1. Die
Acidität von Salzsäure-Eiweissgemischen geht beim Trocknen bei
100—110° zum Theil oder ganz verloren. 2. Die zu Verlust
gehende Säuremenge hängt offenbar von dem Verhältnisse der Säure
zur Eiweissmenge ab; je grösser die Säuremenge ist, desto geringer
ist der Aciditätsverlust; in Gemischen mit sehr geringer Menge
Salzsäure und verhältnissmässig viel Eiweiss ist der Aciditätsverlust ein

vollständiger. 3. Die Acidität von Pepton-Salzsäuregemischen geht beim Eindampfen nicht verloren, wenn die Säuremenge nicht zu gross ist. 4. Die Acidität der Gemische von Salzsäure und in Pepton umgewandeltem Eiweiss geht theilweise verloren, wenn die Peptonisation eine vollständige ist, doch scheint kein constantes Verhältniss zwischen der verlorenen Acidität und der Peptonmenge zu bestehen. 5. Das in Säurealbumin umgewandelte Eiweiss verhält sich wie die einfachen Gemische von Salzsäure und Eiweisslösung. 6. Werden Gemische von Salzsäure und Eiweiss bei 100—110° zur Trockne verdampft, so kann bei nicht zu geringer Säuremenge Pepton gebildet werden. — Aus einer dritten Versuchsreihe werden folgende Schlüsse gezogen: 1. Die Gemische von Salzsäure und Eiweiss oder Salzsäure und Pepton verlieren in Folge längerer Einwirkung einer Temperatur von 100—110° (8—12 St.) bis zur vollständigen Eintrocknung von ihrem Chlor nichts. 2. Das Eieralbumin hält eine bedeutend geringere Menge Chlor zurück als das Pepton; etwas mehr als die Hälfte der Menge, die das im Handel vorkommende und etwas weniger als ein Drittel der Menge, die das aus Eiweiss künstlich bereitete Pepton zurückhält. 3. Es wird vom Eiweiss oder Pepton in Folge der Eindampfung zur Trockne die gesammte Menge Salzsäure zurückgehalten, wenn diese gering ist. 4. Die vom Eiweiss oder vom Pepton des Handels, aber besonders die vom Eiweiss zurückgehaltene Menge Salzsäure ist bei gleicher Eiweissmenge um so grösser, je mehr Salzsäure im Gemisch enthalten ist. 5. Die wiederholte Zufügung von destillirtem Wasser zu den Gemischen von Salzsäure und Eiweiss mit nachfolgender Eindampfung zur Trockne hat auf die bei der Eindampfung verloren gehende Chlormenge keinen Einfluss. — Entgegen der Meinung von Mizerski und L. Nencki [dieser Band pag. 272] ist Verf. nicht der Ansicht, dass es sich um Verbindungen mit constanten Gewichtsverhältnissen handle [vergl. Punkt 4]. Es kann diese Beobachtung aber auch so erklärt werden, dass durch eine grössere zugesetzte Säuremenge bei der Eintrocknung mehr Pepton entsteht und in diesem Falle also auch mehr Chlor fixirt bleibt. »Dies ist die Basis, welche klar und deutlich darthut, dass die Grundlage der Hayem-Winter'schen Methode zum Nachweise der freien Salzsäure des Magensaftes, ent-

gegen der Annahme von Mizerski und Nencki eine irrige ist.‹
Die Temperatur von 100—110° verändert die Mengenverhältnisse
der verschiedenen im Magensafte anwesenden Eiweisskörper und
dem entsprechend variirt die sich mit den Eiweisskörpern verbindende
und bei der Eindampfung entweichende Salzsäuremenge.

Andreasch.

206. J. Winter: **Der Magenchemismus im normalen und
pathologischen Zustande, nach den Untersuchungen von G. Hayem
und J. Winter**[1]). W. sucht die seiner Methode gemachten Einwürfe zu entkräftigen: 1. Vorhandene Phosphate können beim Veraschen auf die Chlorverbindungen einwirken und deren Bestimmung
beeinflussen. Dem gegenüber wird hervorgehoben, dass die Menge
der vorhandenen Phosphate nur sehr gering ist, 0,017 °/₀ P₂ O₅, die
Menge kann die Chloride nur um 0,008—0,009 °/₀ beeinflussen.
»Vergessen dürfen wir aber nicht, dass die im filtrirten Mageninhalte
befindlichen chemischen Substanzen schon reagirt haben, und desshalb das gegenwärtige chemische Gleichgewicht der Flüssigkeit schon
beständig ist.‹ Sie können aber wegen ihrer Geringfügigkeit vollständig vernachlässigt werden. 2. Organische Säuren verdrängen
beim Eindampfen mit Kochsalz niemals Salzsäure aus demselben.
3. Zur Trennung der freien Salzsäure von der organisch gebundenen
hat Verf. das Eindampfen auf dem Wasserbade gewählt, da es die
besten Resultate lieferte: a) geht beim Eindampfen Chlor verloren
(ist also freie Salzsäure vorhanden), so ist der Rückstand stets violett
gefärbt, im Gegenfalle gelb; b) geht beim Eindampfen Chlor verloren, so gibt die ursprüngliche Flüssigkeit auch alle Reactionen
auf freie Salzsäure, besonders die Günzburg'sche Probe ausnahmslos; c) wird freie Salzsäure nachgewiesen, so wirkt die betreffende
Flüssigkeit schnell invertirend auf Zuckerlösungen; d) wird die
freie Salzsäure enthaltende Flüssigkeit bei gewöhnlicher Temperatur
unter dem Exsiccator über Aetzkali stehen gelassen, so geht Chlor
verloren und meistens ebensoviel, wie beim Verdampfen auf dem
Wasserbade. Sind Peptone vorhanden, so ist die auf diesem Wege
gefundene Salzsäure manchmal kleiner als die durch Verdampfen

---

[1]) Deutsche medic. Wochenschr. 1892, No. 30 u. 31.

bei Siedetemperatur. — Das öftere Zusammentreffen der Acidität
und der für freie und gebundene Salzsäure gefundenen Werthe beweist, dass dem gebundenen Chlor eine äquivalente Menge von
Carboxylgruppen entspricht. Nach dem heutigen Stande der Pepton-
lehre können hier Salzsäureverbindungen von Amidosäuren angenommen werden [R (COO H) NH_2 . HCl]. Ist A die Totalacidität,
H die freie Salzsäure, C das organisch gebundene Chlor, so besteht
experimentell das Verhältniss: $A = H + C$ oder $A - H = C$ oder
$\frac{A-H}{C} = 1$; es wird mit α bezeichnet. Sind also mehr Säure-Gruppen
als R. Cl-Gruppen vorhanden, d. h. sind nicht alle gegenwärtigen
Säuren durch die Bildung von organischem Chlor bewirkt (z. B. bei
Gährungsprocessen), so ist α grösser als 1. Waren die durch Cl
erzeugten Säuren an Na oder Ca gebunden, so entsteht nicht organisches Cl, sondern Na Cl oder Ca Cl_2; auch in diesem Falle kann α
steigen. Ueberwiegen in der Flüssigkeit die R. Cl-Gruppen die
Säuren, so sinkt α unter 1. α ersetzt also das Verhältniss
$\frac{R.COOH}{R.Cl}$. — Im folgenden bezeichnet T = totales Chlor, H = freie
Salzsäure, F = Mineralchloride, C = gebundenes Chlor, A = Totalacidität; $\alpha = \frac{A-H}{C}$. Um sich von dem Einflusse und dem Schick-
sale der verschiedenen Chlorverbindungen im Mageninhalt während
der Verdauung einen Begriff zu verschaffen, müssen diese Verbindungen durch verschiedene Phasen der Digestion verfolgt werden.
Bei der Verwendung von destillirtem Wasser, wo die Reizung
eine minimale ist, wachsen T und F sehr schnell, ihre Differenz
$T - F = H + C$ bleibt aber klein; es bildet sich also in den verschiedenen Phasen der Wasserverdauung nur wenig freie HCl und
organisches Chlor $(H + C)$, meistens überwiegt F und bildet
sich gar keine freie H Cl. Dennoch lassen sich manchmal für
T, F und H grosse Schwankungen beobachten, während für $T - F$
die Resultate ziemlich beständig sind. Es beweist dies, dass die
bewirkte Reizung eine doppelte ist: eine wahrscheinlich vasomo-
torische für T resp. F geltende, und eine vielleicht rein mechanische
oder chemische, welche die Differenz $T - F$ bewirkt, d. h. auf das

Drüsengewebe einwirkt. Zusammengefasst, ergeben sich folgende
Resultate: 1. freie Salzsäure ist im nüchternen, normalen Magen
nur selten nachzuweisen; 2. organisches Chlor ist stets vorhanden,
bei der Wasserverdauung aber nur in geringer Menge; 3. die Mineralchloride (F) fehlen niemals und überwiegen sogar häufig. Demnach
muss die Mineralverbindung des Chlors als die primäre angesehen
werden, C und H sind nur secundäre Reactionsproducte gewisser
Zellensubstanzen auf die Mineralchloride. Gibt man den Versuchsthieren feste Speisen, so wachsen in der ersten Verdauungsperiode die
Totalacidität (A), das Totalchlor (T), die gebundene Salzsäure (C)
und selbst H Cl (H) schnell. Nur F (Mineralchlor) sinkt oder steigt
nicht über einen gewissen Werth hinaus. Und zwar besteht zwischen
diesem Grenzwerthe von F und dem maximalen Werthe von T das
Verhältniss $T : F = 3$. Die Differenz T—F ist also hier eine grosse
geworden. Hat sich der Mageninhalt diesem Gleichgewichtszustande
genähert, so wechseln die Resultate, F steigt jetzt, während A, T,
C, H zu sinken beginnen, bis zuletzt fast nur noch F nachzuweisen
ist. Mit dieser zweiten Periode beginnt die Entleerung des Magens,
auch ist kein Syntonin und kein Calcium mehr nachzuweisen. Es
kehrt also in dieser Periode der Magen allmählich zu dem in der
Nüchternheit bestehenden chemischen Zustande zurück, in den letzten
Portionen des Mageninhaltes ist der Gehalt an F ein ganz reicher
und die Differenz T—F eine ganz geringe. Für die Verdauung
fester Speisen ergibt sich also: 1. unter den nämlichen Bedingungen
sind die gefundenen Werthe recht beständig; 2. die normale Verdauung des Fleisches beim Hunde verläuft meistens, ohne dass sich
freie Salzsäure nachweisen lässt, oder eine nur ganz geringe Menge.
C ist also weit überwiegend und das Verhältniss C: H ist stets ein
ganz hohes (meistens $= \infty$). Das beweist, dass der Nachweis von
freier Salzsäure nicht nothwendig ist zur Schätzung der Digestion.
Im Allgemeinen ist die Summe $H + C (= T - F)$ und das Verhältniss C: H für ein gewisses Quantum fester Speisen von der Reactionsfähigkeit der Magenmucosa abhängig. 3. Der Magen entleert sich
normal, sobald seine Reactionsfähigkeit erschöpft ist. Ist die normale
Dauer der Probemahlzeit festgestellt, so genügt meist eine Prüfung,
um sich von dem fraglichen chemischen Verdauungsprocesse einen

Begriff zu machen. Dazu eignet sich die Maximalprobe am besten, das heisst die Periode, welche n o r m a l , dem Verhältnisse T : F = 3 entspricht. — Für das E w a l d 'sche Probefrühstück (250 Thee, 60 Brod) erhielt Verf. im Durchschnitte folgende Werthe (Milligrm. für 100 CC.):

Dauer der Digestion Minuten	Total- chlor T	Mineral- chlor F	freie H Cl H	Org.- Chlor C	Totalaci- dität A	α
30	255	182	0	73	75	1,02
60	321	109	44	168	189	0,86
90	284	164	14	106	126	1,05

Bei diesem Probefrühstück entspricht also die Maximalperiode der ersten Stunde. Nach 60 Minuten haben wir:

$$\frac{T}{F} = 3 ; \frac{C}{H} = 4 ; \ H + C = 212 = 2 \, F.$$

Nach 30 und 90 Minuten sind: $\frac{T}{F} < 3 ; \frac{C}{H} > 4 ; H + C < 212 ;$ α > 0,86; demnach ist die erste Periode von der letzten schwer zu unterscheiden, wäre nicht in der letzten f r e i e Salzsäure und in der ersten viel Syntonin und auch Calcium vorhanden. — Auf die weiteren interessanten Ausführungen von vorwiegend klinischem Interesse kann hier nur verwiesen werden. A n d r e a s c h.

207. **Th. R o s e n h e i m : Ueber die practische Bedeutung der quantitativen Bestimmung der freien Salzsäure im Mageninhalte** [1]). R. hat mittelst seiner Methode [J. Th. **21**, 221] zunächst an Gesunden Versuche angestellt, die folgendes ergaben: die Gesammtacidität wurde höher als 30 und niedriger als 60 bei vier, höher als

---

[1]) Deutsche medic. Wochenschr. 1892, No. 13 und 14, pag. 280 und 309.

60 bei 3 der Untersuchten (7) gefunden. Ein selbst erheblich
höherer Werth als 60 beweist mithin auch bei Anwesenheit freier
Salzsäure absolut nichts für das Bestehen einer Hyperacidität.
2. Nach fremden und eigenen Versuchen erscheint, abgesehen von
den Schwankungen bei demselben Individuum, die Secretionsgrösse
der Salzsäure ein von Fall zu Fall wechselnder Factor zu sein; die
Grenzen sind ausserordentlich weite, meist zwischen 1—2 $^0/_{00}$. 3. Die
Mengen der freien Salzsäure schwanken selbst in gleichen Ver-
dauungsphasen ebenso erheblich, wie die der Gesammtsalzsäure, von
der sie auf der Höhe der Verdauung stets den grösseren Theil ausmachen; sie betrugen 0,55—2,2 $^0/_{00}$. 4. Die gebundene Salzsäure
ist auch unter gleichen Versuchsbedingungen keine constante, aber
ihre Schwankungen sind bedeutend geringer als die der freien Salzsäure. 5. Die Schnelligkeit des Ablaufes der Verdauung wechselt
in den einzelnen Fällen. Nach 60—70 Minuten trifft man gewöhnlich den höchsten Salzsäurewerth an; nach $2^1/_4$—$2^1/_2$ Stunden dürfen
bei der Durchspülung keine Speisereste mehr gefunden werden, im
Gegenfalle besteht motorische Insufficienz (Probefrühstück 300 Grm.
Thee und 58 Grm. Weissbrod). Bei Magenkranken wurden für die
freie Salzsäure Zahlen gefunden, die bei Gesunden nicht vorkamen
und bald über, bald unter der Norm lagen. — Man kann Gesammtacidität und freie Salzsäure an einer Magensaftprobe bestimmen, indem man nach Feststellung des Werthes für freie Salzsäure mit
Hilfe von Phloroglucinvanillin nach Hinzufügung von Rosolsäure oder
Phtaleïn als Indicator die Gesammtacidität bestimmt. Die Differenz
gibt die gebundene Salzsäure, die bei dem gedachten Probefrühstück
1 $^0/_{00}$ nicht überschreitet, die Milchsäure und sauren Phosphate an.
— Verf. ist der Meinung, dass die Bestimmung der freien Salzsäure
zusammen mit der Feststellung der Gesammtacidität für die Praxis
vollkommen ausreichende Anhaltspunkte zur Beurtheilung des Chemismus gewährt, und dass dieses einfache Titrationsverfahren für die
Diagnose der Sub- und Superacidität durchaus brauchbar ist und
zwar würde man eine Subacidität anzunehmen haben, wo weniger als
15 = 0,5 $^0/_{00}$, eine Superacidität mit Sicherheit, wo mehr als
60 = 2,2 $^0/_{00}$ freier Salzsäure auf der Höhe der Verdauung nachgewiesen werden kann.   A n d r e a s c h.

208. Rich. Geigel und Ed. Blass: Procentuale und absolute Acidität des Magensaftes [1]). Verschiedenen Patientinnen mit gesundem Magen wurde morgens eine Stunde nach Erhalt des Ewaldschen Probefrühstücks mit der Sonde eine kleine Menge Magensaft heraufgeholt, dann sofort der Magen mehreremale ausgespült, bis das Spülwasser klar abfloss. Letzteres (2 Liter) war kaum lauwarm, »um ein Abdunsten freier Salzsäure zu verhüten«. In dem unverdünnten Magensafte wurde die Salzsäure nach der Methode von Braun bestimmt, vom filtrirten Mageninhalt + Spülwasser 50 CC. im Platintiegel mit 0,1-Normal-Natronlauge im Ueberschuss versetzt, zur Trockne verdampft, verascht, die Asche in der gleichen Menge 0,1-Normalschwefelsäure gelöst, die Kohlensäure ausgetrieben und nach dem Erkalten mit Phenolphtaleïn und Natronlauge zurücktitrirt, kurz so verfahren wie beim unverdünnten Magensafte. Die Zahl der zuletzt verbrauchten CC. 0,1-Normal-Natronlauge ergibt mit 0,00365 multiplicirt die Gramme freier Salzsäure in 50 CC. des verdünnten Magensaftes. — Die mitgetheilten 41 Versuche ergeben, dass im Durchschnitte 1 Stunde nach dem Probefrühstück etwa ein halbes Gramm Salzsäure im Magen sich vorfindet, die Grenzen scheinen zwischen 0,3—0,6 zu liegen. Ferner ergibt sich, dass die absolute Salzsäuremenge durchaus nicht mit der procentualen parallel zu gehen braucht. Von den gereichten 300 CC. Flüssigkeit werden in einer Stunde bald mehr bald weniger resorbirt, sodass bald nur 110 CC. sich vorfinden, bald sogar eine Vermehrung durch ausgeschiedenen Magensaft eintritt. Aus diesem Grunde ist es durchaus unzulässig, aus der procentualen Bestimmung der Salzsäure allein einen Rückschluss zu ziehen auf die Fähigkeit des Magens, diese Säure abzuscheiden. Nur die **absolute Acidität** ist der Ausdruck dessen, was ein Magen auf einen bestimmten Reiz in einer gegebenen Zeit leistet, die zweite Grösse ist abhängig von dem jeweiligen Resorptionsvermögen des Magens.   Andreasch.

209. Bourget: Untersuchungen über die Magensecretion [2]). Nach B. ist es bei der ärztlichen Magenuntersuchung besonders

---

[1]) Zeitschr. f. klin. Medic. **20**, 232—238. — [2]) Recherches sur la sécrétion gastrique. Hyperchlorhydrie et hypochlorhydrie. Receuil inaugural de l'Université de Lausanne 1892, pag. 15.

wichtig, nicht nur den procentischen Gehalt der Salzsäure im Magensaft, sondern auch die absolute Menge zu bestimmen, um eventuell bei allzu reichlichem Gehalt an Säure den
alkalischen Darmsäften bei der nothwendigen Neutralisirung derselben
durch therapeutische Mittel zu Hilfe zu kommen. Um zunächst die
Salzsäure im Magensaft qualitativ zu bestimmen, giebt man eine
Probemahlzeit (Nr. I.), welche arm ist an Albuminstoffen, 150 CC.
leichten Thee ohne Zucker, mit 4 CC. Mentha-Alkohol und 20 Grm.
geröstetes Brod; nach einer oder anderthalb Stunden wird
der Mageninhalt entleert. Bei quantitativen Bestimmungen gibt
man 100 Grm. Fleisch, fein gehackt mit Salz und Pfeffer, 50 Grm.
Brod und 200 CC. magere Bouillon (Probemahlzeit II) und wartet
$2^1/_2$ Stunden mit der Entleerung. (Bei längerem Warten findet
man die Energie der Secretion schon wieder im Abnehmen begriffen.)
Besteht Verdacht auf Hypersecretion, so wird der Magen mit
einer kleinen Menge Wasser von 40° gewaschen und nach einer
Stunde das Weisse von zwei Eiern hart gekocht, fein zerhackt, mit
Salz und 40 Grm. Brod ohne Flüssigkeit gegeben. Nach einer derartigen Mahlzeit (III) konnte Verf. gelegentlich bis 600 CC. Magensaft mit 0,2 bis 0,3°/₀ freier oder an Eiweiss gebundener Salzsäure
entleeren. Die Entleerung geschieht am besten durch eine weiche
Sonde ohne Heber, mit Hilfe der Bauchpresse. Nach dem Austritt
des grössten Theils des Mageninhalts werden 100 CC. kaltes
Wasser eingeführt; die dadurch veranlassten Magencontractionen
befördern dasselbe schnell wieder heraus. Die beiden so erhaltenen
Flüssigkeiten werden gemessen und gesondert untersucht; mit
$^1/_{10}$ Normalnatronlauge wird unter Anwendung von Lakmus zunächst die Acidität bestimmt, und nun lässt sich die Menge der
im Magen bei der ersten Entleerung vorhanden gewesenen Flüssigkeit
berechnen (vergl. J. Th. **20**, 224). Bei Bestimmung der Salzsäure
wurde nach Hayem und Winter die freie Salzsäure von der
organisch gebundenen getrennt. Unter normalen Verhältnissen wurden in 54 Analysen bei 10 Männern und 8 Frauen nach
Probemahlzeit II folgende Grenzwerthe erhalten.

Procentisch %/0			Total Grm.		
Frei	Organisch gebunden	Summa	Frei	Organisch gebunden	Summa
		Männer			
0,0438	0,1825	0,2263	0,0526	0,2190	0,2716
0,0584	0,2409	0,2993	0,0934	0,3854	0,4788
		Frauen			
0,0321	0,1730	0,2051	0,0481	0,2595	0,2976
0,0428	0,2345	0,2773	0,0684	0,3752	0,4436

Die Zahlen für Männer und Frauen zeigen keine ausgesprochenen Verschiedenheiten, nur scheint der Procentgehalt bei letzteren im allgemeinen etwas schwächer zu sein. In den folgenden, pathologischen Fällen ist das Geschlecht der Patienten nicht berücksichtigt. Zur Hypochlorhydrie gehören 86 Fälle von Chlorose und Anämie, 25 Fälle von Neurasthenie, 38 Fälle von Magenerweiterung, 22 Fälle von malignen Tumoren (Carcinome und Sarkome) und 4 Fälle einfacher Atrophie. Drei Viertel der anämischen Patienten hatten Störungen der Magenverdauung, welche sich in Verminderung der Salzsäure und reichlicher Anwesenheit von organischen Gährungssäuren, besonders Milchsäure, manchmal Buttersäure aussprachen. In 18 Fällen fand sich keine freie Salzsäure, mit Abnahme der freien Salzsäure nahm die Milchsäure zu. Bei diesen Patienten war das Hämoglobin bis auf 25 bis 30 %/0 gefallen; bei methodischer Desinfection des Darmkanals und geeigneter Diät stieg es wieder auf 90 bis 100 %/0, ohne Zufuhr von Eisenmitteln. Von den Neurasthenikern zeigten mehrere eine ausgesprochene Phosphaturie. Hier sowie bei Kranken mit Magenerweiterung sind die Säureverhältnisse ähnlich wie bei Chlorotischen, im erweiterten Magen finden sich reichlich Chloride, da die Salzsäure an das Alkali des Speichels und des Pylorusschleims gebunden wird. Bei malignen Tumoren findet sich während der ersten Periode Salzsäure frei, oder organisch gebunden im Magensaft, aber sie verschwindet allmählig

19*

während die Neubildung Fortschritte macht. Trotz sorgfältigster Behandlung nimmt die Salzsäure stetig ab, ebenso wie das Körpergewicht; bei anderen Krankheiten gelingt es durch geeignete Pflege die Salzsäurebildung und das Körpergewicht zu steigern. Nur eine Ausnahme gibt es, die idopathische progressive Atrophie der Magenschleimhaut; hier gelingt es ebenfalls nicht, die gesunkene Salzsäurebildung zu heben, aber man kann die Assimilation befördern und das Körpergewicht steigern. Von einfacher Hyperchlorhydrie wurden 9 Fälle untersucht, meist mit Ulcus rotundum. Von Hypersecretion des Magensaftes mit und ohne Hyperchlorhydrie bespricht Verf. 15 Fälle, der von Bouveret und Devic so benannten Reichmann'schen Krankheit angehörend. In der folgenden Tabelle sind die Fälle mit der niedrigsten und der höchsten Salzsäureausscheidung aufgeführt.

Im Mageninhalt

	Procentisch %/0				Total Grm.		
	Salzsäure		Milch-säure		Salzsäure		Milch-säure
Frei	Orga-nisch gebund.	Summa		Frei	Orga-nisch gebund.	Summa	
Chlorose und Anämie							
0	0,106	0,106	0,64	0	0,212	0,212	1,28
0,013	0,183	0,196	0,16	0,015	0,220	0,235	0,19
Neurasthenie							
0	0,182	0,182	0,72	0	0,182	0,182	0,72
0,014	0,191	0,205	0	0,021	0,286	0,307	0
Magenerweiterung							
0	0,141	0,141	0,54	0	0,282	0,282	1,08
0,012	0,163	0,175	0,42	0,023	0,212	0,235	0,54
Maligner Tumor[1])							
0,032	0,201	0.233	0	0,096	0,603	0,699	0
0	0,109	0,109	0,32	0	0,187	0,187	0,57
0	0,015	0,015	0,27	0	0,146	0,146	0,27

---

[1]) Die hier aufgeführten drei Analysen betreffen sämmtlich einen Patienten mit Carcinom, des Pylorus und der kleinen Curvatur, dessen Zustand im Laufe von drei Monaten sich allmählich verschlechterte.

Procentisch %/o				Total Grm.			
Salzsäure			Milch-säure	Salzsäure			Milch-säure
Frei	Orga-nisch gebund.	Summa		Frei	Orga-nisch gebund.	Summa	
Einfache Hyperchlorhydrie							
0,145	0,213	0,358	0	0,291	0,427	0,718	0
0,182	0,258	0,440	0	0,291	0,413	0,704	0
Hypersecretion							
0,102	0,291	0,393	0	0,235	0,569	0,804	0
0,022	0,248	0,270	0	0,175	1,986	2.161	0
0,080	0,211	0,291	0	0,800	2,110	2,910	0

Herter.

210. Ch. Contejean: Beitrag zum Studium der Physiologie des Magens[1]). Cap. I. Verf. schlägt ein neues Verfahren vor, um den Magensaft auf freie und locker gebundene Salzsäure zu prüfen. Die Flüssigkeit wird mit Kobalthydrocarbonat übersättigt, tüchtig durchgeschüttelt, nach einigen Stunden filtrirt, bei niederer Temperatur zur Trockne verdampft; mit absolutem Alcohol extrahirt, liefert der Rückstand eine rosarothe Flüssigkeit, welche sich in der Hitze bläut, beim Erkalten die frühere Färbung wieder annimmt. Aus dieser Flüssigkeit kann man Krystalle von Kobaltchlorid gewinnen. Kobaltlactat ist im Alcohol nicht löslich. Ein rascheres Verfahren besteht darin, dass man einen Tropfen Magensaft mit Kobalthydrocarbonat übersättigt, im Uhrglas allmählich erwärmt. Bei Gegenwart von Kobaltchlorid färbt sich die Flüssigkeit in der Hitze blau; mit Milchsäure bleibt sie rosenroth. Der Magensaft der Batrachier enthält Salzsäure; beim Hunde findet sich neben viel Salzsäure immer eine geringe Menge Milchsäure. Im Hundemagensaft geschieht die Auflösung des Kobaltcarbonats äusserst langsam, was für eine lockere Bindung der Säure zu sprechen scheint (mit Leucin, im Sinne Richet's?). Wird ein

---

[1]) Contribution à l'étude de la physiologie de l'estomac. Thèse. Paris 1892, nach Centralbl. f. Physiol. 6, 839.

Frosch mit salpetersaurem Natron (7 $^o/_{oo}$) ausgewaschen, so findet man freie Salpetersäure im Magen (Prüfung mittelst Wurster's Tetrapapier). Verf. kritisirt Kühne's Theorie der Albumin-spaltung bei der künstlichen Verdauung; Albumin, Syntonin, Propepton, Pepton sollen die vier aufeinander folgenden Stufen der Eiweissverdauung bilden. — Cap. II. Experimentelle Kritik von Heidenhain's Theorie der Pepsinabsonderung durch die Hauptzellen, der Säurebildung durch die Belegzellen der Labdrüsen. Die Magendrüsen des Frosches, obwohl sie nur Beleg-zellen besitzen, secerniren auch Pepsin (neben Salzsäure). Die Pylorus-drüsen des Hundes, welche nur aus Hauptzellen bestehen, secerniren nach Verf. gleichfalls einen sauren Saft. Die Labdrüsen der neu-geborenen Katzen besitzen schon Hauptzellen, obwohl sie noch kein Pepsin bereiten. Verf. nimmt an, dass beide Zellenarten der Labdrüsen an der Bildung der Salzsäure sich betheiligen; die Hauptzellen sollen lösliches Propepsin (im Sinne Gautier's), die Belegzellen sollen unlösliches Propepsin absondern. — Cap. III. Fehlen von diastatischem und Labenzym im Oesophagus und Magen des Frosches. Alkalischer Magensaft nach Unter-bindung des Truncus coeliacus beim Frosch. Alkalischer Magen-saft beim Froschweibchen während des Winters, wegen der Verringerung der Magencirculation zu Gunsten des vergrösserten Eierstocks. Alkalischer oder weniger saurer Magensaft beim Hunde nach Verringerung der Circulation des Magens. Hohe Empfindlich-keit der Pylorusgegend des Magens beim Hund und beim Menschen. Nach Verschluss des Pylorus in den Hundemagen eingespritztes Ferrocyankalium erscheint erst nach 35 bis 40 Minuten im Urin. — Cap. IV. Innervation des Froschmagens. Der Vagus enthält beim Frosch: a) motorische Fasern für die Längs-fasern des Magens und für die Ringfasern des Pylorus und der Cardia, b) bewegungshemmende Fasern, c) gefässerweiternde und verengernde Fasern, d) secretorische Fasern für die Säurebildung und hauptsächlich für die Bereitung des alkalischen Schleims. Der Sympathicus führt motorische Fasern für die Ringmuskeln, gefäss-verengernde Fasern und Hemmungsfasern der Absonderung. Die nervösen Centren der Magensaft-Absonderung befinden

sich in der Magenwand selbst. Verletzungen der Lobi optici und
des verlängerten Marks rufen einen Magencatarrh mit vorübergehender Lähmung der Magenmuskeln und Dilatation des Magens
hervor. — Cap. V. Innervation des Hundemagens. Folgen der
Durchschneidung des Halsvagus: Verringerung der Bewegungserscheinungen der Magenwand, fortdauernde, sehr herabgesetzte
Secretion eines veränderten Magensaftes, Eindringen von Galle in
den Magen, Störungen der Innervation der Magengefässe. Reizung
des Vagus bewirkt Secretion und Röthung der Magenschleimhaut.
Reizung oder Exstirpation des Plexus coeliacus scheint keinen
merklichen Einfluss auf die Magenfunction auszuüben. Aceton,
welches häufig im Urin nach dieser Operation auftritt (Lustig),
soll in keiner Beziehung zum Plexus coeliacus stehen. Die Aceton-
Ausscheidung ist ein Symptom, welches häufig nach schweren Operationen beobachtet wird. Vollständige Enervation des Magens kommt
der Durchschneidung der Nn. vagi unterhalb des Zwerchfells gleich.
Die Thiere überleben beide Operationen. Schliesslich giebt Verf.
einige Curven der bei einem Menschen mit Magenfistel aufgenommenen Magenbewegungen.   Herter.

**211. Du Mesnil: Ueber den Einfluss von Säuren und Alkalien
auf die Acidität des Magensaftes Gesunder** [1]). Einzelne Beobachtungen
von Leube, Jaworski, ferner von Geigel und Abend [dieser
Band pag. 299] bezeugen, dass Alkalien (kohlens. Natron) zunächst
allerdings die Magensäure abstumpfen, danach aber eine nachhaltige
Salzsäuresecretion hervorrufen. — Die vom Verf. über diesen Punkt
angestellten Versuche wurden so ausgeführt, dass die Versuchspersonen mit dem Ewald'schen Frühstück eine bestimmte Quantität
Natriumbicarbonat erhielten, worauf 1 Std. später der Mageninhalt
heraufgeholt und nach der Braun'schen Methode analysirt wurde.
Aus der mitgetheilten Versuchsreihe kann der Schluss gezogen werden,
dass nach Verabreichung von Natriumbicarbonat der Procentgehalt
des Magens an Salzsäure steigt und erst bei Einverleibung grösserer
Mengen unter das Normale sinkt. Nur bei sehr hochgradiger Acidität
tritt keine weitere Steigerung auf. Die gleichen Verhältnisse er-

---

[1]) Deutsche medic. Wochenschr. 1892, Nr. 49, pag. 1112—1114.

gaben sich bei Verwendung von Karlsbader Mühlbrunnen. — Des
Weiteren zeigten Versuche mit verabreichter Salzsäure, dass man
hierdurch den Mageninhalt säurereicher machen kann, jedoch war
auch hier eine gewisse Grenze vorhanden.   A n d r e a s c h.

212. G. Marconi: Der Einfluss der Amara und der aromatischen Substanzen auf die Magensecretion und auf die Verdauung[1]).

Verschiedentliche Amara, Aromatica, Excitantia haben am Thier
einen deutlichen fördernden Einfluss auf die Magensaftabsonderung.
Dies erwies sich sowohl am nüchternen Magen, wenn die Arznei
eingebracht wurde, wie auch, wenn das Stomachicum gleichzeitig mit
einer Mahlzeit eingeführt wurde.   In jedem Falle wuchs die peptische
Kraft des Magensaftes, der an Menge vermehrt war, im zweiten
Falle erschien die Zeit der Magenverdauung deutlich verkürzt. —
Durchschnitt Verf. den Vagus beiderseits am Halse, so stieg auf
Verabreichung der Stomachica die Acidität des Magensaftes noch,
aber eine Vermehrung trat nicht mehr auf, und die ver-
dauende Kraft des Magensaftes sank. Verf. schliesst aus diesem
Experiment auf die Reizung der Vagusenden durch die Stomachica
und nimmt eine reflectorische Anregung der Saftsecretion und der
Peristaltik an.   R o s e n f e l d.

213. A. Tawizki: Ueber den Einfluss der Bitterstoffe auf die Menge der Salzsäure im Magensafte bei gewissen Formen von Magen-Darmcatarrhen[2]).

Es wurde geprüft: Extract. Gentianae, Species aromaticae,
Quassia, Absinthum und Condurango: die Salzsäurebestimmung erfolgte nach
Sjöqvist. Es ergab sich: 1. Bittermittel bei nüchternem Magen oder
besser einige Zeit vor dem Essen eingenommen, haben einen wohlthätigen
Einfluss auf die Ausscheidung von freier Salzsäure und auf die Verdauungs-
eigenschaften des Magensaftes bei denjenigen Magen - Darmcatarrhfällen, in
denen dyspeptische Erscheinungen in erster Linie sich zeigen und in deren
Grundlage eine verringerte Ausscheidung von freier Salzsäure liegt. 2. Auf
die Gesammtacidität des Magensaftes zeigen die Bittermittel keinen grossen
Einfluss, wenn auch in mehreren Fällen ein unbedeutendesAnwachsen wahrzunehmen war. 3. Einen besonderen Einfluss der Bittermittel auf Resorptionsfähigkeit und Muskelthätigkeit des Magens wurde nicht beobachtet.
4. Ein Unterschied in der Wirkung verschiedener Bittermittel wurde nicht
bemerkt.   A n d r e a s c h.

---

1) Riforma medica 1891, 128, citirt nach Centralbl. f. klin. Med. 1892, No. 6.
— 2) Deutsches Arch. f. klin. Medic. 48, 344—357.

214. Bald. Bocci: Eine neue Vorrichtung zur Gewinnung des Magensaftes beim Menschen: der Säurefischer [1]). Der Apparat besteht aus einer Magensonde, durch welche ein biegsamer Fischbeinstab gesteckt ist; derselbe ist am unteren Ende mit einer Pincette, am oberen Ende mit einem metallenen Griffe mit Centimetertheilung versehen (Abbildung im Originale). Man klemmt in die Pincette einen 1 C. breiten und 8 C. langen, zu einer Schlinge zusammengebogenen Papierstreifen, zieht den Fischbeinstab soweit zurück, dass das Papier gerade von der Sonde bedeckt ist und sieht an der Theilung nach, um wie viel man den Fischbeinstab vorschieben muss, um das Papier vollends herauszuschieben. Durch diesen Apparat kann man etwa 0,1 CC. Magensaft heraufholen. Verf. untersucht stets den nüchternen Magen, um von den Eiweisskörpern und Peptonen unabhängig zu sein. Er kommt zu folgenden Ergebnissen: 1. Bei leerem Magen ist in der stets vorhandenen oder leicht hervorzurufenden Schleimhautausscheidung freie Salzsäure nachzuweisen. 2. Wird der Papierstreifen mit einem Ende in eine dünne Schichte des Salzsäurereagens gebracht, welches in eine Porcellanschale geträufelt worden ist, so zeigt er ganz gut die Reaction. 3. Die Reagentien auf Salzsäure sind in absteigender Reihe in Bezug auf ihre Empfindlichkeit folgendermaassen zu ordnen: Congoroth, Methylviolett, Boas'sches Reagens, Günzburg's Reagens Tropäolin 00, Rheoch'sches und Uffelmann's Reagens; das Congopapier ist zur annähernden Bestimmung des Salzsäuregehaltes das zweckentsprechendste. 4. Der Säuregrad des Magensaftes, mit dem sich ein gewöhnliches, am Säurefischer befestigtes und eingeführtes Streifchen Fliesspapier tränkt, kann durch Titrirung mit entsprechend verdünnter Lauge bestimmt werden. Andreasch.

215. I. Boas; Beiträge zur Diagnostik der Magenkrankheiten [2]). 1. Die diagnostische Bedeutung des Labenzyms. Da die Untersuchung des Mageninhaltes auf Salzsäure oft geringen diagnostischen Werth hat, wurde von B. auf das Verhalten der Enzyme und deren Vorstufen bei Magenkrankheiten geachtet. Vorläufig

---

[1]) Moleschott's Unters. z. Naturlehre **14**, 437—448. — [2]) Deutsche medic. Wochenschr. 1892, Nr. 17, pag. 370—372.

werden Versuche über das Labenzym mitgetheilt; es ergab sich: 1. Dass die Verdünnungsgrenze des Labferments weit geringer ist als die beim Zymogen; erstere beträgt höchstens 40, letztere kann bis auf 200 und mehr steigen. Die Verdünnungsgrenzen können bei ein und demselben Individuum schwanken. 2. Ein Mageninhalt, der keine freie Salzsäure enthält, kann sowohl Labferment als auch Labzymogen enthalten, ersteres jedoch nur in sehr geringem Grade. Dagegen kann trotz Säuremangels die Verdünnungsgrenze des Labzymogens derjenigen bei ganz normalen Verhältnissen entsprechen. 3. In einem salzsäurefreien Mageninhalte kann der Labenzymogengehalt gegen die Norm mehr oder weniger abgeschwächt sein. — Die annähernde Bestimmung des Enzyms ergibt in diagnostischer und therapeutischer Hinsicht brauchbare Handhaben. Findet sich nämlich bei Salzsäuremangel das Zymogen noch bei einer Verdünnung von 1:100 bis 150 oder 200 erhalten, so liegt keine organische Magenaffection vor, sondern eine Neurose oder es handelt sich um Stauungszustände in den Gefässen der Magenwand. Findet man die Zymogenmenge wesentlich verringert (1:30), so spricht dies für Texturveränderungen auf der Magenschleimhaut. — 2. Ueber die diagnostische Bedeutung der Milchsäure beim Magenkrebs. Bei Magenkrebs hat Verf. ausnahmslos die Reaction mit dem Uffelmann'schen Reagens auf Milchsäure im Magenfiltrate erhalten. Man ist dadurch im Stande, gutartige, aber mit Salzsäureverlust einhergehende Magenaffectionen differentiell vom Krebs zu unterscheiden.   Andreasch.

216. Buzdygan und Gluzinski. Ueber die Magenverdauung bei verschiedenen Formen der Anämie resp. Bleichsucht, nebst einigen therapeutischen Bemerkungen [1]). B. und G. haben in der Klinik des Prof. Korczyński Untersuchungen über die Magenverdauung bei 14 mit Anämie belasteten Kranken (2 mit acuter Anämie nach Blutungen, 1 Fall schwerer Anämie bei einem Mann ohne bekannte Ursache, 1 Malariacachexie, 10 Fälle von Bleichsucht bei Frauen von 16—20 Jahren) angestellt. Sie erhielten folgende Ergebnisse: 1. Bei acuter Anämie in Folge eines Uteruspolyps

---

[1]) Przegląd Lekarski. 1891, No. 34, S. 433.

blieben die chemischen und mechanischen Thätigkeiten des Magens unverändert; dagegen waren sie bei chronischer Anämie verringert.
2. In dem Falle von Malariacachexie wurde das Fehlen der freien
H Cl und grosse Menge Schleim im Mageninhalte constatirt, wodurch
aber die Ernährung des Kranken wenig beeinflusst war, in Uebereinstimmung mit der Behauptung von Jaworski und Gluziński,
dass der Magen eher ein Receptaculum und Desinfector, als Digestor sei.
3. Im Verlaufe reiner Bleichsucht wurde häufiger (5 Fälle) die normale
Salzsäureproduction, seltener (3 Fälle) Hyperacidität während der
Verdauung constatirt; die motorische Leistungsfähigkeit war fast
immer herabgesetzt. Auf Grund dieser Ergebnisse behaupten die
Verff., dass ausser der Blutveränderung, wodurch die Zusammensetzung
der verschiedenen Secrete resp. des Magensaftes beeinflusst ist, auch
die abnorme Thätigkeit des Magens entweder als Ursache, oder
wenigstens als unterstützendes Moment bei der Bleichsucht angenommen werden kann.   Pruszyński.

217. **R. Geigel und L. Abend: Die Salzsäuresecretion bei
Dyspepsia nervosa**[1]). Verff. stellen zunächst die Forderung auf,
dass man zur Beurtheilung der Secretionsvorgänge des Magens die
procentuale und absolute Menge der Salzsäure bestimmen müsse.
Ueber die zur Anwendung gekommene Methode wurde schon an
anderer Stelle berichtet [dieser Band pag. 289], nur muss für die
Bestimmung unfiltrirter Magensaft verwendet werden. Es wurde
desshalb der ausgehoberte Mageninhalt sammt dem Spülwasser gut
gemischt und davon meist $1/50$ zur Einäscherung nach Braun verwendet. Aus den in Tabellen mitgetheilten Versuchen ergibt sich:

Relative Superacidität in . . . . . 59 Analysen
Relativ normaler Gehalt in 19   «
Relative Subacidität in 5   «   und
Absolut normale Menge von H Cl in 38   «
Absolute Subacidität in 38   «
Absolute Superacidität 11   «

Im Mittel fanden sich 0,37 Grm. freier (titrirbarer) Salzsäure im
Magen. Im Durchschnitte ist also der Magensaft procentual über-

---

[1]) Virchow's Archiv **130**, 1—28.

sauer, während die absolute vorhandene Salzsäuremenge eher als
klein angesehen werden kann. Der Magensaft ist mithin entschieden
zu concentrirt, während von einer übermässigen Salzsäureproduction
nicht die Rede sein kann. — Ueber die Einwirkung verschiedener
Medicamente, Natriumcarbonat, Mag. subnitr. etc. auf den Magensaft
siehe das Originale.   A n d r e a s c h.

**218. H. K l i n k e r t: Die klinische Bedeutung des atrophischen
Magencatarrhs**[1]). Verf. bediente sich zum Studium des Mageninhalts fast ausschliesslich des E w a l d'schen Probefrühstücks, und
zwar wurde die Expression des Magens eine Stunde nach der Einnahme eines Weissbrödchens von 70 Grm. und 200 Grm. Wassers
vorgenommen. In 15 Fällen war fast immer nur eine Spur oder
höchstens eine sehr geringe Menge (0,365 $^0/_{00}$) Salzsäure nach dem
Verfahren S j ö q v i s t - v o n J a k s c h oder nach der mit Destillation
und Aetherextraction einhergehenden fractionirten Titration im Filtrat des Mageninhalts nachweisbar. Die Milchsäurereaction fiel
stets positiv aus. Die Pepsin- und Labfermentwirkungen fehlten
in drei in dieser Richtung untersuchten Fällen; Verf. erwähnt auch
das Fehlen des K ü h n e'schen Peptons im Mageninhalt. Die Pepsin-
wirkung wurde im Brütofen nach H Cl-Ansäuerung am Verhalten
eines Eiweissscheibchens, die Labfermentwirkung an der etwaigen
Coagulation einer mässigen Quantität mittelst einer Sonde in den
ausgewaschenen Magen eingeführter Milch (300 Grm.), welche nach
einer viertel Stunde heraufgeholt wurde, geprüft. Aus diesen Befunden, combinirt mit der Schleimreaction im Digestionsfiltrat, mit
dem microscopischen Substrat, und mit einzelnen rein klinischen
Daten, wird vom Verf. die Diagnose atrophischer Magencatarrh für
seine 15 Fälle deducirt. Die Schleimreaction im Filtrat des Mageninhalts wird eingehend behandelt, und durch einige Versuche die
Annahme wahrscheinlich gemacht, nach welcher sowohl Submaxillar-,
Mund- und Pharynx-Schleim, wie der Magenschleim selbst in der
Norm durch die Salzsäure des Mageninhalts niedergeschlagen werden.
Nur beim atrophischen Magencartarrh, im spätern Stadium des

[1]) De klinische beteekenis van den atrophischen maagcatarrh, Nederl.
Tijdschrift voor Geneeskunde 1892, I, pag. 125.

Magencarcinoms und bei mit defecter H Cl-Secretion einhergehenden
Ektasien trete die Schleimreaction im Filtrat des Mageninhalts auf.
Der positive .Ausfall der Mucinreaction liefert also nach Verf. nicht
den Beweis für eine Erhöhung der Secretion dieses Körpers, sondern nur für das Fehlen der Salzsäure, und zwinge also nicht nothwendig zur Annahme eines (schleimigen) Catarrh's der Magenschleimhaut. Im Uebrigen zeigt Verf., dass diese Patienten ohne Eiweiss-
digestion im Magen bei vorsichtiger Lebensweise sich wie normale
Personen verhalten können.   Z e e h u i s e n.

**219. H. Z e e h u i s e n: Ueber die Diagnose chronischer glan-
dulärer Magenatrophie** [1]). Verf. verwirft das von K l i n k e r t fast
ausschliesslich angewandte E w a l d 'sche Probefrühstück in denjenigen
Fällen, in welchen die H Cl-Bestimmungen negative Werthe ergeben,
als einen zu schwachen Reiz für die Magenschleimhaut, und bedient
sich dann öfters mit positivem Erfolg einer complicirteren Mahlzeit,
und zwar möglichst den Gewohnheiten und dem Geschmack des
Individuums Rechnung tragend. In zweiter Instanz erinnert Verf.
an seine zwei im niederländischen »Militair-Geneeskundig Archief«
1891, Lieferung 1, publicirten Fälle, welche er damals als Fälle
»d a u e r n d aufgehobener Salzsäuresecretion« betrachtete, obgleich
eine dieser Personen jetzt fast völlig normale Digestionsverhältnisse
darbietet, um zu zeigen, dass die Zustände aufgehobener Salzsäuresecretion nicht immer an organische Veränderungen gebunden sind.
Im andern Falle fehlte die Schleimreaction oder war mitunter sehr
schwach, während Milchsäure mehrmals sehr reichlich vorhanden
war; die Schleimproduction war also hier eine sehr geringe. Die
von K l i n k e r t als pathologisch betrachtete Abwesenheit des K ü h n e-
schen Peptons im Mageninhalt seiner Patienten fällt nach den Erfahrungen des Verf. völlig innerhalb der physiologischen Verhältnisse;
die Hauptmassen der Eiweisssubstanzen im Mageninhalt sind ja
immer gelöste Albumine und Albumosen. Die übrigen Mittheilungen
dieses theilweise polemischen Artikels sind rein klinischen Inhalt's,
ebenso wie diejenigen einer in derselben Fachschrift folgenden Replik
K l i n k e r t 's.   Z e e h u i s e n.

----

[1] Over de diagnose van chronische glandulaire atrophie, Tijdschrift voor
Geneeskunde 1892, I, pag. 362.

**220. G. Leubuscher und Th. Ziehen: Klinische Unter-
suchungen über die Salzsäureabscheidung des Magens bei Geisteskranken**[1]). Es wurden mehr als 200 Fälle mit über 600 Analysen
bearbeitet und zwar wurde die Secretionsgrösse der Salzsäure, also
freie und gebundene Säure bestimmt. Der Mageninhalt wurde ausgehebert, entweder 1—5 St. nach der Probemahlzeit ($= \frac{1}{2}$ Pfund
rohes Fleisch, 100—150 Grm. Wasser), oder auch nach 12 bis
mehrstündiger Abstinenz; bald wurde das Filtrat, bald das Unfiltrirte,
bald beides untersucht. Qualitativ wurde geprüft mit: Lakmus,
Congopapier, Tropäolin. Dahlialösung, Phloroglucinvanillin, Resorcin-
zucker, Eisenchloridcarbollösung und Bordeauxroth (Griesebach).
Die quantitative Bestimmung geschah nach Sjoqvist-Jaksch. Bei
Dementia paralytica und senilis zeigte sich die Tendenz zur Hypochlorhydrie, bei anderen Psychosen waren die Resultate durchaus
schwankend. Ein nach 24stündiger Abstinenz nach Chloroformnarcose erbrochener Mageninhalt ergab 1,3 °/0 Salzsäure, woraus
Verff. schliessen, dass auch der nüchterne Magen Salzsäure enthalten
kann. Als Grenzen der normalen Salzsäuresecretion werden die
Zahlen 1,5 und 2,5 °/00 festgehalten. — Die Reaction mit Congopapier fällt nicht selten unmittelbar nach dem Aushebern stärker
aus, als z. B. 15 Minuten später, was auf die Bindung der Salzsäure noch ausserhalb des Körpers schliessen lässt. Das Tropäolin
bewährte sich am besten nach Boas' Methode, Erhitzen von 3—4
Tropfen Magensaft mit gesättigter alcoholischer Lösung ergibt blau-
violetten Spiegel; bei organischen Säuren ist die Farbe rothbräun-
lich. Das Günzburg'sche Reagens gab oft noch positive Resultate,
wenn Resorcinzuckerlösung versagte. Mit dem stark verdünnten
Bordeauxroth gibt salzsäurereicher Magensaft einen violetten Niederschlag, der aber weder durch Salzsäure, Milchsäure, Eiweiss, Pepton
noch Pepsin, jedes für sich allein genommen, entsteht.

**221. Germ. Sée: Ueber neue Calciumsalze in der Therapie.
Physiologische und diätetische Behandlung der Magenkrankheiten**[2]).
S. stellt seine Ergebnisse in folgenden Punkten zusammen: 1. Um den
Kalk sicher in den Organismus einzuführen, muss man Brom- oder Chlor-

---

[1]) Jena 1892, Gustav Fischer, 96 pag., referirt Centralblatt für
Physiol. 6, 247. — [2]) Deutsche medic. Wochenschr. 1892, 22 pag., 489—491.

calcium verordnen, die mehr als ein Drittel Calcium enthalten. Die gebräuchlichen Kalksalze sind unsicher, weil sie nur in ganz geringem Grade resorbirbar sind. Sie werden auch nur in ganz kleinen Mengen durch die Nieren ausgeschieden, ein Beweis dafür, dass sie kaum durch das Blut gegangen sind, sondern den Organismus durch den Darm verlassen haben. 2. Das Jod- und Bromcalcium sind Salze, die ganz besonders geeignet sind, eine Wirkung des Jods und des Broms auf den Organismus herbeizuführen. 3. Die Brom- und Chlorverbindungen des Calciums sind für eine grosse Anzahl von Dyspepsien und Magenleiden angezeigt. 4. Das Calcium wirkt auch günstig auf den Magen, wenn man das Jodkalium durch Jodcalcium ersetzt, es wird viel besser vertragen, als das Jodkalium. A n d r e a s c h.

222. **Günzburg:** **Ueber Fibrin - Jodkaliumpäckchen**[1]). Es werden weitere Erfahrungen mit diesem Verfahren [J. Th. **19**, 232], die chemische Thätigkeit des Magens zu messen, mitgetheilt. Das Päckchen wird $^3/_4$—1 Stunde nach einem E w a l d 'schen Probefrühstück vom Patienten verschluckt und der Speichel jede viertel Stunde auf seinen Jodgehalt mittelst rauchender Salpetersäure und Stärkekleister untersucht. Bei Gesunden schwanken die Ausscheidungszeiten zwischen 1 und $1^3/_4$ Stunden. G. bespricht des Näheren die von B ä c k l i n [Schwed. Zeitschr. Eira 1891, No. 20] nach seiner Methode erhaltenen, sowie seine eigenen Resultate, die folgendes ergeben: Einen sicheren Schluss gestattet das ganz frühe und das ganz späte Erscheinen des Jodkaliums im Speichel; bei 1—$1^3/_4$ St. liegen normale Verhältnisse vor, bei mehr als 5 Stunden chemische Insufficienz, bei mehr als 2—3 St. liegt entweder Hyperacidität vor oder verminderter Salzsäuregehalt, zwei Möglichkeiten, zwischen denen nur die Ausheberung entscheiden kann. A n d r e a s c h.

223. **H. T u r b y** und **T. D. M a n n i n g:** **Ueber die Eigenschaften des reinen menschlichen Darmsaftes**[2]). Der Darmsaft stammte aus einem isolirten Dünndarmstück ungefähr 8 Zoll oberhalb der Valvula Baubini; er wurde durch 104 Tage gesammelt und untersucht, und zwar in der Regel mit Hilfe von Schwämmen, mitunter auch in eigens geformten Gläschen aufgefangen. Die Menge betrug

---

[1]) Deutsche medic. Wochenschr. 1892, Nr. 17, pag. 372—375. [2]) G u y 's Hospital reports 1892, pag. 271; durch Centralbl. f. d. medic. Wissensch. 1892, Nr. 52, pag. 945—946. .

24,5—27 CC., selbst 46 CC., das spec. Gewicht 1001,6—1016,2, im Mittel 1006,9. Meist war der Saft opalisirend, oft leicht bräunlich, mitunter etwas blutbaltig, constant von eigenthümlichem, schwach alkalischem Geruch, alkalischer Reaction, mit Säuren brausend; er gab die gewöbnlichen Eiweissreactionen, enthielt keinen Zucker, aber stets Mucin. In auffallender Weise zeigte sich die Uffelmann-sche Milchsäurereaction. Der Darmsaft verdaute weder gekochtes Hühnereiweiss, noch Blutserum, Fibrin oder Caseïn, die Gerinnung von Leimlösung wurde verhindert, Leimpepton war aber nicht nachweisbar. Fette wurden emulgirt und verseift, Cellulose blieb ganz unangegriffen. Rohrzucker wurde zur Hälfte invertirt, Amylum ebenfalls nur theilweise saccharificirt, wobei Erythrodextrin nachweisbar war. Maltose wurde grösstentheils in Traubenzucker übergeführt. Milch gerann durch den Darmsaft in kurzer Zeit. Fermente konnten aus dem Darmsafte nicht isolirt werden, doch zeigte der Glycerinauszug der bei der Operation schliesslich entfernten Darmschleimhaut dieselben Wirkungen wie der Saft. Rohrzucker, Amylum und Pepton wurden bei Einbringung durch die Fistel resorbirt.

Andreasch.

224. P. Albertoni: Untersuchungen über die Vorgänge der Verdauung und des Stoffumsatzes im Dickdarm[1]). Um über die Vorgänge im Dickdarm Aufschluss zu erhalten, gibt es zwei Wege: Man legt einen künstlichen After an und führt in den unteren Darmabschnitt Speisen ein, oder man führt verschiedene Nahrungsmittel als Klystier ein; im letzteren Falle wirkt auch der vom oberen Darm kommende Dünndarmsaft mit. A. hatte Gelegenheit, Versuche an einer Patientin mit einem widernatürlichen After anzustellen. Der gewonnene Dickdarmsaft stellte eine schleimige Flüssigkeit dar, war glänzend weiss oder leicht gelblich, fadenziehend, klebrig, glich der Glaskörpermasse und trocknete an der Luft ein, ohne in Fäulniss überzugehen; die Reaction war stark alkalisch. Die an der Patientin, sowie an anderen Personen mit Klystieren ausgeführten Untersuchungen ergaben folgendes: 1 Feste Eiweissstoffe wurden im Dickdarm in keiner Weise verdaut; bei langem Verweilen in diesem Darmabschnitte werden sie zu farblosen Kothtrümmern. 2. Die gelösten Eiweissstoffe der Milch und des Eies erleiden keinerlei Veränderung im Dickdarm. 3. Der Darmsaft des

---

[1]) Moleschott's Unters. z. Naturlehre **14**, 359 381. Die Versuche sind bereits in der Gazetta medica Venata, Dezember 1873 mitgetheilt worden.

Dickdarms kann Fett in Emulsion überführen, aber Oel, welches in diesen
Darmabschnitt eingeführt wird, geht zum Theil wieder ab. 4. Krystallinischer
Zucker verschwindet im Dickdarm und wird durch den Saft desselben in
Glycose und dann vielleicht weiter in Milchsäure und Buttersäure verwandelt
(saure Reaction der Flüssigkeit). 5. Gekochte und rohe Stärke gehen in
geringer Menge bei .längerer Einwirkung des Saftes Veränderungen ein;
ein Theil wird in Glycose und dann vielleicht weiter in Milchsäure und
Buttersäure verwandelt, worauf der Uebergang der Flüssigkeit aus alkalischer
in saure Reaction zu deuten scheint. 6. Nicht verdaute Speisen nehmen
beim Verweilen im Dickdarm kothige Beschaffenheit an. Weitere Versuche
erstrecken sich auf die Ernährung durch den Mastdarm und die Fähigkeit
des Magensaftes, die Zersetzung der Eiweissstoffe zu verhindern, sowie auf
die Wirkung saurer Getränke. Andreasch.

225. **M. Jakowski: Beiträge zur Kenntniss der chemischen
Vorgänge im menschlichen Darme**[1]). Die Arbeit ist gewissermaassen
die Fortsetzung der im vorjährigen J. Th. **21**, 269 referirten Arbeit
von Macfadyen, Nencki und Sieber und bringt weitere interessante Details, welche auch für die diagnostische Praxis von Werth sein
können. Auf der chirurgischen Frauenabtheilung des Dr. Ciechomski
im Hospital zum Kindlein Jesu in Warschau hatte der Verf. Gelegenheit, an einer 59 Jahre alten Schneidersfrau Untersuchungen
anzustellen, die schon seit ihrem 23 Lebensjahre eine Dünndarmfistel
hatte, so dass der ganze Inhalt durch diese Fistel sich entleerte.
Die Frau war dabei stets gesund, im 35 Jahre heirathete sie und
gebar 3 gesunde Kinder. Kurz bevor sie Jakowski zum ersten
Male sah, liess sie sich in die chirurgische Abtheilung behufs der
Entfernung des Anus praeternaturalis aufnehmen. Es wurde Laparo-
tomie gemacht. Die Fistelöffnung war gerade an der Einmündungsstelle des Ileums in das Coecum. Der ganze Dickdarm war vollkommen obliterirt und in einen dünnen Strang bis zum Rectum verwandelt. Da die Chirurgie hier nichts helfen konnte, so wurde die
Bauchwunde vernäht und die Patientin verblieb noch einige Zeit bis
zu ihrer Entlassung im Spital. Die während der Zeit von J. ausgeführte bacteriologische und chemische Untersuchung des Fistelinhalts
ergab Folgendes: Die tägliche Menge des Inhalts schwankte zwischen

---

[1]) Archives biol. de St. Petersbourg **1**, 539—585 und Pamietnik War-
szawskiego Towarszystwa Lekarskiego 1892.

220—420 Grm. Die Hauptentleerungen erfolgten 2—3 Stunden nach der Mahlzeit. Fester Rückstand 9,75 %, davon durchschnittlich der zehnte Theil Asche. Der Eiweissgehalt war 3,44 %. Die Reaction des breiigen Inhalts war stets sauer, wie überhaupt der ganze chemische Befund mit den Befunden von Macfadyen, Nencki und Sieber übereinstimmend. Hervorzuheben wäre nur, dass bei völliger Abstinenz von alcoholischen Getränken der Verf. aus 4,5 Liter Fistelinhalt 4 CC. reinen Aethylalcohols darstellte, welcher nur von der Spaltung der Kohlehydrate durch die Dünndarmmikroben herrühren konnte. Verf. hatte Gelegenheit, im Laboratorium Nencki's in Bern einen zweiten auf der Klinik des Professors Kocher behandelten Fall von Darmfistel zu untersuchen, bei welchem der Fistelinhalt durchaus andere Eigenschaften und andere Zusammensetzung hatte. Die hier täglich entleerte Menge betrug 150—200 Grm. von dickerer Consistenz und faecalen, an Skatol und Merkaptan erinnernden Geruch. Die Reaction des Inhalts war meistens neutral oder alkalisch. Ausser geringen Mengen in der Hitze coagulirenden Eiweisses, Peptonen, Gallensäuren und Zucker wurden vorwiegend die characteristischen Producte der Fäulniss erhalten, so: SH_2, $CH_3 . SH$, Skatol, Phenol und geringe Mengen aromatischer Oxysäuren. Die flüchtigen Fettsäuren bestanden vorwiegend aus Valerian- und Capronsäure, daneben war Bernsteinsäure, aber keine Milchsäure vorhanden. Von basischen Producten wurde ausser NH_3 noch Pentamethylendiamin gefunden. Auch Urobilin war in diesem Fistelinhalt vorhanden. Die ganze chemische Zusammensetzung sprach dafür, dass hier nicht Dünndarm, sondern Dickdarminhalt, wahrscheinlich vom oberen Theile desselben, vorliegt. Leider verliess die Patientin das Spital unoperirt und starb einige Monate später auf dem Lande, so dass die chemische Diagnose nicht bestätigt werden konnte. Die Arbeit enthält ausserdem noch die Beschreibung der in beiden Fällen aus dem Fistelinhalt isolirten und genau untersuchten Mikroben.

Pruszyński.

226. J. Zumft: Ueber die Gährungen im menschlichen Dickdarm und die sie hervorrufenden Mikroben[1]). Um zu ermitteln,

---

[1]) Archives des sciences biol. de St. Petersbourg 1, 497—515.

wie die Eiweisszersetzung durch die im Dickdarm des gesunden
Menschen vorhandenen Bacterien in Vitro verläuft, inficirte der Verf.
mit kleinen Mengen frischer menschlicher Excremente sterilisirtes
Fleisch oder Fleischpulver (30 Th. Fleisch auf 100 Th. Wasser und
10—15 Th. trocknes Fleischpulver auf 100 Th. Wasser). Aus den
Kolben wurde die Luft durch CO_2 ausgetrieben. Nach dreitägigem
Stehen bei Bruttemperatur sind $26\,^0/_0$ Eiweiss in Lösung gegangen.
Die nach den Methoden von Nencki, in dessen Laboratorium die
Arbeit ausgeführt wurde, untersuchte Flüssigkeit enthielt Spuren von
CH_3SH, flüchtige Fettsäuren, vorwiegend Valerian- und Capronsäure
und Spuren von Phenol, resp. aromatischer Oxyverbindungen. Die
in einem anderen unter gleichen Bedingungen angestellten Versuche
nach viertägiger Gährung entwickelten Gase bestanden in Volum-$^0/_0$
aus: CO_2, CH_3SH, SH_2 — 92,28, H — 2,70, CH_4 — 3,36, N — 2,68.
Den N-Gehalt der Gase erklärt der Verf. dadurch, dass wahrscheinlich
die Luft durch CO_2 nicht vollkommen ausgetrieben wurde, da in dem
am 6. Tage gesammelten Gasgemenge (durch KOH absorbirbare Gase
$94,6\,^0/_0$, H — $2,58\,^0/_0$, CH_4 $2,28\,^0/_0$), kein N mehr vorhanden war.
Erst nach zwölftägiger Fäulniss konnte Indol und Skatol nachgewiesen werden, aber erst nach der vierwöchentlichen Gährung erhielt
der Verf. neben grossen Mengen von CH_3SH und SH_2 etwa
$0,1\,^0/_0$ Skatol und Indol von dem angewandten Eiweiss. Aromatische
Oxysäuren wurden in Substanz nicht erhalten, und auch nach vier
Wochen ist ein grosser Theil des Eiweisses nicht in Lösung gegangen.
Es geht aus diesen Versuchen die schon öfters constatirte Thatsache
hervor, dass bei Luftabschluss die Gährung des Eiweisses viel langsamer verläuft, denn bei seinen früheren Versuchen fand Nencki
[J. Th. **6**, 31, 135] nach 14 tägiger Dauer, dass $72,8\,^0/_0$ des Eiweisses
durch die Mikroben zersetzt wurden. Aehnlich wie hier in vitro,
findet wohl der Vorgang im menschlichen Dickdarme statt und wir
sind berechtigt anzunehmen, dass auch bei der Umwandlung des
Speisebreis im Dickdarm mehr die Verdauungesäfte, als die darin
vorhandenen Spaltpilze betheiligt sind. In dem morphologischen
Theile seiner Arbeit beschreibt der Verf. einen aus den menschlichen
Fäces isolirten, dem Proteus vulgaris ähnlichen, damit jedoch nicht
identischen Mikroben, welcher aus Eiweiss viel CH_3SH, SH_2, Indol,

Skatol, flüchtige Fettsäuren, aber kein H oder CH_4 bildet. Diese Mikrobe zersetzt auch Zucker, wobei hauptsächlich Bernsteinsäure entsteht. Er ist fakultativ-anaërob. **Pruszyński.**

227. R. v. Pfungen: Beiträge zur Lehre von der Darmfäulniss der Eiweisskörper. Ueber die Darmfäulniss bei Obstipation [1]). Ein Ansteigen der Aetherschwefelsäuren findet besonders bei Koprostase, die so oft bei zu Bett liegenden Kranken auftritt, statt, ferner bei Anämie. Es wurde der Einfluss verschiedener Medikamente auf das Verhältniss der Sulfatschwefelsäure zur gepaarten ermittelt. Dabei wurde gefunden, dass bei Verwendung von Natriumbicarbonat, Calc. carb. und Acid. muriat. der Quotient nicht unter 6 sinkt; Infus. sennae und Mag. bismuthi sind wirkungslos. Eine Substanz, welche die Darmfäulniss wirksam hemmt, wurde unter den geprüften Körpern nicht gefunden. Gehen bei Obstipationen die Aetherschwefelsäuren zurück, so sinkt auch der Indikangehalt des Harns, ohne dass gerade eine Proportionalität bestände. Indikangehalt und Reaction des Harns, sowie die Reaction des Mageninhalts wurde durch die geprüften Medikamente und Abführmittel nicht beeinflusst. Nur das Mag. subnitr. liess bei bestehender Obstipation die gepaarten Schwefelsäuren ansteigen, um vom 5. Tage an eine auffallende Verminderung des Indikangehaltes zu bewirken. **Andreasch.**

228. Carl Schmitz: Zur Kenntniss der Darmfäulniss [2]). Von **Pöhl, Biernacki, Rovighi** und **Winternitz** ist die Thatsache festgestellt worden, dass bei Milch- oder Kefirdiät die Ausscheidung der Aetherschwefelsäuren im Harne sehr bedeutend herabgesetzt wird. **Rovighi** glaubte die Erklärung dieser Erscheinung in der desinficirenden Wirkung der Milchsäure zu finden. Verf. ist bei dem Studium dieser Frage zu folgendem Ergebniss gelangt: 1. Bei Fütterungsversuchen mit Milchzucker, welcher der gewöhnlichen Nahrung zugesetzt wurde, trat keine bemerkbare Herabminderung in der Ausscheidung der Aetherschwefelsäuren ein. 2. Zugabe von freier Salzsäure zum Futter bewirkt beim Hunde keine

---

[1]) Zeitschr. f. klin. Medicin **21**, 118—141. — [2]) Zeitschrift f. physiol. Chemie **17**, 401—403.

Verminderung der Ausscheidung. 3. Beim Menschen bewirkt die Zufuhr von freier Salzsäure in Quantitäten von 40—50 Tropfen einer $10\,^0/_0$igen Lösung während eines Tages eine merkliche Herabsetzung der Darmfäulniss, die an einigen Tagen eine Abnahme von $40\,^0/_0$ erfuhr. 4. Derjenige Bestandtheil in der Milch und in dem Kefir, welcher das Herabgehen der Aetherschwefelsäureausscheidung bewirkt, ist der Käsestoff, was sich leicht durch Fütterungsversuche an Hunden feststellen lässt. Hat der Hund vor der Fütterung mit Käsestoff gehungert, so kann man die Aetherschwefelsäure selbst zum Verschwinden bringen. . **Andreasch.**

229. Gèza Gava: Beiträge zur Kenntniss der pathologischen Veränderungen der Darmfäulniss[1]). Verf. findet, dass bei acuten Darmcatarrhen die Ausscheidung der Aetherschwefelsäuren unter die Norm sinkt, ebenso wie bei Verabreichung von Abführmitteln. Bei chronischen Darmcatarrhen aber findet man eine gesteigerte Ausscheidung, weil die Fäulnissproducte nicht so rasch entfernt und in grösserer Menge resorbirt werden. **L. Liebermann.**

230. L. Nencki: Das Methylmercaptan als Bestandtheil der menschlichen Darmgase[2]). Die Beobachtung von M. Nencki, dass bei der Eiweissgährung Methylmercaptan entsteht, legte die Vermuthung nahe, dass sich dieser Körper auch in dem menschlichen Darmkanal vorfinden möchte. Es war von vornherein anzunehmen, dass der grösste Theil des im Darm entstehenden Methylmercaptans gasförmig entweicht und ein nur geringer Theil in den Fäces zurückbleibt. Letztere wurden mit Wasser zu einem dünnen Brei angerührt und unter Zusatz von Oxalsäure (15 Grm. auf 0,5 Kgrm.) in der von M. Nencki [J. Th. **19**, 415] angegebenen Weise destillirt. Die Gase passirten zuerst ein Kölbchen zum Zurückhalten der Wasserdämpfe und darauf eine $3\,^0/_0$ige Cyanquecksilberlösung. Anfangs entwich hauptsächlich Kohlensäure, später kamen Gase, die in der Quecksilberlösung einen Anfangs gelben, später schwarzen Niederschlag

---

[1]) Mattem. és termiszettud. értesitö **10**, 139; ferner ungar. Archiv f. Medicin **1**, 288—300. — [2]) Sitzungsber. d. kais. Akademie in Wien, mathem.-naturw. Classe, III. Abth. **98**, 437—438. Die vorstehende Arbeit ist seinerzeit leider übersehen worden.

erzeugten. Der nach Verarbeitung von 3 Kgrm. Excremente erhaltene
Quecksilberniederschlag wurde mit Salzsäure destillirt und die Gase
in Bleiacetatlösung aufgefangen; es entstand darin ein gelber, krystallinischer Niederschlag, aus microscopischen Tafeln und Prismen bestehend. Obwohl die Menge für eine Analyse zu gering war, ist
doch durch das Bleisalz und den charakteristischen Geruch der Beweis für das Vorhandensein des Methylmercaptans in den menschlichen Excrementen erbracht.   Andreasch.

231. M. A. Olschanetzky: Ueber die Resorptionsfähigkeit
des Mastdarms[1]). Die untersuchten Salze (Jodkalium, Bromkalium
und Lithiumcarbonat) wurden in wässriger Lösung von gewöhnlicher
oder erhöhter Temperatur in Form eines Klystiers gegeben und der
Speichel alle 2, 3 resp. 5 Minuten und der Harn alle 5 Minuten
auf Jod etc. untersucht. Das Jod war im Speichel im Durchschnitt
nach $7^1/_2$ Minuten, im Harn nach 12 Minuten, bei erhöhter Temperatur
der Lösung nach 5, resp. $9^1/_2$ Minuten nachzuweisen. Das Lithium
fand sich nach $7^1/_4$, resp. $11^1/_2$ Minuten im Speichel, resp. Harn
vor. Es erfolgt also die Resorption der Salze im Mastdarme sehr
rasch, mindestens ebenso rasch, wie im Magen. Die Ausscheidung
des Jods durch die Nieren dauerte 44—48 Stunden, bei Verabreichung erwärmter Klystiere aber nur 20—44 Stunden.

                                                      Andreasch.

232. M. Bernstein: Ein Beitrag zur experimentellen Physiologie des Dünndarms[2]). Die Versuche des Verf.'s schliessen sich
an diejenigen von Hermann [J. Th. 19, 284] und besonders von
Ehrenthal und Blitstein [J. Th. 21, 275] an; es wurde insbesondere untersucht, ob nicht die hochgradige Vermehrung der Darm-
bacterien von wesentlichem Einflusse auf die Bildung des »Ringkothes«
in den abgeschlossenen Darmstücken sei. Zur vollständigen Desinfection wurde das resecirte Darmstück der Länge nach aufgeschnitten
und mit Borsäurelösung, zuletzt mit Sublimat gereinigt und wieder
reponirt. Von 5 Versuchen waren zwei durch hinzugetretene Peri-

---

1) Deutsches Archiv f. klin. Medicin 48, 619—627. — 2) Pflüger's
Archiv 53, 52—70.

tonitis getrübt, in den gelungenen Fällen fand sich in dem excidirten
Stücke des Darmes eine breiige oder mehr feste, zähe, klebrige
Masse, die sehr ähnlich war dem Inhalte des Darms von Hunden
mit angelegtem Anus präternaturalis und sich nur durch die Abwesenheit von Bacterien davon unterschied. Die grünlich-gelbe Masse
bestand hauptsächlich aus zerfallenen morphologischen Elementen.
Verf. schliesst daraus, dass die stete Abstossung von Epithelien von
der Darmwand ein physiologischer Vorgang ist; dafür spricht auch
die Zusammensetzung des Darmsaftes, in dessen Trockenrückstande
stets morphologische Elemente gefunden werden. Zur genaueren
Untersuchung solchen Secretes hat Verf. Hunde mit Thiry'schen
Darmfisteln benützt. Da ohne Reizung aus der Fistelöffnung kein
Secret abfloss, wurden einige CC. Kochsalzlösung (0,6 %) injicirt.
Eine Minute später kamen mehrere zusammenhängende, gelblich-grüne
theils schleimige, theils krümmlige Stücke, etwa 5 CC. nach einer
Ruhepause von 7 Tagen. Microscopisch besteht die Hauptmasse aus
einer schleimigen, körnigen, structurlosen Substanz, welche das gleiche
Ansehen wie die Massen aus den desinficirten Darmstücken hatte.
Man hat es in beiden Fällen jedenfalls mit einem physiologischen
Producte zu thun. Auch die Annahme, dass die Ausscheidungs-
producte des Dünndarmes einen grossen Theil der Excremente bilden,
gewinnt durch diese Versuche eine wesentliche Stütze.

Andreasch.

233. Ig. Grundzach: Ueber die Asche des normalen Koths [1]).

Im Laboratorium des Prof. M. v. Nencki analysirte der Verf. die
Asche des Kothes eines jungen gesunden Mannes bei gewöhnlicher
Kost. Die Basen wurden in veraschtem, die Säuren in nur getrock-
netem Kothe bestimmt. 100 Grm. Koth gaben 23,4 Grm. festen
Rückstandes, darin 2,915 Grm. Asche. 100 Theile Asche enthielten:

Natriumoxyd	3,821
Kaliumoxyd	12,000
Calciumoxyd	29,250
Magnesiumoxyd	7,570

---

[1]) Gazeta Lekarska 1892, Nr. 3, S. 48.

Eisenoxyd	2,445
Chlor	0,344
Schwefelsäure (SO_3)	0,653
Phosphorsäure (P_2O_5)	13,760
Kieselsäure (SiO_2)	0,052
Sand	2—4,46

Danach sind 22,13 $\%$ der Basen mit anorganischen, 77,87 $\%$ mit
organischen Säuren und CO_2 verbunden.   Pruszyński.

IX. Leber und Galle.

Uebersicht der Literatur
(einschliesslich der kurzen Referate).

Leber und Galle.

*Wilh. Lenz, über den Calciumgehalt der Leberzellen des
Rindes in seinen verschiedenen Entwicklungsstadien. Ing.-
Diss. Dorpat 1892, 47 pag.

*Leo v. Lingen, über den Gehalt der Leberzellen des Menschen
an Phosphor, Schwefel und Eisen. Ing.-Diss. Dorpat 1891,
Karow, 44 pag.

*Fr. Klein, einige an Eiweisskörpern der Leber und anderer
Organe gemachte Beobachtungen. Ing.-Diss. Kiel 1891, 15 pag.

*A. Loewenton, experimentelle Untersuchungen über den Einfluss
einiger Abführmittel und der Clysmata auf Secretion und
Zusammensetzung der Galle, sowie deren Wirkung bei Gallen-
abwesenheit im Darme. Ing.-Diss. Dorpat 1891.

*Jos. Dombrowski, experimentelle Untersuchungen über den Ein-
fluss einiger Abführmittel auf Secretion und Zusammensetzung der Galle. Ing.-Diss. Dorpat 1891. Vergl. E. Stadelmann J. Th. 21, 278.

*T. Cohn. Histologisches und Physiologisches über die grossen Gallen-
wege und die Leber. Ing.-Diss. Berlin 1892.

*L. Winteler, experimentelle Beiträge zur Frage des Kreislaufes der Galle. Ing.-Diss. Dorpat, Karow, 60 pag.

*E. Wertheimer, über die Circulation der Galle zwischen Darm und Leber. Compt. rend. Soc. biolog. **44**, 246—247; Compt. rend. **118**, 331—333.

*E. Stadelmann, der Icterus und seine verschiedenen Formen. Nebst Beiträgen zur Physiologie und Pathologie der Gallenabsonderung. Stuttgart 1891, Enke, 287 pag.

234. J. Glass, über den Einfluss einiger Natronsalze auf Secretion und Alkaliengehalt der Galle.

235. M. Michailow, über die Wirkung der Ureterenunterbindung auf die Absonderung und Zusammensetzung der Galle.

236. A. Dastre, über die Ausscheidung des Eisens durch die Galle.

237. Rud. Anselm, über die Eisenausscheidung durch die Galle.

G. Bunge, über den Eisengehalt der Leber. Cap. XII.

W. Weintraud, Untersuchungen über den Stickstoffumsatz bei Lebercirrhose. Cap. XVI.

238. N. P. Kratkow, über den Einfluss der Unterbindung des Gallenganges auf den Stoffwechsel im thierischen Organismus.

239. C. Ernst, über die Fäulniss der Galle und deren Einfluss auf die Darmfäulniss.

240. G. N. Stewart, die Wirkung der Electrolyse und der Fäulniss auf die Galle und besonders auf die Gallenfarbstoffe.

E. Hédon und J. Ville, über die Verdauung der Fette nach Gallenfistelanlegung. Cap. II.

*G. Hoppe-Seyler, über die Einwirkung des Tuberculins auf die Gallenfarbstoffbildung. Virchow's Arch. **128**, 43—47. Verf. hat mehrere Male nach Tuberculininjection das Auftreten von Icterus beobachtet; es wurde in diesen Fällen im Harn und im Kothe das ausgeschiedene Urobilin nach einer nicht eben genauen Methode bestimmt. Daraus wird geschlossen: Nach Injectionen von Tuberculin kann eine Polycholie eintreten, welche sich äussert in Icterus und erhöhter Urobilinausscheidung im Harn. Die letztere tritt anscheinend nur dann ein, wenn der Organismus durch Fieber, örtliche Störungen etc. auf die Injection reagirt. Es ist anzunehmen, dass das Tuberculin auf den Blutfarbstoff eine zerstörende Wirkung ausüben kann.   Andreasch.

241. Lassar-Cohn, über die Cholalsäure und einige Derivate derselben.

242. Lassar-Cohn, Vorkommen von Myristinsäure in der Rindergalle.

*M. Schiff, über die Gallensäurereaction und ihre Unterschiede
bei den Ochsen und Meerschweinchen. Arch. de physiol. 1892,
III, 594. Meerschweinchengalle gibt, wie Verf. schon früher (1868)
constatirte, die Pettenkofer'sche Reaction nicht; sie gibt hierbei
nur ein indifferentes Roth, nicht aber das charakteristische bläuliche
Purpurroth der Ochsengalle. Dasselbe Resultat ergab sich bei der
Neukomm'schen Modification der Probe. Die Galle von Nattern
(Zamenis virido, flavus, Tropidonoton natrix) gibt die Reaction.

Glycogen, Zucker.

243. Siegfr. Fränkel, Studien über Glycogen.
244. C. Voit. über die Glycogenbildung nach Aufnahme verschiedener Zuckerarten.
245. Dewevre, Notiz über die Zuckerbildung beim Winterfrosch.
  *J. Seegen, zur Zuckerbildung in der Leber. Dubois-Rey-
mond's Arch. physiol. Abth. 1892, pag. 34—53. Entgegnung auf
die Kritik des G.-R. Prof. Pflüger.
  Huppert, Salomon, über Glycogen im Blute. Cap. V.
  Diastatische Fermente im Blute. Cap. V.
  N. P. Krawkow, zur Frage über das Vorkommen von Kohlehydraten im Organismus (Glycogen). Cap. II.

---

234. J. Glass: Ueber den Einfluss einiger Natronsalze auf Secretion und Alkaliengehalt der Galle [1]).

Es wurden geprüft:
Natriumbicarbonat, Natriumchlorid und -Sulfat und künstliches Karls-
badersalz. Zur Alkalienbestimmung wurde die Gallenprobe eingedampft, verkohlt, 'die Kohle ausgezogen und weiter verascht, die
Filtrate mit Baryumchlorid und Baryumhydroxyd gefällt, aus dem
neuerlichen Filtrate der Baryt durch kohlensaures Ammon entfernt,
die Lösung verdampft und der geglühte Rückstand (Na Cl + K Cl)
gewogen. Die Methode von Bretschy bewährte sich nicht. Die
Medikamente wurden dem Fistelhunde mit der Schlundsonde eingegossen. Als Resultat der ausführlich mitgetheilten Versuche ergab
sich, dass die per os eingeführten Alkalien nicht in die Galle übertreten,
auch die Alkalescenz der Galle nicht verstärken. Der relative
Gehalt der Galle an Natronsalzen ist ein constanter, sowohl bei

---

[1]) Arch. f. experim. Pathol. u. Pharmak. 80, 241—274; auch Ing.
Diss. Dorpat, 63 pag.

Hunger, als wie bei Fütterung mit reinem Fleisch oder Fleisch mit Milch und Weissbrod. Eine cholagoge Wirkung lassen die Natronsalze nicht erkennen.   Andreasch.

235. M. Michailow: Ueber die Wirkung der Ureterenunterbindung auf die Absonderung und Zusammensetzung der Galle[1]). Vorläufige Mittheilung. Es ergaben sich als Resultate: 1. Die Gallenmenge bei Thieren mit unterbundenen Ureteren nimmt im allgemeinen im Vergleich mit unter gleichen Bedingungen hungernden Thieren zu. 2. Die Menge des festen Rückstandes und des spec. Gewichtes der Galle sinkt. 3. Die Reaction wird neutral (bei absolutem Hungern fand sie Verf. alkalisch). 4. Taurocholsäure verschwindet in sehr kurzer Zeit aus der Galle. 5. Harnstoff, welcher in normaler Galle in minimalen Quantitäten oder gar nicht gefunden wird, tritt in der Galle von Thieren mit unterbundenen Ureteren in beträchtlicher Menge auf. 6. Die Pigmentmenge nimmt bedeutend ab, ebenso die Gesammtmenge des Stickstoffs. 7. Die Stickstoffmenge der Extracte sinkt sehr stark.   Andreasch.

236. A. Dastre: Ueber die Ausscheidung des Eisens durch die Galle[2]). Das Eisen der Galle kann von der Zerstörung der Blutkörperchen in der Leber, also vom Blutfarbstoff oder von den zerstörten Geweben oder von der Aufnahme überschüssiger Mengen aus der Nahrung herrühren. Man kann also hämatolytisches und circulirendes Eisen unterscheiden. Wichtiger als die Bestimmung des Procentgehaltes an Eisen in der Galle ist die Feststellung der absoluten Menge desselben. In dieser Richtung hat Hamburger Versuche angestellt, welche aber in physiologischer Beziehung nicht ganz einwurfsfrei sind, er fand, dass der grösste Theil des eingeführten Eisens den Körper mit den Excrementen und dem Harne verlässt, nur ein sehr geringer Theil durch die Galle. Ferner zeigte sich das durch die Galle ausgeschiedene Eisen nur sehr wenig von dem eingeführten Eisen beeinflusst, was von Novi bestritten wurde. — D. hat das operative Verfahren bei der Anlegung der Gallen-

---

1) Petersburger medic. Wochenschr. 1892, Nr. 2. — 2) Arch. de Physiol. [5] 3, 135; Centralbl. f. Physiol. 5, 83—85.

fistel soweit vervollkommnet, dass die Thiere nachher vollständig gesund bleiben. Zu den Versuchen diente ein Hund von 25 Kgrm., der frei herumlaufen konnte und das Sammelgefäss für die Galle mit sich herumtrug. Er erhielt täglich in zwei Portionen 1 Ltr. Milch, 300 Grm. Weissbrod, 100 Grm. Zucker und 400 Grm. gekochtes entfettetes Fleisch. Das Eisen wurde meist in der 24 stündigen Gallenmenge bestimmt und zur Bestimmung stets grössere Mengen Galle, mindestens 100 CC. verwendet. Die Galle wurde zunächst in einem Porcellangefässe verkohlt, die Kohle in einer Platinschale verascht, der Rückstand in Salzsäure gelöst, das Eisen durch eisenfreies Zink reducirt und das Oxydul mittelst Permanganat titrirt. Die folgende Tabelle enthält die Resultate:

Tage	Gewicht der Galle	Trocken-rückstand	Eisen-menge	Tage	Gewicht der Galle	Trocken-rückstand	Eisen-menge
	Grm.	Grm.	Mgrm.		Grm.	Grm.	Mgrm.
16. Juni	216,5	8,17	3,20	15. Juli	246	10,5	1,50
25. „	251	11,0	3,57	16. „	247	10,5	1,50
26. „	261,6	10,5	3,57	17. „	260	10,5	3,20
1. Juli	253,5	10,5	2,22	18. „	286	10,5	3,20
2. „	230,7	10,5	2,22	19. „	258	10,5	1,80
5. „	275,4	10,5	1,50	20. „	243	10,5	1,80
8. „	232	10,5	1,90	21. „	244	10,5	2,75
9. „	228	10,5	1,90	22. „	244	10,5	2,76
10. „	2.6	10,5	1,90	24. „	231	10,5	1,23
11. „	252	10,5	3,25	25. „	209	10,5	1,90
12. „	241	10,5	3,25	26. „	207	10,5	1,90
13. „	289	10,5	1,11	27. „	248	10,5	2,87
14. „	231,9	10,5	1,11	30. „	307	10,5	2,87

Die Eisenmenge schwankt beträchtlich und unabhängig vom Wassergehalte und Trockenrückstande. Da die Eisenausscheidung trotz der constanten Ernährung wechselt, so muss geschlossen werden, dass die ausgeschiedene Eisenmenge von den blutbildenden und blutzersetzenden Factoren abhängt und nicht von der Ernährung. Die mittlere Eisenmenge beträgt 0,09 Mgrm. für das Kgrm; Hamburger fand 0,09—0,14.

237. Rud. Anselm: Ueber die Eisenausscheidung durch die Galle [1]). Ein 20,5 Kgrm. schwerer Gallenfistelhund schied binnen 24 Std. bei gleichbleibender Fütterung durchschnittlich 0,38 Mgrm. Eisen aus. In 100 CC. Galle eines im Stoffwechselgleichgewichte befindlichen Hundes sind 0,38 Mgrm. Eisen enthalten. Subcutan oder per os eingeführte organische oder unorganische Eisenverbindungen werden nicht durch die Galle ausgeschieden. Nach Darreichung von Ferr. oxyd. sacchar. und Ferr. dialys. trat gewöhnlich eine 1—2 Tage dauernde Verminderung des Farbstoffes und des Eisengehaltes der Galle ein. Subcutane Hämoglobininjection bewirkt eine Verringerung des Eisengehaltes der Galle und der Gallenmenge, der Harn bleibt aber normal und frei von Blutfarbstoff, Gallenfarbstoff und Eiweiss. Bei Beurtheilung des Verbleibens eines Eisenmittels kann man die Gallenausscheidung vollständig vernachlässigen; es bleibt dafür nur die chemische Untersuchung des Harns übrig. Das Hämol und Hämogallol zerlegen sich wie das Hämoglobin, wahrscheinlich nach ihrer Resorption im Darmkanale, in einen gefärbten eisenfreien und einen ungefärbten eisenhaltigen Atomcomplex. Der eisenhaltige Körper geht nicht oder nur in Spuren durch die Galle fort, der eisenfreie aber ausschliesslich durch die Galle als Gallenfarbstoff, wobei die Galle dickflüssiger wird. Bei Patienten mit Neigung zur Gallensteinbildung sind Hämoglobin, Hämogallol, Hämol, überhaupt blut- und hämatinhaltige Nahrungsmittel zu vermeiden.

Andreasch.

238. N. P. Kratkow: Ueber den Einfluss der Unterbindung des Gallenganges auf den Stoffwechsel im thierischen Organismus [2]). Die Versuche beziehen sich auf 16 hungernde Hunde; dieselben wurden zuerst bis zur Gewichtsconstanz gefüttert, darauf wurde täglich der Gaswechsel mittelst des Apparates von Paschutin bestimmt, ferner Temperatur und Gewichtsabnahme beobachtet. Nach Unterbindung des Gallenganges nehmen die Thiere sehr rasch an Gewicht ab und

---

[1]) Ing.-Diss. Dorpat, 107 pag., Arb. d. pharmak. Institute Dorpat 8, 51—107; durch chem. Centralbl. 1892, II, 486. — [2]) Wratsch 1891, Nr. 29; nach dem Autoreferat im Centralbl. f. d. medic. Wissensch. 1892, Nr. 51, pag. 932—933.

sterben bei einem Gewichtsverluste von 30—40%. Die Stickstoffausscheidung ist gesteigert, und zwar besonders die durch den Harnstoff und die Harnsäure; letztere wird schneller ausgeschieden, sodass
das Verhältniss des Harnstoffs zur Harnsäure mit dem Fortschreiten
der Gelbsucht andauernd sinkt. Die Gesammtmenge der Schwefelsäure, besonders die der präformirten, ist ebenfalls vermehrt, die
absolute Quantität der Aetherschwefelsäuren bleibt fast constant.
Wird sie aber gesteigert, so entspricht dies einem Maximum der
präformirten Schwefelsäure; ausser dem Darmkanale sind keine anderen
Quellen für die Aetherschwefelsäuren anzunehmen. Die Menge der
Phosphate steigt in den ersten Tagen, um später wieder zu sinken;
die Chlormenge sinkt ebenfalls allmählich, doch nicht regelmässig.
— Der Gaswechsel, der anfangs unverändert bleibt, zeigt nach einigen
Tagen eine Verminderung der Kohlensäure und des absorbirten Sauerstoffs. Die Wasserabgabe durch Lunge und Harn ist vermehrt, wodurch
der Körper einen beträchtlichen Wasserverlust erleidet. — Die Versuche lassen die Leber als ein Organ erscheinen, das die stickstoffhaltigen Producte der Zerstörung der Gewebe absorbirt und ausnützt
und somit dem raschen Verlust eines für den Organismus höchst
wichtigen Stoffes vorbeugt und das Individuum vor schnellem Tode
schützt. Durch die Unterbindung des Gallenganges verlieren die
Leberzellen diese Fähigkeit, die stickstoffhaltigen Producte werden
rasch durch den Harn ausgeschieden. Unter den gegebenen Bedingungen scheinen sich auch viele giftige Substanzen und Fermente
zu bilden; so erhält der Harn nach Unterbindung des Gallenganges
stark ausgeprägte diastatische Eigenschaften.   A n d r e a s c h.

239. Carl Ernst: Ueber die Fäulniss der Galle und deren Ein-
fluss auf die Darmfäulniss [1]). Um die Einwirkung der Galle auf die
Fäulnissprozesse kennen zu lernen, wurde einerseits Galle allein (I), andererseits
Fleischwasser (2200 CC.) mit wechselnden Gallenmengen (500, 250, 100 CC.
II, III, IV) und endlich Fleischwasser allein (V) in verschlossenen Kolben
sich selbst überlassen. Der Inhalt wurde nach 8 Wochen in der üblichen
Weise auf Indol, Phenol, arom. Oxysäuren etc. untersucht. Probe I gab
reichlich Indol, II—IV dasselbe in abstufender Menge, in V ohne Galle
wurde keines gefunden. Pepton wurde dagegen reichlich in Portion V,

---

[1]) Zeitschr. f. physiol. Chemie **16**, 205--219.

schwächer in den anderen Proben gefunden; Tyrosin, Leucin, Hydropara-
cumarsäure waren nicht vorhanden. II und III enthielten Ameisensäure.
Eine zweite Versuchsreihe ergab ähnliche Resultate, auch hier war Indol
dort am reichlichsten, wo am meisten Galle zugefügt worden war. Es zeigte
sich durch einen weiteren Versuch, dass als Quelle des Indols der Gallen-
schleim zu betrachten ist, Galle enthält schon 6 Std. nach dem Tode des
Thieres Indol. In einem Falle wurde auch die von Mylius [J. Th. **16**, 306]
aus fauler Galle dargestellte Desoxycholsäure aufgefunden. — Ferner
wurde einem längere Zeit hungernden Hunde in der Chloroformnarcose der
Darm herausgeschnitten und der Inhalt des Dick- und Dünndarms gesondert
untersucht. Der Dünndarm enthielt ausser Tyrosin kein Fäulnissproduct,
im Dickdarm waren alle ausser Ameisensäure zu finden. Bei anderen Hunden,
die vor der letzten Nahrungsaufnahme gehungert hatten und wenige Stunden
darauf getödtet wurden, war die Reaction im Jejunum schon alkalisch und
hier auch Indol und Skatol nachweisbar. — Weitere Versuche erstreckten
sich auf die Fäulniss von Gallenmucin mit und ohne Zusatz von Pankreas;
letzteres hat dabei auf die Fäulniss nicht befördernd eingewirkt, da Mucin
allein reichlichere Fäulnissproducte geliefert hatte. Andreasch.

**240. G. N. Stewart: Die Wirkung der Electrolyse und der
Fäulniss auf die Galle und besonders auf die Gallenfarbstoffe**[1]). Faulen
der Galle bewirkt fast die gleichen Veränderungen als zweistündige Electrolyse; dabei ändert die Galle ihre Farbe von Grün durch Braun in Gelb,
was in beiden Fällen einem Reductionsprocesse zuzuschreiben ist. Das Absorp-
tionsspectrum der Ochsengalle, welches im Wesentlichen das des Cholohämatins
von Mac Munn ist, wird beim Faulen der Galle deutlicher, während anderseits
auch die Wirkung der Anode dasselbe nur insofern beeinflusst, als weniger Roth,
dagegen mehr Grün und Blau durchgelassen wird, ohne dass die Hauptab-
sorptionsstreifen eine wesentliche Veränderung zeigen. Verf. hält dies für
einen Beweis dafür, dass die Absorptionsstreifen der Ochsengalle keinem
jener Gallenfarbstoffe angehören, welche man als die normale Reihe derselben
bezeichnen könnte. — Es muss deshalb das Cholohämatin eine Substanz sein,
welche sich gegenüber einem mässig starken Strome wesentlich anders verhält, als die Farbstoffe der Bilirubinreihe. Starke Ströme und andauerndes
Faulen bringen auch diese Absorptionsstreifen zum Verschwinden.

Andreasch.

**241. Lassar-Cohn: Ueber die Cholalsäure und einige Deri-
vate derselben**[2]). Verf. hat eine Reihe von Versuchen ausgeführt,

---

[1]) Studies from the Physiological laboratory of Owen's College, Manchest.
1891, pag. 201; durch Centralbl. f. Physiol. **5**, 437. — [2]) Zeitschr. f. physiol.
Chemie **16**, 488—504; im Auszuge auch Ber. d. d. chem. Gesellsch. **25**,
803—811.

um die Constitution der Cholalsäure aufzuklären. Phosphorpentachlorid bildet in Chloroformlösung aus der Cholalsäure eine nicht
krystallisirende, chlorhaltige Substanz, welche nach der Analyse noch
Sauerstoff enthält, was für das Vorhandensein einer Carboxylgruppe
in der Cholalsäure spricht. Schmelzendes Kali bildet aus cholal-
saurem Kalium bei 245° eine nicht krystallisirende Substanz der
Zusammensetzung $C_{19}H_{30}O_3$; da von Gorup-Besanez beim Ver-
schmelzen mit Aetzkali die Bildung von Essig- und Propionsäure
beobachtet wurde, dürfte die Zersetzung nach der Gleichung:
$C_{24}H_{40}O_5 + O_2 = C_2H_4O_2 + C_3H_6O_2 + C_{19}H_{30}O_3$ erfolgen. Dehydrocholsäure wurde auch durch Oxydation von Cholalsäure mit
Brom erhalten. Wird diese Säure wiederholt aus Alcohol unkrystalli-
sirt, so geht sie in den in Sodalösung unlöslichen, bis 221° schmelzenden Aethylester über. Daraus erklären sich nach Verf. die von
Hammarsten [J. Th. 11, 313] für diese von ihm entdeckte Substanz erhaltenen Zahlen, welche ihn zu der Aufstellung der Formel
$C_{25}H_{36}O_5$ veranlassten. Es wurde desshalb statt des Alcohols zum
Umkrystallisiren ein Gemenge von Aceton und Benzol verwendet.
L. erhielt ein Product, das $^1/_2$ Mol. Krystallbenzol enthielt, im getrockneten Zustande aber genau auf die Formel $C_{24}H_{34}O_5$ stimmende
Zahlen lieferte. Es ist daher auch der Cholalsäure die Strecker'sche
Formel $C_{24}H_{40}O_5$ zuzuerkennen. Sehr vortheilhaft lässt sich Dehydrocholsäure auch aus den bei der Darstellung der Cholalsäure nach
dem Mylius'schen Verfahren abfallenden Mutterlaugen durch Oxydation mittelst Chromsäure in Eisessig gewinnen. In diesen Mutterlaugen ist ein grosser Theil der Cholalsäure als Aethylester vorhanden. Durch Einwirkung von Phosphorpentachlorid (4 Mol.) auf
Dehydrocholsäure in Chloroform und darauf folgende Behandlung
mit Zinkstaub wurde ein Körper $C_{24}H_{32}Cl_2O_3$ erhalten, den Verf.
Bichlorisodehydrocholal nennt. Der Körper schmilzt bei
257° ohne Zersetzung und geht beim Behandeln mit conc. Schwefelsäure bei 50° in eine ebenfalls krystallisirende Substanz, $C_{24}H_{34}O_5$,
über, welche mit der Dehydrocholsäure isomer ist, keine saure Eigenschaften besitzt und vom Verf. Isodehydrocholal genannt wird.
Neben Bichlordehydrocholal wurde durch obige Behandlung noch
eine Monochlordehydrocholsäure erhalten, welche bei Be-

handlung mit Jodwasserstoff wieder Dehydrocholsäure lieferte. Weitere Untersuchungen sind in Aussicht gestellt.   A n d r e a s c h.

242. L a s s a r - C o h n: Vorkommen von Myristinsäure in der Rindergalle [1]). Bei der Darstellung der Cholalsäure nach dem Verfahren von M y l i u s erhält man bekanntlich eine geringe Menge eines unlöslichen Barytsalzes. Dasselbe, von 100 Litern Galle stammend, wurde in das Natronsalz übergeführt, dieses durch Baryumacetat in 5 Fractionen gefällt und in jeder Fraction wieder durch wiederholtes Umkrystallisiren aus Alcohol und partielle Fällung durch Magnesiumacetat eine Trennung der vorhandenen Fettsäuren zu bewerkstelligen gesucht. Dabei wurden schliesslich Stearin-, Palmitin-, Myristin- und Oelsäure erhalten. Das Vorkommen der Myristinsäure $C_{14}H_{28}O_2$, (höchstens $0,004\,^0/_0$ der Galle ausmachend) ist desshalb von Interesse, weil sie ausser in Pflanzen bisher nur im Wallrath nachgewiesen wurde.   A n d r e a s c h.

243. S i e g f r. F r ä n k e l: Studium über Glycogen [2]). Verf. suchte bei der Darstellung von Glycogen das Erwärmen zu umgehen, indem er zur Extraction solche Mittel anwandte, welche gleichzeitig die Eiweisskörper fällen sollten. Am besten bewährte sich dazu Trichloressigsäure. Das betreffende Organ (100 Grm.) wird rasch in eine $2-4\,^0/_0$ ige Lösung (250 CC.) der Säure gebracht (bei blutreichen Organen verwendet man besser $2\,^0/_0$ ige Lösungen mit $2-5\,^0/_0$ Essigsäure). Das Organ wird darin verrieben, die Lösung abfiltrirt, der Rückstand ausgepresst und so lange mit neuer Säure gewaschen, bis das Filtrat keine Jodreaction gibt. Das Filtrat wird mit der doppelten Menge Alcohol gefällt, der Niederschlag auf das Filter gebracht, mit Alcohol von 60 und $95^0/_0$ ausgewaschen, der Alcohol durch Aether verdrängt und das Präparat getrocknet. Es bildet darnach ein schneeweisses, nahezu aschefreies, vollkommen stickstofffreies Pulver. Die Ausbeute ist bei genügendem Auswaschen quantitativ, da der Rückstand nach K ü l z behandelt, keine Jodreaction mehr gibt. Als Zusammensetzung ergab sich die K ü l z 'sche Formel

---

[1]) Zeitschr. f. physiol. Chemie **17**, 67—77 und Ber. d. d. chem. Gesellsch. **25**, 1829—1835. — [2]) P f l ü g e r 's Arch. **52**, 125—136.

$6(C_6 H_{10} O_5) + H_2 O$, als spec. Drehung im Mittel bei $1^0/_0$ iger Lösung für $\alpha_{(D)}$ 197, 891^0. — Härtet man frische Kaninchenleber in $95^0/_0$igem. später in absolutem Alcohol, wäscht mit Aether aus und zerreibt zu feinem Pulver, so lässt sich diesem durch Wasser oder physiologische Kochsalzlösung kein Glycogen entziehen, sehr leicht aber, wenn man dem Wasser eiweissfällende Salze, Quecksilberchlorid, essigsaures Zink, Salzsäure und Jodquecksilberkalium zusetzt. Ebenso gibt frische Leber an destillirtes Wasser kein oder nur wenig Glycogen ab; dass es sich hierbei um keine Zerstörung des Glycogens durch das Leberferment handle, beweist der Versuch, durch Aetzkali ($5^0/_0$) oder Sodalösung, welche das Ferment rasch zerstören, Glycogen in Lösung zu bringen, indem auch hierbei kein Glycogen aufgenommen wird. Der erschöpfte Rückstand gibt aber nach der alten Methode oder nach dem neuen Verfahren verabeitet, reichliche Glycogenmengen. Verf. schliesst aus diesem Verhalten, dass das Glycogen sich in der Leber in einer schwer löslichen Form vorfindet, und zwar in Verbindung mit einem Eiweisskörper. Die Kohlehydratgruppe dieser Verbindung kann leicht wieder als Zucker oder Glycogen abgespalten werden: letzteres geschieht bei der Glycogendarstellung, und es ist nach Verf. zweifelhaft, ob Glycogen als solches im Organismus vorkommt.

Andreasch.

244. **Carl Voit: Ueber die Glycogenbildung nach Aufnahme verschiedener Zuckerarten**[1]). Nach Versuchen von Jac. G. Otto. A. C. Abbott, Grah. Lusk und Fr. Voit. Für die Bildung des Glycogens der Organe sind bekanntlich zwei Theorien: die der Anhydridbildung und die Ersparnisstheorie aufgestellt worden, welche nach den neuesten Untersuchungen beide ihre Berechtigung haben. Die Ablagerung bedeutender Quantitäten von Glycogen nach reichlicher Zufuhr von Zucker, welche nicht aus dem Eiweiss hervorgehen können [Erw. Voit, J. Th. **18**, 276, E. Külz ibid. **20**, 287]. bot die Möglichkeit, zu entscheiden, ob eine Zuckerart direct in Glycogen übergeht, sowie ferner zu erklären, warum bei Zufuhr der verschiedensten Zuckerarten doch stets das nämliche Glycogen sich findet. Als Versuchsthiere dienten Kaninchen oder Hühner, denen nach mehrtägigem Hungern die Zuckerarten beigebracht wurden.

---

[1]) Zeitschr. f. Biolog. **28**, 245—292.

Glycogenmengen nach Aufnahme verschiedener Zuckerarten. Die Resultate der diesbezüglichen Versuche enthält folgende
Tabelle.

Zuckerart	Glycogen der Leber in Grm.	Glycogen der Leber in %	Auf 1 Kgrm. Körpergew. in Grm.
50 Grm. Traubenzucker Huhn	5,37 ⎫ 7,3	15,3 ⎫ 16	31 ⎫ 35
80 „ „ Kaninch.	9,27 ⎭	16,8 ⎭	40 ⎭
60 „ Rohrzucker Huhn	4.94 ⎫	13,3 ⎫	30 ⎫
55 „ „ Kaninch.	4,35 ⎬ 5,5	7,4 ⎬ 10	17 ⎬ 22
60 „ „ „	8,50 ⎪	12,0 ⎪	21 ⎪
30 „ „ „	4,06 ⎭	6,5 ⎭	21 ⎭
54,8 „ Lävulose Huhn	3,99 ⎫ 4,6	10,5 ⎫ 10	24 ⎫ 22
54,8 „ „ Kaninch.	5,27 ⎭	9,1 ⎭ .	21 ⎭
60 „ Maltose Huhn	4,07 ⎫ 4,1	10,4 ⎫ 9	23 ⎫ 21
60 „ „ Kaninch.	4,13 ⎭	8,1 ⎭	19 ⎭
55 „ Galactose Huhn	0,67 ⎫ 0,8	1,3 ⎫ 1	3 ⎫ 3
68,2 „ „ Kaninch.	0,87 ⎭	1,5 ⎭	3 ⎭
32 „ Milchzucker Huhn	0,12	0,2	0,5
48 „ „ Kaninch.	0,87	1,7	4
32 „ „ „	0,14	0,4	0,7
32 „ „ „	— ⎫ 0,8	0,9 ⎫ 1	— ⎫ 3
50 „ „ „	— ⎪	0,7 ⎪	— ⎪
50 „ „ „	— ⎪	1,2 ⎪	— ⎪
50 „ „ „	— ⎪	1,5 ⎪	— ⎪
50 „ „ „	2,18 ⎭	3,6 ⎭	7 ⎭

Es verhalten sich also in grossen Dosen Galactose und Milchzucker
ganz anders, wie die übrigen Zuckerarten. Grosse Gaben von
Traubenzucker, Rohrzucker, Lävulose und Maltose bringen schon
nach 8 Std. (Zeit der Tödtung) eine so beträchtliche Anhäufung von
Glycogen in der Leber hervor, dass dasselbe sich nur aus der aufgenommenen Zuckerart gebildet haben kann; nach Aufnahme von
Galactose und Milchzucker findet sich ungleich weniger Glycogen,
so wenig, dass dasselbe wohl aus dem unterdess im Körper zersetzten
Eiweiss zu entstehen vermöchte. Aehnliche Resultate ergaben sich
aus den Untersuchungen von Salomon [J. Th. 4, 279] und Külz
[l. c]. Verhalten der Zuckerarten im Darmkanal und

im Harn. a) Rohrzucker. Bei einem Kaninchen aus obiger Versuchsreihe, welches 30 Grm. Rohrzucker erhalten hatte, wurden die
einzelnen Darmpartien gesondert untersucht. Der Inhalt wurde mit
überschüssigem Alcohol übergossen, das Filtrat nach Neutralisation
eingedampft, der Rückstand in Wasser gelöst; ein Theil der Lösung
diente zur Bestimmung des vorhandenen Invertzuckers mittelst Kupfersulfatlösung nach Allihn's Methode; in einem anderen Theile wurde
der Rohrzucker durch 0,1%ige Salzsäure invertirt, dann abermals
nach Allihn die Zuckermenge gemessen, die Differenz gab den
unveränderten Rohrzucker an; ein dritter Theil endlich wurde zur
Zerstörung der Lävulose mit 10%iger Salzsäure gekocht. Es
fanden sich:

	Rohr-zucker	Trauben-zucker	Lävulose	Invert-zucker	Von 100 Th. Zucker finden sich als			
					Rohr-zucker	Trauben-zucker	Lävu-lose	Invert-zucker
Magen	0,269	1,498	0,858	2,356	10	33	57	90
Dünndarm	0,002	—	—	0,005	24	—	—	76
Blinddarm	—	0,846	1,321	2,167	—	61	39	100
Dickdarm	—	—	—	0,102	—	—	—	100

Es scheint daher der Rohrzucker für gewöhnlich im Darm vollständig invertirt zu werden, wobei der überschüssige Invertzucker nach
der Resorption in der Leber in Glycogen übergeht. Doch gelangt
in gewissen Fällen auch Rohrzucker zur Resorption. b) Lävulose.
Die Lävulose bleibt im Darmkanale unverändert und wird als solche
in die Säfte aufgenommen und in extremen Fällen als solche im
Harne abgeschieden, wie speciell in dieser Richtung angestellte Versuche ergaben. c) Maltose. Für diese Zuckerart ist es sehr wahrscheinlich, dass sie im Darmkanal in Traubenzucker übergeht und
dieser dann in der Leber zu Glycogen wird. d) Galactose. Dieselbe
wird wahrscheinlich unverändert resorbirt. e) Milchzucker. Derselbe
geht sehr leicht in den Harn über, wie verschiedene Beobachter gefunden. Um zu ermitteln, ob im Darmkanal eine Spaltung stattfinde, wurde der in den Darmabschnitten vorhandene Zucker mit
Hefe zusammengebracht; bei Gegenwart von Traubenzucker musste
der Zucker durch die Gährung verschwinden, bei Gegenwart des
nicht gährungsfähigen Milchzuckers durfte sich keine Aenderung in

der Reductionsfähigkeit zeigen. Dabei muss mit sterilisirten Lösungen und rein gezüchteter Hefe (Verff. arbeiteten mit Saccharomyces apiculatus) experimentirt werden. Es zeigte sich, dass in den einzelnen Darmabschnitten im Wesentlichen nur unveränderter Milchzucker sich vorfand; dasselbe gilt auch für den Harn. — Da die Lävulose im Darm in keine andere Zuckerart übergeht, so kann man darnach keineswegs sagen, dass nur aus dem in die Säfte übergegangenen Traubenzucker Glycogen entsteht, wenigstens muss aus der Lävulose direct Glycogen in der Leber gebildet werden. Glycogenmenge nach subcutaner Einführung verschiedener Zuckerarten. Wenn Rohrzucker und Maltose nur desshalb Glycogenbildner sind, weil sie im Darmkanal in Traubenzucker übergehen, so dürfte die Zufuhr von Rohrzucker und Maltose zur Leber mit Umgehung des Darmes keine Anhäufung von Glycogen in der Leber hervorrufen; die Beibringung von Lävulose, Milchzucker und Galactose könnten nur dann zur Glycogenbildung führen, wenn die Leber die Eigenschaft besitzt, diese Zuckerarten in Dextrose überzuführen. Kaninchen wurden desshalb Zuckerlösungen unter die Haut eingespritzt (directe Einführung in die Blutbahn oder in die Bauchhöhle wurde nicht vertragen); die Glycogenmengen der Lebern waren danach: Bei Traubenzucker 3,5 Grm. (5%), bei Rohrzucker 0,4 Grm. (0,7%), bei Lävulose 5,5 Grm. (5,9%). Obwohl die Glycogenanhäufung nicht so bedeutend ist, bemerkt man doch den grossen Unterschied zwischen den Zuckerarten. Traubenzucker und Lävulose bewirken beträchtliche Glycogenbildung, man muss für letztere Zuckerart entweder eine Umwandlung in Traubenzucker oder in Dextroseanhydrid durch die Leberzellen annehmen. Rohrzucker bewirkt keine Glycogenbildung, er wird daher von der Leber nicht invertirt, dasselbe gilt für den Milchzucker. — Die Bedeutung des Glycogens im thierischen Organismus ist die eines Reservestoffes wie die des Stärkemehles in der Pflanze. Die durch eine Mahlzeit überschüssig zugeführten Nahrungsstoffe, Eiweiss, Fett und Kohlehydrate werden abgelagert, das gelöste circulirende Eiweiss als Organeiweiss, das Fett in den Reservoiren des Fettgewebes, der Zucker als das schwer diffendirbare Glycogen in den Leberzellen und anderen Organen.   Andreasch.

245. Dewevre: Notiz über die Zuckerbildung beim Winterfrosch[1]). Nach Schiff findet sich beim Winterfrosch weder Glycogen in der Leber noch Zucker im Blut. Verf. präcisirt diesen Befund dahin, dass im Winter das Glycogen der Leber allmählich abnimmt, und im dritten bis vierten Monat verschwindet. Hungernde Thiere verlieren das Glycogen schon in der zweiten bis sechsten Woche. Der Stich in den vierten Ventrikel bewirkt im Beginn des Winters nur schwierig Diabetes, und gar nicht mehr am Ende desselben. Nach Verf. giebt die Leber beim Winterfrosch das Glycogen schwieriger ab, weil es an diastatischem Ferment fehlt. Der Winterfrosch verhält sich also anders als ein Säugethier im Wintersschlaf, denn Murmelthiere werden während desselben diabetisch. Während das Glycogen in der Leber des Winterfrosches abnimmt, vermehrt es sich dagegen in den Muskeln, auch nach Aufhören der Nahrungsaufnahme. Später nimmt es auch hier langsam ab, ohne je ganz zu verschwinden. Bei der Inanition verschwindet dagegen das Glycogen früher aus den Muskeln als aus der Leber. Moleschott (1854) fand nach Exstirpation der Leber keinen Zucker im Blut des Frosches; dieser Befund, welcher für die ausschliessliche Zuckerbildung in der Leber verwerthet wurde, ist wahrscheinlich nur an Winterfröschen erhoben worden, denn bei Sommerfröschen beobachtete Verf. keinen sofortigen Schwund des Blutzuckers.   Herter.

---

[1]) Note sur la fonction glycogénique chez la grenouille d'hiver. Compt. rend. soc. biolog. **44**, 19—21.

X. Knochen und Knorpel.

Uebersicht der Literatur
(einschliesslich der kurzen Referate).

*S. Gabriel, zur Frage nach dem Fluorgehalt der Knochen und der Zähne. Zeitschrift f. analyt. Chemie 31, 522—525. G. kommt zu dem Schlusse, dass der Fluorgehalt der Zahnasche 0.1% nicht erreicht, also noch unter den von Carnot [siehe unten] gefundenen Werthen herabgeht. Das bei der Analyse stets erhaltene Deficit von 1% scheint einem anderen Elemente zuzukommen. Andreasch.

246. Ad. Carnot, Aufsuchung des Fluor in den modernen und in den fossilen Knochen.

247. Ad. Carnot, über die Zusammensetzung der fossilen Knochen und das Variiren ihres Gehaltes an Fluor in den verschiedenen geologischen Schichten.

248. Ad. Carnot, über eine Anwendung der chemischen Analyse zur Bestimmung des Alters prähistorischer menschlicher Knochen.

S. Brandl und H. Tappeiner, über die Ablagerungen von Fluorsalzen im Organismus nach Fütterung mit Fluornatrium. Cap. IV.

*R. A. Young, enthält der Knochen Mucin? Journ. of physiol. 13, 803—805. Verf. prüft unter Leitung von Halliburton, ob compacter Knochen (frei von Periost) Mucin enthält. Das Resultat war negativ; die mit Kalkwasser oder Barytwasser (1/5 gesättigt) hergestellten Extracte gaben mit Essigsäure keinen Niederschlag.

Herter.

*M. Pickardt, über die chemischen Bestandtheile des Hyalinknorpels. Inaug.-Dissert. Berlin 1891; durch Centralbl. f. Physiol. 6, No. 24, pag. 735. P. hat insbesondere die anorganischen Bestandtheile des Hyalinknorpels (Kehlkopfknorpel vom Rind) untersucht. Es betrugen in Procenten: Wassergehalt 40,2—57,4, Asche 7,286 (davon in Wasser löslich 62,81%). Zusammensetzung der Asche: H_3PO_4, H_2SO_4, HCl, CO_2, Na, Ca, Mg, kein Eisen, Kalium in Spuren oder fehlend. Die Kohlensäure ist nicht als kohlensaures Salz im Knorpel enthalten, sondern entsteht erst bei der Einäscherung. Der Arbeit ist eine ausführliche Uebersicht der bisherigen Arbeiten über die Zusammensetzung des Knorpels vorangestellt.

246. Ad. Carnot: Aufsuchung des Fluors in den modernen und in den fossilen Knochen [1]). C. analysirte die Asche verschiedener frischer Knochen:

	Mensch		Ochs Femur	Manati	Elephant		
	Femur, Körper	Femur, Kopf			Femur	Dentin	Elfen- bein
Calciumphosphat .	87,45	87,87	85,72	81,82	90,03	86,67	82,0×
Magnesiumphosphat	1,57	1,75	1,53	2,62	1,96	3,82	15,72
Calciumfluorid . .	0,35	0,37	0,45	0,63	0,47	0,43	0,20
Calciumchlorid . .	0,23	0,30	0,30	0,36	0,20	0,39	Spur
Calciumcarbonat. .	10,18	9,23	11,96	14,25	7,27	8,60	2,04
Eisenoxyd	0,10	0,13	0,13	0,15	0,15	0,20	0,08
Summa . .	99,88	99,65	100,09	99,83	100,08	100,11	100,12

Obige Analysen zeigen, dass die Zahnsubstanzen des Elephanten sehr reich an Magnesium sind, und dass das Elfenbein arm ist an Fluor und an Chlor. Zum Vergleich wurden eine Reihe fossiler Knochen untersucht:

	Herbivor	Ochs	Manati
Calciumphosphat	67,90	79,05	71.39
Magnesiumphosphat	1,97	0,65	2,27
Eisenphosphat	7,62	1,06	6,86
Calciumfluorid	0.88	1,70	3,82
Calciumchlorid	0,44	0,48	0,30
Calciumcarbonat	20,00	15,98	15,68
Kieselerde	0,75	0,10	0,35
Summa	99,56	99,02	100,67

Im Vergleich mit den frischen Knochen hat hier das Calciumphosphat abgenommen, das Carbonat dagegen zugenommen. Das Eisenphosphat muss sich auf Kosten des Calciumphosphat

---

[1]) Recherche du fluor dans les os modernes et les os fossiles. Compt. rend. **114**, 1189—1192.

gebildet haben; man erhält es bei Behandlung der fossilen Knochen mit verdünnter Säure in blauen Körnchen. Auffallend ist der hohe Gehalt an Calciumfluorid. Der Fluorgehalt ist noch höher in älteren Knochen. Verf. untersuchte noch einen Knochen vom Manati aus dem Miocen, einen solchen aus Charlestown (Süd-Carolina), einen Zahn von Elephas meridionalis aus dem Pliocen und einen solchen vom Mastodon aus dem Miocen. Neben Phosphorsäure 30,40, 30,15, 38,40 und 36,40 fand sich Fluor 2,51, 3,03, 2,11 und 2,59 %. Da das Calciumphosphat in Berührung mit verdünnten Lösungen von Fluoralkalien Fluor aufnimmt, so lässt sich die Anreicherung der fossilen Knochen mit Fluor auf diese Weise erklären. Es scheint die Tendenz zur Bildung einer apatitartigen Verbindung zu bestehen, doch geht die Fluoraufnahme noch über das Verhältniss im Apatit hinaus. Auch bei sedimentären Phosphaten ist eine solche metamorphosirende Wirkung zu verfolgen[1].   Herter.

247. Adolphe Carnot: Ueber die Zusammensetzung der fossilen Knochen und das Variiren ihres Gehalts an Fluor in den verschiedenen geologischen Schichten[2]. Zu den mitgetheilten Analysen, welche C. in Gemeinschaft von Goutal ausführte, lieferte Albert Gaudry das Material. Es wurde für die einzelnen Schichten die mittlere Zusammensetzung der Knochenasche ermittelt. Die folgenden Zahlen geben die erhaltenen Resultate in Procenten der Asche, für Phosphorsäure und für Fluor, der letzte Stab der Tabelle gibt das Verhältniss des gefundenen Fluorgehalts zu dem im Apatit bestehenden (1 Aequivalent Fluor auf 3 Aequivalente Phosphor).

Geologische Formation	Phosphorsäure anhydrid	Fluor	Verhältniss zum Fluor im Apatit
Silur . . .	31,01 %	2,59 %	0,94 %
Permisch . .	26,74 «	2,54 «	1,06 «
Trias . . .	14,33 «	1,16 « . .	0,91 «
Jura . . .	16,63 «	1,45 « ·	1,07 «

[1] Vergl. Carnot, ibid. 1005. — [2] Sur la composition des ossements fossiles et la variation de leur teneur en fluor dans les différents étages géologiques. Compt. rend. **115**, 243—246.

Geologische Formation	Phosphorsäure- anhydrid	Fluor	Verhältniss zum Fluor im Apatit
Kreide . .	34,78 %	2,87 %	0,90 %
Eocen . . .	30,24 «	1,90 «	0,70 «
Oligocen . .	36,81 «	2,05 «	0,63 «
Miocen . .	33,34 «	1,95 «	0,65 «
Pliocen . .	35,21 «	1,83 «	0,58 «
Quaternär . .	33,83 «	1,06 «	0,35 «
Modern . .	40,28 «	0,205 %	0,057 %

Zur Untersuchung dienten die Knochen verschiedener F i s c h e, R e p t i l i e n und S ä u g e t h i e r e. Es zeigte sich bei den f o s s i l e n Knochen der F l u o r g e h a l t sowohl procentisch als im Verhältniss zur Phosphorsäure bedeutend h ö h e r als bei frischen Knochen. In den Knochen aus der p r i m ä r e n und s e c u n d ä r e n Periode entsprach das Verhältniss zwischen Fluor und Phosphorsäure nahezu dem im Apatit. In den t e r t i ä r e n und q u a t e r n ä r e n Schichten nimmt der Fluorgehalt bedeutend ab, bleibt aber doch erheblich über dem Gehalt der frischen Knochen. Mit Berücksichtigung der in gleichaltrigen Lagen vorkommenden Differenzen lässt sich der Fluorgehalt zur Taxirung des A l t e r s fossiler Knochen benutzen.

Herter.

248. A d o l p h e C a r n o t: Ueber eine Anwendung der chemischen Analyse zur Bestimmung des Alters prähistorischer menschlicher Knochen[1]). In einer Sandgrube zu Billancourt (Seine) wurde neben Knochen von q u a t e r n ä r e n T h i e r e n eine m e n s c h l i c h e T i b i a gefunden, deren Alter zweifelhaft war. Dieselbe enthielt 19,65 % organischer Substanz, während die Thierknochen (I ein Röhrenknochen, II ein Schulterblatt eines Hirsches) nur 12,93 resp. 12,69 % enthielten. In der Asche fand sich:

	Thierknochen.		Menschliche Tibia.
	I	II	
Eisenoxyd . .	0,21 %	0,19 %	3,06 %
Kohlensäure . .	6,06 «	4,75 «	6,15 «
Phosphorsäure .	34,20 «	35,67 «	28,72 «
Fluor	1,43 «	1,84 «	0,17 «

---

[1]) Sur une application de l'analyse chimique pour fixer l'âge d'ossements humains préhistoriques. Compt. rend. **115**, 337—339.

Die Thierknochen enthielten . im Verhältniss zur Phosphorsäure 0,469 resp. 0,578 des zum Apatitverhältniss erforderlichen Fluors, die menschliche Tibia dagegen nur 0,066. Daraus schliesst C., dass die letztere **nicht aus derselben Zeit** stammt wie die beiden anderen Knochen. Herter.

XI. Muskeln und Nerven.

Uebersicht der Literatur
(einschliesslich der kurzen Referate).

Muskeln.

249. **Flor. A. Meyerhold**, ein Beitrag zur Kenntniss der sauren Reaction des Muskels.
250. **Cavazzani**, über die Wirkung des oxalsauren Kaliums auf das Muskelplasma.
251. **G. St. Johnson**, über die organischen Basen des Fleischsaftes.
252. **Arm. Gautier und L. Landi**, über das rückständige Leben und die Functionsproducte der vom lebenden Wesen getrennten Gewebe, besonders der Muskeln. Analytische Methoden; physiologische Wirkung der Muskelbasen.
    W. Cohnstein, über die Aenderung der Blutalkalescenz durch durch Muskelarbeit. Cap. V.
    S. Becke und H. Benedict, Einfluss der Muskelarbeit auf die Schwefelausscheidung. Cap. XV.
253. **Morat und Dufourt**, Zuckerverbrauch durch den Muskel; wahrscheinlicher Ursprung des Glycogens.
    *Morat et Dufourt, über den Glycogenverbrauch der Muskeln während der Thätigkeit. Arch. de physiol. [5] **4**, 457. Referat im nächsten Bande.

Nerven.

254. **A. Kossel und Fr. Freitag**, über einige Bestandtheile des Nervenmarkes und ihre Verbreitung in den Geweben des Thierkörpers.

255. L. v. Udránszky, chemische .Veränderung des centralen
   Nervensystems im Verlaufe der Wasserscheu.
256. Emil Cavazzani, über die Cerebrospinal-Flüssigkeit.
257. A. und E. Cavazzani, über die Circulation der Cerebrospinal-
   Flüssigkeit.
258. N. Zuntz, Beitrag zur Physiologie des Geschmackes.
   *Jacques Passy, Mittheilungen über die wahrnehmbaren Minima einiger
      Gerüche. Compt. rend. soc. biolog. **44**, 84—88, 137—141; Compt.
      rend. **114**, 306—308; 786—788.
   *Charles Henry, die Olfactometrie und die Physik der Dämpfe.
      Compt. rend. soc. biolog. **44**, 77—103.
   *Jacques Passy, über die Wahrnehmung der Gerüche. Ibid. 239
      bis 243.
   *Derselbe. der Geruch in der Reihe der Alcohole.   Ibid. 447
      bis 449; Compt. rend. **114**, 1140—1143.
   *Ch. Féré, P. Batigne und P. Ouvry, Untersuchungen über das
      Minimum, welches durch den Geruch und den Geschmack bei
      den Epileptikern wahrnehmbar ist. Mém. soc. biolog. 1892,
      259—270.
   A. B. Griffiths, über das Nervengewebe einiger Evertebraten.
      Cap. XIII.

**249. Flor. Alex. Meyerhold: Ein Beitrag zur Kenntniss
der sauren Reaction des Muskels** [1]).   Nach den Versuchen des Verf.'s
enthält der ruhende Muskel wahrscheinlich eine geringe Menge Milchsäure oder sauer reagirender Substanzen.   In destillirtem Wasser
oder physiologischer Kochsalzlösung bildet der Muskel bei Ausschluss
der Fäulniss durch Kälte Säure.   Sucht man die Fäulniss durch
fäulnisswidrige Körper wie Chinolin etc. zu verhüten, so wird dadurch der Vorgang der Säurebildung ganz beträchtlich vermindert.
Temperaturerhöhung bis zu 45° beschleunigt den Process, Kälte verlangsamt ihn, Siedehitze unterbricht ihn für kurze Zeit, hebt ihn
aber nicht auf, ebensowenig wie Alcohol.   Nach Nasse enthält der
frische Muskel von Winterfröschen etwa 4,3 $^0/_{00}$ Glycogen, Ranke
hat den Säuregehalt zu 2,4 $^0/_{00}$ gefunden.   Die gefundenen Säurewerthe sprechen gegen die Annahme, das Glycogen sei die Quelle
der Muskelsäure. 1 Theil Glycogen vermag 2,1 Theil Milchsäure

---

[1) Sitz.-Ber. d. physik.-medic. Soc. Erlangen **24**, 128—155; durch chem.
Centralbl. 1892, II, 835.

zu bilden, was für den Nasse'schen Werth an Glycogen 4,7 $^0/_{00}$
Milchsäure ergeben würde, ein Werth, über den die vom Verf. constatirten Säurewerthe weit hinausgehen. Jedenfalls ist das Glycogen
nicht als einzige Muttersubstanz der Fleischmilchsäure im Muskel
anzusehen.   Andreasch.

**250. Cavazzani: Ueber die Wirkung des oxalsauren Kaliums
auf das Muskelplasma** [1]). Verf. hat gefunden, dass das Kaliumoxalat
die Gerinnung des Muskelplasma beim Frosch verhindert oder verlangsamt. Verf. sucht die Herrmann'sche Theorie der Beziehungen
zwischen Muskelcontraction und Myosin-Gerinnung, auf dieses Faktum
gestützt, zu erweisen. Einerseits tritt die Todtenstarre viel später
und weniger intensiv bei mit Kaliumoxalat vergifteten Fröschen auf,
und obwohl so der todtenstarre Muskel den transparenten Eindruck
des normalen Muskels macht, ist er doch nicht im Stande, sich zu-
sammenzuziehen. Aber nach einer Bespülung mit Kochsalz kehrt
die Contractilität zurück, so dass also eine Schädigung der
Muskelfasern durch das Oxalat auszuschliessen ist. Ausserdem
zeigt der Verf., dass in Uebereinstimmung mit der Angabe von
Hammarsten und Lundberg, betreffend die Beziehung zwischen
Fibrin-Gerinnung und Kalksalzen, die Einspritzung von Calciumchlorid in die Aorta Muskelgerinnung hervorruft. Ferner, wenn
die Muskeln durch Kaliumoxalat die Contractilität verloren haben,
dann kann sie von Neuem durch eine Injection von Calciumchlorid
hervorgerufen werden.   Rosenfeld.

**251. G. St. Johnsohn: Ueber die organischen Basen des
Fleischsaftes** [2]). Verf. suchte jene Verbindungen zu bestimmen, welche
im wässrigen Fleischauszuge wirklich vorhanden sind und welche
erst aus der Muskelsubstanz durch die Einwirkung der chemischen
Reagentien entstehen. Das feinzerkleinerte Fleisch wurde mit Wasser
durchgeknetet und ausgepresst und die Operation mehrmals wiederholt. Durch Erwärmen auf 80 ^{0} wurden die Eiweissstoffe und zum

---

[1]) Dell azione dell ossalto potassica sul plasma muscolare. Riforma
Med. 1892, Juni, 131, 132. — [2]) Proceed. Roy. Soc. **50**, 288—302; durch
Ber. d. d. chem. Gesellsch. Referatb. **25**, 285. (Ref. Schertel).

grössten Theile die Farbstoffe zum Gerinnen gebracht und das Filtrat
zuerst durch Erwärmen bis zum Auftreten eines Schaumes, später im
Vacuum über Schwefelsäure bei durch Eiskühlung erzeugter niederer
Temperatur concentrirt. Es resultirte eine theils krystallinische,
theils gallertige Masse; letzte löste sich bei Behandlung mit ver-
dünntem Alcohol. Aus dem Rückstande wurde durch fractionirte
Krystallisation Kreatinin und Monokaliumphosphat, KH_2PO_4, erhalten.
Chlorkalium, das Liebig fand, ist wahrscheinlich erst durch die
Behandlungsweise aus den Chloriden organischer Basen entstanden.
Um die Bacterienwirkung auszuschliessen, wurde das Fleisch einer
Kuh unmittelbar nach dem Schlachten fein zertheilt mit Wasser
durchgeknetet, ausgepresst und mit einem grossen Ueberschusse einer
gesättigten Sublimatlösung gefällt. Einen und zwei Tage später
wurden grössere Portionen Fleisch von derselben Kuh in gleicher
Weise behandelt; während die zuerst behandelte Fleischportion nur
7 Stunden der Einwirkung der Bacterien ausgesetzt war, war dieses
bei den anderen 26 und 34 Stunden der Fall. Die Filtrate von den
durch Quecksilberchlorid erzeugten Niederschlägen setzten während
mehrwöchentlichen Stehens weisse Niederschläge ab, welche microscopisch völlig durchsichtige Kügelchen darstellten und dem Queck-
silberdoppelsalze des Kreatinins aus Harn glichen. Das daraus gewonnene Kreatininchlorhydrat war mit dem aus Harn dargestellten
isomorph; dasselbe war der Fall mit der daraus erhaltenen freien
Base, die beim Eindampfen im Vacuum wasserfreie Tafeln ergab.
Unter gleichen Umständen, d. h. beim Eindampfen ohne Erwärmung
bildet Kreatinin aus Harn verwitternde lange Prismen [vergl. Johnson
J. Th. 20, 68]. Fleischkreatinin löst sich in 490 Theilen Alcohol
(spec. Gew. 800) bei 13,7 °C; sein Golddoppelsalz ist in Aether
vollkommen löslich, zerlegt sich aber beim Verdampfen seiner äthe-
rischen Lösung in seine Bestandtheile. 9 Mol. Kreatinin reduciren
die gleiche Menge Kupferoxyd, wie 4 Mol. Glucose. Man kann
Fleischkreatinin nur dann in Gestalt gewässerter Prismen erhalten,
wenn eine Lösung vor der Krystallisation im Vacuum einige Zeit
auf 60 ° erwärmt worden war. — Kreatin wurde nur aus derjenigen
Fleischportion erhalten, welche erst 34 St. nach dem Schlachten in
Arbeit genommen worden war; dieselbe lieferte auch weniger Krea-

tinin. Verf. glaubt daraus schliessen zu dürfen, dass das Kreatin
kein Bestandtheil des Fleischsaftes ist, sondern dass es erst durch
die Bacterien aus Kreatinin oder einer nahestehenden Verbindung
entstehe. Obwohl Verf. angibt, dass aus einer mit Sublimat versetzten Lösung von reinem Kreatin im Verlaufe von einigen Monaten
die Kreatininverbindung sich ausscheidet, so erscheint ihm doch ausgeschlossen, dass diese Umwandlung bei seinen Versuchen stattgefunden habe, weil das Golddoppelsalz des aus Kreatin erzeugten Kreatinins von Aether nicht gelöst, sondern sofort zerlegt wird, während
das aus Fleisch dargestellte Kreatinin ein in Aether lösliches Chloraurat
liefert.

**252. Arm. Gautier und L. Landi: Ueber das rückstän-
dige Leben und die Functionsproducte der vom lebenden Wesen
getrennten Gewebe, besonders der Muskeln. Analytische Methoden.
Physiologische Wirkung der Muskelbasen** [1]). Verff. entnahmen einem
frisch geschlachteten Ochsen ein circa 1 Kgrm. schweres Stück
mageres Muskelfleisch, liessen dasselbe gefrieren und zerschnitten es
in der Kälte in 18 Stücke. Je 6 derselben bildeten eine Abtheilung.
Die Abtheilung I wurde sofort analysirt. Die Stücke der Abtheilung II
wurden einzeln in kaltes Wasser getaucht, welches gekocht und
behufs Tödtung der Keime von Microorganismen mit $1/2 \%$ Cyan-
waserstoff versetzt war; dann wurden dieselben mit Papier abgetrocknet, das mit derselben Lösung getränkt worden war, mit einem
ausgeglühten Platindraht durchstochen und in ein weites, an einer
Seite geschlossenes Glasrohr gebracht; das Rohr wurde
luftleer gepumpt, mit Kohlensäure gefüllt, nochmals ausgepumpt und
dann versiegelt 24 Tage lang bei $+2$ bis $+14^0$, 11 Tage bei
$+35$ bis 40^0 aufbewahrt. Die Abtheilung III wurde wie
die zweite behandelt, dann 93 Tage bei $+2$ bis $+25^0$ aufbe-

---

[1]) Sur la vie résiduelle et les produits au fonctionnement des tissus
séparés de l'être vivant. Compt. rend. **114**, 1048—1053. Sur les produits
du fonctionnement des tissus et particulièrement des muscles, séparés de
l'être vivant. Ibid., 1154—1159. Sur les produits de la vie résiduelle des
tissus, en particulier du tissu musculaire séparé de l'être vivant. Ibid.,
1312—1317. Phénomènes de la vie résiduelle du muscle séparé de l'être
vivant. Action physiologique des bases musculaires. Ibid., 1449—1455.

wahrt, bevor sie analysirt wurde. Die Muskelstücke behielten ihr
frisches Aussehen und entwickelten keinen Fäulnissgeruch. Sie
schieden, als die Temperatur über 20⁰ gestiegen war, eine rothe
Flüssigkeit ab, welche zwischen 25 und 30⁰ Flocken absetzte.
Diese Flüssigkeit sowie das Fleisch zeigte sich bei Culturversuchen
völlig steril. — Bei der Analyse wurde folgendermaassen verfahren. Der Gehalt an Wasser wurde nach Trocknen bei 105⁰
in einem Strom trockener Kohlensäure durch den Verlust bestimmt,
ebenso wurde beim Trocknen der Fette verfahren; beim Erhitzen
an der Luft nimmt das Gewicht durch Oxydation zu. Die löslichen
coagulirbaren Albuminstoffe (Albumin) wurden aus dem
Wasserauszug des Fleisches gewonnen durch Concentriren auf dem
Wasserbad zu $^1/_3$ des Volums, Zusatz gleicher Mengen gesättigter
Natriumsulfatlösung und einer Spur Essigsäure, Sammeln des Niederschlages, Waschen mit Wasser, mit schwachem Alkali (zur Entfernung
von etwas Caseïn), schliesslich mit Wasser, Alcohol und Aether. Die
erwähnte Alkalilösung, mit einer Spur Kalksalz versetzt und genau
mit Essigsäure neutralisirt, lieferte eine Fällung von Caseïn, der
grössere Theil dieses Körpers scheidet sich aber bereits spontan
flockig in der exsudirten Flüssigkeit ab; diese Flocken enthalten
auch etwas Nucleoalbumin, unlöslich in Kalkwasser und in Alkali-
carbonaten. Die unlöslichen Albuminstoffe wurden bestimmt,
indem das Fleisch erst kalt, dann heiss mit Wasser, darauf mit
Alcohol und mit Aether erschöpft wurde; von dem erhaltenen Gewicht wurden die unlöslichen Aschenbestandtheile abgezogen. Die
peptonisirbaren unlöslichen Albuminstoffe (Myosin)
wurden erhalten, indem man 30 Grm. Fleisch mit Wasser wusch,
dann bei 40⁰ mit 0,5 Grm. Pepsin, 2 CC. conc. Salzsäure und 100 Grm.
Wasser digerirte und den Rückstand der erhaltenen Lösung nach
Abzug der Asche als Pepton berechnete. Eine grössere Portion
des gehackten Fleisches wurde mit Wasser gekocht und heiss ausgewaschen. So wurde ein Extract erhalten, in dem organische
Basen, Ammoniak, Gelatin, Pepton, Extractivstoffe, Glycogen, Glycose.
Milchsäure bestimmt wurden. Nach Harnstoff suchten Verff. in
diesem Extract stets vergebens. Sie fällten dasselbe zu diesem Zweck
bei schwach essigsaurer Reaction mit Mercurinitrat aus, sättigten

die Lösung mit Natriumcarbonat und setzten abwechselnd Mercurinitrat und Natriumcarbonat hinzu, so dass die Reaction neutral erhalten wurde. Der erhaltene Quecksilberniederschlag wurde mit
Schwefelwasserstoff zerlegt, die entstandene Lösung mit Ammoniumcarbonat neutralisirt und bei 40 ^{0} im Vacuum eingedampft, der Rückstand mit concentrirtem Alcohol aufgenommen. Die B a s e n wurden
nach einer Methode von A. G a u t i e r [1]) getrennt. Das Extract
wurde im Vacuum bei 100 ^{0} auf $^1/_8$ eingedampft, mit neutralem
Bleiacetat ausgefällt, filtrirt, nachgewaschen, wieder auf die Hälfte
eingedampft, mit Schwefelwasserstoff entbleit, auf die Hälfte eingedampft und d i a l y s i r t. Das Dialysat wird concentrirt, mit Salpetersäure angesäuert und mit saurem Phosphormolybdat [2]) gefällt. Ein
sofort entstehender massiger gelber Niederschlag wird am besten
sogleich abfiltrirt, mit schwach salpetersaurem und mit reinem Wasser
gut gewaschen, dann einige Augenblicke mit einem Ueberschuss von
neutralem Bleiacetat gekocht, so dass die Basen einschliesslich des
grösseren Theils des Xanthin und Carnin in Lösung gehen, die Lösung in der Wärme mit Schwefelwasserstoff behandelt, bei 100^0 im
Vacuum eingedampft und der Rückstand mit A l c o h o l bei 50^0 aufgenommen. Ein Theil bleibt u n g e l ö s t (A), enthaltend K r e a t i n
und event. K r e a t i n i n, welche auch in schwachem Ammoniak sich
nicht lösen. Die a m m o n i a k a l i s c h e L ö s u n g lässt beim Eindampfen A d e n i n und G u a n i n fallen, X a n t h i n fällt auf Zusatz
von ammoniakalischem Bleisubacetat, während S a r k i n in Lösung
bleibt. Die oben erhaltene a l c o h o l i s c h e L ö s u n g wird neutralisirt, concentrirt und mit Q u e c k s i l b e r c h l o r i d versetzt. Der
entstandene N i e d e r s c h l a g (B) wird gewaschen und mit Schwefelwasserstoff zerlegt; die kochend filtrirte Lösung enthält 1. Substanzen,
welche durch K u p f e r a c e t a t i n d e r K ä l t e f ä l l b a r sind, den
C a r b o p y r i d i n v e r b i n d u n g e n ähnelnd, 2. solche, die mit K u p f e r-
acetat n u r i n d e r W ä r m e fallen, X a n t h i n b a s e n, 3. solche,
die dadurch n i c h t f ä l l b a r sind. Um sie zu gewinnen, wird die

---

[1]) Diese Methode zur T r e n n u n g d e r o r g a n i s c h e n B a s e n lässt
sich sehr a l l g e m e i n anwenden, auch bei der Analyse von Pflanzen. —
[2]) N a t r i u m p h o s p h o r m o l y b d a t 160 Grm., Salpetersäure 150 Grm.,
Wasser bis zum Liter.

Lösung mit Schwefelwasserstoff entkupfert und zur Trockne verdampft. Nimmt man mit Alcohol auf, so kann Kreatinin und Kreatin zurückbleiben, während Neurin, Cholin, Butylendiamine, Neuridin, Aethylenimine, Hydropyridinbasen, sowie Pyrrholderivate in Lösung gehen. Die Flüssigkeit, welche mit Quecksilberchlorid ausgefällt wurde (noch enthaltend die Basen C), wird von Alcohol befreit, mit Schwefelwasserstoff und mit Bleiacetat behandelt, filtrirt, wieder mit Schwefelwasserstoff behandelt und zur Trockne gebracht; beim Behandeln des Rückstandes mit schwachem Alcohol bleibt Kreatin etc. zurück, es lösen sich Oxyäthylenamin, Methylguanidin etc., welche man durch fractionirte Fällung mit Pikrinsäure in saurer Lösung, sowie mit Platinchlorid von einander trennt. Gelatine scheidet sich aus bei der Dialyse des wässrigen Extractes (siehe oben); es kann durch Phosphormolybdat gefällt und durch Kochen der Fällung mit Bleiacetat in Freiheit gesetzt werden. Die unbestimmten Extractivstoffe werden durch Phosphormolybdat nicht gefällt; man findet sie in der mit diesem Reagens behandelten Lösung, welche mit geringem Ueberschuss von Baryt aufgekocht, filtrirt, mit Schwefelsäure behandelt und zur Trockne verdampft wird; von dem Gewicht des Rückstandes zieht man die Mineralsalze und andere bereits bestimmte Bestandtheile ab. Zur Bestimmung von Glycogen wurde das wässrige Extract von 300 Grm. Fleisch schnell bei 40^0 im Vacuum concentrirt, mit Jodquecksilberjodkalium und Salzsäure ausgefällt, filtrirt, mit 40 Volum absol. Alcohol versetzt, der allmählich abgeschiedene Niederschlag in kochendem Wasser gelöst, die Lösung auf 50 CC. eingedampft, mit 4 CC. Salzsäure (S. G. 1,09) drei Stunden bei 95^0 digerirt und der aus dem Glycogen gebildete Zucker mit Kupferlösung titrirt. Das Ammoniak wurde in dem nach schwachem Ansäuern im Vacuum bei 45^0 auf $^1/_5$ Volum concentrirten Extract nach Schloesing titrirt. Die freie Milchsäure wurde mit Aether dem Extract-Rückstand entzogen, nach Ansäuern mit etwas Salzsäure wurde dann die Säure der Lactate aufgenommen. Die Acidität wurde mittelst Phtaleïn titrirt. Folgendes sind die erhaltenen Resultate in Procenten für das frische Fleisch (I) und für das conservirte (II und III).

	I	II			III		
		Flüssig-keit	Fleisch	Summe	Flüssig-keit	Fleisch	Summe
Wasser	68,780	17,348	51,643	68,991	8,696	60,647	69,343
Eiweiss, löslich . . .	3,453	0,662	0,803	1,465	0,402	1,135	1,537
Caseïn	Spur	0,483	Spur	0,483	0,248	Spur	0,248
Eiweiss, unlöslich, pep-tonisirbar	15,741	0,000	15,545	15,545	0,000	15,779	15,779
Collagen, Pepton, un-bestimmte Stoffe .	3,210	0,790	2,488	3,278	0,239	2,823	3,062
Basen, in Alcohol lös-lich	0,578	Spur	0,608	0,608	0,047	0,891	0,938
Basen, in Alcohol un-löslich	0,350	0,654	1,284	1,938	0,191	0,860	1,051
Aetherextract . . .	6,448	0,093	6,017	6,110	0,019	6,300	6,319
Ammoniak	0,020	0,001	0,026	0,027	0,021	0,027	0,048
Asche, löslich . . .	1,125	0,316	0,681	0,997	0,239	0,847	1.086
„ unlöslich. . .	0,246	0,094	0,287	0,381	0,065	0,208	0,273

Die Reaction des frischen Fleisches war neutral oder schwach alkalisch; das conservirte war sauer, entsprechend 0,527 resp. 0,112 Grm. NaOH auf 100 Grm. Fleisch. Die gebildete freie Milchsäure (0,001 resp. 0,00075 %) erklärt diese Acidität nicht; dieselbe beruht auf der Bildung einer kleinen Menge flüchtiger Säuren (Buttersäure, Essigsäure), wahrscheinlich aus Bestandttheilen des etwas verringerten Aetherextracts (Lecithin, Protagon) entstanden, ferner auf der Production von etwas saurem Pepton und von Nucleïn. Die scheinbare Zunahme des Wassers bei der Aufbewahrung des Fleisches ist durch Bildung anderer flüchtiger Substanzen von Alcohol, Fettsäuren, Gasen, zu erklären. Jedenfalls verschwindet das protoplasmatische Wasser nicht, die Processe in dem conservirten Gewebe unterscheiden sich nach Verff. also wesentlich von den unter Bindung von Wasser erfolgenden Spaltungen der Fäulniss. Characteristisch in diesem Sinne ist auch das Fehlen von Harnstoff, von erheblichen Mengen von Ammoniak und Kohlensäure (siehe unten), sowie von

22*

Schwefelwasserstoff, Indol oder Skatol in dem conservirten Fleisch. Die Menge des unlöslichen Eiweiss (Myosin) verändert sich im Laufe der Versuche nicht erheblich, dagegen zeigt die Tabelle eine beträchtliche Verminderung des löslichen Eiweiss (Albumin). Dieselbe erklärt sich zum Theil aus einer Umwandlung in Caseïn, hauptsächlich aber aus der reichlichen Bildung basischer Körper unter Abspaltung von Kohlensäure. Diese Körper sind identisch mit den im normalen Zustand gebildeten. Während die Xanthinkörper von 0,122 $^0/_0$ bis fast auf 0 sanken und das Kreatin bis auf Spuren verschwand, vermehrten sich die durch Quecksilberchlorid nicht fällbaren Basen (C) fast um das dreifache ihres Betrages; auch die durch Kupferacetat nicht fällbaren Glieder der Basen B vermehrten sich stark. Fett wurde in diesen Versuchen nicht gebildet. Das Glycogen, welches Anfangs 0,389 $^0/_0$ betrug, verschwand vollständig, wahrscheinlich zum Theil unter Bildung von Alcohol, welcher sicher nachgewiesen wurde (neben einer nicht bestimmten flüchtigen Aldehydsäure); da aber nicht so viel Kohlensäure gefunden wurde, als der totalen Zersetzung in Alcohol und Kohlensäure entsprechen würde, so muss ein Theil des Glycogen eine andere Umwandlung, z. B. in Essigsäure oder Buttersäure, erlitten haben. Die Gase in frischem Fleisch. nach zwei verschiedenen Methoden bestimmt, betrugen Kohlensäure 18,35 resp. 13,20$^0/_0$, Stickstoff 0,88 resp. 0,92$^0/_0$. Zwei Portionen, welche ausgepumpt und dann 6 Tage bei 39^0 conservirt wurden, lieferten Kohlensäure 27,5 resp. 24,35$^0/_0$, Stickstoff 1,1 resp. 0,78$^0/_0$, Wasserstoff 4,70 resp. 3,20$^0/_0$. Vom dritten oder vierten Tage an trat Wasserstoff [1]) auf, vielleicht als Product einer Buttersäure- oder Essigsäuregährung; eine Betheiligung von Mikroben schliessen Verff. dabei aus [2]). Interessant ist auch die

---

[1]) A. Béchamp (Compt. rend. **67**, 526; 1868) beobachtete in einem Straussenei, welches Erschütterungen erlitten hatte, die Entwickelung von Wasserstoff und Kohlensäure; daneben hatte sich Essigsäure gebildet. — [2]) Im Falle sich faulige Gährung einstellt, wird der Wasserstoff vom dritten Tage an sehr reichlich; daneben tritt bald Schwefelwasserstoff und eine Spur flüchtiger phosphorhaltiger Substanz auf. In einem Falle wurden von 100 Grm. Fleisch bei 38^0 am fünften Tage 92,27 CC. Gas

Entwickelung von freiem Stickstoff durch das Fleisch, eine Beobachtung, welche Verff. mit der bei Respirationsversuchen beobachteten Stickstoffausscheidung in Zusammenhang bringen. — Was die physiologische Wirkung der Fleischbasen betrifft, so wirken die Xanthinbasen, welche übrigens nur in geringer Menge zugegen sind, nicht toxisch. Die Carbopyridinbasen rufen zu 0,5 Grm. des Chlorhydrats pro Kgrm. einen leichten Stupor hervor. Die Neurinbasen, Hydropyrrolbasen etc. sind die giftigsten Bestandttheile der Quecksilberchloridfällung. Zu 0,01 Grm. rufen sie bei Mäusen tetanische Convulsionen hervor und tödten in ca. zwei Stunden. Die Kreatininbasen, welche durch Quecksilberchlorid nicht gefällt werden, bewirken in derselben Dose ebenfalls tetanische Krämpfe, darauf folgt bald Paralyse und in einer Stunde der Tod.

H e r t e r.

253. Morat und Dufourt: Zuckerverbrauch durch den Muskel; wahrscheinlicher Ursprung des Glycogens[1]). Im Anschlusse an die Theorie von Chauveau und Seegen, welche in dem Blutzucker das Arbeitsmaterial für den Muskel sehen, haben Verff. den Zuckerverbrauch in den Muskeln an den Oberschenkelmuskeln von Hunden in der Weise studirt, dass sie nach Anlegung einer festen Ligatur um das Kniegelenk zu gleicher Zeit Blut aus der Schenkelarterie und Vene entnahmen; indem letztere während der Blutentnahme oberhalb der Kanüle geschlossen wurde, musste alles aus den Muskeln kommende Blut durch die Kanüle austreten. Wurde zugleich die Dauer des Blutausflusses bestimmt, so gab die Differenz im Zuckergehalte beider Blutarten die während der beobachteten Zeit verbrauchte Zuckermenge. Nachdem letztere im Ruhezustande bestimmt, wurden die Nerven durch Inductionsströme gereizt und sowohl während der Contraction, als in der darauf folgenden Ruheperiode die Blutentnahme wiederholt. Es ergab sich,

gebildet, mit Kohlensäure 39,80 CC., Stickstoff 24,74 CC., Wasserstoff 26,13, Schwefelwasserstoff 1,09 und Grubengas 0,41 CC. Nach dem siebenten Tage nahm die Gasbildung schnell ab.

[1]) Arch. de physiol. 1892, pag. 327; durch Centralbl. f. d. medic. Wissensch. 1892, pag. 740.

dass der Zuckerverbrauch im thätigen Muskel bis zum 6fachen
grösser ist, als im ruhenden Muskel, und am grössten, wenn die
Thätigkeit bis zur Ermüdung geführt hat. In der auf die Thätigkeit folgende Ruheperiode ist der Zuckerverbrauch noch immer
2—5 mal so gross als vor der Arbeitsleistung. Höchst wahrscheinlich hat dieser letztere Zuckerverbrauch die Bedeutung, den durch
die vorausgegangene Arbeit verminderten resp. erschöpften Glycogen-
vorrath in den Muskeln wieder herzustellen, sodass der Muskel wieder zu neuer Arbeitsleistung befähigt ist.

254. **A. Kossel und Fr. Freitag: Ueber einige Bestandtheile des Nervenmarkes und ihre Verbreitung in den Geweben
des Thierkörpers**[1]). I. Protagon. Daraus, dass die bei verschiedenen Darstellungen gewonnenen Producte in ihrer Zusammensetzung
abweichen, schliessen die Verff., dass es neben dem Protagon von
Gamgee und Blankenhorn [J. Th. **9**, 74] noch eine Gruppe
von Stoffen gibt, welche ebenfalls als Protagone bezeichnet werden
müssen. Ferner entstehen aus dem Protagon zwei, vielleicht auch
drei homologe resp. ähnliche Körper, die Verff. nach
Thudichum als Cerebroside zusammenfassen; diese sind: das
Cerebrin, das Kerasin oder Homocerebrin und das Enkephalin. Es
ist desshalb wahrscheinlich auch die Muttersubstanz nicht eine einzige Verbindung, sondern es gibt mehrere Protagone, wie es mehrere
Fette oder Lecithine gibt. Die Kennzeichen der Protagone sind
folgende: sie enthalten C, H, N, O, P, zum Theil auch S; sie liefern
bei der Oxydation mit Salpetersäure höhere Fettsäuren; durch sie-
dende Schwefelsäure oder Salzsäure werden reducirende Kohlehydrate gebildet; aus allen Protagonen entstehen durch gelinde Einwirkung der Alkalien die Cerebroside, welche bei weiterer Spaltung
in Ammoniak, Zuckerarten (Galactose) und einen dritten Atomcomplex zerfallen; letzterer liefert mit Salpetersäure oder beim
Schmelzen mit Kali höhere Fettsäuren. Die Löslichkeit der Protagone wird durch andere Körper stark beeinflusst, insbesondere durch
das Kephalin (Thudichum), welches dem Lecithin nahe steht.
Wird das Gemenge von Kephalin und Protagon, wie es aus Aether

---

[1]) Zeitschr. f. physiol. Chemie **17**, 431—456; vergl. J. Th. **21**, 300.

gewonnen wird, verdunstet, so löst sich nach längerem Stehen im trockenen Zustande das Protagon nicht mehr und kann durch Waschen mit Aether vom Kephalin und Lecithin befreit werden. Man kann sich von der Abwesenheit dieser Körper durch Osmiumsäure überzeugen; reines Protagon färbt sich damit nicht, die anderen Substanzen werden geschwärzt. Die nach Liebreich und Gamgee und Blankenhorn dargestellten Präparate enthielten sämmtlich Schwefel (0,507—0,92 %). Beim Schmelzen mit Alkali bildet sich nur Sulfat, daher der Schwefel wahrscheinlich als gepaarte Schwefelsäure vorhanden ist. Das zu den Spaltungsversuchen dienende Präparat wurde folgendermaassen dargestellt. 50 frische von Häuten etc. befreite, fein zerhackte Rindshirne wurden mit Alcohol von 85 % durch 24 St. digerirt, der Alcohol abgegossen, die Masse abgepresst und mit Aether extrahirt. Der nicht gelöste Theil wurde mit 85 % Alcohol bei 50 ° digerirt, worauf sich beim Erkalten das Protagon abschied. Diese Operation wurde so oft wiederholt, als sich noch Protagon beim Erkalten abschied. Das Protagon wurde noch mit Aether gewaschen; seine Menge betrug 150 Grm. Als Mittelzahlen ergaben sich 66,25 C, 11,13 H, 3,25 N, 0,97 P, 0,51 S, 17,85 O. II. Bildet sich Cerebrin und Kerasin aus Protagon? Die Frage, ob das Cerebrin als chemisches Individuum im Nervenmark vorhanden ist, oder ob es aus der Zersetzung einer höheren Verbindung hervorgeht, ist bisher noch unentschieden geblieben. Statt dem Kochen mit Aetzbaryt lösen Verff. das Protagon in Methylalcohol und versetzen bei Wasserbadtemperatur mit einer methylalcoholischen Lösung von Aetzbaryt. Sofort bildet sich ein weisser voluminöser Niederschlag, der eine Verbindung von Cerebrin und Kerasin mit Baryt enthält; man digerirt noch einige Minuten und filtrirt sodann ab. Man zerlegt den Niederschlag mit Kohlensäure und zieht die abfiltrirte Masse bei 50 ° mit absolutem Alcohol aus. Zunächst krystallisirt vorwiegend Cerebrin aus, später, nach 2 Stunden vorwiegend Kerasin, dessen Ausscheidung erst nach 5—6 Tagen beendet ist. Eine vollständige Trennung kann durch wiederholtes Umkrystallisiren aus Alcohol bewirkt werden. Das Cerebrin stellt ein weisses kreideähnliches Pulver dar, aus microscopischen, radiär gestreiften Knöllchen bestehend. Mit verd. Schwe-

felsäure liefert es nach Thierfelder Galactose. Als Mittelanalyse
ergab sich: 68,99 C, 11,52 H, 2,25 N, 17,24 O; diese Zahlen
stimmen mit denen von Parcus [J. Th. 11, 334] genau überein.
Das Kerasin entsprach ebenfalls völlig der Beschreibung von
Parcus und lieferte folgende Zahlen: 70,00 C, 11,69 H, 2,24 N,
16,14 O. Die Menge dieser beiden aus dem Protagon dargestellten
Stoffe betrug ungefähr 50 %. Aus näher angeführten Gründen betrachten Verff. die beiden Körper als Zersetzungsproducte
des Protagons, nicht etwa als Beimengungen. III. Bestimmung des Molekulargewichtes vom Kerasin mit Hilfe
der Siedemethode. Eine bestimmte Entscheidung zwischen den
in Betracht kommenden Formeln ($C_{80}H_{158}N_2O_{14}$, $C_{76}H_{152}N_2O_{13}$, C_{70}
$H_{138}N_2O_{12}$, $C_{36}H_{72}NO_6$) liess sich nicht treffen, doch kann ein
Multiplum der Formeln mit 2 Atomen Stickstoff ausgeschlossen
werden. IV. Ueber einige Verbindungen des Cerebrins
und Kerasins. Die Barytverbindung des Cerebrins ergab
19,48—19,93 % BaO. Die Einführung organischer Complexe (Ben-
zoyl etc.) gelingt leicht, doch sind die Verbindungen leicht löslich
und lassen sich schwierig reinigen. Mit in Benzol gelöstem Brom
wurde eine Bromverbindung von 16,66 % Br erhalten. Das Brom-
kerasin ergab ähnliche Werthe (17,25, 16,93); dasselbe ist optisch
activ, $[\alpha]_D = -12^0 48'$. Bei beiden Verbindungen entspricht der
Bromgehalt dem Eintritte von 3 Atomen Brom auf 2 Atome Stickstoff. V. Zersetzung durch Salpetersäure. Durch Kochen
des Cerebrins und Kerasins mit Salpetersäure (1:3 Wasser) wird
Stearinsäure gebildet, aus ersterem entstehen 67,67—68,38 %, aus
letzterem 74,06—74,50 %. Dies ergibt, dass beim Cerebrin drei
Moleküle Stearinsäure auf 2 Atome Stickstoff kommen (ber. 68,5):
beim Kerasin ist die Uebereinstimmung nur annähernd (68,2 ber.).
Dadurch erscheinen die Formeln $C_{70}H_{140}N_2O_{13}$ resp. $C_{70}H_{138}N_2O_{12}$
als die wahrscheinlichsten für Cerebrin und Kerasin. VI. Ueber
die Verbreitung der Cerebroside im Thierkörper. Dieselben finden sich in allen markhaltigen Nervenfasern. Sie sind
auch im Gehirn des Störs enthalten. Aus Eiter wurden nach
gleichem Verfahren zwei Körper isolirt, welche aber mit Cerebrin
und Kerasin nicht identisch sind und für welche Verff. die Namen

Pyosin und Pyogenin vorschlagen. Ersteres ist in Alcohol schwer löslich und bildet ein feines weisses Pulver, das bei 238° schmilzt; letzteres schmilzt schon bei 221—222°. Beide Körper geben mit conc. Schwefelsäure Rothfärbung und spalten beim Erwärmen mit verdünnter Schwefelsäure eine reducirende Substanz ab. Die Analysen führten zu den Formeln: $C_{57}H_{110}N_2O_{15}$ oder $C_{58}H_{110}N_2O_{15}$ für Pyosin und $C_{65}H_{128}N_2O_{19}$ für Pyogenin. Ausserdem sind noch andere Cerebroside im Eiter enthalten. Auch in der Adipocire, die sich in der Schädelhöhle einer Leiche nach 10jährigem Liegen gebildet hatte, sowie in der Milz und in den Spermatozoen des Störs fanden sich Cerebroside vor. Andreasch.

255. **L. v. Udránszky: Chemische Veränderung des centralen Nervensystemes im Verlaufe der Wasserscheu**[1]). Verf. macht in dieser Arbeit Mittheilungen über die Schwankungen des Wassergehaltes. Er tödtete Hunde durch Verbluten und entnahm dem Cadaver die zur Untersuchung dienende Substanz. Der Wassergehalt einzelner Bestandtheile des centralen Nervensystems ist im Mittel aus je 3 Bestimmungen folgender: Rückenmark (Halstheile) 65,61 %, verlängertes Mark 71,01 %, Kleinhirn 74,89 %, graue Substanz aus der Gegend der grossen Ganglien 75,96 %, Hirnrinde 79,81 %. Zum Vergleiche mit diesen Daten wurden Wasserbestimmungen derselben Theile an zwei, mit Wuth behafteten Hunden ausgeführt; im ersten Falle waren die respct. Wassergehalte: Rückenmark 68,06 %, verlängertes Mark 71,06 %, Kleinhirn 79,00 %, graue Substanz aus der Gegend der grossen Ganglien 78,01 %, Hirnrinde 80,32 %; im II. Falle: Rückenmark 69,84 %, verlängertes Mark 74,52 %, Kleinhirn 77,36 %, graue Substanz aus der Gegend der grossen Ganglien 75,38 %, Hirnrinde 80,17 %. Das Resultat dieser Untersuchungen spricht nach Verf. dafür, dass im Verlaufe der Wasserscheu auch die chemische Zusammensetzung des centralen Nervensystemes einer Veränderung unterliegt.

Liebermann.

---

[1]) Orvosi hetilap, Budapest 1892, S. 43. Magyar orvosi archivum **1**, 208; ungar. Archiv f. Medic. **1**, 223—234.

256. Emil Cavazzan'i: **Ueber die Cerebrospinalflüssig-**
keit [1]). Um zu untersuchen, ob die Cerebrospinalflüssigkeit eine
verschiedene Zusammensetzung habe je nach der Thätigkeit des
Nervensystems, wurden Hunde, die unter gleichen Bedingungen gehalten worden waren, mit Cyanwasserstoff getödtet, die Flüssigkeit
sofort entnommen und untersucht.

Zeit	Menge in Grm. d. Cere-brospinal-Flüssigkeit	Tropfen der zur Neutrali-sation ver-brauchten Weinsäure-lösung	Feste Bestandtheile Grm.	Feste Bestandtheile %
Morgens	3,200	—	0,065	2,024
Abends	2,336	—	0,040	1,712
Morgens	3,230	20	0,0575	1,780
Abends	3,814	15	0,0613	1,609
Morgens	2,671	46	0,100	2,671
Abends	2,951	16	0,044	1,490
Morgens	1,280	11	0,025	1,953
Abends	1,725	9	0,024	1,391

Es geht daraus hervor, dass die Cerebrospinalflüssigkeit Morgens
mehr alkalisch ist als Abends, und dass ihre festen Bestandtheile
in der Frühe in grösserer Menge vorhanden sind als später (135 : 100).
Auch die menschliche Cerebrospinalflüssigkeit bietet dieselbe Verschiedenheit, wie Verf. in einem Falle von Fistel des Gehirnes bestätigen konnte.   A n d r e a s c h.

257. A. und E. Cavazzani: **Ueber die Circulation der**
Cerebrospinalflüssigkeit [2]). Versuche mit Einspritzungen von Ferrocyankalium oder Jodkalium in die Bauchhöhle ergaben, dass die Absonderung der Cerebrospinalflüssigkeit eine sehr langsame ist, indem
diese Stoffe im Durchschnitte nicht einmal in einer Stunde in der
Flüssigkeit nachweisbar waren. Umgekehrt gingen unter die Hirn-
haut eingespritzte Körper nach 20 Minuten bis 2 Stunden in den
Harn über.   A n d r e a s c h.

---

[1]) Centralbl. f. Physiol. 6, Nr. 14, pag. 393—394. — [2]) Centralbl. f.
Physiol. 6, Nr. 18, 533—536.

258. **N. Zuntz: Beitrag zur Physiologie des Geschmackes**[1]). Die Geschmacksempfindung wird bekanntlich durch die gleichzeitige Einwirkung anderer schmeckender Substanzen beeinflusst. Z. fand speciell für die Empfindung des Süssen, dass ihre Intensität erheblich gesteigert wird, wenn der Zuckerlösung bittere oder salzige Stoffe in so geringer Menge zugesetzt werden, dass sie für sich allein keine deutliche Geschmacksempfindung hervorrufen. So erscheint eine 12—15%ige Zuckerlösung durch einen Gehalt von 0,1% Kochsalz erheblich süsser. Eine salzhaltige 12%ige Zuckerlösung wird von den meisten Menschen für süsser erklärt als eine salzfreie 15%-Lösung. Ganz analog wirkt Chinin in solcher Verdünnung, dass der bittere Geschmack nicht mehr deutlich erkannt wird. Andreasch.

XII. Verschiedene Organe.

Uebersicht der Literatur

(einschliesslich der kurzen Referate).

259. C. Th. Mörner, Untersuchungen über die Proteïnsubstanzen in den lichtbrechenden Medien des Auges.

*O. Liebreich, ist Keratin, speciell das Mark von Hystrix, ein Glutinbildner? Arch. f. microsc. Anat. **40**, 320. Die Angabe von Nathusius-Königsborn und Stohmann, nach welcher die Marksubstanz der Stacheln des Stachelschweines beim Kochen Leim (Glutin) geben soll, ist nicht richtig. Es handelt sich hierbei nur um eine Keratinlösung, die zwar beim Erkalten gelatinirt, sonst jedoch die für Glutin oder Chondrin characteristischen Reactionen vermissen lässt. Dasselbe gilt für Hornspäne und Gänsefedern.

Andreasch.

M. Siegfried, über die chemischen Eigenschaften des reticulirten Gewebes. Cap. I.

260. G. Bunge, weitere Untersuchungen über die Aufnahme des Eisens in den Organismus des Säuglings. (Eisengehalt der Organe.)

---

[1]) Verhandl. d. physiol. Gesellsch. in Berlin; Dubois-Reymond's Arch. physiol. Abth. 1892, pag. 556.

261. G. Bunge, über den Eisengehalt der Leber.

262. L. Lapicque, einige Thatsachen, betreffend die Vertheilung des Eisens bei jüngeren Thieren.

J. Brandl und H. Tappeiner, über die Ablagerung von Fluorverbindungen im Organismus nach Fütterung mit Fluornatrium (Fluorgehalt der Organe). Cap. IV.

*J. Wiesner, über den microscopischen Nachweis der Kohle in ihren verschiedenen Formen und über die Uebereinstimmung des Lungenpigmentes mit der Russkohle. Monatsh. f. Chemie 13, 371—410. Das schwarze Lungenpigment, welches im Laufe des Lebens in jeder menschlichen Lunge, besonders im interlobulären Bindegewebe sich ansammelt und bisher seiner wahren Natur nach noch nicht genügend aufgeklärt wurde, besteht aus Russkohle in Form kleinerer oder grösserer dunkler Körper, welche durch Chromsäure in feine punktförmige, wochenlang in diesem Reagens sich anscheinend unverändert erhaltende Körnchen zerfällt. Die Melanine unterscheiden sich von den Körnchen des Lungenpigmentes durch ihre leichte, häufig schon nach wenigen Minuten erfolgende Zerstörung durch Chromsäure.   Andreasch.

*Guinard, Untersuchungen über die Hautresorption von in Fettkörpern eingeschlossenen Medikamenten. Lyon méd. 1891, No. 36—38; Centralbl. f. klin. Medic. 13, 373.

*Paul Ernst, über die Beziehung des Keratohyalins zum Hyalin. Virchow's Arch. 130, 279—296.

263. Brivois, über die medicamentöse cutane Electrolyse.

264. M. Traube-Mengarini, Untersuchungen über die Permeabilität der Haut.

*Du Mesnil, über das Resorptionsvermögen der menschlichen Haut. I. Resorption von Flüssigkeiten. Deutsches Arch. f. klin. Medic. 50, 101—111. 1) Die intacte menschliche Haut ist für Wasser und in ihm gelöste indifferente Stoffe auch bei langdauernder Einwirkung nicht durchgängig. 2) Die sogenannten keratolytischen Substanzen, Salicylsäure, Carbolsäure, Salol, werden in 1%iger Lösung von der vorher intacten Haut schon nach kurzer Zeit resorbirt. 3) Diese Resorption beruht nicht auf einer Continuitätstrennung der äusseren Decke, sondern auf einer specifischen Einwirkung der Medikamente auf die Hornschichte, wodurch die letztere jedoch nur für diese Stoffe durchgängig gemacht wird.
      Andreasch.

*Oddo und Silbert, Ausscheidung von Blei und Eisen durch die Haut bei acuter Bleivergiftung. Revue de méd. 1892 April, citirt nach Centralbl. f. klin. Med. 1892, No. 45. Die Autoren

theilen eine nicht ganz unerhebliche Ausscheidung von Blei und
Eisen bei Bleikrankheit mit. Die Ausscheidung ist constant und
proportional der Anaemie. Rosenfeld.

*Drasche, über krystallinische Ausscheidungen auf der
Haut beim Gebrauche des Salophens. Wiener medic. Wochenschr.
1892, No. 29. Die chemische Natur dieser Ausscheidung konnte
noch nicht festgestellt werden, doch handelt es sich wahrscheinlich
um unverändertes Salophen. Andreasch.

*R. Hitschmann, über die Wirkung des Salophens und die
krystallinische Ausscheidung desselben und verwandter Arznei-
körper durch die Haut. Wiener klin. Wochenschr. 1892, No. 49.
Ausser dem Salophen werden auch Phenacetin, Antifebrin und salicyls.
Natron durch die Haut in krystallinischer Form ausgeschieden.

*S. Fubini, Resorptionsgeschwindigkeit der Peritoneal-
höhle. Moleschott's Unters. z. Naturlehre. 14, 522—526. s. J.
Th. 21, 304.

*C. Posner, weitere Notiz zur Chemie des Samens. Centralbl.
f. d. medic. Wissensch. 1892, No. 13. P. hatte Gelegenheit eine
durch Punction entleerte Spermatocelenflüssigkeit zu untersuchen.
Die zahlreiche, aber unbewegliche Samenfäden enthaltende Flüssigkeit enthielt fast 2 $^0/_{00}$ Eiweiss, gab aber nach dem Kochen unter
Kochsalzzusatz keine Eiweissreaction mehr, das Filtrat blieb nach
Zusatz von Salpetersäure klar, die Biuretreaction war negativ. Es
unterliegt daher keinem Zweifel, dass das Propepton dem Samen nur
durch die accessorischen Drüsen zugeführt wird [vergl. J. Th. 20,
305]. Andreasch.

*G. Hüfner, Beitrag zur Lehre von der Athmung der Eier.
Dubois-Reymond's Arch., physiol. Abth. 1892, pag. 467—479.
Erwähnt sei daraus, dass das Gas des unbebrüteten Eies (vom Huhn)
in Volum-Procenten enthält: 18,94 O, 79,97 N, 1,09 CO_2; nach älteren
Angaben sollten 23,47—26,77 $^0/_0$ O vorhanden sein. Andreasch.

*Brown-Séquard, physiologische Wirkungen einer aus den
Sexualdrüsen und besonders aus den Testikeln ertrahirten
Flüssigkeit. Compt. rend. 114, 1237—1242.

265. A. Poehl, der Nachweis des Spermins in verschiedenen Drüsen
des thierischen Organismus und die chemische Zusammensetzung des Brown-Séquard'schen Heilmittels.

*Alexander Poel, physiologische Wirkung des Spermin.
Deutung seiner Wirkungen auf den Organismus. Compt. rend. 115,
129—132. Das von Brown-Séquard als tonisirendes Mittel
empfohlene Extract der Testikel enthält neben Albuminstoffen,
Lecithin, Nuclein, Leukomaïn, eine erhebliche Menge Spermin, dem
dasselbe nach P. [J. Th. 20, 62, 73] seine Wirksamkeit verdankt·

P. fand das Spermin auch in Prostata, Ovarien, Thyroidea, Thymus, Milz, im Blut sowie besonders auch im Pankreas, weshalb die Substanz Diabetikern empfohlen wird, bei denen die Functionen dieses Organs gestört sind. Das Spermin besitzt nach P. (in Uebereinstimmung [mit Mendelejeff) nicht die Formel C_2H_5N, welche Schreiner, sowie Ladenburg und Abel demselben zuschrieben, sondern $C_5H_{14}N_2$. Die Verbindung $C_5H_{14}N_2$, 2 HCl, PtCl$_4$ verlangt C 11,73, H 3,13, N 5,47, Pt 38,04 %, das Aethylenimin C 9,69, Pt 39,2; P. erhielt C 11,83, H 3,36, N 5,89, Pt 38,21 %. Die Wirkung des Spermins auf den Organismus erklärt Verf. durch eine die Oxydation befördernde Contactwirkung. Noch zu $1/_{10000}$ befördert es nach P. die Oxydation von Magnesium-Pulver bei Anwesenheit von Kupfer-, Platin-, Quecksilber- oder Gold-chlorid[1]), sowie die Bläuung von Guajaktinctur durch verdünntes Blut. Die Beförderung der physiologischen Oxydation wurde an der Steigerung des als Harnstoff ausgeschiedenen Theils des Harn-stickstoffs gemessen; nach Zufuhr von Spermin stieg dieser Theil von 87 % auf 96 %. Herter.

*A. Poehl, eine chemische Erklärung zur physiologischen Wirkung des Spermins. Bull. de l'acad. imp. des scienc. de St. Petersburg. 13, B. Centralbl. f. d. medic. Wissensch. 1892, No. 41, p. 750. Vermischt man eine Sperminlösung mit Magnesiumpulver und etwas Goldchlorid, so bildet sich reichlich Magnesiahydrat unter Entwicklung von Spermageruch. Das Spermin bleibt dabei unver-ändert und wirkt nur als Sauerstoffüberträger. Blut, das durch Zusatz von Chloroform oder anderer Substanzen, die Fähigkeit Guajaktinctur zu bläuen, verloren hatte, erhält diese wieder durch Zusatz von Spermin. Möglicherweise beruht die Wirkung des Spermins auf das Nervensystem auf dieser Sauerstoffübertragung.

*G. Moussu, Wirkungen der Thyroidectomie bei unseren Haus-thieren. Mém. soc. biolog. 1892, 271—276. Nach M. ist bei jungen Thieren die Exstirpation der Thyroidea gefährlicher als bei Erwachsenen. Herter.

---

[1]) Duclaux [Compt. rend. 115, 155—156, 549—550] bestreitet die Be-förderung dieses Processes durch Spermin. Dagegen führt P. (Ibid., 518—521) neue Versuche an, in denen die durch Spermin beförderte Oxydation des Magnesium an dem gleichzeitig entwickelten Wasserstoff gemessen wurde. Subcutane Injectionen von Spermin hatten entweder eine Verringerung der Leukomaine des Urins bei gleichzeitiger Vermehrung des Harnstoffs oder eine plötzliche vorübergehende Vermehrung der Leukomaine mit erst später eintretender Vermehrung des Harnstoffs zur Folge.

*N. Rogowitsch, über die Wirkungen der Abtragung der Glandula thyreoïdea bei den Thieren. Arch. d. physiol. [4] 2, 449—467.

*E. Gley, Wirkung von Bromkalium auf thyroïdectomirte Hunde. Comp. rend. soc. biolog. 44, 300—302.

*E. Gley, über die späten Störungen, welche beim Kaninchen nach Thyroïdectomie auftreten. Compt. rend. soc. biolog. 44, 666—669.

*H. Christiani, über die Thyroïdectomie bei der weissen Ratte. Compt. rend. 115, 390—391; Compt. rend. soc. biolog. 44, 798—799.

*Moussu, über die Function der Thyroïdea. Experimenteller Kretinismus in beiden typischen Formen. Compt. rend. soc. biolog. 44, 972—979.

*E. Gley, über die Wirkungen der Thyroïdectomie. Bemerkungen über die Mittheilung von Moussu. Ibid., 979—980.

*Heinr. Brunner, zur Chemie der Lecithine und des Brenzcatechins. Schweiz. Wochenschr. f. Pharm. 30, 121—123, chem. Centralbl. 1892, I, 758. In den Nebennieren ist eine reducirende Substanz enthalten, welche aus Jodsäure Jod ausscheidet, mit Ferricyankalium und Eisenchlorid Berlinerblau gibt und sowohl ammoniakalische Silberlösung wie Fehling'sche Lösung reducirt. Die Angabe von Alexander über das reichliche Vorkommen von Lecithin in diesen Organen konnte vom Verf. bestätigt werden. Aber weder Lecithin noch sein Spaltungsproduct Cholin geben alle angeführten Reactionen, dagegen enthielt das alcoholische Extract Brenzcatechin. Dasselbe wurde ausser durch die characteristischen Reactionen noch durch die Nitroprussidnatrium-Ammoniakreaction erkannt. — Um Lecithin nachzuweisen, erhitzt man dasselbe mit Natronlauge, neutralisirt mit Salzsäure, verdampft, löst den Rückstand in Wasser und setzt zum Filtrate einige Tropfen einer Böhm'schen Kaliummercurijodidlösung hinzu; es entsteht der für Cholin characteristische gelbe Niederschlag von Cholinmercurijodid, der auf Zusatz von frischgefälltem Silberoxyd in der Kälte Trimethylamin entwickelt.

*Carl Beier, Untersuchungen über das Vorkommen von Gallensäuren und Hippursäure in den Nebennieren. Ing.-Diss. Dorpat, 37 pag.

*E. Abelous und P. Langlois, über die toxische Wirkung des Blutes der Mammiferen nach Zerstörung der Suprarenalkapseln. Compt. rend. soc. biolog. 44, 165—166. Verff. (Ibid. 43, 28. Nov. 1891) zeigten, dass beim Frosch die Exstirpation beider Suprarenalkapseln den Tod unter paralytischen Erscheinungen zur Folge hat. Das Blut der unter diesen Verhältnissen sterbenden Frösche wirkt auf andere frisch operirte Thiere in derselben Weise wie

Curare. Ebenso sterben Meerschweinchen nach Exstirpation beider Suprarenalkapseln; es handelt sich nach Verff. um eine Autointoxication durch Stoffwechselproducte, welche bei normalen Thieren durch die Nebennieren unschädlich gemacht werden.

Herter.

*J. E. Abelous und P. Langlois, Zerstörung der Suprarenalkapseln beim Meerschwein. Comp. rend. soc. biolog. 44, 388—391.

*Brown-Séquard, Wirkung des Wasserextracts von Suprarenalkapseln auf Meerschweinchen, welche in Folge Exstirpation dieser Organe dem Tode nahe waren. Compt. rend. soc. biolog. 44, 410—411. Verf. hat früher (Arch. gén. de méd. 1856) festgestellt, dass Meerschweinchen nach Exstirpation der Nebennieren in 9 bis 23 Stunden sterben. Durch Einspritzung eines concentrirten wässerigen Extracts von Nebennieren anderer Meerschweinchen konnte der Zustand der moribunden Thiere wesentlich gebessert und das Leben um einige Stunden verlängert werden.   Herter.

*J. E. Abelous und P. Langlois, Giftigkeit des Alcoholextracts des Muskels von Fröschen, deren Suprarenalkapseln entfernt wurden. Compt. rend. soc. biolog. 44, 490. Das Extract der Muskeln wirkt giftig wie das Blut, auch nach Erhitzung auf 100⁰.

Herter.

*J. G. Abelous, Versuche, Suprarenalkapseln bei Fröschen zu transplantiren. Compt. rend. soc. biolog. 44, 864—866. A. transplantirte bei kräftigen Fröschen in einen Einschnitt des M. ilio-coccygens die Nebenniere nebst einem Theil der Niere eines anderen Individuum. Diese Thiere starben nicht nach Cauterisation beider Nebennieren, wohl aber nach Zerstörung auch des eingepflanzten Organs.   Herter.

---

259. **Carl Th. Mörner: Untersuchungen über die Proteïnsubstanzen in den lichtbrechenden Medien des Auges** [1]). Sämmtliche Untersuchungen sind an Rinderaugen angestellt worden. 1) Die Hornhaut. Verf. hat die Grundsubstanz, das Epithellager und die Descemet'sche Haut gesondert untersucht. a) Die Grundsubstanz der Hornhaut soll, älteren Untersuchungen zu Folge, Globuline, und zwar theils Paraglobulin und theils Fibrinogen, enthalten. Diese Angaben sind nach Mörner nicht richtig, denn die

---

[1]) Undersöckning af proteïnämnena i ögats ljusbrytande medier. Upsala 1892 (Inauguraldissertation 105 Seiten).

fraglichen Eiweisskörper stammen nicht von der Grundsubstanz, sondern von der Epithelialschicht her. Wird diese letztere sorgfältig .entfernt, so können nunmehr kaum nachweisbare Spuren von Eiweisskörpern aus der Grundsubstanz extrahirt. werden. Die Grundsubstanz besteht aus 2 Stoffen, nämlich Mucoïd und Collagen. Zur Darstellung des Corneamucoïds wurde die von der Epithelschicht und der Descemet'schen Haut sorgfältig befreite, fein zertheilte Grundsubstanz (gewöhnlich von 100—300 Hornhäuten) mit destillirtem Wasser oder mit schwach alkalischem Wasser (0,02 $^0/_0$ KOH oder 0,02—0,2 $^0/_0$ NH$_3$) bei Zimmertemperatur extrahirt, und zwar in dem Verhältnisse, dass auf je eine Hornhaut 10 CC. Flüssigkeit kamen. Aus der filtrirten Flüssigkeit wurde das Mucoïd mit Essigsäure gefällt und durch wiederholtes Auflösen in schwach alkalihaltigem Wasser und Ausfällen mit Essigsäure gereinigt. Die mit wenig Alkali dargestellten Lösungen des Mucoïds waren klar, von neutraler Reaction, nie schleimig oder fadenziehend und sie gerannen beim Sieden nicht. Von Säuren, anorganischen wie organischen, wird die Lösung gefällt; Gegenwart von Neutralsalzen kann jedoch die Fällung verhindern oder den Mucoïdniederschlag wieder auflösen. Ein Ueberschuss von Mineralsäuren löst das gefällte Mucoïd leicht, ein Ueberschuss von organischen Säuren dagegen sehr schwer. Die neutrale Mucoïdlösung wird von vielen Metallsalzen wie Zinnchlorür, Kupfersulfat, basischem Bleiacetat, Eisenchlorid und Alaun gefällt. Quecksilberchlorid und neutrales Bleiacetat fällen dagegen nicht. Die Substanz giebt die gewöhnlichen Farbenreactionen des Eiweisses, wenn auch verhältnissmässig schwach, sie enthält reichlich bleischwärzenden Schwefel und giebt nach dem Sieden mit verdünnter Salzsäure (5 $^0/_0$) reichliche Mengen einer reducirenden Substanz. Die Elementaranalysen der aus verschiedenen Darstellungen stammenden Präparate zeigten unter einander sehr gute Uebereinstimmung und ergaben für das Mucoïd folgende mittlere Zusammensetzung: 50,16 $^0/_0$ C, 6,97 $^0/_0$ H, 12,79 $^0/_0$ N, 2,07 $^0/_0$ S, 28,01 $^0/_0$ O. — Von dem Chondromucoïd unterscheidet sich das Corneamucoïd besonders dadurch, dass es keine Aetherschwefelsäure ist und dass dementsprechend bei seiner Zersetzung mit Salzsäure keine Schwefelsäure abgespaltet wird. Auch von den anderen, bisher

bekannten Mucoïden unterscheidet sich das Corneamucoïd in gewissen
Hinsichten. — Das Corneacollagen kann durch vollständiges
Auslaugen der Grundsubstanz mit sehr schwach alkalischem Wasser
als ungelöster Rest erhalten werden. Das aus ihm durch Erhitzen
mit Wasser auf 105—110° C. erhaltene Glutin verhält sich ganz
wie gewöhnlicher Leim. Als Mittelzahlen für die von ihm untersuchten Präparate fand M. 16,95 $\%$ N und 0,30 $\%$ S. Von dem verschiedenen Stickstoff- und Schwefelgehalte der zwei Hauptbestandtheile,
des Mucoïds und des Collagens, ausgehend, hat M. durch Bestimmung des Schwefel- und Stickstoffgehaltes der Grundsubstanz das
relative Mengenverhältniss dieser zwei Hauptbestandtheile zu ermitteln
versucht. Er fand dabei, dass die Grundsubstanz der Hornhaut zu
etwa 82,2 $\%$ aus Collagen und zu etwa 17,8 $\%$ aus Mucoïd besteht.
— b) Das Epithellager der Hornhaut. In dieser Schicht fand
M. zwei Globuline, von denen das eine, welches in reichlicher Menge
vorkommt, mit dem Paraglobulin identisch zu sein scheint. Das
andere, nur in geringer Menge vorkommende Globulin, ähnelte sehr
dem Myosin. Die Descemet'sche Haut ähnelt in chemischer
Hinsicht der Linsenkapsel so sehr, dass sie von M. mit ihr zusammen
abgehandelt wird. II. Die glasähnlichen Membranen. Von
der Linsenkapsel wurde nur die vordere, etwas dickere Hälfte zu
der Untersuchung verwendet. Bezüglich der Handgriffe und Vor-
sichtsmassregeln, welche behufs der Präparation der Linsenkapsel in
reinem Zustande erforderlich sind, muss auf das Original verwiesen
werden. Die Descemet'sche Haut und die Linsenkapsel enthalten
beide nur Spuren von Eiweiss, aber keine durch verdünntes Alkali
extrahirbare Mucoïdsubstanz. Nach vollständigem Auslaugen mit
schwach alkalischem Wasser und darauffolgendem Auswaschen des
Alkalis mit Wasser erhält man die eigentliche Membransubstanz von
dem ursprünglichen Aussehen und der Beschaffenheit der Häute als
ungelösten Rest. Diese Substanz repräsentirt nach M. eine besondere
Gruppe von Proteïnsubstanzen, welche mit keiner der bisher bekannten Gruppen identisch ist. Für diese Gruppe schlägt M. den
Namen Membranin vor. Die Membranine der Descemet'schen
Haut und der Linsenkapsel sind nicht identisch, sie unterscheiden
sich durch eine ungleiche Widerstandsfähigkeit gegen gewisse
Lösungsmittel. Das Membranin der Linsenkapsel ist leichtlöslicher

in allen Lösungsmitteln. Für die Membranine sind folgende Eigenschaften gemeinsam. Bei gewöhnlicher Temperatur sind sie unlöslich
in Wasser, Salzlösungen, verdünnten Säuren und Alkalien; bei
höherer Temperatur werden sie dagegen davon gelöst. Von concentrirten Mineralsäuren und Alkalien werden sie bei Zimmertemperatur
angegriffen, das Membranin der Descemet'schen Haut aber
ungleich schwieriger als das Kapselmembranin. Von Pepsinchlorwasserstoffsäure wie von alkalischer Trypsinlösung können beide Membranine gelöst werden, dasjenige der Descemet'schen Haut jedoch
äusserst schwer und selbst bei Anwendung von sehr enzymreichen
Lösungen erst nach 48 Stunden. Das Membranin löst sich in Wasser
beim Erhitzen, das Kapselmembranin schon nach 6—8 Stunden in
siedendem Wasser, das Hautmembranin dagegen erst beim Erhitzen
auf 130—135° C. während 5 Stunden. In beiden Fällen gelatinirt
die Lösung nach gehöriger Concentration beim Erkalten nicht. Diese
Lösung wird von Alcohol, Gerbsäure, Mercuronitrat, Phosphormolybdänsäure und Quecksilberjodidjodkalium mit Salzsäure gefällt. Die
anderen, gewöhnlichen eiweissfällenden Reagentien bewirkten dagegen
keine Niederschläge. Das Membranin wird von dem Millon'schen
Reagens ausserordentlich schön roth gefärbt, wogegen mit concentrirter Salzsäure oder dem Reagens von Adamkiewicz keine characteristischer Färbung erhalten wird. Es enthält bleischwärzenden
Schwefel und giebt beim Erhitzen mit Salzsäure (5 %) am Wasserbade wie die Mucine eine reducirende Substanz. In dem Membranin
der Descemet'schen Haut fand M. als Mittel 14,77 % N und
0,90 % S; in demjenigen der Linsenkapsel fand er 14,10 % und
0,83 % S. — III. Der Glaskörper. M. bespricht in diesem
Abschnitte theils die Flüssigkeit und theils die Häute des Glaskörpers.
— a) Die Flüssigkeit enthält, ausser sehr geringen Eiweissmengen, auch ein Mucoïd, dessen Nachweis durch Essigsäurezusatz
indessen, wegen des verhältnissmässig grossen Salzgehaltes der
Flüssigkeit, nicht immer direct gelingt. Dies ist auch der Grund,
warum diese Substanz von einigen früheren Forschern übersehen
worden ist. Verdünnt man die Flüssigkeit erst mit 2—3 Vol.
destillirtem Wasser und fügt dann 1 % Essigsäure hinzu, so findet
die Ausfällung des Mucoïds regelmässig statt. Dieses Mucoïd,

Hyalomucoïd nach M., enthält als Mittel 12,27 % N und
1,19 % S, und es unterscheidet sich durch einen niedrigen Schwefel-
gehalt von dem Corneamucoïde. — b) Die Häute des Glaskörpers
gaben nach 5 stündigem Erhitzen mit Wasser auf 105—108⁰ C.
eine beim Erkalten gelatinirende Lösung von typischem Glutin.
Die entgegengesetzte Angabe von Cahn erklärt sich dadurch, dass
dieser Forscher zu lange Zeit (16 Stunden bei 120⁰ C.) mit Wasser
erhitzte. IV. Die Krystalllinse. Mörner hebt hier zunächst
hervor, dass die Linse, wie schon vorher Berzelius und Béchamp
behauptet haben, aus einem löslichem und einem unlöslichen Theil
besteht. Durch Zerschütteln oder Zerreiben der Linsenmasse mit
Wasser oder Neutralsalzlösung und Absetzenlassen erhält man einen
reichlichen Bodensatz, welcher mit Wasser oder Salzlösung ganz vollständig ausgewaschen und von löslichem Eiweiss befreit werden
kann. Auf dem Filtrum gesammelt, stellt er eine weisse, schwach
perlmutterglänzende, äusserst feinfaserige Masse dar, die bei microscopischer Untersuchung nur aus Linsenfasern oder Bruchstücken von
solchem besteht. Quantitative Bestimmungen ergaben, dass dieser
unlösliche Theil als Mittel 48 % des Gesammtgewichtes der Linsenmasse beträgt; M. sucht ferner (durch vielleicht nicht ganz einwurfsfreie Versuche) zu beweisen, dass die Menge dieser unlöslichen Substanz gegen das Centrum der Krystalllinse stark zunimmt. Nach
dieser vorausgeschickten Mittheilung geht M. zu einer gesonderten
Besprechung der unlöslichen und der löslichen Proteïnsubstanzen der
Krystalllinse über. a) Die unlösliche Proteïnsubstanz der
Linse wird von M. Albumoïd genannt. Sie ist indessen, wie er
gefunden hat, ein unlöslicher Eiweisskörper, der sowohl in sehr verdünnten Säuren wie Alkalien sich löst. Die Lösung in Kalilauge
von 0,1 % ähnelt sehr einer Alkalialbuminatlösung. Von einer
solchen unterscheidet sie sich indessen dadurch, dass die fast neutrale
mit etwa 8 % NaCl versetzte Lösung schon gegen 50⁰ C. gerinnt.
Bei der Lösung dieser Substanz in verdünntem Alkali findet keine
Abspaltung von Eiweiss oder irgend einem anderen Körper statt,
sondern die unlöslichen Linsenfasern gehen glatt in eine gelöste
Modification über. Dem entsprechend hat auch, so weit dies aus
den Zahlen für Stickstoff und Schwefel zu ersehen ist, die in Alkali

gelöste und darauf mit Essigsäure wieder gefällte Substanz dieselbe Zusammensetzung wie die Linsenfasern selbst. Diese letzteren enthalten 16,61 $^0/_0$ N und 0,77 $^0/_0$ S. Für die gelöste und wieder gefällte Substanz fand M. folgende Zusammensetzung: 53,12 $^0/_0$ C. 6,80 $^0/_0$ H, 16,62 $^0/_0$ N, 0,79 $^0/_0$ S. Die specifische Drehung des gelösten Albumoïds (in etwa 2,5 procentiger Lösung) bestimmte M. zu α (D) = — 50,9 à — 52,2 ^{0}. b) Die löslichen Eiweissstoffe sind ein Albumin und zwei Globuline. Das Albumin, dessen Eigenschaften wegen Mangels an Material nicht näher studirt werden konnten, kommt in so verschwindend kleiner Menge vor, dass es wohl kaum mehr als 1 $^0/_0$ von der Gesammtmenge der löslichen Eiweissstoffe beträgt. Der Globuline sind zwei, von denen das eine, das α-Globulin, ärmer an Schwefel, das andere, das β-Globulin, reicher an Schwefel ist. Das α-Globulin kann leicht gewonnen werden, wenn man ein Wasserextract der Linse mit sehr wenig Essigsäure (0,02—0,04 $^0/_0$) versetzt. Der Niederschlag wird dann durch wiederholtes Auflösen in Ammoniak, von 0,01 $^0/_0$ NH$_3$, Ausfällen mit Essigsäure und Auswaschen mit Wasser gereinigt. Die mit möglichst wenig Alkali bereitete, neutral reagirende Lösung dieses Globulins wird durch NaCl im Ueberschuss weder bei Zimmertemperatur noch bei + 30 ^{0} C. gefällt. Magnesium- oder Natriumsulfat in Substanz fällen erst bei 30 ^{0} vollständig. Von 1$^1/_2$ Vol. gesättigter Ammoniumsulfatlösung wird die Lösung bei Zimmertemperatur vollständig gefällt. Kohlensäure erzeugt ebenfalls vollständige Fällung und der Niederschlag wird von überschüssiger Kohlensäure nicht gelöst. Die Gerinnungstemperatur schwankt ein wenig mit der Concentration der Lösung, liegt aber bei Gegenwart von 8 $^0/_0$ NaCl bei etwa + 72 ^{0} C. Die sp. Drehung einer Lösung von 3,29 $^0/_0$ Substanz war: α (D) = — 46,9 ^{0}. Die elementäre Zusammensetzung war folgende: C 52,83, H 6,94, N 16,68, S 0,56 $^0/_0$. Das α-Globulin kommt vorzugsweise in den äusseren Schichten der Linse vor. — Das β-Globulin kann nur sehr schwierig von dem α-Globulin getrennt werden. Zur Darstellung desselben entfernt man zuerst durch Schütteln mit Wasser die äusseren Schichten der Linse und verarbeitet nur den innersten $^1/_4$—$^1/_3$ Theil der Linsenmasse, welcher β-Globulin mit nur sehr wenig α-Globulin enthält. Diese rückständige Linsenmasse wird mit Wasser verrieben, filtrirt und das Filtrat sehr vorsichtig mit verdünnter Essigsäure gefällt. Der Niederschlag, welcher alles α-Globulin neben etwas β-Globulin enthält, wird abfiltrirt. Aus dem Filtrate kann das β-Globulin mit Alcohol ausgefällt werden. Man kann auch das neutralisirte Filtrat mit Magnesiumsulfat sättigen, den abfiltrirten Niederschlag auspressen, in Wasser lösen und durch Dialyse reinigen. Beim Sättigen der Lösung mit Neutralsalzen verhält sich das β-Globulin wie das α-Globulin. Diejenigen Eigenschaften, welche die zwei Globuline von einander unterscheiden, sind folgende. Das β-Globulin enthält etwa doppelt so viel Schwefel, der zum grossen Theil locker gebunden ist. Es hat einen etwas höheren Stickstoffgehalt (17,04 $^0/_0$); aus salzfreier Lösung wird es viel schwieriger und unvollständiger von Essigsäure oder Kohlensäure gefällt, und es gerinnt endlich bei einer wesentlich niedrigeren Temperatur, 63^0 C. Die sp. Drehung fand M. zu α (D) = — 43,2^0. — Ausgehend von dem verschiedenen Schwefelgehalte in den Eiweisskörpern der Krystalllinse, wie auch von dem oben angegebenen Verhältnisse zwischen löslichen und unlöslichen Proteïnsubstanzen in der Linse, hat M. durch Schwefel- und Stickstoffbestimmungen in der Trockensubstanz der Linse die Relation zwischen den verschiedenen Eiweissstoffen zu bestimmen versucht. Diese Bestimmungen führen zu folgenden Zahlen: unlösliches Albumoïd 48 $^0/_0$, β-Globulin 32 $^0/_0$, α-Globulin 19,5 $^0/_0$, Albumin 0,5 $^0/_0$. Für die frische, wasserhaltige Linse von erwachsenen Rindern fand M. also folgenden Gehalt an den verschiedenen Proteïnsubstanzen:

Unlösliches Albumoïd . . . . 17 $^0/_0$.

β-Globulin . . . . 11 «

α-Globulin . . . . 6,8 «

Albumin . . . . 0,2 «

Die Menge des α-Globulins nimmt in der Linse von aussen nach innen ab, das β-Globulin umgekehrt von aussen nach innen zu.

Hammarsten.

260. G. Bunge: Weitere Untersuchungen über die Aufnahme des Eisens in den Organismus des Säuglings [1]). 261. Derselbe:

---

[1]) Zeitschr. f. physiol. Chemie 16, 173—186 u. 17, 63—66.

Ueber den Eisengehalt der Leber [1]). Ad 260. B. hat in einer
früheren Arbeit [J. Th. **19**, 313] auf den auffallend geringen Eisengehalt der Milch aufmerksam gemacht. In der folgenden Tabelle
wird derselbe mit dem Eisengehalte der übrigen wichtigsten Nahrungsmittel zusammengestellt. Die vom Verf. meist selbst ausgeführten Analysen geben den Eisengehalt in Milligrammen auf 100 Grm.
Trockensubstanz:

Blutserum	0	Erdbeeren . . .	{	8,6
Weisses vom Hühnerei	Spur			9,3
Reis	{ 1,7	Linsen		9,5
	1,9	Aepfel		13,2
Kuhmilch	2,3	Rindfleisch . . .		16,6
Frauenmilch . . .	{ 2,3	Eidotter . . .		10,4—23,9
	3,1	Spinat	{	32,7
Hundemilch	3,2			39,1
Weizen	5,5	Schweineblut . . .		226
Kartoffeln	6,4	Hämatogen		290
Erbsen	6,6	Hämoglobin . . .		340
Weisse Bohnen . . .	8,3			

Man sieht aus diesen Zahlen, dass alle unsere wichtigen Nahrungsmittel einen viel höheren Eisengehalt haben als die Milch, während
in dieser alle anderen anorganischen Bestandtheile in eben dem
Verhältnisse vorhanden sind, als sie der Säugling zu seinem Wachsthum braucht und sie sich in seiner Asche wiederfinden. Die
Lösung dieses scheinbaren Widerspruches ist die, dass der Säugling
bei der Geburt einen grossen Eisenvorrath für das Wachsthum seiner
Gewebe mitbekommt. Verf. hat die allmähliche Abnahme des relativen Eisengehaltes des Säuglings schon früher (l. c.) nachgewiesen
und vervollständigt seine Beobachtungen durch weitere Zahlenreihen.
Bei den Analysen wurde der gesammte, wechselnde Mengen von
Eisen enthaltende Verdauungskanal des Thieres herausgenommen
und das Gewicht desselben vom Gewichte des Thieres abgezogen.

---

[1]) Zeitschr. f. physiol. Chemie **17**, 78—82.

Kaninchen.

Alter:	Milligrm. Fe auf 100 Grm. Trockengew.	Alter:	Milligrm. Fe auf 100 Grm. Trockengew.
1 Stunde . . .	18,2	17 Tage	4,3
1 Tag	13,9	22 «	4,3
4 Tage	9,9	24 «	3,2
5 «	7,8	27 «	3,4
6 «	8,5	35 «	4,5
7 «	6,0	41 «	4,2
11 «	4,3	46 «	4,1
13 «	4,5	74 «	4,6

Meerschweinchen.

Alter:	Milligrm. Fe auf 100 Grm. Trockengew.	Alter:	Milligrm. Fe auf 100 Grm. Trockengew.
6 Stunden . . .	6,0	15 Tage	4,4
1½ Tage . . .	5,4	22 «	4,4
3 « . . .	5,7	25 «	4,5
5 « . . .	5,7	53 «	5,2
9 « . . .	4,4		

Die Kaninchen nähren sich während den ersten zwei Wochen ausschliesslich von der Muttermilch. Um die Mitte der dritten Woche beginnen sie auch Vegetabilien aufzunehmen und in der vierten Woche findet man im Magen bereits vorherrschend Vegetabilien. Die vierte Woche ist nun auch die Zeit, wo der Eisenvorrath verbraucht und der relative Eisengehalt des Körpers auf dem Minimum angelangt ist. Mit der nun beginnenden Aufnahme der eisenreichen Nahrung beginnt auch der Eisengehalt des Körpers wieder zu steigen. Anders die Meerschweinchen; diese fressen schon am ersten Tage Vegetabilien und an den folgenden Tagen spielt die Milch nur mehr eine untergeordnete Rolle in der Ernährung. Dem entsprechend haben die Meerschweinchen bei der Geburt nur einen sehr geringen Eisenvorrath in ihren Organen aufgespeichert. — Eine Vergleichung der absoluten Eisenwerthe zeigt, dass sich bei Kaninchen der Eisengehalt bis zum 24. Tage nur wenig ändert. Als practisch wichtige Regel ergibt sich, dass bei Kinder nach vollendeter Säuglingsperiode Milch

nicht die vorherrschende Nahrung bilden darf. Auch in der Nahrung blutarmer erwachsener Individuen darf die Mich nicht zu sehr
vorherrschen. In dem Nachtrage verweist Verf. darauf, dass die
Kaninchen viel unentwickelter geboren werden als die Meerschweinchen; erstere wiegen durchschnittlich nur 50 Grm. bei der Geburt,
letztere dagegen 100 Grm. Es scheint daher, dass die Meerschweinchen im Uterus ein Entwicklungsstadium durchmachen, welches dem
Entwicklungsstadium der neugeborenen Kaninchen entspricht. Wäre
die Annahme richtig, dass der Eisenvorrath noch eine andere Bedeutung hat als die geringe Eisenmenge der Milch zu ergänzen,
so könnte man erwarten, dass in der embryonalen Entwicklung der
Meerschweinchen ein Stadium anzutreffen sei, wo der Eisenvorrath
das Maximum erreicht. Dies ist jedoch wie die mitgetheilten Zahlen
ausweisen, nicht der Fall, was eine weitere Stütze für die Anschauung B.'s über die Bedeutung des Eisenvorrathes beim Neuge-
bornen abgibt. Ad 261. In der zweiten Abhandlung bringt B.
Zahlen über den Eisengehalt der Leber. Um eine vollkommen blut-
leere Leber zu erhalten, wird dem in tiefer Narcose befindlichen
Thiere die Bauchhöhle geöffnet, eine Canüle in die Pfortader einge-
bunden und eine $1^0/_0$ige, erwärmte Kochsalzlösung eingeleitet, indem
man gleichzeitig die Leberarterie und Vena cava durchschneidet.
Nach einer Minute wird die Durchleitung ausserhalb des Körpers
bis zum vollständigen Verdrängen des Blutes fortgesetzt.

	Körper-gewicht in Grm.	Absol. Eisen-menge in Milligrm.	Milligrm. Eisen in der blutleeren Leber auf 10 Kilo Körper-gewicht
1. Kater	1430	3,4	24,0
2. Kater	2300	0,8	3,4
3. Kater	3005	2,1	6,9
4. Katze	1230	1,0	8,5
5. Katze	1335	2,4	18,0
6. Katze	2265	3,1	13,8
7. Katze	2760	22,1	80,1
8. Katze	2925	3,3	11,3
9. Hund	7800	12,5	16,0
10. Hündin	4290	7,9	18,5

Auf dieser Tabelle springt sofort der hohe Eisengehalt in der Leber
der jungen, aber nahezu ausgewachsenen Katze Nr. 7 in die Augen.
Vergleicht man denselben mit demjenigen der nächst kleineren und
jedenfalls jüngeren Katze Nr. 6, so sieht man, dass beim Uebergang
aus dem einen Entwicklungsstadium in das andere eine beträchtliche
Eisenmenge aufgestapelt wird. Wird dasselbe aus dem Blute entnommen, so müsste, wie Verf. berechnet, etwa $1/_4$ des Eisengehaltes
desselben in kurzer Zeit in die Leber wandern.   Andreasch.

262. **Louis Lapicque: Einige Thatsachen betreffend die
Vertheilung des Eisens bei jungen Thieren**[1]). L. benutzte seine
colorimetrische Methode zur Bestimmung des Eisens [J. Th.
20, 117]. Die Milz junger Thiere wurde stets arm an Eisen
gefunden; sie enthält nicht mehr als andere blutreiche Organe.
Hunde von 285—2350 Grm., 2—30 Tage alt, enthielten in der
Milz 0,10—0,22 $^0/_{00}$ des frischen Organs, 0,6—0,8 $^0/_{00}$ des
festen Rückstands. Bei älteren Thieren findet sich mehr Eisen
in der Milz, doch lässt sich keine Proportionalität zwischen Eisengehalt und Alter feststellen. Eine 12jährige Hündin hatte 0,50 $^0/_{00}$
Eisen im frischen Organ, 2,1 $^0/_{00}$ im festen Rückstand. Bei einer
ca. 4—5 Jahre alten Hündin wurden nur 0,32 resp. 1,41 $^0/_{00}$ gefunden, vielleicht weil dieselbe kurz vorher geboren hatte. [Vergl.
Fr. Krüger, J. Th. **20**, 273]. Nach Bunge erhalten die jungen
Thiere in der Milch nicht genug Eisen, um ihren Körper aufzubauen,
und sie bringen eine Reserve mit, welche nach Zaleski's Bestimmungen in der Leber liegt. Verf. bestätigte dieses Verhalten
an 4—5 Stunden alten Kaninchen, welche 1,74 resp. 1,67 $^0/_{00}$
Eisen in der bluthaltigen Leber darboten; das Blut des einen dieser
Thiere, welches nicht gesaugt hatte, (18,8 $^0/_0$ Rückstand), enthielt
0,53 $^0/_{00}$ Eisen, das des anderen, mit Milch im Magen, (17,0 $^0/_{00}$
Rückstand), enthielt 0,43 $^0/_{00}$; der feste Rückstand enthielt bei
beiden 2,52 $^0/_{00}$. Ein Thier desselben Wurfs hatte nach 7 Tagen
0,97 resp. 3,9 $^0/_{00}$ Eisen in der Leber, 0,39 $^0/_{00}$ im Blut (17,1 $^0/_0$
Rückstand). Es finden sich hier individuelle Verschiedenheiten,

---

[1]) Quelques faits relatifs à la répartition du fer chez les jeunes animaux. Compt. rend. soc. biolog. **44**, 697—701.

welche wahrscheinlich die Differenzen im Wachsthum verursachen.
Bei einem 8 Tage alten Hund fanden sich 0,43 $^o/_{oo}$ Eisen im Blut
und 0,71 resp. 3,8 $^o/_{oo}$ in der ausgewaschenen Leber, bei einem
Thier desselben Wurfs, welches sich weniger gut entwickelt hatte,
fanden sich am 10. Tage nur 0,33 $^o/_{oo}$ Eisen im Blut und 0,15 resp.
0,77 $^o/_{oo}$ in der Leber.   Herter.

263. **Brivois: Ueber die medicamentöse cutane Electrolyse** [1]). Versuche, vermittelst des galvanischen Stroms
Medicamente durch die Haut in den Körper einzuführen,
hat Verf. früher mit zweifelhaftem Erfolge angestellt. Bei Benutzung
von Wasser, Glycerin, Alcohol, Aether als Vehikel konnte er niemals den Uebergang der fraglichen Stoffe in den Urin nachweisen.
Als er bei Ischias von der Application des mit Chloroform be-
feuchteten negativen Pols gute therapeutische Erfolge sah, konnte
der Uebergang in den Körper nachgewiesen werden, denn im Urin
fand sich Chlor in organischer Verbindung neben vermehrten Chloriden. Diese Bestimmungen wurden von Gautrelet ausgeführt. Derselbe benutzte eine von ihm (Bull. soc. méd.
chir.) angegebene Modification der Hayem-Winter'schen Methode;
die organischen Chlorverbindungen wurden mittelst Kalilauge zerstört.
Die Intensität des angewandten Stroms betrug höchstens 10—12
Milliampère, die Dauer in der Regel 3, höchstens 5 Minuten. An
der Applicationsstelle trat eine Entzündung ein, welche binnen 2 — 3
Wochen heilte. In einem Falle fand sich 2 Stunden nach der
Application das Chlor der Chloride im Urin von 2,6 $^o/_{oo}$ auf 5 $^o/_{oo}$
gestiegen, das organische Chlor von 0 auf 0,28 $^o/_{oo}$, nach einer
zweiten Application am folgenden Tage fand sich 9,28 resp. 1,04 $^o/_{oo}$
Chlor im Urin. Die höchste Menge an organischem Chlor, welche
G. fand, betrug 3,3 $^o/_{oo}$. Bei Application von Chloroform am positiven Pol fand sich eine Vermehrung des Chlor von 3,9 auf
5,10 $^o/_{oo}$, organisches Chlor aber liess sich nicht nachweisen. Versuche mit anderen Stoffen, Brom, Cocaïn, Pilocarpin, führten noch
zu keinen sicheren Resultaten.   Herter.

---

[1]) De l'électrolyse médicamenteuse cutanée. Mém. soc. biolog. 1892,
119—125.

264. **Margherita Traube-Mengarini: Untersuchungen über die Permeabilität der Haut** [1]). Bei der noch unzulänglichen Kenntniss der Hautdurchlässigkeit suchte Verfasserin die Frage durch Verwendung von Boraxcarminlösung, von Ferrocyankaliumlösung und der gewöhnlichen Jodtinctur zu entscheiden. Verf. pinselt die Substanzen mit einem weichen Pinsel auf die fast haarlose Bauchhaut und die Brustwarzen von Hunden auf. Die Boraxcarminlösung ist die Neapler, mit Alcohol verdünnt und mit einigen Tropfen Essigsäure angesäuert. Sie wird gewählt, weil sie mehr eine Emulsion als eine Lösung darstellt. Sie haftet schlecht an der Haut, nur die Essigsäure macht sie leichterhaftend. Nach 70 Tagen regelmässiger Pinselung wird der Hund getödtet. Die in Sublimat fixirte Haut zeigt Färbung bis zum Stratum lucidum und zwar stellenweise; der Carmin ist auch in die Bälge der Haare eingedrungen. Die Behandlung mit Ferrocyankaliumlösung ergibt ein gleiches Resultat; das Stratum lucidum bildet auch hier die Grenze, selbst an den Haarbälgen vermag das Salz nicht in die Tiefen des Stratum granulosum vorzudringen. Die Stücke sind eben herausgeschnitten in Eisenchloridlösung zur Blaufärbung gelegt worden. Die Jodtinctur wurde einmal pro die während 10 Tagen aufgepinselt und zwar auf die Haut der Brustwarze, welche durch Gefriermicrotomschnitte zerlegt wurde. Hier ist das Ergebniss nun ein wesentlich anderes, Stratum corneum und Stratum lucidum sind braunorange gefärbt, das darunterliegende Epithelium ist nur an der Basis der interpapillären Räume lichtbraun gefärbt. Die sehr erweiterten Lymphgefässe der Papillen wie des Chorion sind lichtbraun. Auch die rothen Blutkörperchen erscheinen durch Jod gebräunt. Da die Milchgänge reichlich gefärbt sind, konnte man sie als den Weg des Jodes zu den tieferen Hautschichten ansehen. Das wird durch vergleichende Bepinselung der Warze mit Carmin und Ferrocyankalium aber widerlegt, da beide nicht in den Milchgängen auffindbar sind. Somit stellt sich die Auffassung der Verf. vermittelnd zwischen die Lehre von der Impermeabilität und die der Durchlässigkeit: das

---

[1]) Rendiconti della R. Acad. dei Lincei 1890, VII, fasc. 5. Archives italiennes de Biologie, Bd. 16, pag. 159.

Stratum corneum ist für Flüssigkeiten und feine Emulsionen durchlässig, aber tiefer geht nur das Jod, welches mit den durchwanderten Schichten chemische Bindungen eingeht.

Rosenfeld.

265. **Alex. Poehl: Der Nachweis des Spermins in verschiedenen Drüsen des thierischen Organismus und die chemische Zusammensetzung des Brown-Sequard'schen Heilmittels** [1]). In einem nach Brown-Sequard bereiteten Testikelauszuge eines Bullen (1 Thl. auf 10 Thl. Wasser) wurden gefunden in Procenten: 0,026 Serumalbumin und Fibrin, 0,06 Hemialbumose und Pepton, 0,81 Nucleïn und Lecithin, 0,004 Fett und Cholesterin, 0,138 Asche, 0,046 Phosphorsäure. Qualitativ wurden Hypoxanthin, Guanin, Adenin, Kreatin, Kreatinin und Spermin nachgewiesen. — Die Arbeiten P.'s haben gezeigt, dass das Spermin d. h. die Schreinersche Base weder mit dem Aethylenimin, noch mit dem polymeren Diäthylendiamin (Piperazin) identisch ist. Das Spermin erweist sich als ein auf das ganze Nervensystem gleichmässig wirkendes Tonicum. — Das Spermin findet sich sowohl in der Prostatadrüse wie in den Testikeln, in ersterer häufig wegen der schwach alkalischen Reaction in freiem Zustande, daher nur das Prostatasecret den characteristischen Samengeruch zeigt. Verf. fand das Spermin auch im weiblichen Organismus, in der Schilddrüse, im Pankreas, in der Milz und in den Eierstöcken. Wahrscheinlich circulirt das Spermin überhaupt im Blute. Die Sperminphosphatkrystalle wurden sowohl in der spitzwinkeligen (Charcot-Leyden) wie in der geschweiften Form erhalten, worüber Abbildungen im Original.

Andreasch.

---

[1]) Deutsche medic. Wochenschr. 1892, Nr. 49, pag, 1125—1128; auch Wratsch 1892, pag. 523—527.

XIII. Niedere Thiere.

Uebersicht der Literatur
(einschliesslich der kurzen Referate).

*G. Hüfner, zur physikalischen Chemie der Schwimmblasengase. Dubois-Reymond's Arch. physiol. Abth. 1892, pag. 54—80.

266. Chr. Bohr, über die Secretion von Sauerstoff in der Schwimmblase der Fische.

*Henry de Varigny, über den Rythmus der Respiration einiger Fische. Compt. rend. soc. biolog. **44**, 884—886. Verf. fand die Respirationsfrequenz bei Platessa vulgaris 36 bis 80, Gunellus vulg. 80 bis 140, Callionymus lyra 20 bis 52, Trachinus vipera 66 bis 102.   Herter.

*Léon Vaillant, Bemerkungen über die Ernährung bei den Schlangen. Compt. rend. **115**, 277—278.

*E. Vollmer, über die Wirkung des Brillenschlangengiftes. Arch. f. experim. Pathol. u. Pharmak. **31**, 1—14. Enthält Versuche über die Wirkung des Giftes auf Blut, Herz, Muskeln und Nerven; 16jähriges Aufbewahren des getrockneten Giftes hat die Intensität der Wirkung nicht geschädigt.   Andreasch.

*A. A. Kanthack, die Natur des Cobragiftes. Journ. of physiol. **13**, 272. Referat im nächsten Bande.

*Roger, totale Exstirpation der Leber beim Frosch; Dauer des Ueberlebens nach dieser Operation. Compt. rend. soc. biolog. **44**, 529—531. Die Angaben der Autoren über die Zeit, welche entleberte Frösche leben können, divergiren bedeutend. R. fand, dass dieselben in fliessendem Wasser bis 20 Tage leben, in stagnirendem aber nach 3—4 Tagen sterben.   Herter.

*O. Seeck, über die Hautdrüsen einiger Amphibien. Ing.-Diss. Dorpat 1891.

*F. A. Foderá, über das pharmakologische Verhalten des Discoglossus pictus. Annali di Chim. e di Farm. **15**, 101. Der Verf. hebt die Unterschiede in dem Verhalten des D. und dem der Rana temporaria gegenüber dem Coffeïn, Brucin, Veratrin, Pilocarpin und Strychnin hervor.   Rosenfeld.

*Louis Blanc, über die teratogenen Wirkungen des weissen Lichtes auf das Hühnerei. Compt. rend. soc. biolog. **44**, 969—971.

267. E. Yung, über den Einfluss des farbigen Lichtes auf die Entwicklung der Thiere.

*B. Danilewsky, über die physiologische Wirkung des Cocaïns
auf wirbellose Thiere. Pflüger's Arch. 51, 446—454.

*Faggioli, pharmakologische vergleichende Studien über Eisen und
verwandte Metalle. Arch. per le Sc. Med. XV, No. 20. Verf. hat
an niedersten Thieren, Infusorien, Anneliden etc. Studien über Entwicklung, Wachsthum und Motilität und deren Begünstigung oder
Beschränkung durch Eisenpräparate angestellt. Er findet Citrat des
Eisens günstig, Tartrate giftig, Oxyd theils günstig, theils schädlich.
Auch Wickensamen keimten in Eisencitratlösung besser als sonst.

Rosenfeld.

*A. Railliet, Beobachtungen über die Lebenszähigkeit der Em-
bryonen einiger Nematoden. Compt. rend. soc. biolog. 44,
703—704. Embryonen von Strongylus rufescens können in
trockenem Zustand 68 Tage gehalten werden ohne zu sterben.
Bringt man dieselben in Wasser, so zeigen sie ihre aalartigen Bewegungen, doch treten die Bewegungen um so später auf, je länger
die Trockenheit gedauert hatte, im ersten Monat binnen 8 bis
10 Minuten, nach 68 Tagen erst binnen 50 bis 80 Minuten.

Herter.

*Moynier de Villepoix, über die Productionsweise der Kalk-
bildungen der Molluskenschale. Mém. soc. biolog. 1892,
35—42.

*P. Marchal, über den excretorischen Apparat der Cariididen
und über die Nierensecretion der Crustaceen. Compt. rend.
118, 223—225.

*L. Cuénot, die Excretion bei den Lungenschnecken. Compt.
rend. 115, 256—258.

*W. B. Hardy, die protectiven Functionen der Haut bei gewissen
Thieren. Journ. of physiol. 13, 309—319.

*W. B. Hardy, die Blutkörperchen der Crustaceen nebst
einer Vermuthung über den Ursprung des Fibrinferments der
Crustaceen. Journ. of physiol. 13, 165—190.

*Walfr. Engel, Berichtigung und Ergänzung zur Untersuchung der
Eischalen von Aplysia. Zeitschr. f. Biologie 28, 345—352. E.
wurde von P. Schiemenz an der zoologischen Station in Neapel
aufmerksam gemacht, dass die von ihm als Eischalen von Aplysia
beschriebenen Gebilde [J. Th. 20, 317] nicht diesem Thiere angehören können, sondern Murex-Eikapseln seien. Dies erwies sich in
der That als richtig, wie ein Vergleich zeigte. Diese letzteren Ei-
kapseln sind bereits von Krukenberg [J. Th. 15, 340] untersucht
worden und wurde ihre Grundsubstanz als Conchiolin angesprochen.

Neue Versuche mit den am Lido in Venedig gesammelten „Aplysia"-Eischalen zeigten, dass darin das schwefelhaltige Keratin vorkommt, dass aber nicht alles daraus besteht, sondern noch ein in Kalilauge schwerer löslicher Stoff, der dem Conchiolin nahe verwandt ist, darin vorkommt. Andreasch.

268. A. B. Griffiths, über das Nervengewebe einiger Evertebraten.

Auf Insecten Bezügliches.

269. E. E. Sundwick, Psyllostearylalcohol, ein neuer Fettalcohol im Thierreiche.

*Camilla, das gelbe Wachs der Bienen. Ein Beitrag zum Studium des gelben italienischen Wachses. Annali di Chim. e di Farm. XV, pag. 73 Verf. beschreibt in ungemein sorgfältiger Arbeit das italienische Wachs. Die Resultate sind:

Specifisches Gewicht	0,959—0,966
Schmelzpunkt	62,5—63,4
Erstarrungspunkt	1/2 bis 1 Grad tiefer
Säurezahl	19,04—20,23
(Ligurisches Wachs	20,97—21,22)
Verseifungszahl	91,22—97,27
Reichert-Meissl'sche Zahl	35—40
(Ligurisches Wachs	54—91)
Jodzahl (mit der Färbung des Wachses steigend)	2—11,06

Weitere Details siehe im Original. Rosenfeld.

*Joannes Chatin, über den Ursprung und die Bildung der Chitin-hülle bei den Larven von Libellula. Compt. rend. 114, 1135—38.

270. A. B. Griffiths, das Pupin, eine neue thierische Substanz.

*E. Bataillon, über die physiologische Ursache der Metamorphose beim Seidenwurm. Compt. rend. 115, 61—64. Verf.[1]) fand bei den anuren Batrachiern die Metamorphose der Larven durch eine Asphyxie bedingt; respiratorische Störungen, welche in Folge der normalen anatomischen Entwickelung eintreten, führen zu circulatorischen Störungen, Histolyse, Diapedese und Phagocytose. Bei den Larven von Bombyx mori bemerkte B. vor der Chrysalidenbildung circulatorische Veränderungen und untersuchte dann den Gaswechsel. Nach P. Bert [J. Th. 16, 354] tritt vom Beginn des Spinnens an eine Verringerung der Kohlensäure-

---

[1]) E. Bataillon, recherches anatomiques et expérimentales sur la métamorphose des amphibiens anoures. Ann. de l'Univers. de Lyon 2, 1891.

ausscheidung ein, welche während des Chrysaliden-Lebens sich wieder hebt, sowie er auch eine Herabsetzung des respiratorischen Quotient constatirte. B. fand, dass der verminderten Ausscheidung der Kohlensäure eine vermehrte Aufhäufung derselben im Körper der Larve entspricht.
Herter.

*E. Bataillon und E. Couvreur, die zuckerbildende Function beim Seidenwurm während der Metamorphose. Compt. rend. soc. biolog. **44**, 669—671.

*Léo Vignon, das Rotationsvermögen der Seide. Compt. rend. **118**, 802—804. Verf. bestimmte das Rotationsvermögen des in Natronlauge, sowie des in Salzsäure löslichen Theils der Seide und fand es ziemlich übereinstimmend $[\alpha]_j = -$ ca. 40⁰.
Herter.

L. Vignon, über das Fibroïn der Seide. Cap. I.

*J. Raulin, Wirkung verschiedener Gifte auf Bombyx mori. Compt. rend. **114**, 1289—1291.

*A. Laboulbène, Versuch einer Theorie über die Production verschiedener vegetabilischer Gallen. Compt. rend. **114**, 720—723. Nach einer erweiterten Idee von Lacaze-Duthiers werden die pflanzlichen Gallen durch Flüssigkeiten erzeugt, welche die gallenbildenden Organismen hervorbringen. Diese Flüssigkeiten stammen entweder aus Drüsen, welche dem weiblichen Genitalapparat angehören, oder ihr Secret in den Mund ergiessen, oder sie werden von der Oberfläche von Eiern, Larven, Bacterienzellen abgesondert.
Herter.

Farbstoffe, Respirationsstoffe.

271. A. H. Church, Untersuchungen über Turacin, ein thierisches kupferhaltiges Pigment.

272. A. B. Griffiths, über die Zusammensetzung von Hämocyanin.

273. A. B. Griffiths, über die Zusammensetzung von Pinnaglobin, ein neues Globulin.

274. A. B. Griffiths, über die Zusammensetzung von Chlorocruorin.

275. L. Cuénot, der respiratorische Werth des Hämocyanins.

276. F. Heim, über den blauen Farbstoff im Blute der Crustaceen.

*L. Frédéricq, über Hämocyanin. Compt. rend. **115**, 61. Die von den Angaben des Verf.'s, Krukenberg's, Halliburton's, Griffiths' verschiedenen Resultate Heim's [vorstehendes Referat] über das Hämocyanin erklären sich daraus, dass Heim nicht das Blut von Octopus, sondern von Krebsen, Hummern und Krabben untersucht hat.

277. A. B. Griffiths, das Hermerythrin, respiratorisches Pig-
     ment im Blute gewisser Würmer.

278. A. B. Griffiths, über das Echinochrom, ein respiratorisches
     Pigment.

279. A. B. Griffiths, über ein farbloses Globulin, welches eine
     respiratorische Function besitzt.

280. A. B. Griffiths, über ein respiratorisches Globulin im
     Blute von Chiton.

281. A. B. Griffiths, über das γ-Achroglobin, ein neues respira-
     torisches Globulin.

   *J. Heim, über die Pigmente der Eier der Crustaceen. Compt.
    rend. soc. biolog. 44, 467—470.

   *Rémy Saint-Loup, über eine physiologische Tannin-Reaction.
    Compt. rend. soc. biolog. 44, 440—441. Tritonen und Karpfen
    geben an das Wasser einen Stoff ab, der sich mit Tannin bläut.
    Im Urin von Triton ist derselbe nicht enthalten. Der blaue Farb-
    stoff wird durch Säuren roth, durch Basen gelb gefärbt.

                                                         Herter.

**266. Chr. Bohr: Ueber die Secretion von Sauerstoff in der
Schwimmblase der Fische**[1]). B., welcher in der dänischen biolo-
gischen Station an Gadus callarias arbeitete, bestätigte die
Angaben von Moreau über den Einfluss der Tiefe sowie über die
Wirkung von Punctionen auf den Gasgehalt der Schwimmblase.
Spätestens 12 Stunden nach der Punction trat eine procentische Ver-
mehrung des Sauerstoffs in der Schwimmblase ein; Verf. fand bis
80 $%$ Sauerstoff. Es findet also in der That eine Secretion von
Sauerstoff statt. Diese Secretion sistirt sofort, wenn die Rami
intestinales nervi vagi durchschnitten werden. Die Durch-
schneidung der Rami cardiaci ist ohne Einfluss auf die Secretion.
Der hohe Procentgehalt des Sauerstoffs hält sich sehr lange in der
Schwimmblase, weil die intacte Wand des Organs fast keine
Diffussion des Sauerstoffs zulässt. Verf. überzeugte sich von
diesem Verhalten durch Versuche mit der ausgeschnittenen Blase von
Esox lucius. Wird das Epithelium durch Einlegen in destillirtes

---

1) Sur la sécrétion de l'oxygène dans la vessie natatoire des poissons.
Compt. rend. 114, 1560—1562.

Wasser oder noch mehr durch Eintrocknen und Wiederanfeuchten des Organs geschädigt, so diffundiren bis 6 % Sauerstoff innerhalb dreier Stunden in eine mit Luft gefüllte, von Sauerstoff umgebene Blase. Herter.

267. E. Yung: Ueber den Einfluss des farbigen Lichtes auf die Entwicklung der Thiere [1]). Verf. beobachtete an Eiern und Larven von Lymnaeus stagnalis, Salmo trutta, Rana esculenta und temporaria, dass die blauen und violetten Lichtstrahlen die Entwicklung beschleunigen, während die rothen verzögernd und die grünen hemmend wirken. Bei Loligo vulgaris, Sepia officinalis und Ciona intestinalis wurden dieselben Wirkungen beobachtet, doch hob das grüne Licht hier die Entwickelung nicht völlig auf. Die symbiotisch lebenden Organismen machen eine Ausnahme von obiger Regel. Convoluta Schulzii gedeiht in grünem Licht so gut wie in violettem. Hydra viridis entwickelt sich besser in rothem als in weissem Licht, in letzterem besser als in grünem und in violettem; im Dunkeln gedeiht der Polyp nicht. Zur Filtrirung des rothen Lichtes diente eine Lösung von Kalium-Permanganat und Bichromat, für das grüne ammoniakalisches Kupfersulfat und Kaliumbichromat, für das violette (mit etwas Blau) alkoholische Lösung von Parma-Violett. Herter.

268. A. B. Griffiths: Ueber das Nervengewebe einiger Evertebraten [2]). Verf. analysirte das frische Nervengewebe von Lucanus cervus, Blatta orientalis, Carcinus maenas, Astacus fluviatilis, Homarus vulgaris, Anodonta cygnea, Mya arenaria, Helix pomatia, Helix aspersa, Sepia officinalis, Loligo vulgaris. Das Gewebe reagirt im frischen Zustand alkalisch, nach dem Tode nimmt es saure Reaction an. Es wurde gefunden, im Mittel von je 2 Analysen, in Procenten der frischen Substanz:

---

[1]) De l'influence des lumières colorées sur le développement des animaux. Compt. rend. 115, 620—621. — [2]) Sur les tissus nerveux de quelques invertébrés. Compt. rend. 115, 562—563.

	Albumin-stoffe	Lecithin	Chole-sterin und Fett	Neuro-keratin	Neuro-chitin	Cerebrin	Mineral-salze	Wasser
Lucanus	8,76	2,48	13,99	—	1,20	1,52	0,19	71,86
Blatta	8,54	2,50	12,97	--	1,14	1,32	0,17	73,36
Carcinus	7,20	3,05	14,00	—	1,06	1,21	0,23	73,25
Astacus	7,58	2,99	13,98	—	1,08	1,19	0,25	72,93
Anodonta	7,92	2,86	13,82	1,12	—	1,16	0,20	72,91
Mya	7,96	2,85	13,86	1,20	—	1,14	0,25	72,74
Helix p.	8,25	2,36	12,98	1,18	—	1,20	0,19	73,84
Helix a.	8,28	2,38	13,10	1,16	—	1,18	0,17	73,73
Sepia	7,99	2,76	13,00	1,21	—	1,16	0,24	73,64
Loligo	8,02	2,80	13,11	1,20	—	1,19	0,23	73,45

Das Neurochitin, welches bei Insecten und Crustaceen das Neurokeratin vertritt, besitzt die Zusammensetzung C 50,21, H 7,64, N 4,86 %.　　　　　　　　　　　　　　　　Herter.

269. Ernst E. Sundwick: Psyllostearylalcohol, ein neuer Fettalcohol im Thierreiche [1]).

S. untersuchte die von einer Blatt-laus, Psylla Alni, producirte Ausscheidung; das Thier lebt auf Alnus incana und bewirkt, dass die Pflanzen, besonders die Zweigspitzen von einem weissen Pulver bedeckt sind. Zur Gewinnung wurden die getrockneten Thiere zuerst mit heissem Aether, in welchem der neue Stoff unlöslich ist, ausgezogen und dann mit heissem Chloro-form extrahirt. Der Chloroformrückstand wurde noch mehrere Male mit diesem Lösungsmittel behandelt und dadurch die Substanz als eine verfilzte, schön seidenglänzende Masse erhalten, die aus sehr feinen, biegsamen, microscopischen Nadeln bestand. Der Schmelz-punkt lag bei 95—96; die Substanz war schwer löslich in heissem Alcohol und Aether, leicht in heissem Chloroform und Essigsäure-anhydrid. Beim Schmelzen mit Aetzkali wurde sie nicht verändert, Erhitzen mit Bromwasserstoffsäure lieferte ein Bromid. Aus der

---

[1]) Zeitschr. f. physiol. Chemie 17, 425—430.

Analyse der Substanz und des Bromides ergibt sich die Formel eines einwerthigen Alcohols $C_{33}H_{65}OH$, den Verf. als Psyllostearylalcohol bezeichnet. **Andreasch.**

270. **A. B. Griffiths: Das Pupin, eine neue thierische Substanz**[1]). Aus der Haut der Puppen verschiedener Schmetterlinge erhielt Verf. das »Pupin« durch langes Auskochen mit Natronlauge, Waschen mit angesäuertem Wasser, destillirtem Wasser, Alcohol, Aether, Lösen des Rückstandes in concentrirter Chlorwasserstoffsäure und Fällen mit einem Ueberschuss von Wasser; letztere Operation wurde mehrmals wiederholt. Die Analyse führte zu der Formel $C_{14}H_{20}N_2O_5$. Das Pupin ist eine farblose, amorphe Substanz, es löst sich in Mineralsäuren, aber nicht in neutralen Lösungsmitteln. Bei längerem Kochen mit starken Mineralsäuren spaltet es sich in 2 Moleküle Leucin und 2 Moleküle Kohlensäure unter Aufnahme von 3 Molekülen Wasser. Das Pupin wird von der Haut der Larven abgesondert, nachdem dieselben sich zum letzten Male gehäutet haben. Die Substanz wurde bei Pieris brassicae, napi und rapae sowie bei Plusia gamma, Mamestra brassicae und Noctua pronuba nachgewiesen. **Herter.**

271. **A. H. Church: Untersuchungen über Turacin, ein thierisches kupferhaltiges Pigment**[2]). II. Theil. Von den 25 bekannten Species der Musophagiden enthalten nur die der Gattungen Turacus, Gallirex und Musophaga das Turacin. Dasselbe enthält 53,69% C, 4,60% H, 7,01% Cu, 6,96% N und 27,74% O. Die alkalischen Lösungen des Turacins zeigen ausser den zwei schon beschriebenen (1869) Absorptionsstreifen noch ein breites Band von λ 496 bis λ 475, die ammoniakalische Lösung ausserdem ein Band von λ 605 bis λ 589, das vielleicht von einem Zersetzungsproducte herrührt. Eine ammoniakalische Lösung des Farbstoffes ist seit 23 Jahren unverändert geblieben. Erhitzt man Turacin rasch auf eine hohe Temperatur, so entsteht ein flüchtiges, kupferhaltiges, rothes Destillat, welches im wässrigen Ammon unlöslich, in Aether löslich ist und

---

[1]) La pupine, nouvelle substance animale. Compt. rend. **115**, 320—321.
— [2]) Chem. News **65**, 218; durch. chem. Centralbl. 1892, II, 88.

daraus krystallisirt erhalten werden kann. Turacin zeigt einige
Aehnlichkeit mit Hämatin und gibt bei der Lösung in rauchender
Schwefelsäure ein gefärbtes Derivat, das Turacoporphyrin, das kupfer-
frei ist.

**272. A. B. Griffiths: Ueber die Zusammensetzung von Hämo-
cyanin[1]). 273. Derselbe: Ueber die Zusammensetzung von Pinnaglobin, ein neues Globulin[2]). 274. Derselbe: Ueber die Zusammensetzung von Chlorocruorin[3]).** Ad. 272. Verf. isolirte aus
dem Blut von Homarus, Sepia und Cancer das Hämocyanin mittelst Magnesiumsulfat. Der Niederschlag wurde
in Wasser gelöst und durch Alcohol wieder gefällt. Die Substanz wurde zunächst bei 60°, dann im Vacuum getrocknet.
Die Analyse des Hämocyanin verschiedener Provenienz
zeigte grosse Uebereinstimmung; es wurde gefunden Kohlenstoff 54,06 bis 54,23 %, Wasserstoff 7,00 bis 7,14 %, Stickstoff 16,21 bis 16,35%, Kupfer 0,31 bis 0,36, Schwefel 0,60 bis
0,69%. — Ad 273. Das Blut von Pinna squamosa ist eine
weisse Flüssigkeit, welche an der Luft bräunlich wird. Es enthält ein respiratorisches Pigment, das Pinnaglobin. Um
dasselbe zu isoliren wird das defibrinirte Blut mit Alcohol gefällt, der Niederschlag in verdünnter Lösung von Magnesiumsulfat
gelöst und durch Sättigung mit Magnesiumsulfat wieder ausgefällt,
der neue Niederschlag mit gesättigter Lösung gewaschen, durch Eintragen in Wasser gelöst, durch Erhitzen auf 56° von fremdem
Albuminstoff befreit und das Pinnaglobin mit Alcohol niedergeschlagen,
mit Wasser gewaschen und zunächst bei 60°, dann im Vacuum getrocknet. Das Pinnaglobin verbindet sich mit Sauerstoff,
100 Grm. desselben absorbiren 162 CC. Sauerstoff, bei 0° und
760 Mm. Druck. Auch mit anderen Gasen giebt es gefärbte Verbindungen, mit Methan (grünlich), Acetylen (grau), Aethylen (röthlich); diese ziemlich stabilen Verbindungen werden im Vacuum
dissociirt; mit Kohlenoxyd oder Stickstoffbioxyd wurde keine Ver-

---

[1]) Sur la composition de l'hémocyanine. Compt. rend. **114**, 496. —
[2]) Sur la composition de la pinnaglobine: une nouvelle globuline. Ibid.,
840—842. — [3]) Sur la composition de la chlorocruorine. Ibid., 1277—1278.

bindung erhalten. Das specifische Rotationsvermögen $[\alpha]_D$ wurde $= - 61^0$ gefunden. — Ad. 274. Milne Edwards[1]) be- obachtete in dem Blut von Sabella einen grünen Farbstoff, den Lankester[2]) als ein respiratorisches Pigment erkannte und als Chlorocruorin bezeichnete. Das Oxychlorocruorin zeigt zwei Absorptionsstreifen, den einen zwischen C und D, den anderen zwischen D und E; deren Lage reicht von λ 618 bis 593 und von λ 576 bis 554,5 Millionstel Millimeter; das reducirte Chlorocruorin hat nur einen undeutlich begrenzten Streifen zwischen C und D[3]). Das Chlorocruorin wird wie das Pinnaglobin dargestellt. Bei Behandlung mit Säuren und Alkalien liefert es Hämatin, einen Albuminstoff und Fettsäuren. In folgender Tabelle sind die bei den Analysen erhaltenen Mittelwerthe zusammengestellt.

	Hämocyanin	Pinnaglobin	Chlorocruorin
Kohlenstoff	54,155	55,07	54,23
Wasserstoff	7,095	6,24	6,82
Stickstoff	16,268	16,24	16,16
Schwefel	0,647	0,81	0,78
Sauerstoff	21,507	21,29	21,56

Hämocyanin enthält ferner noch Kupfer $0,328\,^0/_0$, Pinna- globin Mangan $.0,35\,^0/_0$ und Chlorocruorin Eisen $0,45\,^0/_0$. Die empirischen Formeln sind:

Hämocyanin $\quad C_{867} H_{1363} N_{223} Cu\, S_4 O_{258}$
Pinnaglobin $\quad C_{729} H_{985} N_{183} Mn\, S_4 O_{210}$
Chlorocruorin $\quad C_{560} H_{845} N_{143} Fe\, S_3 O_{167}$

Im Blut von Tethys, Doris, Aplysia, Patella, Chiton, Pleu- robranchus finden sich keine respiratorischen Pigmente. Das Blut von Serpula ist roth; es giebt, wie Verf. in Uebereinstimmung mit Mac Munn beobachtete, fast dasselbe Spectrum wie Chloro- cruorin. Verf. hat ferner die Blutasche[4]) von Pinna, von

---

[1]) Milne Edwards, Ann. d. sc. nat. [2] **10**, 190, 1838. — [2]) Lankester, Journ. of anat. and physiol. **2**, 114; **8**, 119, 1868. — [3]) Vergl. Mac Munn, Quart. journ. of micr. sc., 1885. — [4]) Weitere Blut- aschenanalysen bei Invertebraten hat Griffiths in Proc. roy. soc. Edin- burgh **18**, 288, 1890—1891, mitgetheilt.

Sabella und von Sipunculus[1]) analysirt und folgende Zahlen
erhalten:

	Pinna	Sabella	Sipunculus
MnO_2	0,19 %	—	—
Fe_2O_3	—	0,18 %	0,13 %
CaO	3,70 „	3,42 „	3,00 „
MgO	1,83 „	1,22 „	1,65 „
K_2O	4,86 „	4,03 „	5,02 „
Na_2O	44,02 „	45,23 „	44,31 „
P_2O_5	4,79 „	4,56 „	4,78 „
SO_3	2,73 „	2,10 „	2,86 „
Cl	37,88 „	39,26 „	38,25 „

Herter.

275. L. Cuénot: Der respiratorische Werth des Hämocyanin[2]).
Jolyet und Regnard [J. Th. **7**, 337] erhielten mit der Luft-
pumpe 2,4 bis 4,4 CC. Sauerstoff aus 100 CC. des mit Luft gesättigten Blutes von Krebsen und Krabben, während Wasser
höchstens 0,84 CC. liefert. A. B. Griffiths erhielt bei verschiedenen
Cephalopoden und Dekapoden 13 bis 15 % Sauerstoff. Die
Bestimmungen von Heim (folgendes Referat) nach Schützenberger und Risler ergaben dagegen sehr niedrige Werthe. Verf.
machte nach demselben Verfahren in Gemeinschaft mit Klobb Bestimmungen an Helix pomatia. Es wurden je ca. 20 bis 30 CC.
Blut verwendet und 1,15 resp. 1,28 % Sauerstoff gefunden; da
das Wasser aus der Mosel bei Nancy 0,42 resp. 0,45 % Sauerstoff lieferte, so kommt dem Blut von Helix eine respiratorische
Bedeutung zu, entsprechend seinem Gehalt an Hämocyanin.
Diese Bedeutung ist nicht sehr erheblich, denn bei nahe verwandten Thierformen ist das Hämocyanin bald vorhanden, bald fehlt
es. Dagegen tritt das Hämoglobin auf, wenn zufällige ungünstige
Lebensbedingungen zu compensiren sind, z. B. die Sauer-
stoff-Armuth des Mediums beim Leben in stagnirenden Wässern
(Planorbis, Apus, Branchipus, Daphnia, Cheirocephalus.

---

1) Compt. rend. **115**. 669. — 2) La valeur respiratoire de l'hémocyanine.
Compt. rend. **115**, 127—129.

Chironomus-Larve) oder bei parasitischem Leben im Cölom
anderer Thiere (Turbellarie Syndesmis Echinorum in See-
igeln), bei Verkümmerung des normalen Respirationsapparates
(Ophiactis virens) oder Behinderung seiner Function (Arca
tetragona) etc. Herter.

**276. F. Heim: Ueber den blauen Farbstoff im Blut der Crusta-
ceen[1]).** Bei Dekapoden ist das Hämocyanin nicht der
einzige Albuminstoff des Blutes; daneben findet sich Serin,
identisch mit dem der Vertebraten und Paraglobulin, welches
nach Verf. in vitro sich aus dem Serin bildet. Durch Dialyse des
Blutes ist das Hämocyanin demnach bei diesen Thieren nicht rein
zu erhalten; bei Behandlung des bei der Dialyse ausgefällten Gemisches mit Säuren wird kein krystallinisches metallhaltiges Product
gebildet. Bei Langusten, Krabben sowie beim Flusskrebs
fehlt das Kupfer im Blut, wo es sich auch durch Electrolyse
nicht nachweisen lässt, bei Homarus und Maja findet es sich,
nach H. in einem Albuminat. Das Blut der Crustacecen enthält
nach Verf. keinen erheblich höheren Sauerstoffgehalt als das reine
Wasser, nur bei der Languste fand er um $^{1}/_{3}$ mehr. Der Sauerstoff wurde nach Schützenberger bestimmt. Dass das Hämocyanin der Fäulniss widerstehe (Frédéricq), wird von H. geläugnet
[vergl. Frédéricq, dieser Band pag. 369]. Herter.

**277. A. B. Griffiths; Das Hermerythrin, respiratorisches Pig-
ment im Blut gewisser Würmer[2]).** Im Blut von Sipunculus und von
Phascoloma existirt ein respiratorisches Pigment, welches in den
Arterien roth, in den Venen braun gefärbt ist. Dieser von
Krukenberg als »Hermerythrin« bezeichnete Farbstoff zeigt keine
charakteristischen Absorptionsstreifen; auch liefert er kein Hämatin,
obwohl er Eisen enthält. Verf. stellte das Hermerythrin dar
wie das Pinnaglobin [Ref. Nr. 273]. Die Analyse führte zu der
in folgender Zusammenstellung aufgeführten Formel:

---

[1]) Compt. rend. **114**, 772—774. — [2]) L'hermérythrine, pigment
respiratoire contenu dans le sang de certains vers. Compt rend. **115**, 669 —670.

$$\text{Echinochrom} \quad C_{102} H_{99} N_{12} Fe S_2 O_{12}$$
$$\text{Hermerythrin} \quad C_{427} H_{761} N_{135} Fe S_2 O_{153}$$
$$\text{Chlorocruorin} \quad C_{560} H_{845} N_{143} Fe S_3 O_{167}$$
$$\text{Hämoglobin} \quad C_{600} H_{960} N_{154} Fe S_3 O_{179}$$

Demnach wächst die Grösse des Moleküls der respiratorischen Pigmente beim Aufsteigen in der Thierreihe; mit dem Molekulargewicht scheint auch die Zersetzlichkeit zuzunehmen.   Herter.

278. **A. B. Griffiths: Ueber das Echinochrom, ein respiratorisches Pigment**[1]). Wie Mac Munn[2]) fand, enthält die Periviscceralflüssigkeit gewisser Echinodermen (Echinus esculentus, Strongylocentrotus lividus, Echinus sphära etc.) ein Pigment, welches er Echinochrom nannte. Verf. trocknete das in der Flüssigkeit spontan sich bildende Coagulum an der Luft, und zog es mit Chloroform, Benzin oder Schwefelkohlenstoff aus. Beim Verdampfen der Lösungsmittel erhält man das Echinochrom als amorphen Rückstand. Es besitzt die Zusammensetzung $C_{102} H_{99} N_{12} Fe S_2 O_{12}$. Das Pigment ist in Wasser und in Alcohol theilweise löslich. Beim Kochen mit Mineralsäuren liefert es nach Verf. Hämatoporphyrin, Hämochromogen und Schwefelsäure.
$$C_{10_-} H_{90} N_{12} Fe S_2 O_{12} + 5 H_2 O + 3 O_2 = 2 C_{34} H_{34} N_4 O_5 + C_{34} H_{37} N_4 Fe O_3 + 2 H_2 SO_4$$
Das Pigment vermag Sauerstoff locker zu binden.
   Herter.

279. **A. B. Griffiths: Ueber ein farbloses Globulin, welches eine respiratorische Function besitzt**[3]). Nach dem von Verf. bei dem Blut von Pinna angewendeten Verfahren [Ref. Nr. 273] erhielt er aus dem Blut von Patella vulgata[4]) ein Globulin,

---

[1]) Sur l'échinochrome: un pigment respiratoire. Compt. rend. **115**, 419—420. — [2]) Mac Munn, Proc. Birmingham philos. soc. 3,380; Quarterl. journ. of micr. sc., 1885. — [3]) Sur une globuline incolore, qui possède une fonction respiratoire. Compt. rend. **115**, 259. — [4]) Vergl. Griffiths, Proc. roy. soc. London **42**, 392; 1887 und **44**, 327; 1888. Das Blut enthält ein in Alcohol lösliches gelbes Pigment, ein Luteïn oder Lipochrom ohne respiratorische Wirkung, wie das Pigment im Blut von Aplysia depilans (Compt. rend. **110**, 724).

welches farblos ist, kein Metall enthält und doch respiratorische Bedeutung hat. Nach der Analyse ist ihm die Formel $C_{523}H_{761}N_{196}SO_{140}$ zuzuschreiben. 100 Grm. desselben binden bei 0^0 und 760 Mm. 132 CC. Sauerstoff und 315 CC. Kohlensäure. In verdünnter Magnesiumsulfatlösung ist sein Rotationsvermögen $[\alpha]_D = -48^0$. Dieses »Achroglobin« hat wahrscheinlich eine weitere Verbreitung bei den Invertebraten. Herter.

280. A. B. Griffiths: Ueber ein respiratorisches Globulin im Blut von Chiton[1]). Das Blut von Chiton enthält einen gelben Farbstoff (Luteïn oder Lipochrom), der keine respiratorische Bedeutung hat. Daneben findet sich ein farbloses metallfreies Globulin, welches Sauerstoff locker zu binden vermag. Es wird wie das Pinnaglobin [Ref. Nr. 273] dargestellt und hat die Zusammensetzung $C_{621}H_{814}N_{175}SO_{169}$. 100 Grm. dieser Substanz, welche G. als β-Achroglobin bezeichnet, binden 120 CC. Sauerstoff bei 0^0 und 760 Mm., sowie 281 CC. Kohlensäure. In verdünnter Magnesiumsulfatlösung ist ihr Rotationsvermögen $[\alpha]_D = -55^0$. Herter.

281. A. B. Griffiths: Ueber das γ-Achroglobin, ein neues respiratorisches Globulin[2]). Das γ-Achroglobin findet sich im Blut von Tunicaten (Ascidia, Molgula, Cynthia). Es hat nach Verf. die Formel $C_{721}H_{915}N_{194}SO_{183}$. Das γ-Achroglobin verbindet sich nicht nur mit Sauerstoff (149 CC. auf 100 Grm.), sondern auch mit Methan, Kohlenoxyd, Acetylen zu dissociirbaren Verbindungen. In verdünnter Magnesiumsulfatlösung ist sein Rotationsvermögen $[\alpha]_D = -63^0$. Herter.

---

[1]) Sur une globuline respiratoire contenue dans le sang des Chitons. Compt. rend. **115**, 474—475. — [2]) Sur la γ-achroglobine, nouvelle globuline respiratoire. Compt. rend. **115**, 738—739.

XIV. Oxydation, Respiration, Perspiration.

Uebersicht der Literatur
(einschliesslich der kurzen Referate).

282. F. Hoppe-Seyler, Beiträge zur Kenntniss des Stoffwechsels bei Sauerstoffmangel.

*T. Araki, über Bildung von Glycose und Milchsäure bei Sauerstoffmangel. Entgegnung. Zeitschr. für physiol. Chemie. **16**, 201—204.

283. T. Araki, über die Bildung von Milchsäure und Glycose im Organismus bei Sauerstoffmangel.

284. A. Jaquet, über die Bedingungen der Oxydationsvorgänge in den Geweben.

285. E. Salkowski, über die durch das Blut bewirkten Oxydationsvorgänge.

*Monti, Versuche zur Demonstration der Reductionserscheinungen, welche nach dem Tode in thierischen Geweben auftreten. Verhandl. der physiol. Gesellsch. zu Berlin; Dubois-Reymonds's Arch. 1892, pag. 547—548. Zum Nachweise dienten Bromsilbergelatinplatten, welche vorher belichtet und nachher durch Aufpinselung von Sodalösung alkalisch gemacht wurden. Bringt man darauf eine frische Schnittfläche eines Organes, so tritt an den Berührungsstellen nach entsprechender Zeit eine mehr oder minder starke Dunkelfärbung ein. Die Intensität der Reduction nimmt in folgender Reihenfolge ab: Nebennieren, Milz und Darm, Nierenrinde, Thymus, Leber, Hoden, Gehirn. Keine Reduction geben: Blut, Lungen, Muskeln, Fettgewebe.

*H. Boruttau, über das Verhalten der Di- und Trihydroxylbenzole im Thierkörper. Ing.-Diss. Berlin 1892. B. hat die gleichen Versuche angestellt wie Monti und dabei gefunden, dass die Organe viel rascher reducirten, wenn die Thiere vorher mit Hydrochinon, Brenzcatechin, Resorcin oder Pyrogallol vergiftet worden waren.   Andreasch.

286. Chr. Bohr und V. Henriquez, über den respiratorischen Gaswechsel.

287. B. Werigo, zur Frage über die Wirkung des Sauerstoffs auf die Kohlensäureausscheidung in den Lungen.

288. N. Zuntz, Bemerkungen zu der Abhandlung von B. Werigo.

289. B. Werigo, Antwort auf die Bemerkungen von Prof. Zuntz.

290. N. Zuntz, Zusatz zu meinen Bemerkungen über die Wirkung des
Sauerstoffs auf die Kohlensäureausscheidung in den
Lungen..

*W. Marcet, über den Verbrauch von Sauerstoff und die Er-
zeugung von Kohlensäure bei der Athmung des Menschen.
Arch. génér. de Médecine [3] 27, 261—284; durch chem. Centralbl.
1892 I., p. 673. M. hat an zwei Personen Versuche in der Art
angestellt, dass dieselben mittelst der Nase ein- und mittelst des
Mundes in ein calibrirtes Gefäss ausathmeten. Die CO₂ wurde durch
Barytwasser, der Sauerstoff durch Verpuffung mit H bestimmt und
aus dem Stickstoff wurde die Menge der eingeathmeten Luft und
damit der aufgenommene Sauerstoff bestimmt. Als Sperrflüssigkeit
diente Salzwasser. Als respiratorischer Quotient ergab sich die Zahl
0,871, die in der Stunde von den beiden Personen verbrauchte Sauer-
stoffmenge betrug 20,81 resp. 26,09 Grm., oder 0,355 resp. 0,38 Grm.
pro Kilo Körpergewicht.

W. Heerlein, das Coffeïn und das Kaffeedestillat in ihrer Beziehung zum Stoffwechsel (Einfluss auf den Sauerstoffverbrauch). Cap. XV.

*Ch. Richet, über das Maass der respiratorischen Verbren-
nung bei den Säugethieren. Arch. de Physiol. [5] 3, 74;
Centralbl. f. Physiol. 5, 79. R. hat bei einem früheren Vergleiche
der Kohlensäureabscheidung verschieden schwerer Thiere derselben
Art (Hunden, Vögeln) ähnliche Werthe erhalten wie Rubner, nach
welchem der Stoffwechsel ein Maass der Körperoberfläche ist, oder
wie H. v. Hösslin [J. Th. 18, 267], nach dem der Querschnitt der
verschiedenen, den Stoffwechsel bestimmenden Organe das Maass
für die Grösse desselben abgibt. R. fand bei Zusammenstellung der
von verschiedenen Autoren gefundenen Kohlensäureabscheidung verschiedener Thiere (Hasen, Meerschweinchen, Ratten, Katzen, Murmel-
thieren, Fledermäusen, Schafen, Ochsen etc.) wohl eine mittlere
Grösse von 1,75 Grm. Kohlensäure für 1000 cm² Körperoberfläche,
welche für die kleineren Säugethiere nach der Formel $S = K . \sqrt{P^2/_3}$
für die Berechnung der Oberfläche aus dem Körpergewichte und
$K = 11,3$ stimmt. Für den Menschen und die grösseren Säugethiere
gibt die Formel mit $K = 11,3$ höhere Werthe (2,0 bis 3,7). Diese
Grösse eignet sich nach R. nicht mehr für die Berechnung der
Körperoberfläche.

291. M. Gruber, über den Einfluss der Uebung auf den Gaswechsel.

*G. v. Liebig, über den Einfluss der Frequenz und Grösse der
Athemzüge auf die Ausathmung der Kohlensäure. Sitzungs-
bericht d. Gesellsch. f. Morphol. u. Physiol. in München. 8, 1—14.

*N. Zuntz und J. Geppert, nochmals über den Einfluss der Muskel-
thätigkeit auf die Athmung. Arch. f. klin. Medic. 48, 444—445.
Polemik gegen Speck [J. Th. 21, 318].

292. A. Magnus-Levy, über die Grösse des respiratorischen Gaswechsels unter dem Einflusse der Nahrungsaufnahme.

*Vald. Henriques, Untersuchungen über den Einfluss des Nerven-
systemes auf den respiratorischen Stoffwechsel der
Lungen. Skand. Arch. f. Physiol. 4, 194—228.

*J. Bauer, über den Einfluss von Blutentziehungen auf den
respiratorischen Gaswechsel. Münchener medic. Wochenschr.
1892, No. 30.

*Gürber, über den Einfluss grosser Blutverluste auf den respi-
ratorischen Stoffwechsel. Sitzungsber. d. physik.-med. Gesellsch.
zu Würzburg 1892, No. 5, pag. 72—77. Versuche an Kaninchen ergaben:
„Ein Einfluss selbst grösster Blutverluste bei nachfolgender Infusion
von Gaule's alkalischer Kochsalz-Rohrzuckerlösung auf den respiratorischen Stoffwechsel der Kaninchen ist kaum vorhanden und wenn,
dann, im Sinne einer geringen Steigerung desselben und zwar so,
dass dabei der respiratorische Quotient an Grösse meistens zunimmt;
doch war in letzterer Beziehung, wenn auch seltener, gerade das
Gegentheil zu beobachten."   Andreasch.

*Alex. Blumenthal, experimentelle Untersuchungen über den
Lungengaswechsel bei den verschiedenen Formen des Pneumo-
thorax. Ing.-Diss. Dorpat 1892, 63 pag.

*E. Vollmer, Versuche über die Wirkung von Morphin und
Atropin auf die Athmung. Arch. f. experim. Pathol. u. Pharmak.
30, 385—410.

293. S. Fubini u. A. Benedicenti, über den Einfluss des Lichtes
auf den Chemismus der Athmung.

294. F. Marès, Versuche über den Winterschlaf der Säugethiere.

295. Löwy, über die Athmung im luftverdünnten Raume.

*G. Philippon, Wirkungen plötzlicher Decompression auf in
comprimirte Luft gebrachte Thiere. Compt. rend. 115,
186—188. P. Bert (La pression barométrique) hat bei schneller
Aufhebung des Ueberdrucks bei Kaninchen keine schädlichen Folgen
gesehen. Verf. zeigt, dass, wenn die Decompression in weniger als
2 Minuten erfolgt, auch bei Kaninchen der Tod durch Freiwerden
von Gasblasen im Blute eintritt.   Herter.

*G. Philippon, Apparat, welcher erlaubt, mit Leichtigkeit die Ver-
suche von Paul Bert über die comprimirte Luft und den
comprimirten Sauerstoff zu wiederholen. Compt. rend. 114, 929—931.

*Fr. Nothwang, Luftdruckerniedrigung und Wasser-
dampfabgabe. Arch. f. Hygiene. 14, 337—363.

H. Hamburger, über den Einfluss der Athmung auf die Permeabilität der Blutkörperchen. Cap. V.

A. Jaquet, über die Wirkung mässiger Säurezufuhr auf Kohlensäuremenge, Kohlensäurespannung und Alkalescenz des Blutes. Ein Beitrag zur Theorie der Respiration. Cap. V.

Hanriot, über die Assimilation der Kohlehydrate (Einfluss auf den respiratorischen Quotient). Cap. III.

*H. Vaquez, über eine specielle Form der Cyanose, verbunden mit excessiver und permanenter Hyperglobulie. Compt. rend. soc. biolog. 44, 384—388.

*Sigm. Merkel, neue Untersuchungen über die Giftigkeit der Exspirationsluft. Arch. f. Hygiene. 15, 1—28. Als Resultat der Versuche ergibt sich: Die Exspirationsluft gesunder Menschen und Thiere enthält flüchtige organische Substanzen in äusserst geringer Menge. Es handelt sich dabei mit sehr grosser Wahrscheinlichkeit um eine Base, welche in ihrem flüchtigen Zustande giftig ist. Geht sie eine Verbindung mit Säuren etc. ein, so verliert sie ihre Giftigkeit. Andreasch.

*A. Leduc, über die Zusammensetzung der atmosphärischen Luft. Neue Gewichts-Methode. Compt. rend. 113, 129—132. Verf. bestimmte den Sauerstoff der Luft durch Wägung der Gewichtszunahme von Phosphorstücken nach Absorption desselben. Er fand bei zwei Analysen 23,244 resp. 23,203, im Mittel 23,23 Gewichts %, entsprechend 21,02 Volum %. Das Resultat stimmt bis auf $1/10000$ mit dem aus den specifischen Gewichten von Sauerstoff und Stickstoff berechneten. Herter.

296. Laulanié, experimentelle Untersuchungen über die correspondirenden Schwankungen in der Intensität der Wärmebildung und des respiratorischen Gaswechsels. I. Einfluss des Zustandes der Bedeckungen. Schur. II. Einfluss der Ernährung. III. Einfluss der Inanition. IV. Ueber die correspondirenden Schwankungen der Wärmebildung und des respiratorischen Gaswechsels als Function der Muskelcontraction.

297. Laulanié, Thatsachen, welche zum Studium der Temperaturregulirung dienen können.

*E. Meyer, über die Beziehungen zwischen der respiratorischen Capacität des Blutes und der Körpertemperatur. Compt. rend. soc. biolog. 44, 784—786.

*Charles Richet, das Zittern als thermischer Regulationsapparat. Compt. rend. soc. biolog. 44, 896—899.

*W. Hale White, eine Methode, die specifische Wärme gewisser lebender warmblütiger Thiere zu bestimmen. Journal of physiol. 13, 789—797. Bei Winterschläfern ist während tiefen

Schlafes die Wärmeregulation [1]) aufgehoben; Verf. bestimmte in
diesem Zustand ihre specifische Wärme, indem er die beim Ein-
bringen der Thiere (Haselmäuse) in wärmere Luft eintretende
Temperaturzunahme mit der in einer gleichen Gewichtsmenge Wasser
zu beobachtenden verglich. Die gefundenen Werthe schwankten
zwischen 0,812 und 1,18, der Mittelwerth beträgt also 0,95. Die
ersten Bestimmungen bei demselben Versuch fielen regelmässig etwas
niedriger aus als die späteren; in Versuch VI wurden nacheinander
erhalten 0,857, 0,917, 0,933, 1.0, was für ein Steigen der specifischen Wärme mit der Temperatur spricht.   Herter.

*Albert Besson, über die Wirkungsweise der Revulsivmittel.
Mém. soc. biolog. 1892, 43—47[2]).   Ein grosser Sinapismus
bewirkt local zunächst eine wenige Secunden anhaltende Herabsetzung der Temperatur, dann folgt mit Erweiterung der Gefässe
eine Steigerung der Temperatur auf der ganzen Peripherie.
Central folgt auf eine kurzdauernde Erwärmung eine Abkühlung (um 0,7 bis 1[0]). Bei Application auf den Thorax tritt eine
Verlangsamung der Respiration ein, auf anderen Stellen bewirkt
ein Hautreiz nach vorübergehender Verlangsamung eine Beschleunigung der Respiration. Die Sauerstoffaufnahme und die
Kohlensäureausscheidung wird durch Hautreize vermehrt,
besonders die erstere, so dass der respiratorische Quotient
abnimmt. Der Blutzucker nimmt ab, ebenso der Sauerstoff des
venösen Blutes, während der Gehalt an Kohlensäure zunimmt.
                                                Herter.

*J. P. Morat und Maurice Doyon, die antagonistischen
. Gifte und die Wärmebildung. Compt. rend. soc. biolog. 44,
643—646. Atropin und Pilocarpin sind vollkommene Antagonisten; das zeigt sich auch in ihrem Einfluss auf die Körpertemperatur, welche durch ersteres in nicht allzu hoher Dose
gesteigert, durch letzteres herabgesetzt wird; ersteres erniedrigt,
letzteres erhöht den Zuckergehalt des Blutes, und führt auch
gelegentlich zu Glycosurie. Das Atropin hat eine excitirende
Wirkung, das Pilocarpin eine lähmende; Verff. erklären obiges Verhalten durch Wirkung auf den Zuckerverbrauch in den Muskeln.
            .   .   Herter.

*Gaston Bonnier, über die Vergleichung zwischen der von den
Pflanzen abgegebenen Wärme und der Respiration. Compt.
rend. soc. biolog. 44, 119—121.

---

[1]) Vergl. White, A theory to explain the evolution of warmblood
vertebrates. Journ. of anat. and physiol. 25, 374. — [2]) Vergl. Besson,
Etude expérimentale sur la révulsion. Thèse, Lyon.

*L. de Saint-Martin, über die Bestimmung kleiner Mengen Kohlenoxyd vermittelst Kupferchlorür. Compt. rend. **114**, 1006—1009.

298. L. de Saint-Martin, Untersuchungen über die Art der Ausscheidung des Kohlenoxydes.

*M. Abeles und H. Paschkis, Beiträge zur Kenntniss des Tabakrauches. Arch. f. Hygiene **14**, 109—215.

*K. B. Lehmann, experimentelle Studien über den Einfluss technisch und hygienisch wichtiger Gase und Dämpfe auf den Organismus. V. Schwefelwasserstoff. Arch. f. Hygiene. **14**, 135—189.

---

282. **F. Hoppe-Seyler: Beiträge zur Kenntniss des Stoffwechsels bei Sauerstoffmangel** [1]). Nach den Versuchen von Araki und Zilléssen [J. Th. **21**, 326, 328] ist die Bildung von Milchsäure in den Organen, jedenfalls in den Muskeln der höheren Thiere, bei Sauerstoffmangel und die Ausscheidung derselben im Harne als sicher anzusehen. Die Milchsäure ist durch Spaltung von Kohlehydraten entstanden zu denken, gleichwie die Spaltpilze aus den Kohlehydraten bei Sauerstoffmangel Milchsäure erzeugen. Eine Bildung von Milchsäure in den Muskeln und anderen Organen bei genügendem Sauerstoffzutritt zu denselben ist noch nicht erwiesen und auch unwahrscheinlich. Es greift hier gleich bei beginnender Spaltung die Oxydation ein und bildet statt Milchsäure Kohlensäure und Wasser. Die Bildung von Milchsäure bei Abwesenheit von freiem Sauerstoff und bei Gegenwart von Glycogen oder Glycose ist höchstwahrscheinlich eine Eigenschaft aller lebenden Protoplasmen.

283. **T. Araki: Ueber die Bildung von Milchsäure und Glycose im Organismus bei Sauerstoffmangel.** Dritte Mittheilung [2]). Im Anschlusse an seine früheren Versuche über denselben Gegenstand [J. Th. **21**, 326] berichtet Verf. zunächst über die Einwirkung künstlicher Abkühlung, bei welcher bekanntlich die Athemzüge seltener und oberflächlich und die Athmung daher bald unzureichend wird. Es wurden 5 Versuche an Kaninchen und 2

---

[1]) Festschr. zu Virchow's Jubiläum; Berliner Ber. **25**, Referatb. 685. — [2]) Zeitschr. für physiol. Ch. **16**, 453—459.

Versuche an Hunden ausgeführt, indem die Thiere mit Schnee bedeckt oder ins Eiswasser eingetaucht wurden. Die Temperatur wurde von Zeit zu Zeit in ano gemessen, und sobald dieselbe unter 26° C. gesunken war, wurde das Thier herausgenommen und der Harn untersucht. Es zeigte sich in allen Versuchen, dass Abkühlung stets Sauerstoffmangel verursacht und die Ausscheidung von Eiweiss, Zucker und Milchsäure zur Folge hat. — Ferner wurde noch die Wirkung des Veratrins und zwar an Fröschen, denen jedem ca. $^1/_{10}$ Mgrm. Veratrin in alcoholischer Lösung subcutan injicirt wurde, untersucht und im ausgedrückten Harne derselben Zucker und Milchsäure nachgewiesen. Die Ursache dieser Erscheinung wird Verf. später besprechen.   Horbaczewski.

284. A. Jaquet: Ueber die Bedingungen der Oxydationsvorgänge in den Geweben[1]). 285. E. Salkowski: Ueber die durch das Blut bewirkten Oxydationsvorgänge[2]). Ad 284. Im Anschlusse an die Untersuchungen von Schmiedeberg [J. Th. 11, 111], welcher sicherstellte, dass zu einer ausreichenden Oxydation von Benzylalcohol und Salicylaldehyd im Organismus die Mitwirkung der Gewebe durchaus erforderlich ist, studirte Verf. die Bedingungen näher, unter welchen diese Oxydation zu Stande kommt. Was die Bestimmung der bei der Oxydation gebildeten Benzoësäure, bezw. Salicylsäure anbelangt, so verfuhr Verf. ebenso wie Schmiedeberg (l. c.). In einer Versuchsreihe, bei der reines, frisches und faules Blut, sowie eine verdünnte Natriumcarbonatlösung auf die erwähnten Verbindungen bei Gegenwart von Sauerstoff bei 10—35° einwirkte, wurde Benzylalcohol in geringer Menge oxydirt (2—7 Mgrm. Benzoësäure), wenn die Einwirkung 17—18 Stunden dauerte — in Zeiträumen von einigen Stunden dagegen wurde derselbe nicht, und der Salicylaldehyd überhaupt gar nicht verändert. In einer weiteren Versuchsreihe wurden zur Ergänzung der bereits von Schmiedeberg festgestellten Thatsache, dass die erwähnten Substanzen in überlebenden Organen leicht oxydirt werden, einige Versuche an der Lunge angestellt. Es wurde in die arteria pulmonalis einer präpa-

---

[1]) Arch. f. exper. Path. und Pharmakol. **29**, 386—396. — [2]) Centralbl. f. med. Wiss. 1892, 849—851.

rirten, auf 30—37° C. im feuchten Kasten erwärmten, und künstlich ventilirten Lunge Blut oder Blut + NaCl-Lsg. mit der zu oxydirenden Substanz wiederholt eingeleitet. Es bildeten sich dabei
15—185 Mgrm. der einen oder der anderen Säure unter Bedingungen und innerhalb von Zeiträumen, in denen das Blut allein keine
Oxydation der Muttersubstanzen zu Wege bringt. — Bei weiteren
Versuchen, die in derselben Weise angestellt wurden, nur dass der
Benzylalcohol statt mit Blut mit Serum oder NaCl-Lsg. in die Lunge
geleitet wurde, wurden 323 resp. 212 Mgrm. Benzoësäure erhalten,
woraus hervorgeht, dass Luftsauerstoff ebenso wie derjenige des
Blutes die Oxydation vollführt. — Es war weiter fraglich, ob das
Vermögen, Oxydationen zu vermitteln, nur den lebenden Geweben
zukommt, oder ob die Gewebe auch nach dem Absterben diese
Fähigkeit beibehalten. Die Versuche ergaben, dass die mit Chinin-
lösung (1,5—2,5 pro Mille) oder Carbolsäure-NaCl-Lösung (2°/$_0$)
vergiftete Lunge diese Fähigkeit beibehielt, da 43—113 Mgrm.
Benzoësäure, resp. 60 Mgrm. Salicylsäure bei diesen Versuchen erhalten wurden. Auch bis zu 48 Stunden bretthart gefrorene und
dann aufgethaute Lungen — demnach sicher todte Gewebe — verhielten sich gleich (lieferten 73 Mgrm. Benzoësäure, resp. 93 Mgrm.
Salicylsäure). Auch in Alcohol erhärtete Organe in toto, sowie auch
zerkleinerte, erhärtete und getrocknete Gewebe (Lunge, Niere, Muskeln) waren im Stande die Oxydation zu vermitteln (Bildung von
20—137 Mgrm. der respect. Säure). — Weitere Versuche wurden
mit wässerigen Auszügen aus frischen und dann aus unter Alcohol
erhärteten Geweben (Lunge, Niere) ausgeführt und ergaben auch
positive Resultate (Bildung von 11—85 Mgrm. Salicylsäure). Dass
es sich bei diesen Versuchen um die Gegenwart bestimmter Gewebs-
producte und nicht um reine Zufälligkeiten handelt, erhellt daraus,
dass der Siedehitze ausgesetzt gewesene Gewebe sich vollkommen
negativ verhalten. — Aus diesen Versuchen schliesst Verf., dass
die Oxydationen im Thierkörper unter dem Einflusse eines Ferments
oder Enzyms zu Stande kommen. Mit dieser anscheinend wenig befriedigenden Erkenntniss der animalischen Oxydation war nicht
viel Positives gewonnen — dieselbe entziehe jedoch jedenfalls die
Grundlage für die in neuerer Zeit wieder mehr auftauchende An-

nahme der Lebenskraft. — Ad 285. Verf. bemerkt zu der vorstehenden Arbeit von Jaquet, dass auch das Blut allein die Oxydationen
(nämlich von Benzylalcohol und Salicylaldehyd) doch herbeizuführen
vermag, wenn man andere günstigere Versuchsbedingungen wählt.
Bei der »Verstäubung des Blutes«, dem Salicylaldehyd zugesetzt
wurde, konnten beträchtliche Mengen von Salicylsäure erhalten werden [J. Th. 13, 346]. Entsprechend der Erklärung von Jaquet
müsste Blut das die Oxydationen vermittelnde Ferment auch enthalten, jedoch nur in so geringer Menge, dass seine Wirkung erst
unter sehr günstigen Oxydationsbedingungen bemerkbar wäre.

Horbaczewski.

286. Chr. Bohr und V. Henriquez: Ueber den respiratorischen Gaswechsel[1]).

Aus den Veränderungen, welche die Gase
des Blutes beim Passiren der Capillaren erleiden, hat man geschlossen,
dass die gesammte Oxydation und Kohlensäurebildung in
den Geweben erfolgt und die Lunge im wesentlichen nur dem Aus-
tausch der Blutgase gegen die der Atmosphäre dient.   Nach Verff.
findet ein bedeutender Theil (18 bis 68 $^0/_0$) obiger Processe
in der Lunge statt. Um dies zu zeigen, analysirten sie den Gasgehalt des arteriellen und des venösen Blutes, während zugleich der
respiratorische Gaswechsel in der Lunge verfolgt wurde.   Um gleichzeitig die Geschwindigkeit des Blutstroms durch die Lunge messen
zu können, wurde folgendermaassen verfahren.   Einem Hunde wurde
die Medulla oblongata durchschnitten und künstliche Respiration
eingeleitet, dann wurde die Aorta thoracica durch eine oberhalb
der Intercostalarterien angelegte Klemme verschlossen und alle
von dem Aortenbogen abgehenden Gefässe ligirt bis auf eine Carotis,
von welcher aus das gesammte vom Herzen kommende Blut durch
eine Ludwig'sche Stromuhr in das centrale Ende einer Arteria
femoralis und von da in die Aorta unterhalb der Klemme geleitet wurde.   Das Blut durchströmte also die Organe wie gewöhnlich, nur war der Blutstrom verlangsamt.   Während der Versuche wurden mehrere Blutproben aus der Carotis und aus

---

[1]) Sur l'échange respiratoire.   Compt. rend. 114, 1496—1499, auch
Centralbl. f. Physiol. 1892, 225—227.

dem rechten Herzen (mittelst einer in die Vena jugularis
eingeführten Sonde) genommen. .In einem Versuch an einem 16 Kgrm.
schweren Hund passirten während 8 Minuten 38,73 CC. Blut
durch die Lungen. Das arterielle Blut enthielt 8,50 CC. Sauerstoff mehr und 7,47 CC. Kohlensäure weniger als das venöse.
Daraus würde man also auf eine Aufnahme von 329 CC. Sauerstoff
und eine Ausscheidung von 289 CC. Kohlensäure schliessen. Während
der Versuchszeit wurden aber durch die Respiration 732 CC. Sauerstoff aufgenommen und 538 CC. Kohlensäure ausgeschieden, es wurden also in der Lunge selbst 403 CC. Sauerstoff,
55 % des Gesammtwerthes, gebunden und 249 CC. Kohlensäure
gebildet. Dieses Verhalten erklären Verff. dadurch, dass gewisse
unbekannte Stoffe von den Geweben an das Blut abgegeben werden,
welche erst in der Lunge zur Oxydation gelangen. Die Blut-
circulation in den Organen kann bedeutend verlangsamt
werden, ohne dass der respiratorische Gaswechsel sinkt.
In einem Falle wurde bei einem Hunde von 6 Kgrm. eine Sauerstoffaufnahme von 408 CC. und eine Kohlensäureausscheidung von
292 CC. pro Kgrm. und Stunde constatirt. Es wurden nun die
Aorta thoracica und alle vom Aortenbogen ausgehenden Arterien
unterbunden bis auf die Arteria cervicalis prof. und Arteria
vertebralis sin. Jetzt betrugen die respiratorischen Werthe
489 resp. 361 CC.; nach $1\frac{1}{2}$ Stunden 345 resp. 249 CC. pro Kgrm.
und Stunde. Eine beträchtliche Herabsetzung des Gaswechsels trat
erst ein, als die Circulation durch die Gewebe vollständig aufgehoben wurde, durch Unterbindung aller Arterien bis auf eine
Carotis, welche durch ein Glasrohr mit der Vena jugularis in Verbindung gesetzt wurde, bei gleichzeitigem Verschluss der Vena cava
inferior. Herter.

287. **B. Werigo: Zur Frage über die Wirkung des Sauer-
stoffs auf die Kohlensäureausscheidung in den Lungen**[1]**. 288. N.
Zuntz: Bemerkungen zu der Abhandlung von B. Werigo: „zur
Frage über die Wirkung des Sauerstoffs auf die Kohlensäureaus-**

[1] Pflüger's Arch. **51**, 321—361.

scheidung in den Lungen" [1]). 289. **B. Werigo: Antwort auf die Bemerkungen von Prof. Zuntz** [2]). 290. **N. Zuntz: Zusatz zu meinen Bemerkungen über die Wirkung des Sauerstoffs auf die Kohlensäureausscheidung in den Lungen** [3]). Ad 287. Auf Grund der Beobachtung, dass bei der Bestimmung der CO_2-Spannung im Blute stets höhere Zahlen erhalten werden, wenn im Schüttelgase O enthalten ist, hat zuerst Holmgren die Vermuthung ausgesprochen, dass der O die Verbindung der CO_2 mit Blutbestandtheilen lockere und die CO_2 aus dem Blute sozusagen austreibe. Diese Beobachtung wurde z. Th. durch die Versuche von Preyer und Wolffberg gestützt. Da dann die Versuche von Wolffberg und von Nussbaum ergaben, dass die CO_2-Spannung in der Alveolarluft die im Blute des rechten Herzens niemals übersteigt, schien bewiesen, dass beim Gasaustausche in den Lungen die einfachen Gesetze der Diffusion ausschliesslich zur Geltung kommen. Nachdem aber Bohr und Torup neulich gezeigt haben, dass die CO_2 mit dem Hämoglobin eine festere Verbindung eingeht, als man vermuthen konnte, unterzog Verf. diese Frage einer erneuerten Prüfung am lebenden Thiere, und ersann eine Methode, bei welcher die CO_2-Mengen bestimmt wurden, die bei Einathmung sauerstoffreicher und sauerstofffreier Gasgemische ausgeschieden wurden, wobei — um alle störenden Nebenumstände auszuschliessen — die beiden Gasgemische gleichzeitig eingeathmet werden können, indem durch die gänzlich mittelst einer eigens construirten Canüle gesonderten Bronchi die eine Lunge des Thieres z. Th. Sauerstoff, die andere Wasserstoff athmete. In der ersten Versuchsreihe athmete die eine Lunge des Thieres frei mit Luft, die andere abwechselnd mit O resp. H. Die Gase verblieben 7—10 Minuten in der Lunge bei vollkommen behinderter Ausathmung. Die mit H gefüllte Lunge enthielt beträchtliche Mengen Sauerstoff, welcher aus dem Blute sich abscheiden musste. Die Procentzahlen an O entsprechen der O-Spannung im Blute und stimmen mit denjenigen, nach dem Pflüger'schen Verfahren von Wolffberg erhaltenen überein. Die CO_2-Spannung zeigte bedeutende Unterschiede, je nachdem die Lunge mit O oder H athmete. Im

---

[1]) Pflüger's Archiv 52, 191—193. — [2]) Ebenda 194—197. — [3]) Ebenda 198—200.

Mittel betrug dieses Plus in der O-Lunge 2,55 %. Da diese Versuche nicht als eindeutig erachtet werden konnten, wurde eine zweite Versuchsreihe angestellt, in der das Thier gleichzeitig mit einer Lunge O, mit der anderen H athmete. Die Gase verblieben in den Lungen nur 30—60 Secunden und wurden nach gleichzeitiger Heraussaugung analysirt. Die H-Lunge enthielt eine kleine Menge O, die jedoch viel kleiner war, als nach der im Blute vorhandenen O-Spannung erwartet werden sollte, indem in der kurzen Versuchszeit die O-Spannungen sich noch nicht ausglichen, weshalb Verf. die Ansichten über die ungeheuere Ausgleichungsgeschwindigkeit der Spannungsdifferenzen zwischen Blut aus Lungengasen für etwas übertrieben erachtet. Die mit O athmende Lunge enthielt auch H, der offenbar aus dem Blute und durch Diffusion aus der anderen Lunge stammte. Was die CO_2-Spannung anbelangt, so war dieselbe in der O-Lunge immer grösser, als in der H-Lunge und betrug die Differenz im Mittel 2,74 %, während die Differenzen in den einzelnen Versuchen zwischen 1,1 und 5,8 % lagen, und — wie Controllversuche ergaben — die Versuchsfehler höchstens 0,5 % betragen konnten. Alle Bedingungen waren in beiden Lungen bei diesen Versuchen identisch — es gestatten daher diese Versuche den Schluss, dass der O in den Lungen eine austreibende Wirkung auf die CO_2 ausübt. Die Grösse dieses Unterschiedes der CO_2-Spannung in den beiden Lungen wird offenbar durch die Grösse des in jedem einzelnen Falle stattfindenden O-Verbrauchs bestimmt, wofür auch direkte Beobachtungen sprechen, denn in denjenigen Fällen, in denen der Unterschied der CO_2-Spannungen in den beiden Lungen die grösseren Werthe aufweist, wurde der kleinere O-Gehalt gefunden. — In der dritten Versuchsreihe wurde ebenso verfahren wie bei den eben erwähnten Versuchen, mit dem einzigen Unterschiede, dass hier die Gase durch längere Zeit (5—30 Minuten) in den Lungen verblieben. Es ergab sich, dass auch bei diesen Versuchen, wo die CO_2-Stauung einen enormen Grad erreichte, die O-Wirkung sehr deutlich hervortritt. In der mit O athmenden Lunge war die CO_2-Spannung merklich (im Mittel 2,1 %) höher, als in der mit H athmenden. — Verf. folgert aus seinen Versuchen, dass die Wirkung des O einen mächtigen Hülfsfactor bei der CO_2-Ausscheidung abgibt, so dass es

nicht nöthig ist, die CO_2-Ausscheidung als eine specifische secre-
torische Thätigkeit der Lunge aufzufassen, denn die Gesetze der
Diffusion erklären jetzt mehr als genügend die gesammte CO_2-
Ausscheidung und bildet die Untersuchung des Verf. eine Bestätigung
und Erweiterung der von Pflüger verfochtenen Ansichten. Dem
Sauerstoff kann ferner auch ausserdem eine wichtige regulatorische
Thätigkeit zugeschrieben werden. Die z. B. während angestrengter
Muskelthätigkeit bedeutend gesteigerte CO_2-Ausscheidung wird neben
der stärkeren Lungenlüftung auch durch O-Wirkung begünstigt.
Das mit CO_2 beladene und gewöhnlich auch O-ärmere Blut muss in
der Lunge mehr als gewöhnlich O aufnehmen und folglich muss die
durch diese O-Aufnahme bedingte Steigerung der CO_2-Spannung eine
Beschleunigung des CO_2-Stromes durch die Lunge hervorrufen. Bei
weiterer Annahme, dass beide Gase ihre Spannungen gegenseitig zu
steigern vermögen, muss beim Durchströmen des Blutes durch ein
mehr Arbeit leistendes und auch mehr CO_2 producirendes Gewebe
die Spannung des O gesteigert und dessen Uebergang in's Gewebe
erleichtert werden, und umgekehrt muss ein Gewebe im Zustande
der Ruhe, welches nur wenig CO_2 producirt, auch nur kleine Mengen
von O erhalten. — Ad 288. Gegen die vorstehenden Versuche wird
der Einwand erhoben, dass während der Zeit des Spannungsaus-
gleichs der Inhalt der Lunge mit einem ziemlich langen und weiten
mit dem betreffenden Gasgemisch gefüllten Röhrensystem communicirt,
in welches während der Absperrung CO_2 aus den Lungen diffundiren
wird, aber auf beiden Seiten im ungleichen Maasse, weil die
Diffusion im H viel schneller vor sich geht als im O. Es wird
daher die H-Lunge mehr CO_2 verlieren und demnach weniger enthalten als die O-Lunge. Ferner wird der CO_2-Gehalt der O-Lunge
dadurch erhöht, dass der O aus dem Gasometer in die Lunge nach-
strömt und die bereits in das zuleitende Röhrensystem diffundirte
CO_2 z. Th. wieder in die Lunge zurückschafft, während auf der
H-Seite kein ähnlicher Vorgang stattfindet. Daraus müssen sich
mehr oder weniger grosse Differenzen in der CO_2-Spannung beider
Lungen ergeben. — Ad 289. Verf. meint, dass die von Zuntz
in seinen Einwänden geschilderten Vorgänge in der That stattfinden
müssen, dass aber die Unterschiede der in den beiden Lungen statt-

findenden Diffusion nur in dem Sinne wirken können, dass sie den CO_2-Gehalt der Gase der O-Lunge nicht vergrössern, wie es Zuntz meint, sondern im Gegentheil vermindern und demnach nur einen Beweis a fortiori für die Richtigkeit der gezogenen Schlüsse abgeben. Es wird nämlich der Inhalt des Bronchialraumes der H-Lunge (der zur Analyse ganz verwendet wird, weil er beim Aussaugen der Gase zuerst kommt, während der Inhalt des Alveolarraumes nur z. Th. hineinkommt) bei den hier bestehenden günstigen Diffusionsbedingungen eine grössere CO_2-Menge enthalten, als derjenige der O-Lunge, während im Alveolarraume der durch Diffusion entstehende Verlust an CO_2 sofort ganz ersetzt wird, weil sich die Spannungsdifferenzen zwischen dem Blute und den Gasen des Alveolarraumes fast momentan ausgleichen. — Ad 290. Darauf bemerkt Zuntz, dass die Zusammensetzung des Gasgemisches in den Bronchien nicht nur von der Diffusion mit dem Alveolarraume, sondern auch von der mit dem äusseren Gasraume (dem Röhrensystem) abhängt. Uebrigens kommt der Inhalt des Bronchialraumes kaum in Betracht, da derselbe kaum über 1 CC. betragen dürfte, und der wesentlichste Theil der analysirten Gasprobe entstammt daher dem Alveolarraume, deren CO_2-Tension unzweifelhaft von der Grösse der Diffusion in den äusseren Gasraum abhängig ist, die bei der H-Lunge grösser, bei der O-Lunge kleiner sein muss, weshalb die CO_2-Spannung in der H-Lunge niedriger sein wird. In der H-Lunge setzt sich das Blut mit dem Alveolargasen mit niedrigerer CO_2-Spannung ins Gleichgewicht und wird daher weniger CO_2 abgeben. — Die Versuche Werigo's seien zwar für die Methode fördernd, es seien aber weitere Versuche nothwendig, die den erwähnten Einwendungen Rechnung tragen würden, um die Frage der O-Wirkung auf die CO_2-Tension, deren Existenz Verf. weder widerlegen wollte, noch widerlegt zu haben glaubte, zu entscheiden. Horbaczewski.

291. Max Gruber: Ueber den Einfluss der Uebung auf den Gaswechsel[1]). Um die Frage zu untersuchen, ob die CO_2-Ausscheidung, welche man als das Maass des Stoffumsatzes betrachtet, proportionel der Arbeitsleistung sei, oder ob sich sonst eine Be-

---

[1]) Zeitschrift f. Biol. **28**, 466—491.

ziehung zwischen den beiden genannten Factoren findet, stellte Verf.
15 Versuche an sich selbst an, bei welchen die CO_2-Ausscheidung
in der Ruhe, beim Gehen, beim Steigen ungeübt, und Steigen geübt
bestimmt wurde. In den zwei Versuchsreihen wurden, wenn die
CO_2-Menge in der Ruhe $= 1$ genommen wird, folgende Werthe erhalten:

	Ruhe	Gehen	Steigen ungeübt	Steigen geübt
I. Reihe . . .	1	1,89	4,1	3,3
II. „ . . .	1	1,75	3,05	2,42

Aus diesen Resultaten schliesst Verf., dass die CO_2-Ausscheidung
und -Production bei gleichbleibender Arbeitsleistung nicht constant
bleibt. Sie ist nicht eine Function der Leistung, sondern es nimmt
der Stoffumsatz ab, wenn die Uebung wächst. Die Versuche wurden
im Jahre 1888 ausgeführt. In Betreff der Details muss auf das
Original verwiesen werden.   Horbaczewski.

292 **A. Magnus-Levy: Ueber die Grösse des respiratorischen Gaswechsels unter dem Einfluss der Nahrungsaufnahme**
(Vorl. Mittheil.)[1]). Bei einem gutgenährten, täglich einmal gefütterten, annähernd im Körpergleichgewichte befindlichen Hunde
findet man spätestens 24 Stunden nach der letzten Nahrungsaufnahme einen unteren Grenzwerth des O-Verbrauchs bei absoluter Ruhe.
der sich im Laufe des Tages bei Hunger nicht wesentlich ändert.
Beim Menschen, der die Nahrung mehrmals im Tage aufnimmt, findet
man meist 10—12 St. nach einer nicht übermässigen Mahlzeit jenen
niedrigsten Grenzwerth, der bei weiterem Hunger sich kaum ändert.
»Dieser Nüchternwerth«, der den zur Erhaltung des Lebens nothwendigen Minimalbedarf darstellt, dient als Ausgangspunkt und Ver-
gleichsmaterial für den Stoffverbrauch unter dem Einflusse der
Nahrungszufuhr. Die Aufnahme eines jeden der drei Hauptnahrungs-
stoffe verursacht beim Hunde eine Steigerung des O-Verbrauchs.
Dieselbe ist am grössten — wenn der Energiegehalt des Futters
gleich ist — bei reiner Fleischnahrung, am geringsten, aber deutlich, bei Fettaufnahme. Diese Steigerung des O-Verbrauchs beträgt

---

[1]) Pflüger's Arch. **52**. 475—479.

bei eiweissreicher Nahrung (ca. 60 Grm. N) maximal etwa 60—80 % des Nüchternwerthes mit dem Maximum in der 4.—7. St. und den weiten in der 10.—14. St. Der Mehrverbrauch in 24 St. betrug 35—40%. Bei grossen Kohlenhydratmengen (400 Grm. Stärke) wird das Maximum mit ca. 40 % des Ruhewerthes zwischen der 5. und 8. St. erreicht — das Plus des ganzen Tages beträgt ca. 17 %. Etwa 300 Grm. Fett steigerten den Verbrauch von der 4.—18. St. gleichmässig um 5—15 %. Die Fick'sche Hypothese, dass blos die Aufnahme von Eiweiss und dessen Circulation die Steigerung der Verbrennungen bedinge, ist nach den Versuchen des Verf. unhaltbar, da nach Reisfütterung eine Steigerung beobachtet wurde, die grösser war als diejenige nach Zufuhr der im Reisfutter enthaltenen Eiweissmenge (als Fleisch). Auch die Angaben über die Form der Verwerthung von Kohlenhydraten im Organismus von Hanriot [dieser Band pag. 49), der nach Eingabe von kleinen Mengen von Traubenzucker ein anhaltendes Steigen der resp. Quot. über 1,00 bis auf 1,25, nach grossen Gaben auf 1,30 fand, und daraus auf die quantitative Umwandlung von Zucker in Fett schloss, kann Verf. nicht bestätigen, denn bei in ähnlicher Weise ausgeführten Versuchen am Menschen überstieg der Quot. die Einheit nicht, und bei einem mit grossen Reismengen gefütterten Hunde nur um ein sehr geringes. Die Fettaufnahme steigert den Stoffumsatz in weit geringerem Maasse, als die Reis- oder Fleischzufuhr, ist aber beim Hunde mit Sicherheit, beim Menschen wahrscheinlich nachzuweisen. Das Verzehren grösserer Knochenmengen erhöhte den O-Verbrauch recht beträchtlich. Horbaczewski.

293. T. Fubini und A. Benedicenti: Ueber den Einfluss des Lichtes auf den Chemismus der Athmung [1]). Verff. stellten ihre Untersuchungen an winterschlafenden Thieren (Siebenschläfer, Haselmaus, Fledermäusen: Plecotus auritus und Vespertilio murinus) an; die Ausführung der Versuche war genau dieselbe wie in früheren Arbeiten von Moleschott und Fubini [J. Th. **10**, 390]. Das Verhältniss der im Lichte ausgeschiedenen Kohlensäure zu der im Dunkeln gebildeten war 100 : 93—48. Es bestätigt dies von Neuem,

---

[1]) Moleschott's Unters. z. Naturl. **14**, 623—629.

dass das Licht den Athmungsstoffwechsel erhöht und zwar auch bei
Thieren, die seit längerer Zeit keine Nahrungszufuhr gehabt hatten
und bei denen keine anderen Bewegungen bemerkbar waren, wie die
leichten Athembewegungen. Dies muss nothwendiger Weise zur Annahme führen, dass die bei Lichteinfluss stattfindende Zunahme der
Kohlensäureausscheidung nicht auf Muskelbewegung zurückzuführen
ist, wie Loeb irrthümlich angenommen hat [Pflüger's Arch. **42**,
493—407].   Andreasch.

**294. E. Marès: Versuche über den Winterschlaf der Säuge-
thiere** [1]). Während des Winterschlafes der Säugethiere (Spermophilus citillus, Hamster) ist wie beim Frosch die Secretion
der Niere aufgehoben, wie man sich durch Injection von
Indigcarmin in die Venen überzeugen kann. Die Circulation
in der hinteren Körperhälfte ist vollständig sistirt; dadurch
erklärt sich die Beobachtung von Quincke, dass der hintere Theil
des Körpers kühler ist und an der beim Erwachen eintretenden Erwärmung (Horvath) langsamer theilnimmt als die vordere. In 28
Minuten stieg bei einem Spermophilus die Temperatur des Oesophagus
von 15,7 auf 23,3°, die des Rectum von 15,5 auf 17,1°. Zur
Entscheidung der Frage, ob die respiratorische Verbrennung die zur
Erwärmung des Körpers nöthige Energie zu liefern vermag, wurden
zahlreiche Athmungsversuche in einem nach Regnault's Princip
construirten Apparat ausgeführt. Das Volum des Stickstoffs wurde
als constant angenommen. In folgender Tabelle sind die von M.
an Spermatophilus erhaltenen Maximal- und Minimal-
werthe vereinigt.

	Sauerstoff-Aufnahme	Kohlensäure-Ausscheidung	Respiratorischer Quotient
	pro Kilogramm und Stunde		
	Grm.	Grm.	
Im wachen Zustand	2,335—5,038	2,757—5,231	0,637—0,929
Im Winterschlaf .	0,026—0,157	0,014—0,155	0.295—1,664
Während des Er-wachens	1,246—6,883	1,259—6,780	0,646—0,822

[1]) Expériences sur l'hibernation des mammifères. Mém. soc. biolog.
1892, 313—320.

Die äussere Temperatur schwankte während der ersten Versuchsreihe zwischen 6,7 und 21°, während der zweiten zwischen 4 und
11,8°, während der dritten zwischen 4 und 11,6°. Das Körpergewicht betrug 119 bis 253 Grm., 164 bis 203 resp. 87 bis
253 Grm. Die Mittelzahlen im wachen Zustand waren für
den Sauerstoff 3,854, für die Kohlensäure 3,949 Grm., für den
respiratorischen Quotient 0,745. Während des Winterschlafes tritt
bekanntlich eine bedeutende Herabsetzung des Gaswechsels
ein, die von Delsaux bei Fledermäusen beobachtete Abhängigkeit von der Temperatur konnte bei Spermophilus nicht verfolgt
werden, da bei diesem Thier die Tiefe des Schlafes sehr
wechselt; alle 3 bis 4 Tage wacht dasselbe auf. frisst und schläft
dann wieder ein. Während des Winterschlafs geht der respiratorische Quotient stark herunter, wie bereits Regnault
und Voit bemerkten, doch fanden sich auch aussergewöhnlich hohe
Werthe, besonders in der ersten Periode des Schlafes. Dieses
Verhalten erklärt sich durch reichliche Abgabe von Kohlensäure
bei veringerter Sauerstoffaufnahme. Beim Erwachen sind drei
Perioden zu unterscheiden, die erste umfasst den Beginn der
Erwärmung, die zweite die Erwärmung von ca. 20° bis zur Erreichung der normalen Körpertemperatur, die dritte fängt bei diesem
Zeitpunkt an. Während der zweiten Periode ist der Gaswechsel
am lebhaftesten, wie folgender Versuch (No. 9) an einem 193 Grm.
schweren Thier zeigt; die äussere Temperatur schwankte hier nur
zwischen 10,5 und 10,8°.

Periode	Dauer	Sauerstoff-Aufnahme	Kohlensäure-Ausscheidung	Respiratorischer Quotient
		pro Kilogramm und Stunde		
		Grm.	Grm.	
I.	1 h. 20′	1,878	1,812	0,702
II.	1 h.	5,887	5,880	0,727
III.	1 h.	3,501	3,663	0,759

Die Steigerung der Oxydationsprocesse während des
Erwachens genügt, um die zur Erwärmung erforderliche

Energie zu decken. Während der Periode II dieses Versuches stieg die Körpertemperatur von 17 auf 35°, also um 18°; diese Erwärmung entspricht 3,477 Calorien. In dieser Zeit nahm das Thier 1,136 Grm. Sauerstoff auf, welcher bei der Verbrennung von 0,39 Grm. Fett 3,722 Calorien liefern kann (nach Rubner). — Was die Ursache des Eintretens des Winterschlafs betrifft, so ist dieselbe noch nicht genügend aufgeklärt. Die äussere Abkühlung ruft denselben nicht hervor, denn Verf. sah Spermophilen und Hamster im September bei + 16° schlafen und andere Individuen im Winter bei Temperaturen unter 0° wach bleiben; ähnliche Beobachtungen machte Forel. Auch erwachen die Spermatophilen periodisch ohne dass die äussere Temperatrr sich ändert. Allerdings lassen die Winterschläfer sich ohne Gefahr auf Temperaturen abkühlen, welche andere Warmblüter tödten; sie ähneln darin den Polkilothermen. Der Winterschlaf beruht nach Verf. darauf, dass das Nervensystem vorübergehend seine Empfindlichkeit gegen äussere Abkühlung verliert und deshalb die zur Erhaltung der Homoeothermie nöthigen Regulationen fortfallen; er sieht darin eine Art Stavismus. Im wachen Zustand reagiren übrigens die Spermatophilen energisch gegen die Abkühlung. In einer Reihe von Versuchen verglich Verf. die bei Zimmertemperatur (+ 9,6 bis 20,8°) erhaltenen respiratorischen Werthe mit denjenigen, welche bei Abkühlung des Apparates durch eine Kältemischung sich ergaben. Die Sauerstoffaufnahme stieg in diesen 2 bis 3 stündigen Versuchen stets bedeutend, von 2,335—4,140 auf 5.080—6,619 Grm. pro Kgrm. und Stunde, die Kohlensäureausscheidung ebenso von 2,757 —3,812 auf 5,020—10,310 Grm.; nach 2 bis 3 Stunden begann in der Regel der gesteigerte Gaswechsel wieder nachzulassen.

Herter.

295. Leowy: Ueber die Athmung im luftverdünnten Raum [1]. Gut ertragen wurde noch folgende Verdünnungen: 1. In 10 Min. eine Verdünnung, die einem Aufstiege um 1985 Mtr. entsprach, 2. in 11 Min. eine solche, die gleich 2172 Mtr., 3. in 18 Min. eine, die

---

[1] Verhandl. d. physiol. Gesellsch. zu Berlin; Dubois-Reymond's Arch. physiol. Abth. 1892. pag. 545—447.

gleich 3645 Mtr. war, 4. in 30 Min. eine Verdünnung analog einem
Aufstiege um 4972 Mtr. Diese Geschwindigkeiten sind so bedeutende,
dass sie kaum von schnell steigenden Luftballons erreicht werden.
Die tiefsten, noch im Ganzen gut ertragenen Verdünnungen lagen
bei 360 Mmtr. Hg = 6423 Mtr. und bei 356 Mmtr. = 6514 Mtr. Höhe;
der Druck betrug also hier weniger als $^{1}/_{2}$ Atmosphäre. Die
Intensität und Art des respiratorischen Gaswechsels war in 7 Arbeits-
und 5 Ruheversuchen nicht geändert. Unter der Grenze von 300 Mmtr.
nahm die Athemgrösse in beiden Arten von Versuchen zu, die
Kohlensäureausscheidung wuchs, die Sauerstoffaufnahme blieb ihr
gegenüber zurück, der resp. Quotient war gestiegen. Es handelt
sich hier um den Eintritt qualitativer Aenderungen, auf die auch die
Untersuchungsergebnisse des Urins (Auftreten von Eiweiss, Zucker,
Milchsäure) hinweisen. Die Athmung vertiefte sich, die in der
Zeiteinheit gewechselten Athemvolumina stiegen erheblich. Die Sauerstoffspannung in den Alveolen sinkt demnach beim Athmen im luftverdünnten Raume rasch ab, um bald einen Minimalwerth zu erreichen, der ungefähr 45—50 Mmtr. Hg (gegenüber 105—110 mm.
bei Atmosphärendruck) entsprechen würde, d. h. 5—6$^{0}/_{0}$ eines Atmo-
sphärendruckes. Dieser Minimalwerth, bei einer bestimmten Druck-
verminderung in den Ruheversuchen erreicht, wird weder durch
weitere Druckerniedrigung, noch durch grösseren Sauerstoffverbrauch,
wie ihn die Muskelarbeit erfordert, verändert. Man weiss nun,
dass der Blutsauerstoff bis zu $^{2}/_{3}$, ja bis zu $^{1}/_{2}$ Atmosphäre Druck
constant bleibt. Das Hämoglobin vermag also seinen Sauerstoffbe-
darf einer Atmosphäre zu entnehmen, deren Sauerstoffspannung weniger
als die Hälfte der normalen beträgt und eben hierin liegt die Möglichkeit, in so weiten Grenzen unabhängig vom barometrischen Drucke
zu leben. Bei dauerndem Aufenthalt unter Luftverdünnung wird
eine Reihe von Anpassungen eintreten, die einen normalen Ablauf
der körperlichen Functionen noch mehr sichern werden.

Andreasch.

296. Laulanié: Experimentelle Untersuchungen über die correspondirenden Schwankungen in der Intensität der Wärmebildung
und des respiratorischen Gaswechsels. I. Einfluss des Zustandes

der Bedeckungen. Schur. II. Einfluss der Ernährung. III. Einfluss der Inanition. IV. Ueber die correspondirenden Schwankungen der Wärmebildung und des respiratorischen Gaswechsels als Function der Muskelcontraction [1]). Verf. benutzte zu diesen Versuchen seinen Oxygenograph [J. Th. **20**, 322] und ein registrirendes Strahlungscalorimeter. Alle Werthe wurden pro Kgrm. und Stunde berechnet. In der ersten Versuchsreihe wurden vergleichende Versuche an Kaninchen gemacht, welche erst in normalem Zustand, dann nackt rasirt untersucht wurden. Constant zeigte sich unter dem Einfluss der Schur eine Herabsetzung des calorischen Werthes für die Gewichtseinheit des aufgenommenen Sauerstoffs und des Kohlenstoffs der ausgeathmeten Kohlensäure (des calorischen Coefficienten Hirn's, den L. als thermischen Quotient bezeichnet). In der hier mitgetheilten Versuchsreihe wurden an einem 2750 Grm. schweren Thiere zunächst an 4 Tagen die normalen Werthe festgestellt [2]), dann folgten zwei viertägige Versuchsreihen am nackten Thier, welche durch je einen Versuch an dem mit einer leichten Decke resp. mit Watte bedeckten Thiere getrennt waren. In dem letzteren Versuch wurden die Wirkungen der Schur durch die Bedeckung zum Theil übercompensirt. Die Temperatur des Apparats schwankte an diesen beiden Tagen zwischen 12,2 und 18,5⁰ resp. 12,8 und 17,5⁰, in der Normalreihe zwischen 12,4 und 19,5⁰, in den Reihen am nackten Thiere zwischen 12,3 resp. 12,6 und 20,0⁰. Die Temperatur des Thieres schwankte im Ganzen zwischen 39,2 und 40,0⁰. In folgender Tabelle sind für die Reihenversuche nur die Mittelzahlen aufgenommen.

---

[1]) Recherches expérimentales sur les variations corrélatives dans l'intensité de la thermogenèse et des échanges respiratoires. I. Influence de l'état des téguments. Tonte. Mém. soc. biolog. 1892, 19—26. II. Influence de l'alimentation. Ibid., 181—201. III. Influence de l'inanition. Compt. rend. soc. biolog. **44**, 647—655. IV. Des variations corrélatives de la thermogenèse et des échanges respiratoires en fonction de la contraction musculaire. Ibid., 341—346. — [2]) Die Versuche dauerten stets 2 Stunden, und die an demselben Thier angestellten fielen stets auf die gleiche Tageszeit.

Zustand des Kaninchen	Sauerstoff-aufnahme	Kohlen-säureaus-scheidung.	Wärme-bildung	Respirato-rischer Quotient	Thermischer Quotient	
					des Sauer-stoffs	des Kohlen-stoffs
	pro Kgrm. und Stunde					
	Liter	Liter	Calorien			
Normal	0,613	0,587	4,006	0,957	4,552	12,922
Nackt	1,173	1,032	6,079	0,879	3,640	10,970
Mit Decke	1,045	1.018	5,676	0,974	3,805	10,384
In Watte	0,712	0,672	4,727	0,943	4,727	13,111
Nackt	1,052	0,985	5,587	0,931	3,720	10,621

In den beiden Versuchsreihen am nackten Thiere zeigt sich ein Missverhältniss zwischen der Steigerung des Gaswechsels (besonders der Sauerstoffaufnahme) und der Steigerung der Wämeabgabe; letztere bleibt erheblich zurück; in der ersten Versuchsreihe beträgt dieselbe 51 %, während die Sauerstoffaufnahme um 91, die Kohlensäureausscheidung um 75 % gesteigert ist; dem entsprechend erscheinen die thermischen Quotienten stark verkleinert. Die Wärmebildung muss beim geschorenen Thier also zum Theil auf Kosten neuer schwächer thermogener Reactionen erfolgen, oder mit endothermischen Reactionen einhergehen. Die Schur hat ferner eine Herabsetzung des respiratorischen Quotienten zur Folge, da besonders in · der ersten Zeit die Sauerstoffaufnahme mehr gesteigert wird als die Kohlensäureausscheidung. Verf. sieht hierin eine Folge der durch die stärkere Abkühlung bedingten Hautreizung und einer dadurch hervorgerufenen Reaction im Centralnervensystem. II. Einfluss der Ernährung[1]). Ein Hund wurde in fünf durch verschieden lange Zeiträume getrennten Perioden (von 4 bis 5 Tagen) qualitativ und quantitativ verschieden ernährt, und wie oben Respiration und Wärmeabgabe untersucht. Folgendes sind die erhaltenen Mittelzahlen.

---

[1]) Die Versuche wurden stets 3 Stunden nach der Fütterung vorgenommen,

Tägliche Nahrung	Sauerstoff- aufnahme	Kohlen- säureaus- scheidung	Wärme- bildung	Respirato- rischer Quotient	Thermischer Quotient	
					des Sauer- stoffs	des Kohlen- stoffs
	pro Kgrm. und Stunde					
	Liter	Liter	Calorien			
100Gr.Fleisch	0,763	0,600	4,479	0,786	4,109	13,909
200 „ „	0,915	0,729	5,429	0,796	4,144	13,773
300 „ „	0,970	0,770	5,890	0,793	4,207	14,226
300 „ Suppe	0,690	0,676	4,616	0,982	4,710	12,716
100 „ Brod	0,702	0,711	4,467	1,02	4,681	12,456
Mittel für Er- nährung mit Suppe u.Brod	0,696	0,693	4,541	0,996	4,695	12,596

Diese Zahlen zeigen, dass bei ausschliesslicher Ernährung
mit Fleisch die Steigerung der täglichen Zufuhr eine
Erhöhung des respiratorischen Gaswechsels zur Folge
hat; Sauerstoff und Kohlensäure werden gleichmässig davon betroffen,
sodass der respiratorische Quotient keine nennenswerthe
Veränderung erfährt. Ebenso wird durch vermehrte Fleischzufuhr die Wärmeabgabe vermehrt, und zwar in gleichem Maasse
wie der Gaswechsel, so dass die thermischen Quotienten bei
der Fleischnahrung im wesentlichen constant bleiben, unabhängig
von der Menge der Nahrung. Die Erhöhung der Wärmebildung
und des Gaswechsels ist aber durchaus nicht proportional
der vermehrten Zufuhr. Bei Verdoppelung der Fleischration
stieg die Wärmebildung nur um 21,2 %, die Sauerstoffaufnahme um
22,1 % und die Kohlensäureausscheidung um 21,5 %, bei Verdrei-
fachung der Nahrung stiegen die drei Werthe um 31,5, 27,1 und
28,3 %. — Vergleicht man die erste und die letzte Linie obiger
Tabelle, so übersieht man die Aenderungen, welche beim Uebergang
von der gemischten Nahrung zur Fleischnahrung von
annähernd gleichem calorischen Werth stattfinden. Das Steigen
des respiratorischen Quotienten, welches bei diesem Uebergang bekanntlich eintritt, kommt zu Stande, indem die Sauerstoffaufnahme steigt, während die Kohlensäureausscheidung
gleichzeitig fällt. Geht man von der gemischten Nahrung zu einer

Fleischration von grösserem calorischen Werth über, so steigt auch die Kohlensäureausscheidung, jedoch in geringerem Masse als die Sauerstoffaufnahme. Stets ist der thermische Quotient des Sauerstoffs bei Fleischnahrung niedriger, der des Kohlenstoffs höher als bei gemischter Kost. Bei der Erklärung dieser Verhältnisse geht Verf. davon aus, dass in allen Fällen der Zucker die wesentliche Quelle für die ausgeathmete Kohlensäure ist, und dass der bei der Fleischkost mehr verbrauchte Sauerstoff in den zur Bildung von Zucker aus Eiweiss erforderlichen Reactionen seine Verwendung findet. III. Ueber den Einfluss der Inanition hat L. 9 Versuche an 8 Kaninchen und einem Hund angestellt, welche sich im Mittel über 12 Tage ausdehnten; die Thiere erhielten Wasser nach Belieben. Die Abnahme der untersuchten physiologischen Werthe geschah nicht in allen Versuchen in gleicher Weise. Er unterscheidet drei Typen, den absteigenden, den convexen und den concaven Typus der den Verlauf repräsentirenden Curve. Der erste Typus zeigte sich z. B. bei einem vier Wochen vorher rasirten Kaninchen (No. 7), dessen Wärmeproduction von 5,191 auf 4,183 Cal. (80,5 % des Anfangswerthes) fiel; der Sauerstoff fiel von 0,926 L. auf 0,716 (77,1 %), die Kohlensäure von 0,918 auf 0,500 L. (54,4 %). Der respiratorische Quotient fiel von 0,991 auf 0,698, während der thermische Quotient des Kohlenstoffs von 10,446 auf 15,608 und der des Sauerstoffs von 3,878 auf 4,100 stieg. Die folgende Tabelle gibt die Werthe für einen Hund, an welchem vor dem definitiven Hungerversuch ein Versuch mit 24 stündiger Nahrungsentziehung gemacht wurde.

	24 Stunden nach Fütterung	3 Stunden nach Fütterung	24 Stunden nach Fütterung	Mittel für die Inanition
Sauerstoffaufnahme	0,777 Ltr.	1,065 Ltr.	0,805 Ltr.	0,664 Ltr.
Kohlensäureausscheidung	0,610 „	0,836 „	0,636 „	0,510 „
Wärmeproduction	4,536 Cal.	6,334 Cal.	4,716 Cal.	4,320 Cal.
Quotienten: Respiratorischer	0,785 „	0,784 „	0,790 „	0,767 „
Thermischer des O	4,123 „	4,167 „	4,100 „	4,555 „
„ „ C	13,850 „	13,887 „	13,852 „	15,824 „

Dieser Versuch, welcher ebenfalls dem einfach absteigenden Typus
angehört, zeigt in den Mittelzahlen für die Inanition die oben erwähnten Gesetzmässigkeiten; nach 24 stündiger Inanition sind die
Aenderungen der Quotienten hier noch nicht ausgesprochen. Ziemlich häufig beobachtet man einen convexen Verlauf der Curven
der Wärmebildung und der Sauerstoffaufnahme; in Fällen,
wo beim Beginn der Inanition ein Zustand der Erregung besteht,
nehmen die beiden genannten Curven während ca. 6 Tagen eine
aufsteigende Richtung, um dann regelmässig abzufallen; die Curve
der Kohlensäure nimmt immer sofort einen absteigenden Verlauf.
In drei Fällen beobachtete Verf. den concaven Typus. Alle drei
Curven fielen allmählich ab, nach längerer Zeit aber erhoben sie
sich wieder, ohne jedoch die normale Höhe zu erreichen. Im Mittel
der von L. ausgeführten Bestimmungen fällt bei der Inanition die
Wärmebildung um $1/5$, die Sauerstoffaufnahme um $1/4$, die
Kohlensäureausscheidung um $1/3$ ihres Werthes. Der thermische Quotient des Sauerstoffs steigt um 15, der des
Kohlenstoffs um 25 %. IV. Ueber den Einfluss der Muskelarbeit wurden Versuche an Kaninchen angestellt, welche vermittelst spitzer Electroden an der Schulter und in der Lendengegend
10 mal in der Minute electrisch gereizt wurden.

Kaninchen	Sauer-stoffauf-aufnahme	Kohlen-säureaus-scheidung	Respirato-rischer Quotient	Wärme-bildung	Thermischer Quotient	
					des Sauer-stoffs	des Kohlen-stoffs
1 Ruhe	0,632 L.	0,554	0,885	4,416	4,890	14,820
Arbeit	0,907 „	0,800	0,867	5,989	4,641	13,880
2 Ruhe	0,589 „	0,574	0,974	3,786	4,507	12,292
Arbeit	0,961 „	0,842	0,876	5,682	4,147	12,626
2. Ruhe	0,589 „	0,574	0,974	3,786	4,507	12,292
Arbeit	1,010 „	0,986	0,976	5,808	4,019	11,150
3 Ruhe	0,605 „	0,484	0,800	3,507	4,077	13,500
Arbeit	1,313 „	1,000	0,764	7,066	3,776	13,158

In diesen Versuchen zeigt sich, abweichend von den Resultaten der
Autoren, eine Herabsetzung des respiratorischen Quo-

tienten bei der Arbeit. Dieses paradoxe Verhalten erklärt sich nach Verf. durch den hier mit der motorischen Reizung verbundenen starken **sensiblen Reiz**, welcher einen vermehrten Sauerstoffverbrauch bewirkt. Der **thermische Coefficient** des Sauerstoffs fiel im Mittel auf 92,1 %, der des Kohlenstoffs auf 95,4 % des Ruhewerthes. **Diese geringen Differenzen** beruhen wahrscheinlich nur auf Nebenwirkungen der gewählten nicht ganz zweckmässigen Versuchsanordnung. L. nimmt an, dass sie durch die **Muskelarbeit als solche nicht bedingt sind.** Herter.

297. Laulanié: Thatsachen, welche zum Studium der Temperatur-Regulirung dienen können [1]. Verf. experimentirte an **Thieren, welche durch Asphyxie in geschlossenem Raum abgekühlt** worden waren und sich nun in frischer Luft erholten. Dieselben erreichen ihre normale Körpertemperatur wieder, indem eine bedeutende **Verminderung der Wärmeabgabe,** und, im Fall es sich um **erwachsene Thiere** handelt, auch eine **Vermehrung der Wärmeproduction durch Steigerung der Oxydationsprocesse** eintritt. Zur Messung der Wärmeabgabe diente ein Strahlungscalorimeter mit registrirendem Cylinder, zur Bestimmung der Sauerstoffaufnahme ein Oxygenograph. Ein erwachsener **Hund von 5,927 Kgrm.** nahm bei Ernährung mit Brod pro **Kgrm. und Stunde 0,658 L. Sauerstoff** auf. Nach $3^1/_2$ stündigem Aufenthalt in einem geschlossenen Gefäss war die Temperatur von 39° auf 35,1° gesunken. In den darauf folgenden viertelstündigen Perioden betrug die Sauerstoffaufnahme pro Kgrm. und Stunde je 1,019, 0,963, 0,885, 0,703 L.; in der nächsten Periode wurde wieder der normale Werth 0,658 L. erreicht, als die Temperatur sich auf 38,4° gehoben hatte. Ein **Kaninchen** von 1,200 Kgrm. zeigte eine Sauerstoffaufnahme von 0,892 L.; nach der Asphyxie, welche die Temperatur des Thieres von 38,7° auf 36,7° herabsetzte, betrugen die Werthe für den Sauerstoff 1,840, 1,673, 1,330, 1,171, 0,900. Bei einem **2 Monat alten Hund** dagegen wurde statt der Steigerung eine **Herabsetzung der**

---

[1] Fait pouvant servir à l'étude de la régulation de la température. Mem. soc. biolog. 1892, 127—132.

Sauerstoffaufnahme beobachtet. Das 5,800 Kgrm. schwere Thier nahm normal 0,698 L. Sauerstoff auf. Als die Temperatur desselben von 39,2 auf 37,2° heruntergegangen war, wurden nur 0,505 L. Sauerstoff pro Kgrm. und Stunde aufgenommen. Dasselbe Thier wurde am andern Tage einer verlängerten Asphyxie ausgesetzt, bis seine Temperatur 35,2° betrug; seine Sauerstoffaufnahme war auf 0,460 L. gesunken, und nach 2 Stunden war seine Temperatur erst 35,8°, nach weiteren 1¹/₂ Stunden 37,2°. Bei einigen Thieren tritt in Folge der Abkühlung nur eine reflectorische Verengerung der Hautgefässe ein, die die Wärmestrahlung bis auf die Hälfte der Norm herabsetzen und so trotz verringerter Wärmeproduction das allmähliche Erreichen der normalen Körpertemperatur ermöglicht.

Herter.

298. L. de Saint-Martin: Untersuchungen über die Art der Ausscheidung des Kohlenoxyd[1]). Verf. machte an Kaninchen Untersuchungen, in denen sowohl die Menge des eingeathmeten Kohlenoxyd als auch die des ausgeathmeten bestimmt wurde. Zunächst athmete das Thier während 15 bis 20 Minuten durch eine Trachealcanüle an einem Kautschuksack, welcher ein Gemisch von 2 L. Sauerstoff und 70 CC. Kohlenoxyd enthielt. Vermittelst Müller'scher Ventile, die mit Kalilauge beschickt waren, wurde die Kohlensäure absorbirt. Dann wurde die Trachealcanüle mit einem Kautschuksack verbunden, der 6 L. reinen Sauerstoff enthielt, und zweimal nach je einer Stunde der Sack gewechselt. Am Schluss des Versuches wurde sowohl der Rest des Kohlenoxyd in dem ersten Sack als auch das in den übrigen Säcken und im Blut enthaltene Gas bestimmt. Verf. theilt zwei Versuche mit; in dem ersten derselben (Kaninchen von 1810 Grm.) wurde von 69,51 CC. Kohlenoxyd, welche in dem ersten Sack enthalten waren, 44,34 CC. darin am Schlusse noch vorgefunden; in den ursprünglich mit Sauerstoff gefüllten Säcken fand sich 8,78, 3,41, und 2,25 CC. Kohlenoxyd, und im Blute höchstens 2,90 CC., so dass ein Deficit von 7,83 CC. constatirt wurde. In dem zweiten Versuch betrug das Deficit 5,03 CC.

---

[1] Recherches sur le mode d'élimination de l'oxyde de carbone. Compt. rend. **115**, 835—839.

Wahrscheinlich ist ein Theil des Gases zu Kohlensäure oxydirt worden (Vergl. J. Th. **21**, 84). — Bei der Analyse wurde das Gasgemisch aus den Säcken in einen luftleer gepumpten, mit einer Lösung von Natriumhyposulfit beschickten Kolben eingesaugt, aus letzterem das Kohlenoxyd durch Kochen der Lösung in ein Messgefäss übergetrieben, in welchem nach Entfernung der schwefligen Säure mittelst Alkalilauge, das Kohlenoxyd durch Absorption bestimmt wurde. Die Resultate waren sehr genau.   Herter.

XV. Gesammtstoffwechsel.

Uebersicht der Literatur
(einschliesslich der kurzen Referate).

*Armand Gautier, Cours de chimie. Tome III: Chimie biologique. Paris 1892.

*Derselbe, Mittheilung bei Ueberreichung seines Werkes „Chimie biologique". Compt. rend. **118**, 576—581.

*Léon Morokhowetz, die heutige Physiologie und die Basis jedes lebenden Wesens. Rede, internat. zool. Congress 1892, Moskau, 12 pag. (französisch).

299. O. Loew, über die Giftwirkung der Oxalsäure und ihrer Salze.

300. F. Marès, zur Theorie der Harnsäurebildung im Säugethierorganismus.

301. J. Horbaczewski, zur Theorie der Harnsäurebildung im Säugethierorganismus.

302. J. Horbaczewski, zur Kenntniss der Nucleïnwirkung.

303. D. Dubelir, Noch einige Versuche über den Einfluss des Wassers und des Kochsalzes auf die Stickstoffausgabe vom Thierkörper.

*Fr. Nothwang, die Folgen der Wasserentziehung. Arch. f. Hygiene **14**, 272—302; auch Ing.-Diss. Marburg 1891.

*R. Koestlin, über den Einfluss warmer 4%iger Soolbäder auf den Eiweissumsatz des Menschen. Ing.-Diss. Halle 1892; durch Centralbl. f. d. med. Wissensch. 1893, No. 4. Nachdem bei

einer Diät von 110 Grm. Eiweiss, 345 Grm. Kohlehydrat und 126 Grm.
Fett Stickstoffgleichgewicht erreicht worden war, wurde ein 1 stündiges Soolbad (Stassfurther Salz) genommen, nach 4 resp. 2 Tagen
abermals ein Soolbad etc. Harnmenge und Chloride wurden nicht
beeinflusst, die Stickstoffausscheidung fiel von 16,4 um 1,38 bis
1,67 Grm., also um 8,5—10%, und dieses Absinken zeigte sich noch
am nächsten, dem Bade folgenden Tage. Dagegen beeinflusste ein
1 stündiges, warmes Süsswasserbad den Stickstoffumsatz gar nicht.
Aehnliche Resultate ergaben sich noch bei zwei anderen Personen.
Da Soolbäder nach Zuntz und Röhrig die Kohlensäureausscheidung steigern, während sie nach den vorstehenden Befunden den
Eiweissumsatz herabsetzen, so wird durch dieselben offenbar die Fettzerstörung gefördert, dagegen im Eiweissumsatz gespart.

304. E. Formanek, über den Einfluss heisser Bäder auf die Stickstoff- und Harnsäureausscheidung beim Menschen.

305. F. Dronke und C. A. Ewald, eine Untersuchung über den Verlauf
des Stoffwechsels bei längerem Gebrauche des Levico-
Arsen-Eisen-Wassers.

*H. Lohnstein und F. Dronke, Ueber den Einfluss des Salz-
brunner Oberbrunnens auf die Zusammensetzung des
Harnes, insbesondere auf die Ausscheidung der Kohlensäure
durch denselben. Therapeut. Monatsh. 6, 403—411, 462—465 und
533—536.

S. Beck und H. Benedict, Einfluss der Muskelarbeit auf die
Schwefelausscheidung. Cap. VII.

*Chibret und Huguet, physiologische Untersuchung von 4 Veloci-
pedisten nach einer Fahrt von 397 Km. Compt. rend. 115, 288
bis 289. Vier junge Männer von 18—28 Jahren legten auf dem
Velociped obige Entfernung zurück, indem sie 19,79 bis 22,80 Km.
pro Stunde machten. Die Temperatur derselben, zwischen den
Schenkeln gemessen, betrug danach 36,0 bis 36,9°. Im Urin fand
sich pro Liter 14,560 bis 19,090 Grm. Stickstoff, davon in Form
von Harnstoff 8,566 bis 14,570 Grm., 58,27 bis 76,32% des Gesammtstickstoffs.   Herter.

306. L. Graffenberger, Versuche über die Veränderungen, welche der
Abschluss des Lichtes in der chemischen Zusammensetzung des thierischen Organismus und dessen Stickstoffumsatz hervorruft.

307. Fr. Tauszk und B. Vas, über den Einfluss einiger Antipyretica
auf den Stoffwechsel.

308. W. Heerlein, das Coffeïn und das Kaffeedestillat in ihrer
Beziehung zum Stoffwechsel.

*P. Balzer, klinische Untersuchungen über Phenocollum hydro-
chloricum. Therapeut. Monatsh. 6, 289—392. Der Körper bewirkt bei Gesunden eine bedeutende Vermehrung der Stickstoffausscheidung, wie eine Reihe von Harnanalysen bezeugt.

*P. Schipilin, zur Frage über den Einfluss des Schwefel-
äthers auf den Stickstoffwechsel bei gesunden Menschen.
Wratsch 1892, pag. 365—368.

*A. Schmul, über das Schicksal des Eisens im thierischen
Organismus. Ing.-Diss. Dorpat 1891.

*Badt, kritische und klinische Beiträge zur Lehre vom Stoffwechsel
bei Phosphorvergiftung. Ing.-Diss. Berlin 1891; Centralbl.
f. klin. Medic. 18, 251. Folgendes sind die Ergebnisse der angestellten Versuche: 1. Bei der Phosphorvergiftung ist die Eiweisszersetzung enorm gesteigert, nur bei sehr schnell tödtender oder in
der terminalen Periode langsamer tödtender Vergiftung sinkt die
Stickstoffausscheidung zu niedrigen Werthen herab. 2. Die Harnstoffausscheidung ist in manchen Fällen nicht, in anderen sehr
stark beeinträchtigt. Wahrscheinlich ist die Verminderung derselben
auf die Bildung grosser Mengen Ammoniak zurückzuführen und nicht
auf die Anwesenheit von Peptonen und Amidosäuren. Die vermehrte
Ammoniakausscheidung ist durch die Ueberschwemmung des Körpers
mit sauren Zerfallsproducten der Zellsubstanzen zu erklären. 3. Peptone können in geringer Menge bei der Phosphorvergiftung in den
Harn übertreten, aber nicht in der Menge, dass sie die Stickstoffausscheidung beherrschen. 4. Von Leucin und Tyrosin ist dasselbe
wahrscheinlich, wie für Pepton. 5. Bei Phosphorvergiftung sind die
Oxydationen herabgesetzt; doch kann man dies nicht aus dem Verhalten der stickstoffhaltigen Stoffwechselproducte, sondern nur aus
der Sauerstoffaufnahme mit Sicherheit schliessen. 6. Im Darminhalte
des mit Phosphor vergifteten Menschen können sich bis zum 10. Tage
nach der Vergiftung Phosphor resp. phosphorige Säure nachweisen
lassen.

309. E. Münzer, Beiträge zur Lehre vom Stoffwechsel des Menschen
bei acuter Phosphorvergiftung.

310. T. Araki, Beiträge zur Kenntniss der Einwirkung von Phosphor
und von arseniger Säure auf den thierischen Organismus.
Stoffwechsel in Krankheiten vergl. auch Cap. XVI.
Pr. Voit, über den Stoffwechsel bei Diabetes mellitus.
Cap. XVI.

311. O. Voges, über die Mischung der stickstoffhaltigen Bestandtheile im Harn bei Anämie und Stauungszuständen.

*Müller, über Stickstoffaufnahme und Stickstoffausschei-
dung bei chronischer Nephritis. Ing.-Diss. Berlin 1891.

Centralbl. f. klin. Medicin **18**, 251. In der ersten Untersuchungsreihe von 28 Tagen bei einer 25 jährigen Patientin mit Nephritis (dieselbe zeigte die Symptome der grossen weissen Niere) ergab sich: 1. Es wurde Stickstoff bis zu 7,5 Grm. pro die zurückgehalten. 2. Diese Retension trat ein, sobald die Stickstoffeinnahme über 9 bis 10 Grm. stieg. 3. Auch bei grossen Harnmengen wurde Stickstoff zurückgehalten. 4. Es war möglich, durch Herabsetzung der eingeführten Stickstoffmenge die Stickstoffretension zu vermindern, sobald die Diurese nicht zu geringe Werthe erreichte. Die zweite Untersuchungsreihe betraf 10 Wochen später einen Zeitraum von 8 Tagen; die Nephritis näherte sich mehr der Granularatrophie. 1. Der Stickstoff wurde nicht mehr in so grosser Menge zurückgehalten (durchschnittlich 1,5 Grm. an 5 Tagen). 2. Die Grösse dieser Retension ging Hand in Hand mit der Urinmenge. 3. Auch bei Aufnahme grosser Stickstoffmengen in der Nahrung (bis zu 18,8 Grm.) trat eine Retension nicht ein, sobald die Diurese reichlich war.

*Gärtig. Untersuchungen über den Stoffwechsel in einem Falle von Carcinoma oesophagi. Ing.-Diss. Berlin; Centralbl. f. klin. Medicin **18**, 250. Die an dem 58 jährigen Patienten mit Carcinom der Speiseröhre und Fistel angestellten Untersuchungen ergaben: 1. Die Diagnostik der oesophago-trachealen Fisteln ist um folgendes Symptom vermehrt: Bei Einführung einer Schlundsonde in den Oesophagus entweicht während der Exspiration durch die Sonde in ununterbrochenem Strome Luft. 2. Die Resorption von Stickstoff, welcher in der Form von Pepton in das Rectum eingeführt wird, ist eine sehr gute und beträgt mindestens 95,93%. 3. Wie auch Müller gefunden, ergibt sich eine starke Einschmelzung von Körpereiweiss, welche auf den carcinomatösen Process zurückzuführen ist.

Eiweissbedarf, Ernährung, Nahrungsmittel.

312. Demuth, über die bei der Ernährung des Menschen nöthige Eiweissmenge.

*O. Peschel, Untersuchungen über den Eiweissbedarf des gesunden Menschen. Ing.-Diss. Berlin, Centralbl. f. klin. Medicin **18**, 118. Die an sich selbst ausgeführten Versuche zeigten, dass man einen kräftigen, muskelstarken Körper nach wenigen Tagen dazu bringen kann, mit ungefähr einem Drittel der von Voit auf 118 Grm. Eiweiss bestimmten Normalmenge auszukommen. Während der achttägigen Versuche hatte P. keine bestimmte Klagen, fühlte sich aber weniger frisch und kräftig als sonst. Als untere Grenze für sich selbst wurden etwa 33 Grm. Eiweiss gefunden.

313. E. Pflüger über Fleisch- und Fettmästung.

314. E. Pflüger, die Ernährung mit Kohlehydraten und
Fleisch oder auch mit Kohlehydraten allein in 27 von
Pettenkofer und Voit ausgeführten Versuchen beurtheilt.
Erw. Voit. über die Fettbildung aus Eiweiss. Cap. II.
A. Fick, über die Bedeutung des Fettes in der Nahrung. Cap. II.
. Resorption und Verdauung der Fette. Cap. II.
O. Hauser, Versuche über die therapeutischen Leistungen
der Fette. Cap. II.
Fr. Stohmann und H. Langbein, über den Wärmewerth der
Kohlehydrate etc. Cap. III.
Hanriot, über die Assimilation der Kohlehydrate. Cap. III.

315. L. Graffenberger, Versuche zur Feststellung des zeitlichen
Ablaufes der Zersetzung von Fibrin, Leim, Pepton und
Asparagin im menschlichen Organismus.

316. G. Politis, über die Bedeutung des Asparagins als Nahrungsstoff.

317. J. Mauthner, über den Einfluss des Asparagins auf den Umsatz des Eiweisses beim Fleischfresser.

318. S. Gabriel, zur Frage nach der Bedeutung des Asparagins
als Nahrungsstoff.

319. C. Voit, Bemerkung zu der Mittheilung von S. Gabriel.

320. K. Miura, über die Bedeutung des Alcohols als Eiweisssparer
in der Ernährung des gesunden Menschen.

321. S. Rosenberg, über den Einfluss körperlicher Anstrengung
auf die Ausnützung der Nahrung.

322. R. May, über die Ausnützung der Nahrung bei Leukämie.
*C. v. Noorden, Beiträge zur Lehre vom Stoffwechsel des ge-
sunden und kranken Menschen. Berlin, Aug. Hirschwald
1892, 159 pag.; referirt Centralbl. f. klin. Medicin 13, 839—842.
Die Broschüre enthält unter Anderem Referate über verschiedene
bereits an anderer Stelle publicirte Arbeiten. a) Miura: Ueber
die Bedeutung des Alcohols als Eiweisssparer in der
Ernährung des gesunden Menschen s. diesen Band Referat
No. 320. b) Lipmann-Wulf: Über Eiweisszersetzung bei
Chlorose. Es wird über Stoffwechselversuche an drei chlorotischen
Mädchen berichtet, welche lehrten, dass die Chlorose nicht zu jenen
Krankheiten gehört, welche mit pathologischer Abschmelzung des
Eiweisses einhergehen. Der Eiweissumsatz verläuft wie bei gesunden
Menschen, wodurch sich die einfache chronische Anämie des Menschen
wesentlich von jener acuten Anämie unterscheidet, welche man bei
Thieren durch Aderlass hervorrufen kann. Letztere steigert den
Eiweisszerfall, bei ersterer bleibt er in gleicher Höhe. c) Deiters:
Ueber die Ernährung mit Albumose-Pepton s. d. folgende
Referat. d) Voges: Ueber die Mischung der stickstoffhaltigen

Bestandtheile im Harn bei Anämie und Stauungszuständen
[siehe Referat No. 311, pag. 444]. e) Behandelt die Arbeiten von
Gärtig [diesen Band pag. 410], Peschel [ibid., pag. 410], Rethers
[ibid., pag. 189], Badt [ibid., pag. 409] und Stammreich [J. Th.
21, 356]. f) v. Noorden: Grundriss einer Methodik der
Stoffwechseluntersuchungen. Im 1. Abschnitte behandelte
N. die Berechnung des Eiweissumsatzes, die wichtigsten Gesetze desselben und die Beziehungen des Eiweissumsatzes zum Brennwerthe
der Nahrung, im 2. Abschnitte die Versuchsanordnung, die Untersuchung der Resorption, die allgemeinen Regeln bei Stoffwechseluntersuchungen, die Wahl der Versuchsanordnung je nach der Frage-
stellung, die Wahl der Speisen und die Berechnung ihres Inhaltes
und schliesslich die Behandlung der Ausscheidungen.

323. C. v. Noorden, über die Ernährung des kranken Menschen
mit Albumose-Pepton.
　　*Friedr. Krüger, über die Ernährung des Säuglings mit Kuh-
milch. St. Petersburger medic. Wochenschr. 1892, No. 50. K. stellt
folgende Sätze auf: 1. Es soll eine Verdünnung der Kuhmilch gewählt werden, die sie in ihrer Zusammensetzung der Muttermilch
am nächsten macht. 2. Es soll das Nahrungsgemisch einen der
Muttermilch entsprechenden Gehalt an Zucker besitzen. 3. Es soll
auf die natürliche Quantität der Einzelmahlzeiten geachtet werden.
4. Es soll das Nahrungsgemisch sterilisirt werden. Andreasch.
　　*Bonnejoy, Le végétarisme et la régime végétarien
rationnel: Dogmatisme, histoire, practique. Avec une introduction
par le Dujardin-Beaumetz, Paris 1891.
　　*W. Prausnitz, die Kost der Haushaltungsschule und der
Menage der Friedr. Krupp'schen Gussstahlfabrik in Essen.
Ein Beitrag zur Volksernährung. Arch. f. Hygiene **15.** 387.
　　*Blaschko, über den Nährwerth der Kost in der Berliner
Volksküche. Festschrift z. 25jährigen Jubiläum 1891, 81—87;
chem. Centralbl. 1892, I, 597.
　　*Buchholtz und Proskauer, die Zusammensetzung der Kost
in den Berliner Volksküchen. Festschrift zum 25jährigen
Jubiläum der Berliner Volksküchen 1891; chem. Centralbl. 1892,
I. 598.
324. R. Mori, G. Oi und S. Ihisima, Untersuchungen über die Kost
der japanischen Soldaten.
325. L. Taniguti, einige Versuche mit der japanischen Reiskost.
　　*Rintaro Mori, japanische Soldatenkost vom Voit'schen
Standpunkte. Arbeiten a. d. kaiserl. japan. militärärztlichen
Lehranstalt **1,** 91—105. Diese Arbeit ist in ihrem wesentlichen Inhalte bereits J. Th. **16.** 424 referirt worden; hier seien zur Ueber-

sicht die Capitelüberschriften mitgetheilt: 1. Einleitung. 2. Allgemeines über die Nahrung der Japaner. 3. Die Unhaltbarkeit der
gegen die japanische Kost erhobenen Einwände. 4. Die Gerste als
Ersatzmittel des Reises und die Ausnützungsversuche der gekochten
Gerste von O s a w a. 5. Die Verpflegung der japanischen Soldaten
und die E y k m a n n 'sche Untersuchung der Kost in der Officierschule
zu Tokyo. 6. Der Nahrungsbedarf des Japaners im Alter der Soldaten und Kritik der bisherigen Truppenernährung. 7. Die herrschenden
Gedanken über die Reform der Truppenernährung in Japan. 8. Ent-
wurf einer japanischen Soldatenkost. 9. Die Kosten der bisherigen
und der vom Verf. vorgeschlagenen Truppenernährung. 10. Der
eiserne Bestand der japanischen Soldaten.

326. R i n t. M o r i, zur Nahrungsfrage in Japan.

327. G. O i, über die Kost japanischer Militärkrankenwärter.

*N. G u r j e w, zur Frage über die Eiweissnorm in der Speise
von G r e i s e n und über den Stickstoffwechsel bei solchen.
Wratsch 1892, pag. 597—600.

*P o l e n s k e, über den Verlust, welchen das Rindfleisch an Nähr-
werth durch das P ö c k e l n erleidet. Arb. a. d. k. Gesundheits-
amte 7, 2. Heft. Es verloren durch das Auslaugen an Stickstoff und
Phosphorsäure: Fleischprobe I 7,77 resp. 34,72%. Probe II 10,08
resp, 54,46%. Probe III 13,78 resp. 54,60%.

*R. H. C h i t t e n d e n, der Nährwerth von Fleischpräparaten.
Med. News. 1891, Juni 27; Centralbl. f. klin. Medic. 18, 652. Bezieht sich auf verschiedene Präparate americanischen Ursprungs.

*K l i m e n k o, der Eiweissgehalt im Fleischsaft im Vergleich
zu dem der Milch und Eier, sowie der Gehalt des Bouillon-
peptons an Eiweiss und Pepton. Wratsch 1892, pag. 623—625·

*A. S t u t z e r, das sterilisirte Fleischpepton von A. Denayer.
Münchener med. Wochenschr. 1892, No. 18. Dieses Präparat ist ein
aus Fleisch bereitetes Albumosepepton, welches auch „wirkliches"
Pepton enthält; die Menge des vorhandenen Leims ist ganz unerheblich.

*E. M e r c k, P e p t o n und Peptonpräparate nach A d a m k i e w i c z.
Separatabdr.; chem. Centralbl. 1892, I, 995.

A. S t u t z e r, Analyse der Handelspeptone. Cap. I.

*W i l h. E b s t e i n, über eiweissreiches Mehl und Brot als
Mittel zur Aufbesserung der Volksernährung. J. F. B e r g m a n n,
Wiesbaden 1892, 39 pag.

*B a l l a n d, Versuche über Brod und Bisquit. Comp. rend. 115,
665—667.·

*L. F ü r s t, neuere vergleichende Untersuchungen über K i n d e r m e h l e.
Deutsche med· Wochenschr. 1892, No. 14.

328. R u d. V i r c h o w und E. S a l k o w s k i, russisches Hungerbrod.

Pflanzenphysiologisches.

*Th. Bokorny, zur Proteosomenbildung in den Blättern
der Crassulaceen. Ber. d. deutsch. botan. Gesellschaft 10, 619
bis 621. Verf. zeigt, dass bei Coffeïneinwirkung in den subepider-
mialen Zellen von Crassulaceenblättern Proteosomen im Cystoplasma
entstehen, und nicht im Zellsaft, wie P. Klemm (ibid. 10, 310)
behauptet hatte.   Loew.

*P. Klemm, Beitrag zur Erforschung der Aggregationsvorgänge
in lebenden Pflanzenzellen. Flora 1892, 396—420. Verf. gibt
eine Uebersicht über Aggregationsvorgänge und Erscheinungen, die
damit zusammenhängen, erwähnt das Entstehen von Niederschlägen
in den Zellen, die Ungeübtere mit Aggregationsvorgängen verwechseln
können und zweifelt in einigen Punkten auch die Eiweissnatur der von
Loew und Bokorny Proteosomen [J. Th. 19, 405] genannten Ausscheidungen an. Dieser Zweifel erfuhr vollständige Widerlegung.
[Dieser Band, pag. 28.]   Loew.

*Adolf Mayer, Erzeugung von Eiweiss in der Pflanze und Mit-
wirkung der Phosphorsäure bei derselben. Landw. Versuchs-
station 41, 433—441. Chilesalpeter wirkt schwach oder gar nicht
mehr auf die Vermehrung des Gesammtstickstoffs der Pflanze, wenn
es wirklich absolut an Phosphorsäure fehlt. Ohne die Phosphorsäure
fehlte es an einem Impulse, den N physiologisch zu verwerthen; die
Pflanzen entwickelten sich mangelhaft.   Loew.

*W. Detmer, der Eiweisszerfall in der Pflanze bei Abwesen-
heit freien Sauerstoffs. Ber. d. deutsch. botan. Gesellschaft 10,
442—446. Verf. liess 6—7 Tage alte Lupinenkeimlinge 24 Stunden
lang im Wasserstoff verweilen [1]), wobei Sorge getragen wurde, dass
jede Spur Sauerstoff entfernt war, und bestimmte dann, wie viel
Eiweiss zersetzt wurde. Dabei kam er zu dem Resultate, „dass sowohl
bei Gegenwart des freien atmospärischen Sauerstoffs als auch bei
Abwesenheit desselben im Protoplasma der lebensthätigen Pflanzenzellen ein Eiweisszerfall, eine Dissociation der physiologischen Elemente erfolgt".   Loew.

*J. Morel, Wirkung der Borsäure auf die Keimung. Compt.
rend. 114, 131—133.

*C. Correns, über die Abhängigkeit der Reizerscheinungen
von der Gegenwart freien Sauerstoffs. Flora 1892, pag. 87
bis 151.

*W. Pfeffer, Studien zur Energetik der Pflanze. Ber. d. sächs.
Akad. d. Wissenschaft 18, No. III.

---

[1]) In dieser Zeit findet noch kein Absterben der Keimlinge statt.

*H. Rodewald, über die durch osmotische Vorgänge mögliche Arbeitsleistung der Pflanze. Ber. d. deutsch. botan. Gesellschaft 10, 83—93.

*W, Saposchnikoff, über die Grenzen der Anhäufung der Kohlehydrate in den Blättern der Weinrebe. Ber. d. deutsch. botan. Gesellschaft 9, 293—300.

*W. Palladin, Aschengehalt der etiolirten Blätter. Ber. d. deutsch. botan. Gesellschaft 10, 179—182. Die etiolirten Blätter von Vicia Faba enthalten bedeutend weniger Asche als die grünen. Wachsthum im Dunkeln verursacht eine geringere Aufnahme der Mineralstoffe, besonders arm sind etiolirte Blätter an Kalk. 1000 Gewichtstheile Trockensubstanz enthielten 103,0 Theile Asche bei grünen Blättern, bei etiolirten aber nur 75,4. Jene enthielten 13,3 CaO, diese nur 2,6 CaO. Loew.

*C. Wehmer, über Oxalsäurebildung durch Pilze. Annal. Chem. Pharm. 269, 383—389.

*A. Étard, über die Stoffe, welche das Chlorophyll in den Blättern begleiten. Compt. rend. 114, 364—366.

*A. Étard, chemische Untersuchung der Chlorophyllkörper des Pericarp der Weintraube. Compt. rend. 114, 231—233.

*Arm. Gautier, über den Ursprung der Farbstoffe des Weinstocks, über die Ampelochroïnsäuren und Herbstfärbung der Pflanzen. Compt. rend. 114, 623—629.

*A. Meyer, über die Zusammensetzung des Zellsaftes von Valonia utricularis, Botan. Centralbl. 1892, 76.

*J. Inoko, über die giftigen Bestandtheile und Wirkungen des japanischen Pantherschwamms (Amanita pantherina). Botan. Centralbl. 1892, pag. 26.

*Tischutkin, über die Rolle der Microorganismen bei der Ernährung der insektenfressenden Pflanzen. Ibid. 1892, 304.

*H. Immendorf, Beiträge zur Lösung der Stickstoff-Frage. Landw. Jahrb. 21, 281—389. Verf. schliesst aus seinen Versuchen, dass bei der Verwesung stickstoffhaltiger Substanzen unabhängig von der Salpeterbildung ein Verlust an freiem Stickstoff eintreten kann; ferner, dass eine Vermehrung des gebundenen Stickstoffs durch Fixirung des Elementes nicht nur in N-armen, sondern auch in N-reichen Bodenarten stattfinden kann, dass ferner Superphosphate vortreffliche Dienste leisten zur Conservirung des Stallmistes. Loew.

*B. Frank, die Assimilation freien Stickstoffs bei den Pflanzen in ihrer Abhängigkeit von Species, von Ernährungsverhältnissen und von Bodenarten. Landw. Jahrb. 21, 1—45. Nach Verf.

sollen nicht nur die Leguminosen, sondern auch viele andere höhere
Pflanzenfamilien, sowie Algen und Schimmelpilze die Fähigkeit besitzen, atmosphärischen Stickstoff zu assimiliren. (Ref. hat sich vor
.mehreren Jahren vergeblich bemüht, bei niederen Pilzen und bei
Algen (Nostoc) Assimilation freien Stickstoffs zu erkennen. [J. Th. 20,
354].)   Loew.

*F. Nobbe, E. Schmid, L. Hiltner und E. Hotter, I. Ueber die
   Verbreitungsfähigkeit der Leguminosenbacterien im
   Boden. II. Ueber die physiologische Bedeutung der Wurzel-
   knöllchen von Elaeagnus angustifolius. Landw. Versuchs-
   Station 41, 137—140. ad I. Es sind nur die jungen Wurzelfasern
   inficirbar, das Alter der Pflanze ist nicht massgebend. ad II.
   Auch Elaeagnus kann durch den Besitz der Knöllchen den freien
   Stickstoff der Luft verwerthen. Die Elaeagnusknöllchen werden
   durch einen von Bacterium radicicola verschiedenen Organis-
   mus erzeugt, über den später berichtet werden soll.   Loew.

*Th. Bokorny, Ernährung grüner Pflanzen mit Formalde-
   hyd. Landw. Jahrb. 21, 445—467. Verf. hatte früher gefunden, dass
   Methylalcohol und Glycol zur Stärkebildung verwendet werden kann
   [J Th. 19, 357] und versuchte jetzt eine Verbindung des Formaldehyds; der freie Formaldehyd wirkt zwar noch bei grosser Verdünnung
   giftig, nicht aber dessen Verbindung mit Natriumbisulfit, das oxy-
   methylsulfonsaure Natron $CH_2OH — SO_3Na$. Verf. brachte — bei
   sorgfältigem Ausschluss von CO_2 — Algen, welche durch längeres
   Verweilen im Dunkeln ihr Stärkemehl völlig aufgebraucht hatten,
   in mineralische Nährlösung, welche 0,1% jener Verbindung und noch
   0,05% Dinatriumphosphat zur Bindung von etwa im Lebensprocesse
   in Freiheit gesetzten SO_2 zugesetzt war. Bei Ausschluss von CO_2
   war bald eine erhebliche Bildung von Stärkekörnern zu erkennen,
   wenn Licht Zutritt hatte. Im Dunkeln erfolgte jedoch kein
   Stärkeansatz. Kaliumsalze sind zur Stärkebildung aus jenem Salz
   nicht nöthig, wohl aber bei Ueberführung von Kohlensäure in Kohlehydrate, wie Nobbe seit lange gezeigt hatte und Verf. hier wieder
   bestätigt fand. Verf. suchte auch bei einigen Versuchen die quantitativen Verhältnisse zu bestimmen und fand bei Algen eine Vermehrung der Trockensubstanz von 0,21 Grm. auf 0,26 Grm. durch
   Stärkebildung binnen 10 Tagen. Durch diese Resultate hat die
   Baeyer'sche Assimilationshypothese weitere Stützen gewonnen.
                                                          Loew.

329. O. Loew, über die physiologischen Functionen der Calcium-
   und Magnesiumsalze im Pflanzenorganismus.

   *Berthelot und G. André, über die Kieselsäure in den Vegeta-
   bilien. Compt. rend. 114, 257—263.

*H. Molisch, die Pflanze in ihren Beziehungen zum Eisen. Jena, 1892. 117 pag. Diese ausführliche und interessante Schrift zerfällt in 6 Abschnitte: 1. Methode des Eisennachweises. 2. Vorkommen und Verbreitung des lockergebundenen Eisens in der Pflanze. 3. Vorkommen und Verbreitung des maskirten Eisens in der Pflanze. 4. Die Eisenbacterien. 5. Ist der Chlorophyllfarbstoff eisenhaltig? 6. Ueber die Nothwendigkeit des Eisens für die Pilze. Die vom Verf. aufgefundene Methode des Nachweises des maskirten Eisens besteht darin, dass man die Objecte ein oder mehrere Tage in gesättigter wässriger Kalilauge liegen lässt und dann nach raschem Auswaschen der Ferrocyankaliumprobe unterwirft. Nach der Ansicht des Verf. ist das maskirte Eisen in einer noch nicht erkannten organischen Verbindung in den Pflanzen enthalten und wie seine Versuche lehren, ausserordentlich weit verbreitet und zwar bald im Inhalt der Zellen, bald in der Wand, bald in beiden. Geprüft wurden Wurzeln, Stengel, Samen, Blätter, ferner Pilze, Flechten, ferner die Globoide der Proteïnkörner, sämmtlich mit positivem Resultat. In manchen Samen (Sinapis alba) findet sich Eisen in locker gebundener Verbindung, es tritt aber innerhalb 2 Wochen bei der Keimung in die maskirte Form ein. Bei den Eisenbacterien konnte Verf. das Eisen nie im Plasma, aber immer in der Scheide nachweisen und es wird daher die Hypothese Winogradzky's, dass das Plasma derselben Eisenoxydulsalze aufnehme und als Eisenoxyd wieder ausscheide, unwahrscheinlich. Das Interessante bei den Eisenbacterien liegt nach Verf. darin, dass deren Gallertscheide ein merkwürdiges Anziehungsvermögen für Eisenverbindungen besitzt. Was den Chlorophyllfarbstoff betrifft, so bewies Verf., entgegen der Meinung Hansen's und in Uebereinstimmung mit älteren Forschern, dass derselbe in völlig reinem Zustande eisenfrei ist. — Die Chlorose fand Verf. in Uebereinstimmung mit älteren Angaben durch Eisensalze heilbar; jedoch beim Albinismus, den panachirte Blätter zeigen, gelang dieses nicht, trotzdem maskirtes Eisen darin nachgewiesen werden konnte. Bei einem Pilze, dem Aspergillus niger zeigte schliesslich Verf., dass Eisen für seine Entwicklung unentbehrlich ist. Das Eisen hat somit im Pflanzenreich wohl noch eine andere Function als lediglich zur Chlorophyllbildung beizutragen.

Loew.

*O. Loew, über die Giftwirkung des Fluornatriums auf Pflanzenzellen. Münchener med. Wochenschr. 1892, pag. 587. Die Giftwirkung des Fluornatriums auf Säugethiere wurde in neuerer Zeit besonders von Tappeiner näher studirt. An niederen Pilzen hat Effront die Wirkung verfolgt und gefunden, dass schon 0,001% NaFl der Gährthätigkeit der Milchsäurebacillen entgegen-

wirkt. Es wurden nun auch chlorophyllführende Organismen geprüft und gefunden, dass sowohl Blätter von Wasserpflanzen, als auch
verschiedene Fadenalgen, ferner Diatomeen nach 24 Stunden in einer
0,2%igen Lösung von NaFl abgestorben waren. Offenbar hat das
NaFl einen direct schädlichen Einfluss auf jedes Protoplasma, ungleich den oxalsauren Salzen, welche ja den niederen Pilzen nicht
schaden, während NaFl stark antiseptisch wirkt.   Loew.

*Adolf Mayer, über die Athmungsintensität der Schatten-
pflanzen. Landw. Versuchs-Stationen 40, 203—216. Bei Pflanzen,
welche unter schwacher Beleuchtung noch wachsen und dabei
an Trockengewicht zunehmen (wobei unsere an volle Sonne gewöhnten
landwirthschaftlichen Gewächse durch Verzehr ihrer eigenen Leibessubstanz zu Grunde gehen), muss offenbar das Verhältniss zwischen
Reduction und Athmung ein anderes als bei den Culturgewächsen
sein und zwar muss entweder die Reduction stärker oder die Athmung geringer sein oder beides zugleich stattfinden. Ersteres wird
aus theoretischen Gründen wohl nicht stattfinden können, dagegen
letzteres, wie auch die Experimente des Verf. darthaten. Roggen-
blätter zeigen etwa eine fünfmal so intensive Athmungsthätigkeit,
(aus dem Sauerstoffverbrauch erschlossen) als Blätter von Vigelia
vivipara. Aber auch die Athmungsintensitäten der Schattenpflanzen variirten unter sich sehr bedeutend, Begonia athmet ungefähr 10 mal so intensiv als Aspedistra, was wohl mit dem
Unterschiede im Wassergehalte zusammenhängen mag. Wenn nun
weniger Substanz dem Verbrauch unterliegt, so kann auch bei
geringerer Production noch ein Ueberschuss an producirtem Athem-
material bleiben. Das hat aber nicht nur eine allgemeine pflanzen-
physiologische, sondern auch speciell eine beachtenswerthe agri-
culturchemische Bedeutung. Eigenschaften, welche die Voll-Licht-
pflanzen characterisiren, wie z. B. der Austrocknung grossen Widerstand zu bieten, und welche diese besitzen, durch starke Cuticularisirung
der Zellhäute, durch Besitz von die Verdampfung wirksam regu-
lirenden Spaltöffnungen und dergl. sind den Schattenpflanzen verloren gegangen, so dass sie bei voller Besonnung Schaden erleiden.
Bei der Schattenpflanze ist das langsame Wachsen eine nothwendige
Folge des verlangsamten Stoffwechsels, der geringeren Lichtintensität,
mit der sie sich zu begnügen gelernt hat.   Loew.

*A. Mayer, über die Athmungsintensität von Schatten-
pflanzen. Ibid. 41, 441—448. Forts. vom vorigen Artikel. Es
wird hier an einheimischen Pflanzen (Oxalis rosea) die Richtigkeit desselben Gesetzes gezeigt.   Loew.

*W. Detmer, Beobachtungen über die normale Athmung der
Pflanzen. Bericht d. deutsch. botan. Gesellschaft 10, 535—538.

Verf. bestimmte für verschiedene pflanzliche Objecte das Temperaturoptimum des Athmungsprocesses, indem er kohlensäurefreie Luft bei
bestimmten Temperaturen über die Objecte leitete und die producirte
CO_2 in titrirtem Barytwasser auffing. Clausen hatte gefunden,
dass das Temperaturoptimum bei den Keimpflanzen von Lupinus und
Triticum, sowie den Blüthen von Syringa bei 40° liegt. Verf. bestätigte dieses auch für die Blüthen von Taraxacum, während Vicia-
keimlinge und Abies-Sprosse bei 35° und Kartoffelknollen bei 45° in der
Zeiteinheit die grösste Kohlensäuremenge produciren. Jenseits dieser
Temperaturen nimmt die CO_2-Menge wieder ab bis zum Moment des
Absterbens [J. Th. **20**, 350]. In einer weiteren Versuchsreihe wurde
die Athmungsgrösse von Keimlingen von Lupinus luteus und
Triticum vulgare bei sehr niederen Temperaturen bestimmt und
dabei gefunden, dass 100 Grm. frische Keimlinge im Dunkeln pro
Stunde CO_2 in Milligrammen producirten:

	Lupinenkeimlinge.	Weizenkeimlinge.
Bei — 2° C.	5,78	7,96
„ 0° „	7,27	10,14
„ +5° „	13,86	18,78

Diese Zahlen sind das Mittel aus 5—8 Einzelbeobachtungen. Die
Temperatur von 2° hatte den Keimlingen nicht geschadet, sie
wuchsen nachher normalerweise weiter. — Schliesslich fand der Verf.,
dass Keimlinge, die einige Zeit auf 30° erwärmt waren, nachher bei
15° dieselbe Athmungsgrösse hatten, als vorher bei 15°, dass vorüber-
gehendes Erwärmen also hier keinen Einfluss hat. Wurde jedoch
auf 43° erwärmt, so zeigte sich nachher die Athmung geschwächt,
da die Lupinenkeimlinge hierbei schon etwas geschädigt waren.

Loew.

*W. Detmer, Untersuchungen über die intramoleculare Ath-
mung der Pflanzen. Ibid. **10**, 201—205. Die intramoleculare
Athmung ist ebenso wie die normale noch bei 0° ziemlich ausgiebig;
die ausgeschiedene CO_2 wächst mit der Temperatur, ist aber bei
Weizen- und Lupinenkeimlingen stets geringer wie bei normaler
Athmung. Das Verhältniss beider Athmungsarten ist aber für verschiedene Temperaturen kein constantes. Loew.

*B. Frank, über die auf den Gasaustausch bezüglichen Einrich-
tungen und Thätigkeiten der Wurzelknöllchen der Leguminosen. Ber. d. deutsch. botan. Gesellschaft **10**, 271—281.

*E. Crato, Gedanken über die Assimilation und die damit ver-
bundene Sauerstoffausscheidung. Ibid. **10**, 250—255. Verf.
nimmt zunächst an, dass sich eine Inosit artige Verbindung

27*

im Chlorophyllkörper bilde und hieraus der Zucker. Diese neue Hypothese ist aus mehreren Gründen höchst unwahrscheinlich.

Loew.

*J. Boehm, Respiration der Kartoffeln. Ber. d. d. botan. Ges. 10, 200. Verf. bekämpft die Ansicht Müller-Thurgau's über das Süsswerden der Kartoffel bei 0⁰ und die damit verbundene intensivere Athmung. Kartoffeln, welche bei 9—10⁰ aufbewahrt wurden, athmen dann bei 22⁰ intensiver, als solche, die bei Zimmertemperatur aufbewahrt wurden. Die Athmungsintensität der Kartoffel steigt sehr, wenn letztere mit Phytophtora infestans inficirt wird.   Loew.

Landwirthschaftliches.

*Haselhoff, über Leinsamenkuchen und Mehl. Landwirth. Versuchs-Stat. 41, 55—93. Diese Mittheilung ist die erste einer längeren Reihe von Untersuchungen über die Futtermittel des Handels, veranlasst 1890 auf Grund der Beschlüsse, welche von Mitgliedern deutscher Versuchs-Stationen gefasst worden sind. Die ganze Reihe dieser Arbeiten wird später auch in Buchform erscheinen. Der obigen Mittheilung von Haselhoff schliesst sich eine zweite über den gleichen Gegenstand von J. van Pesch an.   Loew.

*E. Schulze, über die stickstofffreien Bestandtheile der vegetabilischen Futtermittel. Landw. Jahrb. 21, 79—105. Nachtrag dazu pag. 341. Verf. gibt eine kritische Beleuchtung der bisher üblichen Futterstoffanalyse, deren grosse Mängel besonders darin liegen, dass unter dem Ausdruck: „Stickstofffreie Extractstoffe' und „Rohfaser" Stoffe von hohem und geringem Werth zusammengeworfen werden. Verf. verlangt schärfere Präcisirung, die Unterscheidung der in den pflanzlichen Zellmembranen enthaltenen verschiedenen Kohlehydrate, sowie die Trennung des Cellulosenbegriffs von dem Begriff Holzfaser. Der Name Cellulose soll nur demjenigen Bestandtheil der Holzfaser bleiben, welcher sehr widerstandsfähig gegen stark verdünnte Mineralsäuren und gegen Alkalien sind. Ferner schlägt Verf. vor, das Lecithin separat zu bestimmen, nach der von ihm befolgten vollkommeneren Methode [J. Th. 21, 27] und zum gefundenen Fett zu addiren. Die Vorschläge des Verf. verdienen gewiss die vollste Berücksichtigung.   Loew.

*L. Hittner, über ein einfaches Verfahren, Verfälschungen von Erdnusskuchen annähernd quantitativ zu bestimmen. Landw. Versuchsstat. 40, 351—356. Dieses Verfahren gründet sich darauf, dass Erdnusskuchen reich an Stärkemehl sind, während die zu deren Verfälschung benützten Mittel (Sesammehl, Mohnkuchen, Palmkernmehl, Reisspelzen etc.) stärkefrei sind. Man befeuchtet eine gewogene Menge des fraglichen Mehles mit alcoholischer Jodlösung, hierauf mit Wasser und breitet die Masse auf einen Teller aus. Die gelbgefärbten Theilchen sucht man aus, und wägt sie nach dem Trocknen, die blaugefärbten bleiben zurück und entsprechen dem Erdnussmehl. Loew.

*Loges, über Kleiefälschungen. Centralbl. f. Agric. 1892, 29 bis 31. Sehr häufig wird die Kleie mit Kornausputz, aus Unkrautsämereien bestehend, verfälscht. Verf. fand pro Centner Kleie 246 000 Unkrautsamen = 31,17% Kornausputz. Die Gefahr der Verunkrautung der Felder wird hierdurch eine sehr bedrohliche, besonders der Kleefelder. Auch Verfälschungen mit feingemahlenen Hirseschalen (bis zu 20%) kamen dem Verf. vor. Loew.

*F. Albert, Untersuchungen über Grünpressfutter. Centralbl. f. Agr.-Chem. 1892, 592—599. Drei Erscheinungen kommen bei Herstellung des Pressfutters wesentlich in Betracht, die Thätigkeit der lebenden Pflanzenzellen, die Wirksamkeit niederer Pilze und die Oxydationsvorgänge in den abgestorbenen Pflanzen. Sorgfältige Temperaturmessungen sind nöthig. die Temperatursteigung sollte zur Abtödtung der Buttersäurebacterien 70° C. erreichen. Die Untersuchung des Grünpressfutters ergab, dass in Folge der Selbsterhitzung, des Absterbens der Pflanzen und der Pressung Flüssigkeit abläuft, welche durch Fäulniss die Luft verpestet und einen nicht geringen Stoffverlust mit sich bringt. Ein Liter der ablaufenden Flüssigkeit enthielt nach König bei Lupinen: Organische Substanz 8,25 Grm., Gesammt-N 1,41 Grm., Kali 3,93 Grm., Phosphorsäure 0,53 Grm. Vorsicht ist beim Melken der Kühe geboten, welche mit Pressfutter gefüttert werden, da aus dem letzteren zahllose Bacterien in die Milch gelangen. Nach Verf. muss ein ungünstiges Urtheil über das Grünpressfutter gefällt werden. Loew.

*S. Gabriel, Rohfaserbestimmung. Zeitschr. f. physiol. Chem. 16, 370—386. Es wird hier nachgewiesen, dass die von König angegebene Methode (Erhitzen mit Glycerin auf 210°) ungenau ist und dass ein besseres Resultat erreicht wird, wenn man mit kalihaltigem Glycerin auf 180° erhitzt (33 Grm. KOH in 1 Liter Glycerin). Die Methode ist der bisher gebräuchlichen Weender-Methode mindestens ebenbürtig. Loew.

*Stromer und Stift, Zusammensetzung und Nährwerth der Knollen von Stachys tuberifera. Mittheil. d. chem. techn. Versuchsstat. d. Centralvereines f. Rübenzuckerind. i. d. österr.-ungar. Monarchie, 31. Band; referirt Berl. Ber. 25, Referatb. 386.

*A. v. Planta und E. Schulze, über einige Bestandtheile von Stachys tuberifera. Landw. Versuchsstat. 40, 277—299.

*A. Stutzer, Untersuchungen über getrocknete Biertreber. Ibid. 311—317. Verf. schliesst aus seinen Versuchen, dass durch das

Auspressen der Treber vor dem Trocknen ein Theil der Proteïnstoffe,
des Gummis und der Aschenbestandtheile verloren gehen und deshalb
die getrockneten Treber einen geringeren Nährwerth besitzen; auch
die Verdaulichkeit der Proteïnstoffe nimmt durch den Trocken-
process ab.   Loew.

*A. Stutzer, Analysen von gesundem und krankem Zuckerrohr.
Landw. Versuchsstat. 40, 325—329. Die Sereh-Krankheit des Zuckerrohrs ist nach Verf. jedenfalls die Folge einer jahrelang fortgesetzten
einseitigen Düngung mit Erdnusskuchen mit ca. 5 % N und kaum
je 1 % Phosphorsäure und Kali. Bei Mangel des Bodens an Kali
und Kalk kann dann eine Erkrankung des Zuckerrohrs nicht über-
raschen.   Loew.

*Wilh. Keim, Studien über die chemischen Vorgänge bei der
Entwicklung und Reife der Kirschfrucht. Ing.-Diss.
Erlangen 1891.

*E. Hotter, über die Vorgänge bei der Nachreife von Weizen.
Landw. Versuchsstat. 40, 356—364. Viele Samen können direct nach
dem Reifen keimen, andere aber müssen eine längere Ruheperiode
— das Nachreifen — durchmachen. Von Weizenkörnern sind nach
dem Reifen nur etwa 2/3 der Körner keimfähig, nach mehrwöchent-
lichem Lagern aber fast alle. Verf. fand, dass Luftabschluss das
Eintreten der Keimfähigkeit verlangsamt, während eine Temperatur
von 40 ⁰ befördernd wirkt; ferner, dass die Menge der im Wasser
löslichen Eiweissstoffe und der Rohdiastase beim Nachreifungsprocess
der Weizenkörner steigt. Durch eine Vermehrung der Diastase aber
wird die Nutzbarmachung des Stärkemehls für die Entwicklung des
Embryos befördert. Auf diese Weise erklärt sich am einfachsten der
Einfluss der Nachreife. Samen mit genügenden Diastasemengen bedürfen der „Nachreife" nicht.   Loew.

*P. Kulisch, Untersuchungen über das Nachreifen der Aepfel.
Landw. Jahrb. 21, 871—887. Es findet eine allmähliche Zuckerbildung bei denjenigen Aepfeln statt, welche unreif und stärkemehl-
haltig geerntet wurden, gleichzeitig nimmt die Säuremenge und der
Wassergehalt ab.   Loew.

330. E. Wolff und J. Eisenlohr, Wiesengras und Pressfutter.

*Th. Dietrich und J. Kóenig, Zusammensetzung und Ver-
daulichkeit der Futtermittel. Zweite Auflage, in 2 Bänden.
Verlag von Julius Springer, Berlin. Diese Auflage des vor-
trefflichen Werkes ist bedeutend vermehrt und vollständig umgear-
beitet .worden; Anordnung und Verarbeitung des Materials verdienen
alle Anerkennung. Der I. Theil handelt hauptsächlich von der Zusammensetzung der Futtermittel, der II. Theil von der Verdaulichkeit derselben unter verschiedenen Umständen, der Bestimmung des

Verdauungscoëfficienten, Futtergeldwerthe der Futtermittel und Gehalt der Futtermittel an Eiweiss- und Nichteiweissstoff, sowie Verhalten der Stickstoffsubstanz bei künstlicher Verdauung.   Loew.

*S. Gabriel, Fütterungsversuche mit entbitterten Lupinen.
Journal f. Landwirthsch. **40**, 23—46. Da die Bitterstoffe in den
Lupinen in Form von in Wasser löslichen organisch-sauren Salzen
vorhanden sind, so kann eine Entbitterung leicht durch Extraction
der zerkleinerten Samen mit heissem Wasser erzielt werden. Die
beim Entbittern stattfindenden Substanzverluste betreffen hauptsächlich die „stickstofffreien Extractstoffe" und betragen nahe 20%
der Lupinen-Trockensubstanz. Bei Versuchen an Schafen constatirte
Verf., dass manche Thiere auch die entbitterten Lupinen nicht fressen
wollen. Verf. stellte an einem ausgewachsenen Hammel den Eiweissumsatz bei Fütterung mit entbitterten und nichtentbitterten Lupinen
fest, wobei Heu beigemischt wurde. Der Entbitterungsprocess wurde
theils nach der Methode von Kellner, theils nach Solstien und
theils nach Selling vorgenommen. Die gegebene Mischung betrug
1000 Grm. Heu, 250 Grm. Lupinen, 8 Grm. Kochsalz. Von entbitterten
Lupinen wurde so viel gegeben, als 250 Grm. ursprünglichen Lupinen
entsprach. Die in üblicher Weise bestimmten Verdauungscoëfficienten
entschieden zu Gunsten der Entbitterung und zwar des
Entbitterungsverfahrens von Kellner, denn hier stieg der Verdauungscoëfficient der organischen Substanz von 84,19 der ursprünglichen Lupinen bis auf 88,15.   Loew.

*H. Hucho, das Kanalinselvieh (Jerseys und Guernseys) und
seine Bedeutung für die deutsche Rindviehzucht. Landw. Jahrb. **21**,
703—791.

*Düsing, über die Regulirung des Geschlechsverhältnisses
bei Pferden. Ibid. **21**, 277—281.

*A. Krämer, die staatlichen Maassregeln zur Förderung der Rind-
viehzucht in der Schweiz. Ibid. **21**, 211—263.

*Schiller-Tietz, der Einfluss des Lichts auf die thierische
Haut. Centralbl. f. Agric. 1892, pag. 658. Das Licht steigert die
Kohlensäureausscheidung und fördert das Gedeihen und Wachsthum
der Thiere; Mangel an Licht ist Ursache von Erkrankungen. Das
Licht soll auch das Wachsthum der Horngebilde steigern und die
Haut unempfindlicher machen. Manche Ansichten des Verf. werden
wohl kaum auf Zustimmung rechnen können.   Loew.

*Edler und Liebscher, über die Wirkung von Korn- und Aehren-
gewicht des Saatgutes auf die Nachzucht. Journal f. Landw.
40, 47—85.

331. C. Kornauth und A. Arche, Untersuchungen über den Stoffwechsel des Schweines bei Fütterung mit Konrade.

*E. Pott, Maisfütterung der Pferde. Centralbl. f. Agric. 1892, 588—590. Die Ansicht, dass Mais kein geeignetes Futter für Pferde sei, ist nur richtig für Pferde von schneller Gangart. Zug- und Arbeitspferde können allmählich an die ausschliessliche Fütterung mit Maisschrot gewöhnt werden. Zusatz von 100—200 Grm. Leinkuchen soll die anfängliche Gefahr der Verdauungsstörungen beseitigen. Die Zusammensetzung der nackten Maiskolben ist im Durchschnitt folgende: Trockensubstanz 87,8, Rohproteïn 2,9, Rohfett 0,8. stickstofffreie Extractstoffe 45,3, Rohfaser 36,9, Asche 1,9%. Der Nährwerth entspricht dem von Gerstenstroh mittlerer Qualität. Das Schrot der ganzen Kolben (Spindel + Körner) dagegen zeigte folgende durchschnittliche Zusammensetzung: Trockensubstanz 87,1, Rohproteïn 8,0, Rohfett 3,8. stickstofffreie Extractstoffe 66,8, Rohfaser 7,0, Asche 1,5. Durch Zusatz eines stickstoffreicheren Kraftfutters bildet das Schrot eines der besten Ersatzmittel für die theure Hafer-Häcksel-Heuration.   Loew.

*Ramm, Bericht über die in Poppelsdorf ausgestellten Reisigfütterungsversuche. Landw. Jahrb. 21, 149—175. Buchenreisig kann, wenn feingemahlen, zur Fütterung von Milchkühen mit Vortheil verwendet werden. Es konnten bis 39% der Gesammttrockensubstanz der Ration in Form von Reisigfutter gereicht werden. Diese Holzfütterung hat jedoch nur da practische Bedeutung, wo bedeutende Mengen von Futterreisig abfallen. Eine Probe Reisig gab in der Trockensubstanz: Verdauliches Proteïn 0,84%, Rohfett 1,92%, Rohfaser 43,97%, Rohasche 2,56%, stickstofffreie Extractstoffe 46,98%. (Ein grosser Theil der stickstofffreien Extractstoffe kann aus Holzgummi bestanden haben. D. Ref.)   Loew.

*Salisch-Postel, Reisigfütterung. Centralbl. f. Agric. 1892. 26—28. Zur Verwendung kamen Zweigspitzen bis zu 1 Cm. Stärke, von Buche, Aspe, Eiche und Birke. Eine aus gleichen Theilen bestehende gut durchgeweichte Probe dieser Reisigsorten ergab einen Gehalt von 4,68% Proteïn. Nach Ansicht des Verf. kann Reisig sogar gutes Haferstroh ersetzen, dagegen ist es zum Ersatz von Heu nicht reich genug an Proteïn. Zum Versuche dienten 4 noch ziemlich neumelkende Kühe, eine tragende Kalbe und ein Kuhkalb. Anfangs wurde das Reisigfutter gerne genommen, später aber zeigten die jüngeren Stücke keine so grosse Vorliebe mehr für dasselbe, wahrscheinlich, weil das Futter rauh, fast stachlich sich anfühlte. Bei den älteren Kühen, welche das Reisig gerne frassen, betrug die Gewichtszunahme 45 Pfund mehr als bei den Controlkühen, auch in der Milchergiebigkeit waren jene diesen überlegen. — Auch Pferde und Schafe nehmen das Reisigfutter gerne. Man thut besser Reisig zu füttern und Stroh einzustreuen als umgekehrt. Die Menge Reisig,

welche ein selbst mässiger Forst liefern kann, ist eine sehr erhebliche; ja eine Weissbuchenhecke von 100 Meter Länge lieferte jähr-
lich beim Beschneiden einen Centner. Das Holzfutter kann somit
nicht nur der Jagd, sondern auch der Wirthschaft erhebliche Dienste
leisten.   Loew.

*M. Wilkens, Fütterungsversuche auf nordamerikanischen
Versuchs-Stationen. Journ. f. Landwirthsch. **40**, 185—212.
Die Vereinigten Staaten besassen am Ende des Jahres 1891 55 Ver-
suchsstationen. Dieselben publiciren theils „Bulletins" theils Jahres-
berichte und bringen — neben zahlreichen analytisch-chemischen
Arbeiten, betreffend Untersuchungen von Nahrungs- und Futtermitteln — auch viele Fütterungsversuche an Thieren. Wir citiren
die Titel einiger solcher Artikel: Aus der Station in Alabama
veröffentlicht T. Lupton einen Versuch über die Wirkungen von
Fütterung mit Baumwollsamen auf die Butter der Kühe. (Die Resultate sind etwas wiedersprechend.) Aus der Station von Arkansas
wurde ein Fütterungsversuch mit Baumwollensamenmehl an 11 Ochsen
beschrieben. (Nachtheilige Wirkungen wurden nicht beobachtet.)
Aus den Stationen von Illinois und Jowa werden Fütterungsversuche an Schweinen und Kälbern, aus Maine und Mississippi
solche an Fohlen und Milchkühen, aus Michigan an Ochsen verschiedener Zucht, aus New-York an legenden Hennen, aus Ontario
(Canada) solche an geschorenen und ungeschorenen Lämmern im
Winter, publicirt.   Loew.

332. Th. Pfeiffer und G. Kalb, über den Eiweissansatz bei der Mast
      ausgewachsener Thiere, sowie über einige sich hieran an-
      knüpfende Fragen.

333. S. Gabriel, Versuche über die Wirkung einer plötzlichen Ent-
      ziehung, bezw. Vermehrung des Futtereiweisses auf den
      Stickstoffumsatz des Pflanzenfressers.

334. H. Weiske, über den Einfluss des vermehrten oder ver-
      minderten Futterconsums, sowie der dem Futter bei-
      gegebenen Salze auf die Verdauung und Resorption der
      Nahrungsstoffe.

335. H. Weiske, über die Verdaulichkeit des Futters (Heu, Hafer)
      unter verschiedenen Umständen und bei verschiedenen
      Thieren.

336. A. Stutzer, Untersuchungen über die Einwirkung von stark
      verdünnter Salzsäure, sowie von Pepsin und Salzsäure
      auf das verdauliche Eiweiss verschiedener Futterstoffe
      und Nahrungsmittel.

337. A. Stutzer, wird rohes Rindfleisch schneller verdaut als
      gekochtes?

299. **O. Loew: Ueber die Giftwirkung der Oxalsäure und
ihrer Salze** [1]). Das Studium der Giftwirkung von Oxalaten hat
wiederholt die Forscher beschäftigt, aber immer dienten lediglich
Wirbelthiere zu den Versuchen. An niederstehenden Thieren und
Pflanzen wurden noch keine Beobachtungen unter Verfolgung der
Vergiftungssymptome angestellt. Es wurde nun gefunden, dass in
0,5 $^0/_0$ igen Lösungen von neutralem Kalium- oder Natriumoxalat Asseln,
Copepoden und Rotatorien in 30—50 Minuten sterben, dann folgen
Egel und Planarien, hierauf Insectenlarven und Ostracoden, während
nach 24 Stunden noch leben: Wasserkäfer, Wassermilben und einzelne
Nematoden. In einem Controlversuch mit neutralem weinsaurem
Kali lebten fast alle jene Organismen noch nach 24 Stunden, viele
noch nach mehreren Tagen. In einer 0,1 $^0/_0$ igen Lösung neutralen
oxalsauren Kalis starben Asseln, Copepoden und Rotatorien nach
3—4 Stunden, andere Thiere lebten wesentlich länger. Sehr empfindlich gegen freie Oxalsäure sind die Essigälchen (Rhabditis aceti),
welche doch an 3—4 $^0/_0$ ige Essigsäure angepasst haben, aber eine
0,2 $^0/_0$ ige Oxalsäure nicht vertragen. Infusorien, Flagellaten und
Diatomeen findet man nach 15 Stunden in einer 0,5 $^0/_0$ igen Lösung
von neutralem oxalsaurem Kali oder Natron todt, dagegen in weinsaurem Kali oder Natron bei gleicher Concentration dieser Lösungen
noch lebend. Der Giftcharakter der Oxalate nimmt auffallend rasch
bei zunehmender Verdünnung ab, eine 0,1 $^0/_0$ ige Lösung ist für die
obengenannten einzelligen Organismen nicht mehr giftig. Verschiedene
Fadenalgen starben binnen 24 Stunden in einer 0,5 $^0/_0$ igen Lösung
oxalsauren Kalis, Blätter verschiedener Wasserpflanzen binnen 36 Stunden in einer 1 $^0/_0$ igen. Für Spross-, Schimmel- und Spaltpilze sind
Oxalate ungiftig; selbst in einer 4 $^0/_0$ igen Oxalatlösung vermag
Hefe Zucker zu vergähren. — Verf. schliesst aus seinen Beobachtungen
am Zellkern der Spirogyren und der Zwiebel, dass Calciumverbin-
dungen sich an der Organisation des Zellkerns betheiligen (mit Ausnahme der niederen Pilze). Ob dieser Schluss auch für Thiere Berechtigung hat, muss weiter geprüft werden.   Loew.

---

[1]) Münchener med. Wochenschr. 1892, 570—576.

300. **F. Mareš: Zur Theorie der Harnsäurebildung im Säugethierorganismus[1]). 301. J. Horbaczewski: Zur Theorie der Harnsäurebildung im Säugethierorganismus[2]).** Ad 300. M. erinnert in Anbetracht der Arbeit von Horbaczewski [J. Th. 21, 179] an seine eigene
frühere Abhandlung über die Bildung der Harnsäure im Organismus [J. Th.
18, 112]; in derselben wurde die Theorie entwickelt, dass die Harnsäure ein
Product des Stoffwechsels der Zellen ist, jenes chemischen Processes, der die
Grundlage der Thätigkeit der Zellen bildet. Infolge des Prioritätsanspruches,
den M. erhob, machte Horbaczewski geltend, dass seine Theorie gerade
das Gegentheil ausdrücke, indem sie behauptet, dass die Harnsäure beim
Zerfall oder Absterben der Zellen, namentlich der Leucocyten entstehe, wobei
das Nucleïn frei werde und weiter zerfallen müsse, damit die Muttersubstanz
der Harnsäure frei werde. — Verf. kritisirt die Versuche von Horbaczewski; es ginge aus den Fütterungsversuchen mit Nucleïn keineswegs
hervor, dass das Nucleïn in vivo die Muttersubstanz der Harnsäure bildet,
ebenso hält M. den Parallelismus zwischen Leucocyten- und Harnsäuremenge
für eine Hypothese. Doch auch dies zugegeben, liege näher, zu sagen, die
Harnsäurevermehrung gehe einher mit der Bildung der Leucocyten als mit
deren Zerfall, da noch der Beweis ausständig ist, dass bei der Vermehrung
der Leucocyten auch ein vermehrter Zerfall stattfinde. Die Ansicht des Verf.
lässt sich kurz in die Worte kleiden: „Die Harnsäure ist ein Product des
Stoffwechsels in den lebenden Körperzellen, wobei namentlich die Nucleïne der
Zellkerne betheiligt sind.‟ Ad 301. Um den Sachverhalt sicherzustellen, muss
vor Allem constatirt werden, wie die beiden Theorien, um die es sich handelt, lauten. Mareš veröffentlichte eine Abhandlung über den Ursprung
der Harnsäure im Jahre 1887 [Sborník lékarsky II, 1, J. Th. 18, 112], in welcher
die Anschauung vertreten wird, dass die Harnsäure ein Product der molecularen Veränderungen des Zellprotoplasmas ist. In einer zweiten Arbeit
(Ebenda II, 263), in welcher der Einfluss reichlichen Wassertrinkens auf die
Harnsäureausscheidung besprochen wird, sind noch einige Angaben über
diese Harnsäurebildung im Protoplasma enthalten. Hier heisst es, dass
durch eine reichliche, plötzliche Wasserzufuhr das Protoplasma sozusagen
„betäubt‟ wird, z. Th. vielleicht ganz abstirbt. Aus den stickstoffhaltigen
Stoffen des abgestorbenen Protoplasmas bildet sich Harnstoff, während das
„betäubte‟ Protoplasma viel schwächere moleculare Veränderungen zeigen
wird, aus welchem Grunde nach reichlicher Wasserzufuhr eine Verminderung
der ausgeschiedenen Harnsäuremenge auftreten muss. — Auf Grund zahlreicher
Beobachtungen gelangte H. zur Anschauung, dass die Harnsäure ein Zerfallsproduct nucleïnhaltiger Gewebsbestandtheile ist [J. Th. 21, 179]. M.
publicirte nun [Casopis cesk. lékaru 1891, No. 49] einen Artikel, in welchem

---

[1]) Monatsh. f. Chemie 18, 101—110. — [2]) Wiesbaden, J. F. Bergmann 1892, 19 pag.

behauptet wird, dass das Resultat seiner Arbeit mit dem des Verf.'s vollkommen übereinstimmt, nämlich dass die Harnsäure ein Zerfallsproduct der Körpergewebe ist. M. hat ferner den Vorwurf erhoben,
dass seine Arbeit verschwiegen wurde und unterzog zugleich die Hypothese
H.'s einer Kritik. In derselben wird nichts Thatsächliches vorgebracht,
sondern die Begründung der Hypothese wird in einer Weise ausgelegt, dass
das Wichtigste entweder gar nicht, oder nur als nebensächlich angeführt,
während das weniger Wichtige, was für sich allein die Hypothese nicht begründen kann, aber derselben doch nicht widerspricht, als die angebliche
Hauptstütze derselben angeführt und dann die ganze Hypothese als unbe-
rechtigt erklärt wird. Die Hypothese des Verf.'s gründet sich auf folgende
Thatsachen: Beim Zerfalle nucleïnhaltiger Körpergewebe ausserhalb des
Körpers, der durch einen geringen Grad von Fäulniss oder durch siedendes
Wasser bewerkstelligt wird, werden Producte abgespalten, die Harnsäure
liefern. Eine Thatsache ist ferner, dass auch im Organismus nucleïnhaltige
Elemente zerfallen — man ist daher berechtigt, anzunehmen, dass auch bei
diesem Zerfalle im Organismus Harnsäure entsteht. In der Norm zerfallen
im Körper hauptsächlich nur Leucocyten — es wird daher die Annahme
gemacht, dass in der Norm die Harnsäure hauptsächlich nur aus den zerfallenden Leucocyten entsteht. Die Thatsache, dass bei der Leukämie, bei
welcher weisse Blutkörperchen massenhaft zerfallen, die Harnsäureausscheidung constant bedeutend vermehrt ist, bestätigt diese Annahme. Die weitere
Thatsache, dass das Chinin, welches die Production und den Zerfall der
Leucocyten hemmt, auch die Harnsäurebildung herabsetzt, bestätigt wieder
diese Annahme. Die weitere Thatsache, dass bei Ermangelung einer Verdauungsleucocytose eine Vermehrung der Harnsäureausscheidung auch nach
Fleischgenuss in derselben Weise nicht auftritt wie bei Leuten, die eine
Verdauungsleucocytose aufweisen, stützt auch diese Annahme. In vielen
pathologischen Zuständen, wie Fieber, Inanition, Phosphorvergiftung, Cachexien
u. s. w., zerfallen auch nucleïnhaltige Körpergewebe — man ist daher berechtigt, anzunehmen, dass in diesen Fällen aus den Zerfallproducten auch
dieser Elemente Harnsäure entsteht. Die Thatsache, dass in allen diesen
Fällen die Harnsäurebildung vermehrt ist, bestätigt die obige Annahme. —
Durch die erwähnten Thatsachen allein ist die aufgestellte Hypothese begründet. Alles das erwähnt aber M. in seiner Abhandlung gar nicht und
befasst sich nur mit Versuchsergebnissen, die für sich allein die Hypothese
nicht begründen können, die er aber als Hauptgrundlage derselben proclamirt.
Um die Hypothese weiter zu begründen, wurden Versuche angestellt, ob
aus dem in den Organismus eingeführten Nucleïn Harnsäure entsteht. Diese
Versuche ergaben zwar eine vermehrte Harnsäureausscheidung — weitere Versuche zeigten aber, dass das Nucleïn eine Leucocytose hervorruft und aus
diesem Grunde wurde besonders hervorgehoben, dass aus diesen Versuchen
nicht geschlossen werden kann, dass das Nucleïn, welches man in den Körper

einführt, direct Harnsäure liefert — diese letztere könnte auch von Leucocyten herstammen. Wenn auch diese Versuche mit Einverleibung des Nucleïns
in den Organismus kein unzweideutiges Resultat ergeben haben, so ist doch
klar, dass dieselben der Hypothese gar nicht widersprechen, sondern sich
mit derselben im besten Einklange befinden. Eine Reihe von Beobachtungen
betrifft das Verhältniss des Leucocytengehaltes des Blutes und der ausgeschiedenen Harnsäuremenge. Diesbezüglich ergaben alle Beobachtungen,
dass in allen Fällen, wenn der Leucocytengehalt des Blutes steigt auch die
Harnsäureausscheidung steigt. M. stellt nun darüber Betrachtungen an,
und kommt schliesslich auf Grund derselben zu der Behauptung, dass der
Parallelismus zwischen der Leucocytenmenge des Blutes und der ausgeschiedenen Harnsäuremenge nicht nachgewiesen wurde und vorläufig überhaupt
nicht nachweisbar ist. Wenn in der Norm ausser den Leucocyten auch
Epithelien zu Grunde gehen, aus denen Harnsäure entstehen kann, so ändert
das an der Sache doch gar nichts. Diesen Umstand hat Verf. übrigens
hervorgehoben und gemeint, dass die Leucocyten des Blutes hauptsächlich das Material zur Harnsäurebildung liefern, da die Menge der in der
Norm zerfallenden anderen Gewebselemente nach unseren jetzigen Kennt-
nissen nur unbedeutend sein muss. Sollte es sich erweisen, dass auch in
der Norm andere Gewebselemente in reichlicherem Maasse zerfallen, so wäre
das für die Hypothese doch von keinem Nachtheil. Die in Rede stehende
Thatsache, dass mehr Harnsäure ausgeschieden wird, wenn der Leucocytengehalt des Blutes steigt, kann, wie M. hervorhebt, und was übrigens selbstverständlich ist, auf verschiedene Weise erklärt werden. Jener Parallelismus muss vor Allem auch kein direct causaler sein. Besteht jedoch diese
Causalität, so kann die Thatsache selbst auf verschiedene Weise erklärt
werden. Wenn M. meint, dass es wahrscheinlicher ist, dass die vermehrte
Harnsäure als „Nebenproduct" der Leucocytenbildung auftritt, als die vom
Verf. gegebene Deutung, dass dieselbe ein Zerfallsproduct dieser in reichlicherem Maasse gebildeten und dann zu Grunde gegangenen Elemente
repräsentirt, so kann nur bemerkt werden, dass für die Zulässigkeit dieser
Annahme nicht die geringsten Anhaltspunkte bekannt sind. Des Verf.'s
Annahme beruht darauf, dass die in grösserer Menge gebildeten Leucocyten
in wenigen Stunden nach dem Auftreten der Leucocytose aus dem Blute
wieder verschwinden, indem dieselben zerfallen, und dieser Zerfall kann auch
ebenso wie deren Bildung durch Zählung sicher gestellt werden. Da man
weiss, dass beim Zerfalle nucleïnhaltiger Elemente ausserhalb des Körpers
Harnsäure entsteht, so ist es zulässig, die Harnsäurebildung von diesem
Zerfalle herzuleiten. Nun können mehr Leucocyten dem Zerfalle dann anheimfallen, wenn mehr gebildet werden, während bei einem geringen Leuco-
cytenbestande des Blutes dieselben auch nur in geringer Menge zerfallen
könnten. Es ist daher die Meinung nicht ungerechtfertigt, dass bei einem
grösseren Leucocytengehalte des Blutes auch mehr Leucocyten dem Zerfalle

anheimfallen werden und daher auch mehr Harnsäure gebildet werden wird.
Der weitere Einwand M.'s ist, „das die einzige thatsächliche Grundlage der
Theorie", dass nämlich bei der Fäulniss nucleïnhaltiger Gewebe Harnsäure
entsteht, physiologisch auch nicht verwertbar ist. Zunächst muss bemerkt
werden, dass die Behauptung M.'s, dass der Fäulnissversuch die einzige
thatsächliche Grundlage der Theorie sei, der Wahrheit nicht entspricht. M.
hat die übrigen und zwar wichtigsten Thatsachen einfach nicht angeführt,
wie oben erwähnt wurde. Der Fäulnissversuch ist nach der Meinung M.'s
aus dem Grunde nicht verwerthbar, weil für die Bildungsweise der Harnsäure im Thierkörper aus Nucleïn „es an der Fäulniss fehlt," ebenso wie
für die Bildungsweise derselben aus Harnstoff und Glycocoll es im Körper
an der „erforderlichen Hitze" fehlt. Dazu muss Folgendes bemerkt werden:
Ebenso wie v. Knieriem noch im Jahre 1877 die Harnsäurebildung im
Organismus der Vögel aus Glycocoll constatiren konnte, ohne dass die Vögel
auf die erforderliche Hitze gebracht werden müssten, und ebenso wie die
Synthese der Hippursäure aus Glycocoll und Benzoësäure, die der Chemiker
nur durch hohe Temperatur bewerkstelligen kann, nicht nur durch den
ganzen Organismus, oder durch eine intacte Niere, sondern sogar durch einen
Organbrei bei gewöhnlicher Temperatur vollbracht wird, ebenso steht der
Annahme der der Fäulniss analogen Processe im Organismus gar Nichts im
Wege, da die Fäulniss in der Hauptsache ein hydrolytischer Process ist und
solche Processe im Organismus vor sich gehen. Es ist eine Thatsache, dass
im Organismus ebensolche Spaltungen, wie durch Fäulniss zu Stande kommen
und man ist daher berechtigt, an die Möglichkeit einer ähnlichen Spaltung
des Nucleïns im Organismus wie derjenigen durch Fäulniss zu denken.
Schliesslich sei hier noch bemerkt, dass weitere Versuche, die mitgetheilt
werden sollen, ergaben, dass aus frischen thierischen Organen auch durch
Einwirkung von Salzlösungen, ja durch Wasser, ebenso wie durch Fäulniss
Körper erhalten werden können, die Harnsäure liefern. Diese Versuchsbedingungen dürften auch denjenigen, der der Fäulniss analoge Processe
im Thierkörper für unmöglich hält, so ziemlich genügen. Im Anschlusse
noch eine Bemerkung über den Umstand, warum nach des Verf.'s Hypothese
angenommen wird, dass die Harnsäure ein Zerfallsproduct nucleïnhaltiger Elemente ist, weil M. die Sache so darstellt, als wäre diese Annahme gar nicht nothwendig und willkürlich. Vor Allem ergaben Versuche
ausserhalb des Körpers, dass man frische Organe (Milzpulpa) mit frischem
Blute durch mehrere Stunden auf Bruttemperatur erwärmen kann, ohne dass
sich Harnsäure bildet. Sobald aber dieses Gemisch zu faulen anfängt, bildet
sich dieselbe. Blut und Blutserum sind nach den jetzigen Erfahrungen
Menstrua, in welchen Gewebselemente durch längere Zeit intact, ja sogar
am Leben erhalten werden können. Unter diesen Umständen bildet sich
aber keine Harnsäure. Wirkt die Fäulniss, siedendes Wasser (oder Salzlösungen oder nur viel Wasser) ein, so können aus den Organen Körper

erhalten werden, die Harnsäure liefern. Dabei zerfallen aber die Gewebselemente. Harnsäure bildet sich demnach ausserhalb des Körpers nur dann, wenn die Gewebselemente zerfallen. Als Bedingung für die Harnsäurebildung im Organismus musste ein Zerfall der Gewebselemente nothwendiger Weise auch angenommen werden, und zwar nicht nur auf Grund der erwähnten Versuche ausserhalb des Körpers, sondern auch in Anbetracht des Umstandes, dass es gar nicht möglich ist, die bedeutende Vermehrung der Harnsäureausscheidung in vielen pathologischen Fällen, von denen früher die Rede war, anders zu erklären. Alle diese Processe gehen mit einem Zerfalle der Gewebselemente einher — es stimmen somit diese Bedingungen, unter welchen vermehrte Harnsäurebildung im Körper stattfindet, mit den Versuchsbedingungen ausserhalb des Körpers überein. Verf. wendet sich nun zur Besprechung der Theorie von M. und der von M. gemachten Prioritätsansprüche; in Kürze resumirt, ergibt sich Folgendes: 1. Die Theorie von M. ist vor Allem nicht neu. 2. Das wichtigste thatsächlichste Ergebniss der Versuche M.'s: Verhältnissmässige Unabhängigkeit der Harnsäurebildung von der Nahrung, ist auch nicht neu. 3. Die besagte Theorie ist so allgemein, dass durch dieselbe keine bestimmten neuen Anhaltspunkte für die Erkenntniss der Harnsäurebildung im Organismus erwachsen, und erscheint diese Theorie durch die schon früher ausgebildete Anschauung, dass die Harnsäure aus den in den Zellen enthaltenen Xanthinbasen oder aus dem Nucleïn entsteht, bereits überholt. 4. Diese Theorie ist unzulänglich. Es gebührt demnach die Priorität der Idee, dass die Harnsäure nicht direct aus Eiweiss entsteht, dass ihre Bildung von der Nahrung verhältnissmässig unabhängig ist, dass sie ein Product der Zellen ist, dass sie aus dem in den Zellen enthaltenen Nucleïn entsteht, ebenso M. wie dem Verf.   Andreasch.

302. J. Horbaczewski: Zur Kenntniss der Nucleïnwirkung.

(Vorläuf. Mitth.)[1] Mit Rücksicht auf den Umstand, dass das Nucleïn (aus Milzpulpa vom Kalb), ähnlich wie einige Gifte eine Leucocytose hervorruft [J. Th. 21, 179], wurde nach vorheriger Sicherstellung durch Versuche an gesunden Thieren und Menschen, dass dasselbe ungiftig ist untersucht, ob demselben nicht »fibrogene« Eigenschaften zukommen, da dasselbe auf Gewebe, die in Entzündung begriffen sind — vermöge der die Leucocytenproduction steigernden Eigenschaften — einen Einfluss ausüben könnte. Es zeigte sich in der That, dass das Nucleïn Lupuskranken innerlich zu 0,5—3 Grm. pro die gereicht, in den meisten Fällen eine Steigerung der localen Entzündung und eine allgemeine Reaction mit Körpertemperatursteige-

---

[1] Allg. Wiener med. Zeitung 1892.

rung, ähnlich wie Tuberculin, jedoch im schwächeren Grade hervor-
rief. Auch Gewebe, die in chronischer, torpider Entzündung begriffen waren: varicöse Unterschenkelgeschwüre, grosse luetische Ge-
schwüre wurden durch Nucleïn ebenfalls beeinflusst, so dass der
Heilungsprocess angebahnt wurde. — Da auch das Eiweiss bekanntlich eine intensive »Verdauungsleucocytose« nach der Verdauung
hervorruft, wurden zwei Lupuskranke mit einer sehr reichlichen,
eiweissreichen Nahrung durch einige Zeit ernährt in der Erwartung,
dass auch der Nahrung gewisse pyrogene Eigenschaften zukommen
werden. Die Versuche bestätigten insofern diese Erwartung, als bei
den genannten Lupösen eine sehr schwache locale Reaction bei der
erwähnten Ernährung auftrat.   Horbaczewski.

303   D. Dubelir: Noch einige Versuche über den Einfluss
des Wassers und des Kochsalzes auf die Stickstoffausgabe vom
Thierkörper[1]). Ein 9,1 Kgrm. schwerer Hund wurde durch acht-
tägige Ernährung mit 250 Grm. reinem Fleisch und 50 Grm. Speck
pro die in's N-Gleichgewicht gebracht — in der täglichen Nahrung
waren nämlich 8,93 Grm., im Harn und den Faeces 9,01 Grm. pro die N
(nach Will-Varrentrapp best.) enthalten. Nun folgte unmittelbar darauf der eigentliche 7 tägige Versuch mit Wasserzufuhr, bei
welchem an drei Tagen je 300 Wasser dem Thiere, welches täglich wieder 250 Grm. Fleisch und 50 Grm. Speck (Nahrung
für die ganze Periode auf einmal vorbereitet) erhielt, zugeführt
wurden. An den Normaltagen betrug die Harnmenge im Mittel
176 CC., an den Wassertagen 466 CC. — war demnach stark vermehrt. Die N-Ausscheidung im Harn und Koth betrug im Mittel
an den Normaltagen 8,83 Grm., an den Tagen mit Wasserzufuhr
8,79 Grm., während mit der Nahrung pro die 8,93 Grm. zugeführt
wurden. Es lässt sich daher bei diesen Versuchen keine Veränderung der Eiweisszersetzung durch die Wasseraufnahme constatiren.
Voit und Forster fanden bekanntlich bei hungerndem Hunde eine
Steigerung der N-Ausscheidung, während Salkowski und Munk
bei gefüttertem Hunde keine oder eine nur vorübergehende Vermehrung der N-Menge nach Wasseraufnahme beobachteten. Aller-

---

[1]) Zeitschr. f. Biol. 28, 237—244.

dings wurde auch bei gefütterten Thieren eine solche Steigerung beobachtet (Stohmann, Oppenheim, Mayer, Henneberg). Verf. meint, dass bei gefütterten Thieren die Zufuhr einer grösseren, längere Zeit wirkenden Wassermenge, oder öfteres Wassertrinken eine stärkere Wirkung ausüben können, da, wenn das verzehrte Fleisch noch nicht völlig zersetzt ist, das anfangs ausgelaugte Extract noch nicht wieder ersetzt werden kann. — In einer weiteren 7 tägigen Versuchsreihe wurden demselben Hunde an 4 Tagen je 3—10 Grm. Kochsalz gegeben. Während in der Nahrung des Thieres 9,08 Grm. N pro die sich fanden, wurden an den 3 Normaltagen im Mittel im Harn und Koth 9,32 Grm., an den 4 NaCl-Tagen 8,44 Grm. N pro die ausgeschieden — bei einer Steigerung der Harnmenge um das Doppelte an den NaCl-tagen. Während Voit nach Zufuhr von Kochsalz eine geringe Steigerung der N-Ausscheidung beim Hunde beobachtete und dieselbe durch die grössere Wasserausscheidung er- klärte, ergab der vorliegende Versuch trotz einer bedeutend ver- stärkten Wasserausscheidung nicht nur keine Vermehrung, sondern eine deutliche Verminderung (um 9 $\%$) der N-Ausscheidung. — Der zur Controlle ausgeführte zweite derartige Versuch ergab das- selbe Resultat: Abnahme der N-Ausscheidung um 9 $\%$ und Steige- rung der Wasserscheidung um 100 $\%$. Die Resultate dieses acht- tägigen Versuches, bei dem an 5 Tagen 3—10 Grm. (zusammen 36 Grm.) NaCl und an einem Tage noch ausserdem 550 Grm. Wasser dem im N-Gleichgewichte befindlichen Hunde gegeben wurden, sind folgende: N der Nahrung pro die = 8,93 Grm., an den Normal- tagen im Mittel ausgeschieden 9,02 Grm., an den Kochsalztagen 8,19 Grm. — Die im Gegensatze zu diesen Versuchen befindlichen Resultate von Voit (am Hunde), Feder (am Hunde), Weiske (an Hammeln), Dehn (an sich selbst) will Verf. dadurch erklären, dass bei allen diesen Versuchen verhältnissmässig geringere Koch- salzmengen eingeführt wurden. Es wäre möglich, dass bei grösseren Kochsalzgaben die Zersetzungsfähigkeit der Zellen herabgesetzt wird. — Vorstehende Versuche wurden im Jahre 1881 im Voit'schen Labo- ratorium ausgeführt. Die Publication einer grösseren Anzahl ent- scheidender Versuche, die von M. Gruber ausgeführt wurden, ist in Aussicht gestellt. Horbaczewski.

304. E. Formanek: Ueber den Einfluss heisser Bäder auf die Stickstoff- und Harnsäure-Ausscheidung beim Menschen[1].) Es wurden drei Versuche an jungen Männern (Cand. der Medicin) in dieser Weise angestellt, dass die Versuchsmänner sich erst durch einige Tage (Vorperiode), dann durch 8—9 Tage (Normalperiode) bei gleichmässiger Lebensweise mit einer bestimmten Nahrung ernährten, hierauf bei derselben Ernährung an 1—3 Tagen heisse Bäder nahmen (Badeperiode) und nach den Bädern wieder durch mehrere Tage bei derselben Ernährung beobachtet wurden (zweite Normalperiode). Der N-Gehalt der Nahrung, sowie der N des Harnes und der Faeces in den beiden Normalperioden sowie in der Badeperiode wurden volumetrisch bestimmt. In den zwei ersten Versuchen wurde auch der Harnsäuregehalt des Harnes (nach Salkowski-Ludwig) ermittelt. — I. Vers. Versuchsmann (Verf. selbst) 22 Jahre alt, 70,95 Kgr. schwer, nahm als tägliche Nahrung auf: Braten (aus 400 Grm. magerem Rindfleisch), 100 Grm. Emmenthaler Käse, 1 Laib Brod (aus 144 Grm. Mehl), 100 Grm. Reis, 125 Grm. Butter, 1500 CC. leichtes Bier, Theeinfus aus 0,3 Grm. Thee, 20 Grm. Zucker, 5 Grm. NaCl, 400 CC. Wasser mit zusammen 21,14 Grm. N. Nach einer 8 tägigen Normalperiode wurde (am 9. Tage) ein heisses Luftbad von 65° R. in der Dauer von 20 Minuten, dann ein Dampfbad von 41° R. von 15 Minuten Dauer, dann ein Douchebad mit lauwarmem Wasser genommen. Die zweite Normalperiode dauerte 4 Tage. — II. Vers. Versuchsmann 23 Jahre alt, 76,0 Kgr. schwer, ernährte sich mit derselben Nahrung wie im Vers. I, nur wurde der Braten durch eine aus Schweine- und Rindfleisch und etwas Speck eigens hergestellte Wurst in der täglichen Ration von 200 Grm. ersetzt. Der Gesammt-N der Nahrung betrug 16,26 Grm. Nach einer achttägigen Normalperiode nahm derselbe am 9. Tage ein heissses Luftbad (20 Minuten), welchem eine Abwaschung mit 28° R. warmem Wasser folgte, dann ein heisses Dampfbad ven 46° R. (25 Minuten) mit abermaliger Abwaschung. Am 10. Tage ein gleiches Bad. Diesen 2 Badetagen folgten abermals 8 Normaltage. — III. Vers.

---

[1] Sitzungsber. d. K. Akademie in Wien, CI, Abth. III, April 1892, Monatsh. f. Chemie 13, 476—481.

Versuchsmann 22 Jahre alt, 65,5 Kgr. schwer, sehr mager, ernährte sich mit einer Nahrung, die gegenüber derjenigen des II. Versuches weniger Fett und Kohlenhydrate aber mehr Eiweiss enthielt. Die Wurst (200 Grm.) wurde eigens aus sehr magerem Rind- und Schweinefleisch hergestellt, die Käsemenge auf 150 Grm. erhöht, die Reismenge auf 50 Grm. reducirt, die Butter ganz weggelassen, während die übrigen Nahrungsmittel wie im vorigen Versuche eingenommen wurden. Der N-Gehalt der Nahrung betrug 18.07 Grm. Nach 9 Normaltagen wurde am 10. Tage ein Wannenbad (49 Minuten) von 40° C. genommen. Die Körpertemperatur stieg auf 39° C, (nach 2 St. = 37,2° C,). — Am 11. Tage wurde am Vor- und Nachmittage je ein Wannenbad genommen, bei welchen die Körpertemperatur Vormittags auf 40,5 (nach 2 St. 37,1°), Nachmittags auf 39,3° stieg. Am 12. Tage wurden abermals 2 solcher Wannenbäder genommen, wobei die Körpertemperatur auf 40,1° (nach 2 St. 37,2°), beziehungsweise 39,1° (nach 2 St. 37,3°) stieg. Den 3 Badetagen folgten 4 weitere Normaltage. Die nachfolgende Tabelle enthält die in den einzelnen Versuchen im Harn und den Faeces im Mittel pro Tag gefundenen N-Mengen, sowie die in den 2 ersten Versuchen täglich im Mittel ausgeschiedenen Harnsäurequantitäten.

	Periode	N-Einfuhr in Grm.	N-Ausscheidung im Harn u. Faeces in Grm.	Harnsäure-Ausscheidung in Grm.
I. Versuch	1. Normal-. .	22,14	20,94	0,866
	Badetag . .	22,14	21,32	0,878
	2. Normal-. .	22,14	21,39	0,877
II. Versuch	1. Normal-. .	16,26	15,72	0,6928
	2. Badetage .	16,26	16,25	0,9328
	2. Normal-. .	16,26	15,36	0,7534
III. Versuch	1. Normal-. .	18,07	17,21	—
	3. Badetage .	18,07	18,31	—
	2. Normal-. .	18,07	18,95	

Aus den Versuchen kann geschlossen werden, dass durch ein
heisses Luft- und Dampfbad der N-Umsatz kaum alterirt wird
(I. Vers.), dass dagegen nach zwei solchen, an 2 Tagen genommenen
Bädern am 2. Badetage, sowie an dem nächstfolgenden Normaltage
derselbe merklich steigt. Eine ganz ähnliche Wirkung hatten auch 5
an 3 Tagen genommene, heisse Wannenbäder — es kommt daher sehr
auf die Intensität und die Dauer der Körpertemperatursteigerung an,
wodurch sich hauptsächlich z. Th. differirende frühere Beobachtungen
erklären. Die Harnsäureausscheidung hält gleichen Schritt mit der
N-Ausscheidung d. i. beim gesteigerten N-Umsatz wurde dieselbe in
gesteigertem Maasse ausgeschieden. — Die Blutuntersuchung ergab,
dass jedesmal nach den Bädern die Zahl der Leucocyten vermehrt
war.   Horbaczewski.

305. **F. Dronke und C. A. Ewald: Eine Untersuchung über
den Verlauf des Stoffwechsels bei längerem Gebrauche des Levico-
Arsen-Eisen-Wassers**[1]). Die Beobachtungen wurden an einer 21 jährigen, neurasthenischen Erzieherin, die mit Kephalalgien, geistiger
Depression, neuromusculärer Asthenie und dyspeptischen Beschwerden
wegen allgemeiner Körperschwäche, die bis zu Ohnmachtsanfällen
führten, im Augusta-Hospital in Berlin in Behandlung stand, ausgeführt. Pat. erhielt als Nahrung: Braten, Kartoffelpurrée, Bouillon,
Milch, Chocolade, Zwieback, Semmel, Gemüse, Compot und Eier,
deren Trockensubstanz und N-Gehalt z. Th. direct ermittelt z. Th.
nach König berechnet wurde, genass dieselbe in zusagenden jedoch
ermittelten Quantitäten und nahm täglich 3 Esslöffel, in den ersten
8 Tagen vom schwachen und dann vom starken Levico-Wasser mit
0,0000427 Grm. respect. mit 0,000391 Grm. As_2O_3 und 0,0283 Grm.
respect. 0,1161 Grm. $FeSO_4$. Die tägliche N-Ausscheidung im Harn
und den Faeces wurde nach der modificirten Willfahrt'schen Methode ermittelt. In den ersten 6 Tagen war die Nahrungsaufnahme
sehr ungenügend, so dass Pat. 16,77 Grm. N vom Körper verlor.
Während der weiteren 14 Tage aber gestaltete sich die Nahrungsaufnahme derart günstig, dass in denselben 62,67 Grm. N zum Ansatz gebracht wurden. Nach einer 18 tägigen Pause wurden in einer

---

[1]) Berliner klin. Wochenschr. 1892, No. 19 u. 20.

8 tägigen Periode abermals 37,82 Grm. N angesetzt. Die Ausnutzung
der Nahrung war anfänglich eine sehr schlechte, gestaltete sich
später aber besser — obzwar auch hier grosse Schwankungen vorkamen. Der N-Verlust (in den Faeces) betrug in der ersteren Zeit
11,7 $^0/_0$, in der Periode des Ansatzes 6,34 respect. 8,12 $^0/_0$ — es
trat demnach, trotz der Beigabe von Eisen, welches auf die Verdauung einen ungünstigen Einfluss ausüben soll, eine steigende Aufnahme und wahrscheinlich auch eine gesteigerte digestive Thätigkeit
stattgefunden. — Das Körpergewicht stieg von 50,5 Kgr. des zweiten
Beobachtungstages auf 59,5 Kgr. am Tage des Austritts (nach zwei
Monaten). — Die Blutuntersuchung ergab eine Steigerung des Hämoglobingehaltes von 82 auf 85 $^0/_0$ und der rothen Blutkörperchen von
5,12 auf 8,4 Mill. — Trotzdem die Pat. nur die erwähnten minimalen Arsenmengen aufnahm, sind Verff. geneigt, den schönen Cur-
erfolg dem Levico-Wasser zuzuschreiben, da die Einwirkung der
veränderten Lebensweise nicht geltend gemacht werden kann, weil
etwa günstigere Lebensbedingungen während der Spitalsbehandlung
gar nicht vorhanden waren. Horbaczewski. ·

306. **L. Graffenberger: Versuche über die Veränderungen,
welche der Abschluss des Lichtes in der chemischen Zusammensetzung des thierischen Organismus und dessen Sticktoff-Umsatz hervorruft** [1]). Durch zahlreiche Beobachtungen wurde eine bedeutende
Einwirkung des Lichtes auf den thierischen Organismus festgestellt.
— Diese Beobachtungen beziehen sich jedoch nur auf das Verhalten
der Re- und Perspiration und gestatten keinen bestimmten Schluss
auf die Einwirkung des Lichtes auf den Gesammtstoffwechsel, und
die dadurch bedingten Veränderungen in der chemischen Zusammensetzung des Thierkörpers. Um auch in dieser letzteren Richtung
positive Anhaltspunkte zu gewinnen, stellte Verf. vergleichende Versuche an Kaninchen, die im Hellen und Dunklen gehalten wurden,
an und beobachtete Folgendes: Unter dem Einflusse des Lichtes
wird der Gesammtstoffwechsel nicht erhöht; es ist vielmehr sowohl
bei den im Dunklen wie bei den im Hellen lebenden Thieren ungefähr derselbe N-Umsatz vorhanden. Auch die Ausnutzung der

---

[1]) Pflüger's Arch. **58**, 238—280.

Nahrungsstoffe ist bis auf kleine Verschiedenheiten bezüglich der Fettausnutzung in beiden Fällen gleich hoch. Bei den im Dunklen gehaltenen Thieren wurde in Folge des geringeren C-Umsatzes der durch zahlreiche ältere Beobachtungen festgestellt wurde, in der Regel ein erhöhtes Körpergewicht gefunden, wenn die Einwirkung nicht zu lange andauerte. Die Bildung und Menge des Leberglyco- gens wird durch Licht und Dunkelheit, der die Thiere ausgesetzt sind, nicht beeinflusst. In Folge der Lichtentziehung findet zunächst eine Verminderung des Hämoglobingehaltes, sodann bei längerer Ein- wirkung vermuthlich eine solche Verkleinerung des gesammten Blut- quantums statt, dass nunmehr der procentische Hämoglobingehalt des Blutes ein relativ grösserer wird. Längere Einwirkung der Dunkel- heit verlangsamt die Ausbildung des Knochengerüstes, auch die Leber bleibt etwas kleiner, wogegen Fell, Fleisch und Herz der im Dunklen lebenden Thiere grössere Gewichtszahlen aufweisen. — Der Wasser- respect. Trockensubstanzgehalt der einzelnen Theile des Thier- körpers wird nicht beeinflusst. Die im Asche- und N-Gehalt auf- tretenden Schwankungen sind nur indirect durch Verschiedenheit in der Fettbildung bedingt; es wird nämlich unter dem Einfluss der Dunkelheit ganz bedeutend mehr Fett gebildet und im Organismus abgelagert. Diese Fettansammlung kann eine recht erhebliche sein, bei vorliegenden Versuchen im günstigsten Falle wie 100 : 216. Zu lange anhaltende Dunkelheit steigert den Fettzusatz nicht proportionell, sondern scheint vielmehr in Folge des allmählich eintretenden nach- theiligen Einflusses auf die Gesundheit der Thiere die Fettbildung und Ablagerung im Körper wiederum herabzudrücken.

Horbaczewski.

307. **Fr. Tauszk und Bernh. Vas: Ueber den Einfluss einiger Antipyretica auf den Stoffwechsel**[1]). Verff. untersuchten, welchen Einfluss einige Antipyretica auf den Stoffwechsel, besonders in quantitativer Beziehung auszuüben vermögen, und stellten nicht nur an Fieberkranken, sondern auch an Gesunden Versuche an. Es wurden nur solche Dosen verabreicht, dass die Wirkungen, im weite- ren Sinne des Wortes, nicht als toxische zu bezeichnen waren. Die

---

[1]) Magyar orvosi archivum. Ungar. Archiv f. Medic. 1, 204—222.

Bestimmungen im Harne erstreckten sich auf Harnstoff, Harnsäure, auf präformirte Schwefelsäure und Aetherschwefelsäure, und auf die Chloride. Die in 24 Stunden consumirte Wassermenge der Versuchsindividuen wurde möglichst genau bestimmt und getrachtet, dass die täglich verbrauchte Wassermenge die gleiche war. Aenderungen in der Stickstoffausscheidung. Bei Verabreichung von Salicylsäurepräparaten wurden folgende Beobachtungen gemacht: Die Tagesmenge des Harnes bleibt nahezu unverändert, nur ausnahmsweise zeigte sich eine Vermehrung, welche selten länger anhält, als 2—3 Tage. Die Menge ausgeschiedenen Harnstoffes ändert sich weder bei gesunden, noch bei fieberkranken Individuen, oder aber sie zeigt nur geringe Zunahme, welche nach 1—2 Tagen nach Verabreichung des Präparates eintritt, jedoch 2 Grm. in der Tagesharnmenge nicht überschreitet. Die Ausscheidung von Harnsäure steigert sich während der Verabreichung doch mehr noch nachher. Diese Zunahme dauert 2—3 Tage an, fällt dann gradatim bis unter die normale Menge. — Unter der Einwirkung von Antipyrin nimmt die Harnmenge um ein Geringes zu; die Harnstoffmenge ändert sich bei gesunden Individuen kaum, bei fieberkranken sinkt sie wesentlich. Die Harnsäureausscheidung steigert sich bei Verabreichung mittlerer Dosen, sowohl bei gesunden als auch kranken Individuen; die Steigerung hält einige Tage an, sinkt hierauf auf den normalen Werth zurück. — Antifebrin vermehrt die Harnausscheidung etwas, die Harnstoffmenge im Harne Gesunder steigt in den ersten Tagen nach Einnahme des Mittels ein wenig, bei Kranken fällt die Harnstoffmenge sowohl während der Verabreichung noch mehr aber darnach. Die Harnsäuremenge erleidet bei Gesunden keine Veränderung, bei fieberkranken Individuen nimmt sie in geringem Maasse zu. — Aenderungen in der Schwefelsäureausscheidung. Salicylsäurepräparate haben auf die Menge der präformirten Schwefelsäure keinen Einfluss oder verursachen höchstens sehr geringe Schwankungen. Die Aetherschwefelsäuremenge steigt nach der Verabreichung, sinkt aber rasch auf den normalen Werth. Das Verhältniss zwischen präformirter und Aether-Schwefelsäure erwies sich unter dem Einfluss von Salicylsäure als etwas geringer, als in normalen Fällen. Antipyrin verringert die Menge der präfor-

mirten Schwefelsäure, doch wird in kurzer Zeit darauf die normale
Menge ausgeschieden.   Die Menge der Aetherschwefelsäure nimmt
während der Verabreichung bedeutend zu, doch steht die Vermehrung
in keinem Verhältnisse zur präformirten Schwefelsäure, sie ist viel
bedeutender.   Die Verhältnisszahl zwischen präformirter und Aetherschwefelsäure wurde kleiner.   Durch Einwirkung von Antifebrin
nahm die Menge präformirter Schwefelsäure etwas ab, erreichte aber
wieder rasch die normale Höhe.   Die Menge ausgeschiedener Aetherschwefelsäure steigt während der Verabreichung bedeutend, die
Steigerung ist einige Tage anhaltend.   Das Verhältniss zwischen
präformirter und Aether-Schwefelsäure sinkt beiläufig auf die Hälfte
herab.   In der Menge der ausgeschiedenen Chloride konnte keine
Aenderung wahrgenommen werden, welche der Verabreichung von
Antipyretica hätte zugeschrieben werden können, sie wechselt mit
der Harnmenge, welche z. B. nach Salicylsäure etwas vermehrt ist.

Liebermann.

308. **W. Heerlein: Das Coffein und das Kaffeedestillat in
ihrer Beziehung zum Stoffwechsel** [1]).   Bei den an starken Kaninchen angestellten Versuchen wurde der Sauerstoffverbrauch im normalen Zustande und bei Einwirkung des Coffeins, mit einem modificirten Régnault-Reiset'schen Apparate bestimmt.   Bei allen
drei ausgeführten Versuchen ergab sich, dass eine geringe Coffein-
menge, welche noch keine Spur von Krämpfen erzeugt, eine Steigerung des Sauerstoffverbrauchs gegenüber dem normalen Zustande
bedingt.   Diese Zunahme des Verbrauchs ist keineswegs so gering,
dass sie noch in die Grenzen der Versuchsfehler fallen würde und
beträgt:

im I. Versuch:

auf die Normalmenge berechnet . . . . 16 %
auf den Controllversuch (nach d. Verschwinden der Coffeinwirkung)   6 ,

im II. Versuch:

auf die Normalmenge berechnet . . . . 19 %
auf den Controllversuch berechnet . . . .   7 ,

---

[1]) Pflüger's Arch. **52**, 165—188.

Im III. Versuch:

nach der 1. Einspritzung auf die Normal-Menge berechnet . . 17 %

nach der Einspritzung auf den Controllversuch berechnet . . . 17 „

nach der 2. Einspritzung auf die Normal-Menge berechnet . . 37 „

nach der 2. Einspritzung auf den Controllversuch berechnet . . 37 „

Die Steigerung der Werthe in den Controllversuchen I und II scheint in dem allgemeinen Erregungszustande der Thiere ihren Grund zu haben — möglicherweise hat noch das Coffein nachgewirkt. — Diese Versuche bestätigen daher die Ansicht, dass das Coffein weder ein Nahrungs- noch ein Sparmittel ist, vielmehr eher den Stoffwechsel erregt und beschleunigt. Diese Wirkung tritt sofort nach der Einspritzung ein, schwindet aber schon nach 2—3 Stunden wieder. — Um die Wirkung anderer Bestandtheile des Kaffees auf den Sauerstoffverbrauch zu prüfen, wurden noch Versuche mit einem Kaffeedestillate angestellt, welches aus geröstetem Kaffee durch Destillation mit überhitztem Wasserdampf und nochmalige Destillation des erhaltenen Destillats gewonnen würde. Dieses aromatisch, stark, kaffeeähnlich riechende und schmeckende Destillat enthält als Hauptbestandtheil wohl das Caffeol (nach O. Bernheimer ein aromatisches Oel: $C_8H_{10}O_2$, wahrscheinlich Methylsaligenin) und zeigte auf den Sauerstoffverbrauch und wahrscheinlich auch auf den ganzen Stoffwechsel keinen ersichtlichen Einfluss — in jedem Falle aber ist eine Verminderung des Stoffwechsels durch dasselbe auszuschliessen. Der Kaffee ist daher weder ein directes noch indirectes Nahrungsmittel und besteht seine Wirkung einzig und allein nur in der Erregung des Nervensystems.　　　　　　　　　　　Horbaczewski.

309. E. Münzer: Beiträge zur Lehre vom Stoffwechsel des Menschen bei acuter Phosphorvergiftung [1]). Die bekannten Untersuchungen von Schröder über den Ort der Synthese des Harnstoffs veranlassten den Verf., in Fällen von acuter Phosphorvergiftung das Verhältniss der einzelnen Stickstoffcomponenten im Harn zu be-

---

1) Centralbl. f. klin. Medic. 13, Nr. 24.

stimmen. Bei rasch verlaufender Vergiftung liegt entsprechend der
allgemeinen tiefen Depression des Organismus auch der Stickstoffwechsel total darnieder und der Kranke scheidet weniger Stickstoff
durch den Harn aus als sonst ein Mensch im Hungerzustande. Das
relative Verhältniss der Harnstoffstickstoffausscheidung zur Gesammtstickstoffausscheidung ist jedoch nicht vermindert und kann $91^0/_0$
des gesammten Stickstoffs erreichen. Bei langsamer verlaufenden
Vergiftungen kommt es zu einem gesteigerten und abnormen Eiweisszerfall und die Gesammtstickstoffausscheidung steigt rasch an bis zu
18 Grm. pro die. Hierbei ist der Harnstoffstickstoff vermindert,
$70-80^0/_0$, der Ammoniakstickstoff stark vermehrt, $10-18^0/_0$. —
Verf. glaubt trotz dieser Befunde nicht, dass er sie als Beweis für
die Harnstoffbildung in der Leber heranziehen kann. Er nimmt
vielmehr an, dass, entsprechend der abnormen Entwicklung saurer
Stoffwechselproducte unter Abnahme der Alkalescenz des Blutes das
Ammoniak zur Bindung der sauren Producte diene und seine gesteigerte Ausfuhr nicht als Zeichen der verringerten Synthese von
CO_2 und NH_3 zu Harnstoff aufzufassen sei. Kaninchen, welche
nach Walter kein säuretilgendes NH_3 aufbringen können, zeigen
nämlich bei Phosphorvergiftung keine Ammoniakvermehrung im
Harn, was nothwendigerweise eintreten müsste, wenn die Ammoniakausscheidung auf eine verminderte Synthese deuten soll. Eine Vermehrung der Harnsäureausscheidung konnte Verf. nicht finden.

Kerry.

310. T. Araki: **Beiträge zur Kenntniss der Einwirkung von
Phosphor und von arseniger Säure auf den thierischen Organis-
mus** [1]). Verf. hat nachgewiesen, dass bei Sauerstoffmangel im Harne
Eiweiss, Zucker und Milchsäure auftreten [J. Th. **21**, 326 u. dieser
Band Cap. XIV]; es sollte nun untersucht werden, in wie weit die
Eiweiss- und Milchsäureausscheidung bei Phosphorvergiftung als
Folge des Sauerstoffmangels anzusehen sei. Vorversuche mit Blut
und Phosphor ergaben zunächst, dass der Phosphor auf die Blut-
körperchen und ihr Verhalten gegen Sauerstoff ohne Einfluss ist.

---

[1]) Zeitschr. f. physiol. Chemie **17**, 311—339.

Die Versuche wurden an Kaninchen und Hunden angestellt und der
Phosphor, in Olivenöl gelöst, unter die Haut eingespritzt. Als
Resultat der Versuche an Kaninchen ergab sich, dass der Hämo-
globingehalt des in den Gefäsen circulirenden Blutes durch den
Phosphor gar nicht geändert wird, wenn der Tod kurze Zeit nach
Einführung des Phosphors erfolgt; im Harne wurde Eiweiss und
Milchsäure gefunden, andere abnorme Bestandtheile, die von Autoren
angegeben werden, wie Leucin, Tyrosin etc. wurden nicht be-
obachtet. Erfolgt der Tod nicht sehr rasch, so werden die Blutkörperchen nicht unerheblich zerstört; in zwei Fällen fand sich auch
Zucker vor. Ein wesentlicher Unterschied in den Vergiftungserscheinungen bei Hunden ist das Auftreten von Icterus und die damit verbundene Ausscheidung von Gallensäuren, speciell Taurocholsäure im Harne. Von anderen abnormen Bestandtheilen fand sich
Eiweiss sehr häufig, Milchsäure in nicht unerheblicher Menge. —
Die Versuche mit arseniger Säure wurden ebenfalls an Kaninchen
und Hunden angestellt. Die dabei aus dem Kaninchenharne erhaltene Milchsäure war ein Gemisch von Gährungs- und Fleischmilchsäure, auch war Gallenfarbstoff häufig im Urin zu beobachten. Die
aus dem Harn der Hunde ausgeschiedene Gallensäure wurde durch
Kochen mit Baryt in Cholalsäure und Taurin gespalten, war demnach
Taurocholsäure. Die alleinige Prüfung des Harns nach Pettenkofer hält Verf. als für den Nachweis der Gallensäure nicht genügend. Die Ausscheidung der Milchsäure im Harne bei Phosphorvergiftung ist entschieden nicht auf Anämie zu beziehen; am wahrscheinlichsten ist die Ausscheidung hervorgerufen durch die Abnahme
der Herzthätigkeit und der dadurch veranlassten verminderten Sauer-
stoffabgabe des Blutes an die Organe. Der Icterus und der Uebergang der Taurocholsäure in Blut und Harn steht im Zusammenhange
mit der Abnahme des Procentgehaltes an Blutfarbstoff im Blute.
Glycose zeigt sich selten; interessant ist das reichliche Erscheinen
des Zuckers neben sehr gesteigerter Milchsäureausscheidung.
Uebrigens ist der Sauerstoffmangel bei der Phosphorvergiftung ein
mässiger. Die Erscheinungen der Vergiftung mit arseniger Säure
schliessen sich an diejenigen der Phosphorvergiftung eng an, sowohl
bezüglich der Milchsäure im Harne, als auch in Betreff der langsam
sich ausbildenden Leberaffection bei Hunden.   A n d r e a s c h.

311. O. Voges: Ueber die Mischung der stickstoffhaltigen Bestandtheile im Harn bei Anämie und Stauungszuständen [1]). Normal scheidet der Mensch 85—88 $\%$ des Gesammtstickstoffes als Harnstoff, 2—5 $\%$ als Ammoniak, 1—3 $\%$ als Harnsäure, 7—12 $\%$ in anderen stickstoffhaltigen Verbindungen (Stickstoffrest) aus. Es sollte untersucht werden, welche Veränderungen diese Verhältnisse bei den im Titel genannten Krankheiten erleiden. Der Gesammtstickstoff wurde nach Kjeldahl-Argutinsky, das Ammoniak nach Schlösing, die Harnsäure nach Fokker-Salkowski oder Ludwig-Salkowski, der Harnstoff sammt Ammoniak nach Pflüger-Bohland bestimmt. Letztere Methode gab etwas kleinere aber weniger schwankende Werthe als die von Mörner. — Die Bestimmungen gaben mitunter grobe Abweichungen. Meist fand sich bei der Chlorose der Stickstoffrest sehr niedrig, die Harnsäure in normalen Mengen vor. Bei den Anämien durch Magenblutungen fand sich, wenn die Kranken mehrere Tage ohne Nahrung bleiben mussten, wie sonst bei Hungernden das Ammoniak erhöht und der Harnstoff dementsprechend verringert. Aehnliches fand sich bei einer abstinirenden Melancholischen vor. Bei Anämia gravis fiel der Stickstoffrest bis auf Null ab, einmal erschien die Harnsäure vermehrt, wahrscheinlich durch Sedimentiren derselben in der Harnblase, wobei dann das Sediment mehrerer Tage auf einmal durch den Katheder entleert wurde. Leucin und Tyrosin fehlten im Harne. Bei leichteren, rasch heilbaren Stauungszuständen war das Verhältniss der Harnbestandtheile normal oder fast normal. In einigen Fällen vermuthlich· unter dem Einflusse der Stauungsleber war der Harnstoff vermindert, wie bei primären Lebererkrankungen (Lebercirrhose) mit erhöhter Ammoniakausscheidung; bei einigen dieser Kranken traten auch abnorm hohe Procente des Harnsäurestickstoffes auf bei normalen Zahlen der absoluten täglichen Harnsäuremengen. In schweren Fällen von Circulationsstörungen, die nicht letal endigten, wurde mitunter ein starkes Hinaufgehen des Stickstoffrestes bei Reduction des Harnstoffes gefunden, mehrmals war aber der Stickstoffrest auch in schweren Fällen normal. Die 24-stündige Menge des Stickstof-

---

[1]) Ing.-Diss. Berlin 1892; durch Centralbl. f. Physiol. **6**, 380.

restes war bald normal, bald erhöht, sodass nicht für alle Fälle
die Annahme genügt, dass einfach der Harnstoff in den Organen
angestaut sei. — Im Allgemeinen kann somit bei Anämien die
Eiweisszersetzung normal ablaufen; die Abweichungen sprechen dafür,
dass unabhängig von diesen Zuständen bestimmte Zellgruppen erkrankt waren.

**312. Demuth: Ueber die bei der Ernährung des Menschen
nöthige Eiweissmenge** [1]). In einem Zeitraume von länger als 12
Jahren beobachtete Verf. die Ernährungsverhältnisse einer grossen
Anzahl von Personen und Familien der Stadt- und Landbevölkerung,
meist von Leuten aus den weniger wohlhabenden und stark arbeitenden Klassen. Es wurden nur solche Beobachtungen berücksichtigt,
bei denen Garantie vorhanden war, dass die Angaben richtig waren.
Einzelne Personen konnten durch sehr lange Zeit, bis zu 6 Jahren
fortlaufend beobachtet werden. Aus den in einzelnen Fällen verbrauchten Nahrungsmitteln berechnete Verf. nach den Tabellen von
König den Gehalt an Nährstoffen, das Verhältniss derselben, ferner
die Resorptionsgrösse und deren Wärmewerth. Das in nahezu allen
Fällen genau bestimmte Körpergewicht wurde auf 70 Kgrm. umgerechnet. Aus den in Tabellen zusammengestellten Resultaten zieht
Verf. folgende Schlüsse: jede Nahrung, deren Eiweissgehalt unter
90 Grm. sinkt, ist nicht geeignet auf die Dauer Wohlbefinden und
Leistungsfähigkeit eines erwachsenen Menschen mit einem Durch-
schnittsgewicht von 70 Kgrm. bei mittlerer Arbeitsleistung zu erhalten, auch dann, wenn sie mehr als genügenden Calorienwerth hat.
Die Minimaleiweisszufuhr wäre daher 1,3 Grm. pro 1 Kgrm. Körpersubstanz, wobei aber noch vorausgesetzt wird, dass die Resorptionsgrösse der Eiweissstoffe der Nahrung eine mittlere ist, dass also die
Nahrung eine gemischte, in der die Vegetabilien nicht zu sehr vorherrschen, so dass den 90 Grm. Nahrungseiweiss pro 70 Kgrm.
Körpergewicht 75 Grm. (resp. 1,3 Grm. Nahrungseiweiss pro 1 Kgrm.
Körpergewicht 1,1 Grm.) Resorptionseiweiss entsprechen müssen. Ob
zwar neuere Versuche ergeben haben, dass es möglich ist, den Eiweissbestand des Körpers eines Erwachsenen mit einer sehr geringen

---

[1]) Münchener med. Wochenschr. 1892, Nr. 42, 43 u. 44.

Eiweissmenge (39 Grm. Hirschfeld) für kurze Zeit zu erhalten,
so sprechen doch viele Momente dafür, dass es nicht genügt, den
Körper blos im Stickstoffgleichgewicht zu erhalten; es scheint vielmehr
die Zufuhr und der Zerfall einer Eiweissmenge, die grösser ist als
die zur Herstellung des Stickstoffgleichgewichts absolut nothwendige,
für die rege Blutbildung und Herz- sowie Muskelthätigkeit, sowie
ungestörte Verdauung, kurz zur vollen Entfaltung der Energie des
Körpers und seiner Organe nicht entbehrt werden zu können. Nach
den Erfahrungen des Verf. darf beim erwachsenen, arbeitenden
Menschen, wenn die Gesundheit und Leistungsfähigkeit auf die
Dauer erhalten bleiben sollen, die Eiweissmenge der Nahrung unter
jenes oben angeführte Minimum nicht sinken. Es ist jedoch aus
practischen Gründen und vom Standpunkte des Hygienikers wünschenswerth, dass im Allgemeinen sowohl, als insbesondere bei Bestimmungen eines gemeinsamen Kostmaasses für eine grössere Anzahl
von Personen über die genannte Eiweissmenge von 1,3, resp. 1,1 Grm.
pro 1 Kgrm. Körpergewicht hinausgegangen werde.

Horbaczewski.

313. **E. Pflüger: Ueber Fleisch- und Fettmästung** [1]). Um
die Lehre von der Quelle der Muskelkraft mit Erfolg und richtig
darlegen zu können, mussten zunächst die jetzt allgemein ange-
nommenen Grundbegriffe des Stoffwechsels kritisch beleuchtet werden.
Anschliessend an die bereits erfolgte Prüfung der Lehren von der
Zucker und Fettbildung aus Eiweiss [J. Th. **21**, 341 u. 345], erörtert nun Verf. die Frage der Mästung mit Kohlenhydraten, Fett
und Fleisch. — Bei der Mast handelt es sich um Aufspeicherung
des Nahrungsüberschusses. Verf. theilt die Nahrung in zwei Arten:
Nahrung I. Ordnung — Urnahrung — die Eiweissstoffe, und
Nahrung II. Ordnung — Ersatznahrung oder Surrogate, Kohlenhydrate, Fette und andere im Körper verbrennende Stoffe. Während
die Zufuhr der letzteren Stoffe allein niemals das Leben zu erhalten
vermag, kann ein höheres Thier, wenn nicht im strengsten Sinne,
so doch nahezu ausschliesslich mit Eiweiss erhalten werden. Das
geht schon aus älteren Beobachtungen hervor und Verf. berichtet

---

[1]) Pflüger's Arch. **52**, 1—79.

über einen Versuch, bei dem der Hund durch 8 Monate trotz schwerer Arbeit mit ausschliesslicher, fast fettfreier Fleisch-Nahrung bei Gesundheit und Kraft erhalten werden konnte. Es wurde demgemäss die Grösse der Lebensarbeit durch Angabe der zu ihrer Erzeugung nöthigen Eiweiss-(Fleisch-)Menge gemessen. Im erwähnten Versuche betrug das Nahrungsbedürfniss des Hundes (in Ruhe und bei mittlerer Temperatur) d. i. die kleinste Menge magersten Fleisches, welche Stickstoffgleichgewicht erzeugt, ohne dass nebenbei stickstofffreie Stoffe zur Zersetzung gelangten pro 1 Kgrm. Fleischgewicht des Hundes 2,073 Grm. N im gefütterten Fleische. Die Grösse dieses Nahrungsbedürfnisses hängt von dem Fleischgewichte des Thieres ab und wächst mit diesem bei der Mästung im geraden Verhältniss. Ein fettes Thier hat scheinbar ein geringeres Nahrungsbedürfniss aus diesem Grunde, weil das abgelagerte Fett als todte Masse Nichts verbraucht. Bei Steigerung der Eiweisszufuhr auch weit über das Bedürfniss hinaus, steigt die Zersetzung des Eiweisses, obwohl ein Theil des Ueberschusses gespart wird. Indessen kann dieser Ueberschuss an Eiweiss, der zur Resorption gelangen kann, nicht sehr gross sein und betrug beim Hunde 34—40 $^0/_0$. Wenn daher dem Thiere das Bedürfniss bedeutend überschreitende Nahrungsmengen zugeführt werden sollen, so müssen sämmtliche Verdauungskräfte gleichzeitig in Anspruch genommen werden — es müssen auch Fett und Kohlenhydrate und nicht bloss Eiweiss gefüttert werden. Ernährt man einen Hund mit gemischter Nahrung und steigert beliebig die stickstofffreien Stoffe, so wird dadurch keine Steigerung des Stoffwechsels hervorgerufen, denn der Ueberschuss wird gänzlich in Fett umgewandelt und als solches abgelagert — es wird daher eine um so vortheilhaftere Mästung stattfinden, eine je grössere Steigerung der Zufuhr stickstofffreier Stoffe ohne Gefährdung der Gesundheit des Thieres erreicht werden kann. Nur bei Mästung von Fleischfressern, denen man eine gemischte Nahrung verfüttert, von der das Eiweiss allein bereits das Bedürfniss deckt, oder gar im Ueberschuss vorhanden ist, wird obige Regel nicht ganz gelten, da es unwahrscheinlich ist, dass eine überschüssige Zuckermenge sich geradeauf in eine Fettmenge von gleichem Kraftinhalte verwandeln könnte. Da die Menge des Nahrungseiweisses auf die Fettmästung so gut wie keinen unmittelbaren Einfluss ausübt, muss man zur Erzielung der vortheilhaftesten Fettmast möglichst viel Stärke mit möglichst wenig Eiweiss füttern, weil die Kohlenhydrate nicht so werthvoll sind, als das Eiweiss. An dieser Fettbildung betheiligt sich offenbar das Eiweiss, die lebendige Zellsubstanz — die mit Fettbildung aus Stärke verbundene geringe Steigerung des Stickstoffumsatzes wird jedoch wahrscheinlich verdeckt, weil bei Vermehrung der Stärkezufuhr der Stickstoffumsatz immer sogar etwas heruntergesetzt wird. — Bei Fütterung mit gemischter Nahrung wird fast das ganze — gleichgültig, ob spärlich oder reichlich zugeführte Eiweiss zersetzt. Die stickstofffreien Stoffe werden nur dann zersetzt, wenn das Nahrungsbedürfniss durch Eiweiss allein noch nicht befriedigt ist — bleibt auch noch dann ein Ueberschuss derselben, so wird er als Fett abgelagert. Wenn man daher einem derart gefütterten Thiere eine weitere Zulage von Eiweiss gibt, so bestreitet dies sofort einen Theil des Nahrungsbedürfnisses, der bis dahin durch N-freie Stoffe betritten wurde. Diese lagern sich nun als Fett ab. Eine Eiweisszufuhr hat in diesem Falle eine Fettmast veranlasst — jedoch stammt dieses Fett nicht aus Eiweiss, wie man bisher allgemein annahm, sondern aus stickstofffreien Stoffen, die durch Eiweiss erspart wurden. — Was die Fleischmast anbelangt. so ist dieselbe bei ausschliesslicher Fleischfütterung nur dann möglich, wenn die Zufuhr des Eiweisses das Bedürfniss übersteigt. Dieser Ueberschuss wird jedoch zum grössten Theil zersetzt und nicht wie die stickstofffreie Nahrung aufgespeichert, weil das Fleischgewicht wächst und somit der Verbrauch zunimmt, weshalb die Grösse des Ueberschusses fortwährend abnimmt. Bei gemischter Fütterung kann die Fleischmast nur dann erzielt werden, wenn die Eiweisszufuhr die »unentbehrliche«, d. i. die durch stickstofffreie Stoffe nicht ersetzbare Menge übertrifft. Es können jedoch in diesem Falle im Maximum 16 $^0/_0$, im Mittel 7 — 9 $^0/_0$ des verfütterten Eiweisses durch die überschüssigen stickstofffreien Stoffe gespart werden — es ist also in diesem Falle die Fleischmast um so grösser. je mehr Eiweiss die Nahrung enthält. Da aber alles im Thier zur Ablagerung gelangende Eiweiss von Aussen zugeführt ist, und im allergünstigsten Falle auf 100 Theile zugeführten Eiweisses kaum 15 Theile wieder gewonnen werden, da handelt es sich bei der

Fleischmast nur darum, mit Hülfe der Verdauungswerkzeuge und des Stoffwechsels der Pflanzenfresser die in den Gewächsen spärlich enthaltenen Eiweissstoffe auszuziehen, bezw. in Fleisch umzuwandeln. Wenn die Fleischmast an sich sehr kostspielig erscheint, weil ungefähr auf 10 Theile gefütterten Eiweisses nur 1 Theil Masteiweiss gewonnen wird, während 9 Theile Eiweiss sich zersetzen, so kommt doch in Betracht, dass für 2 Theile sich zersetzenden Eiweisses ausserdem noch aus den im Ueberschuss vorhandenen Kohlenhydraten 1 Theil Fett geliefert wird. , Horbaczewski.

314. E. Pflüger: Die Ernährung mit Kohlenhydraten und Fleisch oder auch mit Kohlenhydraten allein in 27 von Pettenkofer und Voit ausgeführten Versuchen beurtheilt[1]). Pettenkofer und Voit veröffentlichten im J. 1873 27 Versuchsreihen über Fütterung mit Kohlenhydraten und Fleisch oder auch mit Kohlenhydraten allein, aus denen geschlossen wurde, dass das im Organismus bei der Mästung gebildete Fett nicht aus Kohlenhydraten, sondern aus Eiweiss hervorgehe. Verf. gelangte bekanntlich zu ganz entgegengesetzten Resultaten. In der vorliegenden Abhandlung werden die erwähnten Versuche von Pettenkofer und Voit einer detailirten Kritik unterzogen und alle Versuchsbilanzen umgerechnet, wobei Verf. zum Resultate gelangt, dass die Lehren von Pettenkofer und Voit auf Irrthümern beruhen. — In allgemeinen Zügen sind die Gründe der von den erwähnten Forschern begangenen Irrthümer folgende: Zunächst sind von den 27 Versuchsreihen 19 solche, bei denen trotz der beträchtlichen Menge der zugeführten Stärkemenge ein Nahrungsüberschuss nicht oder kaum vorhanden war (I. Gruppe). Es konnte daher bei diesen Versuchen keine Fettmast eintreten, denn die Grundbedingung — der Mast-Nahrungsüberschuss — war nicht vorhanden. Von diesen 19 Versuchsreihen sind 14, bei denen das Futter unbedingt, 5 bei denen dasselbe bedingt zur Erzielung einer Mast nicht ausreichte. Bei den ersteren (14) Versuchsreihen war die gesammte Nahrungszufuhr zu niedrig bemessen. Wird dieselbe in Fleischstickstoff ausgedrückt, so repräsentirt der Gesammtstoffwechsel des Thieres den ausserordentlich niedrigen Werth von im

---

[1]) Pflüger's Arch. **52**, 239—322.

Mittel = 1,51 Grm. N pro 1 Kg. Thier. Es ist merkwürdig, dass
es in Folge dieses sehr niedrigen Stoffwechsels möglich geworden zu
sein scheint, noch etwas Fett zu sparen — im Mittel 5,6 Grm. pro
Tag — bedenkt man jedoch, dass der Gehalt des gefütterten
Fleisches, dessen Trockensubstanz zwischen 21 und 27 °/₀ schwankt,
nicht bestimmt, sondern geschätzt wurde, so kann jene durch Berechnung sich ergebende, geringe Fettmenge durch Beobachtungsfehler
bedingt sein, so dass eine Fettbildung überhaupt nicht erwiesen ist.
— Bei den anderen Versuchen der I. Gruppe war das Futter zur
Erzielung einer Fettmast wohl ausreichend, wurde aber durch besonders
eingeführte Lebensbedingungen auch unzureichend, so dass in Folge
dessen Nahrungsüberschuss und deshalb auch Fettmast abermals fehlte.
Bei diesen Versuchen erhielt der Hund so grosse Stärkemengen (700 Grm.
lufttrocken = 605 Grm. trocken), dass dieselben nicht mehr ganz
verdaut werden konnten, und pro die die sehr grosse Menge trockenen
Kothes von 125,1 Grm. mit 3,1 Grm. N und 62,1 Grm. C erhalten
wurde. Die dem Kothstickstoff (3,1 Grm.) entsprechende eigentliche
Kothsubstanz berechnet Verf. zu 43 Grm., so dass sich als Stärkeabfall
125,1—43 = 82,1 und ferner 605—82 = 523 Grm. verdaute Stärke
ergeben. Verf. bestimmte nun das Ruhebedürfniss dieses Versuchs-
hundes annähernd zu: 1 Kgr. = 2,13 Grm. N. (ausschliessliche
Fleischnahrung) und bei 34,5 Kgr. Körpergewicht = 73,49 Grm. N
= 1973,2 Cal. = 492,4 Grm. Stärke. Da der Hund, wie oben
erwähnt wurde, 523 Grm. Stärke verdaute, so resultirt ein Ueberschuss von 30,6 Grm. Stärke = 6,2 °/₀ des Ruhewerthes mehr.
Nun wurden aber an die Leistungsfähigkeit des Hundes bei
diesen Versuchen grosse Anforderungen gestellt, indem durch die
Zwangsfütterung Würgen und Erbrechen, stärkere Muskelunruhe
und Toben hervorgerufen wurden, was den Stoffwechsel heben
musste, welche Steigerung in einem Versuche 40,5 °/₀ betrug. Wenn
also das Bedürfniss des ruhenden Hundes = 73,49 Grm. N
= 492,4 Grm. Stärke beträgt, so ist dasselbe für den in nicht über-
mässiger Weise beunruhigten Hund = 103,25 Grm. N = 691,8 Grm.
Stärke, während aber der Hund nur 523 Grm. Stärke verdauen
konnte. Es fehlen ihm demnach in diesem Falle 691,8—523=168,8 Grm.
Stärke = 25,19 Grm. N, so dass ein entschiedener Mangel an Nahrung
vorliegt. Der nur mit Stärke gefütterte Hund bestritt seinen ganzen

Bedarf damit übrigens nicht und zersetzte noch etwas Eiweiss vom Körper [5,07 im Harn + 3,1 Grm. im Koth = 8,17 Grm. N]. Während also Voit meinte, dass bei diesen Versuchen ein sehr grosser Nahrungsüberschuss vorhanden war, war ein Mangel an Nahrung vorhanden — also fehlte die erste Bedingung zur Mast. So entstand der Irrthum, dass eine beliebige Steigerung der Kohlenhydrate keine Fettmast erzeuge, weshalb dieselben unmöglich die Muttersubstanz des Mastfettes sein könnten, das nur aus dem Eiweiss hervorgehe. Es ist aber gar nicht schwer eine Fettmast aus Kohlenhydraten hervorzubringen, weil bei Fütterung mit Eiweiss und Kohlenhydraten gleichzeitig ·leicht ein grosser aus Kohlenhydraten bestehender Nahrungsüberschuss erzielt werden kann, welcher Fettmast hervorbringt. Es arbeiten in diesem Falle alle Verdauungskräfte gleichzeitig, wodurch dem Blute mehr Nahrung zugeführt werden kann, als wenn man nur Eiweiss oder nur Kohlenhydrate füttert. — Von den 27 Versuchsreihen von Pettenkofer und Voit verbleibt jetzt noch eine II. Gruppe von 8 Versuchen, in denen eine grosse Stärkemenge verfüttert wurde unter Bedingungen, welche mit einer Beunruhigung des Thieres nicht verbunden waren, andere wieder, bei denen neben Stärke noch Eiweiss (Fleisch) verfüttert wurde. Bei diesen Versuchen wurde ein wirklicher und zwar aus Kohlenhydraten bestehender Nahrungsüberschuss dem Blute täglich zugeführt. Die Folge war eine mehr oder weniger, aber öfter recht beträchtliche Fettmast. Pettenkofer und Voit haben nun gemeint, dass dieses Fett aus Eiweiss, nicht aber aus Kohlenhydraten entstehe. In der Mehrzahl dieser Versuche ist aber die Fettbildung so bedeutend, dass sie aus dem Eiweiss nicht mehr erklärt werden kann, so dass die erwähnten Forscher sich zu der Annahme gezwungen sahen, dass in Folge der übergrossen Zufuhr von Kohlenhydraten wohl eine Fettbildung aus denselben — ·ausnahmsweise für diese »extreme Fälle« — nicht in Abrede·zu stellen sei, falls die Versuche sonst fehlerlos wären. Man suchte jedoch diese Fettbildung aus Stärke·auf eine andere Weise zu erklären und meinte, dass der im Körper nach der Bilanzrechnung zurückgebliebene Kohlenstoff durch im Darme noch vorhandene, nicht verdaute Stärke bedingt sein könne. Verf. berechnete nun diesen Abfall an unverdauter Stärke und fand, dass auch nach Abzug desselben die ganze gebildete Fettmenge aus dem Eiweiss allein nicht entstehen konnte, und sich Fett somit aus Stärke bilden musste. Auch der von Pettenkofer und Voit auf Grund von Athemversuchen gewonnene Einwand gegen die Annahme einer Fettbildung aus Kohlenhydraten in den obigen Versuchen beruht, wie Verf. zeigt, auf Irrthümern und Missverständnissen. Um nämlich zu beweisen, dass die grosse dem Thiere verfütterte Stärkemenge sehr unvollständig verdaut und resorbirt wurde, wurde das Thier am nächsten, der Stärkefütterung folgenden Hunger-Tage, in den Respirationsapparat gebracht und es wurde gefunden, dass das Thier eine grössere CO_2-Menge ausathmete, als diejenige, die dieses Thier auszuathmen pflegte, wenn es hungern musste — was daraus erklärt wurde, dass von der Stärkefütterung des vorhergehenden Tages noch Stärke im Darme zurückgeblieben ist, welche am Hungertage resorbirt und zerstört wurde. Verf. zeigt nun, dass die erwähnte CO_2-Menge ganz normal war, und zwar entsprechend dem Umstande, dass der in Betracht kommende Tag der erste Hungertag war, und dass an diesem Tage der Hund ein bedeutend höheres Körpergewicht hatte, als an anderen zum Vergleich herangezogenen Tagen. — Es ergiebt sich daher aus dieser Gruppe von Versuchen von Pettenkofer und Voit, dass ein durch Kohlenhydrate bedingter Nahrungsüberschuss entsprechende Fettmast auch beim Hunde zur Folge hat und dass diese aus Eiweiss nicht abgeleitet werden kann. — Pettenkofer und Voit gingen bei der Rechnung von der Voraussetzung aus, dass der im Körper zurückgehaltene Kohlenstoff (resp. Fett) aus dem zersetzten Eiweiss stamme, weil sie die Fettbildung aus Eiweiss für erwiesen hielten, während eine Fettbildung aus Kohlenhydraten ihnen unwahrscheinlich erschien. Nachdem aber Verf. gezeigt hat, dass diese Voraussetzungen den Thatsachen nicht entsprechen und dass das Gegentheil richtig ist — weil kein Beweis erbracht ist, dass auch nur eine Spur Kohlenstoff aus sich zersetzendem Eiweiss im Körper zurückbleibt, wohl aber das Fett aus Kohlenhydrat entsteht, berechnet er die 27 Versuchsreihen von dieser Grundlage aus und erklärt dieselben.   Horbaczewski.

315. L. Graffenberger: Versuche zur Feststellung des zeitlichen Ablaufes der Zersetzung von Fibrin, Leim, Pepton und

Asparagin im menschlichen Organismus [1]). Verf. experimentirte an sich selbst. Die Nahrung bestand aus: 350 Grm. fetthaltigem Rindfleisch (als Hackfleisch), 200 Grm. Brod, 80 Grm. Butter, 2 Grm. Kochsalz, 1150 Grm. leichtem Lagerbier, 400 Grm. Kaffeeinfus (aus 10 Grm. Kaffee) und 800 Grm. Wasser mit ca. 14 Grm. N und wurde derart eingenommen, dass während der eigentlichen Beobachtungszeit, d. i. von 8 Uhr Früh bis 6 Uhr Abends, nur etwa 0,75 Grm. N eingeführt wurden. Der Harn wurde zweistündlich entleert, so dass der Tag in 5 zweistündige Perioden (von 8 Uhr Früh bis 6 Uhr Abends) zerfiel. In jeder Harnportion wurde der N nach Kjeldahl ermittelt. Nach dreitägiger Vorperiode, in welcher die an den einzelnen Tagen ausgeschiedenen N-Mengen annähernd gleich wurden und der Harn einer bestimmten Periode des einen Tages annähernd so viel N enthielt, als der Harn derselben Periode an anderen Tagen, obzwar verschieden grosse Harnmengen entleert wurden, wurde am 4. Tage ausser der gewöhnlichen Nahrung um 8 Uhr Früh noch der zu prüfende N-haltige Körper eingenommen und zwar: 33,36 Grm. lufttrockenes Ochsenblutfibrin, 35,09 Grm. lufttrockene Speisegelatine, 62,58 Grm. Kemerich'sches Fleischpepton und 26,71 Grm. reines Asparagin, welche aufgenommenen Substanzmengen gerade je 5 Grm. N enthielten. Die an dem betreffenden Versuchstage auftretenden grösseren N-Zahlen mussten durch den betreffenden N-haltigen Körper bedingt sein und das in den einzelnen Tagesperioden ausgeschiedene N-Plus musste von der Zersetzung dieser Substanz abhängen. In keinem Falle erschienen die ganzen 5 Grm. N der eingenommenen Substanz, sondern vom Fibrin 49,2 %, vom Leim 37,6 %, vom Pepton 67,6 % und vom Asparagin 79,0 %, wie aus der Steigerung der N-Ausscheidung an den betreffenden Tagen sich ergiebt. Beim Fibrin, Leim und Asparagin wurde die Hauptmenge des mehrausgeschiedenen N (etwa 80 %) in den ersten 10 St. ausgeschieden, mit dem Maximum in der dritten und vierten Stunde nach der Einnahme. Vom Pepton wurden in den ersten 10 St. nur etwa 40 % des N-Plus zur Ausscheidung gebracht, mit dem Maximum nach der 10. St. seit der Aufnahme. Die Grösse

---

[1]) Zeitschr. f. Biol. **28**, 318—344.

des ausgeschiedenen N^m_z musste durch die eiweisssparende Wirkung der betreffenden Substanz beeinflusst sein. Auch würde diesen Versuchen ein grösserer Werth innewohnen, wenn grössere Quantitäten der untersuchten Körper eingenommen, und wenn auch die Faeces untersucht worden wären, um zu entscheiden, ob die ganze eingeführte Substanz resorbirt und zersetzt wurde.

Horbaczewski.

316. G. Politis: Ueber die Bedeutung des Asparagins als Nahrungsstoff[1]). 317. J. Mauthner: Ueber den Einfluss des Asparagins auf den Umsatz des Eiweisses beim Fleischfresser[2]). 318. S. Gabriel: Zur Frage nach der Bedeutung des Asparagins als Nahrungsstoff[3]). 319. K. Voit: Bemerkung zu der Mittheilung von Dr. S. Gabriel[4]). Ad 316. Verf. experimentirte an weissen Ratten — die wie besonders sichergestellt wurde, bei gänzlicher Nahrungsentziehung nach 7—8 Tagen zu Grunde gehen — indem die Thiere in 4 Versuchsreihen mit verschiedenen Nährstoffmischungen von nachstehender Zusammensetzung gefüttert wurden:

	I.	II.	III.	IV.
Fett	36,6	30,9	29,3	25,4
Stärke	36,6	30,9	29,3	25,4
Fleischextract .	26,8	22,7	21,5	18,6
Fleischmehl . .	—	—	19,9	17,2
Asparagin . . .	—	15,5	—	13,4

In der ersten Versuchsreihe, in welcher demnach nur N-freie Nahrungsstoffe mit Fleischextract verfüttert wurden, gingen 3 Versuchsthiere nach 32—43—63 Tagen zu Grunde, unter einer Gewichtsabnahme von 46—54%. Das vierte Versuchsthier, welches obige Futtermischung nur 18 Tage erhielt und am Leben blieb, nahm um 26,3% an Gewicht ab. In den ersten 18 Tagen, an welchen die Thiere eine grössere Fresslust zeigten, (worauf sie weniger Nahrung verzehren und dann rasch zu Grunde gehen) zeigten die Thiere folgendes Verhalten:

---

1) Zeitschrift f. Biol. **28**, 492—506. — 2) Ebenda **28**, 507—517. — 3) Ebenda **29**, 115—124. — 4) Ebenda **29**, 125—128.

Ratte 4 zeigte in 18 Tagen bei 127 Grm. Futteraufn. 23°/₀ Gewichtsverl.

    „ 5 „ „ 18 „ „ 118 „   „   26 „   „

    „ 8 „ „ 18 „ „ 96 „   „   21 „   „

    „ 6 „ „ 18 „ „ 110 „   „   26 „   „

      Mittel in 18 Tagen bei 110 Grm. Futter   24°/₀ Gewichtsverl.

In der zweiten Versuchsreihe mit N-freien Nahrungsstoffen, Fleisch-extract und Asparagin nahmen die Thiere bei gleichem Appetit eben-falls allmählich an Gewicht ab und verendeten nach 40—41 und 50 Tagen, nachdem sie 43—49—50°/₀ des anfänglichen Gewichts eingebüsst hatten. Ein Thier erhielt die Nahrung während 18 Tagen und verlor an Gewicht 28°/₀. Alle 4 Versuchsthiere zeigten in der ersten, 18 tägigen Versuchsreihe folgendes Verhalten:

Ratte 1 zeigte in 18 Tagen bei 108 Grm. Futteraufn. 27°/₀ Gewichtsverl.

    „ 2 „ „ 18 „ „ 117 „   „   27 „   „

    „ 7 „ „ 18 „ „ 92 „   „   23 „   „

    „ 3 „ „ 18 „ „ 121 „   „   28 „   „

      Mittel in 18 Tagen bei 109 Grm. Futter   26°/₀ Gewichtsverl.

Aus diesen beiden Versuchsreihen schliesst Verf., dass zwischen den Ergebnissen der Fütterung mit Fett und Kohlenhydraten ohne und mit Zusatz von Asparagin nur geringfügige, zufällige Unterschiede bestehen und dass somit das Asparagin in den gegebenen Mengen keine in Betracht kommende eiweisssparende Wirkung, und keine wesentliche Bedeutung für die Ernährung besitzt. Der Einwand, dass die beträchtliche Asparagingabe bei den Ratten Störungen, z. B. im Darmkanale hervorgerufen habe, und die Thiere desshalb trotz der Eiweisssparung nicht länger lebten, ist nicht stichhaltig, weil eine mit Gemisch I. gefütterte Ratte, die durch Gemisch III. ihr ursprüngliches Gewicht wieder erreichte, beim nachherigen Füttern mit Gemisch IV. während 47 Tagen auf ihrem Gewicht sich erhielt. — Um zu sehen, ob es möglich ist, die Ratten mit dem Gemisch der N-freien Stoffe und Fleischextract unter Zusatz von Eiweiss (Fleischmehl) dauernd auf ihrem Gewichte zu erhalten, wurde die Mischung III verabreicht, wobei sich ergab, dass dieselbe eine volle Nahrung für die Ratten ist, mit der sie sogar ihr Körpergewicht erhöhen können. — Dass die Ratten sich mit dem Eiweissgemisch unter Zusatz von Asparagin (Mischung IV) stofflich erhalten können, zeigte ein Versuch mit Ratte No. 6, die zuerst während 18 Tagen die Mischung I verzehrte und dadurch 26 $\%$ ihres ursprünglichen Körpergewichtes verlor, nachher die Mischung III bekam, mit der sie in 67 Tagen ihr anfängliches Gewicht wieder erreichte. Darauf erhielt sie Gemisch IV und erhielt sich damit während 47 Tagen auf diesem Gewichte (144 Grm.). Eine Ratte, die von diesem Gemisch IV zu wenig aufnahm, ging doch in 61 Tagen zu Grunde. Vorstehende Versuche wurden noch im J. 1883 im Voit'schen Laboratorium ausgeführt. — Ad 317. Verf. führte 3 Versuche an Hunden aus. I. Eine 20 Kgr. schwere Hündin erhielt während 11 Tagen täglich 500 Grm. rein ausgeschnittenes Fleisch mit 50 Grm. Speck. Nachdem das Thier nach 7 tägiger Fütterung sich nahezu im N-Gleichgewichte befand, wurden an den nächsten 3 Tagen dem Futter noch 20 Grm. Asparagin zugefügt. Dann folgte noch ein Normaltag. Der N-Gehalt der Nahrung, ebenso des Harnes und der Fäces wurde (nach Will-Varrentrapp) bestimmt, ausserdem der Gehalt des Harnes an Schwefel und Phosphorsäure ermittelt. In der täglichen Nahrung waren 16,63 Grm., in der täglichen Asparaginration 3,737 Grm. N enthalten. Im Mittel wurde gefunden pro die in den Ausscheidungen:

An den Tagen	N im Harn und Koth	S im Harn	P_2O_5 im Harn	Diff. im N der Einnahme u. Ausgabe.
ohne Asparagin	18,52	1,031	2,434	$+ 1,89$
mit ,,	21,39	0,977	2,298	$+ 1,02$

Der Versuch scheint zu ergeben, dass das Asparagin eine geringe Verminderung des Eiweisszerfalls hervorgebracht, oder die noch stattfindende geringe N-Abgabe vom Körper kleiner gemacht hat — auch die Herabsetzung der S- und P_2O_5-Ausscheidung spricht dafür. Der den Asparagintagen folgende (11.) Tag wurde in den obigen Mittelzahlen nicht berücksichtigt, da an demselben eine grössere N-Menge im Harne ausgeschieden wurde, als an den übrigen Tagen. Eine ähnliche Nachwirkung des Asparagins von 2—4 Tagen hat auch Munk [J. Th. **13**, 377] beobachtet und deutete dieselbe als Folge einer andauernden Eiweisszersetzung. Da das Versuchsthier erkrankte und diese Nachwirkung nicht länger beobachtet werden konnte, wurde ein zweiter Versuch an einer 20 Kgr. schweren Hündin ausgeführt, bei dem während 11 Tagen Kuchen [aus 220 Grm. Stärkemehl mit Fett und Wasser gebacken] verfüttert wurden. Nach 5 Normaltagen wurde dem Futter, welches 0,27 Grm. N pro die enthielt, an 3 Tagen Asparagin, mit 3,737 Grm. N, und damit in einer allenfallsigen Synthese von Eiweiss aus Asparagin auch S nicht fehle, je 0,4 Grm. Kaliumsulfat zugesetzt. Nachher folgten wieder 3 Normaltage. Der Versuch ergab:

An den Tagen	N im Harn und Koth	S im Harn	P_2O_5 im Harn	Diff. im N der Einnahm. u. Ausgab.
ohne Asparagin	3,55	0,155	0,625	$+3,28$
mit „	6,96	0,219	0,584	$+2,96$

Dieser Versuch erzielt demnach auch eine Verminderung des Eiweisszerfalls und ebenso der P_2O_5-Ausscheidung — dagegen ist die S-Ausscheidung sonderbarer Weise eine grössere geworden (vielleicht vom verfütterten Kaliumsulfat abhängig). Die Verminderung des Eiweisszerfalls kann hier keine scheinbare (von der Zurückhaltung des Asparagins abhängige) sein, da an den 3 den Asparagintagen folgenden Normaltagen keine grössere N-Ausscheidung im Harn beobachtet wurde und auch der N-Gehalt der Fäces ein normaler war. Es zeigen demnach auch Versuchsresultate an Fleischfressern Differenzen, welche möglicherweise zur Klärung der Widersprüche zwischen dem Verhalten der Fleisch- und Pflanzen-Fresser nach Aufnahme von Asparagin führen werden, in welcher Richtung weitere Versuche erwünscht sind. — Schliesslich wurde noch ein Versuch am wachsenden Thiere (junger Hund, grosser Race von 8,7 Kgr. Gewicht) ausgeführt. Das Thier erhielt während 15 Tagen folgende Nahrung täglich in Grm.:

Stärkemehl	143,6	(mit 13,3% H_2O)
Leim	26,1	(mit 4,4 „ H_2O)
Fett (Butterschmalz) .	52,2	
Asparagin	24,0	(mit 18,67% H_2O)
Kaliumphosphat . . .	2—3	
Wasser u. Fleischextract	—	

Trotzdem die Menge der N-freien Stoffe eine ausreichende war, und trotz Zufuhr von 26 Grm. Leim und 24 Grm. Asparagin verlor das Thier an Gewicht nach 15 Tagen 580 Grm. und offenbar Eiweiss. Als das herabgekommene Thier vom .19. Tage anstatt der 24 Grm. Asparagin 24 Grm. Eiweiss (130 Grm. Fleisch) mit dem obigen Futter erhielt, hob sich sofort das Körpergewicht — in 8 Tagen um 620 Grm. Es geht daher daraus hervor, dass der Einfluss des Asparagins als Nahrungsstoff und namentlich als Ersatz für Eiweiss nur ein geringer sein kann. — Das Asparagin könnte auf den Eiweissumsatz in zweierlei Weise · ersparend einwirken. Entweder so wie die Fette und Kohlenhydrate, oder es könnte eine Synthese von Eiweiss aus Asparagin und Kohlenhydraten stattfinden. Im ersteren Falle müsste diese eiweisssparende Asparaginwirkung viel stärker sein, als diejenige der Fette und Kohlenhydrate — so etwa wie diejenige des Leims, der fast das ganze Eiweiss zu ersparen vermag. Dieser complicirte Körper liefert aber beim Zerfalle viel kinetische Energie — fast ebensoviel wie Eiweiss — während die einfache Verbindung wie das Asparagin das nicht thut. Allerdings richtet sich die eiweisssparende Wirkung nicht nach dem calorischen Werthe (Fett liefert 9500 Cal., Leim 4100 Cal.) — dann ist es aber räthselhaft, warum z. B. das Glycocoll und die Amidobernsteinsäure wirkungslos sind. Auch die zweite vorher erwähnte Möglichkeit — Eiweisssynthese aus Asparagin — findet auch thatsächlich nicht statt, denn das Asparagin wird als Harnstoff vollständig ausgeschieden. — Vorstehende Versuche wurden im Voit'schen Laboratorium im J. 1882 ausgeführt. — Ad 318. Verf. bemerkt zunächst zu den obigen Versuchen von Politis, dass in der Versuchsreihe II es sich nicht um einen Zusatz von Asparagin zu einem eiweissfreien Futter (I) handelt, sondern um einen theilweisen Ersatz ($45,5^0/_0$) desselben durch Asparagin. Daraus folgt, dass das Asparagin unter den gegebenen Bedingungen dem Fett und der Stärke äquivalent ist. In der Versuchsreihe IV. genoss das Thier viel mehr Nährstoffe als in III. und nahm offenbar nur darum an Gewicht nicht zu, weil es sich in einem sehr guten Körperzustande befand, an welchem der Asparaginzusatz nichts ändern konnte. Verf. meint daher, dass diese Versuche von Politis die Bedeutung des Asparagins als Nahrungs-

stoff aufzuklären nicht geeignet sind — andererseits sprechen dieselben eher zu Gunsten des Asparagins, als zu Ungunsten desselben.
— Weiter werden Versuche an weissen Ratten mitgetheilt, die denjenigen von Politis analog sind und bei denen 6 Futtermischungen
von folgender procent. Zusammensetzung verwendet wurden:

	I.	II.	III.	IV.	V.	VI.
Kartoffelstärke	75,0	61,5	61,5	—	—	—
Entharzt. Holzmehl	11,2	11,2	11,2	—	—	—
Rohrzucker	11,2	11,2	11,2	—	—	—
Roggenmehl	—	—	—	75,0	·75,0	85,7
Heuasche	1,0	1.0	1,0	—	—	—
Körnerasche	0,6	0,6	0,6	—	—	—
Kochsalz	1,0	1,0	1,0	—	—	—
Fleischmehl	—	—	—	25,0	12,5	14,3
Fibrin	—	—	13.5	—	—	—
Asparagin	—	13,5	—	—	12,5	—

Zunächst wurden zwei Ratten mit den Mischungen I und II ge-
füttert. Ratte A, 262 Grm. schwer, verzehrte in 42 Tagen 538 Grm.
der Mischung II und verlor dabei 106,5 Grm. = 40,7 % an Gewicht.
Ratte B, 255 Grm. schwer, verzehrte in 42 Tagen 599 Grm. der
Mischung I und verlor dabei 102,0 Grm. = 40,0 % an Gewicht. —
Die beiden Thiere nahmen demnach bei annähernd gleicher Futter-
aufnahme gleichmässig an Gewicht ab, woraus hervorgeht, dass beide
Mischungen etwa denselben Nähreffect hatten, und dass somit das
Asparagin der Mischung II einen Theil der Nährstoffe der Mischung I
vollwerthig ersetzte. Um etwaige Fehler zu eliminiren, wurden
beide Thiere mit Milch und Semmel wieder aufgefüttert und nun
erhielt Ratte A Mischung I, Ratte B Mischung II. Das Resultat
dieses 30 tägigen Versuches, verglichen mit dem Verlauf der ersten
30 Tagen der früheren, ergiebt: Ratte A verzehrte in 30 Tagen
415 Grm. Mischung I und verlor dabei 67,0 Grm. = 26,2 % an Gewicht;
dieselbe verzehrte in 30 Tagen 384,3 Grm. Mischung II und verlor
dabei 83,5 Grm. = 31,8 % an Gewicht. Ratte B verzehrte in 30
Tagen 427,8 Grm. Mischung I und verlor dabei 73,5 Grm. = 28,8 %

an Gewicht; dieselbe verzehrte in 30 Tagen 381 Grm. Mischung II und
verlor dabei 73,5 Grm. = 32,7 $^0/_0$ an Gewicht. Dieser umgekehrte Versuch bestätigt demnach den früheren. — Beim weiteren Versuche wurde
die Ratte B mit den Mischungen I, II und III in 10 tägigen Perioden
[nach jedesmaliger vorheriger Auffütterung mit Milch und Semmel]
und zwar pro Tag 9 Grm. Mischung gefüttert. Der Gewichtsverlust
des Thieres betrug:

bei Fütterung mit   I.   II.   III.

17,9 $^0/_0$ 16,6 $^0/_0$ 9,7 $^0/_0$

I und II sind demnach beinahe gleichwerthig, die fibrinhaltige
Mischung III wirkte naturgemäss viel günstiger. — Zur Ermittelung
der Asparaginwirkung bei Gegenwart von Eiweiss wurde Ratte C
von 275 Grm. Gewicht mit Mischung IV gefüttert. 15 Grm. derselben pro die reichten gerade hin, um jeden Gewichtsverlust vom
Körper hinanzuhalten. Nachher wurden dem Thiere während 20
Tagen demgemäss je 15 Grm. der Mischung V, und an weiteren
20 Tagen je 13 Grm der Mischung VI. gegeben. Während die
Ratte mit Normalmischung IV im Körpergleichgewichte sich erhielt,
verlor dieselbe mit Mischung V, in welcher die Hälfte des Fleischmehls durch Asparagin ersetzt ist, 5,8 $^0/_0$, und mit Mischung VI, in
welcher das Asparagin ganz fortgelassen ist, in derselben Zeit 4,6 $^0/_0$.
demnach in gleicher Weise an Gewicht. Daraus folgt, dass das
Asparagin einen Theil des Fleischmehls nicht ersetzte, sondern sich ganz
indifferent verhielt. Bei nochmaliger Wiederholung der Fütterung
mit Mischung VI wurde ein ganz gleiches Resultat wie früher erhalten. Verf. zieht aus seinen Versuchen, sowie aus denjenigen von
Politis, den Schluss, dass das Asparagin auch für die Ernährung
der omnivoren Ratten nicht bedeutungslos ist, dass seine Bedeutung
aber erst zur Geltung gelangt, wenn es im Futter der Thiere an
Eiweiss fehlt, worauf bereits Weiske aufmerksam machte. Diese
Asparaginwirkung könnte so erklärt werden, dass dasselbe ähnlich
wie Eiweiss der bei reichlicher Fütterung mit Kohlenhydraten
auftretenden Verdauungsdepression entgegenwirkt (nach Beobachtungen von Weiske) und nur die Ausnutzung der Kohlenhydrate begünstigt, demnach vielleicht nur indirect wirkt. — Ad 319.

Verf. macht aufmerksam, dass die Schlussfolgerungen von Politis berechtigt seien und dass die Versuche von Politis und Mauthner die eiweiss- und fettersparende Wirkung des Asparagins in gewissem Grade bestätigen. Die obige Erklärung der Asparaginwirkung von Gabriel sei für den Fleischfresser kaum anwendbar und wäre mit den Erklärungen Mauthner's als eine direct eiweisssparende aufzufassen.   Horbaczewski.

320. K. Miura: Ueber die Bedeutung des Alcohols als Eiweisssparer in der Ernährung des gesunden Menschen[1]). Verf. stellte die Versuche im Anschlusse an die von Stammreich-Noorden [J. Th. 21, 355] an sich selbst an. Nachdem bei eiweissarmer Kost annäherndes Stickstoffgleichgewicht erreicht war, wurde eine gewisse Menge Kohlehydrat weggelassen und dafür eine isodyname Menge Alcohol eingenommen. Nach 4 Tagen wurde wieder die alte Kost hergestellt, dann abermals dieselbe Menge Kohlehydrat weggelassen, ohne dass dafür Alcohol eintrat. Das gleiche Experiment wurde bei eiweissreicher Kost durchgeführt. Aus den mitgetheilten Versuchstabellen ergibt sich, dass an den 4 Tagen der Alcoholperiode und den 2 darauf folgenden Tagen der Nachperiode im Ganzen 14,221 Grm. N = 88,9 Grm. Eiweiss = 418 Grm. Muskelfleisch (69,6 Grm. pro die) verloren gingen. In der vierten Versuchsperiode, wo kein Alcohol eingenommen wurde, war der Stickstoffverlust trotz des weggelassenen Kohlehydrats geringer und betrug nur 61,5 Grm. Muskelfleisch pro die. Man muss daraus den Schluss ziehen, dass der Alcohol bei eiweissarmer Kost eines an Alcohol nicht gewöhnten Individuums nicht nur keinen eiweisssparenden Effect entwickelt, sondern geradezu schädigend auf den Eiweissbestand wirkt. Die Resorption von Stickstoff und Fett war in der Alcoholperiode eben so gut, wie in der Vorperiode. Dagegen ging in der Nachperiode und in der 4. Periode auffallend wenig Stickstoff und Fett mit dem Kothe verloren. — Im zweiten Versuche mit eiweissreicher Kost war der Alcohol nicht im Stande, das Eiweiss vor Einschmelzung zu bewahren; es wurden in 5 Tagen 7,337 Grm. N = 215,7 Muskelfleisch oder pro Tag 43,14 Grm. mehr zersetzt. Vom 2. Tage der Nachperiode an bewirkte die Herstellung der alten Kost wieder einen Stickstoffansatz von 0,862 Grm. pro

---

[1]) Zeitschr. f. klin. Medic. 20, 137—159.

Tag. In der vierten Periode, wo dieselbe Menge Kohlehydrat weg-
blieb, wie in II, ohne durch Alcohol ersetzt zu werden, gingen in
3 Tagen 4,42 Grm. N = 129,9 Muskelfleisch oder pro die 43,5
Muskelfleisch verloren. Man kann aus diesen Zahlen nicht ableiten,
dass der Alcohol irgendwie eiweisssparend wirkte; es verhielt
sich die Eiweisszersetzung in der Alcoholperiode genau so, als ob
der Alcohol überhaupt fortgeblieben wäre. — Die Nahrungs-
resorption war in allen Perioden fast gleichmässig. — Verf. kommt
bei Betrachtung der Ergebnisse zu dem Schlusse, dass der Alcohol
in mässiger Menge bei eiweissarmer und eiweissreicher Kost ungeeignet ist, den eiweisssparenden Effect von Kohlehydraten zu ersetzen. Zum Schlusse bespricht Verf. noch die einschlägigen Versuche von Stammreich und Keller [J. Th. 18, 282]; der Alcohol
hat sich dabei eher als ein Protoplasmagift gezeigt. Die Frage
nach der Bedeutung des Weingeistes als Heilmittel wird durch diese
Versuche nicht berührt.   Andreasch.

**321. S. Rosenberg: Ueber den Einfluss körperlicher An-
strengung auf die Ausnutzung der Nahrung**[1]). Da die Frage, ob
die körperliche Anstrengung die Verdauung beeinflusst von verschiedenen Autoren im entgegengesetzten Sinne beantwortet wurde
und das vorliegende experimentelle Material nicht geeignet ist, diese
Frage mit Sicherheit zu lösen, stellte Verf. Versuche an einer gesunden Hündin, von 8170 Grm. Gew. in dieser Weise an, dass das
Thier mit einer aus magerem Pferdefleisch, Schmalz und Reis bestehenden Nahrung bald ungenügend, bald überreichlich ernährt
wurde, durch einige Tage in vollkommener Ruhe sich befand (Ruheperiode) und dann durch einige Tage unmittelbar nach der Mahlzeit eine bestimmte Arbeit in der von Zuntz und Lehmann construirten Tretmühle leisten musste (Arbeitsperiode). Im Mittel aus
6 Versuchen belief sich die Länge des zurückgelegten Weges bei
einer Arbeitszeit von 4 Stunden auf 17,116 Km. oder pro Stunde auf
4,28 Km. Nur an 2 Tagen war die Laufbahn horizontal, sonst mit
einer Steigung von 7^0, $9^0 23'$ und $10^0 30'$. Die Höhe, zu welcher
sich das Thier bei Ueberwindung des Neigungswinkels von $10^0 30'$
der Laufbahn (V. Versuch) innerhalb 4 Stunden ideal erhob, be-

---

[1]) Pflüger's Arch. **52**, 401—414.

rechnet sich auf 3119 Mtr., — demnach war die Arbeit eine recht anstrengende. Der durch Knochen abgegrenzte Koth einer jeden Periode wurde auf den N- und Fettgehalt untersucht. Drei in dieser Weise ausgeführte Versuche I, II, III der Tabelle ergaben, dass die vorhandenen Schwankungen in der Resorptionsgrösse der Nahrung, während der Ruhe und der Arbeitsperioden so gering sind, dass sie innerhalb der Grenzen der physiologischen Schwankungen und Versuchsfehler liegen, woraus geschlossen werden muss, dass eine während der Magenverdauung geleistete körperliche Arbeit nicht im Stande ist, die Resorption gegenüber dem Verhalten in vollkommener Ruhe zu beeinflussen. Da aus den Untersuchungen von Cohn und Salvioli hervorgeht, dass unter dem Einfluss der Arbeit die Magenverdauung verzögert wird, war es denkbar, dass in den ausgeführten Versuchen die Verdauung bis nach Beendigung der Arbeit hintangehalten worden und erst nach derselben vor sich gegangen ist. Es wurden daher noch zwei Versuche (IV. und V. der Tabelle) angestellt, bei denen die Arbeit in die Zeit der Darmverdauung fällt, indem das Thier erst $3^{1}/_{2}$—4 Stunden nach der Mahlzeit auf das Tretwerk geführt wurde. Auch bei diesen Versuchen fanden sich dieselben Resorptionswerthe der Nahrung in den Arbeits- und Ruheperioden. Aus beiden Versuchsreihen muss geschlossen werden, dass beim verdauungsgesunden Hunde die Ausnutzung der Nahrung ganz unabhängig davon ist, ob das Thier sich während der Verdauung in Ruhe befindet, oder eine sehr energische Arbeit leistet. — Verschiedene Gründe — s. Orig. — berechtigen dazu, diese am Hunde erhaltenen Resultate auch auf den Menschen zu übertragen. — In der folgenden Tabelle sind die in einzelnen Versuchen erhaltenen Ausnutzungswerthe zusammengestellt:

Versuchs Nr.	I.		II.		III.		IV.		V.	
Periode der	Ruhe	Arbeit	Ruhe	Arbeit	Ruhe	Arbeit	Ruhe	Arbeit	Ruhe	Arbeit
Ausnutzung von — N in %	96,44	93,76	90,83	90,50	89,54	89,15	89,63	89,72	91,59	91,87
Fett in %	99,30	98,69	98,26	98,49	97,54	97,99	97,90	97,48	97,41	98,26

Horbaczewski.

322. Rich. May: Ueber die Ausnutzung der Nahrung bei Leukämie[1]. In einem Falle von gemischter Leukämie (lienale und myelogene Form) wurden Ausnutzungsversuche mit Milch und Fleisch angestellt. von denen aber letztere wegen des eingetretenen Blutabganges misslangen. Bei dem 3 tägigen Ausnutzungsversuche wurden von der eingenommenen Milch (9075 CC.) nicht resorbirt:

Leukämiker		Normal[2]
%		%
7.66	Trockensubstanz	8.96
45.51	Asche	37.08
4.88	Organ. Substanzen	6.95
5.54	Stickstoff	11,18
5,52	Fett	5.05

Man ersieht daraus, dass die Milch, insbesondere die stickstoffhaltigen Bestandtheile sehr gut ausgenützt wurden, nur die Asche betrug im Stuhle des Leukämikers mehr als in dem des normalen Individuums. Die Gesammtstickstoffausgabe betrug 55,86 gegenüber einer Einnahme von 53,09 Grm. — Es war mithin die Resorption bei dem Leukämiker nicht alterirt. In den Versuchen von Fleischer und Penzold [Deutsches Arch. f. klin. Medic. **26**, 368] und von Stricker [J. Th. **18**, 306] muss die schlechte Resorption als Folge eines complicirenden Darmcatarrhs aufgefasst werden.

                                                                Andreasch.

323. C. v. Noorden: Ueber die Ernährung des kranken Menschen mit Albumose-Pepton[3]. Die bisherigen Versuche von Pfeiffer, Munk, Ewald und Gumlich etc. haben den Nachweis erbracht, dass die Peptone resp. Albumosen bei grösserer Eiweisszugabe den Körper vor Stickstoffverlust schützen. Verf. hat die Verhältnisse durch O. Deiters [Ueber die Ernährung des Menschen mit Albumosepepton in v. Noordens Beiträgen zur Lehre vom Stoffwechsel des gesunden und kranken Menschen, Heft I, pag. 47. Berlin 1892] untersuchen lassen für den Fall, als die beigegebene

---

[1] Deutsches Arch. f. klin. Med. **50**, 393—406. — [2] Nach Prausnitz J. Th. **18**, 295. — [3] Therapeut. Monatsh. **6**, 271—274.

Eiweissmenge sehr klein ist und hinter dem Minimum zurückbleibt. Die Versuche wurden an zwei Reconvalescentinnen so angestellt, dass in einer I. 4 tägigen Versuchsreihe als Eiweissträger Fleisch, Reis und Cacao gereicht wurde, in einer II. Reihe von gleicher Dauer das Eiweiss des Fleisches durch die chemisch äquivalente Menge von Denayer's sterilisirtem Fleischpepton ersetzt wurde, worauf wieder eine normale 4 tägige Periode folgte. Da das Präparat reichlich Extractivstoff enthält, so wurde in Periode I und III der Kost so viel Liebig'sches Fleischextract zugefügt, dass die Summe des Extractivstickstoffes ungefähr derjenigen Menge in III gleichkam. Die Resultate ergibt folgende Tabelle wieder:

Periode	Einnahme im Mittel pro die				Ausscheidung im Mittel pro die			Bilanz am Körper N pro die
	Eiweiss-N	Albumose-Pepton-N	Extractiv-N	Gesammt-N	Harn-N	Koth-N	Gesammt-N	
I. Fleisch	9,718	—	3,077	12,795	11,645	1,566	13,211	— 0,416
II. Pepton	3,967	5,571	3,275	12,813	11,478	1,566	13,043	— 0,231
III. Fleisch	9,648	—	2,924	12,572	10,375	1,904	12,279	+ 0,293
I. Fleisch	10,130	—	3,015	13,145	10,334	1,993	12,327	+ 0,818
II. Pepton	3,667	5,571	3,243	12,481	10,172	2,034	12,206	+ 0,275
III. Fleisch	9,697	—	2,812	12,509	8,724	2,606	11,330	+ 1,178

Aus beiden Versuchen ergibt sich der Schluss, dass das Albumosepeptongemisch in einer dem Bedürfniss der Krankendiät vollauf genügenden Weise die Fleischnahrung ersetzen kann. Andreasch.

324. R. Mori, G. Oi und S. Jhisima: Untersuchungen über die Kost der japanischen Soldaten[1]). Die japanischen Soldaten werden gegenwärtig auf dreierlei Weisen ernährt: 1. mit der Reis-

---

[1]) Arbeiten a. d. kaiserl. japan. militärärztl. Lehranstalt 1, 1—84. Tokio 1892.

kost, d. h. wie es in Japan herkömmlich ist, mit Reis, Fischen und
vielen pflanzlichen Nahrungsmitteln, zuweilen auch mit einer geringen
Menge von Rindfleisch; 2. mit der Reis-Gerstenkost, d. h. mit der
japanischen Nahrung, in welcher der Reis mit einem Gemische von
Reis und Gerste im Verhältniss von 7 : 3 vertauscht worden ist und
3. mit der europäischen Kost, d. h. mit Fleisch und Brod. Die
von den Verff. ausgeführten Untersuchungen haben gezeigt, dass die
japanische Reiskost, wenigstens soweit sie bei der Truppenversorgung
in Betracht kommt, sowohl in Bezug auf die darin enthaltene aus-
nützbare Eiweissmenge, als auch wegen der calorischen Werthe ihrer
im menschlichen Körper zersetzbaren Bestandtheile, als genügend zu
bezeichnen ist, und dass sie ausserdem besser ist, als die beiden
sogenannten verbesserten Kostarten, die Reis-Gerstenkost und die
europäische.   Als Versuchspersonen dienten 18 Soldaten und ein
Krankenwärter; 6 der Personen wurden mit Reis, 6 mit dem Reis-
gerstengemisch, 6 europäisch ernährt, während eine Person nur
Gerste statt des Reises erhielt; letzteres Regime wurde nur mit Mühe
durch 8 Tage ertragen.   Die Versuchspersonen standen im Alter von
22—24 Jahren (eine 46 J.) und hatten ein Gewicht von 52,2—66,71 kg:
die Versuchsdauer betrug 8 Tage.   Die Bestimmung der Nahrung-
einnahme erfolgte in der Weise, dass von jeder Mahlzeit eine zu-
bereitete Portion direct analysirt wurde, wovon die nach dem Essen
gesammelten und gleichfalls analysirten Speisenreste später in Abrechnung gebracht werden konnten.   Der Harn wurde jeden Tag
gesammelt und auf Stickstoff-, Kochsalz- und Phosphorsäuregehalt
geprüft.   Die Fäces wurden gewogen und darin Wasser, Stickstoff
und Asche bestimmt. — Die Untersuchungen, welche sich auf die
Zubereitung der Speisen und die damit verbundene Veränderung im
Wassergehalte, sowie auf die Einnahmen und Ausgaben der Versuchspersonen beziehen, sind in 44 umfangreichen, mit erstaunlichem Fleisse
zusammengestellten Tabellen wiedergegeben, die im Originale eingesehen werden müssen; Referent muss sich darauf beschränken, die
zum Schlusse von den Verff. zusammengestellte Stickstoffbilanz pro
Kopf und Tag bei den einzelnen Kostarten, denen zum Vergleiche
die von Kumagawa [J. Th. **19**, 374] gewählten Kostsätze beigesetzt
sind, anzuführen.

	Grm. Eiweiss
Sog. europäische Kost	— 19,803
Reine Gerstenkost	— 18,840
Vegetabilische Kost A Kumagawa's	— 10,302
Reis-Gerstenkost	— 9,177
Japanische Kost B Kumagawa's.	— 7,665
« « A « .	+ 0,529
Vegetabilische « B « .	+ 4,086
Truppen-Reiskost	+ 14,504.

Ferner erhält man in Bezug auf die calorischen Werthe folgende aufsteigende Reihenfolge der pro Kopf und Tag eingeführten Calorien:

Calorien

	der Eiweiss-substanzen	des Fettes	der Kohlehydrate	Summe.
Reine Gerstenkost .	171,42	154,21	1058,99	1384,62
Jap. Kost B K.'s .	191,63	—	1714,317	1905,047
Veget. Kost A K.'s .	138,71	—	1801,58	1940,29
Sog. europ. Kost .	260,41	199,44	1749,68	2209,54
Reis-Gerstenkost .	227,51	117,05	1883,01	2227,5
Jap. Kost A K.'s .	313,015	40,139	1924,495	2277,649
Veget. Kost B K.'s .	155	—	2323,44	2478
Truppenreiskost . .	291,18	137,15	2151,52	2579,89

Andreasch.

325. **K. Taniguti: Einige Versuche mit der japanischen Reiskost** [1]). Im Anschlusse an die vorstehende Arbeit wurden zwei Versuchsreihen mit einem gesunden Diener angestellt. Zwei Tage lang erhielt er nur Reis mit Liebig'schem Fleischextract als Geschmackscorrigens; dann folgte 4 Tage lang eine aus Reis und Takuan (gesalzenen Rüben) bestehende Kost, worauf zehn Tage lang eine aus Reis und Miso bestehende Kost verabreicht wurde. Mit dem Reis allein konnten pro Tag nur 608,20 Calor. zugeführt werden, mit Reis und Takuan im Mittel 655,77 und mit Reis und Miso 945,27 Calor.

---

[1]) Arbeiten a. d. kaiserl. japan. militärärztl. Lehranstalt 1, 85—90. Tokio 1892.

Die folgende Tabelle gibt die vom Ref. berechneten Mittelwerthe des Stickstoffwechsels

	Einnahme Grm. N	Ausgabe Grm. N
Reis	11,105	9,369
Reis + Takuan .	10,338	11,093
Reis + Miso . .	12,951	9,795.

In der zweiten Versuchsreihe wurde der Person freie Wahl gelassen unter der Bedingung, dass als Zukost nur pflanzliche Stoffe genommen werden. Der Eiweissansatz betrug pro Kopf und Tag zwischen 0,2381 und 7,5362 Grm. Die pro Tag zugeführten Calorien betragen 2777,55—2790,74. Es betrugen:

Datum	N-Einnahme Reis und Speise Grm.	N-Ausgabe Harn Grm.	Fäces Grm.	Summe Grm.	Differenz Grm.
10 Tage	96,267	92,411	19,421	111,832	— 15,565
pro Tag	9,6267	9,2411	1,942	11,1832	— 1,4564
10 Tage	105,207	83,552	21,274	104,826	+ 0,381
pro Tag	10,5207	8,3552	2,1274	10,4826	+ 0,0381
10 Tage	103,493	72,489	18,946	91,435	+ 12,058
pro Tag	10,3493	7,2489	1,8946	9,1435	+ 1,2058
5 Tage	52,040	37,582	11,943	49,525	+ 2,515
pro Tag	10,408	7,5164	2,388	9,9044	+ 0,5036

Andreasch.

326. Rint. Mori: Zur Nahrungsfrage in Japan[1]**).** Während der Reis seit Jahrtausenden nebst Fischen und anderen animalischen Nahrungsmitteln die Hauptnahrung der Japaner bildet, soll nach einem Vorschlage des Marine-Generalarztes Takagi die stickstoffreichere Gerste den Reis mindestens theilweise ersetzen. Dadurch ist eine Streitfrage aufgeworfen worden, welche seit längerer Zeit die ganze gebildete Welt Japans beschäftigt. Durch die Untersuchungen von Osawa und Uyeda [Eiseikwai Zasshi 1887, No. 48] und von

---

[1]) Arbeiten a. d. kais. japan. militärärztlichen Lehranstalt 1, 106—109, Tokio 1892.

Oi ist die Frage zu Gunsten des Reises entschieden worden. Die Resultate O sa wa 's gibt die folgende Tabelle über die Ausnützungsversuche mit einzelnen Nahrungsmitteln wieder. Die unverdaut in den Fäces ausgeschiedenen Theile betrugen in Procenten:

	Trockensubstanz	Eiweiss
Gerste, gekocht	16,6	59,3
Reis, gekocht	2,8	20,7
Tofu (Bohnenkäse)	6,2	3,9
Shoyu (Soja-) Bohnen, hart gekocht . . .	29,7	24,7
Fische roh { Oncorhynchus Haberi . .	3,1	2,0
Pagrus cardinalis . . .	3,7	2,3
Fische getrockn.{ Gadus Brandtii	4,9	4,7
Clupea harengus . . .	7,6	7,1

Es folgt hieraus: 1. dass bei den Japanern der gekochte Reis besser ausgenützt wird, als bei den Europäern, da vom Reis nach Angabe europäischer Autoren $4,1^0/_0$ Trockensubstanz und $25,1^0/_0$ an Eiweiss unverdaut mit den Fäces abgeschieden werden, und 2. dass die Ausnützung des gekochten Reises bedeutend vollständiger von statten geht, als die der gekochten Gerste. — Die Ausnützungsversuche Oi's mit Reis und Reis-Gerstenkost ergaben folgendes Verhalten des Stickstoffs:

	Einnahme:		Ausgabe:								
			In Grm.						In % der Einnahme		
			Mit Reis			Mit Gemisch			Mit Reis	Mit Gem.	
	Mit Reis	Mit Reis-Gerstengemisch	Im Harne	In Fäces	Summa	Im Harne	In Fäces	Summa	Im Harne	In Fäces	Im Harne	In Fäces
Fleisch	—	21,63	—	—	—	16,35	1,17	17,53	—	—	75,6	5,4
Fische	20,46	22,32	17,70	0,42	18,12	16,12	1,39	17,51	86,5	2,0	72,2	6,2
Tofu	12,02	13,88	12,80	0,10	12,90	12,21	1,38	13,59	106,5	0,8	88,0	9,9
Gemüse	8,00	9,96	10,97	0,07	11,04	14,05	0,15	14,20	137,1	0,7	142,5	1,5

Hieraus geht deutlich hervor, dass auch die Eiweissstoffe der Reiskost besser ausgenützt werden, als die der Reis-Gerstenkost. Nach dem Mitgetheilten kann die Entscheidung der Frage, ob die Gerstenkost der Reiskost vorzuziehen sei, keinem Zweifel unterliegen.

Andreasch.

327. G. Oi: Ueber die Kost japanischer Militärkrankenwärter[1]).

Die procentische Zusammensetzung des gekochten Reises und des daneben verabreichten Speisegemisches (Fische etc.) war wie folgt:

	Eiweiss	Fett	Kohle-hydrate	Cellulose	Asche	Wasser
Reis gekocht . .	2,74	0,302	31,116	0,240	0,276	65,316
Andere Nahrungs-mittel . . .	4,952	2,070	5,163	1,099	3,097	83,619

Es wurden an 7 Tagen Kostportionen der 40 Krankenwärter gesammelt und analysirt. Die durchschnittliche Menge des gekochten Reises in einer Mahlzeit betrug 604 Grm., der Wassergehalt desselben 65,32 %, die Menge anderer Nahrungsmittel 229,60 Grm. Die Aufnahme pro Kopf und Tag betrug demnach:

	Frisch Grm.	Getrocknet Grm.
Reis gekocht	1811,00	628,12
Andere Nahrungsmittel . .	689,0	112,86

Von den Hauptnahrungsstoffen sind darin enthalten in Grammen:

	Eiweiss	Fett	Kohle-hydrate	Cellulose	Asche	Wasser
Im Reis . . .	49,62	5,65	563,51	4,35	4,99	1182,88
Im übrigen Speise-gemisch . . .	34,12	14,26	35,57	7,57	21,34	576,14

Die beiden stickstofffreien Nahrungsmittel entsprechen zusammen 298,11 Grm. Fetten (nach Rubner). Von den Consumenten wurden pro Kopf und Tag 150,00 Grm. Fäces entleert, welche 115,00 Wasser und 35 Grm. feste Bestandtheile enthielten. Die Harnmenge betrug 1200 Grm. mit 50 Grm. festen Bestandtheilen, darunter 24,8 Grm. Harnstoff (= 11,59 Grm. N), 0,37 Grm. Harnsäure (= 0,18 N), 0,29 Grm, Kreatinin (= 0,15 Grm. N), 0,90 Grm. sonstige organische

---

[1]) Arbeiten a. d. kais. japan. militärärztlichen Lehranstalt 1, 110—112. Tokio, referirt von Rint. Mori.

Stoffe und 25,44 Grm. Asche. Daraus lässt sich berechnen, dass ungefähr 11,948 Grm. N (= 74,67 Grm. Eiweiss) in den Excrementen ausgeschieden wurden. Die Einnahme zeigte mithin ein Plus von 9.07 Grm. Eiweiss. — Weiter variirte O i die Zusammensetzung der Kostsätze und bestimmte dabei das Verhältniss der Einnahme zu der Ausgabe. Neben Reis resp. einem Gemisch von Reis und Gerste wurden vier Arten der neben diesem zu verabreichenden Speisegemische hergestellt. Dieselben zeigten folgende procentische Zusammensetzung:

Nahrungsmittel	Eiweiss	Fett	Kohle-hydrate	Cellulose	Asche	Wasser
Tofuspeise . . .	3,724	2,612	0,834	1,204	1,865	80,761
Fischspeise . . .	9,666	4,519	7,343	1,209	3,571	73,692
Gemüsespeise . .	0,896	0,124	11,263	2,745	3,591	81,381
Fleischspeise . . .	9,183	4,400	11,403	1,646	3,675	69,693
Reis-Gerstengemisch	3,231	0,707	29,158	0,443	0,448	66,014

Die Tageskost und Ausnützung gestaltete sich, wie folgt:

	Tofuspeise		Fischspeise		Gemüsespeise		Fleischsp. mit Reis-Gerstengemisch
	Reis	Gemisch	Reis	Gemisch	Reis	Gemisch	
Gesammtmenge frisch Grm.	2568,0	2568,0	2568,0	2568,0	2568,0	2568,0	2568,00
Wasser Grm.	1898,39	1906,89	1755,69	1764,19	1823,96	1832,46	1728,69
Eiweiss { In der Nahrung Grm.	75,101	86,732	127,866	139,497	49,989	61,620	135,211
Im Harne Grm. .	80,000	76,331	110,625	110,750	68,562	84,812	102,087
In den Fäces Grm. .	0,625	8,631	2,625	8,687	0,450	0,963	7,350 ,
Differenz d. Einnahme u. Ausgabe Grm. .	—5,524	+1,770	+14,620	+30,060	—19,023	—17,155	+25,674
Resorbirtes { in Grm.	74,48	78,10	125,24	130,81	49,54	60,66	127,86
in %	99,2	90,0	97,2	93,8	99,1	98,4	94,6

Auch diesmal zeigte sich, dass die im Ganzen ungünstige Zusammensetzung von Gerste und Gemüse verhältnissmässig besser ausgenutzt zu werden pflegt. In diesen Versuchen wurden je 3 Krankenwärter verwendet und jeder Versuch dauerte 3 Tage. — Nun wurden vergleichende Untersuchungen der japanischen Kost mit der europäischen angestellt. Je 10 Wärter dienten zu Versuchsobjecten, jeder Versuch dauerte 12 Tage. Die Aufnahme pro Kopf und Tag betrug bei den verschiedenen Kostsätzen:

	Frisch Grm.	Getrocknet Grm.
Europäisch	1942,60	657,96
Japanisch	2535,00	753,57

Von den Hauptnahrungsstoffen sind darin enthalten:

	Eiweiss	Fett	Kohle-hydrate	Asche	Wasser
In der europäischen Kost	112,95	55,09	460,06	29,87	1284,64
In der japapischen Kost	84,69	20,05	625,99	22,84	1781,43

Die sog. europäische Kost bestand hauptsächlich aus Fleisch und Brod, die japanische dagegen aus Reis und Fischen. Die beiden stickstofffreien Nahrungsstoffe entsprechen zusammen bei der ersten Kost 253,37, bei der zweiten 289,85 Grm. Fett. Die europäisch Ernährten entleerten pro Kopf und Tag durchschnittlich 122,0 Grm. Fäces, welche 98,17 Grm. Wasser und 23,83 Grm. Fixa, darunter 2,97 Grm. stickstoffhaltige (= 0,46 Grm. N) und 18,19 Grm. stickstofffreie organische Stoffe und 2,66 Grm. Asche enthielten. Die Harnmenge betrug 1260 Grm. mit 77,62 Grm. Fixa, darunter 35,75 Grm. stickstoffhaltige Stoffe (= 16,58 Grm. N) uud 41,88 Grm. Asche. Die japanisch Ernährten entleerten dagegen per Kopf und Tag 106,0 Grm. Fäces mit 25,25 Grm. Fixa, darunter 2,36 Grm. stickstoffhaltige Stoffe (= 0,36 Grm. N) und 3,00 Grm. Asche. Die Harnmenge betrug hier 1171,0 Grm. mit 57,39 Grm. Fixa, darunter 26,89 Grm. stickstoffhaltige Stoffe (= 12,75 Grm. N) und 30,5 Grm. Asche. Vergleicht man die Einnahme und Ausgabe dieser Versuchsgruppe, so erhält man folgendes:

	Eiweiss						
	In der Nahrg. Grm.	Im Harne Grm.	In Fäces Grm.	In den Excreten zusamm. Grm.	Diff. d. Einnah. u.Ausg. Grm.	Resorbirtes	
						Grm.	%
Europäisch	112,95	103,62	2,87	106,49	+6,46	110,08	97,4
Japanisch	84,69	79,69	2,25	81,94	+2,75	82,44	97,3

Andreasch.

328. **Rud. Virchow und E. Salkowski: Russisches Hunger-brod**[1]. Dasselbe stammte aus den Districten an der Wolga und stellte eine ausgetrocknete, schwärzliche Masse von torfartigem, fast verkohltem Aussehen dar. Es ist aus den Samen von Chenopodium murale genommen worden. Die Analyse zeigte, dass es sich um eine an Eiweiss und Fett sehr reiche Substanz handelt, die einen ungemein hohen Nährwerth besitzt. Die Analyse ergab für 100 Theile Trockensubstanz im Vergleiche mit Roggenbrod:

	Hungerbrod	Roggenbrod
Amylum	40,47	85,51
Eiweiss	13,07	10,75
Fett	4,20	0,86
Cellulose	16,69	0,54
Asche	25,57	2,34

Andreasch.

329. **O. Loew: Ueber die physiologischen Functionen der Calcium- und Magnesiumsalze im Pflanzenorganismus**[2]. Es ist seit langem bekannt, dass Calcium- und Magnesiumsalze einander in den Pflanzen nicht ersetzen können. Die Salze dienen verschiedenen Functionen, wie schon dadurch angedeutet wird, dass beide Basen höchst ungleich in der Pflanze vertheilt sind. Die Blätter sind die kalkreichsten Organe, die Samen aber enthalten im Verhältniss zum Kalk auffallend viel Magnesia. — Schimper zeigte, dass oxalsaure Salze bei nicht zu grosser Verdünnung giftig auf Phanerogamen wirken und desshalb Kalksalze eine wichtige Function ausüben, wenn sie die Oxalsäure, welche als Nebenproduct in den Zellen entsteht,

---

[1] Virchow's Archiv **180**, 529—530. — [2] Flora 1892, 368—394.

ausfällen. Oxalsaure Alkalien in 0,5—1%iger Lösung sind auch
stark giftig für niedere Chlorophyll führende Pflanzen wie Algen,
nicht dagegen für Pilze. Bei Algen (Spirogyren) wurden nun die
Vergiftungssymptome unter dem Microscope verfolgt und dabei gefunden, dass zuerst der Zellkern angegriffen wird und bald darauf
das Chlorophyllband Verquellungserscheinungen zeigt, der schliessliche
Tod des Cytoplasmas ist wahrscheinlich indirect die Folge dieser
Störungen. Die einfachste Erklärung jener Giftwirkung ist wohl die,
dass das einen sauren Character besitzende Nuclein resp. Plastin,
das die Substanz des Gerüsts im Kern und Chlorophyllkörper ausmacht, als Calciumverbindung vorhanden ist und dass eine
Structurstörung stattfindet, sobald der Kalk als unlösliches Oxalat
abgetrennt wird. — Ist dieser Schluss richtig, so müssen Magnesiumsalze bei Abwesenheit von Calciumsalzen giftig wirken,
indem das Calcium der Organoide durch Magnesium ersetzt und
damit der Quellungszustand verändert wird, was wieder eine Structurstörung herbeiführt. Dieser Schluss hat sich vollständig bestätigt
und steht im Einklang mit manchen früheren unerklärten Beobachtungen. In einer 1%oo-Lösung von Magnesiumsulfat starben z. B.
Spirogyren nach 4—5 Tagen, während sie in ebenso starken Lösungen
von Calcium-, Kalium, oder Natriumsulfat lange am Leben bleiben.
In einer 1%oo-Lösung von Magnesiumnitrat sterben nie nach wenigen
Tagen, wird aber ausserdem noch 3%oo Calciumnitrat zugesetzt,
so bleiben sie wochenlang lebendig. Die Symptome beim Absterben
in Magnesiumsalzlösungen sind dieselben wie bei Einwirkung von
oxalsaurem Kali; Keimlinge von Erbsen und Bohnen sterben bald,
wenn in den Nährlösungen Calciumsalze ausgeschlossen, Magnesiumsalze aber vorhanden sind. Schon vor langer Zeit theilte Wolf
mit, dass es ihm unmöglich war, Bohnenpflanzen mit gesunden Wurzeln
in verdünnten Lösungen von Magnesiumsulfat fortzubringen. Magnesiumsalze können nur bei Anwesenheit von Calciumsalzen ihren
ernährenden Effect entwickeln. Dieser ist offenbar darin zu suchen,
dass sich secundäres Magnesiumphosphat bildet, aus welchem die Phosphorsäure am leichtesten von allen in der Pflanze vorkommenden Phosphaten entnommen werden kann (zur
Nucleïnbildung). Bemerkenswerth ist, dass Spaltpilze wohl Kalk,

aber nicht Magnesia entbehren können; für diese, sowie für Spross-
und Schimmelpilze sind auch Oxalate nicht giftig, wie erwähnt.
— Die hier gezogenen Folgerungen erklären nun manche Verhältnisse, einmal, dass die Chlorophyll führenden Organe auch die Kalkreichsten sind, dann, dass da wo am meisten Phosphorsäure gebraucht
wird — in den Samen — auch die relativ grössten Mengen von
Magnesia gefunden werden. Beim Aufbau von Zellkern und Chlorophyllkörper betheiligen sich Calciumsalze direct, Magnesiumsalze
indirect, und es ist klar, dass eine relativ bedeutende Verminderung
der einen Classe von Salzen gegenüber der andern eine normale
gesunde Entwicklung der Pflanzen beeinträchtigen muss. Es wird
auch verständlich, warum diese Salze einander nicht vertreten können
und warum »Magnesium in der Pflanze beweglicher ist, als Calcium.«
Loew.

330. E. Wolff und J. Eisenlohr: Wiesengras und Pressfutter [1]). Das Grünfutter erleidet bei der Umwandlung in Pressfutter mancherlei Veränderungen, welche Verff. nicht nur durch
directe chemische Untersuchungen, sondern auch durch Versuche an
Thieren näher festzustellen versuchten. Zu den hauptsächlichsten
Versuchen dienten 2 Hammel, welche in 5 Perioden beobachtet
wurden und zwar bei täglicher Fütterung pro Kopf:

	Periode:				
	I	II	III	IV	V
	Grm.	Grm.	Grm.	Grm.	Grm.
Wiesengrummet .	1250	500	—	—	—
Pressfutter . . .	—	2000	2500	1500	—
Wiesenheu . . .	—	—	—	500	1250

Im verzehrten Futter wurden die Trockensubstanz, Rohproteïn, Aetherextract, Rohfaser, stickstofffreie Extractstoffe und Asche bestimmt
und durch Vergleich mit der chemischen Zusammensetzung des Darm-

---

[1]) Landw. Jahrbücher **21**, 45—79.

koths die Verdaulichkeit beurtheilt. Ueberall, wo man Pressfutter
theils mit, theils ohne Beigabe von Grummet und Heu verabreichte,
untersuchte man auch den von den Thieren producirten Koth auf
seinen Gehalt an in Magen- und Pankreasextract löslichem Stickstoff
oder Rohproteïn. Die Ausnutzungsversuche ergaben, dass von den
stickstoffhaltigen Bestandtheilen des Pressfutters überall fast nur die
Amidoverbindungen (leichtlösliches Nichteiweiss) verdaut und resorbirt wurden, dagegen die eigentliche Eiweisssubstanz so gut
wie ganz unverdaulich war. Der Verdauungscoëfficient für
das Rohfett war beim Pressfutter grösser wie beim zugehörigen
Wiesenheu (60,9:45,6), ebenfalls der Verdauungscoëfficient der Rohfaser. Die Verdaulichkeit der stickstofffreien Extractstoffe ist dagegen beim Pressfutter vermindert. Die Nährwirkung des Pressfutters am lebenden Thier konnte nicht genau ermittelt werden. Das
Wiesengras-Pressfutter, welches hier in Anwendung kam,
war nach Beurtheilung von Seiten der Praxis »gut gerathen«, die
chemische Analyse aber und die Fütterungsversuche bewiesen, dass
das Pressfutter sehr viel an Werth gegenüber dem ursprünglichen
Grase eingebüsst hatte, wohl durch die hohe Temperatur beim Pressen.
Für Gras ist daher die Umwandlung in Pressfutter nicht zu empfehlen; beim Grünmais und Rübenblättern aber ist sie wohl nicht
zu umgehen.   Loew.

331. C. Kornauth und A. Arche: Untersuchungen über den Stoffwechsel des Schweines bei Fütterung mit Kornrade [1]).

Ueber
die Giftigkeit der Rade gehen die Meinungen bekanntlich noch weit
auseinander. Die Versuche von Ulbricht (1874) an Ziegen,
Schweinen, Enten und Gänsen führten ihn zum Schluss, dass die
Samen der Kornrade verdächtig wären und daher Vorsicht geboten
sei. Spätere Versuche von H. Schultze, Viborg, Pillwax,
Dürk und andere Autoren an Kaninchen, Hunden, Rindern,
Schweinen, Menschen und Vögeln angestellt, führten oft zu
widersprechenden Ergebnissen. Zudem ist der Nachweis resp.
Isolirung einer giftigen Substanz (Saponin, Agrostemmin, Githagin).
noch nicht einwandfrei gelungen. Die ersten Versuche der
Verff. wurden nun mit dem Trieurausputz einer Wiener Dampf-

---

[1]) Landwirthsch. Versuchs-Stat. **40**, 177—203.

mühle, enthaltend 46 %/$_0$ Kornrade, an Schweinen. und Kaninchen angestellt, die Thiere blieben aber nach mehreren Wochen dauernder Fütterung völlig gesund[1]). Auch wurde ein concentrirtes alkoholisches Radensamenextract nach Entfernung des Alkohols, in Wasser gelöst und subcutan unter die Nackenhaut von 2 Kaninchen eingespritzt, aber ohne schädlichen Erfolg; ebensowenig hatte das wässrige Extract von 20 Grm. Kornradesamen nach subcutaner Injection eine Wirkung; nicht einmal eine Steigerung der Körpertemperatur war zu beobachten. — Beim Hauptversuch an 3 Schweinen wurde nahezu reines KornrademateriaI verwendet und zwar bei 2 Schweinen pro Tag je 400 Grm. Kornrade gemischt mit 300 Grm. Gerste und 300 Grm. Mais; das dritte (schlechtfressende) Schwein erhielt 700 Grm. Kornrade, 150 Grm. Gerste und 150 Grm. Mais pro Tag. Letzteres nahm in 3 Monaten um 9 Kilo zu und wurde dann geschlachtet, wobei sich keine Spur einer schädlichen Veränderung im Verdauungstractus erkennen liess. — Von den beiden erstgenannten Schweinen nahm das eine vom 2. Jan. — 17. Mai um 26 Kilo, das andere um 28,5 Kilo zu. Es wurden nun bei einem dieser Schweine genaue Untersuchungen von Harn, Koth und Expirationsluft vorgenommen, die Bilanz gezogen und der Ansatz für Fett und Eiweiss berechnet, sowohl bei als ohne Kornradefütterung. Es ergab sich, dass die Kornrade den Eiweissumsatz gesteigert hatte, der Ansatz war geringer. Eine Giftwirkung war nicht zu beobachten, wohl aber eine Fressunlust in Folge des bitteren Geschmacks der Kornrade. Die Ausnützung des Radenfutters war von jener des radenfreien Futters nicht verschieden, das angesetzte Fleisch war normal. Radenfutter mag daher bei dessen billigen Preise als ein entsprechendes Mastfutter bezeichnet werden.

Loew.

332. Th. Pfeiffer und G. Kalb: Ueber den Eiweissansatz bei der Mast ausgewachsener Thiere sowie über einige sich hieran anknüpfende Fragen[2]). Frühere Versuche von Henneberg und

---

1) Verff. liessen von Mehl mit 40 %/$_0$ Raden einen Leib Brod von 5 Kgrm. backen, von welchem Erwachsene und Kinder genossen ohne Schaden oder Belästigung zu verspüren. — 2) Landw, Jahrb. 21, 175—211.

Pfeiffer [J. Th. **20**, 391] hatten ergeben, dass bei ausgewachsenen
Thieren noch ein erheblicher Eiweissansatz möglich ist. Dieses stand
im Widerspruch mit früheren Arbeiten von Kern und Watten-
berg[1]), nach welchen bei ausgewachsenen Thieren ein erheblicher
Eiweissansatz nicht mehr stattfinden könne. Verff. glauben, dass
diese Versuche über zu kurze Perioden ausgedehnt wurden und
stellten sich nun die Aufgabe, den Eiweissansatz während einer
längeren Mastperiode zu verfolgen und wählten zu dem Versuche 4
ausgewachsene Hammel, welche zu einer 100tägigen Mast aufgestellt wurden. Hammel I und II erhielten nun ein sehr eiweissreiches Futter, Hammel III und IV aber eines von mittleren Nähr-
stoffverhältniss 1:5. Jene nämlich pro Tag und Stück 500 Grm.
Wiesenheu, 400 Grm. Bohnenschrot und 200 Grm. Erdnusskuchen;
diese aber je 500 Grm. Wiesenheu mit 300 Grm. Bohnenschrot und
320 Grm. Gerstenschrot. Es wurde die Ausnutzung des Futters und
der Stickstoffgehalt des Harns festgestellt. Für die Verdauungscoëfficienten der einzelnen Nährstoffe ergaben sich folgende Schwankungen:

	Hammel I	Hammel II	Hammel III	Hammel IV
Rohproteïn . . .	80,63—82,64	80,03—80,89	71,62—77,74	70,05—73,61
Aetherextract . .	57,74—73,29	66,78—71,66	44,56—60,75	26,92—54,46
Rohfaser	54,91—64,30	61,87—63,84	55,86—58,78	49,39—60,03
N-freie Extractstoffe	72,16—77,15	75,39—77,02	77,56—79,65	75,53—79,04

Die Hammel I und II nützten daher die Eiweissration besser aus
als No. III und IV. — Nach Berechnung der Stickstoffbilanz und
Berücksichtigung, dass täglich im Durchschnitt der Wollzuwachs
0,89 Grm. Stickstoff beanspruchte, bleibt für die I. Abtheilung ein
täglicher Stickstoffansatz von 0,97 Grm. in Form von Fleisch.
Bei Abtheilung II stellte sich anfangs zwar ebenfalls ein Stickstoffansatz ein, derselbe nahm aber bald so ab, dass er von dem Wollzuwachs allein in Anspruch genommen wurde. Diese Resultate sind

---

[1]) Journ. f. Landwirthsch. 1878, S. 601.

nach Verff. mit denjenigen der früheren Versuche sehr wohl in Einklang zu bringen, was sie des Längeren erörtern.   L o e w.

333. S. Gabriel: Versuche über die Wirkung einer plötzlichen einmaligen Entziehung bezw. Vermehrung des Futtereiweisses auf den Stickstoffumsatz des Pflanzenfressers[1]). ·Verf. beabsichtigte zunächst zu entscheiden, inwiefern der Leim beim Pflanzenfresser die Functionen des Eiweisses übernehmen könne; die Versuche am Schaf scheiterten aber an dem Widerwillen das leimhaltige Futter zu fressen. Nur an e i n e m Tage wurde das Futter gefressen und hierbei constatirt, dass in den Verhältnissen des Stickstoffumsatzes keine wesentliche Aenderung stattgefunden hatte und Verf. legte sich nun die Frage vor, ob diese Beobachtung ausschliesslich auf Rechnung der eiweisssparenden Wirkung des Leimes zu setzen ist oder ob noch andere Momente dabei eine Rolle spielen, und gab daher einem Schaf von 50 Kgr. Gewicht nach 15 tägiger Ernährung mit Wiesenheu (1000 Grm. pro Tag) plötzlich ein e i w e i s s-f r e i e s Futter, aus Kartoffelstärke, Rohrzucker, entharztem Holzmehl und Heuasche bereitet, zu fressen. Die Mischung war so berechnet, dass sie für den calorischen Werth der Nährstoffe des Heu's reichlichen Ersatz bot. Diese eintägige Unterbrechung wurde nach 14 Tagen nochmals wiederholt, jedoch mit dem Unterschiede, dass noch A s p a r a g i n zugesetzt wurde. Täglich wurden Harn und Fäces untersucht. Der erste Eiweisshungertag machte sich recht lange bemerklich, die Harnstickstoffmenge war erniedrigt und erreichte erst 8 Tage später die normale Höhe wieder. »Daraus folgt, dass der Pflanzenfresser zur Resorption des Rauhfutters eine volle Woche gebraucht, was mit früheren Resultaten im Einklang steht.« Der Pflanzenfresser bereitet ferner ein bedeutendes Accomadationsvermögen, welches es ihm ermöglicht, den Stoffwechsel zu beschränken. Der zweite Eiweisshungertag gab zu ganz ähnlichen Beobachtungen Gelegenheit wie der erste. Verf. stellt sich vor, dass die Schmälerung des Futtereiweisses die Menge des Circulationseiweisses vermindert und damit den Anstoss zu einer Dämpfung der Intensität des Stoffwechsels gibt. Ein späterer Versuch ergab die gleichen

---

[1]) Journ. f. Landwirthsch. 40, 293 –308.

Resultate, wie jener erste. Verf. meint, dass bei Herbivoren die
Menge der Eiweissstoffe in viel höherem Grade beschränkt werden
kann als die Menge der Kohlehydrate, und will diese Verhältnisse
bei Ernährung mit Mastfutter prüfen.   Loew.

**334. H. Weiske: Ueber den Einfluss des vermehrten oder
verminderten Futterconsums sowie der dem Futter beigegebenen
Salze auf die Verdauung und Resorption der Nahrungsstoffe[1]).**
Frühere Versuche hatten Verf. ergeben, dass die Beigabe verschiedener
Salze zum Futter der Thiere auf die Fresslust und Gewichtszunahme erheblich einwirkt (J. Th. **21**, 289). Die bei diesen Versuchen gesammelten Excremente wurden nun näher untersucht, und
constatirt, dass das Futter in sehr verschiedenem Maasse ausgenützt
worden war. Die Verdauungscoëfficienten der gefressenen Hafer-
mengen wurden für die Versuchsthiere (Kaninchen) in jedem einzelnen Falle berechnet und hierbei festgestellt, dass die Grösse der
gefundenen Haferverdauungscoëfficienten im umge-
kehrten Verhältniss zur Menge des aufgenommenen
Futters steht, so dass der bei dem grössten Futterconsum die
niedrigste und bei der geringsten Aufnahme von Nahrung die grösste
Ausnützung derselben stattfindet, was mit früheren Versuchen des
Verf. und Wolf's übereinstimmt.   Loew.

**335. H. Weiske: Ueber die Verdaulichkeit des Futters (Heu,
Hafer) unter verschiedenen Umständen und bei verschiedenen
Thieren[2]).** Bekanntlich enthalten manche Futtermittel, z. B. das
Sauerfutter, die Schlempe, öfters freie Säuren (Essigsäure, Milch-
säure), weshalb man einen Zusatz vom Schlämmkreide macht. Von
letzterem Mittel wird aber oft ein Ueberschuss genommen, wesshalb
Verf. untersuchte, in welchem Grade ein solcher Ueberschuss von
$CaCO_3$ Schaden bringen kann, z. B. durch Neutralisation des sauren
Magensaftes. Die Versuche wurden mit 2 ausgewachsenen (5—6 Jahre
alten) und zwei jüngeren (ca. $^3/_4$ Jahr alten) Kaninchen angestellt,
welche vorher mit Heu ernährt worden waren. Je eines der älteren
und jüngeren bekamen 2,5 Grm. Schlämmkreide zum Wiesenheu.

---

[1]) Landw. Versuchsst. **41**, 145—165. — [2]) Landw. Jahrb. **21**. 791—807.

Nach 10 tägiger Fütterung wurden ·10 Tage lang die Fäces bei
allen Versuchsthieren quantitativ gesammelt und nach ·Wägen und
Trocknen der Gesammtstickstoff sowie die Menge desjenigen Stickstoffs, welcher nach 24 stündigem Behandeln mit warmem Wasser
resp. nach 12 stündigem Digeriren mit saurem Magensaft bei 40°
ungelöst zurückgeblieben war, nach Kjeldahl bestimmt. Es ergab sich, dass bei den Thieren, welche Schlämmkreide erhalten
hatten, in der That mehr verdaulicher Stickstoff in den Fäces enthalten war, als bei den Controlthieren und zwar betrug das Plus
bei den alten Kaninchen 6,57 %, bei den jungen 8,72 %. Bei einer
weiteren Versuchsreihe wurde Hafer mit und ohne Schlämmkreide
an 4 Kaninchen verfüttert, die alle von einem Wurf stammten und
6 Monate alt waren, wobei sich aber wesentliche Unterschiede nicht
ergaben. Den Unterschied bei Heu- und bei Haferfütterung
will Verf. darauf zurückführen, dass bei Heu eine alkalische
Asche, bei Hafer aber eine saure resultirt und bei ausschliesslicher
Fütterung an Kaninchen Hafer allmählich Basen entzieht und nachtheilig wirkt, wesshalb $CaCO_3$-Zusatz noch günstig einwirken kann.
Verf. verglich dann noch die Verdauungscoëfficienten für Hafer beim
Hammel und Kaninchen und fand, dass diese für Proteïn und Fett
beim Hammel geringer sind als beim Kaninchen, dagegen für »stickstofffreie Extractstoffe« grösser beim Hammel.   Loew.

336. A. Stutzer: **Untersuchungen über die Einwirkung von
stark verdünnter Salzsäure sowie von Pepsin und Salzsäure auf das
verdauliche Eiweiss verschiedener Futterstoffe und Nahrungsmittel**[1]).
Unter diesem Titel wurde vom Verf. früher ein Verfahren mitgetheilt zur Entscheidung, ob verdauliche Eiweissstoffe verschiedenen
Ursprungs mit gleicher Schnelligkeit gelöst werden können (J. Th.
20, 385). Als weitere Ergänzung zu jenen Studien theilt Verf.
Untersuchungen über den Einfluss des Alters des Magensaftes
und des Grades der Vertheilung und der Korngrösse der
Futtermittel auf jenes Resultat mit. In Bezug auf jenen Punkt fand
er, dass es keineswegs nöthig ist, den Magensaft jedesmal frisch
zu bereiten und dass nach monatlangem Aufbewahren an einem

--- --- ---
[1]) Landw. Versuchsstat. **40**, 161—177.

dunkeln und kühlen Ort eine Werthverminderung nicht eintritt. Als Conservirungsmittel zieht Verf. Thymol der Salicylsäure vor. — In Bezug auf den zweiten Punkt zeigte Verf. durch
Versuche mit Heu, Rübenschnitzeln, Kokoskuchen, Erdnusskuchen.
Reisfuttermehl, dass es zur Gewinnung relativ vergleichbarer Zahlen
unbedingt nöthig ist, die Materialien sehr fein zu mahlen, was
dann erreicht ist, wenn alle Theile des Mehles durch ein Sieb von
0,5 Mmtr. Lochweite und mindestens $^2/_3$ dieses Mehles durch das in
Versuchs-Stationen gebräuchliche Thomassieb (von 0,17 Mmtr.
Maschenweite) absiebbar sind. — Schliesslich giebt Verf. einen zu-
sammenfassenden Rückblick auf seine bisherigen diesbezüglichen
Untersuchungen (J. Th. **19**; **20**; **21**).   L o e w.

**337. A. Stutzer: Wird rohes Rindfleisch schneller verdaut
als gekochtes?**[1]) Die allgemeine Annahme, dass rohes Fleisch leichter
verdaulich ist, als gekochtes, wurde durch Verf. mittelst seiner Methode
der fractionirten Verdauung bestätigt. Ein grösseres Stück von
gutem, mageren Rindfleisch wurde in 2 Theile getheilt, die eine
Hälfte mittelst einer Scheere grob zerschnitten, bei 40°C. getrocknet
und fein gemahlen. Das Trocknen geschah in einer phenolhaltigen
Luft. Das andere Stück wurde ohne Salzzusatz gekocht, fein zerschnitten und nach dem Trocknen bei 40° ebenfalls fein gemahlen.
Die Analyse des Fleisches ergab folgendes:

	Rohes Fleisch	Gekochtes Fleisch
N, in Gegenwart von CuO_2H_2 löslich bleibend (Nichtprotein) . . . , . .	1,33 °/₀	0,49 °/₀
N, pepsinlöslich	12,73 „	13,07 „
N, durch Magensaft nicht löslich werdend	0,35 „	0,43 „
Wasser	5,25 „	6,92 „

Die Vergleichsversuche, welche nun bei 38 — 40°C. mit beiden Fleisch-
proben angestellt wurden, dauerten 30 Minuten und ergaben, àuf
100 Mgr. pepsinlöslichen Stickstoff berechnet, folgendes Resultat:

---

[1]) Landw Versuchsstat. **40**, 321—323.

	%/o H Cl	Gelöster N	
		Rohes %/o	Gekochtes %/o
Magensaft mit . . .	0,05	89,2	38,7
„ . . .	0,20	96,6	79,3
Nur Salzäure . . .	0,05	29,0	9,6
„ „ . . .	0,20	52,2	13,2

Die Verdaulichkeit des Rindfleisches ist also durch das Kochen in der That vermindert worden. Loew.

XVI. Pathologische Chemie.

Uebersicht der Literatur
(einschliesslich der kurzen Referate).

Diabetes mellitus, Acetonurie.

*R. Lépine, analytische und kritische Uebersicht der neueren, die Pathogenie der Glycosurie und des Diabetes betreffenden Arbeiten. Arch. de méd. expérim. 1892, pag. 20.

*F. Hirschfeld, zur Diagnose des Diabetes. Deutsche medic. Wochenschr. 1892, Nr. 47, pag. 1058—1061.

*H. Leo, über die Ebstein'sche Theorie des Diabetes mellitus. Centralbl. f. klin. Medic. 13, Nr. 24.

*Teschenmacher, zur Aetiologie des Diabetes mellitus. Berliner klin. Wochenschr. 1892, Nr. 2.

*H. Senator, über Pneumaturie im Allgemeinen und Diabetes mellitus im Besonderen. Internat. Beiträge z. wissensch. Medic., Band 3.

*Lenné, einiges über Diabetes mellitus. Deutsche medic. Wochenschr. 1892, Nr. 21.

*H. Holsti, ein Fall von Diabetes mellitus mit ungewöhnlichem Verlaufe. Zeitschr. f. klin. Medic. 20, 272—273.

*R. Schmitz, Prognose und Therapie der Glycosurie nach eigenen Erfahrungen. Berliner klin. Wochenschr. 1892, Nr. 22.

*H. Hildebrandt, zur Wirkungsweise des Syzigium Jambo-
lanum beim Diabetes mellitus. Berliner klin. Wochenschr.
1892, Nr. 1.

*R. v. Jaksch, über transitorische, alimentäre und dauernde Glyco-
surie und ihre Beziehungen zum Diabetes nebst Bemerkungen über
den Nachweis von Kohlehydraten im Harn. Prager medic.
Wochenschr. 1892, Nr. 31, 32 u. 33.

*Marian Piątkowski, über die therapeutische Wirkung des Benzo-
sols bei der Zuckerharnruhr. Wiener klin. Wochenschr. 1892,
Nr. 50. Benzosol oder Benzoylguajacol, $C_6H_4(OCH_3)O.COC_6H_5$, verringert in bedeutendem Maasse die Zuckerausscheidung durch den
Harn; Kräftezustand und Ernährung des Kranken bessern sich.

*Wilh. Ebstein, über die Lebensweise der Zuckerkranken.
J. F. Bergmann, Wiesbaden 1892, 144 pag.

*Wilh. Ebstein, zur Ernährung der Zuckerkranken. Deutsche
medic. Wochenschr. 1892, Nr. 19. Verf. verweist auf den Werth
des Aleuronats von Hundhausen (patentirtes Pflanzeneiweiss) für
die Ernährung der Zuckerkranken. Das Aleuronat ist ein trockenes
Pulver von gelblicher Farbe, nahezu geruch- und geschmacklos, von
fast unbegrenzter Haltbarkeit. Sein Gehalt an Stickstoffsubstanz
sinkt nie unter 80%, sein Gehalt an Kohlehydraten steigt nicht
über 7%. Kerry.

338. Hanriot, über die Ernährung beim Diabetes.
Fr. Voit, über das Verhalten des Milchzuckers beim Diabetiker.
Cap. III.
Fr. Voit, über das Verhalten der Galactose beim Diabetiker.
Cap. III.

339. Fr. Voit, über den Stoffwechsel bei Diabetes mellitus.

340. H. Leo, über die Bedeutung der Kohlehydratnahrung bei Diabetes mellitus.

341. N. P. Krawkow, über die Urquellen von Zucker bei der Zuckerharnruhr.

342. P. Pinet, die Glycosurie in normalen und in einigen pathologischen Zuständen beim Kinde.

343. Jul. Grosz, Beobachtungen über Glycosurie von Säuglingen
und Versuche über Nahrungsglycosurie.

344. G. Colasanti, die alimentäre Glycosurie.

345. R. Kolisch, experimenteller Beitrag zur Lehre von der alimentären
Glycosurie.

346. F. Chvostek, über alimentäre Glycosurie bei Morbus Basedowii.
*J. Seegen, über die Bedeutung und über den Nachweis von
kleinen Mengen Zucker im Harn. Wiener klin. Wochenschr.
1892, Nr. 6, 7 u. 8.

*J. Seegen, die Zuckerumsetzung im Blute mit Rücksicht auf Diabetes mellitus. Wiener klin. Wochenschr. 1892, Nr. 14 u. 15.

F. Kraus, Zuckerumsetzung im menschlichen Blute (glycolytisches Vermögen des Blutes beim Diabetes). Cap. V.

*A. Cristiani, die Acetonurie, die Glycosurie und die Albuminurie bei der auf Degeneration des Plexus solaris beruhenden Diarrhöe. Riforma med. 1891, pag. 212. Entgegen der Behauptung, dass Exstirpation oder Reizung des Plexus solaris Acetonurie, Glycosurie oder Albuminurie nach sich ziehe, traf C. auf Glycosurie und Albuminurie in allen seinen Beobachtungen von Diarrhöe nach Degeneration des Plexus solaris. Die öfters beobachtete Acetonurie aber konnte er niemals nachweisen. Die Albuminurie schreibt der Autor der Diarrhöe und dem durch sie erzeugten secundären Marasmus zu. Rosenfeld.

*R. Lépine, über den Mechanismus der auf die Vergiftung mit Veratrin folgenden Glycosurie. Compt. rend. soc. biolog. 44, 544—545. Araki beobachtete Glycosurie bei mit Veratrin vergifteten Fröschen. Dieselbe beruht nach Verf. auf einer Steigerung der Zuckerproduction wie der Phloridzin-Diabetes (J. Th. 21, 105]. Bei einer 17 Kgr. schweren Hündin, welche durch 1 Centigrm. Veratrin eine vorübergehende Vergiftung erlitt, war die saccharificirende Wirkung des Blutes gesteigert, ebenso wie der Zuckergehalt desselben. Im Urin, welcher zuckerfrei blieb, liess sich die Ausscheidung des Ueberschusses an diastatischem Ferment nachweisen. Verf. arbeitete mit Unterstützung von Metroz und Regaud. Herter.

*Garofalo, über die Glycosurie durch Kohlenoxyd und durch Leuchtgas. R. Academia di Roma 1892, Fasc. III. Verf. findet weder in einem Fall von Kohlenoxydvergiftung noch in experimenteller Vergiftung mit Kohlenoxyd oder Leuchtgas, selbst in schwerster Form, Glycosurie und bezeichnet sie als ein inconstantes Symptom und als sehr selten bei experimenteller Vergiftung. Rosenfeld.

*M. Cremer und A. Ritter, Phloridzin-Diabetes beim Huhn und Kaninchen. Zeitschr. f. Biolog. 28, 459—465. Während es Külz und Wright nicht gelang, durch Phloridzineingabe beim Huhn und Kaninchen Diabetes zu erzeugen, zeigen Verff., dass dies doch gelingt, wenn man das Mittel in hinreichender Menge in den Körper einführt. Andreasch.

*A. Nicolaier, zur Aetiologie des Kopftetanus (Rose). Virchow's Arch. 128, 1—19. Die Harnbefunde des Verf.'s ergaben bei einem Falle wenig Eiweiss und Formelemente, welche auf parenchymatöse Nephritis deuteten, welche Nierenerkrankung als Folge der Tetanus-

erkrankung angesehen wird. Ausserdem fand Verf. eine vorübergehende Glycosurie und kurz vor dem Tode des Kranken Acetonurie.
                                                                Kerry.

347. O. Minkowski, weitere Mittheilungen über den Diabetes mellitus
     nach Exstirpation des Pankreas.

. 348. de Renzi und Reale, über den Diabetes mellitus nach Ex-
     stirpation des Pankreas.

    *O. Minkowski, über den Diabetes mellitus nach Exstir-
     pation des Pankreas (Erwiderung auf die Bemerkungen der
     Herren de Renzi und Reale). Berliner klin. Wochenschr. 1892,
     Nr. 26. Verf. polemisirt gegen de Renzi und Reale, berichtet
     über Versuche Weintraud's, welcher Duodenumresectionen in
     10 Fällen ausgeführt hat und nur 4 Mal ganz vorübergehend gering-
     fügige, quantitativ nicht bestimmbare Zuckermengen im Harn nach-
     weisen konnte; Diabetes trat nie auf. Verf. verweist darauf, dass
     Glycosurie und Diabetes scharf zu scheiden seien und hält den von
     de Renzi und Reale (übrigens auch von ihm) gemachten Zucker-
     befund nach Exstirpation der Speicheldrüsen nicht für ein Symptom
     eines Diabetes, sondern für eine Glycosurie.   Kerry.

    *Jessner, zur Frage eines glycolytischen Fermentes. Berliner
     klin. Wochenschr. 1892, Nr. 17.

349. W. Sandmeyer, über die Folgen der Pankreasexstirpation
     beim Hund.

    *T. Schabod, zur Frage über den experimentellen Diabetes
     mellitus und die glycolytische Rolle der Pankreasdrüse.
     Wratsch 1892, pag. 1107, 1217 u. 1244.

    *R. Lépine, die Beziehungen des Diabetes zu Pankreas-
     erkrankungen. Wiener medic. Presse 1892, Nr. 27, 28, 29, 30,
     31 u. 32.

350. De Domenicis, noch einmal über den Pankreas-Diabetes; neue
     Untersuchungen und Betrachtungen.

351. G. Aldehoff, tritt auch bei Kaltblütlern nach Pankreas-
     exstirpation Diabetes mellitus auf?

    *Lancereaux und A. Thiroloix, der Pankreas-Diabetes.
     Compt. rend. 115, 341—342.

    *J. Thiroloix, Physiologie des Pankreas; experimentelle Trennung
     der äusseren und inneren Secretionen der Drüse. Compt.
     rend. 115, 420—421.

    *E. Hédon, subcutane Transplantation des Pankreas; ihre
     Resultate hinsichtlich der Theorie des pankreatischen Diabetes.
     Compt. rend. soc. biolog. 44, 307—308, 678—679; Compt. rend. 115,
     292—294. Verf. beschreibt sein Verfahren, den absteigenden
     Theil des Pankreas am Bauch subcutan zu transplantiren bei

temporärer Erhaltung der denselben versorgenden Gefässe und Nerven. Ein so behandelter Hund hatte nach Exstirpation des in der Bauchhöhle gebliebenen Restes der Drüse nur eine vorübergehende schwache Glycosurie. Als aber später der transplantirte (wohl erhaltene) Theil derselben exstirpirt wurde, trat ein starker Diabetes auf; in 1200 bis 1600 CC. Urin wurden täglich 66 bis 88 Grm. Zucker ausgeschieden. Dem Pankreas kommt demnach eine innere Secretion in das Blut zu. Herter.

*E. Gley und J. Thiroloix, Beitrag zum Studium des pankreatischen Diabetes. Ueber die Wirkungen der extraabdominalen Transplantation des Pankreas. Compt. rend. soc. biolog. 44, 686—688. Verff. bestätigen die Angaben Hédon's (siehe oben). Die fortdauernde Secretion des transplantirten Pankreas stört manchmal die Heilung, Thiroloix empfiehlt daher die Drainirung der Wunde. Die austretende Flüssigkeit wirkt diastatisch und tryptisch.
Herter.

*E. Hédon, Pankreasfistel, ibid., 763—765. Nach H. zeigt die von dem transplantirten Pankreas zu erhaltende Flüssigkeit alle normalen Fermentwirkungen der Drüse. Herter.

*E. Hédon, über die Pathogenese des pankreatischen Diabetes. Widerlegung einer Hypothese von A. Caparelli. Compt. rend. soc. biolog. 44, 919—921. Andrea Caparelli[1] beobachtete eine leichte Glycosurie nach intravenöser Injection von Speichel und stellte die Hypothese auf, dass die bei Hunden nach Exstirpation des Pankreas auftretende Glycosurie durch den im Darmcanal absorbirten Speichel bewirkt werde. Bei normalen Thieren ergösse das Pankreas eine Substanz in das Blut, welche dem diastatischen Vermögen des Speichels entgegenwirke. Die von C. ausgeführten Versuche, Exstirpation der Speicheldrüsen und Ausschluss des Speichels vom Darmcanal nach Exstirpation des Pankreas, ergaben allerdings eine Herabsetzung der Glycosurie, fielen aber nicht entscheidend genug aus. Verf. verfuhr umgekehrt; er transplantirte zunächst den duodenalen Theil des Pankreas unter die Bauchhaut. dann wurde der Rest des Pankreas im Abdomen entfernt, dann alle Speicheldrüsen bis auf eine Parotis exstirpirt, deren Stenon'scher Gang durchschnitten wurde. Es trat eine nur 2 Tage anhaltende Glycosurie auf, wahrscheinlich durch Chloroformwirkung. nicht als Folge der Exstirpation der Speicheldrüsen (Reale und de Renzi). Als nun nach Heilung der Wunden das subcutan transplantirte Pankreas entfernt wurde, begann ein intensiver

---

[1] Caparelli, studi sulla funzione del pancreas e sul diabete pancreatico. Catania 1892.

Diabetes, welcher bei reiner Fleischnahrung in 68 Stunden 60 Grm. Zucker zur Ausscheidung brachte. Die Hypothese Caparelli's ist also unhaltbar.   Herter.

*J. Thiroloix, Transplantation des Pankreas. Compt. rend. soc. biolog. 44. 966—967 (Soc. anatom. 2. Dec. 1891). Das unveränderte Pankreas heilt bei Transplantationsversuchen schwer ein wegen Fortdauer der Secretion. Die Operation gelingt leichter, wenn man vorher eine Obturation des Ausführungsganges durch ein bei 120⁰ sterilisirtes Gemisch von Oel und Fettkohle herbeiführt. Diese Injection bewirkt eine hochgradige Atrophie des Pankreas, ohne das Versuchsthier (Hund) diabetisch zu machen. Ein so verändertes Pankreas lässt sich leicht in das Epiploon eines anderen Hundes transplantiren und schützt denselben vor Diabetes, wenn man ihm später sein eigenes Pankreas exstirpirt. Herter.

*J. Thiroloix, Studie über die Wirkungen der langsamen Ausschaltung des Pankreas; Rolle der Duodenaldrüsen. Mém. soc. biolog. 1892. 303—311. Zur langsamen Ausschaltung des Pankreas benutzt Verf. die Einspritzung eines Gemisches von Oel und Kohle in den Ductus Wirsungianus. Die Versuchshunde magern zunächst ab, dann erreichen sie ihr früheres Gewicht und übersteigen es sogar. Dabei zeigt sich Polyphagie, aber weder ausgesprochene Polyurie noch Azoturie oder Glycosurie. Wird nun das sclerosirte Pankreas stückweise exstirpirt, so tritt zunächst alimentäre Glycosurie auf, dann ein schwerer Diabetes, welcher aber abweichend von dem durch plötzliche Exstirpation des Pankreas verursachten, lange ohne Abmagerung und ohne bedeutende Polyurie verläuft. Bei der Autopsie zeigt sich eine enorme Hypertrophie der Duodenaldrüsen, welche in digestiver Hinsicht das Pankreas ersetzen können[1]), nicht aber in der Regulirung des Zuckerverbrauchs. Für die Ausübung dieser Function genügen geringe Reste (wenige Centigramme) des Organs.   Herter.

*E. Gley, über einige Wirkungen der langsamen Zerstörung des Pankreas; Wichtigkeit der digestiven Function des Pankreas. Compt. rend. soc. biolog. 44, 841—846. Verf. berichtet über ähnliche Versuche wie oben; er hat jedoch keinen Ersatz des Pankreas durch die Duodenaldrüsen beobachtet. Die allmählich fast völlig des Pankreas beraubten Thiere konnten nur mit Fleisch ernährt werden; bei gemischter Nahrung trat Diarrhöe und Abmagerung ein.   Herter.

*Joh. Leva, klinische Beiträge zur Lehre des Diabetes mellitus. Deutsches Arch. f. klin. Medic. 48, 151—196. Enthält unter anderem

---

[1]) In Uebereinstimmung mit Lancereaux (Acad. de méd 1877).

die Mittheilung eines Falles, bei welchem einige Tage hindurch statt Zucker Inosit (0,00128—0,0788%) im Harn auftrat. Andreasch.

*A. Geyger, Glycosurinsäure im Harn eines Diabetikers. Pharm. Zeitg. **37**, 488; chem. Centralbl. 1892, II, 658. In einem diabetischen Harn wurde neben Zucker noch ein anderer stark reducirender, in Aether löslicher Körper beobachtet, dessen wässerige Lösung durch Eisenchlorid gebläut wurde. Nach dem Verfahren von Marshall [J. Th. **17**, 225] konnte aus dem Harn Glycosurinsäure von den angegebenen Eigenschaften isolirt werden. Man wird daher bei jedem abnormen Verhalten eines Harns gegen Fehling'sche Lösung diesen auf Glycosurinsäure zu prüfen haben; ist deren Gegenwart nachgewiesen, so darf nur mehr die optische oder die Gährungsprobe zur Bestimmung des Zuckers verwandt werden.

352. Rich. v. Engel, über die Mengenverhältnisse des Acetons unter physiologischen und pathologischen Verhältnissen.

353. G. Boeri, klinische und experimentelle Untersuchungen über die Acetonurie.

354. J. de Boeck und A. Slosse, über die Anwesenheit von Aceton im Harn der Geisteskranken.

355. A. Lustig, über experimentelle Acetonurie.

*Viola, über die angebliche Acetonurie durch Abtragung des Plexus cöliacus. Riv. gen. ital. di chir. med. 1891, 12/13, citirt nach Centralbl. f. klin. Medic. 1892, Nr. 31. Verf. findet im normalen Urin Substanzen, die mit Lieben'scher, Gunning'scher und Legal'scher Probe positiv reagiren und die er nicht für Aceton hält, weil sie nicht auch die Reynold'sche und Tollens'sche Reaction ergeben. An diesem Ergebniss beim normalen Urin wurde nicht einmal in der Intensität etwas durch Wegnahme des Plexus cöliacus geändert. Rosenfeld.

*Viola, betreffend die Acetonurie durch Abtragung des Plexus cöliacus. Riv. gen. ital. di chir. med. 1892, Nr. 5.

356. R. Oddi, über experimentelle Acetonurie und Glycosurie.

Albuminurie, Albumosurie, Peptonurie.

357. O. Rosenbach, die Chromsäure als Reagens auf Eiweiss und Gallenfarbstoff.

Eiweissnachweis im Harn. Siehe Cap. VII.

358. O. Zoth, ein Urometer.

*K. B. Hofmann, über das Urometer von Zoth. Wiener klin. Wochenschr. 1892, Nr. 44. Die Publication des Verf.'s ist ein ausführliches Referat über die von O. Zoth publicirte Arbeit (vorstehendes Referat).

359. F. Obermayer, über Nucleoalbuminausscheidung im Harn.

K. A. H. Mörner, über die Bedeutung des Nucleoalbumins für
die Untersuchung des Harns auf Eiweiss. Cap. VII.

360. C. Flensberg, Untersuchungen über das Vorkommen und die Art
der Albuminurie bei sonst gesunden Soldaten.

361. J. Bexelius, über die Frequenz der transitorischen Albuminurie.

  *Charles Finot, über die transitorische Albuminurie beim
gesunden Menschen. Compt. rend. soc. biolog. 44, 133—134[1]).
Bei 17 Schülern der Ecole du service de santé militaire zu Lyon
untersuchte Verf. über einen Monat täglich zweimal den Urin. Nur
bei drei derselben wurde niemals Eiweiss gefunden. Bei
397 Untersuchungen in der Ruhe des Morgens früh fand es sich in
5,5% der Fälle, bei 241 im Laufe des Tages in 11,6%. Abgesehen
von individueller Prädisposition war der Einfluss körperlicher
Anstrengung nicht zu verkennen. Nach dem Reiten wurde bei
94 Untersuchungen in 17,02% Albuminurie constatirt, nach dem
Fechten bei 63 Untersuchungen in 41,2%. Der Verdauungs-
zustand begünstigt das Auftreten der Albuminurie, sowie nach
Verf. auch Herabsetzung des Luftdrucks. Nach körperlichen Anstrengungen fand sich häufig Globulin.   Herter.

  *Capitan, Bemerkung zu der Mittheilung von Finot. Compt. rend.
soc. biolog. 44, 144—145. C. erinnert an die von ihm[2]) und de
Châteaubourg[3]) über die Albuminurie Gesunder gebrachten
Mittheilungen. In denselben wurden ähnliche Resultate mitgetheilt
als die Finot's, doch war der Procentsatz des Vorkommens von
Eiweiss bedeutend höher. C. fand in 44% der Fälle Albumin bei
Soldaten, in 37% bei Kindern. De Châteaubourg fand es bei
Soldaten in 76% der Fälle des Morgens früh, in 87% nach Körper-
anstrengung. in 100% nach einem kalten Bad. Bei diesen Bestimmungen wurde ausschliesslich Tanret's Reagens benutzt, so
dass noch 5 Mgrm. pro L. nachgewiesen wurden; Finot dagegen
nahm Eiweiss nur als erwiesen an, wenn auch Trübung beim Kochen
mit Essigsäure und mit Salpetersäure eintrat.   Herter.

362. L. Paijkull, ein Fall von cyclischer Albuminurie.

  *J. Gaube, über die Carbonat-Albuminaturie. Compt. rend.
soc. biolog. 44, 399—402.

---

[1]) Vergl. Finot, De l'albuminurie intermittente irrégulière. Thèse.
Lyon. — [2]) Capitan, Recherches expérimentales et cliniques sur les albu-
minuries transitoires, Paris 1883. — [3]) De Châteaubourg, Recherches
sur l'albuminurie physiologique, Paris 1883.

*M. Kahane, über das Vorkommen von Eiweiss im Harne bei tuberculösen Erkrankungen. Wiener medic. Wochenschr. 1892, Nr. 26 ff.

*C. Szegö, Beobachtungen über die diphtheritische Albuminurie. Ungar. Archiv f. Medic. 1, 101—113; bereits J. Th. 21, 411 referirt.

*Aug. Csatáry, über Globulinurie. Deutsches Arch. f. klin. Medic. 48, 358—368; vergl. J. Th. 20, 412.

*K. Sens, über Albumosurie und Peptonurie. Ing.-Diss. Berlin 1892; durch Centralbl. f. d. medic. Wissensch. 1892, Nr. 45, pag. 825. Verf. hat Eiweiss- und Peptonharne geprüft, ob sie nur Albumosen oder ächtes sog. Kühne'sches Pepton enthalten, indem er zunächst Eiweiss und die Hauptmasse der Albumosen durch Erhitzen mit essigsaurem Natron und Eisenchlorid fällte, aus dem Filtrate durch Gerbsäure die Peptone niederschlug, letztere Fällung nach Lösen in Barythydrat, Aufkochen, Filtriren und Neutralisiren mit verdünnter Schwefelsäure, zur Entfernung der letzten Reste von Albumosen mit Ammonsulfat sättigte und nach 24stündigem Stehen das Filtrat auf Pepton (Biuretprobe) prüfte. Es zeigte sich, dass es eine ächte Peptonurie, d. h. Ausscheidung von unfällbarem Kühne'schem Pepton nicht gibt, dass bei Eiterung, Rückbildung und Zerfall erkrankten Gewebes (croupöse Pneumonie, Phthisis mit reichlichem Auswurf, eitrige und seröse Pleuritis, Pyopneumothorax, Perityphlitis, Nephritis hämorrhagica etc.) nur Albumosen, nie ächte Peptone gebildet werden, weil letztere sonst im Harn erscheinen müssten. Man müsse daher statt Peptonurie richtiger Albumosurie sagen.

363. H. C. G. L. Ribbink, ein Fall von Albumosurie.

*Aug. Stoffregen; über das Vorkommen von Pepton im Harn, Sputum und Eiter. Ing.-Diss. Dorpat 1892, 37 pag.

*Herm. Hirschfeld, ein Beitrag zur Frage der Peptonurie. Ing.-Diss. Dorpat 1892, 39 pag.

*R. Fronda, die Peptonurie bei Paralytikern. Il mani comio moderno 1892, Nr. 1. Bei allen Paralytikern soll sich, wenn auch nicht zu jeder Zeit, Peptonurie vorfinden; erst wenn bei wiederholten Untersuchungen das Pepton im Harn fehlt, kann Paralyse ausgeschlossen werden.

*H. Wolff, zur Lehre von der Chylurie. Ing.-Diss. Berlin 1892.

Harnsedimente, Harnsteine, Cystinurie.

*Tor Stenbeck, eine neue Methode für die microscopische Untersuchung der geformten Bestandtheile des Harns und einiger anderer Secrete und Excrete. Zeitschr. f. klin.

Medic. **20**, 457—475. Die Publication beschäftigt sich mit der Anwendung der Centrifuge bei der Untersuchung des Harns.

Kerry.

*Gust. Gärtner, Kreiselcentrifuge. Leipzig 1892; im Auszuge
chem. Centralbl. 1892, II, 769—774.

*A. Albu, über den Werth der Centrifuge für die Harnunter-
suchung. Berliner klin. Wochenschr. 1892, Nr. 22.

364. A. Genersich, über die Härte der pathologischen Concremente.

*Tuffier, experimentelle Steinbildung im Urin. Compt.
rend. soc. biolog. **44**, 1006—1008.

*Jos. Prochnow, Beiträge zur Kenntniss der Harnsteinbildung.
Wiener medic. Wochenschr. 1892, Nr. 5 u. 6.

365. Aug. Herrmann, über eine neue Behandlungsmethode der Nephrolithiasis mit Glycerin.

366. R. van der Klip, Piperazin als harnsäurelösendes Mittel.

*W. A. Meisels, Experimente mit dem Piperazin und anderen
uratlösenden Mitteln. Ungar. Arch. f. Medic. **1**, 364. 1. Das
Piperazin ist im Stande, das Auftreten der Uratablagerungen bei
den Vögeln zu verhindern und die bereits entstandenen zu lösen; es
hat keinen Einfluss auf die Lebensfunctionen und die Verdauung
und scheint keine harntreibende Eigenschaft zu besitzen. 2. Das
Lith. carb., per os verabreicht, ist nicht im Stande, bei Vögeln die
Uratablagerungen zu lösen und übt einen schädlichen Einfluss aus.
3. Natr. boracicum und Natr. phosphoric. besitzen die Fähigkeit,
die harnsauren Niederschläge bei Vögeln zu lösen, nicht. 4. Die
beiden zuerst genannten Substanzen lösen Harnsäure und Harnsäuresteine schon in verdünnten Lösungen leicht auf.   Andreasch.

*C. Mordhorst, über die harnsäurelösende Wirkung des
Piperazins und einiger Mineralwässer. Wiener medic.
Wochenschr. 1892, Nr. 8, 9, 10 u. 11.

*Biesenthal[1]) und Albr. Schmidt, klinisches über das Pipera-
zin. Berliner klin. Wochenschr. 1892, Nr. 2.

*M. Mendelsohn, über Harnsäurelösung, insbesondere durch
Piperazin. Berliner klin. Wochenschr. 1892, Nr. 16.

*Biesenthal, über Piperazin, und M. Mendelsohn, Erklärung.
Daselbst 1892, Nr. 30 u. 31.

*F. P. Le Roux, Untersuchungen über die Ursache der rheuma-
tischen Diathese. Compt. rend. **113**, 490—493.

---

[1]) Im vorigen Bande des Jahresberichtes ist auf pag. 404 durch Versehen Briesenthal statt Biesenthal gedruckt worden.   Red.

367. L. Picchini und A. Conti, einige Beobachtungen über einen Fall
    von Cystinurie.
    *Eyvind Bödtker, Ptomaïne im Harn bei der Cystinurie.
    Ptomaïner i urinen under Cystinuri. Norsk Magazin for Laegers
    denskaben. Aargang 53, 1892. Enthält nur eine ganz kurze, vor-
    läufige Mittheilung und dürfte desshalb am passendsten ·erst nach
    der Veröffentlichung der noch nicht abgeschlossenen Untersuchung
    referirt werden.   Hammarsten.
    M. Abeles, über alimentäre Oxalurie. Cap. VII.

Farbstoffe im Harn.

    *O. Hammarsten, über Hämatoporphyrin im Harn. Skand.
    Archiv f. Physiol. 3, 319—343. Bereits J. Th. 21, 423 referirt.
368. S. G. Hedin, ein Fall von Hämatoporphyrinurie.
369. G. Sobernheim, ein Beitrag zur Lehre von der Hämatopor-
    phyrinurie.
370. L. Zoja, über Uroërythrin und Hämatoporphyrin im Harn.
371. H. Quincke, eigenthümlicher Farbstoff im Harn — Sulfonal-
    vergiftung?
    *Kober, über Sulfonalvergiftung. Centralbl. f. klin. Medic. 13,
    Nr. 10. Verf. berichtet über einen Fall von Sulfonalvergiftung mit
    Hämoglobinurie.   Kerry.
372. F. Goldstein, ein Beitrag zur Kenntniss der Sulfonalwirkung.
373. Th. Bogomolow, die Methoden der quantitativen Bestimmung
    des Urobilins im Harn.
    *Tissier, über die Urobilinurie. Gazette des hôpitaux 1891, Nr. 81.
    *Viglezio, über die Pathogenese der Urobilinurie. Lo Speri-
    mentale 1891, pag. 225.
    *Ranking und Partington, zwei Fälle von Hämatoporphyrin
    im Harn. Lanzet II, 607, 1890.
    *Patella und Accorimboni, die Urobilinurie. Rivista clinica
    1891, pag. 465. Das Wesentlichste der vorstehenden Arbeiten ist in
    dem zusammenfassenden Referate von C. v. Noorden, Berliner
    klin. Wochenschr. 1892, Nr. 25, enthalten.
374. E. Barqellini, über die Beziehungen der Urobilinurie zu den
    Zuständen des Intestinalrohrs.
375. Vitali, Beitrag zur Erkennung von Galle im Harn.
    *L. Garnier und G. Voirin, über Alkaptonurie. Arch. de
    physiol. 5, 224. Die Verff. erhielten aus Alkaptonharn die Homo-
    gentisinsäure von Wolkow und Baumann.
376. E. Baumann, über die Bestimmung der Homogentisinsäure
    im Harn.

377. H. Embden, Beiträge zur Kenntniss der Alkaptonurie.

378. Reg. Moscatelli, über das Vorkommen von Brenzcatechin im Kaninchenharn bei Lyssa.

379. S. Pollak, ein Fall von Darmtuberculose mit schwarzem Harn.

*M. Kahane, über das Verhalten des Indicans bei der Tuberculose des Kindesalters. Beiträge zur Kinderheilkunde aus d. 1. öffentl. Kinderkrankeninstitute in Wien; 1892, Fr. Deuticke. K. kommt zu dem allerdings mit Reserve ausgesprochenen Resultate, dass bei der Tuberculose im Kindesalter häufig das Indican im Harn vermehrt ist. Es wird dies auf den atrophischen Gesammtzustand des Organismus und die tiefergreifenden Störungen des Verdauungs-apparates zurückgeführt. Die von Obermayer vorgeschlagene Modification der Jaffé'schen Probe hat sich sehr gut bewährt.

*B. Schürmayer, die Harnuntersuchungen und ihre diagnostische Verwerthung. Wiesbaden, J. F. Bergmann, 66 pag.

*A. R. Edwards, Ehrlich's Urinprobe beim Typhus. Med. news 1892, Nr. 14; Centralbl. f. klin. Medic. 1892, Nr. 48, pag. 1031. In zahlreichen Versuchen wurde gefunden, dass die Reaction nicht in allen Typhusfällen vorhanden ist; sie kann daher nur als ein muthmassliches Symptom des Ileotyphus angesehen werden. Auch bei Darmcatarrhen, bei Septicämie, Urämie, Miliartuberculose tritt sie häufig ein. Andreasch.

*Rud. Pape, über die diagnostische Verwendbarkeit der Diazoreaction bei chirurgischen Affectionen. Ing.-Diss. Freiburg 1892, 40 pag.

*Em. Feer, Auftreten von Diazoreaction im Urin von mit Koch'scher Lymphe behandelten tuberculösen Kindern. Jahrb. f. Kinderheilk. 33, 281—286. Von 17 Kindern, von denen vorher nur zwei Diazoreaction aufwiesen, zeigte sich bei 14 Diazoreaction resp. Verstärkung derselben im Harn nach der Injection. Andreasch.

Ptomaïne im Harn.

*Chambrelent und Demont, experimentelle Untersuchungen über die Giftigkeit des Urins in den letzten Monaten der Schwangerschaft. Mém. soc. biolog. 1892, 27—34. Versuche, welche der eine der Autoren im Verein mit Laulanié 1890 der Acad. de méd. mittheilte, hatten eine entschiedene Verminderung der Giftigkeit des Urins während der letzten Schwangerschafts-monate ergeben. Dabei war aber die Urinmenge nicht berücksichtigt worden. Die nunmehr wiederholten Versuche ergaben dasselbe

Resultat. Der urotoxische Coëfficient nach Bouchard betrug im Mittel nur 0,27, während der normale Werth nach B 0,46 beträgt. Bei zwei nicht schwangeren leichten Patientinnen, welche im Hospital unter gleichen Umständen lebten, fanden Verff. den urotoxischen Coëfficient 0,62 resp. 0,39, bei zwei Wärterinnen 0,39 resp. 0,50. Herter.

*H. Surmont, Untersuchungen über die Giftigkeit des Urins bei Krankheiten der Leber. Compt. rend. soc. biolog. 44, 23—27. Ausgehend von dem Vermögen der Leber, gewisse Gifte zurückzuhalten, prüfte S. auf Anregung von Gilbert, ob bei Leberkrankheiten die Giftigkeit des Urins erhöht ist. Er fand dieses Verhalten bestätigt bei atrophischer Lebercirrhose der Alcoholiker, bei Tuberculose der Leber (subacute Form von Hanot und Gilbert), Lebercarcinom, bei gewissen Formen von chronischem Icterus. Die Giftigkeit des Urins wurde dagegen normal oder subnormal gefunden bei hypertrophischer Cirrhose der Alcoholiker, bei Stauungsleber, hei infectiösem Icterus; in letzterem Falle tritt zur Zeit der Krise eine beträchtliche Erhöhung der Giftigkeit ein. Diesen Bestimmungen schreibt Verf. eine grosse diagnostische Bedeutung zu. Dauernde Erhöhungen der Giftigkeit des Urins ist bedenklich; sie indicirt Milchdiät und Desinfection des Darms. Herter.

380. A. B. Griffiths, Ptomaïne aus dem Urin in einigen Infectionskrankheiten.

381. A. B. Griffiths, die Ptomaïne in einigen Infectionskrankheiten.

382. A. B. Griffiths, Untersuchungen über die Ptomaïne in einigen Infectionskrankheiten.

383. A. B. Griffiths, über ein neues Leukomaïn.

384. A. B. Griffiths, Ptomaïne aus dem Urin bei Erysipelas und beim Puerperalfieber.

*Boinet und Silberet, Ptomaïne im Harn von an Morbus Basedowii Erkrankten. Rev. de Med. 1892. Die drei aus dem Harn gewonnenen Ptomaïne verursachen bei Thieren ähnliche Erscheinungen, wie sie bei den Erkrankten selbst bisweilen gefunden werden.

385. F. Marino-Zuco und U. Dutto, chemische Untersuchungen über die Addison'sche Krankheit.

Sonstige pathologische Harne.

386. C. A. Herter und E. E. Smith, Untersuchungen über die Aetiologie der idiopathischen Epilepsie.

*Ch. Féré und L. Herbert, über die Inversion der Formel der im Urin ausgeschiedenen Phosphate bei epileptischer Apathie

und beim Petit mal. Compt. rend. soc. biolog. **44**, 260—264.
Gilles de la Tourette und Cathelineau gaben als patho-
gnostisch an, dass während der hysterischen Anfälle und
beim Hypnotismus einerseits Harnstoff, Phosphate und die
Gesammtmenge der festen Stoffe im Urin vermindert
und andererseits das normale Verhältniss zwischen Erd- und
Alkali-Phosphaten (1:3) zu Gunsten der ersteren verändert
sei; letzteres bezeichnen sie als „Inversion" der Formel der
Phosphate. Dass diese Umkehrung beim Hypnotismus stattfinde,
wurde von Voisin und Harant[1]) bestritten. Nach Voulgre[2])
kann die Inversion während der Anfälle fehlen, andererseits vorkommen bei locomotorischer Ataxie, Phosphatdiabetes, epileptischen
Anfällen. Nach Verff. findet sie sich regelmässig weder bei
hysterischen noch bei epileptischen Anfällen. Sie theilen
zwei Fälle mit, in denen sie während der von Féré beschriebenen
epileptischen Apathie[3]) auftrat. Im einzelnen zeigten die
erhaltenen Werthe grosse Schwankungen. Nach der Heilung trat
das normale Verhältniss wieder hervor.   Herter.

*Gilles de la Tourette und Cathelineau, die Ernährung
bei der Hysterie. Compt. rend. soc. biolog. **44**, 303—307. Verff.
kritisiren obige Mittheilung. Sie halten, in Uebereinstimmung mit
Voulgre, daran fest, dass die Inversion bei hysterischen
Anfällen die Regel sei, bei epileptischen die Ausnahme,
sowie dass die Gesammtmenge der Phosphate bei ersteren
verringert, bei letzteren vermehrt sei. Sie citiren zu
Gunsten dieser Auffassung noch Grasset[4]) und Chantemesse[5]).

*Ch. Féré, Antwort auf die Einwürfe von Gilles de la Tourette
gegen die Mittheilung über die Inversion der Formel der
Phosphate, welche bei der Epilepsie durch den Urin ausgeschieden werden. Compt. rend. soc. biolog. **44**, 328—330.

387. J. Voisin, Mittheilung über die Inversion der Formel der Phosphate bei Hysterie und Epilepsie.

388. Oliviero, zur Mittheilung von Jules Voisin.

*Bosc, über die Ernährungsstörungen bei der Hysterie.
Compt. rend. soc. biolog. **44**, 376—379. Derselbe, vollständige
Harn-Formel des hysterischen Anfalls. Ibid., 723—727.

---

1) A. Voisin und Harant, sur la nutrition dans l'hypnotisme. Ibid.
43, 767. — 2) Voulgre, De l'élimination des phosphates dans les maladies
du système nerveux et de l'inversion de leur formule dans l'hystérie. Thèse.
Lyon 1892. — 3) Ch. Féré, note sur l'apathie épileptique. Rev. de méd.
1891. 210. — 4) Grasset, Arch. de neurolog. 1890, Nr. 58 u. 59. —
5) Chantemesse, Bull. et mém. de la soc. méd. des hôpitaux 1891. 258.

Derselbe. Harn-Formel des hysterischen und epileptischen Anfalls und einiger epileptiformen Anfälle.
Ibid., 727—730. Nach B. ist für die hysterischen Anfälle charakteristisch die Abnahme von Harnstoff, Stickstoff und Phosphorsäure, die Verminderung des Harnfarbstofts und der
Giftigkeit, sowie die Vermehrung der Harnsäure; die Inversion der Formel der Phosphate findet sich noch bei anderen
Anfällen, epileptischen und epileptiformen. Die Herabsetzung der
Oxydationsprocesse, welche sich in obigem Symptomencomplex aus-
spricht, wird auch nach epileptischen Anfällen beobachtet, hier aber
nur unmittelbar nach denselben; die im 24 stündigen Urin ausgeschiedenen Stoffmengen zeigen normale oder übernormale Werthe.

Herter.

*Féré, Bemerkungen über die Diagnose der Hysterie und Epi-
lepsie. Compt. rend. suc. biolog. 44, 407—408.

*F. Peyrot, über die Urin-Formel bei der Hysterie. Ibid.,
777—779. Letztere beiden Mittheilungen enthalten hauptsächlich
eine Kritik der Angaben von Bosc.

Herter.

389. Mairet, über das gewöhnlich angewendete Verfahren zur Abscheidung der Erdphosphate im Urin.

390. J. Mann, über die Ausscheidung des Stickstoffs bei Nierenkrankheiten im Verhältniss zur Aufnahme desselben.

391. H. Kornblum, über die Ausscheidung des Stickstoffs bei
Nierenkrankheiten des Menschen im Verhältniss zur Aufnahme desselben.

*C. v. Noorden, über den Stickstoffhaushalt der Nieren-
kranken. Deutsche med. Wochenschr. 1892, Nr. 35. Der Vortrag
enthält im Wesentlichen die Zusammenfassung der bereits referirten
Untersuchungen von Noorden und Ritter [J. Th. 21, 448].

*H. Dünschmann, Beobachtungen über Stickstoffbilanz bei
Typhus abdominalis. Ing.-Diss. Berlin 1892.

*A. Haig, Uric acid as a factor in the causation of disease.
London 1892.

392. W. Weinhard, Untersuchungen über den Stickstoffumsatz bei
Lebercirrhose.

O. Voges, über die Mischung der stickstoffhaltigen Bestandtheile des Harns bei Anämie und bei Stauungszuständen.
Cap. VII.

Müller, Stickstoffaufnahme und -Ausscheidung be
chronischer Nephritis. Cap. XV.

G. Toepfer, über die Relation der stickstoffhaltigen Bestandtheile im Harn bei Carcinom. Cap. VII.

393. G. Hoppe-Seyler, über die Veränderungen des Urins bei Cholerakranken mit besonderer Berücksichtigung der Aetherschwefelsäureausscheidung.

*E. Reale, Vermehrung der Ausscheidung von Kalk bei Aneu-
rismatikern. Rivista Clinica e Terapeutica XIII. Neapel. Nov.
1891. Verf. findet in dem Urin bei 4 Aneurisma-Fällen 0,629 Grm.
Calcium pro Tag, während er bei Gesunden 0,21 Grm. pro Tag fand.
                                                     Rosenfeld.

*H. Kisch, zur Kenntniss der Oxalsäureausscheidung bei
Lipomatosis universalis. Berliner klin. Wochenschr. 1892.
Nr. 15. Bei 9 Fällen von Lipomatosis universalis konnte Verf. in
8 derselben keine vermehrte Oxalsäureausscheidung finden; er fand
Werthe, welche von 5,4 Mgr. bis 18 Mgr. im Liter schwankten,
nur in einem Falle 40 Mgr. im Liter, während er als normal bei
gemischter Kost 15—20 Mgr. im Liter annimmt.   Kerry.

*Coronedi und Stenico, über einige Thatsachen betreffend den
Stoffwechsel bei mit Koch'scher Cur behandelten Individuen.
Lo Sperimentale 1891, März. Zwei mit Koch'scher Lymphe behandelte Patienten haben trotz Fieber und Magenstörungen zugenommen. Die Verff. schliessen auf Verlangsamung des N-Stoff-
wechsel. Sie beobachteten gelegentlich Kreatinin und Indicanver-
mehrung.   Rosenfeld.

Transsudate und sonstige pathologische Flüssigkeiten.

*Wassily Lunin, zur Diagnostik der pathologischen Trans-
und Exsudate mit Hilfe der Bestimmung des spec. Gewichts.
Ing.-Diss. Dorpat 1892, 50 pag.

394. L. Paijkull, Beiträge zur Kenntniss von der Chemie der serösen
Exsudate.

*A. Conti, über die Ausscheidung der Jodpräparate in die
pathologischen Flüssigkeiten der serösen Häute. Boll.
Med. Cremonese 1891. Bei der innerlichen Verabreichung von Jodkalium findet sich in den Transsudaten der serösen Höhlen regelmässig und in reichlicher Menge Jod, sehr selten dagegen und in
kleinen Mengen in den Exsudaten.   Rosenfeld.

*Raim. Lande, Analysen der Amnion- und Allantoisflüssig-
keit beim Rinde. Ing.-Diss. Dorpat 1892, 31 pag.

395. Fr. Krüger, die Zusammensetzung des Blutes in einem Fall
von hochgradiger Anämie und einem solchen von Leukämie.

*H. May, zur Kenntniss des Hämoglobingehaltes des Blutes
bei Typhus exanthematicus. Ing.-Diss. Dorpat 1891. An
gesunden Männern und Frauen wurde mittelst des Hüfner'schen

Spectrophotometers der Extinctionscoëfficient bestimmt; auf eine 1%ige Blutlösung umgerechnet, betrug derselbe bei Männern 0,917, bei Weibern 0,785. Die Untersuchungen bei Typhuskranken wurden zu Ende der ersten und zu Beginn der zweiten Krankheitswoche ausgeführt; hier betrug der mittlere Extinctionscoëfficient für Männerblut 0,798 und für Weiberblut 0,685. Es ist der Hämoglobingehalt also um 10—15% vermindert.

Andreasch.

*Tarnier und Chambrelent, Bestimmung der Giftigkeit des Blutserums in zwei Fällen von puërperaler Eklampsie. Compt. rend. soc. biolog. 44, 179—182. Dieselben, über die Giftigkeit des Blutes von Frauen mit puërperaler Eklampsie oder Albuminurie. Ibid., 624—626. Ueber die Giftwirkung des normalen menschlichen Blutserums liegen noch wenig Beobachtungen vor, nach Rummo [J. Th. 21, 400] sind 10 CC. bei intravenöser Injection tödtlich für 1 Kgr. Kaninchen. Verff. fanden bei puërperaler Eklampsie die toxische Dose zwischen 3,3 und 4,3 CC., während zugleich der urotoxische Coëfficient auf 0,18 resp. 0,11 gesunken war (normal im Mittel 0,46). Auch bei der puërperaler Albuminurie ist die Giftigkeit des Serums gesteigert, auf 4 bis 6 CC.

Herter.

396. O. Hammarsten, Untersuchung des Inhaltes eines Ganglioms.

Vergiftungen.
(Vergl. auch Cap. IV.)

*Heinr. Koppel, literarische Zusammenstellung der von 1880—1890 in der Weltliteratur beschriebenen Fälle von Vergiftungen von Menschen durch Blutgifte. Ing.-Diss. Dorpat 1891, Karow, 164 pag.

*F. W. Warfvinge, Bericht über die in den Jahren 1879—1891 im Krankenhause Sabbatsberg behandelten Vergiftungsfälle (Stockholm). Centralbl. f. d. medic. Wissensch. 1893, Nr. 5, pag. 87.

*A. Pollak, zwei Fälle von Jodvergiftung. Prager medic. Wochenschr. 1892, Nr. 4.

*P. Näcke, eigener, schwerer Fall von Jodoform-Intoxication. Berliner klin. Wochenschr. 1892, Nr. 7.

*Fr. Langer, über einen Fall von tödtlicher Phosphorvergiftung mit eigenthümlichen Befunde im Magen und Oesophagus. Prager medic. Wochenschr. 1892, Nr. 39.

*Siegfr. Friedländer, über Phosphorvergiftung bei Hochschwangeren. Ing.-Diss. Dorpat 1892, 23 pag.

32*

*Osc. Busch, experimentelle Versuche über die Wirksamkeit des Terpentinöls als Antidot bei der acuten Phosphorvergiftung. Ing.-Diss. Riga 1892, 64 pag.

O. Taussig, Blutbefunde bei Phosphorvergiftung. Cap. V.

Münzer und Badt, Stoffwechsel bei Phosphorvergiftung. Cap. XV.

397. Uschinsky, zur Frage von der Schwefelwasserstoffvergiftung.

*W. Schmieden, über einen Fall von Vergiftung durch Inhalation salpetrig-saurer Dämpfe. Centralbl. f. klin. Medic. 13, Nr. 11.

*Beorchia-Nigris, über einen Fall von acutester und tödtlicher Vergiftung durch Salpetersäure. Annali di chim. e di Farmac. XVI, 200. Auffallend ist die eine halbe Stunde nach dem Tode aufgetretene neutrale Reaction des Blutes.

Rosenfeld.

*Alex. Westberg, Beiträge zur Kenntniss der Schwefelkohlenstoffvergiftung. Ing.-Diss. Dorpat 1891; Zeitschr. f. anal. Chemie 31, 484—486. Enthält Angaben über den Nachweis des Schwefelkohlenstoffs im Blute.

*Eug. Fränkel, über Chloroformnachwirkung beim Menschen. Virchow's Arch. 128, 254—284.

*W. J. Hancock, Ammoniakvergiftung. Med. chronicle 1891, Mai; Centralbl. f. klin. Medic. 13, 61.

*v. Zelasinski, zur Kenntniss der Vergiftung durch chlorsaure Salze. Ing.-Diss. Königsberg, 58 pag.

*C. Bachmann, über einen Fall von Sublimatvergiftung. Med. Monatsschr. New-York 1891, Nr. 7; Centralbl. f. klin. Medic. 13, 141.

*Sackur, eine letal verlaufene acute Quecksilbervergiftung. entstanden durch Einreibung von grauer Salbe. Berliner klin. Wochenschr. 1892, Nr. 25.

*Werner Meili, vergleichende Bestimmung der Giftigkeit der drei isomeren Kresole und des Phenols. Ing.-Diss. Bern 1891, 30 pag.

*Mor. Röhl, über acute und chronische Intoxicationen durch Nitrokörper der Benzolreihe. Ing.-Diss. Hagen i. W.

*A. Kronfeld, über Antifebrinvergiftung. Wiener medic. Wochenschr. 1892, Nr. 38.

*Gaffky, Erkrankungen an infectiöser Enteritis in Folge des Genusses ungekochter Milch. Deutsche medic. Wochenschr. 1892, Nr. 14.

*G. S. Hull, Eisvergiftung. Med. news 1891; Centralbl. f. klin. Medic. 13. 614.

Diverses Pathologisches.

398. D. Hansemann, über Ochronose.

399. Fr. Müller, über Icterus.

400. E. Vick, zur Kenntniss des Toluylendiamin-Icterus.

401. Rennvers, Beitrag zur diagnostischen Bedeutung der Tuberculinreaction, sowie zur Frage des Urobilinicterus.

*E. Klebs, die Behandlung der Tuberculose mit Tuberculo
cidin. Hamburg u. Leipzig 1892, Leop. Voss, 39 pag.

*F. Hölscher und R. Seifert, über die Wirkungsweise des Gua-
jacol. Berliner klin. Wochenschr. 1892, Nr. 3.

*H. Schulz, zur Behandlung der Chlorose mit Schwefel. Berliner
klin. Wochenschr. 1892, Nr. 13.

*R. v. Limbeck, zur Lehre von der urämischen Intoxication.
Arch. f. experim. Pathol. u. Pharmak. 30, 180—201. Bei urämischen
Menschen hat man stets eine beträchtliche Abnahme der Alkalescenz des
Blutes beobachtet, welche man dem Aceton verwandten sauren Producten
des Stoffwechsels zuschrieb. Eine Anhäufung anorganischer Salze
im Serum liess sich bei einer Urämischen nicht nachweisen, ebensowenig bestand bei einem urämischen Hunde eine Säureintoxication.
Das urämische Gift kann ebensowohl in einem bestimmten Harn-
bestandtheil als auch in einem Gemenge mehrerer bestehen, möglicherweise handelt es sich auch um ein Umwandlungsproduct der
zurückgehaltenen Harnbestandtheile.   Andreasch.

402. E. Roos, über das Vorkommen von Diaminen bei Krankheiten.

403. O. Leichtenstern, über die Charcot-Robin'schen Krystalle
in den Fäces nebst einer Bemerkung über Taenia nana in
Deutschland.

404. W. D. Halliburton, Mucin bei Myxoedem; weitere Analysen.

*J. Kijanizyn, zur Frage über die Todesursache bei umfang-
reichen Hautverbrennungen. Wratsch 1892, pag. 371—374.
Aus dem Blut, den Organen und auch dem Harne von mit heissem
Wasser verbrühten Hunden und Kaninchen gelang es, nach der
Methode von Brieger ein Ptomaïn zu isoliren. 0,5 Grm. dieses
Stoffes genügten, um beim Kaninchen in 24 Stunden den Tod unter
den zu erwartenden charakteristischen Erscheinungen hervorzurufen.
                                                        Tammann.

R. May, über die Ausnutzung der Nahrung bei Leukämie.
Cap. XV.

Gärtig, Stoffwechsel bei Carcinoma oesophagi. Cap. XV.

338. Hanriot: Ueber die Ernährung beim Diabetes [1]). In einer früheren Arbeit [Ref. in diesem Band, pag. 49] zeigte Verf., dass der normale Organismus Kohlehydrate unter Bildung von Fett und Kohlensäure zerlegt. Beim Diabetes ist dieser Process gestört, wie folgende Versuche zeigen. Ein Diabetiker, 83 Kgrm. schwer, welcher im Mittel 300 Grm. Glycose in 24 Stunden ausschied, hatte nüchtern den respiratorischen Quotient 0,78. Nach Einnahme von 1 Kgrm. Kartoffeln war der Quotient 0,74, 0,72, 0,82; in den auf die Mahlzeit folgenden 6 Stunden wurden ca. 400 Grm. Glycose ausgeschieden. Ein anderes Individuum, von 72 Kgrm., verlor bei antidiabetischer Diät ungefähr 90 Grm. Zucker täglich. Sein im nüchternen Zustand 0,71 betragender respiratorischer Quotient hob sich nach einer Kartoffelmahlzeit auf 0,83. Dieser Patient hatte das Assimilationsvermögen für Glycose noch nicht völlig verloren Beide Fälle gehörten zum »fetten Diabetes.« Die Krankheit beruht auf dem Verlust der Fähigkeit Fett aus Zucker zu bilden; kommt dazu noch eine Störung in der Function des Pankreas, welche die Aufnahme von Fett im Darmkanal stört, so leidet die Ernährung und der »magere Diabetes« tritt ein. Die Bestimmung des Zuckers im Urin, welcher von der Nahrung abhängig ist, kommt für die Beurtheilung des Zustandes weniger in Betracht als die Bestimmung des respiratorischen Quotienten, welcher das glycolytische Vermögen des Organismus misst. Das Antipyrin beschränkt beim Diabetiker die Ausscheidung der Glycose, bei gleich bleibender Ernährung; worauf diese Wirkung beruht, ist unklar, denn der respiratorische Quotient wird dadurch nicht beeinflusst. Der erste Patient zeigte nach 4 bis 6 tägiger Behandlung mit Antipyrin, 4 Grm. pro die, vor der Mahlzeit den Quotient 0,76 resp. 0,80, nach der Kartoffelmahlzeit 0,78 resp. 0,79. — Die Bestimmung des respiratorischen Quotienten ist für klinische Untersuchungen nicht anwendbar. Statt dessen lässt sich die Steigerung der Respiration messen, welche nach der Mahlzeit eintritt, veranlasst durch die vermehrte Kohlensäureausscheidung. Das Maximum der Lungen-

---

[1]) De la nutrition dans le diabète. Compt. rend. **114**, 432—434.

ventilation findet ungefähr 2 Stunden nach der Mahlzeit statt. Bei einem Gesunden betrug die Exspiration pro Stunde vor der Mahlzeit 306 L., nach einer kohlehydratreichen Mahlzeit 432 L., zwei Stunden darauf 508 L.; beim Diabetiker dagegen betrug der erste Werth 387 L., die nach der Mahlzeit erhaltenen Werthe 428 resp. 401 L. Die Steigerung der Athemgrösse war also hier geringer und weniger anhaltend als in der Norm.

Herter.

339. Fr. Voit: Ueber den Stoffwechsel bei Diabetes mellitus [1].

V. untersuchte im Anschlusse der Versuche von Lusk [J. Th. **20**, 373], ob ein Diabetiker bei einer nur aus Eiweiss und Fett bestehenden Kost, bei der er keinen oder nur wenig Zucker im Harn ausscheidet, zur Erhaltung seines Körperbestandes nicht mehr Eiweiss braucht, als der Gesunde von ähnlicher Körperbeschaffenheit. War dieser Nachweis zu erbringen, so war auch der Beweis für die Hypothese geliefert, dass die gesteigerte Eiweisszersetzung beim Diabetes auf dem Ausfall der das Eiweiss vor der Verbrennung schützenden Kohlehydrate beruht (C. Voit). Der zu den Versuchen dienende Diabetiker wog 54 Kgrm., zum Vergleiche diente ein Gesunder von 54,5 Kgrm. Der Diabetiker erhielt während dreier Tage je: 200 CC. Milch, 430 Grm. Fleisch mit 60 Grm. Butter, 200 Grm. Speck und 300 CC. Wein. Die Stickstoffausgaben waren beziehungsweise 15,56, 17,59 und 17,81 Grm., gegenüber einer täglichen Einnahme von 16,53 Grm. In einem zweiten Versuche erhielt er während derselben Zeit die gleiche Nahrung, nur um 50 Grm. Speck mehr; die Ausscheidungen betrugen: 14,49, 16,35 und 17,27 Grm., die Einnahme 15,82 Grm. Beim Gesunden ergab sich bei gleicher Nahrung (17,69 Grm. N) eine Ausscheidung von 12,61, 16,73 und 18,74 Grm. Es waren daher beide Versuchspersonen mit der Nahrung nicht vollständig im Stickstoff-Gleichgewichte, da sie am dritten Tage Körpereiweiss zersetzten. Am ersten Tage wird am wenigsten Eiweiss zersetzt, weil die im Körper noch angehäuften Kohlehydrate (Glycogen) in grösserem Maasse den Eiweisszerfall herabdrücken; dasselbe ist in geringem Grade noch am 2. Tage der Fall, am 3. hört diese Nachwirkung auf, weshalb hier die Eiweiss-

---

[1] Zeitschr. f. Biologie **29**, 129—146.

zersetzung am grössten ist. Die zwei gleich schweren Männer haben
also bei der gleichen kohlehydratfreien Kost dieselbe Eiweisszersetzung,
die Erkrankung des einen macht keinen Unterschied. Damit ist
wohl bewiesen, dass der gesteigerte Eiweissverbrauch eines Diabetikers,
welcher gemischte Nahrung zu sich nimmt, auf der durch die Krankheit erzeugten Unfähigkeit beruht, die Kohlehydrate in dem gleichen
Umfange zu verwerthen, wie es dem Gesunden möglich ist. Die
Kohlehydrate ersparen bei ihrer Verbrennung eine gewisse Menge
von Eiweiss und Fett; verliert der Körper, wie beim Diabetes, die
Fähigkeit, sie ausgiebig zu benutzen, so müssen an ihrer Stelle grössere
Mengen von Eiweiss (und Fett) zerfallen. Erhält der Kranke eine
nur aus Eiweiss und Fett bestehende Nahrung, so ist ein Unterschied in der Zersetzung gegenüber dem Gesunden nicht zu bemerken.
Dem Diabetiker wurden am 4. Tage 164 Grm. Milchzucker gegeben;
dabei zeigte sich sofort die eiweisssparende Wirkung des Kohle-
hydrates, indem bei einer Einnahme von 15,82 Grm. N nur 14,88
ausgeschieden wurden. Vom Zucker erschienen 70 Grm. im Harn.
Verf. weist ferner darauf hin, dass die von Pettenkofer und
Voit erschlossene geringere Sauerstoffaufnahme und niedrigere Kohlensäureausscheidung beim Diabetes nicht zutrifft, da sie den 54 Kgrm.
schweren Diabetiker mit einem 71 Kgrm. schweren Arbeiter verglichen. Eine Uebereinstimmung kann nur bei gleichem Gewichte
und gleicher kohlehydratfreier Nahrung erwartet werden. Nach
Erwin Voit berechnen sich für die Versuchspersonen von Pettenkofer und Voit folgende Wärmeeinheiten für 1 Kgrm.: 33 beim
kräftigen Arbeiter von 71 Kgr., 34 beim schwächlichen Mann von
52 Kgr. und 34 beim 54 Kgr. schweren Diabetiker. Der Organismus des Diabetikers weist demnach auch bei gemischter Nahrung
eine Gesammtzersetzung auf, welche der des Gesunden gleichkommt.
Wenn im Ganzen die gleiche Menge von Material verbraucht wird,
einzelne Stoffe aber nicht zur Verbrennung kommen können, wie
beim Diabetes die Kohlehydrate, so muss nothwendig ein Plus von
anderen Stoffen zersetzt werden, und zwar eine dem Ausfall der
nicht zersetzten Stoffe äquivalente oder isodyname Menge. — Den
Schluss der Arbeit bildet eine kritische Beleuchtung der Arbeiten
von H. Leo [J. Th. **20**, 408] und E. Livierato [J. Th. **19**, 441].

Andreasch.

340. H. Leo: Ueber die Bedeutung der Kohlehydratnahrung bei Diabetes mellitus [1]). Verf. setzte zwei diabetische Patienten auf Stickstoffgleichgewicht und führte hierauf ausser der ursprünglichen, sehr eiweissreichen Kost Kohlehydrate in Form von gewogenen Mengen von Maizena und Rohrzucker ein. Hierbei stieg die Urin- und Zuckermenge beträchtlich, die Stickstoffausscheidung aber war nicht gesteigert. Wurde die Kohlehydratzufuhr ausgesetzt, so stieg die Stickstoffausscheidung. Im ersten Falle zeigte sich z. B. am zehnten Tage mit Kohlehydratzufuhr bei einer Urinmenge von 2190 CC. 21,165 Stickstoff in Harn und Koth, am 12. Tage ohne Kohlehydratzufuhr und bei reichlichem Wassergenuss bei einer Urinmenge von 2195 CC. und einer Stickstoffausscheidung von 23,39 Grm. in Harn und Koth. Analoge Resultate wurden an andern Tagen gefunden. Bei dem zweiten Patienten ergab sich im Mittel aus der Periode mit Kohlehydratnahrung eine tägliche Stickstoffausscheidung von 24,47 im Vergleich zu 25,67 Grm. Stickstoff in der kohlehydratfreien Zeit, demnach ein Differenz von 1,2 Grm. N zu Gunsten der Periode mit Kohlehydratnahrung. Dies bedeutet unter Zugrundelegung der Voit'schen Zahlen eine tägliche Ersparung von $7\frac{1}{2}$ Grm. Eiweiss, resp. 25,3 Grm. Muskelsubstanz. Thatsächlich war bei dem Patienten eine leichte Gewichtszunahme nachzuweisen. Bezüglich der interessanten therapeutischen Bemerkungen sei auf das Original verwiesen.   Kerry.

341. N. P. Krawkow: Ueber die Urquellen von Zucker bei der Zuckerharnruhr [2]). Es wurden quantitative Bestimmungen des Zuckers und Glycogen in folgenden Organen von Diabetikern ausgeführt: Leber, Herz, Lungen, Haut, Nieren, Muskeln, Pankreas, Milz, Knochen, Knorpel, Blut, Gehirn, Hoden, Aorta. Es ergab sich: 1. Beim Diabetes findet sich Zucker in beinahe allen Organen, doch steht die Leber den anderen Organen nach. 2. Als Urquelle dient das Glycogen der Organe, welches in Folge der Zellendegeneration auftritt. 3. Es ist ein constantes Verhältniss zwischen der Menge des Glycogens und des Zuckers zu constatiren. 4. Die Vertheilung

---

[1]) Deutsche medic. Wochenschr. 1892, No. 33. — [2]) Wratsch 1890 durch Centralbl. f. d. medic. Wissensch. 1892, No 41, pag. 738—739.

des Glycogens in den Organen weicht beim Diabetes stark von der Norm ab; so findet sich Glycogen im Gehirn, wo es unter normalen Verhältnissen fehlt. 5. Das Vorkommen des Glycogens beim Diabetes darf in keinen Zusammenhang mit den Entzündungsvorgängen gestellt werden; der Diabetes wird ebenso durch das Glycogen wie durch den Zucker characterisirt. 6. Das Knorpelgewebe ist in Betreff der Entwicklung der Kohlehydrate stark verändert. 7. Die erhöhte Production von Zucker beim Diabetes ist durch die vermehrte Glycogenproduction bedingt. 8. Die Theorie der Kohlehydratatrophie der Gewebe ist am besten geeignet, die Erscheinungen beim Diabetes zu erklären. **Andreasch.**

342. **Paul Binet: Die Glycosurie in normalen und einigen pathologischen Zuständen, besonders beim Kinde**[1]). Zum Nachweis des Zuckers benutzte Verf. in vergleichender Weise Fehling'sche Lösung, a-Naphtol und Phenylhydrazin. Von der Fehling'schen Lösung wurden je 2 CC. mit der gleichen Menge Urin gemischt, zum Sieden erhitzt und eine halbe Stunde stehen gelassen. Bei Anwendung normalen Urins bleibt die Farbe schmutzig blau; bei Zusatz von Glycose wurden folgende Färbungen beobachtet: mit 0,25 % Glycose grünlichblau, mit 0,50 % bläulich grün, mit 0,75 % grasgrün, mit 1 % gelbgrün. Die Naphtolreaction empfiehlt Verf. auszuführen, indem man in einem konischen Glas zu $1/_2$ CC. Urin mit 3 Tropfen alkoholischer Naphtollösung vorsichtig ca. 2 CC. concentrirte Schwefelsäure zufliessen lässt; wenn ein farbiger Ring an der Grenze der Flüssigkeiten auftritt, so wird durch eine leichte drehende Bewegung die Färbung der ganzen oberen Flüssigkeitsschicht mitgetheilt. Diese Färbung ist hell rosa, wenn statt des Urins eine Zuckerlösung 0,10 % angewandt wird, purpurroth bei stärkerer Concentration; normaler Urin nimmt verschiedene Färbungen an, neben oder statt der rothen zeigt sich eine blaue Farbe, welche nicht vom Zuckergehalt bedingt wird. Die Verschiedenheit der auftretenden Färbungen macht die Deutung der Reaction schwierig. Für die Phenylhydrazinreaction nimmt B. 10 CC. Urin (ev. durch Kochen mit Essigsäure und Chlornatrium enteiweisst); nach Versetzen mit einigen Tropfen von neutralem Bleiacetat und Filtriren werden 5 bis 6 Tropfen Essigsäure, drei Messerspitzen Natriumacetat (1 Grm. des krystallisirten Salzes) und zwei Messerspitzen Phenylhydrazin-

---

[1]) La glycosurie à l'état normal et dans quelques états pathologiques, étudiée particulièrement chez l'enfant. Rev. méd. de la Suisse rom. 12 ann. 69—89.

chlorhydrat (0,4 bis 0,5 Grm.) hinzugegeben; das Gemisch wird eine Stunde
auf dem Wasserbad erwärmt und am anderen Tage die microscopische Untersuchung vorgenommen; durch die Behandlung mit Bleiacetat werden
fremde Krystallbildungen ausgeschlossen, die Essigsäure befördert das Aus-
krystallisiren der Zuckerverbindung. Eine 0,2%00 Glycoselösung giebt
noch deutliche Nadeln, mit 0,1%00 ist die Ausscheidung undeutlich
krystallinisch; manchmal empfiehlt es sich, die Krystalle aus heissem Alcohol
durch Zusatz von Wasser umzukrystallisiren. Bei 51 gesunden Kindern
zwischen 3 und 12 Jahren, beiderlei Geschlechts, wurde der erste nach dem
Mittagessen ausgeschiedene Urin untersucht. Die Phenylhydrazinreaction ergab in ca. 50% der Fälle characteristische Krystallnadeln,
entsprechend mindestens 0,2%00 Glycose; in ca. 40% der Fälle schieden
sich radiär gestreifte Kugeln ab, entsprechend ca. 0,10%00 Glycose; in ca.
10% der Fälle war das Resultat zweifelhaft. Die Naphtolreaction
ergab in diesen Urinproben verschiedene Färbungen, ohne constante Beziehungen zum Ausfall der Phenylhydrazinreaction. 26 dieser Proben wurden
mit Fehling'scher Lösung behandelt; 25 mal blieb die Mischung blau
gefärbt, und nur in einem Falle, welcher characteristische Krystalle von
Phenylglycosazon gab, war die Färbung grünlich blau. Der Urin von 6 Erwachsenen wurde öfter untersucht. 13 von 18 Urinproben gaben mit
Phenylhydrazin ausgebildete Krystallnadeln, 5 gaben gestreifte Kugeln.
Am besten ausgebildete Nadeln wurden nach den Hauptmahlzeiten erhalten.
Die Kupferlösung wurde in keinem Falle reducirt. — Der Urin von 161
kranken Kindern wurde 312 mal untersucht; die Hydrazinreaction
wurde hier noch nach Jaksch-Hirschl vorgenommen. Es ergab sich
keine constante Uebereinstimmung zwischen den Resultaten der drei Reactionen. Bei Diphtherie ergab die Phenylhydrazinreaction in schweren
Fällen sehr häufig reichlichere Zuckerausscheidung (in 27
Fällen von 38), in 32 leichten Fällen nur 2 mal. Unter den 70 Diphtherie-
Fällen waren 19 mit Croup, davon gaben 11 eine krystallinische Abscheidung. Bei der diphtheritischen Glycosurie ist also nicht die mechanische
Behinderung der Respiration das Wesentliche, sondern die diphtherische Intoxication selbst, eine toxische Asphyxie. Auch ist bei Krankheiten der Respirationsorgane, Pneumonie, Pleuritis, Lungentuberculose, die Zuckerausscheidung nicht so ausgesprochen als bei der Diphtherie. Bei Scharlach
ist häufig das Reductionsvermögen des Urins erhöht, ohne dass der Zucker
vermehrt ist; hier findet sich häufig Diaceturie[1]. Bei 16 Nephritikern fand B. nur einmal deutliche Nadeln von Glycosazon. Bei Patienten
mit mehr oder weniger ausgedehnten Läsionen der Haut, Ekzem, Verbrennungen, Pemphigus, wurde keine Vermehrung des Zuckers beobachtet.

Herter.

---

[1]) Binet, Notes d'urologie clinique infantile. Ibid., **10**, 577.

343. Julius Grosz: Beobachtungen über Glycosurie von Säuglingen und Versuche über Nahrungsglycosurie (Glycosurie alimentaire [1]). In der Literatur finden sich einige Angaben über Glycosurie von Säuglingen, doch sind dieselben aus dem Grunde mit Reserve aufzunehmen, da, wie es scheint, der Nachweis von Zucker im Harne nicht immer mit der nöthigen Umsicht ausgeführt wurde. Autor befasste sich daher eingehender mit dieser Erscheinung und legte sich vor allem die Frage vor, ob Glycosurie bei jenen Säuglingen auftritt, die mit Muttermilch oder Ammenmilch genährt werden, ferner, ob in dem Falle, als Zucker im Harne vorkommt, diese Erscheinung mit der physiologischen Ernährung der Säuglinge im Zusammenhang steht, oder aber, ob man es kurz mit Nahrungsglycosurie zu thun hat, woran, bei dem bedeutenden Zuckergehalte der Muttermilch, in erster Linie zu denken wäre. Verf. untersuchte den Harn von 50 mit Muttermilch ernährten Säuglingen durch 1—4 Wochen, öfter des Tages u. z. insgesammt durch 378 Tage. Zum Nachweis des Zuckers diente die Trommer'sche und Nylander'sche Probe. Mittelst ersterer wurden in einem grossen Theile der untersuchten Harne positive Resultate erzielt, nämlich im Harne von 25 gesunden Säuglingen 14 mal, in jenem von 25 zum grössten Theil an Verdauungsstörung leidenden Säuglingen aber 16 mal. Nachdem die Trommer'sche Probe nicht immer untrüglich war, wurde auch die sehr empfindliche Nylander'sche Probe angewendet, dabei nicht ausser Acht gelassen, dass die Anwesenheit grosser Mengen von Albumin im Harne den Eintritt der Reaction verhindert. Die Udránszky'sche Furfurolreaction, womit Kohlehydrate im Harne sicher nachgewiesen werden können, war fast in jedem Falle von positivem Resultat begleitet, Grund dessen Autor behauptet, dass im Harne von Säuglingen kleine Mengen von Kohlehydraten enthalten sind. — In 10 von den 50 Fällen hatte die Trommer'sche und Nylander'sche Probe auffallend gleiches Resultat gezeigt; es handelte sich da um Fälle schweren Magen-Darmcatarrhs. Zwei dieser Harnproben wurden auch polarimetrisch bestimmt, wobei sich einmal eine Rechtsdrehung von 0,02° und 0,07°, in einem anderen Falle

---

[1] Orvosi hetilap. Budapest, 1892, pag. 287.

eine solche von $0{,}024^0$ und $0{,}104^0$ ergab. Sieben der erwähnten
10 Fälle endeten in Folge von Magen-Darmcatarrhs letal, die übrigen
drei Fälle bezogen sich auf Dyspepsie. In 2 Fällen von Magen-
Darmcatarrh war die Zuckerreaction stets zu erhalten, wogegen in
den anderen 5 Fällen gleich jenen 3 von Dyspepsie die Reaction
nur zeitweilig auftrat. Die positiven Zuckerproben sind also nicht
an die Schwere des Falles gebunden. Die physik. Eigenschaften
des Harnes fraglicher 10 Fälle sind auffallend vom normalen Harn
verschieden. Entgegen dem Harne von Säuglingen, welcher gewöhnlich schwach gefärbt ist, fast wasserklar, ist zuckerhaltiger Harn
gelb gefärbt, selbst nach Entfernung des Albumin aus demselben
ändert sich die Farbe nicht wesentlich. Auch in den erwähnten
3 Fällen von Dyspepsie war der Harn gelb. Harn gesunder Säuglinge hat ein spec. Gewicht von 1001—1003, der der erwähnten
10 Fälle aber 1005—1010. Autor kommt auf Grund seiner Untersuchungen zu dem Schlusse, dass Glycosurie bei gesunden, mit
Mutter- oder Ammenmilch ernährten Säuglingen nicht vorkommt.
Bei gewissen verdauungsstörenden Krankheiten wie Magen-Darmcatarrh und Dyspepsie, enthält der Harn eine stark reducirende
Substanz, welche die qualitative Zuckerreaction genau giebt, nicht
vergährungsfähig ist und das polarisirte Licht nach rechts dreht.
Diese Substanz ist entweder constant im Harn enthalten, oder tritt
nur zeitweilig auf. In diesen Fällen hat man es mit alimentärer
Glycosurie zu thun. Die Glycosurie verschwand bei den mit Magen-
Darmcatarrh behafteten Säuglingen, als die Säugung zeitweilig eingestellt wurde, und mit der Wiederaufnahme der Säugung trat auch
jene Erscheinung wieder auf. Auch die Unmöglichkeit der Vergährung der im Harne enthaltenen reducirenden Substanz spricht
dafür, dass die Glycosurie von der Ernährung herrührt, d. h. dass
der in der Nahrung enthaltene Milchzucker, wenigstens zum Theile,
ausgeschieden wird. Um die Ursachen der Glycosurie aufzuklären
und um jene Frage zu beantworten, wesshalb Glycosurie eben während
gewisser Verdauungsstörungen auftritt, muss in Berücksichtigung gezogen werden, welche Veränderungen der in der Muttermilch enthaltene Milchzucker im Organismus durchmacht. Nimmt man an,
dass während dieser Krankheiten die Zerlegung des Milchzuckers

in Milchsäure und andere Säuren aufgehoben oder gehemmt ist, so war zu erwarten, dass wenigstens in einzelnen Fällen der Koth solcher Kranker von alkalischer Reaction ist, doch war alkalische Reaction in keinem Falle nachzuweisen. Wir wissen, dass Zucker vom Organismus assimilirt wird, doch fragt es sich. welche Mengen Zucker assimilirt werden können und, wenn grössere Mengen verabreicht werden, ob die ganze Menge assimilirt werden kann, oder aber nur ein Theil, und das Plus im Harne ausgeschieden wird. Verf. nahm diesbezügliche Versuche an Säuglingen vor, d. h. er bestimmte die Grenze der Assimilation für Milchzucker, die bei gesunden Säuglingen bei 8,6 Grm. Milchzucker per 1 Kgr. Körpergewicht liegt. Doch sinkt die Grenze der Assimilationsfähigkeit bei Verdauungsstörung bedeutend, sie liegt zwischen 2,0—2,9 Grm. per 1 Kgr. Körpergewicht. Tritt in Folge Verabreichung von Milchzucker Glycosurie ein, so ändert sich die Beschaffenheit des Harnes in derselben Weise, wie bei den mit Magen-Darmcatarrh behafteten Säuglingen. Die Verabreichung von Milchzucker verursachte keine Verdauungsstörungen. Das Resultat der Beobachtungen resumirt Autor folgendermassen: Im Harne von Säuglingen häufen sich reducirende Substanzen oftmals an und finden sich kleine Mengen von Kohlehydraten. Bei gesunden, mit Muttermilch oder Ammenmilch genährten Säuglingen tritt Glycosurie nicht auf. Bei Verdauungsstörung tritt eine stark reducirende, die qualitative Zuckerreactionen gebende Substanz im Harne auf, welche nicht gährungsfähig ist und das polarisirte Licht nach rechts dreht. Die nicht vergährungsfähige, rechtsdrehende Substanz ist höchst wahrscheinlich Milchzucker oder ein Spaltungsproduct desselben. Die bei Säuglingen auftretende Glycosurie rührt von der Ernährung her. Die Assimilationsfähigkeit für Milchzucker ist bei gesunden Säuglingen eine hohe, bei Verdauungsstörungen sinkt sie. Verf. glaubt endlich, dass die bei Verdauungsstörungen auftretende Glycosurie einestheils durch das Sinken des Assimilationsvermögens für Milchzucker. aber theilweise auch so zu erklären ist, dass gewisse Bacterien eine Zersetzung des Milchzuckers verhindern (?).   Liebermann.

344. G. Colasanti: Die alimentäre Glycosurie [1]). Verf. hat eine Reihe von Beobachtungen an Kranken mit Lebercirrhose gemacht, denen er täglich 100 Grm. Traubenzucker oder Milchzucker eingab, und bei denen er nur in vereinzelten Fällen einen Uebergang von Zucker in den Harn sah. Er leitet denselben weniger von einer Leberinsufficienz, als von dem allgemeinen Daniederliegen des Stoffwechsels bei seinen Kranken und von der Art des eingeführten Zuckers ab. Bei gutem Allgemeinbefinden findet sich der Zucker nicht im Urin. Leicht und in grosser Menge tritt er aber in die serösen Flüssigkeiten der Brust- und Bauchhöhle über. **Rosenfeld.**

345. R. Kolisch: Experimenteller Beitrag zur Lehre von der alimentären Glycosurie [2]). Der Verf. hat bei Hunden durch Unterbindung der Arteria meseraica superior, der Endarterie der Gekrösgefässe eine 2—3 Stunden anhaltende und dann wieder aufhörende Zuckerausscheidung durch den Harn nachweisen können, welche 2—3 Stunden nach Einbringung von 3—5 Grm. Dextrose in dem Magen auftrat. Da Hofmeister die Assimilationsgrenze des Zuckers für nicht zu fette Hunde auf zwei Grm. pro Kilo Körpergewicht bestimmt hat, und die Hunde, welche Verf. zu seinen Experimenten benutzte, nicht unter 5 Kilo schwer waren, demnach wenigstens 10 Grm. Dextrose ohne Glycosurie vertragen sollten, hat Verf. bewiesen, dass sein experimenteller Eingriff die Assimilationsgrenze für den Zucker wesentlich herabsetzte. Dieser Effect wird durch das Aufbinden, die Narcose, den Shock, die Operation und die eintretende Necrose der Darmepithelien nicht bewirkt, wie Verf. durch Controlversuche nachweisen konnte. Die Section ergab niemals eine Laesion des Pankreas. **Kerry.**

346. F. Chvostek: Ueber alimentäre Glycosurie bei Morbus Basedowii [3]). Der Verf. hat im Anschlusse an die Publicationen von Kraus und Ludwig [J. Th. 21, 405] die Frage der alimentären Glycosurie bei Morbus Basedowii an 8 weiteren Fällen geprüft. Es zeigte sich, dass von diesen 8 Fällen 5 Fälle alimentäre Glycosurie zeigten. Bei den 6 genauer beschriebenen Fällen wurden

---

[1]) Boll. della R. Accad. di Med. di Roma XVII. 1890—1891, Fasc. 7. — [2]) Centralbl. f. klin. Medic., **13**, Nr. 35. — [3]) Wiener klin. Wochenschr. 1892, Nr. 18.

0,25—8,5 $^0/_0$ des eingeführten Zuckers ausgeschieden, und der Procentgehalt des Harnes an Zucker schwankte zwischen 0,1 und 7.3. Verf. hat in seinen Fällen die sogenannte leichte Form des Diabetes durch wiederholte Untersuchung bei gewöhnlicher, gemischter, oder absichtlich sehr kohlehydratreicher Kost ausgeschlossen. Auch die Tachycardie bei Morbus Basedowii steht in keinem ursächlichen Zusammenhang mit der alimentären Glycosurie. Zur Entscheidung der Frage. ob die gesteigerte. alimentäre Glycosurie auch bei anderen functionellen Erkrankungen des Nervensystems vorkomme oder nicht. hat Verf. seine Experimente auch auf Fälle von Hysterie, Tetanie, schwerer Neurasthenie mit Erregungs- und Angstzuständen, Chorea. Epilepsie, Paralysis agitans, und Stupor ausgedehnt, ohne hierbei in Bezug auf die Zuckerausscheidung Abweichungen vom normalen Verhalten finden zu können. Verf. sieht von den seltenen Fällen von Neurasthenie ab, bei denen sich unbeeinflusst durch die Nahrungszufuhr bei hohem specifischen Gewicht des Harns sehr geringe Mengen Zucker nachweisen lassen. Bezüglich der klinischen und theoretischen Erwägungen des Verf. sei auf das Original verwiesen. Bei der Untersuchung des Harnes machte Verf. folgende Beobachtungen: Während die bald nach Verabreichung käuflichen, rohen Traubenzuckers gelassenen Harnportionen nach Trommer und Nylander's Proben deutliche Reduction zeigten, die Phenylhydrazinprobe geben, und das Polarimeter ein entsprechendes Drehungsvermögen erwies, konnte des öfteren bei den späteren Portionen eine deutliche Zunahme der Reduction bei der Trommerschen Probe beobachtet werden, auch eine Zunahme des Drehungsvermögens, während die Nylander'sche Reaction und die Phenylhydrazinprobe negativ ausfiel. Nach dem Kochen solchen Harnes mit verdünnter Säure wurde deutliche Reduction des Nylanderschen Reagens beobachtet. Es handelte sich, wie Verf. nachweisen konnte, nicht um Dextrin, welches analog den Beobachtungen von Reichardt und Leube hätte vermuthet werden können, sondern um ein nicht genügend invertiertes Polysaccharat. Ferner konnte Verf. nach Verabreichung der gewöhnlichen Mengen von 150 bis 200 Grm. Traubenzucker im Harne 5 mal Pepton nachweisen. Dieses Verhalten zeigte sich bei einem Falle von Morbus Basedowii ohne alimentäre Glycosurie, bei einem solchen mit Glycosurie, bei zwei

Fällen von Hysterie und einem von Tetanie. Die Verabreichung von 100—150 Grm. Pepton bei denselben Personen, ferner bei 3 psychotischen und 6 gesunden Individuen führte nicht zur Ausscheidung von Pepton im Harne. **Kerry.**

347. O. Minkowski: Weitere Mittheilungen über den Diabetes mellitus nach Exstirpation des Pankreas[1]**).** Verf. konnte auch bei einer Katze nach vollständiger Entfernung des Pankreas einen Tag nach der Operation 7,2 % Zucker im Harne nachweisen. Bei Kaninchen ist die vollständige Entfernung der Bauchspeicheldrüse ohne die schwersten Nebenverletzungen nicht möglich. Bei einem Schweine gelang die Operation, aber wegen des Verlaufs der Pfortader musste ein kleiner Theil der Drüse zurückgelassen werden (etwa $1/30$). In den nächsten 4 Tagen blieb der Harn zuckerfrei. Erst als das Thier Brot frass, trat Zucker im Harne auf, bei reichlicher Brodnahrung (500—1000 Grm.) über 100 Grm. Zucker in 24 St. Bei reiner Fleischnahrung sank die Zuckerausscheidung auf ein Minimum, verschwand nach eintägigem Hunger vollkommen, trat jedoch bei Brodnahrung wieder auf. Aehnliche Formen von leichteren Diabetes beobachtete Verf. auch bei Hunden, denen ein kleinerer Theil, höchstens $1/10$ der Drüse) absichtlich zurückgelassen wurde. Bei Vögeln und Fröschen konnte Verf. durch die Pankreasexstirpation keinen Diabetes erzeugen. Bei Hunden zeigt sich die Zuckerausscheidung schon am 1. oder 2. Tage und erreicht ihren Höhepunkt am 2. oder 3. Tage. Später hängt die Ausscheidung von der Art der Ernährung ab. Im Hungerzustande oder bei reiner Fleischnahrung besteht ein auffallendes Verhältniss zwischen der ausgeschiedenen Zucker- und Stickstoffmenge: auf ein Theil Stickstoff werden 2,7—2,8 Theile Zucker abgeschieden. Dieses Verhältniss ist unabhängig von der Grösse der Thiere und der Menge der zugeführten Fleischnahrung. Verf. glaubt, dass auf der Höhe des Pankreasdiabetes keine nennenswerthen Zuckermengen im Organismus mehr verbraucht werden. Verf. bestätigt die Angaben, dass — wie beim diabeteskranken Menschen — bei starkem Kräfteverfalle die ausgeschiedenen Zuckermengen stark abnehmen, vor dem Tode

---

[1]) Berliner klin. Wochenschr. 1892, Nr. 5.

sogar verschwinden können. Er erklärt dies nicht aus einer vica-
riirenden Function anderer Organe, sondern aus der Abnahme der
Zuckerbildung aus den Eiweisssubstanzen, event. aus einer Zersetzung
des Zuckers durch pathologische Einflüsse, z. B. pathogene Bacterien.
Das Pankreas hat nach seiner Ansicht eine specifische Function.
In Folge dessen hat Verf. die Angaben von Reale und de Renzi
nachgeprüft, nach welchen auch die Exstirpation der Speicheldrüsen
und die Resection des Dünndarms Diabetes hervorrufen. Bezüglich
der Dünndarmresection bemerkt Verf., dass sie ohne Schädigung des
Pankreas nicht durchführbar sei, die Exstirpation der Speicheldrüsen
ergab nach Verf. allerdings Diabetes, welcher aber sehr geringfügig
und nur vorübergehend ist, so dass sich am 2. Tage kein Zucker
mehr im Harn vorfindet. Die Zuckerausscheidung ist hier auch
inconstant und blieb in einem Falle ganz aus, wo sämmtliche 8
Speicheldrüsen in einer Sitzung exstirpirt wurden, während sie am
stärksten in einem Falle auftrat, wo nur die 4 Drüsen einer Seite
exstirpirt waren. Der hier auftretende Diabetes hat demnach mit der
Function des Pankreas nichts zu thun, sondern ist eine vorübergehende Glycosurie, wie sie nach verschiedenen Operationen, langer
Narcose etc. beobachtet wird. Verf. betont, dass die Zuckerausscheidung nicht stets in Folge einer Functionsstörung des
Pankreas aufzutreten brauche und verweist auf den Phloridzin-
diabetes, welcher vom Pankreasdiabetes vollkommen verschieden ist.
So lässt sich Phloridzindiabetes an Vögeln hervorrufen und es kann
bei pankreasdiabetischen Hunden durch Phloridzin die Zuckerausscheidung gesteigert werden. Beim Pankreasdiabetes ist der Zuckergehalt des Blutes erhöht, beim Phloridzindiabetes erniedrigt. Verf.
prüfte, wie sich der Zuckergehalt im Blute beim Phoridzindiabetes
und beim Pankreasdiabetes nach Ausschaltung der Nieren verhalte.
Bei einem Hunde mit 0,097 $^0/_0$ Zucker im Blute sinkt nach der
Phloridzininjection der Zuckergehalt auf 0,077 (im Harne 6$^0/_0$).
Nach Exstirpation der Nieren und erneuter Phloridzininjection enthält
das Blut nach 5 Stunden 0,085 $^0/_0$; nach 20 Stunden 0,099$^0/_0$;
nach 26 Stunden 0,101 $^0/_0$; nach 44 Stunden 0,074. Hier war
also nach der Nierenexstirpation der Zuckergehalt zur Norm zurückgekehrt, um später zu sinken. Bei einem zweiten Hunde, welchem

2 Tage früher das Pankreas entfernt wurde, zeigten sich unmittelbar
vor der Nierenexstirpation 0,327 $^0/_0$ Zucker im Blute, nach 8 Stunden
0,666 $^0/_0$. Hier zeigt sich nach der Nierenexstirpation eine erhebliche Zunahme des Zuckergehaltes im Blute. — Zur Erklärung, wie
der Pankreasdiabetes zu Stande kommt. nimmt Verf. an, dass bei
diesem Diabetes weder nervöse Einflüsse noch Störungen der Pankreas-
saftsecretion bezw. die Retention von Substanzen, die im Pankreas
zur Ausscheidung kommen, maassgebend sind, (die Ueberbindung der
Ausführungsgänge des Pankreas bewirkt keinen Diabetes), sondern
ein besondere Function des Pankreas, welche für den normalen
Zuckerverbrauch im Organismus nothwendig ist. Verf. konnte das
Auftreten des Diabetes verhindern, wenn er Thieren, denen das
Pankreas vollständig entfernt wurde, Pankreasstücke ausserhalb
der Bauchhöhle transplantirte. Die nachträgliche Entfernung dieser
transplantirten Stücke bewirkte schwersten Diabetes. Ueber das
Wesen der von ihm supponirten Pankreasfunction äussert sich Verf.
nicht, wendet sich jedoch gegen die von Lépine aufgestellten
Ansichten. Kerry.

348. de Renzi und Reale: Ueber den Diabetes mellitus
nach Exstirpation des Pankreas[1]). Die Verff. berichten im Gegensatze zu Minkowski über einen von ihnen operirten Hund, welchem
am 20. Dezember 1889 das Pankreas exstirpirt wurde und welcher
am 28. Februar 1890 getödtet wurde. In der ganzen Zeit hatte
das Thier bei Brod- und Fleischnahrung keine Glycosurie, trotzdem
die Section und microscopische Untersuchung das vollständige Fehlen
des Pankreas ergab. Dasselbe negative Verhalten ergab ein 2. Thier.
Nach den Befunden der Verff. ruft also die totale Exstirpation des
Pankreas nicht immer Diabetes hervor. Andererseits haben die
Verff. im Gegensatz zu Minkowski, nach theilweiser Exstirpation
von Pankreas in einem Falle hochgradigen Diabetes hervorrufen können.
Hier wurden sieben Achtel der Drüse exstirpirt, der verbliebene
Rest von 2 Grm. wurde bei der Section histologisch normal befunden
und verdaute Stärke und Fibrin. Die Verff. berichten über ihre
Befunde von Diabetes nach Darmresection, sie fanden einmal $2^1/_2$

---

[1]) Berliner klin. Wochenschr. 1892. Nr. 23.

Monate, einmal 28 Tage nach der Resection das verbliebene Pankreasstück vollkommen normal. Schliesslich besprechen die Verff. ihre Resultate nach der Exstirpation der Speicheldrüsen und verweisen auf die von ihnen gefundene Thatsache, dass nach Exstirpation der Speicheldrüsen eine auffallende Verminderung der Assimilationsgrenze für Rohrzucker eintritt.	Kerry.

349. W. Sandmeyer: Ueber die Folgen der Pankreasexstirpation beim Hund[1]). Verf. gibt zunächst eine ausführliche Beschreibung der Operation. Die Zahl der Totalexstirpationen betrug 29; das Pankreas wurde stets auf einmal entfernt. Die Lebensdauer der Thiere schwankte zwischen $1\frac{1}{2}$ und 15 Tagen; das Körpergewicht sank rapid. In 27 Fällen trat die Glycosurie ein, nur 2 mal war dies nicht der Fall, wahrscheinlich wegen zu kurzer Lebensdauer ($1\frac{1}{2}$ und $2\frac{1}{2}$ Tage). Sonst wurde die Zuckerausscheidung 8 resp. erst 68 Stunden nach der Operation beobachtet. Sie begann bereits zu einer Zeit, als die Thiere noch keine Nahrung erhalten hatten, stieg in den nächsten Tagen gradatim bis zu einer bestimmten Höhe, um dann allmählich abzufallen. Das Maximum an Zucker (32,68 Grm. in 24 Stunden) lieferte ein 9600 Grm. schwerer Hund. Bei längerer Lebensdauer stellte sich auch meist immer stärker werdende Albuminurie ein. Die Reaction auf Acetessigsäure fiel im Gegensatze zu den Beobachtungen von v. Mering und Minkowski negativ oder zweifelhaft aus, auch die Acetonreaction war nie stark, der Nachweis von Crotonsäure (Oxybuttersäure) endlich gelang niemals, sodass das Vorkommen von Oxybuttersäure nur als Ausnahmsfall zu betrachten ist. Neben der hochgradigen Leberverfettung war ausnahmslos eine hochgradige Verfettung der Nieren und der gesammten quergestreiften Musculatur zu constatiren, worüber Verf. nähere histologische Beobachtungen mittheilt. — Bei Partialexstirpation des Pankreas trat abnorme Gefrässigkeit der Thiere auf, sie verschlingen oft ihre eigenen Fäces; Zucker, Aceton und Acetessigsäure waren auch nicht in Spuren aufzufinden.	Andreasch.

---

[1]) Zeitschr. f. Biologie **29**, 86—114.

350. **de Domenicis: Noch einmal über den Pankreas-diabetes; neue Untersuchungen und Betrachtungen** [1]. D. hat nach der totalen Pankreasexstirpation öfters Fehlen der Glycosurie beobachtet, während die sog. Folgeerscheinungen der Glycosurie auch ohne diese regulär auftraten. Nicht nur die starke Abmagerung, sondern auch Polyphagie, Polydipsie und Polyurie, sowie Leberverfettung und graue Rückenmarksdegeneration sind constante Erscheinungen, nur die Glycosurie ist inconstant. Ja die Schädigung des Körpers war bei diesem Diabetes ohne Mellituric noch stärker, als sonst, jedenfalls der N-Umsatz noch verstärkt. Starke Verwundungen und intravenöse Sodainjectionen liessen für einige Tage die Glycosurie aufhören. Ausschliessliche Fleischnahrung oder Hunger hatten Verminderung der Zuckermenge zur Folge. In der Leber einiger Thiere mit schweren Erscheinungen der Zuckerkrankheit fand sich starke Glycogenreaction. Weder Einspritzung des Blutes normaler Thiere, noch vielartige Einverleibung eines Pankreasinfuses hatten einen vermindernden Werth. Verf. nimmt nach diesen Versuchen als den wesentlichen Effect der Abtragung des Pankreas eine schwere Ernährungsstörung an, welche mit oder ohne Glycosurie einhergehen kann. Rosenfeld.

351. **G. Aldehoff: Tritt auch bei Kaltblütlern nach Pankreas-exstirpation Diabetes mellitus auf?** [2]. Im Anschluss an die bekannten Versuche von Mering und Minkowski prüfte Verf. die im Titel angedeutete Frage durch Pankreasexstirpation an Schildkröten und Fröschen. In der That gelang es dem Verf., bei 9 von 12 operirten Schildkröten Diabetes zu erzeugen, indem der Harn die Fehling-sche Lösung reducirte. Die negativen Resultate in den drei anderen Fällen erklärt Verf. dadurch, dass Pankreasgewebe zurückgeblieben sei. Der Diabetes trat ausnahmslos in den ersten 24—28 Stunden auf. Bei 10 operirten Fröschen konnte Verf. in den meisten Fällen Reduction der Fehling'schen Lösung durch den Harn nachweisen, nur trat der Diabetes erst in vier Tagen auf. Kerry.

---

[1] Ancora sul Diabete pancreatico; nuove ricerche e considerazioni. Giornale internaz. delle scienze med. 1891 XV, citirt nach Centralbl. f. klin. Med. **18**, Nr. 28. — [2] Zeitschr. f. Biologie **28**, 293—304.

352. Rich. v. Engel: Ueber die Mengenverhältnisse des Acetons unter physiologischen und pathologischen Verhältnissen[1]). Die quantitativen Acetonbestimmungen nahm Verf. nach der von Messinger angegebenen, von Huppert für den Harn ausgearbeiteten Methode vor. In physiologischen Fällen schwankt die Ausscheidung des Acetons in der Tagesmenge zwischen 0,6 bis 1,8 Cgrm. Bei reiner Fleischdiät steigt die Acetonausscheidung schon nach 24 St. auf das 12—13fache, nach weiteren 24 St. auf das 50fache, nach Aussetzen der Fleischdiät sinkt die Ausscheidung sofort, um nach 48 St. wieder fast die Norm zu erreichen (ein beobachteter Fall). Aehnliches Verhalten fand Müller bei dem hungernden Cetti, was Verf. durch den reichlichen Eiweisszerfall in beiden Fällen erklärt. Bei einem Falle schwersten Diabetes constatirte Verf. eine mittlere Grösse von 2,3184 Aceton, welche Zahl nicht beeinflusst werden konnte durch grössere Gaben von Alkalien. Reine Fleischdiät konnte hier eine Steigerung der Acetonmenge nicht bewirken, hingegen sank die mittlere Acetonmenge auf 1,3995 pro die bei Einführung einer eiweissarmen, kohlehydratreichen Kost, während die Zuckermenge nicht anstieg. Auch das Fieber liess keinen Einfluss auf die Menge erkennen. Vor dem Eintritt des Coma stieg in diesem Falle die Acetonmenge enorm, um im Coma wieder stark zu sinken. Verf. berichtet noch über seine Bestimmungen bei einem zweiten Falle von Diabetes und einem Falle von Lactosurie und geht zu der febrilen Acetonurie über. Verf. konnte allerdings eine quantitative Erhöhung der Acetonausscheidung als constanten Begleiter des Fiebers constatiren, eine bestimmte Beziehung zwischen der Höhe des Fiebers und der Höhe der Acetonausscheidung liess sich nicht nachweisen. Natur und Localisation des das Fieber bedingenden Processes bilden ein gewichtiges Moment für das Vorhandensein oder Fehlen hoher Acetonmengen und bei derselben Erkrankung und derselben Fieberhöhe kommen beträchtliche Schwankungen vor. Unter 5 Fällen von Typhus z. B. zeigten 4 eine ziemlich gleichmässig beträchtliche Erhöhung der Acetonausscheidung, während bei einem 5. Falle die Norm nur um ein

---

[1]) Zeitschr. f. klin. Medicin **20**, 514—533.

geringes überstiegen wurden. In diesem letzteren Falle war Obstipation vorhanden, während die anderen Fälle Diarrhöen zeigten. Bei Darmerkrankungen sind grössere Acetonausscheidungen nachweisbar, bei Pneumonie sind die Fälle wechselnd. Bei einem Falle von chronischem Morphinismus konnte Verf. innerhalb weniger Stunden Ausscheidung grosser Acetonmengen beobachten, unmittelbar bevor der Zustand zum Tode führte.   **Kerry.**

353. G. Boeri: Klinische und experimentelle Untersuchungen über Acetonurie[1]). Verf. stellt eine physiologische Ausscheidung von Aceton in der Höhe von 12—15 Mgr. fest. Erst jenseits dieser Grenze könne man von einer Acetonurie im pathologischen Sinne sprechen. Man kann experimentell bei Thieren Acetonurie erzeugen durch blutzerstörende Substanzen wie Pyrodin. Als Ursache nimmt Verf. den Mangel an Sauerstoff in Blut und Geweben an, und leitet die Acetonurie in Krankheiten, welche mit stärkerer oder schwächerer Blutzersetzung einhergehen, von derselben Ursache ab und meint, dass die Zahl der Fälle von Acetonurie bei Darmstörungen einzuschränken seien. Die Verminderung der Blutalkalescenz habe keinen grossen Einfluss auf die Acetonurie, da sie sich bei Herbivoren fände und bei mit Acetonurie behafteten Menschen nicht durch vegetabilische Ernährung verschwände. Die Verminderung der Blutalkalescenz und die Acetonurie sieht Verf. als parallele Erscheinungen einer sie gemeinsam veranlassenden Autointoxication an.   **Rosenfeld.**

354. J. de Boeck und A. Slosse: Ueber die Anwesenheit von Aceton im Harn der Geisteskranken[2]). Der Harn muss sofort in vollgefüllten, gutverschlossenen Flaschen aufbewahrt oder am besten sofort destillirt werden, weil sich sonst das Aceton bis auf Spuren verflüchtigen kann. Am besten gelingt der Nachweis durch die Jodoformprobe entweder nach Lieben mittelst Lauge und Jodjodkaliumlösung oder nach Gunning mit Jodtinctur nnd Ammoniak.

---

[1]) Ricerche cliniche e sperimentali sull' acetonuria. Riv. clin. e terap. XIII. Napoli 1891. — [2]) De la présence de l'acétone dans l'urine des aliénes. Bull. d. l. soc. d. méd. mentale de Belgique 1891; Centralbl. f. d. medic. Wissensch. 1892, pag. 580.

Letztere Methode zeigt noch 0,01 Mgrm. Aceton an, erstere sogar
0,001. Da sich auch normaler Weise Aceton in Spuren im Harn
vorfinden kann, besonders bei eiweissreicher Kost, so haben erst
grössere, die Norm überschreitende Mengen von Aceton eine pathologische Bedeutung. Bei 31 Melancholikern, Maniakalischen etc.
fand sich Aceton ohne jede Beziehung zum psychischen Zustande.
Erst bei Inanition nimmt, wie bei Gesunden, die Acetonmenge zu;
tritt bei einem abstinirenden Geisteskranken die Acetonmenge in
beträchtlichem Maasse auf, so ist es angezeigt, die künstliche Ernährung einzuleiten. Das Aceton entsteht hier aus dem reichlich
zerfallenden Körpereiweiss.

355. A. Lustig: Ueber experimentelle Acetonurie[1]**).** L., der
entdeckt hat, dass nach Exstirpation des Plexus solaris Acetonurie
auftritt, führt gegen die Ansicht Peiper's, welcher auf Grund
seiner Versuche, in denen unter 7 Fällen nur 2 mal Acetonurie
auftrat, den Anschauungen Lustig's entgegentritt, 6 neue Versuche
an. Diese gaben ebenfalls, wie die früheren, Glycosurie und Acetonurie,
auch leichte Albuminurie. Dabei wurde kein Sublimat verwendet,
da Peiper seine 2 Fälle von Acetonurie dem Sublimat bei der
Wundbehandlung zuschreibt. Wiederum fand er, wie früher, dass
seine Thiere nach der Operation in ihrem Allgemeinbefinden stark
zurückgingen. Weitere Versuche an 4 Kaninchen mit Exstirpation
des Ganglion cervicale supremum sympathicum waren nur von Acetonurie gefolgt, einmal von vorübergehender Glycosurie. Dasselbe
erfolgte auf Exstirpation des Ganglion cervicale inferius, dagegen
Resection eines Nerv. splanchnicus, desgl. beider, erzeugte nur vorübergehende Glycosurie und Acetonurie. Eine gleichartige Acetonurie
ergab die Exstirpation des abdominalen Plexus aorticus. Einstiche
in die Rautengrube durch das Kleinhirn erzeugte stets flüchtige
Glycosurie und starke, lang dauernde Acetonurie, sodass dieser Ver-
letzung des Centralnervensystems wie der Abtragung des Plexus
solaris allein die Eigenschaft zukommt, nachhaltige starke Formen
von Acetonurie zu verursachen.   Rosenfeld.

---

[1]) Sull' acetonuria sperimentale. Lo Sperimentale XLV. 5. 6, citirt nach
Centralbl. f. Physiol. 6, Nr. 2.

356. R. Oddi: Ueber experimentelle Acetonurie und Glycosurie [1]). O. sucht durch variirte Verletzungen des Centralnervensystems Acetonurie und Glycosurie zu Stande zu bringen. Stich in die Rautengrube theils durch das Kleinhirn hindurch, theils mit Schonung des Kleinhirns ruft flüchtige Acetonurie, Glycosurie und unbedeutende Albuminurie hervor. Dabei trat meist erst Glycosurie während zweier Tage und dann bis zum 7. oder 9. Tage Acetonurie auf. Nach 2—3 tägigem Bestehen der Acetonurie fand sich erst Albumin im Harn. Auch hier fiel, wie in den Versuchen Lustig's die starke Abmagerung der Thiere auf. Durchschneidung des rechten Hirnstieles, Abtragung der motorisch-sensorischen Hirnrinde, oder eines Kleinhirnlappens war von gleichen Erscheinungen in derselben Zeitfolge begleitet, nur fand sich noch leichte Polyurie dazu. Ein Thier starb comatös am 7. Tage. Die Abmagerung und Polyurie dauert nur bis zum Schwunde der Acetonurie an. Rosenfeld.

357. O. Rosenbach: Die Chromsäure als Reagens auf Eiweiss und Gallenfarbstoff [2]). R. verwendet eine 5 $^0/_0$ ige Chromsäurelösung; wenige Tropfen fällen selbst bei geringem Gehalte das Eiweiss in mehr oder weniger gelb gefärbten Flocken aus, welche sich rasch zu Boden setzen. In manchen Fällen ist es vortheilhaft, das Reagens, das auch in geringster Concentration wirksam ist, tropfenweise so lange zuzusetzen, bis alles Eiweiss ausgefällt ist. Urine, die beim Kochen einen Phosphatniederschlag zeigen, werden bei Zusatz der Chromsäurelösung klar und lassen, falls ausserdem noch Eiweiss vorhanden ist, sofort einen charakteristischen Niederschlag von flockigem Albumen fallen. Es scheint überhaupt nicht nöthig, wenn man sich der Chromsäure bedient, den Urin vorher zu kochen, da Verf. trotz der grossen Anzahl untersuchter Urine einen Urinniederschlag, wie bei Anwendung von Salpetersäure, nie beobachtete. Sollte ein solcher doch in einzelnen Fällen zu Stande kommen, und sollte die Gelbfärbung der Flocken keinen charakteristischen Anhaltspunkt für die Beurtheilung bieten, so kann ja der

---

[1]) Sull' acetonuria e glicosuria sperimentale. Lo Sperimentale XLV. 5. 6, citirt nach Centralbl. f. Physiol. 6, Nr. 1. — [2]) Deutsche medic. Wochenschr. 1892, Nr. 17.

Urin nachher noch gekocht werden, um eine nachträgliche Lösung
der Urate in der Weise zu bewirken. Eine Bildung von löslichem
Acidalbumin bei Anwendung der Chromsäure hat Verf. nicht beobachtet. R. empfiehlt seine Chromsäurelösung auch zum Nachweis
von Gallenfarbs'off. Setzt man zu gallenfarbstoffhaltigem Harn
(selbst bei starker, künstlicher Verdünnung) vorsichtig unter Umschütteln die Säure zu, so färbt sich die Lösung immer schöner grün,
bis das Maximum der Färbung, das sehr lange in voller Intensität
anhält, erreicht ist. Fährt man mit dem Zusatze der Säure fort,
so färbt sich die Flüssigkeit schliesslich braunroth. Je stärker der
Gallenfarbstoffgehalt des Urins ist, desto vorsichtiger soll man mit
dem Zusatze der Säure sein und stets einige Augenblicke warten,
bevor man wieder einige Tropfen des Reagens zusetzt. Die Chromsäure hat vor der rauchenden Salpetersäure, die in den meisten
Fällen ein saftigeres Grün liefert, den Vortheil voraus, dass sie keine
anderen Farbenveränderungen (blau, roth etc.), die das Resultat so
häufig trüben, liefert. Auch in der vom Verf. angegebenen Modification der Gallenfarbstoffprobe — Aufträufeln des Reagens auf
das gelb gefärbte Filtrirpapier, durch das man eine Quantität des
icterischen Harns filtrirt hat — liefert die Chromsäure schöne und
einwurfsfreie Resultate, da sie eben nur einen grünen Farbstoff von
sehr schöner Sättigung liefert und keine solche Vorsicht bei der
Anwendung fordert, wie die Probe mit rauchender Salpetersäure.

Kerry.

358. **O. Zoth: Ein Urometer** [1]. Ein vom Verf. angegebener
kleiner Apparat ermöglicht dem Praktiker hinreichend genaue
quantitative Bestimmungen von Albumin, Zucker und Harnstoff in
einfacher Weise vorzunehmen. Die Albuminbestimmung wird mit
dem Esbach'schen Reagens, die Harnstoffbestimmung mit Brom-
natronlauge, die Zuckerbestimmung durch Gährung mit Hefe vorgenommen. Die Genauigkeit des Apparates, richtiges Arbeiten
vorausgesetzt, schätzt der Verf. auf $1/2\,^0/_0$ bei Harnstoff und Zucker,
auf $1/2\,^0/_{00}$ bei Albumin. Die Beschreibung des Apparates möge in der
Originalarbeit eingesehen werden, welche auch eine Zeichnung desselben enthält.

Kerry.

---

[1] Deutsche medic. Wochenschr. 1892, Nr. 1.

359. F. Obermayer: Ueber Nucleoalbuminausscheidung im Harn[1]). Wenn Verf. den Harn von Leukämischen und anderen geeigneten Patienten mit der 3 fachen Menge Wasser verdünnte und in 2 gleichweite Reagensröhrchen goss und eine Probe mit Essigsäure stark ansäuerte, so konnte er entweder gleich oder nach wenigen Augenblicken eine deutliche Trübung beobachten, welche er auf Nucleoalbumin zurückführte. Zum sicheren Nachweis wurde der durch Essigsäure bewirkte Niederschlag abfiltrirt und in alkalischem Wasser gelöst. Durch Eintragen von schwefelsaurer Magnesia wurde eine Fällung erzielt und der gefällte Eiweisskörper mit 5 % Schwefelsäure 8 Stunden auf dem Wasserbade erhitzt. Nach dem Neutralisiren zeigte die Fehling'sche Lösung auch nach längerem Stehen keine Reduction. Der aus mehreren Litern Harnes gewonnene Eiweisskörper wurde, nachdem derselbe zur Reinigung viermal in Alkali gelöst und durch Essigsäure gefällt worden war, zur Phosphorbestimmung benutzt. Nach dem Eintragen in geschmolzenes Salpetergemisch konnte Phosphorsäure mit molybdänsaurem Ammoniak sehr deutlich nachgewiesen werden. Von einer Elementaranalyse wurde Abstand genommen, da die Substanz hierzu nicht genug rein erschien. Das Nucleoalbumin konnte Verf. ausser bei 6 Fällen von Leukämie noch nachweisen bei 32 Fällen von Icterus, wobei das Auftreten von Eiweiss nur vom Icterus als solchen, nicht aber von der den Icterus bedingenden Krankheit abhing. Mit dem Verschwinden des Icterus verschwand auch die Nucleoalbuminausscheidung. Bei Erkrankungen, bei welchen die Nieren einer besonderen Schädigung unterliegen, wie Diphtherie und Scharlach, ferner nach Einverleibung von nierenreizenden Substanzen (Pyrogallol, Theer, Naphtol, Sublimat, Arsen etc.) konnte Verf. ebenfalls die Ausscheidung von Nucleoalbumin nachweisen. Verf. nimmt. gestützt auf die vorliegenden Untersuchungen, eine vesicale und renale Nucleoalbuminurie an, die letztere auf eine Schädigung der Nierenepithelien zurückführend. Noch fraglich ist eine hämatogene und inogene Form der Nucleoalbuminurie.

Kerry.

---

[1]) Centralbl. f. klin. Medic. **18**, 1—10, Nr. 1.

360. Carl Flensburg: **Untersuchungen über das Vorkommen und die Art der Albuminurie bei sonst gesunden Soldaten**[1]). Die Anzahl der untersuchten Personen war eine verhältnissmässig kleine, im Ganzen 53. Von diesen waren 32 Rekruten und 21 Soldaten: jene wurden während 11 und diese während 6 Tagen untersucht und zwar im Allgemeinen je dreimal täglich. Die Anzahl der untersuchten Harnproben war gegen 1300. Die Ergebnisse der Untersuchung waren bezüglich des Vorkommens vom Albumin im Harne folgende:

Morgenharn (229 Mal untersucht;   5 Mal Albumin) $= 2,12^0/_0$

Mittagsharn (283 «   «   23 «   «   ) $= 8,1$ «

Abendharn (237 «   «   12 «   «   ) $= 5,0$ «

Flensburg hat auch die Einwirkung verschiedener Momente auf das Auftreten der Albuminurie untersucht. In dieser Hinsicht ist von besonderem Interesse, dass kalte Bäder einen unverkennbaren Einfluss ausübten, indem nämlich das procentische Vorkommen der Albuminurie nach den Bädern regelmässig anwuchs. Einen constanten Einfluss von körperlichen Anstrengungen konnte er dagegen nicht constatiren, ebensowenig wie er eine bestimmte Beziehung zwischen der Albuminurie und vorausgegangenen Infectionskrankheiten (Scarlatina, Morbilli, Diphtherie) constatiren konnte. Bezüglich der Art des im Harne auftretenden Albumins fand F., dass das Vorkommen von Nucleoalbumin sehr gewöhnlich ist, in $84^0/_0$ von sämmtlichen Fällen von Albuminurie. In vielen Fällen von transitorischer Albuminurie ist Nucleoalbumin der einzige, im Harn vorkommende Eiweisskörper. Hammarsten.

361 **John Bexelius: Ueber die Frequenz der transitorischen Albuminurie**[2]). Die Untersuchungen von B. beziehen sich auf 150 Personen, die theils der Bauernclasse theils den arbeitenden Classen angehörten und welche in dem Curort Porla in Schweden eine Brunnencur durchmachten. Unter diesen Patienten zeigten nur 5 ein transitorisches Auftreten von Eiweiss im Harne, und das procentische Vorkommen der Albuminurie war also geringer als bei Gesunden. Die Frequenz der cyclischen Albuminurie war $2^0/_0$. Hammarsten.

---

[1]) Undersökungen öfver albuminuriens art och förekomst hos i öfrigt friska Soldater. Stockholm 1892. — [2]) Om den transitoriska albuminuriens frequens. Hygiea Bd. 54, 1892.

362. **Lincoln Paijkull: Ein Fall von cyclischer Albuminurie**[1]**.**
In diesem besonders sorgfaltig studirten Falle von cyclischer Albuminurie
stieg der Eiweissgehalt in einzelnen Fällen auf 0,3—0,35 %, während der
Harn zu bestimmten-Zeiten des Tages ganz eiweissfrei war. Im Laufe von
25 Tagen wurde der Harn 14 Mal täglich (d. h. im Verlaufe von 24 Stunden) untersucht. Da der Fall indessen überwiegend klinisches Interesse
darbietet, wird bezüglich der näheren Details auf das Original verwiesen.
Hammarsten.

363. **H. C. G. L. Ribbink: Ein Fall von Albumosurie**[2]**.**
Diese Dissertation enthält neben der klinischen Beschreibung des
Falles, die Auseinandersetzung der Ergebnisse der Harnanalyse eines
an Osteosarkomatis leidenden 39jährigen Schneiders. Der im
Universitätskrankenhause zu Amsterdam auf der Abtheilung von
Prof. Stokvis längere Zeit behandelte Patient ist der vierte in der
Literatur erwähnte Fall von Albumosurie. Während die Albumose
im Harn in der Regel zu ungefähr 2 % enthalten war, fand Verf.
in den Fäces, welche seit 14 Jahren ohne bekannte Ursache 3—4
Mal täglich breiig entleert wurden, nur geringe Mengen dieser
Substanz, in der Punctionsflüssigkeit der Pleura sogar keine Spur
desselben vor. Der Harn reagirte in der Regel sauer; specif. Gewicht (1011—1030) innerhalb weiter Grenzen schwankend. Beim
längeren Stehen des Harns bildete sich ein Sediment, welches aus
Uraten, oxalsaurem Kalk und einzelnen granulirten Cylindern, Leucocyten und Epithelien zusammengesetzt war. Einige der normalen
Harnbestandtheile: Harnstoff, Chlornatrium, Phosphorsäure, lieferten
in einer dreiwöchentlichen Untersuchungsperiode normale Werthe;
das Verhältniss zwischen Harnstoff und Chlorwasserstoffsäure, sowie
dasjenige zwischen Harnstoff und Phosphorsäure, war ungefähr gleich
demjenigen zweier gesunder Mediciner: Ersteres betrug 1:0,327
(bei den gesunden Personen 1:0,375), letzteres 1:0,081 (resp.
1:0,082). Die Kalkausscheidung im Harn war beträchtlich verringert (an zwei Tagen je 208 Mgrm., als phosphorsaurer Kalk berechnet). Albumin, Dextrose, Aceton, Diacetsäure, Blut und Gallenfarbstoffe wurden niemals angetroffen. Die Harnalbumose unterschied
sich in eigenthümlicher Weise von den bisher beschriebenenen Albu-

---

[1] Ett fall af cyclisk albuminuri. Upsala Läkareförenings förhandlingar Bd. 27. — [2] Een geval van albumosurie. Diss. Amsterdam 1892.
[Vergl. J. Th. **21**, 412.]

mosen, wenngleich die Haupteigenschaft derselben, beim Erwärmen
in saurer $1-2\%$iger Kochsalzlösung zu coaguliren, beim Kochen
wieder gelöst zu werden, und beim Abkühlen von Neuem auszufallen,
mit derjenigen der von den Autoren untersuchten Albumosen übereinstimmt. Die hauptsächlichen Differenzen lassen sich in folgenden Punkten zusammenfassen: I. die Coagulation des Harns, sowie
diejenige der isolirten Albumose, fängt bei 58^0 C. [im Kühne'schen
Falle bei 43^0 ($43-50$), im Huppert'schen bei 53^0 ($53-59$)], erreicht aber erst bei 65^0 (bis zu 72^0 C.) ihren Höhepunkt. Die
Menge des Coagulats war innerhalb gewisser Grenzen von dem Säuregrad der Flüssigkeit abhängig, und zwar trat bei mässigen und
grössern Säuregraden derselben keine Coagulation ein. Das Verhältniss der kleinsten zur möglichst vollständigen Coagulation be-
nöthigten Quantitäten verschiedener Säuren (HCl, H_2SO_4, HNO_3,
H_3PO_4, $C_3H_6O_3$, $C_2H_4O_2$) in demselben Harn entsprach nicht den
Moleculargewichten dieser Säuren; ebenso wiesen die Mengen der
anorganischen Säuren, welche zur Präcipitirung in der Kälte genügten, sehr beträchtliche Differenzen auf. Im Allgemeinen wurde
auch die Löslichkeit der beim Erwärmen des Harns spontan coagulirten Albumose bei höherer Temperatur durch die Reaction desselben
beherrscht. Alkalische Reaction wirkte hemmend auf dieselbe,
während schwach saure Reaction dieselbe im Verhältniss zum Säuregrad bis zum völligen Coagulationspunkte beschleunigte. II. Wenn
der Harn nach möglichst vollständiger Coagulation (durch Erwärmung bis zu 72^0 C.) abgekühlt und filtrirt wird, so findet sich
in dem Filtrat noch eine geringe Quantität gelöster Albumose, welche
mit anorganischen Säuren (Salpetersäure) in der Kälte nicht sofort,
beim Erwärmen aber unmittelbar einen Niederschlag gibt. Letzterer
löst sich übrigens wie ein gewöhnlicher Albumosenniederschlag beim
Kochen, um bei der Abkühlung wieder zu erscheinen. Hatte man
die Säuremengen zu gross genommen, so blieb auch bei der Erwärmung die Lösung unverändert, und es tritt die Xanthoproteinreaction
ein. Letztere ergibt an der Albumose dieses Harns stets eine
dunklere Färbung als am gewöhnlichen Harnalbumin. Im Uebrigen
entsprechen die Reactionen dieses residualen, vielleicht durch Disso-
ciationsprocesse bei der Erwärmung und der nachherigen Abkühlung
(Ref.) in dem Harn zu Stande gekommenen Eiweisskörpers vollständig

demjenigen der ursprünglichen Harnalbumose. III. Weitere Differenzen
der im Harn vorhandenen Albumose mit den von Kühne und von
Huppert beschriebenen Körpern betreffen u. A. das Verhältniss
zu Salz und Säure bei gewöhnlicher Temperatur: a) überschüssiges
NaCl, welches in Substanz dem Harn zugefügt würde, erzeugte nach
tagelangem Stehenlassen bei 15—40 ⁰ C. weder Trübung noch Niederschlag; b) Schwefelsaures Ammoniak präcipitirte, in derselben Weise
dem Harn zugesetzt, nach einigen Stunden die Albumose vollständig;
das Filtrat war völlig eiweissfrei (Biuretreaction u. s. w.); c) der
bei Zimmertemperatur mit Alkali oder Säure versetzte Harn ergibt
bei der Neutralisation keine Fällung, kein sogenanntes Neutralisationspräcipitat; d) bei der Dialysirung des Harnes gegen destillirtes
Wasser ging ein aliquoter Theil der Albumose in das Dialysat über.
IV. Nach längere Zeit fortgesetzter Dialyse des Harns im Pergament-
schlauch mit strömendem Leitungswasser zeigte derselbe neutrale
oder alkalische Reaction. Beim Erwärmen dieser mit verdünnter
Essigsäure angesäuerten Flüssigkeit bildete sich ein beim Kochen
verschwindender Niederschlag; wenn Letzterer nach der Abkühlung
abfiltrirt wurde, so zeigte das Filtrat wieder das nämliche Verhalten beim Erwärmen, Kochen und Abkühlen, welches die ursprüngliche Lösung darbot. Diese sich in jedem folgenden Filtrat wieder-
holenden Erscheinungen ergaben sich unabhängig von der Abkühlungs-
temperatur, so dass man in dieser Weise niemals im Stande war,
die ganze coagulirbare Albumosemenge aus der Flüssigkeit zu entfernen. Die Entfernung derselben gelang jedoch sofort, nachdem
eine kleine NaCl-Quantität zugesetzt worden war. V. Das beim
Erwärmen des Harns coagulirte Eiweiss, welches im isolirten
Zustande eine spröde, (bröckliche) Masse darbot, löste sich, wenn
dasselbe im Mörser mit Aq. dest. und einer geringen Menge 5 ⁰/₀ iger
Essigsäure verrieben und dann bis zum Sieden erhitzt wurde, voll-.
ständig auf. In der bei der Siedehitze klaren Flüssigkeit entstand
nach der Abkühlung ein voluminöser Niederschlag. Nichtsweniger
fand sich im Filtrat noch Albumose, welche beim Erwärmen coagulirte, beim Sieden sich löste und bei der Abkühlung wieder niedergeschlagen wurde. Auch dieser Vorgang konnte, wie sub IV im
dialysirten Harn, beliebige Male hervorgerufen werden, und auch

hier genügte zur vollständigen Coagulation die Erwärmung mit etwas
Kochsalz. Hier wie im Harn selbst bleibt aber sogar in diesem
Falle nach der Filtration eine gewisse Menge des oben sub II erwähnten residualen Eiweisskörpers in der Flüssigkeit gelöst; derselbe
kann nur nach Sättigung mit schwefelsaurem Ammoniak oder nach
Kochen mit überschüssigem Kochsalz- und Essigsäure-Zusatz aus seiner
Lösung präcipitirt werden. — Es ergibt sich also, dass sehr schwach
saure, in der Siedehitze bereitete Lösungen des Coagulats, mit ungefähr $1\,^0/_0$ Kochsalzlösung versetzt, alle charakteristischen Eigenschaften des sauren Harns entfalten können. In beiden Flüssigkeiten
sind übrigens beim Steigen des Säuregrades immer grössere Koch-
salzmengen für die Coagulation erforderlich. Bei sehr hohem
Säuregrad wird die Albumose schon in der Kälte durch überschüssiges Na Cl nach einigen Stunden in toto niedergeschlagen, und
dieses Präcipitat ist beim Kochen um so weniger löslich, je salz-
reicher die Lösung war. Andererseits gelingt es auch bei niedrigerer
Temperatur, das Coagulat in Lösung zu bringen. So gelang nach
vorherigem Reiben im Mörser die Lösung bei 40^0 C. in Säure und
in destillirtem Wasser, während Salzlösungen nur sehr wenig aufnahmen. Durch Salzsäure und Pepsin wurde eine Probe sehr leicht
und vollständig gelöst und zum grösseren Theil in Pepton umgewandelt. VI. Die von Straub[1]) hervorgehobene Eigenschaft der
Verdauungsalbumosen, in $50\,^0/_0$igem Alcohol beim Kochen gelöst zu
werden und in der Kälte unmittelbar auszufällen, gilt auch für die
Albumose dieses Harns. Wenn der Harn jedoch mit dem doppelten
Volumen $95\,^0/_0$igen Alcohols versetzt wurde, so fiel die ganze Albu-
mosenquantität sofort aus. Die in dieser Weise isolirte Albumose,
welche einen Theil der schwefelsauren Salze u. s. w. mitgerissen
hatte, konnte durch Auswaschen mit $1\,^0/_0$iger Kochsalzlösung, in
welcher sie nahezu unlöslich war, gereinigt werden und zeigte folgendes Verhalten: a) sehr leichte Löslichkeit in Säure und Alkali
bei Zimmertemperatur; b) ziemlich leichte Löslichkeit in destillirtem
Wasser; c) sehr geringe Löslichkeit in Salzlösungen; d) Integrität

---

[1]) Bijdrage tot de kennis der hemi-albumose, 1884 (Nederl. Tijdschr.
v. Geneeskunde; auch J. Th. **14**, 28).

aller vorher beschriebenen Albumosereactionen; so wird z. B. die schwach angesäuerte Lösung durch Kochsalz in Substanz weder bei gewöhnlicher Temperatur, noch bei 40° nach tagelangem Stehen niedergeschlagen, u. s. w. wie sub III a—d beschrieben wurde. Nach Dialyse (IV), Coagulation (V) oder Alcoholfällung (VI) hat diese Albumose also keine ihrer Eigenschaften verloren. — Ueber die Ursache des Vorkommens dieses eigenthümlichen Eiweiss- körpers im Harn hat der Verf. nur negative Angaben machen können. Obgleich nach Pepsin, Labferment u. s. w. im Harn ge- fahndet wurde, gelang es nicht, die geringste Spur eines Ferments oder Enzyms nachzuweisen. Die Blutuntersuchung wurde aus humanitären Gründen unterlassen. In klinischer Beziehung scheint die Auffassung nahe zu liegen, nach welcher die Albumose nicht in den Nieren gebildet wird, sondern aus den Osteosarkomen ent- standen sein soll. (Sectionsbericht mit nähern Mittheilungen wird demnächst erscheinen.)   Zeehuisen.

364. Ant. Genersich: Ueber die Härte der pathol. Con- cremente [1]). Die Härte der sich im Körper bildenden Steine ist noch nicht genauer bestimmt worden, man begnügte sich bisher damit, dieselben mit weich (Gallenstein), hart (Harnsäuresteine), sehr hart (aus oxals. Kalk bestehende Steine) zu bezeichnen. Verf. verglich die Steine mit den Gliedern der Mohs'schen Härtescala, wobei er jedoch (bei den untersten Gliedern dieser Scala), einige Typen einschalten musste. Die angewendete Härtescala ist folgende: Kaolin, Graphit, Talcum I, Molybdenit, Gyps II, Kaliglimmer, Lithiumglimmer, Steinsalz, Kalkspath III, Schwerspath, Serpentin, Flussspath IV, Arragonit (Onyxmarmor) Apatit V, Glas, Feldspath (Orthoklas) VI und Kieselsäure (Quarz) VII. Es wurde die chemische Qualität jedes einzelnen Steines bestimmt und jeder, mit den ange- führten Mineralien auf seine Härte geprüft, wonach die Steine in folgender Reihe aufeinander folgen: Aus reinem und unreinem Cholesterin bestehende Gallensteine (1,5—1,6), Blasenstein, aus

---

[1]) Magyar orvosi archivum **2**, pag. 10, Orvosi hetilap, Budapest 1892, pag. 459 und Ungar. Archiv. f. Medic. **1**. (Wiesbaden, J. F. Bergmann.)

harnsaurem Ammon bestehend (2,5), ebenso der Zahnstein (2.5). der aus phosphorsauren Erden bestehende weiche Harnstein (2,6). Cystinstein (2,6), Gallenfarbstoffstein (2,6), aus phosphorsauren Erden bestehender Blasenstein (2,75), der im Menschen vorkommende Darmstein (2,5 — 2,75), die äusseren Schichten der Steine aus Rinderhaaren (2,75), aus Harnsäure und harnsauren Salzen (Natron, Magnesia) bestehende Steine, der Speichelstein, Prostatastein, das verkalkte Atherom, der Venenstein (2,9), Hippolith (3,0), der verkalkte Lymphdrüsenstein (3,1), der kohlensaure Harnstein des Rindes (3,25), aus oxalsaurem Kalk bestehender Harnstein (3,3—3,5). Nasenstein und Lungenstein (3,5), schliesslich die härtesten Steine, d. s. die bei Schweinen vorkommenden, kohlensauren Kalk enthaltenden Gallensteine, der Pankreasstein des Rindes und der aus kohlensaurem Kalk bestehende Harnstein des Pferdes (4,5). Folgen noch Winke, wie man die erwähnte Härtescala in der Praxis durch leicht und überall erhältliche Dinge, z. B. Steinsalz, Glas, Gold- und Silbermünzen, dem Fingernagel etc. ersetzen kann, ferner Beschreibung einiger seltenerer Concremente und practische Bemerkungen über ihre Auflösbarkeit im Organismus.   Liebermann.

365. Aug. Herrmann: Ueber eine neue Behandlungsmethode der Nephrolithiasis mit Glycerin[1]). Da nach den Untersuchungen von Colasanti Glycerin ein gutes Lösungsmittel für Harnsäure ist und dieser Körper nach den Erfahrungen von Catillon [J. Th. 7, 144] und Horbaczewski [J. Th. 16, 195] theilweise unverändert in den Harn übergeht, lag der Gedanke nahe, das Glycerin bei Nephrolithiasis therapeutisch zu verwenden. Es wurden 14 Fälle mit Glycerin (50 - 100 CC. per os) behandelt, ohne dass besondere Nebenwirkungen aufgetreten wären, sofern der Verdauungstract nicht erkrankt war. Bei allen an Nierenconcretionen leidenden Patienten (mit Ausnahme eines Falles) traten nach 2—3 Stunden Schmerzen in der Nierengegend auf, die sich zuweilen zu einer ausgesprochenen Nierensteinkolik steigerten, worauf theils Harnsand, theils Nierensteine bis zur Grösse einer Bohne abgingen. Glycerin konnte nach 3 Stunden unverändert im Harne nachgewiesen werden, gleichzeitig traten be-

---

1) Prager med. Wochenschr. 1892, Nr. 47 und 48.

trächtliche Schleimmengen auf. Zuerst wurde bei der Erklärung der Wirkung des Glycerins an dessen harnsäurelösende Wirkung gedacht, doch sprachen sowohl eigens mit Nierensteinen angestellte Versuche, sowie das Aussehen der abgegangenen Steine gegen eine solche Annahme. — Wurde Kaninchen eine grössere Glycerinmenge per os eingeführt, so entwickelte sich ein schweres Vergiftungsbild, besonders, wenn die Thiere kein Wasser erhalten hatten. Verf. führt diese Erscheinungen auf die intensive Wasserentziehung durch das Glycerin zurück. Der Harn der vergifteten Thiere war sehr reich an Fermenten. — Die Wirkung des Glycerins wird vom Verf. in folgender Weise erklärt: Durch die Wasseranziehung wird eine intensive Durchspülung der Nieren herbeigeführt. Dabei werden die in den Harnwegen befindlichen Concremente um so leichter entfernt, als die gesammten Harnwege durch den glycerinhaltigen Harn glatt und schlüpfrig gemacht worden waren. Wahrscheinlich wird auch der Schleim zur Loslösung gebracht. Andreasch.

366. **R. van der Klip: Piperazin als harnsäurelösendes Mittel** [1]). Nach zahlreichen Proben bestreitet Verf. die Richtigkeit der aus den chemischen Fabriken herrührenden Mittheilungen über die Löslichkeit der Harnsäure in Piperazinlösungen. Bei Temperaturen von 16 bis 36° C. fand er das Lösungsvermögen des Piperazins nicht 12 mal grösser, wie dasjenige des Lithium carbonicum, sondern ungefähr gleich demselben; ebenso fiel die lösende Wirkung auf Uratsteine nicht grösser, sondern sogar etwas geringer aus. Ebenso war das Lösungsvermögen des Chlorlithiums, welches nach Brik (J. Th. 21, 404) im Harne bei interner Application des Lithion carbonicum auftritt, nahezu dasselbe, wie dasjenige des salzsauren Piperazins. Weitere Versuche des Verf. ergaben das Vermögen des Piperazins, die Abgabe des Sauerstoffs aus dem Oxyhämoglobin längere Zeit hintanzuhalten; sogar sehr schwache Lösungen (1:5000) haben in dieser Beziehung schon einen unverkennbaren Einfluss, welcher sogar denjenigen des Strychnins und des Cytisins übertrifft. Das mit Piperazin versetzte Blut wird bei der Erwärmung, sogar bei der Siede-

---

[1]) Piperazine als piszuur-oplossend middel. Nederl. Tijdschr. v. Geneeskunde 1892, I, pag. 445.

hitze, nicht coagulirt; auch diese Eigenschaft, welche mit derjenigen
des Ammoniaks völlig übereinstimmt, offenbart sich noch in sehr
verdünnten Lösungen (1:4000). Die Peptonisation des gesottenen
Hühnereiweisses im Brütofen wird durch Piperazinzusatz sehr beeinträchtigt. Verf. läugnet nicht die von Bardet, Ebstein u. A.
erwähnten therapeutischen Heilerfolge des Mittels, bestreitet nur die
ursprüngliche Theorie, nach welcher diese Wirkung, die Folge der
harnsäurelösenden Eigenschaften des Piperazins sei und sucht die Erklärung der Wirkung vielmehr mit Vogt und Gautrelet in seinem
oxydirenden Vermögen im Organismus.　　　　Zeehuisen.

**367. L. Picchini und A. Conti: Einige Beobachtungen über
einen Fall von Cystinurie[1]).** Während 8 Monaten beobachteten die
Verff. die regelmässige Anwesenheit von Cystin im Urin einer
29 jährigen Frau. Die tägliche Menge schwankte zwischen 19 bis
25 Cgr., gleichmässig mit der täglichen Urinmenge. Der Cystinge-
halt des Tagesharns war entgegengesetzt anderen Beobachtungen
grösser als der des Nachtharns: 17—24 Cgr. am Tage, 2—4 des
Nachts. Fleischdiät hatte keinen deutlichen Einfluss; Milchdiät
steigerte die Quantität des entleerten Cystins im Verhältnis der durch
die Diät eingetretenen Vermehrung der Urinmenge. Vichy-Wasser
und Lithiumcarbonat waren ohne Einfluss; das Fieber modificierte
die ausgeschiedene Menge. Der Urin enthielt — seltene Ausnahme
— übernormale Mengen von Harnsäure mitunter in der Form
von Harnsand, welcher im Tages-Urin vorherrschte. Die Harnstoffmenge und die Schwefelsäure waren normal. Einige Male fanden
sich Tyrosinkrystalle. Die Autoren setzen die Cystinurie in Parallele
mit Stoffwechselanomalien wie Oxalurie.　　·　　Rosenfeld.

368. S. G. Hedin: Ein Fall von Hämatoporphyrinurie[2]). Der
stark sauer reagirende Harn, welcher weder Eiweiss noch Zucker
oder Blutfarbstoff enthielt, wurde nach dem Verfahren des Ref. mit
Baryumacetat gefällt, und der mit Wasser und Alcohol ausgewaschene
Niederschlag dann mit Alcohol, welcher 1,5% HCl enthielt, zersetzt.

---

[1]) Alcune osservazioni sopra un caso di cistinuria. Lo sperimentale
1891, Oct. — [2]) En fall of Hämatoporphyrinuri. Hygiea 1892.

Aus der mit Wasser verdünnten, nach Ammoniakzusatz nur schwach
sauren, alcoholischen Lösung wurde der Farbstoff mit Aether ausgeschüttelt. Der abgehobene Aether wurde mit Salzsäure behandelt,
welche den Farbstoff aufnahm. Aus der sauren Lösung wurde dann
der Farbstoff nach fast vollständiger Neutralisation mit Ammoniak
wieder mit Aether ausgeschüttelt und der Aether noch ein Mal wie
vorher mit Salzsäure behandelt. Aus der Salzsäurelösung schied
sich dabei allmählich in braunen Flocken ein Farbstoff aus, der zwar
nicht in Krystallen erhalten wurde, der aber, nach den Löslichkeitsver-
hältnissen zu urtheilen, mit dem vom Ref. (J. Th. **21**, 423) aus 2
Harnen dargestellten, krystallisirten Hämatoporphyrin identisch zu sein
schien. Nach dem Entfernen dieses Farbstoffs befand sich die Hauptmasse des Hämatoporphyrins in der Salzsäure gelöst und sie konnte
aus derselben durch schwaches Uebersättigen mit Alkali und darauf-
folgenden Zusatz von Essigsäure als eine braune flockige Masse ausgefällt werden. Dieses Hämatoporphyrin schien mit dem Hämatoporphyrin von N e n c k i und S i e b e r identisch zu sein. Die mit
Aether zuerst ausgeschüttelte, saure, mit Wasser verdünnte, alcoholische Lösung enthielt einen braunen, in Amylalcohol löslichen, in
Aether oder Chloroform aber unlöslichen Farbstoff, welcher dem
Hämatoporphyrin verwandt zu sein schien und welcher bei der
Reduction mit Zink und Salzsäure einen urobilinähnlichen Farbstoff
lieferte. Ausserdem enthielt der Harn Urobilin und ein Chromogen,
welches mit Chlorwasserstoffsäure einen braunen, in Amylalcohol lös-
lichen Farbstoff gab. Der Aufsatz enthält keine Angaben über die
Ursache der Hämatoporphyrinurie oder über den Fall überhaupt.

H a m m a r s t e n.

**369. G. S o b e r n h e i m : Ein Beitrag zur Lehre von der Hämato-
porphyrinurie** [1]). Verf. beschreibt einen Fall von Hämatoporphyrinurie
bei einem Knaben, welcher weder Sulfonal noch sonst irgend ein
differentes Medicament erhalten hatte. Er kam mit Typhus in's
Spital. Genauere Nachforschungen ergaben aber, dass die
Hämatoporphyrinurie mit dieser Krankheit nicht in Zusammenhang
stand, sondern schon Jahre vorher der Urin des Patienten die

---

[1]) Deutsche medic. Wochenschr. 1892, No. 24.

charakteristische Färbuug besass und auch nach der Entlassung aus
dem Spitale beibehielt. Es handelte sich demnach um eine Art
chronischer Hämatoporphyrinurie. Ausser seiner acuten Erkrankung
hatte der beobachtete Knabe nie Erscheinungen, welche auf eine
schädliche Wirkung des Hämatoporphyrins zurückgeführt werden
konnten. Bezüglich der chemischen Eigenschaften des Hämatopor-
phyrinharnes und des reinen Farbstoffes bestätigt Verf. die Angaben
früherer Autoren. (Nencki und Sieber, Salkowski etc.)

Kerry.

370. L. Zoja: Ueber Uroërythrin und Hämatoporphyrin im
Harn [1]). Das Uroërythrin ist charakterisirt durch das spectro-
scopische Verhalten (2 Absorptionsstreifen von λ 550 bis λ 525 und
λ 510 bis λ 484), durch die sehr grosse Lichtempfindlichkeit seiner
Lösungen, durch die Grünfärbung durch Alkalien, durch die Beschaffenheit der Urate, sowie durch die Niederschläge mit Blei-.
Kalium- und Baryumsalzen. Im Harn ist es wahrscheinlich als
Natriumsalz in Verbindung mit Uraten vorhanden. Die Uroërythrin-
urie hängt wahrscheinlich mit einer Leberaffection zusammen. Das
Hämatoporphyrin ist charakterisirt durch das Spectrum seiner
sauren und alkalischen Lösung, durch die Beschaffenheit seiner metal-
lischen Verbindungen, durch die Entwicklung von Pyrroldämpfen
beim Erhitzen, durch einen skatolähnlichen Geruch und Bildung einer
urobilinoiden Substanz bei der Einwirkung von Zink und Salzsäure
und durch eine der Gmelin'schen Reaction ähnliche Färbung mit
Salpetersäure. Das Hämatoporphyrin des Harns ist identisch mit
dem durch Einwirkung von Reductionsmitteln auf Hämatin erhaltenen
Hämatoporphyrin. Der Körper von Mac Munn ist ein Gemisch
von Urobilin und Hämatoporphyrin. Es tritt im Harn auch nur
bei Leberaffectionen auf.   Andreasch.

371. H. Quincke: Eigenthümlicher Farbstoff im Harn — Sulfonalvergiftung? [2]). Bei einer Patientin. welche durch 2 Jahre täglich
1 2 Grm. Sulfonal genommen hatte, zeigte sich in den letzten

---

[1] Centralbl. f. d. medic. Wissensch. 1892, Nr. 39, pag. 705—706. —
[2] Berliner klin. Wochenschr. 1892, Nr. 36.

Lebenstagen der klare Harn von kirschrother Farbe, bei Verdünnung bräunlichroth, von aromatischem Geruche. Spectroscopisch zeigte sich ein breites Absorptionsband von F bis b, dabei war das violette Ende des Spectrums diffus verdunkelt. Beim Kochen mit Lauge wurde der Urin bräunlich; Aether, Amylalcohol und Chloroform nahmen den Farbstoff nicht auf. Das Verhältniss der freien zur gebundenen Schwefelsäure war 2,4 : 1, Aceton wurde nicht sicher nachgewiesen. Hämatoporphyrin, welches von Salkowski und Jolles und Anderen bei Sulfonalvergiftung gefunden wurde, enthielt der Harn nicht.

Andreasch.

372. **F. Goldstein: Ein Beitrag zur Kenntnis der Sulfonal-wirkung** [1]). Der Verf. wendet sich gegen die Behauptung, dass die Häma-toporphyrinurie nach Sulfonal auf einer specifischen Wirkung des Sulfonals beruhe und untersucht dann das Ausscheidungsverhältniss des unveränderten Sulfonals aus dem Harn. Zu diesem Zwecke wird der Harn eingedampft, mit Aether ausgeschüttelt und aus der Menge des gefundenen Bariumsulfats das Sulfonal berechnet. (Verf. zieht eine Constante von 0,014 Grm. pro die ab, da diese Menge einer von Munk beobachteten, aus dem normalen Harne durch Aether extrahirbaren schwefelhaltigen Substanz entsprechen soll). Er findet, dass das Sulfonal zum Theile unverändert mit dem Harne eliminirt wird, dass die Menge des unverändert ausgeschiedenen Körpers im Verlaufe des Versuches steigt, demnach eine Cumulirung stattfindet, dass jedoch 3 Tage nach Aussetzen des Medicamentes dasselbe vollständig aus dem Körper verschwunden ist.

Kerry.

373. **Th. Bogomolow: Die Methoden der quantitativen Be-stimmung des Urobilins im Harn** [2]). Mit dem Namen Urobilin be-zeichnet Verf. den Farbstoff der Excremente und das pathologische Product der Umwandlung des Blut- und Gallenfarbstoffes, welches mit dem Harne ausgeführt wird; die übrigen gelben Farbstoffe, welche im Harn vorkommen und nur das Spectrum des Urobilins ohne die übrigen characteristischen Reactionen desselben geben, er-kennt er nicht als Urobilin an. Diese Farbstoffe nehmen durch Säuren eine rothe Farbe an. Als characteristische Eigenschaften des pathologischen Urobilins und des Pigmentes der Excremente

---

[1]) Deutsche medic. Wochenschr. 1892, Nr. 43. — [2]) Petersburger medic. Wochenschr. 1892, Nr. 16.

werden folgende angeführt: 1. Die Veränderung durch Alkalien, wobei im Spectrum statt des Streifens zwischen b und F ein solcher zwischen b und E erscheint. 2. Alkalische Lösungen können durch Zusatz von Kupfersulfat in neutrale übergeführt werden; aus diesen letzteren wird durch Chloroform ein carmoisinrother Farbstoff extrahirt, welcher einen scharfen Absorptionsstreifen in E gibt. Ein Ueberschuss von Alkali entfärbt die Chloroformlösung, wobei das Alkali roth gefärbt wird und den Streifen zwischen b - und E gibt. Diese alkalische Lösung kann durch Zusatz von Essigsäure zuerst wieder in eine neutrale und dann in eine saure, gelblich rothe mit einem Absorptionsstreifen zwischen b und F übergeführt werden. Anfangs wird dieser Streifen nur angedeutet, dann erlangt er dieselbe Intensität wie E. darauf beginnt dieser zu verblassen und bis die Lösung ihre carmoisinrothe Farbe vollständig eingebüsst hat, tritt der Streifen zwischen b und F scharf hervor. — Harn, welcher pathologisches Urobilin enthält, wird nach Zusatz einer Kupfersulfatlösung smaragdgrün gefärbt und gibt beim Schütteln einen braungelben Schaum. Bei saurer Reaction entzieht Chloroform jetzt einen röthlich gelben Stoff mit einem Streifen zwischen b und F. Ist der Harn alkalisch. so ist der Schaum carmoisinroth und wird durch Chloroform ein carmoisinrother Stoff mit einem Absorptionsstreifen bei E extrahirt. Wahrscheinlich macht das Kupfersulfat das Urobilin aus seiner Verbindung mit den Phosphaten frei (Méhu). Auf Grund dieser Eigenschaften und dem Verhalten des Urobilins als einer schwachen Säure hat Verf. versucht, dasselbe als eine Säure zu titriren. Als Indicator der Beendigung der Reaction wählte Verf. den Farben- und Spectrumwechsel und anderseits den Farben- und Spectrumwechsel bei Gegenwart einer Lösung von schwefelsaurem Kupfer und Chlorzink (Farbenreaction). Als Säure erwies sich das Urobilin 10 mal schwächer als Oxalsäure, sodass zur Sättigung des reinen Urobilins eine centinormale Natronlauge verwendet werden musste. Versuche mit reinem Urobilin ergaben z. B. 0,0252 statt 0,0256 oder 0,0063 statt 0,0058 etc. Da das Urobilin durch die Phosphate in Lösung erhalten bleibt, so muss man es zuerst durch Zusatz von Alkali freimachen, welches sämmtliche Phosphate des Harns als farblosen Niederschlag ausscheidet. Die Alkalimenge, welche bis zur Neutralisation zugesctzt wird, gibt nun Aufschluss über die Gesammtacidität des Harns. Erst die Alkalimenge, welche zur Ueberführung des Gemenges aus dem neutralen in den alkalischen Zustand nöthig ist, gibt uns die Urobilinmenge an. Die Bestimmung mittelst des Spectroscops. Man nehme zwei kleine graduirte Cylinder mit flachem Boden von 1—2 Cm. Durchmesser, giesse in dieselben gleiche Harnportionen ein und versetze einen Cylinder tropfenweise mit centinormaler Alkalilösung und prüfe mit Lakmuspapier, bis die neutrale Reaction eintritt. Von diesem Momente an füge man mit der grössten Vorsicht das Alkali zu bis zum Auftreten der alkalischen Reaction. Sobald die letztere erreicht ist, bekommt der Harn eine deutlich grünliche Färbung und im Spectrum erscheint der Absorptionsstreifen des alkalischen Urobilins. Die Bestimmung ohne Spectroscop. Sobald man merkt, dass die Acidität des Gemisches stark abnimmt, giesst man Chloroform zu; sobald nun neutrale Reaction auftritt, setzt man einige Tropfen einer Kupfersulfatlösung (0,1 auf 100) zu, wobei das Chloroform eine carmoisinrothe Färbung annimmt. Dann nimmt man von Neuem dasselbe Harnquantum, bringt es bis zur neutralen Reaction, filtrirt und setzt vorsichtig Alkali zu. Im Moment, wo der Harn anfängt alkalisch zu werden, nimmt er eine deutlich grüne Färbung an. Nach Zusatz einer Lösung von Chlorzink wird der Harn intensiv grün und bei Zusatz von Kupfersulfat intensiv roth gefärbt. Indem man. berechnet, wie viele CC. Alkali man verbraucht hat, um die neutrale Reaction des Harns in die alkalische überzuführen und diese Zahl mit 0,00063 multiplicirt, findet man den Urobilingehalt in dem angewendeten Harnquantum. — Den Urobilingehalt des Harns nach der Intensität des Absorptionsstreifen zu beurtheilen (Hayem und Winter), ist nicht zulässig. Bessere und sichere Resultate gibt die Methode von Hoppe-Seyler. Nach der Methode von Viglezio [Lo sperimentale 1891, pag. 235— 239] säuert man 300 CC. Harn an, sättigt denselben mit 230— 240 Grm. Ammoniumsulfat und bringt auf das Filter. Der Filterrückstand wird mit einer gesättigten Ammoniumsulfatlösung gewaschen und mit Alcohol (100—300 CC.) extrahirt. Viglezio verfährt weiter so: Er nimmt eine in Hunderstel CC. getheilte Mohr'sche

Bürette und bringt in dieselbe eine Urobilinlösung. Dann bringt er in eine Eprouvette 10 CC. Alcohol von $60^c/_0$. 2 Tropfen Ammoniak und 2 Tropfen einer $1—2^0/_0$ Chlorzinklösung. Nun lässt er von der Urobilinlösung so lange zum Inhalt der Eprouvette hinzufliessen, bis die grüne Fluorescenz auftritt. Später erscheint auch der Absorptionsstreifen, doch muss man dazu 3 mal soviel zusetzen, als zum Hervorrufen der Fluorescenz. Die Zahl, welche bei der Bestimmung erhalten wird, ist das arithmetische Mittel der beiden Zahlen. Zur Feststellung der Probelösung löst Viglezio 1 Cgrm. Urobilin (Jaffé) in 100 CC. Alcohol. Bis zum Beginn der Fluorescenz brauchte er 0,5 CC. und bis zum Auftreten des Streifens 1,6 CC. Ist die Menge des in 300 CC. Harn enthaltenen Urobilins x und n die Zahl der Hunderstel CC. Alcohollösung, welche für die Reaction nothwendig waren, so ist $x = \dfrac{1}{n} \times 0,05 \times 0,01$; 50 ist die Zahl der Hundertstel CC., welche nöthig ist, wenn die Lösung 0,01 enthält und wenn 300 CC. derselben genommen werden. Unter diesen Bedingungen lässt sich der Urobilingehalt nach folgender Formel berechnen $x = \dfrac{0,17}{n}$. Wenn man 300 CC. Urobilinextract genommen und man bei der Reaction 0,15 d. h. 15 Hundertstel CC. gebraucht hat, so ist $x = \dfrac{0,17}{15} = 0,011$. — Die Methode Hoppe-Seyler's ist für den Kliniker zu umständlich und die von Viglezio desshalb ungenau, weil statt des reinen Méhu'schen Urobilin das unreinere von Jaffé genommen und dabei auf die Reaction nicht geachtet wurde.

Andreasch.

374. E. Barqellini: Ueber die Beziehungen der Urobilinurie zu den Zuständen des Intestinalrohrs [1]). In der einfachen Parese des Darmtractus hat der höhere oder geringere Grad der Verstopfung keinen Einfluss auf die Menge des Urobilins im Harn; auch verändert die Entleerung des Darms nicht merkbar die vorher erhaltene Ziffer des Urobilins. Kommt aber als mitwirkend noch die Infection

---

[1]) Sui rapporti della urobilinuria colle condizioni del tubo intestinale. Lo Sperimentale 1892, fasc. 2, pag. 119.

des Darmes hinzu wie beim Typhus, so hat die Stauung der Phä-
calien einen Einfluss im Sinne der Vermehrung des Urobilins, und
in diesem Falle vermindert die Entleerung des Darmes das Urobilin
in bemerkenswerther Weise. In einem gewissen Gegensatz hierzu
stehen Krankheitsprocesse, welche von starker Blutzersetzung begleitet
sind; bei ihnen ist die Urobilinurie intensiv und direkt proportional
der Schwere der Erkrankung und reagirt nicht auf den Wechsel
von Verstopfung und Diarrhöe.   Rosenfeld.

375. Vitali: Beitrag zur Erkennung von Galle im Harn [1]).
Verf. isolirt das Bilirubin durch Schütteln des Urins mit Metall-
hydroxyden, Aluminium- oder Kupferhydroxyd. Mit den Niederschlägen, welche das Bilirubin mitreissen, stellt er die Gmelin'sche
Probe an. Er benutzt auch den Essigäther zur Isolirung und verändert die Chloroformprobe derart, dass er zu dem Urin Chloroform
und dann absoluten Alcohol hinzufügt, bis zur Lösung des Chloroforms. Dann setzt er Wasser hinzu und fällt so das stark gelb
gefärbte Chloroform aus. Verf. hat ausserdem beobachtet, dass
icterischer Harn auf Essigsäure-Zusatz sich trübt, und dass die
Trübung noch verstärkt wird durch einen Zusatz von Eiweiss. Er
leitet die erste Trübung von der in Wasser unlöslichen Glycocholsäure
ab, welche aus dem Natronsalz von der Essigsäure freigemacht worden ist. Die zweite Trübung auf Eiweiss bezieht er auf Taurocholsäure, welche ebenfalls durch Essigsäure frei gemacht zunächst in
Wasser gelöst bleibt, aber mit dem zugesetzten Eiweiss unlösliches
Acidalbumin bildet. Wenn man durch feuchtes Bleisulfat die Farbstoffe ausschüttelt, und bei schwacher Erwärmung den Urin concentrirt, dann Eiweiss und einige Tropfen Essigsäure hinzusetzt, dann
zum Kochen erhitzt und den gewaschenen Niederschlag mit absolutem
Alcohol auskocht, so erhält man in der alcoholischen Lösung die
Gallensäuren. Mit dem Rückstand der abgedampften Lösung gelingt
dann die Pettenkofer'sche Probe. Eine zweite Methode basirt
auf der Ausfällung der Gallensäuren im entfärbten Urin (mit Bleisulfat) durch eine concentrirte Lösung von essigsaurem Chinin. Der ent-

---

[1]) Contributo alla ricerca della bile nelle urine. Atti della R. Academia delle Sc. di Bologna 1892.

stehende Niederschlag wird mit Chloroform und Alcohol gelöst und durch Wasser das Chloroform gefällt. Dampft man das Chloroform ab, so gestattet der Rückstand die Gallensäurenprobe.

Rosenfeld.

376. E. Baumann: Ueber die Bestimmung der Homogentisinsäure im Harn[1]**).** B. gibt, gestützt auf weitere in seinem Laboratorium gemachte Erfahrungen, für die Bestimmung der Homogentisinsäure im Harn folgende Vorschrift: 10 CC. des Harnes werden in einem Kölbchen mit 1 CC. Ammoniak von 3 $^0/_0$ versetzt; zu dieser Mischung lässt man unverzüglich einige CC. $^1/_{10}$ - N. - Silberlösung zufliessen, schüttelt einmal um und lässt 5 Minuten stehen. Alsdann werden der Mischung 5 Tropfen Chlorcalciumlösung (1:10) und 10 Tropfen Ammoniumcarbonat zugefügt. Nach dem Umschütteln wird filtrirt. Das bräunlich gefärbte, aber immer ganz klare Filtrat wird mit Silbernitrat geprüft; tritt dabei sofort wieder eine starke Abscheidung von Silber ein, so wird bei dem zweiten Versuche gleich eine grössere Menge Silberlösung genommen. Kennt man schon annähernd die zur Oxydation erforderliche Menge der Silberlösung, so bedient man sich, um die Endreaction zu erkennen, nur noch der Prüfung mit Salzsäure. Die Endreaction ist erreicht, wenn das Filtrat vom Silberniederschlage beim Ansäuern mit Salzsäure eine eben noch sichtbare Trübung von Chlorsilber liefert. Sind mehr als 8 CC. der Silberlösung erforderlich, so sind bei der Wiederholung des Versuches 20 CC. statt 10 CC. Ammoniak zu verwenden. 1 CC. der $^1/_{10}$ - N. - Silberlösung entspricht 0,004124 Grm. Homogentisinsäure.

Andreasch.

377. H. Embden: Beiträge zur Kenntniss der Alkaptonurie[2]**).** I. Mittheilung: Ueber einen neuen Fall von Alkaptonurie. Der Verf. berichtet über einen Fall von Alkaptonurie, welcher die Schwester des von Wolkow und Baumann beschriebenen Patienten betraf. Die Patientin gab an, dass ihr Harn sich an der Luft bräunlich verfärbe und in der Wäsche braune, hart-

---

[1] Zeitschr. f. physiol. Chemie **16**, 268—270. — [2] Zeitschr. f. physiol. Chemie **17**, 182—192.

näckig anhaftende Flecke hinterlasse. Aus den Angaben ihrer
Mutter weiss sie bestimmt, dass ihr Harn schon während ihres Säug-
lingsalters dieses Verhalten hatte. Der Harn hatte, frisch gelassen,
einen eigenthümlich goldigen Farbenton, wurde beim Stehen an der
Luft von den obersten Schichten nach abwärts braun, ebenso beim
Schütteln mit Luft oder auf Zusatz von Alkalien. Er reducirte
ammoniakalische Silberlösung in der Kälte, alkalische Kupferoxydlösung bei schwachem Erwärmen. Der Harn wurde in der von
Baumann und Wolkow angegebenen Weise mit Schwefelsäure
stark angesäuert und mit grossen Quantitäten Aether erschöpft. Die
nach dem Verjagen des Aethers zurückbleibende syrupöse, braune,
aromatisch riechende Masse wurde in Wasser gelöst, auf 95° erhitzt,
mit concentrirtem Bleizucker versetzt und heiss filtrirt. Auf dem
Filter blieb eine geringe Menge eines schmierigen, braunen Niederschlages zurück, während aus dem Filtrate das durch die Analyse
wieder indentificirte, homogentisinsaure Blei herauskrystallisirte.
Auch die durch Behandlung mit H_2S gewonnene freie Säure erwies
sich nach Analyse, Schmelzpunkt und Reactionen als identisch mit
der von Wolkow und Baumann beschriebenen Homogentisinsäure.
Der Verf. weist darauf hin, dass nach seinen Versuchen eine ebenso
gute Ausbeute erzielt wird, wenn der angesäuerte Harn auf $1/_6$ seines
Volumens eingedampft wird. Die Fäces der Frau waren ebenso wie
bei ihrem Bruder frei von reducirenden Substanzen. Der Harn der
erwähnten Patientin enthielt auffallend geringe, wenn auch quantitativ immer zu bestimmende Mengen von Harnsäure.   Kerry.

378. Reg. Moscatelli: Ueber das Vorkommen von Brenzcatechin im Kaninchenharn bei Lyssa[1]). Der Harn von Kaninchen,
welche mit Pasteur'schem Impfstoff geimpft worden waren, wurde
an der Luft allmählich dunkel, auf Zusatz von Kalilauge schwärzlich
und nahm besonders beim Schütteln eine braunschwarze Farbe an.
Ammoniakalische Silberlösung wurde sofort reducirt. Zur Isolirung
des vermutheten Brenzcatechins wurde der Harn verdampft, der Rückstand mit absolutem Alcohol ausgezogen, das alcoholische Extract
mit Aether aufgenommen, nach dessen Verdunstung eine gelbe

---

[1]) Virchow's Arch. 128, 181.

syrupöse Masse resultirte, die die Reactionen des Brenzcatechins gab. Danach nimmt M. an, dass bei Kaninchen im Stadium hydrophobicum Brenzcatechin durch den Harn ausgeschieden wird.

Andreasch.

379. Siegfried Pollák: Ein Fall von Darmtuberculose mit schwarzem Harn[1]**).** Es handelte sich um ein 10 jähriges Mädchen, welches, wie der Sectionsbefund erwies, an Darmtuberculose litt und wobei das bisher bei dieser Erkrankung nicht beobachtete Schwarzwerden des Harnes eintrat. Wenn der frische Harn, welcher rein, durchsichtig, gelb, gelblichbraun, gelblichroth, manchmal braun war, an der Luft stand, so färbte er sich langsam immer dunkler; die oberen Schichten werden in seltenen Fällen schon nach 24 Stunden, besonders aber nach 2—3, manchmal erst nach 4—5 Tagen tiefschwarz, die unteren Schichten hingegen braun bis schwarz, nach unten zu, in der Tiefe an Farbe abnehmend. Das Schwarzwerden des Harnes beschränkte sich entweder auf die oberen Schichten, oder aber dehnte sich später auf die oberen zwei Dritttheile aus, selten auf die ganze Harnprobe. Gleichzeitig mit dem Schwarzwerden trat starke Trübung ein und reichlicher Absatz von Phosphaten. Der einmal schwarz gewordene Harn behielt diese Farbe selbst Wochen hindurch unverändert. Im Beginn der Beobachtungen war die Schwarzfärbung intensiv, später gradatim weniger ausgesprochen, bis drei Tage vor dem Tode der Patientin die Schwarzfärbung ganz ausblieb. Die Intensität der Verfärbung des Harnes stand weder im Verhältniss zu dessen täglicher Gesammtmenge, noch aber zu dem spec. Gewichte, doch war schwarzwerdender Harn stets von alkalischer Reaction. Ebenso war die Intensität der Schwarzfärbung unabhängig vom zeitweilig auftretendem Fieber, der Anzahl der Athmungen und von der Function der Gedärme. Die tägliche Menge des meistens alkalischen, selten saueren Harns schwankte zwischen 100—300 CC., das spec. Gewicht betrug 1008—1030; in letzterem Falle trat rasch ammoniakalische Gährung ein, worauf Schwarzfärbung folgte. Eiweiss, Eiter, Gallenfarbstoff, Blut, Zucker, Aceton

---

[1]) Orvosi hetilap. Budapest 1892, S. 348; auch Berliner klin. Wochenschrift 1892. Nr. 28.

waren nicht nachzuweisen. Unter dem Microscope betrachtet, konnten keine pathologischen Formelemente wahrgenommen werden. Versuche, die Schwarzfärbung frischen Harnes durch Reagentien hervorzubringen, waren von negativem Erfolge begleitet, nur bei Anwendung der Indicanprobe (Salzsäure + Chlorkalk) konnte eine tiefschwarze, manchmal grünlichschwarze Färbung hervorgerufen werden. Ohne Erfolg waren auch die Melaninreagentien wie: rauchende Salpetersäure, Chromsäure, Kalium bichrom. + Schwefelsäure, Bromwasser, selbst das durch Jaksch und Verf. als empfindlichst empfohlene Eisenchlorid. Frischer Harn, mit Kali- oder Natronlauge versetzt, gab auch nach dem Kochen keine Farbenveränderung. Der Harn ist nicht im Stande, alkalische Kupferoxydlösung zu reduciren. An der Luft schwarz gewordener Harn verliert weder durch Zusatz von Säuren, noch von Laugen die einmal angenommene Farbe. Durch Salzsäure und Zinkstaub aber wird die schwarze Farbe in grau verwandelt. Aether, Alcohol, Amylalcohol oder Chloroform entziehen den schwarzfärbenden Körper dem Harne nicht. Wird zum Harne essigsaures Blei gegeben, so ist das Filtrat farblos; mit Barytoder Kalkwasser erhält man ein gelblich gefärbtes Filtrat und einen braunschwarzen Rückstand. Diese Reagentien sind demnach im Stande, den braunschwarzen Farbstoff aus dem Harne abzuscheiden. Sowohl in frischem, als auch in dem an der Luft schwarzgewordenen Harne konnte Indican in reichlicher Menge nachgewiesen werden. Zu Ende der Beobachtungen, als die Schwarzfärbung ausblieb, nahm auch der Indicangehalt ab. Wurde mit frischem Harn die Jaffé'sche Probe angestellt, so trat oft tiefschwarze, manchmal grünlich-schwarze Färbung ein. Schüttelte man die Probe mit Chloroform, so färbte sich letzteres rasch blau, wogegen die tiefsten Schichten der darüber stehenden Harnsäule schwarz wurden, wie bei an der Luft gestandenem Harne. Wurde Harn mit essigs. Blei behandelt, filtrirt und mit dem Filtrat die vorige Probe angestellt, so entstand ein prachtvoll blauer, reichlicher Niederschlag; die darüber stehende Flüssigkeit aber war farblos, klar und durchsichtig. Von Urobilin enthielt der Harn nur Spuren. Aus frischem Harn war das Plósz'sche Uromelanin, mittelst Amylalcohol extrahirbar, aus schwarzgewordenem jedoch nicht. Bei Anwendung der Thor-

mälen'schen Reaction (Mengen mit Nitroprussidnatrium, Kalilauge
und Essigsäure), blieb die Blaufärbung aus. Sowohl die Deses-
quelle'sche Phenolreaction [J. Th. **20**, 180], als auch die Ehrlich-
sche Diazoreaction, fielen negativ aus. Zur Isolirung des Pigmentes,
versetzte Verf. den Harn mit plumb. acet. bas. sol. und verfuhr so,
wie mit Harn, welcher von mit Lebermelanosarcom behafteten
Kranken herrührt. Nachdem sich der so erzeugte Niederschlag
sedimentirte, wurde die überstehende Flüssigkeit abgegossen, der
Niederschlag mit Wasser so lange decantirend gewaschen, bis das
Filtrat vollkommen rein war, hierauf aber mit Schwefelwasserstoff
zersetzt und vom Blei abfiltrirt. Das Filtrat war rein, von gelber
Farbe und verfärbte sich an der Luft nicht, was auch durch Anwendung von Reagentien nicht zu erreichen war. Nach Eindampfen
des Filtrates auf dem Wasserbade, blieb eine braunschwarze, amorphe
Masse zurück, welche sich selbst in kochendem Aether, sowie
in Amylalcohol nicht löste. Kochendes Wasser, Alcohol oder
conc. Salzsäure nahm auch nur blassbraune Farbe damit an,
suspendirt blieben kleine schwarze Theilchen. Concentrirte Essigsäure,
Kalilauge und besonders conc. Schwefelsäure lösen den Rückstand
vollständig mit braunschwarzer Farbe auf, ebenso conc. Salpetersäure,
nur dass mit diesem Lösungsmittel, die Lösung braune Farbe zeigt.
Letztere Lösungen zeigen kein Spectrum mit Absorptionsstreifen.
Beim Mengen der Schwefelsäurelösung des Farbstoffes mit Salzsäure
wird die Farbe lichter und verschwindet auf Zusatz von Zinkstaub
vollständig. Die Asche der braunschwarzen Masse erwies sich als
eisenfrei. Zur weiteren Untersuchung der Asche mangelte es an
Substanz.   .   Liebermann.

380. **A. B. Griffiths**: Ptomaïne aus dem Urin in einigen
Infectionskrankheiten[1]). Zuu Darstellung der Ptomaïne versetzt
Verf. eine grössere Quantität Urin mit Natriumcarbonat bis zu
alkalischer Reaction und schüttelt mit dem halben Volum Aether,
dem Aether werden die aufgenommenen Ptomaïne durch eine Lösung
von Weinsäure entzogen, nach Verdampfung des gelösten Aethers die

---

1) Ptomaïnes extraites des urines dans quelques maladies infectieuses.
Compt. rend. **113**, 656—657.

weinsaure Lösung mit Natriumcarbonat alkalisch gemacht und wieder mit Aether ausgeschüttelt. Beim Verdunsten des Aethers bleiben die Ptomaïne zurück. Bei Scharlachfieber findet sich eine weisse, krystallinische Substanz von schwach alkalischer Reaction, löslich in Wasser. Sie bildet ein krystallinisches Chlorhydrat und eine krystallinische Goldverbindung; mit Phosphormolybdänsäure gibt sie einen gelblich weissen Niederschlag, mit Phosphorwolframsäure fällt sie weiss, mit Pikrinsäure gelb; auch Nessler's Reagens fällt sie. Die Analysen führen zu der Formel $C_5H_{12}NO_4$. Ein Ptomaïn mit denselben Eigenschaften und derselben Zusammensetzung lässt sich nach Gautier's Methode aus Reinculturen von Micrococcus scarlatinae auf Pepton-Gelatine gewinnen. Bei Diphtherie enthält der Urin auch eine weisse krystallinische Substanz; sie gibt ein Chlorhydrat und eine Goldverbindung. Tannin fällt gelb, Phosphormolybdänsäure weiss; Pikrinsäure gelb, Nessler's Reagens braun. Sie hat die Formel $C_{14}H_{17}N_3O_6$. Sie wurde auch aus Reinculturen von Bacillus diphteriae Nr. 2 von Klebs und Löffler erhalten. In einem Falle von Parotitis stellte Verf. aus dem Urin eine in weissen Nadeln krystallisirende Base dar, entsprechend $C_6H_{13}N_3O_2$. Verf. studirte die Oxydationsproducte derselben und erhielt daraus Kreatin und Methylguanidin. Die Constitution entspricht derjenigen eines Propylglycocyamin

$$H - N = C\begin{cases} NH_2 \\ N(C_3H_7) - CH_2 - COOH. \end{cases}$$

Diese Base ist sehr giftig; bei der Katze bewirkt sie nervöse Excitation, Stillstand der Speichelsecretion, Coma und Tod. In normalem Urin finden sich die drei Ptomaïne nicht.   Herter.

381. A. B. Griffiths: Die Ptomaïne in einigen Infections-krankheiten [1]**).** I. Bei Rubeola fand G. im Urin ein Ptomaïn, welches in wasserlöslichen Lamellen krystallisirt; seine Platindoppelverbindung bildet microscopische Nadeln; die Quecksilberchloriddoppelverbindung krystallisirt ebenfalls in Nadeln, welche fast unlöslich sind. Es wird auch durch Pikrinsäure, Phosphormolybdän-

---

[1]) Les ptomaïnes dans quelques maladies infectieuses. Compt. rend. **114**, 496—498.

säure, Phosphorwolframsäure gefällt. Die Analyse der Base ergab Kohlenstoff: 35,92 und 36,21 $^0/_0$, Wasserstoff: 5,00 und 5,24 $^0/_0$. Stickstoff: 41,36 $^0/_0$. Die Formel: $C_3 H_5 N_3 O$ verlangt 36,36, 5,05 resp. 41,40 $^0/_0$. Die Platinchloridverbindung gab Werthe. welche mit der Formel: $(C_3 H_5 N_3 O. HCl)_2 Pt Cl_4$ gut übereinstimmten. Aus den Zersetzungsproducten ergibt sich, dass es sich um Glyco-

cyamidin: $HN = C \begin{cases} NH - H_2 C \\ \quad \quad \quad | \\ NH - O\ C \end{cases}$ handelt. Die Substanz ist sehr

giftig; sie tödtet unter Fiebererscheinungen. — II. Bei Tussis convulsiva erhielt Verf. aus dem Urin ebenfalls eine weisse wasserlösliche krystallisirende Substanz. Dieselbe bildet ein Chlor-hydrat und eine Goldchloridverbindung, wird durch Phosphormolyb-dänsäure weiss gefällt, durch Pikrinsäure gelb, durch Tannin kastanienbraun. Die Analysen ergaben Kohlenstoff: 48,11 und 48,05 $^0/_0$, Wasserstoff: 15,23 und 15,51 $^0/_0$, Stickstoff: 11,31, ent-sprechend einer Verbindung $C_5 H_{19} NO_2$, welche C 48,00, H 15,20. N 11,20 erfordert. Afanassieff fand in dem Sputum bei Stickhusten einen Bacillus, welcher auf festen Nährböden kleine bräunliche Colonien bildet. Dieser Bacillus producirt das aus dem Urin dargestellte Ptomaïn. Im Urin Gesunder kommen die obigen beiden Basen nicht vor.   Herter.

382. A. B. Griffiths: Untersuchungen über die Ptomaïne in einigen Infectionskrankheiten [1]). I. Bei Malleus isolirte G. aus dem Urin ein wasserlösliches krystallinisches Ptomaïn, dessen Chlorhydrat sowie Platin- und Golddoppelsalz krystallisirt erhalten wurden. Es gibt mit Phosphorwolframsäure eine grünliche Fällung, mit Phosphor-molybdänsäure eine bräunliche, mit Pikrinsäure eine gelbe; auch mit Nessler's Reagens gibt es einen Niederschlag. Die Analyse er-gab Kohlenstoff: 57,88, Wasserstoff: 3,64, Stickstoff: 9,22 $^0/_0$. Die Formel: $C_{15} H_{10} N_2 O_6$ würde die Zahlen: 57,32, 3,18 und 8,92 er-fordern. Subcutane Injectionen der Substanz verursachen locale Abscesse, eigenthümliche Knoten in Lunge und Milz, metastatische

---

[1]) Recherches sur les ptomaïnes dans quelques maladies infectieuse. Compt. rend. **114**, 1382—1384.

Abscesse in verschiedenen Organen, schliesslich den Tod. Nach Verf. ist dieses Ptomaïn das eigentliche Rotzgift; der Bacillus mallei erzeugt es in Reinculturen. — II. Pneumonie. Im Urin bei Lungenentzündung fand G. eine in weissen microscopischen Nadeln krystallisirende wasserlösliche Base, welche ein Chlorhydrat, sowie Platin- und Golddoppelverbindungen bildet; mit Phosphorwolframsäure fällt es weiss, mit Phosphormolybdänsäure gelblichweiss, mit Nessler's Reagens bräunlich, mit Pikrinsäure gelb. Bei der Analyse fand sich Kohlenstoff: 69,98 %, Wasserstoff: 7,77, Stickstoff: 8,61 %, Zahlen, welche sehr nahe mit den der Formel $C_{20}H_{26}N_2O_3$ entsprechenden (70,17, 7,60, 8,19) übereinstimmen. Das specifische Rotationsvermögen $[\alpha]_D$ wurde $= + 23{,}5^0$ gefunden. Die beiden neuen Ptomaïne kommen in der Norm nicht vor. Herter.

383. A. B. Griffiths: Ueber ein neues Leukomaïn [1]). G. hat aus dem Urin von Epileptikern ein neues Leukomaïn dargestellt. Eine beträchtliche Menge Urin wurde mit Natriumcarbonat alkalisch gemacht und mit Aether ausgeschüttelt. Der Aether lieferte beim weiteren Verfahren eine weisse, in schiefen Prismen krystallisirende schwache Base, löslich in Wasser, welche eine krystallinische Chlorhydrat- und Goldchloridverbindung gibt; Quecksilberchlorid fällt dieselbe grünlich, Silbernitrat gelblich, Phosphorwolframsäure weiss, Phosphormolybdänsäure bräunlich, Tannin gelb. Nach den Analysen kommt derselben die Formel $C_{12}H_{16}N_5O_7$ zu. Die Substanz ist giftig; sie bewirkt Zittern, Entleerung von Koth und Urin, Pupillenerweiterung, Convulsionen, Tod. Herter.

384. A. B. Griffiths: Ptomaïne aus dem Urin bei Erysipelas und beim Puërperalfieber [2]). Beim Erysipelas findet sich im Urin ein in weissen orthorhombischen Lamellen krystallisirendes, wasserlösliches, schwach alkalisches Ptomaïn. Es gibt mit Quecksilberchlorid einen flockigen Niederschlag, mit Zinkchlorid eine dichte

---

[1]) Sur une nouvelle leucomaïne. Compt. rend. **115**, 185—186. — [2]) Ptomaïnes extraites des urines dans l'érysipèle et dans la fièvre puërperale. Compt. rend **115**, 667—668.

Fällung, mit Nessler's Reagens einen grünen, mit Pikrinsäure einen gelben Niederschlag. Die Goldchloridverbindung löst sich in Wasser; Niederschläge erhält man ferner mit Phosphormolybdänsäure, Phosphorwolframsäure und Tannin. Die Analyse ergab Kohlenstoff: 63,60, Wasserstoff: 6,57, Stickstoff: 6,64 $^0/_0$; die Formel: $C_{11}H_{13}NO_3$ verlangt 63,76, 6,28 und 6,76 $^0/_0$. Die Substanz wirkt tödtlich unter Fiebererscheinungen; Verf. nennt sie Erysipelin; sie fehlt in der Norm. — Beim Puĕrperalfieber erhielt Verf. ein Ptomaïn von ähnlichen Eigenschaften. Er stellte ein krystallinisches Chlorhydrat und ein Golddoppelsalz dar. Niederschläge werden ferner gebildet mit Nessler's Reagens, Tannin (roth), Pikrinsäure (gelb), Phosphormolybdänsäure (bräunlich). Die Analyse ergab Kohlenstoff: 79,76, Wasserstoff: 5,90, Stickstoff: 4,79 $^0/_0$; die Formel: $C_{22}H_{19}NO$ verlangt 80,24, 5,77 und 4,25 $^0/_0$. Dieses Ptomaïn ist sehr giftig; es fehlt im normalen Urin.

Herter.

385. F. Marino-Zuco und U. Dutto: Chemische Untersuchungen über die Addison'sche Krankheit[1]). Marino-Zuco hat nachgewiesen, dass die giftige Wirkung des Nebennierenextractes (Foà und Pellacani) auf seinem Gehalte an Neurin beruht [J. Th. 18, 231]. Da bei der Addison'schen Krankheit die Nebennieren entartet sind, so lag der Gedanke nahe, ob diese Krankheit nicht eine Art Selbstvergiftung durch Neurin sei, das durch die Nebennieren nicht mehr aufgenommen wird. In diesem Falle musste sich das Neurin auch im Harn bei der Addison'schen Krankheit finden. Verff. untersuchten den Harn (9,175 L.) eines Patienten durch 12 Tage vor dem Tode. Der Harn wurde auf 1 L. verdampft, dann mit einem Ueberschuss von Baryt gekocht, bis der Ammoniakgeruch verschwunden und fast aller Harnstoff zersetzt war! Das Filtrat wurde mit Kohlensäure gesättigt, mit basisch essigsaurem Blei gefällt, das Filtrat durch Schwefelwasserstoff entbleit, und das neuerliche Filtrat unter tropfenweisem Zusatz von Schwefelsäure eingedampft. Der Rückstand wurde in Wasser aufgenommen, die Lösung mit Chloroform ausgeschüttelt, welches das

[1]) Moleschott's Unters. zur Naturlehre 14, 617—622.

als Medicament verabreichte Caffeïn aufnahm, nach Entfernung desselben in schwefelsaurer Lösung mit Jodkaliumwismuth gefällt. Der ausfallende Niederschlag wurde mit Schwefelwasserstoff zerlegt, die Lösung mit Silberoxyd behandelt, dann mit Salzsäure eingedampft, und der Rückstand mit Aether-Alcohol behandelt. Der Rückstand dieser Lösung verhielt sich den Alkaloidreagentien gegenüber wie Neurin; das daraus dargestellte Chlorgolddoppelsalz gab beim Erhitzen den Geruch nach Trimethylamin und gab 43,9 °/₀ Au, berechnet 44,24 °/₀. Danach wird im Harn Neurin abgeschieden und ist die Addison'sche Krankheit als eine langsame Selbstvergiftung mit Neurin aufzufassen. Andreasch.

386. C. A. Herter und E. E. Smith: Untersuchungen über die Aetiologie der idiopathischen Epilepsie [1]). Verff. haben in 31 Fällen von Epilepsie längere Zeit hindurch den Urin untersucht, in der Absicht, die Aetiologie der Anfälle aufzuklären; 28 der mitgetheilten Fälle gehören unzweifelhaft zur idiopathischen Epilepsie, in 3 Fällen war ein organisches Leiden anzunehmen; 29 Fälle betrafen Anfälle von Grand mal, die übrigen solche von Petit mal. Die Untersuchung der 24stündigen Urinportionen umfasste Volum und spec. Gewicht, ferner den Gehalt an Harnstoff und Harnsäure und das Verhältniss beider, die präformirten und die gepaarten Sulfate und ihr Verhältniss, das Verhältniss der gesammten Sulfate zum Harnstoff [2]) und die Ausscheidung von Indican. Die Harnsäure wurde nach Ludwig-Salkowski bestimmt, der Harnstoff nach Liebig-Pflüger oder nach Kjeldahl, Indican nach Jaffé's gravimetrischer Methode. Haig [3]) [J. Th. 18, 124] gibt an, dass in Folge verminderter Ausscheidung, die Harnsäure im Blut der Epileptiker sich anhäuft und nach dem Anfall eine gesteigerte Ausscheidung der zurückgehaltenen Säure eintritt. Allerdings wurde in 15 Fällen, wo der Einfluss des Anfalls genau controllirt werden

---

[1]) Researches upon the aetiology of idiopathic epilepsy. New-York med. journ. August 20 u. 27, Sept. 3, 1892, pag. 48. — [2]) Das Verhältniss der Gesammtsulfate zum Harnstoff fanden Verff. = 1 : 10 bis 1 : 13. — [3]) Haig, Uric acid as a factor in the causation of disease, 1892.

konnte, 9 mal eine Erhöhung des Verhältnisses von Harnsäure zu Harnstoff constatirt, und zwar 6 mal über die normale
Grenze von 1:45; die betreffenden Zahlen waren 50, 43, 38, 37,
31, 43, 48, 34, 51, doch war keine Retention von Harnsäure vor dem Anfall zu bemerken. Eine causale Beziehung
der Harnsäure zu den epileptischen Anfällen ist nach Verff. aus-
zuschliesen. Dagegen schreiben Verff. den Fäulnissproducten
im Darmkanal eine ätiologische Bedeutung für einen beträchtlichen Bruchtheil der idiopathischen Epilepsien zu. Die
Fäulnissproducte wurden theils direkt bestimmt, theils an der Menge
der Aetherschwefelsäuren gemessen. Als wesentlich gilt hier
das Verhältniss der präformirten Schwefelsäure (A) zu der
gepaarten (B), obwohl in manchen Fällen auch die absoluten
Mengen[1]) berücksichtigt werden müssen. Diese hängen ab von der
Nahrung, besonders von der Menge des Eiweiss derselben, welche
auch die Ausscheidung der Gesammtschwefelsäure beherrscht. Bei
vorzugsweiser Ernährung mit vegetabilischem Eiweiss steigt
beim Gesunden das Verhältniss A:B auf 1:8, bei Milchdiät fällt es auf 1:20. [Vergl. Hoppe-Seyler J.Th. 18, 317.] Das
Sulfatverhältniss in obigen 29 Fällen von Grand mal war nur
2 mal nicht erhöht (8,9—13,3 und 9,1—13,2); in 6 Fällen
war die Erhöhung zweifelhaft (4,4—17,7), in 3 Fällen war
dieselbe ausgesprochen (7,9; 1,7—8,9; 7,4—11,0), in allen
anderen Fällen war eine bedeutende Erhöhung des Verhältnisses zu constatiren, so dass von 116 Bestimmungen 89 ein
Verhältniss über 1:8 zeigten, 13 über 1:4. Bei nahezu gleichem
Verhältniss können die absoluten Zahlen sehr verschieden sein, z. B.
in Fall I betrugen die gepaarten Sulfate einmal 0,533 Grm., in Fall II
nur 0,162 Grm. neben 1,437 resp. 0,525 Grm. präformirter Sulfate:
das Verhältniss 2,7 resp. 3,2 ist nach Verff. in beiden Fällen im
Sinne relativ gesteigerter Fäulniss im Darmcanal zu deuten. Vermittelst der Krankengeschichten verfolgen Verff. im Einzelnen
die Beziehungen zwischen den Anfällen und den Werthen des

---

[1]) Die täglichen Mengen der gebundenen Sulfate schwanken nach
Verff. beim gesunden Erwachsenen zwischen 100 und 300 Mgrm.

Sulfatverhältnisses und des Indican; von Interesse sind hier
besonders einige Fälle, in denen versucht wurde, durch chemische
Mittel die Darmfäulniss und damit zugleich die epileptischen Anfälle
zu beeinflussen. In Fall I war bei täglicher Gabe von 45 – 30 Grain
Natriumsalicylat die Indican-Ausscheidung niedrig;
während vorher 0,0411—0,0824 Grm. Indigo täglich erhalten
wurden, betrug dieser Werth nun 0,009—0,0573. Am nächsten
Tage, nachdem letzterer Maximalwerth beobachtet wurde, trat ein
schwacher Anfall ein. Das Sulfatverhältniss betrug im Beginn
der Salicylat-Periode 1 : 13,0, später 1 : 7,3, 6,1, 7,3, 8,1, 20,4,
11,3, 7,9. Letztere Zahl fiel auf den Tag vor dem Anfall, am
Anfallstag selbst war die Zahl 6,4. Nach ca. einem Monat trat
ein neuer Anfall ein. Das Sulfatverhältniss an diesem Tage war
9,1, die Menge der gepaarten Sulfate 0,373 Grm., das Indigo 0,0695
Grm. In einem anderen Fall waren 30 Grain Natriumsalicylat pro
die ohne Einfluss sowohl auf die Darmfäulniss als auf die Anfälle.
In einem dritten Fall trat bei täglicher Gabe von 45 Grain Salicylat
eine Herabsetzung des Sulfatverhältnisses (vergl. Baumann und
Herter, J. Th. **7**, 213) und eine Beschränkung der Zahl der täglichen Anfälle ein. In drei Fällen wurde der Einfluss von Natrium
bicarbonat studirt. Dasselbe wurde in täglichen Dosen von
30—60 Grain gegeben, von denen nach Stadelmann [J. Th. **20**,
348] eine Vermehrung der Darmfäulniss zu erwarten war. Nach
der Erhöhung des Sulfatverhältnisses zu schliessen trat
diese Vermehrung allerdings ein, doch schien nur in einem Falle
die Zahl der Anfälle dadurch vermehrt zu sein. Schliesslich werfen
Verff. die Frage auf, ob das bei ihren Patienten mit idiopathischem
Grand mal so häufig beobachtete hohe Sulfatverhältniss durch irgend
einen von der Krankheit unabhängigen Umstand bedingt sein konnte;
sie verneinen dieselbe, mit Wahrscheinlichkeit auch in Bezug auf
den etwaigen Einfluss der Bromide[1]), welche fast alle Patienten
in täglichen Dosen von 20—25 Grain einnehmen. — Von den drei
Fällen, in denen ein organisches Leiden der Epilepsie zu Grunde

---

[1]) Vergl. Féré, Bromuration et antisepsie intestinale. Nouvelle
iconographie de la Salpêtrière, 1890, pag. 349.

zu liegen schien, ergab die Prüfung auf excessive Darmfäulniss einmal ein negatives, zweimal ein zweifelhaftes Resultat; ähnlich waren
die Verhältnisse in drei Fällen von Petit mal.   Herter.

**387. Jules Voisin: Mittheilung über die Inversion der Formel
der Phosphate bei Hysterie und Epilepsie [1]).** V. theilt Analysen mit,
welche in seiner Krankenabtheilung von Grignon und Oliviero
ausgeführt wurden. Bei hysterischen Anfällen wurde nur in 2 Fällen
von 19 die Inversion der Phosphate gefunden, sie wurde ferner
bei Epileptischen zweimal nach dem Anfall, einmal in der Ruhe-
-zeit constatirt. V. stimmt mit Gilles de la Tourette darin
überein, dass er in dem 24stündigen Urin nach dem hysterischen
Anfall Harnmenge, Harnstoff und Gesammtphosphorsäure oft vermindert findet, doch kommen auch Ausnahmen vor, wahrscheinlich
durch die Ernährung bedingt. In Bezug auf die epileptischen Anfälle bestätigt V. die Angaben von Mairet, Lépine, Gilles de
la Tourette und Cathelineau, dass Harnmenge, Harnstoff und
Phosphorsäure nach dem Anfall zunehmen; fast in der Hälfte der
Fälle findet sich ferner Albuminurie, fast immer auch Peptonurie. Er gibt folgende Mittelzahlen der Tageswerthe für
5 Epileptiker.

Körpergewicht der Patienten		Harnmenge	Harnstoff	Phosphorsäure
49,050 Kgrm.	Ruhe	1200 CC.	13,20 Grm.	1,12 Grm.
	Anfall	1560 «	20,20 «	2,12 «
46,900 «	Ruhe	937 «	12,86 «	1,17 «
	Anfall	1200 «	21,22 «	1,67 «
47,905 «	Ruhe	700 «	12,25 «	1,18 «
	Anfall	870 «	14,30 «	1,50 «
60,850 «	Ruhe	945 «	16,60 «	1,35 «
	Anfall	1005 «	18,20 «	1,62 «
58,650 «	Ruhe	747 «	17,05 «	1,63 «
	Anfall	850 «	19,20 «	1,95 «

Herter.

---

[1]) Note sur l'inversion de la formule des phosphates dans l'hystérie
et l'épilepsie. Compt. rend. soc. biolog. **44**, 330—333.

388. Oliviero: Zur Mittheilung von Jules Voisin[1]). Nach
dem Vorgang von Cazeneuve und de Girard macht Verf. darauf
aufmerksam, dass die Trennung der Phosphorsäure der Erden
von der an Alkalien gebundenen durch die gebräuchliche
Ammoniak-Methode sich nicht in genauer Weise ausführen
lässt. Calciumbiphosphat wird durch überschüssiges Ammoniak in
Calciumtriphosphat und Ammoniumphosphat umgewandelt, ein Theil
der an Erden gebunden gewesenen Phosphorsäure verbindet sich also
mit Alkali. Magnesiumbiphosphat dagegen geht mit Ammoniak in Ammoniummagnesiumphosphat über; in diesem Falle wird das Verhältniss der
Phosphate nicht geändert. Ist aber Magnesiummonophosphat zugegen,
so wird unter Bildung von Trimagnesiumphosphat und Ammoniumphosphat das Verhältniss gleichfalls zu Gunsten der Alkalien
verändert. Die umgekehrte Einwirkung findet statt, wenn neben
Erdphosphaten noch andere Erdsalze im Urin zugegen sind, z. B.
Calciumcarbonat, Calciumsulfat, Magnesiumsulfat. Aus einer Lösung
von Binatriumphosphat und Magnesiumsulfat schlägt Ammoniak
Ammoniummagnesiumsulfat nieder. Als 10 Patienten, darunter 3
Hysterische und 7 Epileptiker, Magnesiumsulfat gereicht wurde, zeigte der Urin in 9 Fällen die Erscheinungen der
Inversion, in 2 Fällen war nach der Ammoniakmethode überhaupt keine Phosphorsäure im Filtrat, also an Alkalien gebunden,
nachzuweisen, während im Niederschlag 1,32 resp. 1,58 Grm. pro L.
gefunden wurden. Aus diesen Gründen hält es Verf. für bedenklich,
die Differentialdiagnose zwischen Hysterie und Epilepsie aus dem
Verhalten der Phosphorsäure beim Zusatz von Ammoniak zu machen.

Herter.

**389. Mairet: Ueber das gewöhnlich angewendete Verfahren
zur Abscheidung der Erdphosphate im Urin**[2]). M. vertheidigt die
Ammoniak-Methode zur Trennung der Phosphate als ein für
biologische Zwecke nützliches Verfahren; es kann trotz seiner Mängel

---

[1]) A propos de la communication de M. Jules Voisin, Compt. rend.
soc. biolog. **44**. 333—337. — [2]) A propos du procédé communément employé
pour séparer les phosphates terreux dans l'urine. Compt. rend. soc. biolog.
44, 379—383.

zum Studium des Einflusses verschiedener Lebensbedingungen dienen. Bei **vegetarischer Ernährung** ergab sich nach derselben die Phosphorsäure der Erden zu 0,42—0,54 Grm. pro die, die der Alkalien zu 1,12—1,20, bei **gemischter Diät** wurde gefunden 0,48—0,53 resp. 1,53—1,76; dasselbe Individuum bei vegetarischer Ernährung und täglicher 7stündiger **geistiger Arbeit** lieferte 0,50—0,51 resp. 1,06—1,13 Grm. Bei **Epileptikern** fand M. nach den Anfallstagen eine Steigerung der Erdphosphate.   **Herter.**

390. **J. Mann: Ueber die Ausscheidung des Stickstoffs bei Nierenkrankheiten im Verhältniss zur Aufnahme desselben** [1]). Bei seinen Versuchen schlug Verf. folgenden Weg ein:. Die Patienten bekamen ihre Nahrungsmittel zugewogen bezw. wurden die nicht verzehrten zurückgewogen. Der Harn wurde ohne Verlust gesammelt, ebenso der Koth, welcher durch Kohle abgegrenzt wurde. Die Stickstoffbestimmung in Harn und Koth wurde nach Kjeldahl, und zwar wurde sowohl mit eiweisshaltigem Harn als auch nach Entfernung des Eiweiss die N-Bestimmung gemacht. Das Eiweiss wurde durch Fällung mit verdünnter Essigsäure etc. entfernt, die quantitative Eiweissbestimmung theils nach Essbach, theils gewichtsanalytisch vorgenommen, oder aber, indem Verf. aus der Stickstoffbestimmung des eiweisshaltigen und enteiweissten Harns die Differenz feststellte und mit dem bekannten Coëfficienten 6,25 multiplicirte. Es sei hervorgehoben, dass die Werthe, welche auf diesem Wege gewonnen wurden, übereinstimmten mit den gewichtsanalytisch gefundenen, während die Essbach'schen Werthe vielfach erheblich abweichen. Bei einem Fall von chronischer Nephritis konnte Verf. in Anwendung dieser Methoden feststellen, dass stets Stickstoff retinirt wurde, ob nun Patient eine ausreichende Calorienmenge und genügend Eiweiss erhielt oder bei Milchdiät völlig unzureichend ernährt wurde (810 Calorien mit 60 Grm. Eiweiss). Dieses Verhalten constatirte Verf. im Verlauf einer achttägigen continuirlichen Untersuchungsreihe, als auch bei einer 6 Tage später angestellten Untersuchung und bei einer abermals 6 Tage später wiederholten 3tägigen Untersuchung. Das Ausbleiben urämischer Symptome erklärt Verf. durch die Auf-

---

[1]) Zeitschr. f. klin. Medicin **20**, 107—126.

speicherung des Stickstoff in den Oedemen. Eine Beziehung zwischen Harnmenge, specifischem Gewichte und Stickstoffausscheidung konnte nicht constatirt werden. Mit der Steigerung der N-Zufuhr steigt auch die N-Ausfuhr, aber auch die N-Retention. Bei gemischter Kost war die Retention scheinbar grösser als bei ausschliesslicher Milchnahrung. Die Stickstoffausscheidung kommt der N-Zufuhr am nächsten, wenn die N-Zufuhr am niedrigsten ist. Bei der chronischen Nephritis fand Verf. folgendes Verhalten: Erhielt Patient seine gewöhnliche Kost weiter, so zeigte eine 3 tägige Stoffwechseluntersuchung eine bedeutende tägliche N-Retention, die Verf., sowie die Zunahme des Körpergewichts, dem Wachsen der Oedeme zuschreibt. Wurde die N-Zufuhr durch Milchdiät herabgesetzt, so stieg die Harnmenge und die N-Retention sank; dabei wurde das Eiweiss durch den Darm bei Milchdiät besser resorbirt als bei gemischter Kost. Auch ein zweiter Fall von Schrumpfniere zeigte ähnliches Verhalten. Bei der amyloiden Degeneration der Niere konnte Verf. bei einem Patienten in einer 3 tägigen Untersuchungsreihe (Patient erhielt 285—295 Grm. Schrippe, 2000 Grm. Milch, 6—8 Eier täglich) ebenfalls eine bedeutende Retention des Stickstoffs constatiren. Verf. zieht aus seinen Beobachtungen folgende allgemeine Schlüsse: In den Nierenkrankheiten kann bei geringer Eiweisszufuhr Stickstoffgleichgewicht eintreten. Bei steigender Eiweisszufuhr findet meist eine verschieden grosse Zurückhaltung von Eiweiss statt, welches sich in Oedemen aufspeichert, bei verminderter N-Zufuhr steigt die Stickstoffausscheidung bis zum Gleichgewicht. Oft führt die Retention zu urämischen Anfällen. Kerry.

391. H. Kornblum: Ueber die Ausscheidung des Stickstoffs bei Nierenkrankheiten des Menschen im Verhältniss zur Aufnahme desselben[1]). K. hat zunächst an sich selbst Stoffwechselversuche angestellt, welche ergaben, dass 6 St. nach der Mahlzeit etwa 40 °/₀ des eingeführten Stickstoffs durch den Harn wieder ausgeschieden werden, dass ferner am Tage die Stickstoffausscheidung grösser ist, als in der Nacht und des weiteren, dass zwischen der Stickstoff- und der Phosphorsäureausscheidung kein Parallelismus besteht. —

---

[1] Virchow's Archiv **127**, 409—445.

Bei den Versuchen an Nierenkranken (chronische Nephritis, Amyloidniere) wurden die eingenommenen Nahrungsmittel genau analysirt. ferner der Harn in 4 Tagesportionen aufgefangen und untersucht, desgleichen die Fäces. Als Resultate des I. Versuches ergaben sich hinsichtlich der Stickstoff-, Phosphorsäure- und Eiweissausscheidungen folgende Beobachtungen. Ein Stickstoffgleichgewicht konnte in der Versuchszeit (4 Tagen) nicht erzielt werden, doch wurde das Deficit immer geringer. Die Stickstoffausscheidung in den 6 St. nach der Mahlzeit war nicht verringert, sie verlief häufig sehr träge am Tage. Die Phosphorsäureausscheidung stieg mit jedem Tage. Die Ausscheidung des Eiweisses bewegte sich in engen Grenzen und betrug etwa 4 Grm. pro die. An zwei Tagen enthielt der Tagesharn mehr Eiweiss als der Nachtharn, an einem weniger, an einem ebensoviel. Aehnliche Resultate wurden in zwei anderen Versuchen gewonnen. Als Hauptergebniss stellt Verf. die Sätze auf: 1. Eine Verminderung der Stickstoffausfuhr bei Nephritis ist nicht vorhanden und 2. Der Stickstoffwechsel ist bei dieser Krankheit sehr verlangsamt.

Andreasch.

392. W. Weintraud: Untersuchungen über den Stickstoffumsatz bei Lebercirrhose[1]). Zweck der Untersuchung war, festzustellen, ob bei Erkrankungen der Leber, speciell bei interstitieller Hepatitis eine plötzliche Vermehrung der Stickstoffeinfuhr sich, wie beim Gesunden, lediglich in einer vermehrten Harnstoffausscheidung geltend mache, oder ob eine unvollständige Harnstoffausscheidung und das Auftreten von Harnstoffvorstufen als Zeichen mangelhafter Functionsthätigkeit der Leber constatirt werden könnten. Im Harn der Kranken wurde das Ammoniak nach Schlösing, der Gesammtstickstoff nach Kjeldahl bestimmt. Hatte sich nach mehreren Tagen gezeigt, innerhalb welcher Grenzen das Verhältniss von Stickstoff im Ammoniak zum Gesammtstickstoff schwankte, so erhielt der Kranke jetzt eine bestimmte Menge citronensauren Ammoniums. Vermochte er das eingeführte Ammoniak vollständig als Harnstoff zur Ausscheidung zu bringen, so musste der Gesammtstickstoff vermehrt sein, im Gegenfalle das Ammoniak. In den beiden ersten Fällen mit noch nicht weit vorgeschrittener Lebercirrhose war das Ergeb-

---

[1]) Archiv f. experim. Pathol. u. Pharmak. **31**, 30—39.

niss völlig eindeutig, indem das Ammoniak vollständig in Harnstoff umgewandelt wurde. Das Plus an Harnstoff, welches während der Ammoniaktage ausgeschieden wurde, entsprach fast genau dem verabreichten Ammoniak, wie die beigegebenen Tabellen ausweisen. Die beiden anderen Fälle betrafen Patienten mit sehr schweren Erkrankungen und erstrecken sich auf die letzten Tage vor dem Tode; die Resultate sind wegen der weniger regelmässigen Nahrungsaufnahme, Harnverlusten etc. minder genau, doch sind natürlich die Verhältnisszahlen maassgebend. In beiden Fällen repräsentirt der Ammoniakstickstoff jedenfalls eine höhere Procentzahl des Gesammtstickstoffs, als unter normalen Verhältnissen. Während bei Gesunden bei gemischter Kost diese Zahl zwischen $3,5-5\,\%$ schwankt und im Mittel $4,1\,\%$ beträgt, waren die Mittelwerthe im Falle III $7,5\,\%$, im Falle IV $8,4\,\%$ und die Einzelwerthe schwankten zwischen $6,3-9,7\,\%$ resp. $6,9-11,9\,\%$. Obwohl man also darin den Ausdruck einer Functionsstörung hätte erblicken können, zeigte sich bei der Verabreichung von Ammoniak, dass die Umwandlung desselben in Harnstoff ganz ausreichend von Statten ging. Wenigstens wurde das Verhältniss von Ammoniakstickstoff zu Gesammtstickstoff nicht beachtenswerth alterirt, das eingeführte Ammoniak also nicht wieder unverändert ausgeschieden. — Verf. nimmt an, dass die harnstoffbildende Function der Leber eine für den Organismus derart bedeutsame ist, dass wahrnehmbare Störungen derselben sich mit dem Fortbestehen des Lebens nicht vereinbaren lassen. Bei dem Untergang des Lebergewebes durch pathologische Processe vermag das zurückbleibende functionirende Drüsengewebe lange Zeit in vollem Umfange für den functionellen Ausfall einzutreten. — Es wird noch ein Fall angeführt, wo ein bereits im Coma befindlicher Patient wenige Stunden vor dem Tode citronensaures Ammon erhielt und darauf in seinem Harn $15,6\,\%$ des Gesammtstickstoffes als Ammoniak aufwies. — Im Falle III waren unmittelbar vor dem Tode bedeutende Mengen von Fleischmilchsäure im Harn vorhanden, (vergl. hierüber die in diesem Bande ref. Arbeit von Hahn, Massen, Nencki und Pawlow). Andreasch.

393. G. Hoppe-Seyler: Ueber die Veränderungen des Urins bei Cholerakranken mit besonderer Berücksichtigung der

Aetherschwefelsäureausscheidung [1]). Der Harn der Cholerakranken zeichnet sich durch einen starken Gehalt an Indoxyl aus; dessen Ausscheidung lässt bald nach und verschwindet während der reichlichen Diurese des Reactionsstadiums. Die Vermehrung der Aetherschwefelsäuren ist stets auf die vermehrte Indoxylausscheidung zu beziehen, welche ihrerseits auf eine reichliche Indolbildung im Darme hinweist. Die nach Ablauf der Indoxylausscheidung noch vorhandene Vermehrung der Aetherschwefelsäuren ist auf andere durch die Fäulniss im Darme gebildete Substanzen zurückzuführen. Oft zeigte der Harn der Cholerakranken starke Acetessigsäurereaction und enthielt viel Ammoniak. Beim Choleratyphoid scheint das normale Verhältniss von Säuren und Alkalien im Blute ähnlich wie beim Coma diabeticum verändert zu sein, sodass es sich hierbei um eine Säureintoxication handelt.   A n d r e a s c h.

394. **Lincoln Paijkull: Beiträge zur Kenntniss von der Chemie der serösen Exsudate** [2]). Die Aufgabe der Untersuchung war zunächst die, über das Vorkommen der vom Ref. in Ascitesflüssigkeiten gefundenen Mucoïdsubstanzen [J. Th. **20**, 419] weitere Aufschlüsse zu erhalten. Einige im Laufe der Arbeit gemachten Beobachtungen führten indessen zu einer Erweiterung des ursprünglichen Planes und machten theils eine besondere Prüfung der Flüssigkeiten auf Nucleoalbumin und theils auch eine quantitative Analyse derselben nothwendig. Es kamen zur Untersuchung 16 Ascitesflüssigkeiten von 9 Patienten (also in einigen Fällen von verschiedenen Punctionen desselben Ascites), 3 pleuritische Exsudate von 2 Patienten und endlich 5 Hydroceleflüssigkeiten von derselben Anzahl Personen. Mit Ausnahme von 2 Fällen (6 und 7 der Tabelle), in welchen an der Richtigkeit der Diagnose trotzdem nicht zu zweifeln ist, sind nur solche Fälle untersucht worden, in welchem die Diagnose entweder postmortal oder durch Operation constatirt werden konnte. Die Untersuchung auf Mucoïdsubstanzen geschah nach dem vom Ref. [J. Th. **20**, 419] angegebenen Verfahren. Das Ergebniss der Unter-

---

[1]) Berliner klin. Wochenschr. 1892. No. 43. — [2]) Bidrag till kännedomen af de serösa exsudateus kemi. Upsala Läkareförenings Förhandlingar Bd. 27.

suchung war ein positives mit Ausnahme von denjenigen Fällen von
Hydrocele, in welchen eine Inflammation der Tunica vaginalis nicht
zu erkennen war: In diesen Fällen war das Resultat, wahrscheinlich
in Folge der geringen Menge der zur Untersuchung disponiblen
Flüssigkeit, ein unsicheres. In den meisten Fällen konnte der Verf.
übrigens nur die Gegenwart von Mucoïdsubstanzen überhaupt constatiren, und nur in 4 Fällen (No. 2, 4, 5 und 7) war es ihm
möglich, sowohl das eigentliche Mucoïd wie auch die Mucinalbumose
gesondert nachzuweisen. Wie in den vom Ref. beobachteten Fällen
kam auch hier die Mucinalbumose in weit reichlicherer Menge als
das Mucoïd vor. — In vielen Fällen ist es ferner P. gelungen, in
den Transsudaten eine durch Essigsäure fällbare Substanz nachzuweisen, die keine zu der Mucingruppe gehörende Substanz ist. Durch
Zusatz von Essigsäure zu 0,5 % kann die Substanz ausgefällt werden, ·
besonders wenn die Flüssigkeit nicht reich an Salzen ist, bezw. wenn
die letzteren durch Dialyse entfernt worden sind. Durch wiederholtes Auflösen in Wasser durch Zusatz von möglichst wenig Alkali
und Ausfällen mit Esssigsäure hat P. die Substanz gereinigt und
durch Digestion mit Pepsinchlorwasserstoffsäure von der Nucleo-
albuminnatur derselben sich überzeugt. Bezüglich des Vorkommens
von Nucleoalbumin in Transsudaten hat P. die Beobachtung gemacht,
dass diese Substanz, welche allem Anscheine nach von macerirten
oder zerfallenen Zellen stammt, nur in solchen Fällen vorkommt, wo
eine inflammatorische Reizung zu constatiren ist, bei Abwesenheit
solcher Reizung dagegen in den Flüssigkeiten fehlt. Die Anzahl der
von P. beobachteten Fälle ist allerdings nicht gross, und er will
desshalb auch aus seinen Untersuchungen keine ganz bestimmten Schlüsse
ziehen, er will vielmehr hierdurch die Anregung zu fortgesetzten
Untersuchungen gegeben haben. — Die quantitativen Analysen sind
bezüglich der festen Stoffe, des Gesammteiweisses, der Globulin- und
Albuminmenge wie auch bezüglich der Salze und Extractivstoffe
nach allgemein bekannten Methoden ausgeführt worden. Das Nucleoalbumin wurde durch Zusatz von Essigsäure zu 0,5 % (wobei das
Paraglobulin in Lösung bleibt) gefällt, der Niederschlag auf dem
Filtrum mit Wasser ausgewaschen, mit Alcohol und Aether vollständig erschöpft, getrocknet und gewogen. Eine exacte Methode

No. d. Krankegeschichte	Diagnose der Krankheit											Alkalescenz Na_2CO_3
1	Cancer ventr. u. Perit. cancerosa	96,505	3,495	2,601	1,015	0,101	0,177	0,0242	0,768	0,7512	0,0858	0,0771
I	Punction kurz vor dem Tode	96,313	3,687	2,533	—	—	—	—	—	—	—	—
2	Cancer ventr. u. Perit. cancerosa	94,466	5,534	4,588 2,739	1,725	0,074	0,205	0,0584	0,9217	0,6215	0,0159	0,1468
	2. Punction	95,114	4,886	3,758 2,324	1,274	0,160	0,273	0,0176	0,8035	0,5656	0,3069	0,1508
	3. Punction	95,045	4,955	4,080 2,650	1,317	0,113	0,228	0,0208	0,7805	0,5574	0,0737	0,1081
3	Sarcoma retroperit. u. perit. adhaesiva	94,039	5,961	5,066 2,843	2,100	0,123	0,177	0,0405	0,8274	0,5728	0,0271	0,1224
	2. Punction	94,345	5,655	4,556	—	—	—	—	—	—	—	0,1137
9	Papilloma ovarii et periton.	93,723	6,277	4,927 2,973	1,865	0,089	0,187	0,0356	0,9004	0,6703	0,4142	0,1531
8	Peritonitis tuberculosa	92,970	7,030	6,30 3,201	2,706	0,123	0,098	0,0190	0,8467	0,5907	0,1345	0,0905
4	Cirrl osis this	97,539	2,461	1,447 0,848	0,599	0	0,045	0,0191	0,8470	0,6221	0,1483	0,1470
	2. Punction	97,750	2,250	1,253 0,759	0,494	0	0,065	0,0137	0,8585	0,6317	0,1248	0,1493
6	Cirrhosis hpis	94,425	5,575	4,584 2,558	2,026	0	0,177	0,0235	0,8570	0,6672	0,1108	0,1046
5	Compr. v. porta u. ins. cordis	98,153	1,847	0,849 0,468	0,381	0	0,281	0,0101	0,8422	0,6103	0,1457	0,1371
7	Nephr. chronic.	97,217	2,783	1,244	—	—	—	—	—	—	—	—
	2. Punction	97,647	2,353	1,302	—	0,028	—	0,0213	0,8959	0,6853	0,132	0,1000
	3. Punction	97,482	2,518	1,731	0,722	0,029	0,043	0,0127	0,8814	0,6816	0,142	0,1338
8	Pleuritis sarcomatosa	93,958	0,42	1,935	2,756	0,200	0,180	0,0207	0,9000	0,6024	0,2303	—
	2. Punction	95,919	4,081	3,065 1,595	1,4704	—	—	—	—	—	—	0,0863
10	Pleuritis simplex	93,722	6,278	2,956	2,2630	0,092	0,241	0,0285	0,858	0,5800	0,1725	0,2413
11	Hydrocele plex	94,076	5,924	4,827 3,629	1,1980	0	?	0,0231	0,9773	0,6766	0,0966	—
12	Hcele simplex	—	6,135			0						—
13	Hydrocele hca	93,796	6,204	0,771	2,1845	0,1213	vorh.	—	—	—	—	0,1318
14	Hydrocele metica	—	6,1221	—	—	0,1034	—	—	—	—	—	—
15	Hydrocele inflam.	93,384	6,616	5,447	—	vorh.	—	—	—	—	—	—

zur Bestimmung der Mucoïdsubstanzen giebt es gegenwärtig nicht, die gefundenen Zahlen können nur als annähernde gelten. Die benutzte Methode war folgende: Die Flüssigkeit wurde durch Erhitzen zum Sieden unter ·vorsichtigem Essigsäurezusatz enteiweisst. Das Filtrat, mit dem Waschwasser vereinigt, wurde genau neutralisirt, im Wasserbade stark concentrirt und mit Alcohol gefällt. Der durch Spuren von Eiweiss verunreinigte Niederschlag wurde mit Alcohol und Aether erschöpfend behandelt, getrocknet und gewogen. Dann wurde eingeäschert und wiederum gewogen. Die vorstehende, etwas abgekürzte Tabelle enthält die wichtigsten analytischen Daten. Die Nummern der ersten Colonne entsprechen den Nummern der dem Aufsatze beigelegten Krankengeschichten. Sämmtliche Zahlenwerthe sind auf 100 Theile Flüssigkeit berechnet. Hammarsten.

· 395. **Friedr. Krüger: Die Zusammensetzung des Blutes in einem Falle von hochgradiger Anämie und einem solchen von Leukämie**[1]). Die Bestimmungen nach der Alex. Schmidt'schen Untersuchungsmethode ergaben:

	Spec. Gewicht des		Trockenrückstand		Gewichtsmenge			Rückstand von 100 Blutkörperchen	Relat. Hämoglobingehalt, Extinctionscoefficienten.	Fibrin in 100 Blut
	Blutes	Serum	von 100 Blut	von 100 Serum	d. Körperchen in 100 Blut	der Blutkörperchen in 100 Blut	des Serums in 100 Blut			
Normal	1055,7	1029,6	19,89	9,44	13,74	34,96	65,04	39,74	0,81	0,20
Anämie {	1029,5	1021,0	9,39	6,16	3,81	9,42	90,58	40,45	0,20	0,31
	1029,5	1020,4	9,41	6,15	3,90	10,40	89.60	37,50	0,19	0,31
Leukämie	1054,8	1037,5	18,63	11,90	10,82	34,29	65,71	31,55	0,43	—

Andreasch.

396. **Olof Hammarsten: Untersuchung des Inhaltes eines Ganglions**[2]). Verf. hat Gelegenheit gehabt, den Inhalt eines gänseei-

---

[1]) St. Petersburger medic. Wochenschr. 1892, No. 21. — [2]) Ett stort . ganglion på underbenet. Upsala Läkareförenings Förh. Bd. 27.

grossen Ganglions zu untersuchen, welches am linken Unterschenkel
eines 37jährigen Arbeiters seinen Sitz hatte, und welches von Professor Lennander exstirpirt wurde. Eine Communication des
Ganglions mit irgend einer Gelenkhöhle war nicht zu constatiren.
Der Inhalt stellte eine grauweisse, gallertähnliche Masse von ziemlich stark alkalischer Reaction dar, welche bei microscopischer Untersuchung keine anderen Formbestandtheile als Fetttröpfchen und
einzelne fettdegenerirte Zellen von dem Aussehen der Eiterzellen
zeigte. Bei Verdünnung mit Wasser verflüssigte sich der Inhalt
allmählich und nach Verlauf von 24 Stunden konnte ein ganz klares,
ungefärbtes, nur wenig fadenziehendes Filtrat erhalten werden. Der
Rückstand auf dem Filtrum war so geringfügig, dass er nicht untersucht werden konnte. Die Hauptmasse der Flüssigkeit wurde mit
überschüssigem Alcohol versetzt; es schied sich dabei ein reichlicher,
grobfaseriger Niederschlag aus. Durch Auflösen in Wasser und
nochmaliges Fällen mit Alcohol wurde der Niederschlag gereinigt.
Die Lösung dieses gereinigten Stoffes in Wasser verhielt sich zu
Reagentien in allen Beziehungen wie das ursprüngliche Filtrat. —
Die Lösung gerann beim Sieden, selbst nach vorsichtigem Zusatz
von ein wenig Essigsäure, gar nicht und wurde dabei höchstens
schwach bläulich weiss, opalisirend. Von Essigsäure, Salzsäure,
Salpetersäure, Ferrocyankalium und Essigsäure, wie auch von NaCl
und Essigsäure wurde die Lösung gar nicht gefällt, ebensowenig von
Quecksilberchlorid allein oder Quecksilberchlorid und Salzsäure.
Magnesiumsulfat in Substanz im Ueberschuss eingetragen, erzeugte
sogar bei Körpertemperatur keinen Niederschlag. Nach Zusatz von
Essigsäure oder Salzsäure zu der salzgesättigten Lösung schied sich
dagegen eine dicke, gelatinöse Masse aus. Bei Sättigung mit Ammoniumsulfat schieden sich schleimige Fäden und Massen aus. Kupfersulfat, Eisenchlorid, Bleizucker und Bleiessig verwandelten die Lösung
in eine schleimige, dicke Masse. Das Millon'sche Reagens erzeugte
eine ähnliche klumpige Fällung, die indessen beim Sieden sich weder
roth noch gelb färbte. Die Substanz enthielt bleischwärzenden
Schwefel, spaltete aber beim Sieden mit Salzsäure keine Schwefelsäure ab, bestand also nicht aus Chondroïtsäure, welcher sie sonst
sehr ähnelte. Die Substanz reducirte Kupferoxydhydrat nicht direct;

nach dem Sieden mit einer Säure reducirte sie dagegen stark. Die elementare Zusammensetzung, auf aschefreie Substanz berechnet, war folgende: 45,74 % C, 6,00 % H, 5,68 % N, 42,58 % O + S. Es handelte sich also hier um eine der Mucingruppe angehörende Substanz, welche mit dem Pseudomucin grosse Aehnlichkeit zeigte. Dem niedrigen Stickstoffgehalte nach steht sie dem Colloïd nahe und dürfte vielleicht als lösliches Colloïd aufzufassen sein. Hammarsten.

397. Uschinsky: Zur Frage von der Schwefelwasserstoffvergiftung [1]). Der Verf. studirte die Wirkung des Schwefelwasserstoffs auf Thiere und seine Wirkung auf das Blut. Er verdünnt eine kleine Menge von Frosch-, Kaninchen- oder Rinderblut mit Wasser oder physiologischer Kochsalzlösung bis im Spectrum deutliche Streifen erscheinen. Zu dieser Flüssigkeit setzt er bestimmte Mengen Schwefelwasserstoff in wässeriger Lösung und beobachtet die Zeit der ersten Erscheinung des Streifens von Schwefelmethämoglobin im Roth neben C im Spectrum. Diese Zeit steht in Abhängigkeit von der Menge des zugesetzten H_2S. — Bei $1/2$ CC. Blut, welches auf das 20 fache verdünnt wurde, erscheint der charakteristische Streifen auf Zusatz von 2 Mgrm. H_2S schon nach 15—20 Secunden, auf Zusatz von 0,2 Mgrm. erst nach 8—9 Minuten. Ist die Verbindung gebildet, so bleibt sie beständig. Sie entsteht nur in sauerstoffhaltigem Blut, und wird nur von einem Theil des Hämoglobin gebildet, während ein anderer Theil unverändert bleibt. Grössere Mengen H_2S zerlegen das Hämoglobin, man bekommt nur unbestimmte und undeutliche Streifen im Spectrum, das Blut wird schmutziggrün und es scheidet sich Schwefel und Eiweiss aus. Nach Vergiftungsversuchen an Thieren zeigt das Blut unmittelbar nach dem Tode zwei Oxyhämoglobinstreifen und normales Verhalten. Selten kann man gleich nach dem Tode den Schwefelmethämoglobinstreifen sehen. Er entsteht manchmal nach einiger Zeit, wenn das Blut in dem Gefässe steht. Dieses Verhalten deutet Verf. als Bestätigung der Angabe Hoppe-Seyler's, dass der H_2S bereits vor der Schwefelmethämoglobinbildung giftig wirkt, indem er im Blutserum als solcher und als Natriumsulfid gelöst ist. Das schwefel-

---

[1]) Zeitschr. f. physiol. Chemie 17, 220—228.

methämoglobinhaltige Blut ist ungiftig, selbst in Mengen, welche es ermöglichen, dass S - Methämoglobin spectroscopisch nachzuweisen. Verf. constatirte, dass nach einer Stunde der S-Methämoglobinstreifen verschwunden ist und nimmt die Ausscheidung desselben durch die Nieren und die Leber an. Verf. widerlegt auch die Ansicht von Schulz, dass die narcotische Wirkung des Sulfonals durch den bei der Spaltung desselben entwickelten H_2S eintrete, indem er einerseits die narcotische Wirkung des H_2S nicht beobachten, andrerseits die Bildung von H_2S aus Sulfonal durch absterbende Gewebe nicht bestätigen konnte. Er betrachtet den von Schulz beobachteten H_2S als eine Folge eingetretener Fäulniss. Kerry.

398. D. Hansemann: Ueber Ochronose[1]). Verf. reiht an die zwei bereits bekannten Fälle von Schwarzfärbung der Knorpel [Virchow, Virchow's Arch. 1866 und Bostroem, Festschr. f. Virchow 2, 179] noch einen dritten an. Derselbe betraf einen 41jährigen Patienten; aus der ausführlich mitgetheilten Krankengeschichte sei hervorgehoben, dass der Urin dunkel bis schwarz gefärbt war und beim Stehen nachdunkelte. Er enthielt 9 $^0/_{00}$ Albumin, aber weder Indikan, noch Blut, noch Gallenfarbstoff. Die Section ergab eigenthümliche Pigmentveränderungen der Knorpel; am schwärzesten sind die Rippenknorpel, die Knorpel der Symphyse, des Sternoclaviculargelenkes, die Zwischenwirbelscheiben und die Intersternalknorpel. Andere Knorpel sind rauchgrau gefärbt. Auch in den Nieren und der Aorta fand sich Pigment. Die von Salkowski vorgenommene Harnuntersuchung ergab, dass der Farbstoff von Amylalcohol nicht aufgenommen wurde; auch liess sich ein Zusammenhang des Farbstoffs mit Melanin nicht nachweisen. Die schwarz gefärbten Knorpel lösten sich fast vollständig in Natronlauge, doch gelang es nicht, den Farbstoff aus diesen Lösungen abzuscheiden. Als der sterilisirte Harn einem Hunde subcutan injicirt wurde, ging in einem Falle der Farbstoff in den Harn über, in dem anderen nicht. Bei beiden Hunden zeigten sich die Lymphdrüsen stark pigmentirt. Andreasch.

---

[1]) Berliner klin. Wochenschr. 1892. No. 27.

399. Friedr. Müller: Ueber Icterus [1]). Verf. hat eine
Methode ausgearbeitet, welche das Hydrobilirubin oder Urobilin von
dem Gallenfarbstoff (Bilirubin) zu trennen und beide Farbstoffe
quantitativ zu bestimmen gestattet. Die Methode soll an anderem
Orte mitgetheilt werden. Nach Isolirung des Urobilins wurde dasselbe in saurem Alcohol gelöst und mit dem Glan'schen Spectro-
photometer quantitativ bestimmt. Im Harn von Gesunden betrug der
Concentrationsgrad von Spuren bis 0,00795 [2]), die Tagesmenge bis
zu 20,256 Mgrm. Unter pathologischen Verhältnissen fand sich vielfach eine Vermehrung des Hydrobilirubingehaltes; untersucht wurden
Fälle von Pneumonie, Erysipel, Phthise, Herzfehlern, Scharlach,
Hirntumor, Lebercirrhose, Carcinom; der Extinctionscoëfficient
schwankte von 0,877 bis zu 15,344, während er in der Norm von
Spuren bis 0,1439 anstieg. Aus der Zusammenstellung lässt sich
entnehmen, dass das Auftreten von Icterus mit dem des Hydrobili-
rubins in keinem geraden Verhältnisse steht; einerseits fanden sich
oft grosse Mengen von Urobilin bei Kranken, die keine Spur von
Icterus hatten (Phthisis, Scarlatina), andererseits gingen gerade die
stärksten Formen von Icterus ohne Urobilinurie einher. Durch Versuche von Dietrich Gerhardt [über Hydrobilirubin und seine
Beziehungen zum Icterus Ing.-Dissert. Berlin 1889] wurde ferner
gezeigt, dass das Blut und die Transsudate von Leichen nur dann
Hydrobilirubin enthielten, wenn es intra vitam im Harn reichlich
vorhanden war, sowohl bei icterischen Patienten als auch bei solchen,
die keine Spur von Gelbfärbung der Haut dargeboten hatten; dass
aber Bilirubin nur dort nachweisbar war, wo Icterus, wenn auch
nur leichtesten Grades vorhanden war. Es ist damit erwiesen, dass
die Anwesenheit von Hydrobilirubin in den Körpersäften und im
Harn nicht zum Icterus führt, dass vielmehr der Icterus stets an
die Anwesenheit von gewöhnlichen Gallenfarbstoff gebunden ist, dass
also ein Urobilinicterus, d. h. Gelbfärbung der Haut, durch Hydrobilirubin nicht existirt. — Verf. wendet sich zur Frage woher das

---

[1]) Nach einem in der medic. Section der schles. Gesellsch. f. vaterl.
Cultur gehaltenen Vortrage. Separatabd. 12 pag. — [2]) Bei der Berechnung
des Concentrationsgrades c = Mgrm. im CC. wurde die Vierordt'sche
Zahl A = 0,0552 zu Grunde gelegt.

Hydrobilirubin stamme. Man hat die Bildung bald in die Gewebe
und das Blut, bald in die Niere, bald in die Leber und endlich
in den Darm verlegt. Für letztere Annahme sprechen gewisse
klinische Erfahrungen. Sobald nämlich ein vollständiger Verschluss
des Ductus choledochus eintritt, gleichgiltig ob durch Catarrh, Steine
oder Neubildungen, so verschwindet das Urobilin aus den Stühlen
und aus dem Harn. Löst sich ein solcher Verschluss wieder, wird
der Stuhl wieder gallehaltig, so tritt an demselben Tage das Hydrobilirubin im Harn wieder auf. Diese Erfahrungen lassen sich am
besten so deuten, dass das Hydrobilirubin im Darm aus Gallenfarbstoff gebildet wird, dass es dann vermehrt ist, wenn viel Gallenfarbstoff in den Darm ergossen und dort reducirt und resorbirt wird,
dass es dann fehlt, wenn der Darm acholisch ist. Verf. führt zur
Stütze dieser Ansicht folgenden Versuch an. Ein Mann mit hoch-
gradigem Icterus, in dessen Koth und Harn keine Spur von Hydrobilirubin aufzufinden war, erhielt durch die Schlundsonde während
einiger Tage urobilinfreie Schweinegalle in den Magen eingeführt
(25—125 Grm.). Am 2. Tage war in den Fäces und am 3. im
Harne Hydrobilirubin nachzuweisen; nach Aufhören der Gallezufuhr
fehlte der Körper wieder im Koth und im Harn (nach 2 resp. 1 Tag).
Wenn die Annahme richtig ist, dass Fäulnissprocesse im Darm
die Ursache der Hydrobilirubinbildung sind, dann darf bei vollständigem Fehlen aller Fäulnissvorgänge Urobilin weder im Koth
noch im Harn auftreten. Dieser Zustand kommt nur im intraute-
rinen Leben vor. In der That enthält das Meconium massenhaft
Bilirubin, aber kein Urobilin, ebenso ist der Harn der Neugeborenen
vollständig frei von Hydrobilirubin. Bereits am dritten
Lebenstage fand sich der reducirte Farbstoff im Stuhl und Harn
vor. Ein Parallelismus zwischen der Urobilinmenge im Koth und
im Harn braucht nicht zu bestehen, da die Bildung und Resorption
nicht immer gleichen Schritt halten. So enthielt der Stuhl eines
gesunden Mannes bei reiner Milchnahrung 89,45, bei reiner Fleischnahrung 83,004 Mgrm. Hydrobilirubin, der Harn 20,065. Bei
einem Falle von schwerem Herzfehler waren im Stuhl 104,922, im
Harn 21,63 Mgrm. Hydrobilirubin, bei hypertrophischer Lebercirrhose
fanden sich 187,6 resp. 93,47 Mgrm., also im Stuhl das 2—3 fache

der Norm. Die Urobilinurie nach Resorption von Blutergüssen, bei Infectionskrankheiten, die mit Schädigung des Blutes einhergehen, sowie bei der Einwirkung von Blutgiften (Antifebrin) hat man so erklären wollen, dass das der Zerstörung anheimfallende Blut in den hämorrhagischen Lerden oder in den Geweben zu Hydrobilirubin reducirt wird. Verf. vertritt dagegen die Meinung, dass der frei gewordene Blutfarbstoff in der Leber zu Gallenfarbstoff umgewandelt wird, dass Polycholie resp. eine abnorm reichliche Bildung von Gallenfarbstoff (Pleiochromie) die Folge ist. Diese massenhafte Gallenergiessung würde wiederum zu vermehrter Hydrobilirubinbildung und -Resorption führen. Andreasch.

400. E. Pick: Zur Kenntniss des Toluylendiamin-Icterus [1]). Der Verf. hat mittels eines von ihm ausführlich beschriebenen Viscometers, welcher nach der Art des Engler'schen construirt ist, die specifische Viscosität der Galle bestimmt, um zu untersuchen, in wie weit die Vergiftung mit Toluylendiamin und der durch dasselbe bedingte Icterus mit einer Consistenz-Veränderung der Galle in Zusammenhang stehe. Er gelangt zu dem Resultate, dass ein derartiger Zusammenhang nicht besteht, der Icterus also nicht in ursächliche Verbindung mit einer nennenswerthen Consistens-Veränderung gebracht werden könne. Nachdem andererseits in den Ausführungsgängen der Galle nie ein Hinderniss gefunden werden konnte, der Icterus aber hepatogener Natur ist, spricht Verf. die Vermuthung aus, dass es Aenderungen der Flüssigkeitsströmung in der Leber sind, die den Uebertritt der Galle in die Lymphgefässe begünstigen, ohne hierfür experimentelle Belege zu bringen. Kerry.

401. Rennvers: Beitrag zur diagnostischen Bedeutung der Tuberculinreaction sowie zur Frage des Urobilinicterus [2]). In einem Falle von Lungeninfarct stellte sich 8 Tage nach Auftreten desselben ohne Fieber ein allgemeiner Icterus ein, welcher bis zum Tode andauerte. Der Harn der Patientin war dunkelbraun, zeigte niemals die Gmelin'sche Gallenfarbstoffreaction, enthielt keine Gallensäure,

---

[1]) Wiener klin. Wochenschr. 1892, Nr. 21. — [2]) Deutsche medic. Wochenschr. 1892, Nr. 12.

dagegen stets reichlich Urobilin. Die Untersuchung der Fäces ergab, dass die Gallenabscheidung in den Darm nicht behindert war. Die Section ergab keinen Anhaltspunkt für die Annahme eines Resorptionsicterus, keine Veränderung der Gallengänge, der Ductus choledochus war gut durchgängig. Der Icterus trat demnach nur in Folge der Resorption des mannsfaustgrossen hämorrhagischen Infarctes ein und wird vom Verf. als typischer Urobilinicterus angesprochen.

Kerry.

402. E. Roos: Ueber das Vorkommen von Diaminen bei Krankheiten[1]). Baumann und Udránszky [J. Th. **19**, 450] haben nach der Auffindung der Diamine bei dem Cystinkranken dieselben in den Ausscheidungen bei den verschiedensten, besonders bacteritischen Erkrankungen gesucht, doch ohne jeden Erfolg. Verf. hat Diamine in zwei Fällen gefunden. Der erste Fall betraf einen jungen Mann der in Batavia Malaria und Dysenterie acquirirt hatte. Aus etwa 500 Grm. der breiigen Fäces liessen sich nach Herstellung des Alcoholextractes und Behandlung desselben mit Benzoylchlorid und Lauge etc. etwa 0,3 Grm. einer krystallisirten Substanz vom Schmelzpunkte 130^v gewinnen, die sich durch die Elementaranalyse als Dibenzoylpentamethylendiamin $(CH_2)_5 (NHC_7 H_5 O)_2$ zu erkennen gab. In einem anderen Falle von Malaria fehlten die Diamine, es scheint daher die Bildung mit der complicirenden Darmerkrankung im Zusammenhang zu stehen. Im zweiten Falle handelte es sich um einen Patienten mit Gonorrhoe, bei welchem sich im Spitale eine heftige Cholerine eingestellt hatte. Hier erhielt man aus 700 Grm. des fast wässerigen Stuhles 0,05 Grm. eines krystallisirten Körpers vom Schmelzpunkte 175^0, der durch sein Verhalten keiuen Zweifel übrig liess, dass man es mit Dibezoyltetramethylendiamin zu thun habe.   Andreasch.

403. O. Leichtenstern: Ueber die Charcot-Robin'schen Krystalle in den Fäces nebst einer Bemerkung über Taenia nana in Deutschland[2]). Verf. behauptet auf Grund seiner jahrelangen

---

[1]) Zeitschr. f. physiol. Chemie **16**, 192—200. — [2]) Deutsche medic. Wochenschr. 1892, Nr. 25.

Erfahrung, dass die häufigste Ursache des Vorkommens Charcot-
scher Krystalle im Darm die Gegenwart von Entozoen ist. Die
Krystalle sind nahezu constant bei Ankylostomiasis; in 272 Fällen
hat er sie beobachtet, nur in wenigen Fällen, wo sehr spärliche
Ankylostomiasis vorhanden war, nicht. Bei Anguillula intestinalis
fand sie Verf. stets bei seinen 5 beobachteten Fällen. Ziemlich
häufig findet sie Verf. bei Askaris, Lumbricoides und Oxyuris,
häufig bei Taenia saginata und solium, dagegen fehlten sie bei einem
beobachteten Fall von Taenia nana. Verf. behauptet, dass die
Krystalle dort entstehen, wo die Parasiten ihren Sitz im Darm haben
und belegt dies durch Sectionsbefunde. Nach vollständiger Ab-
treibung der Parasiten verschwinden die Krystalle wie mit einem
Schlage vollständig und dauernd, während eine unvollständige Ab-
treibung durch das Bestehen der Krystalle erkannt wird. Beim
Verreiben des Kothes mit Mineralsäure oder Essigsäure verschwinden
die Charcot'schen Krystalle, ebenso beim Behandeln mit Alkalien,
(im Gegensatz zu den Krystallen der Fettsäuren).   Kerry.

404. W. D. Halliburton: Mucin bei Myxoedem. Weitere Analysen[1]). Nachtrag zu J. Th. 18, 324.

Zur Bestimmung des
Mucin, welches allerdings auf diesem Wege nicht von Nucleïn
getrennt werden kann, werden die Organe mit zehnfach verdünntem
gesättigtem Barytwasser extrahirt, und die Lösung mit einem starken
Ueberschuss von 10 % Essigsäure gefällt. Der Niederschlag wurde
nach 24 Stunden gesammelt, mit 10 % Essigsäure, Wasser und
Alcohol gewaschen und bei 110° getrocknet. Wie ein specieller
Versuch zeigte, beeinflusste zweitägiges Verweilen in Alcohol die
Löslichkeit des Mucin nicht. In einem langsam verlaufenden
Fall von Myxoedem, welcher eine 40jährige Patientin (S. A. C.)
betraf, wurde so in Leber, Hirn und Niere 0,67, 0,132 und
0,260 % Mucin + Nucleïn gefunden. In der Haut, im Herzmuskel
und in den Herzsehnen (incl. Klappen) 0,088, 0,26 und 5,22 %
Mucin. Der Mucingehalt in der (sehr fetten) Haut war abnorm

---

[1]) Mucin in myxoedema. Further analyses. Journ. of. pathol. and
bacteriol. May 1892, pag. 6.

niedrig, sehr hoch dagegen in dem (sonst nahezu Mucin-freien)
Herzmuskel, sowie in den Herzsehnen. Die Sehnen von drei
normalen Schafherzen (mit 17,524 °/₀ festen Bestandtheilen)
lieferten im Mittel 1.395 °/₀ Mucin, für normale menschliche
Herzsehnen (18,003 °/₀ feste Bestandtheile) wurden Spuren bis
1,916 °/₀, im Mittel 1,03 °/₀ gefunden; das Bindegewebe des Herzens
zeichnet sich also durch seinen hohen Mucingehalt aus. Bei
Myxoedem wurde stets ein das normale Mittel etwas übersteigender
Werth für dasselbe gefunden, doch ist der oben erwähnte Werth
ein aussergewöhnlich· hoher.   Herter.

XVII. Enzyme, Fermentorganismen, Fäulniss, Desinfection.

Uebersicht der Literatur

(einschliesslich der kurzen Referate).

Enzyme.

*H. Baum, zur Lehre vom Antagonismus. Ing.-Diss. Rostock 1892.
43 pag.

405. O. Nasse, über Antagonismus.

406. G. Tammann, die Reactionen der ungeformten Fermente.

407. Jacobson, Untersuchungen über lösliche Fermente.

408. Cl. Fermi, die Gelatine als Reagens zur Demonstration der
Gegenwart des Trypsin und ähnlicher Enzyme.

409. Cl. Fermi, weitere Untersuchungen über die tryptischen Fermente der Mikroorganismen.

*Cl. Fermi, Beitrag zum Studium der von den Mikroorganismen
abgesonderten diastatischen und Inversionsfermenten.
Centralbl. f. Bacteriol. u. Parasitenk. 12, 713—715. F. führt die
Mikroorganismen an, bei welchen er ein oder beide Fermente gefunden hat.

410. H. W. Conn, Isolirung eines „Lab"-Fermentes aus Bacterien-
culturen.

*A. P. Fokker, über ein durch Cholerabacillen gebildetes
Enzym. Deutsche medic. Wochenschr. 1892, Nr. 50, pag. 1151.
Aus den Gelatineculturen wird durch Alcohol eine peptonartige Sub-
stanz gefällt, die Labwirkungen besitzt.

*d'Arsonval, physiologische Wirkung sehr niedriger Tempera-
turen. Compt. rend. soc. biolog. 44, 808—809. Versuche von d'A.
und von Dastre zeigten, dass Temperaturen von — 40 bis 50⁰ die
Wirksamkeit löslicher Fermente nicht beeinträchtigen. Temperaturen
nahe an — 100⁰ (erhalten nach Thilorier durch Mischung fester
Kohlensäure mit Schwefeläther) machten Invertin (in Glycerin
gelöst) unwirksam, während sie die Wirkungsfähigkeit der Hefe
nicht schädigten. R. Pictet bestätigte dieses verschiedene Verhalten von löslichen Fermenten und von Fermentorganismen.

Herter.

411. W. Sigmund, Beziehungen zwischen fettspaltenden und glycosidspaltenden Fermenten.

*E. R. Moritz und T. A. Glendinning, über die Wirkungs-
weise der Diastase. Journ. chem. Soc. 1892, I, 689—695.
Berliner Ber. 25, Referatb. 800.

*H. van Laer, Beiträge zur Geschichte der Kohlehydratfermente.
Zeitschr. f. d. ges. Brauwesen 15, Nr. 36—40.
Diastatische Fermente im Blute. Cap. V.

Gährungen, Gährungsproducte, Spaltpilze.

*J. Wortmann, Untersuchungen über reine Hefen. Landw. Jahrb.
21, 901—937.

*T. Kosutany, Einfluss der verschiedenen Weinhefen auf den
Charakter des Weines. Landw. Versuchsstat. 40, 217—245.

*Alfr. Rau, die Bernsteinsäure als Product der alcoholischen
Gährung zuckerhaltiger Flüssigkeiten, nebst Studien
über die quantitative Bestimmung derselben. Arch. f. Hygiene 14,
225—242.

412. L. Boutroux, über die Brodgährung.

*P. F. Frankland und J. S. Lumsden, die Zersetzung von
Mannit und Dextrose durch den Bacillus aethaceticus.
Chem. News 65, 213—214; chem. Centralbl. 1892, I, 897.

*P. F. Frankland und J. Mac Gregor, die Vergährung von
Arabinose durch den Bacillus aethaceticus. Chem. News
66, 33; chem. Centralbl. 1892, II, 532.

*A. Rodes und Gabriel Roux, Bacillus Eberth und Bacillus
coli. Einige Thatsachen, die Gährung der Galactose und der
Lactose betreffend. Mém. soc. biolog. 1892, 173—177.

*M. Nencki, über die Stoffwechselproducte zweier Euter-
entzündung veranlassenden Mikroben. Landw. Jahrb. f.
d. Schweiz 5; chem. Centralbl. 1892, II, 228. Die Untersuchungen
erstrecken sich auf den von Guillebeau isolirten Bacillus und
den Streptococcus mastitis sporadicae (Nencki). Ersterer ist ein
Kurzstäbchen, das in Zuckerbouillon Gase entwickelt; er gehört zu
den facultativen Anaëroben, und vergährt Zucker und Glycerin zu
Alcohol unter Bildung von Wasserstoff, Essig- und Kohlensäure.
Dies erklärt auch den Schwund des Milchzuckers in der Milch bei
der parenchymatösen Mastitis, sowie die Blähung beim Reifen des
Emmenthaler Käses. Die Streptococcen mast. sporad. wachsen gut
auf Bouillon; Milch wird nach Kurzem sauer und gerinnt. Die
Coccen sind facultative Anaëroben. Aus Traubenzucker, Milchzucker
und Glycerin wird Kohlensäure und rechtsdrehende Milchsäure gebildet. Bei der Einwirkung auf Eiweissstoffe und Peptone entwickeln
sich Spuren einer jodoformbildenden Substanz, Essigsäure, Buttersäure und Ammoniak. Die Coccen wirken nicht auf Stärke und Fette
ein und bilden keine Enzyme oder Toxalbumine. Mit den Coccen
inficirte Milch ist nicht pathogen.

413. Adolf Mayer, Studien über die Milchsäuregährung.

*T. Purdie und J. Wallace Walker, Spaltung der Milch-
säure in ihre optisch-activen Componenten. Chem. News
66, 33. Dieselbe ist Verff. mit Hilfe der Strychninsalze geglückt,
von denen das linksmilchsaure im Wasser beträchtlich schwerer
löslich ist. Damit ist bewiesen, dass die Gährungsmilchsäure ein
Gemenge von Fleischmilchsäure und der von Schardinger erhaltenen
Linksmilchsäure ist.

414. A. Blachstein, Beiträge zur Biologie der Typhusbacillen.

*Ch. Richet, über die Wirkung einiger Metallsalze auf die
Milchsäuregährung. Compt. rend. 112, Nr. 25.

*E. Buchner, Notiz aus der Gährungschemie. Ber. d. d. chem.
Gesellsch. 25. 1161—1163. Wie bekannt werden die optisch-activen
Modificationen verschiedener organischer Säuren mit asymmetrischen
Kohlenstoffatomen von Mycelpilzen nicht gleichmässig assimilirt;
so kann man nach Pasteur aus Traubensäure Linksweinsäure erhalten. B. untersuchte, ob ähnliche Unterschiede in der Verwendbarkeit für die Ernährung der Mycelpilze auch zwischen stereo-
chemisch isomeren Verbindungen, welche nur relativ asymmetrische
Kohlenstoffatome besitzen [von Bayer, Annal. Chem. Pharm. 245, 130]
wie zwischen Körpern vom Typus der Fumar- und der Maleïnsäure,
nachzuweisen seien. Bei einer Reihe von Parallelversuchen, die im
Einzelnen mitgetheilt werden, zeigte sich sowohl für Penicillium

glaucum bei Zimmertemperatur als für Aspergillus niger bei 30—35⁰, dass, während Fumarsäure zur Bildung der Körpersubstanz der Mycelpilze sehr geeignet ist, Maleïnsäure keine Verwendung finden kann.

Andreasch.

*E. v. Sommaruga, über Stoffwechselproducte der Mikroorganismen. Zeitschr. f. Hygiene u. Infectionskr. **12**, 273—297. Referat im nächsten Bande.

415. A. Villiers über die Gährung der Stärke durch die Thätigkeit des Buttersäurefermentes.

416. Derselbe, über die Wirkungsweise des Buttersäurefermentes bei der Umwandlung der Stärke in Dextrin.

*B. Gosio, Einwirkung von Mikrophyten auf feste Arsenverbindungen. Mittheilung aus den Laboratori scientifici della Direzione di Sanità; Ber. d. d. chem. Gesellsch. **25**, Referatb. 346.

*Justine Salberg, über die Zersetzung des Traubenzuckers durch die Erysipelcoccen. Ing.-Diss. Warschau 1892.

*Schardinger, über das Vorkommen Gährung erregender Spaltpilze im Trinkwasser und ihre Bedeutung für die hygienische Beurtheilung desselben. Wiener medic. Wochenschrift 1892, Nr. 28.

*A. B. Griffiths, über einen neuen im Regenwasser aufgefundenen Bacillus. Bull. soc. chim. [3] **7**, 332—334. Der Bacillus (B. pluviatilis) erzeugte bei der Cultur auf peptonisirter Gelatine ein in perlmutterglänzenden Prismen krystallisirendes Ptomaïn $C_9 H_{21} N_2 O_5$, das nicht giftig ist, aber stark harntreibend wirkt.

*Lortet und Despeignes, die Regenwürmer und die Bacillen der Tuberculose. Compt. rend. **114**, 186—187.

*C. Chabrié, über die Natur der Krystalle und der Gase. welche sich in den Culturen von Urobacillus septicus und liquefaciens[1]) entwickeln. Compt. rend. soc. biolog. **44**, 170—172. Die von Bouchard und von Charrin beobachteten Krystalle bestehen nach Verf. aus Ammoniummagnesiumphosphat; das in Gelatine-Culturen entwickelte Gas ist Stickstoff.

Herter.

*Ch. Achard und Jules Renault, über die Bacillen der urinösen Infection. Compt. rend. soc. biolog. **44**, 311—315.

*Ch. Achard und Jules Renault, über den Harnstoff und die Urinbacillen. Compt. rend. soc. biolog. **44**, 928—930. Verff. prüften verschiedene aus dem Urin oder der Niere stammende Bacterien, typische Bacterium coli-Formen oder verwandte auf

---

[1]) Vergl. Bouchard, Leçons sur les maladies par ralentissement de la nutrition, 1879, pag. 251.

ihre Fähigkeit, Harnstoff zu zersetzen. Die Resultate waren negativ, im Gegentheil hinderte der Harnstoff die Entwickelung derselben schon zu 1%. **Herter.**

*Ch. Achard und Jules Renault, über die verschiedenen Typen von Urinbacillen, welche der Gruppe des Bacterium coli angehören. Compt. rend. soc. biolog. 44, 983—987.

*Charrin und Phisalix, dauernder Verlust der chromogenen Function bei Bacillus pyocyaneus. Compt. rend. 114, 1565—1568.

*A. B. Griffiths, über den Farbstoff von Mikrococcus prodigiosus. Compt. rend. 115, 321—322. Verf. gewann den Farbstoff aus Culturen auf Kartoffeln durch Auflösen in Alcohol, Fällen mit Wasser, Wiederlösen in Alcohol und Eintrocknen der Lösung bei 40°. Die Analysen des Rückstandes führten zu der Formel $C_{38}H_{56}NO_5$. Die alcoholische rothe Lösung zeigt im Spectroscop zwei Absorptionsstreifen, einen im Blau, einen im Grün; nach dem Ansäuern zeigt sich eine karminrothe Färbung, Alkalien färben gelb. Der Mikrococcus prodigiosus ist es, welcher die von Prillieux beschriebene Corrosion der Getreidekörner bewirkt; Besprizen mit Eisen- oder Kupfersulfat tödtet den Parasiten. **Herter.**

*Charrin und Phisalix, dauernde Aufhebung der chromogenen Function des Bacillus pyocyaneus. Compt. rend. soc. biolog. 44, 576—579. Durch Züchtung bei 42,5° durch mehrere Generationen verliert der B. pyocyaneus dauernd seine Fähigkeit, Farbstoff zu produciren, ohne seine pathogenen Eigenschaften zu verändern. **Herter.**

*Henri Jumelle, über eine neue chromogene Bacterienart, Spirillum luteum. Compt. rend, 115, 843—846. J. beschreibt ein bewegliches gekrümmtes Bacterium von gelber Farbe, welches sich im Boden findet und aërobisch lebt. Es verflüssigt langsam die Gelatine und kann in einem stickstofffreien Medium leben; in letzterem Falle nimmt es eine fast runde, coccenartige Gestalt an. **Herter.**

*A. Overbeck, die Fettfarbstoffproduction bei Spaltpilzen. Nova Acta d. kais. Leop.-Carol. Deutsch. Acad. 55, 399—416; chem. Centralbl. 1892, I, pag. 393.

*Beyerinck, über einen Leim schwärzenden und Käse blaufleckig machenden Spaltpilz. Botan. Ztg. 1891, pag. 705. Der Pilz, vom Verf. Bacillus cyaneo-fuscus genannt, bildet bewegliche Stäbchen von wechselnder Länge, ist streng aërob, verflüssigt Gelatine und gedeiht in Milch und auf Gelatine, dagegen weder auf weinsaurem Ammon, noch auf Asparagin, noch auf Zucker mit Ammonsalzen, dagegen langsam auf Zucker mit Asparagin. Der

ungefärbte Bacillus scheidet einen blauen Farbstoff aus. Mittlere
Temperatur, schon unter 22⁰ C. schwächt den Bacillus; bei 10⁰
gedeiht er in einer $1/2$⁰/₀igen Peptonlösung gut.   L o e w.

*Alex. Fawitzky, über Farbstoffproduction durch den
Pneumoniecoccus (Fränkel). Deutsches Arch. f. klin. Medic.
50, 151—168.

*L. Viron, über einige lösliche Farbstoffe, welche durch
Bacteriaceen in medicinalen destillirten Wässern gebildet werden. Compt. rend. 114, 179—181. Es handelt sich nach
V. zum Theil um gefärbte zoogläische Massen (Barnouvin),
zum Theil um wirklich gelöste Farbstoffe, welche das Chamberland'sche Filter passiren. Aus einem Orangenblüthenwasser,
welches sich stark grün gefärbt hatte, stellte Verf. drei Farbstoffe dar, einen durch Methylalcohol erhältlichen, welcher Wasser
zunächst violett, dann braun färbt, durch V.'s Carbazol-
Reagens (15 Grm. Carbazol auf 100 reiner Schwefelsäure) nicht
verändert wird, mit Salpetersäure und Salzsäure sich roth
färbt wie der (flüchtige) Ader'sche Farbstoff, einen zweiten,
welcher sich in concentrirtem Alcohol mit gelber Farbe löst, mit
dem Carbazol-Reagens einen indigoblauen Niederschlag gebend, und
einen dritten, sich mit grüner Farbe im Wasser lösenden. Als
Erzeuger der Farbstoffe hat V. einen dem Micrococcus cyaneus
von Schröter ähnlichen Coccus isolirt: Ein anderer Organismus,
von Verf. als Bacillus aurantii bezeichnet, liefert ein gelbes,
in Wasser und in Aethylalcohol lösliches Pigment, welches durch
gelatinöse Thonerde gefällt wird; Verf. bezeichnet es als Aurantio-
luteïn. Aus einer dritten Cultur wurde ein im Licht leicht zersetzliches, grün gefärbtes Aurantiochlorin erhalten. Schliesslich
isolirte Verf. einen dem Bacillus fluorescens liquefaciens
ähnlichen Mikroorganismus, welcher eine grünlich gelbe Fluorescenz erzeugt und, abweichend von den oben erwähnten, pathogen
wirkt.   H e r t e r.

*M. W. Beyerinck, Notiz über die Cholerarothreaction.
Centralbl. f. Bacteriol. u. Parasitenk. 12, 715.

417. A. B. Griffiths, über ein durch die Cultur von Micrococcus
tetragenus erhaltenes Ptomaïn.

*J. Ferran, über eine neue chemische Function des Komma-
Bacillus der asiatischen Cholera. Compt. rend. 115, 361—362.
Der Bacillus zerlegt Milchzucker und bildet Paramilchsäure.
In milchzuckerhaltigen Medien vegetirt derselbe zunächst sehr üppig,
aber die Entwickelung steht bald still wegen der sich ausbildenden
Acidität.   H e r t e r.

*Blachstein und Schubenko, einige bacteriologische Beobachtungen zur Aetiologie der Cholera während der jüngsten Epidemie in Baku. Wratsch 1892, pag. 1050. Es wurden in den Excrementen Cholerakranker ausser Kommabacillen noch andere Bacillenarten gefunden, erstere häufig in verschwindender Anzahl. Während Reinculturen jeder einzelnen Species auf Mäuse wenig oder gar nicht wirkten, erwiesen sich die Mischungen der Reinculturen als sehr wirksam.   Tammann.

418. Petri und Alb. Maassen, über die Bildung von Schwefelwasserstoff durch die Krankheit erregenden Bacterien unter besonderer Berücksichtigung des Schweinerothlaufes.

*J. Y. Buchanan, über das Vorkommen von Schwefel im Schlamm und in den Knötchen des Meeres und seine Bedeutung für die Art ihrer Bildung. Proc. roy. soc. Edinburgh 18, 17—39.

*Teissier, G. Roux und Pittion, über ein neues pathogenes Diplobacterium aus dem Blut und dem Urin von Influenza-Kranken. Compt. rend. 114, 857—860.

*R. Wurtz, über den Austritt der normalen Bacterien des Organismus aus den natürlichen Höhlen während des Lebens. Compt. rend. soc. biolog. 44, 992—994. Wurtz und Herman[1], sowie Lesage und Macaigne[2]) zeigten, dass in gewissen Fällen das Bacterium coli im Körper verbreitet gefunden wird, besonders bei Diarrhöe und Verschwärung des Darms. Letienne[3]) fand wenige Augenblicke nach dem Tode B. coli in der Galle. W. constatirte bei Thieren, welche durch Einwirkung der Kälte[4]) (— 10[0]) gestorben waren, bei Kaninchen, häufiger bei Meerschweinchen und Mäusen das Vorkommen von B. coli im Herzblut. Daneben fand sich unter anderen Proteus vulg. und eine dem Streptococcus pyogenes ähnliche Form. Aehnliche Resultate erhielt W. bei Mäusen, welche an Asphyxie gestorben waren. Verhungerte Thiere zeigten diese Erscheinung nicht. Dieselbe scheint mit Congestion des Darmcanals zusammenzuhängen.   Herter.

*A. Charrin, Verbreitung der Mikroben im Organismus. Compt. rend. soc. biolog. 44, 995—996.

419. O. Loew, ein Beitrag zur Kenntniss der chemischen Fähigkeiten der Bacterien.

420. O. Loew, über einen Bacillus, welcher Ameisensäure und Formaldehyd assimiliren kann.

---

[1]) Wurtz und Herman, Arch. de méd. expér. 1891, 734. — [2]) Lesage und Macaigne, ibid., 1892, 350. — [3]) Letienne, ibid., 1891, 761. — [4]) Vergl. Bouchard, Internat. med. Congress 1890.

421. J. Forster, Wachsthum und Entwickelung einiger Mikroben bei niederen Temperaturen.

*J. Kijanizin, Untersuchungen über den Einfluss der Temperatur, der Feuchtigkeit und des Luftzutrittes auf die Bildung von Ptomaïnen. Vierteljahrsschr. f. ger. Medic. 3, pag. 1.

*C. Phisalix, über die Vererbung von Charakteren, welche Bacillus anthracis unter dem Einfluss einer dysgenetischen Temperatur erwirbt. Compt. rend. 114, 684—686.

*C. Phisalix, experimentelle Wiedererzeugung der sporenbildenden Eigenschaft bei Bacillus anthracis, welcher derselben vorher durch Hitze beraubt wurde. Compl. rend. 115, 253—255.

*E. Kotljar, zur Frage nach dem Einfluss des Lichts auf Bacterien. Wratsch 1892, pag. 975—978.

*P. Chmelewsky, zur Frage nach der Wirkung des Sonnenlichts und des electrischen Lichts auf Eiter-Mikroben. Wratsch 1892, pag. 93.

*A. Certes, über die Vitalität der Keime microscopischer Organismen der süssen und salzigen Gewässer. Compt. rend. 114. 425—428.

*G. Gautier, über die Mikroben tödtende Wirkung der interstitiellen Electrolyse. Compt. rend. soc. biolog. 44, 939—942.

*G. Bombicci, über die Widerstandsfähigkeit des Tetanus virus gegenüber der Fäulniss. Arch. per le Scienze med. XV, 13. Citirt nach Centralbl. f. klin. Med. 1892, Nr. 14. Der Tetanuserreger widersteht der Fäulniss in Luft, Wasser und Erde lange Zeit. Die Resistenz ist in der Luft am grössten und wird im Boden von der Temperatur beeinflusst, dergestalt, dass die Bacillen bei höherer Temperatur länger widerstehen als bei niederer. Die Bacillen vermehren sich zunächst, später bilden sie Sporen, welche schliesslich nicht mehr nachweisbar sind. Die Bacillen behalten, so lange sie nachweisbar sind, ihre Virulenz. Während im Sandboden die Bacillen den Fäulnissherd nicht überschreiten, findet dies im Erdboden sonst eventuell statt. Rosenfeld.

J. Zumpf, über die Gährung im menschlichen Dickdarm und die sie hervorrufenden Mikroben. Cap. VIII.

Fr. Kuhn, über Hefegährung und die Bildung brennbarer Gase im Magen. Cap. VIII.

Magengase, Schwefelwasserstoff im Magen. Cap. VIII.

Berthelot und G. André, über die Fäulniss des Blutes. Cap. 5.

H. Winternitz, Fäulniss der Milch. Cap. VI.

Desinfection, Antiseptik, Conservirung.

*L. Nencki nnd J. Zawadzki, ein Apparat zur Haussterili-
sirung von Milch. Gazeta Lekarska 1892. Nr. 45. pag. 974.

*Ad. Heider, über die Wirksamkeit der Desinfectionsmittel
bei erhöhter Temperatur. Arch. f. Hygiene 15. 341—386.

*De Christmas und Respaut. Notizen über die zusammen-
gesetzten Antiseptica. Compt. rend. soc. biolog. 44. 41—43.
Ausgehend von der Erfahrung, dass Gemische verschiedener Antiseptica wirksamer sind als die einfachen Mittel, haben Verff. mit
einer Reihe von Gemischen experimentirt. Sie fanden, dass ein
Gemisch von Benzoësäure 1. Phenol 8, Chlorzink 1 Theil bereits zu
1 % Staphylococcen in Bouillon binnen 30 Secunden tödtet, Milzbrandbacillen, B. pyocyaneus, Diphtherie- und Typhusbacillen in einer
Minute. Ebenso wirksam sind die Gemische: Benzoësäure 1, Phenol 8,
Oxalsäure 1, sowie: Phenol 9, Salicylsäure 1. Das Gemisch: Phenol
8 Grm., Salicylsäure 1 Grm., Pfeffermünzöl 10 Tropfen besitzt dieselbe
Wirksamkeit bereits in $1/2$ %iger Lösung. Urin und Speichel, sowie
die Mundhöhle werden durch eine derartige Lösung sterilisirt.
tuberculöse Sputa durch eine 1 %ige Lösung in 10 bis 15 Minuten.
                                                           Herter.

*E. Sundvik, Versuche über die relative Antiseptik bei isomeren
Benzol- und Methanderivaten. Fincha Cähnse sallsh. handl.
1892; Berliner Ber. 25. Referatb. 802. Bezieht sich auf das Verhalten der Hippursäure und der isomeren Acetylamidobenzoësäure,
von denen die letztere viel grössere antifermentative Eigenschaften hat.

*W. H. Gilbert, Betrachtungen über Europhen. Balneologisches
Centralbl., II. Jahrg., Nr. 13.

*O. W. Petersen. über Europhen. ein neues Verbandmittel.
Wratsch 1892. Nr. 2. Europhen ist Isobutylorthokresoljodid mit
28.1 % Jod.

*Albert Robin, die antiseptischen Eigenschaften des Anti-
pyrin. Compt. rend. soc. biolog. 44, 295—296. Verf. erinnert
gelegentlich einer Publication von Vianna[1] an seine Untersuchungen
über die antiseptische Wirkung von Antipyrin bei innerer Darreichung[2].   Herter.

*Hans Aronson, über die antiseptischen Eigenschaften des
Formaldehyds. Berliner klin. Wochenschr. 1892. Nr. 30.

422. Jakowski. einige Bemerkungen über die antiseptische Wirkung
des Pyoctanins.

---

[1] Vianna. Nouveau traitement antiseptique de la diphtérie par
l'antipyrine. Mém. soc. biolog. 1892, 109—118. — [2] Robin, L'antipyrine.
son action sur la nutrition. Bull. acad. de méd. 6 Déc. 1887.

*R. Emmerich, Oxychinaseptol oder Diaphtherin, ein neues
Antisepticum. Münchener medic. Wochenschr. 1892, Nr. 19.
Der Körper stellt eine labile Verbindung von 1 Mol. Oxychinolin
mit dem bis jetzt unbekannten phenolsulfonsauren Oxychinolin dar:
$HO - C_9H_6NH - O - SO_2 - C_6H_4 - O - NHC_9H_6 - OH$.

*Hans Hammer, über die desinficirende Wirkung der
Kresole und die Herstellung neutraler wässriger Kresollösungen.
Arch. f. Hygiene 14, 116—134.

423. J. Fodor, Kresylkalk, ein neues Desinfectionsmittel.

424. G. Rigler, Untersuchung von Kresylkalklösung.

425. Alex. Szana, Untersuchung über die desinficirende Wirkung
der Seife.

*L. de Santi, Mittheilung über die Sterilisirung des Wassers
durch Präcipitation. Compt. rend. soc. biolog. 44, 711—713.

*Arloing, über die Einwirkung mineralischer Filter auf
Flüssigkeiten, welche von Mikroben erzeugte Substanzen enthalten. Compt. rend. 114. 1455 - 1457.

*H. Viallanes, Untersuchungen über die Filtration des Wassers
durch die Mollusken und Anwendungen auf die Ostreicultur
und die Oceanographie. Compt. rend. 114, 1386—1388.

*J. Uffelmann, die Selbstreinigung der Flüsse mit besonderer
Rücksicht auf Städtereinigung. Berliner klin. Wochenschr. 1892,
Nr. 18.

*Ludw. Pfeiffer und Ludw. Eisenlohr, zur Frage der Selbst-
reinigung der Flüsse. Arch. f. Hygiene 14, 190—201.

*Th. Bokorny, einige Versuche über die Abnahme des Wassers
an organischer Substanz durch Algenvegetation. Arch.
f. Hygiene 14, 202—208.

*A. und P. Buisine, Reinigung der Abwässer durch Eisen-
sulfat. Compt. rend. 115, 661—664.

Nitrification, Fixirung des Stickstoffs.

426. S. Winogradsky, über die Bildung und die Oxydation der
Nitrite während der Nitrification.

427. E. Bréal, über das Vorkommen eines aëroben Ferments im
Stroh, welches die Nitrate reducirt.

*Th. Schloesing und Em. Laurent, über die Fixirung freien
Stickstoffs durch die Pflanzen. Compt. rend. 113, 776—778;
Ann. Inst. Pasteur, février 1892. Verff. haben ihre Untersuchungen
[J. Th. 21, 388] von den Leguminosen auf andere Pflanzen
ausgedehnt und nach denselben Methoden weiter gearbeitet.
In Versuchen, in welchen durch Bedecken mit geglühtem Quarzsand

die Erde frei von niederen grünen Pflanzen gehalten wurde, konnte
nur bei Leguminosen (Erbsen) die Aufnahme von gasförmigem
Stickstoff constatirt werden, nicht aber bei anderen höheren Pflanzen
(Hafer. Senf, Kresse etc.). In den Versuchen, wo eine Vegetation
von Moosen (Bryum, Leptobryum) und Algen (Conferva,
Psillaria, Nitzschia) sich einstellte, wurde eine Aufnahme
von 24 bis 38 Mgrm. Stickstoff nachgewiesen. Es können also auch
niedere grüne Pflanzen den Stickstoff direct aus der Luft entnehmen.
Verff. arbeiteten mit Unterstützung von Gagnebien.   Herter.

*Th. Schloesing und Em. Laurent, über die Fixirung freien
  Stickstoffs durch die Pflanzen. Compt. rend. 115, 659—661,
  732—735. Verff. theilen neue Versuche mit, in denen, zum Unterschied der früheren, dem Nährboden reichlich Nitrate zu
  gesetzt waren. Auch in diesen Versuchen wurde durch andere höhere
  Pflanzen als Leguminosen, nämlich durch Hafer, Gras, Kartoffeln,
  Raps, kein Stickstoff fixirt. Auch die Controlversuche, in
  denen durch Aufstreuen von geglühtem Quarzsand die Ansiedelung
  von niederen grünen Pflanzen verhindert wurde, zeigten keine Fixirung
  von Stickstoff, trotzdem die verwandte Erde die gewöhnlichen Mikroben
  enthielt. Weitere Versuche wurden mit annähernd reinen Culturen
  von Algen und Moosen ausgeführt, deren Bestimmung von Bornet
  vorgenommen wurde. Die Fixirung von Stickstoff wurde sicher
  nachgewiesen für Nostoc punctiforme und minutum. Im
  Laufe der 5 bis 6 Monate dauernden Versuche bildete sich 543 bis
  1476 Mgrm. organischer Substanz mit 4,0 bis 5,0% Stickstoff. Es
  wurden 33,0 bis 62,6 Mgrm. Stickstoff fixirt, welcher sich in den
  Pflanzen aufhäufte. Dagegen wurde durch zwei Moose, Brachy-
  thecium rutabulum und Barbula muralis, sowie durch eine
  Oscillariee, Microcoleus vaginatus kein Stickstoff
  gebunden, ebensowenig durch Erdportionen ohne grüne Vegetation.
  Verff. halten gegenüber Berthelot daran fest, dass nur die Vegetation der Oberfläche, nicht aber die Mikroben der tieferen Schichten
  den freien Stickstoff zu fixiren vermögen.   Herter.

*Arm. Gautier und R. Drouin, Bemerkungen über den Mechanismus
  der Fixirung von Stickstoff durch den Boden und die Vegetation. Compt. rend. 114, 19.

*P. Pichard, über den Einfluss, welchen in nacktem Boden der
  Gehalt an Thon und an organischem Stickstoff auf die
  Fixirung atmosphärischen Stickstoffs, auf die Conservirung des Stickstoffs und auf die Nitrification ausüben. Compt.
  rend. 114, 81—84.

*Derselbe. Vergleichung der Nitrification durch Humus und
  unveränderte organische Materie, und Einfluss des Gehalts an Stick
  stoff im Humus auf die Nitrification. Ibid., 490—493.

*E. Chuard, über die Existenz von Erscheinungen der Nitrification in an organischen Substanzen reichen Medien mit saurer Reaction. Compt. rend. 114, 181—184.

*de Vogué, Fixirung des ammoniakalischen Stickstoffs auf Stroh. Compt. rend. 115, 25—26.

428. Berthelot, neue Untersuchungen über die Fixirung von atmosphärischem Stickstoff durch die Mikroben.
Fixirung des Stickstoffes durch die Pflanzen. Vergl. auch Cap. XV.

---

405. O. Nasse: Ueber Antagonismus[1]). Von dem Antagonismus, unter welchem hier »Antagonismus der Gifte« verstanden werden soll, wird gehandelt in der allgemeinen Pharmakodynamik, einem Zweig der medicinischen Wissenschaften, der zu der allgemeinen Physiologie in engster Beziehung steht. Ist doch die immer wiederkehrende Frage, wie wirken fremde Moleküle oder auch die den Organismen eigenen Substanzen, wenn sie in abnormer Menge vorhanden sind, auf die Organismen, eine physiologische Frage, deren Bearbeitung nöthig wäre, auch wenn niemals in praxi dergleichen vorkäme. Aus der Einführung von fremden Stoffen oder auf der Vermehrung der normalen, mögen dieselben nun stark giftig oder mehr indifferent gewesen sein, hat die Physiologie viel Belehrung über die verschiedenartigsten Functionen, animale sowohl wie vegetative geschöpft. Kommen zwei wirksame Moleküle gleichzeitig (oder ganz rasch nach einander) in den Organismus, so kann es sich ereignen, dass jegliche Veränderung desselben ausbleibt. Die beiden Stoffe wären dann Antidota oder Gegengifte im allgemeinsten Sinne des Wortes Gift. Wenn man hierbei absieht von dem Fall, dass die beiden Substanzen chemisch auf einander wirken, wie eine Säure und eine Base oder wie Kochsalz und Höllenstein, so kann man einen besonderen Fall als Antagonismus unterscheiden, nämlich den, in welchem die beiden Substanzen genau an derselben Stelle des Organismus aber im entgegengesetzten Sinne angreifen, die eine erregend, die andere lähmend. Die Schwierigkeiten bei dem Studium des Antagonismus liegen zunächst darin, dass der

---

[1]) Naturforschende Gesellschaft zu Rostock. Sitzung vom 31. Mai 1892. (Separatabdruck aus der „Rostocker Zeitung" No. 275. 1892.)

Ort der Giftwirkung sich keineswegs immer so genau bestimmen
lässt wie etwa bei dem Curare, dann aber weiter auch darin, dass
der Ort bis zu einem gewissen Grade abhängt von der Menge des
Giftes, indem mit Zunahme der Menge eine Ausbreitung eintritt,
wie u. A. bei der Einwirkung des Atropins auf die Iris. So ist es
denn verständlich, dass mit Vertiefung der Erkenntniss manche Stoffe
nicht mehr als Antagonisten angesehen werden, die früher als solche
galten. Aber auch in scheinbar ganz einwurfsfreien Fällen von Antagonismus, wie z. B. bei dem zwischen Atropin und Muscarin wird
vielfach das Verhältniss nicht so aufgefasst, dass die Wirkungen der
beiden Substanzen sich aufheben wie Plus und Minus zu Null, sondern
ein sogenannter einseitiger Antagonismus angenommen. Hiermit soll ausgedrückt werden, dass zwar eine Erregung aufgehoben
werden kann durch den entsprechenden lähmenden Stoff, nicht aber
umgekehrt eingetretene Lähmung durch den erregenden Stoff. Also
der Antagonismus im ursprünglichen und vollen Sinn des Wortes,
jetzt häufig als doppelseitiger Antagonismus dem einseitigen
gegenübergestellt, wird von vielen, übrigens keineswegs von allen
Forschern geleugnet. Die Versuche und Beobachtungen aber, welche
diese Trennung stützen sollen, können bei näherer Betrachtung nicht
als beweisend angesehen werden, hauptsächlich weil in denselben die
Forderung einer möglichst gleichzeitigen Wirkung der beiden Antagonisten fast niemals erfüllt worden ist. Wenn aber die beiden
Substanzen nicht gleichzeitig in den Körper eingeführt werden, so
ist es nicht ausgeschlossen, dass, in freilich einstweilen nicht vollkommen aufzuklärender Weise, der zuerst eingeführte Stoff sich gewissermaassen festgesetzt hat in dem betreffenden Organ (etwa wie
Alkaloide in der Leber oder wie Coffeïn bei Rana temporaria), oder
dass der Lähmung — denn nur um den Fall, dass die Lähmung
die erste Wirkung ist, handelt es sich ja — secundäre Störungen
gefolgt sind. So musste es denn als eine lohnende Aufgabe erscheinen, die durch genaue Kenntniss des Ortes ihrer Wirkung als
Antagonisten erkannten Substanzen gleichzeitig in den Thierkörper einzuführen, und nun, zunächst bezüglich eines bestimmten
Organs, festzustellen, ob und bei welcher Mischung der beiden Substanzen die Wirkung Null eintrete, und ob dieses Mischungsverhält-

niss ein constantes, von den absoluten Mengen unabhängiges sei.
Versuche an Thieren, an denen sich auch ganz ohne Eingriffe
manche Veränderungen, so besonders die der Pulsfrequenz, verfolgen
lassen, stossen, weil doch ein Ausprobiren, ein öfteres Wiederholen
der Versuche mit wechselnden Mischungen der Antagonisten nothwendig ist, naturgemäss auf grosse Schwierigkeiten der verschiedensten Art, zumal die Einführung eigentlich nur eine intravenöse sein
kann. Bessere Resultate würden Experimente mit dem isolirten
Herzen versprechen, weil dasselbe sich leicht und rasch mit solchen
wechselnden Mischungen füllen lässt. Derartige Versuche sind fast
gleichzeitig mit der hier mitzutheilenden Untersuchung von Stokvis
gemacht worden und zwar mit dem Resultat, »dass es in der That
chemische Substanzen giebt, welche in ihrer Wirkung als gegenseitige
Antagonisten- betrachtet werden müssen.« Noch mehr aber war zu
erwarten, wenn man, statt mit dem Herzen oder einem beliebigen
anderen isolirten Organ in der eben besprochenen Weise zu arbeiten,
versuchte, die an den Vorgängen in den Organen oder Geweben betheiligten Agentien zu benutzen. Die Berechtigung zu einem
solchen Verfahren müsste allerdings erst nachgewiesen werden. Man
wird davon ausgehen, dass die wirksamen (giftigen) Substanzen die
normalen Vorgänge nur quantitativ verändern. entweder beschleunigen
(Erregung) oder verlangsamen (Lähmung). Weiter ist es wahrscheinlich, dass diese Vorgänge, chemische Zersetzungen, veranlasst werden
— zum mindesten in ihren Anfängen — durch Agentien fermentartiger Natur (Organfermente). Wird diese Anschauung angenommen, so ist es endlich schon wieder als sicher zu betrachten,
dass durch die wirksamen Stoffe nicht, wie man früher vielfach geglaubt hat, die zu zersetzenden Massen (Substrate) beeinflusst werden,
sondern eben jene in neuerer Zeit mehr und mehr in ihrer Bedeutung geschätzten Agentien fermentartiger Natur. Die hierin liegende
Erklärung des Wesens der Giftwirkung in bestimmten Fällen
(nämlich in erster Linie bei chemisch indifferenten Substanzen, dann
aber auch bei chemisch stark eingreifenden Mitteln in sehr geringen
Mengen) stützt sich auf die Thatsache, dass wenn der Verlauf von
enzymatischen Processen durch fremde Moleküle geändert wird, nicht
die Substrate, sondern die Enzyme selbst beeinflusst, in ihrer Thätigkeit

gefördert oder gehemmt werden. Da nun die Organfermente viel schwerer zu beschaffen sind als die Drüsenfermente oder Enzyme, schien es schliesslich am besten, mit den letzteren zu arbeiten. Wenn dann ein solcher enzymatischer Process bei gleichzeitigem Zusatze von zwei in entgcgengesetztem Sinn wirkenden Stoffen unverändert blieb, oder wenn auch nur das hierbei erhaltene, in Zahlen ausdrückbare Resultat gleich gefunden wurde dem arithmetischen Mittel aus der Summe der Werthe in zwei Einzelversuchen (natürlich Gleichheit von Menge und Zeit vorausgesetzt), so war an einem Antagonismus im Sinne von Plus und Minus nicht zu zweifeln. H. Baum[1]) hat nach dieser Richtung hin Versuche angestellt mit Invertin als Enzym und Rohrzucker als Substrat und unter dem Zusatz von Chlorkalium und Chlorammonium in einer und von Chinin und Curare in einer zweiten Versuchsreihe. Chlorkalium und Chinin waren aus früheren Arbeiten als die Invertirung des Rohrzuckers hemmende, Chlorammonium und Curare als dieselbe beschleunigende Substanzen bekannt. Hier seien nur wenige Daten mitgetheilt. 1. In einem Versuche wurde in einer Invertin-Rohrzuckerlösung mit $3\,^0/_0$ KCl und $4,8\,^0/_0$ NH_4Cl das Reductionsvermögen von der gleichen Höhe gefunden wie in der Invertin-Rohrzuckerlösung ohne jeglichen Zusatz. 2. In einem anderen Versuche ergab sich als Reductionsvermögen a) bei $5\,^0/_0$ KCl 1,6, b) bei $2\,^0/_0$ NH_4Cl 5,4, c) bei $5\,^0/_0$ KCl $+ 2\,^0/_0$ NH_4Cl 3,6, während das arithmetische Mittel aus a und b beträgt 3,5. 3. In einem dritten Versuche betrug das Reductionsvermögen a) bei $0,1\,^0/_0$ Curare 10,5, b) bei $0,06\,^0/_0$ Chinin 0,8. c) bei $0,1\,^0/_0$ Curare $+ 0,06\,^0/_0$ Chinin 5,3, während das arithmetische Mittel aus a und b sich auf 5,6 berechnet. Mit vollkommener Sicherheit ist somit ein Antagonismus im Sinne von Plus und Minus für Enzyme festgestellt worden und wird sich zweifellos auch im lebenden Thier bei richtiger Anstellung der Versuche (Gleichzeitigkeit der Einführung beider Stoffe) ebenso zeigen lassen, wie er von Stokvis für isolirte Organe bereits nachgewiesen worden ist. Auf einen Punkt ist dabei noch aufmerksam zu machen: ein bestimmtes Mengenverhältniss der beiden Antagonisten zu einander,

---

[1]) Zur Lehre vom Antagonismus, Ing.-Diss. Rostock 1892.

bei welchem der Erfolg Null eintritt, lässt sich nicht angeben. Es ändert sich dieses Verhältniss einerseits mit der Versuchsdauer und andererseits bei gleicher Versuchsdauer mit der absoluten Menge der angewendeten Substanzen, — ein Resultat, das übrigens bis zu einem gewissen Grade vorauszusehen war, und auch ganz ähnlich von Stokvis für isolirte Organe (Herz) erhalten worden ist. Sehr viel complicirter wird alles in den Organismen selbst, da hier zu der Abhängigkeit der Giftwirkung von Grösse der Dosis und Dauer der Wirkung als Drittes noch hinzukommt, dass die Stoffe an dem Ort ihrer Wirkung nicht dauernd bleiben. — Es ist die Untersuchung über den Antagonismus vollständig in die Physiologie der Enzyme hinübergespielt worden, indem die Eigenschaft der Enzyme ganz wie Organe oder Organismen. in ihrer Thätigkeit durch die verschiedenartigsten Substanzen beeinflusst, gehemmt oder gefördert zu werden ·zum Austrag der Differenzen benutzt worden ist. Diese Eigenschaft der Enzyme ist vielleicht von weit allgemeinerer Bedeutung, als man anfänglich vermuthen konnte. So ist es, um nur ein Beispiel herauszugreifen, wahrscheinlich, dass die »hochcomplicirten Eiweisskörper«, an welche H. Buchner die in letzter Zeit so viel besprochene keimtödtende Wirkung des Blutserums gebunden denkt, Enzyme sind. Buchner theilt von diesen Eiweisskörpern, welche er Alexine (Schutzstoffe) nennt, mit, dass die keimtödtende Wirkung bei Verdünnen des Serums mit der 5- bis 10fachen Menge Wassers erlischt, aber in ihrem vollen Umfange wieder hergestellt werden kann durch Zusatz von so viel Chlornatrium, dass die Flüssigkeit 0,7 $^0/_0$ Chlornatrium enthält. Diese Thatsache liesse sich so deuten, dass der Wasserzusatz Globuline zur Ausscheidung gebracht habe. Es könnten dann entweder diese Globuline selbst die gesuchten Alexine sein, was freilich sehr unwahrscheinlich ist, oder sie könnten bei ihrer Ausscheidung die unbekannten Alexine mit zu Boden gerissen haben. Bei der Wiederauflösung des Niederschlages durch nachträglichen Salzzusatz würden dann jedenfalls die wirksamen Substanzen wieder in Lösung kommen und wirkungsfähig werden. Da nun bekanntlich Fermente durch Niederschläge leicht mitgerissen werden, so spricht die eben erwähnte Erscheinung keinenfalls gegen eine fermentartige Natur der Alexine. Ebensowenig steht mit dieser in Widerspruch die zerstörende Wirkung, welche die Alexine verschiedener Thiere auf einander ausüben, sowie ihre allgemeine Zerstörbarkeit durch Erwärmen.   Indess finden sich bei Buchner noch andere Beobachtungen, die sich einzig und allein unter der Annahme. die »hochcomplicirten Eiweisskörper« seien Fermente, verstehen. Diese Beobachtungen sind: dass manche Salze (so Magnesiumsulfat) das Chlornatrium zu ersetzen nicht im Stande sind und dann ganz besonders, dass gewisse Salze, nämlich die Ammoniumsalze. die keimtödtende Wirkung des Serums steigern.   Nicht unmöglich erscheint es, dass die Steigerung der keimtödtenden Wirkung des Blutserums durch neutrale an und für sich ziemlich indifferente Salze, welche ähnlich auch schon von Fodor bemerkt worden ist, sich bei Infectionen praktisch verwerthen liesse.

406. **G. Tammann: Die Reactionen der ungeformten Fermente**[1]). Der Referent hatte sich zur Aufgabe gestellt, die Unterschiede zwischen den Reactionen, hervorgerufen durch ungeformte Fermente und denen durch Säuren veranlassten analogen Reactionen, in qualitativer und quantitativer Hinsicht zu untersuchen. — Viele Substanzen besitzen die Fähigkeit, sich in wässriger Lösung bei gewöhnlicher Temperatur sehr langsam, bei höherer über 100 ⁰ in deutlich wahrnehmbarerer Weise unter Aufnahme von Wasser zu spalten, zu hydrolysiren. Die bei gewöhnlicher Temperatur unmerkbare Hydrolyse wird durch Zusatz von verdünnten Säuren oder ungeformten Fermenten zu den Lösungen solcher Stoffe sehr merklich beschleunigt.   Hierbei besteht ˘ein bemerkenswerther Unterschied zwischen Wirkungsfähigkeit der Säuren und der ungeformten Fermente.   Jede beliebige Säure wirkt hydrolytisch und zwar nach Maassgabe ihrer Affinitätscoëfficienten (Ostwald) oder was dasselbe besagt — die Geschwindigkeit der Hydrolyse ist proportional der Menge von in der Lösung der Säure vorhandenen Wasserstoffjonen (Arrhenius). Falls der der Wirkung der Säure unterliegende Stoff fähig ist, sich hydrolytisch zu spalten, so wird ein Zusatz jeder be-

---

[1]) Zeitschr. f. physikalische Chem. **8**, p. 25, 1889, sowie Zeitschr. für physiol. Chem. **16**, 271—328; Journ. d. russ. physik.-chem. Gesellsch. **24**. 698—722.

liebigen Säure die Geschwindigkeit dieser Spaltung beschleunigen, nicht aber so der Zusatz eines beliebigen ungeformten Ferments. Emulsin spaltet wohl Glycoside, nicht aber die ebenfalls der Hydrolyse fähigen Kohlenhydrate. Die ungeformten Fermente verhalten sich in dieser Hinsicht zu den Säuren wie Specialreagentien zu Gruppenreagentien. Weil jenen das die Hydrolyse immer beschleunigende Wasserstoffjon fehlt, so kann ihre Wirkungsfähigkeit nur eine specielle auswählende, nicht allgemeine, wie bei den Säuren sein. Gewöhnlich begnügen sich die Autoren mit dem Nachweise, dass das fragliche Ferment eine gewisse Spaltung hervorzurufen vermag, sich aber unwirksam erweist betreffs anderer Stoffe. Die quantitativen Verhältnisse der Reactionen ungeformter Fermente, wie der Verlauf derselben sind aber wohl kaum berührt worden. Daher ist eine der wichtigsten Fragen betreffs Reactionsfähigkeit der ungeformten Fermente diejenige: »ob und unter welchen Bedingungen ein Ferment die ganze Menge des vorhandenen Stoffes spalten kann«, bisher unentschieden geblieben. In der Literatur finden sich die widersprechendsten Angaben, die einer eingehenden Discussion, allerdings ohne ein entscheidendes Resultat zu erhalten, unterworfen wurden. Ein solches wurde erst bei der Untersuchung der Spaltung von Salicin durch Emulsin erzielt. Je 100 CC. folgender Reactionsgemische enthielten immer 3,007 Grm. Salicin und die in der Tabelle verzeichneten Mengen Emulsin in Milligrammen. Nachdem die Reactionsgemische folgenden Temperaturen ausgesetzt worden waren, wurde durch Bestimmung des bei der Spaltung sich bildenden Zuckers die Reaction in ihrem Verlaufe verfolgt; nachdem dieselbe aufgehört hatte, die Menge des Zuckers in der Lösung nicht mehr wuchs, waren folgende Mengen von Salicin in $^0/_0$ der ursprünglich vorhandenen Menge gespalten:

Menge des Emulsins	Temperatur 26⁰	45⁰	65⁰
	Menge des gespaltenen Salicins in $^0/_0$ des ursprünglich vorhandenen		
250	100	100	65,4
125	100	100	50,4
62,5	100	—	33,6
31,2	100		16,8

Menge des Emulsins	Temperatur 26⁰	45⁰	65⁰
	Menge des gespaltenen Salicins in º/o des ursprünglich vorhandenen		
15,6	99	78	5,7
7,8	91	60	—
1,9	71	25	
1,0	—	14	—
0,5	25	—	
0,2	9,5	—	
0,1	8,6		

Zugleich mit dem Stillstande der Reaction in jenen Reactionsgemischen verschwindet das Emulsin aus jenen Lösungen, dieselben sind nicht mehr im Stande Amygdalin zu spalten. Wie aus der Tabelle ersichtlich, sind die Temperatur und Menge des ungeformten Ferments die Bedingungen, von denen die Mengen des gespaltenen Stoffes abhängen, diese sind durch jene eng begrenzt. Durch dieses Resultat finden viele Widersprüche in den Angaben anderer Autoren ihre Lösung, wohl jede Reaction eines ungeformten Ferments kann vollständig aber auch unvollständig sein. Unter Einfluss grosser Fermentmengen kann bei niedrigen Temperaturen Vollständigkeit der Reaction erreicht werden. Es ist bekannt, dass bei der Hydrolyse unter Einfluss von Säuren die Menge des ursprünglich vorhandenen Stoffes A zu der während der Zeit ϑ umgesetzten Menge x in folgender Beziehung stehen: der Werth $\frac{1}{\vartheta}$ log $\frac{A}{A-x}$ ist für alle Werthe von ϑ und x derselbe, er stellt die Constante der Reactionsgeschwindigkeit dar. Untersuchungen über den Verlauf der Reactionen von Emulsin auf Salicin und von Invertin auf Rohzucker lehrten, dass die Fermentreactionen nur falls relativ grosse Fermentmengen bei niederen Temperaturen wirken, nach jenem Gesetz verlaufen. Bei höheren Temperaturen, sowie bei Anwesenheit von geringen Fermentmengen nimmt jener Werth mit der Zeit beständig ab; es müssen daher während der Reaction Ursachen wirken, die die Reaction verzögern. Dieselben können zweierlei Natur sein. 1. Braucht die Menge des wirksamen Ferments während der Reaction nicht constant zu sein. Das ungeformte Ferment kann bei niederen Temperaturen von Microorganismen allmählich zerstört werden, bei höheren Temperaturen wird das ungeformte Ferment in Lösung zerfallen; beide Ursachen wirken verzögernd auf den Verlauf der Reaction, da die Menge des wirkenden Agens beständig abnimmt. 2. Können die Spaltungsproducte, wie es auch sonst vorkommt, verzögernd auf den Gang der Reaction wirken. Besonders über die letztere Ursache der Verzögerung hat der Ref. eingehendere Versuche angestellt. Als Resultat ergab sich, dass bei der Spaltung des Amygdalin durch Emulsin am stärksten verzögernd ein Zusatz von Blausäure, dann ein solcher von Benzaldehyd und schliesslich am schwächsten ein solcher von Dextrose wirkt. Bei der analogen Spaltung von Salicin wirkt ein Zusatz von Saligenin stärker verzögernd, als ein solcher von Traubenzucker. Die verzögerndé Wirkung der Spaltungsproducte kann wohl nur durch Annahme einer theilweisen Verwandlung des Ferments in eine unwirksame Modification erklärt werden. Ueber den Einfluss der Menge des Ferments und der Temperatur auf die in gleichen Zeiten gespaltenen Substanzmengen giebt umstehendes Diagramm einen Ueberblick. Zu Lösungen, die in 100 CC. je 3 Grm. Salicin und die im Diagramm verzeichneten Mengen von Emulsin in Milligrammen enthielten, waren nach 24 Stunden die als Ordinaten eingezeichneten Salicinmengen (in Procenten) gespalten. Die Menge des in gleichen Zeiten gespaltenen Salicin nimmt mit steigender Temperatur bis zu einem Maximum zu. Die Temperatur dieser maximalen Leistungsfähigkeit des Ferments darf aber nicht als eine das Ferment characterisirende constante Eigenschaft (ähnlich wie der Schmelzpunkt eines Stoffes) angesprochen werden, sondern dieselbe hängt von der Menge des Ferments ab. Bei sehr geringen Fermentmengen sind auch Maxima in der Nähe von 0^0 zu erwarten. Bei Vermehrung der Fermentmenge erhebt sich die Temperatur des Maximums, um schliesslich, Curvenzweig B, bei grösseren Fermentmengen unabhängig von der Fermentmenge zu werden. Diese Verhältnisse sind bei der Feststellung der Temperaturen grösster Wirkungsfähigkeit zu berücksichtigen. Ein Theil der in der Literatur so häufig vorkommenden sich widersprechenden Angaben betreffs der Temperaturen grösster Wirkungsfähigkeit ist auf Nichtberücksichtigung dieser Verhältnisse zurückzuführen. Ferner wurden die Temperaturen der grössten Wirksamkeit von Emulsin auf Salicin,

Amygdalin, Coniferin und Arbutin für eine Menge von 62 Mgrm.
Emulsin à 100 CC. bestimmt, also für eine Fermentconcentration,
die innerhalb des Concentrationsgebietes liegt, in der die Temperatur
der grössten Wirkungsfähigkeit unabhängig von der Fermentmenge
ist. Es stellte sich heraus, dass die Temperatur der grössten Wirkungsfähigkeit des Emulsin jenen vier Stoffen gegenüber bestimmt

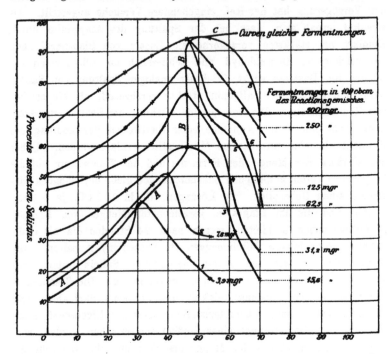

nicht sehr verschieden ist, wahrscheinlich sehr nahezu dieselbe
bleibt. Vergleicht man den Einfluss der Temperatur auf die Geschwindigkeit ein und derselben Reaction, die Inversion des Roh-
zuckers einmal hervorgerufen durch Säuren, das andere Mal durch
Invertin, so findet man sehr characteristische Unterschiede. Die
Geschwindigkeit der Inversion durch Säuren wächst mit steigender
Temperatur beständig und viel rascher als die Geschwindigkeit der
durch Invertin veranlassten Reaction, deren Geschwindigkeit für die
untersuchte Concentration bei 55° ein Maximum errreicht.

Tammann.

407. Jacobson: Untersuchungen über lösliche Fermente[1]).
Der Verf. stellt sich die Aufgabe, zu begründen, ob die Tödtungs-
temperaturen der Fermente dieselben bleiben für die specifische Wirkung der Fermente und die nach Schönbein allen Fermenten anhaftende Thätigkeit, Wasserstoffsuperoxyd zu spalten. Als Versuchsfermente benutzte Verf. Emulsin, Pankreasferment und Diastase. Bei
den Versuchen mit Emulsin ergab sich, dass beim Erhitzen der
wässrigen Emulsinlösung auf 69⁰ nur eine geringe Schwächung der
specifischen Fermentwirkung auftritt, während die Fähigkeit, H_2O_2
zu katalysiren bereits auf $^1/_{10}$ gesunken ist. Die Erhitzung auf 72⁰
hebt die katalytische Wirkung vollständig auf, während die specifische
Fermentwirkung nur um die Hälfte heruntergeht. Auch bei dem
Pankreasauszug zeigte sich, dass die Erhitzung auf 62⁰ die katalytische Wirkung vernichtet, während die specifische Wirkung auf
Stärke erhalten bleibt. Auch trockene Fermente, deren Tödtungs-
temperatur bekanntlich viel höher liegt, büssen ihre katalytische
Wirkung früher ein als die specifische. So ist eine Temperatur von
130⁰ beim Emulsin oder 120⁰ bei dem Pulver des getrockneten
Pankreas nicht im Stande, die specifische Wirkung aufzuheben,
während bei diesen Temperaturen die katalytische Wirkung verschwunden ist. Wenn der Verf. das Ferment bis zur Erschöpfung
seiner katalytischen Kraft auf H_2O_2 einwirken liess, dasselbe hierauf aus der Lösung durch Fällen mit Alcohol und Wiederaufnehmen
mit Wasser zurückgewann, so konnte er die specifische Wirkung des unabgeschwächten Fermentes nachweisen, während die
katalytische Wirkung nicht mehr eintrat. Dasselbe Verhalten zeigte
sich bei einer Pankreaslösung. Die Erschöpfung der katalytischen
Kraft leistet hier dem H_2O_2 gegenüber dasselbe, was in den früheren
Fällen die Erhitzung hervorbrachte. Auch das Aussalzen der Fermente (Emulsin, Pankreasferment und Diastase) mit schwefelsaurem
Natrium beraubt dieselben ihrer katalytischen Wirkung, ohne ihre
specifische Wirkung zu verändern. Der Zusatz von Kalilauge zu
abgemessenen Mengen der drei Versuchsfermente wirkt bis 0,112 %
bei Emulsin, bis 0,13 % bei Pankreatin, bis 0,112 % bei Diastase

---

[1]) Zeitschr. f. physiol. Chemie **16**, 340—369.

auf die Sauerstoffentwicklung durch die Katalyse erheblich beschleunigend ein, während bei 0,28 $^0/_0$ zu Emulsin, bei 0,178 $^0/_0$ zu Pankreatin, bei 0,3 $^0/_0$ zu Diastase die Sauerstoffentwicklung erloschen ist. Salzsäure bewirkt selbst bei Zusätzen von 0,007 $^0/_0$ bis 0,009 $^0/_0$ bereits eine Verzögerung der Katalyse, während Zusätze von 0,0174 $^0/_0$ bis 0,048 $^0/_0$ eine vollkommene Sistirung hervorrufen. Die specifische Kraft der Fermente wird durch den für die katalytische Kraft tödtlichen Salzsäurezusatz nicht verändert, während bei dem KOH die specifische Wirkung gleichzeitig mit der katalytischen erlischt. Die Halogensalze von Na, K, Ba, NH$_3$ und Ca wirken bereits in Concentrationen von 0,5 $^0/_0$ verzögernd auf die Katalyse und zwar sind die Kaliumsalze die schwächsten, die Baryum- und Calciumsalze die stärksten. Bei den Sulfaten, Sulfiden und Hypersulfiden ist der Zusatz von 0,25 $^0/_0$ Natriumsulfhydrat, 0,5 $^0/_0$ Magnesiumsulfat wirkungslos, während die andern Salze in den erwähnten Concentrationen eine Abschwächung hervorrufen. Auch die Nitrate und Nitrite, die Phosphate, ferner die Salze der Arsen-, Antimon- und Chlorsäure, die Salze der organischen Säuren, endlich Rhodankalium, Harnstoff, Aether, Chloroform, Chloralhydrat, Blausäure, Cyanamid, Hydroxylamin bewirken Hemmung resp. Erlöschen der katalytischen Kraft, während die specifische Wirkung theils unverändert bleibt, theils erst nach längerer Zeit oder in stärkerer Concentration verändert wird. So konnte Verf. bezüglich der Blausäure einen Einfluss auf die specifische Wirkung gar nicht nachweisen. Nähere Details mögen in der an Tabellen sehr reichen Originalarbeit nachgelesen werden.   Kerry.

408. Cl. Fermi: Die Gelatine als Reagens zum Nachweise der Gegenwart des Trypsins und ähnlicher Enzyme[1]). Die mit des Verf.'s Methode [vergl. J. Th. 21, 468] erhaltenen Resultate sind folgende: Die keimenden Samen des Hanfs, der Bohne, der Linse, der Sonnenblume, der Wicke enthalten, entgegengesetzt den Untersuchungen von Gorup-Besanez, keine proteolytischen Fermente. Die Larven von Tenebrio molitor enthalten ein sehr energisch wirkendes

─────────────

1) La gelatina come reagente per dimostrare la presenza della tripsina e di enzimi consimili. Arch. per le Sc. Med. 14, No. 8, pag. 159.

Ferment, auch Lumbricus terrestris enthält eins, die Taenia medio-
cannelata und Ascaris lumbricoides enthalten keine Spuren, die saugen-
den Insecten erzeugen ein schwächeres Ferment und in geringerer
Quantität als die mit einem Kauapparat ausgerüsteten Insecten. Das
Pankreas eines menschlichen Foetus von 18 ctm. enthielt schon
Trypsin. Dickdarm und Dünndarm enthalten schon früher ein eigenthümliches tryptisches Ferment. R o s e n f e l d.

**409. Cl. Fermi: Weitere Untersuchungen über die trypti-
schen Fermente der Microorganismen**[1]). Verf. bespricht die Schwierigkeit der Reindarstellung von Enzymen, welche an der Unmöglichkeit scheitert, die Enzyme von den »gemischten Proteïnkörpern«
zu trennen. Auch langes Liegenlassen in absolutem Alcohol macht
die Eiweisskörper nach Versuchen des Verf. nicht unlöslich in Glycerin.
Verf. fand jedoch, dass Micrococcus prodigiosus und Bacillus pyocyaneus
auch auf eiweissfreiem Nährboden (1 $^0/_0$ Phosphorammonium, 0,1 $^0/_0$
saures phosphorsaures Kalium, 0,02 schwefelsaure Magnesia, 4—5 $^0/_0$
Glycerin) ihr proteolytisches Ferment bilden. Verf. nimmt an, dass
es so gelingen werde, reine Enzyme zu erhalten. Verf. setzte seine
früheren Versuche über die Widerstandsfähigkeit der Fermente gegen
höhere Temperaturen fort und fand, dass bei einstündigem Erhitzen
unter 55^0 das proteolytische Ferment von Micrococcus ascoformis,
Bacillus ramosus, Staphylococcus pyogenes aureus, Buttersäurebacillus,
Schimmelpilze zu Grunde geht; zwischen 55—60^0 wird das Ferment
von Heubacillus, Sarcina aurantiana, B. fluorescens, B. megaterium,
zwischen 60—65 von B. Milleri, zwischen 65—70 von Trychophyton
tonsur., von Käsespirillen und von Bacillen des Kieler Hafens vernichtet. Bei 70^0 gehen aber alle Fermente zu Grunde, eine Beziehung zwischen dem Widerstande des Fermentes und der Widerstandsfähigkeit der Bacillen gegen die Erhitzung lässt sich aber nicht
nachweisen. Die Fermente der Vibrionen sind die widerstandsfähig-
sten. Verf. prüfte die Fermente von M. prodigiosus, Käsespirillen,
B. subtilis, Trychophyton tonsurans, B. pyocyaneus, K o c h's Vibrio
auf ihre Diffusionsfähigkeit durch Pergamentpapier und fand, dass
übereinstimmend mit dem Trypsin, Invertin, Pepsin eine solche Fähig-

---

[1]) Arch. f. Hygiene **14**, 1—44.

keit nicht nachgewiesen werden konnte. — Die Wirkung der proteolytischen Fermente (von M. prod., B. pyocyan., B. Milleri, Vibrio
Koch und Käsespirillen) wird durch eine Atmosphäre von Stickstoff, Kohlensäure, Kohlenoxyd und Wasserstoff nicht beeinflusst.
Schwefelwasserstoffgas verhindert die Fermentwirkung bei M. prodigiosus vollständig, die des B. pyocyaneus und des Choleravibrio theilweise. Trypin wird in seiner Wirkung weder durch Sauerstoffabschluss
noch durch H_2S und die übrigen Gase beeinflusst. Von 15 untersuchten Pilzfermenten lösten nur 4 Fibrin (B. Milleri, B. Finkler-
Prior, Käsespirillen, Vibrio cholerae). Starres Blutserum wird von
den meisten der verflüssigenden Bacterien verflüssigt. Von Fermenten
des Finkler-Prior und Vibrio cholerae wird dasselbe gelöst.
Flüssiges Blutserum bleibt, mit den Fermenten versetzt, noch nach
2 Monaten gerinnbar. Hühnereiweiss wird von keinem der Fermente
gelöst, ebensowenig Caseïn. Die Frage, ob die proteolytischen Fermente der Pilze auf Gelatine und auf Fibrin in Gegenwart von
Säuren einwirken, welche Verf. schon in einer früheren Untersuchung
berührte, wurde vom Verf. neuerdings ausführlich studirt. Die
Pilzfermente von Cholera, Prodigiosus, Pyocyaneus, Käsespirillen,
und Bac. Milleri verflüssigen sämmtlich starre Carbolgelatine bei Gegenwart von Essigsäure, gar nicht bei Gegenwart von Schwefelsäure (1 $^0/_0$).
Das Pyocyaneusferment wirkt bei Anwesenheit aller untersuchten Säuren.
wie HCl, Milchsäure, Aepfelsäure, HNO_3, Buttersäure, Ameisen-.
Citronen- und Essigsäure (ausser H_2SO_4). Andere Fermente verhalten sich je nach den Säuren verschieden. In ähnlicher Weise
fielen Versuche aus, flüssig gehaltene Gelatine nach 48 stündiger Einwirkung der Fermente im Brutofen dann zum Erstarren zu bringen.
Trypsin löst feste Gelatine nur in Gegenwart von Essigsäure, während
flüssige Gelatine (100 Th. Gelatine, 1 CC. Trypsin, 1 $^0/_0$ Säure 2 CC.)
in Gegenwart aller obenerwähnten Säuren, mit Ausnahme der Schwefelsäure, ungelatinirbar wird. Hingegen wirken die Pilzfermente auch
in Gegenwart von Säuren nicht auf Fibrin. Keines der vom Verf.
geprüften Pilzfermente ist im Stande, wie das Pepsin in Gegenwart von
Säure Fibrin zu lösen. Pilze, welche kein proteolytisches Ferment
bilden (Weisse Hefe, Oidium lactis, M. tetragenus, Soor, B. Friedländer, B. Fitz, Typhus, Kapselbacterien) sind nicht im Stande

Gelatine zu beeinflussen, sodass demnach das lebende Protoplasma allein nicht im Stande ist, die Gelatine direct zu zersetzen und un- gelatinirbar zu machen. Die Microben bilden · ihr Ferment nicht nur auf gelöstem, sondern auch auf ungelöstem, auf peptonisirtem und auf einfachem Eiweiss. Auf Agar wird viel Ferment abgesondert, nicht aber auf Kartoffeln (bei Cholera, F i n k l e r - P r i o r, Prodigiosus, Pyocyaneus). Auf Bouillon ist die Fermentabsonderung schwächer. Auf eiweissfreien Nährböden (Ammonsalze, am besten phosphorsaures und bernsteinsaures ˙Ammon, Glycerin, oder Rohrzucker) gedeihen von 17 untersuchten Arten nur 3 gut. Prodigiosus und Pyocyaneus bilden hier Ferment, aber nur in Gegenwart von Glycerin, nicht bei Zusatz von Zucker. Eine Nährlösung aus Nährsalzen und $1\,^0/_0$ Glycosiden (wie Salicin, Amygdalin, Saponin, Jalapin, Aesculin, Arbutin) ernährt bis auf den gut gedeihenden B. der Mastitis und B. Fitzianus die untersuchten Arten schlecht; Enzym bildet hier nur B. subtilis auf Ammonsalz mit Saponin. Eine Spur Ferment bildet Pyocyaneus auf Asparagin. Alkaloide, in $^1/_2\,^0/_0$ Lösung der Nährsalzlösung zugesetzt (wie Morphium, Strychnin, Brucin, Berberin, Chinin, Cocaïn, Curare, Antifebrin und Antipyrin (!)) hindern vollkommen die Entwicklung der untersuchten Bacterien. Antipyrin, Morphin, Strychnin hindern, zu $0,5\,^0/_0$ zu Bouillon oder Gelatine zugesetzt, nicht die Entwicklung von Prodigiosus (und andere Arten), heben aber die Enzymbildung auf. Pyocyaneus scheidet hingegen in diesem Falle sein Enzym ab und wird nur durch Chinin daran verhindert.   K e r r y.

410. **H. W. Conn: Isolirung eines „Lab"-Fermentes aus Bacterienculturen**[1]). Es ist seit Jahren bekannt, dass gewisse Bacterien- arten, wenn sie in Milch wachsen, zwei Fermente erzeugen, deren eines ein labähnliches, das andere ein proteolytisches, dem Trypsin ver- wandtes Ferment ist. F e r m i hat gezeigt, dass letzteres in reiner Form isolirt werden kann; doch hat er dasselbe nicht vom Labfermente getrennt. Die Isolirungsmethode des Verf.'s ist folgende: Man zieht den Versuchsorganismus durch 8—10 Tage in Milch, schüttelt dann tüchtig mit sterilisirtem Wasser und filtrirt durch Porzellan. Der durch Alcohol im Filtrate erzeugte Niederschlag hat sowohl die Eigen-

---

[1]) Centralbl. f. Bacteriol. u. Parasitenk. **12**, 223—227.

schaft, Milch zu gerinnen, als auch Gelatine zu peptonisiren, ist also weder reines Lab, noch reines proteolytisches Ferment. Man säuert mit 0,1 $^0/_0$iger Schwefelsäure an, und übersättigt mit Kochsalz, wodurch sich ein weisser Schaum absondert, der das ziemlich reine Labferment darstellt. Aus der Flüssigkeit kann das andere Ferment durch Alcohol gefällt werden. Getrocknet stellt der Schaum ein weisses Pulver dar, das noch Kochsalz und möglicherweise andere Unreinigkeiten enthält. Ganz vollständig ist jedoch diese Trennung nicht. Die Labfermentbildung wurde bei 4 aus Rahm gezüchteten Bacterien sicher nachgewiesen. Die Wirkung des Labfermentes war eine langsame, stets waren bis zur Gerinnung der Milch $1^1/_2$ bis 4 St. erforderlich.   A n d r e a s c h.

411. Wilh. Sigmund: Beziehungen zwischen fettspaltenden und glycosidspaltenden Fermenten[1]). Verf. stellte glycosidspaltende Fermente (Myrosin und Emulsin) in der bekannten Weise dar und liess diese Fermente auf Fette einwirken, um zu entscheiden, ob dieselben zerlegend auf Fette einwirken. Zu diesem Behufe wurde eine sehr schwach alkalisch reagirende Myrosinlösung mit Lakmustinctur versetzt und mit einigen Cubikcentimetern säurefreien Olivenöles in verschlossenem Gefässe zusammengeschüttelt und einige Zeit bei 38—40^0 gehalten. Die Reaction der alkalischen Lösung schlug bald um. Aehnliche Versuche mit Emulsin ergaben dasselbe Resultat. Auch Myrosin mit Chloroformwasser und säurefreiem Olivenöl geschüttelt ergab nach 24 St. saure Reaction und es liess sich Oelsäure nachweisen. Dieselben Versuche wurden auch unter quantitativer titrimetrischer Bestimmung der gebildeten freien Fettsäuren vorgenommen. Andererseits sind gewisse ölhaltige Pflanzensamen, wie Sommerraps, Hanf und Mohn, in welchen ein specifisch Glycosidspaltendes Ferment bisher nicht nachgewiesen wurde, im Stande, in Form ihrer wässrigen Extracte, ihrer Emulsionen und des aus ihnen isolirten Fermentes Glycoside, speciell Amygdalin und Salicin zu spalten, wie Verf. sowohl aus dem Nachweis der Spaltungsproducte (trotz Anwendung eines Antiseptiums, also mit Ausschluss eines organisirten Fermentes) beweisen konnte, als auch dadurch, dass durch

---

[1]) Monatsh. f. Chemie **13**, 567—577.

Kochen die zerlegende Wirkung auf die erwähnten Glycosiden entweder ganz aufgehoben wurde, oder erst nach mehreren Tagen eintrat, während sonst schon nach 24 St. die Spaltung nachgewiesen werden konnte. Endlich liess Verf. ganz frisches Kaninchenpankreas auf Glycoside einwirken und konnte auch hier zeigen, dass das fettspaltende thierische Enzym im frischen Zustande auch Glycoside zu spalten im Stande ist. Verf. konnte also nachweisen, dass sowohl die bisher ausschliesslich als glycosidspaltend aufgefassten Fermente nicht nur diese ätherartigen Verbindungen zerlegen, sondern auch zusammengesetzte Ester, wie die Fette zersetzen und umgekehrt, dass die als specifisch fettspaltend angesehenen Fermente auch Glycoside spalten. **Kerry.**

412. Léon Boutroux: Ueber die Brodgährung[1]). B. untersuchte zunächst Sauerteig, welchem seit langer Zeit keine Hefe zugesetzt worden war, und fand darin stets Hefen, mindestens fünf Arten, darunter zwei, deren Alcoholbildung sehr lebhaft war. Im Mehl fand er ferner drei Arten Bacterien, welche bei der Brodbereitung eine Rolle spielen könnten; der Bacillus α secernirt Diastasen, welche gekochtes Gluten auflösen und Stärkekleister saccharificiren ohne den Zucker anzugreifen; der Bacillus β ruft für sich in einem sterilen Gemisch von Mehl und Wasser eine Gährung hervor; das Bacterium γ aus der Kleie bringt feuchte Kleie zum Gähren. Weder die Bacterien noch die weniger wirksamen Hefen bewirken das Aufgehen des Brodteiges, hierzu sind kräftige Alcohol-Hefen erforderlich. Letztere sind also das wesentliche Agens; dass dieselben aber ausreichen, ohne Mithilfe von Bacterien, das Aufgehen zu bewirken, geht daraus hervor, dass man aus Mehl, Salzwasser und Brauerhefe Brod bereiten kann, auch wenn man dem Teig 0,3 % Weinsäure[2]) zufügt. Das Substrat der Brodgährung ist nach Verf. der im Mehl präformirte Zucker; dazu kommt vielleicht noch der aus Dextrin durch Bacterienwirkung neugebildete. Die Stärke wird bei der Brodgährung nicht angegriffen; übrigens

---

[1]) Sur la fermentation panaire. Compt. rend. **118**, 203—206. —
[2]) Vergl. Dünnenberger, Bacteriologische Untersuchungen über die beim Aufgehen des Brodteiges wirkenden Ursachen. Arch. d. Pharm. 1888, 544.

wirkt das Cerealin der Kleie nur auf gekochte, nicht auf rohe Stärke saccharificirend. Auch das Gluten bleibt bei der normalen Brodgährung unverändert. Die Wirkung der Hefe ist in zweifacher Beziehung günstig; sie lockert den Teig auf und verhindert die Entwicklung der Bacterien.   Herter.

413. Adolf Mayer: Studien über die Milchsäuregährung [1]).

Die Vorstellung, nach welcher die Bildung der Milchsäure aus Traubenzucker bei der Gährung ohne die Betheiligung freien Sauerstoffs oder das Freiwerden etwaiger Kohlensäure (aus 1 Molekül Traubenzucker 2 Moleküle Milchsäure) statthaben sollte, im Gegensatz zu den an anderen Gährungsprocessen gewonnen Erfahrungen, wird vom Verf. einer erneuerten Kritik unterzogen. Obgleich die Versuche noch nicht erlauben, jetzt schon eine andere Zersetzungsgleichung aufzustellen, so haben dieselben dennoch wesentlich neue Gesichtspunkte über diesen Vorgang zu Tage gefördert, welche in folgenden Sätzen zusammengefasst werden können: Die Milchsäuregährung wird d u r c h A u s c h l u s s d e s S a u e r t o f f s zwar in hohem Grade verlangsamt, aber nicht aufgehoben. D e r f r e i e S a u e r s t o f f h a t e i n e n s e h r b e g ü n s t i g e n d e n E i n f l u s s auf dieselbe, nicht nur im Anfang zur Ernährung des Gährungsorganismus, sondern auch später. Dennoch ist die Quantität des an der Milchsäuregährung betheiligten Sauerstoffs zu gering, um in die Gleichung aufgenommen werden zu können. In einigen Fällen konnte k e i n e A u s s c h e i d u n g e t - w a i g e r d u r c h G ä h r u n g g e b i l d e t e r K o h l e n s ä u r e beobachtet werden. (Nur die Versuche mit Quecksilberluftabschluss sind für die Constatirung dieses Verhältnisses verwerthet.) Die Möglichkeit der Entstehung geringer Kohlensäuremengen ist dennoch nicht ausgeschlossen, weil dieselben ja in der Flüssigkeit gelöst sein können. Andererseits kann sehr leicht durch die nebenhergehenden Bacterienwirkungen in vielen Fällen das Auftreten einer reichlichen Kohlensäureausscheidung erklärt werden. Die Möglichkeit der Milchsäuregährung ohne merkbare Kohlensäureentwickelung ist durch diese Versuche also sichergestellt. Das T e m p e r a t u r o p t i m u m ist nicht so sehr von der Warmblütertemperatur entfernt, als von Vielen an-

---

[1]) Studiën over de melkzuurgisting: Maandblad voor Natuurwetenschappen te Amsterdam; 1892, No. 5.

genommen wurde; wenngleich dasselbe nicht scharf zu bestimmen
ist, so liegt es doch sicher zwischen 30 und 40°C. · Verf. betont
besonders in dieser Beziehung die zwischen dem Optimum der Gährung
und dem der Enzymwirkung bestehende Differenz, nach welcher letzteres
(im Gegensatz zu demjenigen der Gährung) einen genau bestimmbaren
Temperaturgrad vorstellt, bei der Gährung aber zwei Factoren: die
Intensität des chemischen und diejenige des biologischen Processes
jede für sich in Betracht gezogen werden müssen. Die Gährung hat also
im uneigentlichen Sinne zwei Optima: das höhere, welches der grössten
Intensität der Gährungswirkung selbst entspricht, und das niedere,
welches am meisten geeignet ist zur Begünstigung der normalen Ernährung und der vollkommenen Entwicklung des Gährungsorganismus
und so wieder in mittelbarer Weise der Gährung selber. Die Milchsäuregährung verläuft übrigens noch ziemlich leicht bei 22° und
bei 50°C., letzterer Temperaturgrad wurde vom Verf. zu wiederholten Malen gewählt, in der Absicht, den Einfluss anderer Organismen möglichst zu eliminiren. Die Temperatur von 60°C. wird
sogar einige Zeit durch den Milchsäuregährungsorganismus ohne Nachtheil ertragen. Wenn durch Zusatz von Calcium carbonicum,
welches sich nach den Erfahrungen des Verf. zur Neutralisirung des
sauren Gährungsproductes am besten bewährte, — etwas schlechter
wirkte Magnesium carbonicum, noch schlechter das von anderen empfohlene Zinkcarbonat — ausgiebige Gelegenheit zur Abstumpfung
der überschüssigen Säure dauernd geboten wurde, so wurde die Intensität und Extensität der Gährung sehr bedeutend vergrössert;
unter diesen Umständen gelang es dem Verf., dieselbe in einzelnen
Fällen bis zum Verbrauch der grösseren Hälfte des Zuckers (in
einem Falle sogar bis zur Umwandlung von 87,3% desselben) fort-
zusetzen. Als Gährungssubstrat wurde nach zahlreichen Vorver-
suchen sowohl die Kuhmilch, wie auch verdünnte Milchzuckerlösung
der Dextrose vorgezogen; die Impfflüssigkeit war eine vorher 24 St.
erwärmte wässrige Malzlösung. Die Milchsäurebestimmung geschah
entweder durch einfache Säuretitration, oder durch wiederholte Aetherextraction, oder in den Fällen, in welchen $CaCO_3$ zugefügt war, auch
noch durch Ablesung der mittels Quecksilberabschluss von der Aussen-
luft getrennten in den Röhren eines vom Verf. und Dr. Wolkoff
construirten Apparates aufgefangenen Kohlensäure. Für die Details der

zahlreichen Versuche wird nicht nur auf das Original, sondern auch auf die Zeitschrift f. Spiritusindustrie zu Berlin (1891) verwiesen [1]).

Z e e h u i s e n.

414. A. Blachstein: Beiträge zu der Biologie der Typhusbacillen [2]).

Verf. fand, dass die Typhusbacillen aus Zucker nicht die gewöhnliche Fleischmilchsäure, sondern die L i n k s m i l c h s ä u r e, deren Zinksalz rechtsdrehend ist, bilden. Es ist dies nach der Beobachtung von S c h a r d i n g e r der zweite die Linksmilchsäure bildender Mikrobe. B l. betrachtet diese Eigenschaft der Typhusbacillen als ihnen eigenthümlich und als charakteristisches Unterscheidungsmerkmal gegenüber den Bacterium Coli commune - Arten. Die grösste Menge der Linksmilchsäure wurde erhalten durch frische aus Typhusstühlen gezüchtete Culturen. Aeltere Culturen oder Culturen aus der Milz von Typhusleichen bilden nur wenig von der Säure.

P r u s z y ń s k i.

415 A. Villiers: Ueber die Gährung der Stärke durch die Thätigkeit des Buttersäureferments [3]). 416. Derselbe: Ueber die Wirkungsweise des Buttersäureferments bei der Umwandlung der Stärke in Dextrin [4]).

Ad 415. Neben D e x t r i n e n .bildet sich aus· Stärkekleister aus Kartoffeln durch die Thätigkeit von B a c i l l u s a m y l o b a c t e r [J. Th. **21**, 478] in geringer Menge (3 $^0/_{00}$ der Stärke) ein anderes Kohlenhydrat, welches Verf. als C e l l u l o s i n bezeichnet. Aus der alcoholischen Lösung, aus welcher die Dextrine niedergeschlagen wurden, scheidet sich dasselbe nach einigen Wochen in schönen Krystallen ab, welche Wasser und ca. 4 $^0/_0$ Alcohol ent-

---

[1]) Die meisten Spaltpilze bilden aus Kohlehydraten Milchsäuren und zwar in etwa 60 $^0/_0$ ist es die optisch inactive, in 40 $^0/_0$ der Fälle die Rechtsmilchsäure. (Linksmilchsäure ist bis jetzt nur in 2 Fällen erhalten worden.) Da wo optisch active Milchsäure entsteht, kann schon theoretisch die Menge nicht mehr als 50 $^0/_0$ betragen; meistens ist sie viel niedriger. Die Gährtüchtigkeit ist übrigens, wie die Virulenz, bei einer und derselben Pilzart sehr schwankend und die bisherigen Untersuchungen haben die Ursachen hiervon noch lange nicht aufgeklärt.   N e n c k i.

[2]) Contribution à la biologie du bacille typhique. Archives de sciences biolog. St. Petersbourg **1**, 199—211. Laboratorium von N e n c k i. — [3]) Sur la fermentation de la fécule par l'action du ferment butyrique. Compt. rend. **112**, 536—538. — [4]) Sur le mode d'action du ferment butyrique dans la transformation de la fécule en dextrine. Ibid. **113**, 144—145.

halten. An der Luft werden dieselben opak unter Verlust von
Alcohol. Aus heissem Wasser werden luftbeständige Krystalle erhalten von der Formel $C_{12}H_{10}O_{10} + 3HO$. Getrocknet zieht die
Substanz begierig 3 Moleküle Wasser an. Das Cellulosin, welches
kaum süssen Geschmack besitzt, löst sich zu 1,3 Grm. in 100 CC.
Wasser von 15°; die wasserfreie Substanz besitzt das Rotationsvermögen $\alpha_D = +159,42°$; es schmilzt nicht ohne Zersetzung; es ist
nicht gährungsfähig und reducirt Kupferlösung nicht.
Kochende verdünnte Mineralsäuren verwandeln es in Glucose, doch
ist die Umwandlung erst nach 24 Stunden vollständig. Es ist ohne
Wirkung auf Phenylhydrazin. Nach Beendigung der Gährung bleibt
ein unlöslicher Rückstand (im Mittel 5 %, der Stärke), von der Zusammensetzung der Cellulose; durch kochende Mineralsäuren wird
derselbe langsam verzuckert. Mit anderen Stärkearten werden
nicht immer dieselben Producte gewonnen als mit Kartoffelstärke.
Verf. erhielt zwei verschiedene krystallinische Cellulosine,
auch beobachtete er Differenzen in den Dextrinen. Ad 416. Verf.
versuchte festzustellen, ob bei der Vergährung des Stärkekleisters
durch Bacillus amylobacter die Thätigkeit eines löslichen Ferments nachweisbar ist. Filtrirte Portionen der Culturflüssigkeit
zeigten binnen 14 Tagen geringe Veränderungen des optischen Ro-
tationsvermögens; auch verschwand in solchen Portionen nach einiger
Zeit die Färbbarkeit durch Jod. Verf. glaubt deshalb obige Frage
bejahen zu können.   Herter.

417. A. B. Griffiths: Ueber ein durch die Cultur von Micrococcus tetragenus erhaltenes Ptomaïn [1]).

Der Micrococcus
tetragenus, welcher sich leicht aus dem Sputum der Phtisiker
isoliren lässt, gedeiht gut auf verschiedenen Nährböden. Auf Pep-
tongelatine cultivirt, bildet er in einigen Tagen ein Ptomaïn,
welches nach den Methoden von Gautier und Brieger dargestellt
werden kann. Es krystallisirt in weissen Nadeln, löslich in Wasser,
schwach alkalisch reagirend; es bildet ein krystallinisches Chlorhydrat,
sowie krystallinische Gold- und Platindoppelverbindungen. Es gibt
Niederschläge mit Phosphormolybdänsäure, Phosphorwolframsäure,

---

[1]) Sur une ptomaïne obtenue par la culture du Micrococcus tetragenus.
Compt. rend. **115**, 418.

Pikrinsäure, Tannin, Nessler's Reagens. Nach den Analysen hat
es die Formel $C_5 H_6 NO_2$. Die Substanz ist giftig. Herter.

418. R. J. Petri und Alb. Maassen: Ueber die Bildung von Schwefelwasserstoff durch die krankheiterregenden Bacterien unter besonderer Berücksichtigung des Schweinerothlaufs [1]).

Die Verff. fanden, dass sämmtliche von ihnen untersuchten pathogenen
Bacterien Schwefelwasserstoff aus ihren Nährlösungen entwickeln, eine
Thatsache, welche für die anaëroben Bacterien des malignen Oedems,
des Rauschbrandes und des Tetanus, sowie bei dem facultativen an-
aëroben Proteus und Cholera schon längst festgestellt ist. Die Verff.
fanden den Schwefelwasserstoff in den Culturen der Mäusesepticämie,
Menschen- und Taubendiphtherie, von Rotz- und Milzbrand, von dem
Pfeiffer'schen Kapselbacillus, der Hühnercholera, Frettchenseuche,
Cholera asiatica, des Vibrio Metschnikoff, bei den Spirillen von
Finkler und von Miller, beim Typhusbacillus, bei dem Bacillus
enteritidis in reichlicher Menge. Eine geringere Entwicklung zeigten
die pathogenen Coccen, z. B. die verschiedenen Staphylococcen, die
Streptococcen des Erysipels etc. Auch die Tuberkelbacillen bilden
Schwefelwasserstoff. Die Verff. vermuthen, dass dieses giftige Gas
bei Bacterienkrankheiten eine wichtige Rolle spiele und verweisen
auf die grosse Aehnlichkeit gewisser Symptome septicämischer Bacterienkrankheiten mit den beobachteten Schwefelwasserstoffvergiftungen.

Kerry.

419. O. Loew: Ein Beitrag zur Kenntniss der chemischen Fähigkeiten der Bacterien [2]).

Bekanntlich können viele Bacterien-
arten organische Stoffe sehr verschiedener Constitution zur Ernährung
verwenden, wie Alcohole, Säuren, Basen, Ketone, Nitrile etc. Es
schien geradezu eine Ausnahme, dass organische Stoffe ohne Gift-
natur nicht zur Ernährung der Bacterien dienen könnten. Zu solchen
Stoffen gehört nun, wie Verf. schon früher fand, das Pyridin und
nach neueren Beobachtungen auch das Pinakon, Glyoxal und Aethylendiamin. Sehr schlechte Nährstoffe sind ferner das Diacetonamin, sowie
maleïnsaure und citraconsaure Alkalien. Alle diese Stoffe wurden
in $0,5\,^0/_0$ iger, genau neutralisirter Lösung angewandt, das Aethylen-

---

[1]) Deutsche med. Wochenschr. 1892, No. 7. — [2]) Centralbl. f. Bact. 12,
361—364.

diamin als phosphorsaures Salz.   Inficirt wurden die Lösungen mit
Fäulnisspilzen sowohl, als mit einem energischen, Ameisensäure assi-
milirenden Spaltpilz.   Als nach 2 Wochen bei jenen drei Lösungen
keine Spur von Bacterienentwicklung sichtbar wurde, wurde noch
0,2 %/$_0$ Pepton zugesetzt, worauf schon nach 2 Tagen starke Bacterienentwicklung eingetreten war.   Es ist also anzunehmen, dass jene
Stoffe den Pilzen bei der Eiweissbildung besondere Schwierigkeiten
bereiten und die zur Eiweissbildung nöthigen Atomgruppirungen
(Formaldehyd resp. Asparaginaldehyd) wahrscheinlich nicht mit der
nöthigen Leichtigkeit hergestellt werden können.   L o e w.

420. O. L o e w: Ueber einen Bacillus, welcher Ameisensäure
und Formaldehyd assimiliren kann [1]).   In einer Nährlösung, welche
als einzigen organischen Nährstoff 0,5 %/$_0$ formaldehydschwefligsaures
Natron enthielt, entwickelte sich bei mehreren Versuchen stets nach
1—2 Wochen Stehen an der Luft ein schwach röthlicher Bacillus
von 1 μ Breite und 2—2,5 μ Länge.   Offenbar entwickelte sich von
den vielen aus der Luft in die Lösung fallenden Bacillenarten stets
nur diese eine Art, weil die anderen nicht die Fähigkeit hatten,
diesen schlechten Nährstoff zu verwenden.   Der Bacillus wächst nur
langsam auf der Kartoffel oder Agar-Agar, verflüssigt Gelatine nur
schwierig und wächst in Bouilloncultur ähnlich dem Milzbrandbacillus,
Häute an der Oberfläche bildend.   Er kann auch in Nährlösung von
ameisensaurem Natron, wenn auch langsam, sich vermehren, also
Ameisensäure assimiliren.   Wahrscheinlich dürfte dabei die Ameisensäure auf dem Wege über Glyoxylsäure in Formaldehyd verwandelt
werden, ehe Bildung von Eiweiss und Cellulose beginnen kann:

$$2 (CO_2 H_2) = C_2 H_2 O_3 + H_2 O$$
$$C_2 H_2 O_3 = CH_2 O + CO_2.$$

Dieser exquisite Aërob besitzt keine nitrificirenden Eigenschaften
und erhielt den Namen B a c i l l u s   m e t h y l i c u s.   L o e w.

421. J. F o r s t e r: Wachsthum und Entwickelung einiger Mikroben bei niederen Temperaturen [1]).   Die vom Verf. gemachten

---

1) Centralbl. f. Bacteriologie 12, 462—465. — 1) Voordracht, gehouden
in de Vergadering van het Genootschap ter bevordering der Natuur-Genees-
en Heelkunde te Amsterdam (4. Mai 1892).

Erfahrungen über die nach 10—12 Tagen auftretenden üppigen Bacterien-Vegetationen nicht nur des Nordseewassers, sondern auch des aus Flüssen und Sümpfen und des aus den Nordseedünen herkommenden Leitungswassers entsprachen völlig den von Fischer in Kiel am Ostseewasser gewonnenen Thatsachen. Die Lebensverhältnisse dieser Bacteriengattungen waren an niedrigere Temperaturen gebunden als diejenigen der meisten andern Bacterienspecies. Indem im hygienischen Laboratorium in Berlin nach dem Aufbewahren verschiedener Speisen bei 1—7° C. eine Bacterienentwickelung aufgetreten war, und die Erfahrung gelehrt hatte, dass unter Eis conservirtes aus Amerika und Australien importirtes Fleisch nach einer mehrwöchentlichen Fahrt einen faulenden Zustand darbot, so hat Verf. einige Versuche angestellt zur Erläuterung der biologischen und chemischen Processe, welche bei dieser Veränderung im Spiele sind. In frischem Fleisch, welches in Gelatineschalen im Eiscalorimeter gehalten wurde, entwickelten sich schon nach 3 Tagen mitunter sehr zahlreiche Bacteriencolonien. Nach 10 Tagen hatten die Culturen grosse Aehnlichkeit mit denjenigen des Canalwassers. Die Ammoniakbestimmung nach Schlösing ergab im frischen Fleisch pro Kilogramm 160 Milligramm NH_3, nach 3 Tagen 250, nach 6 Tagen 870. nach 10 Tagen 910 Milligramm, also eine sehr beträchtliche Zunahme des Ammoniakgehaltes, welche mit der Bacterienentwickelung gleichen Schritt hielt. Die Temperatur des schmelzenden Eises genügt also an und für sich nicht zur längeren Conservirung der Nahrungsmittel.

Zeehuisen.

422. Jakowski: Einige Bemerkungen über die antiseptische Wirkung des Pyoctanins[1]). Die Ergebnisse der Stilling'schen Versuche über die Wirkung des Pyoctanins veranlassten den Verf. experimentell zu prüfen, in welcher Weise dieses Mittel auf den B. anthracis, Staphyloc. aureus, B. typhi abdom. und den Friedländer'schen Mikroben wirken. Pyoctanin wurde zu Nährlösungen im Verhältniss von 1:5000 und 1:10000 hinzugefügt; andererseits wurde die Oberfläche des Agar-Agar oder der Nährgelatine mit einer Pyoctaninlösung von 1:1000 und 1:3000 bestrichen. Ferner wurden im

---

[1]) Gazeta lekarska. 1892.

Reagensröhrchen die Culturen von B. pyocyaneus mit einer 1 $^0/_{00}$ igen
Pyoctaninlösung übergossen. Das Ergebnis der Versuche des Verf.
war folgendes: 1. Das blaue Pyoctanin wirkt stärker als das gelbe.
2. Pyoctanin hat die stärkste antiseptische Wirkung, wenn es zu
Nährböden hinzugefügt wird. Schon im Verhältnisse von 1:10000
zu den Nährböden hinzugesetzt, verhindert das blaue Pyoctanin das
Wachsthum der genannten Bacterien während 6 Tagen; eine etwas
schwächere Wirkung hat das gelbe Pyoctanin. Nur der Staphyloc.
aureus zeigte Wachsthum nach 48 St. 3. Wird die Oberfläche des
Nährbodens mit der blauen Pyoctaninlösung im Verhältniss von
1:1000 bestrichen, so entwickelt sich der nachträglich geimpfte
B. ·anthracis und der Staphyloc. aureus nicht. Wird die Oberfläche
mit einer Lösung von 1:3000 bestrichen, so hat sie keine entwickelungs-
hemmende Wirkung mehr. 4. Bepinselung von entwickelten Colonien
mit 1 $^0/_{00}$ iger Pyoctaninlösung wirkt zerstörend auf dieselben. Dass
die lebendigen Bacterien den Farbstoff in ihre Leibessubstanz aufnehmen, davon hat sich der Verf., indem er eine 1 $^0/_0$ ige Pyoctaninlösung zu frischen Culturen der Mikroben hinzufügte, durch microscopische Untersuchung überzeugt. Pruszyński.

423. Josef Fodor: Kresylkalk, ein neues Desinfectionsmittel[1].

Kresylsäure, d. h. Gemisch der 3 isomeren Kresole, zeigt stärkere desinficirende Wirkung als Carbolsäure, dabei ist sie nicht so giftig wie jene.
Ihr Fehler liegt aber darin, dass sie in Wasser unlöslich ist, löslich jedoch
nur durch Zugabe von Natronlauge und verschiedener Salze (salicyls.
Natron). Verf. versuchte, ob es nicht möglich wäre, die Kresylsäure an
Kalk zu binden und hierdurch deren Anwendung möglich zu machen,
was auch gelang. Die Kresylkalklösung desinficirt Canalflüssigkeit, Typhus-
wie Choleraculturen. 50 Grm. Kresylkalk (entsprechend 25 Grm. Handels-
kresol) sterilisiren 1000 Cbcm. Canalflüssigkeit in 4 Stunden; zur selben
Wirkung waren 25 Grm. krystallisirte Carbolsäure nöthig. Typhus- und
Choleraculturen werden durch Kresylkalk noch energischer desinficirt.

Liebermann.

424. Gust. Rigler: Untersuchungen von Kresylkalklösung[2].

Fodor [vorstehendes Referat] lenkte die Aufmerksamkeit der Fachkreise
auf Kresylkalk, als neues und wirksames Desinfectionsmittel. Verf. prüfte

---

1) Orvosi hetilap, Budapest 1892, pag. 385. — 2) Orvosi hetilap, Budapest 1892, pag. 627.

dieses Mittel, besonders in Bezug auf seine desinficirende Wirkung dem Cholerabacillus gegenüber. Als Resultat aus einer Reihe von Versuchen ergibt sich, dass eine Lösung von 0,5% des fraglichen Kresylkalkpräparates den Cholera asiatica-Bacillus innerhalb 10 Minuten zum Absterben bringt, wogegen dasselbe Resultat mit einer 0,5%igen Lösung krystallisirter Carbolsäure erst nach 30 Minuten erreicht wird. In Anbetracht dessen, dass Kresylsäure die giftigen Eigenschaften nicht in jenem hohen Maase besitzt als Carbolsäure, ferner, dass sich Kresylkalk rasch und in jedem Verhältniss mit Wasser mengt und schliesslich, dass Kresylkalk bedeutend billiger zu stehen kommt, als krystallisirte Carbolsäure, kann die Anwendung des neuen Mittels nach Verf. wärmstens empfohlen werden.   Liebermann.

425. Alex. Szana: Untersuchung über die desinficirende Wirkung der Seife[1]**.** Verf. untersuchte die desinficirende und antiseptische Wirkung der Seife und fand, dass sie selbst in den meisten Fällen keimfrei ist. Versuche, welche mit Cholerabacillenculturen, Staphylococcus pyog. aureus, Thyphusbacillen, Pneumococcus Friedländeri angestellt wurden, ergaben, dass Seife, wenn sie im Verhältniss von 1 Theil conc. Seifelösung zu 10 Theilen Bouilloncultur angewendet wird, auf jene Mikroben keine desinficirende Wirkung ausübt; dagegen wird eine Bouilloncultur von Anthraxbacillen, im selben Verhältnisse mit einer Seifenlösung versetzt, schon innerhalb einiger Minuten steril. Anthraxsporen werden nach Verf. in einigen Tagen getödtet. Bei Prüfung der antiseptischen Wirkung der Seife ergab sich, dass Seife, im Verhältniss von 1:60 zu in gutem Nährboden befindliche Anthraxbacillen gebracht, deren Entwickelung hemmt; dagegen sind noch so grosse Seifenmengen ohne Wirkung auf die Entwickelung der Cholerabacillen. Verf. hat zu seinen Versuchen gewöhnliche Waschseife, Glycerinseife und eine stark riechende „Moschusseife" verwendet. Liebermann.

Die Angaben des Verf. bedürfen sehr der Nachprüfung. — N.

426. S. Winogradsky: Ueber die Bildung und die Oxydation der Nitrite während der Nitrification[2]**).** Verf.[3]) beobachtete, dass in Reinculturen von Mikroben aus Ackererde verschiedener Gegenden in flüssigen Nährböden neben salpetriger Säure nur sehr wenig Salpetersäure gebildet wird [vgl. Müntz, J. Th. **21**, 492]. Wurden die Culturen nicht rein gezüchtet, so trat nach Verbrauch des Ammoniak eine lebhafte Oxydation der gebildeten Nitrite ein. Bei Weiterimpfung der Culturen auf neue Nährflüssigkeiten

---

[1] Orvosi hetilap. Budapest 1892, pag. 423. — [2] Sur la formation et l'oxydation des nitrates pendant la nitrification. Compt. rend. **118**, 89—91. — [3] Winogradsky, Ann. de l'institut Pasteur 1890, No. 12; 1891, No. 2.

wurde diese Nitratbildung allmählich schwächer, besonders bei den
aus europäischen Erden gezüchteten Culturen. In der 6. bis 8. Gene-
ration (nach 6—8 Monaten) nahm auch die Nitritbildung in den
Culturen ab, nur in einer aus einer Erde aus Quito gewonnenen
Reihe von Culturen erhielt sich die Nitritbildung in schwachem
Maasse über ein Jahr. Die Nitritbildung geschieht durch die
Nitromonaden, die Oxydation der Nitrate aber beruht auf
der Thätigkeit von anderen specifischen Organismen, welche
in nitrithaltigen Nährböden, flüssigen oder festen, vegetiren. Sie
bilden kleine Stäbchen von unregelmässiger Form und wurden in
Erde von Quito, von Java und von Zürich gefunden. Diese Orga-
nismen oxydiren salpetrige Säure, aber nicht Ammoniak.

Herter.

427. E. Bréal: Ueber das Vorkommen eines aëroben Fer-ments im Stroh, welches die Nitrate reducirt [1]).

Im Stroh und
wahrscheinlich auch in anderen vegetabilischen Resten ist ein Organismus enthalten, welcher Salpeter in wässriger Lösung schnell zerstört; B. wandte Lösungen mit 0,12 bis 10 $^0/_{00}$ Salpeter an. Zum
Nachweis der Salpetersäure diente Diphenylaminsulfat. Aus
der Salpetersäure wird weder Ammoniak noch Stickoxyd oder Stickstoffbioxyd gebildet, sondern freier Stickstoff; daneben bildet
sich eine organische Stickstoffverbindung. $^1/_3$ bis $^2/_3$ des
Stickstoffs der Nitrate entweicht gasförmig. In nitratfreien Lösungen
entwickelt das Stroh kein Stickstoffgas. Durch obigen Process wird
ein Verlust an Stickstoff herbeigeführt; nach Verf. ist dieser Verlust
nicht zu befürchten für Ackerboden, weil derselbe nicht die genügende
Feuchtigkeit enthält; in feuchtem Wiesen- und Waldboden kann die
Reduction der Nitrate wohl statthaben; nach Boussingault ist
in diesem Boden keine Salpetersäure zu finden.   Herter.

428. Berthelot: Neue Untersuchungen über die Fixirung von atmosphärischem Stickstoff durch die Mikroben [2]).

B. suchte den

---

[1]) De la présence, dans la paille, d'un ferment aérobie, réducteur des
nitrates. Compt. rend. 114, 681—683. — [2]) Nouvelles recherches sur la
fixation de l'azote atmosphérique par les microbes. Compt. rend. 115, 569—574.

Process der Fixirung von Stickstoff durch die Mikroben der Ackererde näher zu bestimmen, indem er möglichst einfache Verhältnisse für seine Versuche wählte. Er benutzte als Nährboden nicht die Ackererde, sondern nur einen Bestandtheil derselben, die Humussäure, und zwar einerseits ein natürliches Product mit C 50,4, H 4,8, N 3,6, O 32,6, Asche 3,1, Wasser (bei 110° entweichend) 5,5 %, andererseits ein künstliches Product aus Zucker, frei von Asche und von Stickstoff. 5 Grm. der natürlichen Humussäure wurden mit 5 resp. 100 CC. destillirten Wassers und 2 CC. Wasser, in welchem sich niedere Organismen entwickelt hatten, in einer verschlossenen 6-Liter-Flasche ca. 4 Monate lang vom Juni bis October, vor directem Sonnenlicht geschützt, aufbewahrt; in derselben Weise wurden Versuche mit je 5 Grm. künstlicher Humussäure gemacht; der Zusatz des destillirten Wassers betrug hier 15—100 CC. In allen Flaschen entwickelten sich weissliche Mikroorganismen verschiedener Art, und es wurde eine erhebliche Menge Kohlensäure gebildet. In Flasche I vermehrte sich der in der Humussäure enthaltene Stickstoff von 0,1805 auf 0,1909 um 0,0104 Grm., in Flasche II wurde 0,0156 Grm. Stickstoff fixirt; Nitrate waren nicht gebildet worden, wohl aber eine Spur Ammoniak. (In einem ca. $^3/_4$ Jahr dauernden Versuch mit 5 Grm. natürlicher Humussäure wurden 0,0545 Grm. Stickstoff assimilirt.) Die beiden Versuche mit künstlicher Humussäure ergaben nur einen Gewinn von 0,0026 resp. 0,0024 Grm. Stickstoff, wahrscheinlich, weil die Nährstoffe für die Entwickelung der Mikroben fehlten.   Herter.

XVIII. Toxine, Toxalbumine, Bacterienproteïne, Alexine, Antitoxine, Immunisirung, Heilung.

Uebersicht der Literatur
(einschliesslich der kurzen Referate).

Toxine, Toxalbumine.

*F. Nissen, über die toxische Wirkung des Blutes bei Eiterungsprocessen. Deutsche medic. Wochenschr. 1892, Nr. 2.

*A. Bruschettini, Ausscheidung des Tetanusgiftes durch die Nierensecretion. Deutsche medic. Wochenschr. 1892, Nr. 16. Die schon früher vom Verf. bei künstlich tetanisirten Thieren bewiesene Ausscheidung des Tetanusgiftes durch den Harn wurde nun auch in zwei Fällen von Tetanus beim Menschen bestätigt. 3—10 CC. Harn erzeugten subcutan bei Mäusen und Kaninchen tetanische Symptome.
Buchner.

*C. Brunner, Ausscheidung des Tetanusgiftes durch die Secrete. Deutsche medic. Wochenschr. 1892, Nr. 19. Verf. hat schon vor Bruschettini die Ausscheidung des Tetanusgiftes bei tetanischen Versuchsthieren erwiesen, während analoge Versuche beim tetanuskranken Menschen negativ blieben.

*A. Favre, die Ursache der Eclampsie eine Ptomaïnämie. Virchow's Arch. 127, 33—84.

*N. Gamaleïa, Action des ferments solubles sur les poisons diphthéritiques. Sem. méd. 1892, Nr. 10. Maltin, Invertin und Emulsin zeigten keine Einwirkung auf das Diphtheriegift, während Pepsin und Pankreatin dasselbe zersetzten unter Abspaltung einer, chronisches Siechthum bei den Versuchsthieren hervorrufenden, durch Alcohol fällbaren Substanz, welche Verf. für ein Nucleïn hält. Das eigentliche Diphtheriegift sei demgemäss ein Nucleoalbumin.
Buchner.

*N. Gamaleïa, über die Wirkung der löslichen Fermente auf das diphtheritische Gift. Compt. rend. soc. biolog. 44, 153—155. Das diphtheritische Gift wirkt nicht vom Darmcanal aus. G. prüfte nun, ob die löslichen Fermente, Maltin, Invertin, Emulsin, Pepsin, Trypsin dasselbe zu zerstören vermögen. 3 Wochen alte

Culturen des Diphtherie-Bacillus wurden durch Porzellan filtrirt und
das Filtrat bei 35⁰ unter Zusatz von Thymol digerirt. Nur die
beiden zuletzt genannten Fermente beeinflussten die Giftigkeit der
Flüssigkeit. Pepsin hob binnen 24 Stunden die specifische Wirkung
des Diphtheriegiftes bei Meerschweinchen auf; Injectiohen der damit
behandelten Flüssigkeit riefen indessen eine chronische tödtliche
Kachexie hervor; dieselbe gleicht dem Zustand, welchen das Diphtheriegift nach der Erhitzung auf 60⁰ hervorbringt. (Bei der Digestion
mit Pepsin wurden geringe Mengen Salzsäure hinzugefügt, welche
an sich das diphtheritische Gift nicht beeinflussen.) Trypsin wirkt
wie Pepsin, nur schneller. G. schliesst aus diesen Verhältnissen, in
Uebereinstimmung mit den von Brieger und Fränkel angegebenen
Reactionen, dass das Diphtheriegift ein Nucleoalbumin sei,
welches durch die Verdauungssäfte in Albumin und ein toxisches
Nucleïn gespalten werde.   Herter.

*L. Viron, ein toxisches Albuminoid aus Wasserblasen im
thierischen Körper. L'union pharm. 1892, Nr. 4; chem. Centralbl.
1892, I, 998. Die Flüssigkeit aus einer pathologischen Wasserblase
eines Hammels gab weder beim Kochen noch mit Trichloressigsäure
eine Fällung, aber eine Reaction mit Millon's Reagens. Durch
Ammonsulfat wurde eine braune Substanz gefällt, die in heissem
Wasser löslich und durch 95⁰/₀igen Alcohol fällbar war. Durch
mehrmalige Fällung wurde die Substanz weiss erhalten; sie gab dann
mit Ferrocyankalium und Essigsäure eine Fällung und zeigte die
Biuretreaction. Die Substanz erwiess sich als ungemein giftig. Durch
die Anwesenheit dieses Toxalbumins kann man sich die Vergiftungen
erklären, welche beim Platzen solcher Wasserblasen im Organismus
eintreten.

*F. Hüppe, über Giftbildung durch Bacterien und über
giftige Bacterien. Berliner klin. Wochenschr. 1892, Nr. 17.
Verf. zeigt gegenüber R. Pfeiffer, dass die Wirkung abgetödteter
Choleraculturen auf Meerschweinchen (Tod unter absinkender Temperatur) nichts Specifisches darbiete, da ähnliche Wirkungen auch
durch abgetödtete Culturen anderer, nicht virulenter Bacterienarten,
ferner durch proteolytische Enzyme, wie Papaïn und Pankreatin,
endlich auch durch andeies „actives Eiweiss", z. B. Hundeserum u. s. w.,
hervorgerufen werden können. Die specifische Intoxication sei dem
gegenüber dadurch charakterisirt, dass die virulenten Mikroben ungleich heftiger wirken als die weniger oder nicht virulenten; während
die Körper der ersteren Kategorie, zu denen die immunisirenden
Substanzen gehören, von virulenten und nicht virulenten Mikroben,
von Parasiten und Saprophyten gleichmässig gebildet werden und,
im Gegensatze zu der beeinflussbaren Virulenz, unveränderlich sind.
                                                  Buchner.

*F. Hüppe, über die Aetiologie und Toxicologie der Cholera. Deutsche medic. Wochenschr. 1891, Nr. 53. Verf. gelang es, mit. Scholl, die normalen Existenzbedingungen der Choleraerreger im Darm in Bezug auf Luftgehalt (Anaërobiose) und Nährmaterial durch Cultivirung in rohen Eiern nachzuahmen und darzuthun, dass unter diesen Verhältnissen eine wenig tiefgreifende Zersetzung stattfindet, wobei charakteristische Gifte entstehen, die zur Gruppe der Eiweisskörper gehören. Dasselbe Gift entsteht auf dem gleichen Nährboden auch bei Aërobiose, wird aber durch Oxydation weiter zersetzt. Die grössten Mengen von Gift erhält man.desshalb nur bei Anaërobiose und zwar nur bei Ernährung mit genuinem Eiweiss. Buchner.

*H. Scholl, Untersuchungen über giftige Eiweisskörper bei Cholera asiatica und einigen Fäulnissprocessen. Arch. f. Hyg. 15, 172—215. Gibt den genaueren Bericht über die vorerwähnten, mit Hüppe ausgeführten Untersuchungen. Die giftige Substanz zeigte die Reactionen der Peptone („Cholera-Toxopepton").

*N. Gamaleïa, Experimentaluntersuchungen über das Choleragift. Arch. de médec. experim. 1892, 4, 173; Centralbl. f. d. medic. Wissensch. 1892, pag. 679.

*Jobert, über die Resistenz des Virus der Rabies gegen die Wirkung anhaltender Kälte. Compt. rend. 113, 277—278.

*M. Gruber und E. Wiener, Cholera-Studien. I. Ueber die intraperitoneale Cholerainfection der Meerschweinchen. Arch. f. Hyg. 15, 241—313.

*M. Gruber, weitere Mittheilungen über vermeintliche und wirkliche Choleragifte. Wiener klin. Wochenschr. 1892, Nr. 48 und 49. G. hat die vorerwähnten Versuche von Hüppe-Scholl über Darstellung des Choleragiftes aus cholerainficirten Eiern nachgemacht und zeigt, dass ein Theil der beobachteten Giftwirkungen auf den bei Präparation der Eier sich abspaltenden Schwefelwasserstoff und ferner auf den im Alcoholniederschlag restirenden Alcohol zu beziehen ist. Vermeidet man diese Fehler, so erhält man aus Cholera-Eiculturen immerhin eiweissartige Gifte, welche als specifische Producte der Choleravibrionen anzusehen sind, doch sind die von ihnen ausgelösten Krankheitserscheinungen andere, als sie von Scholl beschrieben wurden. Die Wirkung beginnt erst nach $^1/_2$—1 Stunde (nicht sofort wie bei Scholl) und der Tod erfolgt unter absinkender Temperatur. Buchner.

*E. Guinochet, Beitrag zum Studium des Toxin des Diphtherie-Bacillus. Compt. rend. soc. biolog. 44, 480—482. Compt. rend. 114, 1296—1298. D'Espine und Marignac beobachteten, dass Löffler's Diphtherie-Bacillus in Urin gezüchtet werden kann. Der Urin nimmt giftige Eigenschaften an, doch scheint dieser Urin

nach der Filtration schwächer zu wirken als die zur Cultur verwendete
Bouillon. In dem giftigen Urin liess sich kein Albuminstoff
nachweisen, was für die Frage nach der chemischen Natur des
Diphtheriegiftes von Bedeutung ist.   Herter.

*Arnaud und Charrin, Secretionen der Mikroben. Ihre
Bildung. Compt. rend. soc. biolog. **44**, 495—499. Verff. erinnern
gelegentlich der Mittheilung Guinochet's (siehe oben) an ihre
früheren Untersuchungen [J. Th. **21**, 478], welche mit künstlichen
Nährlösungen angestellt, besser als Versuche mit complexen natürlichen Flüssigkeiten wie Urin zur Entscheidung der von G. ange-
regten Fragen dienen können.   Herter.

*N. Wyrschikowsky, über die Wirkung der Verdauung auf das
Virus der Tollwuth. Arch. f. Veterinärwissensch. 1891 (russisch).
Ref. Centralbl. f. allgem. Path. 1892, Nr. 11. Das Virus der Toll-
wuth wird durch künstliche Verdauung zerstört.

*A. Calmette, Étude expérimentale du venin de Naja tripudians
ou cobra capel. Ann. de l'inst. Pasteur 1892, 3. Das Gift der
Cobra capella (Brillenschlange) zeigt im Glycerinextract grosse Haltbarkeit, verträgt 1stündige Erhitzung auf 90⁰. Dasselbe wirkt sehr
heftig auf alle Thierspecies mit Ausnahme der Cobra selbst und
einer anderen Schlangenart. Das Gift ist löslich in Wasser und verdünntem Alcohol, wird gefällt durch abs. Alcohol, Aether, Ammoniak,
Tannin, Jod, ferner durch Platinchlorid und Goldchlorid. Letzterer
Niederschlag allein ist in Wasser unlöslich und gleichzeitig ganz
ungiftig, wesshalb Verf. das Goldchlorid als Heilmittel empfiehlt
(subcutan). Bei Thieren wurden günstige Resultate erzielt.
    Buchner.

429. L. Brieger und A. Wassermann, Beobachtungen über das Auftreten von Toxalbuminen beim Menschen.

*Br. Kallmeyer, zur Frage über den Nachweis von Toxin im
Blute bei an Wundtetanus erkrankten Menschen. Deutsche
medic. Wochenschr. 1892, Nr. 4.

*Cl. Fermi und F. Celli, Beitrag zur Kenntniss des Tetanus-
giftes. Centralbl. f. Bact. **12**, Nr. 18, pag. 617—619. (Vorläufige
Mittheilung.)

*K. Alt, Toxalbumine in dem Erbrochenen von Cholera-
kranken. Deutsche medic. Wochenschr. 1892, Nr. 42. Durch
Filtriren und Fällen mit Alcohol wurden aus dem Erbrochenen
Eiweisskörper gewonnen, deren wässerige Lösung Ratten und Meerschweinchen subcutan in 4—24 Stunden unter Krämpfen und absinkender Temperatur tödtete. Zu seinen Versuchen war Verf. dadurch
veranlasst, dass Schlangengift und auch Morphium bei Vergiftungen
durch den Magen ausgeschieden zu werden pflegt.   Buchner.

430. **Vict. C. Vaughan**, über einige **neue Bacteriengifte**; ihre Beziehung zum krankhaften Zustande und die Aenderung in unseren Anschauungen, zu welchen wir durch eine Betrachtung ihrer Wirkung geführt werden.

*Hugounenq und Eraud, über ein durch den Mikroben des blennorhagischen Eiters secernirtes Toxalbumin. Compt. rend. 118, 145—147. Aus Eiter von frischer Blennorhagie von Agar auf peptonhaltige Bouillon geimpft, entwickelte sich ein Mikrococcus mit den Eigenschaften des Neisser'schen. Durch Fällung mit 3 Volum Alcohol gab die filtrirte Bouillon einen Niederschlag, der durch nochmalige Fällung gereinigt die Eigenschaften eines leicht löslichen Albuminstoffes zeigte. Derselbe gerann nicht in der Hitze, wurde nicht gefällt durch Salpetersäure oder Magnesiumsulfat, wohl aber langsam durch Essigsäure und Ferrocyankalium. Fermentwirkungen zeigte derselbe nicht; er faulte leicht mit eigenthümlichem Geruch. Der Körper enthielt 11,45% Stickstoff, ferner Phosphor, aber keinen Schwefel. Derselbe war unwirksam auf den Schleimhäuten der Urethra und des Auges, dagegen rief er eine heftige Orchitis hervor. Aus Culturen in Lösungen von Asparagin und Fleischsalzen lässt sich das Toxalbumin nicht erhalten.

Herter.

Bacterienproteïne.

431. **Fr. Roemer**, Darstellung und Wirkung proteïnhaltiger Bacterienextracte.

432. **H. Buchner**, Tuberculinreaction durch Proteïne nicht specifischer Bacterien.

433. **Fr. Roemer**, die chemische Reizbarkeit thierischer Zellen.

434. **G. Klemperer**, die Beziehungen verschiedener Bacteriengifte zur Immunisirung und Heilung.

435. **H. Buchner**, die neuen Gesichtspunkte in der Immunitätsfrage.

*A. Rodet und J. Courmont, über das gleichzeitige Vorkommen einer durch Alcohol fällbaren vaccinirenden und einer in Alcohol löslichen prädisponirenden Substanz in den Culturen von Staphylococcus pyogenes. Compt. rend. 118, 432—434.

*A. Charrin, die löslichen Substanzen des Bacillus pyocyaneus erregen Fieber. Compt. rend. 118, 559—560.

*A. Rodet und J. Courmont, über die Giftwirkung der löslichen Producte des Staphylococcus pyogenes. Compt. rend. soc. biolog. 44, 46—49.

436. **M. Prudden und E. Hodenpyl**, Studies on the action of dead bacteria in the living body.

*M. Prudden, a study of experimental Pneumonitis in the rabbit, induced by the intratracheal injection of dead tubercle bacilli. The New York Med. Journ., Decemb. 5. 1891.

*W. Vissmann, Wirkung todter Tuberkelbacillen und des Tuberculins auf den thierischen Organismus. Virchow's Arch. 129, 163. Bestätigt in allen wesentlichen Punkten die Angaben von Prudden und Hodenpyl (s. o.). Die Behandlung der geimpften Thiere mit Tuberculin änderte nichts an den Erscheinungen.

*N. Yamagiwa, über die Wirkung des Tuberculins auf die Impf-tuberculose. Virchow's Arch. 129, 337—380.

437. E. Pfuhl, Beitrag zur Behandlung tuberculöser Meer-schweinchen mit Tuberculinum Kochii.

*H. Buchner, Tuberculin als Heilmittel bei Thieren. Münchener med. Wochenschr. 1891, Nr. 50. Berichtet über gemeinsam mit Roeder ausgeführte Behandlungsversuche an tuberculösen Meer-schweinchen mit negativem Erfolg.

*W. Dönitz, über die Wirkung des Tuberculins auf die experi-mentelle Augentuberculose des Kaninchens. (Aus dem Institut für Infectionskrankheiten.) Deutsche med. Wochenschr. 1891, Nr. 47. Berichtet über günstige Heilerfolge mit Tuberculin gegen-über der experimentellen Augentuberculose der Kaninchen, wenn das Tuberculin in steigender, überhaupt grosser Dosis gegeben und an-dauernd eine nicht zu geringe Reaction unterhalten wird. (Zu berück-sichtigen ist für die Beurtheilung allerdings die überhaupt geringere Empfänglichkeit der Kaninchen für Tuberculose. Ref.) Buchner.

438. S. Kitasato. über die Tuberculinbehandlung tuberculöser Meerschweinchen.

*E. Czaplewski und F. Roloff, Beiträge zur Kenntniss der Tuberculinwirkung bei der experimentellen Tuberculose der Kaninchen und Meerschweinchen. (Aus dem pathol. Institut zu Tübingen.) Berliner klin. Wochenschr. 1892, Nr. 29. Berichten, im Gegensatze zu Pfuhl und Dönitz (s. o.), über durchaus negative Behandlungsresultate.

*M. Kaposi, über die Behandlung von Lupus und anderen Haut-krankheiten mittelst Koch'scher Lymphe („Tuberculin"). Wien 1891.

*Röckl, Schütz, Lydtin, Ergebnisse der Versuche mit Tuber-culin an Rindvieh. Arb. a. d. Kais. Ges.-A. 8, H. 1. Als ausreichende und zweckmässigste Dosis erwiesen sich 0,5 Grm. Tuber-culin. Den sichersten Rückschluss auf das Vorhandensein von Tuberculose gestattet die Reaction, wenn die Steigerung der Körper-temperatur mindestens 1° beträgt und über 40° hinausgeht.

Buchner.

*E. Nocard, Emploi de la tuberculine comme moyen de diagnostic de la tuberculose bovine. Ann. d'hyg. publ 26, Nr. 5. Das Tuberculin erwies sich als ein zwar nicht absolut sicheres, aber doch ungemein werthvolles Hülfsmittel für die Diagnose.

*Straus und Gamaleïa, Beitrag zum Studium des tuberculösen Giftes. Arch. de médec. expérim. et d'anat. path. 1891, III, Nr. 6, pag. 705; Centralbl. f. d. medic. Wochenschr. 1892, pag. 486.

*Dieckerhoff und Lothes, Beiträge zur Beurtheilung des Malleïns. Berliner thierärztl. Wochenschr. 7, Nr. 48—51. Das Malleïn erwies sich als ein gutes Mittel zur Diagnose der Rotzkrankheit der Pferde. Die Wirkung des Malleïns ist eine specifisch entzündliche auf die rotzigen Erkrankungsherde, analog der Wirkung des Tuberculins auf die tuberculösen Herde.   Buchner.

*A. Babes, Notiz über eine aus Rotzculturen isolirte Substanz. Arch. de méd. expérim. et d'anat. pathol. 4, 430—437; chem. Centralbl. 1892, II, 794. Die vom Verf. Morvin genannte Substanz hat andere Wirkungen wie das Malleïn von Hellmann und Preusse. Zur Darstellung wird das Filtrat der Bouillonculturen nach dem Ansäuern auf 78⁰ erhitzt, nach Abfiltriren des Albumins mit Ammonium- oder Magnesiumsulfat gesättigt und der Niederschlag dialysirt. Die Flüssigkeit wird durch ein Chamberland'sches Filter gesaugt, bei 40⁰ im Vacuum eingeengt, der Rest in Alcohol gegossen und die Fällung in glycerinhaltigem Wasser gelöst. Die Substanz hat thermische und toxische Eigenschaften wie das Tuberculin.   Andreasch.

439. K. Kresling, über die Bereitung des Malleïns und seine Bestandtheile.

*V. C. Vaughan und F. G. Novi, Ptomaïne, Leukomaïne und Bacterienproteïne. Philadelphia 1891, Lea Brothers und Comp. (Englisch), 391 pag.

Alexine.

*G. Nuttall, Experimente über die bacterienfeindlichen Einflüsse des thierischen Körpers. Zeitschr. f. Hyg. 4, 353.

*F. Nissen, zur Kenntniss der bacterienfeindlichen Eigenschaften des Blutes. Ibidem 6, 487.

440. H. Buchner, Untersuchungen über die bacterienfeindlichen Wirkungen des Blutes und Blutserums.

*H. Buchner, über Immunität, deren natürliches Vorkommen und künstliche Erzeugung. Bericht für den VII. internationalen Congress für Hygiene. Münchener med. Wochenschr. 1891, Nr. 32 u. 33.

*H. Buchner, zur Nomenclatur der schützenden Eiweisskörper. Centralbl. f. Bact. u. Parasitenk. 1892, 699.

441. L. Daremberg, sur le pouvoir globulicide du serum sanguin.

442. H. Buchner, die keimtödtende, die globulicide und die antitoxische Wirkung des Blutserums.

443. H. Buchner, über die Schutzstoffe des Serums.

*J. de Christmas, Étude sur les substances microbicides du
sérum et des organes d'animaux à sang chaud. Ann. de l'inst.
Pasteur 1891, Nr. 8.

444. H. Bitter, über die bacterienfeindlichen Stoffe thierischer
Organe.

*H. Kionka, Versuche über die bacterientödtende Wirkung
des Blutes. Centralbl. f. Bact. u. Parasitenk. 12, 321—329. Hat
die Angaben von de Christmas (s. o.) nachgeprüft, welcher die
bacterienfeindliche Wirkung des Blutes theils durch Concentrationsdifferenzen, theils durch den Einfluss der Kohlensäure erklären will,
dieselben indess in keiner Hinsicht bestätigt gefunden. Ebenso
widerlegt Verf. durch Versuche die Behauptung von Hafkine,
wonach Typhusbacillen, die unmittelbar dem Kranken entnommen
sind, durch die verschiedenen Körpersäfte keine Abtödtung erfahren
sollen.   Buchner.

445. A. v. Székely und A. Szana, experimentelle Untersuchungen über
die Veränderungen der sogenannten microbiciden Kraft des
Blutes während und nach der Infection des Organismus.

*E. H. Hankin, über das Alexin der Ratte. Centralbl. f. Bact.
u. Parasitenk. 11, Nr. 23.

*E. H. Hankin, Report on the bactericidal action of alexins.
Brit. med. Journ. 1892, 1. Oct., Nr. 1657.

*R. Emmerich, J. Tsuboi, J. Steinmetz und O. Löw, ist die
bacterientödtende Eigenschaft des Blutserums eine
Lebensäusserung oder ein rein chemischer Vorgang? Centralbl. f.
Bact. u. Parasitenk. 12, 364 u. ff.

*H. Buchner, über die bacterientödtende Wirkung des Blut-
serums. Centralbl. f. Bact. u. Parasitenk. 12, 855.

*E. Metschnikoff, l'immunité dans les maladies infectieuses.
La sem. med. 1892, 469.

*C. A. Pekelharing, la propriété bactéricide du sang. La
sem. med. 1892, 503. Erinnert gegenüber dem vorstehenden Aufsatz
von Metschnikoff daran, dass er schon vor zwei Jahren die
Tödtung der Sporen des Anthraxbacillus durch Kaninchenblut bewiesen habe, wesshalb die Wirkung keinesfalls auf blossen Concentrationsdifferenzen beruhen könne.

446. E. H. Hankin, über den Ursprung und das Vorkommen von Alexinen
im Organismus.

Antitoxine, Immunisirung, Heilung.

*Behring, über Desinfection am lebenden Organismus. Deutsche med. Wochenschr 1891, Nr. 52

447. Behring und Frank, experimentelle Beiträge zur Lehre von der Bekämpfung der Infectionskrankheiten. Ueber einige Eigenschaften des Tetanusheilserums.

*Behring, die Blutserumtherapie bei Diphtherie und Tetanus. „Einleitung." Zeitschr. f. Hyg. 12, 1—9.

448. Behring, über Immunisirung und Heilung von Versuchsthieren beim Tetanus.

449. Behring und Wernicke, über Immunisirung und Heilung von Versuchsthieren bei der Diphtherie.

450. Behring, die practischen Ziele der Blutserumtherapie und die Immunisirungsmethoden zum Zweck der Gewinnung von Heilserum.

451. Behring, Blutserumtherapie II. Das Tetanusheilserum und seine Anwendung auf tetanuskranke Menschen.

452. L. Brieger, S. Kitasato und A. Wassermann, über Immunität und Giftfestigung.

453. A. Wassermann, über Immunität und Giftfestigung.

454. L. Brieger und A. Wassermann, über künstliche Schutzimpfung von Thieren gegen Cholera asiatica.

455. P. Ehrlich, über Immunität durch Vererbung und Säugung.

456. L. Brieger und P. Ehrlich, über die Uebertragung von Immunität durch Milch.

*G. Tizzoni und G. Cattani, über die erbliche Ueberlieferung der Immunität gegen Tetanus. Vorläufige Mittheilung. Deutsche med. Wochenschr. 1892, Nr. 18. Die Nachkommen eines gegen Tetanus immunisirten Kaninchen- und Rattenpaares erwiesen sich gegen kleine Dosen von Tetanusgift theilweise oder völlig immun. während andere Thiere vom gleichen Alter, jedoch von nicht immunisirten Eltern abstammend, der nämlichen Impfung erlagen. Die Verff. schliessen daher auf eine gewisse Vererbungsfähigkeit der Tetanus-Immunität.   Buchner.

457. G. Klemperer, Untersuchungen über künstlichen Impfschutz gegen Choleraintoxication.

458. G. und F. Klemperer, über die Heilung von Infectionskrankheiten durch nachträgliche Immunisirung.

459. G. Klemperer, klinischer Bericht über 20 Fälle specifisch behandelter Pneumonie.

460. G. Klemperer, Untersuchungen über Schutzimpfung des Menschen gegen asiatische Cholera.

461. G. Klemperer, weitere Untersuchungen über Schutzimpfung des Menschen gegen asiatische Cholera.

462. A. Lazarus, über die antitoxische Wirkung des Blutserums Cholerageheilter.

463. R. Stern, über Immunität gegen Abdominaltyphus.

*H. Bitter, über Festigung von Versuchsthieren gegen die Toxine der Typhusbacillen. Zeitschr. f. Hyg. **12**, 298—304. Durch vorsichtig gesteigerte intravenöse Injection von keimfrei filtrirter. auf ¹/₁₀ eingeengter Typhus-Bouilloncultur gelang es, Kaninchen allmählich giftfest zu machen. Das Serum der so behandelten Thiere schützte andere Kaninchen gegen die Einführung tödtlicher Dosen von giftiger Typhusbouillon.

*Schütz, Versuche zur Immunisirung von Pferden und Schafen gegen Tetanus. Zeitschr. f. Hyg. **12**, 58—81.

*G. Tizzoni und G. Cattani, fernere Untersuchungen über das Tetanus-Antitoxin. Centralbl. f. Bact. u. Parasitenk. 1891, **10**, Nr. 23. Aus Serum tetanusimmuner Thiere wurden durch Magnesiumsulfat die Globuline (nach Hammarsten) ausgefällt und es konnte gezeigt werden, dass diesen allein, dagegen nicht dem übrigen Rest des Serums antitoxische Eigenschaften zukommen.

*G. Tizzoni und G. Cattani, über die Wichtigkeit der Milz bei der experimentellen Immunisirung des Kaninchens gegen den Tetanus. Centralbl. f. Bact. u. Parasitenk. 1892, **11**, 352. Bei entmilzten Kaninchen konnte eine Immunisirung nicht erzielt werden, während gleich schwere, nicht entmilzte Controlkaninchen unter gleichen Bedingungen Immunität gegen Tetanus gewannen. Die Verff. schreiben desshalb der Milz eine specifische Rolle für die Erzeugung der Immunität zu, die durch Knochenmark und Lymphdrüsen nicht vicariirend übernommen werden könne.

*A. Kanthack, ist die Milz von Wichtigkeit bei der experimentellen Immunisirung des Kaninchens gegen den Bacillus pyocyaneus? Centralbl. f. Bact. u. Parasitenk. 1892. **12**, 227—229. Im Gegensatz zu den vorstehenden Resultaten von Tizzoni und Cattani bei Tetanus findet Verf die Entmilzung ohne Einfluss auf den Vorgang der Immunisirung gegen B. pyocyaneus beim Kaninchen, ebensowenig auf die bereits erworbene Immunität.

*G. Tizzoni und E. Centanni, über das Vorhandensein eines gegen Tuberculose immunisirenden Princips im Blute von Thieren, welche nach der Methode von Koch behandelt worden sind. Centralbl. f. Bact. u. Parasitenk. 1892, **11**, 82.

*G. Casali, siebenter mit dem Antitoxin von Tizzoni-Cattani behandelter Fall von Tetanus traumaticus. Heilung. Centralbl. f. Bact. u. Parasitenk. 1892, **12**, 56—60.

464. L. Vaillard, sur quelques points concernant l'immunité contre
le tétanos.

*L. Vaillard, de l'action des humeurs d'un animal, immunisé
contre le tétanos. sur le virus de cette maladie. Ann. de l'inst.
Pasteur 1892, Nr. 10. Tetanussporen, welche durch 1stündiges
Erhitzen auf 80⁰ alles anhaftenden Toxins beraubt sind, können in
Serum tetanusimmuner Thiere im Reagensglas zur Auskeimung gelangen und hochvirulente Culturen liefern. Auch im Körper des
immunen Thieres können analog Tetanussporen, sofern sie nur vor
der Aufnahme durch Phagocyten geschützt sind, zur Auskeimung
gelangen und bei Uebertragung auf andere nicht immune Thiere
dann Tetanus erzeugen.

*E. A. v. Schweinitz, die Hervorbringung von Immunität mit
den während des Wachsthums des Schweine-Cholerabacillus
gebildeten chemischen Substanzen. Med. news, 4. Oct. 1890,
pag. 11. Durch subcutane Injection des in Culturen des Schweine-
Cholerabacillus hauptsächlich gebildeten Ptomaïn [J. Th. **20**, 445],
welches Verf. als Sucholotoxin bezeichnet, gelang es, Meerschweinchen immun gegen die Krankheit zu machen. Ebenso
wirkte das Sucholo-Albumin, welches sich in den Culturen
bildet und ein neuer von Verf. dargestellter Körper. In grossen
Dosen wirken die Sucholotoxine letal.   Herter.

*E. A. v. Schweinitz, die Enzyme oder löslichen Fermente
des Schweine-Cholera-Keims. Med. news, 1. Oct. 1892, pag. 4.
Nach Fermi [J. Th. **20**, 451) lässt sich die Bildung von löslichen
Fermenten bei den Mikroorganismen nachweisen, welche in Kohlehydrat enthaltenden Medien Gasentwickelung hervorrufen Dass
der Schweine-Cholerabacillus unter diesen Umständen Gase producirt,
hat Smith nachgewiesen; nach Verf. bestehen dieselben zu ca. einem
Viertel aus Wasserstoff, zu drei Viertel aus Kohlensäure;
daneben bildet sich Essigsäure und Bernsteinsäure. Lösliche
Fermente werden von dem Bacillus producirt, besonders wenn derselbe in sterilisirter Milch gezüchtet wird. Nach ca. 3 Wochen
kann man die Keime abfiltriren oder tödten (durch Erwärmen auf
54⁰ während einiger Stunden oder durch Zusatz gesättigter Thymollösung). In der so sterilisirten Culturflüssigkeit gibt Alcohol einen
Niederschlag, der neben Albumose und Pepton die löslichen Fermente
enthält. Durch Aufnehmen in Wasser, Fällung mit basischem
Calciumphosphat, Wiederauflösen in Wasser und Fällen mit Alcohol
zu wiederholten Malen wird ein weisses Pulver erhalten, welches
Trypsin und Diastase enthält; es verflüssigt Gelatine, löst
Fibrin und Albumin auf und saccharificirt Stärke. Die Trennung
beider Fermente beruht darauf, dass nur das letztere in Glycerin

löslich ist. Das Trypsin, welches in geringerer Menge zugegen ist, kann auch durch gesättigte Salzlösung niedergeschlagen werden. Aus Culturen in Fermi's Flüssigkeit (Ammoniumphosphat 1 $^0/_0$, saures Kaliumphosphat 0,1 $^0/_0$, Magnesiumsulfat 0,02 $^0/_0$, Glycerin 4—5 $^0/_0$) wurde keine Diastase, sondern nur etwas Trypsin erhalten. Beide Fermente werden beim Erhitzen über 55^0 zerstört; sie enthalten Stickstoff, geben aber keine Eiweissreactionen. Die Fermente besitzen starke physiologische Wirkung; Meerschweinchen von ca. ein Pfund Gewicht werden durch 0,05 Grm. derselben getödtet, kleinere Gaben (0,04 Grm.) bewirken Immunität gegen die Schweine-Cholera. Vielleicht hängt die immunisirende Wirkung des Blutserums von dem Gehalt an Fermenten ab.　　　Herter.

*E. A. v. Schweinitz, die Erzeugung von Immunität gegen Schweine-Cholera bei Meerschweinchen vermittelst des Blutserums immunisirter Thiere. Med. news, 24. Sept. 1892, pag. 7.

*N. Ketscher, über die durch die Milch übertragene Immunität gegen die Cholera. Compt. rend. **115**, 690—692.

*N. Gamaleïa, de l'immunité contre le choléra conférée par le lait des chèvres vaccinées. Sem. méd. 1892, Nr. 54.

*Th. Weyl, zur Theorie der Immunität gegen Milzbrand. Zeitschr. f. Hyg. **11**, 381—392. W. brachte bei verschiedenen milzbrandimmunen Thiere in eine angelegte Hauttasche Fäden mit angetrockneten Milzbrandsporen und fand, dass letztere nach sechstägigem Verweilen im Körper einer Taube, nach viertägigem Verweilen im Körper eines Huhnes, nach neunzigtägigem Verweilen im Körper eines künstlich immunisirten Kaninchens ihre Virulenz für Mäuse, sowie die Wachsthumsfähigkeit auf Agar und Bouillon eingebüsst hatten.

465. R. Emmerich und Jiro Tsuboi, die Natur der Schutz- und Heilsubstanz des Blutes.

*E. Zimmer, Untersuchungen über das Zustandekommen der Diphtherie-Immunität bei Thieren. Deutsche med. Wochenschr. 1892, Nr. 16.

*A. Serafini ed E. Erriquez, sull' azione del sangue di animali immuni inoculato ad animali suscettibili pel carbonchio. Annali dell' Istituto d'Igiene sperimentale d. R. Univers. di Roma. Vol. I, Fasc. II.

*E. Metschnikoff et E. Roux. sur la propriété bactéricide du sang de rat. Ann. de l'inst. Pasteur 1891, Nr. 8, pag. 479.

*Petermann, sur la substance bactéricide du sang décrite par le professeur Ogata. Ibidem, pag. 506.

*Roudenko, Influence du sang de grenouille sur la résistance des souris contre le charbon. Ibidem, pag. 515.

*E. Enderlen, Versuche über die Wirkung von sterilem Hundeserum auf Milzbrandbacillen. Münchener med. Wochenschr. 1891, Nr. 18. Sämmtliche 5 vorstehende Arbeiten beziehen sich auf die in den Berichten der Kais. Japan. Universität Tokio 1890 von Ogata und Jasuhara publicirten Versuche „über die Einflüsse einiger Thierblutarten auf Milzbrandbacillen", deren Angaben von den vorstehenden Autoren nicht bestätigt werden konnten.

*Charrin und Roger, Abschwächung der Virus im Blut der vaccinirten Thiere. Compt. rend. soc. biolog. 44, 620—623.

*Arloing, über das Vorkommen und die Natur der phylacogenen Substanz in den gewöhnlichen flüssigen Culturen von Bacillus anthracis. Compt. rend. 114, 1521—1523. Nach A. gehört die immunisirende Substanz zu den in Alcohol löslichen.

Herter.

*J. Massart, le chimiotoxisme des leucocytes et l'immunité. Ann. de l'inst. Pasteur 1892, Nr. 5.

*E. Metschnikoff, l'immunité des cobayes contre le vibrio Metschnikovii. Ann. de l'inst. Pasteur 1891, Nr. 8, pag. 465.

*Petermann, Recherches sur l'immunité contre le charbon au moyen des albumoses extraites des cultures. Ibidem, 1892, Nr. 1. Konnte Angaben Hankin's über aus Milzbrandculturen oder thierischen Organen zu gewinnende, gegen Milzbrand immunisirende Albumosen nicht bestätigen.

*Perroncito, schützt die durch Milzbrandimpfung erlangte Immunität vor Tuberculose? Centralbl. f. Bact. u. Parasitenk. 11, Nr. 14. P. will einen günstigen immunisirenden und heilenden Einfluss der Milzbrandschutzimpfung gegenüber der Tuberculose (Perlsucht) der Kühe wahrgenommen haben. Bei Kaninchen gelang es P. nicht, das gleiche zu bestätigen.

*Glogowski, über die Dauer des Schutzes der ersten Impfung. Zeitschr. f. Medicinalbeamte 1892, Nr. 8.

*Glogowski, weitere Beiträge zur Frage der Schutzdauer der ersten Impfung. Ibidem, Nr. 12. Aus den von Verf. zahlreich und mit positivem Erfolg ausgeführten Revaccinationen, 6—10 Jahre nach der ersten Impfung, ergibt sich, dass nicht im 12. Jahre, wie das Reichsimpfgesetz annimmt, sondern bereits vom 6. Jahre nach der ersten Vaccination ab der Impfschutz erloschen und die Empfänglichkeit für Blattern wieder vorhanden sei.

*J. Héricourt et Ch. Richet, la vaccination tuberculeuse sur le chien. Compt. rend. 1892, 14 u. 23. Intravenöse Injection von Bacillen der Geflügeltuberculose vermag nach den sehr bemerkenswerthen Resultaten der Verff., namentlich bei mehrmaliger Wiederholung, bei Hunden schützend zu wirken gegenüber späterer intravenöser Einführung von Bacillen der menschlichen Tuberculose. 21 Controlthiere erlagen, während die schutzgeimpften am Leben blieben. Bei Meerschweinchen und Kaninchen gelang es bisher nicht, das gleiche zu erweisen.

*E. Klein, ein weiterer Beitrag zur Immunitätsfrage. Centralbl. für Bact. u. Parasitenk. 11, Nr. 19. Die Versuchsergebnisse sprechen dafür, dass die Vernichtung von Milzbrandbacillen und -Sporen, sowie anderen für den Frosch nicht pathogenen Bacterien nicht an der Impfstelle im Dorsallymphsack durch Phagocyten, sondern in den Körpersäften und durch Wirkung der letzteren erfolgt.

*E. Klein und C. F. Coxwell, ein Beitrag zur Immunitätsfrage. Ibidem, Nr. 15. Nach den Versuchen geht bei Fröschen und Ratten, die von Natur gegen Milzbrand immun sind, durch die Narkose mit einer Mischung von gleichen Theilen Chloroform und Aether die Immunität verloren.

*Lorenz, Immunisirungsversuche gegen Schweinerothlauf. Thiermedicin. Rundschau 6, Nr. 13 u. 14.

*A. Kanthack, Immunity, Phagocytosis and Chemotaxis. Brit. med. Journ. 1892, Nr. 1662.

*Pott, über Schutzimpfung und Bacteriotherapie. Therap. Monatsh. 6, 1—4 und 70—74.

*A. Gottstein, die neueren Untersuchungen über die specifische Heilmethode der Infectionskrankheiten durch Heilserum und Antitoxine. Therap. Monatsh. 6, 279—282 und 344—351.

*Peter Albertoni, die Therapie des Tetanus. Therap. Monatsh. 6, 437—438.

---

429. **L. Brieger** und **A. Wassermann: Beobachtungen über das Auftreten von Toxalbuminen beim Menschen.**[1] Nissen hat zuerst im circulirenden Blute des lebenden tetanischen Menschen einen Tetanus erregenden Stoff gefunden; ebenso konnte Kitasato im Herzblute eines an Tetanus Verstorbenen die Gegenwart des Tetanusgiftes constatiren. Verff. theilen einige weitere Fälle mit. Die Organe eines Typhuskranken wurden mit einer Lösung von 40 Grm. Glycerin und 60 CC. physiol. Kochsalzlösung ausgezogen, keimfrei filtrirt und das Filtrat mit Alcohol gefällt. Der Nieder-

---

[1] Charité-Annalen; durch Chem. Centralbl. 1892, II, 927.

schlag, wieder in Wasser gelöst und mit 70 $^0/_0$igem Alcohol gefällt,
gab schliesslich die bekannten Eiweissreactionen. 0,1 Grm. in 1 CC.
Wasser gelöst, tödtete Meerschweinchen bei intraperitonealer Injection
in 3 Tagen. 5 CC. keimfreies Blutserum einer Typhusleiche tödteten
ein Meerschweinchen schon nach 12 Stunden; aus dem Serum und
dem Milzextracte konnte in der beschriebenen Weise eine Substanz
gewonnen werden, die in einer Menge von 0,03 Grm. Mäuse und in
einer solchen von 0,1 Grm. Meerschweichen nach 24—28 Stunden
tödtete. In diesem Typhusfalle konnte man beobachten, dass der
Organismus ungemein stark vom Typhusgifte überschwemmt war,
während die typhöse Infection eigentlich nur local war. — Das Blutserum eines an Diphtherie gestorbenen Knaben enthielt Diphtherie-
toxalbumine. Die localen Erscheinungen hatten sich in diesem Falle
bereits zurückgebildet; daraus wird es verständlich, dass selbst
im Reconvalescenzstadium der Diphtherie noch schwere Allgemein-
störungen und selbst plötzlicher Tod eintreten können. — Durch die
beträchtliche Anhäufung von Toxalbuminen kann eine Nierenreizung
zu Stande gebracht werden, wodurch dann die Gifte durch den Harn
abgeschieden werden, was durch den Nachweis von Toxalbuminen
im Harn eines Erysipelkranken constatirt werden konnte.

Andreasch.

430. Victor C. Vaughan: Ueber einige neue Bacteriengifte; ihre Beziehung zum krankhaften Zustande und die Aenderung
in unseren Anschauungen, zu welchen wir durch eine Betrachtung
ihrer Wirkung geführt werden.[1]) Verf. hat schon in einem im Mai
1888 in der Section für Kinderkrankheiten der New-York Academy
of Medicine gehaltenen Vortrage[2]) seine Meinung dahin ausgesprochen, dass die Ursache der Cholera aestiva (summer diarr-
hoea of infancy) nicht in der Gegenwart von specifisch pathogenen,
sondern von Fäulniss-Mikroorganismen zu suchen sei, welch' letztere
die Krankheit und eventuell den Tod herbeiführen, indem sie giftige
Substanzen im Darme ausbilden. Da Booker[3]) mit grösster Sorg-

---

[1]) The Medical News, Philadelphia. 16. August 1890. — [2]) Transactions
of the Paediatric Society 1888 und Medical News, 9. June 1888. — [3]) Transactions IX. Int. Med. Congr. vol. III und Trans. Amer. Pædiatric Soc. 1889.

falt 33 Arten von Bacterien aus dem Darminhalt von an der
Cholera aestiva erkrankten Kindern isolirt hat, hat sich Verf.
die Frage gestellt, ob nicht auf chemischem Wege der Nachweis
geliefert werden könnte, dass eine oder mehrere dieser Bacterienarten in ursächlichem Zusammenhang mit der Krankheit stehen. Es
wurden Flaschen von sterilisirter Fleischbrühe mit den von Booker
X, a und A genannten Bacterien geimpft und während 10 Tagen
im Brutofen bei 37 ° C. stehen gelassen. Dann wurde zweimal durch
schweres Filtrirpapier gefiltert und das zweite Filtrat in schwach
mit Essigsäure angesäuerten absoluten Alcohol tropfen gelassen. Jedes
Filtrat aus den drei Culturen ergab nach dem Hineinfallen in den
absoluten Alcohol einen voluminösen flockigen Niederschlag. Die
Niederschläge von X und a wurden in Wasser gelöst und nochmals
mit absolutem Alcohol ausgefällt. Der Niederschlag von A, welcher
so gut wie in Wasser unlöslich war, wurde nach tüchtigem Umrühren in Wasser durch Zusatz von viel absolutem Alcohol zum
Absitzen gebracht. Sämmtliche Niederschläge wurden im Vacuum
über H_2SO_4 getrocknet. Der Niederschlag von der Cultur a erweist
sich auf dem Thonteller als ein dunkelgefärbter, poröser, in Wasser
leicht löslicher Körper, welcher weder durch Kochen, noch durch
Kochen und Zusatz von Salpetersäure aus seiner wässrigen Lösung
ausgefällt wird. Auch wird er nicht ausgefällt durch Sättigung mit
Na_2SO_4, noch durch einen Strom von Kohlensäure und ist daher kein
Globulin. Durch Sättigung mit Ammonsulfat wird er ausgefällt und
darf daher nicht als Pepton betrachtet werden. Er gibt die Xantho-
Proteïn- und die Biuret-Reaction und riecht beim Verbrennen nach
verbrannten Federn. Der Eiweisskörper aus der Cultur X ist von
hellerer Farbe und weniger leicht löslich in Wasser, als jener von
der Cultur a, aber in ihren sonstigen Eigenschaften stimmen die
beiden Körper überein. Der Körper aus der Cultur A ist so gut
wie unlöslich in Wasser. Es sollen weitere Mittheilungen über die
chemischen Eigenschaften dieser Körper folgen. Alle drei Körper
sind höchst giftig. Kleine Quantitäten, unter die Haut von jungen
Katzen und Hunden gebracht, verursachen Erbrechen und Durchfall
mit nachfolgendem tödtlichem Collaps. 10 Mgrm. des trockenen
Eiweisskörpers von a tödteten ein grosses Meerschweinchen innerhalb

10 Stunden. Bedeutend geringere Mengen genügten, um den Tod herbeizuführen, jedoch war die Zeitdauer eine längere als die eben angegebene. In ihren physiologischen Wirkungen besteht somit eine gewisse Uebereinstimmung in diesen morphologisch so verschiedenen Bacterien X, a und A; alle drei bewirken die Bildung von ähnlich wirkenden Giften. Solche Bacterien sollen toxicogene (toxicogenic) Bacterien genannt werden. Wahrscheinlich sind noch viele unter den von Booker isolirten Bacterien solche, welche Gifte produciren. Der Verf. lässt sich nun auf theoretische Erörterungen und Folgerungen ein, bezüglich welcher auf das Original verwiesen werden muss.   Abel.

431. Fr. Roemer: Darstellung und Wirkung proteïnhaltiger Bacterienextracte.[1]) -Verf., früher Mitarbeiter von Ref. bei dessen Untersuchungen über Bacterienproteïne [Berl. klin. Wochenschr. 1890 No. 47] hat die bezüglichen Forschungen im Stricker'schen Laboratorium in Wien selbstständig fortgeführt und ist dabei zu bemerkenswerthen Resultaten gelangt. Ungefähr gleichzeitig mit Ref. kam er dahin, die bisher geübte Extraction der eiweissartigen Bestandtheile des Bacterienkörpers mittelst schwacher Kalilösung zu ersetzen durch einfaches, längerdauerndes Auskochen oder wochenlanges Stehenlassen der mehrmals aufgekochten, von Culturen auf festem Nährboden gewonnenen Bacterienmasse mit Wasser. Die so erhaltenen Extracte zeigten nach der Filtration durch Chamberland einen Gehalt an Eiweissstoffen, der nur aus den Bacterienzellen stammen konnte; sie wirkten subcutan bei Thieren positiv chemotactisch auf Leukocyten, erzeugten bei Einführung in's Blut oder auch subcutan allgemeine Leukocytose und bewirkten deutliche Temperatursteigerung von $1,2^0$ bis $2,4^0$ — Alles in Bestätigung der von Ref. über die Wirkung der Alkaliproteïne aus Bacterien früher gemachten Angaben. Ferner constatirte Roemer unter dem Einflusse der Bacterienproteïne eine formative Reizung der Leukocyten, bei denen er Theilungsvorgänge im Blute nach dem Typus der Amitose beobachtete. Gemeinsam mit Gärtner wies er nach [J. Th. **21**, 480], dass Injection der proteïnhaltigen Extracte in's Blut von Hunden den Lymphstrom aus dem

---

[1]) Berliner klin. Wochenschr. 1891, No. 51.

Ductus thoracicus gewaltig steigert. Endlich zeigte er (was seitdem durch Ref. und dann durch Klemperer bestätigt wurde), dass das Tuberculin Koch's nicht nur seiner Abstammung, sondern auch seinen Wirkungen nach zu den Bacterienproteïnen gehört. Insbesondere gelang es, die von Kocb als specifisch bezeichnete Tuberculinreaction bei tuberculösen Meerschweinchen durch proteïnhaltige Extracte des B. pyocyaneus in vollem Umfange ebenfalls hervorzurufen. Verf. führt dann den Weg an, der ihn zu den Studien über die Bacterien-extracte führte. Er hatte beobachtet, dass bei subcutaner Injection von steriler Bacterienemulsion des B. pyocyaneus bei Kaninchen zunächst im Blute eine Verminderung der Leukocytenzahl und erst nach 24 Stunden eine Zunahme erfolgt, während die Alkali-proteïne nach den Versuchen von Ref. von vornherein Zunahme bedingen. Da die anfängliche Verminderung der Leukocyten auch eintrat, wenn Roemer nicht die Gesammtemulsion, sondern das Filtrat derselben ohne die todten Bacterien injicirte, so musste es sich um einen in diesem Extract enthaltenen bacteriellen Stoff han-deln. Verf. gibt schliesslich eine Reihe mit den gewonnenen Extracten angestellter chemischer Reactionen an, aus denen hervorgeht, dass bei längerem Kochen das Extract immer reicher an Eiweissstoffen wird und dass Kochen und Stehenlassen combinirt, das reichhaltigste Extract lieferten.   Buchner.

432. H. Buchner: Tuberculinreaction durch Proteïne nicht specifischer Bacterien.[1]

Verf. hatte sofort nach Koch's erster Mittheilung über sein Tuberculin darauf hingewiesen [Münchener med. Wochenschr. 1890, No. 47], dass die wirksamen Stoffe weder Toxalbumine noch Stoffwechsel producte, sondern nur Körper aus der Reihe der von Verf. schon früher bezüglich ihrer Wirkungsweise erforschten Bacterienproteïne sein können. Die späteren An-gaben von Koch und alle weiteren Ermittelungen haben dies be-stätigt. Das Tuberkelbacillen-Proteïn, d. h. die bei Extraction des Tuberkelbacilleninhalts in wässrige Lösung übergehenden Proteïn-stoffe besitzen vermuthlich specifische, von denen anderer Bacterien-proteïne verschiedene Eigenschaften. Aber bis jetzt sind derartige

---

[1] Münchener med. Wochenschr. 1891, No. 49.

specifische Verschiedenheiten noch nicht nachgewiesen; wenigstens
die von K o c h als charakteristisch für Tuberculin angegebene Wirkung
auf tuberculöse Meerschweinchen lässt sich, wie dies bereits von
R o e m e r gezeigt wurde (s. vorstehendes Ref.) und von Verf. durch
mehrere Versuchsreihen bestätigt wird, durch Proteïn des B. pyocyaneus, prodigiosus und Pneumobacillus ebenfalls hervorrufen. Die
Bacterienproteïne zu diesen Versuchen wurden nach verbessertem
Verfahren, anstatt wie früher (nach N e n c k i) mit Alkali, durch
36 stündiges A u s k o c h e n der, auf festem Nährboden cultivirten
Bacterienmasse mit destillirtem Wasser und nachheriges Filtriren
durch Kieselguhr gewonnen. Besonders förderlich für die Gewinnung
eiweissreicher Filtrate wirkt vorheriges s c h a r f e s T r o c k n e n der
feuchten Bacterienmasse vor dem Wasserzusatz. Es gelang auf diese
Weise, aus B. pyocyaneus in maximo 50,89 $^0/_0$ der angewandten
trockenen Bacterienmasse im Extract in Lösung zu erhalten, wobei
ca. $^4/_5$ der gelösten Substanz als Proteïnstoffe sich charakterisirten.
Chemisch unterscheiden sich die auf solche Weise gewonnenen, durch
Ausfällung mit absolutem Alkohol aus den Extracten erhaltenen
Bacterienproteïne gegenüber den mittelst Alkali dargestellten; aber
die Wirkung im Thierkörper scheint ziemlich die nämliche zu sein:
chemotactische Anlockung der Leukocyten bei subcutaner Einführung
in offenen Glasröhrchen, Fiebererzeugung beim Hund bei subcutaner
Injection; beim Menschen bewirkt subcutane Injection sehr kleiner
Dosen (0,1 Mgrm. trockene Substanz) erysipelartige Schwellung,
Röthung, erhöhte Hauttemperatur und Schmerzhaftigkeit; beim tuberculösen Meerschweinchen endlich ist die Wirkung, wie erwähnt,
analog derjenigen des Tuberculins.   B u c h n e r.

433. **Fr. R o e m e r: Die chemische Reizbarkeit thierischer
Zellen.**[1]) In der Einleitung gibt Verf. eine kurze Uebersicht der
bisherigen Forschungen über die Wirkungen der Bacterienproteïne. 1890 machte B u c h n e r bei seinen Versuchen über
Hemmung der Milzbrandinfection durch den Pneumobacillus [Berliner
klin. Wochenschr. 1890 No. 10] die Beobachtung, dass sterilisirte
Emulsionen des Pneumobacillus subcutan bei Warmblütern stets locale

---

[1]) V i r c h o w 's Arch. **128**, 98—131.

Ansammlung von Eiterkörperchen verursachen. Später zeigte er mit Knüppel [Berliner klin. Wochenschr. 1890], No. 30, dass 17 chemisch und biologisch verschiedene Bacterienarten, in Form von sterilisirten Emulsionen Kaninchen unter die Haut gebracht, sämmtlich zu aseptischer Eiterinfiltration an der Injectionsstelle führten. Eingehende kritische Untersuchungen leiteten dann Buchner zur Erkenntniss der wichtigen Thatsache, dass die eitererregende chemische Substanz der Bacterienzelle selbst, nicht deren Stoffwechselproducten angehört. Es gelang Buchner, den wirksamen Stoff in der Form von Alkalialbuminaten nach einem ursprünglich von Nencki (1880) angegebenen Verfahren aus den Bacterienzellen chemisch darzustellen. Von einem festen Nährboden (Kartoffel, Agar) wird die Bacterienmasse abgeschabt und mit $0,5\,^0/_0$ Kalilauge verrieben; dabei bildet sich bei vielen Bacterienarten ein zäher Schleim, der sich bei Digestion im Wasserbade verflüssigt. Die Flüssigkeit wird wiederholt filtrirt und aus dem Filtrat durch verdünnte Essig- oder Salzsäure das Proteïn ausgefällt. Dasselbe wird auf einem Filter ausgewaschen und löst sich leicht im Wasser bei Zusatz einiger Tropfen Sodalösung. Durch gemeinschaftlich mit Fr. Lange unternommene Versuche konnte dann Buchner nachweisen, dass diese aus verschiedenen Bacterienarten gewonnenen «Alkaliproteïne» bei subcutaner Einführung in offenen Glasröhrchen stark chemotactisch auf Leukocyten wirken. Die aus pflanzlichen Samen nach dem gleichen Verfahren gewonnenen Proteïne — Glutencaseïn (aus Weizenkleber), Legumin (aus Erbsen) — zeigten sich ebenfalls als starke chemotactische Reizmittel. Basirend auf der von mehreren Autoren gemachten Beobachtung, dass bei Resorptionsvorgängen die Leukocyten betheiligt sind, wurden betreffs ihrer Chemotaxis auch Alkalialbuminate aus thierischen Zellen, aus Muskel, Leber, Lunge, Niere geprüft und ergaben in der That positives Resultat. Die chemotactische Reizwirkung der Bacterienproteïne scheint demnach zum Theil wenigstens von der Eiweissnatur dieser Substanzen bedingt zu sein, da auch verschiedene andere Eiweisskörper analoge Wirkung zeigen, während anderseits die eigentlichen Stoffwechsel- und Gährproducte der Bacterien (Ammoniak, Amine, Skatol u. s. w.) nach Buchner keine positive Chemotaxis zeigen. Verf. gibt dann eine gedrängte Darstellung der von ihm, theils noch gemeinschaftlich mit Buchner, theils später selbstständig erforschten weiteren Wirkungen der Bacterienproteïne im thierischen Organismus. Injection von Alkaliproteïnen in's Blut von Kaninchen bewirkt in den nächstfolgenden Tagen starke Zunahme der Leukocytenzahl. Das Gleiche, in etwas geringeren Grade, bewirkt Injection von Glutencaseïn oder Alkalialbuminat aus Muskel, Leber u. s. w. Die klinisch wohlbekannte, bei entzündlich-exsudativen Processen selten fehlende Leukocytose erklärt sich demnach durch das Zugrundegehen von Bacterien, wobei deren plasmatische Leibesbestandtheile in die Gewebesäfte und durch die Lymphe in's Blut gelangen; der hierdurch auf die Leukocyten ausgeübte Reiz bewirkt Proliferation derselben und damit Leukocytose. Im gleichen Sinne können auch die eiweissartigen Zerfallsproducte der erkrankten Körperzellen selbst wirken. Ueber die erwähnte formative Reizung der Leukocyten und die in Folge dessen im Blute stattfindenden amitotischen Theilungsvorgänge werden genaue, durch sehr überzeugende Abbildungen unterstützte Angaben gemacht. Die übrigen Abschnitte behandeln: Darstellung und chemische Reactionen von (proteïnhaltigen) Bacterienextracten; Chemotaxis durch Bacterienextracte; Leukocytose durch Bacterienextracte; Bacterienextracte als Lymphagoga; Fieber durch Bacterienextracte; Tuberculinreaction durch Bacterienextracte. Buchner.

434. G. Klemperer: Die Beziehungen verschiedener Bacteriengifte zur Immunisirung und Heilung.[1]) Verf. hat Untersuchungen über Bacterienproteïne und deren Wirkungen im Thierkörper angestellt. Dargestellt und verwendet wurden Proteïn aus Pneumococcen, B. pyocyaneus, prodigiosus, Bact. coli und Milzbrandbacillen. Am eingehendsten prüfte Verf. das nach den Methoden von Buchner und Roemer dargestellte Pyocyaneusproteïn. Dasselbe erzeugte bei Kaninchen in Gaben von 0,1—0,7 Grm. ein 6—14 stündiges Fieber, das bis 41,2 steigen kann. Im Vergleich hiermit fand Verf., dass gesunde Kaninchen ebenfalls bei Dosen von 0,1—1,0 Grm. Tuberculin fieberten. Es konnte nun gezeigt werden, dass mehrere Thiere, welche 1 Grm. Tuberculin ohne Fieber vertragen, nach

---

[1] Zeitschr. f. klin. Medic. **20**, 165—169.

Dosen von Pyocyaneusproteïn nicht fieberten, welche bei unbehan-
delten Thieren hohe Temperatursteigerungen hervorriefen. Andererseits vertragen Kaninchen, welche gegen Pyocyaneusproteïn fieberlos
geworden sind, verhältnissmässig grosse Dosen von Tuberculin ohne
Fieberreaction. Bei tuberculösen Meerschweinchen erzeugt Pyocyaneusproteïn eine dem Tuberculin analoge Reaction. Verf. hat
Pyocyaneusproteïn bei Kaninchen injicirt, die in Folge Tuberkel-
bacillenimpfung in die vordere Augenkammer an Iristuberculose litten,
und erhielt dabei «dieselbe allgemeine und locale Reaction
mit all ihren frappanten Erscheinungen», wie sie ein zur Controle
mit Tuberculin injicirtes Kaninchen mit Iristuberculose darbot. Dann
wurde an mehreren Phthisikern die Reaction des Pyocyaneusproteïn
beobachtet, welche ebenfalls mit derjenigen des Tuberculin übereinstimmte. Injicirt wurden 0,05 bis 0,12 Grm., gelöst in 0,5 bis
1,0 CC. Wasser. Als Schlussergebniss bezeichnet Verf.: die untersuchten Bacterienproteïne zeigten weitgehende Analogien mit dem
Tuberculin. Die specifische Tuberculinreaction wurde auch durch
andere Proteïne erhalten.   B u c h n e r.

**435. H. Buchner: Die neuen Gesichtspunkte in der Immuni-
tätsfrage**[1]). In dieser wesentlich referirenden Abhandlung findet
sich von neuen Versuchen Verf.'s und seiner Mitarbeiter (S. 364)
folgendes: 6 tuberculös inficirte Meerschweinchen wurden, acht Tage
nach der Impfung mit Tuberkelbacillen beginnend, mit subcutanen
Injectionen von Alkalialbuminat aus Kalbsthymus behandelt, und
zwar wurden $6^1/_2$ Wochen lang durchschnittlich jeden zweiten Tag
2 CC. einer 5 $^0/_0$igen Lösung des Albuminats injicirt. Ebenso wurden
3 andere tuberculös inficirte Meerschweinchen mit Injectionen von
Alkaliproteïn von B. pyocyaneus[2]) 4—6 Wochen lang behandelt
(jeden zweiten Tag 0,1 CC. einer 6 $^0/_0$igen Lösung subcutan). Die
Behandlung bewirkte in keinem dieser Fälle ein Stillstehen des
tuberculösen Processes, aber die, in allen Fällen im Wesentlichen

---

[1]) Fortschritte d. Med. 1892, **10**, No. 9 u. 10. — [2]) Culturmasse von
festem Nährboden abgestreift, in 0,5 $^0/_0$iger Kalilauge bis zur Lösung
digerirt, filtrirt, mit Essigsäure gefällt, Niederschlag in Wasser mit etwas
Soda gelöst.

übereinstimmenden Sectionsbefunde waren sehr merkwürdig: enorme
Milzvergrösserung, ebenso Vergrösserung der Leber. Milz, Leber
und Lunge fanden sich durchsetzt mit bis linsengrossen gelben er-
weichten Herden, welche massenhaft Tuberkelbacillen, meist im
Stadium des körnigen Zerfalles, ausserdem aber mehrkernige Leukocyten in colossaler Menge enthielten. Die injicirten Substanzen
hatten demnach chronische Leukocytose bewirkt, die neu-
gebildeten Leukocyten waren an den Ansiedelungsstätten der Tuberkelbacillen zur Ablagerung gelangt und hatten zu einer Erweichung
der Tuberkel geführt. — Der Aufsatz giebt im Uebrigen eine Darstellung der bisher über die Wirkungen der Bacterienproteïne erhaltenen Resultate.   Buchner.

436. M. Prudden und E. Hodenpyl: Studien über die
Wirkung der todten Bacterien im lebenden Körper[1]). In einem
einleitenden Aufsatz werden die, auf den Forschungen von Pfeffer
und Engelmann über chemotactische Bewegungen pflanzlicher
Zellen basirenden Ergebnisse von Massart und Bordet, Gabri-
tschevsky u. A. über die Chemotaxis der Leukocyten dargestellt.
Genauere Schilderung erfahren dann die Resultate Buchner's, nach
denen die chemotactische Wirkung der Bacterienzellen nicht sowohl
den Ptomaïnen und Toxalbuminen zukommt, welche von den lebenden Bacterien erzeugt werden, als vielmehr den aus der plasmatischen Leibessubstanz der Bacterien selbst entstammenden Bacterienproteïnen, welche beim Absterben frei werden oder künstlich aus den Zellen extrahirt werden können. Dafür, dass der
Bacterieninhalt wirksame und für die Genese der pathologisch-
histologischen Veränderungen wichtige Stoffe enthält, haben nun die
Verff. neuerdings interessante Beweise erbracht, indem sie zeigen,
dass Injection abgetödteter Tuberkelbacillen (mehrstündiges
Kochen) in den Kreislauf von Kaninchen Bildung von Knötchen
zunächst in der Lunge, dann in der Leber hervorruft, welche den
gewöhnlichen, durch lebende Tuberkelbacillen erzeugten Tuberkeln,
histologisch vollkommen analog sind. Da die injicirten Tuberkel-

---

[1]) Studies on the action of dead bacteria in the living body. The
New-York Med. Journ. June 6 and 20, 1891.

bacillen durch das anhaltende Kochen mit Wasser von Stoffwechselproducten völlig befreit waren, kann diese Wirkung nur von den.
in den färbbaren Bacillen selbst restirenden Inhaltssubstanzen hervorgerufen sein. Die Verff. sind überzeugt, dass es sich um die
Bacterienproteïne des zerfallenden Zellleibes der · Tuberkelbacillen
handelt. Bei subcutaner Injection getödteter Tuberkelbacillen wirken
letztere zunächst chemotactisch, erzeugen local keimfreie Eiterung
und reizen ferner die Umgebung zur Bildung eines neuen Gewebes mit
epithelioiden und Riesenzellen. Eben diese Reizung ist es, die bei
intravenöser Injection in den inneren Organen, von dem Endothel
der Haargefässe ausgehend, wo die Bacillen haften geblieben sind,
zur Bildung der miliaren Knötchen führt. Von der Tuberculose
durch lebende Bacillen unterscheidet sich dieser Process nur durch
das Fehlen der Vermehrung der Bacillen, damit des progredienten
Characters und der Infectiosität, endlich auch durch das Fehlen der
käsigen Entartung. Letztere glauben die Verff. deshalb als eine
Wirkung von Seiten anderer, durch den lebenden Bacillus gebildeter
Stoffe auffassen zu müssen.   B u c h n e r.

437. E. Pfuhl: Beitrag zur Behandlung tuberculöser Meer-schweinchen mit Tuberculinum Kochii.[1]) (Aus dem Institut für In-fectionskrankheiten.)

Frisch angekaufte Meerschweinchen wurden
mit einer etwa stecknadelknopfgrossen Menge einer Reincultur von
Tuberkelbacillen unter die Bauchhaut geimpft. Ein Theil der Thiere
wurde behandelt, ein Theil zur Controle unbehandelt gelassen. Die
Tuberculinbehandlung beeinflusste die Impfwunde und die Tuberkel
in Milz und Leber in günstigem Sinne, indem dieselben zu ver-
narben anfingen. Dagegen war ein hemmender Einfluss auf die
L u n g e n t u b e r c u l o s e der Meerschweinchen absolut nicht zu erkennen. Verf. zieht aus seinen Versuchen folgende Schlüsse: »1. Die
Behandlung mit kleinen Dosen Tuberculin ist ohne besonderen Nutzen,
desgl. die Combination solcher Dosen mit Calomel, Sublimat, Gold
Silber, Arsenik, Kreosot und benzoësaurem Natron. 2. Sehr günstige
Wirkungen werden dagegen erzielt, wenn man bis zu hohen Dosen
aufsteigt und mit hohen Dosen in der Behandlung fortfährt. 3. Eine

---

[1]) Zeitschr. f. Hyg. und Inf.-Krankh. 11, 241—258.

Rückbildung der tuberculösen Veränderungen findet wahrscheinlich
nur dann statt, wenn durch das Tuberculin locale Reactionen hervorgerufen werden.« Hierzu ist zu bemerken, dass die ad 2 erwähnten
»sehr günstigen Wirkungen« durch die mitgetheilten Einzelresultate
keineswegs erwiesen erscheinen, da von 7 behandelten Thieren 4
erlagen, bei den 3 übrigen seit Beginn der Behandlung aber erst in
maximo 13½ Wochen verstrichen waren. Andererseits sind gerade
die grossen Tuberculindosen für die Anwendung die gefährlichsten,
und dennoch constatirt Pfuhl selbst die Unmöglichkeit der Heilung
der Lungentuberculose bei den Meerschweinchen. Das Gesammt-
resultat ist daher ein für den practischen Werth des Tuberculin ungünstiges.   Buchner.

438. S. Kitasato: Ueber die Tuberculinbehandlung tuberculöser Meerschweinchen [1]). (Aus dem Institut für Infectionskrankheiten zu Berlin.) Verf. geht von der als feststehend bezeichneten
Thatsache aus, dass eine richtige Impfung von Meerschweinchen mit
hochvirulenter Reincultur von Tuberkelbacillen ausnahmslos innerhalb ungefähr 11 Wochen nach der Impfung den Tod an Tuberculose zur Folge hat. Jede wesentliche Hinauszögerung der Todes-
zeit würde demnach einen günstigen Einfluss der eventuell stattgehabten Behandlung beweisen. Verf. begann die Behandlung in
der zweiten Woche nach der Infection mit je 1 Mgrm. Tuberculin
und stieg dann ziemlich rasch, je nach dem Allgemeinbefinden des
betreffenden Thieres. hauptsächlich nach dem Verhalten des Körpergewichts. Die Versuche erstreckten sich auf 35 tuberculöse Meerschweinchen. Sämmtliche mit Tuberculin behandelte Thiere. abgesehen von den an intercurrenten Krankheiten erlegenen, überlebten
die Controlthiere lange Zeit; somit erscheint der heilsame Einfluss des
Tuberculin auf die Meerschweinchentuberculose als bewiesen. Microscopisch wurde bei mehreren der behandelten Thiere ein Schwinden
der Bacillen und der Tuberkelknötchen und Narbenbildung nachgewiesen. Verf. behauptet auch (im Gegensatz zu Pfuhl. s. o.)
einen günstigen Einfluss auf die Lungentuberculose der Meerschweinchen. Fünf der tuberculös inficirten Thiere gelang es, vor

---

[1]) Zeitschr. f. Hyg. u. Infect.-Krankh. 12. 321—327.

intercurrenten Krankheiten zu bewahren und dauernd zu heilen. Bei
diesen blieb eine nochmalige erneute Impfung mit Tuberculose ohne
jeden Erfolg, so dass für eine gewisse Zeit wenigstens, nach überstandener und durch Tuberculin geheilter Tuberculose auch eine
Unempfänglichkeit für die gleiche Infection anzunehmen ist.

Buchner.

439. **K. Kresling: Ueber die Bereitung des Malleïns und
seine Bestandtheile**[1]). Das als diagnostisches Mittel auf Rotz angewandte Malleïn wird bis jetzt, entweder durch Eindampfen der
Bouilloncnlturen des Rotzbacillus, oder auch durch Extraction der
Kartoffelculturen dargestellt. Verf. verwandte zu seinen Versuchen
nur das Kartoffelculturenmalleïn. Die nach 10—14 tägigem Wachsen
bei 36—37 ^{0} C. abgenommenen Culturen wurden mit der 10 fachen
Menge destillirten Wassers übergossen, bei 110 ^{0} C. sterilisirt, am
nächsten Tage durch das Chamberland'sche Filter filtrirt und so
weit eingedampft, dass man 30 $^0/_0$ Glycerin zusetzen musste, um ein
Drittel des ursprünglichen Volumens zu erhalten. Extraction mit verdünntem Glycerin erhöht die Wirkung des Malleïns nicht. Ebenso
wenig auch eine Extraction bei höheren Temperaturen, die ausserdem
eine Menge fremder Substanzen in Lösung bringt, so dass ein so
dargestellter Auszug das gewöhnliche Malleïn etwa um das 10 fache
an Trockensubstanz überragen kann, während die Intensität der
Wirkung gar nicht erhöht wird. Mehrmaliges Erhitzen auf 110 bis
120 ^{0} C. zerstört das wirksame Princip nicht. Dieses lässt sich aus
der Bacillenmasse sehr leicht extrahiren, sogar ohne Anwendung von
Wärme, indem man die mit Wasser verrührte Bacillenmasse sofort
durch das Chamberland'sche Filter filtrirt. Zur Darstellung muss
man immer virulentes Material nehmen und ein Auszug aus 0,25 bis
0,3 Grm. der Bacillenmasse genügt gewöhnlich, um bei rotzkranken
Pferden die Reaction hervorzurufen, die in einer Temperatursteigerung
um 2 ^{0} C. und mehr und in einer mehrere Handflächen grossen Ge-
schwulst an der Injectionsstelle besteht. Bei der Cultur ist zu beachten, dass die Reaction der Kartoffel immer eine schwachsaure sei
und dass sie keinem Process unterworfen gewesen ist, der die Stärke

---

[1]) Archives des sciences biologiques. St. Petersbourg 1, 711—743.

in kupferreducirenden Zucker verwandelt, weil in diesem Falle der
Bacillus viel Säure zu bilden im Stande ist, die der Vegetation dann
ein Ziel setzt. Es ist ein bestimmter Säuregrad, der das Optimum
des Wachsthums bedingt. Ganz reine Culturen bleiben auf künstlichen Nährböden sehr lange virulent. Verf. konnte mit der 23. Gene-
ration noch Meerschweinchen inficiren. Eine orientirende Analyse
der Bacterienmasse selbst, ergab bei 110^0 C. 22,78 bis 24,86 $^0/_0$
Trockensubstanz mit 6,67 $^0/_0$ Asche, die sehr reich an Phosphorsäure
war. Der gepulverte Trockenrückstand, mit Aether extrahirt, gab
an diesen 2,84 $^0/_0$ ab, worauf absoluter Alcohol noch 3,87 $^0/_0$ aufnahm. Von dem Alcoholextract lösten sich noch 82,9 $^0/_0$ in Aether
auf, so dass im Ganzen 6,05 $^0/_0$ in Aether lösliche und 0,664 $^0/_0$ in absolutem Alcohol lösliche und in Aether unlösliche Substanzen erhalten
wurden. Vom Wasser wurden darauf in der Wärme noch 25,57 $^0/_0$
gelöst. Der ungelöste Rückstand hatte 1,51 $^0/_0$ Asche. Das Aetherextract stellte ein gelbes, bei ca. 40^0 C. schmelzendes Fett dar, das
Oelsäure, Lecithin und wahrscheinlich auch Cholesterin enthielt. Von
flüchtigen Fettsäuren wurde nur Buttersäure nachgewiesen. Der
Stickstoffgehalt der trockenen Bacterienmasse betrug 10,1—10,5 $^0/_0$.
Der Gehalt des Malleïns an Trockensubstanz betrug nur 0,48 $^0/_0$, die
wiederum 38,0 $^0/_0$ Asche enthielt, so dass sein Gehalt an organischer
Substanz nur 0,297 $^0/_0$ ausmacht. Die anzuwendende Dosis (1 CC.)
enthält somit nur gegen 0,003 Grm. organischer Substanz. Alcohol
gibt mit Malleïn fast gar keine Fällung. Erst nach starker Concentration erhält man einen weissen, flockigen Niederschlag, der je
nach dem Grade des Eindampfens 18—40 $^0/_0$ Asche enthalten kann.
Je mehr man nämlich das Extract vor dem Fällen concentrirt, um
so grösser ist der Aschegehalt des Niederschlages, während der
Stickstoffgehalt der aschenfreien Substanz stark, bis auf 1,9 $^0/_0$, zurückgeht. Ein Extract, das soweit eingedampft war, dass aus 50 Grm.
Bacterienmasse 100 CC. erhalten wurden, gab mit der 10 fachen Menge
absoluten Alcohols einen Niederschlag, dessen aschenfreie Substanz
im Mittel 12,33 $^0/_0$ N, 47,46 $^0/_0$ C und 7,72 $^0/_0$ H enthielt. Dieser
Niederschlag war in Dosen zu 0,02—0,04 Grm. physiologisch wirksam. Unterwirft man das Malleïn der Dialyse, so wirken sowohl
das Dialysat, als auch der Rückstand. An eiweissartigen Körpern
enthält das Malleïn Peptone, Albumosen, Globuline und in Alcohol

lösliche Eiweisskörper. An krystallinischen Körpern wurde isolirt:
Leucin, Tyrosin, Hypoxanthin, Xanthin und Guanin. Das die Wirkung
des Malleïns bedingende Princip wurde nicht ermittelt und es ist
nicht unmöglich, dass es nicht von einem Körper, sondern von
mehreren repräsentirt wird.

**440. H. Buchner: Untersuchungen über die bacterienfeind-
lichen Wirkungen des Blutes und Blutserums** [1]). Die wesentlichsten
Resultate dieser, gemeinsam mit Fr. Voit, G. Sittmann und
M. Orthenberger angestellten Untersuchungen sind folgende:
Das defibrinirte Blut von Kaninchen und Hunden übt bei Körpertemperatur eine stark tödtende Wirkung auf Typhus- und Cholerabacterien, geringere Wirkung auf Milzbrand- und Schweinerothlaufbacillen, noch geringere auf den B. pyocyaneus. Die tödtende Wirkung
zeigt sich von der Aussaatgrösse abhängig, indem sie bei grosser
Aussaat viel rascher erlischt. Ebenso wie das defibrinirte, besitzt
auch das Vollbut bacterientödtende Fähigkeit; ebenso Peptonblut
vom Hunde; ebenso endlich das intravasculäre Blut. Die Wirksamkeit erlischt bei längerem Verweilen ausserhalb des Körpers allmählich, konnte jedoch in einem Falle bei 20 Tage altem, an kühlem
Orte aufbewahrtem Blut noch nachgewiesen werden. Sofort wird die
bacterientödtende Wirkung des Blutes dagegen zerstört durch ein-
stündiges Erwärmen auf 55 ° C., oder durch Gefrieren und Wiederaufthauen des Blutes. Bezüglich des Blutserums wurde folgendes
ermittelt: Das reine, aus Vollblut durch freiwillige Ausscheidung gewonnene Serum von Hunden und Kaninchen äusserte bei 37 ° C. in
allen Fällen starke tödtende Wirkung auf Typhusbacillen, geringere
auf Milzbrandbacillen, B. coli und Schweinerothlaufbacillen. Zur Vernichtung der Wirksamkeit des kräftigsten Serums genügt eine halb-
stündige Erwärmung auf 55 ° C., oder eine 6 stündige auf 52 °. Damit ist zugleich bewiesen, dass die bacterientödtende Wirkung des
Serums nicht auf Concentrationsdifferenzen beruhen kann, da ein auf
52—55 ° erwärmtes Serum einem nicht erwärmten in gewöhnlichem
chemischen Sinne vollständig gleich ist. Durch das Gefrieren und
Wiederaufthauen des Serums ferner bleibt dessen Wirksamkeit auf

[1]) Arch. f. Hyg. **10**, 84.

Bacterien — im stricten Gegensatz zum Verhalten des Blutes — völlig ungeändert. Dieser Unterschied beruht auf dem Zugrundegehen der Blutkörperchen, wodurch gute Nahrungsstoffe für Bacterien in Lösung übergehen, wesshalb die Vermehrung der Bacterien befördert und letztere befähigt werden, dem schädigenden Einflusse des Serums gegenüber Widerstand zu leisten. Das gleiche lässt sich durch künstlichen Zusatz von Bacterien-Nährstoffen zum Serum erreichen. Angesichts dieser Ergebnisse muss auch bei Infectionsprocessen im Organismus der Untergang von Blutkörperchen und anderen Zellen, oder die unter dem Einfluss krankhafter Reize erfolgende Ausscheidung bacteriennährender Stoffe aus den Zellen eine gefährliche, die Infection befördernde Bedeutung besitzen. Ueber die Natur der bacterientödtenden Substanz im Serum ergaben die Versuche folgendes: Zunächst ist jedenfalls die Betheiligung von Phagocyten bei der bacterientödtenden Wirkung des Serums auszuschliessen, wegen der Fortdauer der Wirkung beim Gefrieren und Wiederaufthauen, wodurch die Leukocyten zerstört werden. Die Wirkung muss daher von irgend einem gelösten Bestandtheil des Serums ausgeübt werden. Weder Neutralisiren des Serums, noch Zusatz von Pepsin, weder Entfernung der Kohlensäure, noch Behandlung mit Sauerstoff äussert einen Einfluss auf die bacterientödtende Wirkung. Dialyse des Serums gegen Wasser vernichtet die Wirksamkeit desselben, während bei Dialyse gegen 0,75 % Kochsalzlösung dieselbe erhalten bleibt. Im Diffusat ist kein bacterientödtender Stoff nachzuweisen. Es kann somit die Aufhebung der Wirksamkeit bei der Dialyse gegen Wasser nur durch den Verlust der Salze des Serums bedingt sein. Das nämliche beweist die ganz verschiedene Wirkung einer Verdünnung des Serums mit Wasser und andererseits mit 0,75 % Kochsalzlösung. Während im ersteren Falle die Wirksamkeit auf Bacterien erlischt, bleibt sie im letzteren fast ungeändert. Indess haben die Salze an und für sich zur Bacterienvernichtung ganz bestimmt keine Beziehung; dieselben wirken nur insofern, als ihr Vorhandensein eine unerlässliche Vorbedingung für die normale Beschaffenheit der Albuminate des wirksamen Serums darstellt. Die Eiweisskörper des Serums sind daher selbst als die Träger der Wirkung zu betrachten. Der Unterschied zwischen dem wirksamen

und dem auf 55⁰ erwärmten, unwirksam gewordenen Serum beruht
auf einem verschiedenen Zustand der Albuminate. Diese Verschiedenheit kann möglicherweise eine chemische sein, d. h. eine Veränderung innerhalb des chemischen Molecüls, oder sie kann auf dem
veränderten micellaren Bau beruhen. Buchner.

**441. L. Daremberg: Ueber die globulicide Kraft des Blut-
serums**[1]). Die Eigenschaft des Blutserums, die rothen Körperchen
fremder Species aufzulösen, war durch Creite, Landois u. A.
seit geraumer Zeit bekannt. Verf. zeigt nun aber, dass diese
»globulicide« Wirksamkeit in analoger Weise, wie die bacterienfeindliche Wirkung des Serums, durch höhere Temperaturen vernichtet wird. Bereits nach einer 5 Min. dauernden Erwärmung auf
50—60⁰ verringert sich die globulicide Fähigkeit, nach einer halben
Stunde ist sie völlig verschwunden, und die rothen Blutkörperchen
bleiben nun in einem derartigen Serum ebenso unverändert, wie im
Serum der gleichen Art. Ebenso zerstörend wie Temperaturerhöhung
auf die Actionsfähigkeit des Serums wirkt längere Belichtung. Von
chemischen Zusätzen sind Xylol, Dimethylamin, Aether, Amylalcohol
u. s. w. ohne Einfluss auf die globulicide Wirkung, während ganz
geringe Mengen von Sublimat, Schwefelkohlenstoff, Paraldehyd u. s. w.
dieselbe verzögern. Die Alkalescenz ist beim wirksamen und un-
wirksamen Serum die gleiche. Buchner.

**442. H. Buchner: Die keimtödtende, die globulicide und die
antitoxische Wirkung des Blutserums**[2]). Die keimtödtente Action
des Serums erfährt eine neue Beleuchtung durch die gleichzeitig
dem Serum innewohnende globulicide Wirkung, von der, in Bestätigung
der Angaben von Daremberg, (s. o.) gezeigt wird, dass sie durch
$^1/_2$stündiges Erwärmen auf 55⁰ erlischt; letztere kann demnach nicht auf
gröberen physikalischen Eigenschaften des Serums, sondern sie muss
auf dem Vorhandensein gewisser activer Körper beruhen, wahrscheinlich
der nämlichen, welche auch die bacterienfeindliche Action bedingen.
Hundeserum zerstört übrigens nicht nur die rothen Blutkörperchen

---

[1]) Sur le pouvoir globulicide du serum sanguin. Sem. méd. 1891, No. 51.
— [2]) Münchener med. Wochenschr. 1892, No. 8.

fremder Species — bis auf das restirende Stroma — sondern tödtet
auch die Leukocyten vom Menschen und Kaninchen fast augenblick-
lich; dieselben werden zwar nicht aufgelöst, aber sie verlieren beim
Contact mit activem Serum für immer ihre Bewegungsfähigkeit,
während inactivirtes (auf 55 ⁰ erwärmtes) Hundeserum die Bewegungen
nicht aufhebt. Bezüglich der keimtödtenden Action des Serums wird
die schon früher beobachtete Erscheinung bestätigt, dass dieselbe bei
5 bis 10 facher Verdünnung des Serums mit physiologischer Kochsalzlösung nur wenig vermindert, bei gleicher Verdünnung mit destillirtem Wasser aber fast völlig vernichtet wird. Zweifellos üben
demnach die Salze eine wichtige Function im Serum, was schon aus
den früheren Resultaten über den Einfluss der Dialyse auf die Activität des Serums gefolgert worden war. Es erinnert dies an das
analoge Salzbedürfniss der thierischen Zellen. speciell der rothen
Blutkörperchen, die bei einem zu geringen Salzgehalt der umgebenden
Lösung sofort zerfallen. Beim Serum existirt aber die weitere merkwürdige Thatsache, dass die in Folge Wasserverdünnung verloren
gegangene Wirkung durch nachträglichen Zusatz von Kochsalz bis
zum Normalbetrage von 0,7 ⁰/₀ wieder hergestellt werden kann,
und zwar sogar dann, wenn das Serum in wasserverdünntem, wirkungs-
losem Zustand bis zu 24 Stunden im Eisschrank aufbewahrt worden
war. Die Annahme, dass es sich bei diesen Salzzusätzen um einen
direct schädigenden Einfluss der Salze auf die Bacterien und eine
dadurch nur vorgetäuschte bacterienfeindliche Activität handle, ist
durch Controllversuche sicher ausgeschlossen. Nach diesen Ergebnissen kann unmöglich die Salzentziehung, d. h. die Wasserverdünnung
des Serums, eine tiefer greifende Veränderung der Eiweisskörper desselben in ihrer Structur mit sich bringen; sonst wäre eine Wieder-
herstellung der Function durch nachträglichen Zusatz der Salze ausgeschlossen. Wenn die Molecül-Complexe (»Micelle« nach Naegeli), in
denen die Eiweisskörper auftretend angenommen werden müssen, bei der
Salzentziehung in ihre einzelnen Molecüle zerlegt würden, wäre eine
Wiederkehr der Function undenkbar. Denn letztere muss jedenfalls von
der höheren Structur jener Molecülcomplexe, nicht von den Eigenschaften der einzelnen Molecüle abhängig gedacht, sie muss als eine
physiologische, nicht als eine rein chemische Wirkung aufgefasst

werden. Und diese eigenthümliche Wirkung erstreckt sich hauptsächlich nicht auf einfache moleculäre Verbindungen, sondern wiederum auf
analoge, complicirter gebaute, labile Substanzen, ein Hauptgrund, wesshalb wir bisher so wenig von diesen Wirkungen wissen, weil es an
entsprechend empfindlichen Reagentien fehlte. Als solche eignen sich
namentlich lebende Zellen, Bacterien und rothe Blutkörperchen; es
müssen aber auch andere labile Eiweisskörper, die nicht in Zellen
eingeschlossen sind, unter Umständen beeinflusst werden können. Dies
ist in der That der Fall, indem das zellenfreie Serum der einen
Species zerstörend einwirkt auf die Alexine der anderen. Hundeserum vernichtet nicht bloss Kaninchenblutzellen, sondern es lähmt
auch die keimtödtende Action des Kaninchenserums. Ein Gemisch
aus Hundeserum und Kaninchenserum wirkt weniger stark tödtend
auf Typhusbacillen, als jede der beiden Serumarten für sich. Hierin
liegt eine wichtige Analogie für die Erklärung der antitoxischen
Wirkung des Blutes und Serums immunisirter Thiere. Buchner.

443. H. Buchner: Ueber die Schutzstoffe des Serums[1].
Die keimtödtende Wirkung des Serums muss, wie Verf. bereits 1889
auf Grund seiner Versuchsergebnisse behauptete, auf gewisse Eiweisskörper desselben bezogen werden. Doch haben die bisherigen Versuche, durch getrennte Ausfällung der Globuline und Albumine zu
einer Isolirung zu gelangen, noch nicht zu befriedigenden Resultaten
geführt. Dagegen lieferten die Versuche über die Beziehungen der
Mineralsalze zur Serumwirkung weitere Ergebnisse. Ausgehend
von der Thatsache, dass Verdünnung mit Wasser die Wirkung des
Serums aufhebt, Verdünnung mit physiologischer Kochsalzlösung dieselbe intact lässt, wurde gezeigt, dass im letzteren Falle das Natriumchlorid ebensogut durch Kalium- oder Lithiumchlorid ersetzt werden
kann, in analoger Weise, wie die Salze der fixen Alkalien auch für
Conservirung der Blutkörperchen gegenseitig stellvertretend wirken.
Lösungen von Ammoniumsalzen, Ammoniumchlorid und -sulfat steigerten
sogar die keimtödtende Action des Serums, im Verhältniss zu gleichgradiger Verdünnung mit physiologischer Kochsalzlösung, ein Ergebniss, das um so auffallender ist, als an sich die erwähnten Ammonium-

---

[1] Berliner klin. Wochenschr. 1892. No. 19.

salze in der angewendeten Concentration für Bacterien gut nährend wirken und daher die keimtödtende Action eher beeinträchtigen sollten. — Die Frage, ob im Hundeserum die keimtödtende und die globulicide Substanz die nämliche ist, glaubt Verf. bejahen zu sollen. Temperaturerhöhung zerstört beide Wirkungen fast beim nämlichen Grad; ein 6—7 Stunden auf 45° erwärmtes Hundeserum löst weder empfindliche Blutkörperchen, noch vernichtet es Bacterien. Ebenso wirkt das Licht, und zwar diffuses Tageslicht, in viel höherem Maasse aber directes Sonnenlicht deletär auf die globulicide und parallel damit auf die keimtödtende Wirkung. Die Schädigung ist wesentlich geringer, wenn das Serum im sauerstoffleeren Raume dem Licht exponirt wird; das Licht wirkt also theilweise durch Anregung von Oxydationsvorgängen. — Ueber die gegenseitig zerstörende Action der Alexine des Hunde- und Kaninchenserums beim Contact werden genauere Angaben gemacht, aus denen hervorgeht, dass das Kaninchenserum durch das Hundeserum stärker in seiner Activität beeinträchtigt wird, als umgekehrt. Sehr einfach gestalten sich derartige Versuche mit Rücksicht auf die globulicide Action. Mischt man Hunde- und Kaninchenserum in verschiedenem Verhältniss und prüft sofort die lösende Wirkung dieser Gemische auf Meerschweinchenblutzellen, so erhält man, wie zu erwarten, Mittelwerthe zwischen der Wirkung des reinen Hunde- und des reinen Kaninchenserums. Lässt man jedoch den gemischten Serumarten genügend Zeit, um auf einander einzuwirken, dann wird die Wirkung eine durchaus andere. Das günstigste Mischungsverhältniss ist 1 Theil Hundeserum auf 3 Theile Kaninchenserum. Nach 4 stündigem Contact findet sich die Lösungskraft für Meerschweinchenblutzellen bereits merklich herabgesetzt, nach 24 stündiger Aufbewahrung des Gemisches bei Zimmertemperatur aber ist die Wirkung desselben vollständig erloschen, während die ungemischt daneben aufbewahrten Controlproben der beiden Serumarten eine ganz ungeminderte Wirksamkeit erkennen lassen.   Buchner.

444. H. Bitter; Ueber die bacterienfeindlichen Stoffe thierischer Organe [1]). [Aus dem hygienischen Institut der Universität

---

[1]) Zeitschr. f. Hyg. und Infectionskrankh. 12. 328—347.

Breslau.] Die Arbeit enthält eine Nachprüfung gewisser Versuche
von Hankin und von de Christmas über bacterienfeindliche Stoffe
aus thierischen Organen. Hankin suchte, ausgehend von der Vermuthung, dass das Zellglobulin β von Halliburton bacterienver-
nichtende Eigenschaften besitze, letzteres aus lymphatischen Drüsen,
aus der Milz von Katzen und Hunden oder aus Kalbsthymus durch
Extraction mit verdünnter Natriumsulfatlösung und Fällen des Extractes mit Alcohol, schliesslich Ausziehen der letzteren Fällung mit
2 % Natriumsulfatlösung (oder destillirtem Wasser oder 0,75 NaCl-
Lösung) zu isoliren. Die so erhaltenen Lösungen verminderten in den
Versuchen von Hankin die Zahl ausgesäter Milzbrandbacillen,
während eine gekochte Lösung dies nicht that. Ebenso sank die
bakterienfeindliche Wirkung des Niederschlags bei längerem Verweilen
desselben unter Alcohol, da dann das Globulin unlöslich wird. Genau
nach dieser Methode verfuhr Verf., es gelang ihm jedoch in keinem
Falle, eine Zahlenabnahme der in die erhaltenen Lösungen ausgesäten Milzbrand- und Typhusbacillen zu beobachten, während das
Blutserum der verwendeten Thiere die normale stark abtödtende
Wirkung auf die genannten Bacterienarten äusserte. [Hankin
suchte neuerdings den Widerspruch zwischen seinen und Bitter's
Resultaten dadurch zu erklären, dass die bacterienfeindliche Wirkung
der nach seinem Verfahren dargestellten Organextracte sehr schnell.
schon innerhalb ½ Stunde erlösche, während Bitter seine Prüfungen
auf Bacterien-Zunahme oder -Abnahme erst nach 1—4 Stunden ausführte. Jedenfalls sind Hankin's Versuche zu wenig zahlreich
und ausgedehnt. Ref.] Christmas hatte angegeben, dass durch
Fällen der Eiweisskörper von activem Serum durch Alkohol und
Wiederauflösen eine Steigerung der bacterienfeindlichen Wirkung
erzielt wurde, was Verf. nicht bestätigen konnte. Weiter hatte
de Christmas nach einer besonderen Methode (Ann. de l'institut
Pasteur, 5, 487) bacterienfeindliche Extracte aus Organen dargestellt. Verf. gewann solche Extracte genau nach dem nämlichen
Verfahren, fand auch eine feindliche Wirkung derselben auf ausgesäte
Milzbrand- und Typhusbacillen, konnte aber darthun, dass diese
Wirkung durch 1stündige Erhitzung auf 65° nicht zerstört wird,
womit jede nähere Analogie mit den bacterienfeindlichen Wirkungen
von Blut und Serum hinwegfällt.   Buchner.

445. A. v. Székely und A. Szana: Experimentelle Unter-suchungen über die Veränderungen der sogenannten mikrobiciden Kraft des Blutes während und nach der Infection des Organismus[1].
Zunächst wurde durch Aussaat von Milzbrand- und Cholerabacterien, einerseits in sterile Nährbouillon, anderseits in defibrinirtes Kaninchen-blut, verbunden mit stündlicher Anlage von Plattenculturen, gezeigt, dass zwar auch in Bouillon eine gewisse, jedoch nur gering-fügige Abnahme der Keime erfolgt, im Vergleich zum Blute. Die Abnahme der Keimzahl in letzterem, die oftmals bis zu völliger Ver-nichtung geht, kann daher nicht, wie manche Forscher immer noch annehmen, durch einen blossen Wechsel im Nährmedium erklärt werden. Die weitere Frage ist jedoch, ob diese im extravasculären Blute zweifellos vorhandene mikrobentödtende Eigenschaft auch dem lebenden, circulirenden Blute zugeschrieben werden dürfe. Ausgehend von den theoretischen Vorstellungen Buchner's, wonach beim Infectionsprocess, mit steigender Vermehrung der inficirenden Keime im Organismus zunächst an begrenzten Stellen, dort wo die Infectionserreger sich vermehren, dann auch im gesammten Gefäss-system eine Vernichtung und Abnahme der Alexine Hand in Hand gehen muss, prüften die Verff. die eventuellen Veränderungen der keimtödtenden Wirkung des Blutes während und nach Ablauf einer Infection. — Zuerst wurde an Kaninchen experimentirt mit subcutaner Impfung von Milzbrand. Noch 18—24 Stunden nachher, wenn im Blute bereits vereinzelte Bacillen nachweisbar waren, blieb das daraus gewonnene Serum keimfrei und vermochte immer noch, die in das-selbe ausgesäten Milzbrandbacillen und grosse Mengen von Bacillus prodigiosus zu vernichten. In dem Serum dagegen, aus Blut ge-wonnen, welches 28—56 Stunden nach der Impfung entzogen war, kamen von selbst Milzbrandkeime zur Entwickelung, und die hier ausgesäten zeigten rasche Vermehrung. In diesem Serum war die keimtödtende Wirkung somit aufgehoben. Bei einer zweiten Versuchsreihe mit intravenöser Injection von Staphylococcus aureus, der die Kaninchen nach etwa 24 Stunden tödtete, zeigte das defi-brinirte Blut noch 20 Stunden nach der Infection stark tödtende

---

[1] Centralbl. f. Bact. und Parasitenk. **12**, 61—74 und 139—142.

Wirkung auf ausgesäten Staphylococcus, während das Blut der bereits moribunden Thiere keine so starke Wirkung zeigte, aber doch die Vermehrung 5—7 Stunden lang behinderte. Die Versuchsergebnisse bestätigten somit im Wesentlichen die theoretische Voraussetzung, wonach die Alexine während eines deletär verlaufenden Infections-processes allmählich aus dem Blute verschwinden. — Um andersits die Veränderungen zu erfahren, welche die keimtödtende Wirkung des Blutes nach überstandener Infection erfährt, injicirten die Verff. bei Kaninchen Choleravibrionen in den Kreislauf, welche mindestens noch 8 Stunden dortselbst nachweisbar blieben. Das innerhalb der letzteren Zeit, 3—7 $1/_2$ Stunden nach der Infection, entnommene und defibrinirte Blut äusserte keine tödtende Wirkung auf ausgesäte Cholerabacterien, während umgekehrt das 24 Stunden bis 4 Tage nach der Infection entnommene Blut, aus welchem die injicirten Choleravibrionen völlig verschwunden waren, eine starke tödtende Wirkung auf ausgesäte Cholerabacterien zeigte, stärker als normales Blut. Ausserdem wurde ermittelt, dass auch der hydrae-mische Zustand in Folge wiederholter Blutentziehungen eine Steigerung der keimtödtenden Action des Blutes herbeiführen könne; ebenso ferner künstlich, durch Wuthgiftimpfung erzeugtes heftiges Fieber. Aus dem Umstand, dass in Serum und defibrinirtem Blut meist nur ein Theil der ausgesäten Keime vernichtet wird, und zwar bei grosser wie bei geringer Aussaat in analoger Weise, glauben die Verff. schliessen zu sollen, dass die keimtödtenden Stoffe im Blute nicht als solche fertig vorhanden sind, vielmehr sei ihre Wirkung abhängig von der Menge der ausgesäten Keime.   Buchner.

446. E. H. Hankin: Ueber den Ursprung und das Vor-kommen von Alexinen im Organismus [1]). Verf. hatte schon früher die Idee geäussert, dass die Alexine des normalen Blutserums aus den Leukocyten stammen, aus denen sie nach dem Tode oder auf einen geeigneten Reiz hin in die Flüssigkeit übertreten. Bei ver-schiedenartig modificirten Versuchen konnte sich jedoch Verf. von dem Eintritt eines postmortalen Leukocytenzerfalles nicht überzeugen, während andererseits Blutplasma, nach Blutegelextract-Injection gewonnen, genau das gleiche bacterientödtende Vermögen besass wie

---

[1]) Centralbl. f. Bact. und Parasitenk. **12**, 777—783 und 809—824.

gewöhnliches Serum, obwohl bekanntlich Blutegelextract den Zerfall zelliger Elemente behindert. Dagegen fand Hankin gemeinschaftlich mit Kanthack, dass bei Infusion sterilisirter Cultur von Vibrio Metschnikovi parallel der eintretenden Leukocytose nach 48 Stunden bedeutende Zunahme der bacterientödtenden Wirkung erfolgt. Da hier die Vermehrung der Leukocyten von den drei, im Kaninchenblut überhaupt vorkommenden Categorien sich ausschliesslich auf die eosinophilkörnchenhaltigen Zellen von Ehrlich bezieht, so gerieth Verf. auf die Idee, diese letzteren als die Quelle der Alexine anzusehen und glaubt in der 'That, den Beweis für diese Auffassung liefern zu können. Einerseits fand sich im Kaninchenblut bei frisch erzeugter Leukocytose nur ein geringfügiges Heraustreten von eosinophilen Körnchen aus den Zellen, und das Serum besass nur ein mässiges bacterientödtendes Vermögen, während bei älterer Leukocytose dies extravasculäre Heraustreten der Körnchen reichlich erfolgt, und eine sehr starke bacterientödtende Wirkung zu finden ist. Anderseits glaubt Verf. durch seine Versuche einen Zusammenhang zwischen künstlich erzeugter extravasculärer Absonderung der eosinophilen Körnchen und Zunahme des bacterientödtenden Vermögens nachweisen zu können. Nachdem alle möglichen Reizmittel vergeblich versucht worden waren, um jene Körnchenabsonderung extravasculär hervorzurufen, fand sich, dass dieselbe gewöhnlich von selbst eintritt, wenn Blutegelextractblut bei 38—40° während 4—7 Stunden gehalten wird. Eine Reihe gleichzeitig mitgetheilter Versuche zeigt ferner, dass wenigstens in mehreren Fällen das spätere, d. h. nach Austreten der Körnchen durch die Centrifuge gewonnene Plasma stärker bacterientödtend wirkte als das sofort gewonnene. Schliesslich theilt Verf. einen neuen Versuch mit, aus Milzleukocyten bacterientödtende Alexinlösung darzustellen und sucht bei dieser Gelegenheit die abweichenden Ergebnisse der Nachprüfungen Bitter's (s. o.) dadurch zu erklären, dass die aus Organen nach seiner Methode dargestellten Alexinlösungen ihre bacterientödtende Wirkung ungemein rasch, schon nach $^1/_2$ Stunde verlieren.   Buchner.

447. Behring und Frank: Experimentelle Beiträge zur Lehre von der Bekämpfung der Infectionskrankheiten. Ueber einige

Eigenschaften des Tetanusheilserums [1]). Einem gegen Tetanus immunisirten Pferde wurde Blut entzogen, und das daraus gewonnene Serum zu Immunisirungsversuchen bei Mäusen verwendet, welche gleichzeitig die innerhalb 3—4 Tagen tödtliche Minimaldosis von 0,008 CC. einer Tetanusbouillon injicirt erhielten. Der Immunisirungswerth des Serums ergab sich hiernach zu 1 : 40000; d. h. der 40000. Theil vom Körpergewicht der Mäuse an Serum genügte, um die Thierchen gegen die tödtliche Wirkung jener Dosis von Tetanusgift zu schützen. Dieser Immunisirungswerth des Serums hatte sich bei zwei Monate langer Aufbewahrung, unter Zusatz von 0,5 Proc. Carbolsäure, nicht nachweisbar geändert. Verdünnung des Serums mit destillirtem Wasser war auf dessen Wirkungswerth ohne Einfluss. Ebenso verursachte eine 25 Minuten lange Erhitzung des Serums auf 65 ° C., keine Aufhebung seiner Wirksamkeit. [Letztere beide Thatsachen unterscheiden das im Heilserum enthaltene Tetanus-Antitoxin zweifellos zunächst von den Alexinen. Doch kann damit die Frage nach den etwaigen gegenseitigen Beziehungen beider Categorien von activen Körpern noch nicht als entschieden betrachtet werden. Ref.] Buchner.

448. **Behring: Ueber Immunisirung und Heilung von Versuchsthieren beim Tetanus** [2]). Zum Theil gemeinschaftlich mit Kitasato und ferner mit Schütz wurden Immunisirungsversuche gegen Tetanus bei kleineren und dann bei grösseren Thieren, 3 Pferden und 2 Schafen, ausgeführt, letztere an der thierärztlichen Hochschule zu Berlin. Die Pferde und Hammel vertrugen nach zweimonatlicher Behandlung ein mehrfaches der für die Controlthiere tödtlichen Dosis von Tetanus-Bouilloncultur. Das Blut der so behandelten Thiere zeigte in verschiedenem Grade (1 : 100 — 1 : 1000) schützende Eigenschaften gegenüber dem Tetanusgift bei Mäusen. Als bestes Immunisirungsverfahren empfiehlt B. Injection von Tetanus-Bouillonculturen, welche durch allmählich verringerte Zusätze von Jodtrichlorid einen Theil ihrer Giftigkeit eingebüsst haben. Für die Immunisirung von Pferden wird eine specielle Vorschrift gegeben: 200 CC.

---

[1]) Deutsche med. Woch. 1892, No. 16, pag. 348. — [2]) Zeitschr. f. Hyg. 12, 45—57.

Tetanus-Bouilloncultur, mit 0,5 Proc. Carbolsäure versetzt behufs Conservirung, dienen als Ausgangsmaterial. Der Giftwerth dieser Cultur muss so hoch sein, dass 0,75 CC. genügen, um mit Sicherheit ein ausgewachsenes Kaninchen in 3 bis 4 Tagen zu tödten. Diese carbolsäurehaltige Cultur wird in 4 Portionen getheilt: 1. 20 CC. bleiben ohne weiteren Zusatz; 2. 40 CC. erhalten einen Zusatz von 0,125 $^0/_0$ Jodtrichlorid; 3. 60 CC. erhalten 0,175 $^0/_0$ Jodtrichlorid; 4. 80 CC. erhalten 0,25 $^0/_0$ Jodtrichlorid. Zuerst wurden 10 CC. von Mischung No. 4 dem Pferde subcutan injicirt, nach 8 Tagen 20 CC., nach weiteren 8 Tagen wieder 20 CC., nach 3 Tagen der Rest. Allmählich wird dann mit geeigneten Intervallen zu den, mit geringeren Mengen von Jodtrichlorid versetzten Portionen, schliesslich zu reiner Tetanusbouillon übergegangen. B u c h n e r.

449. Behring und Wernicke: Ueber Immunisirung und Heilung von Versuchsthieren bei der Diphtherie [1]). Während es nicht gelang, durch Blut von natürlich gegen Diphtherie immunen Thieren, Mäusen, Ratten oder Hunden, Heilwirkungen bei diphtherieinficirten Meerschweinchen zu erzielen, zeigten sich theilweise günstige Resultate bei Verwendung von Blut solcher Thiere, die durch Localbehandlung mit Jodtrichlorid und mit Goldnatriumchlorid von einer Diphtherieinfection geheilt und bis zu einem gewissen Grade immunisirt worden waren. Um die Resultate zu verbessern, handelte es sich um Auffindung einer besseren Immunisirungsmethode. Als geeignet in dieser Beziehung erwies sich die Behandlung der zu immunisirenden Thiere mit Diphtherieculturen, deren Giftigkeit durch Zusatz von Jodtrichlorid eine Abschwächung erfahren hatte. Zum Ausgang dienten, mindestens 4 Monate alte, durch Papier filtrirte, mit 0,5 $^0/_0$ Carbolsäure versetzte Diphtherieculturen, die mit verschiedenen Jodtrichloridmengen (0,05—0,4 $^0/_0$) 2 Tage bis 4 Wochen in Contact gelassen waren. Durch allmählich steigende subcutane Anwendung solcher Culturen gelang es nicht nur bei Meerschweinchen, sondern namentlich auch bei neun Hammeln die Immunisirung ohne Gefährdung durchzuführen. Die Dosis des jodtrichloridbehandelten Diphtheriegiftes wird dabei jedesmal gerade so gross gewählt, dass sie eine deutliche locale

---

[1]) Zeitschr. f. Hyg. **12**, 10—44.

und allgemeine Reaction auslöst; bei mangelnder Reaction ist der immunisirende Effect sehr gering, bei zu starker Reaction, die zu Abmagerung führen kann, wird die Immunisirung in der Regel vereitelt. Bei Kaninchen, bei denen dieses Verfahren sich nicht bewährte, gelang die Immunisirung durch Verimpfung des getrockneten, gepulverten und eine Stunde auf 77° erhitzten Kalkniederschlags aus giftigen, keimfreien Culturen, der nach Roux und Yersin durch Zusatz von Calciumchloridlösung aus letzteren gewonnen wurde. Eine ganz kleine Menge dieses Diphtherie-Kalkpulvers, in eine Hauttasche verimpft, erzeugt ausgedehnte phlegmonöse Entzündung, nach deren Abheilung erneute Impfungen nur noch geringe, immer mehr abnehmende Reactionen hervorrufen. Zur Bezeichnung des erlangten Immunitätsgrades benutzen die Verff., abweichend von Ehrlich's Vorgang, nicht mehr die Giftdosis, welche das Thier noch zu ertragen vermag; sondern als Maassstab dient ihnen nunmehr die Minimalquantität von Serum des immunisirten Thieres, welche zum Schutze eines anderen intacten Thieres gegen eine eben tödtliche Giftdosis erfordert wird, bezogen auf das Körpergewicht des letzteren Thieres. Zur Conservirung des Diphtherie-Heilserums wurde ebenfalls ein Zusatz von 0,5 %, Carbolsäure als zweckmässig befunden. Die Versuche ergaben, dass die immunitätsverleihende Substanz der Hauptmenge nach bei der Gerinnung des Blutes im Serum ausgeschieden wird; der Blutkuchen enthält nur geringe Mengen davon. Bezüglich der Heilung von den Wirkungen einer vorausgegangenen Injection von Diphtheriegift stellte sich heraus, dass hierzu grössere Mengen von Serum erforderlich sind, als zur Immunisirung, umso grössere, je später die Behandlung eingeleitet wird. Die von den Verff. mitgetheilten Immunisirungs- und Heilversuche litten noch überdies zum Theil daran, dass das verwendete Diphtheriegift, wie die Wirkung auf die Controlthiere ergab, um das 3—4 fache stärker war, als vorausgesetzt wurde. Immerhin gelang es in den 50 mitgetheilten Versuchen wenigstens zu zeigen, dass die am höchsten immunisirten Meerschweinchen diese starke Injection ohne jede Reaction überstanden; ebenso besassen solche Versuchsthiere, die mit Kaninchenserum vor vier Monaten vorbehandelt waren und die ausserdem auch noch Diphtherieinfectionen überstanden hatten, hochgradige Immunität; endlich ergab

auch das Serum der immunisirten Hammel beträchtliche Immunisi-
rungs- und Heilerfolge. Dass diese Resultate mit der Zeit, d. h.
bei allmählich stärkerer Immunisirung der blutliefernden Thiere
wesentlich verbessert werden können, ist nicht zu bezweifeln; und
es ist sicher anzunehmen, dass beispielsweise bei Hammeln die
Immunität über den bisher erreichten Grad wesentlich gesteigert
werden kann. Hinsichtlich der immunisirenden und heilenden
Leistungsfähigkeit des Serums zeigte sich die subcutane oder
intraperitonale Injection bei noch nicht inficirten oder sofort nach
der Infection in Behandlung genommenen Thieren ziemlich gleichwerthig. Bei bereits kranken Thieren jedoch war die intraperitonale
Injection bei weitem überlegen. Schliesslich sei erwähnt, dass die
Verff. eine neue vortheilhafte Immunisirungsmethode gegen Diphtherie
darin gefunden haben, dass zuerst Diphtherie empfänglichen Thieren
durch Heilserum ein gewisser geringerer Grad von Immunität ertheilt
wird, der durch nachfolgende Infectionen mit immer grösseren
Culturmengen in angemessenen Zeiträumen immer mehr verstärkt wird.

B u c h n e r.

**450. B e h r i n g : Die practischen Ziele der Blutserumtherapie
und die Immunisirungsmethoden zum Zweck der Gewinnung von
Heilserum.**[1]) Die Publication beabsichtigt, Interesse und Verständniss
für die Ziele der Blutserumtherapie in weiteren Kreisen zu erwecken.
Sie soll in dieser Hinsicht als Einleitung für weiter folgende analoge Mittheilungen dienen. Nach Verf. muss die Immunisirung von
grösseren Thieren behufs Gewinnung von Heilserum in umfang-
reicherem Maassstabe als bisher in Angriff genommen werden; umso-
mehr, als beispielsweise bei Diphtherie die Immunität bei grösseren
Thieren nur sehr langsam, im Verlauf von Monaten, selbst Jahren
auf eine erfolgversprechende Höhe gebracht werden kann. Für den
M e n s c h e n ergibt sich die Anwendbarkeit der Serumtherapie inso-
ferne, als subcutane Injectionen von Pferde- wie Hammelserum ohne
schädliche Folgen gemacht werden können. Neu ist die Ausdehnung
der Untersuchungen von Verf. auf die Streptococcenkrankheiten.
Von dem hier zu gewinnenden Heilserum verspricht sich derselbe

---

1) Leipzig, G. T h i e m e , 1892. 66 pag.

nicht nur curative, sondern auch prophylactische Wirkungen. Im zweiten Theil werden die vom Verf. geübten, bereits aus seinen Publicationen (s. o.) bekannten Immunisirungsmethoden geschildert, indem zugleich der Beweis zu führen gesucht wird, dass andere Methoden, speciell das neuerdings von Brieger, Kitasato und Wassermann angegebene Verfahren weit weniger leisten. Als das Wesentliche an seiner eigenen Methode betrachtet Verf. nicht nur die Anwendung von durch Jodtrichlorid in ihrer Giftigkeit abgeschwächten Culturen, sondern vor Allem die später nachfolgende Verwendung vollvirulenter Culturen oder vollgiftiger Filtrate aus Culturen, weil nur dadurch ein hoher und für die practischen Zwecke brauchbarer Immunitätsgrad zu gewinnen sei. Zu dieser Vervollkommnung seines Verfahrens wurde Verf. geführt durch die Erfahrung, dass der Eintritt der Immunität »nicht wie ein kritisches Ereigniss, sondern sehr allmählich erfolgt«. Hieraus sei zu folgern, dass der Grad der Immunität einer unbegrenzten Steigerung fähig ist. (Der Vollständigkeit halber muss angemerkt werden, dass bereits Emmerich — den übrigens Verf. kurz citirt — im bewussten Gegensatz gegen das Pasteur'sche Verfahren und in der ausgesprochenen Ueberzeugung, dass nur auf diese Weise der höchste Grad von Immunität zu erreichen sei, seine Thiere mit vollvirulenten Culturen behandelte. Ferner, dass Vaillard Anfangs 1891 eine Methode der Immunisirung gegen Tetanus veröffentlichte, welche ganz entsprechend dem Verfahren von Behring, in Vorbehandlung mit abgeschwächten und folgender Nachbehandlung mit successive gesteigerten Dosen von vollvirulenten Culturen besteht. [Ann. de l'inst. Pasteur 1892, p. 224.] Ref.) Neue Angaben macht schliesslich Verf. über die Eigenschaften des Tetanus-Antitoxins. Nicht nur die Widerstandsfähigkeit gegen physikalische, chemische und atmosphärische Einflüsse erwies sich als eine auffallend grosse, sondern es wurde bei der Dialyse des Serums auch ein Uebergang des Antitoxins in's Dialysat nachgewiesen, und diese dialysirten Heilkörper »liessen die charakteristischen Eiweissreactionen durchaus vermissen«. (Die Dialysirbarkeit an sich spricht weder für noch gegen Eiweisskörper, während der negative Ausfall der Eiweissreationen wohl auch der geringen Menge von Substanz im Dialysat zugeschrieben werden kann. Ref.) Buchner.

451. Behring: Blutserumtherapie II. Das Tetanus-Heilserum und seine Anwendung auf tetanuskranke Menschen.[1]) Zunächst werden nähere Vorschriften für die Anwendung des Tetanus-Heilserums beim Menschen aufgestellt. Die als Voraussetzung erforderliche Steigerung der heilenden Fähigkeiten des Serums hält Verf. nunmehr beim Tetanus für erreicht. Die Erfahrung hat gezeigt, dass ein Serum, welches nicht im Stande ist, tetanuskranke Mäuse, Meerschweinchen u. s. w. zu heilen, auf den Tetanus beim Menschen keine Wirkung übt. Und ferner muss solches Serum in proportional entsprechender Quantität zur Anwendung kommen. Die zum Effect genügende Minimaldosis von Serum ist, wenn es sich um Heilung kranker Versuchsthiere handelt, nicht nur weit grösser, als bei Immunisirung gesunder, sondern sie ist in ersterem Falle auch unbestimmt, je nach Dauer und Intensität der Erkrankung. Desshalb bevorzugt Behring die Angabe des Immunisirungswerthes. Serum vom »Immunisirungswerth 1 : 1 Million« bedeutet dann, dass jeweils der millionte Theil vom Körpergewicht eines Thieres an Serum zur Immunisirung desselben genüge; z. B. für ein Pferd von 400 Kgrm. 0,25 Grm. Serum. Für den Menschen, bei dem es sich nicht um Immunisirung, sondern um Heilung bei schwerer Tetanuserkrankung handelt, betrachtet B. als anzuwendende Minimaldosis pro 100 Kgrm. Körpergewicht 100 CC. eines Heilserums vom Wirkungswerth 1 : 1 Million. Selbst das genüge voraussichtlich nur für einen Theil der Fälle. Um alle, auch die fortgeschrittensten Fälle noch zu heilen, wäre Serum von noch höherem Wirkungswerthe erforderlich, wenn man die zu injicirende Dosis von 100 CC. nicht wesentlich überschreiten will, was B. widerräth, schon wegen des Carbolsäurezusatzes von 0,5 %, der sich für die Conservirung des Heilserums am besten bewährt und daher stets zur Anwendung kommt. Zur Zeit verfügt B. übrigens bereits über Serum mit dem Wirkungswerth 1 : 10 Millionen. Die Hoffnung, noch wirksameres Serum zu erhalten, ist gegeben. (Bei fortgeschrittener Tetanuserkrankung, wie bei allen schweren Infectionen und Intoxicationen dürfte ausser dem im Körper circulirenden oder abgelagerten spe-

---

[1]) Leipzig, G. Thieme, 1892. 122 pag.

cifischen Gift noch ein Zweites in Betracht kommen, nämlich die durch dieses Gift bereits gesetzten Läsionen lebenswichtiger Organe. deren Vorhandensein eventuell den tödtlichen Ausgang der Erkrankung. trotz stattfindender, durch Antitoxine bewirkter Entgiftung, mit Nothwendigkeit zur Folge haben kann. Ref.) — Die Injectionen beim Menschen zu Heilzwecken sollen subcutan gemacht werden. Das Tetanus-Heilserum wirkt nicht local, sondern blos von der Blutbahn aus. Das carbolsäurehaltige Heilserum zeigt nie unerwünschte Nebenwirkungen; ähnlich günstig für Conservirung des Serums wirkt nur Chloroform. Ein von Rotter mit vom Verf. geliefertem Tetanus-Heilserum behandelter und geheilter Fall von Wundstarrkrampf beim Menschen wird genau beschrieben. Aus dem Schlusscapitel von Behring und Casper über Heilversuche bei tetanuskranken Pferden und Schafen verdient besonderes Interesse die erste beim Pferde constatirte Heilung bedrohlicher tetanischer Symptome (künstliche Infection) mittelst Heilserums, sowie die ersten Heilungen bei Schafen. Der Immunisirungsvorgang beim Pferd vollzieht sich, selbst wenn das Thier schon lange in Behandlung war und einen hohen Grad von Immunität bereits erreicht hat, stets in der Weise, dass auf erneute Injection von Tetanusgift zunächst eine (fieberhafte) Reaction eintritt, während welcher die bis dahin im Harn nachweisbaren immunisirenden Substanzen verschwinden und statt dessen sogar Tetanusgift enthaltender Harn producirt werden kann. Während dieser Periode kann daher dem Thiere selbstverständlich kein Blut zu Heilzwecken entnommen werden. Erst nach 8—10 Tagen erscheint regelmässig mindestens die alte Höhe des Immunisirungswerthes und von da ab beginnt dann ein langsames weiteres Steigen. Das Auftreten von fieberhafter Temperatursteigerung während dieser Reactionsperiode bezeichnen die Verff. nach ihrer Erfahrung als ein sehr günstiges, die entgiftenden Vorgänge im Körper anzeigendes Symptom, und sie protestiren entschieden gegen die eventuell beabsichtigte Anwendung von Antipyreticis in einem solchen Falle.   Buchner.

452. **L. Brieger, S. Kitasato und A. Wassermann:** **Ueber Immunität und Giftfestigung.**[1]) Die Begriffe »immun« und

---

[1]) Zeitschr. f. Hyg. **12**, 137—182.

»giftfest« müssen nach den Verff. scharf unterschieden werden. »Immun« bezeichnet den Zustand, wobei im Körper ein Fortleben der eingebrachten Keime nicht möglich ist, während »giftfest« die Widerstandsfähigkeit gegen die von den Bacterien producirten Gifte bedeutet; der Parasit wird in diesem Falle zu einem blossen unschädlichen Schmarotzer, der vielleicht noch local Reizungserscheinungen äussern, aber niemals mehr seine specifischen, bedrohlichen Allgemeinwirkungen entfalten kann. Ausgehend von der Erwägung, dass im menschlichen und thierischen Körper durch den normalen Stoffwechsel Zwischenproducte und Fermente von oft erheblicher Giftigkeit entstehen (Peptone, gewisse Fermente wie Trypsin, Pancreatin u. s. w.), die eine Zeit lang im Blute oder in den Lymphbahnen kreisen, bis sie zu ihren Endproducten verbrennen, gelangten die Verff. zu der Anschauung, dass die Unschädlichmachung dieser Stoffe noch innerhalb des Kreislaufes durch besondere Substanzen erfolge, deren Sitz sie in den Zellen blutreicher drüsiger Organe (Lymphdrüsen, Schilddrüse, Thyreoidea) vermutheten. Von den gleichen Substanzen war es dann wahrscheinlich, dass sie auch auf Bacteriengifte zerstörend wirken könnten. Die Verff. erheben daraufhin die Forderung, dass »in schonendster Weise« die vermutheten antitoxischen Substanzen aus den Drüsenzellen extrahirt werden müssten, um deren »lebendigen Zustand« möglichst zu wahren, bedienen sich aber dann zur Sterilisirung des aus zerkleinerter Thymus durch 12stündiges Stehen mit Wasser im Eisschrank gewonnenen Extractes einer 15 Minuten dauernden Erhitzung bei 100° im Dampf-Kochtopfe. (Ref. vermag nicht, diesen Widerspruch zwischen Theorie und Praxis zu lösen. Zum Kochen der Thymusauszüge wurden die Verff. anscheinend durch den Vorgang von Wooldridge veranlasst, der zuerst, in analoger Weise, wie dies jetzt die Verff. thun, in gekochten Auszügen von Kalbsthymus oder Hoden Milzbrandbacillen cultivirte und auf diese Weise Immunisirung erzielte. Allerdings konnten die Verff. bei Nachprüfung die Angaben von Wooldridge speciell für Milzbrand nicht bestätigen; allein principiell blieb das im Uebrigen beibehaltene, mit günstigem Erfolge angewandte Verfahren doch das nämliche.) Vor dem Kochen muss das Thymusextract, wie schon Wooldridge angegeben hatte, durch

Soda schwach alkalisch gemacht werden, um Coagulation zu vermeiden.
In der sterilisirten »Thymusbouillon« wurden nun die verschiedenen
Infectionserreger (Tetanus, Diphtherie, Typhus, Erysipel, Milzbrand,
Schweinerothlauf) cultivirt, und es ergab sich, dass dieses Extract
die Fähigkeit besitzt, die Giftentwickelung bei den genannten Bacterienarten ganz ausserordentlich herabzusetzen. Z. B. eine
Thymus-Tetanus-Bouillon zeigte nur $\frac{1}{5000}$ bis $\frac{1}{3000}$ der gewöhnlichen
Giftigkeit einer analogen Fleischpeptonbouillon, in welcher Tetanus-
bacillen gewachsen waren. Dabei handelt es sich aber nicht um
mangelnde Giftbildung überhaupt, sondern gewisse Stoffe des Thymus-
auszuges besitzen nach den angestellten Versuchen die Fähigkeit, das
bereits gebildete Gift zu vernichten. Sporenfreie giftige Tetanusculturen wurden nach Zusatz von Thymusextract bei einwöchent-
lichem Stehen im Eisschrank nahezu ungiftig. Mit derart ungiftig
gewordenen Gemischen gelang es, durch Injection steigender Dosen
35 Kaninchen gegen Tetanus vollständig zu immunisiren; das Serum
dieser Thiere wirkte stark immunisirend auf Mäuse, und die Immunität stieg nach Ablauf der Behandlung und war nach 4 Monaten
noch eine vollständige. Ebenso günstige Ergebnisse zeigten sich bei
weissen Mäusen und bei einem Hammel. — Choleravibrionen
(frische Cultur aus Massaua) wachsen auf Thymusauszügen sehr rasch
und üppig, die Culturen zeigten sich aber, im Gegensatz zum Tetanus,
ziemlich giftig und mussten daher behufs Anwendung für Immunisirung 15 Minuten lang auf 65° C. erhitzt werden. Die Toxicität
schwand hierdurch, aber die immunisirende Kraft blieb erhalten. Der
Impfschutz hiermit lässt sich sogar ungemein rasch, binnen 24
Stunden, erzielen. Unter 66 Meerschweinchen gelang es bei
80 %, die Thiere gegen eine, schon am nächsten Tage ausgeführte
intraperitoneale Injection von 1 CC. virulenter Choleracultur zu
immunisiren. Bei Diphtherie gelang die Immunisirung von Meerschweinchen nach dem nämlichen Princip, wie bei Cholera, durch
15 Minuten lange Erhitzung der an sich noch toxisch wirkenden
Thymus-Diphtheriecultur und wiederholte Injectionen. Von 74 so
behandelten Meerschweinchen erwiesen sich die allermeisten als specifisch giftfest; die Infection blieb local, die Bacillen blieben aber
noch längere Zeit in loco lebend. Weisse Mäuse und Meerschwein-

chen gehen ausnahmslos an der intraperitonealen Injection von
Typhusbacillen zu Grunde, was die Verff. mit anderen Autoren
als Intoxication betrachten. Auch hier gelang es, mittelst 15 Minuten
auf 60° erwärmter Thymus-Typhuscultur die Thiere gegen die 8 Tage
später ausgeführte Intoxication zu festigen. Das Blutserum solcher
Thiere erzeugte bei anderen Thieren sofort den gleichen Schutz. Die
Giftfestigkeit hatte eine Dauer von mindestens 4 Monaten. — Im
Gegensatz zu den genannten wesentlich toxischen Injectionen bezeichnen die Verff. als «Septicaemien» jene Processe, bei denen
die Vermehrung der Infectionserreger im Blute vorwaltet, die Giftbildung dagegen relativ zurücktritt. Hiervon wurden geprüft
Schweinerothlauf und Milzbrand. Bei ersterem gelaug es
durch combinirte, d. h. abwechselnde Vorbehandlung mit Thymus-
cultur und andererseits abgeschwächte gewöhnliche Cultur bei den
sehr empfänglichen weissen Mäusen ebenfalls sichere Resultate zu
erzielen, wobei die Immunität zugleich sehr lange anhielt. Dagegen
glückte es nicht, bei Milzbrand trotz vielfach variirter Versuche
ein gleich gutes Ergebniss zu erlangen. — Die Verff. ziehen aus allen
ihren merkwürdigen Resultaten den Schluss, dass toxisches und im-
munisirendes Princip wesentlich verschiedene Dinge seien.
Welches sind aber dann die immunisirenden und heilenden Stoffe?
Ref. hatte in Uebereinstimmung mit Hüppe in seinem für den
Hygiene-Congress zu London erstatteten Bericht bereits ausgesprochen,
dass es die plasmatischen Substanzen des Bacterieninhalts, die im All-
gemeinen als Bacterienproteïne bezeichneten Stoffe sein müssten. Die
Verff. bestätigen dies nunmehr: Das immunisirende und somit heilende
Princip ist nirgends sonst zu suchen als in der Bacterienzelle.
»Alle bisher auf irgend eine Weise erzielten Impfschutzmassregeln
(durch abgeschwächte Culturen u. s. w.) erklären sich allein durch
die Einverleibung der Bacterienzellsubstanzen«. Dies wird durch
Filtrationsversuche mit Typhusculturen noch besonders erwiesen.
»Also nicht die Stoffwechselproducte, nicht die Toxalbumine verleihen
die Schutzwirkung, sondern einzig die in den Bacterienleibern auf-
gespeicherten Substanzen. Zwischen der zeitlichen Bildung des Gegengiftes einerseits und der Menge der Bacterien-Zellsubstanzen andererseits besteht eine directe Proportion«.   Buchner.

453. A. Wassermann: Ueber Immunität und Giftfestigung[1]). Die beiden Begriffe werden in Uebereinstimmung mit der vorhergehenden Arbeit definirt. Cholera, Typhus, Diphtherie, Tetanus, d. h. die für die menschliche Pathologie wichtigsten Infectionskrankheiten sind wesentlich toxischer Natur, wesshalb Giftfestigung, d. h. Zufuhr eines specifischen Gegengiftes anzustreben ist. Letzteres kann auf zweifache Art ermöglicht werden: entweder durch Einverleibung des bereits fertigen Gegengiftes, wie bei der Behring'schen Serumtherapie, oder der Organismus wird durch besondere Mittel veranlasst, die Gegengifte selbst zu bilden. Bezüglich des letzteren Punktes haben die Untersuchungen von Brieger, Kitasato und Verf. ergeben (s. o.), dass das specifische Gegengift aus zwei Componenten gebildet wird, einerseits aus Stoffen, welche der Zellsubstanz der Bacterien selbst entstammen, andererseits aus dem thierischen Organismus angehörenden Substanzen, welche ohne Zweifel in den Leukocyten enthalten sind und durch Zerfall derselben frei werden. Zur Heilung wäre also nöthig die Einverleibung von Bacterienzellen resp. aus ihnen gewonnener specifischer Substanzen, aus denen unter Mitwirkung der Leukocyten die Gegengifte dann gebildet werden könnten. Die den Bacterien innewohnende Giftigkeit muss vor der Anwendung beseitigt werden, was durch Behandlung der Culturen mit Kalbsthymus, eventuell mit nachfolgendem Erhitzen auf 65—80° (s. o.) erreicht werden kann.

Buchner.

454. L. Brieger und A. Wassermann: Ueber künstliche Schutzimpfung von Thieren gegen Cholera asiatica[2]). Zunächst wiederholten die Verff. die früher gemeinschaftlich mit Kitasato angestellten Versuche, Meerschweinchen gegen vollvirulente Cholera widerstandsfähig zu machen (s. o.) durch Injection von 24stündigen Thymus-Cholera-Bouillonculturen, die vor der Anwendung $\frac{1}{4}$ Stunde auf 65° oder 10 Minuten auf 80° erwärmt wurden. Hiervon genügten viermal an aufeinanderfolgenden Tagen wiederholte intraperitoneale Injectionen von je 4 CC., um die Thiere sogleich nach

---

[1]) Deutsche medic. Wochenschr. 1892, Nr. 17. — [2]) Deutsche medic. Wochenschr. 1892, Nr. 31.

der letzten Injection für das 3 fache der sonst tödtlichen Dosis widerstandsfähig zu machen. Da aber die Verarbeitung von Thymus
gewisse Schwierigkeiten bietet, haben die Verff. bei den weiteren
Versuchen den Thymusnährboden aufgegeben und sind zur blossen
Erwärmung von Cholerabouillonculturen zurückgekehrt. Abweichend von G. Klemperer und anderen Autoren (s. u.) erwärmen
die Verff. ihre 24 stündigen Choleraculturen nur $^1/_4$ Stunde auf 65 ^{0} C.
Hiervon genügen 2 CC., um nach 48 Stunden einen Schutz von
2 monatlicher Dauer zu erzeugen. Da nach diesen letzteren Resultaten
der Anschein entstehen könnte, als ob bei den früheren Versuchen
die Erwärmung allein gewirkt hätte, das Thymusextract dagegen
wirkungslos gewesen wäre, so zeigen die Verff. schliesslich noch
durch besondere Experimente, dass es auch unter ausschliesslicher
Anwendung von Thymus, ohne Erwärmung, möglich sei, Choleraculturen zu entgiften und für Immunisirung brauchbar zu machen.

Buchner.

455. P. Ehrlich: Ueber Immunität durch Vererbung und Säugung [1).

Vererbung der specifischen Immunität ist bekannt bei
Milzbrand, Ovine, Rauschbrand, Pneumonie u. s. w. Die Immunität
der Nachkommen könnte in derartigen Fällen bedingt sein: 1. durch
Vererbung im ontogenetischen Sinne, 2. durch eine Mitgabe des
mütterlichen Antikörpers, 3. durch eine directe intrauterine Beeinflussung der fötalen Gewebe durch das immunisirende Agens. Verf.
ist es nun gelungen, eine Versuchsanordnung zu finden, um in jedem
einzelnen Falle die Art der überkommenen Immunität festzustellen.
Zu den Versuchen dienten besonders die pflanzlichen Toxalbumine
Abrin und Ricin, an denen Verf. die interessante Thatsache der
Immunisirbarkeit für Mäuse unlängst erwiesen hat [J. Th. **21**, 491].
Zunächst ergab sich, dass Kinder von hochabrinimmunem Vater und
normaler Mutter durchaus keine Abrin-Immunität ererbt hatten.
Das Idioplasma des Sperma ist nicht fähig, die Immunität zu über-
tragen. Zweitens wurde die mütterliche Uebertragung geprüft
bei vor der Gravidität bereits hochimmunen Müttern, und zwar für
Ricin, Abrin und Robin (giftiges Princip der Akazienrinde). Bei

---

[1) Zeitschr. f. Hyg. **12**, 183—203.

diesen letzteren Versuchen ergab sich gleichmässig positives Resultat, indem etwa 4 Wochen nach der Geburt eine ausgesprochene Immunität der Nachkommenschaft nachzuweisen war, die aber zu Beginn des 3. Monats wieder erlosch, was Verf. durch Wiederausscheidung des von der Mutter her vererbten Anti-Serums befriedigend erklärt. Würde die Immunität durch die Eizelle übertragen, so müsste sie andauern und auf die Enkel übergehen können, was durch Versuche widerlegt wird. Unentschieden bleibt somit nur die dritte Möglichkeit einer eventuellen directen Immunisirung des noch in Entwickelung begriffenen Fötus, worüber es nicht gelang, durch Versuche in's Klare zu kommen. Bei den vorstehenden Versuchen war es auffallend, dass die Nachkommen giftfester Thiere noch nach Ablauf von 6 bis 8 Wochen ausgesprochene Immunität besassen, während doch nach früheren Erfahrungen von Verf. die Ausscheidung des zugeführten Antiricins rascher sich vollzieht. Demnach mussten entweder die Antistoffe im jugendlichen Organismus sich besser conserviren oder durch neue Zufuhr von aussen her ergänzt werden. Dies führte auf die M i l c h und leitete Verf. zum sog. » Vertauschungs- oder Ammenversuch«, wobei nach erfolgtem Wurf einer hochimmunen und einer ungefähr gleichzeitig befruchteten Controlmaus die Mütter vertauscht werden, was ohne Störung sich ausführen lässt. Die Resultate dieser Versuche entsprachen der Erwartung: die von einer hochimmunen Maus abstammenden, aber von einem normalen Controlthiere gesäugten Jungen hatten schon nach 21 Tagen nur noch einen ausserordentlich niedrigen Immunitätsgrad, womit die Möglichkeit einer besseren Haltbarkeit des Antitoxins im jugendlichen Organismus widerlegt ist. Anderseits zeigte sich die Milch als solche fähig, d e n A n t i k ö r p e r bei der Säugung zuzuführen und eine hohe und wachsende Immunität zu verleihen. Diese Lactationsimmunität dauerte nach Aufhören der Lactation noch eine gewisse Zeit an, bis die Antikörper durch Ausscheidung aus dem Körper wieder verschwunden waren. Um die Frage zu entscheiden, ob die Milch in Folge einer durch die Immunisirung bedingten Aenderung der Drüsenfunction die Antikörper enthalte, wurden säugenden Thieren grössere Quantitäten von Serum hochimmuner Thiere zugeführt, wobei der typische Säugungsschutz ebenfalls eintrat. Das gleiche wurde

vom Verf. für die Tetanusimmunität erwiesen. Eine mit Tetanus-
heilserum vom 10. Tage nach dem Wurfe ab täglich während
11 Tagen injicirte Maus übertrug auf ihre Jungen eine hohe,
mindestens 40fache Widerstandsfähigkeit gegen Tetanus. Die merkwürdige Erscheinung, dass die Antikörper hier vom Verdauungscanal aus unverändert resorbirt werden — während es nicht gelang,
durch Verfütterung von Organtheilen immuner Thiere an andere eine
Immunisirung zu bewirken — bringt Verf. in Zusammenhang mit
der von Bunge nachgewiesenen äusserst genauen, sozusagen quantitativen Anpassung der Muttermilch an die Bedürfnisse des kindlichen
Organismus, so dass beispielsweise von den Aschebestandtheilen nichts
verloren geht. Wenn man letzteres in Betracht zieht, sowie die
nunmehr neu gefundenen Functionen der Milch, so könne man, meint
Verf., die jetzt herrschende Tendenz, die natürliche Kinderernährung
durch die künstliche zu verdrängen, keineswegs billigen. Hiermit
im Zusammenhang weist Verf. auf die Thatsache hin, dass eine ganze
Reihe infectiöser Krankheiten (Parotitis epidemica, Scharlach, Masern)
das erste Lebensjahr entweder ganz verschonen oder wesentlich seltener
befallen, d. h. die Säuglinge zeigen während der Lactation relative
oder absolute Immunität. Die Consequenz spricht auch dafür, dass
die Milch von Müttern, die gegen Syphilis Immunität erworben haben,
einen hohen therapeutischen Werth für die luetischen Säuglinge besitzen müsse. Verf. stellt Versuche an säugenden Ziegen, die gegen
die verschiedensten Infectionen immunisirt werden sollen, in Aussicht.
In einem Nachtrag berichtet derselbe noch über Versuche, wonach
bei Mäusen Tetanus-Immunität schon nach 24stündiger Säugungs-
dauer übertragen wurde, und über andere, welche beweisen, dass
der Grad der durch die Milch übertragenen Immunität ein sehr
bedeutender sein kann.   Buchner.

456. **L. Brieger und P. Ehrlich: Ueber die Uebertragung
von Immunität durch Milch** [1]). Zu den Versuchen diente der Tetanus.
Nachdem ermittelt war, dass Ziegen für Tetanus sehr empfänglich
seien, wurde eine trächtige Ziege mittelst Thymus-Tetanus-Bouillon-
mischung (Verfahren von Brieger, Kitasato und Wasser-

---

[1]) Deutsche medic. Wochenschr. 1892, Nr. 18.

mann, s. o.) in vorsichtiger Weise im Verlauf mehrerer Wochen immunisirt. Es zeigte sich, dass schon nach ca. fünfwöchentlicher Behandlung die Milch eine erhebliche Schutzkraft besass, so dass 0,2 CC. im Stande waren, Mäuse gegen die 24fache, sonst tödtliche Minimaldosis von giftiger Tetanusbouillon zu schützen. Bei Mäusen, die mit tetanussporenhaltigen Splittern inficirt waren, schützte vom 37. Tage der Behandlung ab die Milch bereits in der Menge von 0,1 CC. vor Erkrankung. Dagegen gelang es nicht, durch Verfüttern der Milch bei älteren Mäusen Immunität zu erzielen. Nach Ausscheidung des Caseïns aus der Milch besass die Molke die gleiche Schutzkraft; ferner gelang es, durch Eindampfen dieser Molke im Vacuum die Wirkungskraft entsprechend zu erhöhen. Schliesslich erwähnen die Verff., dass auch bei Typhus analoge Resultate erlangt wurden.   ·   Buchner.

457. G. Klemperer: Untersuchungen über künstlichen Impfschutz gegen Choleraintoxication [1]).

Durch intraperitoneale Injection von 1 CC. Aufschwemmung von Choleravibrionen können Meerschweinchen in 6—12 Stunden unter stürmischen Erscheinungen, namentlich Absinken der Temperatur, getödtet werden (Hüppe, Pfeiffer, Gruber). Brieger, Kitasato und Wassermann erzielten Unempfänglichkeit gegen derartige Impfungen durch Choleravibrionen, die in Thymusextract cultivirt und nachher $1/_4$ Stunde auf 65 ^{0} erwärmt waren. Verf. dagegen gelang es ohne Anwendung von Thymusextract, blos durch intraperitoneale Injection von erwärmten Bouillonculturen der Choleravibrionen (am besten zwei Stunden bei 70 ^{0}) zu bewirken, dass die so behandelten Thiere die ein bis zwei Tage später gesetzte, sonst tödtliche Vergiftung überstanden. (Die Arbeiten von Gamaleïa, Zäslein u. A., die schon früher mit Choleraculturen Impfschutz erzielten, scheinen Verf. entgangen zu sein. Ref.) Mit Serum von Kaninchen, die durch intravenöse Injection von erwärmten Culturen immunisirt waren, konnten Meerschweinchen gegen Cholera unempfänglich gemacht werden. Die Kaninchen erhalten in zweitägigen Pausen 4 mal je 3 CC. von der zwei Stunden bei 70 ^{0} erwärmten Cultur in die Ohr-

---

[1]) Berliner klin. Wochenschr. 1892, Nr. 32.

vene; nach 3 Tagen ist das Thier soweit immun, dass 2 CC. reines Serum ein 400 Grm. schweres Meerschweinchen gegen Injection virulenter Choleracultur schützen. Ferner gelang es, Meerschweinchen durch intraperitoneale Injection erwärmter Cultur gegen die Cholerainfection vom Magen aus (nach Koch'scher Methode) zu immunisiren. Doch bedarf es hierzu eines grösseren Grades von Immunität als gegen die intraperitoneale »Vergiftung«. Auf Grund weiterer Versuche hält Verf. auch die Zufuhr der immunisirenden Substanzen vom Magen aus für möglich. Schliesslich erwähnt Verf. ein von ihm gemeinschaftlich mit Dr. Krüger ausgearbeitetes Verfahren der Abschwächung giftiger Culturen zum Zweck der Immunisirung mittelst des constanten electrischen Stromes. Bei Cholera gelang durch 24 stündige Einwirkung eines constanten Stromes von 20 Milliampère die Tödtung der Vibrionen, während die Cultur zur Immunisirung sich ausserordentlich geeignet erwies und dieselben Resultate ergab, wie die mit zweistündiger Erwärmung bei 70⁰ behandelten Culturen.

Buchner.

458. G. und F. Klemperer: Ueber die Heilung von Infectionskrankheiten durch nachträgliche Immunisirung [1]). Den Verff. gelang es, Kaninchen gleichzeitig gegen zwei verschiedene Infectionskrankheiten, nämlich gegen Mäuseseptikämie und den Diplococcus der Pneumonie, anderseits gegen Mäuseseptikämie und den Pneumobacillus von Friedländer zu immunisiren. Mit dem Serum dieser Thiere liess sich bei Mäusen Schutz gegen die jeweiligen specifischen Infectionen erzielen. Ferner berichten die Verff. über neue Versuche, betreffend die Heilung bereits erfolgter Infectionen durch Einspritzung von Bacterien-Culturen. Bei Kaninchen, die zuvor mit Pneumonie-Diplococcus inficirt waren, injicirten die Verff. grössere Mengen auf 60⁰ erhitzter Diplococcen-Bouillon, zum Theil nach vorhergehender Einengung auf $^1/_{10}$ Volum (bei 60⁰ C.). Zwar konnte bei vollvirulenter·Infection auf diese Weise kein Schutz erzielt werden, wohl aber bei Infection der Kaninchen mit einem 48 Stunden bei 40,5⁰ C. cultivirten Diplococcus, der an und für sich eine subacute, binnen 4—6 Tagen tödtliche Infection hervorbringt. Buchner.

---

[1]) Berliner klin. Wochenschr. 1892, Nr. 18, pag. 421.

459. G. Klemperer: Klinischer Bericht über 20 Fälle specifisch behandelter Pneumonie [1]). Verf. berichtet über 20 Fälle von Pneumonie beim Menschen, von denen 12 mit Serum hoch immunisirter Kaninchen behandelt wurden. In 7 von diesen 12 Fällen glaubt K. durch die Seruminjectionen entschieden einen antitoxischen Effect erzielt zu haben. In 8 anderen Fällen wurde die Behandlung mit Injection eingeengter, auf 60 ⁰ erwärmter Culturen von Pneumonie-Diplococcus durchgeführt. In allen diesen Fällen erfolgte 12 bis 24 Stunden nach der Injection Temperaturabfall; beim Wiederansteigen der Temperatur wurde die Injection wiederholt.

Buchner.

460. G. Klemperer: Untersuchungen über Schutzimpfung des Menschen gegen asiatische Cholera [2]). Auf Grund der Annahme, dass manche Menschen von Natur immun gegen Cholera sind, prüfte Verf. das menschliche Serum in 5 Fällen, wo zufällig Aderlassblut zur Verfügung stand, und fand zweimal, dass das betreffende Serum in Mengen von 1—2 CC. Meerschweinchen gegen intraperitoneale Einführung von Choleravibrionen schützte. Verf. stellte dann an sich und einigen Collegen Versuche über künstliche Immunisirung an mit subcutaner Einspritzung von 2 ständig auf 70 ", dann auch von vollgiftigen Choleraculturen. Durch .Einverleibung von 3,6 CC. erwärmter Cultur wurde eine Versuchsperson bis zu dem Grade immun, dass 0,25 CC. ihres Blutserums ein Meerschweinchen gegen virulente Choleravibrionen schützten. Impfungen mit lebenden Choleraculturen wirkten wesentlich stärker immunisirend; beide Arten der Schutzimpfung waren ungefährlich, erzeugten indess Localreaction und gewisse Störungen des Allgemeinbefindens. (Die Schutzimpfung mit lebenden Choleraculturen beim Menschen war bekanntlich 1884 bereits durch Ferran in Spanien in grossem Maassstabe ausgeführt worden. Ref.)

Buchner.

461. G. Klemperer: Weitere Untersuchungen über Schutzimpfung des Menschen gegen asiatische Cholera [3]). Von zwei

---

[1]) Verhandlungen des XI. Congr. f. innere Medic. zu Leipzig. 1892. Wiesbaden, Bergmann, pag. 244· — [2]) Berliner klin. Wochenschr. 1892, Nr. 39. — [3]) Berliner klin. Wochenschr. 1892, Nr. 50.

Patienten, welche in der diesjährigen Epidemie Cholera überstanden hatten und welche freiwillig Aderlassblut überliessen, prüfte Verf. die Wirkung des Serums mit dem Resultat, dass in dem einen Falle 0,01, in dem anderen 0,5 CC. des Blutserums ausreichend waren, um Meerschweinchen gegen tödtliche intraperitoneale Einführung von Choleravibrionen zu schützen. Noch kleinere Dosen erwiesen sich in beiden Fällen als unwirksam. Verf. glaubt hierin zugleich einen unantastbaren Beweis für die specifisch ätiologische Beziehung des Koch'schen Kommabacillus erblicken zu sollen. (Es wäre interessant, wie sich das Serum von Menschen verhält, welche einen schweren Anfall von sog. »Cholera nostras«, d. h. Cholera ohne Kommabacillen, durchgemacht haben. Ref.) Des Weiteren suchte Verf. zu ermitteln, wie weit sich beim Menschen durch künstliche Immunisirung die Immunität gegen Choleravibrionen steigern lasse. Die Versuchsperson, Cand. med. E., erhielt zu diesem Zwecke 3,1 CC. hochvirulenter Kommabacillencultur und 0,5 CC. abgeschwächte Cultur injicirt. Durch diese Behandlung erlangte das vorher sehr geringfügig antitoxisch wirkende Serum einen so hohen Grad von Wirksamkeit, dass 0,005 Grm. desselben zur Giftfestigung eines Meerschweinchens genügten. Gegen die practische Verwerthung dieses Verfahrens beim Menschen spricht, abgesehen von anderem, seine hochgradige Schmerzhaftigkeit. — Durch letzteren Uebelstand wurde Verf. auf die Idee geführt, die abgetödteten Choleraculturen behufs Immunisirung beim Menschen vom Magen aus einzuführen, nachdem er früher schon bewiesen hatte, dass dies beim Meerschweinchen mit positivem Erfolge möglich sei. Vorerst wurde festgestellt, dass Choleraculturen bei Zusatz von Pepsin und 2 %iger Sodalösung im Brutschrank ihre immunisirende Wirkung nicht verlieren, während bei Anwesenheit von Salzsäure dieselbe verloren geht. Demnach nahm Verf. vor Einverleibung der abgetödteten Kommabacillencultur jedesmal 2 Grm. Natr. bicarbon. zu sich. Im Ganzen wurden in der Zeit vom 28. September bis 13. November 503 CC. Choleracultur aufgenommen, mit dem Effect, dass das schliesslich entnommene Blut resp. Serum den 25fachen antitoxischen Werth bei Meerschweinchen gegenüber dem Anfang des Versuches äusserte. Verf. erklärt auch dieses Resultat mit Rücksicht auf die lange und sehr unangenehme Behandlung nicht als geeignet für Uebertraguñg in die Praxis. — Mehr schien die, im Anschluss an Ehrlich's Entdeckung von dem Uebergang antitoxischer Stoffe in die Milch, vom Verf. versuchte Immunisirung von Ziegen gegen Cholera zu versprechen. Eine 5 Monate lang, anfangs mit erwärmten, dann mit virulenten Choleraculturen behandelte Ziege lieferte schliesslich eine Milch, von der 0,05 CC. bei Meerschweinchen sicher schützten. Von dieser Milch wurden einer Versuchsperson 5 CC. subcutan injicirt, was keine Beschwerden verursacht. Das am folgenden Tage entnommene Blut resp. Serum dieser Versuchsperson zeigte einen gewissen, obwohl geringen Schutzwerth bei Meerschweinchen. Doch hält Verf. es für wohl möglich, auf diesem Wege zu practisch brauchbaren Resultaten zu kommen.   Buchner.

462. A. Lazarus: Ueber die antitoxische Wirksamkeit des Blutserums Cholerageheilter [1]).

Uebereinstimmend mit Klemperer (s. o.) findet auch Verf. für das normale menschliche Blutserum einen gewissen Schutzwerth gegenüber der intraperitonealen Cholerainfection der Meerschweinchen. Einen viel höheren Schutzwerth zeigte aber das Serum von Personen, die soeben einen Choleraanfall überstanden hatten. Als minimale schützende Dosis fand hier Verf. 0,0001 Grm. Serum! (Der höhere Schutzwerth gegenüber den Versuchen von Klemperer scheint damit zusammenzuhängen, dass die Fälle von Verf. sehr schwere, jene von Klemperer aber nur leichte Choleraanfälle durchgemacht hatten.) So hoch aber der Schutzwerth des Serums sich erwies, ebenso gering zeigte sich seine therapeutische Leistung, wenn die Behandlung erst nach Eintritt von Krankheitssymptomen begonnen wurde.   Buchner.

463. R. Stern: Ueber Immunität gegen Abdominaltyphus [2]).

Das defibrinirte Blut von fünf kurz nach dem Ablauf des Typhus untersuchten Personen zeigte nicht nur keine gesteigerte, sondern in der Mehrzahl der Fälle sogar eine auffallend geringe tödtende Wirkung auf Typhusbacillen; in einem Falle liess sich eine solche

---

[1]) Berliner klin. Wochenschr. 1892, Nr. 43 u. 44. — [2]) Deutsche medic. Wochenschr. 1892, Nr. 37.

überhaupt nicht nachweisen, während alle Controlversuche mit Blutserum Gesunder starke tödtende Wirkung auf Typhusbacillen ergaben. Dem gegenüber zeigte bei vier von sechs Typhusreconvalescenten das Blut die Eigenschaft, Mäuse vor der Wirkung von Typhusculturen zu schützen; in einem weiteren Falle wurde der Tod der Versuchsthiere wenigstens merklich verzögert. Da diese Schutzwirkung nach dem vorhergehenden nicht auf einer directen Abtödtung der Typhusbacillen im Thierkörper beruhen kann, · so muss es sich um eine Aufhebung resp. Abschwächung ihrer **Giftwirkung** handeln, die Verf. durch gleichzeitige Injection von keimfreiem Typhusgift und Serum auch direct erweisen konnte. **Buchner.**

464. L. Vaillard: Ueber einige die Immunität gegen den Tetanus betreffende Punkte[1]). Gegenüber **Brieger, Kitasato** und **Wassermann** (s. o.) weist Verf. darauf hin, dass von ihm schon Anfangs 1891 eine Methode veröffentlicht wurde, um Kaninchen gegen Tetanus sicher zu immunisiren, durch Injection filtrirter und durch Erhitzen theilweise entgifteter Tetanusculturen in die Blutbahn. Anfangs werden auf 60° erhitzte, später vollvirulente Culturen resp. Filtrate angewendet, in gewissen zeitlichen Zwischenräumen. Die Steigerung der schon nach drei Injectionen nachweisbaren Immunität wird durch immer grössere Dosen filtrirter Culturen bewirkt. Die so erzielte Immunität ist sehr haltbar. Verf. schildert dann eine andere Methode der Immunisirung durch mittelst Jodlösung abgeschwächter Culturen, welche vortreffliche Resultate gibt. Jodwasser (1 Theil Jod auf 500 Wasser) wird mit gleichen Theilen filtrirter Cultur gemischt, und dieses Gemisch kann sofort subcutan oder intravenös injicirt werden. Allmählich wird die Menge der Culturflüssigkeit im Verhältniss gesteigert, schliesslich reine Tetanusbouillon angewendet. Verf. berichtet dann über seine Versuche an Hühnern, deren Blut keine antitoxische Wirkung gegen das Tetanusgift besitzt, obwohl die Hühner selbst gegen Tetanus unempfänglich sind. V. gelang es, dem Blut antitoxische Eigenschaften zu ertheilen durch Injection grosser Quantitäten filtrirter Tetanusbouillon in die Bauchhöhle, ein

---

[1]) Sur quelques points concernant l'immunité contre le Tetanos. Ann. de l'inst. **Pasteur** 1892, Nr. 4

Sachverhalt, von dem sich neuerdings auch Kitasato unter Aufgabe seines früheren Widerspruches überzeugte, nachdem er Gelegenheit hatte, in Paris gemeinschaftlich mit Verf. die Versuche zu wiederholen.   Buchner.

465. R. Emmerich und Jiro Tsuboi: Die Natur der Schutz- und Heilsubstanz des Blutes[1]). Die Versuche wurden mit Serum von Kaninchen, die gegen Schweinerothlauf immunisirt waren, in einigen Fällen auch von Kaninchen, die gegen den Diplococcus Pneumoniae immunisirt waren, angestellt, und zwar sollte durch getrennte Ausfällung der Globuline und Albumine des Serums ermittelt werden, welcher Kategorie von diesen Eiweisskörpern die schützenden Substanzen angehören. Zunächst wurden durch Verdünnen des Serums mit dem 10 fachen Volum destillirten Wassers und Durchleiten von Kohlensäure bis zur Sättigung die Globuline aus Serum von schweinerothlaufimmunen Kaninchen ausgefällt. Es ergab sich die wichtige Thatsache, dass bei gleicher Ernährungsweise der Thiere der Globulingehalt des Blutes nicht immunisirter Thiere am grössten ist und dass derselbe proportional der zunehmenden Immunität abnimmt; das Serum complet immunisirter Thiere erwies sich als nahezu globulinfrei, wonach die immunisirende Substanz nicht an das Serumglobulin gebunden sein kann. Bei zahlreichen Versuchen an weissen Mäusen wurde dann constatirt, dass das Serumglobulin von theilweise immunisirten Kaninchen keinerlei schützende Wirkung besass, während anderseits das durch Dialyse vom Globulin befreite Serum seinen vollen Wirkungswerth behielt. Die im globulinfreien Serum noch enthaltenen Eiweisskörper, welche die Verff. insgesammt als »Serumalbumine« bezeichnen, sollten nun ausgefällt und auf Schutzwirkung geprüft werden. Dies gelang mit theilweise positivem Erfolg durch Ammoniumsulfat, besser mit Alcohol. Es ergab sich, dass der auf Alcoholzusatz entstehende Niederschlag von Serumalbumin im Serum immunisirter Kaninchen viel beträchtlicher war, als im Blutserum nicht immunisirter, aber auf gleiche

---

[1]) Verhandlungen des **XI.** Congr. f. innere Medic. zu Leipzig, 1892. Wiesbaden, Bergmann, pag. 202.

Weise ernährter Thiere. Die Verff. bezeichnen es danach als gesetzmässiges Verhalten, dass im Blutserum complet immunisirter Kaninchen
das Serumglobulin sehr beträchtlich vermindert ist oder ganz
fehlt, während die Menge des Serumalbumins und des Muskel-
albumins (es wurde viel mit ausgepresstem Gewebssaft immunisirter Thiere gearbeitet) eine bedeutende Vermehrung erfahren
hat. Die Verff. glauben demnach, dass die immunisirende Substanz
einzig und allein an das Serumalbumin gebunden ist. Letzteres
konnte nach gänzlicher Befreiung von Alcohol mittelst Aether in
Form eines schwach röthlichen, trockenen, körnigen Pulvers erhalten
werden, welches sich leicht in 0,07 $^0/_0$iger Natronlösung auflöste
und entschiedene Heilwirkungen bei rothlaufinficirten Mäusen äusserte.
Bei Kaninchen, welche gegen den Pneumonie-Diplococcus immunisirt
waren, wurden im Ganzen ähnliche Resultate erlangt. Die Verff.
schliessen mit einer Reihe ausführlicher theoretischer Betrachtungen.

Buchner.

Sachregister.

Acetanilid, Verb. im Org. 81; Vergiftung damit 500.

Aceton, Best. 58.

Acetonurie 485, 489, 518, 519; bei Geisteskranken 519; experimentelle 520, 521.

Acetylamidobenzoësäure, im Harn nach Eingabe von Nitrobenzaldehyd 73.

Alanin, Zerfall beim Erhitzen 69.

Albumin, s. Eiweisskörper, Harn etc.

Albuminurie 489 ff.; Nucleoalbuminaussch. 241, 523; bei gesunden Soldaten 524; transitorische 524, 525.

Albumosen, Lit. 2; Nachw. mittelst Salicylsulfonsäure 3; Diffusion 18; s. a. Pepton.

Albumosurie 525.

Alcohol, Nährwerth 461.

Aldehyde, Acetylverb. im Harn nach Eingabe derselben 72.

Alexine, Lit. 615; im Blute 636, 638, 640 ff.; in thierischen Organen 641; Ursprung 644; Enzymnatur 585; Bez. zum Serumalbumin 666; s. a. Blutserum, Immunisirung.

Alkalimetalle, physiol. Wirk. 83.

Alkaptonurie 493, 540.

Amidosalicylsäuren, Verh. im Org. 76.

Ammoniak, pharmac. Wirk. seiner Substitutionsproducte 81; im Mageninhalte 270.

Amyloidsubstanz 27; in der Milch 167.

Anämie, Stoffwechsel 444; Zus. des Blutes 561.

Anagallis, verdauendes Ferment darin 259.

Anilidoacetobrenzcatechin, Verh. im Org. 77.

Anilidoacetopyrogallol, Verb. im Org. 77.

Antagonismus, Wirkung antagonistischer Mittel bei Fermenten 581.

Stärke, Verzuckerung durch Blutserum 47; Einw. von Diastase 41; Ver-
    dauung 244, 265; Kohlehydrate daraus durch das Buttersäureferment 600.
Stickstoff, Fixirung durch Boden u. Pflanzen 579, 580, 607.
Stickstoffbestimmung 66.
Stoffwechsel, Lit. 407; Einfl. der Unterbind. des Gallenganges 317;
    Einfl. der Bäder 407, 434; bei Phosphorvergift. 409, 441, 442; bei
    Nephritis 409; bei Carcinom 410; bei Anämie u. Stauungszuständen
    444; bei Chlorose 411; Eiweissbedarf 410, 445; Einfl. des Wassers
    u. Kochsalzes 432; des Levicowassers 436; des Lichtes 437; der Anti-
    pyretica 438; des Coffeïns und Kaffeedestillates 440; des Phosphors
    u. Arsens 442; Fleisch- u. Fettmästung 446; Ernährung mit Kohle-
    hydraten und Fleisch oder Kohlehydraten allein 449; zeitlicher Ab-
    lauf der Zers. von Fibrin, Leim, Pepton u. Asparagin 452; Nährwerth
    von Asparagin 454; Nährwerth des Alcohols 461; Einfl. der körperl.
    Arbeit auf die Ausnutzung der Nahrung 462; Ausnutzung der Nahrung
    bei Leukämie 464; bei Nierenkranken 497, 554, 555; beim Typhus
    497; bei mit Tuberculin Behandelten 498; beim Diab. mell. 502 ff.;
    s. a. Ernährung, Landwirthschaftliches.
Strontiumbromid, Anhäufung im Org. 64.
Sucholoalbumin u. Sucholotoxin 619.
Sulfaldehyd, physiol. Wirk. 57.
Sulfanilcarbaminsäure, Bildung im Org. aus Sulfanilsäure 74.
Sulfanilsäure, Verb. im Org. 74.
Sulfonal, Hämatoporphyrinurie nach Eingabe 534, 535.

Temperatur, Einfl. niederer auf Bacterien 577, 603; auf die Verdauung 264.
Tetanus, Widerstandsfähigkeit des Virus 577; erbliche Ueberlieferung
    der Immunität 617; Immunisirung 618 ff., 622, 646, 659, 665; Tetanus-
    heilserum 645, 651, 659.
Tetanusgift, Ausscheidung durch die Nieren 609; Nachw. im Blute 612.
Tetronal, physiol. Wirk. 57.
Thalium. physiol. Wirk. 64.
Thiere, niedere, Lit. 366.
Thymol, Umw. in Thymolglycuronsäure im Org. 78.
Thyroidea, Funktion 351.
Tollwuth, Wirk. der Verdauung auf das Virus 612; Gehirn dabei 345;
    Brenzcatechin im Kaninchenharn 541.
Toxalbumine u. Toxine, Lit. 609; aus Wasserblasen 610; aus Cholera-
    culturen 611; im Erbrochenen bei Cholerakranken 612; im blenno-
    rhagischen Eiter 613; der Diphtherie 611; im Blute bei Tetanus 612;
    aus Typhusleichen 622; bei der Cholera aestiva 623; Schlangengift 612.
Trional, physiol. Wirk. 57.

Autorenregister.

Abel J. J. 211.
Abeles M. 221. 385.
Abélous E. 351. 352.
Abend L. 299.
Accorimboni 493.
Achard Ch. 573. 574.
Adametz L. 156. 163.
Adrian 57.
Albanese 79.
Albert F. 421.
Albertoni P. 53. 304. 622.
Albu A. 492.
Aldehoff G. 517.
Allen A. H. 155.
Alt 247.
Alt K. 612.
Altmann 6.
Amore L. d' 63.
Amthor C. 30.
André G. 144. 416.
Anselm R. 317.
Ansiaux G. 92.
Araki T. 380. 385. 442.
Arche A. 476.
Arloing 579. 621.
Arnaud 612
Arnold C. 66. 197.
Aronson H. 578.
Arsonval d' 571.
Arthus M. 132.
Aufschläger H. 56.

Babcock 152.
Babes A. 615.
Bachmann C. 500.
Bader R. 59.
Badt 409.
Bądziński St. 63.
Bąezkiewicz J. 255.
Baldi D. 60.
Balland 413.
Balzer P. 409.
Barabini 79.
Baratynski J. 89.
Bargellini E. 538.
Barral 97.
Barthe L. 61.
Bartoschewitsch 222.
Bataillon E. 368. 369.
Batigne P. 332.
Bauer J. 382.
Bauer W. 40.
Baum 147.
Baum H. 570.
Baumann E. 540.
Baumert G. 153.
Beam W. 148.
Beck S. 223.
Behrens H. 65.
Behring 617. 645. 646. 647. 649. 651.
Beier C. 351.
Benedicenti A. 395.
Benedict H. 223.

Lipman-Wulf 311.
Lippmann G. 248.
Loew O. 28. 40. 417. 426. 473. 602.
 603. 616.
Löwenthal M. 251.
Loewenton A. 312.
Löwit M. 93.
Loewy 398.
Loewy A. 89.
Loges 421.
Lohnstein H. 408.
Lo Monaco 82.
Lorenz 622.
Lortet 573.
Lothes 615.
Luck W. 64.
Lüttke F. 249.
Lumsden J. S. 571.
Lunde H. P. 160.
Lunin W. 498.
Lusini 57,
Lustig A. 520.
Lydtin 614.
Lyons R. E. 207.

Maassen Alb. 602.
Maggiora A. 163.
Magnus-Levy A. 394.
Mai J. 67.
Mairet 553.
Malbec A. 64.
Malfatti H. 4. 25.
Mangin L. 40.
Mann J. 554.
Manning T. D. 303.
Maragliano 126.
Maramaldi L. 63.
Marcano V. 65.
Marcet W. 381.
Marchal P. 367.
Marconi G. 296.
Marès E. 396.
Mareš F. 427.

Marfori P. 72.
Marino-Zuco F. 548.
Marpmann 154.
Martin S. 1.
Martius F. 248. 249.
Massart J. 621.
Massen V. 214.
Matignon C. 56. 58.
Mauges M. 190.
Mauthner J. 454.
Maxwell W. 56.
May H. 498.
May R. 464.
Mayer Adolf 178. 414. 418. 598.
Mehring J. v. 57.
Meili W. 500.
Meinshausen R. 4.
Meisels W. A. 492.
Melander J. 180.
Mendelsohn M. 492.
Menicanti 95.
Merk E. 413.
Merkel S. 383.
Mesnil du 295. 348.
Metschnikoff E. 616. 620. 621.
Mey H. 87.
Meyer A. 415.
Meyer E. 383.
Meyerhold F. A. 332.
Michailow M. 315.
Michele de 63.
Mierzyński Z. v. 249. 277. 278.
Minkowski O. 486. 513.
Mintz S. 250.
Miura K. 461.
Mizerski A. 271. 272.
Mörner C. Th. 58. 352.
Mörner K. A. H. 241.
Moitessier J. 90. 99. 188.
Molisch H. 417.
Monaco 82.
Monti A. 64. 380.
Morat J. P. 331. 341. 384.

Mordhorst C. 492.
Morel J. 414.
Mori Rint. 412. 465. 468.
Moritz E. R. 571.
Morokhowetz L. 10. 407.
Moscatelli R. 541.
Moussu G. 350.
Mühlmann M. 101.
Müller 409.
Müller A. 157.
Müller Fr. 565.
Münzer E. 441.
Muirhead A. 211.
Muntz A. 65.

Näcke P. 499.
Nasse O. 581.
Nencki L. 161. 271. 272. 309. 578.
Nencki M. v. 80. 214. 572. 600.
Neumann J. 150.
Neumeister R. 2.
Nicolaier A. 485.
Nibergall E. 94.
Nissen F. 609. 615.
Nobbe F. 416.
Nicard E. 615.
Noorden C. v. 411. 464. 497.
Nothwang Fr. 382. 407.
Novi F. G. 615.
Nüys T. C. van 207.
Nutall G. 615.

Obermayer Fr. 8. 59. 523.
Obermüller K. 31.
Oddi R. 82. 521.
Oddo 348.
Oehmen 252.
Oertel M. J. 96.
Ogata K. 85.
Ohlsen 179.
Oi G. 465. 470.
Oliviero 553.
Ollendorff A. 1.

Olschanetzky M. A. 310.
Opieński J. 239. 249.
Osborne Th. B. 2. 11.
Osterspey J. 96. 251.
Ostrowsky W. 96.
O'Sullivan C. 41.
Oudin 64.
Ouvry P. 332.
Overbeck A. 574.
Owsjanitzky G. 243.

Paal C. 23.
Paijkull L. 525. 558.
Palladin W. 415.
Palleske A. 182.
Pape R. 494.
Partheil A. 177.
Partington 493.
Paschkis H. 59. 385.
Passy J. 332.
Patella 493.
Pawlow J. 214.
Pekelharing C. A. 2. 91. 113. 114.
    616.
Penny E. 219.
Perroncito 621.
Peschel O. 410.
Petermann 620. 621.
Petersen O. W. 578.
Petit P. 41.
Petri 602.
Peyrot F. 64. 497.
Pfannenstiel S. A. 267.
Pfeffer W. 414.
Pfeiffer Ludw. 579.
Pfeiffer Th. 477.
Pflüger E. 446. 449.
Pfuhl E. 632.
Pfungen R. v. 308.
Philippon G. 382.
Phisalix C. 574. 577.
Piątkowski M. 484.
Picchini L. 532.